DICTIONNAIRE DES TECHNIQUES ET TECHNOLOGIES MODERNES

anglais / français

MODERN DICTIONARY OF ENGINEERING AND TECHNOLOGY

English / French

J.R. FORBES
L.es. L., D.E.S., F.I.L.

DICTIONNAIRE DES TECHNIQUES ET TECHNOLOGIES MODERNES

anglais / français

MODERN DICTIONARY OF ENGINEERING AND TECHNOLOGY

English / French

Technique & Documentation
Lavoisier
11, rue Lavoisier
F-75384 Paris Cedex 08

lavoisier TEC & DOC

LAVOISIER publishing

Lavoisier Publishing Inc.
44 Hartz Way
Secaucus, N.J. 07096, USA

Du même auteur :

DICTIONNAIRE D'ARCHITECTURE ET DE CONSTRUCTION
DICTIONARY OF ARCHITECTURE AND CONSTRUCTION
– 23 000 entrées –
français / anglais - anglais / français

Préface de M. Brackenbury

432 p., 16 x 24, 2e édition revue et augmentée, 2e tirage 1990.
ISBN : 2-85206-706-4

11, rue Lavoisier - F 75384 Paris Cedex 08

ISBN : 2-85206-590-8

SOMMAIRE

CONTENTS

AVANT-PROPOS

FOREWORD

Un dictionnaire technique général est de nos jours un outil indispensable non seulement à tout traducteur ou interprète de métier, mais aussi à tous ceux qui, dans l'industrie, les affaires ou l'enseignement, doivent faire face à 1992; et 1992 étant maintenant sur les lèvres de tous, un tel dictionnaire est devenu aussi une nécessité pour quiconque veut pouvoir lire intelligemment la presse anglaise, bref il concerne aussi une partie du "grand public".

L'industrie a connu depuis une vingtaine d'années de rapides et profonds changements: l'informatique, les télécommunications ne sont plus du seul ressort de quelques spécialistes, et des domaines comme les médias, la publicité, le contrôle de la qualité, les transports ont de nos jours une importance et une sophistication qu'on n'aurait osé envisager il y a vingt ans; et combien de personnes avaient entendu parler alors des guides d'ondes, fibres optiques, lasers et robots? Le présent ouvrage, qui comporte plus de 30 000 entrées, reflète une telle évolution et tout en conservant une part adéquate aux techniques établies et toujours utilisées, il reconnaît la croissance des nouvelles technologies dans le monde moderne: disons que la vapeur a dû céder du terrain à l'électronique, et que le bois en a cédé aux matières plastiques.

A general technical dictionary is nowadays a necessary tool not only for professional translators and interpreters, but also for all those who in industry, in business or in teaching, are now confronted with 1992 ; and since 1992 is now on everybody's lips, such a dictionary is also a must for whoever wants to read intelligently the French press, in other words it will reach part of the general public.

Over the last two decades industry has seen some rapid and profound changes; information technology, telecommunications, are no longer the skills of a handful of specialists, and the importance of areas like the media, publicity, quality control, transport, as well as their present sophistication were undreamt of twenty years ago; and how many people had then heard of waveguides, fibre optics, lasers and robots? This new dictionary, with over 30 000 entries, reflects such an evolution and whilst retaining a sufficient number of entries in established and still relevant fields, it acknowledges the increasing role of new technologies in modern life; let us say that steam and timber have partly given way to electronics and plastics.

INTRODUCTION

INTRODUCTION

Le but de l'ouvrage est simple : sous un volume limité fournir pour une diversité de disciplines, le plus d'informations utiles possibles.

D'une part il est supposé que le lecteur possède au moins des connaissances de base d'anglais ou de français, ce qui a permis d'éliminer les combinaisons par trop évidentes (le nombre d'entrées sous "electric" par exemple est relativement limité); ont été éliminées aussi parfois des entrées de nature répétitive: lorsqu'à des mots se terminant en "ization" et "ize" par exemple correspondent en français un nom se terminant en "isation" et un verbe en "er" une entrée a parfois été éliminée. Par contre il est souvent donné plusieurs traductions sous un même mot-clé; dans ce cas des indications entre parenthèses faciliteront le choix entre les différentes possibilités. De telles indications, données uniquement dans le but de distinguer entre différents domaines, sont délibérément brèves et simples.

Une certaine part a été faite à l'usage nord américain lorsqu'il s'écarte de l'usage anglais, soit par l'orthographe, soit par le vocabulaire; il tend certes à se répandre en Angleterre, en particulier dans le domaine technique, mais il existe toujours des différences appréciables; il serait dangereux d'ignorer que le mot "pavement" en anglais dénote un trottoir, alors qu'aux Etats-Unis il veut dire "chaussée".

Il est donné certaines indications grammaticales, par exemple le genre des noms en français; le cas échéant une distinction est faite au mot-clé selon qu'un même mot anglais peut-être employé comme nom, comme adjectif ou comme verbe, et *vb* placé immédiatement après un mot-clé indique qu'on est en présence d'un infinitif

The aim of this dictionary is straight-forward: within a limited framework to give, on a variety of subjects, as much useful information as possible.

On the one hand it has been assumed the user has at least a basic knowledge of English or French, and a number of really obvious combinations were rejected (for instance there is a somewhat limited number of entries under "electric"); other entries of a repetitive nature have also been eliminated in some cases: for instance when the translation of certain words ending in "ization" and "ize" is a noun ending in "isation" and an "er" verb, sometimes one entry only has been selected. On the other hand several translations will often be found under a single key word, in which case the user will be helped in his choice by information given in brackets; such information, given purely in order to distinguish between various fields, has been kept deliberately short and simple.

North American usage has not been overlooked, when either the spelling or the vocabulary differ from British English; admittedly North American usage tends to spread in Britain, in particular in the technical field, but there remain differences which cannot be ignored; it would be dangerous not to know that in English "pavement" is a footpath, whereas in the USA it is the roadway.

A certain amount of grammatical information is also given, such as the gender of French nouns; a distinction is made as required when a single English word may be used as a noun, a modifier or a verb, and vb immediately after a key word points to an infinitive (normally preceded by "to" in English). The various forms of

(normalement précédé de "to" en anglais). Il n'y a pas systématiquement d'entrées séparées pour les différentes formes des verbes irréguliers anglais mais ces verbes en usage courant sont repris dans l'annexe III.

Deux autres annexes complètent l'ouvrage; l'une donne les symboles des éléments chimiques, leurs noms en anglais et français et leur genre; l'autre donne des informations sur les mesures non métriques les plus courantes ainsi que leur abréviations.

Les traducteurs de métier définissent parfois avec un certain cynisme un bon dictionnaire comme ayant plus de 10% d'entrées utiles. On peut espérer que le pourcentage s'appliquant au présent ouvrage sera beaucoup plus élevé, et qu'avec plus de 30 000 entrées, il sera pour eux et pour bien d'autres une riche source d'informations et un outil de travail indispensable.

English irregular verbs are not given systematically as entries, however such verbs in common use are given in appendix III.

Two more appendices complete the book; one gives the symbols of the chemical elements, their English and French names and their French gender; the other gives information on the more common non-metric measures and their abbrevations.

Professional translators will sometimes define rather cynically a good dictionary as one where more than 10% of the entries are useful. It is hoped they will rate the present dictionary much higher and that with over 30 000 entries it will be for them and many others a rich source of information and an indispensable tool for their work.

NOTES EXPLICATIVES

EXPLANATORY NOTES

Ordre alphabétique

Les entrées sont classées selon l'ordre alphabétique direct ; quelques remarques s'imposent toutefois :

Deux mots ayant une même orthographe mais des prononciations et des sens différents font l'objet de deux entrées séparées.

Lorsque le pluriel d'un mot peut appeler une traduction particulière, il figure sous le mot-clé, avec renvoi le cas échéant à une entrée spéciale (par exemple "works" au sens de "usine" se trouve après working). Les mots ayant simplement l'aspect d'un pluriel (par ex. "physics", "optics") font l'objet d'une entrée spéciale à l'ordre alphabétique normal.

Grammaire et ordre alphabétique

Lorsque la traduction d'un mot-clé diffère selon qu'il est utilisé comme nom, comme adjectif ou comme verbe *nn, adj,* ou *vb* font la distinction.

La langue anglaise est peu structurée et la distinction entre verbe, nom et adjectif est loin d'être aussi nette qu'en français puisqu'il existe très peu de terminaisons. C'est ainsi que les mots "cut off" peuvent constituer un verbe, "to cut off"; précédant un nom ils prennent une valeur d'adjectif et devraient s'écrire "cut-off"; réunis en "cutoff" ils forment un nom. Dans la pratique le trait d'union est souvent omis, "cut-off" est parfois utilisé comme nom, et la coutume se répand d'utiliser "cutoff" comme adjectif. Un usage en apparence aussi fantaisiste crée des difficultés au niveau de la classification alphabétique et pour couvrir toutes les possibilités il aurait fallu multiplier indûment le nombre d'entrées de caractère répétitif. Le lecteur sera récompensé du léger effort de recherche parfois requis (par exemple sous "cut" et

Alphabetical order

The entries are classified in straight alphabetical order, but please bear in mind the following :

When two words are spelt the same way *but are pronounced differently and have different meanings there are two separate entries.*

When the plural of a word *may require a particular translation it is given under the key word, with a reference to a special entry as appropriate. (for instance "works" meaning "factory" will be found after "working"). Words which look like a plural (e.g. "physics", "optics") have a separate entry in normal alphabetical order.*

Grammar and alphabetical order

When the translation of a key word differs when its used as a noun, an adjective or a verb, the various possible translations are separated by nn, adj, or vb.

The English language has a somewhat loose structure with very few word terminations and the distinction between verb, noun and adjective is far less obvious than in French. For instance the words "cut off" may form a verb, "to cut off"; placed before a noun they become in fact an adjective (called a modifier) and should be written "cut-off"; as "cutoff" they may now form a noun. In practice however the hyphen is frequently omitted, "cut-off" is still used as a noun, and the use of "cutoff" as an adjective is spreading. Such vagaries make for difficulties when establishing the alphabetical order and to cover all possibilities would have required a rather large number of basically repetitive entries. Although he will sometimes have to look in two different places (such as "cut" and "cutoff") the

"cutoff") par un plus grand nombre d'autres entrées plus utiles certes que de simples répétitions; par contre des renvois attireront son attention le cas échéant sur des différences de sens peut-être insoupçonnées lorsqu'à deux orthographes différentes correspondent des sens différents (ainsi sous "air line" il trouvera la traduction plus un renvoi à "airline", et sous "hard wood" traduction et renvoi à "hardwood").

reader will benefit from a greater number of other entries which are more useful than sheer repetitions; however references do draw his attention when different meanings correspond to different spellings (e.g. under "air line", the translation is followed by a reference to "airline", and under "hard wood" the translation is followed by a reference to "hardwood").

Usage anglais et usage américain

Les entrées sont basées dans l'ensemble sur l'usage et l'orthographe britanniques ; Les mots ou expressions spécifiquement américains sont indiqués au moyen des lettres NA. L'usage américain d'ailleurs se répand en Grande-Bretagne et les distinctions s'estompent. Citons le mot **program**, orthographe américaine de **programme** qui est maintenant passée dans la langue anglaise en ce qui concerne l'informatique; il fait donc l'objet d'une entrée séparée.

Lorsqu'il s'agit de simples différences d'orthographe et que deux mots comme **arbor** NA et **arbour** GB sont séparés par d'autres entrées, il existe un mot-clé **arbor** qui est suivi de l'indication NA et d'un renvoi à **arbour**.

Il n'y a pas d'entrée séparée lorsque la différence d'orthographe suit une règle générale et que l'ordre alphabétique ne se trouve pas nettement modifié, par exemple lorsqu'un mot américain se termine en **er** au lieu de **re** en anglais, en **or** au lieu de **our** ou **er**, ou ne comporte qu'une consonne au lieu de deux (comme c'est le cas pour **traveling** et **travelling**). Le mot-clé est alors suivi entre parenthèses de la terminaison américaine. Il convient de noter toutefois que les terminaisons **"zation"**, **"ze"**, **"zer"**, **"zing"**, communes à l'usage américain et à l'usage britannique, ont été retenues pour les mots-clés, et que les variantes **<sation>**, **<ise>**, **<iser>**, **<ising>**, spécifiquement britanniques, sont données en second entre parenthèses.

English and American usage

The English entries are based on the whole on British spelling and usage; the letters NA *indicate the words or phrases which are more specifically American. There is however no doubt that American usage is gaining ground in Great Britain and distinctions become blurred. The word* **program** *for instance, American spelling of* **programme**, *is now used in English in information technology; it is therefore given a separate entry.*

When two words such as **arbor** NA *and* **arbour** GB *which simply end differently are nevertheless separated by a number of entries, there is a key word* **arbor**, *followed by* NA *and a cross-reference to* **arbour**.

There is however no separate entry when the different spelling follows a general rule and the alphabetical order is not appreciably affected. For instance there is no special entry when an American word ends in **er** *instead of* **re** *in English, in* **or** *instead of* **our** *or* **er**, *or has only one consonant instead of two (as in* **traveling** *and* **travelling**).

Please note that the endings **"zation"**, **"ze"**, **"zer"**, **"zing"**, *in use both in North America and in Great Britain, have been used for the key words, and the* **<sation>**, **<ise>**, **<iser>**, **<ising>** *forms, which are specifically British, are given in brackets.*

Présentation typographique

gras : les lettres en gras sont utilisées pour distinguer les entrées

italique : l'italique est utilisé pour les renvois à d'autres entrées ainsi que pour les distinctions grammaticales : *nn* (nom), *adj* (adjectif), *vb* (verbe), *nm* (nom masculin), *nf* (nom féminin)

<abc> : indique une variante orthographique du mot-clé

«ABC» : indique une abréviation qui remplace couramment l'entrée ou la traduction de l'entrée.

Les symboles typographiques utilisés sont :

~ : la tilde remplace le mot-clé

[ ] : les crochets encadrent des mots ou lettres fréquemment omis dans la langue courante

( ) : les indications entre parenthèses donnent des exemples types mais non limitatifs des différents emplois d'un mot ou d'une expression afin de distinguer entre les différentes traductions possibles; la liste des abréviations utilisées entre parenthèses se trouve à la page XIV.

→ : renvoie à une autre entrée

Abréviations et symboles

Les abréviations en caractères gras sont suivies de l'expression qu'elles représentent; le renvoi → suivi d'italiques indique que la traduction figure sous cette expression.

Le lecteur trouvera les symboles des éléments chimiques à l'annexe *"Éléments chimiques et leurs symboles"*, et un certain nombre de symboles d'unités à l'annexe *"Unités de mesure non métriques d'usage courant"*.

Graphic presentation

bold : *bold letters are used to distinguish the entries*

italics : they are used for references to other entries and for grammatical distinctions : nn (noun), adj (adjective), vb (verb), nm (masculine noun), nf (feminine noun)

<abc> *: these letters indicate alternative endings to the key word*

«ABC» *: denotes an abbreviation replacing the entry or translation of the entry*

The graphic symbols *are :*

~ : it replaces the key word

[ ]*: the words or letters in square brackets are often omitted in everyday language*

( ) *: in ordinary brackets are given typical but not exhaustive examples of different uses of a word or phrase, in order to facilitate the choice between the various possible translations; the list of abbreviations used in brackets is given on page XIV.*

→ : refers to another entry

Abbreviations and symbols

Abbreviations in bold type are followed with the words they represent : the cross-reference sign → and the italics show that the translation will be found under those words.

The symbols of the various chemical elements are given in the appendix "Chemical elements and their symbols", and a number of units will be found in the appendix "Non-metric units of measure in common use".

Abréviations entre parenthèses, GB, NA

Abbreviations in brackets, GB, NA

(a.c.)	*air conditioning*
(aero)	*aeronautics*
(auto)	*automobile engineering*
(c.e)	*civil engineering*
(carp)	*carpentry*
(chem)	*chemistry*
(constr)	*construction*
(crt)	*cathode ray tube*
(el)	*electrical engineering*
(eon)	*electronics*
GB	*British usage*
(geol)	*geology*
(geom)	*geometry*
(graph)	*graphic arts and printing*
(inf)	*information technology*
(lab)	*laboratory*
(m-t)	*machine-tool*
(maths)	*mathematics*
(mech)	*mechanical engineering*
(met)	*metallurgy and metalwork*
(mil)	*military*
NA	*North American usage*
(naut)	*nautical term*
(nav)	*navigation*
(nuc)	*nuclear engineering*
(opt)	*optics*
(p.c.)	*printed circuit*
(pap)	*papermaking*
(petr)	*oil industry*
(phot)	*photography*
(plast)	*plastic industry*
(rlwy)	*railway*
(s.c.)	*semi-conductor*
(tcm)	*telecommunications*
(tex)	*textile industry*
(tp)	*telephone*
(tv)	*television*
(wldg)	*welding*

L'emploi de ces parenthèses est expliqué dans la partie *"Symboles typographiques"* page XIII.

The use of the brackets is explained under "Graphic symbols" section page XIII.

A

AA → *antiaircraft, arithmetic average*

abaca: abaca *nm*, chanvre *nm* de Manille

aback: (naut) en poupe

abacus: (architecture) abaque *nm*, tailloir *nm*; (maths) abaque *nm*, boulier *nm*

abaft: (naut) sur l'arrière
~ **the beam**: sur l'arrière du travers

abandoned: abandonné; (geol) fossile
~ **beach**: plage *nf* fossile
~ **call**: abandon *nm* d'appel, appel *nm* abandonné
~ **call disconnect**: libération *nf* sur abandon d'appel

A-battery: batterie *nf* de chauffage

abbreviated: abrégé
~ **dialling**: numérotation *nf* abrégée

ABC → *advancing blade concept, automatic brightness control*

abend → *abnormal end*

ability: aptitude *nf* à

abiogenetic: abiogène

abiogenic: abiogénique

ablate *vb*: ablatir, s'ablatir

ablating: d'ablation
~ **cone**: (space) cône *nm* érodable, cône d'ablation

ablation: (space) ablation *nf*

abnormal: anormal
~ **condition**: anomalie *nf*
~ **end[ing]**: fin *nf* anormale, interruption *nf* anormale
~ **operation**: dysfonctionnement *nm*

abort *nn*: arrêt *nm* avant terme, suspension *nf* d'exécution; *vb*: abandonner, arrêter, interrompre
~ **command**: commande *nf* d'arrêt

aborted: arrêté, interrompu
~ **connection**: appel *nm* interrompu
~ **take-off**: arrêt *nm* au décollage

aborting, ~ **procedure**: procédure *nf* d'abandon

aboutsledge: marteau *nm* à frapper devant

above: au-dessus
~ **grade «AG»**: en surface, en élévation
~ **grade wall**: mur *nm* en élévation
~ **grade work**: travaux *nm* en surface
~ **ground**: (constr) hors sol, en surface; (mining) à ciel ouvert, au jour, à la surface
~ **ground cable**: câble *nm* aérien
~ **ground swimming pool**: piscine *nf* hors-sol
~ **mean sea level** «amsl : au-dessus du niveau de la mer

abradant: abrasif *nm*, substance *nf* abrasive

abrade *vb*: (soil) miner, affouiller; (rubbing) abraser, user par frottement

abrading, ~ **wheel**: meule *nf* à roder

abrasiometer: abrasimètre *nm*

abrasion: abrasion *nf*, usure *nf* par frottement; (with wheel) meulage *nm*
~ **indicator**: (tyre) témoin *nm* d'usure
~ **resistance**: résistance *nf* au frottement
~ **tester**: abrasimètre *nm*

abrasive: abrasif *adj*, *nm*
~ **band** GB : bande *nf* abrasive, ruban *nm* abrasif
~ **belt** NA : bande *nf* abrasive, ruban *nm* abrasif
~ **blasting**: décapage *nm* à l'abrasif
~ **cloth**: toile *nf* émeri
~ **cutter**: tronçonneuse *nf* à meule
~ **hardness**: dureté *nf* à la rayure, dureté sclérométrique

~ **paper**: papier *nm* de verre
~ **wear**: usure *nf* par abrasion, usure par frottement
~ **wheel**: meule *nf* [abrasive], disque *nm* abrasif

abrasivity: abrasivité *nf*

abreast: (el) en dérivation, en parallèle; (nav) de front

ABS → *anti-lock braking system, acrylonitrile-butadiene-styrene*

abscissa: abscisse *nf*

absent, ~ subscriber service: permanence *nf* téléphonique

absentee: (staff) absent
~ **mode**: mode *nm* utilisateur absent

absolute: absolu; (measuring apparatus) gradué en valeurs absolues
~ **dryness**: siccité *nf* absolue
~ **language**: (inf) langage *nm* machine
~ **mean deviation**: écart *nm* moyen absolu
~ **program**: (inf) programme *nm* en absolu
~ **stop light**: (rlwy) feu *nm* infranchissable
~ **vacuum**: vide *nm* absolu, vide parfait

absorb *vb*: (a liquid) absorber; (loads) recevoir, absorber, supporter, encaisser; (inf) utiliser, accaparer (la mémoire); (impacts, shocks) amortir

absorbed: absorbé, amorti, encaissé, reçu, supporté

absorbency: pouvoir *nm* absorbant
~ **value**: (pap) coefficient *nm* d'absorption

absorber: (nuc) absorbeur *nm*; (ptrl) colonne *nf* d'absorption
~ **circuit**: (tcm) circuit *nm* de compensation de charge

absorbing, ~ clamp: pince *nf* absorbante
~ **well**: puits *nm* de perte

absorptance: facteur *nm* d'absorption, coefficient *nm* d'absorption

absorptiometry: absorptiométrie *nf*

absorption: absorption *nf*; (vibrations, shocks) amortissement *nm*
~ **area**: (antenna) surface *nf* de captation, surface effective
~ **column**: colonne *nf* d'absorption
~ **discontinuity**: discontinuité *nf* d'absorption
~ **edge**: (nuc) discontinuité *nf* d'absorption; (X-rays) arête *nf* d'absorption
~ **fading**: évanouissement *nm* dû à l'absorption
~ **gasoline**: essence *nf* de dégazolinage par absorption; essence d'absorption
~ **limit**: discontinuité *nf* d'absorption
~ **line**: raie *nf* d'absorption
~ **loss**: (tcm) affaiblissement *nm* dû à l'absorption; (ptrl) perte *nf* par absorption
~ **oil**: huile *nf* d'absorption
~ **refrigeration**: réfrigération *nf* à absorption
~ **wavemeter**: ondemètre *nm* à absorption

absorptive, ~ attenuator: atténuateur *nm* résistif

absorptiveness: absorptivité *nf*, pouvoir *nm* absorbant

absorptivity: absorptivité *nf*, pouvoir *nm* absorbant

abstract *nn*: (summary) condensé *nm*, résumé *nm*, abstract *nm*; *adj*: abstrait; *vb*: (comp) extraire, résumer, abréger; (chem) extraire (par distillation)

abstracting: analyse *nf* documentaire

abstractor: (information) analyste *nm* [documentaire], documentaliste *nm*, *nf*; (inf) filtre *nm* d'extraction; programme *nm* d'indexation

absurdity, ~ check: contrôle *nm* de vraisemblance

abundance: (nuc) abondance *nf*

abut *vb*: appuyer contre, s'appuyer contre; (carp) abouter; (pipes) abouter, placer bout à bout

abutment: (architecture) point *nm* de poussée, arc-boutant *nm*; (bridge) culée *nf*; (dam) ancrage *nm*; (tunnel) piédroit *nm*; (wall) contrefort *nm*
~ **hinge**: articulation *nf* aux naissances

~ **pier**: pile *nf* de culée, culée *nf* d'ancrage, piédroit *nm* de culée

abutting: bout à bout, s'aboutant contre, s'appuyant contre
~ **joint**: joint *nm* carré, assemblage *nm* en about

AC → *address complete, air cooled, aircraft, as cast, asbestos cement, asphalt cement*

a.c. → *air conditioning, alternating current*
~ **coupled**: à couplage *nm* alternatif
~ **dump**: coupure *nf* du courant alternatif
~ **feedback**: contre-réaction *nf* en alternatif
~ **rectifier**: redresseur *nm* [de] secteur
~ **voltage**: tension *nf* alternative
~ **voltmeter**: voltmètre *nm* [à courant] alternatif

a-c NA → *a.c., alternating current*

acacia, ~ **gum**: gomme *nf* arabique

ACC → *automatic chroma control*

accelerate *vb*: accélérer

accelerated, ~ **ageing**: vieillissement *nm* accéléré, vieillissement artificiel

acceleration: accélération *nf*; (car) accélération, reprise *nf*
~ **build up**: montée *nf* en accélération
~ **due to gravity**: accélération *nf* de la pesanteur
~ **from dead stop**: accélération *nf* au démarrage
~ **meter**: accéléromètre *nm*
~ **time**: temps *nm* de montée en vitesse, temps d'accélération

accelerator: (car, chem, phys, phot) accélérateur *nm*; (electrode) électrode *nf* accélératrice
~ **anode** : anode *nf* accélératrice
~ **jet**: gicleur *nm* de reprise
~ **pump**: pompe *nf* de reprise, pompe d'accélération

accelerometer: accéléromètre *nm*

accept *nn* : (paper) pâte *nf* épurée; *vb:* accepter, recevoir; (tcm) prendre en charge
~ **a call**: prendre la demande
~ **message**: message *nm* d'acceptation
~ **stacker**: case *nf* de réception normale

acceptable: admissible
~ **quality level** «AQL»: niveau *nm* de qualité acceptable

acceptance: réception *nf*, recette *nf*; (inf) acceptation
~ **at works**: réception *nf* en usine
~ **inspection**: contrôle *nm* de réception
~ **number**: critère *nm* de réception
~ **requirement**: condition *nf* de réception
~ **stamp**: poinçon *nm* de réception
~ **test**: essai *nm* de réception, essai de recette
~ **test pilot**: pilote *nm* réceptionnaire
~ **trial**: épreuve *nf* de réception, essai *nm* de recette

accepting, ~ **station**: station *nf* réceptrice

acceptor: accepteur *nm*
~ **impurity**: impureté *nf* acceptrice
~ **level**: (sc) niveau *nm* accepteur

access *nn*: (inspection) visite *nf*; *vb*: (inf) accéder à, consulter, demander la lecture
~ **arm**: (inf) bras *nm* de lecture, bras d'écriture; (robot) bras *nm* d'accès
~ **barred**: interdiction *nf* d'accès, accès *nm* interdit
~ **code**: (tp) indicatif *nm* d'accès
~ **control**: (security) filtrage *nm* des accès, contrôle *nm* des accès
~ **door**: porte *nf* de visite
~ **eye**: bouchon *nm* de visite, tampon *nm* de visite
~ **floor**: faux-plancher *nm*
~ **port**: (inf) porte *nf* d'accès, port *nm* d'accès (anglicisme)
~ **road**: bretelle *nf* (d'autoroute)

accessibility: accessibilité *nf*, facilité *nf* d'accès, possibilité *nf* d'accès

accessible: accessible; (inf) accessible, adressable

accession: (inf) consultation *nf*
~ **rate**: vitesse *nf* de consultation

accessor: (inf) interrogateur *nm* (d'un fichier), dispositif *nm* d'accès

accessorial, ~ **equipment**: matériel *nm* annexe

accessory *nn*: accessoire *nm*; *adj*: accessoire, annexe, auxiliaire
~ **drive**: entraînement *nm* des [organes] auxiliaires, commande *nf* des organes auxiliaires
~ **gearbox**: prise *nf* d'entraînement d'accessoires; (aero) boîte *nf* relais, relais *nm* [d'accessoires]
~ **shaft**: arbre *nm* secondaire
~ **shoe**: (phot) griffe *nf*

accidental: fortuit, intempestif

accommodate *vb*: pouvoir recevoir, loger, accueillir, prendre en charge

accommodation: (naut) aménagements *nm*, logement *nm* de l'équipage, emménagements *nm*; (inf) prise *nf* en charge; (of the eye) accommodation *nf*
~ **ladder**: échelle *nf* de coupée
~ **train** NA : train *nm* omnibus

accordion, ~ **fold** NA : pliage *nm* accordéon, pliage paravent, pliage en zigzag, pliure *nf* en accordéon, pliure en paravent, pliure en zigzag
~ **pleat**: pliage *nm* en accordéon, pliage en paravent, pliage *nf* en zigzag, pliure en accordéon, pliure en paravent, pliure en zigzag

account: compte *nm* (d'un client), budget *nm* (d'un annonceur)
~ **card**: fiche *nf* comptable
~ **for** *vb*: expliquer

accounting: comptabilité *nf*
~ **machine**: machine *nf* comptable
~ **package**: progiciel *nm* de comptabilité
~ **voucher**: document *nm* comptable, justificatif *nm*

accredited: agréé
~ **users only**: accès *nm* réservé

accretion: accrétion *nf*, accroissement *nm* par dépôt, alluvionnement *nm*

accumulate *vb*: accumuler; (accounting, inf) totaliser, cumuler

accumulated, ~ **error**: erreur *nf* cumulée
~ **total**: cumul *nm*

accumulating, ~ **counter**: compteur *nm* totalisateur
~ **register**: registre *nm* de cumul

accumulation: accumulation *nf*, cumul *nm*, totalisation *nf*
~ **of data**: collecte *nf* des données

accumulator: (battery) accumulateur *nm*; NA : récipient *nm* sous pression
~ **battery**: batterie *nf* d'accumulateurs
~ **cell**: élément *nm* d'accumulateur
~ **plate**: plaque *nf* d'accumulateur
~ **pressure**: pression *nf* d'exercice, pression de service
~ **register**: registre *nm* de cumul, registre accumulateur
~ **tank**: accumulateur *nm*, réservoir *nm* d'emmagasinage

accuracy: précision *nf*, exactitude *nf*
~ **to gauge**: exactitude *nf* des dimensions

accurate: exact, juste, précis
~ **to size**: à la cote

ACD → *automatic cash dispenser, automatic call distributor*

ac/dc → *alternating current-direct current*

acetal *nn*: acétal *nm* (*pluriel*: acétals); *adj*: acétal[ique]
~ **plastic**: plastique *nm* acétalique
~ **resin**: résine *nf* acétal

acetate: acétate *nm*

acetimeter: acétimètre *nm*, acétomètre *nm*

acetone: acétone *nf*
~ **number**: indice *nm* d'acétone
~ **resin**: résine *nf* acétonique
~ **soluble**: soluble dans l'acétone

acetyl: acétyle *nm*

acetylene *nn*: acétylène *nm* ; *adj*: d'acétylène, acétylénique
~ **black**: noir *nm* d'acétylène
~ **blowpipe**: chalumeau *nm* acétylénique
~ **generator**: générateur *nm* d'acétylène
~ **welding**: soudage *nm* à l'acétylène

achromatic: achromatique

acicular: aciculaire

acid *nn*: acide *nm*; *adj*: acide
~ **Bessemer steel**: acier *nm* Bessemer acide
~ **bottom**: (furnace) sole *nf* acide
~ **brittleness**: fragilité *nf* de décapage, fragilité par décapage
~ **carboy**: bonbonne *nf* à acide
~ **corrosion**: corrosion *nf* par les acides
~ **egg**: monte-acides *nm*, monte-jus *nm*
~ **embrittlement**: fragilité *nf* par décapage
~-**free oil**: huile *nf* neutre
~ **number** NA : indice *nm* d'acide
~ **open-hearth furnace**: four *nm* Martin acide
~ **open-hearth steel**: acier *nm* [Martin] sur sole acide
~-**proof**: antiacide, résistant aux acides, inattaquable par les acides
~ **resist**: réserve *nf* anti-acide
~ **resistance**: résistance *nf* aux acides
~ **resisting**: antiacide, résistant aux acides, inattaquable par les acides
~ **room**: dépôt *nm* des acides, parc *nm* des acides
~-**scoured concrete**: béton *nm* décapé
~ **steel** NA : acier *nm* Bessemer
~ **test**: essai *nm* aux acides
~ **treated clay**: terre *nf* activée à l'acide
~ **value**: indice *nm* d'acide

acidometer: acidimètre *nm*

acierate *vb*: aciérer

acieration: aciération *nf*, aciérage *nm*

ACK → *acknowledgment*

acknowledge *vb*: accuser réception de
~ **character**: caractère *nm* accusé de réception

acknowledgment «ACK»: accusé *nm* de réception «ACK»

acorn, ~ **nut**: écrou *nm* calotte, écrou à chapeau, écrou borgne
~ **tube**: tube *nm* gland
~ **valve**: tube *nm* gland

acoustic: acoustique, d'insonorisation, insonorisant
~ **baffle**: écran *nm* acoustique
~ **cabinet**: enceinte *nf* d'insonorisation
~ **construction**: construction *nf* antisonique, construction insonore
~ **control**: insonorisation *nf*
~ **cover**: carter *nm* d'insonorisation, capot *nm* d'insonorisation
~ **delay line**: ligne *nf* à retard acoustique
~ **enclosure**: enceinte *nf* d'insonorisation
~ **hood**: carter *nm* d'insonorisation, capot *nm* d'insonorisation
~ **insulation**: isolation *nf* acoustique, insonorisation *nf*
~ **treatment**: insonorisation *nf*

acoustical: anti-acoustique
~ **panel**: parabruit *nm*

acoustics: acoustique *nf*

acquisition: (of data) collecte *nf*, saisie *nf*

acre: acre *nm*

acreage: superficie *nf* (en acres)

acronym: sigle *nm* [prononçable]

across: en travers, au travers de
~ **a resistance**: aux bornes d'une résistance
~ **flats** «AF»: sur plats
~ **terminals**: aux bornes
~ **the board**: général
~ **the bows**: en travers de l'avant
~ **the input**: aux bornes d'entrée
~ **the line starter** NA : démarreur *nm* direct

acrylonitril-butadiene-styrene «ABS»: acrylonitrile-butadiène-styrène *nm*

ACS → *attitude control system*

act, ~ **of God**: cas *nm* de force majeure

action: (on something) action *nf*, effet *nm*; (mil) combat *nm*, engagement *nm*; (of an operator) intervention *nf*
~ **request**: demande *nf* d'intervention
~ **switch**: bouton *nm* de service, touche *nf* de service, touche active
~ **to be taken**: mesure *nf* à prendre, suite *nf* à donner

activate *vb*: actionner, déclencher, lancer, mettre en fonction, mettre en service; (chem, nuc) activer

activating, ~ **agent**: activant *nm*
~ **rod**: bielle *nf* de commande

activation: (nuc) activation *nf*; (operating) lancement *nm*, mise *nf* en service, mise en activité; (actuation) déclenchement *nm*, commande *nf*, actionnement *nm*
~ **analysis**: analyse *nf* par activation

activator: substance *nf* activatrice; (chem) activant *nm*, agent *nm* d'activation; (plast) activateur *nm*

active: en service; (inf) ayant fait l'objet d'un mouvement, mouvementé, en cours d'activité, en cours d'exécution, en cours d'utilisation; (radioactive) radioactif
~ **channel**: voie *nf* en service
~ **component**: (el) composante *nf* active, composante en phase, composante wattée
~ **current**: (el) courant *nm* watté
~ **file**: (inf) fichier *nm* courant, fichier actif, fichier en cours
~ **layer**: (soil mechanics) sol *nm* soumis aux actions saisonnières, mollisol *nm*
~ **active leaf**: (door) premier vantail *nm*
~ **maintenance time**: temps *nm* effectif de maintenance
~ **material**: (crt) matière *nf* émissive
~ **repair time**: temps *nm* effectif de réparation
~ **voltage**: tension *nf* active

activity: (nuc) activité *nf*; (computer file) mouvements *nm*
~ **meter**: curie-mètre *nm*

actual: effectif, réel, véritable
~ **parameter**: paramètre *nm* effectif
~ **power**: puissance *nf* effective
~ **reading**: mesure *nf* brute
~ **size**: grandeur *nf* nature[lle]
~ **value**: valeur *nf* réelle

actuate *vb*: actionner, attaquer, commander, déclencher, enclencher, faire fonctionner, mettre en mouvement

actuated: actionné, attaqué, commandé, déclenché, enclenché, mis en mouvement
~ **time**: temps *nm* de travail

actuating: de manœuvre, moteur *adj*
~ **cam**: came *nf* de commande
~ **cylinder**: cylindre *nm* moteur
~ **piston**: piston *nm* moteur, piston de manœuvre
~ **pressure**: pression *nf* motrice
~ **quantity**: grandeur *nf* d'influence
~ **range**: domaine *nm* d'action, domaine d'influence
~ **rod**: bielle *nf* d'attaque, bielle de commande
~ **value**: grandeur *nf* d'influence
~ **variable**: grandeur *nf* d'influence

actuation: manœuvre *nf*, manipulation *nf*, opération *nf*, commande *nf*, fonctionnement *nm*, action *nf*, mise *nf* en action

actuator: commande *nf*, délencheur *nm*, moteur *nm* de commande, organe *nm* de commande; vérin *nm*, servomoteur *nm*; mécanisme *nm* de positionnement, doigt *nm*, poussoir *nm*; servocommande *nf*; (el) actionneur *nm*; (nuc) activateur *nm*; (rob) actionneur *nm*, servomoteur *nm* de mise en action

ACU → *automatic calling unit*

ACV → *air cushion vehicle*

ACW → *anticlockwise*

acyclic: acyclique, apériodique

acyl, ~ **group**: groupe *nm* acyle

AD → *air dried, air dry, analog digital*

adaptative: adaptif

adapted: adapté
~ **for naval purpose**: navalisé

adapter <tor>: pièce *nf* de raccordement, pièce de fixation, pièce de montage; (for concentric parts) manchon *nm* de centrage; (m-t) arbre *nm* de montage; (torque wrench) embout *nm*; (el) fiche *nf* triplite; (pipe) cône-réduction *nm*, pièce de liaison
~ **bushing** NA : cône-réduction *nm*, réduction *nf*
~ **housing**: carter *nm* intermédiaire
~ **plate**: plaque *nf* de montage, plateau *nm* porte-moule
~ **ring**: bague *nf* d'accouplement

adapting *nn*: adaptation *nf*; *adj*: d'adaptation

adaptive: adaptable, adaptatif, auto-adaptable
~ **control**: commande *nf* adaptative

adaptor → *adapter*

ADC → *analog to digital converter*

add *nn*: addition *nf*; *vb*: additionner, ajouter
~**-on** *nn*: composant *nm* ajouté (à l'extérieur), matériel *nm* complémentaire, matériel supplémentaire; *adj*: additionnel, complémentaire
~**-on facility**: possibilité *nf* d'adjonction
~**-on third party**: conférence *nf* à trois
~ **subtract**: addition-soustraction
~ **without carry**: addition *nf* sans report

added: ajouté
~ **metal**: (wldg) métal *nm* d'apport

addend: (maths) cumulateur *nm*

addendum: tête *nf* de dent, saillie *nf*
~ **circle**: cercle *nm* de tête, cercle de denture, cercle de couronne
~ **modification**: (gearwheel, rack) déport *nm*

adder: additionneur *nm*, circuit *nm* d'addition; coupleur *nm* (faisceaux hertziens)
~**-subtracter**: additionneur-soustracteur *nm*

adding *nn*: addition *nf*; *adj*: additionneur

addition: (maths) addition *nf*; (met) addition, apport *nm*
~ **agent**: agent *nm* d'addition, adjuvant *nm*, additif *nm*, produit *nm* d'addition
~ **polymer**: polymère *nm* d'addition
~ **polymerisation**: polymérisation *nf* par addition

additional: additionnel, supplémentaire, auxiliaire
~ **charge**: suppplément *nm* de prix

additive: additif *nm*, adjuvant *nm*, agent *nm* d'addition

address *nn*: adresse *nf*; *vb*: adresser; (a problem) examiner
~ **complete** «AC»: (tp) adresse *nf* complète, numéro *nm* complet
~ **track**: piste *nf* d'adresses

ADF → *automatic direction finder*

adherend: surface *nf* à coller, partie *nf* collée à une autre

adhesion: adhérence *nf*; (of armature to core) collage *nm*
~ **loss**: perte *nf* par adhérence
~ **promoter**: agent *nm* d'adhésivité
~ **strength**: force *nf* d'adhérence
~ **tape**: ruban *nm* isolant adhésif, chatterton *nm*

adhesive *nn*: adhésif *nm*, colle *nf*; *adj*: adhésif
~ **binding**: reliure *nf* sans couture
~ **cement**: adhésif *nm*, ciment-colle *nm*
~ **tape**: ruban *nm* adhésif

adhesiveness: adhésivité *nf*, tendance *nf* à adhérer

adiabatic: adiabatique

adit: galerie *nf* à flanc de coteau

adjacent: adjacent, contigu
~ **channel**: voie *nf* adjacente, canal *nm* voisin

adjust *vb*: ajuster, mettre au point, régler
~ **downward**: régler vers le bas
~ **fire**: (mil) régler le tir
~ **the ignition**: régler l'allumage
~ **to zero**: mettre au zéro
~ **upward**: régler vers le haut

adjustable: ajustable, orientable, réglable, variable
~ **blade**: pale *nf* orientable
~ **for wear**: à rattrapage d'usure
~ **propeller**: hélice *nf* à pas réglable
~ **short circuit**: court-circuit *nm* mobile, piston *nm* de court-circuit
~ **spanner**: clé *nf* anglaise, clé à molette
~ **stroke**: course *nf* variable
~ **wrench**: clé *nf* à molette

adjusted: ajusté, mis au point, réglé,
~ **quantity**: grandeur *nf* corrigée
~ **range**: (artillery) portée *nf* corrigée

adjuster: (person) régleur *nm*; (mech) dispositif *nm* de réglage; (insurance) expert *nm*, arbitre *nm*

adjusting: de réglage
~ **gib**: lardon *nm* de rattrapage du jeu, lardon de compensation d'usure
~ **key**: clavette *nf* de calage
~ **nut**: (belt) écrou *nm* tendeur

~ **adjusting plate**: (m-t) lyre *nf*
~ **screw**: vis *nf* de réglage
~ **strip**: cale *nf* de rattrapage du jeu

adjustment: mise *nf* au point, réglage *nm*; (el) calage *nm* (des balais)
~ **fire**: tir *nm* de réglage
~ **lever**: levier *nm* de réglage, manette *nf* de réglage
~ **of a roll**: (rolling mill) serrage *nm* d'un cylindre
~ **plate**: (m-t) tête *nf* de cheval, lyre *nf*

administrative: (inf) de gestion

admissible: admissible

admission: (engine) admission *nf*
~ **lag**: retard *nm* à l'admission

admittance: admittance *nf*

admixture: addition *nf*, mélange *nm*; (concrete) adjuvant *nm*

admobile: voiture *nf* publicitaire

adobe: adobe *nm*

adrift: à la dérive, en dérive

adsorbate: adsorbat *nm*, substance *nf* adsorbée

adsorption: adsorption *nf*

adsorptive: adsorbant

advance *nn*: (inf) progression; (of ignition, spark) avance *nf*; (mining) avancement *nm*; *adj*: anticipé; *vb*: (inf) faire progresser; (tp) acheminer une communication; (ignition) avancer l'allumage
~ **bore-hole**: trou *nm* à l'avancement
~ **control**: régulateur *nm* d'avance à l'allumage
~ **heading**: galerie *nf* d'avancement, avancement *nm*
~ **information**: information *nf* prédictive
~ **publication**: publication *nf* anticipée

advanced: d'avant-garde, évolué, de pointe
~ **feature**: perfectionnement *nm*
~ **ignition**: avance *nf* à l'allumage
~ **language**: langage *nm* évolué
~ **opening**: (valve) avance *nf* à l'ouverture
~ **passenger train «APT»**: train *nm* APT
~ **spark[ing]**: avance *nf* à l'allumage
~ **technology**: technologie *nf* poussée, technologie de pointe

advancing: avançant, qui avance
~ **and retreating working**: (mining) exploitation *nf* par chassage et avancement
~ **blade**: (aero) pale *nf* avançante
~ **blade concept helicopter «ABC»**: hélicoptère *nm* ABC
~ **working**: (coal) exploitation *nf* chassante

advection: (space) advection *nf*

adverse: contraire, défavorable
~ **condition**: condition *nf* défavorable
~ **grade**: pente *nf* montante
~ **pressure**: pression *nf* antagoniste

advertisement: annonce *nf* publicitaire

advertiser: annonceur *nm*

advertising *nn*: publicité *nf*; *adj*: de publicité, publicitaire
~ **copy**: texte *nm* publicitaire
~ **department**: service *nm* [de la] publicité
~ **medium**: média *nm* publicitaire, support *nm* publicitaire

aeolian: éolien

aerate *vb*: (a space) aérer, ventiler; (a material) aérer, gazéifier

aerated: aéré
~ **concrete**: béton-gaz *nm*
~ **gypsum**: plâtre *nm* cellulaire

aeration: (fdry) aération *nf* (du sable)

aerator: aérateur *nm*, bouche *nf* de soufflage, ventilateur *nm*; (moulding sand) aérateur *nm*, diviseur *nm*
~ **fitting**: brise-jet *nm* aérateur

aerial *nn*: GB antenne *nf*; → also *antenna* NA ; *adj*: aérien; (geol) dénudé
~ **array**: réseau *nm* d'antennes
~ **cableway**: téléphérique *nm*
~ **circuit**: circuit *nm* d'antenne, circuit aérien
~ **crossing** NA : (wire) traversée *nf* aérienne
~ **crosstalk**: diaphonie *nf* entre antennes

~ **grounding switch**: commutateur *nm* antenne-terre
~ **lead-in**: descente *nf* d'antenne
~ **line**: ligne *nf* aérienne
~ **mapping**: cartographie *nf* aérienne
~ **network**: réseau *nm* aérien, réseau de lignes aériennes
~ **noise**: souffle *nm* d'antenne
~ **railway**: chemin *nm* de fer surélevé
~ **ropeway**: câble *nm* aérien, transporteur *nm* aérien
~ **survey**: levé *nm* aérien, levé photogrammétrique
~ **switch**: commutateur *nm* émission-réception, interrupteur *nm* de mise à la terre
~ **tap**: prise *nf* d'antenne
~ **winch**: rouet *nm* d'antenne
~ **wire**: fil *nm* d'antenne

aerobe: aérobie *nm*

aerobic: aérobie *adj*
~ **decomposition**: décomposition *nf* aérobie

aerodrome: aérodrome *nm*

aerodynamic: aérodynamique *adj*

aerodynamics: aérodynamique *nf*

aeroengine: aéromoteur *nm*

aerofoil: plan *nm* de sustentation, plan aérodynamique, surface *nf* portante
~ **profile**: plan *nm* de voilure

aerogenerator: aérogénérateur *nm*

aerograph: pinceau *nm* vaporisateur, pinceau pulvérisateur, aérographe *nm* (nom déposé)

aeronautic[al]: aéronautique *adj*

aeronautics: aéronautique *nf*

aeroplane: avion *nm*, appareil *nm*; → also *aircraft, airplane, plane*
~ **foil system**: configuration *nf* avion des ailes

aerosol: aérosol *nm*

aerospace: aérospatial

AF → *across flats, audio-frequency*

AFC → *automatic frequency control*

afloat: à flot, sur l'eau

aft: (naut) sur l'arrière, à l'arrière; (lock) d'aval

after: après, postérieur
~**-bake**: (plast) post-traitement *nm*, postcuisson *nf*, recuit *nm*
~**-blow**: (Bessemer process) sursoufflage *nm*
~**burner**: dispositif *nm* de postcombustion, dispositif de réchauffe
~**burning**: postcombustion *nf*, réchauffe *nf*
~**cooler**: refroidisseur *nm* aval, refroidisseur final, refroidisseur complémentaire, postrefroidisseur *nm*
~**cooling**: postrefroidissement *nm*, réfrigération *nf* complémentaire
~**cure**: post-vulcanisation *nf*
~**deck**: arrière-pont *nm*, pont *nm* arrière
~**effect**: (magnetic) traînage *nm*
~**glow**: (screen) persistance *nf* d'écran, rémanence *nf*; (pap) incandescence *nf* résiduelle
~**heat**: chaleur *nf* résiduelle, chaleur rémanente
~**heater**: réchauffeur *nm* aval, postréchauffeur *nm*
~**image**: (crt) rémanence *nf* à l'extinction; (screen) persistance *nf*, traînage *nm*
~ **power**: (reactor) puissance *nf* résiduelle
~**-sale service**: service *nm* après-vente
~**-sale support**: service *nm* après-vente
~**-shrinkage**: (plast) retrait *nm* ultérieur
~**-tack**: (adhesive) postadhésivité *nf*; (paint) persistance *nf* d'adhérence
~**-treatment**: traitement *nm* postérieur, traitement complémentaire
~ **turn-on**: après démarrage

AG → *above grade, against the grain*

against: contre, en sens contraire
~ **the grain** «AG»: à contre-fil
~ **the nap**: (tex) à contre-poil
~ **the light**: à contre-jour

agar-agar: agar-agar *nm*

AGB → *accessory gear box*

AGC → *automatic gain control*

age: âge *nm*
~ **dating**: datation *nf*, détermination *nf* de l'âge
~ **group**: classe *nf* d'âge, tranche *nf* d'âge
~ **hardening**: durcissement *nm* structural, durcissement par précipitation

aged: vieilli

ageing: vieillissement *nm*, maturation *nf*; (ceramics) pourrissage *nm*; (light alloy) revenu *nm*

agglomerate *nn*: agglomérat *nm*; *vb*: s'agglutiner, s'agglomérer

aggregate *nn*: agrégat; (concrete) granulat *nm*; *adj*: global, total

aging NA → *ageing*

agitated: à agitation

aground: échoué

ah → *ampere-hour*

ahead: en avant, devant
~ **turbine**: turbine *nf* de marche avant

aid: (by person) assistance *nf*, secours *nm*; (device) outil *nm*, moyen *nm*, aide *nf*

aileron: aileron *nm*
~ **control**: commande *nf* de gauchissement
~ **lever**: guignol *nm* d'aileron

aiming: (mil) pointage *nm*

AIR → *air injection reactor*

air *nn*: air *nm*, air comprimé; (blast furnace) air, vent *nm*; *adj*: à air comprimé, pneumatique
~**-actuated**: [à commande] pneumatique
~ **admission**: admission *nf* d'air, entrée *nf* d'air; (reactor) ouïe *nf*, prise *nf* d'air
~**/air**: air/air
~ **ambulance**: avion *nm* sanitaire
~**-assisted**: à assistance *nf* pneumatique
~ **bag**: (car suspension) coussin *nm* d'air; (car safety) sac *nm* gonflable, enveloppe *nf* gonflable
~ **base**: base *nf* aérienne
~ **bearing**: coussinet *nm* à air, coussinet pneumatique
~ **blast**: jet *nm* d'air; (freezing) circulation *nf* d'air, soufflage *nm* d'air
~**-blast freezing**: congélation *nf* en air soufflé
~**-blast circuit-breaker**: disjoncteur *nm* à soufflage d'air, disjoncteur à air comprimé
~**-blast transformer**: transformateur *nm* à refroidissement par air
~ **bleed**: purge *nf* d'air
~ **blower**: bouche *nf* de soufflage
~ **blowing**: ventilation *nf* forcée; (met) affinage *nm* au vent
~ **blown**: (asphalt, bitumen) soufflé
~ **box**: (met) boîte *nf* à vent; (ventilation) boîte à air, caisse *nf* à vent, caisson *nm* d'aérage
~ **brake**: (road vehicle) frein *nm* à air comprimé; (aero) aérofrein *nm*
~ **break**: (el) coupure *nf* dans l'air, rupture *nf* dans l'air
~**-break circuit-breaker**: disjoncteur *nm* à coupure dans l'air
~**-break switch**: interrupteur *nm* dans l'air, interrupteur à cornes
~**-breathing engine**: moteur *nm* aérobie
~ **brick**: brique *nf* de ventilation, brique d'aération
~**-brush**: aérographe *nm* (nom déposé), pinceau *nm* pulvérisateur, pinceau vaporisateur
~**-brush coater**: coucheuse *nf* à lame d'air
~ **cargo**: fret *nm* aérien
~ **carrier**: compagnie *nf* aérienne
~ **change**: (air conditioning) renouvellement *nm* d'air
~ **channel**: bande *nf* de radiodiffusion, fréquence *nf* de radiodiffusion
~ **charging valve**: clapet *nm* de gonflage
~ **chill**: trempe *nf* à l'air, durcissement *nm* à l'air
~ **circuit-breaker** NA : disjoncteur *nm* à coupure dans l'air
~ **classification**: aéroclassification, *nf*, turbo-séparation *nf*
~ **cleaner**: filtre *nm* à air, épurateur *nm* à air
~ **cock**: robinet *nm* de purge
~ **command**: commandement *nm* aérien
~ **compressor**: compresseur *nm* d'air
~ **conditioner**: climatiseur *nm*
~ **conditioning** «a.c.»: climatisation *nf*
~ **contaminant**: aérocontaminant *nm*
~ **conveyor**: transporteur *nm* pneumatique
~**-cooled**: refroidi par air, à refroidissement par air
~ **cooling**: refroidissement *nm* à air, refroidissement par air
~ **core**: noyau *nm* d'air

~-**core cable**: câble *nm* non rempli
~-**core coil**: bobine *nf* à air
~-**core transformer**: transformateur *nm* à air
~ **course**: (naut) virure *nf* d'aération; (mining) galerie *nf* d'aérage
~ **cover**: (mil) protection *nf* aérienne
~ **crew**: personnel *nm* navigant
~ **curtain**: rideau *nm* d'air
~ **cushion**: (transport) coussin *nm* d'air; (coal preparation) matelas *nm* d'air
~-**cushion vehicle** «ACV»: aéroglisseur *nm*
~ **cylinder**: vérin *nm* pneumatique
~ **damping**: amortissement *nm* pneumatique
~ **data computer**: centrale *nf* aérodynamique
~ **disaster**: catastrophe *nf* aérienne
~ **discharge**: décharge *nf* atmosphérique
~ **display**: fête *nf* aéronautique
~ **door**: (mine) porte *nf* d'aérage
~ **drag**: traînée *nf* atmosphérique, traînée aérodynamique
~ **dried** «AD»: séché à l'air
~ **dry** «AD»: sec à l'air
~ **dryer**: déshydrateur *nm*
~ **duct**: gaine *nf* d'air
~ **engine**: aéromoteur *nm*, éolienne *nf*
~-**entraining agent**: entraîneur *nm* d'air
~ **equipment**: équipement *nm* pneumatique
~ **equivalent**: équivalent *nm* en air
~ **exhauster**: ventilateur *nm* aspirant
~ **exhaustion**: (packaging) dégarnissage *nm*
~ **ferry**: bac *nm* aérien
~ **flooding**: (oil production) injection *nf* d'air
~ **flow**: débit *nm* d'air
~ **force**: armée *nf* de l'air
~ **furnace** NA : four *nm* réverbère
~ **gap**: (of air cushion) intervalle *nm* de fuite, hauteur *nf* de fuite; (of spark plugs) écartement *nm* des électrodes; (of switch) espace *nm* intercontact; (of magnet) entrefer *nm*; (in cavity wall) couche *nf* d'air, lame *nf* d'air
~ **gap clearance**: espace *nm* libre de l'entrefer
~ **gap protector**: éclateur *nm* à air
~/**ground**: (missile) air/sol; (personnel) air-terre
~ **hammer**: marteau *nm* pneumatique
~ **hardening** *nn*: autotrempe *nf*; *adj*: autotrempant
~ **hole**: (a flaw in casting) soufflure *nf*; (a vent) évent *nm*, prise *nf* d'air, ventouse *nf*; (mining) aspirail *nm*
~ **injection reactor** «AIR: réacteur *nm* à injection d'air
~ **inlet**: arrivée *nf* d'air, prise *nf* d'air; (a.c.) bouche *nf* de reprise
~ **input**: apport *nm* d'air
~ **intake**: prise *nf* d'air
~ **intake casing**: carter *nm* d'admission d'air
~-**knife coater**: coucheuse *nf* à lame d'air
~ **lane**: route *nf* aérienne
~ **level** NA : niveau *nm* à bulle d'air
~ **line**: (piping) canalisation *nf* d'air, conduite *nf* d'air; (of spectrum) raie *nf* atmosphérique; → *airline*
~ **lock**: sas *nm* d'air, sas d'aérage, sas *nm* de chaufferie; (in piping) bouchon *nm* de vapeur; (nuc) labyrinthe *nm* d'entrée
~ **miss**: collision *nf* [aérienne] manquée
~ **motor**: moteur *nm* pneumatique
~ **nozzle**: (in car) buse *nf* d'aération, buse de chauffage; (a.c.) bouche *nf* d'air, bouche de ventilation; (on carburettor) ajutage *nm* d'air
~ **of combustion**: air *nm* comburant
~-**oil**: oléopneumatique
~-**operated**: à air comprimé, pneumatique
~ **pocket**: (aero) poche *nf* d'air, trou *nm* d'air; (met) soufflure *nf*
~-**powered**: à air comprimé, pneumatique
~-**pressure gauge**: manomètre *nm* à air
~ **propeller**: hélice *nf* aérienne
~ **pump**: pompe *nf* à air, pompe pneumatique; (tyre inflation) borne *nf* de gonflage, gonfleur *nm*
~ **receiver**: réservoir *nm* d'air [comprimé]
~-**refining**: (of steel) affinage *nm* au vent
~ **refuelling**: (aero) ravitaillement *nm* en vol
~ **release**: purge *nf* d'air; désaération *nf*; (plastic extrusion) dégonflage *nm*
~ **release valve**: purgeur *nm* d'air
~ **relief valve**: purgeur *nm* d'air
~ **route**: route *nf* aérienne
~ **scoop**: (naut) prise *nf* d'air, manche *nf* à air; (aero) ouïe *nf* d'entrée d'air, prise *nf* d'air
~ **scrubber**: épurateur *nm* d'air, laveur *nm* d'air, scrubber *nm*
~-**sea base**: base *nf* aéronavale
~-**sea rescue**: sauvetage *nm* air-mer
~ **seal**: joint *nm* étanche à l'air
~-**set**: (plaster) éventé
~ **shaft**: (mining) puits *nm* d'aérage, puits de ventilation
~-**slacked** (lime) éteint à l'air
~ **slaking**: extinction *nf* à l'air
~ **sleeve**: manche *nf* à air

~ **slide**: aéroglissière *nf*, goulotte *nf* pneumatique
~ **sock**: manche *nf* à air
~ **space**: (mil) territoire *nm* aérien; (cavity wall) couche *nf* d'air, lame *nf* d'air
~ **speed**: (aero) vitesse *nf* relative
~**-speed indicator**: (aero) badin *nm*; (wind) anéomètre *nm*
~ **spring**: ressort *nm* pneumatique
~ **start**: (of turbine) démarrage *nm* à air
~ **starter**: démarreur *nm* à air comprimé
~ **supply**: alimentation *nf* en air, arrivée *nf* d'air
~**-supported structure**: structure *nf* gonflable
~ **suspension**: suspension *nf* pneumatique
~ **switch**: disjoncteur *nm* à l'air libre
~ **tank**: récipient *nm* d'air
~ **taxi**: avion *nm* taxi
~ **temperature**: température *nf* ambiante
~ **terminal**: aérogare *nf*
~ **test**: essai *nm* d'étanchéité
~ **throttle**: étrangleur *nm*, obturateur *nm* d'air
~ **time**: temps *nm* d'antenne, temps d'émission
~**-to-air exchanger**: échangeur *nm* air-air
~**-to-ground**: air/sol
~**-to-surface**: air-sol; (at sea) air-mer
~**-to-surface** missile «ASM»: engin *nm* air-sol
~ **traffic**: trafic *nm* aérien
~ **traffic control** «ATC»: contrôle *nm* du trafic aérien, contrôle de la navigation aérienne
~ **traffic controller**: aiguilleur *nm* du ciel, contrôleur *nm* de la navigation aérienne
~ **trap**: siphon *nm*, coupe-air *nm*; (sink) garde *nf* d'eau
~ **tube**: (ventilation) tube *nm* d'aérage, tuyau *nm* d'air, canalisation *nf* d'air; (of tyre) chambre *nf* à air
~ **valve**: soupape *nf* d'admission d'air, valve *nf* pneumatique; purgeur *nm*, reniflard *nm*, ventouse *nf*
~ **valve assembly**: (tyre) obus *nm* de valve
~ **vent**: (constr) ouverture *nf* de ventilation; (mech) évent *nm*, reniflard *nm*, robinet *nm* purgeur d'air, purgeur d'air *nm*
~ **vessel**: réservoir *nm* d'air, cloche *nf* à air
~ **void**: vide *nm* intersticiel, vide intergranulaire

airborne: (aircraft equipment) de bord, embarqué; (troops) aéroporté
~ **time**: (plane) temps *nm* de fonctionnement, temps d'étape, temps de vol

airbus: airbus *nm*

aircast: radiodiffusé

aircraft «AC»: avion *nm*, appareil *nm*; → also *aeroplane*
~**-carrier**: porte-avions *nm*
~ **fueler**: essencier *nm*
~ **manufacturer**: avionneur *nm*

airdrome NA → *aerodrome*

airfoil NA : surface *nf* portante
~ **foil profile**: profil *nm* de voilure

airframe: cellule *nf* (d'avion)

airgun: (compressed air) soufflette *nf*; (shooting) fusil *nm* à air comprimé, carabine *nf* à air comprimé

airlift: pont *nm* aérien; (coal, oil) air lift
~ **lifted**: aérotransporté

airline: compagnie *nf* aérienne
~ **distance**: distance *nf* à vol d'oiseau, distance en ligne droite

airliner: avion *nm* de ligne

airplane NA → *aeroplane*

airport: aéroport *nm*

airscrew: (aero) hélice *nf* (d'avion)

airship: ballon *nm* dirigeable

airshow: salon *nm* d'aéronautique; (air display) meeting *nm* d'aviation

airstream: filet *nm* d'air, veine *nf* d'air
~ **separation**: décollement *nm* des filets d'air

airtight: étanche, hermétique

airway: route *nf* aérienne; **airways** (radio) les ondes *nf*

airworthiness: navigabilité *nf*

airworthy: navigable, en état de navigation

aisle: (architecture) bas-côté *nm*, nef *nf* latérale; (factory) allée *nf*; (train) couloir *nm*

alarm: alarme *nf*, dispositif *nm* d'alarme, avertisseur *nm*
~-**on threshold**: seuil *nm* de déclenchement d'alarme
~ **thermometer**: thermomètre *nm* avertisseur
~ **trouble**: dérangement *nm* avec alarme

albedo: albédo *nm*

alcohol: alcool *nm*
~ **soluble**: soluble dans l'alcool

aldehyde: aldéhyde *nm*
~ **resin**: résine *nf* aldéhydique

alight *vb*: atterrir; (on the moon) atterrir sur la lune, alunir; (on water) amerrir

align *vb*: aligner; (an antenna) orienter; (a picture) cadrer

alignment: alignement *nm*; (of circular components) centrage *nm*; (constr) alignement *nm*; (of car wheels) parallélisme *nm*; (of road, railway track) tracé *nm*; (of magnetic tape) réglage *nm*; (of frame) équerrage *nm*; (of picture) cadrage *nm*
~ **chart**: abaque *nm* (de conversion), nomogramme *nm*
~ **test**: essai *nm* de centrage

alive: alimenté (en courant), sous tension

alizarin: alizarine *nf*

alkali: alcali *nm*

alkaline: alcalin
~ **earth metal**: métal *nm* alcalino-terreux
~ **lye**: lessive *nf* alcaline

alkaloid: alcaloïde *nm*

alkyd, ~ **paint**: peinture *nf* alkyde, peinture glycérophtalique
~ **resin**: résine *nf* alkyde

alkyl: alcoyle *nm*

alkylation: alcoylation *nf*

all: tout, entièrement
~ **call**: appel *nm* général
~-**cargo freightship**: cargo *nm* polyvalent, navire *nm* multicargo
~-**channel**: toutes ondes
~-**digital**: tout numérique, entièrement numérique
~-**flange cross**: croix *nf* à quatre brides
~-**flange Tee**: Té *nm* à trois brides
~-**in**: (aggregate, ballast) tout venant, non tamisé
~-**in charge**: somme *nf* forfaitaire
~-**insulated**: (el) protégé contre les contacts accidentels
~-**level sample**: (geol) échantillon *nm* moyen
~-**mains**: tous courants, universel
~-**on all-off controller** NA : régulateur *nm* par tout ou rien
~ **over**: sur toute la surface
~-**pass filter**: filtre *nm* passe-tout, passe-tout *nm*
~-**pass network**: réseau *nm* passe-tout, passe-tout *nm*
~-**pole**: omnipolaire
~-**purpose**: polyvalent, universel
~-**purpose meter**: multimètre *nm*, polymètre *nm*, appareil *nm* de mesure polyvalent
~-**relay system**: système *nm* tout à relais
~-**round**: (mil) tous azimuts
~-**round dumping**: (tipper) culbutant dans tous les sens
~ **solid state**: à semi-conducteurs, transistorisé
~-**temperature**: thermostable
~-**terrain vehicle**: véhicule *nm* tout terrain, véhicule tous terrains
~-**trunks busy** NA : (tp) occupation *nf* totale
~-**up weight**: poids *nm* total, poids total en état de marche
~-**wave**: toutes ondes
~-**weld specimen**: échantillon *nm* prélevé dans le métal déposé
~-**welded**: entièrement soudé
~-**year air conditioning**: climatisation *nf* été-hiver

allen, ~ **screw**: vis *nf* Allen, vis à tête cruciforme
~ **wrench**: clé *nf* six pans mâle

allied: connexe
~ **process**: procédé *nm* connexe, technique *nf* connexe

alligator, ~ **clip**: pince *nf* crocodile

alligatoring: crocodilage *nm*, peau *nf* de crapaud, peau de crocodile

allocate *vb*: affecter, attribuer, répartir, ventiler

alloy: alliage *nm*
~ **cast iron**: fonte *nf* alliée
~ **steel**: acier *nm* allié

allowable: admissible

allowance : tolérance *nf*, jeu *nm*
~ **in width**: tolérance *nf* sur la largeur

allowed: admis, toléré

alloyability: aptitude *nf* à s'allier

alloying, ~ **ability**: aptitude *nf* à s'allier
~ **element**: élément *nm* d'addition, constituant *nm* d'un alliage

alluviation: alluvionnement *nm*

allyl *nn*: allyle *nm*; *adj:* (alcohol, plastic, resin) allylique

alpha: alpha
~ **radiation**: rayonnement *nm* alpha
~ **test**: essai *nm* en laboratoire, test *nm* en laboratoire

alphabetic: alphabétique; **alphabetics**: caractères *nm* alphabétiques

alphameric → *alphanumeric*

alphanumeric *nn*: caractère *nm* alphanumérique; *adj*: alphanumérique
~**-coded**: codé alphanumérique

altazimuth: azimuth-élévation

alter *vb*: modifier, corriger

alteration: modification *nf*

alternate *adj*: (pattern) alterné, en quinconce; (replacement) de remplacement, de substitution; (airport, road) de dégagement; *vb*: (inf) travailler en bascule
~ **bend test**: essai *nm* de pliage alterné
~ **bending**: flexions *nf* alternées
~ **joints**: (masonry) joints *nm* croisés
~ **motion**: mouvement *nm* de va-et-vient
~ **operation**: (tp) exploitation *nf* à l'alternat
~ **routing**: déroutement *nm*

alternating: (current) alternatif; (stress, bending) alterné; (movement) de va-et-vient
~ **copolymer**: copolymère *nm* alterné
~ **current** «a.c.»: courant *nm* alternatif «c.a.»

alternation: alternance *nf*, demi-onde *nf*, inversion *nf* du courant

alternative: variante *nf*, autre possibilité *nf*
~ **energy**: énergie *nf* douce
~ **proposal**: deuxième offre *nf*, autre proposition *nf*
~ **route**: (tcm) voie détournée; (transport) voie de déroutement
~ **solution**: solution *nf* de rechange
~ **source of energy**: énergie *nf* de remplacement

altitude: (above sea level) altitude *nf*; (of triangle) hauteur *nf*; (astronomy) hauteur d'un astre; (survey) élévation *nf* (au-dessus du repère)
~ **engine**: moteur *nm* suralimenté

alum: alun *nm*

alumina *nn*: alumine *nf*; *adj*: alumineux
~ **brick**: brique *nf* alumineuse
~ **carrier**: (ship) aluminier *nm*

aluminium: aluminium *nm*
~ **bronze**: cupro-aluminium *nm*; bronze *nm* d'aluminium (erroné)
~ **coating**: aluminiage *nm*
~ **covered steel reinforced** «ACSR» wire: fil *nm* d'acier renforcé d'aluminium
~ **deposit**: aluminiage *nm*
~ **foil**: feuille *nf* d'aluminium
~ **grease**: graisse *nf* à base d'aluminium
~**-killed**: calmé à l'aluminium
~ **screening**: blindage *nm* en aluminium
~ **sheet**: tôle *nf* d'aluminium
~ **soap grease**: graisse *nf* au savon d'aluminium

aluminothermy: aluminothermie *nf*

aluminous: alumineux

aluminum NA → *aluminium*

alundum: alundon *nm*

always, ~ **manned**: sous surveillance constante

AM → *amplitude modulation*

amalgam: amalgame *nm*

ambient: ambiant, d'ambiance

ambulance: ambulance *nf*
~ **aircraft**: avion *nm* sanitaire

amendment: rectificatif *nm*, correction *nf*

amenity: agrément *nm* (urbanisme)

amidships: au milieu du navire; (helm) à zéro

amino, ~ **acid**: aminoacide *nm*, acide *nm* aminé
~ **resin**: résine *nf* aminique
~ **plastic**: aminoplaste *nm*

ammeter: ampèremètre *nm*

ammonia: ammoniac *nm*, gaz *nm* ammoniac; (ammonia water) ammoniaque *nf*
~ **maser**: maser *nm* à ammoniaque
~ **water**: alcali *nm* volatil, ammoniaque *nf*, eau *nf* ammoniacale
~ **compressor**: compresseur *nm* à ammoniac

ammonium: ammonium *nm*

ammunition: munitions *nf*
~ **dump**: dépôt *nm* de munitions

amorphous: amorphe

amount: quantité *nf*; taux *nm*, teneur *nf*; (accounting) montant *nm*

AMP → *amplifier, ampere*

amperage: intensité *nf* de courant, ampérage *nm* (déconseillé)

ampere: ampère *nm*
~-**hour** «ah»: ampère-heure *nm* «Ah»
~ **rating**: intensité *nf* nominale
~-**turn**: ampère-tour *nm*

ampersand: perluète *nm*, signe *nm* &

amphibious: amphibie

amplification: amplification *nf*
~ **stage**: étage *nm* amplificateur

amplifier «AMP»: amplificateur *nm*
~-**equalizer**: préamplificateur-correcteur *nm*, amplificateur-égaliseur *nm*
~ **noise**: souffle *nm* d'amplificateur
~-**rectifier**: amplificateur-redresseur *nm*
~ **stage**: étage *nm* amplificateur

amplifying: d'amplification, amplificateur *adj*
~ **stage**: étage *nm* amplificateur

amplitude: (quantity) grandeur *nf*; (of pulse) hauteur *nf*; (el) amplitude *nf*
~ **equalizer**: compensateur *nm* d'affaiblissement, égaliseur *nm* d'affaiblissement, égaliseur d'amplitude, correcteur *nm* d'affaiblissement, correcteur d'amplitude
~ **limiter**: écrêteur *nm*
~ **lopper** NA : écrêteur *nm*
~-**modulated**: modulé en amplitude, à modulation d'amplitude
~ **modulation** «AM»: modulation *nf* d'amplitude, modulation en amplitude «MA»
~ **resonance**: résonance *nf* d'amplitude

AMR → *automatic message routing*

amsl → *above mean sea level*

amyl *nn:* amyle *nm*; *adj:* amylique

analog NA : analogique
~-**digital** «A/D»: analogique/numérique
~-**digital converter** «ADC»: convertisseur *nm* analogique/numérique «CAN»
~-**to-digital**: analogique/numérique

analogue GB → *analog* NA

analysis: analyse *nf*

analyst: analyste *nm*

analyzer <yser>: analyseur *nm*

anchor: (fastening) ancre *nf*, attache *nf*; (naut) ancre
~ **bar**: (concrete) crochet *nm*
~ **block**: massif *nm* d'ancrage
~ **bolt**: boulon *nm* de scellement, boulon d'ancrage
~ **guy**: hauban *nm* d'ancrage
~ **light**: feu *nm* de mouillage
~ **pull**: réaction *nf* d'ancrage, traction *nf* sur l'ancrage
~ **tower**: pylône *nm* d'ancrage

anchorage: (naut) mouillage *nm*; (concrete) ancrage *nm*

anchoring: (fastening) ancrage *nm*; (of ship) amarrage *nm*, mouillage *nm*

ancillary: auxiliaire, annexe
~ **equipment**: (airport) matériel *nm* de servitude; (machine) matériel *nm* annexe
~ **system**: (aero) servitude *nf* de bord, servitude avion

AND: ET, intersection *nf* logique
~ **circuit**: circuit *nm* ET
~ **gate**: porte *nf* ET

anechoic: anéchoïde, sourd

anemometer: anémomètre *nm*

angle: (geom) angle *nm*; (angle bar) cornière *nf*; (a broken shape) coude *nm*, équerre *nf*
~ **bar**: cornière *nf*
~ **bracket**: console *nf*, équerre *nf*
~ **flange**: aile *nf* de cornière
~ **lever**: levier *nm* coudé, levier brisé
~ **of bite**: (rolling) angle *nm* de prise, angle d'attaque
~ **of clearance**: angle *nm* de dépouille
~ **of cone**: angle *nm* de conicité, angle au sommet
~ **of gradient**: angle *nm* de déclivité
~ **of lag**: angle *nm* de retard (de phase), angle de décalage (en retard)
~ **of lap** (of belt) angle *nm* d'enroulement
~ **of lead**: angle *nm* de décalage en avance, angle d'avance
~ **of lock**: angle *nm* de braquage
~ **of repose**: angle *nm* de talus naturel
~ **of throw**: (conveyor belt) angle *nm* de projection
~ **of wrap**: (of belt) angle *nm* d'enroulement
~ **off...**: angle *nm* par rapport à ...
~ **pipe**: tuyau *nm* coudé
~ **plate**: (m-t) plateau *nm* angulaire ; (a bracket) équerre *nf*, gousset *nm* en équerre
~ **pulley**: poulie *nf* d'angle, poulie de renvoi
~ **section** NA : cornière *nf*
~ **valve**: robinet *nm* d'équerre

angledozer: angledozer *nm*, bouteur *nm* biais

angular: angulaire
~ **aggregate**: granulat *nm* concassé, concassés *nm*
~ **blade**: (scraper) lame *nf* oblique, lame orientable
~ **cut**: coupe *nf* biaise, coupe oblique
~ **frequency**: pulsation *nf*, vitesse *nf* angulaire
~ **gear**: renvoi *nm* d'angle
~ **gearing**: engrenage *nm* conique
~ **momentum**: moment *nm* cinétique
~ **phase difference**: angle *nm* de déphasage
~ **roller bearing**: roulement *nm* à rouleaux coniques
~ **thread**: filet *nm* triangulaire
~ **velocity**: pulsation *nf*, vitesse *nf* angulaire
~ **wheel**: roue *nf* conique
~ **width**: (of beam) angle *nm* d'ouverture

anhydrous: anhydre

aniline: aniline *nf*

animal: animal
~ **black**: charbon *nm* animal, noir *nm* animal
~ **glue**: colle *nf* animale
~**-sized**: (paper) encollé à la colle animale

anisotropic: anisotrope

anisotropy: anisotropie *nf*

anneal *vb*: recuire

annealing: recuit *nm* , de recuit
~ **furnace**: four *nm* de recuit

annular: annulaire
~**-casing pump**: pompe *nf* à corps torique
~ **gear**: engrenage *nm* à dents intérieures
~**-grooved nail**: clou *nm* cannelé
~ **saw**: scie *nf* cylindrique, scie en couronne
~ **wheel**: roue *nf* dentée intérieure

annulus: chambre *nf* annulaire, espace *nm* annulaire, anneau *nm* torique
~ **gear**: couronne *nf*

annunciator: (tp) avertisseur *nm* (d'appel); (a board) tableau-indicateur *nm*
~ **relay** NA : relais *nm* de signalisation

anode: anode *nf*, plaque *nf*
~ **battery**: batterie *nf* anodique, batterie de plaque
~ **breakdown**: amorçage *nm* de l'anode, claquage *nm* de l'anode

~ **circuit**: circuit *nm* anodique, circuit de l'anode, circuit de plaque
~ **current**: courant *nm* anodique, courant [de] plaque
~ **drop**: chute *nf* [de tension] anodique
~ **glow**: lumière *nf* anodique, lumière positive
~ **mud**: boue *nf* anodique
~ **plate**: plaque *nf* d'anode, borne d'anode
~ **resistance**: (of valve) résistance *nf* interne
~ **scrap**: (electroplating) résidu *nm* anodique
~ **voltage**: tension *nf* anodique, tension de plaque

anodizing <ising>: traitement *nm* anodique, oxydation *nf* anodique

anomalous: anormal

anomaly: anomalie *nf*

answer *nn*: réponse *nf*; *vb*: répondre

answerback: confirmation *nf* de réception
~ **code**: indicatif *nm* de réception (d'un téléimprimeur)
~ **unit**: émetteur *nm* d'indicatif

answerer: répondeur *nm* [téléphonique]

answering *nn*: réponse *nf*; *adj:* de réponse
~ **machine**: répondeur *nm* [téléphonique]
~ **plug**: fiche *nf* de réponse
~ **service**: secrétariat *nm* téléphonique, permanence *nf* téléphonique

answerphone: répondeur *nm* [téléphonique]

antagonistic: antagoniste

antenna NA → also *aerial* GB : antenne *nf*
~ **array**: groupement *nm* d'antennes, système *nm* d'antennes, réseau *nm* d'antennes
~ **change over switch**: commutateur *nm* émission/réception
~ **cross-section**: aire *nf* équivalente
~ **dipole**: antenne *nf* dipole, antenne doublet
~ **downlead**: descente *nf* d'antenne
~ **duct**: passage *nm* d'antenne, traversée *nf* d'antenne
~ **eliminator**: circuit *nm* bouchon d'antenne
~ **footprint**: empreinte *nf* d'antenne, empreinte du lobe de rayonnement
~ **lead-in**: passage *nm* d'antenne, traversée *nf* d'antenne
~ **pattern**: diagramme *nm* de rayonnement de l'antenne
~ **pickup**: (noise) bruit *nm* d'antenne; (connection) prise *nf* d'antenne
~ **radiation**: rayonnement *nm* d'antenne
~ **tower**: mât *nm* d'antenne, pylône *nm* d'antenne

anthracene: anthracène *nm*
~ **oil**: huile *nf* anthracénique

anti-aircraft «AA»: antiaérien

anticlockwise «ACW»: en sens anti-horaire, en sens inverse des aiguilles d'une montre

anticlutter: (mil) antibrouillage; (radar) antiparasite

anticompound, ~ **motor**: moteur *nm* anticompound

anticopy: anticopie

antidazzle: antiéblouissant
~ **mirror**: rétroviseur *nm* jour et nuit

antidrying: antisiccatif

antifading: anti-évanouissant

antifouling, ~ **paint**: peinture *nf* antisalissure

antifreeze: anti-gel *nm*
~ **grease**: graisse *nf* incongelable
~ **pin** NA : pastille *nf* antirémanente
~ **plate**: (of relay) plaque *nf* antirémanente
~ **stud**: (of relay) pastille *nf* antirémanente

antifriction: antifriction
~ **bearing**: roulement *nm*
~ **metal**: métal *nm* antifriction, métal blanc

anti-g, ~ **suit**: combinaison *nf* anti-g

antiglare: antiéblouissant
~ **bezel**: visière *nf* anti-reflets

antihalation: antihalo

antihunt: antipompage, de stabilisation

anti-interference: antiparasite

antijamming: anti-brouillage

antikink: anti-coque

antiknock: antidétonant

antilock, ~ **braking system** «ABS»: système *nm* de freinage antibloquant, freinage *nm* ABS

antilocking: antiblocage; (veh) antidérapant

antimatter: anti-matière *nf*

antimony: antimoine *nm*

antinode: (curve, oscillation, wave) ventre *nm*

antinoise: anti-bruit, antisonique; (el) anti-parasite

antiphase: opposition *nf* de phase

anti-pick-up, ~ **factor**: facteur *nm* de sécurité contre la mise au travail

antiresonant, ~ **circuit**: circuit *nm* antirésonnant, circuit antirésonant, circuit bouchon

antiroll, ~ **bar**: barre *nf* anti-roulis, barre stabilisatrice

antirust: antirouille

antisettling, ~ **agent**: (paint) agent *nm* de suspension

antiskating: antidérapant, antipatinage

antiskid: antidérapant, antipatinage

antiskinning: antipeau

antisplash: anti-éclaboussures
~ **nozzle**: (on tap) brise-jet *nm*

antisubmarine «ASM»: anti-sous-marin

antitheft, ~ **device**: antivol *nm*

antitorque: anticouple

anvil: (of instrument) touche *nf*; (of forge) enclume *nf*

AO → *automated office*

AOQ → *average outgoing quality*

AP → *armour piercing*

APC → *automatic phase control*

aperiodic: apériodique

aperture: ouverture *nf*, orifice *nm*; (in a wall) jour *nm*; (of beam) largeur *nf* du faisceau; (in punched card) fenêtre *nf*
~ **angle** NA : angle *nm* de faisceau
~ **blocking**: masquage *nm* d'une ouverture, occultation *nf* d'une ouverture
~ **card**: carte *nf* à fenêtre, carte à microfilm
~ **plate**: plaque *nf* à trous
~ **size**: (of mesh) ouverture *nf* de maille

apex: (of triangle) sommet *nm*; (of cone, curve) pointe *nf*
~ **drive**: (antenna) alimentation *nf* médiane, attaque *nf* médiane

apparatus: appareil *nm* (de mesure, électrique); (el) appareillage *nm*, équipement *nm*, matériel *nm*
~ **closet**: armoire *nf* de matériel, armoire d'appareillage

apparels: (naut) apparaux *nm*

apparent: apparent
~ **density**: masse *nf* volumique apparente
~ **specific gravity**: densité *nf* pseudoréelle; (paper) densité apparente

appearance: apparence *nf*, aspect *nm*; (tcm) point *nm* d'accès
~ **check**: inspection *nf* visuelle

appliance: appareil *nm* (électrique, ménager)
~ **cord**: cordon *nm* d'appareil
~ **plug**: fiche *nf* d'appareil
~ **wire**: fil *nm* de branchement

application: application *nf*, cas *nm* d'utilisation, utilisation *nf*; (of adhesive) encollage *nm*; (of brakes) serrage *nm*; (of force, of paint) application
~ **engineer**: ingénieur *nm* technico-commercial

~ **satellite**: satellite *nm* utilitaire
~ **specific**: propre à un appareil, sectoriel

applicator: applicateur *adj* et *nn*
~ **roll**: cylindre *nm* enducteur, rouleau *nm* enducteur

apply *vb*: appliquer
~ **for**: faire une demande de
~ **power**: alimenter (en courant), mettre sous tension
~ **pressure**: mettre sous pression
~ **the brakes**: serrer les freins

apportion *vb*: attribuer, répartir, ventiler

appraisal: estimation *nf*, évaluation *nf*

approach *nn*: (aeroplane, outil) approche *nf*, présentation *nf*; *vb*: approcher, aborder
~ **flight**: prise *nf* de terrain
~ **light**: balise *nf* d'approche, feu *nf* d'approche
~ **locking**: (relay) enclenchement *nm* d'approche
~ **roller**: (rolling) rouleau *nm* d'amenée, rouleau d'entrée

approval: approbation *nf*; (official) homologation *nf*
~ **seal**: marque *nf* d'homologation

approve *vb*: approuver, homologuer

apron: (of aeroport) aire *nf* de trafic; (of dock, dam) radier *nm*; (under window) allège *nf*; (m-t saddle) tablier *nm*
~ **conveyor**: convoyeur *nm* à plaques, convoyeur à tabliers, convoyeur à écailles, transporteur *nm* à plaques
~ **lathe**: tour *nm* à tablier
~ **wall**: allège *nf*

APT → *automatic power transmission*

APU → *auxiliairy power unit*

aqua, ~ **fortis**: eau *nf* forte
~ **regia**: eau *nf* régale

aquaplaning: aquaplanage *nm*, aquaplaning *nm*

aquarium, ~ **reactor**: réacteur *nm* piscine

aquastat: aquastat *nm*

aqueous: aqueux

aqueduct: aqueduc *nm*

aquicultural: aquacole, aquicole

aquiculture: aquaculture *nf*, aquiculture *nf*

aquiferous: aquifère

AR → *as required, as rolled, antireflection*

arbor NA : arbre *nm*, axe *nm*; → also *shaft* GB

arc: arc *nm* (de cercle, électrique)
~ **at break**: arc *nm* d'ouverture
~ **at make**: arc *nm* de fermeture
~-**back**: allumage *nm* en retour, retour *nm* d'allumage
~ **chute**: boîte *nf* de soufflage
~ **control device**: chambre *nf* d'explosion, chambre d'extinction
~ **cutting**: coupage *nm* à l'arc
~ **discharge**: décharge *nf* en arc
~ **extinguisher**: cage *nf* de soufflage, extincteur *nm* d'arc
~ **extinguishing**: extinction *nf*, soufflage *nm* d'arc
~ **ignition**: amorçage *nm* de l'arc
~ **of contact**: (of belt) arc *nm* d'enroulement; (of gear) arc d'engrènement
~ **of wrap** NA : arc *nm* d'enroulement
~ **quenching**: extinction *nf*, soufflage *nm*, soufflement *nm*
~ **seam welding**: soudage *nm* continu à l'arc par recouvrement
~ **spraying**: projection *nf* à l'arc
~ **suppression**: soufflage *nm*, extinction *nf*
~-**through** (gas tube) raté *nm* de blocage
~ **transmitter**: émetteur *nm* à arc
~ **welding**: soudage *nm* à l'arc

arcade: (architecture) arcade *nf*; (a shopping area) galerie *nf* marchande, passage *nm* couvert

arcading: arcades *nf*; (church architecture) arcs *nm* aveugles

arch: (architecture) arc *nm*; (of bridge) arche *nf*; (under railway or road bridge) voûte *nf*
~ **action**: effet *nm* de voûte, effet de silo
~ **brick**: brique *nf* en coin, brique à couteau
~ **dam**: barrage-voûte *nm*
~ **effect**: effet *nm* de voûte, effet de silo

~ **pressure**: poussée *nf* des voûtes, pression *nf* des voûtes
~ **stone**: claveau *nm*, voussoir *nm*

arched: en arc, voûté, couvert en arc
~ **structure**: ouvrage *nm* voûté

archimedean, ~ **screw**: vis *nf* d'Archimède, vis sans fin

arching: effet *nm* de silo, effet de voûte

architrave: chambranle *nm*, encadrement *nm* (de porte)

archive *nn*: archives *nf*; *vb*: (inf) mettre en mémoire, sauvegarder, dupliquer

archway: passage *nm* voûté

arcing: formation *nf* d'un arc
~ **back**: allumage *nm* en retour
~ **contact**: contact *nm* de coupure, pare-étincelle *nm*
~ **ground**: arc *nm* à la terre
~ **ring**: anneau *nm* de garde (isolateur)
~ **short circuit**: court-circuit *nm* par arc
~ **tip**: pare-étincelle *nm*

arcover: contournement *nm*, décharge *nf* extérieure, décharge superficielle, fuite *nf* sur un isolateur

ARE YOU ...? «RU: ETES-VOUS...?

area: (a measured) surface *nf*, superficie *nf*; (a region) zone *nf*; (tp) secteur *nm*; (town planning) quartier *nm*
~ **code**: indicatif *nm* régional
~ **reduction** NA : striction *nf*
~ **rule**: loi *nf* des aires

argentan: argentan *nm*, maillechort *nm*

argillaceous: argileux

argon: argon *nm*
~ **arc welding**: soudage *nm* à l'arc sous argon

arithmetic: arithmétique *nf*
~ **and logic unit** «ALU»: unité *nf* arithmétique et logique «UAL»
~ **average** «AA»: moyenne *nf* arithmétique; (surface finish) rugosité *nf* moyenne arithmétique

arm: bras *nm*; (of balance) fléau *nm*; (of an equation) membre *nm*

armament: armement *nm*

armature: NA induit *nm*; GB (of magnet, relay) armature *nf*
~ **casing**: blindage *nm* d'induit
~ **core plate**: tôle *nf* d'induit
~ **cross**: étoile *nf* de l'armature, étoile de l'induit
~ **lamination**: tôle *nf* d'induit
~ **leakage**: dispersion *nf* dans l'induit
~ **ring**: anneau *nm* d'induit
~ **slot**: encoche *nf* d'induit, rainure *nf* d'induit
~ **stop** NA : pastille *nf* antirémanente, plaque *nf* antirémanente
~ **stray flux**: flux *nm* de dispersion
~ **stud**: plot *nm* d'armature
~ **winding**: enroulement *nm* d'induit
~ **yoke gap**: entrefer *nm* armature/bâti

armchair, ~ **shopping**: téléachats *nm*

armour <or>: (mil) blindage *nm*; (of electrical equipment) blindage *nm*, protection *nf*; (of cable) armature *nf*, armure *nf*
~ **piercing**: (mil) perforant
~ **plate**: plaque *nf* de blindage
~**-plated**: (mil) blindé
~ **plating**: (of tank) blindage *nf*; (of ship) cuirassement *nm*

armoured <ored>: armé, blindé; (ship) cuirassé
~ **cable**: câble *nm* armé, câble blindé
~ **car**: automitrailleuse *nf*
~ **personnel carrier** «APC»: véhicule *nm* de transport blindé «VTB»
~ **vehicle**: véhicule *nm* blindé, blindé *nm*

around-the-clock: 24 heures sur 24

arrangement: disposition *nf*, agencement *nm*, dispositif *nm*

array: rang *nm*, alignement *nm*, rangée *nf*; ensemble *nm*, éventail *nm*, réseau *nm*; matrice *nf*; (of antennas) arrangement *nm*, ensemble *nm*, réseau *nm*, système *nm*; (inf) tableau *nm*, vecteur *nm*
~ **antenna**: antenne-réseau *nf*
~ **component**: élément *nm* constitutif d'un tableau
~ **pitch**: pas *nm* longitudinal
~ **processor**: processeur *nm* vectoriel, processeur de réseau

arrester: dispositif *nm* d'arrêt; (el) éclateur *nm*, parafoudre *nm*
~ **barrier**: barrière *nf* d'arrêt

arris: arête *nf* [vive], angle *nm* saillant; (roof) ligne *nf* de toit
~ **tile**: tuile *nf* de faîte, tuile faitière

arrival: (goods, traffic) arrivée *nf*; (tcm) réception *nf*
~**s and departures**: (traffic) mouvements *nm*

arrow: flèche *nf*
~ **engine**: moteur *nm* en flèche, moteur en W

art: art *nm*
~ **paper**: papier *nm* couché

artic → *articulated lorry*

articulated: articulé
~ **lorry**: véhicule *nm* articulé, semi-remorque *nm*

articulation: netteté *nf* (phonétique), articulation *nf*

artificial: artificiel
~ **ageing**: vieillissement *nm* accéléré, vieillissement artificiel
~ **cork**: liège *nm* aggloméré
~ **feel**: simulation *nf* musculaire
~ **intelligence** «AI»: intelligence *nf* artificielle
~ **lake**: lac *nm* de barrage, retenue *nf* d'eau
~ **leather**: similicuir *nm*, cuir *nm* artificiel
~ **stone**: pierre *nf* artificielle, similipierre *nf*, aggloméré *nm*
~ **traffic**: (tcm) trafic *nm* simulé
~ **ventilation**: ventilation *nf* mécanique, ventilation contrôlée

artwork: graphisme *nm*, maquette *nf*; (p.c.) dessin *nm* modèle

ARU → *audio response unit*

as, ~ **cast** «AC»: (steel) brut de coulée; (cast iron) brut de fonderie
~ **built drawing**: (constr) plan *nm* de récolement
~**-constructed drawing**: dessin *nm* conforme à l'exécution
~ **is**: en l'état
~ **required** «AR»: si nécessaire, le cas échéant
~ **rolled** «AR»: brut de laminage
~ **welded**: soudé non traité thermiquement

asbestos: amiante *nm*, asbeste *nf*
~ **board**: carton *nm* d'amiante
~**-cement** «AC»: amiante-ciment *nm*, fibrociment *nm*
~ **cord**: tresse *nf* d'amiante
~**-covered** (cable) guipé d'amiante
~ **ascending**: ascendant, montant
~ **order**: ordre *nm* croissant, ordre ascendant

ascent: (piston) montée *nf*, remontée *nf*; (satellite) phase *nf* ascensionnelle, montée *nf*

ash: (tree) frêne *nm*; (from combustion) cendres
~ **analysis**: analyse *nf* pour cendres
~ **content**: teneur *nf* en cendres, taux *nm* de cendres
~ **error**: erreur *nf* sur cendres
~ **free**: (coal) cendres *nf* exclues
~ **pan**: cendrier *nm*

ashlar: pierre *nf* de taille

ashpit: cendrier *nm*

askew: de biais, en biais

ASM → *air-to-surface missile, antisubmarine*

ASN → *average sample number*

aspect: aspect *nm*, apparence *nf*; (aero) orientation *nf*; (building) exposition *nf*, orientation *nf*
~ **ratio**: rapport *nm* largeur/hauteur, rapport des dimensions; (picture) rapport de format, format *nm* d'image; (aerofoil) rapport *nm* d'allongement, allongement *nm*

asphalt: asphalte *nm*, bitume *nm*
~ **cement** «AC»: ciment *nm* asphaltique, bitume *nm* asphaltique
~ **concrete**: béton *nm* asphaltique
~ **paper**: papier *nm* asphalté, papier bitumé
~ **sheet**: carton *nm* bitumé, papier *nm* pour toiture

asphaltene: asphaltène *nm*

assay *nn*: analyse *nf*, essai *nm*; *vb*: (metals, ore) essayer, analyser; (precious metals) coupeller
~ **balance**: balance *nf* d'essai, balance d'essayeur

~ **furnace**: four *nm* de coupellation, four d'essayeur
~ **mark**: poinçon *nm* de garantie
~ **value**: teneur *nf* (d'un minerai)

assayer: essayeur *nm*

assemble *vb*: assembler, monter

assembler: assembleur *nm*

assembling: assemblage *nm*, montage *nm*; (fdry) remmoulage *nm*

assembly «assy»: ensemble *nm*, élément *nm* équipé, élément habillé; (inf, robotics) assemblage *nm*; (machine erection) montage *nm*
~ **dimension**: cote *nf* de montage
~ **line**: chaîne *nf* de montage
~ **plan**: gamme *nf* de montage
~ **procedures**: gamme *nf* de montage
~ **program**: assembleur *nm*, programme *nm* d'assemblage
~ **schedule**: gamme *nf* de montage

assess *vb*: estimer, évaluer

assessment: estimation *nf*, évaluation *nf*

assign *vb*: attribuer, allouer

assignment: affectation *nf*, allocation *nf*, attribution *nf*; (task) tâche *nf* désignée

assist *vb*: aider

assistance: assistance *nf*, aide *nf*

assisted, ~ **running**: (rlwy) marche *nf* en double traction

assisting, , ~ **engine**, ~ **locomotive**: locomotive *nf* de renfort, renfort *nm*

assume *vb*: supposer, prendre comme hypothèse

assumed: admis, impicite, supposé
~ **load**: charge *nf* admise, charge supposée, charge de calcul, hypothèse *nf* de charge
~ **value**: valeur *nf* implicite, valeur par défaut, valeur systématique

assumption: hypothèse *nf*, supposition *nf*

assy → *assembly*

astern: à l'arrière, sur l'arrière
~ **turbine**: turbine *nf* de marche arrière

astragal: (door) battement *nm*; (window) NA : petit bois *nm*

astrionics: astrionique *nf*

astronaut: astronaute *nm*, spationaute *nm*

astronautics: astronautique *nf*, spationautique *nf*

asymmetrical: asymétrique, dissymétrique

asynchronous: asynchrone

AT → *air temperature, all terrain, atomic time*

at, ~ **full load**: à plein régime
~ **constant load**: en régime constant, sous charge constante
~ **full throttle**: [à] pleins gaz
~ **one traverse**: sans reprise (usinage)
~ **random**: au hasard, d'une manière aléatoire
~ **rest**: au repos

athermanous: athermane

athwart: en travers, par le travers

ATI → *average total inspection*

ATM → *automatic teller machine*

atmosphere: atmosphère *nf*

atmospheric: atmosphérique; → also *atmospherics*
~ **air**: air *nm* atmosphérique
~ **condenser**: condenseur *nm* atmosphérique, condenseur à ruissellement
~ **corrosion**: corrosion *nf* atmosphérique, corrosion due aux intempéries
~ **monitor**: contrôleur *nm* de milieu ambiant
~ **propagation**: propagation *nf* dans l'atmosphère
~ **reservoir**: réservoir *nm* à pression atmosphérique

atmospherics: parasites *nm* atmosphériques, perturbations *nf* atmosphériques

atom: atome *nm*

atomic, ~ **clock**: horloge *nf* atomique
~ **hydrogen welding**: soudage *nm* à l'hydrogène atomique

atomization <isation>: pulvérisation *nf* (fine)

atomize <(ise)> *vb*: atomiser, pulvériser finement

atomizer <(iser)>: atomiseur *nm*, pulvérisateur *nm*, vaporisateur *nm*

atomizing <(ising)>, ~ **nozzle**: buse *nf* de pulvérisateur, gicleur *nm* d'atomiseur

attach *vb*: attacher, adjoindre, ajouter; (tcm) [se] connecter, [s']interconnecter

attachability: connectabilité *nf*

attachment: fixation *nf*; accessoire *nm*, dispositif *nm* auxiliaire; (tcm) [inter]connexion; (on c.e. machine) équipement *nm*
~ **cord**: cordon *nm* de liaison

attendance: surveillance *nf*, conduite *nf* de machine
~ **time**: temps *nm* de présence

attendant: gardien *nm*, surveillant *nm*; (petrol pump) pompiste *nm*; (switchboard) standardiste *nm*, *nf*

attended: surveillé, sous surveillance

attenuation: (nuc, radio, optic fibres) atténuation *nf*; (tp) affaiblissement *nm*
~ **coefficient**: coefficient *nm* d'atténuation, affaiblissement linéique
~ **equalizer <iser>**: égaliseur *nm* d'affaiblissement, compensateur *nm* d'affaiblissement, correcteur *nm* d'affaiblissement

attenuator: affaiblisseur *nm*, atténuateur *nm*
~ **pad**: atténuateur *nm*, affaiblisseur *nm*

attitude: (of aircraft) assiette *nf* (de vol); (satellite, space) orientation *nf*
~ **and heading**: assiette *nf* et route
~ **control**: commande *nf* d'orientation; (space) pilotage *nm*
~ **control system** «ACS»: chaîne *nf* de pilotage

attract *vb*: (dust) attirer; (magnet) coller, solliciter; (relay) actionner

attraction: attraction *nf*, force *nf* d'attraction, force attractive

attribute: attribut *nm*
~ **testing**: contrôle *nm* par attributs

attrition: usure *nf* (par frottement)

audible: audible, acoustique, sonore
~ **alarm**: alarme *nf* sonore
~ **ringing signal** NA : tonalité *nf* de retour d'appel
~ **signal**: signal *nm* acoustique, signal audible, signal sonore

audience, ~ **programme**: émission *nf* publique

audio: à basse fréquence, acoustique
~ **conferencing**: audioconférence *nf*
~ **control room**: régie *nf* du son
~ **frequency** «AF»: basse fréquence *nf*, fréquence acoustique, audiofréquence *nf*, fréquence audible
~ **range extender**: suralimenteur-amplificateur *nm*
~ **response**: réponse *nf* basse fréquence
~ **response unit** «ARU»: unité à réponse *nf* vocale, répondeur *nm* vocal
~ **signal**: signal *nm* audio, signal d'audiofréquence
~ **track**: piste *nf* son, piste sonore
~ **visual**: audiovisuel

audit: audit *nm*, contrôle *nm* de gestion, vérification *nf*; (quality control) audit, supercontrôle *nm*
~ **trail**: fichier *nm* de contrôle

auditory: auditif

aural: auditif, oral, sonore
~ **transmitter**: émetteur *nm* son

austempering: trempe *nf* étagée bainitique

austenite: austénite

authenticated: authentifié, certifié

authority: organisme *nm* officiel

auto *nn* NA : automobile *nf*, auto *nf*, voiture *nf*; *adj*: automatique; → also *automatic*

autobody, ~ **sheet**: tôle *nf* de carrosserie, tôle pour carrosserie automobile

autoclave: autoclave *nm*
~ **curing**: autoclavage *nm*

autofocus: mise *nf* au point automatique
~ **camera**: appareil *nm* autofocus; autofocus *nm*

autohoist: pont *nm* élévateur

automat NA : distributeur *nm* [automatique]

automate *vb*: automatiser

automated: automatisé
~ **office**: bureau *nm* électronique, bureautique *nf*

automatic: automatique
~ **adaptive modem**: modem *nm* à égalisation automatique
~ **brightness control** «ABC»: commande *nf* automatique de luminance
~ **calling unit** «ACU»: émetteur *nm* d'appel automatique «EAA»
~ **cash dispenser**: billeterie *nf*
~ **change-over switch**: autocommutateur *nm*
~ **control**: asservissement *nm*, automatisme *nm*, commande *nf* automatique, régulation *nf*
~ **control [engineering]**: automatique *nf*
~ **counter**: guichet *nm* automatique
~ **data processing** «ADP»: traitement *nm* automatique des données
~ **dialling**: appel *nm* automatique
~ **direction finder** «ADF»: radiogoniomètre *nm* automatique
~ **direction finding** «ADF»: radiogoniométrie *nf* automatique
~ **frequency control** «AFC»: commande *nf* automatique de fréquence «CAF»
~ **gain control** «AGC: commande *nf* automatique de gain «CAG»
~ **operation**: exploitation *nf* [en] automatique
~ **picture transmission** «APT»: transmission *nf* automatique d'images
~ **propeller**: hélice *nf* à changement de pas automatique
~ **rifle** NA : fusil *nm* mitrailleur
~ **switchboard**: autocommutateur *nm*
~ **telephone system**: automatique *nm*
~ **telephone traffic**: trafic *nm* téléphonique en [exploitation] automatique
~ **teller machine** «ATM»: guichet *nm* automatique
~ **timer**: minuterie *nf*
~ **volume control** «AVC»: commande *nf* automatique de volume «CAV», réglage *nm* automatique de volume
~ **wrench**: clé *nf* à serrage automatique

automation: automatisation *nf*, automation *nf*, automatique *nf*

automaton: automate *nm*

automobile NA *nn*: automobile *nf*; *adj*: automobile
~ **car** NA: wagon *nm* porte-automobiles, porte-autos *nm*
~ **engineering**: industrie *nf* automobile
~ **transporter** NA : porte-autos *nm*

automotive: automobile *adj*
~ **accessory**: accessoire *nm* d'automobile

autopilot: pilote *nm* automatique; (space) bloc *nm* de pilotage

autoplotter: traceur *nm* automatique

autotracking: (antenna) poursuite *nf* automatique; (reading head) centrage automatique

autotransformer: autotransformateur *nm*

autoswitch: autocommutateur *nm*

autowinder: moteur *nm* (phot)

AUW → *all up weight*

auxiliary: annexe, auxiliaire, secondaire
~ **power unit** «APU»: groupe *nm* électrogène de secours
~ **tank**: nourrice *nf*, réservoir *nm* de réserve, réservoir de secours

AV → *audiovisual*

availability: disponibilité *nf*

avalanche: avalanche *nf*
~ **breakdown**: claquage *nm* par avalanche; (sc) rupture *nf* en avalanche

~ **diode**: diode à avalanche

AVC → *automatic volume control*

average *nn*: moyenne *nf*; (shipping) avarie *nf*; *adj*: moyen
~ **outgoing quality** «AOQ»: qualité *nf* moyenne après inspection, qualité moyenne après contrôle
~ **sample number** «ASN»: effectif *nm* moyen de l'échantillon
~ **total inspection** «ATI»: effectif *nm* total moyen contrôlé

averaging: qui calcule, qui indique ou qui mesure les valeurs moyennes

avgas → *aviation gasoline*

aviation: aviation *nf*
~ **gasoline**: essence *nf* avion

avionics: avionique *nf*

awash: à fleur d'eau, inondé

awning: (shop, station) marquise *nf*; (boat) bâche *nf*, taud *nm*, tente *nf*

ax NA → *axe*

axe: hache *nf*

axial: axial
~**-flow compressor**: compresseur *nm* axial
~**-flow pump**: pompe *nf* à hélice, pompe axiale
~**-flow turbine**: turbine *nf* hélicoïdale
~**-leaded**: à sortie[s] *nf* axiale[s]
~ **misalignment**: défaut *nm* d'alignement
~ **offset**: non-coaxialité *nf*
~**-piston pump**: pompe *nf* à pistons axiaux

axis (*plural: axes)*: axe *nm*
~ **generator**: (aero) centrale *nf* aérodynamique
~ **of revolution**: axe *nm* de rotation

axle: essieu *nm*; (car rear axle) pont *nm* arrière
~ **base**: empattement *nm*, entraxe *nm* des essieux
~ **beam**: corps *nm* d'essieu
~ **body**: corps *nm* d'essieu
~ **box**: boîte *nf* d'essieu
~ **carrier**: carter *nm* de pont, corps *nm* de pont
~ **circuit**: (rlwy) circuit de retour par les essieux
~ **collar**: collet *nm* de l'essieu, collet de la fusée
~ **counter**: (rlwy) compteur *nm* d'essieux
~ **crank**: coude *nm* d'essieu
~ **driven generator**: génératrice *nf* d'essieu
~ **housing**: carter *nm* de pont, corps *nm* d'essieu
~ **journal**: fusée *nf* d'essieu
~ **load**: charge *nf* par essieu, charge sur un essieu
~ **ratio**: rapport *nm* de pont
~ **shaft**: (rigid) arbre *nm* de roue; (swinging) demi-arbre *nm* oscillant
~ **support**: main *nf* d'essieu
~ **system**: (auto) train *nm* (avant ou arrière)

az-el: → *azimut-elevation*

azerty, ~ **keyboard**: clavier *nm* normes françaises

azimut: azimut *nm*
~ **angle**: angle *nm* azimut
~**-elevation**: azimuth-élévation

azo, ~ **dye**: colorant *nm* azoïque
~ **compound**: composé *nm* azoïque
~ **group**: groupe *nm* azoïque

B

babbit: régule *nm*, métal *nm* anti-friction; *vb*: garnir d'antifriction, réguler
~**-lined**: régulé, garni de métal antifriction
~ **metal**: métal *nm* blanc, métal antifriction

babble: diaphonie *nf*

back *nn*: dos *nm*; (of arch) extrados *nm*; (of blade, tool) dos; (page) verso *nm*; (of plywood) contre-face *nf*, contreparement *nm*; (of propeller blade) extrados *nm*, dos; (of slate) endroit *nm*; *adj*: arrière, de fond, contre-; *vb*: faire marche arrière; (naut) culer
~ **ampere turn**: ampère-tour *nm* antagoniste
~ **and forth motion**: mouvement *nm* de va-et-vient
~ **arcing**: retour *nm* d'arc
~ **axle**: (auto) pont *nm* arrière, essieu *nm* arrière
~ **beam**: (tcm) faisceau *nm* inverse; (warping) ensouple *nf* d'ourdissage, ensouple de derrière
~ **cloth**: feuille *nf* d'ensouple, bande *nf* d'ensouple
~ **connected**: à connexion arrière, à contacts arrière, à prises arrière, à raccordement arrière
~ **contact**: contact *nm* de rupture, contact à ouverture
~ **cover**: dernière page *nf* de couverture
~ **current**: courant *nm* inverse
~ **digger**: pelle *nf* rétrocaveuse
~ **donation**: (chem) rétrodonation *nf*
~ **draft**: contre-dépouille *nf*
~ **electromotive force**: force *nf* contre-électromotrice
~**-end computer**: ordinateur *nm* principal
~**-end processor**: processeur *nm* dorsal, processeur de fond
~ **gear**: (m-t) harnais *nm* d'engrenages
~ **grey**: (tex) doublier *nm*, blanchet *nm*
~ **keying**: manipulation *nf* à suppression d'onde porteuse
~ **kick**: retour *nm* de manivelle
~ **lighting**: contre-jour *nm*
~ **loader**: rétrochargeur *nm*, rétrochargeuse *nf*
~ **margin**: (graph) marge *nf* intérieure
~ **mixing**: mélange *nm* à contre-courant
~ **motion**: mouvement *nm* de retour, retour *nm*
~**-mounted**: monté par l'arrière
~ **observation**: (surveying) coup *nm* arrière
~ **off** *vb*: (mech) dégager, dépouiller, dévisser, détalonner; (power) réduire la puissance; (tcm) attendre (avant nouvel envoi d'un paquet)
~ **pack** *nn*: sac *nm* à dos; (parachute) parachute *nm* dorsal; *adj*: (transceiver) portatif, en havresac
~ **page**: page *nf* verso
~ **pass**: (wldg) passe *nf* sur l'envers
~ **porch**: (tv) palier *nm* arrière
~ **pressure**: contre-pression *nf*
~**-pressure turbine**: turbine *nf* à contre-pression
~**-pressure valve**: soupape *nf* de contre-pression, soupape de retenue, clapet *nm* de retenue
~ **putty**: mastic *nm* de fond, contre-masticage *nm*
~ **rest**: (lathe) lunette *nf*
~ **roll**: cylindre *nm* d'entrée, cylindre arrière
~ **roller**: (tex) deuxième *nm* cannelé, cylindre *nm* arrière d'alimentation
~ **run**: reprise *nf* à l'envers
~ **saw**: scie *nf* à dos
~ **scattering**: rétrodiffusion *nf*
~ **slope**: contre-pente *nf*, revers *nm*
~ **steam**: contre-vapeur *nf*
~ **stop**: butée *nf* arrière; (el) plot *nm* de repos
~ **stroke**: course *nf* arrière, course en retour, mouvement *nm* de retour
~ **taper**: contre-dépouille *nf*
~ **the engine**: (naut) faire machine arrière
~**-to-back**: adossés, dos à dos, jumelés
~ **twist**: contre-torsion *nf*
~ **wave**: onde *nf* de contre-manipulation
~ **weld**: soudure *nf* sur l'envers

backacter: pelle *nf* rétrocaveuse

backed, ~ **fabric**: tissu *nm* doublé

backfill: remblai *nm*, remblayage *nm*; (trench) rebouchage *nm*

backfiller: remblayeuse *nf*

backfire: (engine) allumage *nm* en retour, retour *nm* d'allumage; (el) retour d'arc

backflow: courant *nm* de retour, écoulement *nm* de retour; (pump) refoulement *nm*

background *nn*: arrière-plan *nm*, fond *nm*; (sound) fond sonore; (nuc) mouvement *nm* propre; *adj*: (inf) d'arrière-plan, de fond, non prioritaire
~ **heating**: chauffage *nm* d'ambiance, chauffage de base
~ **music**: musique *nf* d'ambiance
~ **noise**: bruit *nm* de fond, bruit ambiant, bruit de salle; (tcm) bruit propre, bruit de marche, bruit parasite
~ **projection**: projection *nf* par transparence
~ **sound**: fond *nm* sonore

backhand, ~ **weld**: soudure *nf* en arrière, soudure à gauche

backhoe NA : pelle *nf* rétro[caveuse]

backing: renforcement *nm*, soutien *nm*; (of carpet) support *nm*; (wind) rotation *nf* vers la gauche
~ **electrode**: contre-électrode *nf*
~**-off**: détalonnage *nm*
~**-off lathe**: tour *nm* à dépouiller, tour à détalonner
~ **paper**: papier *nm* protecteur
~ **pass**: (wldg) passe *nf* de soutien
~ **plate**: contre-plaque *nf*, plaque *nf* d'appui; NA (clutch) couvercle *nm* d'embrayage
~ **press**: presse *nf* à endosser
~ **pump**: pompe *nf* auxiliaire, pompe de gavage
~ **run**: reprise *nf* à l'envers, soudure *nf* de reprise
~ **up**: (auto) marche *nf* arrière; (graph) impression *nf* au verso, impression second côté
~ **weld**: soudure *nf* de soutien

backlash: (of belt) mou *nm*; (gears) jeu *nm* entre dents, jeu de denture, battement *nm*; (of explosion) contre-coup *nm*; (of electronic valve) courant *nm* inverse de grille
~ **spring**: ressort *nm* de rattrapage du jeu

backlog: arriéré *nm* (de travail), retard *nm* (de fabrication)

backnut: contre-écrou *nm*, écrou *nm* de blocage

backplane: (tcm) fond *nm* de panier

backscatter: rétrodiffusion *nf*

backsight: (of gun) hausse *nf*; (surveying) visée *nf* arrière

backspace *nn*: espacement *nm* arrière, retour *nm* arrière; *vb*: faire un espacement arrière, reculer
~ **key**: touche *nf* de rappel arrière

backstay: câble *nm* tendeur

backup *nn*: appui *nm*, soutien *nm*; *adj*: de réserve, de secours; (software) de sauvegarde; *vb*: (inf) faire un double, faire une copie de secours, sauvegarder; (graph) imprimer au verso; (veh) reculer, faire marche arrière
~**copy**: copie *nf* de sécurité, double *nm*
~**-roll**: cylindre *nm* d'appui
~ **light**: projecteur *nm* arrière, feu *nm* de recul

backward: vers l'arrière
~ **acting**: à réaction
~ **and forward action**: mouvement *nm* de va-et-vient
~ **channel**: voie *nf* de retour
~ **motion**: recul *nm*
~ **printing**: impression *nf* de droite à gauche
~ **signal**: signal *nm* vers l'arrière
~ **sort**: tri *nm* décroissant
~ **wave**: onde *nf* inverse
~ **weld**: soudure *nf* en arrière, soudure à gauche

backwash: (aero) remous *nm*

backwater: (dam) retenue *nf*; (pap) eau *nf* de retour

bacteria, ~ **filter**: filtre *nm* bactériologique

bad: mauvais, défectueux
~ **weather**: intempéries *nf*
~ **workmanship**: malfaçon *nf*, vice *nm* de fabrication

badge: badge *nm*, macaron *nm*

baffle: chicane *nf*, déflecteur *nm*; (of refinery column) chicane; (sound) écran *nm* acoustique, baffle *nm*

baffling: chicanage *nm*, système *nm* de chicanes

bag: sac *nm*, poche *nf*; (of filter) sac, manche *nf*; (of tools) trousse *nf*
~ **filler**: ensacheuse *nf*
~**-in-box**: carton-outre *nm*
~ **moulding**: moulage *nm* au sac
~ **sealer**: ensacheuse *nf*
~**-type construction**: montage *nm* habillé

baggage, ~ **compartment**: soute *nf* à bagages
~ **hold**: soute *nf* à bagages

bagging: ensachement *nm*, mise *nf* en sacs
~ **and stapling machine**: ensacheuse-clipseuse *nf*

bail *nn*: (typewriter) barre *nf* presse-papier; *vb*: (naut) écoper; (a well, shaft) puiser, épuiser

bailing: puisage *nm*, curage *nm*
~ **pump**: pompe *nf* vide-cave

bake *vb*: cuire (au four)

baked, ~ **clay**: terre *nf* cuite
~ **finish** NA : émail *nm* au four
~ **sand**: sable *nm* étuvé

baking: cuisson *nf* au four
~ **stain**: (ceramics) coup *nm* de feu
~ **varnish**: vernis *nm* émail

balance *nn*: (scales) balance *nf*; (of account) solde *nm*, bilan *nm*; (forces) équilibrage *nm*, compensation *nf*; (tcm) [réseau] *nm* équilibreur, réseau d'équilibrage; *vb*: équilibrer, compenser
~ **aerial**: antenne *nf* compensée
~ **dough**: pastille *nf* d'équilibrage
~ **lever**: levier *nm* à contrepoids
~ **patch**: pastille *nf* d'équilibrage
~ **point**: (of transformer) point *nm* milieu
~ **to earth**: symétrie *nf* par rapport à la terre
~ **transformer**: transformateur *nm* différentiel
~ **weight**: contrepoids *nm*, poids *nm* d'équilibrage

balanced: compensé; (el) symétrique, équilibré; (constr) balancé (escalier)
~ **aileron**: aileron *nm* compensé
~**-beam relay**: relais *nm* balance
~ **control surface**: gouverne *nf* compensée
~ **error**: erreur *nf* centrée
~ **flue terminal**: ventouse *nf*
~ **heat recovery**: chauffage *nm* synergétique
~ **pair**: paire *nf* symétrique
~ **steel**: acier *nm* semi-calmé, acier semi-effervescent
~**-to-unbalanced transformer**: symétriseur *nm*, transformateur *nm* symétrique-dissymétrique, transformateur symétrique-asymétrique

balancer: compensateur *nm*
~ **transformer**: transformateur *nm* compenssateur, transformateur d'équilibrage, transformateur de symétrie

balancing: équilibrage *nm*
~ **network**: équilibreur *nm*, réseau *nm* équilibreur, réseau d'équilibrage
~ **stand**: banc *nm* d'équilibrage

bald, ~ **spot**: usure *nf* localisée
~ **tyre**: pneu *nm* lisse, pneu usé

bale: balle *nf*; (of cloth) pièce *nf* de tissu
~ **opening**: (tex) ouvraison *nf*
~ **opening machine**: ouvreuse *nf* à balles

baling, ~ **band**: feuillard *nm*
~ **press**: presse *nf* à balles

balk → *baulk*

ball *nn*: boule *nf*; (bearing) bille *nf*; (valve) bille, boulet *nm*; (joint) articulation *nf*; *vb*: s'agglomérer en boule, s'agglutiner en boule
~ **and nut steering**: direction *nf* à recirculation de billes
~ **and socket end piece**: embout *nm* rotulaire
~ **and socket joint**: joint *nm* sphérique, joint à rotule, rotule *nf*
~ **bearing**: roulement *nm* à billes
~ **bearing cup**: bague *nf* de roulement à billes
~ **bearing retainer**: cage *nf* à billes, demi-cage *nf* de roulement
~ **catch**: loqueteau *nm* à bille
~ **clay**: argile *nf* plastique
~ **cock**: robinet *nm* à flotteur
~ **cup**: cuvette *nf* de rotule
~ **end**: embout *nm* sphérique

~ **end**: articulation *nf* à rotule, rotule *nf*
~ **ended lever**: levier *nm* à boule
~ **float**: flotteur *nm* sphérique
~ **governor**: régulateur *nm* à boules, régulateur à force centrifuge
~ **hardness test**: billage *nm*
~ **indentation**: empreinte *nf* de la bille
~ **joint**: embout *nm* à rotule, joint *nm* à rotule, rotule *nf*
~ **journal**: tourillon *nm* sphérique
~ **mill**: broyeur *nm* à boulets
~ **nut**: écrou *nm* à billes
~ **pane hammer**: marteau *nm* à panne sphérique
~ **pin**: boulon *nm* à rotule
~ **pivot**: pivot *nm* à rotule, rotule *nf*
~ **race**: anneau *nm* de roulement, chemin *nm* de roulement, bague *nf* de roulement
~ **slide**: patin *nm* à billes
~ **stud**: pivot *nm* à rotule, boulon *nm* à rotule, queue *nf* de rotule
~ **table**: table *nf* de transfert à billes
~ **test**: billage *nm*, essai *nm* à la bille, essai de billage
~ **thrust**: butée *nf* à billes
~ **valve**: clapet *nm* sphérique, clapet à bille, soupape *nf* à boulet, soupape à flotteur, vanne *nf* à boisseau sphérique, robinet *nm* à tournant sphérique

ballast *nn*: (naut) lest *nm*; (railway) ballast *nm*; *vb*: ballaster, lester
~ **pump**: pompe *nf* de ballast, pompe de lest
~ **road**: route *nf* empierrée, route ballastée
~ **tank**: caisse *nf* de ballast, cale *nf* à eau
~ **waterline**: ligne *nf* de flottaison sur lest
~ **weight**: masse *nf* d'alourdissement

balloon: (chem, spinning) ballon *nm*
~ **tyre**: (on bicycle) pneu *nm* ballon; (on car) pneu confort

ballooning: ballonnement *nm*

balsa: balsa *nm*

balun → *balanced-unbalanced transformer*

baluster: balustre *nm*

banana, ~ **jack**: jack *nm* banane
~ **plug**: fiche *nf* banane

band: bande *nf*, courroie *nf*, ruban *nm*; (of frequencies) bande *nf*; (a hoop) frette *nf*
~ **brake**: frein *nm* à ruban
~ **conveyor**: transporteur *nm* à courroie, transporteur à toile sans fin
~ **course**: bandeau *nm* (constr)
~ **edge**: bordure *nf*, limite *nf* (d'une bande de fréquence)
~ **elimination filter**: filtre *nm* coupe-bande, filtre éliminateur de bande
~ **filter**: filtre *nm* à bande transporteuse
~ **iron**: feuillard *nm*
~ **moulding**: bandeau *nm* (constr)
~ **pass**: passe-bande *nm*, bande *nf* passante
~ **pass filter**: filtre *nm* passe-bande
~ **printer**: imprimante *nf* à bande
~ **saw**: scie *nf* à ruban
~ **spreading**: étalement *nm* de bande
~**-stop filter**: filtre *nm* coupe-bande, filtre éliminateur de bande
~ **suppression filter**: filtre *nm* coupe-bande, filtre éliminateur de bande

banded: (spring) bandé; (bundle) fretté, cerclé; (structure) rubané, zoné; (coal) lité
~ **pack**: vente *nf* groupée, vente jumelée
~ **stock**: (graph) papier *nm* sous bande

banding: (of bundles) cerclage *nm*

bandwidth: largeur *nf* de bande, bande *nf* passante

bang-bang: tout ou rien

banister: barreau *nm* de rampe; **banisters**: rampe *nf* (d'escalier)

banjo, ~ **axle**: pont *nm* banjo
~ **union**: raccord *nm* d'équerre orientable

bank *nn*: (aero) inclinaison *nf* latérale, inclinaison sur l'aile; (a battery) groupe *nm*, batterie *nf*; (of burners) rampe *nf*; (of coal mine) recette *nf* du jour; (of computer memory) bloc *nm*; (el) banc *nm* (de contacts); (of cylinders, engine) ligne *nf* de cylindres; (a financial establishment) banque *nf*; (of river) berge *nf*, rive *nf*; (a slope) talus *nm*; *vb*: (aero) pencher, incliner sur l'aile, virer sur l'aile; (road) surélever, réhausser, relever (un virage); (fire) mettre en veilleuse
~ **card**: titre *nm* universel de paiement

~ **card terminal**: terminal *nm* de paiement électronique
~ **engine**: (rlwy) machine *nf* de renfort; (mining) moteur *nm* du jour, moteur à la surface
~ **head**: carreau *nm* d'une mine, recette *nf* du jour
~[-run] **gravel**: gravier *nm* tout venant

banking: (aero) mouvement *nm* d'inclinaison latérale; mise *nf* en virage; (el) montage *nm* en parallèle; (rlwy) marche *nf* en pousse; (of outer rail) devers *nm*; (mining) atterrissage *nm* de la cage; (financial) secteur *nm* bancaire
~ **locomotive**: locomotive *nf* de pousse, locomotive de renfort
~ **network**: réseau *nm* bancaire

banner: (graph) manchette *nf* sur toute la largeur de la page; (inf) drapeau *nm*

bannisters → *banisters*

bar: barre *nf*
~ **bending**: cintrage *nm* des armatures, ferraillage *nm*
~ **chart**: diagramme *nm* en bâtons
~ **code** «BC»: code *nm* à barres
~ **cutting machine**: cisaille *nf* à barres
~ **diagram**: diagramme *nm* à tuyaux d'orgue
~ **feed**: (m-t) avance *nf* de la barre
~ **feed system**: (on m-t) embarreur *nm*
~ **iron**: fer *nm* marchand, fer en barres
~ **keel**: quille *nf* massive, quille pleine
~ **lathe**: tour *nm* à barre, tour en l'air
~ **list**: (reinforced concrete) nomenclature *nf* de l'acier d'armature
~ **magnet**: barreau *nm* aimanté, aimant *nm* droit
~ **mill**: laminoir *nm* à barres, train *nm* à barres
~ **pattern**: (tv) mire *nf* de barres
~ **schedule**: (reinforced concrete) nomenclature *nf* des aciers
~ **screen**: crible *nm* à barreaux
~ **steel**: acier *nm* en barres
~ **stem**: étrave *nf* massive
~ **stock**: (machining) fil *nm* machine
~ **turning**: décolletage *nm*
~ **work**: travail *nm* à la barre
~ **wound armature**: induit *nm* à barres

barb: picot *nm* (de fer barbelé)

barbed, ~ **bolt**: boulon *nm* de scellement à crans
~ **wire**: fil *nm* barbelé, ronce *nf* artificielle

bare: (component) nu; (wire) dénudé
~ **board**: (p.c.) carte *nf* nue, carte sans composants
~ **boat**: coque *nf* nue
~ **metal arc welding**: soudage *nm* à l'arc métallique avec électrode nue
~ **spot**: partie *nf* mise à nu
~ **wire**: fil *nm* nu, fil dénudé
~ **wire electrode**: électrode *nf* nue

barge: (on canal) chaland *nm*, péniche *nf*; (on carrier) barge *nf*; (constr) rive *nf* de toit
~ **carrier**: navire *nm* porte-barges

baring: mise *nf* à vif; (el) dénudage *nm*; (mining) décapelage *nm*, découverture *nf*

bark: écorce *nf*

barking: écorçage *nm*

barometric, ~ **relay**: baro-relais *nm*

barostat, ~ **control**: régulateur *nm* barométrique

barrel: (of bolt) tige *nf*, fût *nm*; (a cask) baril *nm*, fût, tonneau *nm*; (cock body) NA boisseau *nm*; (of lock, key, rifle) canon *nm*; (of pump) corps *nm* (cylindrique), cylindre *nm*; (rolling) table *nf* (du cylindre)
~ **cleaning**: tonnelage *nm*
~ **nipple**: mamelon *nm* double
~ **plating**: galvanoplastie *nf* au tonneau
~ **printer**: imprimante *nf* à tambour
~ **roof**: coque *nf* cylindrique, voûte *nf* mince autoportante cylindrique

barreller <eler>: (petr) puits *nm* productif

barrelling <elling>: (cylinder) bombé *nm* longitudinal

barren: (mining) stérile; (land) aride
~ **rock**: morts terrains *nm*

barrier, ~ **layer**: couche *nf* d'arrêt
~ **strip**: barrette *nf* de connexion

baryta: baryte *nf*
~ **board**: carton *nm* baryté

baryte: barytine *nf*

basalt: basalte *nm*

base: (chem, comp, crystal, maths, transistor) base *nf*; (constr) embase *nf*, socle *nm*, soubassement *nm*; (electro-plating) métal *nm* de base; (of film) support *nm* de l'émulsion; (of lamp) culot *nm*; (of machine) semelle *nf*, socle *nm*; (mil) base; (nav) port *nm* d'attache; (pedestal, slope, wall) pied *nm*; (of rail) patin *nm*; (substrate) support *nm*; (tex) embase *nf* (de bobine)
~ **coat**: (paint) couche *nf* de fond
~**-emitter**: base/émetteur
~ **metal**: métal *nm* commun; (wldg) métal de base
~**-mounted**: (el) monté sur tableau, monté en saillie
~ **paper**: papier *nm* support, papier brut, papier écru
~ **pin**: broche *nf* (de culot de lampe)
~ **quantity**: grandeur *nf* de base
~ **rate**: tarif *nm* de base
~ **slab**: dalle *nf* de fondation
~**-to-collector**: base-collecteur

baseband «BB»: bande *nf* de base
~ **modem**: modem *nm* en bande de base
~ **transmission**: transmisison *nf* en bande de base

baseboard: (constr) NA plinthe; (el) plaque *nf* de montage, platine *nf*; (pap) carton *nm* support

baseline: ligne *nf* de base, ligne zéro, ligne neutre

basement: (constr) sous-sol *nm*; (pap) fosses *nf*

baseplate: socle *nm*, embase *nf*, soubassement *nm*; (machine) plaque *nf* d'assise, plaque de fondation, taque *nf* d'assise

basic: de base, fondamental, minimum, primaire; (chem) alcalin, basique; (inf) BASIC
~ **Bessemer steel**: acier *nm* Thomas
~ **component**: (of an assembly) pièce *nf* primaire
~ **equipment aircraft**: avion *nm* minimum
~ **equipment**: matériel *nm* de base
~ **machine**: machine *nf* de configuration de base, configuration *nf* de base
~ **network**: (tcm) réseau *nm* fondamental
~ **noise**: bruit *nm* propre
~ **operating system** «BOS»: système *nm* d'exploitation de base
~ **research**: recherche *nf* fondamentale

basicity: basicité *nf*

basin: (geol) bassin *nm*, cuvette *nf*; (port) bassin

basket: panier *nm*
~ **centrifuge**: centrifugeur *nm* à panier
~ **coil**: bobine *nf* en fond de panier
~ **weave**: armure *nf* natté

bastard: (cut, file) bâtard
~ **title**: faux-titre *nm*

batch: lot *nm*; (of blast furnace) charge *nf*; (of bricks) cuite *nf*; (of concrete) coulée *nf*; (of data) série *nf*, train *nm*; (of mortar) gâchée *nf*
~ **process**: procédé *nm* discontinu
~ **processing**: traitement *nm* par lots, traitement par trains
~ **size**: effectif *nm* du lot, grandeur *nf* du lot
~ **variation**: variabilité *nf* du lot

batching: groupage *nm*; (concrete) dosage; (textile preparation) ensimage *nm*; (weaving) enroulage *nm*
~ **silo**: trémie *nf* de mesurage
~ **truck**: wagonnet *nm* d'enroulage

bath: bain *nm*; (appliance) baignoire *nf*
~ **lubrication**: graissage *nm* par barbotage
~ **ratio**: rapport *nm* de bain

bathtub NA : baignoire *nf*
~ **curve**: courbe *nf* en chapeau de gendarme, courbe en cloche

batten: latte *nf*, baguette *nf*, couvre-joint *nm*; (roof) volige *nf*; (weaving) battant *nm*, chasse *nf*
~**-and-space construction**: construction *nf* à claire-voie

battenboard: panneau *nm* à âme panneautée

batter *nn*: inclinaison *nf*; (embankment) fruit *nm*; *vb*: taluter, donner du fruit

battery: (a set) batterie *nf*, jeu *nm*, groupe *nm*; (artillery) batterie; (auto) batterie, accumulateurs *nm*; (for torch) pile *nf*
~ **cell**: élément *nm* d'accumulateur
~ **charger**: chargeur *nm* de batterie
~ **cut off**: coupure *nf* de batterie

~-**driven**: marchant sur batterie, marchant sur pile
~-**mains**: à alimentation mixte, piles-secteur
~ **mould**: batterie *nf* coffrante
~-**operated**: alimenté par batterie
~ **plate**: plaque *nf* de pile, plaque d'accumulateur
~-**powered**: alimenté par pile
~ **set**: poste *nm* alimenté par batteries
~ **tap**: prise *nf* de batterie
~ **tester**: (auto) hydromètre *nm*; (instrument) contrôleur *nm* de batteries
~ **tray**: bac *nm* d'accumulateur, cuvette *nf* d'accumulateur
~ **voltage**: tension *nf* d'alimentation

battleship: cuirassé *nm*

batwing, ~ **antenna**: antenne *nf* papillon

baud: baud *nm*
~ **rate**: débit *nm* en bauds

bay: (aero) soute *nf*; (in factory) atelier *nm*, travée *nf*; (tcm) baie *nf*, armoire *nf*
~ **window**: fenêtre *nf* en saillie

bayonet: baïonnette *nf*
~ **cap** «BC»: culot *nm* à baïonnette
~ **catch**: fermeture *nf* à baïonnette
~ **plug**: bouchon *nm* à baïonnette
~ **socket**: douille *nf* baïonnette

BB → *baseband*

b-battery: batterie *nf* de plaque

BBD → *bucket brigade device*

BBDC → *before bottom dead centre*

BC → *bar code, bayonet cap*

BCC → *block check character*

BDC → *bottom dead centre*

beacon: phare *nm*, radiophare *nm*, balise *nf*, radiobalise *nf*

bead *nn*: (carp) baguette *nf*; (drop shape) perle *nf*; (of molten metal, of solder) goutte *nf*; (of rim) rebord *nm*; (of tyre) bourrelet *nm* de pneu, talon *nm*; (welding) cordon *nm* de soudure; *vb*: (a flange) rabattre, rouler à la molette; (a tube) border, mater, dudgeonner
~ **polymerization**: polymérisation *nf* en perle
~ **test**: essai *nm* à la perle
~ **wire**: tringle *nf* de talon

beaded: à boudin, à talon

beading: roulage *nm* des bords, sertissage *nm*

beaker: bécher *nm*

beam *nn*: (balance) fléau *nm*; (const) poutre *nf*; (of crane) portée *nf*, flèche *nf*; (of light) rayon *nm* (lumineux), faisceau *nm*; (naut) largeur *nf*; (weaving) ensouple *nf*; *vb*: (broadcasting) diffuser; (signals) diriger
~ **aerial**: antenne *nf* directive, antenne dirigée
~ **alignment**: centrage *nm* du faisceau
~-**and-slab foundation**: radier *nm* nervuré
~ **angle**: angle *nm* de rayonnement, ouverture *nf* du faisceau
~ **antenna**: antenne *nf* directive, antenne dirigée
~ **aperture**: largeur *nf* du faisceau
~ **approach**: approche *nf* sur faisceau
~ **array**: réseau *nm* d'antennes directives
~ **bleaching**: blanchiment *nm* sur ensouple
~ **box**: coffrage *nm* de poutre
~-**deflection tube**: tube *nm* à faisceaux électroniques dirigés
~ **drive**: commande *nf* par balancier, transmission *nf* par balancier
~ **dyeing**: teinture *nf* sur ensouple
~ **engine**: machine *nf* à balancier
~ **fulcrum**: pivot *nm* du fléau (bascule)
~ **hanger**: (constr) gerberette *nf*
~ **of constant strength**: poutre *nf* d'égale résistance
~ **of uniform strength**: poutre *nf* d'égale résistance
~ **opening**: largeur *nf* du faisceau, ouverture *nf* du faisceau
~ **positioning**: calage *nm* du faisceau
~ **power tube**: tube *nm* de puissance à faisceau électronique
~ **pump**: pompe *nf* à balancier
~ **rack**: (weaving) porte-ensouples *nm*
~ **riding guidance**: téléguidage *nm* par faisceau
~ **scale**: balance *nf* à fléau
~ **shaping**: mise *nf* en forme de faisceau
~ **spread**: (opt) divergence *nf* du faisceau
~ **transmission**: émission *nf* par ondes dirigées
~ **vibrator**: poutre *nf* vibrante

~ **width**: largeur *nf* (angulaire) d'un faisceau, ouverture *nf* du faisceau

beamed: diffusé, dirigé

beaming: (carp) poutraison *nf*; (of rays) concentration *nf*, focalisation *nf*; (weaving) ensouplage *nm*

bear *vb*: supporter (un poids), soutenir
~ **on**: peser sur
~ **upon**: appuyer sur, porter sur

bearer: (of boiler, engine) berceau *nm*; (of grate, fire-bar) sommier *nm*
~ **set**: (mining) cadre *nm* porteur

bearing *nn*: (constr) appui *nm*, support *nm*; (mech) coussinet *nm*, palier *nm*, roulement *nm*; (mining, geol) gisement *nm*, gîte *nm*; (nav) repérage *nm* (de la position), cap *nm*, relèvement *nm*; *adj*: portant, porteur; (as a suffix) -fère
~ **adapter**: manchon *nm* de centrage de roulement
~ **area**: portée *nf*, surface *nf* portante
~ **block**: palier *nm*
~ **bracket**: chaise *nf* de palier
~ **brass**: coussinet *nm*
~ **bush**: coussinet *nm*, dé *nm*
~ **cage**: cage *nf* à billes, cage de roulement
~ **cap**: chapeau *nm* de palier; (of connecting rod) chapeau *nm* de bielle
~ **capacity**: (of ground) portance *nf*
~ **carrier**: (of anti-friction bearing) boîtard *nm* de roulement
~ **cartridge**: porte-coussinets *nm*, boîtard *nm* de roulements
~ **cup**: cage *nf* de roulement, cuvette *nf* de roulement
~ **distance**: distance *nf* entre appuis
~ **face**: surface *nf* d'appui, face *nf* d'appui
~ **housing**: boîtard *nm*, carter *nm* de palier, corps *nm* de palier, logement *nm* de palier
~ **insert**: coussinet *nm* amovible
~ **metal**: métal *nm* anti-friction, métal blanc, régule *nm*
~ **pedestal**: chaise *nf* de palier
~ **plate**: plaque *nf* d'appui; (rlwy) selle *nf* de rail
~ **pressure**: pression *nf* aux appuis, pression sur les appuis, pression sur le support
~ **puller**: arrache-coussinets *nm*, extracteur *nm* de roulements
~ **race**: bague *nf* de roulement, cage *nf* de roulement
~ **retainer**: bague *nf* de roulement, demi-cage *nf* de roulement
~ **scraper**: gratte-coussinets *nm*
~ **shell**: coquille *nf* de coussinet, coussinet *nm*, demi-coussinet *nm*
~ **support**: chaise *nf* de palier
~ **surface**: surface *nf* d'appui, surface portante; portée *nf* de coussinet
~ **test**: (soil) essai *nm* de résistance
~ **wall**: mur *nm* porteur

beat *nn*: battement *nm*, rythme *nm*; *vb*: battre; (forging) battre, forger
~ **frequency** «BF»: fréquence *nf* de battement
~ **oscillator**: oscillateur *nm* de battement
~ **out**: marteler, repousser; débosseler
~ **reception**: réception *nf* hétérodyne, réception par hétérodyne

beater: (pap) pile *nf* hollandaise, pile raffineuse; (cotton) volant *nm* batteur
~ **opener**: batteur-ouvreur *nm*
~ **roll**: cylindre *nm* de pile
~**-sized**: collé dans la pile

beating: (pap) raffinage *nm*
~ **engine**: pile *nf* raffineuse

bed: (of concrete, mortar) couche *nf*, lit *nm*; (geol) couche *nf*, lit *nm*, gisement *nm*, banc *nm*, gîte *nm*; (of lathe) banc; (m-t) table *nf*, plateau *nm*; (of mortar) bain *nm* de mortier; (of river) lit *nm*; (railway) plate-forme *nf* de terrassement; (of road) fondation *nf*, assiette *nf*, plate-forme *nf*; *vb*: (in concrete) sceller; (in mortar) poser à bain de mortier; (foundations) asseoir
~ **coke**: (furnace) charge *nf* de coke au cubilot
~ **fuel**: charge *nf* d'allumage
~ **gap**: (m-t) rompu *nm*
~ **in**: (mech) roder
~ **joint**: (constr) joint *nm* de lit, joint horizontal, joint d'assise
~ **putty**: mastic *nm* de fond, contre-masticage *nm*

bedded: stratifié, lité, en couche; (constr) scellé; (mech) rodé

bedding: (geol) stratification *nf*; (constr) scellement *nm*
~ **mortar**: mortier *nm* de pose

bedrock: roche *nf* de fond, roche en place

bedway: (m-t) glissière *nf*

beef, ~ **up** *vb*: améliorer, renforcer

beep: signal *nm* sonore, bip *nm*; *vb*: émettre un signal sonore, émettre un bip

before: avant; en amont
~**-and-after test**: essai *nm* comparatif
~ **bottom dead centre** «BBDC»: avant le point mort bas, avant pmb

beginning: début *nm*, commencement *nm*
~ **of file** «BOF»: début *nm* de fichier
~ **of tape** «BOT»: début *nm* de bande

behaviour <ior>: comportement *nm*
~ **under radiation**: tenue *nf* aux radiations
~ **under short-circuit conditions**: tenue *nf* en court-circuit

bell: cloche *nf*, sonnerie *nf*, sonnette *nf*; (tp) appel *nm*, sonnerie *nf*; (of blast furnace) cloche *nf* du gueulard, cône *nm* de fermeture; (of meter) cloche; NA (of pipe) emboîtement *nm* à tulipe, tulipe *nf*; → also *bells*
~ **and socket pipe**: tuyau *nm* à emboîtement
~ **and spigot pipe**: tuyau *nm* à emboîtement
~ **crank**: renvoi *nm* de sonnette, levier *nm* coudé
~ **crank lever**: levier *nm* de renvoi coudé
~ **curve**: courbe *nf* en cloche
~ **hole**: (pipe laying) niche *nf*
~ **housing**: cloche *nf* d'embrayage
~ **jar**: cloche *nf* en verre, cloche à vide
~ **mouthed**: évasé
~ **mouthed tube**: tube *nm* épanoui
~ **push**: bouton *nm* d'appel, bouton de sonnerie
~**-shaped insulator**: isolateur *nm* à cloche
~ **transformer**: transformateur *nm* de sonnerie
~ **wire**: fil *nm* de sonnerie

bells, ~ **and whistles**: (inf) accessoires *nm*, options *nf*

bellows: soufflet *nm*
~ **gauge**: manomètre *nm* anéroïde

belly: (of blast furnace) ventre *nm*; (of sail) fond *nm* d'une voile, sein *nm* d'une voile; (of wall) forjeture *nf*, bombement *nm*
~ **landing**: atterrisage *nm* train rentré, atterrissage sur le ventre
~ **stores**: (mil) charges *nf* militaires sous fuselage

below: en-dessous
~ **grade**: (constr) NA en sous-sol, enterré, en sous-œuvre; (quality control) déclassé
~ **ground**: (constr) en sous-sol, enterré; (mining) souterrain, du fond, au fond
~ **sea level** «BSL»: au-dessous du niveau de la mer

belt: (mech) courroie *nf*
~ **and braces**: à double sécurité
~ **and bucket elevator**: élévateur *nm* à godets continus
~ **clip**: agrafe *nf* de courroie, attache *nf* de courroie
~ **conveyor**: transporteur *nm* à courroie, transporteur à bande
~ **coupling**: accouplement *nm* par courroie
~ **course**: (constr) assise *nf* de ceinture, chaîne *nf* horizontale
~ **drier**: sécheur *nm* à bandes transporteuses
~ **fastener**: agrafe *nf* de courroie, attache *nf* de courroie
~ **horse power**: puissance *nf* à la poulie
~ **idler**: poulie-guide *nf*, galet-guide *nm*, galet *nm* de renvoi
~ **line**: (rlwy) chemin *nm* de fer de ceinture
~ **loader**: chargeur *nm* à tapis roulant
~ **pull**: tension *nf* de la courroie
~ **sander**: ponceuse *nf* à ruban
~ **saw**: scie *nf* à ruban
~ **shifter**: fourchette *nf* de débrayage, fourchette de courroie, débrayeur *nm* de courroie, embrayeur *nm* passe-courroie
~ **stretcher**: tendeur *nm* de courroie
~ **striker**: fourche *nf* d'embrayage, fourche de débrayage
~ **tightener**: tendeur *nm* de courroie, galet *nm* tendeur
~ **wrap**: angle *nm* de contact, angle d'enroulement

belted, ~ **cable**: câble *nm* à ceinture
~ **tyre**: pneu *nm* à ceinture, pneu ceinturé

belting: courroies *nf* de transmission, système *nm* de courroies, transmission *nf* par courroie

BEMF → *back electromotive force*

bench: (c.e.) banc *nm*, gradin *nm*; (in laboratory) paillasse *nf*; (mech) banc *nm*, établi *nm*, marbre *nm* d'ajusteur; (of retorts) batterie *nf*
~ **check**: contrôle *nm* au banc

~ **mark**: (carp) trait *nm* de repère; (surv) repère *nm* de nivellement, repère topographique
~ **moulder**: mouleur *nm* à la table, mouleur à la caisse
~ **press**: presse *nf* d'établi
~ **test**: essai *nm* au banc

benchboard: pupitre *nm* de commande

benched: à gradins, en gradins

benching: (mining) exploitation *nf* en bancs

benchmark: (inf) banc *nm* d'essai

benchmarking: évaluation *nf* des performances, mise *nf* au banc d'essai

bend *nn*: courbe *nf*, courbure *nf*; (pipe) coude *nm*, courbe *nf*; *vb*: courber, plier, cintrer; (under a load) fléchir; (road) cambrer, arquer; (distort) déjeter, [se] gauchir
~ **test**: essai *nm* à la flexion, essai de pliage

bendable, ~ **waveguide**: guide *nm* déformable

bending: cintrage *nm*, pliage *nm*; (axial compression) flambage *nm*; (of beam) flèche *nf*, flexion; (of disk) voile *nm*, voilure *nf*; (doubling over) pliage *nm*; (of light rays) courbure *nf*, flexion *nf*; (plank) gauchissement *nm*; (of concrete reinforcement) cintrage *nm*
~ **and creasing** NA : cintrage *nm* et pliage
~ **and folding**: cintrage *nm* et pliage
~ **and unbending**: pliage *nm* et redressement
~ **fatigue test**: essai *nm* de fatigue à la flexion, essai d'endurance à la flexion
~ **machine**: machine *nf* à cintrer; (sheet metal) plieuse *nf* de tôles
~ **moment**: moment *nm* fléchissant, moment de flexion
~ **press**: presse *nf* plieuse, presse à cintrer, presse à plier
~ **radius**: rayon *nm* de courbure
~ **strength**: résistance *nf* à la flexion
~ **stress**: contrainte *nf* de flexion
~ **test**: essai *nm* de flexion; (doubling over) essai de pliage
~ **wave**: onde *nf* de flexion

beneficiation: (of ore) enrichissement *nm*

bent *nn*: (structure) palée *nf*, portique *nm*, (sheeting) tôle *nf* pliée, tôle profilée; *adj*: cintré, coudé; (distorted) faussé, fléchi
~ **flat**: plié à bloc
~ **pile**: faisceau *nm* de pieux, groupe *nm* de pieux, palée *nf*
~ **plate**: tôle *nf* pliée
~ **shaft**: arbre *nm* faussé
~ **spanner**: clé *nf* coudée
~ **up bar**: barre *nf* relevée
~ **wrench**: clé *nf* coudée

benzol, benzole: benzol *nm*
~ **recovery**: débenzolage *nm*

BER → *bit error rate*

berth *nn*: (for sleeping) couchette *nf*; (naut) place *nf* à quai, poste *nm* de mouillage, poste d'amarrage; *vb*: prendre un poste

bespoke: sur commande

beta: bêta
~ **decay**: désintégration *nf* bêta
~ **site**: lieu *nm* d'essai pilote
~ **test**: essai *nm* pilote

betatron: bêtatron *nm*

between, ~ **perpendiculars** «BP»: entre perpendiculaires

betweendeck: entrepont *nm*

bevel: biseau *nm*, chanfrein *nm*
~ **box**: boîte *nf* de renvoi d'angle
~ **cut**: coupe *nf* biaise; coupé en biais, coupé en biseau
~ **cutter**: fraise *nf* d'angle
~ **gear**: pignon *nm* conique
~ **joint**: assemblage *nm* en fausse coupe, assemblage en onglet
~ **pinion**: pignon *nm* conique, pignon d'angle
~ **protractor**: sauterelle *nf* graduée
~ **square**: fausse équerre *nf*, sauterelle *nf*
~ **wheel**: roue *nf* dentée conique, roue conique, roue d'angle

bevelled **<eled>**, ~ **halving**: assemblage *nm* en sifflet

bevelling **<elling>**, ~ **machine**: (m-t) biseauteuse *nf*; (opt) biseautoir *nm*

beyond, ~ **the horizon propagation**: propagation *nf* transhorizon, propagation troposphérique

bezel: (of headlamp) enjoliveur *nm*; (of instrument) lunette *nf* d'instrument, visière *nf*

BF → *beat frequency*

BFG → *blast furnace gas*

BFW → *boiler feed water*

bhp → *brake horse power*

bias *nn*: (el) tension *nf* de polarisation, polarisation *nf*; *vb*: polariser
~ **distortion**: distorsion *nf* dissymétrique
~ **error**: (inf) erreur *nf* décalée; (sampling) erreur systématique
~ **ply carcass**: carcasse *nf* diagonale
~ **winding**: enroulement *nm* de commande, enroulement de polarisation

biassed <ased>: (relay) polarisé; (sample) biaisé
~ **amplifier**: amplificateur *nm* à seuil
~ **error**: erreur *nf* biaisée, erreur systématique
~ **ply**: (tyre) nappe *nf* croisée, nappe diagonale
~ **pulse amplifier**: amplificateur *nm* d'impulsions à seuil
~ **relay**: relais *nm* à retenue, relais polarisé
~ **sample**: échantillon *nm* biaisé (comportant erreur systématique)

biassing <asing>: de polarisation

biaxial: biaxe, biaxial
~ **stress**: contrainte *nf* biaxiale, contrainte plane

bibcock: robinet *nm* à bec courbe

bicarbonate: bicarbonate *nm*
~ **of soda**: bicarbonate *nm* de soude

bicomponent NA : (fiber) biphasé

biconal: biconique

biconcave: biconcave

biconvex: biconvexe

bid *nn*: (tender) soumission *nf*; *vb*: (tcm) demander la ligne

bidder: soumissionnaire *nm*

bidirectional: bidirectionnel
~ **printer**: imprimante *nf* en lacet
~ **transistor**: transistor *nm* bilatéral

bifilar: bifilaire

bifocal: à double foyer, bifocal

big: grand, gros
~ **cat**: gros engin de terrassement à chenilles
~ **end**: (connecting rod) tête de bielle
~ **end bearing**: palier *nm* de tête de bielle
~ **end bearing bush**: coussinet *nm* de tête de bielle
~ **end bearing cap**: chapeau *nm* de tête de bielle

bigrid: bigrille *nm*
~ **tube**: bigrille *nm*

bilateral, ~ **antenna**: antenne *nf* bidirectionnelle

bilge: bouchain *nm*, fond *nm* de cale
~ **pump**: pompe *nf* de cale
~ **strake**: virure *nf* de bouchain
~ **water**: eau *nf* de cale

bill NA : billet *nm de banque; (an invoice) facture nf*; (a poster) affiche *nf*
~ **of lading**: connaissement *nm*
~ **of materials**: nomenclature *nf*, liste *nf* de matériel, liste des pièces
~ **of quantities**: devis *nm* quantitatif

billboard NA : panneau *nm* d'affichage

billet: billette *nf*, larget *nm*
~ **roll**: cylindre *nm* ébaucheur, cylindre dégrossisseur

billing: facturation *nf*

billion: GB trillion *nm*, NA milliard *nm*

billposting: affichage *nm*

billsticking: affichage *nm*, placardage *nm*

bimetal: bimétal

bimetallic, ~ **strip**: bilame *nm*

bin: coffre *nm*, casier *nm*, case *nf*; (for cement) silo *nm*; → also *binary*

binary : binaire

~ **coded decimal** «BCD»: décimal codé binaire «DCB»
~ **notation**: numération *nf* binaire
~ **search**: recherche *nf* dichotomique
~ **weapon**: arme *nf* binaire

bind *vb*: lier; ligaturer; (to jam) se coincer, gripper

binder: (chem) agglomérant *nm*, liant *nm*; (book) reliure *nf*; (inf) éditeur *nm* de liens; (stone) parpaing *nm*
~ **course**: (of road) couche *nf* de liaison, couche intermédiaire

binding: cerclage *nm*, frettage *nm*; (mech) grippage *nm*; (tp) ligature *nf*, joint *nm*
~ **band**: frette *nf*
~ **concrete**: béton *nm* de propreté
~ **fraction**: (nuc) coefficient *nm* de liaison
~ **gravel**: gravier *nm* d'empierrement (pour routes)
~ **joist**: poutre *nf* maîtresse
~ **material**: (plast) matière *nf* de liaison
~ **post**: serre-câble *nm*, serre-fil *nm*, borne *nf* de ligne, borne-serre-fils, borne de connexion
~ **reinforcement**: armature *nf* de frettage
~ **saw**: grecque *nf*
~ **screw**: borne *nf* [à vis], borne serre-fils, serre-fils *nm*, vis *nf* de serrage
~ **stone**: pierre *nf* en parpaing
~ **thread**: fil *nm* de ligature
~ **wire**: fil *nm* de ligature

binnacle: habitacle *nm* (d'instrument)
~ **stand**: colonne *nf* d'habitacle

binomial, ~ **twist**: torsade *nf* binomiale

biochemical: biochimique
~ **oxygen demand** «BOD»: demande *nf* biochimique d'oxygène

biochemistry: biochimie *nf*

biochip: biopuce *nf*

biodegradable: biodégradable

biomass: biomasse *nf*
~ **energy**: énergie *nf* verte
~ **hydrocarbon**: biohydrocarbure *nm*
~ **motor fuel**: biocarburant *nm*

bionics: bionique *nf*

biosensor: biocapteur *nm*

bipolar: bipolaire

bipolymer: bipolymère *nm*, copolymère *nm* binaire

bipropellant **<lent>**: propergol *nm* à deux constituants

biquinary: biquinaire

biscuit: (ceramics) biscuit *nm*

bisect *vb*: bissecter

bistable, ~ **[trigger] circuit**: bascule *nf* bistable

bistandard: (tv) bistandard

bisulphite: bisulfite *nm*

bit: (drilling) trépan *nm*; (of hand tool) foret *nm*, mèche *nf* (pour percer); (of plane) fer *nm*; (of rock drill) fleuret *nm*; (inf) bit *nm*
~ **error rate** «BER»: taux *nm* d'erreurs sur les bits «TEB»
~ **pattern**: configuration *nf* binaire
~ **rate**: débit *nm* binaire
~ **size**: (microprocessor) nombre *nm* de bits
~ **slice microprocessor**: microprocesseur en tranches, microprocesseur par tranches
~ **stream**: train *nm* de bits, train binaire
~**s per inch** «bpi»: bits/pouce

bite *nn*: morsure *nf* (gravure à l'eau forte), mordançage *nm* (photogravure); (of lime, sand) mordant *nm*; (roll clearance) écartement *nm*, intervalle *nm*, jeu *nm*, pression *nf* dans la cannelure; *vb*: (cylinder) saisir

bitt: bitte *nf*

bitumen: bitume *nm*
~ **tar mixture**: goudron *nm* bitumineux

bituminous, ~ **binder**: liant *nm* hydrocarboné
~ **coal**: charbon *nm* gras
~ **material**: matériau *nm* bitumineux; (road) produit *nm* hydrocarboné
~ **surfacing**: (road) tapis *nm* hydrocarboné

black: noir
~ **and white** «BW»: (tv, inf) noir et blanc, monochrome

~ **body**: corps *nm* noir
~ **body radiation**: rayonnement *nm* de corps noir
~ **bolt**: boulon *nm* brut, boulon noir
~ **box**: boîte *nf* noire
~ **finishing**: brunissage *nm*
~ **heart malleable iron**: fonte *nf* malléable à cœur noir
~ **iron**: fer *nm* noir
~ **lead** plombagine *nf*, graphite *nm*
~ **level**: (tv) niveau *nm* du noir
~ **light**: lumière *nf* noire
~ **oils**: produits *nm* noirs (raffinage)
~ **porch**: palier *nm* de noir
~ **pull**: (phot) épreuve *nm* en noir
~ **top**: (road) revêtement *nm* hydrocarboné

blackening: (fdry) passage *nm* au noir; (phot) noircissement *nm*

blacker, ~-than-black: (tv) ultranoir

blacking: (fdry) noir *nm* de fonderie

blackout: (el) coupure *nf* de courant, panne *nf* de courant; (of screen) occultation *nf* d'écran, panne d'écran; (tcm) occultation, silence *nm* radio
~ **voltage** NA : (crt) tension *nf* de suppression du faisceau

blacksmith: forgeron *nm*

blade: (of knife, grader) lame *nf*; (el) couteau *nm*, lame (de contact); (of bulldozer) bouclier *nm*; (of fan) pale *nf*; (of oar) pelle *nf*; (of plane) fer *nm*; (of propeller) pale; (of turbine) aube *nf*; (of spring) lame, feuille *nf*; (weaving) lame *nf*, batte *nf*
~ **angle**: (propeller) angle *nm* de pas; (coal cutting) angle de taillant
~ **aspect ratio**: allongement *nm* de la pale
~ **back**: extrados *nm*
~ **coater**: (pap) coucheuse *nf* à lame
~ **flutter**: flottement *nm* de pale
~ **holder**: porte-lame *nm*
~ **latch**: (el) verrouillage *nm* de lame
~ **lift**: portance *nf*
~ **lift/drag ratio**: finesse *nf*
~ **out of pitch**: pale *nf* décalée
~ **pitch**: angle *nm* de coupe, angle d'incidence, angle de pénétration; (turbine) pas *nm* des aubes, pas de l'aubage
~ **pressure**: pression *nf* sur l'aube
~ **pressure face**: intrados *nm*
~ **root**: (propeller) emplanture *nf* de pale; (turbine) talon *nm* d'une aube
~ **shank**: pied *nm* de pale; (aube) pied *nm*, talon *nm*
~ **spring**: ressort *nm* à lames
~ **stripping**: salade *nf* d'ailettes
~ **tracking**: sillage *nm* des pales
~ **twist**: vrillage *nm* d'une pale d'hélice

blading: aubes *nf*, aubage *nm*, ailetage *nm*

blank *nn*: (inf) espace *nm*, blanc *nm*; (metal working) ébauche *nf*, pièce *nf* d'ébauche; (mould) moule *nm* ébaucheur, ébaucheur *nm*; (presswork) flan *nm*; (a printed form) formule à remplir, formule en blanc; (recording disk) laque *nf* vierge; *adj*: (cassette, tape) vierge; (cam, gear) brut, non taillé; (inf) sans information; (cover, flange) plein, aveugle; (form) en blanc; (pipe) non crépiné, à paroi pleine; (typing) espace *vb:* découper (une pièce plate, un flan); (data) effacer, occulter
~ **ammunition**: munition *nf* à blanc
~ **cathode**: cathode *nf* nue
~ **character**: caractère *nm* blanc, caractère d'espacement
~ **flange**: bride *nf* pleine, bride d'obturation
~ **holder**: serre-flan *nm*
~ **key**: touche *nf* muette
~ **magnetic tape**: bande *nf* vierge
~ **off**: (pipe) obturer
~ **out**: (presswork) découper les flans
~ **sheet**: feuille *nf* non imprimée
~ **tape**: ruban *nm* magnétique vierge
~ **test**: essai *nm* à blanc
~ **wall**: mur *nm* plein, mur orbe
~ **window**: fenêtre *nf* murée, fausse fenêtre

blanket: (nuc) couche *nf* fertile, couverture *nf*; (graph) blanchet *nm*
~ **coating**: enduction *nf* sur tablier
~ **cylinder**: cylindre *nm* de blanchet, cylindre porte-blanchet
~ **insulation**: matelas *nm* isolant

blanking: (punching) NA perçage *nm* par poinçonnage; (of beam) suppression *nf*; (inf) occultation *nf* (de zone)
~ **die**: matrice *nf* de découpage, outil *nm* à découper, emporte-pièce *nm*
~ **press**: presse *nf* à découper (les flans)

blast *nn*: (of blast furnace, wind tunnel) vent *nm*; (of air) jet *nm*; (of explosion, jet engine) souffle *nm*; *vb*: (fuse) faire sauter, faire fondre; (explosive) dynamiter, faire sauter à la mine, tirer à la poudre

~ **forming**: formage *nm* par soufflage
~ **furnace**: haut-fourneau *nm*
~ **furnace gas** «BFG»: gaz *nm* de haut-fourneau
~ **hole**: trou *nm* de mine
~ **nozzle**: tuyère *nf*
~ **off**: (space) mise *nf* à feu
~ **pipe**: (of blast furnace) conduite *nf* de vent
~ **refining**: affinage *nm* au vent

blasting: tir *nm* (de mine), travail *nm* aux explosifs, exploitation *nf* à la mine, abattage *nm* à la poudre
~ **cap**: détonateur *nm*, capsule *nf*, amorce *nf*
~ **charge**: charge *nf* explosive, charge de mine
~ **gelatine**: gélatine *nf* explosive, dynamite *nf* gomme
~ **powder**: poudre *nf* de mine, poudre explosive

bleach *nn*: eau *nf* de Javel; (pap) agent *nm* de blanchiment; *vb*: blanchir

bleached, ~ **pulp**: pâte *nf* blanchie

bleaching: blanchiment *nm*
~ **engine**: (pap) pile *nf* blanchisseuse
~ **tower**: (pap) tour *nf* de blanchiment

bleed *nn*: (concrete) ressuage *nm*, laitance *nf*; *vb*: (dye) dégorger; (a pipe, system) purger; (a tank) vidanger
~ **off**: prélever, soutirer; (pressure) réduire la pression
~**-through**: (adhesive) transpercement *nm*; (paint) remontée *nf*
~ **valve**: robinet *nm* de purge, soupape *nf* de purge, clapet *nm* de purge

bleeder: mise *nf* à l'air libre
~ **cock**: robinet *nm* purgeur
~ **pipe**: (petr) torche *nf*
~ **resistor**: résistance *nf* de fuite, diviseur *nm* de tension
~ **screw**: vis *nf* de purge

bleeding: purge *nf*, soutirage *nm*; (of concrete) ressuage *nm*, laitance *nf*; (of dye) dégorgement *nm*, coulage *nm*, remontée *nf* de colorant
~ **screw**: vis *nf* de purge
~ **tap**: robinet *nm* de purge, robinet de vidange
~ **valve**: robinet *nm* purgeur

blemish: défaut *nm*, défectuosité *nf*, imperfection *nf* [perceptible]

blend *nn*: mélange *nm*; *vb*: mélanger

~ **radius**: congé *nm* de raccordement, rayon *nm* de raccordement

blende: blende *nf*, fausse galène *nf*

blending: mélange *nm*
~**radius**: congé *nm* de raccordement, rayon *nm* de raccordement

blimp: (microfilm) blip *nm*, marque *nf*

blind *nn*: (person) non voyant; (over shopfront) banne *nf*; (over window) store *nm*; *adj*: aveugle; (inf) sans écran; (road) en cul-de-sac, aveugle, en impasse; (bend in road) sans visibilité; *vb*: (roadmaking) gravillonner, ensabler (une chaussée)
~ **angle**: angle *nm* mort
~ **door**: porte *nf* murée, fausse-porte *nf*
~ **end cylinder**: cylindre *nm* borgne
~ **flange**: bride *nf* pleine, obturateur *nm*, joint *nm* plein
~ **floor** NA : plancher *nm* brut
~ **flying**: vol *nm* sans visibilité «VSV»
~ **hole**: trou *nm* borgne
~ **key**: clavette *nf* noyée
~ **keyboard**: clavier *nm* aveugle
~ **lode**: filon *nm* sans affleurement
~ **nailing**: clouage *nm* caché, clouage à tête perdue
~ **riser**: (fdry) masselotte *nf* borgne
~ **side**: (of conveyor) côté *nm* peu accessible
~ **spot**: (radio) zone *nf* de silence; (windscreen) angle *nm* mort
~ **tooling**: (bookbinding) dorure *nf* à froid
~ **transmission**: transmission *nf* sans accusé de réception

wall: mur *nm* plein, mur orbe

blinding *nn*: (road) gravillonnage *nm*, ensablement *nf*; *adj*: aveuglant

blink *vb*: clignoter

blinker: clignotant *nm*, clignoteur *nm*, feu *nm* clignotant

blinking: clignotement *nm*
~ **light**: feu *nm* clignotant

blip: top *nm* d'écho, blip *nm* (de radar); (on screen) signal *nm* parasite

blister: (fdry) soufflure *nf*; (packaging) blister *nm*; (surface defect on paper, on paint) ampoule *nf*, bulle *nf*, cloque *nf*; (of aeroplane) coupole *nf*, radôme

nm; (on tyre) hernie *nf*
~ **gas**: gaz *nm* vésiculant
~ **light**: feu *nm* encastré

blistering: cloquage *nm*

block *nn*: bloc *nm*; (a chock) cale *nf*; (on computer screen) curseur *nm* carré; (constr) ilôt *nm*, ensemble *nm* de bâtiments, bâtiment *nm*; (on diagram) pavé *nm*; (masonry) bloc *nm*; (graph) cliché *nm*; (pulley) moufle *nf*; (rlwy) cantonnement *nm*; (of tin, brass) saumon *nm*; *vb*: arrêter, obturer; (cards) comprimer; (inf) grouper; (door) condamner; (print) estamper, gaufrer; (rlwy) fermer la voie
~ **and tackle**: palan *nm*
~ **check character** «BCC»: caractère *nm* vérificateur de bloc, caractère de contrôle de bloc
~ **diagram**: schéma *nm* fonctionnel [en pavés], schéma de principe, tableau *nm* synoptique, synoptique *nm*
~ **gap**: (inf) espace *nm* interbloc
~ **grease**: graisse *nf* en briquette, graisse en pains
~ **letter**: lettre *nf* moulée, majuscule *nf* d'imprimerie
~ **loading**: chargement *nm* groupé
~ **mould**: moule *nm* monobloc
~ **press**: presse *nf* à blocs
~ **printing**: (tex) impression *nf* à la planche
~ **pull**: épreuve *nf* de cliché
~ **section**: (rlwy) canton *nm*
~ **speed**: (aero) vitesse *nf* cale à cale, vitesse commerciale
~ **system**: (rlwy) block *nm*, block-system *nm*, cantonnement *nm*
~ **tin**: étain *nm* en saumons
~**-to-block speed**: (aero) vitesse *nf* de cale à cale

blockboard: bois *nm* latté, panneau *nm* contreplaqué à âme lattée ou lamellée

blocking: blocage *nm*, groupage *nm*; (plast) adhérence *nf* de contact
~ **oscillator**: oscillateur *nm* de blocage
~ **period**: (gas-filled tube) temps *nm* de blocage

blockwork: ouvrage *nm* en agglomérés, ouvrage en parpaings

bloom: (on paraffin) fluorescence *nf*; (on plastic, paint) efflorescence *nf*; (on oil) reflet *nm*; (on varnish) opalescence *nf*; (met) bloom *nm*, lopin *nm*

blooming: (opt) couche *nf* antireflet; (paint) voile *nm*; (tv picture) flou *nm* d'image; (met) blooming *nm*
~ **mill**: laminoir *nm* à blooms, laminoir dégrossisseur, train *nm* à blooms, train dégrossisseur

blow *nn*: souffle *nm*; (of gas) dégagement *nm* instantané; *vb*: (fuse) fondre, souffler; (met) souffler, affiner
~ **back**: (firearm) refoulement *nm* de gaz
~**-by**: (engine) fuyage *nm*, fuites *nf* de gaz vers le carter
~ **case**: monte-jus *nm*
~ **down** *nn*: vide-vite *nm*; purge *nf* [rapide], chasse *nf*; *vb*: (blow off) purger; (blast furnace) mettre hors feu
~**-down pipe**: tuyau *nm* de purge, tuyau de vidange
~ **forming**: formage *nm* par soufflage
~ **hole**: (met) soufflure *nf*
~ **in** *vb*: insuffler; (blast furnace) mettre à feu, allumer
~ **lamp**: lampe *nf* à braser, lampe à souder
~ **magnet**: aimant *nm* de soufflage (d'étincelles)
~ **off** *vb*: (gas, steam) laisser échapper; (electric arc) éteindre
~**-off pipe**: tuyau *nm* purgeur
~**-off valve**: clapet *nm* de purge, soupape *nf* de purge
~**-off zone**: (filter) zone *nf* de soufflage
~ **out**: (blast furnace) éteindre, mettre hors feu; (tyre) crever
~ **torch**: chalumeau *nm*, lampe *nf* à souder
~ **up** *vb*: (explode) déflagrer, [faire] sauter; (tyre) gonfler; (phot) agrandir
~**-up**: (phot) agrandissement *nm*

blower: compresseur *nm* basse pression; (fan) ventilateur *nm* soufflant, ventilateur foulant, soufflante *nf*
~ **stator**: directrice *nf* de soufflante

blowing: soufflage *nm*, insufflation *nf*; (of tyre) gonflage *nm*
~ **agent**: gonflant *nm*, agent *nm* d'expansion
~ **machine**: (bottle filling) insuffleuse *nf*
~ **nozzle**: (plastic moulding) canne *nf* de soufflage
~ **of oxygen**: (in cupola) insufflation *nf* d'oxygène
~ **out**: (blast furnace) mise *nf* hors du feu
~ **well**: puits *nm* éruptif, puits artésien

blown: (asphalt, bitumen, glass, plastic) soufflé

~ **engine**: moteur *nm* suralimenté
~ **fuse**: fusible *nm* fondu
~ **metal**: métal *nm* pré-affiné
~ **oil**: huile *nf* oxydée (par un courant d'air), huile soufflée
~ **sand**: sable *nm* éolien

blowout *nn*: (aero) extinction *nf* du réacteur; (el) claquage *nm*; (petr) éruption *nf* non contrôlée, éruption libre; (tyre) éclatement *nm*, crevaison *nf*
~ **coil**: bobine *nf* de soufflage
~ **preventer** «BOP»: (petr) bloc *nm* obturateur de puits «BOP», obturateur *nm* de puits

blowpipe: chalumeau *nm*, lampe *nf* à souder; (blast furnace) conduite *nf* de vent, tuyère *nf* porte-vent
~ **test**: essai *nm* au chalumeau

blue: bleu
~ **brittleness**: fragilité *nf* au bleu
~ **giant**: (inf) désigne la firme IBM
~ **print**: bleu *nm*, photocalque *nm*, calque *nm*
~ **reflectance**: réflectance *nf* dans le bleu
~ **stain**: (wood) bleuissement *nm*

blueing: bleuissement *nm*
~ **agent**: azurant *nm* optique

bluff, ~ **body**: corps *nm* non profilé

blunt: émoussé, épointé

blurred: flou

blushing: (on surface) voile *nm*, film *nm*; (paint) opalescence *nf*

BMEP → *brake mean effective power*

board: (inf) carte *nf*; (paper product) carton *nm*; (panel) tableau *nm*; (p.c.) carte, plaque *nf*, plaquette *nf*; (wooden) planche *nf*; *adj*: (aero, nav) de bord; *vb*: recouvrir de planches; (an aircraft, a ship) monter à bord, embarquer
~ **and pillar syst**: (coal) exploitation *nf* par chambres et piliers
~ **insulation**: isolant *nm* en plaque
~ **machine**: machine *nf* à carton
~ **mill**: cartonnerie *nf*

boarded: coffré, couvert (de planches)

boarding: (constr) planchéiage *nm*; (roof) voligeage *nm*; (transport) embarquement *nm*; (by force) accostage *nm* (d'un navire), arraisonnement *nm*

boat: bateau *nm*, navire *nm*, embarcation *nf*; (lab) capsule *nf*, coupelle *nf*
~ **chock**: support *nm* de chantier d'embarcation
~ **cover**: taud *nm*
~ **deck**: pont *nm* des embarcations
~ **drain**: nable *nm*
~ **hook**: gaffe *nf*
~ **plug**: bouchon *nm* de nable
~ **scaffolding**: nacelle *nf*
~ **varnish**: vernis *nm* marine

boatswain: maître *nm* d'équipage

bob: plomb *nm* (de fil à plomb)

bobbin: bobine *nf*; (sewing machine) canette *nf*, cannette *nf*; (tex) bobine
~ **insulator**: poulie *nf* isolante
~ **winding**: enroulement *nm* en bobines

bobweight: masselotte *nf*

BOD → *biochemical oxygen demand*

bodied, ~ **linseed oil**: huile *nf* de lin cuite, huile de lin épaissie

body: corps *nm*; (axle) corps d'essieu; (cock), boisseau *nm*; (consistency) corps, consistance *nf*; (message) corps, contenu *nm*, teneur *nf*; (pap) main *nf*, bouffant *nm*; (roll) table *nf*; (of ship) coque *nf*, carcasse *nf*; (of tower) fût *nm*; (veh) carrosserie *nf*, caisse *nf*
~ **builder**: carrossier *nm* constructeur
~ **building**: carrosserie *nf*
~ **burden**: (nuc) charge *nf* corporelle
~**-centred cubic lattice**: réseau *nm* cubique centré
~**-centred cubic structure**: structure *nf* cubique à corps centré
~ **effect**: (el) effet *nm* de main
~ **force**: force *nf* due à la masse
~ **inside length**: (veh) longueur *nf* utile de chargement
~ **inside width**: (veh) largeur *nf* utile de chargement
~ **line**: (naut) ligne *nf* de carène
~ **matter**: texte *nm* descriptif
~ **of revolution**: corps *nm* de révolution, corps de rotation
~ **of water**: nappe *nf* d'eau, masse *nf* d'eau
~ **plan**: (naut) plan *nm* des couples, projection *nf* transversale
~ **shop**: atelier *nm* de carrosserie
~ **size**: (graph) corps *nm* d'une lettre
~ **stock**: carton *nm* support, papier *nm* support, support *nm*

~ **tilt coach**: (rlwy) voiture *nf* à caisse basculante

bodying: épaississement *nm*, accroissement *nm* de la viscosité

bodywork: carrosserie *nf*

BOF → *beginning of file, bought out finished*

bogie: bogie *nm*; (aero) diabolo *nm*
~ **furnace**: four *nm* à wagonnets
~ **landing gear**: train *nm* d'atterrissage à bogie
~ **locomotive**: locomotive *nf* à bogies
~ **undercarriage**: train *nm* d'atterrissage à bogie

boil *nn*: ébullition *nf*; (pap) cuisson *nf*; *vb*: bouillir, faire bouillir
~ **down**: réduire par ébullition
~ **off**: chasser par ébullition, extraire par ébullition; (tex) dégommer, décreuser

boiled: bouilli
~ **linseed oil**: huile *nf* de lin cuite
~ **oil**: huile cuite, huile épaissie

boiler: bouilleur *nm*; (heating) chaudière *nf*; (pap) lessiveur *nm*
~ **bearer**: berceau *nm* de chaudière
~ **compound**: détartreur *nm*, désincrustant *nm*, tartrifuge *nm*
~ **cradle**: chevalet *nm* de chaudière
~ **end**: fond *nm* de chaudière
~ **face**: fond *nm* avant de chaudière
~ **feed water** «BFW»: eau *nf* d'alimentation de chaudière
~ **fitting**: accessoire *nm* de chaudière
~ **fittings**: raccorderie *nf*
~ **fuel**: combustible *nm* de chauffe
~ **furnace**: foyer *nm* de chaudirèe
~ **head**: fond *nm* de chaudière
~ **jacket**: enveloppe *nf* de chaudière
~ **making**: grosse chaudronnerie *nf*
~ **output**: débit *nm* d'une chaudière
~ **plate**: tôle *nf* pour chaudières; (inf) paragraphe *nm* invariant, texte *nm* constant
~ **pressure** «BP»: pression *nf* dans la chaudière
~ **room**: chaufferie *nf*
~ **scale**: incrustations *nf*, tartre *nm*
~ **test plate**: timbre *nm*

boiling *nn*: ébullition *nf*; (pap) cuisson *nf*, lessivage *nm*; (electroplating) bouillonnement *nm*, travail *nm* du bain; (interference) friture *nf*; *adj*: bouillant
~ **flask**: matras *nm*, ballon *nm*
~ **over**: débordement *nm*
~ **plate**: plaque *nf* chauffante (de laboratoire), réchaud *nm*
~ **point** «BP»: point *nm* d'ébullition
~ **range**: intervalle *nm* d'ébullition; (organic solvent) intervalle de distillation
~ **tube**: tube *nm* bouilleur; (test tube) tube à essai
~ **water reactor** «BWR»: réacteur *nm* à eau bouillante

bold, ~ **character**: caractère *nm* gras
~ **face**: caractères *nm* gras
~ **type**: caractères *nm* gras

boldfacing: mise *nf* en caractères gras

bollard: bitte *nf*, bollard *nm*

bolster: (die casting) châssis *nm*, manteau *nm* de moule; (of die) porte-filière *nm*, porte-matrice *nm*; (graph) bordure *nf* du blanchet

bolt *nn*: (fastener) boulon *nm*; (lock) verrou *nm*; (rifle) culasse *nf*; (of cloth) pièce *nf* de tissu; *vb*: boulonner; verrouiller
~ **circle**: cercle *nm* de perçage
~ **connection**: assemblage *nm* par boulons
~ **cropper**: coupe-boulons *nm*
~ **cutter**: coupe-boulons *nm*

bolted: boulonné, à boulons
~ **joint**: assemblage *nm* à boulons

bolting: boulonnage *nm*

bomb *nn*: bombe *nf*; (inf) panne *nf*; *vb*: bombarder, lancer des bombes; (inf) tomber en panne
~ **calorimeter**: bombe *nf* calorimétrique
~ **crater**: entonnoir *nm* de bombe
~ **disposal**: désarmement *nm* des bombes
~ **rack**: lance-bombes *nm*

bombardment: bombardement *nm*

bomber: bombardier *nm*

bombing: bombardement *nm*
~ **range**: champ *nm* de tir aérien

bombsight: viseur *nm* de lance-bombes

bond *nn*: adhérence *nf*; (masonry) appareil *nm*; (chem, nuc, paint) liaison *nf*; (foundry sand) corps *nm* d'un sable;

(el) connexion *nf* fixe, métallisation *nf*; *vb*: lier, liaisonner; agglomérer; (carpentry) assembler; (el) connecter; (plast) souder
~ **length**: (reinforced concrete) longueur *nf* d'adhérence d'armature
~ **strength**: résistance *nf* d'adhésion; (foundry sand) résistance du sable à la déformation
~ **stress**: contrainte *nf* d'adhérence
~ **test**: essai *nm* d'adhérence; (soil) essai de cohésion

bonded: aggloméré, collé; (warehouse) sous douane
~ **abrasive**: abrasif *nm* aggloméré
~ **fabric**: tissu *nm* enduit
~ **masonry**: maçonnerie *nf* en liaison
~ **metal strip winding**: enroulé collé, feuilleté métallique
~ **store**: (quality control) magasin *nm* des produits acceptés

bonder: parpaing *nm*, pierre *nf* en boutisse

bonding: (el) connexion *nf* fixe, métallisation *nf*, mise *nf* à la masse, continuité *nf* électrique; (masonry) appareillage *nm*, liaison *nf*; (plast) soudage *nm*; (wldg) adhésion *nf*, collage *nm*
~ **and grounding**: liaison *nf* et mise à la terre
~ **coat**: (paint) couche *nf* d'accrochage
~ **electron**: électron *nm* périphérique, électron de valence
~ **layer**: (concrete) couche *nf* de reprise
~ **pad**: plot *nm* de connexion
~ **strength**: facteur *nm* d'adhérence, force *nf* de liaison; (pap) cohésion *nf* des fibres
~ **stress**: (concrete) tension *nf* d'adhérence
~ **strip**: tresse *nf* de mise à la masse, tresse de métallisation, bande *nf* de métallisation, jarretière *nf* de masse

bone *nn*: os *nm*; *vb*: (surv) niveler
~ **black**: charbon *nm* animal
~ **conduction microphone**: microphone *nm* à conduction osseuse
~ **dry**: sec absolu
~ **glue**: colle *nf* d'os

boning: (surv) nivellement *nm*
~ **rod**: nivelette *nf*

bonnet: (car) capot *nm*; (valve) chapeau *nm*, couvercle *nm*
~ **stay**: béquille *nf* de capot

booby-trap: (mil) piège *nm*

book *nn*: livre *nm*; *vb*: réserver
~ **face**: caractères *nm* d'édition
~ **inventory**: stock *nm* comptable
~ **mould**: moule *nm* à charnière latérale
~ **type press**: presse *nf* à charnière horizontale

bookbinding: reliure *nf*

bookkeeping: comptabilité *nf*

boom: (aero) longeron *nm*, poutre *nf*; perche *nf*, canalisation *nf* souple (ravitaillement en vol); (chord) membrure *nf*; (crane) avant-bec *nm*, flèche *nf*; (fork lift truck) éperon *nm*, potence *nf*; (port) estacade *nf* flottante; (naut) mât *nm* de charge; (tv, cinema) girafe *nf*, perche *nf*; (of yacht) bôme *nm*
~ **cat**: tracteur *nm* caterpillar à grue
~ **extension**: rallonge *nf* de flèche
~ **height**: hauteur *nf* de flèche
~ **microphone**: microphone *nm* à perche
~ **operator**: (film, tv) perchiste *nm*
~ **swing**: rayon *nm* de rotation de la flèche

boomer: haut-parleur *nm* pour fréquences basses

boost *nn*: suralimentation *nf*; (aero) pression *nf* d'admission; (el) tension *nf* additionnelle; *vb*: (el) survolter; (engine) suralimenter; (force, pressure) amplifier, augmenter, intensifier
~**-and-buck connection**: montage *nm* survolteur-dévolteur
~ **charge**: (battery) charge *nf* rapide, charge de biberonnage
~ **pressure**: pression *nf* de gavage, pression de suralimentation; (aero) pression d'admission

booster: (explosive) renforçateur *nm*; (el) surpresseur *nm*, survolteur *nm*; (pressure) amplificateur *nm* [de pression], surpresseur *nm*; (car power steering) NA vérin *nm*; (space rocket) pousseur *nm*, propulseur *nm* auxiliaire
~ **amplifier**: suramplificateur *nm*
~ **battery**: accumulateur *nm* de démarrage
~ **brake**: servo-frein *nm*
~ **coil**: bobine *nf* de démarrage
~ **light**: projecteur *nm* d'appoint
~ **motor**: servomoteur *nm*, moteur *nm* auxiliaire

~ **pump**: pompe *nf* d'appoint, booster *nm*; (engine) pompe de gavage, pompe de suralimentation; (pipe-line) pompe *nf* de relais
~ **rocket**: propulseur *nm* auxiliaire
~ **rod**: (nuc) barre *nf* de dopage
~ **station**: (pipe-line) station *nf* de relais; poste *nm* de recompression (oléoduc); poste de surpression (gazoduc); (tcm) station de répéteurs, station d'amplification
~ **transformer**: transformateur *nm* survolteur, transformateur suceur
~ **unit**: servocommande *nf*

boosting: amplification *nf*, suralimentation *nf*
~ **voltage**: surtension *nf*

boot *nn*: gaine *nf* d'étanchéité, guêtre *nf*; (bellows seal) soufflet *nm*; (car) coffre *nm* à bagages; (inf) amorçage *nm*, mise *nf* en route, lancement *nm* d'un programme; (over electric component) tétine *nf*; *vb*: amorcer
~ **lid**: couvercle *nm* de coffre

bootable: amorçable

booth: (tp) cabine *nf*; (exhibition) stand *nm*

booting: amorce *nf*, lancement *nm* d'un système

bootstrap *nn*: (inf) amorce *nf*, amorçage *nm*, lancement *nm*; (nuc) autogénération *nf* mutuelle; *vb*: amorcer

bootstrapping: amorce *nf*, amorçage *nm*, chargement *nm*, initialisation *nf*, lancement *nm* (d'un système)

BOP → *blow out preventer, bit oriented protocol, byte oriented protocol*

borax: borax *nm*

bordeaux, ~ **mixture**: bouillie *nf* bordelaise

border *nn*: bordure *nf*; (boundary) limite *nf*; (margin) bordure *nf*, encadrement *nm*; (between countries) frontière *nf*; *vb*: (pipe) rabattre la collerette
~ **punched card**: carte *nf* à perforations marginales
~ **rule**: filet *nm* d'encadrement

bordered, ~ **pipe**: tube *nm* à collerette rabattue

bore: (cylinder) alésage *nm*; (hole) diamètre *nm* intérieur; (mil) âme *nf* (d'un canon)
~ **cutter**: fraise *nf* à alésage lisse

bored: alésé, foré
~ **pile**: pieu *nm* foré, pieu moulé dans le sol

boresight: dispositif *nm* de visée
~ **error**: erreur *nf* de visée, erreur de pointage

boring: alésage *nm*, perçage *nm*; (mining, oil) forage *nm*, sondage *nm*
~ **and milling machine**: aléseuse-fraiseuse *nf*
~ **and mortising machine**: perceuse-mortaiseuse *nf*
~ **and turning mill**: tour-alésoir *nm*
~ **bar**: barre *nf* d'alésage, arbre *nm* porte-foret, tige *nf* porte-foret
~ **bench**: banc *nm* d'alésage
~ **machine**: foreuse *nf*, perceuse *nf*, aléseuse *nf*
~ **master**: (petr) chef *nm* foreur, chef sondeur, maître *nm* foreur, maître sondeur
~ **rods**: train *nm* de tiges
~ **spindle**: barre *nf* d'alésage, broche *nf* porte-foret

borings: copeaux *nm* de forage, alésures *nf*

boron: bore *nm*

borrow: (c.e.) emprunt *nm*; (inf, maths) retenue *nf*
~ **pit**: lieu *nm* d'emprunt

borrowed, ~ **light**: fenêtre *nf* de second jour

BOS → *basic operating system*

bosh: (blast furnace) étalages *nm*

boss: (on casting) bossage *nm*, surépaisseur *nf* de coulée; (for nut or washer) portée *nf*; (hub) moyeu *nm*; (roll) moyeu de cylindre

bosun: maître *nm* d'équipage

both: les deux
~-**way** «B/W»: à double sens, utilisé dans les deux sens, bidirectionnel
~ **ways**: dans les deux sens

bottle: bouteille *nf*; (small) flacon *nm*; (with large mouth) bocal *nm*; *vb*: met-

tre en bouteille, embouteiller
~ **brush**: goupillon *nm*
~ **filling**: embouteillage *nm*, mise *nf* en bouteilles
~ **filling machine**: embouteilleuse *nf*
~ **gas**: gaz *nm* en bouteille

bottled: [mis] en bouteille
~ **gas**: gaz *nm* en bouteille, gaz conditionné

bottleneck: (traffic) embouteillage *nm*, encombrement *nm*

bottling: embouteillage *nm*, mise *nf* en bouteilles

bottom *nn*: (box, cylinder, hole, tank) fond *nm*; (furnace) sole *nf*; (of ship) carène *nf*; (trench) fond de fouille; *adj*: inférieur
~ **cast**: couler en source
~ **clearance**: (gear) vide *nm* à fond de dent
~ **coal**: charbon *nm* abandonné, charbon au-dessous d'un banc de stériles
~ **dead center** «BDC»: point *nm* mort bas «PMB»
~ **dump**: à déversement par le fond, déversant par le fond
~ **echo**: écho *nm* de fond
~ **edge**: (slate) chef *nm* de base
~ **electrode**: (arc furnace) électrode *nf* de sole
~ **end**: (connecting rod) pied *nm* de bielle
~ **layer**: (wldg) passe *nf* de fond, première passe
~ **level**: galerie *nf* de fond, voie *nf*
~ **line**: dernière ligne (d'une page, d'un écran)
~ **of the range**: bas *nm* de gamme
~ **of the line**: bas *nm* de gamme
~ **planking**: bordé *nm* de la carène
~ **plate**: (mech) embase *nf*; (partition) semelle *nf*; (sole plate) sablière *nf* basse
~ **pouring**: coulée *nf* en source
~ **ram press**: presse *nf* ascendante, presse à piston ascendant
~ **roll**: cylindre *nm* inférieur
~ **sheathing**: (naut) doublage *nm* de la carène
~ **shed**: (tex) foule *nf* d'en bas
~ **skin**: (aircraft wing) intrados *nm*
~ **slab**: radier *nm* (d'un souterrain)
~ **suction pump**: pompe *nf* à aspiration verticale par le bas
~ **up design**: (inf) conception *nf* ascendante

bottoms: résidus *nm*, queue *nf* de distillation, dépôts *nm*, fonds *nm*

bottomed: arrivé au fond, qui talonne, vissé à fond; (aero) enfoncé (train d'atterrissage)

bottoming: saturation *nf* (d'un transistor)

bought: acheté
~ **out equipment**: équipement *nm* d'approvisionnement commercial
~ **bought out finished** «BOF»: pièce *nf* finie extérieure «PFE»
~ **scrap**: ferraille *nf* du commerce

boulder: gros bloc *nm* de pierre roulé
~ **clay**: argile *nf* à blocaux

bounce *nn*: rebond *nm*, saut *nm*, variation *nf* brusque; (valve) rebondissement *nm* de soupape; *vb*: rebondir

bouncing: (of contact) rebondissement *nm*; (tv) instabilité *nf* verticale de l'image

bound *nn*: limite *nf*; (range, array) borne *nf*; *adj*: (atom, electron) lié
~ **book**: livre *nm* relié
~ **by**: asservi à, limité par
~ **in boards**: cartonné

boundary: limite *nf*
~ **condition**: condition *nf* limite, condition aux limites
~ **layer**: couche *nf* limite
~ **lubrication**: graissage *nm* [en régime] limite, lubrification *nf* en régime limite
~ **stress**: contrainte *nf* aux limites

bow: (plank) gauchissement *nm* en longueur, voilement *nm* longitudinal; (electric train) archet *nm* de prise de courant
~**-shaped**: arqué
~ **window**: fenêtre *nf* en saillie (arrondie)

bow: (naut) avant *nm*, proue *nf*; → also *bows*

bowl: (of filter) bol *nm*, cuve *nf*; (geol, pump) cuvette *nf*; (pap) rouleau *nm* de calandre

bowlder → *boulder*

bowline: nœud *nm* de chaise

bows: avant *nm* (de navire)

bowser: avitailleur *nm*

box: boîte *nf*, caisse *nf*; (el) coffret *nm*; (battery) bac *nm*; (diagram) pavé *nm* d'organigramme; (printed form) case *nf* à remplir
~ **annealing**: recuit *nm* en caisse
~ **beam**: poutre *nf* caisson
~ **body**: carrosserie *nf* en caisson
~ **car** NA : wagon *nm* couvert
~ **carburizing**: cémentation *nf* en caisse
~ **column**: poteau *nm* creux
~ **construction**: construction *nf* en caisson
~ **girder**: poutre *nf* caisson
~ **gutter**: chéneau *nm*
~ **in**: mettre en caisse, mettre en boîte; (pipe) mettre sous gaine; (graph) encadrer
~ **moulding**: moulage *nm* en châssis
~ **nut**: écrou *nm* à chapeau, écrou borgne, écrou creux
~ **off**: cloisonner, compartimenter
~ **pallet**: caisse-palette *nf*, palette-caisse *nf*
~ **spanner**: clé *nf* à douille, clé à tube, clé à pipe
~ **stairs**: escalier *nm* encloisonné

boxboard: carton *nm* pour boîtes
~ **container** NA : caisse *nf* carton

boxed: (el) en coffret, sous coffret

boxing: (constr) gaine *nf*, gainage *nm*

BP → *back pressure, boiling point, boiler pressure*

BPF → *band pass filter*

bpi → *bits per inch*

BR → *butadiene rubber*

brace *nn*: (hand tool) vilebrequin *nm*; (in compression) contre-fiche *nf*, jambe *nf* de force; (in tension) tirant *nm*, entretoise *nf*; *vb*: (beam) armer; (frame) entretoiser, raidir; (post) moiser, contreficher, haubaner, ancrer; (structure) entretoiser, contreventer; (trench) étrésillonner; (wall) consolider, étayer

bracing: entretoisement *nm*, étrésillonnement *nm*, raidissement *nm*, renforcement *nm*; (of landing gear) triangulation *nf*; (of mast) haubanage *nm*; (of structure) contreventement *nm*, raidissement
~ **member**: (constr) poutre *nf* de contreventement
~ **spider**: croisillon *nm* raidisseur
~ **stud**: (constr) contre-fiche *nf*
~ **wire**: hauban *nm*

bracket *nn*: console *nf*, tasseau *nm*, support *nm*; (graph) parenthèse *nf*; (range) fourchette *nf*, tranche *nf*; (for spring) main *nf* de ressort; *vb*: borner, délimiter; (artillery) encadrer un but; (graph) mettre entre parenthèses
~ **crane**: grue *nf* à console, grue à potence, grue murale
~ **hanger**: chaise-console *nf*, chaise-applique *nf*, palier *nm* à potence
~ **insulator**: isolateur *nm* de console
~ **lamp**: applique *nf*
~ **pulse**: (radar) impulsion *nf* d'encadrement
~ **scaffolding**: échafaudage *nm* en console
~ **seat**: strapontin *nm*

bracketed: encadré
~ **string**: limon *nm* à l'anglaise

bracketing: mise *nf* entre parenthèses; encadrement *nm*, fourchettage *nm*; (aero) vol *nm* sur faisceau en zigzag
~ **fire**: tir *nm* encadrant, tir à la fourchette

brad: clou *nm*, pointe *nf*, semence *nf*
~ **punch**: chasse-clous *nm*, chasse-pointes *nm*

braid: (el) tresse *nf*, ruban *nm*, guipage *nm*; (tex) galon *nm*, ganse *nf*; *vb*: tresser, guiper, mettre sous tresse; (tex) galonner, ganser

braided: tressé; (el) sous tresse, guipé
~ **all-metal hose**: boa *nm*
~ **wire**: fil *nm* sous tresse, fil guipé, fil tressé

braiding: guipage *nm*, tressage *nm*

brake: frein *nm*
~ **band**: ruban *nm* de frein, bande *nf* de frein
~ **booster**: servofrein *nm*
~ **car**: wagon-frein *nm*
~ **cylinder**: cylindre *nm* de frein
~ **drum**: tambour *nm* de frein
~ **dynamo**: dynamo-frein *nf*
~ **field**: champ *nm* de freinage, champ retardateur
~ **fluid**: liquide *nm* de freins
~ **fluid level switch**: contacteur *nm* de perte de liquide de freins
~**-formed sheet**: tôle *nf* pliée

~ **gear**: commande *nf* de frein, timonerie *nf* de frein
~ **guard**: carter *nm* de frein
~ **horse power** «bhp»: puissance *nf* au frein
~ **hub**: moyeu *nm* de frein
~ **lifter**: desserre-frein *nm*
~ **lining**: garniture *nf* de frein
~ **linkage**: timonerie *nf* de frein
~ **magnet**: électro-frein *nm*
~ **mean effective pressure** «bmep»: pression *nf* moyenne effective au frein
~ **pad**: plaquette *nf* de frein
~ **power**: puissance *nf* au frein
~ **ratio changer** NA : correcteur *nm* de freinage
~ **servo**: servofrein *nm*
~ **shoe**: (rlwy) sabot *nm* de frein; (road vehicle) mâchoire *nf* de frein, segment *nm* de frein
~ **solenoid**: électrofrein *nm*
~ **strap**: bande *nf* de frein, collier *nm*
~ **test**: essai *nm* au frein
~ **toggle**: came *nf* de frein
~ **valve**: distributeur *nm* de freinage, soupape *nf* de freinage
~ **wheel**: roue *nf* freinée

brakeman: (rail, mining) serre-freins *nm*

braking, ~ distance: distance *nf* d'arrêt, distance de freinage
~ **power**: puissance *nf* de freinage
~ **rocket**: rétrofusée *nf*, fusée-frein *nf*
~ **test**: essai *nm* au frein
~ **torque**: couple *nm* de freinage

branch: (inf) branchement *nm*; (el) dérivation *nf*, branchement; (of firm) succursale *nf*; (of industry) secteur *nm* d'activité; (in piping) branchement *nm*; (rlwy) embranchement *nm*; (rlwy, road) bifurcation *nf*
~ **circuit**: circuit *nm* de dérivation, dérivation *nf*
~ **connection**: (on pipe) piquage *nm*
~ **line**: (el) ligne *nf* en dérivation, ligne de branchement, branchement *nm*; (of pipeline) antenne *nf*; (rlwy) embranchement *nm*, ligne *nf* secondaire, voie *nf* secondaire
~ **off**: brancher, mettre en dérivation
~ **pipe**: dérivation *nf*, tuyau *nm* de branchement
~ **system**: réseau *nm* ramifié, système *nm* ramifié
~ **terminal**: (el) borne *nf* de branchement, borne de dérivation

branched: ramifié
~ **chain**: ramification *nf*, chaîne *nf* ramifiée, arborescence *nf*
~ **polymer**: polymère *nm* ramifié

branching: branchement *nm*, raccordement *nm*; (el) dérivation *nf*; (pipe) branchement; (road, rail) bifurcation *nf*; (system) ramification *nf*

brand: marque *nf*
~ **acceptance**: acceptation *nf* de la marque, acceptabilité *nf* de la marque
~ **image**: image *nf* de marque

branded, ~ product: produit *nm* de marque

brasquing: brasquage *nm*

brass: laiton *nm*, cuivre *nm* jaune; (bearing bush) coussinet *nm*
~ **plating**: laitonnage *nm*
~ **smith**: robinettier *nm*

brassware: dinanderie *nf*

braze *vb*: braser
~ **welding**: soudo-brasage *nm*

brazed, ~ seam: brasure *nf*

brazil: charbon *nm* pyritifère, charbon contenant beaucoup de pyrites

brazing: brasage *nm*, soudo-brasage *nm*

breadboard *nn*: maquette *nf*, modèle *nm* d'essai, montage *nm* expérimental; *vb*: réaliser un montage expérimental, réaliser une maquette

breadboarding: réalisation *nf* d'un montage expérimental, réalisation d'une maquette

breadth: largeur *nf*

break: cassure *nf*, rupture *nf*; (in time) arrêt *nm*, interruption *nf*; (in broadcast) arrêt de transmission; (in current supply) interruption; (in circuit) ouverture *nf*; (maths) solution *nf* de continuité; (graph) manque *nm* d'encre; *vb*: briser, casser, rompre, se briser, se casser, se rompre; (a circuit, a loop) ouvrir; (the current supply) couper; (a code) percer; (a word, a line) couper
~ **a trench**: ouvrir une tranchée
~**-before-make contact**: contact *nm* de repos-travail, contact à rupture avant fermeture
~ **bulk**: (handling) rompre la charge
~ **contact**: contact *nm* de repos, contact à ouverture

~ **contact release time**: temps *nm* de réenclenchement du contact de repos, temps de mise au repos du contact de travail
~ **distance**: intervalle *nm* de contact, écartement *nm* des contacts
~-**even factor**: facteur *nm* d'amortissement
~-**even point**: limite *nf* de rentabilité
~ **gap**: distance *nf* de coupure, intervalle *nm* de coupure
~ **ground**: (constr) donner les premiers coups de pioche
~ **in**: (mech) roder; (theft) cambrioler; (inf) pénétrer sans autorisation
~-**in**: (mech) NA rodage *nm* ; (theft) effraction *nf*; (inf) pénétration *nf* non autorisée
~-**in service**: entretien *nm* en période de rodage
~ **jack**: jack *nm* à rupture
~ **key**: touche *nf* d'interruption , touche BREAK
~ **line**: dernière ligne *nf* (d'un alinéa, d'un paragraphe)
~ **off**: détacher; (call) rompre, interrompre, couper (une communication); (drilling, pipeline) éclater, dévisser (train de tiges)
~ **out**: (inf) sortir (d'une boucle)
~ **period**: durée *nf* d'ouverture
~ **spark**: étincelle *nf* de rupture
~ **spring**: ressort *nm* d'interruption
~ **switch**: interrupteur *nm* disjoncteur
~ **the seal**: (siphon) se désamorcer
~ **time**: durée *nf* de coupure
~ **up**: (a machine) casser, démolir

breakage: casse *nf*, rupture *nf*; (glass) bris *nm*

breakaway: (from rest) décollage *nm*
~ **corrosion**: corrosion *nf* galopante
~ **starting current**: courant *nm* initial de démarrage
~ **torque**: couple *nm* initial de démarrage, couple de décrochage

breakdown *nn*: panne *nf*, dérangement *nm*; (of electrical insulation, valve) claquage *nm*; (of cost, of price) décomposition *nf*, ventilation *nf*, détail *nm*; (of dielectric) percement *nm*, rupture *nf*; *vb*: tomber en panne; claquer; décomposer, segmenter, ventiler; (coal) abattre, déhouiller; (rolling mill) dégrossir, réduire; (timber) débiter
~ **in a gas**: décharge *nf* disruptive
~ **lights**: (ship) feux *nm* d'impossibilité de manœuvre
~ **lorry**: dépanneuse *nf*
~ **mill**: laminoir *nm* ébaucheur, laminoir dégrossisseur, train *nm* ébaucheur, train dégrossiseur
~ **strength**: (el) rigidité *nf* diélectrique
~ **torque**: couple *nm* critique, couple maximal
~ **truck**: dépanneuse *nf*
~ **viscosity**: vitesse *nf* critique, vitesse de grippage
~ **voltage**: tension *nf* de claquage, tension de rupture, tension de désamorçage

breaker: (crusher) broyeur *nm*, concasseur *nm*; (coal) piqueur *nm*, abatteur *nm*; (el) disjoncteur *nm*, interrupteur *nm*, rupteur *nm*; (pap) pile *nf* défileuse, pile désagrégeante, broyeur *nm*; (radial tyre) ceinture *nf* (rigide)
~ **card**: carde *nf* briseuse
~ **points**: (car distributor) contacts *nm* platinés

breaking: (el) interruption *nf*, coupure *nf*, déconnexion *nf*; (of emulsion) rupture *nf*; (of paper pulp) défilage *nm*, défibrage *nm* (des chiffons)
~ **capacity**: pouvoir *nm* de rupture, puissance *nf* de rupture
~ **current**: courant *nm* de coupure
~ **down**: décomposition *nf*; (rolling mill) dégrossissage *nm*
~ **in**: rodage *nm*
~ **load**: charge *nf* de rupture
~ **pole**: pôle *nm* rupteur
~ **strength**: résistance *nf* à la rupture
~ **stress**: tension *nf* de rupture
~ **test**: essai *nm* à la rupture
~ **time**: (el) durée *nf* de coupure
~ **unit**: (el) élément *nm* de coupure
~ **up**: décomposition *nf*, segmentation *nf*; (of atom) désintégration *nf*

breakout: (drilling) dévissage *nm* (de trépan); (from mould) coulure *nf*, coulage *nm*
~ **force**: (tractor shovel) force *nf* d'arrachement, force de levage

breakpoint: (inf) point *nm* d'arrêt

breakthrough: percée *nf* technologique, découverte *nf*; (broadcasting) interférence *nf* (par station voisine); (OCR) discontinuité *nf* d'encrage

breakwater: brise-lames *nm*, môle *nm*

breast: (mining) taille *nf*, front *nm* de taille; (under window) allège *nf*
~ **drill**: perceuse *nf* à conscience
~ **plate** (of drill) conscience *nf*
~ **rail**: garde-corps *nm*, garde-fou *nm*
~ **roll**: rouleau *nm* de tête
~ **wall**: mur *nm* d'appui, mur de parapet

breather: (venting) reniflard *nm*, évent *nm*
~ **paint**: peinture *nf* perméable à la vapeur d'eau, peinture respirante
~ **pipe**: reniflard *nm*, tuyau *nm* d'aspiration
~ **roof**: toit *nm* respirant
~ **valve**: reniflard *nm*, aérateur *nm*

breathing: (plastic moulding) dégazage *nm*; (transformer, tank) respiration *nf*
~ **apparatus**: appareil *nm* respiratoire

breccia: brèche *nf*

breech: (gun) culasse *nf*; → also *breeches*
~ **loader**: arme *nf* à chargement par la culasse
~ **pipe** culotte *nf*

breeches: culotte *nf*
~ **chute**: goulotte *nf* en Y
~ **pipe**: raccord *nm* en Y, culotte *nf*

breeder: (nuc) surgénérateur *nm*, surrégénérateur *nm*

breeding: surgénération *nf*, surrégéneration *nf*
~ **fire**: (blast furnace) feu *nm* qui couve

breeze: fraisil *nm*, menu *nm* (de coke); escarbilles *nf* (de coke), mâchefer *nm*
~ **block**: parpaing *nm* de laitier

breezeway: (tv) palier *nm* intermédiaire

bressumer: (constr) poitrail *nm*

brestsummer NA → *bressumer*

brick: brique *nf*; (inf) séquence *nf*
~ **grease**: graisse *nf* solide
~ **infilling**: galandage *nm*
~ **laying**: maçonnerie *nf*
~ **lined**: (furnace) garni (de briques réfractaires)
~ **on edge**: brique *nf* sur champ, brique posée sur chant
~ **up**: (entrance) obturer (avec des briques); (furnace) garnir
~ **veneer**: revêtement *nm* de briques

bricklayer: briqueteur *nm*, maçon *nm* (en briques)

bricklaying: maçonnerie *nf* (en brique[s])

brickwork: maçonnerie *nf* de brique[s]

bridge *nn*: (constr) pont *nm*; (between networks) passerelle *nf*; (die) point *nm* d'attache; (furnace) autel *nm*; (el) pont *nm*, dérivation *nf*, shunt *nm*; (ship) passerelle *nf*, château *nm*; *vb*: brancher en dérivation, mettre en parallèle, shunter, coupler en pont
~ **circuit**: montage *nm* en pont
~ **connection**: montage *nm* en pont
~ **contact**: contact *nm* à pont
~ **crane**: pont *nm* portique, pont-grue *nm*, portique *nm*
~ **measurement**: (el) mesure *nf* en pont
~ **rectifier**: redresseur *nm* en pont
~ **[seam] weld**: soudure *nf* continue à couvre-joint
~ **transformer** NA : transformateur *nm* différentiel

bridged: ponté, shunté
~ **circuit**: circuit *nm* dérivé
~ **tap**: branchement *nm* en dérivation

bridgeware: (inf) programmes *nm* de transition (entre ordinateurs)

bridging *nn*: dérivation *nf*, mise *nf* en dérivation, mise en parallèle, pontage *nm*, shuntage *nm*; *adj*: intermédiaire, de transition
~ **agent**: (chem) agent *nm* de pontage
~ **bond**: liaison *nf* pontée
~ **clip**: cavalier *nm*
~ **joist**: solive *nf* passante
~ **sleeve**: manchon *nm* de dérivation
~ **software**: logiciel *nm* de transition
~ **stage**: étage *nm* interméidiare
~ **time**: (el) temps *nm* de chevauchement (d'un contact)

bridle, ~ **iron**: étrier *nm*
~ **wire**: (tp) jarretière *nf*

briefing: briefing *nm*

bright: (plating) brillant; (metal) clair, poli
~ **annealing**: recuit *nm* brillant
~ **dip**: brillantage *nm*
~ **fracture**: cassure *nf* claire
~ **level**: (tv) niveau *nm* de blanc
~ **line**: (of spectrum) raie *nf* brillante, raie lumineuse
~ **metal**: métal *nm* clair, métal blanc
~ **mild steel**: acier *nm* doux et blanc
~ **nut**: écrou *nm* fini, écrou décolleté
~ **pickling bath**: bain *nm* brillanteur de décapage
~ **plating**: dépôt *nm* brillant, brillantage *nm*
~ **soft temper**: revenu *nm* au blanc
~ **turned**: usiné, décolleté

brighten *vb*: (colour) aviver; (metal) polir

brightener: agent *nm* de brillantage

brightening: (of colour) avivage *nm*; (of metal) brillantage *nm*
~ **agent**: (in washing powder) agent *nm* de blanchiment, agent d'azurage optique, azureur *nm*

brightness: luminosité *nf*, brillance *nf*; (pap) blancheur *nf*
~ **ratio**: rapport *nm* de brillance, réflectivité *nf* moyenne

brightstock: (petr) bright stock *nm*

brightwork: métal *nm* brillant

brim *nn*: bord *nm* (d'un récipient); *vb*: remplir à refus

brine: saumure *nf*
~ **well**: puits *nm* d'extraction de saumure

bring *vb*: amener, apporter
~ **down**: abattre, faire tomber
~ **forward**: reporter
~ **from memory**: extraire de la mémoire, sortir de la mémoire
~ **into register**: (graph) faire le registre
~ **into step**: (el) synchroniser
~ **on stream**: mettre en régime, mettre en marche productive
~ **up to temperature**: faire monter à la température

briny: saumâtre

briquette, ~ **coal**: charbon *nm* aggloméré, charbon en boulets

bristle: poil *nm* (de brosse)

brittle: (material) cassant, fragile; (iron) aigre; (stone) friable; (inf) difficilement portable
~ **failure**: rupture *nf* fragile

brittleness: (metal) fragilité *nf*; (stone) friabilité *nf*

broach *nn*: broche *nf* (à mandriner), alésoir *nm*; *vb*: brocher, mandriner à la broche, aléser (trou)

broaching: alésage *nm*, mandrinage *nm*, brochage *nm*

broad: large; approximatif, sommaire
~ **irrigation**: (of sewage) épandage *nm*
~ **tuning**: accord *nm* flou

broadband *nn*: large bande *nf*; *adj*: à large bande
~ **aerial**: antenne *nf* à large bande
~ **antenna** NA : antenne *nf* à large bande

broadbanding: étalement *nm* de bande

broadcast: radiodiffusion *nf*, diffusion *nf*; émission *nf*; programme *nm* radiodiffusé, programme télévisé; *vb*: radiodiffuser, diffuser, émettre

broadcasting: radiodiffusion *nf*, diffusion *nf*, émission *nf*

broadside, ~ **array**: rideau *nm* d'antennes à rayonnement transversal

broke: (pap) cassés *nm* de fabrication

broken: cassé, brisé, rompu; (crushed) broyé, concassé
~ **brick**: briquaillons *nm*
~ **down**: en panne
~ **joint**: (paving) à joints alternés
~ **joint masonry**: maçonnerie *nf* plein sur joint
~ **pick**: (tex) fausse duite *nf*, faute *nf* en trame, duite manquée
~ **ray**: rayon *nm* réfracté
~ **stone**: cailloutis *nm*, pierraille *nf*
~ **stowage**: perte *nf* à l'arrimage, vides *nm* d'arrimage

bromide: bromure *nm*
~ **paper**: papier *nm* [au] bromure, papier sensible

bromine: brome *nm*

bronze: bronze *nm*

brown: brun
~ **coal**: lignite *nm*
~ **mechanical pulp board**: (pap) carton *nm* de pâte mécanique brune
~ **paper**: papier *nm* gris, papier d'emballage

browning, ~ **coat**: (plastering) couche *nf* de fond

brownout: baisse *nf* de tension
~ **proof**: protégé contre les baisses de tension

bruised: meurtri
~ **thread**: filet *nm* foiré

brush *nn*: (painting) brosse *nf*, pinceau *nm*; (inf) balai *nm*, brosse (de lecture); (el) balai, frotteur *nm*; (vegetation) broussailles *nf*; *vb*: brosser; (ground) balayer
~ **coating**: couchage *nm* à la brosse, enduction *nf* à la brosse
~ **discharge**: décharge *nf* en aigrette, aigrette *nf*
~ **displacement**: décalage *nm* des balais
~ **gear**: porte-balai *nm*
~ **holder**: porte-balai *nm*
~ **killer**: débroussaillant *nm*
~ **over**: badigeonner
~ **rocker**: collier *nm* porte-balais, couronne *nf* porte-balais
~ **setting**: calage *nm* des balais
~ **shift**: décalage *nm* des balais
~ **sparking**: crachement *nm* aux balais
~ **voltage**: tension *nf* aux balais
~ **yoke** NA : couronne *nf* porte-balais

brushability: (paint) facilité *nf* d'application

brushed, ~ **finish**: enduit *nm* brossé

brushing, ~ **paint** NA : peinture *nf* au pinceau

BSL → *below sea level*

BT → *built-in test*

bubble *nn*: (liquid, magnetic) bulle *nf*; (in paint) cloque *nf*; *adj*: (computer memory, screen) à bulles; (scrubber, washer) à barbotage; *vb*: bouillonner, barboter, faire des bulles
~ **cap**: cloche *nm* de barbotage, calotte *nf* à barbotage
~ **coated**: couché mousse
~ **plate column**: colonne *nf* à plateaux de barbotage
~ **tray**: plateau *nm* à barbotage, plateau à cloches
~ **tube**: (on spirit level) fiole *nf*
~**-tube viscometer**: viscosimètre *nm* à bulle d'air

bubbling: bouillonnement *nm*, barbotage *nm*; (paint) bullage *nm*; (pap) cloquage *nm*; (plating bath) dégazage *nm*

buck *nn*: (el) opposition *nf*; *vb*: (crushing) concasser, broyer; (el) opposer
~**-boost transformer**: transformateur *nm* survolteur-dévolteur
~ **current**: courant *nm* opposé
~ **transformer** NA : dévolteur *nm*, abaisseur *nm* de tension
~ **winding**: enroulement *nm* en sens opposé

bucket: seau *nm*; (crane) benne *nf*; (elevator) auget *nm* de noria, godet *nm* d'élévateur; (excavator) godet *nm*
~ **brigade device** «BBD»: (inf) élément *nm* à chapelet
~ **chain**: chaîne *nf* à godets, chaîne à augets, noria *nf*
~ **elevator**: élévateur *nm* à godets, noria *nf*
~ **grab**: benne *nf* preneuse
~ **ladder**: (dredge) élinde *nf*
~ **loader**: chargeur *nm* à godets
~ **plunger**: piston *nm* à lames de contact
~ **pump**: pompe *nf* élévatoire
~ **seat**: siège *nm* baquet
~ **wheel**: roue *nf* à augets, roue à godets; roue pelleteuse, roue-pelle

bucking: (el) en opposition, opposé, antagoniste
~ **coil**: bobine *nf* de compensation

buckle: gode *nf*; (sheet metal) pli *nm*

buckled: bombé, gondolé; (can) floche; (wheel) voilé

buckling: gondolement *nm*, gauchissement *nm*; (bottom of can) flochage *nm*; (under axial load) flambage *nm*; (of vacuum vessel) écrasement *nm*; (of wheel) voile *nm*
~ **load**: charge *nf* de flambement, charge au flambage
~ **strength**: résistance *nf* au flambage, résistance au flambement

budget: économique

buff *vb*: polir (au disque toile), polir au buffle, buffler
~ **stick**: polissoir *nm*
~ **buffer**: (chem) tampon *nm*; (rlwy) butoir *nm*, tampon *nm* de choc, amortisseur *nm*; (inf) tampon, mémoire *nf* intermédiaire; (tool) meule *nf* à polir, touret *nm* à polir
~ **action**: (chem) tamponnage *nm*
~ **coating**: enduit *nm* tampon, gainage *nm* secondaire
~ **salt**: sel *nm* tampon
~ **spring**: ressort *nm* de choc
~ **stage**: étage *nm* séparateur, étage intermédiaire

~ **stock**: stock *nm* régulateur
~ **stop**: butoir *nm*
~ **storage**: mémoire *nf* tampon
~ **swapping**: alternance *nf* des tampons

buffered: (chem) tamponné; (tcm) doté d'un tampon, équipé d'un tampon
~ **computer**: ordinateur *nm* à mémoire tampon
~ **fiber**: fibre *nf* gainée

buffering: (chem) tamponnage *nm*; (inf) mise *nf* en mémoire tampon, mémorisation *nf* d'attente, rangement *nm* en mémoire tampon; (fiber) gainage *nm*

buffeting: (aero) vibrations *nf*, tremblement *nm*

buffing: polissage *nm*, bufflage *nm*, avivage *nm*
~ **wheel**: disque *nm* toile, buffle *nm*

bug *nn*: boîtier *nm* à double rangée de connexions, boîtier mille-pattes; (for listening) table *nf* d'écoute; (in a room) micro *nm* espion; (in a program) erreur *nf*, bogue *nf*; *vb*: (tcm) cacher des micros (dans une pièce); (inf) implanter des erreurs (dans un programme)
~ **ridden**: (inf) plein d'erreurs

bugging: (inf) implantation *nf* d'erreurs, introduction *nf* d'erreurs; (tcm) écoute *nf* clandestine des conversations, pose *nf* de matériel d'écoute clandestine

buggy *nn*: petite berline *nf*, wagonnet *nm*; *adj*: (inf) qui contient des erreurs
~ **casting**: coulée *nf* sur car

build *vb*: (constr) bâtir, construire, édifier; (design) créer, réaliser
~ **around**: articuler autour de, ordonner autour de
~ **into**: incorporer à, intégrer à
~ **up** *nn*: accroissement *nm*, accumulation *nf*; (temperature) montée *nf*; *vb*: monter, constituer
~ **up a table**: constituer un tableau, réaliser un tableau
~ **up stocks**: constituer des stocks, créer des stocks
~ **up time**: temps *nm* d'établissement, temps de montée

builder: constructeur *nm*
~**'s saw**: scie *nf* circulaire portative
~**'s supplies**: matériaux *nm* de construction

building: bâtiment *nm*, construction *nf*; (designing) création *nf*, constitution *nf*
~ **block**: bloc *nm* de maçonnerie; module *nm*
~ **block concept**: principe *nm* de la construction modulaire
~ **board**: panneau *nm* de construction
~ **component**: élément *nm* de construction
~ **material**: matériau *nm* de construction
~ **motion**: (tex) mouvement *nm* de renvidage, organe *nm* de renvidage
~ **of the bobbin**: (tex) formation *nf* de la canette
~ **site**: chantier *nm* de construction
~ **supplies**: matériaux *nm* de construction
~**-up**: (electroplating) épaississement *nm*

built: construit, exécuté, réalisé
~**-in**: fixe, venu de construction; encastré; incorporé, intégré, automatique
~**-in beam**: poutre *nf* encastée
~**-in check**: (inf) contrôle *nm* automatique
~**-in obsolesnce**: obsolescence *nf* calculée
~**-in test** «BIT»: test *nm* intégré
~ **of**: construit en
~**-up**: rapporté, en plusieurs pièces; (beam, column) composé
~**-up propeller**: hélice *nf* à ailes rapportées

bulb: boule *nf*, bulbe *nm*; (el) ampoule *nf*, lampe *nf*; (on section) bourrelet *nm*, boudin *nm*; (ship) bulbe *nm*; (thermometer) cuvette *nf*, réservoir *nm*
~ **angle**: cornière *nm* à boudin
~ **iron**: fer *nm* à boudin
~ **plate**: plat *nm* à boudin
~ **type unit**: (el) groupe *nm* bulbe

bulge *nn*: soulèvement *nm*, bombement *nm*; (in curve) bosse *nf*, saillie *nf*; (in tyre) hernie *nf*; *vb*: (soil mechanics) se déformer latéralement; (wall) faire ventre, pousser au vide

bulging *nn*: (soil mechanics) déformation *nm* latérale, refoulement *nm* latéral; *adj*: (wall) qui fait ventre, qui pousse au vide

bulk *nn*: volume *nm*, gros volume, masse; (material handling) vrac *nm*; (pap) main *nf*, bouffant *nm*; (sc) corps

nm, masse *nf*; *vb*: (pap) avoir de la main
~ **cargo**: cargaison *nm* en vrac
~ **cargo terminal**: centre *nm* multivrac
~ **carrier**: vraquier *nm*
~ **cement**: ciment *nm* en vrac
~ **density**: masse *nf* volumique apparente
~ **factor**: facteur *nm* de compression, facteur de remplissage, rapport *nm* volumétrique; (plast) facteur de contraction
~ **item**: pièce *nf* de consommation courante
~ **loading**: chargement *nm* en vrac
~ **machining**: usinage *nm* dans la masse
~ **modulus**: module *nm* de compressibilité
~ **polymerization**: polymérisation *nf* en masse
~ **price**: prix *nm* global
~ **production**: fabrication *nf* en masse
~ **sampling**: échantillonnage *nm* de matériaux non individualisés
~ **storage**: emmagasinage *nm* en vrac; (inf) mémoire *nf* de masse
~ **together**: regrouper, rassembler
~ **truck**: camion-trémie *nm*
~ **velocity**: vitesse *nf* de propagation dans le milieu

bulker: camion-trémie *nm*

bulkhead: (constr, ship, vehicle) cloison *nf*; (tcm) cloison de raccordement, platine *nf* de raccordement; (on roof) construction *nf* hors-toit
~ **connector**: traversée *nf* cloison
~ **fitting**: (el) traversée *nf* de cloison; (light fitting) hublot *nm*

bulking: foisonnement *nm*; (from moisture) gonflement *nm*

bulky: encombrant; (pap) qui a du corps, qui a de la main, bouffant

bull, ~ **gear**: couronne *nf* principale, engrenage *nm* de commande, engrenage principal
~ **head rail**: rail *nm* à double champignon
~ **ring**: cercle *nm* de garde, bague *nf* d'arrêt, anneau *nm* d'arrêt
~**'s eye**: (constr) oeil-de-bœuf *nm*; (ship) hublot *nm*, verre-mort *nm*

bulldog, ~ **plate**: crampon *nm*
~ **spear**: arrache-tube *nm* indécrochable
~ **wrench**: clé *nm* à tubes

bullet: balle *nf*
~ **perforator**: perforateur *nm* à balles
~ **proof**: à l'épreuve des balles, pare-balles

bullion: lingot *nm* (d'or ou d'argent)

bullnose: (angle, edge) adouci, arrondi

bullwheel: (cable drilling) tambour *nm* de forage; (on crawler) barbotin *nm*; (on tractor) roue *nf* motrice

bulwark: bastingage *nm*, pavois *nm*
~ **rail**: lisse *nf* de pavois

bump: bosse *nf*; (aero) trou *nm* d'air, remous *nm*; (inf) mémoire *nf* annexe; (car suspension) choc *nm*; (car wheel) débattement *nm*; (curve) bosse *nf*; (road) cahot *nm*, choc *nm*, secousse *nf*
~ **stop** NA : (veh) butée *nf* de suspension

bumper: butoir *nm*; (rlwy) heurtoir *nm*, tampon *nm* de choc; (veh) pare-chocs *nm*

bumping: (screen, table) à secousses
~ **moulding**: moulage *nm* à secousses

bunch *nn*: groupe *nm*, paquet *nm*; *vb*: grouper

bunched, ~ **cables**: faisceau *nm* de câbles, nappe *nf* de câbles
~ **wires**: fils *nm* groupés

buncher: (electronic valve) résonateur *nm* d'entrée; (nuc) groupeur *nm*

bunching: (valve, particles) groupement *nm*

bund: digue *nf*

bundle: (of cables) nappe *nf*, faisceau *nm*; (of documents) liasse *nf*; (of fibres, lines of force) faisceau *nm*; (of paper, carton) balle *nf*; (of wire) botte *nf*, couronne *nf* de fil; *vb*: grouper; (inf) intégrer à

bundled: regroupé; non dissociable; facturé globalement
~ **software**: logiciel *nm* compris dans le prix

bundling: (packaging) fardelage *nm*;

(inf) groupage *nm*, regroupement *nm*
~ **press**: presse *nf* à emballer
~ **station**: (wire drawing) poste *nm* de bottelage
~ **up**: (mailing) routage *nm*

bundwall: mur *nm* coupe-feu (autour d'un réservoir de stockage)

bung: bonde *nf*, bouchon *nm*, obturateur *nm*

bunk: couchette *nf*

bunker *nn*: trémie *nf*, silo *nm*; (ship) soute *nf* à combustible; *vb*: faire le plein des soutes
~ **oil**: fuel *nm* de soute, fuel lourd, soutes *nf*

bunkering: soutage *nm*

bunsen, ~ **burner**: bec *nm* bunsen

buoy: bouée *nf*; (signal) balise *nf*
~ **mooring**: corps *nm* mort à coffre
~ **rope**: orin *nm*
~ **tender**: baliseur *nm*

buoyancy: (of a liquid) poussée *nf* d'Archimède, poussée hydrostatique; (floating object) flottabilité *nf*, force *nf* portante; (of the air) poussée aérostatique
~ **centre**: centre *nm* de poussée
~ **tank**: caisson *nm* à air (canot de sauvetage)

buoyant: léger, flottant, flottable

burden: (blast furnace) lit *nm* de fusion, charge *nf*; (mining) terres *nf* de couverture, morts-terrains *nm*; (transformer, radioelement) charge

bureau: (inf) centre *nm* de traitement à façon

burette: burette *nf*

burglar, ~ **alarm**: antivol *nm*

burglarproof: anti-effraction
~ **lock**: serrure *nf* incrochetable

burglary: vol *nm* avec effraction

burial, ~ **ground**: (nuc) cimetière *nm* radioactif

buried: enterré, enfoui, souterrain, sous terre; (in plaster) sous enduit, noyé
~ **cable**: câble *nm* souterrain, câble enterré
~ **layer**: couche *nf* enterrée
~ **length**: (of pile) fiche *nf*
~ **pipe**: conduite *nf* enterrée
~ **wiring**: pose *nf* sous conduit, pose sous crépi, encastrement *nm*

burlap NA : toile *nf* à sacs, grosse toile d'emballage
~ **lined paper** NA : papier *nm* goudronné entoilé
~ **serving**: (cable) revêtement *nm* en jute
~ **wrapping**: (cable) revêtement *nm* en jute

burn *nn*: brûlure *nf*; (baking) coup *nm* de feu; (space) mise *nf* à feu *vb*: brûler, calciner; (bricks) cuire
~ **in** *nn*: (inf) rodage *nm*, déverminage *nm*; (eon) essai *nm* de surcharge; (sc) feu *nm* intérieur; *vb*: graver en mémoire morte, reprogrammer une mémoire morte
~ **into**: graver en mémoire morte programmable
~ **on** (of ore/sand): vitrification *nf* du minerai (fonderie)
~ **out** *nn*: combustion *nf* totale; (space) arrêt *nm* par épuisement, extinction *nf* par épuisement; *vb*: (aero) éteindre
~ **out a fault**: (inf) affranchir un défaut
~ **stain**: (ceramics) *nm* coup de feu
~ **up**: combustion *nf* nucléaire

burnable, ~ **poison**: (reactor) poison *nm* consommable

burned: brûlé, calciné, cuit
~-**in image**: (crt) image *nf* retenue, image gravée
~-**out connecting rod**: bielle *nf* coulée
~-**out tube**: lampe *nf* grillée
~-**up**: (cinema) surexposé

burner: brûleur *nm*; (torch) bec *nm*
~ **nozzle**: ajutage *nm* de brûleur; (torch) buse *nf* de chalumeau
~ **pilot**: veilleuse *nf*
~ **port**: orifice *nm* de formation de la flamme
~ **rail**: rampe *nm* à gaz, brûleur *nm* rectiligne
~ **jet**: bec *nm*, buse *nf*, gicleur *nm* (de brûleur)

burning: combustion *nf*; (ceramics) cuisson *nf*; (calcining) calcination *nf*; (of contacts) carbonisation *nf*; (fdry)

décriquage *nm* au chalumeau; (interference) NA : bruit *nm* de microphone; (of lead) soudage *nm*; (of ore) grillage *nm*, calcination; (of steel) surchauffage *nm*
~ **off**: (oil refinery) torchage *nm*; (sintering) brûlage *nm*
~ **oil**: pétrole *nm* lampant
~ **out**: (el) claquage *nm*, décharge *nf*

bus: (eon) bus *nm*; (el) bus, barre *nf* omnibus; (veh) autobus *nm*
~ **architecture**: architecture *nf* type bus
~ **based**: à bus
~ **driver**: (of vehicle) chauffeur *nm* d'autobus, machiniste *nm*; (inf) circuit *nm* de commande de bus
~ **lane**: couloir *nm* d'autobus
~ **terminal**: gare *nf* routière
~ **termination**: terminaison *nf* de bus
~ **way**: canalisation *nf* pour barres omnibus

busbar: barre *nf* collectrice, barre omnibus

bush: bague *nf*, douille *nf*; (of bearing) coussinet *nm*, grain *nm*, dé *nm*; (el) passe-câble *nm*, entrée *nf* de conducteur; (of shaft, gland) bague *nf*
~ **extractor**: arrache-bagues *nm*
~ **hammer**: boucharde *nf*
~ **metal**: métal *nm* pour coussinets
~ **puller**: arrache-bagues *nm*, tire-douilles *nm*
~ **saw**: débrousailleuse *nf*

bushing: bague *nf*, coussinet *nm*, douille *nf* lisse, fourreau *nm*; fourrure *nf*; (el) traversée *nf* [isolée], isolateur *nm* de traversée
~ **transformer**: transformateur *nm* de traversée

business *nn*: les affaires *nf*; *adj*: (inf) de gestion
~ **game**: jeu *nm* d'entreprise
~ **graphics**: graphique *nf* de gestion, graphique d'entreprise
~ **hours**: heures *nf* d'ouverture
~ **line**: ligne *nf* d'affaires
~ **machine**: machine *nf* de bureau
~-**oriented**: de gestion
~ **premises**: local *nm* commercial

busy: (road) à circulation intense; (tp) à trafic élevé, NA occupé, d'occupation
~ **flash signal**: signal *nm* lumineux d'occupation
~ **hour**: heure *nf* chargée, heure de surcharge
~ **lamp**: lampe *nf* d'occupation
~ **line**: ligne *nf* à grand trafic, NA ligne occupée
~ **period**: période *nf* de fort trafic
~ **signal**: tonalité *nf* d'occupation
~ **test**: contrôle *nm* de l'occupation, vérification *nf* de l'occupation
~ **time**: durée *nf* d'occupation
~ **tone**: signal *nm* d'occupation, tonalité *nf* d'occupation

butadiene: butadiène *nm*
~ **rubber** «BR»: caoutchouc *nm* butadiène

butane: butane *nm*
~ **carrier**: butanier *nm*

butene: butène *nm*

butt: bout *nm*; (of post) pied *nm*; (hinge) charnière *nf*
~ **contact**: contact *nm* à pression directe
~ **end**: pied *nm* de poteau, gros bout *nm*
~ **hinge**: charnière *nf*
~ **joint**: assemblage *nm* à francs bords, assemblage bout à bout; (el) raccord *nm* à contact; (plumbing) *nm* joint abouté
~ **plate**: couvre-joint *nm*
~ **riveting**: rivetage *nm* à joint plat
~ **strap**: couvre-joint *nm*, éclisse *nf*
~ **weld**: soudure *nf* bord à bord, soudure par rapprochement
~ **wound**: enroulé jointif

butterfly: (valve) papillon *nm*
~ **burner**: bec *nm* papillon, brûleur *nm* papillon
~ **nut**: écrou *nm* à oreilles
~ **roof**: toit *nm* en V
~ **valve**: robinet *nm* à papillon; (car) papillon *nm* des gaz

button: bouton; (casting defect) loup *nm*; (el) bouton *nm*, interrupteur *nm*; (mike) capsule *nf*; (plastic defect) bourgeon *nm*; (tcm) touche *nf*
~ **head**: (rivet, screw) tête *nf* goutte de suif, tête bombée
~ **light**: plot *nm* lumineux
~ **switch**: interrupteur *nm* à bouton

buttress *nn*: contrefort *nm*; *vb*: étayer, étançonner
~ **thread**: filet *nm* trapézoïdal

butyl *nn*: butyle *nm*; *adj*: de butyle, butylique
~ **alcohol**: alcool *nm* butylique, butanol *nm*
~ **rubber**: caoutchouc butyl *nm*

butylene: butylène *nm*, butène *nm*

buzz: bourdonnement *nm*; (tp) sonnerie *nf*
~ **saw** NA : scie *nf* circulaire

buzzer: ronfleur *nm*, vibreur *nm*, avertisseur *nm* sonore

BW → *both way, black and white*

BWR → *boiling water reactor*

by, ~ **volume**: en volume
~ **hand**: manuel, en manuel
~ **weight**: en poids

bypass *nn*: (el) dérivation *nf*, shunt *nm*, mise *nf* en parallèle; (piping) dérivation *nf*; (road) rocade *nf*; *vb*: court-circuiter, contourner, dériver, détourner; (el) mettre en dérivation, dériver, shunter
~ **circuit**: circuit *nm* de dérivation
~ **engine**: (aero) réacteur *nm* à double flux
~ **transformer**: transformateur *nn* de couplage
~ **turbojet**: turboréacteur *nm* à double flux

byproduct: sous-produit *nm*

byte: multiplet *nm*; (of 8 bits) octet *nm*
~-**oriented protocol** «BOP»: protocol *nm* niveau octet

C

CA → *controlled atmosphere*

cab: (of crane) cabine *nf*, poste *nm* de conduite; (of lift, lorry) cabine; (of locomotive) cabine de conduite
~ **behind engine**: cabine *nf* reculée, cabine conventionnelle
~ **over engine**: cabine *nf* avancée, cabine basculante

cabin: (aero) cabine *nf*
~ **attendant**: personnel *nm* navigant commercial «PNC»
~ **services**: servitudes *nf* passagers

cabinet: (made of wood or wood imitation) ébénesterie *nf*; (el) armoire *nf*, boîtier *nm*, coffret *nm*
~ **making**: ébénesterie *nf*
~ **scraper**: grattoir *nm*

cabinetry: (el, hi-fi) carrosserie *nf*, habillage *nm*

cable *nn*: câble *nm*; *vb*: câbler, faire un câblage; (tcm) télégraphier
~ **boring**: sondage *nm* au câble
~ **box**: boîte *nf* de branchement, boîte de raccordement
~ **brake**: frein *nm* à câble
~ **bushing**: passe-fil *nm*, passe-câble *nm*
~ **chute**: (el) cheminée *nf* d'ascension de câbles
~ **clamp**: attache *nf*, collier *nm*, cavalier *nm*, serre-câble *nm*
~ **cleat**: attache *nf*, crampon *nm*, crochet *nm*, cavalier *nm*
~ **clip**: serre-câble *nm*
~ **compound**: masse *nf* de remplissage, compound *nm* de remplissage
~ **conduit**: gaine *nf*, tube *nm*, conduit *nm* de câble
~ **core**: âme *nm* du câble
~ **covering compound**: masse *nf* isolante, pâte *nf* isolante
~ **covering**: enveloppe *nf*, gaine *nf*
~ **dispenser**: dérouleur *nm*
~ **drum**: bobine *nf*, tambour *nm*, touret *nm*
~ **duct**: canalisation *nf*, (in floor) caniveau *nm*, gouttière *nf*
~ **fan**: peigne *nm* de câbles
~ **fault**: défaut *nm* de câble
~ **gland**: presse-étoupe *nm*
~ **grip**: amarrage *nm* de câble, attache *nf* de câble, grip *nm* (de tirage)
~ **grommet**: passe-câble *nm*
~ **hanger**: porte-câbles *nm*
~ **harness**: faisceau *nm* de fils, harnais *nm*
~ **layer**: (a ship) navire *nm* câblier, câblier *nm*; (a machine) charrue *nf* enfouisseuse, charrue rigoleuse
~ **length**: encâblure *nf*
~ **loading**: charge *nf*, pupinisation *nf*, pourcentage *nm* d'utilisation
~ **pit**: puits *nm* à câbles
~ **rack**: herse *nf*; (tp) bâti *nm* pour têtes de câbles
~ **shaft**: gaine *nf* d'ascension, cheminée *nf* d'ascension
~ **shield**: écran *nm*, enveloppe *nf* isolante
~ **strap**: demi-collier *nm*
~ **stub**: amorce *nf*, câble *nm* d'amorce
~ **system**: réseau *nm* de câbles, système *nm* en câbles
~ **terminal**: tête *nf* de câble
~ **termination**: tête *nf* de câble
~ **tie**: bracelet *nm*
~ **trough**: caniveau *nm*

cableman: (el) câbleur *nm*; (tv) câbliste *nm*

cableway: blondin *nm*, transporteur *nm* aérien

cabling: (el) câblage *nm*, pose *nf* de câbles; (on column) rudenture *nf*

cache *nn*: antémémoire *nf*; *vb*: mettre en antémémoire
~ **algorithm**: algorithme *nm* d'utilisation de l'antémémoire
~ **memory**: antémémoire *nf*
~ **storage**: antémémoire *nf*

CAD → *computer aided design*

CAD/CAM → *computer aided design and manufacture* «CFAO»

cadmium: cadmium *nm*
~ **cutoff**: seuil *nm* cadmium, coupure *nf* cadmium
~ **plating**: cadmiage *nm*
~ **ratio**: (nuc) rapport *nm* cadmique

~ **sulphide «CdS»**: sulfure *nm* de cadmium

CAE → *computer aided engineering*

caesium: césium *nm*

cage: (mining, ball bearing) cage *nf*; (of pile) armature *nf*
~ **antenna**: armature *nf* en cage
~ **compound**: (chem) composé-cage *nm*
~ **induction motor**: moteur *nm* à induction à cage
~ **winding**: enroulement *nm* à cage [d'écureuil]

caisson: caisson *nm*, batardeau *nm*
~ **disease**: maladie *nf* des caissons
~ **gate**: bateau-porte *nm*

cake *nn*: (of asphalt, resin) pain *nm*; (of coke, animal feed) tourteau *nm*; (fdry) croûte *nf*; (sintering) gâteau *nm*; *vb*: former une croûte, s'agglutiner

caking, ~ **coal**: charbon *nm* agglutinant

CAL → *computer aided learning*

calcareous: calcaire

calcination: calcination *nf*, cuisson *nf*; (of ore) grillage *nm*

calciner: four *nm* à calciner, four à griller

calcining: calcination *nf*; (of ore) grillage *nm*; (of enamel) cuisson *nf*; (of glass) frittage *nm*, cuisson de la fritte

calcium: calcium *nm*
~ **aluminate cement**: ciment *nm* fondu
~ **grease**: graisse *nf* calcique, graisse au calcium
~ **hardness**: dureté *nf* calcaire, dureté calcique

calculate *vb*: calculer
~ **dimensions**: dimensionner

calculating *nn*: calcul *nm*; *adj*: à calculer, de calcul
~ **machine**: calculatrice *nf*

calculation: calcul *nm*
~ **chart**: abaque *nm*
~ **of cubic contents**: cubage *nm*

calculator: machine *nf* à calculer; (pocket size) calculatrice *nf*
~ **chip**: puce *nf* calculatrice

calender: (tex) calandre *nf*
~ **bowl**: cylindre *nm* de calandre
~ **operator**: calendreur *nm*
~ **roll**: cylindre *nm* de calandre
~ **sized**: collé sur calandre
~ **stack** NA : calandre *nf* finisseuse

calendered, ~ **paper**: papier *nm* calandré

calendering: calandrage *nm*; (plast) calandrage, laminage *nm*

calfdozer: petit bulldozer *nm*, petit bouteur *nm*

caliber NA → *calibre*

calibrate *vb*: étalonner; (spring) tarer; (gun) vérifier le calibre

calibrated, ~ **airspeed**: (aero) vitesse *nf* corrigée

calibration: étalonnage *nm*; (of spring) tarage *nm*

calibrator: appareil *nm* d'étalonnage, instrument *nm* étalon

calibre: calibre *nm* (d'arme à feu)

calico: calicot *nm*
~ **weave**: armure *nf* uni, armure toile

California, ~ **bearing ratio «CBR»**: indice *nm* portant de Californie

caliper NA → *calliper*

calking NA → *caulking*

call *nn*: (tp) appel *nm*, communication *nf*, conversation *nf*; *vb*: appeler
~ **accept[ance]**: acceptation *nf* d'appel
~ **back**: rappeler
~ **box**: cabine *nf* téléphonique
~ **button**: touche *nf* d'appel
~ **charge**: taxe *nf* téléphonique
~ **collect** NA : appel *nm* en paiement contre vérification, appel en PCV
~ **finder**: chercheur *nm* d'appels
~ **free**: NA "numéro *nm* vert"
~ **hold**: mise *nf* en garde
~ **letters**: indicatif *nm*
~ **number**: numéro *nm* d'appel
~ **park**: mise *nf* en garde
~ **queuing**: mise *nf* en file d'attente

~ **set up**: établissement *nm* d'une communication
~ **signal**: indicatif *nm* d'appel, signal *nm* d'appel
~ **waiting**: appel *nm* en attente
~ **word**: mot *nm* d'appel

called, ~ **party**: abonné *nm* demandé, appelé *nm*, correspondant *nm*, demandé *nm*

caller: abonné *nm* demandeur, demandeur *nm*

calling: (tp) d'appel
~ **area**: zone *nf* de départ
~ **dial**: cadran *nm* d'appel, disque *nm* numéroté, disque d'appel
~ **extension**: poste *nm* demandeur
~ **off order**: commande *nf* échelonnée
~ **office**: central *nm* de départ
~ **party**: demandeur *nm*, appelant *nm*
~ **party release**: libération *nf* par le demandeur
~ **subscriber**: abonné *nm* demandeur

calliper: compas *nm* (pour mesurer); (brake) mâchoire *nf*; (pap) épaisseur *nf* du papier; (sliding type) pied *nm* à coulisse
~ **brake**: frein *nm* à mâchoires
~ **gauge**: palmer *nm*

calomel: calomel *nm*
~ **electrode**: électrode *nf* au calomel, demi-cellule *nf* au calomel

caloric, ~ **engine**: machine *nf* à air chaud

caloriduct: caloduc *nm*

calorific: calorifique
~ **engine**: moteur *nm* à air chaud, machine *nf* à air chaud
~ **power** «CP»: pouvoir *nm* calorifique, puissance *nf* calorifique

calorifier: réchauffeur *nm* à serpentin, serpentin *nm* réchauffeur

calorimeter: calorimètre *nm*

calorimetric, ~ **bomb**: bombe *nf* calorimétrique

calorization <isation>: calorisation *nf*

calorizing <ising>: calorisation *nf*

calx: cendres *nf* métalliques, oxydes résidus *nm* de calcination

CAM → *computer aided manufacture*

cam: came *nf*, excentrique *nm*
~ **and followers**: excentrique *nm* à galets
~ **and roller steering**: direction *nf* à vis globique
~ **bowl**: galet *nm* de came
~ **controller**: combinateur *nm* à cames
~ **drop**: tombée *nf* de came
~ **follower**: galet *nm* de came
~ **gear**: commande *nf* à came, commande par came; (engine) distribution *nf* à cames
~ **lift**: levée *nf* de la came
~ **lifter**: contre-came *nf*
~ **lobe**: lobe *nm* de came, nez *nm* de came, bossage *nm*
~ **nose**: nez *nm* de came
~ **pitch**: levée *nf* de came
~ **profile**: rampe *nf* d'une came, profil *nm* d'une came
~ **roller**: galet *nm* de came
~ **wheel**: roue *nf* à cames

CAMA → *centralised automatic message accounting*

camber: contre-flèche *nf*, flèche *nf* négative; (of aerofoil) courbure *nf*; (of plank) voilement *nm* longitudinal de face; (of road) bombement *nm*, pente *nf* transversale

cambric: batiste *nf*, toile *nf* fine
~ **paper**: papier *nm* toile

camera: appareil *nm* photographique; (cinema) caméra *nf*
~ **body**: chambre *nf*
~ **operator**: opérateur *nm* de prise de vues
~ **ready**: prêt à reproduire
~ **tube**: (crt) tube *nm* analyseur; (tv) tube de prise de vues

cameraman: opérateur *nm* de prise de vues «OPV», cadreur *nm*, caméraman *nm*

CAMM → *computer aided management and manufacturing*

camshaft: arbre *nm* à cames; (auto) arbre à cames, arbre de distribution
~ **bearing**: palier *nm* d'arbre à cames
~ **bush**: bague *nf* d'arbre à cames
~ **controller**: (el) commutateur *nm* à cames; (rlwy) manipulateur *nm* (à cames)
~ **eccentric**: (auto) excentrique *nm* de la distribution

~ **gear**: (auto) équipage *nm* d'arbre à cames
~ **gear wheel**: (auto) roue *nf* de distribution
~ **sprocket**: (auto) roue *nf* de chaîne de distribution

can *nn*: (short for *canister*): boîte *nf* de conserve, boîte métallique; (for liquids) bidon *nm*; (bomb) boîte *nf* de rangement; (nuc) gaine *nf* de combustible; (spinning) pot *nm*; *vb*: mettre en boîte; (nuc) gainer
~ **creel**: râtelier *nm* à pots

canal: canal *nm*; (tcm) canal, voie *nf*
~ **ray**: rayon *nm* canal

cancel *vb*: annuler; (an alarm) neutraliser
~ **out**: s'annnuler mutuellement

candle: bougie *nf*
~ **lamp**: lampe *nf* flamme
~ **power**: intensité *nf* lumineuse

cane: rotin *nm*

canister: boîte *nf* (métallique); (bomb) boîte de chargement; (filter) cartouche *nf*

canned: (food preserving) en boîte, en conserve; (broadcasting) enregistré, en différé; (el) chemisé, fermé, gainé
~ **cycle**: cycle *nm* câblé, cycle fixe
~ **motor**: moteur *nm* à stator chemisé
~ **music**: musique *nf* enregistrée
~ **paragraph**: (inf) paragraphe *nm* standard, paragraphe passe-partout
~ **software**: logiciel *nm* de série, logiciel standard

cannery: conserverie *nf*

cannibalize <ise> *vb*: cannibaliser

canning: conserverie *nf*; mise *nf* en bidons; (nuc) gainage *nm*

cannon: canon *nm*

canopy: (aero) verrière *nf*; (inf) capot *nm* (sur machine); (over doorway) auvent *nm*, marquise *nf*; (of fork lift truck) pavillon *nm* protecteur; (of railway station) abri *nm* de quai, marquise; (of parachute) voilure *nf*; (on ship) taud *nm* de cale, tendelet *nm*
~ **door** NA : porte *nf* basculante, porte rabattable

cant *nn*: chanfrein *nm*, pan *nm* coupé, moulure *nf* biseautée; inclinaison *nf*; (rail, road) dévers *nm*, relèvement *nm*; *vb*: chanfreiner, biseauter, incliner
~ **frame**: (naut) couple *nm* dévoyé
~ **wall**: mur *nm* en pan coupé, pan *nm* coupé

canted, ~ **shot**: (cinema, tv) vue *nf* prise en bascule, bascule *nf*

cantilever *nn*: console *nf*, porte-à-faux *nm*; *adj*: en console, en porte-à-faux, en encorbellement
~ **beam**: poutre *nf* en porte-à-faux, poutre console, poutre en encorbellement
~ **crane**: grue *nf* à flèche [horizontale]

cantilevered: en console, en encorbellement, en porte-à-faux

canvas: grosse toile *nf*; (surv) réseau *nm*
~ **hose**: manche *nf* en toile

cap: bouchon *nm* femelle; (bottle) capsule *nf*; (inf, short for *capital*) capitale *nf*; (of connecting rod big end) chapeau *nm* de bielle; (of gland, bearing) chapeau *nm*; (el) embout *nm* de câble; capuchon *nm* de borne; (of an insulator) calot *nm*, capot *nm*; (of lamp) culot *nm*; (of tyre valve) bouchon *nm* de valve; (over warning light) cabochon *nm*
~**-and-pin insulator**: isolateur *nm* capot et tige
~**-and-rod insulator**: isolateur *nm* capot et tige
~ **lubricator**: graisseur *nm* à chapeau
~ **plug**: bouchon *nm* femelle

capability: (production) capacité *nf*; (of staff) compétence *nf*; (of machine) possibilité *nf*

capacitance: capacitance *nf*
~ **bridge**: pont *nm* de capacités

capacitive: capacitif

capacitor: condensateur *nm*; → *condenser* NA
~ **bank**: batterie *nf* de condensateurs
~ **braking**: freinage *nm* par condensateur
~ **bushing**: traversée-condensateur *nf*
~ **loudspeaker**: haut-parleur *nm* électrostatique, haut-parleur à condensateur

~ **microphone**: microphone *nm* électrostatique, microphone à condensateur
~ **motor**: moteur *nm* à condensateur
~ **plate**: plaque *nf* de condensateur
~**-start-and-run motor**: moteur *nm* à condensateur permanent
~**-start motor**: moteur *nm* à démarrage par condensateur, moteur à condensateur de démarrage
~ **storage**: mémoire *nf* à condensateur
~ **transistor logic** «CTL»: logique *nf* CTL

capacity: puissance *nf*; (of chuck) ouverture *nf* du mandrin; (el) capacité *nf*; (of lathe) diamètre *nm* admissible; (of motor) puissance; (of tank, vessel) contenance *nf*; (of freezer) charge *nf*; (of pump, telephone line) débit *nm*

cape: cap *nm*, promontoire *nm*

capillarimeter: capillarimètre *nm*

capillarity: capillarité *nf*

capillary: capillaire
~ **action**: effet *nm* capillaire
~ **attraction**: capillarité *nf*, attraction *nf* capillaire
~ **joint**: raccord *nm* à soudure capillaire
~ **lubrication**: graissage *nm* par capillarité
~ **rise**: ascension *nf* capillaire, remontée *nf* capillaire

capital, ~ **costs**: frais *nm* de premier établissement
~ **letter**: capitale *nf*, majuscule *nf*

capitalize **<ise>**: mettre en majuscules

capnut: écrou *nm* borgne, écrou à chapeau, écrou à chape

capping: (carp, metal roofing) couvre-joint *nm*; (mining) terrain *nm* de recouvrement, mort-terrain *nm*; (of wall) couronnement *nm*, chaperon *nm*; (bottling) capsulage *nm*

caprock: (geol) roche *nf* de couverture, couverture *nf* [d'un gisement]

CAPS LOCK key: touche *nf* majuscules

capscrew: vis *nf* à tête cylindrique, boulon *nm* à tête (à six pans)

capsize *vb*: chavirer

capstan: (rope, magnetic tape) cabestan *nm*
~ **head**: cloche *nf* de cabestan; (lathe) poupée *nf*
~**-headed screw**: vis *nf* à tête cylindrique percée en croix
~ **lathe**: tour *nm* revolver
~ **wheel**: volant *nm* à poignées
~ **winch**: treuil *nm* à axe vertical

capsule: (of bottle, pressure gauge) capsule *nf*; (blasting) capsule, amorce *nf*; (of microphone) capsule, pastille *nf*; (space) capsule

caption: (under figure) légende *nf*; (film) sous-titre *nm*

captive: imperdable, prisonnier
~**-head terminal**: borne *nf* à prisonnier
~ **nut**: écrou *nm* prisonnier
~ **screw**: vis *nf* imperdable

capture *nn*: (of beam) accrochage *nm*, prise *nf*; (of data) saisie *nf*; (nuc) capture *nf*; (water supply) captage *nm*; *vb*: (a beam) crocheter un faisceau; (nucl, radio) capter
~ **gamma**: gamma *nm* de capture

captured, ~ **air bubble** «CAB»: bulle *nf* d'air captive

CAR → *computer aided retrieval*

car: (auto) voiture *nf*, automobile *nf*; (of balloon) nacelle *nf*; (of cableway) benne *nf*; (of lift) NA cabine *nf* d'ascenseur; (mine) berline *nf*; (rlwy) wagon *nm*, voiture *nf*; (streetcar) NA tramway *nm*
~ **barn** NA : garage *nm* d'autobus, dépôt *nm* de tramways
~ **body**: caisse *nf* (de camion, wagon), carrosserie *nf* (de voiture)
~ **breaker**: casseur *nm* de voitures
~ **casting**: coulée *nf* sur car
~ **coupler**: dispositif *nm* d'attelage de wagons
~ **deck**: (ferrry) pont *nm* garage
~ **dumper**: culbuteur *nm* de wagons, déverseur *nm* de wagons, basculeur *nm* de wagons
~ **ferry**: (naut) car-ferry *nm*, ferry *nm*; (air transport) avion *nm* transbordeur, transbordeur *nm*
~ **ferry aircraft**: avion *nm* transbordeur, transbordeur *nm*
~ **hoist**: pont *nm* élévateur

~ **indicator**: (lift) tableau *nm* indicateur de cabine
~ **puller** NA : mécanisme *nm* de halage
~ **radio**: autoradio *nm*
~ **retarder** NA : (rlwy) frein *nm* de voie; (lift) limiteur *nm* de vitesse de cabine
~ **shed**: dépôt *nm* de wagons
~ **sleeper**: train *nm* auto-couchettes «TAC»
~ **telephone**: autotéléphone *nm*
~ **tilter**: culbuteur *nm* de wagons
~ **transporter**: porte-autos *nm*
~ **wash**: portique *nm* de lavage
~ **wrecker** NA : dépanneuse *nf*

carbide: carbure *nm*
~ **insert**: pastille *nf* de carbure

carbine: carabine *nf*

carboard: carton *nm*
~ **box**: boîte *nf* en carton, caisse *nf* carton

carbohydrate: hydrate *nm* de carbone; (biology) glucide *nm*

carbon: carbone *nm*
~ **arc cutting** NA : coupage *nm* à l'arc
~ **arc**: arc *nm* de charbon
~ **arc lamp**: lampe *nf* à arc à électrodes de charbon
~ **arc welding**: soudage *nm* à l'arc avec électrode au carbone
~-**backed**: carboné
~ **black**: noir *nm* de carbone
~ **chain**: chaîne *nf* carbonée
~-**coated paper**: papier *nm* carboné
~ **combustion cell**: pile *nf* au charbon
~ **compound**: composé *nm* carboné
~ **copy**: double *nm* au carbone
~ **dating**: datation *nf* au carbone
~ **deposit**: (in engine) calamine *nf*, calaminage *nm*
~ **dioxide**: anhydride *nm* carbonique, gaz *nm* carbonique
~ **dioxide ice**: carbo-glace *nf*, neige *nf* carbonique
~ **fiber**: fibre *nf* de carbone
~-**filament lamp**: lampe *nf* à filament de charbon
~ **holder**: porte-charbon *nm*
~-**interleaved form**: liasse *nf* carbonée
~ **microphone**: microphone *nm* à charbon, microphone à grenaille
~ **monoxide**: oxyde *nm* de carbone
~ **pick up**: carburation *nf*
~ **removal**: (engine) décalaminage *nm*
~ **resistor**: résistance *nf* au carbone, résistance au charbon, résistance au graphite
~ **rod**: baguette *nf* de charbon, balai *nm* de charbon, crayon *nm* (lampe à arc)
~ **steel**: acier *nm* au carbone, acier non allié, acier ordinaire
~ **tetrachloride**: tétrachlorure *nm* de carbone

carbonate: carbonate *nm*

carbonated: (chem) charboné; (drinks) gazeux, gazéifié

carboniferous: carbonifère

carbonization <isation>: (of coal) distillation *nf*, gazéification *nf*; (of coke) cuisson *nf*, carbonisation *nf*; (auto) calaminage *nm*, encrassement *nm*; (tex) flambage *nm*

carbonized <ised>: carbonisé; (pap) carboné
~ **valve**: soupape *nf* encrassée

carbonizing <ising>: carburation *nf*, carbonisation *nf*, cémentation *nf*

carbonitriding: carbonitruration *nf*

carbonless, ~ **copy paper**: papier *nm* non carboné, papier autocopiant

carbonyl: carbonyle *nm*

carborundum: carborundum *nm*

carboxyl: carboxyle *nm*

carboy: tourie *nf*, bonbonne *nf*

carburettor <etter, etor>: carburateur *nm*
~ **bowl**: corps *nm* du carburateur, cuve *nf* du carburateur
~ **float chamber**: cuve *nf* à niveau constant
~ **icing**: givrage *nm* du carburateur
~ **flooding**: noyage *nm* du carburateur

carcass: (constr) charpente *nf*, gros œuvre *nm*; (tyre, motor, transformer) carcasse *nf*

card *nn*: carte *nf*; (tex) carde *nf*; (jacquard) carton *nm*; *vb*: carder
~ **alignment**: cadrage *nm* des cartes
~-**based**: à cartes
~ **bed**: piste *nf* d'entraînement de cartes
~ **bin**: case *nf* de réception de cartes, magasin *nm* d'alimentation

~ **chips**: confetti *nm*
~ **clothing**: (tex) garniture *nf* de carde
~ **code**: code *nm* carte, code de perforation
~ **collator**: interclasseuse *nf*
~ **covering**: (tex) population *nf* de la carde
~ **deck**: paquet *nm* de cartes, jeu *nm* de cartes
~ **grinder**: (tex) aiguiseur *nm* de cartes
~ **holder**: porte-cartes *nm*; (person) détenteur *nm* d'une carte
~ **index**: cartothèque *nf*, fichier *nm*
~ **pack**: paquet *nm* de cartes, jeu *nm* de cartes
~ **punching**: perforation *nf* de cartes
~ **row**: ligne *nf* de carte
~ **setter**: (tex) régleur *nm* de carde
~ **sorter**: trieuse *nf* de cartes
~ **stack**: pile *nf* de cartes
~ **stacker**: récepteur *nm* de cartes, case *nf* de réception
~**-to-tape**: carte *nf* à bande, carte/bande, cartes/bandes
~ **transport**: entraînement *nm* des cartes
~ **web**: (tex) voile *nm* de carde
~ **wire**: (tex) aiguillage *nm* de la carde

cardan, ~ **shaft**: arbre *nm* de transmission, arbre cardan

carding: cardage *nm*

cardioid: cardioïde

careening: carénage *nm*

cargo: cargaison *nf*, chargement *nm*, marchandises *nf*, fret *nm*
~ **boat**: cargo *nm*
~ **compartment**: soute *nf*, cale *nf* à marchandises
~ **door**: porte *nf* cargo
~ **helicopter**: hélicoptère *nm* de transport
~ **hold**: cale *nf* à marchandises
~ **terminal**: gare *nf* de fret

carpenter: charpentier *nm*, menuisier *nm*
~**'s finish** NA : menuiserie *nf*

carpet: (tex) tapis *nm*, moquette *nf*; (military radar) brouilleur *nm* antiradar; (road) tapis *nm*, revêtement *nm*
~ **felt**: thibaude *nf*
~ **lining board**: fausse thibaude *nf*

carriage: (gun) affût *nm*; (lathe, crane, typewriter) chariot *nm*; (rlwy) voiture *nf*
~ **piece**: (stairs) crémaillère *nf*
~ **return** «CR»: retour *nm* du chariot
~ **road**: route *nf* carrossable

carriageway: chaussée *nf*

carrier: (el) porteuse *nf*, courant *nm* porteur, porteur *nm* de charge; (haulier) transporteur *nm*; (nuc) entraîneur *nm*, porteur *nm*, vecteur *nm*; (tcm) entreprise *nf* de télécommunications
~ **axle**: essieu *nm* porteur
~**-based**: (aero) embarqué
~**-borne**: (aero) embarqué
~ **cabinet**: armoire *nf* d'appareils de courant porteur
~ **current**: courant *nm* porteur
~**-current protection**: protection *nf* par courant porteur
~**-current telephony**: téléphonie *nf* multiplex, téléphonie à courants porteurs
~ **filter**: filtre *nm* de porteuse
~**-free**: (nuc) sans entraîneur
~ **frequency** «CF»: fréquence *nf* porteuse, porteuse *nf*
~ **gas**: gaz *nm* porteur, gaz support, gaz vecteur, gaz neutre
~ **modulation**: modulation *nf* de la porteuse
~ **noise**: souffle *nm* de porteuse, *nm* bruit de porteuse
~ **noise ratio** «C/N»: rapport *nm* porteuse/bruit
~ **output**: puissance *nf* [de sortie] de l'onde porteuse
~ **rock**: roche *nf* magasin
~ **suppression**: suppression *nf* de la porteuse
~ **system**: système *nm* à courant porteur
~ **telephony** «CT»: téléphonie *nf* à courants porteurs
~**-to-noise ratio** «C/N»: rapport *nm* porteuse/bruit
~ **wave** «CW»: onde *nf* porteuse

carrousel: carrousel *nm*

carry *nn*: (inf) report *nm*; *vb*: transporter; (aero) emporter, embarquer, transporter; (an electric current) être traversé par; (river) charrier; (stocks) avoir des stocks, détenir des stocks; (traffic) écouler
~ **along**: entraîner
~ **a warranty**: bénéficier d'une garantie
~ **electrode**: (eon) électrode *nf* de transmission
~ **off**: évacuer (des vapeurs), enlever, entraîner
~ **out**: (a modification) apporter une modification; (an experiment, a test) exécuter, procéder à
~ **over**: (distillation) entraînement *nm*; (fractionating) contamination *nf*

carrying, ~ **capacity**: force *nf* portante, charge *nf* utile; (el) intensité *nf* de courant admissible; (tcm) capacité *nf* de transmission
~ **case**: mallette *nf*, valise *nf*
~ **distance**: (aero) longueur *nf* du parcours
~ **handle**: poignée *nf* de manutention
~ **power**: (aero) capacité *nf* d'enlèvement

carryover, ~ **conveyor**: convoyeur *nm* de passage (d'un convoyeur à un autre)

cart *nn*: charrette *nf*; *vb*: charier, transporter
~ **away**: évacuer, enlever

cartage: camionnage *nm*, véhiculage *nm*

cartesian, ~ **coordinates**: coordonnées *nf* cartésiennes

carton: boîte *nf* en carton, caisse *nf* carton
~ **blank**: découpe *nf* à plat (de boîte pliante)
~ **board** NA : carton *nm*
~ **filler**: encartonneuse *nf*

cartoning: encartonnage *nm*

cartridge: cartouche *nf*; (recording) tête *nf* de pick up, tête de lecture
~ **case**: douille *nf* de cartouche, étui *nm* de cartouche
~ **drive**: lecteur *nm* de cartouches
~ **filter**: filtre *nm* à cartouche
~ **fuse**: fusible *nm* à cartouche
~ **paper**: papier *nm* cartouche

cascade *nn*: cascade *nf*; *adj*: en cascade; *vb*: cascader
~ **aerator**: aérateur *nm* en cascade
~ **control**: régulation *nf* en cascade
~ **culvert**: ponceau *nm* en gradins
~ **shower**: (el) gerbe *nf* en cascade
~ **strainer**: tamis *nm* en cascade

cascaded: en cascade
~ **carry**: retenue en cascade, report en cascade
~ **circuit**: circuit *nm* en cascade
~ **laser**: laser *nm* multicascade
~ **washer**: installation *nf* de lavage en cascade

cascading: (eon) cascadage *nm*

case *nn*: caisse *nf*; boîtier *nm*, coffret *nm*; (of battery) bac *nm*; (of book) couverture *nf* cartonnée; (of instrument, watch) boîtier; (of lock) palastre *nf*; (met) partie *nf* cémentée; (of motor) carter *nm*; (packing) caisse *nf*; (of pump) corps *nm*, carter, volute *nf*; (of transistor) enveloppe *nf*; (typography) casse *nf*; (of well) tubage *nm*, cuvelage *nm*; *vb*: mettre en caisse, mettre sous boîtier; (well) tuber, cuveler
~ **breather**: aération *nf* du carter
~**-hardened steel** «CHS»: acier *nm* cémenté
~**-hardened glass**: verre *nm* durci, verre trempé
~ **hardening**: cémentation *nf*
~**-hardening box**: pot *nm* de cémentation
~**-hardening steel**: acier *nm* de cémentation, acier à cémenter
~ **history**: cas *nm* concret, historique *nm*
~ **independent**: (inf) utilisant majuscules et minuscules
~ **opener**: ciseau *nm* à déballer
~ **sensitive**: n'utilisant que les majuscules ou les minuscules
~ **shift**: inversion *nf* entre majuscules et minuscules

casebay: (floor) entrevous *nm*

cased: sous boîtier; (mech) sous carter
~ **hole**: trou *nm* tubé

casein: caséine *nf*
~ **glue**: colle *nf* à base de caséine

casement: vantail *nm* de fenêtre, battant *nm* ouvrant
~ **window**: fenêtre *nf* à battants, croisée *nf*, fenêtre à la française ou à l'anglaise

cash: argent *nm* comptant, argent liquide, espèces *nf*, numéraire *nm*
~ **and carry**: cash and carry, payer-prendre
~ **dispenser**: distributeur *nm* automatique de billets «DAB»
~ **register**: caisse *nf* enregistreuse

casing «csg»: (armature) enveloppe *nf*, blindage *nm*; (of cable) gaine *nf*, enveloppe *nf*; (of door) encadrement *nm*, bâti *nm* dormant, dormant *nm*; (of fan, turbine) enveloppe *nf*; (of motor) carcasse *nf*, carter *nm*; (oil drilling) cuvelage *nm*, tubage *nm*; (of pipeline) fourreau *nm* de protection, gainage *nm* de protection; (of tyre) enveloppe *nf* de pneu

~ **cutter**: coupe-tube *nm*
~ **dog**: arrache-tube *nm*, arrache-tuyaux *nm*
~ **head**: tête *nf* de sonde, tête de tubage
~ **head gas** GB : gaz *nm* de pétrole
~ **head gasoline** NA : essence *nf* de gaz naturel, essence naturelle
~ **shoe**: sabot *nm* de tubage

cask: fût *nm*, tonneau *nm*; (nuc) château *nm* de transport

cassette: cassette *nf*
~ **deck**: platine-cassette *nf*
~ **drive**: unité *nf* à cassette
~ **file**: fichier *nm* sur cassette
~ **library**: casséthotèque *nf*
~ **player**: lecteur *nm* de cassettes
~ **recorder**: lecteur *nm* enregistreur de cassettes
~ **streamer**: dérouleur *nm* à cassette

cast *nn*: (bloom) reflet; *vb*: (concrete, metal) couler
~ **anchor**: jeter l'ancre, mouiller l'ancre
~ **coating**: revêtement *nm* fondu; (pap) couchage *nm* au glacis
~ **concrete**: béton *nm* coulé
~ **film**: feuille *nf* mince coulée
~ **glass**: verre *nm* coulé
~ **in a chill mould**: couler en coquille
~ **in open sand**: couler à découvert
~**-in-place pile**: pieu *nm* moulé dans le sol
~**-in-place concrete**: béton *nm* banché, béton coulé en place
~ **in silicon**: imprimer en mémoire morte, enregistrer en mémoire morte, microprogrammer
~ **iron** «CI»: fonte *nf*
~ **off**: (naut) larguer (les amarres)
~**-on**: venu de fonderie, attenant
~**-on bar**: barreau *nm* attenant
~ **shadow**: ombre *nf* portée
~ **steel** «CS»: acier *nm* moulé, acier coulé
~ **stone**: pierre *nf* artificielle, pierre reconstituée, similipierre *nm*
~ **up-hill**: couler en source

castability: coulabilité *nf*, moulabilité *nf*

castellated: crénelé
~ **beam**: poutre *nf* à âme évidée
~ **nut**: écrou *nm* crénelé, écrou à créneaux, écrou à entailles
~ **section**: profil *nm* à âme évidée

caster **<tor>** *nn*: roulette *nf*, galet *nm* orientable; (car wheel) chasse *nf*; (fdry) fondeur *nm*, mouleur *nm*; *vb*: (wheel) pivoter
~ **roller**: galet *nm* de direction
~ **wheel**: roue *nf* pivotante

casting: coulée *nf*, moulage *nm* (par coulée); pièce *nf* coulée, pièce moulée
~ **bed**: (concrete) aire *nf* de coulage, banc *nm* de coulage; (met) lit *nm* de coulée
~ **car**: chariot *nm* de coulée
~ **crane**: pont *nm* de coulée
~ **die**: coquille *nf*, moule *nm* permanent
~ **floor**: plate-forme *nf* de coulée
~ **in flasks**: coulée *nf* en châssis
~ **ladle**: poche *nf* de coulée
~ **mould**: lingotière *nf*
~ **pit**: fosse *nf* de coulée
~ **resin**: résine *nf* de coulée
~ **shell**: croûte *nf* solidifiée
~ **slab**: table *nf* de coulée
~ **table**: (met) table *nf* de coulée; (concrete) table coffrante
~ **without a core**: coulage *nm* massif

castle, ~ **nut**: écrou *nm* crénelé, écrou à créneaux

castor (a roller) → *caster*

castor, ~ **oil**: huile *nf* de ricin

casualty: personne *nf* accidentée; (naut) avarie *nf*, sinistre *nm*

cat → *catalytic, caterpillar*

CAT → *computer aided teaching, computer aided training, computer aided translation, computer aided testing*

catalogue **<log>** *nn*: catalogue *nm*; *vb*: cataloguer

cataloguing **<loging>**: catalogage *nm*, mise *nf* sur catalogue

catalyst: catalyseur *nm*
~ **carrier**: support *nm* de catalyseur

catalytic: catalytique, de catalyse
~ **chamber**: (space) chambre *nf* de catalyse
~ **cracking**: craquage *nm* catalytique, cracking *nm* catalytique
~ **exchange reaction**: réaction *nf* d'échange catalytique
~ **muffler** NA : pot *nm* d'échappement à catalyse
~ **poison**: inhibiteur *nm* catalytique
~ **polymerization** «catpoly»: polymérisation *nf* catalytique

~ **polymerization gasoline**: essence *nf* de polymérisation catalytique
~ **reforming**: reforming *nm* catalytique, reformage *nm*

cataphoresis: cataphorèse *nf*

catapult: catapulte *nf*
~ **launching**: catapultage *nm*
~ **start**: lancement *nm* par catapulte, catapultage *nm*

catastrophic, ~ **failure**: défaillance *nf* totale brusque

catch *nn*: arrêt *nm*, déclic *nm*, cran *nm* d'arrêt; (on door) loqueteau *nm*; (driver) toc *nm* d'entraînement, taquet *nm* d'entraînement; (on gear) ergot *nm*, cliquet, encliquetage *nm*; (ratchet) cliquet *nm*, doigt *nm* d'encliquetage; (latch) mentonnet *nm*; *vb*: attraper; (an error) déceler, détecter; (gear) s'engrener
~ **button**: bouton *nm* de déclic

catchall: (pap) ramasse-pâte *nm*

catchment: (of water) captage *nm*
~ **area**: bassin *nm* versant

catena: chaîne *nf*

catenary: caténaire

catenate *vb*: (inf) chaîner, enchaîner

caterpillar, ~ **track** chenille *nf* (d'engin)
~ **traction**: traction *nf* sur chenilles
~ **tractor**: tracteur *nm* à chenilles, tracteur sur chenilles, chenillard *nm*

cath → *cathode*

cathode *nn*: cathode *nf*; *adj*: cathodique
~ **bias**: polarisation *nf* de cathode
~ **drop**: chute *nf* cathodique
~**-follower**: (amplifier, circuit) à charge cathodique
~ **glow**: lueur *nf* cathodique, lumière *nf* cathodique
~**-grounded**: avec cathode à la masse
~ **pickling**: décapage *nm* cathodique
~**-ray oscilloscope** «CRO»: oscillateur *nm* à rayons cathodiques
~**-ray tube** «CRT»: tube *nm* à rayons cathodiques «TRC», tube cathodique «TC»
~**-ray tuning indicator**: oeil *nm* magique, trèfle *nm* cathodique
~ **screen**: écran *nm* cathodique
~ **spot**: tache *nf* cathodique

cathodic, ~ **eye**: oeil *nm* magique, oeil cathodique, trèfle *nm* cathodique

cation: cation *nm*
~ **exchanger**: échangeur *nm* de cations

catpoly → *catalytic polymerisation*

CATV → *community antenna television*

catwalk: paserelle *nf*; (naut) passavant *nm*; passerelle *nf* volante

caulk **<calk>** *vb*: mater; (naut) calfater; (a crack) colmater, étanchéier
~ **weld**: soudure *nf* matée

caulking **<calking>**: calfatage *nm*, matage *nm*; colmatage *nm*
~ **chisel**: matoir *nm*
~ **iron**: matoir *nm*
~ **seam**: joint *nm* maté

causeway: route *nf* sur digue; chaussée *nf* en remblai

caustic: caustique
~ **soda**: soude *nf* caustique
~ **treatment**: traitement *nm* à la soude caustique

cave, ~ **in** *nn*: affaissement *nm*, effondrement *nm*, éboulement *nm* de terrain; *vb*: s'affaisser, s'effondrer

cavetto: cavet *nm*, gorge *nf*

caving, ~ **in**: éboulement *nm* (mur, tranchée); **cavings**: éboulis *nm*

cavitation: cavitation *nf*

cavity: cavité *nf*, creux *nm*; (recess) approfondissement *nm*; (acoustics, microwave) cavité; (mould, die) cavité; (wall) lame *nf* d'air
~ **insert**: empreinte *nf* rapportée
~ **laser**: laser *nm* à cavité
~ **magnetron**: mgnétron *nm* à cavités
~ **oscillator** «CO»: oscillateur *nm* à cavité [réson[n]ante]
~ **plug** NA : (mould) empreinte *nf* rapportée
~ **resonator**: cavité *nf* réson[n]ante
~ **wall**: mur *nm* creux, mur double

CB → *circuit breaker, citizen band, control board*
~ **fan**: cibiste *nm*

C-battery: batterie *nf* de polarisation de grille

CBE → *cab-behind-engine*

CBO → *cycles between overhauls*

C-bomb → *cobalt bomb*

CBR → *Californian bearing ratio, chemical biological radiological*

CC → *closed cup*

cc → *cubic capacity*

CCD → *charge coupled device*

cct → *circuit*

CCTV → *closed circuit television*

CCW → *channel command word, counterclockwise*

cd → *cold drawn*

CDF → *combined distribution frame*

CdS → *cadmium sulphide*

c.e. → *civil engineering, coal equivalent*

cedar: cèdre *nm*

ceiling «CLG»: plafond *nm*; (naut) vaigrage *nm*
~ **crane**: pont *nm* roulant suspendu
~ **fitting**: plafonnier *nm*
~ **height**: hauteur *nf* sous plafond
~ **plank**: (naut) vaigre *nf*
~ **plate**: (naut) vaigre *nf*
~ **switch**: interrupteur *nm* à cordon, interrupteur de plafond

cell: cellule *nf*; (foam) alvéole *nf*; (el) élément *nm* d'accumulateur
~ **connector**: (battery) barrette *nf* de connexion
~ **plate**: plaque *nf* d'accumulateur
~ **pressure**: (soil mechanics) pression *nf* d'étreinte, pression de soutien, pression latérale
~ **size**: (photographic emulsion) longueur *nf* de cellule
~ **texture**: texture *nf* alvéolaire, texture poreuse, texture *nf* cellulaire
~ **voltage**: (electroplating) tension *nf* de bain

cellar: cave *nf*; (petr) avant-puits *nm*

cellophane: cellophane *nf*

cellular : cellulaire, alvéolaire
~ **insulation**: isolation *nf* plastique expansé
~ **plastic**: plastique *nm* alvéolaire, plastique expansé
~ **radiator**: radiateur *nm* cellulaire, radiateur alvéolaire

cellulose *nn*: cellulose *nf*; *adj*: cellulosique
~ **acetate**: acétate *nm* de cellulose
~ **ester**: ester *nm* cellulosique
~ **filler** «CF»: charge *nf* cellulosique
~ **lacquer**: vernis *nm* cellulosique
~ **plastic**: matière *nf* plastique à base de celllulose

cellulosic: dérivé *nm* cellulosique

cement *nn*: ciment *nm*; (met) cément *nm*; (adhesive) ciment-colle *nm*; *vb*: (constr) cimenter; (met) cémenter, se cémenter
~ **batching**: dosage *nm* du ciment
~ **bin**: silo *nm* à ciment
~ **factor**: dosage *nm* en ciment, teneur *nf* en ciment
~ **finish**: (floor) chape *nf* en ciment
~ **grout**: barbotine *nf*, bouillie *nf* de ciment, coulis *nm* de ciment
~ **grouting**: injection *nf* de ciment
~ **gun**: cement gun *nm*, lance *nf* à ciment, guniteuse *nf*
~ **gun work**: gunitage *nm*
~ **kiln**: four *nm* à ciment
~ **plaster**: enduit *nm* en mortier de ciment
~ **ratio**: dosage *nm* du ciment
~ **slurry**: barbotine *nf*
~ **steel**: acier *nm* cémenté, acier de cémentation
~ **wash**: badigeonnage *nm* au ciment
~ **works**: cimenterie *nf*

cementation: (constr) cimentation *nf*; (met) cémentation *nf*

cemented: cimenté; collé; cémenté
~ **splice**: raccord *nm* par collure

cemetery: (nuc) cimetière *nm*

cemf → *counter electromotive force*

center NA → *centre*; **centers** NA → *distance between centres*

centimetric, ~ **wave**: onde *nf* centimétrique

centistoke : centistoke *nm*

central: central
~ **buffer coupling**: attelage *nm* à tampon central
~ **control room**: (tv) régie *nf*
~ **exchange**: central *nm* [téléphonique], bureau *nm* central
~ **office** «CO»: (tp) central *nm*
~ **office code**: indicatif *nm* de central
~ **plant**: (concreting) centrale *nf* à béton; (roadmaking) poste *nm* d'enrobage
~ **processing unit** «CPU»: unité *nf* centrale, processeur *nm* central
~ **reservation**: (booking) réservation *nf* centrale; (road) terre-plein *nm* axial
~ **strand**: âme *nf* d'un câble
~ **strength member**: porteur *nm* central
~ **tapping**: (transformer) prise *nf* médiane
~ **tooth contact**: portée *nf* localisée au centre

centralize **<ise>** *vb*: centraliser

centralized **<ised>**, ~ **automatic message accounting** «CAMA»: comptabilité *nf* automatique des appels
~ **door locking**: verrouillage *nm* central des portes

centre **<ter>** *nn*: centre *nm*; (of lathe) pointe *nf*; (of wheel, pinion) moyeu *nm*; *adj*: central; *vb*: centrer; (picture) cadrer
~ **aisle**: (rlwy) couloir *nm* central
~ **arch**: (of bridge) arche *nf* maîtresse, voûte *nf* maîtresse
~ **bay**: panneau *nm* du milieu
~ **bearing**: palier *nm* central, palier intermédiaire
~ **bit**: foret *nm* à téton
~ **board**: (of boat) dérive *nf*
~ **distance**: entraxe *nm*; (m-t) distance *nf* entre pointes, entrepointes *nf*
~ **drill**: foret *nm*, mèche *nf* à centrer
~**-fed aerial**: antenne *nf* à feeder médian
~ **frequency**: fréquence *nf* nominale, fréquence centrale
~ **gangway**: couloir *nm* central
~ **hole**: trou *nm* de centrage
~ **lane**: voie *nf* centrale
~ **lathe**: tour *nm* parallèle, tour à pointes
~ **line** «CL»: axe *nm*; (of rivets, holes) ligne *nf* de trusquinage; (of road) ligne *nf* médiane, ligne axiale
~ **line average height** «CLA»: (surface finish) rugosité *nf* moyenne arithmétique
~ **mark**: coup *nm* de pointeau
~ **of buoyancy**: centre *nm* de poussée d'Archimède; (naut) centre de carène
~ **of burst**: (artillery) point *nm* moyen des éclatements
~ **of displacement**: (naut) centre *nm* de poussée
~ **of effort of the sails**: centre *nm* de voilure
~ **of gravity** «CG»: centre *nm* de gravité
~ **of mass**: barycentre *nm*
~ **of moments**: point *nm* neutre des moments
~ **operator**: (inf) exploitant *nm* d'un centre serveur
~ **pillar**: (of car body) pied *nm* milieu, pied central, pilier *nm* central
~ **pin**: pivot *nm* central
~ **point**: (of centre bit) téton *nm*
~ **punch** *nn*: pointeau *nm*; *vb*: freiner (au pointeau), pointer
~ **slitting**: coupe *nf* en Y
~ **span**: travée *nf* centrale
~ **spread**: (graph) double page *nf* centrale
~ **tap** «CT»: (of transformer) prise *nf* médiane
~ **tap connection** NA : (transformer) prise *nf* médiane
~ **tap transformer**: transformateur *nm* à point milieu
~ **winding**: (pap) bobinage *nm* sur mandrin
~ **zero relay**: relais *nm* commutateur

centreless **<terless>**, ~ **grinding**: rectification *nf* centreless

centrex: centrex *nm*

centrifugal: centrifuge
~ **casting**: (concrete) centrifugation *nf*; (met) coulée *nf* centrifuge
~ **drier**: essoreuse *nf*
~ **force**: force *nf* centrifuge
~ **moulding**: (plast) moulage *nm* par centrifugation
~ **process**: (nuc) centrifugation *nf*

centrifugally, ~ **cast**: (concrete) centrifugé

centrifuge *nn*: centrifugeuse *nf*; *adj*: centrifugeur; *vb*: centrifuger
~ **dewatering**: essorage *nm* centrifuge
~ **stock**: (petr) cire *nf* obtenue par centrifugation

centrifuging: centrifugation *nf*

centring <tering> *nn*: centrage *nm*; (picture) cadrage *nm*; (c.e.) cintre *nm* (de voûte); *adj*: de centrage, à centrer
~ **bush**: douille *nf* de centrage
~ **control**: (tv) bouton *nm* de cadrage
~ **dowel**: pied *nm* de centrage
~ **jig**: calibre *nm* à centrer
~ **pin**: pion *nm* de centrage, goujon *nm* de centrage
~ **punch**: pointeau *nm* de mécanicien

centroid: barycentre *nm*, centre *nm* de masse

ceramic: céramique *nf*
~ **chip**: microplaquette *nf*
~ **tile**: carreau *nm* céramique
~ **wafer**: plaquette *nf* de céramique

ceramoplastic: céramo-plastique *nm*

cereal, ~ **vessel**: céréalier *nm*

cermet: cermet *nm*

certificate, ~ **of measurement**: (naut) certificat *nm* de jauge
~ **of origin**: certificat *nm* d'origine «CO»

certification: homologation *nf*, certification *nf*
~ **mark**: monogramme *nm* (de la marque de qualité)

certified: agréé, homologué
~ **test record** «CTR»: rapport *nm* certifié d'essai «RCE»

certifier: (magnetic tape) certifieur *nm*

cetane: cétane *nm*
~ **number**: indice *nm* de cétane
~ **rating**: indice *nm* de cétane

cetyl, ~ **alcohol**: alcool *nm* cétylique

CF → *carrier fequency, cellulose filler*

CG → *centre of gravity*
~ **computation**: (aero) détermination *nm* du centrage

chad: confetti *nm*

chadded: (card punching) à perforations complètes

chadless: semi-perforé, à confettis non détachés

chafe *nn*: usure *nf* par frottement; *vb*: frotter; (naut) raguer

chafer, ~ **strip**: (tyre) bande *nf* de frottement, talon *nm*

chaff: (radar) paillette *nf*

chafing, ~ **piece**: plaque *nf* de friction, plaque de frottement; (naut) tôle *nf* de ragage
~ **sleeve**: manchon *nm* anti-abrasif

chain: chaîne *nf*; (of pulses) série *nf*, train *nm*
~ **adjuster**: tendeur *nm* de chaîne
~ **and bucket conveyor**: élévateur *nm* à godets, transporteur *nm* à godets oscillants
~ **assembly**: chaîne *nf* montée
~ **block**: palan *nm* à chaîne, moufle *nf* à chaîne
~ **cable**: (naut) câble-chaîne *nm*
~ **case**: carter *nm*, couvre-chaîne *nm*, garde-chaîne *nm*
~ **compound**: composé *nm* en chaîne
~ **cover**: garde-chaîne *nm*, carter *nm* de chaîne
~ **decay**: (nuc) désintégration *nf* en chaîne
~ **drive**: transmission *nf* par chaîne
~ **excavator**: excavateur *nm* à chaîne à godets
~ **guard**: garde-chaîne *nm*, carter *nm* de chaîne
~ **hoist**: palan *nm* à chaîne
~ **insulator**: isolateur *nm* suspendu
~ **link**: maillon *nm* de chaîne, chaînon *nm*
~ **locker**: puits *nm* aux chaînes
~ **printer**: imprimante *nf* à chaîne
~ **pull**: traction *nf* sur la chaîne
~ **pulley block**: palan *nm* à chaîne
~ **pump**: chapelet *nm* hydraulique, pompe *nf* à godets
~ **reaction**: réaction *nf* en chaîne
~ **riveting**: rivetage *nm* parallèle, rivetage en chaîne, rivure *nf* à chaîne, rivure parallèle
~ **sampling**: échantillonnage *nm* en chaîne
~ **saw**: scie *nf* tronçonneuse, tronçonneuse *nf*
~ **sprocket**: pignon *nm* de chaîne
~ **survey**: levé *nm* à la chaîne
~ **swivel**: émerillon *nm* de chaîne
~ **tackle**: palan *nm* à chaîne
~ **tongs**: clé *nf* à chaîne, serre-tube *nm*
~ **wheel**: pignon *nm* à chaîne, roue *nf* à chaîne, barbotin *nm*; (bicycle) grand pignon

chaining: chaînage *nm*

chair: chaise *nf*, coussinet *nm*

chaired, ~ joint: ; (rlwy) joint *nm* sur coussinet

chalk: craie *nf*; (geol) calcaire *nm*
~ **a line**: cingler un trait
~ **line**: cordeau *nm*

chalking: laitance *nf*; (on plastic surface) farinage *nm*

chalky: crayeux, calcaire

chamber: chambre *nf*; (of blast furnace) cuve *nf*; (blasting) chambre, fourneau *nm* de mine, trou *nm* de mine; (of canal lock) sas *nm*, chambre d'écluse
~ **and pillar system**: (mining) exploitation *nf* par chambres et piliers

chamfer *nn*: chanfrein *nm*, pan *nm* abattu; (of gear tooth) entrée *nf* de dent, arrondi *nm* de la dent; (of screw tap) entrée *nf* du taraud; *vb*: chanfreiner

chamfered: chanfreiné, biseauté, abattu
~ **thread**: filet *nm* abattu

change *nn*: changement *nm*, modification *nf*; (coins) monnaie *nf*; (in colour) virage *nm*; (inf) mouvement *nm* (mémoire, fichier); (of oil) vidange *nf*; (in pressure, temperature) variation *nf*; *vb*: changer, modifier
~ **dispenser**: distributeur *nm* de monnaie
~ **down**: (auto) rétrograder
~ **dump**: (inf) vidage *nm* après changement
~ **file**: fichier *nm* mouvements
~ **gear** *nn*: (auto) changement *nm* de vitesse; roue *nf* de changement de vitesse; (on lathe) engrenage *nm* de rechange; *vb*: (auto) passer une vitesse
~ **sign**: (inf) changement *nm* de signe
~ **speed lever**: levier *nm* des vitesses
~ **tape**: (inf) bande *nf* mouvements
~ **up**: (auto) monter les vitesses

changeover *nn*: inversion *nf*, interversion *nf*, permutation *nf*; (el) commutation *nf*, permutation, inversion; *vb*: intervertir, inverser, permuter
~ **contact**: contact *nm* inverseur, contact de commutation
~ **lever**: levier *nm* de changement de marche
~ **relay**: relais *nm* de commutation, relais inverseur
~ **switch**: commutateur *nm*, inverseur *nm*
~ **train**: train *nm* baladeur

changer: changeur *nm*; (el) permutateur *nm*, commutateur *nm*

channel *nn*: canal *nm*; (nav) passe *nf*; (drainage) canal, rigole *nf*; (groove) cannelure *nf*, rainure *nf*; (magnetic tape) piste *nf*; (river) chenal *nm*; (section) profilé *nm* en U; (tcm) voie *nf* de transmission, canal; *vb*: (data) acheminer; → also **Channel**
~ **address word**: mot *nm* d'adresse du canal
~ **bar**: barre *nf* en U
~ **capacity**: débit *nm* (de transmission) d'un canal ou d'une voie; capacité *nf* en voies
~ **command word** «CW»: mot *nm* de commande de canal
~ **group**: (tp) groupe *nm* primaire «GP»
~ **iron**: fer *nm* U
~ **rail**: rail *nm* à gorge
~ **relief**: (rlwy) délestage *nm* de voie
~ **section**: profilé *nm* en U, fer *nm* en U
~ **switching**: commutation *nf* de voies

Channel: Manche *nf*
~ **tunnel**: tunnel *nm* sous la Manche

channelling <eling>: cheminement *nm* préférentiel; (filter) passage *nm* préférentiel; (in ground) renardage *nm*

char *vb*: carboniser

character: caractère *nm*
~ **pitch**: pas *nm* horizontal des caractères
~ **printer**: imprimante *nf* sérielle, imprimante caractère par caractère
~ **set**: jeu *nm* de caractères
~ **spacing**: pas *nm* horizontal des caractères
~ **string**: chaîne *nf* de caractères
~ **wheel**: roue *nf* d'impression

characters per inch «cpi»: caractères *nm* par pouce
~ **per second** «cps»: caractères *nm*/seconde

charcoal: charbon *nm* de bois

charge *nn*: (el, nuc) charge *nf*; (tp) taxation; *vb*: charger; (cost) faire payer
~ **carrier**: porteur *nm* de charge
~ **cell**: cellule *nf* de charge
~ **coupled device** «CD»: dispositif *nm* à couplage de charge

~ **hand**: chef *nm* de brigade, chef *nm* d'équipe
~ **injection device** «CID»: dispositif *nm* à injection de charge
~ **period**: (tp) période *nf* de taxation
~ **pressure**: pression *nf* de charge
~ **transfer device** «CTD»: dispositif *nm* à transfert de charge

chargeable: (cost) imputable, taxable

charged, ~ **period**: (tp) période *nf* de taxation

charger: chargeur *nm* (de batterie)

charging: chargement *nm*; (into furnace) enfournement *nm*
~ **floor**: plancher *nm* de chargement
~ **load**: régime *nm* de charge
~ **platform**: plate-forme *nf* de chargement
~ **rate**: (battery) régime *nm* de charge
~ **rectifier**: redresseur *nm* de charge
~ **set**: groupe *nm* de charge, groupe de recharge (d'accumulateurs), chargeur *nm*
~ **switch**: interrupteur *nm* de charge

charred: carbonisé

chart *nn*: abaque *nm*, graphique *nm*, diagramme *nm*; (colour) nuancier *nm*; (map) carte *nf* marine; (recording instrument) ruban *nm* d'enregistrement, diagramme d'enregistrement; *vb*: dresser une carte; représenter sous une forme graphique
~ **house**: chambre *nf* des cartes, chambre de veille
~ **speed**: (instrument) vitesse *nf* de déroulement du papier

chase *nn*: (joint) rainure *nf*, saignée *nf*; (plastic moulding) châssis *nm* de moulage, frette *nf*; *vb*: faire une saignée

chaser: (tool) peigne *nm* à fileter; (mil) chasseur *nm*
~ **mill**: (paint) mélangeur *nm*

chasing: emboutissage *nm*, repoussage *nm*, peignage *nm*
~ **die**: filière *nf*
~ **lathe**: tour *nm* à repousser
~ **tool**: peigne *nm* à fileter (au tour)

chassis: châssis *nm*; (el) masse *nf*

chatter *nn*: (el) cliquetis *nm*, rebondissement *nm* (des contacts); (tool) broutage *nm*; *vb*: (chain, contacts) cliqueter; (contacts) rebondir; (tool, gears) brouter

chattering: (chain) cliquetis *nm*; (el) cliquetis, rebondissement *nm*; (tool) broutage *nm*

cheap: peu coûteux, bon marché
~ **rate**: tarif *nm* réduit

check *nn*: vérification *nf*; NA chèque *nm*, facture *nf*, reçu *nm*; (met) tapure *nf* de trempe; (stop) arrêt *nm*, blocage *nm*; (wood) gerce *nf*, fente *nf* de retrait; *vb*: vérifier, contrôler; (on a list) cocher, pointer; (movement) arrêter, enrayer, retenir
~ **against**: comparer à
~ **analysis**: analyse *nf* de contrôle
~ **bit**: bit *nm* de contrôle, bit clé
~ **chain**: (rlwy) chaîne *nf* de sûreté
~ **character**: caractère de contrôle
~ **digit**: chiffre *nm* de contrôle, chiffre clé
~ **in**: (aero) enregistrement des bagages
~ **list**: liste *nf* de vérification
~ **nut**: contre-écrou *nm*, écrou *nm* de blocage
~ **out**: (inf, space) mise *nf* au point
~ **pawl**: cliquet *nm* d'arrêt
~ **rail**: contre-rail *nm*
~ **sample**: échantillon *nm* de contrôle, échantillon témoin
~ **screw**: vis *nf* pointeau, vis d'arrêt
~ **spring**: ressort *nm* d'arrêt
~ **test**: contre-essai *nm*, contre-épreuve *nf*
~ **valve**: clapet *nm* de retenue, soupape *nf* de retenue

checkerboard NA → *chequerboard*

checkered NA → *chequered*

checking: contrôle *nm*, vérification *nf*; (paint) craquelure *nf*, faïençage *nm*; (wood) gerçures *nf*

checkout: caisse *nf* de sortie
~ **clerk** NA : caissière *nf*
~ **operator** GB : caissière *nf*

checkpoint: point *nm* de contrôle, point de repère; (inf) point de reprise (d'un programme)

checkstring: chaîne *nf* de reprise

checksum: total *nm* de contrôle

cheek: (of mortise, pulley) joue *nf*, flasque *nm*; (of vice) mâchoire *nf*, mors *nm*

cheese, ~ **head**: tête *nf* cylindrique
~ **cloth**: étamine *nf*

chelating, ~ **agent**: agent *nm* complexant, agent séquestrant, chélateur *nm*

chelation: complexation *nf*, complexage *nm*, chélation *nf*

chemi-etch *vb*: usiner chimiquement

chemiluminescence: chimiluminescence *nf*

chemi-mechanical, ~ **pulp**: pâte *nf* chimico-mécanique

chemical *nn*: produit *nm* chimique; *adj*: chimique
~ **biological radiological** «CBR»: chimique biologique radiologique «CBR»
~ **glassware**: verrerie *nf* de laboratoire
~ **laser**: laser *nm* à pompage chimique
~ **oxygen demand** «COD»: demande *nf* chimique en oxygène «DCO»
~ **plant**: usine *nf* chimique
~ **plating**: placage *nm* chimique, revêtement *nm* chimique
~ **vapour deposition** «CVD»: dépôt *nm* chimique en phase vapeur

chemist: (scientist) chimiste *nm*; (pharmacist) pharmacien *nm*

chemistry: chimie *nf*

chequerboard *nn*: échiquier *nm*; *adj*: en damier, quadrillé
~ **pattern**: (tv) mire *nf* à damier, mire quadrillée

chequered: en damier, quadrillé
~ **plate**: tôle *nf* striée, tôle gaufrée

chest: (naut) coffre (à vapeur, cartes, pavillons); (pap) caisse *nf*, cuvier *nm*
~ **freezer**: congélateur *nm* bahut, congélateur coffre

chill *vb*: refroidir, glacer; réfrigérer; (air conditioning) glacer; (casting) couler en coquille, tremper en coquille
~ **casting**: moulage *nm* en coquille, pièce *nf* de fonte trempée
~ **hardening**: trempe *nf* en coquille
~ **mould**: coquille *nf*, carapace *nf*
~ **roll extrusion**: extrusion *nf* sur rouleau froid
~ **room**: chambre *nf* froide, chambre de réfrigération

chilled, ~ **steel**: acier *nm* coulé en coquille
~ **water**: (a.c.) eau *nf* glacée
~ **zone**: zone *nf* trempée, zone durcie

chilling: refroidissement *nm*, réfrigération *nf*; (met) trempe *nf* en coquille
~ **chamber**: chambre *nf* froide

chime: indicatif *nm* musical

chimney: cheminée *nf*; (geol) colonne *nf*, coulée *nf*
~ **block**: boisseau *nm*
~ **flue**: conduit *nm* de fumée, tuyau *nm* de cheminée
~ **opening**: (in floor) trémie *nf*
~ **stack**: (above roof level) souche *nf*; (inside) faisceau *nm* de conduits, groupe *nm* de conduits; (in factory) cheminée *nf* d'usine

china: (material) porcelaine *nf*; (tableware) vaisselle *nf*
~ **clay**: kaolin *nm*

chinaware: porcelaine *nf*; vaisselle *nf*

chintz, ~ **finish**: (cotton fabric) apprêt *nm* glacé

chip *nn*: (inf) puce *nf*, microplaquette *nf*, pastille *nf*; (stone) éclat *nm*; (from turning) tournure *nf*, copeau *nm*; (wood planing) copeau; *vb*: (boiler) piquer; (stone) tailler; (with cold chisel) buriner; **chips**: (from punched card) confettis *nm*
~ **count**: nombre *nm* de puces
~ **off**: (paint) s'écailler; (cast iron) ébarber

chipboard: (pap) carton *nm* gris de vieux papiers; (particle board) panneau *nm* de particules

chipped, ~ **corner**: écornure *nf*

chipper: gravillonneuse *nf*

chipping: burinage *nm*, taille *nf*, ébarbage *nm*, piquage *nm*; (road) gravillonnage *nm*; → also *chippings*
~ **hammer**: marteau *nm* à piquer, marteau à buriner

chippings: concassés *nm*, gravillons *nm*, pierres *nf* concassées

chloride: chlorure *nm*

chlorinate *vb*: chlorer; chlorurer, javelliser

chlorinated: chloré; chloruré, javellisé
~ **rubber**: caoutchouc *nm* chloré

chlorination: chloruration *nf*, chloration *nf*

chlorine: chlore *nm*; (bleach) eau *nf* de Javel

chock: (aero, auto) cale *nf*; (naut) chantier *nm*; (rolling mill) empoise *nf*
~**-to-chock time**: temps *nm* bloc, temps de vol cale à cale

choke: (car starter) volet *nm* de départ, volet d'air; (carburetor) buse *nf*; (el) bobine *nf* d'arrêt, bobine de self, self *nf*; (mech) étrangleur *nm*; (oil well) duse *nf*
~ **coil**: bobine *nf* d'arrêt, bobine de choc, bobine de self, bobine d'induction, self *nf*
~ **control**: commande *nf* de volet d'air
~ **joint**: (eon) raccord *nm* à piège
~ **piston**: (eon) piston *nm* à piège
~ **plunger**: (eon) piston *nm* à piège
~ **pull**: (auto) tirette *nf* d'étrangleur, tirette de volet d'air

choked: étranglé; (pipe) engorgé, obstrué; (filter) encrassé

choker: étrangleur *nm*, obturateur *nm* d'air

choking: engorgement *nm*, encrassement *nm*, étranglement *nm*
~ **coil**: bobine *nf* d'arrêt, bobine de choc, bobine de self, self *nf*
~ **gas**: gaz *nm* suffocant

chop *vb*: (wave, fibres) couper, hacher

chopped, ~ **strand mat**: mat *nm* à fils coupés
~ **wave**: onde *nf* coupée, onde découpée

chopper: vibreur *nm*; hacheur *nm*, écrêteur *nm*; (eon) interrupteur *nm* périodique; (crt) interrupteur *nm* de faisceau; (aero) hélicoptère *nm*
~ **disk**: (photocell) disque *nm* à fentes

chopping: (inf) suppression *nf* des bits de poids faible; (el) découpage *nm*, interruption *nf*, écrêtage *nm*; (paper) hachage *nm*

chord: (of arc) corde *nf*; (of beam) semelle *nf*, membrure *nf*; (music) accord *nm*
~ **length**: (aero) profondeur *nf* de l'aile
~ **member**: (constr) semelle *nf*, membrure *nf* (d'une ferme)

chordal, ~ **pitch**: pas *nm* rectiligne

chordwise: le long de la corde

christmas, ~ **tree**: (naut) mât *nm* de signaux; (petr) arbre *nm* de Noël

chrome, ~ **dye**: colorant *nm* au chrome
~ **iron**: ferrochrome *nm*
~ **leather**: cuir *nm* chromé, cuir au chrome
~ **steel**: acier *nm* chromé, acier au chrome
~ **tanned**: chromé

chromium: chrome *nm*
~ **bearing**: chromifère
~ **plating**: chromage *nm*

chromogenic: chromogène

chuck *nn*: mandrin *nm* (de tour); *vb*: mandriner
~ **lathe**: tour *nm* à plateau, tour à mandrin
~ **plate**: plateau *nm* de mandrin

chucker NA : tour *nm* automatique à mandrin

chucking: montage *nm* sur le tour, montage dans un mandrin, serrage *nm*, blocage *nm*, mandrinage *nm*
~ **lathe**: tour *nm* à mandrin
~ **work**: travail *nm* au mandrin, travail en l'air

chuffing: (space) halètement *nm* (de combustion)

chugging: (gas turbine) combustion *nf* pulsée instable; (reactor) chouquage *nm*; (space rocket) ronflement *nm* (de combustion)

churn, ~ **drill**: sonde *nf* percutante
~ **drilling**: sondage *nm* à la corde, sondage percutant

churning: (lubricant) brassage *nm*, barattage *nm*

chute: couloir *nm* incliné, goulotte *nf*, gouttière *nf* (de transport); (aero) toboggan *nm*

chuted, ~ **concrete**: béton *nm* fluide, béton transporté par goulotte

CI → *cast iron, compression ignition*

CID → *charge injection device*

CIM → *coded impulse modulation*

cinching: glissement *nm* des spires, glissement de la bande

cinder: (coal) escarbilles *nf*, cendres *nf*, mâchefer *nm*; (forging) battitures *nf*, martelures *nf*; (slag) laitier *nm*, scories *nf*, crasses *nf*

cine: (short for *cinema*) cinéma *nm*
~ **format**: (microfiche) présentation *nf* verticale
~ **mode**: mode *nm* vertical, mode en colonne

cinematics: cinématique *nf*

cipher *nn*: chiffre *nm* (cryptage); *vb*: chiffrer

ciphering: chiffrage *nm*, codage *nm* secret, cryptage *nm*
~ **machine**: machine *nf* cryptographique

CIR → *colour infrared*
~ **film**: film *nm* infrarouge couleur

circle *nn*: cercle *nm*; par extension: diamètre *nm*, rayon *nm*; *vb*: tourner en cercle
~-**on-circle**: à double courbure
~ **railway**: chemin *nm* de fer de ceinture

circlip: jonc *nm*, circlip *nm*

circuit «cct»: circuit *nm*; (el) circuit *nm*, montage *nm*
~ **angle**: (rectifier) angle *nm* de couplage
~ **breaker** «CB»: rupteur *nm*, coupe-circuit *nm*; (automatic) disjoncteur *nm*
~ **breaker protection**: protection *nf* par disjoncteur
~ **capacity**: débit *nm* de circuit; capacité *nf* en circuits
~ **card** NA : (p.c.) plaquette *nf*, carte *nf* (de circuits imprimés)
~ **closer**: conjoncteur *nm*
~ **closing connection**: alimentation *nf* par circuit normalement ouvert
~ **closing switch**: commutateur-conjoncteur *nm*
~ **diagram**: schéma *nm* de montage, schéma des connexions
~ **layout**: tracé *nm* de circuit
~ **loss**: perte *nf* dans le circuit; (tcm) affaiblissement *nm* dans le circuit
~ **noise**: bruit *nm* de ligne, bruit de circuit
~ **noise meter**: psophomètre *nm*
~ **opening connection**: alimentation *nf* par circuit normalement fermé
~ **switching**: commutation *nf* de circuits
~ **tester**: contrôleur *nm* de circuit

circuitry: circuits *nm*, circuiterie *nf*, montage *nm*; technique *nf* de la commutation

circular: circulaire; (door, window) en plein cintre
~-**circular**: à double courbure
~ **conveyor**: carrousel *nm*
~ **feed**: (m-t) avance *nf* à carrousel
~ **grinding**: rectification *nf* des surfaces cylindriques
~ **pitch**: pas *nm* circonférentiel, pas circulaire, circular pitch
~ **railway**: chemin *nm* de fer de ceinture
~ **shed**: (rlwy) rotonde *nf* à locomotives
~ **slide rule**: disque *nm* à calculer
~ **slot**: fente *nf* annulaire

circulating: à circulation
~ **ball nut**: noix *nf* à billes recirculantes
~ **boiler**: chaudière *nf* à circulation
~ **gas laser**: laser *nm* à circulation de gaz
~ **pump**: pompe *nf* de circulation; (central heating) accélérateur *nm*

circulation: circulation *nf*; (book, journal) diffusion *nf*, tirage *nm*

circumferential, ~ **speed**: vitesse *nf* périphérique
~ **stress**: contrainte *nf* circonférentielle

cistern: cuvette *nf* (de baromètre); réservoir *nm* (de chasse d'eau)

city GB : grande ville *nf*; NA : ville

~ **mains** NA : canalisation *nf* de distribution, réseau *nm* de distribution (de la ville)
~ **planning** NA : urbanisme *nm*
~ **terminal**: terminal *nm*

civil, ~ **engineering** «c.e.»: génie *nm* civil

CKD → *completely knocked down*

CL → *centre line*

CLA → *centre line average*

clack: clapet *nm*
~ **box**: boîte *nf* à clapets, chapelle *nf*
~ **valve**: clapet *nm* articulé, clapet à charnière, soupape *nf* à clapet

clad: (constr) revêtu; (met) plaqué; (nuc) claddé; *vb*: (constr) revêtir (un mur extérieur); (met) plaquer; (nuc) gainer
~ **sheet**: tôle *nf* plaquée

cladding: (constr) parement *nm*; (el) gaine *nf*, gainage *nm*; (met) placage *nm*, revêtement *nm* métallique; (nuc) gaine *nf* de combustible, gainage *nm*; (optical fibers) gaine optique
~ **rail**: (constr) lisse *nf* de façade légère

claim: (insurance) sinistre *nm*; (mining) concession *nf*; (patent) revendication *nf*

clam: benne *nf* preneuse

clamp *nn*: bride *nf*, collier *nm* [de serrage], étrier *nm*; (hand tool) mordache *nf*, presse *nf*; (el) serre-câble *nm*, serre-fils *nm*, collier *nm*; *vb*: serrer, brider
~ **on**: (tp) mise *nf* en garde, mise *nf* en attente (d'un appel)
~**-on meter**: électropince *nf*
~ **screw**: vis *nf* d'arrêt, vis de blocage, vis de serrage

clamper: circuit *nm* de verrouillage

clamping: (fastening) bridage *nm*, verrouillage *nm*, serrage *nm*; (el, eon) blocage *nm*, verrouillage *nm*
~ **lever**: (m-t) manette *nf* de blocage
~ **plate**: (m-t) plateau *nm* de serrage, plateau de fixation; (plastic moulding) NA plateau porte-moule; (rlwy) crapaud *nm*
~ **ring**: bague *nf* de serrage, collier *nm* de serrage
~ **screw**: borne *nf* à vis
~ **stress**: contrainte *nf* due au serrage

clamshell: benne *nf* preneuse
~ **bucket**: benne *nf* preneuse, benne piocheuse
~ **dredger**: drague *nf* à mâchoires

clapboard: planche *nf* à clins
~ **siding**: bardage *nm* à clins

clapper: clapet *nm* [articulé]
~ **valve**: soupape *nf* à clapet

clarification: clarification *nf*; (sewage) épuration *nf*

clarifier: (eon) filtre *nm* acoustique; (pap) clarificateur *nm*

clasp: agrafe *nf*, fermoir *nm*
~ **hook**: double croc *nm*
~ **nut**: écrou *nm* à mâchoires, écrou embrayable (de vis-mère)

class: classe *nf*, catégorie *nf*

classification: (management) classification *nf*; (rlwy) triage *nm*
~ **yard**: gare *nf* de triage, faisceau *nm* de triage, poste *nm* central de triage

classified: (information) protégé, confidentiel
~ **advertisement**: petite annonce *nf*

claw: griffe *nf*; (coupling) clabot *nm*, crabot *nm*
~ **bar**: pied-de-biche *nm*
~ **coupling**: embrayage *nm* à griffe, crabotage *nm*, accouplement *nm* à clabots
~ **hammer**: marteau *nm* à panne fendue
~ **wrench**: pince *nf* à panne fendue, arrache-clou *nm*, tireclou *nm*

clay: argile *nf*; (baked) terre *nf* cuite
~ **cone**: cône *nm* pyrométrique
~ **pipe**: tuyau *nm* en grès-cérame
~ **pit**: argilière *nf*
~ **plug**: bouchon *nm* d'argile, tampon *nm* de coulée
~ **state**: (ceramics) incuit, non cuit, vert
~ **tile**: tuile *nf* d'argile, tuile en terre cuite

clayey: argileux

clean *adj*: propre; *vb*: nettoyer; (metal) nettoyer, dégraisser; (fdry) parer, ébarber, dessabler
~ **down**: (masonry) ragréer
~ **break**: cassure *nf* franche
~-**burning**: brûlant sans résidu
~ **car**: voiture *nf* "propre", voiture non polluante
~ **configuration**: (aero) configuration *nf* lisse
~ **cut**: coupe *nf* franche
~ **line**: (design) ligne sobre; (el) à alimentation autonome
~ **lumber**: bois *nm* franc de nœuds
~ **off**: (quarry stone) ébousiner
~ **out**: (ditch, well) curer; (pipe) déboucher, dégorger; (sewer) écurer
~-**out plug**: bouchon *nm* de vidange
~ **proof**: épreuve *nf* peu chargée, bonne épreuve
~ **room**: salle *nf* blanche
~ **tone**: son *nm* pur (sans distorsion)
~ **up**: nettoyer; (inf) éliminer (les erreurs, les parasites); (text) corriger; (timber) blanchir; (wall) ragréer

cleaner: (pap) épurateur *nm*

cleaning: nettoyage *nm*; (air) épuration *nf*; (filter) décolmatage *nm*; (fdry) ébarbage *nm*, finissage *nm*; (ore) débourbage *nm*; (removal of grease) décapage *nm*, dégraissage *nm*; (sewer) chasse *nf*; (well) récurage *nm*
~ **door**: regard *nm* de nettoyage
~ **hole**: regard *nm* de nettoyage
~ **out**: (casting) ébarbage *nm*; (ditch) curage *nm*, ébourbage *nm*
~ **shop**: (fdry) atelier *nm* de dessablage
~ **solution**: bain *nm* de dégraissage

clear «CLR» *adj*: clair; transparent; (colour) clair; (inf) «CLR» à zéro, effacé; (liquid) clair, limpide; (picture) net; (text) en clair; (tp) libre, libéré; *vb*: (automation) vider, remettre à zéro; (chem) épurer, clarifier; (circuit) libérer; (inf) effacer (l'écran), vider (la mémoire); (a fault) dépanner; (make way) dégager; (a pipe) déboucher; (naut) expédier; (a warning light) éteindre
~ **air turbulence**: turbulence *nf* en air limpide
~ **area**: (inf) zone *nf* vierge
~ **back**: (tcm) raccrochage *nm*, raccrocher
~ **channel**: voie *nf* libre
~ **forward signal**: signal *nm* de fin de communication
~ **gas**: gaz *nm* sans goudrons
~ **glass**: verre *nm* blanc, verre clair
~ **lacquer**: vernis *nm* transparent, vernis incolore
~ **loss**: perte *nf* sèche
~ **lumber**: bois *nm* sans défaut
~ **message**: message *nm* d'effacement
~ **opening**: (hole) diamètre *nm* intérieur
~ **request**: demande *nf* de libération
~ **span**: (constr) ouverture *nf* libre, portée *nf* libre
~ **stuff**: bois *nm* sans défaut
~ **to send** «CTS»: prêt à émettre «PAE»
~ **width**: (of door) largeur *nf* de passage

clearance: (mech) jeu *nm*; (of car wheels, suspension) débattement *nm*; (naut) certificat *nm* de sortie (d'un navire); (aero) autorisation *nf* de vol (d'un avion); (of building site): repliement *nm* du chantier
~ **angle**: (m-t) angle *nm* de dépouille
~ **between cables**: séparation *nf* des câbles
~ **between poles**: distance *nf* d'isolement entre pôles
~ **fit**: ajustement *nm* avec jeu
~ **gauge**: gabarit *nm* de passage
~ **height**: hauteur *nf* libre
~ **hole**: (for bolt) trou *nm* de passage, trou de dégagement
~ **lamp**: feu *nm* de gabarit
~ **light**: feu *nm* d'encombrement, feu de gabarit
~ **space**: (of compressor, cylinder) espace *nm* nuisible, espace mort
~ **under spindle**: (m-t) hauteur *nf* disponible sous broche
~ **volume**: espace *nm* mort

clearer: (tex) cylindre *nm* nettoyeur, nettoyeur *nm*
~ **roller**: (tex) cylindre *nm* nettoyeur, nettoyeur *nm*

clearing: (inf) libération *nf*, mise *nf* à zéro, remise *nf* à zéro, effacement *nm*; (of ground) défrichement *nm*
~ **signal**: signal *nm* de libération, signal de fin de conversation

cleat: (joinery) tasseau *nm*; (el) serre-fils *nm*, taquet *nm*; (naut) taquet *nm*

cleavage: (crystal, geol) clivage *nm*
~ **face**: plan *nm* de clivage

cleft: (geol) fissure *nf*, crevasse *nf*
~ **weld**: soudure *nf* à gueule de loup

clerestory: (constr) lanterneau *nm*

clevis: chape *nf*, étrier *nm*; (shackle) manille *nf* d'assemblage
~ **bolt**: boulon *nm* de chape
~ **end**: embout *nm* à chape
~ **end turnbuckle**: tendeur *nm* à chape
~ **pin**: axe *nm* de chape

clew: point *nm* d'écoute (navire)

click *nn*: cliquet *nm*, linguet *nm*, doigt *nm* d'encliquetage; déclic *nm*, fermeture *nf* à détente, fermeture à déclic; *vb*: se fermer avec un déclic, faire un déclic
~ **and ratchet device**: encliquetage *nm*
~ **knob**: commutateur *nm* à cliquet[s]
~ **spring**: ressort *nm* d'enclenchement
~ **wheel**: roue *nf* d'arrêt, roue à cliquet, roue à rochet

climb: montée *nf*; (aero) montée, ascension *nf*
~ **milling**: fraisage *nm* en avalant

climber: (el) monteur (de lignes); griffe *nf* de monteur, grappin *nm*, grimpette *nf* (de monteur)

climbing, ~ **ability**: (auto) tenue *nf* en côte
~ **crane**: grue *nf* [à mât] télescopique
~ **flight**: vol *nm* ascendant
~ **form**: (concreting) coffrage *nm* grimpant
~ **iron**: grappin *nm*, griffe *nf*, grimpette *nf*
~ **rate**: vitesse *nf* ascensionnelle

clinch *nn*: (naut) étalingure *nf*; *vb*: (a nail) river, (a rivet) abattre, aplatir
~ **nail**: clou *nm* à river
~ **[ed] bolt**: boulon *nm* abattu, boulon aplati, boulon rivé

clincher: sertisseuse *nf*
~ **tyre**: pneu *nm* à talon

clinker: mâchefer *nm*, scories *nf*; brique *nf* vitrifiée
~ **built**: (naut) bordé à clins
~ **planking**: bordage *nm* à clins

clinometer: clinomètre *nm*

clip *nn*: attache *nf* (à pince, à ressort); (constr) agrafe *nf*; (for pipe) collier *nm* de serrage, collier de fixation; *vb*: (fasten) clipser; (tcm) écrêter
~ **fed rifle**: fusil *nm* à répétition
~ **hook**: mousqueton *nm*
~**-on**: à mâchoires, à pince, clippé
~**-on ammeter**: ampèremètre-pince *nm*, pince *nf* ampèremétrique

clipper: (chopper) hacheur *nm*; (limiter) écrêteur *nm*

clipping: (eon) écrêtage *nm*; (tcm) mutilation *nf* de la parole; **clippings**: rognures *nf*

clock *nn*: horloge *nf*; (inf) base *nf* de temps, générateur *nm* de rythme, rythmeur *nm*; *vb*: chronométrer
~ **for run out**: vérifier le faux-rond au comparateur
~ **card**: carte *nf* de pointage
~ **cycle**: rythme *nm*
~ **frequency**: fréquence *nf* de base
~ **generator**: horloge *nf* genératrice de rythme
~ **meter**: compteur *nm* à mouvement d'horlogerie; horodateur *nm*
~ **pulse**: impulsion *nf* d'horloge
~ **rate**: fréquence *nf* de base
~ **track**: piste *nf* de synchronisation

clocking: chronométrage *nm*; synchronisation *nf*

clockwise «CCW»: dans le sens des aiguilles d'une montre, [dans le] sens horaire, à droite, dextorsum
~ **wound**: enroulé à droite

clockwork *nn*: mouvement *nm* d'horlogerie; *adj*: à mouvement d'horlogerie

clog *vb*: [se] colmater; [se] boucher; [s']empâter; obstruer, engorger

clogging: (of filter) colmatage *nm*, encrassement *nm*; (of pipe) engorgement *nm*

clone: clone *nm*

close: *adj*: (edge to edge) jointif; (grain, texture) fin, serré; (joint, sand) étanche, peu perméable; (near) proche, à proximité; *vb*: fermer; (a rivet) rabattre un rivet, refouler un rivet
~ **annealing**: recuit *nm* en vase clos, recuit en caisse
~ **boiling hydrocarbons**: hydrocarbures *nm* à points d'ébullition proches
~**-contact adhesive**: adhésif *nm* à action directe
~ **control**: commande *nf* précise, régulation *nf* précise
~ **coupling**: couplage *nm* serré; (rlwy) attelage *nm* serré
~ **fit**: ajustement *nm* sans jeu

~-**graded**: à granulométrie *nf* étalée, à granulométrie fermée
~ **grain**: grain *nm* fin, grain serré
~ **medium shot**: (cinema) plan *nm* américain
~ **nipple**: raccord *nm* droit
~ **running fit**: ajustement *nm* serré
~ **shot**: (cinema) plan *nm* rapproché
~ **sliding fit**: ajustement *nm* glissant juste
~ **up** «CU»: gros plan *nm*

closed: fermé; (inf) d'accès restreint
~ **assembly time**: (adhesive) temps *nm* d'assemblage avant pression
~-**chain compound**: composé *nm* cyclique
~-**circuit television** «CCTV»: télévision *nf* en circuit fermé
~-**circuit working**: (tcm) transmission *nf* par rupture de circuit
~ **cup** «CC»: vase *nm* clos
~ **display**: (sale) présentation *nf* sous vitrine
~ **flash point**: point *nm* d'éclair en vase clos
~-**loop cassette**: cassette *nf* à boucle sans fin
~-**loop control**: (robotics) asservissement *nm* en circuit fermé
~ **porosity**: porosité *nf* fermée
~ **vessel**: vase *nm* clos
~ **winding**: bobinage *nm* à spires jointives

closedown: arrêt *nm* prolongé de machine, fermeture *nf*

closer: appareil *nm* de fermeture, fermoir *nm*; (arch) clé *nf* de voûte

closet NA : placard *nm*; (el) armoire *nf*; (w.c.) cuvette

closing: fermeture *nf*; (reeving) mouflage *nm*; (switch) enclenchement *nm*, fermeture
~ **coil**: bobine *nf* d'enclenchement
~ **date**: (for tender) date *nf* limite de remise
~ **drum**: tambour *nm* de mouflage
~ **motor**: moteur *nm* de mouflage
~ **relay**: conjoncteur *nm*
~ **switch**: commutateur-conjoncteur *nm*

closure: fermeture *nf*, enclenchement *nm*

cloth: tissu *nm*, drap *nm*, toile *nf*
~ **beam**: ensouple *nf* du tissu, ensouple de travail
~ **binding**: reliure *nf* en toile
~ **board**: couverture *nf* toile
~ **finish**: (tex) apprêt *nm* du tissu; (pap) gaufrage *nm* toile
~-**lined**: (pap) entoilé une face
~-**lined board**: carton *nm* entoilé, carton toilé
~ **polishing wheel**: disque *nm* toile, disque coton

clothing: vêtements *nm*, habillement *nm*; revêtement *nm*, enveloppe *nf*; (of card, pap) habillage *nm*

cloud: nuage *nm*; (liquid) trouble *nm*; (paint) voile *nm*
~ **chamber**: chambre *nf* à nuage
~ **point**: point *nm* de trouble

cloudy: (liquid) trouble; (sky) nuageux
~ **formation**: (pap) épair *nm* nuageux

clout, ~ **nail**: clou *nm* à tête plate

cloverleaf *nn*: trèfle *nm*; *adj:* en trèfle
~ **cyclotron**: cyclotron *nm* en feuille de trèfle

CLR → *clear*

cluster: (of car instruments) comodo *nm*; (casting) grappe *nf*; (inf) miniclavier *nm*; (eon, tcm) grappe *nf*, groupe *nm*; (of crystals) groupe *nm*; (of gears) train *nm*; (of springs) faisceau *nm*
~ **gear**: engrenages *nm* multiples, harnais *nm*, train *nm* d'engrenages
~ **mill**: cage *nf* à cylindres multiples
~ **pack**: emballage *nm* groupé

clustering: groupage *nm*

clutch: embrayage *nm*, accouplement *nm*; (sheet piling) enclenchement *nm*
~ **brake**: frein *nm* d'embrayage, frein sur l'embrayage
~ **casing**: carter *nm* d'embrayage, cloche *nf* d'embrayage
~ **cover**: couvercle *nm* d'embrayage
~ **disc**: disque *nm* d'embrayage
~ **housing**: carter *nm* d'embrayage, cloche *nf* d'embrayage
~ **pedal**: pédale *nf* de débrayage
~ **plate**: disque *nm* d'embrayage, plateau *nm* d'embrayage
~ **release**: débrayage *nm*
~ **release stop**: butée *nf* de débrayage
~ **shifter**: levier *nm* de débrayage
~ **sleeve**: manchon *nm* d'embrayage
~ **throwout**: débrayage *nm*

clutter: écho *nm* parasite, signaux *nm* parasites; (radar) image *nf* de fond, clutter *nm*

CO → *cavity oscillator, central office*

coach: (rlwy) voiture *nf* de voyageurs; (vehicle body) caisse *nf*, carrosserie *nf*; NA (auto) conduite *nf* intérieure à 2 portes, coach *nm*
~ **builder**: carrossier *nm*
~ **class**: (aero) classe *nf* touriste
~ **screw**: tire-fond *nm*
~ **wrench**: clé *nf* anglaise

coachwork: carrosserie *nf*

coal: charbon *nm*, houille *nf*
~ **bearing**: houiller, carbonifère
~ **cutter**: haveuse *nf*
~ **deposit**: gisement *nm* de houille, dépôt *nm* de houille
~ **distillation**: gazéification *nf* du charbon
~ **dressing**: préparation *nf* du charbon
~ **dust**: poussier *nm*
~ **equivalent** «CE»: équivalent *nm* de charbon
~ **face**: front *nm* de taille, front d'avancement
~ **field**: bassin *nm* houiller
~ **gas**: gaz *nm* de houille
~ **getting**: abattage *nm* du charbon
~ **head**: front *nm* de taille
~ **measure**: étage *nm* houiller, formation *nf* houillère, terrain *nm* houiller
~ **microphone**: microphone *nm* à charbon
~ **mine**: houillère *nf*, charbonnage *nm*, mine *nf* de charbon
~ **mining**: exploitation *nf* de la houille, exploitation *nf* du charbon
~ **pit**: mine *nf* de charbon, mine de houille, charbonnage *nm*
~ **plough**: rabot *nm* à charbon
~ **seam**: banc *nm*, couche *nf*, veine *nf*
~ **tar**: goudron *nm* de houille
~ **yard**: dépôt *nm* de charbon, parc *nm* à charbon

coaler: navire *nm* charbonnier

coaming: hiloire *nf*; (de protection) surbau *nm*

coarse: gros, grossier; (setting) approximatif
~ **adjustment**: réglage *nm* approximatif, réglage primaire, réglage grossier
~ **breaking**: (crushing) prébroyage *nm*
~ **count**: (tex) gros numéro *nm*
~ **crushing**: concassage *nm* primaire
~ **feed**: (m-t) avance *nf* rapide
~**-fine relay**: relais *nm* approche-précision
~**-gauge**: de gros calibre, de gros diamètre
~**-mesh**: à grosses mailles
~ **pitch**: pas *nm* allongé, pas large, pas rapide, grand pas
~ **plaster**: gros plâtre *nm*
~ **sand**: sable *nm* grossier, gros sable
~ **screen**: (graph) grosse trame *nf*
~ **thread**: gros filetage *nm*, filet *nm* à pas rapide
~ **tuning**: accord *nm* approximatif, réglage *nm* approximatif

coarsening, ~ **of grain**: grossissement *nm* du grain

coast *nn*: côte *nf*, rivage *nm*, littoral *nm*; *vb*: (auto) rouler par inertie, rouler par la vitesse acquise, rouler en roue libre, descendre en roue libre, marcher au débrayé; (naut) caboter, faire le cabotage; (space) se mouvoir sur sa lancée, se mouvoir par inertie

coastal: côtier
~ **area**: zone *nf* littorale
~ **cable**: câble *nm* de bas-fond
~ **navigation**: cabotage *nm*, navigation *nf* côtière
~ **vessel**: caboteur *nm*

coaster: caboteur *nm*

coasting: (auto) marche *nf* par inertie, marche au débrayé; (machine) marche à vide; (rlwy) marche sur l'erre; (rocket) phase *nf* non propulsée; (naut) cabotage *nm*; (space) vol *nm* par inertie, vol balistique, vol non propulsé
~ **flight**: phase *nf* balistique, vol *nm* libre
~ **speed**: (naut, rlwy) erre *nf*

coat *nn*: couche *nf*, revêtement *nm*, enduit *nm*; (paint) couche; *vb*: enduire, revêtir d'une couche; (paper) coucher; (phot) pelliculer
~ **and wrap**: (petr) enrobage *nm* et enveloppe

coated: enduit, enrobé, recouvert, revêtu; (sheet metal) prélaqué; (paper) couché
~ **abrasive**: abrasif *nm* appliqué
~ **board** NA : carton *nm* couché
~ **chippings**: enrobés *nm*
~ **electrode**: électrode *nf* enrobée
~ **fabric**: tissu *nm* enduit
~ **lens**: objectif *nm* bleuté, objectif traité
~ **pipe**: tuyau *nm* revêtu d'un enduit
~ **resistor**: résistance *nf* enrobée
~ **steel**: acier *nm* prélaqué
~ **welding rod**: baguette *nf* enrobée

coater: (pap) coucheuse *nf*

coating: (a coat) couche *nf*, enduit *nm*, revêtement *nm*; (of cable, wire) enrobage *nm*; (of fabric, plastic) enduction *nf*; (of optical fibre) gainage *nm*, protection *nf*, revêtement *nm*
~ **and wrapping machine**: enrobeuse *nf*
~ **compound**: matière *nf* de revêtement
~ **finish**: (tex) apprêt *nm* par enduction
~ **knife** NA : racle *nf*
~ **machine**: (pap) coucheuse *nf*
~ **paper**: papier *nm* support (pour couchage)
~ **plant**: (roadmaking) centrale *nf* d'enrobage, poste *nm* d'enrobage
~ **slip**: sauce *nf* de couchage
~ **with rubber**: gommage *nm*

coax → *coaxial*

coaxial: coaxial
~ **route**: (tcm) artère *nf* coaxiale

cob *nn*: (constr) adobe *nm*, pisé *nm*, torchis *nm*; (coal mining) gros morceau de charbon; *vb*: scheider le minerai

cobalt: cobalt *nm*
~ **bomb** «C-bomb»: bombe *nf* au cobalt
~ **plating**: cobaltage *nm*
~ **steel**: acier *nm* au cobalt

cobble, ~ **stone**: pavé *nm*

cobwebbing: (plast) coconisation *nf*

cochannel: dans un même canal, dans une même voie

cock: (a tap) robinet *nm*; (of firearm) chien *nm*; *vb*: (firearm, camera) armer

cocking, ~ **lever**: levier *nm* d'armement

cockling: (pap) gondolage *nm*

cockpit: (aero) habitacle *nm*, poste *nm* de pilotage, poste d'équipage; (naut) cockpit *nm*; (racing car) poste *nm* de pilotage, poste de conduite

cocooning: (plast) coconisation *nf*

COD → *chemical oxygen demand*

code *nn*: code *nm*; (coding) codification *nf*; (tp) indicatif *nm*; *vb*: (inf) coder, écrire, programmer, chiffrer
~ **converter**: convertisseur *nm* de code, transcodeur *nm*
~ **element**: codet *nm*
~ **hole**: perforation *nf* significative d'un code
~ **insensitive**: indépendant du code utilisé
~ **name**: nom *nm* de code
~ **of practice**: règles *nf* de l'art
~ **transparent**: indépendant du code utilisé

codec → *coder-decoder*

coded: codé, en code
~ **impulse modulation** «CIM»: modulation *nf* par impulsions codées «MIC»
~ **message**: message *nm* chiffré, message cryptographique

coder: codeur *nm*
~**-décoder**: codeur-décodeur "codec"

coding *nn*: codage *nm*, programmation *nf*; *adj*: de codage, de programmation
~ **line**: ligne *nf* de programmation

COE → *cab over engine*

coextruding: (nuc) cofilage *nm* (éléments combustibles)

cofferdam: batardeau *nm*, caisson *nm* hydraulique; (in oil tank) cloison *nf* de sûreté

coffin: (mining) exploitation *nf* étagée à ciel ouvert; (nuc) château *nm* de transport

cog *nn*: dent *nf* d'engrenage, dent de crémaillère; *vb*: (mech) garnir de dents; (carp) assembler à entaille; (rolling mill) ébaucher
~ **rail**: crémaillère *nf* (de funiculaire)

cogged: à dents, denté, à cran[s]
~ **belt**: courroie *nf* crantée

cogging, ~ **mill**: train *nm* ébaucheur

cogwheel: roue *nf* dentée

coherence: cohérence *nf*

coherent, ~ **pulse radar**: radar *nm* à impulsions synchronisées

coherer: cohéreur *nm*

cohesion: cohésion *nf*
~ **strength**: résistance *nf* à la séparation

cohesionless: non cohérent, pulvérulent

cohesive: cohésif
~ **force**: force *nf* cohésive, force de cohésion
~ **soil**: sol *nm* cohérent

coil: (el) bobine *nf*, bobinage *nm*; (pipe) serpentin *nm*; (spring) spire *nf*; (wire) botte *nf*, couronne *nf*, bobine
~ **case**: boîte *nf* de charge, pot *nm* de charge
~ **clutch**: embrayage *nm* à spirale
~ **ignition**: allumage *nm* par bobine
~ **loading**: pupinisation *nf*, charge *nf*
~ **serving**: couverture *nf* protectrice de bobine
~ **spacing**: pas *nm* de pupinisation
~ **spring**: ressort *nm* à boudin, ressort en spirale, ressort hélicoïdal
~ **winder**: bobineuse *nf*

coiled: spiralé
~ **coil**: bispiralé
~ **pipe**: tuyau *nm* flexible spiralé
~ **spring**: ressort *nm* à boudin
~ **tube**: serpentin *nm*

coiler, ~ **can**: (spinning) pot *nm* tournant

coin: pièce *nf* de monnaie
~ **box**: téléphone *nm* public, téléphone à prépaiement
~ **dispenser**: distributeur *nm* de monnaie

coincidence: coincidence *nf*, simultanéité *nf*; (of phases) concordance *nf*
~ **loss**: perte *nf* par coincidence

coke: coke *nm*
~ **iron**: fonte *nf* au coke
~ **pusher**: défourneuse *nf*
~ **quenching**: extinction *nf* du coke
~ **yield**: rendement *nm* en coke

coking: cokéfaction *nf*
~ **plant**: cokerie *nf*

cold: froid
~ **air unit**: (a.c.) groupe *nm* de réfrigération
~ **bending test**: essai *nm* de pliage à froid
~ **blast furnace**: four *nm* à vent froid
~ **bridge**: pont *nm* thermique
~ **brittleness**: aigreur *nf*, fragilité *nf* à froid
~ **chain**: chaîne *nf* du froid
~ **crack**: tassure *nf* de refroidissement
~ **drawn** «cd»: étiré à froid
~ **flow**: fluage *nm* à froid
~ **forging**: (welding defect) collage *nm* noir
~ **hardening**: écrouissage *nm*
~ **joint**: (constr) joint *nm* de reprise
~ **laid**: (roadmaking) posé à froid
~ **lap**: (fdry) gouttes *nf* froides, repli *nm*, reprise *nf* (de coulée)
~ **room**: chambre *nf* froide
~ **set chisel**: tranche *nf* à froid
~ **setting**: durcissement *nm* à froid
~**-setting**: (adhesive) durcissable à froid
~**-setting grease**: graisse *nf* à bas point de congélation
~ **short**: cassant à froid, aigre
~ **shortness**: fragilité *nf* à froid, aigreur *nf*
~ **shot**: gouttes *nf* froides, repli *nm*, reprise *nf* de coulée
~ **slug**: (plast) : goutte *nf* froide
~ **source**: source *nf* froide
~ **standby**: secours *nm* manuel
~ **start**: démarrage *nm* à froid
~ **start unit**: dispositif *nm* de départ à froid
~ **storage**: entreposage *nm* réfrigéré, entreposage frigorifique
~ **storage plant**: installation *nf* frigorifique
~ **store[s]**: entrepôt *nm* frigorifique
~ **test**: essai *nm* de congélation
~ **testing**: (nuc) essai *nm* en inactif
~ **work**: (met) écrouissage *nm*
~ **working**: (blast furnace) allure *nf* froide

collapse *nn*: (of boiler, filter) écrasement *nm*; (of column) flambage *nm*; (constr) éboulement *nm*, effondrement *nm*, écroulement *nm*; *vb*: (constr) s'ébouler, s'écrouler, s'effondrer; (vacuum vessel) s'aplatir

collapsible, ~ **container**: conteneur *nm* démontable, conteneur repliable, conteneur pliant
~ **section**: (auto) zone *nf* déformable
~ **steering column**: colonne *nf* de direction de sécurité
~ **zone**: (auto) zone *nf* déformable

collapsing, ~ **stress**: contrainte *nf* de flambage

collar: collet *nm*; (pallet) rehausse *nf*; (screw) embase *nf*
~ **nut**: écrou à embase, écrou à collet
~ **riveting**: rivetage *nm* sur rondelle

collate *vb*: (inf) fusionner, interclasser; (graph) collationner, assembler les feuilles

collation: interclassement *nm*, collationnement *nm*

collect *vb*: (data) collecter, rassembler, recueillir; (goods) enlever; (a liquid) recueillir; (payment) encaisser; (a tax) percevoir

collecting: rassemblement *nm*; (goods) enlèvement *nm*; (money) encaissement *nm*
~ **area**: bassin *nm* hydrographique, bassin de réception
~ **duct**: (a.c.) gaine *nf* de reprise
~ **ring**: bague *nf* collectrice (dynamo), collecteur *nm*

collector: (el, transistor) collecteur *nm*; (pipe) collecteur; (solar heating) capteur *nm*
~**-base**: collecteur-base
~**-emitter**: collecteur-émetteur
~ **panel**: (solar heating) absorbeur *nm*
~ **plate**: (solar heating) absorbeur *nm*
~ **rail**: rail *nm* de prise de courant
~ **ring**: (on exhaust) collecteur *nm* d'échappement; (el) bague *nf* collectrice
~ **segment**: lame *nf* de collecteur
~ **shoe**: frotteur *nm*
~ **system**: dispositif *nm* de prise de courant

collet: (m-t) douille *nf* de serrage, pince *nf* de serrage, pince américaine

collide, ~ **with** *vb*: entrer en collision avec

collimator: collimateur *nm*

collision: (naut) abordage *nm*, collision *nf*; (vehicle, nuc) choc *nm*, collision *nf*
~ **bulkhead**: cloison *nf* d'abordage
~ **course**: cap *nm* de collision

colloid: colloïde *nm*

colour <lor> *nn*: couleur *nf*; *adj*: de couleur, chromatique
~ **analysis**: analyse *nf* chromatique
~ **balance**: équilibre *nm* des couleurs, équilibre chromatique
~ **bar pattern**: (tv) mire *nf* à barres de couleur
~ **break up**: décomposition *nf* des couleurs
~ **chart**: nuancier *nm*
~ **coding**: repérage *nm* couleur
~ **compensating filter**: filtre *nm* compensateur de couleur
~ **contamination**: distorsion *nf* chromatique
~ **defect**: (tv) aberration *nf* chromatique
~ **disk**: disque *nm* chromatique
~ **fastness**: solidité *nf* des teintes, stabilité *nf* des couleurs
~ **fastness to washing**: (text) indégorgeabilité *nf*
~ **filter**: filtre *nm* coloré, écran *nm* coloré
~ **flicker**: papillotement *nm* couleur
~ **killer**: suppresseur *nm* de couleur
~ **matching**: colorimétrie *nf*, correspondance *nf* chromatique
~ **pattern**: (tv) mire *nf* de couleurs
~ **picture signal**: signal *nm* image couleur
~ **registration**: (crt) superposition *nf* des couleurs
~ **rendering**: (phot) rendu *nm* chromatique, rendu des couleurs
~ **response**: sensibilité *nf* chromatique
~ **signal**: signal *nm* chrominance
~ **swatch**: nuancier *nm*
~ **television receiver**: récepteur *nm* trichrome
~ **temperature**: température *nf* de couleur
~ **test chart**: (tv) mire *nf* couleur
~ **trim**: (phot) ajustement *nm* des couleurs
~ **tube**: (tv) tube *nm* couleur
~ **value**: valeur *nf* chromatique

colourimeter <**orimeter**>: colorimètre *nm*

column: colonne *nf*; (crane) fût *nm*; (m-t) montant *nm*
~ **analogy**: analogie *nf* de la colonne
~ **chromatography**: chromatographie *nf* sur colonne
~ **press**: presse *nf* à colonnes
~ **shift lever**: (auto) levier *nm* de changement de vitesse sur la colonne
~ **split**: (inf) partage *nm* de colonne

columnar: colonnaire, en forme de colonne

COM → *computer output microfilm*
~ **printer**: imprimante *nf* sur microfilm

comb *nn*: (thread cutting, escalator) peigne *nm*; *vb*: (paint) veiner, marbrer; (spinning) carder; (weaving) peigner
~ **binding**: dos *nm* plastique
~ **filter**: filtre-peigne *nm*

comber: (tex) peigneuse *nf*
~ **tenter**: ouvrier *nm* peigneur

combination *nn*: combinaison *nf*; (resulting compound) combiné *nm*; *adj*: mixte
~ **boiler**: chaudière *nf* mixte
~ **die**: (fdry) moule *nm* à empreintes interchangeables
~ **lock**: serrure *nf* à combinaison, serrure à chiffres
~ **mould**: moule *nm* multiple
~ **plate**: cliché *nm* trait-simili
~ **pliers**: pince *nf* universelle
~ **vessel**: (naut) cargo *nm* mixte

combinatorial, ~ **logic**: logique *nf* combinatoire

combine *vb*: associer, combiner, grouper

combined: combiné, mixte
~ **bending and axial load**: flexion *nf* composée
~ **cable**: câble *nm* mixte
~ **distribution frame** «CDF»: répartiteur *nm* mixte
~ **flow turbine**: turbine *nf* américaine, turbine mixte
~ **head**: (inf) tête de lecture et écriture
~ **network**: réseau *nm* mixte
~ **recording**: enregistrement *nm* image et son
~ **sewer**: égout *nm* à canalisation unique
~ **stress**: contrainte *nf* complexe, contrainte composée

combiner: (tcm) multiplexeur *nm*

combing: (paint, text) peignage *nm*

combustion: combustion *nf*
~ **air**: air *nm* comburant
~ **chamber**: (engine) chambre *nf* d'explosion
~ **stroke**: course *nf* motrice, course de travail, course d'explosion, course de détente

combustive: comburant

combustor: (of gas turbine) chambre *nf* de combustion

come, ~ **alongside**: (naut) accoster
~ **into step**: (el) s'accrocher, atteindre le synchronisme
~ **on**: (warning light) s'allumer
~ **on stream**: être mis en route

comfort: confort *nm*
~ **thermostat**: thermostat *nm* d'ambiance
~ **zone**: zone *nf* de confort

comic, ~ **strip**: bande dessinée «BD»
~ **strip format**: (microfilm) présentation *nf* horizontale

comm → *communications*

comma: virgule *nf*

command *nn*: (inf) commande *nf*, instruction *nf*; (mil) commandement *nm*, ordre *nm*; *vb*: commander, diriger
~ **processing**: traitement *nm* des instructions

comment: commentaire *nm*, remarque *nf*

commercial *nn*: publicité *nf* radiophonique, publicité télévisée, spot *nm* publicitaire commercial; *adj*: du commerce; (inf) de gestion; (available) disponible sur le marché, dans le commerce
~ **artist**: dessinateur *nm* publicitaire
~ **casting**: pièce *nf* courante de fonderie
~ **computing**: informatique *nf* de gestion
~ **data processing**: informatique *nf* de gestion
~ **grade**: qualité *nf* marchande, qualité commerciale
~ **iron**: fer *nm* marchand
~ **load**: charge *nf* payante
~ **vehicle**: véhicule *nm* utilitaire

comminutor: dilacérateur *nm*

commission *vb*: mettre en service

commissioning: mise *nf* en service; (naut) mise en armement, armement *nm*

common *nn*: (frequency, circuit) commun *nm*; *adj*: d'usage courant, ordinaire; commun; *vb*: (el) connecter en commun, accoupler en commun
~ **aerial working**: exploitation *nf* sur antenne commune
~ **area**: zone *nf* commune
~ **carrier**: (transport) voiturier *nm*, transporteur *nm* public; (tcm) circuit *nm* public, porteuse *nf* commune
~ **[communications] carrier**: entreprise *nf* de télécommunications
~ **control**: commande *nf* centrale
~ **emitter**: émetteur *nm* commun
~ **lead**: plomb *nm* commercial
~ **logarithm**: logarithme *nm* décimal
~ **use**: usage *nm* courant

commonize **<ise>** *vb*: (components) banaliser, uniformiser

communication «COMM» *nn*: communication *nf*, liaison *nf*, transmission *nf*; (with machine) dialogue *nm*; *adj*: de télécommunications
~ **controller**: contrôleur *nm* de communications, contrôleur de transmission
~ **gear**: matériel *nm* de communications
~ **network**: réseau *nm* de transmission
~ **science**: communicatique *nf*
~ **technology satellite** «CTS»: satellite *nm* de [télé]communications

communications: télécommunications *nf*
~ **officer**: officier *nm* de transmissions
~ **port**: porte *nf* de communication
~ **satellite**: satellite *nm* de [télé]communications

community: communauté *nf*
~ **antenna television** «CATV»: télévision *nf* à antenne collective «TAC»
~ **television** «CT»: télévision *nf* communautaire, télévision locale

commutator: (el) collecteur *nm*; (tcm) échangeur *nm*, transmetteur *nm*
~ **motor**: moteur *nm* à collecteur
~ **pitch**: pas *nm* au collecteur
~ **ring**: bague *nf* de collecteur
~ **segment**: lame *nf* de collecteur

commuter, ~ **traffic**: trafic *nm* habitation-travail

commuting: migrations *nf* alternantes

compact *nn*: NA petite voiture *nf*; *adj:* peu volumineux, de faible encombrement; *vb*: tasser, comprimer; (powder) compacter, comprimer

compacting: (concrete) serrage *nm*; (data) compression *nf*, tassement *nm*, condensation *nf*, compactage *nm*; (soil) compactage *nm*

compaction: compactage *nm*, condensation *nf*, tassement *nm*

compactness: compacité *nf*, faible encombrement *nm*

compander <dor>: compresseur-extenseur *nm*

companding: compression-expansion

companion, ~ **flange**: contre-bride *nf*
~ **screw**: vis *nf* creuse, vis femelle

companionway: (naut) capot *nm* d'escalier, descente *nf* d'escalier

compare *nn*: comparison *nf*; *vb*: comparer
~ **favorably with**: soutenir la comparaison avec
~ **with**: comparer à, rapprocher de; être égal à

comparison: comparaison *nf*
~ **chart**: tableau *nm* comparatif
~ **standard sample**: échantillon *nm* principal, étalon *nm* primaire
~ **standard solution**: solution *nf* principale, solution-mère

compartment: (rlwy) compartiment *nm*; (aero) soute *nf* (à bagages)

compas: (drawing instrument) compas *nm*; (navigation instrument, with moving needle) boussole *nf*; (with moving dial) compas *nm*
~ **bearing**: relèvement *nm* au compas
~ **card**: rose *nf* du compas, rose des vents
~ **course**: route *nf* au compas, route apparente
~ **heading**: cap *nm* au compas
~ **needle**: aiguille *nf* aimantée, aiguille magnétique
~ **north**: nord *nm* magnétique

compatible: compatible

compatibility: compatibilité *nf*

compensate*vb*: compenser; (a force) compenser, neutraliser; (loads) égaliser; (pressures) équilibrer

compensated, ~ **scan**: balayage *nm* compensé

compensating *nn*: compensation *nf*; *adj*: de compensation, compensateur
~ **circuit**: circuit *nm* correcteur, circuit d'égalisation
~ **coil**: bobine *nf* de compensation, bobine compensatrice
~ **crown roll**: rouleau *nm* à bombé variable
~ **spring**: ressort *nm* compensateur

compensation: compensation *nf*
~ **for temperature**: compensation *nf* en température
~ **for wear**: rattrapage *nm* de l'usure

compiler: compilateur *nm*

~ **compiler**: compilateur *nm* de compilateur

compiling *nn*: compilation *nf*; *adj*: de compilation, compilateur
~ **program**: compilateur *nm*

complain *vb*: réclamer

complaint: réclamation *nf*

complete *adj*: complet; (finished) terminé; *vb*: achever, terminer; (el) établir le circuit, fermer; (a form) remplir
~ **overhaul**: révision *nf* générale

completion: (circuit) fermeture *nf*; (constr) achèvement; (petrl) complétion *nf*; (eon) saturation *nf*; (petr) complétion *nf*

complex: complexe
~ **joint**: (robotics) articulation *nf* complexe
~ **liquid**: liquide *nm* à viscosité variable
~ **sensor**: (robotics) capteur *nm* intégré

compliance, ~ **with**: conformité *nf* à

compo → *composition*

component: (alloy) élément *nm*; (force) composante *nf*; (eon) composant *nm*; (mech) pièce *nf*, élément *nm*
~ **error**: erreur *nf* due à un composant
~ **lead**: (eon) *nf* queue de composant

componentry: les composants *nm*

composite *nn*: composite *nm*; *adj*: (consisting of two different elements) mixte; (material) composite
~ **cable**: câble *nm* mixte
~ **coating**: revêtement *nm* multicouche
~ **course**: (navigation) route *nf* combinée
~ **girder**: poutre *nf* métallique enrobée
~ **mould**: (plast) moule *nm* à empreintes différentes
~ **plywood**: contreplaqué *nm* à âme complexe, contreplaqué composite
~ **structure**: construction mixte *nf*, construction composite

composition: composition *nf*; (material) aggloméré *nm*, mélange *nm*
~ **board**: panneau *nm* de fibres agglomérées
~ **cork**: liège *nm* aggloméré

compound *nn*: (chem) corps *nm* composé, composé *nm*; (a material) pâte *nf* composite, matériau *nm* composite; (plast) composition *nf* chimique, composé *nm* chimique; *adj*: (compression) à deux étages; (dynamo, motor) compound; *vb*: combiner; (el) compounder, (chem) mélanger
~ **compressor**: compresseur *nm* biétagé, compresseur compound
~ **gauge**: manomètre *nm* pression/vide
~ **glass fiber**: fibre *nf* multicomposant
~ **winding**: enroulement *nm* compound

compounder-extruder: boudineuse-mélangeuse *nf*

compounding: (el, mech) compoundage *nm*

compregnated, ~ **wood**: bois *nm* imprégné densifié

comprehensive: complet, approfondi, détaillé

compress *vb*: comprimer; (data) compresser, condenser, tasser; (spring) bander

compressed, ~ **member**: pièce *nf* comprimée, pièce en compression, pièce travaillant à la compression
~ **wood**: bois *nm* densifié

compression: (of data) compression *nf*, condensation *nf*; (pressure) compression *nf*
~ **failure**: (of structure) ruine *nf* par compression
~ **fatigue strength**: résistance *nf* à la fatigue en compression
~ **ignition** «CI»: allumage *nm* par compression
~ **ignition engine**: moteur *nm* diesel
~ **member**: pièce *nf* qui travaille à la compression, membre *nm* comprimé, membre en compression
~ **ratio** «CR»: (engine) taux *nm* de compression; (sintering) rapport *nm* de compression
~ **refrigeration**: réfrigération *nf* par compression
~ **relief cock**: robinet *nm* de décompression
~ **ring**: (on engine) segment *nm* de feu, segment de compression, segment d'étanchéité

~ **set**: déformation *nf* rémanente après compression
~ **stroke**: temps *nm* de compression, deuxième temps
~ **volume**: volume *nm* en fin de compression

compressive: à la compression, sous compression
~ **load**: force *nf* de compression
~ **strain**: déformation *nf* par compression
~ **strength**: résistance *nf* à la compression
~ **stress**: travail *nm* à la compression

compressor: compresseur *nm*; (inf) réducteur *nm*
~ **delivery duct**: canal *nm* de refoulement
~ **surge**: pompage *nm*
~ **unit**: moto-compresseur *nm*

compumetrics: métrologie *nf* informatique

compunications: télématique *nf*

computation: calcul *nm*, évaluation *nf*, détermination *nf*

computer: ordinateur *nm*
~ **aided design** «CAD»: conception *nf* assistée par ordinateur
~ **aided design/manufacture** «CAD/CAM»: conception/fabrication assistées par ordinateur «CFAO»
~ **aided engineering** «CAE»: ingénierie *nf* assistée par ordinateur «CAO»
~ **aided learning** «CAL»: enseignement *nm* assisté par ordinateur «EAO»
~ **aided management and manufacturing** «CAMM»: gestion *nf* de la production assistée par ordinateur «GPAO»
~ **aided manufacture** «CAM»: fabrication *nf* assistée par ordinateur
~ **aided teaching** «CAT»: enseignement *nm* assisté par ordinateur «EAO»
~ **aided testing** «CAT»: tests *nm* assistés par ordinateur
~ **aided translation** «CAT»: traduction *nf* assistée par ordinateur
~ **assisted** → *computer aided*
~ **bureau**: façonnier *nm*, centre *nm* de traitement [à façon]
~ **centre**: centre *nm* de traitement de l'information, centre informatique
~ **graphics**: infographie *nf*
~ **integrated manufacturing** «CIM»: productique *nf*
~ **integrated manufacturing system**: (rob) atelier *nm* flexible
~ **log**: journal *nm* de bord
~ **network**: réseau *nm* informatique
~ **numerical control** «CNC»: commande *nf* numérique par ordinateur
~ **output**: sortie *nf* système
~ **output microfilm** «COM»: microfilm *nm* de sortie d'ordinateur
~ **power**: puissance *nf* informatique
~ **printout**: listage *nm* d'ordinateur
~ **processing**: traitement *nm* par ordinateur, traitement sur ordinateur
~ **readout**: affichage *nm* écran
~ **room**: salle *nf* d'informatique
~ **run**: passage *nm* système
~ **science**: informatique *nf*
~ **typesettting** «CTS»: composition *nf* automatique
~ **word**: mot *nm* machine

computerization <isation>: informatisation *nf*

computing *nn*: calcul; *adj*: de calcul, informatique *adj*
~ **equipment**: parc *nm* informatique
~ **time**: temps *nm* d'exécution

concast → *continuous casting*

concatenate *vb*: chaîner, enchaîner, concaténer, mettre sous forme de chaîne

concatenated: chaîné, en chaîne

concatenation: concaténation *nf*, enchaînement *nm*, chaînage *nm*

concave: concave
~ **fillet weld**: soudure *nf* en congé

concavo-concave: biconcave, concavo-concave, concave-concave

concavo-convex: concavo-convexe, concave-convexe

concealed: caché, inaccesibble, noyé
~ **lighting**: éclairage *nm* indirect
~ **nailing**: clouage *nm* caché, clouage à tête perdue
~ **wiring**: installation *nf* [électrique] dissimulée

concentrate *nn*: concentré *nm*; *vb*: concentrer

concentrating: concentration *nf*; (ore) enrichissement *nm*

~ **coil**: bobine *nf* de concentration, bobine de focalisation

concentration: concentration *nf*; (beam) concentration, focalisation *nf*; (ore) enrichissement *nm*

concentrator: (inf) concentrateur *nm*; (eon) bobine *nf* de focalisation, électrode *nf* de focalisation; (solar heating) concentrateur *nm*, miroir *nm*
~ **switcher**: (tcm) concentreur-commutateur *nm*

concentric: concentrique; (el) coaxial
~ **cable**: câble *nm* coaxial, câble classique
~ **wiring system**: câblage *nm* coaxial

concentricity: concentricité *nf*

concession: (waiver) dérogation *nf*

conclusive, ~ **test**: essai *nm* probant

concourse: hall *nm* (de gare), salle *nf* des pas perdus

concrete *nn*: béton; *adj*: en béton, bétonné; *vb*: bétonner
~ **block**: (foundation) massif *nm*; (masonry) parpaing *nm*
~ **breaker**: brise-béton *nm*
~ **form oil**: huile *nf* de démoulage, huile de décoffrage
~ **mixer**: bétonnière *nf*
~ **mixing plant**: centrale *nf* de bétonnage
~ **work**: bétonnage *nm*

concreting: bétonnage *nm*

concurrency: simultanéité *nf*

concurrent: en simultanéité, en simultané, simultané

condensate *nn*: condensat *nm*; *vb*: condenser

condensation: condensation *nf*
~ **loss**: perte *nf* par condensation
~ **polymer**: polymère *nm* de condensation

condense *vb*: (chem, steam) condenser; (inf) compacter, condenser, résumer; (rays) concentrer

condensed, ~ **type**: caractères *nm* étroits, caractères allongés

condenser: (chem, a.c.) condenseur *nm*; (el) → *capacitor*; (optics) condenseur *nm*, lentille *nf* convergente

condensing: condensation *nf*
~ **set**: groupe *nm* à condensation
~ **subroutine**: programme *nm* de compression

condition: condition *nf*, état *nm*; → also *conditions*

conditioner: (pap) conditionneuse *nf*, installation *nf* de conditionnement, appareil *nm* de conditionnement; (tex) adoucisseur *nm*

conditioning: (pap, tex) conditionnement *nm*; (tcm) conditionnement, chambrage *nm*

conditions: conditions *nf*
~ **of contract**: conditions *nf*, cahier *nm* des charges
~ **of operation**: régime *nm*

conduct *vb*: (heat, electricity) conduire, laisser passer; (heat) transmettre

conductance: conductance *nf*

conducting: (transistor) à l'état passant
~ **state**: (eon) état *nm* passant

conduction: conduction *nf*
~ **electron**: électron *nm* de conduction, électron libre, électron de valence
~ **of heat**: transmission *nf* de la chaleur

conductive: conducteur *adj*
~ **ink**: encre *nf* conductrice

conductivity: conductivité *nf*

conductor *nn*: (constr) tuyau *nm* de descente pluviale, descente *nf* pluviale; (el) conducteur *nm*; (rlwy) chef *nm* de train
~ **rail**: rail *nm* de contact
~**-to-hole spacing**: distance *nf* conducteur-trou

conduit: conduit *nm*, canalisation *nf*, tube *nm*
~ **wiring**: pose *nf* sous tubes, installation *nf* sous tubes

cone *nn*: cône *nm*; (flame, torch) dard *nm*; (valve) cône de soupape; *adj*: à cône, conique

~ **brake**: frein *nm* à cône [de friction]
~ **clutch**: embrayage *nm* à cône[s]
~ **crusher**: broyeur *nm* à cônes
~ **drive**: commande *nf* par cônes de friction
~ **head**: (of screw) tête *nf* conique, tête en pointe de diamant
~ **of blast furnace**: cône *nm*, cloche *nf* du gueulard
~ **of silence**: (radar) cône *nm* de silence
~ **point**: (of screw) bout *nm* pointu
~ **pulley**: poulie *nf* à cônes, poulie conique, poulie à gradins, poulie étagée, cône *nm* de transmission

conference, ~ **call**: conférence *nf* téléphonique, téléréunion *nf*

confidence: confiance *nf*
~ **check**: test *nm* de fiabilité
~ **interval**: intervalle *nm* de confiance

configurability: (inf) configurabilité *nf*

configuration: configuration *nf*; (inf) configuration, installation *nf*
~ **control**: (nuc) commande *nf* par configuration

configure *vb*: agencer, configurer, concevoir l'architecture, définir la configuration

confinement: (nuc, plasma) confinement *nm*

conformance, ~ **rule**: règle *nf* de conformité
~ **test**: essai *nm* de conformité

conformity, ~ **with**: conformité *nf* à

congestion: (tp, traffic) encombrement *nm*

conglomerate: conglomérat *nm*

conical: conique
~ **gear wheel**: roue *nf* d'angle, pignon *nm* d'angle, pignon conique
~ **head**: (rivet) tête *nf* en pointe de diamant
~ **roller bearing**: roulement *nm* à rouleaux coniques
~ **spring**: ressort *nm* en spirale conique, ressort à volute

conicity: conicité *nf*

coniferous, ~ **tree**: conifère *nm*
~ **wood**: bois *nm* résineux

coning: conicité *nf*; (tex) bobinage *nm* sur cônes, cônage *nm*
~ **angle**: (helicopter) angle *nm* de conicité

conjugate: (geol, optics) conjugué

conjunction: conjonction *nf*, intersection *nf*; opération *nf* ET

connate: (salt, water) conné

connect *nn*: connexion *nf*, liaison *nf*; *vb*: raccorder, relier; (el) monter, brancher, connecter, coupler, mettre en circuit; (mech) accoupler; (pipe) raccorder; (tp) mettre en communication
~ **in parallel**: brancher en parallèle, connecter en parallèle, monter en parallèle
~ **in series**: brancher en série, connecter en série, monter en série
~ **to frame**: mettre à la masse
~ **together**: interconnecter
~ **up**: brancher, raccorder; (tp) mettre en communication

connectable: connectable

connected: connexe; (el) connecté, en connexion, en circuit; (eon, chem) couplé; (mech) engrené, associé; (tp) en communication
~ **graph**: graphe *nm* connexe
~ **load**: charge *nf* branchée, puissance *nf* connectée, puissance installée

connecting *nn*: connexion *nf*, raccordement *nm*; *adj*: (el) de connexion, de jonction, de liaison, de raccordement; (mech) d'assemblage
~ **box**: boîte *nf* de raccordement
~ **cable**: câble *nm* de connexion, câble de raccordement; (rlwy) câblot *nm* d'accouplement
~ **flange**: bride *nf* d'assemblage, bride de raccordement
~ **piece**: pièce *nf* intermédiaire, adaptateur *nm*; (mech) étrier *nm* de connexion; (pipe) raccord *nm*
~ **plug**: fiche *nf* de branchement
~ **rod**: (el) tige *nf* conductrice, pièce *nf* de liaison (disjoncteur); (mech) bielle *nf*
~ **screw**: vis *nf* d'assemblage
~ **spring**: ressort *nm* de liaison, ressort de contact
~ **strip**: barrette *nf* de connexion
~ **terminal**: borne *nf* de raccordement, serre-fils *nm*
~ **rod assembly**: embiellage *nm*
~ **rod big end**: tête *nf* de bielle

~ **rod bolt**: boulon *nm* de tête de bielle
~ **rod bottom end**: tête *nf* de bielle
~ **rod bushing**: bague *nf* de pied de bielle
~ **rod cap**: chapeau *nm* de bielle
~ **rod crank end**: tête *nf* de bielle
~ **rod journal**: maneton *nm* de vilebrequin, bouton *nm* de manivelle
~ **rod lower end**: tête *nf* de bielle
~ **rod shank**: corps *nm* de bielle
~ **rod small end**: pied *nm* de bielle

connection <exion>: (el) branchement *nm*, connexion *nf*, jonction *nf*, montage *nm*, mise *nf* en circuit, raccordement *nm*; (mech) joint *nm*, assemblage *nm*, couplage *nm*; (of pipes) raccordement, branchement, orifice *nm*; (tcm) liaison *nf*, mise *nf* en communication; (travel) correspondance *nf*
~ **box**: (el) boîtier *nm* de connexion; (block diagram) renvoi *nm* d'organigramme
~ **diagram**: schéma *nm* de câblage, schéma de montage
~ **layout**: schéma *nm* de câblage, schéma de montage
~ **time**: (tcm) temps *nm* d'une liaison; (tp) durée *nf* d'établissement, heure *nf* d'établissement, temps *nm* d'établissement (d'une communication)

connector: (in diagram) renvoi *nm* d'organigramme; (el) cosse *nf*, borne *nf*, pince *nf*, connecteur *nm* (multibroche); (mech) dispositif *nm* d'assemblage; (plumbing) raccord *nm*; (tp) connecteur *nm*, serre-fils *nm*, borne *nf*
~ **block**: bornier *nm*, barrette *nf* à bornes
~ **housing**: boîtier *nm* de connecteur
~ **insert**: isolant *nm* d'un connecteur
~ **strip**: raccordement *nm* de bornier
~ **wire**: fil *nm* de connexion

connectorized <ised>: à connecteurs, par connecteurs

connexion → *connection*

consequent, ~ **pole**: pôle *nm* conséquent

conservation: protection *nf* de la nature; (of energy) économie *nf*

consignment: expédition *nf*

consist: (rlwy) composition *nf* d'une rame

consistency: cohérence *nf*, homogénéité *nf*, uniformité *nf*; (of materials) consistance *nf*; (of soil) compacité *nf*

consistent, ~ **lubricant**: graisse *nf* consistante
~ **results**: résultats *nm* uniformes

console: (constr) console *nf*; (el) console, pupitre *nm* de commande
~ **desk**: pupitre *nm* de commande
~ **operator**: pupitreur *nm*
~ **typewriter**: machine *nf* à écrire de pupitre

consolidation: regroupement *nm*, fusionnement *nm*; (c.e.) consolidation (des fondations), tassement *nm* (du sol remblayé)

constant *nn*: constante *nf*; *adj*: constant
~ **boiling mixture**: mélange *nm* à point d'ébullition constant
~ **current charge**: charge *nf* à courant constant
~**-current**: à courant constant, intensiostatique
~**-delivery**: à débit constant
~**-load test**: essai *nm* à charge constante
~ **mesh**: prise *nf* continue, toujours en prise
~**-pitch propeller**: hélice *nf* à pas constant
~**-potential**: potentiostatique
~**-velocity joint**, «CV» **joint**: joint *nm* homocinétique (traction avant)

constantan: constantan *nm*

constituent: (chem, maths) constituant *nm*, composant *nm*

constrained: contraint
~ **oscillation**: oscillation *nf* forcée

constraint: contrainte *nf*, limitation *nf*, limite *nf*

constrict: étrangler, rétrécir

constriction: étranglement *nm*, rétrécissement *nm*

construction: construction *nf*, structure *nf*; (constr) exécution *nf*, réalisation *nf*, ouvrage *nm*; (machine) construction *nf*
~ **diagram**: schéma *nm* de montage
~ **joint**: (concrete) reprise *nf* de bétonnage, joint *nm* de construction
~ **work**: (c.e.) ouvrages *nm* d'art

constructional, ~ **detail**: disposition *nf* constructive

consultant: conseiller *nm*, conseil *nm*
~ **engineer**: ingénieur-conseil *nm*

consumable: consommable; **consumables**: consommables *nm*, menues pièces *nf*, petites pièces

consumed: consommé
~ **power**: puissance *nf* absorbée

consumer *nn*: consommateur *nm*; (el) abonné *nm*; (tp) usager *nm*; *adj*: de [grande] consommation, grand public
~ **electronics** «CE»: électronique *nf* grand public
~ **price**: prix *nm* au consommateur
~ **product**: produit *nm* de grande consommation
~**'s risk**: risque *nm* du client
~ **trial**: essai *nm* par le consommateur

consumption: consommation *nf*
~ **of electricity**: consommation *nf*, puissance *nf* absorbée

contact: contact *nm*; (business) interlocuteur *nm*; (el) contact, touche *nf*, plot *nm*; (mech) contact, engrènement *nm*; *vb*: contacter, entrer en contact
~ **actuation**: excitation *nf* des contacts
~ **adhesive**: adhésif *nm* de contact, colle *nf* de contact
~ **angle**: (belt) angle *nm* d'enroulement
~ **blade**: couteau *nm*, lame *nf* de contact
~ **block**: plot *nm* (métallique)
~ **bounce**: rebondissement *nm* de contact
~ **bow**: (rlwy) archet *nm*
~ **breaker**: rupteur *nm*, coupe-circuit *nm*
~ **breaker points**: (distributor) vis *nf* platinées
~ **breaker points gap**: écartement *nm* des vis platinées
~ **chatter**: rebondissement *nm* des contacts, cliquetis *nm* des contacts
~ **clearance**: écartement *nm* entre contacts, écartement des contacts
~ **clip**: pince *nf* de contact
~ **closing**: fermeture *nf* de contact
~ **contamination**: encrassement *nm* de contact
~ **copy**: (graph) copie *nf* par contact, contre-type *nm*; (phot) tirage *nm* par contact
~ **drier**: sécheur *nm* par contact
~ **heating**: échauffement *nm* par contact
~ **hole**: (eon) trou *nm* de contact
~ **laminate**: stratifié *nm* moulé sans pression
~ **lead-in**: entrée *nf* d'un contact
~ **making**: mise *nf* en contact
~ **member**: élément *nm* de contact
~ **noise**: bruit *nm* de friture
~ **pick off**: capteur *nm* à contact
~ **piece**: plot *nm* de contact, touche *nf* de contact
~ **pin**: broche *nf* de contact (lampe, transistor)
~ **plate**: plot *nm*
~ **point**: (cylinders) point *nm* de serrage
~ **point insert**: (wldg) mise *nf* rapportée
~ **points**: vis *nf* platinées
~ **print**: (phot) épreuve *nf* par contact
~ **printing**: (phot) tirage *nm* par contact; (graph) impression *nf* par contact
~ **radiation field**: (nuc) champ *nm* à la peau
~ **radiation therapy**: radiothérapie *nf* de contact
~ **rail**: (rlwy) rail *nm* de contact, rail conducteur
~ **ratio**: (gear teeth) : rapport *nm* de conduite
~ **roller**: (m-t) galet *nm* palpeur, galet *nm* de contact; (wldg) galet *nm* de soudage, molette *nf* de soudage
~ **screen**: écran *nm* tactile
~ **separation**: séparation *nf* des contacts
~ **spring**: ressort *nm* de frottement, ressort de contact
~ **stud**: plot *nm*, bouton *nm* de contact
~ **surface**: (casting, moulding) face *nf* de joint
~ **tip**: pièce *nf* de contact
~ **unit**: contacteur *nm*
~ **wipe**: glissement *nm* des contacts, trajet *nm* de glissement des contacts

contactor: contacteur *nm*, conjoncteur *nm*
~ **with relays**: discontacteur *nm*

container: récipient *nm*, vase *nm*, bidon *nm*, boîte *nf*, caisse *nf* carton; (mechanical handling) conteneur *nm*
~ **car**: wagon *nm* porte-conteneurs
~ **carrier**: porte-conteneurs *nm*
~ **handling facility**: installation *nf* de manutention des conteneurs
~ **ship**: porte-conteneurs *nm*

containment: (nuc) confinement *nm*, enceinte *nf* de confinement
~ **shell**: enceinte *nf* de confinement

contaminant: polluant *nm*, agressant *nm*; (reactor) susbtance *nf* radioactive

contaminated: pollué, souillé

contamination: (of contacts) encrassement *nm*
~ **meter**: contaminamètre *nm*

content: (proportion) teneur *nf* (en); (ore) richesse *nf*; (gold) titre *nm*; (vessel) contenu *nm*; **contents**: (book) table *nf* des matières
~ **meter**: teneurmètre *nm*

contiguous: adjacent, contigu

continous: continu
~ **oscillation**: oscillation *nf* entretenue

continuation: continuation *nf*, suite *nf*, prolongement *nm*
~ **file**: fichier *nm* suite

continuity: continuité *nf*
~ **bond**: connexion *nf* de continuité, liaison *nf* de continuité
~ **reinforcement**: aciers *nm* de couture
~ **tester**: ohmmètre *nm*, contrôleur *nm* de continuité

continuous: continu; (structure) à travées continues
~ **action**: action *nf* progressive, action continue
~ **bridge**: pont *nm* à poutres continues
~ **casting** «concast»: coulée *nf* continue
~ **duty**: service *nm* continu, régime *nm* permanent
~ **flow**: circulation *nf* continue
~ **flow ventilation**: aération *nf* continue
~ **footing**: semelle *nf* filante
~ **form**: (inf) papier *nm* en continu
~ **frame**: portique *nm* à travées multiples
~ **furnace**: four *nm* à passage
~ **gluing**: application *nf* de colle en cordons
~ **hardening**: trempe *nf* au passage, trempe à la volée
~ **loading**: krarupisation *nf*
~ **off-state voltage**: tension *nf* continue dans l'état bloqué
~ **rating**: valeur *nf* en régime permanent
~ **running**: marche *nf* continue, service *nm* continu
~ **speed**: vitesse *nf* en régime continu
~ **test**: essai *nm* en régime continu, essai en régime permanent
~ **wave** «cw»: onde *nf* entretenue

continuously, ~ variable slope: (modulation) à pente *nf* asservie

contour: profil *nm*
~ **cutter**: fraiseuse *nf* à reproduire
~ **line**: courbe *nf* de niveau, courbe hypsométrique
~ **map**: carte *nf* en courbes de niveau, carte hypsométrique
~ **miller**: fraiseuse *nf* à reproduire
~ **milling**: contournage *nm*, fraisage *nm* par contournage, fraisage tangentiel
~ **plate**: gabarit *nm* modèle

contouring: (rob) contournage *nm*
~ **control**: commande *nf* continue

contract *nn*: (agreement) contrat *nm*, marché *nm*; (shrinkage) retrait *nm*; *adj*: à forfait, à l'entreprise; *vb*: se contracter
~ **document**: pièce *nf* du marché
~ **package**: emballage *nm* thermorétractable, emballage à retrait
~ **rate**: tarif *nm* forfaitaire
~ **research**: recherche *nf* sous contrat
~ **work**: travail *nm* à l'entreprise; (constr) travaux en régie

contraction: retrait *nm*
~ **allowance**: surépaisseur *nf* de retrait
~ **cavity**: retassure *nf*
~ **crack**: crique *nf* de retrait, tapure *nf*
~ **joint**: joint *nm* de retrait
~ **of area**: rétreint *nm*, striction *nf*

contractor: (constr) entrepreneur *nm*, entreprise *nf*; (succesful bidder) adjudicataire *nm*

contraflow *nn*: contre-courant *nm*; *adj*: à contre courant

contrapropeller: hélices *nf* contrarotatives

contrarotating: contrarotatif

contrast: (optics, phot) contraste *nm*

contrate, ~ gear: roue *nf* de champ, roue de chant

contravane: aubage *nm* redresseur

control«CTRL» *nn*: commande *nf*, contrôle *nm* (anglicisme), organe *nm* de commande, organe de réglage; (automatic) régulation *nf*; (control knob) bouton *nm* de commande; (of dust, pollution) lutte *nf*, maîtrise *nf*; (of

machine, plant) conduite *nf*; (of quality) contrôle *nm*, vérification *nf*; (radio, tv) réglage *nm*; (rob) asservissement *nm*; régulateur *nm*; *vb*: actionner, commander, contrôler, diriger, manœuvrer, piloter, régulariser, vérifier
~ **assay**: (met) essai *nm* contradictoire *nm*
~ **board**: tableau *nm* de commande
~ **box**: coffret *nm* de manœuvre; (m-t) armoire *nf* de commande
~ **bus**: bus *nm* de commande
~ **cabin**: poste *nm* de conduite
~ **card**: carte *nf* de commande, (anglicism) carte de contrôle; (p.c.) carte-ordre *nf*, carte paramètres *nf*
~ **cell**: élément *nm* témoin
~ **centre**: (space) centre *nm* de direction
~ **change**: rupture *nf* de contrôle
~ **channel**: (reactor) chaîne *nf* de pilotage
~ **character**: caractère *nm* de contrôle, caractère de commande, caractère de fonction, caractère de service
~ **characteristic**: caractéristique *nf* de régulation, caractéristique de commande
~ **check**: contre-épreuve *nf*, contre-essai *nm*
~ **circuit**: circuit *nm* de commande
~ **column**: (aero) levier *nm* de commande [de profondeur], manche *nm* à balai (familier)
~ **console**: pupitre *nm* de commande, pupitre de distribution
~ **desk**: pupitre *nm* de commande, poste *nm* de commande, poste de manœuvre; (tv) pupitre de régie
~ **drive**: (reactor) mécanisme *nm* de commande
~ **element**: appareil *nm* de réglage, organe *nm* de manœuvre
~ **engineer**: automaticien *nm*
~ **engineering**: automatique *nf*
~ **flask**: (chem) ballon *nm* témoin
~ **frequency**: fréquence *nf* pilote
~ **gear**: appareil *nm* de commande, appareillage *nm* de commande
~ **grid**: grille *nf* de commande
~ **handwheel**: volant *nm* de réglage
~ **knob**: bouton *nm* de commande, bouton de réglage
~ **lamp**: lampe *nf* témoin, témoin *nm*
~ **language**: langage *nm* de commande
~ **lever**: manette *nf* de commande, levier *nm* de commamde, levier de réglage
~ **light**: lampe *nf* témoin, voyant *nm* lumineux
~ **loop**: boucle *nf* de régulation, boucle d'asservissement
~ **member**: (nuc) élément *nm* de commande
~ **panel**: tableau *nm* de commande, tableau de bord
~ **platform**: poste *nm* de commande, poste de manœuvre
~ **point**: (controlled variable) valeur *nf* de consigne, valeur de référence, grandeur *nf* de consigne; (radio) centre *nm* de commande
~ **points**: (survey) canevas *nm* de base
~ **process**: (automatic control) processus *nm* de réglage
~ **quantity**: grandeur *nf* de commande, quantité *nf* de réglage
~ **range**: étendue *nf* de régulation
~ **relay**: relais *nm* de commande, relais de pilotage
~ **rocket**: (space) fusée *nf* de pilotage
~ **rod**: bielle *nf*, tringle *nf* de commande, tige *nf* de commande; (nuc) barre *nf* de commande
~ **rod assembly**: tringlerie *nf* de réglage
~ **room**: salle *nf* de commande, poste *nm* de commande; (power station) salle de distribution; (tv) salle de régie, régie *nf*
~ **rotor**: servo-rotor *nm*
~ **sample**: échantillon *nm* témoin
~ **set point**: (rob) point *nm* de consigne, point d'asservissement
~ **signal**: signal *nm* de commande
~ **specifications**: paramètres *nm*
~ **specimen**: éprouvette *nf* témoin
~ **station**: poste *nm* de commande; (naut) poste de manœuvre; (tp) station *nf* directrice, station régulatrice
~ **stick**: manche *nm* à balai
~ **surface**: gouverne *nf*
~ **switch**: commutateur *nm* de commande, interrupteur *nm* de commande
~ **system**: système *nm* de commande, système pilote; (closed loop) asservissement *nm*; (open loop) réglage *nm* automatique
~ **test**: contre-épreuve *nf*
~ **total**: total *nm* de contrôle, total de vérification
~ **tower**: (airport) tour *nf* de contrôle
~ **track**: piste *nf* d'asservissement, piste de synchronisation
~ **unit** «CU»: unité *nf* de commande, poste *nm* mobile; dispositif *nm* de réglage, régulateur *nm*, bloc *nm* de pilotage; (inf) unité de contrôle, unité de commande; (aero) commodo *nm*
~ **valve**: vanne *nf* de réglage; (directional flow control) distributeur *nm*
~ **variable**: grandeur *nf* réglée

controllability: maniabilité *nf*, docilité *nf* (des commandes); (automatic

control) commandabilité *nf*; (process) gouvernabilité *nf*

controllable: (aero, auto) maniable; (adjustable) ajustable, réglable;
~ **variable**: grandeur *nf* de réglage ajustable

controlled: commandé, asservi
~ **access**: accès *nm* filtré, accès asservi
~ **airspace** «CTA», «CAS»: espace *nm* aérien contrôlé
~ **arc welding**: soudage *nm* à l'arc contrôlé
~ **atmosphere**: atmosphère *nf* contrôlée
~ **condition**: grandeur *nf* réglée
~ **crown roll**: rouleau *nm* à bombé variable
~ **medium**: milieu *nm* réglé
~ **quantity**: grandeur *nf* commandée, grandeur réglée
~ **variable**: grandeur *nf* commandée, grandeur réglée,

controller: (aero) contrôleur *nm*; (financial) NA directeur *nm* financier; (el) combinateur *nm*; (mech) régulateur *nm*; (operator) pupitreur *nm*; (naut) stoppeur *nm* (de chaîne); (tcm) contrôleur *nm*;

controlling: de commande, de régulation, directeur, régulateur
~ **couple**: couple *nm* directeur, couple antagoniste
~ **dimension**: dimension *nf* clé
~ **exchange**: (tp) centre *nm* directeur
~ **force**: force *nf* antagoniste
~ **position**: position *nf* directrice
~ **quantity**: grandeur *nf* de commande
~ **spring**: ressort *nm* de rappel

conurbation: conurbation *nf*

convection: convection *nf*
~ **current**: courant *nm* de convection

convenience: caractère *nm* pratique; **conveniences**: toilettes *nf*
~ **dialling**: numérotation *nf* automatique
~ **food**: aliment *nm* préparé, aliment tout prêt
~ **outlet** NA : prise *nf* de courant murale

conventional: classique, traditionnel
~ **equipment**: matériel *nm* classique
~ **take off and landing** «CTOL»: décollage *nm* et atterrissage classiques

convergent, ~**nozzle**: ajutage *nm* convergent, convergent *nm*

converging: convergent
~ **collimator**: collimateur *nm* convergent

conversation: (inf) dialogue *nm*; (tp) conversation *nf*, communication *nf*

conversational: conversationnel, de dialogue, interactif
~ **mode**: mode *nm* dialogué, mode conversationnel, mode interactif
~ **terminal**: terminal *nm* conversationnel, terminal de dialogue

converse *adj*: inverse, réciproque; *vb*: (with machine) dialoguer

conversion: (inf, maths) conversion *nf*; (machine, building, process) transformation *nf*; (tex) ennoblissement *nm*
~ **table**: table *nf* de conversion

convert *vb*: convertir, transformer

converted: converti; transformé
~ **foil**: feuille *nf* métallique transformée
~ **timber**: bois *nm* débité, bois de sciage

converter: (el) groupe *nm* convertisseur, convertisseur *nm*; (eon) convertisseur; (distillation) convertisseur, cornue *nf*; (profession) façonnier *nm*, transformateur *nm*
~ **mouth**: bec *nm* de cornue
~ **nose**: bec *nm* de cornue
~ **set**: groupe *nm* convertisseur
~ **station**: (rlwy) poste *nm* de conversion, station *nf* de convertisseurs
~ **transmission**: transmission *nf* à convertisseur[s] de couple
~ **unit**: groupe *nm* convertisseur, commutatrice *nf*

convertible: cabriolet *nm* décapotable

convex: convexe

convey *vb*: (data, liquids) véhiculer; (people, goods) transporter, (mail, goods) acheminer

conveyance: acheminement *nm*, transport *nm*
~ **loss**: (el) perte *nf* en ligne

conveying, ~ **plant**: installation *nf* de manutention

conveyor <yer>: bande *nf* sans fin, tapis *nm* roulant
~ **beam**: poutre *nf* de ripage, poutre à riper
~ **belt**: bande *nf* transporteuse, courroie *nf* transporteuse, transporteur *nm* à bande
~ **buffer**: stock *nm* tampon du tapis roulant
~ **screw**: vis *nf* transporteuse, vis d'Archimède

convolution: spire *nf*, tour *nm*, enroulement *nm*

convoy: convoi *nm*
~ **ship**: convoyeur *nm*

cooker: cuiseur *nm*; (pap) lessiveur *nm*; (bitumen) fondoir *nm*

cooking: (pap) cuisson *nf*, lessivage *nm*
~ **liquor**: lessive *nf*

cool: *adj*: frais, froid; refroidir; *vb*: (a.c.) climatiser
~ **white**: blanc froid

coolant: réfrigérant *nm*, liquide *nm* de refroidissement, agent *nm* frigorigène; (m-t) liquide *nm* d'arrosage; (reactor) caloporteur *nm*, fluide *nm* caloporteur
~ **pump**: pompe *nf* de refroidissement; (m-t) pompe d'arrosage

cooled: refroidi, réfrigéré

cooler: réfrigérant *nm*, NA glacière *nf* portative; (a.c.) climatiseur *nm*; (mech) refroidisseur *nm*, radiateur *nm*

cooling: refroidissement *nm*; (a.c.) climatisation *nf*; (of coke) extinction *nf* du coke; (of foodstuffs) réfrigération *nf*
~ **bank**: (met) refroidissoir *nm*
~ **battery**: batterie *nf* frigorifique, batterie réfrigérante
~ **bed**: (met) refroidisseur *nm*, refroidissoir *nm*
~ **coil**: serpentin *nm* réfrigérant, serpentin de refroidissement; (a.c.) batterie *nf* de climatisation
~ **fin**: radiateur *nm*, ailette *nf* de refroidissement
~ **finger**: doigt *nm* de gant froid
~ **fixture**: (plastic moulding) conformateur *nm*, gabarit *nm* conformateur, jauge *nf* conformatrice
~ **flange**: ailette *nf* de refroidissement
~ **jacket**: chemise *nf* de refroidissement, chemise de réfrigération, enveloppe *nf* de refroidissement
~ **jig**: conformateur *nm*, gabarit *nm* conformateur, jauge *nf* conformatrice
~ **plant**: installation *nf* frigorifique
~ **range**: amplitude *nf* du refroidissement
~ **rate**: vitesse *nf* de réfrigération, vitesse de refroidissement
~ **rib**: ailette *nf* de refroidissement
~ **tower**: tour *nf* de refrigération
~ **turbine**: turbine *nf* de réfrigération, turbo-refroidisseur *nm*
~ **unit**: groupe *nm* de refroidissement
~ **vane**: ailette *nf* de refroidissement
~ **water**: eau *nf* réfrigérante, eau de refroidissement

coordinate *nn*: coordonnée *nf*; *adj*: coordonné; (computer store) à sélection matricielle
~ **addressing**: adressage *nm* par coordonnées, adressage précoordonné
~ **axis**: axe *nm* des coordonnées
~ **memory**: mémoire *nf* matricielle

cop: (spinning) can[n]ette *nf*, cop *nf*
~ **base**: embase *nf*, *nm* noyau de la can[n]ette
~ **bottom** embase *nf*, noyau *nm* de la can[n]ette
~ **nose**: pointe *nf* de la can[n]ette
~ **top**: pointe *nf* de la can[n]ette
~ **winding**: can[n]etage *nm*
~ **yarn**: fil *nm* en can[n]ette

copal: copal *nm*
~ **varnish**: vernis *nm* au copal

cope: (fdry) châssis *nm* de dessus
~ **and drag pattern**: modèle *nm* en 2 parties

cophasal: en phase, de même phase, en concordance des phases

copier: copieur *nm*

coping, ~ **saw**: scie *nf* à découper

coplanar: coplanaire

copolymer: copolymère *nm*

copper: cuivre *nm*
~**-asbestos gasket**: joint *nm* métalloplastique
~**-bearing**: (geol) cuprifère
~**-bearing steel**: acier *nm* cuivré
~ **bit**: fer *nm* à souder
~ **case**: blindage *nm* en cuivre
~ **clad**: à couche de cuivre, cuivré
~ **conversion**: affinage *nm* du cuivre par convertisseurs
~ **corrosion**: corrosion *nf* sur lame de cuivre

~ **loss**: perte *nf* dans le cuivre
~ **plating**: cuivrage *nm*
~ **sheet**: tôle *nf* de cuivre
~ **silicon**: cupro-silicium *nm*
~ **strip corrosion**: corrosion *nf* à la lame de cuivre

coppered: (steel, wire) cuivré

coppering: cuivrage *nm*

copperplate *nn*: (graph) taille *nf* douce; *vb*: cuivrer (un métal)
~ **engraving**: gravure *nf* en taille-douce
~ **printing**: impression *nf* en taille-douce, impression en creux

copping: (tex) renvidage *nm*, bobinage *nm* de cops
~ **wire**: baguette *nf* de renvidage

coprocessing: cotraitement *nm*

coprocessor: coprocesseur *nm*

copy *nn*: copie *nf*, reproduction *nf*, imitation *nf*, contrefaçon *nf*; (book, document) exemplaire *nm*; (in advertisement) texte *nm*; (graph) épreuve *nf*; (typewriting) double *nm*; *vb*: copier, dupliquer, reproduire
~ **clearance**: (publicity) visa *nm*; (tv) approbation *nf*
~ **grinding**: rectification *nf* par reproduction
~ **milling**: fraisage *nm* par reproduction, fraisage au gabarit
~ **milling machine**: fraiseuse *nf* à reproduire
~ **press**: presse *nf* à copier
~ **spindle**: (m-t) doigt *nm* à suivre, tige *nf* de contact

copying, ~ **attachment**: dispositif *nm* à gabarit, dispositif reproducteur
~ **gauge**: gabarit *nm*
~ **lathe**: tour *nm* à gabarit, tour à copier, tour à profiler, tour à reproduire
~ **paper**: papier *nm* pelure, pelure *nf* à copier
~ **template**: gabarit *nm*

copywriter: concepteur-rédacteur *nm*, rédacteur *nm*

corbel: (constr) corbeau *nm*; *vb*: voûter en tas de charge
~ **piece**: racinal *nm* (de poutre, de longeron)

corbelled <eled>, ~ **out**: en encorbellement

cord *nn*: (bookbinding) nerf *nm*; (mine) mèche *nf*; (cotton yarn) fil *nm* retors; (el) cordon *nm* [d'alimentation], conducteur *nm* souple, fil *nm*, NA cordon *nm* prolongateur; (switchboard) dicorde *nm*; (tyre) câble *nm*; (velvet fabric) côte *nf*; *vb*: (bookbinding) nervurer
~ **connector**: cordon *nm* de connexion; prise *nf* de courant mâle
~ **eye**: cosse *nf*, oeillet *nm* de cordon
~ **fabric**: (tyre) tissu *nm* câblé
~ **lamp**: lampe *nf* suspendue, suspension *nf* à contrepoids, suspension à tirage
~ **pair**: dicorde *nm*
~ **pendant**: lampe *nf* suspendue, suspension *nf* à contrepoids, suspension à tirage
~ **ply**: (tyre) nappe *nf* câblée
~ **separation**: (tyre) décollement *nm* des câbles
~ **set**: cordon *nm* surmoulé
~ **switch**: interrupteur *nm* à tirage, interrupteur à tirette; interrupteur de fil souple
~ **up**: (weaving) encorder le harnais
~ **with non rewirable plug**: cordon *nm* surmoulé

corded, ~ **tag**: étiquette *nf* mobile
~ **tyre**: pneu *nm* à cordes

cordite: cordite *nf*

cordless: sans fiche, sans fil, sans cordon, autonome
~ **plug**: cavalier *nm*

corduroy *nn*: (tex) velours *nm* côtelé; *adj*: (road) en rondins

cordwood: bois *nm* à brûler

core: (boring, drilling) carotte *nf*; (of building) noyau *nm*; (of cable) âme *nf*; (of car radiator) faisceau *nm*; (inf) noyau, tore *nm* magnétique; par extension mémoire *nf* centrale; (fdry, moulding) noyau; (of nuclear reactor) cœur *nm*; (of plywood sandwich) âme *nf*; (of reel of paper) mandrin *nm*; (tyre valve) obus *nm*; *vb*: (petr) carotter; (met) noyauter
~ **array**: matrice *nf* de tores
~ **barrel**: (petr) carottier *nm*, tube *nm* carottier; (fdry) lanterne *nf*
~ **binder**: liant *nm* à noyaux, liant pour noyaux, liant de noyautage

~ **bit**: couronne *nf* de carottage, couronne à molettes, trépan *nm* découpeur, trépan carottier
~ **blowing**: soufflage *nm* des noyaux
~ **board**: panneau *nm* latté; (fdry) planche *nf* à noyaux
~ **box**: boîte *nf* à noyaux
~ **diameter**: (thread) diamètre *nm* de l'âme
~ **dilution**: (nuc) dilution *nf* de la matière fissile
~ **disk**: disque *nm* de noyau, disque d'induit
~ **drilling**: carottage *nm*
~ **duct**: canal *nm* de ventilation
~ **dump**: (inf) vidage *nm* de la mémoire
~ **gap**: (plywood) joint *nm* ouvert visible
~ **hardening**: (steel) trempe *nf* à cœur, trempe homogène
~ **lamination**: (el) disque *nm* de noyau
~ **loss**: (el) perte *nf* dans le fer
~ **maker**: noyauteur *nm*
~ **mark**: (fdry) portée *nf* de modèle, portée de noyau
~ **material**: (nuc) matière *nf* fissile
~ **matrix**: (inf) matrice *nf* de tores
~ **memory**: mémoire *nf* à tores
~ **moulder**: noyauteur *nm*
~ **oven**: étuve *nf* à noyaux
~ **pin**: (fdry) broche *nf*
~ **plate**: tôle *nf* de noyau
~ **print**: portée *nf* de noyau
~ **sheet**: (el) tôle *nf* de noyau; (plywood) couche *nf* intérieure; (plast) pli *nm* central, pli à cœur
~ **stackings**: (transformer) empilage *nm* de tôles du noyau
~ **storage**: (inf) mémoire *nf* à tores
~ **strainer**: noyau-filtre *nm*
~ **strand**: (cable) toron *nm* central
~ **test**: (el) essai *nm* de circuit magnétique
~ **transformer**: transformateur *nm* à noyau
~**-type transformer**: transformateur *nm* à colonnes
~ **wire**: âme *nf*

cored, ~ **carbon**: charbon *nm* à mèche
~ **casting**: pièce *nf* noyautée, pièce à noyaux

coreless: sans noyau

coring: (fdry) noyautage *nm*; (of oil cooler) gel *nm* du radiateur d'huile; (petr) carottage *nm*

cork: (a material) liège *nm*; (on bottle) bouchon *nm*
~ **board**: liège *nm* aggloméré, liège en plaques
~ **slab**: panneau *nm* de liège, plaque *nf* de liège

corkscrew *nn*: tire-bouchon *nm*; *adj*: en tire-bouchon; *vb*: vriller
~ **antenna**: antenne *nf* en spirale, antenne hélicoïdale

corner: coin *nm*, angle *nm*; (waveguide) coude *nm* brusque
~ **frequency**: pulsation *nf*, vitesse *nf* angulaire
~ **joint**: assemblage *nm* d'angle
~ **post**: (constr) poteau *nm* cornier; (rlwy, vehicle) montant *nm* d'angle
~ **stone**: pierre *nf* angulaire
~ **weld**: soudure *nf* en angle, soudure d'angle

cornering, ~ **ability**: (auto) tenue *nf* de route en virage
~ **station**: poste *nm* de changement de direction (machine à cartes)

cornice, ~ **lighting**: bandeau *nm* lumineux

corona: (constr) larmier *nm* (de corniche); (el) effet *nm* corona, effet de couronne
~ **loss**: perte *nf* par effet corona, perte par effet de couronne

corporate: d'entreprise
~ **data base**: base *nf* de données d'entreprise

corporation NA : compagnie *nf*, firme *nf*, entreprise *nf*
~ **cock**: robinet *nm* de compagnie

correct *adj*: correct, exact, juste, approprié; *vb*: corriger, rectifier; compenser; (a gear) déporter

correcting: de correction, compensateur; (automatic control) de réglage
~ **condition**: valeur *nf* de réglage, grandeur *nf* réglante
~ **range**: domaine *nm* de réglage

correction: correction *nf*, rectification *nf*; (compas) variation *nf*; compensation *nf*
~ **mark**: (graph) signe *nm* de correction

corrective: de compensation, correctif
~ **action**: remède *nm*

~ **maintenance**: entretien *nm* correctif, entretien non planifié, dépannage *nm*
~ **network**: montage *nm* correctif, réseau *nm* de compensation, réseau d'équilibrage, compensateur *nm*, équilibreur *nm*

corrector: correcteur *nm* (de fréquence, de latitude, de vitesse)

correspondence: correspondance *nf*, courrier *nm*; concordance *nf*
~ **quality**: qualité *nf* courrier

corresponding, ~ **flanks**: (gear) flancs *nm* homologues
~ **terminals**: bornes *nf* homologues

corridor: (constr) couloir *nm*

corrode *vb*: corroder, oxyder, ronger

corrosion: corrosion *nf*
~ **fatigue**: fatigue *nf* due à la corrosion, fatigue sous corrosion
~ **fatigue test**: essai *nm* de fatigue sous corrosion
~ **inhibitor**: inhibiteur *nm* de corrosion
~ **proof**: anticorrosif
~ **resistance**: résistance *nf* à la corrosion

corrosive: corrosif, corrodant
~ **sublimate**: sublimé *nm* corrosif

corrugated: ondulé; (glass) cannelé, strié
~ **board**: carton *nm* ondulé
~ **fastener**: agrafe *nf* ondulée
~ **fibreboard**: carton *nm* ondulé
~ **iron**: tôle *nf* ondulée
~ **rail**: (rlwy) rail *nm* atteint d'usure ondulatoire
~ **roll**: cylindre *nm* cannelé
~ **sheet**: plaque *nf* ondulée, tôle *nf* ondulée
~ **waveguide**: guide *nm* à cannelures, guide cannelé
~ **wire**: fil *nm* cannelé

corrugating, ~ **medium**: cannelure *nf* pour carton ondulé, carton *nm* à onduler

corrugation: ondulation *nf*, cannelure *nf*, striure *nf*, strie *nf*; (of rail) usure *nf* ondulatoire

corrugator: onduleuse *nf*, machine *nf* à onduler

corrupt *adj*: (inf) altéré, dégradé; *vb*: altérer; (a message) mutiler, brouiller

corruption: (of data) détérioration *nf*; (of a message) mutilation *nf*, brouillage *nm*

corundum: corindon *nm*
~ **wheel**: roue *nf* en corindon

cosmetic, ~ **paint**: peinture *nf* d'aspect
~ **treatment**: traitement *nm* d'aspect

cosponsoring: co-patronage *nm*

cost *nn*: coût *nm*, frais *nm*, prix *nm* de revient; *vb*: (price) établir le prix de revient, déterminer le prix
~ **analysis**: comptabilité *nf* analytique
~ **centre**: centre *nm* de coût
~ **effective**: rentable

costing: détermination *nf* des prix

cot: (ship) cadre-couchette *nm*

cottage, ~ **industry**: industrie *nf* artisanale, industrie familiale

cotter *nn*: clavette *nf*, goupille *nf* fendue; goupiller, claveter
~ **bolt**: boulon *nm* à clavette
~ **pin**: clavette *nf*, goupille *nf* [fendue]
~ **slot**: logement *nm* de clavette, encoche *nf* de clavette

cottering: goupillage *nm*, clavetage *nm*; (of wheel on shaft) calage *nm*

cotton: coton *nm*
~ **covered** «cc»: (el) guipé de coton
~ **covering**: (el) guipage *nm* de coton
~ **dolly**: meule *nf* flexible en coton
~ **frame**: métier *nm* à filer le coton
~ **gin**: égreneuse *nf* de coton
~ **mill**: filature *nf* de coton
~ **mop**: meule *nf* flexible en coton
~ **opener**: ouvreuse *nf*
~ **seed oil**: huile *nf* de coton
~ **wadding**: ouate *nf*, coton *nm* hydrophile
~ **wool**: coton *nm* hydrophile; NA: coton en bourre, coton brut

couch, ~ **felt**: (pap) feutre *nm* coucheur
~ **press**: (pap) presse *nf* humide
~ **roll**: rouleau *nm* de presse humide, rouleau coucheur

coulomb: (force, energy) coulombien

coulometer: coulombmètre *nm*

coumarin: coumarine *nf*

count *nn*: comptage *nm*, nombre *nm*; (of yarn) numéro *nm*; *vb*: compter
~ **downward**: décompter, compter à rebours
~**-controlled**: commandé par compteur
~ **down**: compte *nm* à rebours
~ **down counter**: compteur *nm* régressif
~ **up**: comptage *nm* progressif
~ **up counter**: compteur *nm* progressif

counter *nn*: (in bank) guichet *nm*; (a meter) compteur *nm*; (of ship) voûte *nf*; (in shop) comptoir *nm*; (prefix) contre-
~ **advance**: progression *nf* du compteur
~ **dispenser**: distributeur-présentoir *nm* de comptoir
~ **display**: présentoir *nm* de comptoir
~ **electromotive force** «cemf»: force *nf* contre-électromotrice
~ **printer**: imprimante *nf* de guichet
~ **range**: (nuc) domaine *nm* de comptage
~ **reset**: remise *nf* à 0
~ **tube**: (nuc) tube *nm* compteur

counteract *vb*: contrarier, contre-balancer, agir en sens inverse

counteracting, ~ **force**: force *nf* antagoniste

counteraction: mouvement *nm* opposé

counterbalance *vb*: compenser, faire équilibre à
~ **weight**: contrepoids *nm*

counterbalanced: équilibré

counterbore *nn*: chambrage *nm*, lamage *nm*, suralésage *nm*; *vb*: chambrer, lamer, suraléser

counterbrace: contre-fiche *nf*, entretoise *nf*; *vb*: contre-ficher, entretoiser

countercant: (rlwy) contre-dévers *nm*

countercheck: (of information) contre-vérification *nf*, recoupement *nm*; (force) force *nf* opposée, force antagoniste, réaction *nf*; (test) contre-essai *nm*, double contrôle *nm*

counterclockwise «CCW»: en sens inverse des aiguilles d'une montre, à gauche, sinistrosum, de sens *nm* trigonométrique
~ **wound**: enroulé à gauche

countercurrent *nn*: contre-courant *nm*; (el) courant *nm* opposé, courant de retour; *adj*: (centrifuge, condenser, cooler) à contre-courant
~ **braking**: freinage *nm* par courant opposé

counterdraft: contre-dépouille *nf*

countereffect: réaction *nf*, antagonisme *nm*

counterflange: contre-bride *nf*

counterfloor: faux parquet *nm*

counterflow *nn*: contre-courant *nm*; *adj*: à contre-courant

counterfoil: souche *nf*, talon *nm*

counterforce: force *nf* contraire, force opposée

countergear: engrenage *nm* de renvoi

countergearing: renvoi *nm* de mouvement

countermotion: renvoi *nm* de mouvement, transmission *nf* secondaire, transmission intermédiaire

counternut: contre-écrou *nm*

counterpoise: contrepoids *nm*, masse *nf* d'équilibrage

counterpressure: contre-pression *nf*

counterrotating: contrarotatif

counterrotation:(propeller) contrarotation *nf*, rotation *nf* antagoniste, rotation à gauche

countershaft: arbre *nm* de renvoi, arbre secondaire, arbre intermédiaire

countershafting: transmission *nf* secondaire, transmission intermédiaire, renvois *nm*

countershock: choc *nm* en retour

countershot: (cinema) contre-champ *nm*

countersink *vb*: fraiser, noyer (une vis)

countersinking: fraisure *nf*, fraisurage *nm*, noyure *nf*
~ **bit**: fraise *nf* conique, fraise champignon, foret *nm* conique, foret à fraiser

counterslope: contre-pente *nf*, pente *nf* opposée

countersunk «csk»: fraisé, noyé
~ **head**: tête *nf* fraisée, tête noyée
~ **rivet**: rivet *nm* à tête fraisée, rivet à tête noyée, rivet noyé
~ **screw**: vis *nf* [à tête] noyée

countersurvey: expertise *nf* contradictoire

countertorque: couple *nm* antagoniste

countervaluation: contre-expertise *nf*

counterweight: contrepoids *nm*, masse *nf* d'équilibrage

counting *nn*: comptage *nm*, dénombrement *nm*; *adj*: de comptage, de compteur
~ **down**: comptage *nm* à rebours, décomptage *nm*
~ **up**: comptage *nm*

country *nn*: (nation) pays *nm*; (as opposed to town) campagne *nf*; *adj*: rural
~ **beam** NA : feu *nm* de route
~ **code**: indicatif *nm* de pays
~ **of origin**: pays *nm* d'origine
~ **planning**: aménagement *nm* du territoire

couple *nn*: paire *nf*; (mech) couple *nm*; (of roof) paire de chevrons; *vb*: (el) coupler, connecter; (mech) accoupler, manchonner, engrener; (rlwy) atteler
~ **of forces**: couple *nm* de forces

coupler: (el) coupleur *nm*; (rlwy) attelage *nm*

coupling: (el) couplage *nm*; (rlwy) attelage *nm*; (mech) accouplement *nm*, entraînement *nm*, embrayage *nm*; (in piping, wiring) joint *nm*, accouplement *nm*, raccord *nm*
~ **agent**: (reinforced plastics) agent *nm* de pontage
~ **bar**: barre *nf* d'attelage
~ **bellcrank**: renvoi *nm* de couplage
~ **bolt**: boulon *nm* d'assemblage; (rlwy) boulon d'attelage
~ **box**: manchon *nm* [d'accouplement]
~ **circuit-breaker**: disjoncteur *nm* de couplage
~ **coil**: bobine *nf* de couplage
~ **finish**: (plast) apprêt *nm* plastique, apprêt de pontage
~ **flange**: (mech) plateau *nm* d'assemblage; (waveguide) bride *nf* de raccordement
~ **pin**: (m-t) doigt *nm* de toc; (rlwy) pivot *nm* d'attelage
~ **ring**: bague *nf* d'accouplement
~ **rod**: bielle *nf* d'accouplement
~ **shackle**: manille *nf* d'assemblage
~ **sleeve**: manchon *nm* d'accouplement
~ **slot**: fente *nf* de couplage
~ **transformer**: transformateur *nm* de couplage, transformateur de liaison
~ **wobbler**: (rolling mill) trèfle *nm* d'accouplement

coupon: épouvette *nf* (de tube)

course: (aero, navigation) route *nf*; (constr) assise *nf*; (mining) veine *nf*, filon *nm*; (piston) course *nf*; (of operation) déroulement *nm*; (of river) cours *nm* d'un fleuve; (road) couche *nf*; (teaching, training) cours, stage *nm*
~ **and distance computer**: intégrateur *nm* de route
~ **setting**: fixation *nf* de la route
~ **software**: didacticiel *nm*

coursed: assisé
~ **work** : (constr) maçonnerie *nf* par assises, maçonnerie à joints réglés

covalent, ~ **bond**: liaison *nf* covalente

cove, ~ **lighting**: éclairage *nm* par gorge lumineuse, éclairage en corniche

cover *nn*: couvercle *nm*, couverture *nf*, capot *nm*, carter *nm*, protection *nf*; (of cylinder) fond *nm*, plateau *nm*; (guard) of chain) carter *nm*; (mil) protection *nf*; (overlap) chevauchement *nm*, recouvrement *nm*; (for pallet) habille-palette *nm*; (pipe trench) couverture *nf*, hauteur *nf* de remblai; (reinforced concrete) épaisseur *nf* d'enrobage; *vb*: couvrir, protéger, mettre sous carter
~ **bead**: baguette *nf* couvre-joint
~ **cap**: (el) capot *nm* de couverture
~ **coat**: (enamel) émail *nm* de couverture; (rendering) enduit *nm* de finition~ **fillet**: couvre-joint *nm*
~ **gas**: (nuc) gaz *nm* de couverture

~ **gas**: (nuc) gaz *nm* de couverture
~ **glass**: (microscope) lamelle *nf* couvre-objets, couvre-objet *nm*; (warning light) lentille *nf* de voyant, cabochon *nm*
~ **moulding**: baguette *nf* couvre-joint, couvre-joint *nm*
~ **over**: recouvrir; (oil well) fermer
~ **plate**: plaque *nf* de recouvrement, plaque de fermeture
~ **slab**: dalle *nf* de couverture
~ **strip**: couvre-joint *nm*, moulure *nf* couvre-joint

coverage: (of corrugated sheet) largeur *nf* utile; (of paint) rendement *nm* en surface; (radio, tcm) domaine *nm* de transmission, région *nf* de transmission, couverture *nf*, zone *nf* de diffusion, zone desservie

covered: fermé, recouvert
~ **box pallet**: palette-caisse *nf* avec couvercle, palette-caisse fermée
~ **container**: conteneur *nm* fermé
~ **distance**: distance *nf* parcourue
~ **electrode**: électrode *nf* enrobée
~ **wire**: fil *nm* guipé

covering *nn*: couverture *nf*; (tcm) diffusion; (wire) guipage *nm*
~ **power**: (paint) pouvoir *nm* couvrant

cowcatcher: (rlwy) chasse-pierres *nm*

cowl: (of car radiator) gaine *nf*, tunnel *nm*; (of chimney) chapeau *nm*, mitre *nf*, capuchon *nf*; (of engine) capot *nm* moteur
~ **gill**: ouïe *nf* de capot, volet *nm* de capot

cowling: capotage *nm*; (fan) déflecteur *nm* d'air de ventilation; (of truck) capot *nm*

cowper: cowper *nm*

CR → *carriage return*

crab: chariot *nm* roulant, chariot de roulement, treuil *nm* roulant; (of crane) chariot *nm* de pont roulant
~ **bolt**: boulon *nm* d'ancrage passant, boulon d'ancrage traversant
~ **track**: voie *nf* de roulement du chariot
~ **winch**: treuil *nm* à manivelle, petit treuil
~ **windlass**: treuil *nm* à manivelle

crabbing: déplacement *nm* en crabe; (aero) vol *nm* en crabe, vol en dérapage

crack *nn*: fente *nf*, fissure *nf*; (glass) fêlure *nf*; (met) crique *nf*; (timber) gerçure *nf*, fente; (varnish) craquelure *nf*; (wall) fente, crevasse *nf*, lézarde *nf*, fissure; *vb*: se fissurer, se fêler; (petr) craquer; (a code) percer un code; (to crush gently) concasser avec précaution; (a valve) ouvrir légèrement
~ **open**: (a valve) décoller
~ **growth**: propagation *nf* des fissures
~ **sensitivity**: aptitude *nf* à la fissuration, fissilité *nf*

cracked: fendu, fêlé, crevassé, fissuré; (chem) craqué, de craquage
~ **gas**: gaz *nm* de craquage, gaz craqué
~ **gasoline**: essence *nf* de craquage

cracker: broyeur *nm* à cylindres

cracking: (in concrete, wall) fissuration *nf*; (ceramics, paint) craquelage *nm*; (met, plast) criquage *nm*; (petr) cracking *nm*, craquage *nm*; (of paint) faïençage *nm*; (of rubber) craquage *nm*; (a sound) crépitement *nm*, grésillement *nm*
~ **corrosion**: corrosion *nf* fissurante
~ **plant**: craqueur *nm*
~ **pressure**: pression *nf* d'ouverture, pression de début d'écoulement
~ **resistance**: résistance *nf* à la fissuration
~ **tendency**: fissurabilité *nf*

crackle: (radio) crachement *nm*, friture *nf*
~ **finish**: peinture *nf* craquelée
~ **paint**: peinture *nf* givrée, peinture vermiculée

crackling: friture *nf*, crépitement *nm*

cradle: (constr) échafaudage *nm* volant, sellette *nf*; (of machine) berceau *nm*; (tp) berceau, support *nm* (de combiné)
~ **set**: poste *nm* mobile à combiné
~ **switch**: support *nm* commutateur, crochet *nm* commutateur
~ **vault**: voûte *nf* en berceau

cradling: (constr) cintre *nm* de bétonnage, cintre de voûte; (of pipeline) mise *nf* en fouille

craft: (boat) canot *nm*, embarcation *nf*, petit bâtiment *nm*; (trade) corps *nm* de métier; (skill) habileté *nf*; → also *aircraft*

métier; (skill) habileté *nf*; → also *aircraft*

craftsman: artisan *nm*; (qualified labour) ouvrier *nm* qualifé

craftsmanship: métier *nm*

cramp: (a clip, hook) agrafe *nf*; (constr) clameau *nm*; (carp) serre-joint *nm*, sergent *nm*

cranage: travail *nm* à la grue

crane: grue *nf*; (fork lift truck) potence *nf*
~ **boom**: (on fork lift truck) potence *nf*
~ **driver**: grutier *nm*; (of overhead travelling crane) pontier *nm*
~ **fork**: griffe *nf*
~ **gear**: mécanisme *nm* de commande de la grue
~ **handling area**: zone *nf* de grutage
~ **ladle**: poche *nf* de coulée suspendue
~ **operator**: grutier *nm*, portiqueur *nm*
~ **rail**: rail *nm* de translation, chemin *nm* de roulement (de pont roulant)
~ **slewing gear**: dispositif *nm* de rotation de la grue
~ **track**: voie *nf* de grue
~ **truck**: camion-grue *nm*
~ **way**: chemin *nm* de roulement de grue, voie *nf* pour grue

crank *nn*: manivelle *nf*; (axle) coude *nm*; *vb*: couder; (an engine) faire démarrer, lancer
~ **and flywheel pump**: pompe *nf* mécanique à volant d'inertie
~ **angle**: angle *nm* de calage de la manivelle
~ **arm** bras *nm* de manivelle, corps *nm* de manivelle
~ **axle**: essieu *nm* coudé
~ **case** → *crankcase*
~ **disk**: plateau-manivelle *nm*
~ **drive**: mécanisme *nm* à bielle et manivelle
~ **driven**: entraîné par manivelle
~ **end**: (connecting rod) pied *nm* de bielle; (cylinder) avant-cylindre *nm*, avant *nm* du cylindre; (locomotive) arrière *nm*
~ **gear**: commande *nf* à bielle, mécanisme *nm* à bielle et manivelle, transmission *nf* par manivelle
~ **handle**: poignée *nf* de manivelle, manivelle *nf*
~ **mechanism**: commande *nf* à bielle, mécanisme *nm* à bielle et manivelle, transmission *nf* par manivelle
~ **press**: presse *nf* à manivelle
~ **radius**: rayon *nm* de manivelle
~ **throw**: rayon *nm* de la manivelle; coude *nm* de vilebrequin
~ **web**: bras *nm* de manivelle, flasque *nm* de manivelle
~ **wheel**: roue *nf* à manivelle, volant *nm* à manivelle
~ **winch**: treuil *nm* à manivelle
~ **wrist**: maneton *nm*

crankcase: carter *nm* moteur, carter de vilebrequin
~ **bottom**: carter *nm* inférieur, cuvette *nf* inférieure, fond *nm* du carter
~ **breather**: reniflard *nm* de carter
~ **compression**: compression *nf* dans le carter
~ **heater**: réchauffeur *nm* de carter
~ **lower half**: carter *nm* inférieur, cuvette *nf* inférieure, fond *nm* du carter
~ **pan**: carter *nm* inférieur
~ **scavenging**: balayage *nm* par le carter
~ **upper half**: carter *nm* supérieur, couvercle *nm*, chapeau *nm*

cranked: coudé; (engine) lancé
~ **link**: maillon *nm* coudé
~ **platform trailer**: remorque *nf* surbaissée

cranking: coudage *nm*; (engine) démarrage *nm*, lancement *nm*, mise *nf* en marche
~ **dog**: noix *nf* de lancement, crabot *nm*, ergot *nm*, clabot *nm*
~ **motor**: démarreur *nm*, moteur *nm* de lancement

crankpin: bouton *nm* de la manivelle, soie *nf* de manivelle; maneton *nm* (de manivelle, de vilebrequin)
~ **bearing**: palier *nm* de tête de bielle
~ **end**: tête *nf* de bielle

crankshaft: vilebrequin *nm*
~ **bearing**: palier *nm* de vilebrequin
~ **bearing bush**: coussinet *nm* de palier de vilebrequin
~ **flange**: joue *nf* du vilebrequin, plateau *nm* de vilebrequin
~ **journal**: portée *nf* de vilebrequin, tourillon *nm* de vilebrequin
~ **sprocket**: pignon *nm* pour chaîne de distribution
~ **timing gear**: pignon *nm* de distribution
~ **web**: bras *nm* du vilebrequin

crash *nn*: accident *nm* (d'avion, de voiture); (inf) panne *nf*, incident *nm*; (coarse fabric) grosse toile *nf*; *vb*: (aero) s'écraser; (auto) avoir un accident; (inf) tomber en panne
~ **barrier**: glissière *nf* de sécurité

~ **course**: cours *nm* accéléré
~ **duration**: (critical path) durée *nf* accélérée, durée d'exécution minimale
~ **landing**: atterrissage *nm* brutal
~ **recorder**: enregistreur *nm* d'accident
~ **test**: essai *nm* de simulation d'accident

crashproof: (auto) anti-chocs

crate: caisse *nf* en bois
~ **opener**: ciseau *nm* à déballer

crater: (volcano, wldg, plast) cratère *nm*; (of bomb) entonnoir *nm*

crawl, ~ **space**: vide *nm* sanitaire

crawler: engin *nm* à chenilles, véhicule *nm* sur chenilles; (mil) chenillé *nm*; (slow traffic) véhicule *nm* lent
~ **crane** : grue *nf* sur chenilles
~ **gear**: (vehicle) différentiel *nm* interponts
~ **lane**: (motorway) voie *nf* pour véhicules lents
~ **pad**: patin *nm* de chenille, tuile *nf* de chenille
~ **track**: chenille *nf*
~ **tractor**: tracteur *nm* à chenilles
~ **wheel**: barbotin *nm*

crawling: (el) accrochage *nm*, rampage *nm*; (met) fluage *nm*; (paint) plissage *nm*
~ **boards**: (constr) planche *nf* à tasseaux
~ **speed**: (el) vitesse *nf* de rampage; (veh) vitesse tout terrain

craze: fendillement *nm*, craquellement *nm*, craquelure *nf*; (ceramics) tressaillure *nf*

crazing: craquelures *nf*, craquelage *nm*, faïençage *nm*

crazy, ~ **paving**: dallage *nm* irrégulier, dallage rustique, dallage en opus incertum

CRC → *cyclic redundancy check*

crease *nn*: (fabric) faux-pli *nm*; (paper) pli *nm*, fronce *nf*; *vb*: faire des faux-plis, plisser; (metalwork) rabattre un bord, tomber un bord
~ **paper**: (prior to folding) refouler
~ **recovery**: défroissabilité *nf*
~ **resist finish**: apprêt *nm* infroissable, apprêt antifroisse
~ **resistant**: autodéfroissable

creasing: (tex) froissement *nm*

credit: crédit *nm*; **credits**: (cinema) générique *nm*
~ **card**: carte *nf* de paiement
~ **card terminal**: terminal *nm* de paiement électronique «TPE»
~ **rating**: solvabilité *nf*

creel *nn*: (tex) râtelier *nm*; *vb*: monter dans le râtelier, placer dans le râtelier
~ **board**: planche *nf* du râtelier

creep *nn*: cheminement *nm* lent, mouvement *nm* lent; (of belt) patinage *nm*; (of belt, rail) cheminement *nm*; (auto) retard *nm* dans la transmission; (geophysics) déplacement *nm* asismique; (met, plast) fluage *nm*, déformation *nf* plastique; (of retaining wall) mouvement *nm* de devers; (of roofing membrane) reptation *nf*; *vb*: (belt) glisser; (conveyor, rail) cheminer; (cylinder) glisser; (fork lift truck) ramper; (metal) subir le fluage
~ **contacts**: contacts *nm* à séparation très lente
~ **elongation**: allongement *nm* par fluage
~ **of the ground**: (mining) *nf* poussée du sol, soulèvement *nm*
~ **of tyre on rim**: rotation *nf* du pneu sur la jante
~ **recovery**: (plast) recouvrance *nf* en fluage
~ **speed**: (auto) vitesse *nf* tout terrain; (m-t) vitesse *nf* lente
~ **strain**: déformation *nf* de fluage, allongement *nm* de fluage
~ **under load**: fluage *nm* sous contrainte

creepage: (el) grimpement *nm*
~ **distance**: ligne *nf* de fuite, distance *nf* de fuite

creeper: (a tool) grimpette *nf*
~ **lane**: voie *nf* pour véhicules lents
~ **valve**: vanne *nf* à ouverture progressive

creeping: (dc motor) rampage *nm*; (rlwy) cheminement *nm* (des rails)
~ **of salts**: grimpage *nm* des sels
~ **spark**: étincelle *nf* rampante

creosote: créosote *nf*

crepe *nn*: (tex) crêpe *nm*; *vb*: (spinning) surtordre; (weaving) crêper
~ **paper**: papier *nm* crêpé
~ **rubber**: caoutchouc *nm* crêpe

crescent: croissant *nm*
~**-shaped**: en croissant, en demi-lune

crest: crête *nf*, point *nm*: haut, sommet *nm*; (of thread) sommet; (of roof) faîte *nm*
~ **clipping**: (eon) écrêtage *nm*
~ **limiting**: (eon) écrêtage *nm*
~ **value**: valeur *nf*: de crête

crew: (of aircraft) personnel *nm* navigant; (machine operators) personnel, équipe *nf*; (naut) équipage *nm*
~ **boat**: navire *nm* de relève
~ **compartment**: (aero) poste *nm* de pilotage, habitacle *nm*
~ **list**: rôle *nm* d'équipage
~**'s quarters**: (naut) poste *nm* d'équipage

cribbing: (trench, well) boisage *nm* de soutènement

crimp: (met) sertir; (tex, pap) gaufrer, froncer
~ **connection**: connexion *nf* sertie
~ **contact**: contact *nm* à sertir
~ **indentor**: poinçon *nm* de sertissage
~ **over**: rabattre le bord (par sertissage)

crimped, ~ **wire**: fil *nm* frisé, fil ondulé

crimper: sertisseuse *nf*, pince *nf* à sertir

crimping: sertissage *nm*
~ **pliers**: pince *nf* à sertir

crinkle *vb*: (pap) gaufrer, froncer

crinkled, ~ **washer**: rondelle *nf* ondulée

crinkling: (paint) ridage *nm*

cripple *vb*: mettre hors service, mettre hors fonctionnement

criss-cross, ~ **winding**: (el) bobinage *nm* croisé, enroulement *nm* en opposition; (spinning) renvidage *nm* croisé

criteria: (plural of criterion) critères *nm*

criterion: critère *nm*

critical: critique
~ **path method** «CPM»: méthode *nf* du chemin critique

criticality: criticalité *nf*; (nuc) criticité *nf*

CRO → *cathode ray oscilloscope*

crocodile, ~ **clip**: pince *nf* crocodile
~ **press**: presse *nf* à cingler
~ **squeezer** NA : presse *nf* à cingler

crocus: rouge *nm* à polir
~ **cloth**: toile *nf* à polir
~ **paper**: papier *nm* [de rouge] à polir

crooked: (not straight) courbé, crochu, arqué; (defect) tordu, dévié; (rail) gauchi

crop *nn*: (agriculture) récolte *nf*; *vb*; couper les extrémités, ébouter, chuter; (a bar) affranchir
~ **end**: extrémité *nf* éboutée
~ **shear**: coupe-chutes *nm*

cropping: éboutage *nm*, affranchissement *nm* des bouts

cross *nn*: croix *nf*, croisillon *nm*; (a pipe fitting) Té *nm* double; *adj*: en croix, croisé, transversal
~ **a thread**: fausser un filetage
~ **arm**: traverse *nf* de poteau
~ **band**: (of veneer) pli *nm* transversal
~ **banding**: pli *nm* [à fil] croisé, pli transversal
~ **bands**: bandes *nf* croisées
~ **bar**: (constr) traverse *nf*; (tp) crossbar
~ **bar switch**: (tp) commutateur *nm* crossbar, commutateur à barres croisées
~ **beam**: poutre *nf* transversale
~ **bed**: (mining) couche *nf* oblique, croiseur *nm*, filon *nm* croiseur
~ **bedding**: stratification *nf* croisée, stratification oblique
~ **border**: transfrontalier, transfrontière
~ **brace**: écharpe *nf*, diagonale *nf*, croisillon *nm*
~ **Channel**: transmanche
~ **check** *nn*: contre-essai *nm*, contre-vérification *nf*; (inf) contrôle *nm* carré; *vb*: recouper, faire un contrôle carré
~ **checking**: contre-vérification *nf*; (inf) contrôle *nm* par balance carrée
~ **coil**: bobine *nf* croisée; (aerial) cadre *nm* croisé
~ **compiler**: compilateur *nm* croisé
~ **connect**: interconnecter
~ **connecting wire**: jarretière *nf*
~ **connection**: interconnexion *nf*
~ **continent**: transcontinental

~ **country vehicle**: vehicle *nm* tout terrain «VTT»
~ **coupled**: interconnecté
~ **cut**: (filing) taille *nf* croisée; (mining) coupe *nf* transversale, bowette *nf*, travers-bancs *nm*; (wood) coupe de travers, coupe en travers
~ **cut saw**: scie *nf* à refendre, scie passe-partout
~ **direction**: sens *nm* transversal aux fibres; (pap) sens travers
~ **draught carburettor**: carburateur *nm* horizontal
~ **dye** *nn*: surteinture *nf*; *vb*: surteindre
~ **dyeing**: surteinture *nf*
~ **fade**: (cinema) fondu *nm* enchaîné
~ **fading**: (cinema) fondu *nm* enchaîné
~ **fall**: pente *nf* transversale
~ **fault**: (geol) faille *nf* transversale
~ **feed**: (for fuel) intercommunication *nf*, interconnexion *nm*; (m-t) avance *nf* transversale
~ **flow**: écoulement *nm* transversal
~ **flow radiator**: radiateur *nm* à tubulures horizontales
~ **foot total**: total *nm* horizontal
~ **hairs**: fils *nm* de réticule
~ **hatch pattern**: mire *nf* quadrillée
~ **hatching**: hachures *nf* croisées
~ **head**: traverse *nf*, crosse *nf* de piston, tête *nf* de bielle; (on press) sommier *nm*
~ **head center**: tourillon *nm* de crosse
~ **head end**: tête *nf* de bielle
~ **head engine**: moteur *nm* à crosse
~ **head screw**: vis *nf* cruciforme
~ **head shoe**: patin *nm* de crosse
~ **joint**: (masonry) joint *nm* vertical
~ **laminated**: (plast) stratifié *nm* croisé, stratifié à couches croisées
~ **lighting**: éclairage *nm* à feux croisés
~ **linked**: réticulé
~ **linking**: réticulation *nf*
~ **lode**: filon *nm* croiseur
~ **member**: traverse *nf*, entretoise *nf*
~ **modulation**: modulation *nf* intermédiaire, transmodulation *nf*
~ **motion**: mouvement *nm* croisé, mouvement transversal
~ **net**: interréseau
~ **office**: (tp) à travers le central, dans un central, de central
~ **out**: barrer, rayer, supprimer
~ **over** *nn*: croisement *nm*, traversée *nf*; *adj*: de croisement, de traversée
~ **pin**: croisillon *nm* (de cardan)
~ **ply tyre**: pneu *nm* à nappes croisées
~ **point**: point *nm* d'intersection
~ **polar**: contrapolaire, à polarisations croisées
~ **polarisation**: polarisation *nf* croisée
~ **product**: produit *nm* vectoriel
~ **profile**: profil *nm* transversal
~ **reference** «X-REF»: double contrôle *nm*, référence *nf* croisée; (in text) renvoi *nm*
~ **rivetting**: rivure *nf* en quinconce, rivetage *nm* en quinconce
~ **section**: coupe *nf* transversale; (of road) profil *nm* en travers; (sampling) échantillon *nm* représentatif
~ **sectional view**: vue *nf* en coupe
~ **servicing**: aide *nf* mutuelle, soutien *nm* logistique mutuel
~ **slide**: coulisseau *nm*, chariot *nm* transversal
~ **slotted screw**: vis *nf* à tête cruciforme
~ **software**: logiciel *nm* croisé
~ **talk**: diaphonie *nf*
~ **talk meter**: diaphonomètre *nm*
~ **thread**: fausser une vis, fausser un filet
~ **tie** NA : (rlwy) traverse *nf*
~ **valve**: robinet *nm* à 3 voies
~ **vein**: filon *nm* croiseur
~ **wall**: mur *nm* de refend
~ **wind**: (aero) vent *nm* latéral, vent de côté, vent de travers
~ **wind** *vb*: (tex) bobiner par bobinage croisé
~ **winding**: bobinage *nm* croisé
~ **wires**: réticule *nm*, fils *nm* (du réticule)

crossbar«Xbar»: (tp) crossbar

crossbarring: commutation *nf* par barres croisées

crossed: croisé
~ **belt**: courroie *nf* croisée
~ **coil antenna**: antenne *nf* à cadres croisés
~ **connection**: inversion *nf* de branchement
~ **thread**: filet *nm* faussé
~ **tooth contact**: portée *nf* croisée

crossing: croisement *nm*, traversée *nf*; (el) traversée; (rlwy) cœur *nm* d'aiguille, cisaillement *nm* (de lignes)

crosswise: en croix; en travers; (plast) direction *nf* de la largeur
~ **laminate**: stratifié *nm* croisé

crowbar: pince *nf* monseigneur

crowd *vb*: (inf) tasser l'information
~ **shovel**: pelle *nf* en butte

crowding: cavage *nm*

crown: couronne *nf*; (piston) tête *nf* de piston; (roll) bombé *nm*

~ **compound**: (chem) composé-couronne *nm*
~ **joint**: articulation *nf* au sommet
~ **saw**: scie *nf* circulaire, scie cloche, sciotte *nf*
~ **thickness**: épaisseur *nf* au sommet
~ **wheel**: couronne *nf*, couronne dentée

crowner: (packaging) surmontoir *nm*

crucible: creuset *nm*
~ **steel**: acier *nm* [fondu] au creuset

crude: (method, equipment) primitif, grossier; (met) brut, cru
~ **gas**: gaz *nm* brut, gaz non épuré
~ **oil**: pétrole *nm* brut, brut *nm*, crude *nm*
~ **petroleum**: pétrole *nm* brut, brut *nm*
~ **steel**: acier *nm* brut

cruise: croisière *nf*
~ **climb**: croisière *nf* ascendante
~ **control**: (aero) commande *nf* de croisière; (motor vehicle) régulateur *nm* de vitesse

cruiser: croiseur *nm*
~ **car** NA : voiture *nf* radio

cruising, ~ speed: vitesse *nf* de croisière, vitesse de route

crumbling *nn*: émiettement *nm*, désagrégation *nf*; (of soil) éboulement *nm*; (of paint) effritement *nm*; *adj*: friable; (soil) ébouleux

crumbly: friable; (soil) ébouleux

crumple, ~ zone NA : (motor vehicle) zone *nf* déformable

crush *vb*: écraser, comprimer; broyer, concasser; (tex) froisser
~ **control frame**: (motor vehicle) châssis *nm* à zone déformable

crushability: aptitude *nf* au concassage

crushed, ~ aggregate: granulat *nm* concassé, concassés *nm*
~ **stone**: concassés *nm*

crusher: concasseur *nm*, broyeur *nm*; (a pressure gauge) manomètre *nm* à écrasement
~ **roll**: cylindre *nm* broyeur
~ **run ungraded aggregate**: granulat *nm* tout venant de concassage

crushing: concassage *nm*, broyage *nm*; (flattening) écrasement *nm*; (a paper defect) écrasé *nm*
~ **endurance**: résistance *nf* au chiffonnage
~ **strength**: résistance *nf* à l'écrasement
~ **stress**: effort *nm* de compression

crustacean: crustacé *nm*

cryobending: cryocintrage *nm*

cryocable: câble *nm* cryoconducteur, câble supraconducteur

cryoconnection: cryoliaison *nf*

cryoelectricity: cryoélectricité *nf*

cryogenic, ~ crushing: cryoconcassage *nm*
~ **grinding**: cryobroyage *nm*
~ **storage**: mémoire *nf* à supraconducteur

cryogenics: cryogénie *nf*

cryogrinding: cryobroyage *nm*

cryptating: (chem) cryptant

cryptographer: chiffreur *nm*, codeur *nm*, crypteur *nm*; déchiffreur *nm*, décodeur *nm*, décrypteur *nm*

crystal: cristal *nm*; (of quartz) cristal de quartz, quartz *nm*
~ **chemistry**: cristallochimie *nf*
~ **control**: commande *nf* par cristal, commande par quartz; réglage *nm* piézo-électrique, pilotage *nm* piézoélectrique
~ **controlled**: à quartz, piloté par quartz
~ **controlled oscillator**: oscillateur *nm* à quartz
~ **controlled transmitter**: émetteur *nm* à quartz
~ **filter**: filtre *nm* à cristal, filtre à quartz, filtre piézoélectrique
~ **growth**: croissance *nf* du cristal, croissance des cristaux
~ **laser**: laser *nm* à cristal
~ **lattice**: réseau *nm* cristallin
~ **loading**: mise *nf* en charge mécanique du cristal
~ **loudspeaker**: haut-parleur *nm* piézoélectrique
~ **microphone**: microphone *nm* piézoélectrique
~ **pulling**: tirage *nm* des cristaux

~ **receiver**: récepteur *nm* à détection par cristal
~ **seed**: germe *nm* de cristal, semence *nf* cristalline
~ **set**: récepteur *nm* à [détection par] cristal
~ **spot**: (electroplating) tache *nf* de cristal
~ **structure**: structure *nf* cristalline

crystalline, ~ **rock**: roche *nf* cristalline

crystallizer **<iser>**: cristallisoir *nm*

crystallizing **<ising>**, ~ **dish**: cristallisoir *nm*

crystallography: cristallographie *nf*

csg → *casing*

csk → *countersunk*

CT → *carrier telephony, centre tap*

CTD → *charge transfer device*

CTL → *capacitor transistor logic*

CTOL → *conventional take off and landing*

CTR → *certified test record, control*

CTS → *clear to send, computer typesetting, communication technology satellite*

CTV → *community television*

CU → *close up, control unit*

cube *nn*: cube *nm*; *adj*: cubique; *vb*: élever au cube
~ **root**: racine *nf* cubique

cubic: cubique
~ **centered**: (crystal) à cube centré
~ **capacity**: cylindrée *nf*
~ **face centered**: cubique à faces centrées
~ **measure**: mesure *nf* de volume
~ **measurement**: cubage *nm*
~ **root**: racine *nf* cubique

cubicle: (constr) cabine *nf*, box *nm*; (el, tcm) armoire *nf*, baie *nf*

cue: marque *nf*, indication *nf*, repère *nm*; signal *nm* d'avertissement, signal d'ordre, signal indicateur
~ **sheet**: (broadcasting) feuille *nf* de minutage
~ **symbol**: caractère *nm* spécial
~ **track**: (magnetic tape) piste *nf* pilote; (video) piste d'ordres

cullet: calcin *nm*, groisil *nm*, grésil *nm*

cullis NA : (constr) chéneau *nm*

culture: (chem) culture *nf*

culvert: (el) conduit *nm* souterrain; (water) passage *nm* d'eau, ponceau *nm*

cumar, ~ **gum**: résine *nf* coumaronique

cumulative: cumulatif, cumulé
~ **curve**: (coal distillation) courbe *nf* des légers
~ **error**: erreur *nf* cumulée
~ **sink curve**: (coal distillation) courbe *nm* des lourds
~ **total**: cumul *nm*

cup *nn*: (ball bearing) cuvette *nf*; (insulator) cloche *nf*; (lubrication) godet *nm*, graisseur *nm*; (measuring) godet, coupelle *nf*; (for spring) cuvette, coupelle; (for rivet) bouterolle *nf*; *vb*: emboutir
~ **and ball joint**: joint *nm* à rotule
~ **and cone fracture**: rupture *nf* en coupelle
~ **assay**: coupellation *nf*
~ **flow**: fluidité *nf* au gobelet
~ **grease**: graisse *nf* consistante
~ **grinding wheel**: meule *nf* boisseau
~ **head rivet**: rivet *nm* à tête ronde
~ **insulator**: isolateur *nm* en cloche, cloche *nf* isolante
~ **joint**: joint *nm* sphérique, joint à rotule, genou *nm*
~ **leather**: cuir *nm* embouti
~ **point**: (of screw) bout *nm* cuvette, cuvette *nf*; (of setscrew) bout rentré
~ **punch**: bouterolle *nf*
~ **retainer**: cuvette *nf* d'arrêt
~ **seal**: cuvette *nf* d'étanchéité
~ **valve**: clapet *nm* à couronne, soupape *nf* à cloche
~ **wheel**: meule *nf* boisseau

cupel *nn*: coupelle *nf*; *vb*: coupeller
~ **furnace**: four *nm* de coupellation

cupelling **<elling>**: coupellation *nf*

cupola: (constr) dôme *nm*, coupole *nf*; (mil) tourelleau *nm*
~ **furnace**: cubilot *nm*

cupped, ~ **washer**: rondelle *nf* Belleville

cupping: (deep drawing) emboutissage *nm* [profond]; (of magnetic tape) courbure *nf* transversle

cupric: cuivrique

cuprous: cuivreux, de cuivre

curb: (constr) NA : bord *nm* de trottoir, margelle *nf* de puits; (shaft sinking) cadre *nm* porteur, rouet *nm*, trousse *nf*
~ **box** NA : bouche *nf* à clé
~ **cock** NA : robinet *nm* sous trottoir
~ **roof**: toit *nm* en bâtière brisée
~ **weight**: poids *nm* en ordre de marche

curbing, ~ **damage**: (tyre) avarie *nf* par choc trottoir

curbside, ~ **parking**: stationnement *nm* en file

cure *nn*: cuisson *nf*, durcissement *nm* complet; *vb*: (plast) cuire, traiter; (polymer) polymériser; (rubber) vulcaniser; (timber) sécher (à l'air chaud)

curing: durcissement *nm*, traitement *nm*, vulcanisation *nf*; (concrete) cure *nf*
~ **membrane**: (concrete) enduit *nm* antiévaporant, antiévaporant *nm*

curl: (el) rotation *nf*, tourbillon *nm*; (pap) gode *nf*; (plast) roulage *nm*, tuilage *nm*; (sheet metal) bordure *nf*
~ **field**: champ *nm* rotationnel, champ tourbillonnaire

curled, ~ **cord**: cordon *nm* boudiné
~ **edge**: (pap) bord *nm* relevé
~ **shavings**: (carp) frisons

curling, ~ **tool**: outil *nm* de bordage, outil à border

curly, ~ **bracket**: accolade *nf*
~ **grain**: (wood) ronce *nf*
~ **wood**: bois *nm* ronceux

currency: monnaie *nf*
~ **paper**: papier *nm* fiduciaire
~ **sign**: symbole *nm* monétaire

current *nn*: (fluid) courant *nm*; (el) courant, intensité *nf*; *adj*: en cours, en vigueur; (inf) à jour
~ **amplification**: amplification *nf* en courant
~ **at break[ing]**: courant *nm* de rupture
~ **at make**: courant *nm* de fermeture
~ **at making**: courant *nm* de fermeture
~ **before notching**: (electric vehicle) courant *nm* de reprise
~ **breaking capacity**: courant *nm* maxi de coupure
~ **carrying**: conducteur, parcouru par le courant, traversé par le courant
~ **carrying capacity**: intensité *nf* de courant admissible; (of cable) capacité *nf* de transport de courant; (of contact) courant *nm* de régime
~ **coil**: bobine *nf* ampérimétrique, bobine d'intensité, enroulement *nm* d'intensité
~ **collector**: appareil *nm* de prise de courant, prise *nf* de courant
~ **collector bow**: archet *nm* (de prise de courant)
~ **consumption**: consommation *nf* de courant
~ **date**: (inf) date *nf* du jour
~ **density**: densité *nf* de courant
~ **drain**: consommation *nf* de courant, débit *nm* de courant
~ **fender**: déflecteur *nm* de courant
~ **flow**: (el) flux *nm* de courant, passage *nm* de courant
~ **gain**: gain *nm* en courant
~ **generation**: production *nf* de courant, génération *nf* de courant
~ **injection logic**: logique *nf* à injection de courant
~ **input**: intensité *nf* absorbée, courant *nm* absorbé, consommation *nf* de courant
~ **inrush**: appel *nm* de courant
~ **inverter**: onduleur *nm*
~ **ionisation chamber**: chambre *nf* d'ionisation à courant
~ **limiting** *nn*: limitation *nf* en courant; *adj*: de protection
~ **limiting reactor**: inductance *nf* de protection
~ **loop**: boucle *nf* de courant, ventre *nm* d'intensité, ventre de courant
~ **making capacity**: capacité *nf* maximale d'alimentation, capacité maximale de fermeture
~ **measurement**: (hydrography) courantométrie *nf*
~ **meter**: ampèremètre *nm*; (hydrography) moulinet *nm*
~ **mode logic** «CML»: logique *nf* CML
~ **node**: nœud *nm* d'intensité
~ **on break**: courant *nm* de rupture
~ **on making**: courant *nm* de fermeture
~ **output**: débit *nm* de courant
~ **path**: parcours *nm* du courant, trajet *nm* du courant
~ **protection**: protection *nf* ampèremétrique
~ **ratio**: (transformer) rapport *nm* de transformation
~ **rectifier**: redresseur *nm* de courant

~ **relay**: relais *nm* d'intensité, relais ampèremétrique, relais de courant
~ **reversal**: inversion *nf* du courant, changement *nm* de sens
~ **reverser**: commutateur-inverseur *nm*, inverseur *nm* de courant
~ **robbing**: détournement *nm* de courant
~ **stabilised**: stabilisé en courant
~ **supply**: alimentation *nf* en courant, source *nf* de courant; fil *nm* d'amenée, amenée *nf* du courant
~ **surge**: appel *nm* de courant, pointe *nf* de courant
~ **tap**: prise *nf*, branchement *nm*, douille *nf* voleuse
~ **transformer**: transformateur *nm* d'intensité

currentless: sans courant, hors circuit

cursor: curseur *nm*
~ **control pad**: clavier *nm* de commande du curseur

curtailed, ~ **inspection**: contrôle *nm* tronqué

curtain: (aerial, wall) rideau *nm*
~ **arch**: (oven) autel *nm*, voûte *nf* d'autel
~ **coating**: couchage *nm* par voile, couchage par projection

curvature: courbure *nf*, cambrage *nm*, cambrure *nf*; (earth) sphéricité *nf* de la terre; (optics) courbure *nf*; (of tape) sabrage *nm*
~ **network**: correcteur *nm* de courbure

curve *nn*: courbe *nf*; (rlwy) ligne *nf* [en] courbe; *vb*: s'infléchir, fléchir (sous un poids)
~ **follower**: lecteur *nm* de courbes
~ **plotter**: traceur *nm* de courbes
~ **radius**: rayon *nm* de courbure
~ **upwards**: arquer, s'arquer

curved: courbe, courbé, arqué, cintré
~ **back**: recourbé
~ **diamond**: (rlwy) traversée *nf* en courbes
~ **fire**: (mil) tir *nm* courbe
~ **spout**: bec *nm* recourbé (burette)
~ **track**: voie *nf* [en] courbe
~ **washer**: rondelle *nf* bombée
~ **worm gear**: engrenage *nm* à vis globique

curvilinear: curviligne

cushion: (mech) coussin *nm*, amortisseur *nm* de chocs; (steam) matelas *nm*
~ **gas**: gaz *nm* coussin

cushioned: (choc) amorti; (piston) matelassé
~ **socket**: support *nm* [de lampe] antivibratoire

cushioning: amortissement *nm*, effet *nm* de ressort

cusped: lobé, polylobé

custom: coutume *nf*; clientèle *nf*
~ **made**: fait sur demande, fait sur devis, fait à façon
~ **moulder**: (plast) mouleur *nm* à façon, façonnier *nm*

customer: client *nm*
~ **connected load** NA : puissance *nf* installée
~ **engineer** «CE»: technicien *nm* de maintenance, technicien d'entretien, ingénieur *nm* après-vente
~ **service**: service *nf* à la clientèle, service clients, service consommateurs
~ **supply**: fourni par le client

customization <isation>: adaptation à l'usager, particularisation *nf*; (auto) personnalisation *nf*

cut: coupe *nf*; (el) coupure *nf*; (excavation) déblai *nm*; (m-t) coupe *nf*, passe *nf*; (notch, groove) entaille *nf*, saignée *nf*; (petr) fraction *nf* (pétrole brut); (graph) NA cliché *nm*; *vb*: couper; (glass, diamond, stone) tailler; (el) couper, interrompre, arrêter; (mining) abattre, haver; (a thread) tarauder, fileter; (a tunnel) percer
~ **across the bow**: (naut) passer sur l'avant
~ **and fill**: (c.e.) déblai *nm* et remblai
~ **and paste** *nn*: (inf) coupe *nf* et insertion; *vb*: couper-coller
~ **and seal**: coupe *nf* soudure
~ **away drawing**: plan *nm* écorché, écorché *nm*
~ **back**: (petr) fluxé
~ **below grade**: (c.e.) couper en fouille
~ **down**: (consumption) réduire; (tree) abattre
~ **edges**: (graph) couper les tranches, rogner les tranches
~ **flush**: (graph) couper à vif, rogner à fleur; (nail, pile) araser
~ **from bar**: décolleter dans la barre
~ **from the solid**: tailler dans la masse
~ **glass**: verre *nm* taillé

~ **goods**: (tex) marchandises *nf* au mètre
~ **in**: (el) enclencher, brancher (un circuit); (tp) intercepter la conversation, écouter
~ **in current**: courant *nm* de collage
~ **in key**: clé *nf* d'écoute
~ **in pressure**: (compressor) pression d'enclenchement
~ **in the current**: mettre en circuit, lancer le courant, établir le courant
~ **in voltage**: tension *nf* de collage
~ **length**: (plastic film) coupe *nf*
~ **off**: couper, détacher, enlever (en coupant), raccourcir, trancher, tronçonner; (a beam) ébouter; (a nail) araser; (el) mettre hors circuit; (head of pile) araser, recéper; (a valve) bloquer; → also *cutoff*
~ **off bias**: (valve) polarisation *nf* de coupure
~ **off circuit**: circuit *nm* de déclenchement
~ **off date**: date *nf* limite
~ **off disk**: disque *nm* de tronçonnage
~ **off frequency**: (semiconductor) fréquence *nf* de coupure
~ **off relay**: relais *nm* de coupure
~ **off state**: (eon) état *nm* bloqué
~ **off switch**: interrupteur *nm*
~ **off tap**: robinet *nm* d'isolement
~ **off the ignition**: couper le contact, couper l'allumage
~ **off the engine**: couper les gaz
~ **off valve**: tiroir *nm* de détente
~ **off voltage**: tension *nf* de coupure; (eon) tension de blocage, tension de cut-off
~ **off waveguide**: guide *nm* d'ondes évanescent
~ **off wavelength**: longueur *nf* d'onde critique, longueur limite
~ **oil**: huile *nf* partiellement émulsionnée
~ **out**: découper; → also *cutout*
~ **out**: découpe *nf*; (el) coupe-circuit *nm*, disjoncteur *nm*
~ **out background**: (graph) fond *nm* détouré
~ **out box**: boîte *nf* de coupe-circuit, coffret *nm* de coupe-circuit
~ **out contactor**: contacteur *nm* de coupure
~ **out halftone**: simili *nm* détouré
~ **out of square**: couper à fausse équerre
~**-out switch**: coupe-circuit *nm*, disjoncteur *nm*, interrupteur
~ **price**: à prix réduit
~ **sheet feeder**: distributeur *nm* feuille à feuille
~ **string**: (stairs) limon *nm* à crémaillère, limon à l'anglaise
~ **thread screw** NA : vis *nf* décolletée
~ **to register**: (pap) couper au repère
~ **to size**: couper à dimension
~ **to length**: mettre à longueur
~ **untrue**: couper faux; (drill) brouter, dévier
~ **up**: découper *nm*; (timber) débiter

cutaway: découpe *nf*, échancrure *nf*, évidement *nm*

cutback: (bitumen, liquid asphalt) fluidifié

cutoff: (constr) parafouille *nf*; (el) coupure *nf*, mise *nf* hors circuit; (eon) blocage *nm*, cutoff *nm*; (steam engine) fermeture *nf* de l'admission; (tube, valve) blocage *nm*
~ **trench**: tranchée *nf* d'étanchéité, tranchée parafouille

cutout: découpe *nf*, échancrure *nf*, évidement *nm*; (el) coupe-circuit *nm*, disjoncteur *nm*, fusible *nm*, interrupteur *nm*, rupteur *nm*

cutover: conversion *nf*, passage *nm* à une autre installation

cutter: (a brick) brique *nf* tendre; (coal mining machine) haveuse *nf*; (coal mining operator) piqueur *nm*, haveur *nm*; (milling) fraise *nf*; (a ship) cotre *nm*; (a tool) outil de coupe
~ **arbor**: mandrin *nm* porte-fraise, arbre *nm* porte-fraise
~ **bar**: (mining) barre *nf* de havage, barre de haveuse; (m-t) barre *nf* d'alésage, porte-lame *nm*
~ **head**: tête *nf* porte-lame[s], porte-lame[s] *nm*
~ **loader**: haveuse-chargeuse *nf*
~ **sealer**: guillotine *nf* de soudure
~ **spindle**: broche *nf* porte-fraise, broche de fraisage, mandrin *nm* de fraisage, mandrin porte-fraise
~ **wheel**: molette *nf* (de coupe-tubes)

cutting: coupe *nf*, taille *nf*; (c.e.) fouille *nf* en déblai, tranchée *nf*, déblai *nm*; (met) usinage *nm*, décolletage *nm*; (mining) havage *nm*, sous-cavage *nm*; (of stone) taillage *nm*, taille *nf*
~ **and creasing press**: découpeuse-refouleuse *nf*
~ **and punching**: découpage-poinçonnage *nm*
~ **circle**: (shovel) cercle *nm* de coupe
~ **coolant**: huile *nf* de coupe
~ **depth**: (m-t) profondeur *nf* de la passe
~ **die**: peigne *nf* de filière; (punching) emporte-pièce *nm*
~ **edge**: arête *nf* tranchante, arête de coupe, tranchant *nm*

~ **gas**: gaz *nm* de coupe
~ **height**: (shovel) hauteur *nf* d'attaque
~ **nippers**: pince *nf* coupante
~ **oil**: huile *nf* de coupe
~ **pliers**: pince *nf* coupante
~ **press**: presse *nf* à découper, presse à poinçonner; (graph) presse à rogner
~ **rate**: vitesse *nf* de coupe
~ **run**: (coal mining) passe *nf* de havage, course *nf* de havage
~ **shoe**: trousse *nf* coupante
~ **stroke**: (m-t) course *nf* utile, passe *nf*
~ **tool**: (m-t) outil *nm* coupant, outil de coupe; (press) outil de découpage, outil à découper
~ **torch**: chalumeau *nm* à découper, chalumeau oxycoupeur
~ **weapon**: arme *nf* blanche

cuttings: chutes *nf*, rognures *nf*; (drill cutter) déblais *nm* de forage; (m-t) débouchures *nf*, copeaux *nm* de tournage; (pap) découpures *nf*; (of sheet metal) chutes

cutwater: (harbour) taillemer *nm*, taillemer *nm*; (bridge) bec *nm* de pile de pont

CVD → *chemical vapour deposition*

CW → *continous wave*
~ **laser**: laser *nm* continu

C-washer: rondelle *nf* en C, rondelle ouverte

CWO → *carrier wave oscillator*

cyanide: cyanure *nm*
~ **copper plating**: cuivrage *nm* en bain cyanuré, cuivrage en bain de cyanure
~ **water**: eau *nf* cyanurée

cyaniding: cyanuration *nf*

cyanidizer <iser>: cyaniseur *nm*

cybernetics: cybernétique *nf*

cycle *nn*: (bicyle) bicyclette *nf*; (inf) cycle *nm*, itération *nf*; (engine) temps *nm*; (machine) cycle *nm*; *vb*: cycler, effectuer un cycle; → also *cycles*
~ **loading**: sollicitation *nf* cyclique
~ **shed**: abriquai *nm*
~ **shift**: (inf) décalage *nm* circulaire
~ **stealing**: (inf) vol *nm* de cycle
~ **time**: temps *nm* de base

cycles, ~ **between overhauls** «CBO»: cycles *nm* entre révisions
~ **to failure**: nombre *nm* de cycles à la rupture

cyclic: cyclique
~ **compound**: composé cyclique
~ **redundancy check** «CRC»: contrôle *nm* de redondance cyclique
~ **shift**: décalage *nm* circulaire
~ **time**: durée *nf* de cycle

cycling: (inf) itération *nf*; (nuc) cyclage *nm*; (recycling) recyclage *nm*
~ **speed**: fréquence *nf* des cycles

cycloidal: cycloïdal

cyclone: cyclone *nm*
~ **dust collector**: cyclone *nm* dépoussiéreur, dépoussiéreur *nm* cyclone
~ **thickener**: cyclone *nm* épaississeur, épaississeur *nm* cyclone
~ **washer**: (mining) hydrocyclonoe *nm*

cyclonic, ~ **precipitation**: cyclonage *nm*

cyclotron: cyclotron *nm*
~ **frequency**: fréquence *nf* gyromagnétique

cylinder: (foundations) caisson *nm* [cylindrique]; (geometry, engine) cylindre *nm*; (a gas container) bouteille *nf*; (hydraulics, pneumatics) vérin *nm*; (laboratory equipment) éprouvette *nf*; (pap) forme *nf* ronde; (of pump) corps *nm*, barillet *nm*
~ **bank**: ligne *nf* de cylindres
~ **block**: bloc-cylindres *nm*
~ **bore**: alésage *nm*
~ **boring machine**: machine *nf* à aléser les cylindres
~ **cam**: came *nf* cylindrique, came à tambour
~ **capacity**: cylindrée *nf*
~ **clearance**: espace *nm* mort, espace nuisible
~ **cover**: fond *nm* de cylindre, plateau *nm* de cylindre
~ **covering**: (pap) habillage *nm*
~ **head**: (engine) culasse *nf*; (hydraulic, pneumatic cylinder) fond *nm* de cylindre, plateau *nm* de cylindre
~ **head and valve mechanism**: (auto) culasse *nf* et distribution
~ **head cover**: (auto) cache-culbuteurs *nm*, carter *nm* de culbuterie, couvercle *nm* de culbuterie, couvre-culasse *nm*, couvre-culbuteurs *nm*
~ **head gasket**: joint *nm* de culasse
~ **jacket**: enveloppe *nf* de cylindre
~ **liner**: chemise *nf* de cylindre

~ **machine**: (pap) machine *nf* à forme ronde
~ **mould**: (pap) forme *nf* ronde
~ **stock**: huile *nf* cylindres, cylinder stock *nm*

cylindrical: cylindrique
~ **controller**: (rlwy) combinateur *nm* cylindrique, combinateur à tambour
~ **coordinate robot**: robot *nm* à coordonnées cylindriques
~ **gauge**: (external) calibre *nm* à bague; (internal) calibre à bouchon
~ **roller bearing**: roulement *nm* à rouleaux cylindriques
~ **shell**: (roof) voile *nm* cylindrique
~ **vault**: voûte *nf* en plein cintre

cylindricality: cylindricité *nf*

cypher → *cipher*

D

DA → *digital analog*

dab: (of adhesive) polochon *nm*

DAC → *digital to analog converter*

dagger: (graph) croix *nf* [mortuaire], obèle *nm*

daily: journalier, quotidien

daisywheel, ~ **printer**: imprimante *nf* à marguerite

dam *nn*: barrage *nm*; *vb*: ériger un barrage

damage *nn*: dégâts *nm*, avarie *nf*; *vb*: endommager, abîmer, avarier, détériorer

damp *nn*: humidité *nf*; *adj*: humide; *vb*: mouiller, arroser, humecter; (sound) assourdir, amortir, affaiblir, atténuer
~ **proof course** «DPC»: chape *nf* d'étanchéité, couche *nf* d'étanchéité
~ **proofing**: hydrofugation *nf*

damped: amorti, décroissant
~ **wave**: onde *nf* amortie

dampen *vb*: mouiller, humecter; (fire) étouffer; (shock, oscillation) amortir; (sound) assourdir

dampener: mouillleur *nm*, humecteur *nm*; NA amortisseur *nm*, réservoir *nm* amortisseur

dampening: humectage *nm*, humidification *nf*

damper: (of boiler) registre *nm*, étouffoir *nm*; (in chimney) registre *nm*, papillon *nm*; (a dampener) humecteuse *nf*, mouilleuse *nf*; (on musical instrument) étouffoir *nm*
~ **winding**: amortisseur *nm*, bobinage *nm* amortisseur, enroulement *nm* amortisseur

damping: (dampening) mouillage *nm*, humectage *nm*; (of coke) extinction *nf*; (of sound) amortissement *nm*, affaiblissement *nm*, atténuation *nm*; (tex) décatissage *nm*; (of wave) amortissement *nm*
~ **down**: (of fire) mise *nf* en veilleuse; (of coke) extinction *nf*
~ **magnet**: aimant *nm* d'amortissement, aimant amortisseur

dance, ~ **a step**: balancer une marche, faire le balancement

dancer, ~ **roll**: rouleau *nm* fou

dancing: (of instrument, needle) affolement *nm*

dandy, ~ **roll**: (pap) rouleau *nm* égoutteur

dark *nn*: obscurité *nf*; *adj*: sombre, obscur
~ **current**: (photocell) courant *nm* d'obscurité
~ **discharge**: décharge *nf* obscure
~ **room**: (phot) chambre *nf* noire
~ **space**: (crt) espace *nm* sombre, espace obscur
~ **trace screen**: écran *nm* absorbant

dash → *dashboard, dashpot*

dash: (Morse alphabet) trait *nm*; (graph) tiret *nm*
~ **dot**: trait *nm* mixte
~ **dot rythm**: rythme *nm* trait-point

dashboard: tableau *nm* de bord
~ **lamp**: lampe *nf* de tablier, lampe de bord

dashpot: amortisseur *nm* à fluide, amortisseur à piston, dashpot *nm*; (el) dashpot, tube *nm* amortisseur, tube d'amortisseur

data: données *nf*
~ **above voice** «DAV» données *nf* supravocales
~ **bank**: banque *nf* de données
~ **base** «DB»: base *nf* de données «BDD»

~ **base machine** «DBM»: machine *nf* BDD, «MBDD»
~ **base management** «DBM»: gestion *nf* de base de données
~ **base management system** «DBMS»: système *nm* de gestion de base de données
~ **base provider**: producteur *nm* de BD
~ **bit**: bit *nm* utile, bit d'information
~ **capture**: saisie *nf* des données
~ **communication equipment** «DCE»: matériel *nm* de transmission de données
~ **communications**: télématique *nf*
~ **encryption standard** «DES»: norme *nf* de chiffrement américaine
~ **flow**: flux *nm* des données, circulation *nf* des données
~ **gathering**: collecte *nf* de données
~ **in voice** «IV»: données *nf* vocales, transmission *nf* de données vocales
~ **link escape** «DLE»: échappement *nm* en transmission de données
~ **movement**: transfert *nm* de données
~ **origination**: émission *nf* de données, création *nf* de données
~ **processing** «DP»: traitement *nm* de données «TD»
~ **reduction**: réduction *nf* [par codage]
~ **retrieval**: recherche *nf* de données
~ **set**: ensemble *nm* de données
~ **set ready** «DSR»: modem *nm* prêt
~ **sheet**: fiche *nf* technique
~ **signalling rate**: débit *nm* binaire
~ **sink**: collecteur *nm* de données, puits *nm* de données
~ **source**: point *nm* d'émission, source *nf* de données, terminal *nm* émetteur
~ **stream**: flot *nm* de données, flux *nm* de données
~ **switching**: commutation *nf* de données
~ **terminal equipment** «DTE»: équipement *nm* terminal de traitement de données «ETTD»
~ **under voice** «DUV»: données *nf* infravocales, transmission *nf* de données infravocales

datacom → *data communications*

datagram: datagramme *nm*

datum: référence *nf*
~ **level**: niveau *nm* de référence
~ **line**: ligne *nf* de référence, ligne de base, ligne zéro
~ **plane** «DP»: plan *nm* d'origine, plan de référence

davit: bossoir *nm*

day *nn*: jour *nm*; *adj*: de jour
~ **labour**: main-d'œuvre *nf* en régie
~ **range**: (mil) *nf* portée diurne
~ **shift**: équipe *nf* de jour, service *nm* de jour

daylight: lumière *nf* du jour, lumière naturelle; (of press) ouverture *nf* du moule, distance *nf* entre plateaux, hauteur *nf* libre, hauteur entre plateaux
~ **clearance**: (of air cushion) hauteur *nf* de fuite, intervalle *nm* de fuite
~ **gap**: (of air cushion) hauteur *nf* de fuite, intervalle *nm* de fuite
~ **lamp**: lampe *nf* lumière du jour
~ **press**: presse *nf* à plateaux multiples

daily: journalier, quotidien

DBM → *data base machine, data base management, double balanced mixer*

DBMS → *data base management system*

DBS → *direct broadcasting satellite*

DC → *down converter*

d.c. → also *direct current*
~ **component**: composante *nf* de courant continu, composante continue
~ **converter**: convertisseur *nm* de courant continu, convertisseur continu-continu
~ **dump**: (inf) coupure *nf* du courant continu (sur la machine)
~ **generator**: génératrice *nf* de courant continu
~ **power**: puissance *nf* continue

DCC → *double cotton covered*

DCE → *data communication equipment*

D-cracking: trésaillures *nf*

DCTL → *direct coupled transistor logic*

DD → *digital display*

DDB → *distributed data base*

DDD → *direct distance dialling*

DDP → *dispersed data processing, distributed data processing*

deactivate *vb*: (ammunition) désamorcer; (chem) désactiver; (el) déconnecter, mettre hors tension, mettre hors fonction, mettre hors service

deactivation: mise *nf* hors tension, mise hors service, mise hors circuit, mise hors fonctionnement, neutralisation *nf*

dead: fixe; (el) hors tension, sans courant, sans tension, hors circuit; (mining) mort, stérile
~ **axle**: essieu *nm* porteur
~ **band**: (automatic control) zone *nf* d'insensibilité
~ **battery**: batterie *nf* épuisée, batterie à plat
~-**beat**: apériodique
~ **bolt**: pêne *nm* dormant
~-**burned**: cuit à mort
~ **centre**: (of engine) point *nm* mort; (m-t) pointe *nf* fixe
~ **earth**: contact *nm* franc à la terre, terre *nf* parfaite, terre franche
~ **end**: (of pipe) bout *nm* aveugle, bout fermé; (road) cul-de-sac *nm*
~ **end insulator**: isolateur *nm* d'arrêt
~ **end pole**: poteau *nm* d'extrémité
~ **end siding**: (rlwy) voie *nf* en cul-de-sac
~ **end tie**: ligature *nf* d'arrêt
~ **end tower**: mât *nm* d'arrêt, poteau *nm* d'arrêt
~ **end turn**: spire *nf* morte
~ **ground**: (el) NA contact *nm* franc à la terre, terre *nf* parfaite, terre franche; (mining) mort-terrain *nm*
~ **halt**: arrêt *nm* immédiat
~ **head**: masselotte *nf*
~ **knife**: couteau *nm* fixe, contre-couteau *nm*
~ **lime**: chaux *nf* éteinte
~ **line**: (rope) brin *nm* mort; (pipeline) pipeline *nm* inutilisé
~ **load**: poids *nm* mort; (structure) charge *nf* permanente, charge statique, charge fixe, charge due au poids propre
~ **loss**: *nf* perte sèche
~ **man**: (safety device) homme *nm* mort; (telephone line) poteau *nm* d'ancrage
~ **man's handle**: (rlwy) dispositif *nm* d'homme mort
~ **plaster**: plâtre *nm* éventé
~ **policeman**: (in road) ralentisseur *nm*
~ **reckoning**: navigation *nf* à l'estime, estime *nf*
~ **reckoning position**: point *nm* estimé
~ **room**: chambre *nf* sourde
~ **ropes**: (naut) grément *nm* dormant, grément fixe
~ **shore**: étai *nm* vertical, chandelle *nf*
~ **short**: (el) court-circuit *nm* parfait, défaut *nm* franc
~ **smooth file**: lime *nf* superfine
~ **soft**: (steel) extra doux
~ **soft temper**: trempe *nf* extra-douce
~ **space**: espace *nm* nuisible, espace non utilisé
~ **spot**: (tcm) zone de silence, zone morte
~ **steam**: vapeur *nf* passive, vapeur perdue, vapeur d'échappement
~ **steel**: acier *nm* calmé
~ **stop**: arrêt *nm* brusque; (mech) butée *nf* fixe
~ **stroke**: course *nf* sans recul
~ **time**: temps *nm* mort, temps d'inutilisation; (inf) temps d'inactivité
~ **travel**: jeu *nm* mort, course *nf* morte, mouvement *nm* à vide
~ **weight**: poids *nm* mort, poids propre; → also *deadweight*
~ **work**: (mining) travaux *nm* préparatoires, travaux de premier établissement; → also *deadworks*
~ **zone**: zone *nf* morte; (automatic control) zone d'insensibilité; (radio) zone de silence; (relay) fourchette *nf* (de réglage)

deadening: (of noise, shock) amortissement *nm*; (in floor) hourdage *nm*

deadhead: (fdry) masselotte *nf*

deadline: date *nf* limite de remise

deadlock: interblocage *nm*

deadweight, ~ **tonnage**: port *nm* en lourd

deadworks: (mining) travaux *nm* préparatoires, travaux de premier établissement; (petr) chantier *nm* improductif, chantier inachevé; (naut) accastillage *nm*, œuvres *nf* mortes

deaeration: désaération *nf*

deaerator: désaérateur *nm*

deairing: désaération *nf*, évacuation *nf* de l'air

deal: bois *nm* blanc, bois de sapin, sapin *nm*

dealer: revendeur *nm*; (auto) concessionnaire *nm*

deallocation: (inf) libération *nf*, désaffectation *nf*

deassign *vb*: (inf) libérer

debenzolisation: débenzolage *nm*

deblocking: (inf) déblocage *nm*, dégroupage *nm*

debouncing: anti-rebond *nm*

debug *vb*: (inf) mettre au point, déboguer

debugger: (inf) programme *nm* de mise au point, débogueur *nm*

debugging: (inf) mise *nf* au point, débogage *nm*, déverminage *nm*

debunching: (eon) dégroupage *nm*

deburring: ébavurage *nm*

decal: décalcomanie *nf*, autocollant *nm*

decameter, ~ **wave**: onde *nf* décamétrique

decanning: (nuc) dégainage *nm*

decanter: décanteur *nm*

decapsulation: (tcm) désemballage *nm* (d'un paquet)

decarb → *decarburate, decarbonization*

decarbonization <isation>: décarbonisation *nf*; (of engine) décalaminage *nm*

decarburate *vb*: (met) décarburer, affiner

decay *nn*: (constr) délabrement *nm*; (decrease) chute *nf*, déclin *nm*, diminution *nf*; (of oscillation) évanouissement *nm*, amortissement *nm*; (radioactive, nuclear) désintégration *nf*; (of rock, rotting) décomposition *nf*; (of wood) pourriture *nf*; *vb*: s'évanouir, se désintégrer, se décomposer
~ **characteristic**: (crt) caractéristique *nf* de persistance d'écran
~ **factor**: coefficient *nm* d'amortissement, facteur *nm* d'amortissement
~ **product**: (nuc) descendant *nm*
~ **time**: durée *nf* d'évanouissement, durée d'amortissement

decaying, ~ **current**: courant *nm* décroissant

decelerate *vb*: décélérer, freiner, ralentir

deceleration: décélération *nf*, freinage *nm*, ralentissement *nm*

dechlorination: déchloration *nf*

decimal: décimal
~ **number**: nombre *nm* décimal
~ **numbering system**: système *nm* de numération décimale
~ **numeration**: numération *nf* décimale
~ **point**: virgule *nf* décimale

decimeter, ~ **wave**: onde *nf* décimétrique

deciphering: décodage *nm*, déchiffrage *nm*, décryptage *nm*, déchiffrement *nm*

decision, ~ **making**: prise *nf* de décision
~ **support system** «DSS»: système *nm* d'aide à la décision «SAD»
~ **table**: table *nf* de décision
~ **tree**: arbre *nm* de décision

deck *nn*: (of bridge) tablier *nm*; (inf) *nm* paquet de cartes; (of forklift truck) plate-forme *nf*; (magnetic tape) platine *nf*; (of pallet) plancher *nm*; (screening) étage *nm* (d'un crible); (of ship) pont *nm*; *vb*: (mining) encager; (on ship) apponter
~ **auxiliary**: appareil *nm* auxiliaire de pont
~ **bridge**: pont *nm* à tablier supérieur
~ **cargo**: chargement *nm* en pontée, pontée *nf*
~ **crane**: grue *nf* de bord
~ **fitting**: installation *nf* de pont
~ **landing**: appontage *nm*
~ **load**: chargement *nm* en pontée, pontée *nf*
~ **machinery**: auxiliaires *nm* de pont
~ **plating**: bordé *nm* de pont

decked: ponté

deckhouse: roof *nm*, rouf *nm*, roufle *nm*

decking: (on bridge) platelage *nm*; (mining) encagement *nm*; (on ship) appontage *nm*

deckle: (pap) limiteur *nm* de laize
~ **boards**: réglettes *nf*, couverte *nf* fixe
~ **edges**: barbes *nf*

decladding: (nuc) dégainage *nm*

declination: (of magnetic needle) déclinaison *nf*
~ **compass**: compas *nm* de déclinaison

declutch *vb*: débrayer

declutching: désaccouplement *nm*, débrayage *nm*

decode *vb*: déchiffrer, décoder

decoder: décodeur *nm*

decoding: décodage *nm*, déchiffrage *nm*, déchiffrement *nm*

decoiler: dérouleur *nm*

decollating: (inf) déliassage *nm*

decommission *vb*: (machine) retirer de service; (naut) désarmer

decommissioning: (naut) désarmement *nm*

decompiler: décompilateur *nm*

decompression: décompression *nf*
~ **chamber**: chambre *nf* de décompression

decorative, ~ **cover**: carter *nm* extérieur, carter d'habillage

decoupling: découplage *nm*

decrease *nn*: baisse *nf*, réduction *nf*; *vb*: abaisser, baisser, diminuer, réduire
~ **in speed**: ralentissement *nm*
~ **in value**: moins-value *nf*

decreaser NA : (pipe fitting) cône-réduction *nm*, réduction *nf*

decreasing, ~ **order**: ordre *nm* décroissant

decrement *nn*: décrément *nm*, diminution *nf*, décroissement *nm*; *vb*: décrémenter

decrementation: décrémentation *nf*, diminution *nf*, régression *nf*

decrypt *vb*: décrypter, déchiffrer

decryption: déchiffrement *nm*, déchiffrage cryptographique, décryptage *nm*

dedendum: (gear tooth) creux *nm*
~ **circle**: cercle *nm* intérieur, cercle de pied
~ **flank**: flanc *nm* de creux

dedicate *vb*: affecter, consacrer, dédier

dedicated: (inf) dédié, spécialisé, affecté
~ **equipment**: équipement *nm* spécialisé
~ **memory**: mémoire *nf* réservée, mémoire spécialisée
~ **message**: message *nm* privilégié, message exclusif
~ **network**: réseau *nm* spécialisé
~ **plant**: (tp) installation *nf* affectée à demeure, équipement *nm* affecté à demeure
~ **register**: registre *nm* consacré, registre à rôle fixe

dedication: exclusivité *nf*, spécialisation *nf*

dedust *vb*: dépoussiérer

deduster: dépoussiéreur *nm*

dedusting: dépoussiérage *nm*

deemphasis: désaccentuation *nf*

deenergization **<isation>**: désexcitation *nf*, désamorçage *nm*

deenergize **<ise>** *vb*: mettre hors tension, désexciter, désamorcer

deenergized **<ised>**: [mis] hors circuit, [mis] hors tension, non alimenté

deep: profond, haut; (colour) foncé; (sound) grave
~ **drawing**: (met) emboutissage *nm* [profond]; (plast) formage *nm* profond
~ **drawn**: embouti profond
~ **etch offset**: offset *nm* en creux
~ **etching**: (test) attaque *nf* macrographique, macroattaque *nf*
~ **mining**: exploitation *nf* souterraine, exploitation en profondeur
~ **nut**: écrou *nm* haut
~ **sea**: haute mer *nf*, grand fond *nm*
~ **sea cable**: câble *nm* de grand fond
~ **sea navigation**: navigation *nf* hauturière
~ **space**: espace *nm* lointain
~ **stall**: (aero) superdécrochage *nm*
~ **water**: eau *nf* profonde; (sea) grand fond *nm*
~ **water line**: ligne *nf* de flottaison en charge

~ **water terminal**: (petr) terminal *nm* en mer
~ **well pump**: pompe *nf* de fond

deepen *vb*: approfondir

default *adj*: par défaut, implicite, systématique; *vb*: exécuter systématiquement, prendre implicitement une valeur
~ **mode**: mode *nm* par défaut
~ **of contractor**: carence *nf* de l'entrepreneur
~ **option**: option *nf* par défaut

defeat *vb*: annuler l'effet, invalider
~ **feature**: dispositif *nm* d'invalidation

defect: défaut *nm*, défectuosité *nf*, vice *nm*

defective *nn*: pièce *nf* défectueuse; *adj*: défectueux; (modulation, restitution) infidèle
~ **item**: pièce *nf* défectueuse
~ **workmanship**: malfaçon *nf*, vice *nm* de construction, vice de fabrication

defence **<nse>** *nn*: (mil) défense *nf*; *adj*: de défense, militarisé
~ **related**: à usage militaire

deferred: différé
~ **restart**: reprise *nf* différée

defibering: (pap) défibrage *nm*

deficiency: manque *nm*, insuffisance *nf*, défaut *nm*

deficient: insuffisant

definite, ~ time lag: (el) retard *nm* indépendant
~ **time lag circuit-breaker**: disjoncteur *nm* à retard indépendant

definition: (image, sound) netteté *nf*

deflagrating, ~ spoon: (laboratory) cuillère *nf* à déflagration

deflagration: déflagration *nf*

deflaker: (pap) dépastilleur *nm*

deflaking: (pap) dépastillage *nm*

deflashing: (plast) ébarbage *nm*, ébavurage *nm*

deflate *vb*: dégonfler, se dégonfler

deflect *vb*: (physics, optics) dévier, défléchir; (beam) faire flèche

deflecting, ~ electrode: électrode *nf* de déviation
~ **force**: (of an instrument) effort *nm* de déviation
~ **plate**: (trc) plaque *nf* de déviation
~ **torque**: couple *nm* moteur

deflection NA → *deflexion*

deflective, ~ strength: résistance *nf* à la flexion
~ **stress**: effort *nm* de flexion

deflectometer: déflectomètre *nm*, fleximètre *nm*, indicateur *nm* de flèche

deflector: (a baffle) chicane *nf*; (a thrower, flinger) déflecteur *nm*

deflexion **<ection>**: flexion *nf*; (of bore holes) déviation *nf*; (of light) déflexion *nf*, déviation; (of magnetic needle) déclinaison *nf*; (under load) fléchissement *nm*, flèche *nf*
~ **coil**: bobine *nf* de déviation
~ **curve**: ligne *nf* élastique de flexion
~ **defocusing**: (crt) élargissement *nm* du spot
~ **indicator**: fleximètre *nm*
~ **potentiometer**: potentiomètre *nm* à déviation

deflocculation: défloculation *nf*

defoamer: additif *nm* anti-mousse, anti-mousse *nm*

defocussing: défocalisation *nf*

defoliant: défoliant *nm*

deformability: déformabilité *nf*

deformation: déformation *nf*
~ **zone**: (of vehicle) zone *nf* déformable

deformed, ~ bar: (reinforced concrete) barre *nf* à haute adhérence
~ **wire**: (reinforced concrete) fil *nm* à empreintes

defroster: (auto) dégivreur *nm*

defrosting: dégivrage *nm*

defrothing: écumage *nm*

defuelling <eling>: vidangeage *nm* (du réservoir de carburant)

defuse <uze> *vb*: désamorcer

degas *vb*: dégazer

degassing: (eon, vacuum) dégazage *nm*; (petr) débullage nm

degate *vb*: décarotter

degating: décarottage *nm*, écarottage *nm*

degaussing «DG»: démagnétisation *nf*, désaimantation *nf*; (naut) immunisation *nf*

degradation: (of quality) dégradation *nf*, perte *nf*, baisse *nf*, réduction *nf*; (tcm) dégradation, fonctionnement *nm* en [mode] dégradé

degraded, ~ **mode**: mode *nm* dégradé

degrease *vb*: dégraisser, décaper

degreaser: décapant *nm*

degree: degré *nm*
~ **below zero**: degré *nm* de froid
~ **day**: degré-jour *nm*
~ **of indeterminateness**: (of structure) degré *nm* d'hyperstaticité
~ **of list**: (naut) degré *nm* de bande

degumming: (tex) décreusage *nm*

dehumidifer: déshumidificateur *nm*, déshydrateur *nm*

dehumidification: déshumidification *nf*

dehydrate *vb*: déshydrater

dehydrated: déshydraté; (eggs, milk) en poudre

dehydration: déshydratation *nf*, dessication *nf*

dehydrator: déshydrateur *nm*

dehydrogenation: déshydrogénation *nf*

deicing: dégivrage *nm*
~ **mat**: (aero) tablier *nm* de dégivrage

deinking: désencrage *nm*

deion → *deionization*

deionization <isation>: désionisation *nf*

DEL → *delete*

delamination: détachement *nm* des couches, décollement *nm* des plis, délaminage *nm*

delay *nn*: retard *nm*, attente *nf*, temporisation *nf*; (tcm) temps *nm* d'attente, temps d'établissement; *adj*: à retard, de retard; *vb*: retarder
~ **distortion**: distorsion *nf* de phase
~ **equalizer**: correcteur *nm* de phase, égaliseur *nm* de phase; (tcm) correcteur *nm* de temps de propagation de groupe
~ **line**: ligne *nf* à retard «LR»
~ **relay** NA : relais *nm* temporisé

delayed: différé, retardé, temporisé
~ **action**: retardement *nm*, temporisation *nf*
~**-action**: à action retardée, à action temporisée
~**-action alarm**: alarme *nf* temporisée
~**-action bomb**: bombe *nf* à retardement
~ **broadcast**: émission *nf* en différé
~ **critical**: critique différé
~ **elasticity**: élasticité *nf* différée, élasticité retardée
~ **release**: déclenchement *nm* temporisé
~ **switch**: interrupteur *nm* à action différée

delete «DEL»: *nn*: effacement *nm*; *vb*: effacer, annuler, supprimer
~ **character**: caractère *nm* d'oblitération, caractère d'effacement

deletion: annulation *nf*, effacement *nm*, suppression *nf*, élimination *nf*

delimiter: délimiteur *nm*, séparateur *nm*, borne *nf*

delink *vb*: détacher

deliver *vb*: (goods) livrer; (pump) refouler

delivered: fourni; (goods) livré
~ **free on site**: rendu chantier
~ **at works**: rendu usine

~ **power**: puissance *nf* fournie, puissance de sortie

delivery: (of goods) livraison *nf*; (to a machine) alimentation *nf*; (graph) sortie *nf* des feuilles, réception *nf*; (by pump) refoulement *nm*; (tex) livraison *nf*, sortie *nf*
~ **casing**: (pump) corps *nm* de refoulement
~ **cock**: robinet *nm* de décharge
~ **connection**: (ejector pump) orifice *nm* de refoulement
~ **end**: (of conveyor) extrémité *nf* de déchargement, point *nm* de rejet, point de verse; (tex) sortie *nf*; (in mine) pied *nm* de taille
~ **head**: hauteur *nf* de refoulement, hauteur manométrique
~ **hose**: tuyau *nm* de remplissage, tuyau d'alimentation, tuyau de distribution
~ **manifold**: collecteur *nm* de refoulement
~ **order**: bon *nm* de livraison
~ **pile**: tas *nm* de décharge; (graph) tas de réception, pile *nf* de sortie, pile de recette
~ **pipe**: conduite *nf* de refoulement, conduite d'amenée, conduite de décharge; (to Diesel engine injector) tuyau *nm* d'injection
~ **pressure**: pression *nf* de refoulement
~ **quality**: qualité *nf* en l'état de livraison
~ **ratio**: (engine) rendement *nm* volumétrique
~ **roller**: (carding) cylindre *nm* délivreur
~ **side**: (belt) brin *nm* descendant; (rolls) côté *nm* de décharge, côté de sortie
~ **space**: (centrifugal fan) conque *nf*, diffuseur *nm*
~ **spool**: bobine *nf* débitrice, dérouleuse *nf*
~ **table**: (graph) table *nf* de sortie, table de réception
~ **valve**: clapet *nm* de décharge, soupape *nf* de refoulement

delta: (of river) delta *nm*; (el) triangle nm; (modulation, code) delta
~ **connection**: montage *nm* en triangle
~ **encoded**: à codage delta
~ **iron**: fer *nm* delta
~ **modulation**: modulation *nf* delta
~ **network**: réseau *nm* en delta, réseau triangle
~ **voltage**: tension *nf* en delta
~ **wing**: aile *nf* [en] delta, aile triangulaire, voilure *nf* en delta

demagnetization **<isation>**: désaimantation *nf*, démagnétisation *nf*

demagnetize **<ise>** *vb*: désaimanter, démagnétiser

demand: demande *nf*, besoin *nm*; (el) puissance *nf* absorbée
~ **assignment**: affectation *nf* à la demande
~ **factor**: coefficient *nm* d'utilisation, facteur *nm* de consommation
~ **meter**: enregistreur *nm* de demande, enregistreur de pointe
~ **operating**: (tp) service *nm* rapide, exploitation *nf* sans attente
~ **paging**: pagination *nf* à la demande
~ **processing**: traitement *nm* immédiat, traitement à la demande
~ **working**: (tp) service *nm* rapide, exploitation *nf* sans attente

demarcation: délimitation *nf*

demijohn: bonbonne *nf*

demineralizing **<ising>**: déminéralisation *nf*

demister: antibuée *nm*

demisting: désembuage *nm*

demodulation: démodulation *nf*

demolding NA → *demoulding*

demoth *vb*: remettre en service

demoulding **<molding>**: démoulage *nm*; (concrete) décoffrage *nm*

demountable: démontable, amovible, détachable

demultiplexer: démultiplexeur *nm*

demultiplexing: démultiplexeur *adj*

demultiplication: démultiplication *nf*, réduction *nf*

dense: dense, lourd; (wording, text) condensé
~ **concrete**: béton *nm* plein
~ **medium**: milieu *nm* dense
~ **smoke**: fumée *nf* épaisse
~ **structure**: structure *nf* dense, structure fermée

densified, ~ **impregnated wood**: bois *nm* imprégné densifié

densifier: épaississeur *nm* (de boue)

densilog: (petr) diagraphie *nf* de densité

densimeter: densimètre *nm*

density: masse *nf* volumique; (computer disk, magnetic flux, traffic) densité *nf*; (phot) opacité *nf*
~ **of surface charge**: charge *nf* surfacique
~ **of volume charge**: charge *nf* volumique
~ **packaging**: (eon) paquetage *nm* à haute densité

denting: bossellement *nm* localisé (tôle), tôle *nf* froissée

deodorant: désodorisant *nm*

deodorize **<ise>** *vb*: désodoriser

deodorizer **<iser>**: désodorisant *nm*

deoil *vb*: déshuiler, récupérer l'huile

deoiler: déshuileur *nm*

deoiling: déshuilage *nm*

deoxidation: désoxydation *nf*

deoxider: désoxydant *nm*

depacketize **<ise>** *vb*: (tcm) dépaqueter

departure: (transport) départ *nm*; (from specification) écart *nm*; (navigation) chemin *nm* est-ouest
~ **platform**: quai *nm* de départ

dependability: fiabilité *nf*, sûreté *nf* de fonctionnement

dependable: fiable, [de fonctionnement] sûr

dependent: dépendant (de), tributaire (de)
~ **repeater**: répéteur *nm* téléalimenté

dependently, ~ **interlocked**: asservi

dephasing: déphasage *nm*

dephenolation: déphénolage *nm*

deplane NA *vb*: débarquer, faire débarquer

depleted: (soil, well) épuisé; (nuc) appauvri

depletion: (of soil) épuisement *nm*; (nuc) appauvrissement *nm*
~ **layer**: zone *nf* de déplétion, couche *nf* d'appauvrissement

deployed: (mil) déployé; (tcm) réparti

depolarizer **<iser>**: dépolarisant *nm*

depopulate *vb*: retirer de service; (p.c.) dégarnir les cartes

deposit *nn*: dépôt *nm*; *vb*: déposer
~ **of carbon**: (engine) calamine *nf*

deposited: déposé
~ **metal**: (wldg) métal *nm* d'apport

deposition: formation *nf* de dépôts, formation de sédiments; (geol) sédimentation *nf*

depot: (a store) dépôt *nm*, magasin *nm*; (rlwy) NA gare *nf* de marchandises

depress *vb*: (key, button) enfoncer, appuyer sur

depressant: abaisseur *nm*

depressed, **~-centre car**: wagon *nm* plat surbaissé
~ **position**: (of key) position *nf* enfoncée

depression: (in surface, vacuum) dépression *nf*; (of key) enfoncement *nm*, abaissement *nm*

depth: profondeur *nf*; (of beam, page) hauteur *nf*; (naut) creux *nm*
~ **charge**: grenade *nf* sous-marine
~ **contour**: isobathe *nm*
~ **curve**: (sea) courbe *nf* bathymétrique
~ **gauge**: (mech) calibre *nm* de profondeur; (of submarine) indicateur *nm* de profondeur
~ **indicator**: indicateur *nm* de profondeur
~ **of cut**: (mining) profondeur *nf* de saignée; (m-t) profondeur de passe
~ **of hold**: (naut) creux *nm* de cale
~ **of tooth**: hauteur *nf* de dent
~ **under surface**: (cable) profondeur *nf* de pose

dequeue *vb*: (inf) sortir d'une file d'attente, retirer d'une file d'attente

derailleur: (bicycle) dérailleur *nm*

derailment: (rlwy) déraillement *nm*

derating: (mech) réduction *nf* (d'une valeur nominale), déclassement *nm* d'une machine

derivation, ~ **action**: (automatic control) action *nf* par dérivation, action dérivée

derivative *nn*: (chem, plast) derivé *nm*; *adj*: (instrument) à action par dérivation

derrick: (petr) derrick *nm*, tour *nf* de forage; (naut) mât *nm* de charge
~ **crane**: grue *nf* à portée variable, grue à volée variable
~ **crutch**: support *nm* de mât de charge
~ **floor**: plancher *nm* de forage, plancher de manœuvre
~ **man**: accrocheur *nm*

derricking: (crane) relevage *nm* de la flèche
~ **crane**: grue *nf* à déplacement non horizontal de la charge, grue à relevage de flèche, grue à portée variable
~ **jib**: flèche *nf* relevable
~ **motion**: mouvement *nm* de relevage de la flèche
~ **winch**: treuil *nm* de relevage

DERV → *diesel engine road vehicle*
~ **fuel**: carburant *nm* Diesel

DES → *data encryption standard*

desalination: dessalage *nm*, dessalement *nm*

desalting: (petr) dessalage *nm*

descaling: décalaminage *nm*

descending: descendant
~ **order**: ordre *nm* descendant, ordre décroissant
~ **stroke**: mouvement *nm* de descente

descent: (aero) descente *nf*

descrambling: désembrouillage *nm*

description: (of part) désignation *nf*

descriptor: descripteur *nm*

desemulsify *vb*: désémulsionner

deserializer **<iser>**: convertisseur *nm* série-parallèle

desiccant: déshydratant *nm*; (paint) siccatif *nm*
~ **type dryer**: déshydrateur *nm* à absorption, dessicateur *nm*

desiccator: dessicateur *nm*

design *nn*: conception *nf*, étude *nf*, création *nf*; (outward appearance) esthétique *nf* industrielle, stylique *nf*, stylisme *nm*; (version) modèle *nm*; *vb*: concevoir, étudier, calculer
~ **basis**: hypothèse *nf* de calcul
~ **basis accident**: (nuc) accident *nm* de référence
~ **engineer**: ingénieur *nm* d'études, ingénieur de bureau d'études
~ **life**: durée *nf* de vie prévue
~ **load**: charge *nf* théorique
~ **office**: bureau *nm* d'études, bureau des études
~ **pressure**: pression *nf* de calcul; (boiler) timbre *nm*
~ **property**: propriété *nf* à admettre, propriété admise
~ **speed**: (transport) vitesse *nf* de projet, vitesse de base
~ **strength**: résistance *nf* à admettre, résistance envisagée
~ **value**: valeur *nf* théorique

designer: concepteur *nm*; (of project) auteur *nm* de projet, concepteur, projeteur *nm*; stylicien *nm*

desired, ~ **value**: (automatic control) valeur *nf* de consigne

desizing: désencollage *nm*, désensimage *nm*

desk: (furniture) bureau *nm*; (of operator) pupitre *nm*; (rolling mill) plateforme *nf* de commande, plate-forme de manœuvre
~ **research**: recherche *nf* documentaire

desktop: de bureau
~ **computer**: ordinateur *nm* de bureau

deslag *vb*: piquer le laitier, décrasser, ôter les scories

desludge *vb*: extraire la boue; (sewage) nettoyer

desorption: désorption *nf*

despatch → *dispatch*

despin *vb*: (space) stabiliser, freiner la rotation

despun, ~ **antenna**: antenne *nf* contre-rotative

destination: destination *nf*; (of consignment) destinataire *nm*; (tp) demandé *nm*, appelé *nm*
~ **office**: (tp) central *nm* d'arrivée

destruct *vb*: détruire; (data) détruire, annuler, effacer, supprimer

destructive: destructif
~ **addition**: addition *nf* avec effacement
~ **readout** «DRO»: lecture *nf* destructive, lecture avec effacement
~ **testing**: essai *nm* destructif

destuffing: (container) dépotage *nm*

desuperheater: désurchauffeur *nm*

desuperheating, ~ **coil**: (condenser) serpentin *nm* désurchauffeur

detach *vb*: détacher
~ **the combed material**: arracher

detachable: amovible, détachable, démontable

detaching, ~ **roll[er]**: (tex) cylindre *nm* arracheur

detail: détail *nm*, particularité *nf*
~ **design**: petite étude *nf*
~ **designer**: ingénieur *nm* de petites études
~ **drawing**: dessin *nm* de détail, plan *nm* de détail
~ **file**: (inf) fichier *nm* détail, fichier mouvements
~ **part**: pièce *nf* primaire, pièce élémentaire
~ **record**: (inf) article *nm* mouvement[s]

detailer: ingénieur *nm* de petites études

detect *vb*: déceler, détecter

detector: (rob) détecteur *nm*

detent: (mech) encliquetage *nm*, cliquet *nm* de retenue, cliquet d'arrêt, mécanisme *nm* d'arrêt
~ **groove**: rainure *nf* d'arrêt
~ **pin**: goupille *nf* d'arrêt, pivot *nm* d'arrêt

detergent: détergent *nm*, détersif *nm*, produit *nm* lessiviel

determination: (analysis, test) détermination *nf*

deterrent: agent *nm* de dissuasion

detinning: désétamage *nm*

detonating: détonant
~ **fuse**: cordeau *nm* détonant

detonation: détonation *nf*, explosion *nf*

detonator: amorce *nf*, détonateur *nm*; (rlwy) pétard *nm*

detraining: débarquement *nm* (de train)

detrimental: nuisible
~ **to health**: malsain

detrucking: débarquement *nm* (de camion)

detuning: désaccord *nm*

detwister: (tex) banc *nm* à dévriller

detwisting: dévrillage *nm*

develop *vb*: (an area) aménager, développer, mettre en valeur; (a building plot) viabiliser; (a computer programme) créer, élaborer; (a force) développer; (heat) engendrer, dégager; (a mine) exploiter; (phot) développer; (a product) mettre au point

developed, ~ **area**: (petr) zone en exploitation
~ **length**: (geometry) longueur *nf* développée

developer: (phot) révélateur *nm*; (property) promoteur *nm*

development: (of an aera) aménagement *nm*; (industry) développement *nm*
~ **area**: zone *nf* à urbaniser, zone d'aménagement

~ **drilling**: forage *nm* de développement
~ **plan**: plan *nm* d'aménagement, plan directeur
~ **stage**: stade *nm* pré-industriel

deviation: (of compass) déviation *nf*; (in contract) dérogation *nf*; (el) excursion *nf*; (statistics) écart *nm*
~ **from ordered value**: écart *nm* de consigne
~ **indicator**: écartomètre *nm*
~ **range**: gamme *nf* d'excursion

device: appareil *nm*, dispositif *nm*, mécanisme *nm*; (inf) unité *nf*, périphérique *nm*
~ **dependent**: lié au type de machine, tributaire du type d'unité
~ **independent**: non lié au type de machine, non tributaire du type d'unité
~ **specific**: propre à un appareil

dew, ~ **point**: point *nm* de rosée

dewater *vb*: (coal) égoutter; (mine) dénoyer; (the ground, a trench) assécher

dewatering: (of coal) égouttage *nm*; (of ground) assèchement *nm*; (of mine) épuisement *nm*, dénoyage *nm*; (pap) hydroextraction *nf*
~ **pipe**: tuyau *nm* d'exhaure
~ **pump**: (for ground) pompe *nf* de rabattement de nappe; (mining) pompe d'exhaure
~ **tank**: cuve *nf* de déshydratation

dewaxing: déparaffinage *nm*

dextrorotary: dextrogyre, à rotation à droite

DF → *distributing frame, diesel fuel, direction finder*

DG → *degaussing*

DH → *diamond hardness*

diagnosable: diagnosticable

diagnose *vb*: diagnostiquer

diagnosis: diagnostic *nm*

diagnostic *adj*: de diagnostic, de recherche

diagonal *nn*: diagonale *nf*; (of truss panel) contrefiche *nf*, diagonale *nf*; *adj*: en diagonale
~ **brace**: écharpe *nf*, diagonale *nf*
~ **joint**: assemblage *nm* en fausse coupe, joint *nm* en sifflet

diagram: diagramme *nm*, schéma *nm*

dial *nn*: cadran *nm*; *vb*: (tp) composer, faire le numéro
~ **card** NA : télécarte *nf*
~ **feed press**: presse *nf* à barillet, presse à tourelle revolver
~ **gauge**: comparateur *nm* à cadran
~ **number**: numéro *nm* d'appel
~ **office** NA : central *nm* automatique
~ **pad**: clavier *nm* téléphonique
~ **service** NA : (tp) service *nm* automatique
~ **set**: appareil *nm* automatique, appareil à cadran
~ **switching**: (tp) commutation *nf* automatique, autocommutation *nf*
~ **tone**: signal *nm* de manœuvre, tonalité *nf* [d'envoi]
~ **up line**: ligne *nf* commutée
~ **wheel**: disque *nm* mobile d'appel

dialed, dialer, dialing NA → *dialled, dialler, dialling*

dialled **<aled>**, ~ **connection**: communication *nf* en service automatique
~ **number**: numéro *nm* composé

dialler **<aler>**: composeur *nm*, numéroteur *nm*

dialling **<aling>**: (tp) composition *nf* (du numéro), appel *nm* par cadran, numérotation *nf*
~ **code**: indicatif *nm* de numérotation

dialogue **<og>**: (automatic control, inf) dialogue *nm*, interaction *nf*

diamagnetic: diamagnétique

diameter: diamètre *nm*
~ **at bottom of thread**: diamètre *nm* à fond de filet, petit diamètre du filet

diametral, ~ **pitch**: pas *nm* diamétral

diamond: (a stone) diamant *nm*; (a pattern) losange *nm*; (rlwy) cœur *nm* d'aiguille, cœur de croisement
~ **crossing**: (rlwy) croisement *nm* oblique, traversée *nf* oblique, cœur *nm* double, cœur de traversée
~ **hardness** «DH»: dureté *nf* Vickers
~ **knurl**: moletage *nm* croisé

~ **nail**: clou *nm* à tête de diamant
~ **point**: pointe *nf* de diamant
~-**point tool**: outil *nm* à pointe de diamant, grain *nm* d'orge
~-**shaped**: en losange
~ **turning lathe**: tour *nm* à diamanter
~ **wheel**: meule *nf* diamantée

diaphragm: (box girder) voile *nm*; (control) diaphragme *nm*, membrane *nf* [souple]; (camera) diaphragme; (waveguide) iris *nm*
~ **actuator**: plateau *nm* de membrane
~ **plate**: contre-plateau *nm* de membrane
~-**type pressure gauge**: manomètre *nm* à membrane

diazo, ~ **compound**: diazoïque *nm*

dibasic: dibasique

dibenzyl, ~ **group**: groupe *nm* dibenzylique

dichroic: dichroïque

DID → *direct inward dialling*

die *nn*: (diecasting) coquille *nf*, moule *nm* [métallique]; (drawing, extrusion, thread cutting) filière *nf*; (forging, moulding) matrice *nf*; (of press brake) lame *nf*; (punching) emporte-pièce *nm*
~ **approach**: (plast) canal *nm* d'écoulement
~ **base** NA : corps *nm* de filière
~ **block**: porte-filière *nm*
~ **body**: corps *nm* de filière
~ **channel** NA : canal *nm* d'écoulement
~ **cutting**: découpage *nm* à l'emporte-pièce
~ **forging**: forgeage *nm* par matriçage
~ **head**: cage *nf* de filière, tête *nf* de filière; (rivet) tête *nf* de pose, première tête
~ **insert**: (diecasting) empreinte *nf* rapportée
~ **land**: partie *nf* de filière à section constante
~ **nut**: écrou *nm* taraudeur
~ **parting face**: face *nf* de joint d'un moule
~ **plate**: filière *nf* simple, filière à fileter; plateau *nm* porte-outillage, plateau porte-moule
~ **platen**: plateau *nm* porte-moule, porte-moule *nm*
~ **press**: presse *nf* à matricer
~ **stamping**: matriçage *nm*
~ **stock**: cage *nf* de filière

die *vb*: tomber en panne, défaillir
~ **out**: disparaître peu à peu; (vibration, oscillation) s'amortir

diecasting: GB coulée *nf* en coquille; NA coulée *nf* sous pression, moulage *nm* sous pression

dielectric: diélectrique
~ **breakdown**: rupture *nf* diélectrique
~ **current**: courant *nm* de fuite
~ **strength**: rigidité *nf* diélectrique

diesel, ~ **electric engine**: moteur *nm* Diesel-électrique
~ **electric locomotive**: locomotive *nf* diesel-électrique
~ **engine**: moteur *nm* diesel
~ **engine road vehicle** «DERV»: véhicule *nm* routier à moteur diesel
~ **engine road vehicle fuel**: gasoil *nm* moteur, gasoil routier, gazole *nm*
~ **fuel**: gazole *nm*, gasoil *nm*
~ **oil**: gazole *nm*, gasoil *nm*

difference, ~ **in level**: (ground) dénivellation *nf*

different: différent; (inf) hétérogène

differential *nn*: différentiel *nm*; *adj*: différentiel
~ **brake**: frein *nm* différentiel, frein sur différentiel
~ **crown bevel**: couronne *nf* d'angle du différentiel
~ **lock**: blocage *nm* du différentiel
~ **phase distortion**: distorsion *nf* de phase différentielle
~ **pinion**: pignon *nm* satellite de différentiel, satellite *nm* de différentiel
~ **pressure gauge**: manomètre différentiel
~ **screw**: vis *nf* différentielle, vis à filets différentiels
~ **shaft**: (vehicle) demi-arbre *nm*, arbre *nm* de roue, arbre de pont arrière
~ **side gear**: planétaire *nm* de différentiel, engrenage *nm* planétaire
~ **spider**: croisillon *nm* des satellites
~ **spider pinion**: satellite *nm* de différentiel
~ **thermal analysis** «DTA»: analyse *nf* thermique différentielle «ATD»
~-**wound**: à enroulement *nm* différentiel

differentiate *vb*: distinguer, discriminer

diffract *vb*: diffracter

diffraction, ~ **grating**: réseau *nm* de diffraction

diffractometry: diffractométrie *nf*

diffused: diffus; diffusé
~ **junction**: (transistor) jonction *nf* par diffusion
~ **junction transistor**: transistor *nm* à jonction par diffusion

diffuser: (lighting) paralume *nm*, diffuseur *nm*

diffusing, ~ **screen**: écran *nm* diffuseur, verre *nm* dépoli

dig *vb*: creuser, faire une fouille

digested, ~ **sludge**: boues *nf* digérées

digester: (pap, sewage) digesteur *nm*; (pap) lessiveur *nm*

digger: excavateur *nm*; (for ditches) trancheuse *nf*

digging: fouille *nf*, terrassement *nm*, excavation *nf*
~ **end**: (shovel, dredger) côté *nm* de fouille
~ **height**: hauteur *nf* d'attaque
~ **reach**: portée *nf* d'attaque

digit *nn*: chiffre *nm*, élément *nm* numérique; *adj*: numérique
~ **pulse**: impulsion *nf* d'information
~ **string**: série *nf* de chiffres

digital: digital, numérique
~ **analog** «DA»: numérique/analogique
~ **analog converter** «AC»: convertisseur *nm* numérique/analogique «CNA»
~ **display** «DD»: affichage *nm* numérique
~ **plotter**: traceur *nm* numérique
~**-to-analog converter** «AC»: convertisseur *nm* numérique/analogique «CNA»
~ **voltmeter** «DVM»: voltmètre *nm* numérique

digitalize → *digitize*

digitization **<isation>**: numérisation *nf*, conversion *nf* en numérique

digitize **<ise>** *vb*: convertir en numérique, numériser

digitizer **<iser>**: convertisseur *nm* analogique-numérique, numériseur *nm*; lecteur *nm* de coordonnées, lecteur de courbes

digitizing **<ising>**, ~ **pad**: numériseur *nm*

digroup NA : (tp) bloc *nm* primaire

dihedral, ~ **angle**: angle *nm* dièdre

dike: digue *nf*

dilatometer: dilatomètre *nm*

dilute *adj*: dilué; *vb*: diluer

diluting, ~ **agent**: diluant *nm*

dilution: dilution *nf*
~ **thinning**: perte *nf* de viscosité par dilution

dim *adj*: mal éclairé, sombre; *vb*: (light) adoucir, atténuer, baisser la lumière; (noise) amortir
~ **the headlights**: passer en code
~ **light**: éclairage *nm* faible, lumière *nf* basse

dimension *nn*: dimension *nf*; (on drawing) cote *nf*; *vb*: dimensionner; (a drawing) coter
~ **drawing**: dessin *nm* coté
~ **stock**: (wood) bois *nm* d'échantillon
~ **stone**: pierre *nf* d'échantillon

dimensional, ~ **analysis**: analyse *nf* dimensionnelle
~ **drawing**: plan *nm* coté
~ **inspection**: contrôle *nm* dimensionnel, vérification *nf* des dimensions
~ **stability**: invariance *nf* dimensionnelle, stabilité *nf* dimensionnelle; (pap) inertie *nf*

dimensioned: dimensionné; (drawing) coté
~ **sketch**: croquis *nm* coté

dimensioning: dimensionnement *nm*; (drawing) cotation *nf*

diminished: réduit, diminué, restreint

diminishing: décroissant, dégressif
~ **feed**: (m-t) avance *nf* dégressive
~ **tariff**: tarif *nm* dégressif

dimmed, ~ **light**: (vehicle) éclairage *nm* de croisement, éclairage code

dimmer: gradateur *nm*
~ **switch**: interrupteur *nm* à gradation de lumière, gradateur *nm* de lumière; (auto) commutateur *nm* d'éclairage, commutateur phare-code

dimming: (of light) baisse *nf*; (auto) mise *nf* en code, passage *nf* en code
~ **resistor**: résistance *nf* chutrice

diode: diode *nf*
~ **logic**: logique *nf* à diode
~ **switch**: commutateur *nm* à diodes
~ **thrysitor**: thyristor *nm* diode
~ **transistor logic** «DTL»: logique *nf* à diodes et transistors

diolefin *nn*: dioléfine *nf*; *adj*: dioléfinique

dioptrics: dioptrique *nf*

DIP → *dual in line package*
~ **switch**: interrupteur *nm* à positions multiples, commutateur *nm* à positions multiples

dip *nn*: inclinaison *nf*; (bath) immersion *nf*, bain *nm* au trempé; (geol) pendage *nm*; *vb*: tremper
~ **coated**: trempé plongé
~ **coater**: (pap) coucheuse *nf* au plongé
~ **coating**: revêtement *nm* au trempé
~ **needle**: boussole *nf* d'inclinaison
~ **pipe**: siphon *nm* renversé, siphon submergé
~ **plating**: dépôt *nm* au trempé, revêtement életrolytique par immersion

diphase: biphasé, diphasé

diplex: diplex

diplexer: diplexeur *nm*

dipole: dipôle *nm*, doublet *nm*
~ **antenna**: antenne *nf* doublet

dipped, ~ **beam**: éclairage *nm* code, feu *nm* de croisement
~ **electrode**: électrode *nf* trempée

dipper: godet *nm* de pelle mécanique
~ **switch**: (auto) inverseur *nm* code

dipping: inclinaison *nf*; immersion *nf*, application *nf* au trempé
~ **compass**: boussole *nf* d'inclinaison
~ **microscope**: microscope *nm* à immersion
~ **mirror**: rétroviseur *nm* jour et nuit
~ **needle**: aiguille *nf* d'inclinaison
~ **refractometer**: réfractomètre *nm* à immersion
~ **tube**: tube *nm* plongeur

dipstick: jauge *nf* d'huile

direct: direct
~ **access**: accès *nm* direct, accès sélectif
~ **arc furnace**: four *nm* à arc direct
~ **arc heating**: chauffage *nm* direct par arc
~ **axis**: axe *nm* longitudinal
~ **axis component**: composante *nf* longitudinale
~ **axis voltage**: tension *nf* longitudinale
~ **broadcasting satellite** «DBS»: satellite *nm* de télédiffusion directe
~ **casting**: coulée *nf* de première fusion, coulée en première fusion
~ **component**: (direct current) composante *nf* continue
~ **connection**: (tcm) communication *nf* directe
~ **control**: commande *nf* directe
~**-coupled**: (el) monté en direct; (mech) en prise directe
~**-coupled transistor logic** «DCTL:» logique *nf* DCTL, logique à transistors à couplage direct
~**-coupled wiring**: montage *nm* direct
~ **current**: courant *nm* continu
~ **current generator**: génératrice *nf* de courant continu, dynamo *nf*
~ **dialling**: appel *nm* direct, numérotation *nf* directe
~ **drive**: (eon) attaque *nf* directe; (mech) prise *nf* directe
~ **dyestuff**: colorant *nm* direct
~ **entry**: (inf) à entrée conversationnelle, en mode conversationnel
~**-fired**: à chauffage direct
~**-fired boiler**: chaudière *nf* à chauffe directe, chaudière à flamme directe
~ **hit**: (mil) coup *nm* au but
~ **inward dialling** «DID»: sélection *nf* directe à l'arrivée «SDA»
~ **memory access** «DMA»: accès *nm* direct à la mémoire
~ **numerical control** «DNC»: commande *nf* numérique directe
~**-on-line starter**: démarreur *nm* direct
~ **outward dialling** «DOD»: prise *nf* directe du réseau, accès *nm* direct au réseau, entrée *nf* directe sur réseau
~ **reading**: lecture *nf* directe
~ **resistance heating**: chauffage *nm* direct par résistance
~ **satellite link**: transmission *nf* directe par satellite, liaison *nf* directe par satellite
~ **shear**: cisaillement *nm* simple

~ **starting**: démarrage *nm* direct, mise *nf* en marche à prise directe
~ **strand cable**: câble *nm* classique à fibres enrobées
~ **stress**: contrainte *nf* normale, contrainte simple
~ **view storage tube** «DVS»: tube *nm* à mémoire à vision directe
~ **viewing receiver**: récepteur *nm* à vision directe
~ **voltage**: tension *nf* continue
~ **wave**: onde *nf* directe

directed, ~ **beam**: (radar) balayage *nm* cavalier

direction: direction *nf*, sens *nm*; → also *directions*
~ **finder**: goniomètre *nm*, radiogoniomètre *nm*
~ **finding**: goniométrie *nf*, radiogoniométrie *nf*
~ **indicator**: (auto) indicateur *nm* de changement de direction, clignotant *nm*
~ **of flow**: sens *nm* de l'écoulement

directional: directionnel, directif; (drilling) dirigé
~ **antenna**: antenne *nf* directive
~ **control valve**: distributeur *nm*
~ **pattern**: (tcm) diagramme *nm* de directivité
~ **scanning antenna**: antenne *nf* directive à balayage
~ **separation filter**: filtre *nm* d'aiguillage directionnel
~ **stability**: (aero) stabilité *nf* de route

directions: instructions *nm*, ordres *nm*
~ **for use**: mode *nm* d'emploi

directive: (inf) pseudo-instruction *nf*

directly, ~ **grounded**: à mise directe à la terre

director: (aerial) directeur *nm*; NA (tcm) enregistreur *nm*

directory: annuaire *nm*; (inf) répertoire *nm*
~ **look up**: consultation *nf* de répertoire, consultation d'annuaire

dirt: saleté *nf*, impureté *nf*; (coal picking) pierres *nf* (de triage), rejets *nm*, stériles *nm*; NA (c.e.) terre *nf*
~ **band**: (mining) intercalation *nf* stérile
~ **count**: (pap) nombre *nm* d'impuretés
~ **floor**: plancher *nm* en terre
~ **moving** NA : terrassement *nm*
~ **repellent**: antisalissure
~ **road**: route *nf* en terre battue, chemin *nm* de terre

dirty: sale; (coal) riche en inertes
~ **bomb**: bombe *nf* sale
~ **oil tanker**: pétrolier *nm* pour pétrole brut et produits noirs
~ **oil vessel**: (naut) navire *nm* à produits noirs; (tank) réservoir *nm* à produits noirs
~ **proof**: (graph) épreuve *nf* chargée
~ **water**: (coal preparation) eaux *nf* schlammeuses

disable *vb*: mettre hors service, mettre hors circuit, invalider; (naut) désemparer; (tp) déconnecter, neutraliser

disabling: invalidation *nf*, neutralisation *nf*, mise *nf* hors fonctionnement

disallow *vb*: interdire

disappearing: escamotable, à éclipse

disarm *vb*: (a fuse) désamorcer; (inf) invalider, désarmer; (mil) désarmer

disassemble *vb*: (machine) démembrer, démonter; (computer program) désassembler

disassembler: désassembleur *nm*

disassembling: (of engine) déshabillage *nm*; (of machine) démontage *nm*

disassembly: démontage *nm*; (of computer program) désassemblage *nm*

disaster: catastrophe *nf*
~ **recovery**: reprise *nf* après une catastrophe

disc <sk>: disque *nm*; (valve) opercule *nm*; (wheel) voile *nf*; → also *disk*
~ **brake**: frein *nm* à disque
~ **capacitor**: condensateur *nm* plat
~ **clutch**: embrayage *nm* à disques, embrayage à plateaux
~ **coil**: bobine *nf* plate, bobine en galette, galette *nf*
~ **coupling**: accouplement *nm* à plateaux
~ **crank**: plateau-manivelle *nm*, manivelle *nf* à plateau
~ **cutter**: fraise *nf*
~ **discharger**: éclateur *nm* à disque[s]
~ **file**: fichier *nm* [sur] disque

~ **gap**: éclateur *nm* à disque[s]
~ **insulator**: isolateur *nm* à disque
~ **laser**: laser *nm* à disque
~ **piston**: piston *nm* plat, piston à disque, piston à plateau, piston plein
~ **sander**: ponceuse *nf* à disque, disque *nm* à poncer
~ **saw**: scie *nf* circulaire
~ **seal valve**: tube *nm* à disques scellés
~ **spark gap**: éclateur *nm* à plaques
~ **spring**: rondelle *nf* Belleville, rondelle-ressort *nf*
~ **spring pack**: empilage *nm* de rondelles Belleville
~ **type coupling**: accouplement *nm* à plateaux
~ **valve**: soupape *nf* à disque
~ **wheel**: roue *nf* pleine, roue à voile pleine, roue à toile pleine, roue à centre plein

discard *vb*: jeter, mettre au rebut, rejeter; (inf, tcm) rejeter, supprimer; (a project) abandonner

discardable: à usage unique

discharge *nn*: décharge *nf*, évacuation *nf*, vidange *nf*; (from elevator) jetée *nf*; (from pump) débit *nm*; (of a shot) décharge; *vb*: décharger, évacuer, vidanger, débiter, refouler
~ **air**: (compressor) air *nm* de refoulement
~ **channel**: canalisation *nf* d'évacuation
~ **cock**: robinet *nm* de purge, robinet de vidange
~ **cone**: divergent *nm*
~ **connection**: (ejector) orifice *nm* de refoulement
~ **end**: (pump) côté *nm* refoulement; (conveyor) point *nm* de déversement, point de déchargement
~ **head**: hauteur *nf* de refoulement
~ **lamp**: lampe *nf* à décharge
~ **pipe**: tuyau *nm* d'évacuation, tuyau de décharge, tuyau d'écoulement
~ **pressure**: pression *nf* de refoulement
~ **printing**: (tex) impression *nf* par rongeage
~ **rate**: (fluid) débit *nm* à la vidange, vitesse *nf* d'évacuation; (el) intensité *nf* du courant de décharge
~ **taper**: (ejector) divergent *nm*
~ **valve**: soupape *nf* de décharge, clapet *nm* de refoulement

discharger: déchargeur *nm*; (spark gap) éclateur *nm*

discharging: déchargement *nm*; (from a height) déversement *nm*; (furnace) défournement *nm*

discoloured: décoloré; (faded) déteint, passé; (stained) taché

discomfort: gêne *nf*, inconfort *nm*
~ **glare**: éblouissement *nm* inconfortable

discone, ~ **antenna**: antenne *nf* discône, antenne disque-cône

disconnect *nn*: (el) coupure *nf*; NA (switch) sectionneur *nm*; (tcm) libération; *vb*: (el) débrancher, déconnecter, couper le circuit, couper le courant, mettre hors circuit; (mech) débrayer; (rlwy) décrocher, dételer
~ **position**: position *nf* de coupure, position d'ouverture
~ **signal**: (tp) signal *nm* de fin de communication
~ **switch** NA : sectionneur *nm*, disjoncteur *nm*, interrupteur-séparateur *nm*

disconnecting, ~ **cutout**: coupe-circuit *nm* sectionneur
~ **fork**: fourchette *nf* de débrayage
~ **lever**: levier *nm* de débrayage
~ **link**: barrette *nf* de sectionnement
~ **switch**: sectionneur *nm*, disjoncteur *nm*

disconnection **<exion>**: (el) coupure *nf*, débranchement *nm*, déconnexion *nf*; (mech) débrayage *nm*

disconnector: disjoncteur *nm*, sectionneur *nm*

disconnexion → *disconnection*

discontinuity: solution *nf* de continuité, discontinuité *nf*

discontinuous: discontinu
~ **construction**: construction *nf* flottante, construction désolidarisée

discount: ristourne *nf*, remise *nf*
~ **store**: magasin *nm* minimarge, minimarge *nm*

discrepancy: écart *nm*, non concordance *nf*, divergence *nf*

discrete: (maths) discret
~ **component**: composant *nm* discret, composant non intégré
~ **frequency**: fréquence *nf* discrète

discriminate *vb*: distinguer

discriminating: de discrimination
~ **relay**: relais *nm* sélecteur

discriminator: discriminateur *nm*, sélecteur *nm* différentiel

disengage *vb*: débrayer, déclencher, dégager, débloquer, découpler

disengagement: (mech) déclenchement *nm*, débrayage *nm*; (mil) décrochage *nm*

disengaging *nn*: déclenchement *nm*, débrayage *nm*
~ **lever**: levier *nm* de débrayage
~ **shaft**: arbre *nm* de débrayage

dish: (lab) capsule *nf*; (a drip pan) bac *nm*; (phot) cuvette *nf*; (of waveguide) réflecteur *nm* parabolique
~ **antenna**: antenne *nf* parabolique
~ **concentrator**: concentrateur *nm* parabolique, miroir *nm* parabolique
~**-ended**: à fond bombé

dished: embouti (en cuvette); (bottom or head of réservoir) concave, convexe
~ **bottom**: fond *nm* embouti
~ **flywheel**: volant *nm* bombé
~ **plate**: tôle *nf* ondulée, tôle emboutie
~ **wheel**: meule *nf* à cuvette, roue *nf* concave

dishing: emboutissage *nm* (d'un fond)
~ **press**: presse *nf* à emboutir

disinstall *vb*: mettre hors fonction, retirer de service

disintegrator: broyeur *nm*; (pap) dilacérateur *nm*; (of rags) effileuse *nf*
~ **pump**: pompe *nf* dilacératrice

disk NA : disque *nm*; (this spelling is used in GB in computer language instead of *disc* GB)
~ **drive**: unité *nf* de disque, lecteur *nm* de disque
~ **memory**: mémoire *nf* disque
~ **operating system** «DOS»: système *nm* d'exploitation sur disque
~ **resident**: résidant sur disque
~ **stack**: pile *nf* de disques
~ **storage**: mémoire *nf* disque
~ **swapping**: permutation *nf* de disques

disket: disquette *nf*

dismantle *vb*: démonter; (formwork) décoffrer; (rail track) déposer

dismantling: déshabillage *nm*, démontage *nm*
~ **flange**: bride *nf* amovible

disorder: (el, technical) dérangement *nm*

disordered: (inf) non trié, non ordonné

disordering: (in crystal lattice) création *nf* de défaut

dispatch *nn*: acheminement *nm*, expédition *nf*; (tp) répartition *nf*, distribution *nf*; *vb*: (goods) expédier; (rlwy) acheminer
~ **a train**: expédier un train
~ **note**: bordereau *nm* d'expédition, bulletin *nm* d'expédition

dispatcher: (el, tcm) distributeur *nm*, répartiteur *nm*

dispatching: expédition *nf*, acheminement *nm*; (el, tcm) distribution, répartition *nf*; (rlwy, el, petr) dispatching *nm*

dispenser: distributeur *nm* automatique; (cable) dérouleur *nm*
~ **package**: emballage *nm* distributeur

dispersal: dispersion *nf*, diffusion *nf*, dissémination *nf*

disperse *vb*: (information) diffuser, disséminer, disperser; se disperser

dispersed, ~ data processing «DDP»: informatique *nf* répartie, téléinformatique *nf*

dispersion: (chem, opt, phys) dispersion *nf*
~ **adhesive**: colle *nf* à dispersion
~ **medium**: agent *nm* de dispersion, dispersant *nm*

dispersive: dispersif, à dispersion
~ **fibre**: fibre *nf* à dispersion
~ **medium**: milieu *nm* dispersif

displace *vb*: déplacer, décaler; remplacer

displaced, ~ phase: déphasage *nm*
~ **volume**: (vacuum) volume *nm* aspiré, volume déplacé

displacement: (container) volume *nm* d'encombrement; (engine) cylindrée *nf* unitaire; (naut) déplacement *nm*
~ **factor**: (el) facteur *nm* de déphasage
~ **pump**: pompe *nf* volumétrique

display *nn*: (inf) écran *nm*, visuel *nm*, affichage *nm*, visualisation *nf*; (on crt screen) image *nf* [affichée], contenu *nm* de l'écran, image-écran *nf*; (graph) mise *nf* en vedette, gros corps *nm*; (point of sale) présentoir *nm*; *vb*: afficher, visualiser, présenter (sur un écran, pour la vente)
~ **advertisement**: grande annonce *nf*
~ **box**: carton *nm* publicitaire
~ **case**: meuble *nm* d'exposition, présentoir *nm*
~ **console**: console *nf* de visualisation
~ **drawing**: plan *nm* de présentation
~ **pack**: emballage *nm* de présentation, présentoir *nm*
~ **primary**: teinte *nf* primaire au récepteur, primaire *nf* au récepteur
~ **specimen**: emballage *nm* factice
~ **stand**: îlot *nm* de vente
~ **station**: terminal-écran *nm*
~ **terminal**: écran *nm*, terminal *nm* à écran, visuel *nm*, terminal *nm* de visualisation
~ **tube**: tube *nm* cathodique d'affichage
~ **type**: caractère *nm* vedette, caractère pour titres
~ **unit**: présentoir *nm*

disposable: consommable, non récupérable; (packaging) non consigné, perdu, à jeter
~ **output**: production nette *nf*

disposal: (of goods for sale) écoulement *nm*; (of tcm traffic) écoulement *nm*, acheminement *nm*; (of waste) décharge *nf*, destruction *nf*

disrupt *vb*: (operation, work) interrompre; (el) claquer

disruption: interruption *nf* du service, arrêt *nm* du service

disruptive: (el) de claquage, de rupture
~ **strength**: rigidité *nf* diélectrique, résistance *nf* au claquage
~ **voltage**: tension *nf* de claquage, tension de rupture

dissector: dissecteur *nm* (d'image), analyseur *nm*

dissolved: dissous

dissymmetry: asymétrie *nf*, dissymétrie *nf*

distance *nn*: distance *nf*, écartement *nm*; *adj*: à distance, télé...
~ **between centres**: entraxe *nm*; (m-t) distance *nf* entre pointes
~ **between rollers**: (of crane) empattement *nm*
~ **bolt**: boulon *nm* d'écartement, boulon entretoise
~ **finder**: télémètre *nm*
~ **insensitive**: indépendant de la distance
~ **lighting**: éclairage *nm* par projection
~ **meter**: télémètre *nm*
~ **piece**: entretoise *nf*
~ **regulation**: téléréglage *nm*
~ **relay**: relais *nm* télécommandé, télérelais *nm*, relais de distance
~ **ring**: bague-entretoise *nf*
~ **sensitive**: tributaire de la distance
~ **tube**: entretoise *nf* tubulaire
~ **washer**: rondelle *nf* entretoise, rondelle d'écartement, rondelle d'épaisseur

distemper: détrempe *nf*

distillate: distillat *nm*

distillation: distillation *nf*
~ **flask**: (lab) ballon *nm* à distillation, matras *nm* de distillation
~ **range**: intervalle *nm* de distillation
~ **tail**: queue *nf* de distillation, résidu *nm* de distillation
~ **tower**: colonne *nf* de distillation

distilled, ~ to dryness: distillé à fond

distort *vb*: déformer; (a rod) fausser; (a wheel) voiler

distorter: générateur *nm* de distorsion

distortion: déformation *nf*, distorsion *nf*
~ **free**: sans distorsion
~ **meter**: distorsiomètre *nm*

distress, ~ signal: signal *nm* de détresse

distribute *vb*: répartir, ventiler, décentraliser

distributed: réparti, décentralisé, ventilé
~ **data processing** «DDP»: informatique *nf* répartie

distributer → *distributor*

distributing: de distribution, distributeur *adj*, de répartition
~ **frame** «DF»: (tcm) répartiteur *nm*
~ **track**: (rlwy) voie *nf* de triage

distribution: (el) distribution *nf*; (load) répartition *nf*; (newspaper, information) diffusion *nf*; (tcm, inf) répartition *nf*, ventilation *nf*
~ **bars**: (in reinforced concrete) aciers *nm* de répartition
~ **box**: boîte *nf* de dérivation
~ **curve**: courbe *nf* de répartition
~ **free**: non paramétrique
~ **list**: liste *nf* de diffusion
~ **pillar**: colonne *nf* de distribution
~ **switchboard**: tableau *nm* de distribution, tableau de départ

distributor <er>: (auto) allumeur *nm*; (commerce) distributeur *nm*; (a coin machine) changeur *nm*, distributeur, monnayeur *nm*; (el) distributeur
~ **box** NA : boîte *nf* de dérivation
~ **cap**: tête *nf* d'allumeur, chapeau *nm* d'allumeur
~ **cam**: came *nf* d'allumeur, came de rupteur
~ **coil**: bobine *nf* d'allumage

district *nn*: (administration) district *nm*; (mining, townplanning) quartier *nm*; *adj*: NA régional, local
~ **heating**: chauffage *nm* urbain
~ **transmitter**: émetteur *nm* local, émetteur régional

disturb *vb*: perturber, déranger; (radio) brouiller la réception

disturbance: (instrument) affolement *nm*; (machine operation, tp) dérangement *nm*, trouble *nm* de fonctionnement; (weather, radio reception) perturbation *nf*; (radio) interférence *nf*, parasites *nm* intermittents
~ **field**: champ *nm* perturbateur
~ **of equilibrium**: rupture *nf* d'équilibre
~ **power**: puissance *nf* perturbatrice

disturbed: (eon) perturbé; (soil) remanié
~ **needle**: affolement *nm* de l'aiguille (du compas)
~ **signal**: signal *nm* perturbé

disturbing: perturbateur
~ **current**: courant *nm* perturbateur
~ **element**: (in alloy) élément *nm* néfaste
~ **transmitter**: émetteur *nm* brouilleur
~ **voltage**: tension *nf* perturbatrice

disulphide: bisulfure *nm*

ditch *nn*: tranchée *nf*, fossé *nm*; (for drainage) rigole *nf*, fossé *nm*; *vb*: (aero) faire un amerrissage forcé

ditcher: trancheuse *nf*

ditching: (c.e.) creusement *nm* de tranchée; (aero) amerrissage *nm* forcé

diurnal: diurne

DIV → *data in voice*

dive *nn*: (aero) descente *nf* en piqué, vol *nm* en piqué, piqué *nm*; (submarine) plongée *nf*; *vb*: (aero) piquer; (submarine) plonger
~ **bomber**: bombardier *nm* en piqué
~ **bombing**: bombardement *nm* en piqué

diver: plongeur *nm*

divergence: écart *nm*, divergence *nf*
~ **nozzle**: divergent *nm*

diverging: divergent *adj*
~ **lens**: lentille *nf* divergente
~ **tube**: tuyère *nf* divergente, ajutage *nm* divergent

diversion: (hydraulics) dérivation *nf*; (road) déviation *nf*; (rlwy, tp) détournement *nm* du trafic

diversity: (tcm) diversité *nf*
~ **reception**: réception *nf* en diversité
~ **transmission**: transmission *nf* en diversité

divide *nn*: (inf) division *nf*; (hydrology) partage *nm* des eaux; *vb*: diviser, partager
~ **check**: (inf) division *nf* par zéro

divided: divisé; (split) en deux parties; (dial, scale) gradué
~ **circle**: cercle *nm* gradué
~ **highway** NA : route *nf* à deux chaussées séparées

divider: diviseur *nm*

dividers: compas *nm* à diviser

dividing: diviseur *adj*, de division
~ **head**: (m-t) plateau *nm* diviseur
~ **plate**: diviseur *nm*, plateau *nm* diviseur

diving, ~ **bell**: cloche *nf* de plongeur
~ **rudder**: barre *nf* de plongée
~ **suit**: scaphandre *nm*

division: division *nf*; (dial, scale) graduation *nf*

DLE → *data link escape*

D-lines: trésaillures *nf*

D-link: manille *nf* de tendeur

DMA → *direct memory access*

DNC → *direct numerical control*

do, ~ **not scale**: ne pas appliquer d'échelle

dobby: (weaving) ratière *nf*, mécanique *nf* d'armure
~ **loom**: métier *nm* à ratière, métier à mécanique d'armure
~ **weave**: armure *nf* pour ratière

dock *nn*: (harbour) bassin *nm*, dock *nm*; (aero) hangar *nm*; *vb*: (naut) entrer au bassin, faire entrer au bassin; (space) accoster; → also *docks*
~ **entrance**: pertuis *nm*

docking: accostage *nm*, entrée *nf* au bassin; (space) accostage *nm*, amarrage *nm*
~ **block**: tin *nm* de cale sèche
~ **port**: (space) *nf* porte d'accostage

docks: port *nm*

dockside: de quai, portuaire

dockyard: chantier *nm* de construction navale; (navy) arsenal *nm*, port *nm* de guerre

doctor *nn*: docteur *nm*, racle *nf*; *vb*: traiter, adultérer, falsifier
~ **holder**: support *nm* de lame, monture *nf* de docteur
~ **knife**: racle *nf*
~ **process**: (petr) désulfuration *nf* au plombite
~ **treatment**: (petr) traitement *nm* au plombite

document: document *nm*
~ **capture** : saisie *nf* de document
~ **retrieval**: recherche *nf* documentaire

DOD → *direct outward dialling*

dodecahedron: dodécaèdre *nm*

doff *vb*: (spinning) faire la levée, lever

doffer: peigneur *nm*
~ **comb**: peigne *nm* détacheur

doffing: levée *nf*

dog: taquet *nm*, butoir *nm*, butée *nf*; (on gear) crabot *nm*; (pawl) chien *nm*, cliquet *nm*, détente *nf*, doigt *nm* d'encliquetage
~ **clutch**: accouplement *nm* à crabots, crabotage *nm*, clabotage *nm*
~ **coupling**: entraînement *nm* par crabots, accouplement *nm* à clabots
~ **nail**: clampe *nf*, clou *nm* à large tête
~ **point**: (screw) bout *nm* téton
~ **stop**: cliquet *nm* d'arrêt

dogleg: (drilling, pipe) patte *nf* de chien
~ **stairs**: escalier *nm* rampe sur rampe, escalier à limons superposés

dogtrot: passage *nm* couvert entre deux bâtiments

DOHC → *double overhead camshaft*

doldrums: calmes *nm* équatoriaux

dolly: chariot *nm* (de manutention); (tool) tas *nm* (à bouteroller), contre-rivoir *nm*, contre-bouterolle *nf*; (cinema) dolly *nm*, chariot *nm* de caméra

dolomite: dolomie *nf*

dolphin: duc *nm* d'albe

domain: (el) domaine *nm*

dome: dôme *nm*; (boiler furnace) voûte *nf*
~ **bottom**: fond *nm* en coupole
~ **car** NA : (rlwy) voiture *nf* panoramique
~ **light**: lanterneau *nm* d'éclairage zénithal
~ **roof tank**: réservoir *nm* à toit bombé
~**-shaped**: hémisphérique, bombé

domed: bombé
~ **nut**: écrou *nm* à portée sphérique

domestic: ménager; (market, trade) interne, intérieur, national
~ **coal**: charbon *nm* domestique
~ **flight**: vol *nm* intérieur

~ **hot water**: eau *nf* chaude sanitaire
~ **satellite system**: système national de télécommunications par satellite

donkey: auxiliaire
~ **boiler**: chaudière *nf* auxiliaire
~ **engine**: machine *nf* auxiliaire, moteur *nm* auxiliaire, machine de secours
~ **pump**: pompe *nf* d'alimentation

donor: donneur *nm*
~ **atom**: atome *nm* donneur

donut NA → *doughnut*

door: porte *nf*
~ **catch**: loqueteau *nm*
~ **check**: ferme-porte *nm*
~ **fitting**: ferrure *nf* de porte
~ **furniture**: ferrures *nf* de porte
~ **knob**: bouton *nm* de porte
~ **knob transformer**: transformateur *nm* en bouton de porte
~ **opener**: portier *nm* automatique
~ **pillar**: (auto) montant *nm* de porte
~ **post**: poteau *nm* d'huisserie
~ **pull**: poignée *nf* de porte
~ **unit**: bloc-porte *nm*

doorframe: bâti *nm* dormant, cadre *nm* dormant, dormant *nm*; (in partition) huisserie *nf*

doorway: embrasure *nf* de porte

dope *nn*: (gasoline) dope *nm*, produit *nm* d'addition pour essence; NA (pipe enamel) enduit *nm* d'enrobage; (s.c.) dope, agent *nm* de dopage; *vb*: doper
~ **machine** NA : enrobeuse *nf*
~ **pot**: fondoir *nm* (pour enrobage)

doped, ~ **crystal**: cristal *nm* dopé

doping: (of pipe) enduisage *nm*, enrobage *nm*, revêtement *nm*; (petr, s.c.) dopage *nm*

dormancy: latence *nf* (d'un défaut)

dormant: (inf) inactif; (defect) latent

dormer, ~ **[window]**: lucarne *nf*

DOS → *disk operating system*

dose: dose *nf*
~ **equivalent**: (nuc) équivalent *nm* de dose, dose *nf* équivalente

dosimeter: dosimètre *nm*

dosing: dosage *nm*

dot: (graph) point *nm*, point d'image, point de trame; (in Morse code) point; (of plaster, adhesive) plot *nm*
~**-and-dash line**: trait *nm* mixte
~**-bar generator**: générateur *nm* de points et de barres
~**-dash-space code**: code *nm* à points, traits et espaces
~ **diagram**: diagramme *nm* de dispersion
~ **echo**: (of radar) écho *nm* ponctuel
~ **matrix**: matrice *nf* de points
~ **matrix printer**: imprimante *nf* matricielle, imprimante *nf* par points
~ **product**: produit *nm* scalaire

dotted: en pointillés
~ **line**: ligne *nf* pointillée

double: double
~ **acting**: à double effet
~ **amplitude**: amplitude *nf* crête à crête
~ **angle**: cornières *nf* adossées
~ **balanced mixer** «BM»: mélangeur *nm* doublement symétrique
~ **bend** *nn*: courbe *nf* et contre-courbe; *adj*: en S, contrecoudé
~ **bevel weld**: soudure *nf* en K
~**-biassed**: à double polarisation
~**-break contact**: contact *nm* à double rupture, double contact repos, contact de repos double
~ **cardan joint**: joint *nm* homocinétique
~**-coiled**: bispirale
~ **concave**: biconcave
~ **convex**: biconvexe
~ **cotton covered** «CC»: à guipage deux couches coton
~ **crossover**: (rlwy) bretelle *nf*
~ **cut**: (file) taille *nf* croisée
~**-deck vibrating screen**: crible *nm* à secousses à deux toiles
~**-decked flat pallet**: palette *nf* à double plancher
~ **density**: (inf) à double densité
~ **diode**: duodiode *nf*
~ **double face corrugated**: (pap) ondulé double-double
~**-ended amplifier**: amplificateur *nm* symétrique
~**-ended cord**: dicorde *nm*
~**-ended spanner**: clé *nf* double
~**-ended wrench**: clé *nf* double
~**-entry impeller**: roue *nf* à deux ouïes
~**-entry pump**: pompe *nf* à double flux
~**-face corrugated**: (pap) ondulé double face
~**-face pallet**: palette *nf* reversible
~**-filament light bulb**: (auto) lampe *nf* phare-code

~ **figure**: nombre *nm* à 2 chiffres, chiffre *nm* dans les dizaines
~-**flange rail wheel**: galet *nm* à double boudin
~-**flanged**: (seam, weld) à bords relevés; (wheel) roue *nf* à gorge
~-**force press** NA : presse *nf* à double piston
~ **frog**: (rlwy) cœur *nm* de traversée, cœur double
~-**girder crane**: bipoutre *nm*, pont *nm* bipoutre
~ **glazing**: double vitrage *nm*
~-**grid valve**: lampe *nf* bigrille, bigrille *nf*
~-**gun cathode ray tube**: tube *nm* à rayons cathodiques à double canon
~-**gun turret**: (mil) tourelle *nf* bitube
~-**headed capstan**: cabestan *nm* à double cloche
~-**headed rail**: rail *nm* à double champignon
~-**headed wrench**: clé *nf* double
~-**helical teeth**: denture *nf* à chevrons
~-**inlet fan**: ventilateur *nm* à deux ouïes
~-**lap joint**: (carpentry) moisage *nm*
~-**lap tile**: tuile *nf* à double recouvrement
~ **lock**: serrure *nf* à double tour
~-**lock seam**: double agrafage *nm*
~ **make contact**: contact *nm* de travail double
~ **oscillation**: oscillation *nf* complète
~ **overhead camshaft** «OHC»: arbre *nm* à cames en tête double
~ **parking**: stationnement *nm* en double file
~ **phantom circuit**: circuit *nm* fantôme double, circuit superfantôme
~-**pitched roof**: toit *nm* brisé, toit à deux pentes
~ **plug**: fiche *nf* double, fiche bipolaire
~-**pole**: bipolaire
~-**pole double-throw switch** «DPDT»: commutateur *nm* bipolaire à deux directions
~-**pole single-throw switch** «DPST»: interrupteur *nm* bipolaire à une direction
~-**ram press**: presse *nf* à double piston
~-**range**: (instrument) à deux lectures, à deux sensibilités
~-**rate meter**: compteur *nm* à double tarif
~ **refraction**: biréfringence *nf*
~-**riveted**: à double rang de rivets
~-**row ball bearing**: roulement *nm* à double rangée de billes
~-**scale**: (instrument) à deux graduations, à deux échelles, à deux lectures
~ **shed**: (weaving) pas *nm* double, foule *nf* superposée, double foule
~ **sideband** «DSB»: double bande latérale «DBL»
~-**sideband transmission**: émission *nf* sur deux bandes latérales
~-**sided**: double face
~ **silk covered** «SC»: à guipage deux couches soie
~-**spot tuning**: accord *nm* sur deux réglages
~ **spread**: (graph) illustration *nf* en double page, illustration à livre ouvert
~-**strand polymer**: polymère *nm* échelle
~-**taper**: biconique
~-**threaded**: à deux filets
~-**throw switch**: commutateur *nm* à deux directions
~-**thrust ball bearing**: butée *nf* à billes à double effet
~-**toothed pinion**: pignon *nm* à double denture
~ **track**: (magnetic tape) double piste *nf*; (rlwy) double voie *nf*
~ **triode**: duotriode *nf*
~-**tuned**: à deux accords
~ **turn**: (pipe) lyre *nf* de dilatation
~ **turnout**: (rlwy) branchement *nm* double, branchement *nm* à trois voies
~ **twister**: (spinning) assembleuse-retordeuse *nf*
~ **two-high mill**: train *nm* double duo
~ **union**: mamelon *nm* double
~ **universal joint**: joint *nm* homocinétique
~-**Vee butt weld**: soudure *nf* bout à bout sur chanfrein en X
~-**Vee groove**: chanfrein *nm* en X
~-**Vee weld**: soudure *nf* en X
~-**way connection**: (el) couplage *nm* à double voie, montage *nm* à double voie
~ **weighing**: double pesée *nf*
~ **winder**: assembleuse *nf*
~ **winding**: (tp) enroulement *nm* bifilaire
~-**wing pallet**: palette *nf* à planchers débordants
~ **wire**: fil *nm* à deux conducteurs
~-**wound**: bifilaire, bispiralé, à double enroulement

doubled, ~ **yarn**: fil *nm* retors simple, retors *nm* simple

doubler: plaque *nf* de renfort, renfort *nm*; (el, eon, tcm) doubleur *nm*; (rolling mill) doubleuse *nf*; (spinning) retordeur *nm*

doublet: (el) doublet *nm*; (antenna) dipôle *nm*

doubling: (television picture) dédoublement *nm*; (spinning) retordage *nm*, doublage *nm*

doughnut <donut> *nn*: tore *nm*; *adj*: toroïdal
~**-shaped**: torique

dovetail *nn*: queue *nf* d'aronde; *vb*: assembler en queue d'aronde
~ **joint**: assemblage *nm* à queue d'aronde

dowel: cheville *nf*, goupille *nf*, goujon *nm* de guidage, pied *nm* de centrage, téton *nm*
~ **pin**: cheville *nf* de repérage, cheville de fixation; (locking two parts) téton *nm*, goujon *nm* de centrage
~ **screw**: goujon *nm* fileté, tige *nf* filetée

dowelling: agrafage *nm*

down, ~ **conductor**: descente *nf* de paratonnerre, descente d'antenne
~ **converter** «D/C»: changeur *nm* abaisseur de fréquence, changeur inverseur, convertisseur *nm* abaisseur de fréquence, abaisseur *nm* de fréquence
~ **direction**: sens *nm* descendant; (space) sens espace-terre
~ **gate**: (fdry) attaque *nf* de front
~ **grade**: pente *nf* descendante, déclivité *nf*
~ **grading**: déclassement *nm*, adaptation *nf* vers le bas de gamme
~ **line**: (rlwy) voie *nf* descendante
~ **link**: liaison *nf* descendante, liaison satellite-sol, liaison espace-terre
~ **load**: (inf) transférer vers un périphérique; transcoder
~ **locking**: (aero) verrouillage *nm* en position sorti (train d'atterrissage)
~ **market**: bas de gamme
~ **path**: trajet *nm* descendant
~ **stream**: en aval
~ **stroke**: course *nf* descendante
~**-stroke press**: presse *nf* descendante, presse à piston descendant
~ **time**: temps mort *nm*, temps perdu, temps d'arrêt, temps d'indisponibilité
~ **track**: (rlwy) voie *nf* descendante
~ **wind**: vent *nm* arrière

downcomer NA : (constr) descente *nf* pluviale, tuyau *nm* de descente pluviale; (petr) trop-plein *nm*, déversoir *nm*

downdraught: refoulement *nm* (de cheminée)
~ **carburettor**: carburateur *nm* inversé

downhand, ~ **welding**: soudage *nm* à plat

downpipe: descente *nf* pluviale, tuyau *nm* de descente pluviale

downshift: NA *nn*: (auto) rétrogradation *nf*; *vb*: rétrograder

downstream: en aval, côté aval
~ **apron**: arrière-radier *nm*
~ **cutwater**: arrière-bec *nm*
~ **processing**: traitement *nm* secondaire, traitement en aval

downward: vers le bas, descendant
~ **modulation**: modulation *nf* négative
~ **movement**: course *nf* de descente

dozer: bulldozer *nm*, bouteur *nm*

DP → *data processing, datum plane, draft proposal, drop point*

draft: (of document) brouillon *nm*; NA → *draught, draw*
~ **mode**: (inf) mode *nm* rapide, mode *nm* brouillon
~ **text**: (inf) avant-texte *nm*
~ **proposal** «DP»: avant-projet *nm*

drag *nn*: traînée *nf*, résistance *nf* à l'avancement; (fdry) châssis *nm* de dessous; (piling) frottement *nf* négatif; (naut) drague *nf*; (stylus) frottement de la pointe; *vb*: traîner
~ **antenna**: antenne *nf* pendante
~ **cable**: câble *nm* de traînage
~ **chute**: parachute *nm* de freinage
~ **chute bomb**: bombe *nf* freinée par parachute
~ **coefficient**: (car design) coefficient *nm* d'aérodynamisme
~ **link conveyor**: convoyeur *nm* à raclettes
~ **out**: (electroplating) solution *nf* entraînée
~ **reel**: enrouleuse *nf* à freinage
~ **shovel**: pelle *nf* rétro[caveuse]

dragline: dragline *nf*, pelle *nf* à benne traînante
~ **bucket**: benne *nf* traînante

drain *nn*: purge *nf*, vidange *nf*; (el) consommation *nf* de courant; (field effect transistor) drain *nm*; *vb*: purger, vidanger; (el) consommer du courant
~ **cock**: robinet *nm* de vidange, robinet de purge
~ **hole**: (naut) nable *nm*
~ **pipe**: tuyau *nm* de purge, tuyau de vidange

~ **plug**: bouchon *nm* de vidange; (naut) bouchon de nable
~ **tile** NA : drain *nm* (de terre cuite)

drainage: (dewatering of coal) égouttage *nm*; (of ground water) drainage *nm*; (plumbing) évacuation *nf* des eaux usées
~ **basin**: bassin *nm* versant, bassin hydrographique
~ **channel**: rigole *nf*

draining: (of water) assèchement *nm*, drainage *nm*, épuisement *nm*; (of system) purge *nf*, vidange *nf*; (mining) exhaure *nf*, dénoyage *nm*
~ **transformer**: transformateur *nm* suceur

drainway: (mining) galerie *nf* d'écoulement, galerie de drainage

drape: NA rideau *nm*
~ **forming**: (plast) drapage *nm*, formage *nm* sur moule positif

draught *nn*: (of air) courant *nm* d'air, appel *nm* d'air, tirage *nm*; (foil borne ACV) tirant *nm* d'eau à la marche sur ailes, tirant d'eau en vol; (hull floating ACV) tirant d'eau en flottaison, tirant d'eau en déplacement; (mech) dépouille *nf*; (naut) tirant *nm* d'eau; (spinning) étirage *nm*, laminage *nm*; *vb*: dessiner
~ **gauge**: déprimomètre *nm*, indicateur *nm* de tirage
~ **in the first frame**: étirage *nm* du premier banc
~ **marks**: échelle *nf* de tirant d'eau
~ **of pass**: réduction *nf* de passe, réduction de section
~ **over propellers**: tirant *nm* d'eau aux hélices

draughtsman: dessinateur *nm* technique

draw *nn*: (fdry) dépouille *nf* (de modèle); (moulding of plastics) conicité *nf* de l'empreinte; (weaving) rentrage *nm*, remettage *nm*; *vb*: dessiner; (fdry) démouler (le modèle); (press) emboutir; (pump) aspirer; (wire) tréfiler; (tube) étirer
~ **an arc**: faire jaillir un arc
~ **angle**: (fdry) angle *nm* de dépouille
~ **the fires**: éteindre les feux, jeter bas les feux
~ **the temper**: détremper, faire revenir
~ **bridge**: pont *nm* mobile, pont roulant
~ **down**: réduction *nf* à l'étirage
~ **frame**: banc *nm* d'étirage
~ **hole**: orifice *nm* de tréfilage
~**-in box**: boîte *nf* de tirage
~ **lid**: couvercle *nm* à coulisse
~**-off tap**: robinet *nm* de puisage
~ **out**: *vb*: extraire; (air) faire le vide, évacuer; (met) étirer; (nail, pile) arracher
~**-out** *adj*: amovible; (el) débrochable
~ **plate**: filière *nf* (à tréfiler)
~ **ratio**: rapport *nm* d'étirage
~ **roll**: cylindre *nm* récepteur, cylindre de tirage
~ **screw**: vis *nf* de rappel, vis de traction
~ **span**: travée *nf* mobile (de pont mobile)
~ **spring**: ressort *nm* de traction
~ **twisting**: étirage-retordage *nm*
~ **vice**: (tp) étau *nm* tendeur (de fils)

drawback: (a disadvantage) inconvénient *nm*; (a return movement) rappel *nm*
~ **piston**: piston *nm* de rappel

drawbar: barre *nf* de traction
~ **pull**: effort *nm* au crochet, effort de traction à la barre, traction *nf* au crochet

drawer: tiroir *nm* (de meuble)
~ **in**: rentreuse *nf*

drawing «DWG»: dessin *nm*, plan *nm*; (moulding) démoulage *nm*; (presswork) emboutissage *nm*; (spinning) étirage *nm*; (wire) tréfilage *nm*
~ **and doubling**: étirage *nm* et doublage
~ **back the pillars**: (mining) dépilage *nm*, reprise *nf* des piliers
~ **bench**: banc *nm* à étirer
~ **board**: planche *nf* à dessin
~ **cage**: cage *nf* d'extraction
~ **can**: pot *nm* d'étirage
~ **compound**: pâte *nf* de tréfilage
~ **frame**: (mining) cage *nf* d'extraction; (spinning) banc *nm* d'étirage
~ **frame sliver**: ruban *nm* d'étirage
~ **in**: (weaving) rentrage *nm*, remettage *nm*
~ **loft**: (shipbuilding) salle *nf* des gabarits
~ **machine**: (fdry) démouleuse *nf*
~ **mill**: tréfilerie *nf*
~ **pen**: tire-ligne *nm*
~ **plate**: filière *nf*
~ **press**: presse *nf* à emboutir, presse à étirer
~ **roll[er]**: (spinning) cylinde *nm* étireur

~ **stock**: (wire rod) fil *nm* machine

drawn: étiré, tréfilé
~ **glass**: verre *nm* étiré
~ **seamless**: (tube) étiré sans soudure
~ **sliver**: (spinning) ruban *nm* étiré
~ **wire**: fil *nm* tréfilé

dredge NA → *dredger*

dredger: drague *nf*, dragueur *nm*

dredging: dragage *nm*
~ **barge**: marie-salope *nf*
~ **ladder**: élinde *nf* de drague

dress *vb*: (a casting) ébarber, dessabler; (coal) trier, laver, préparer; (m-t) usiner lisse, finir au tour; (plaster) lisser, égaliser; (sheet metal) planer; (a slope, bank) régaler
~ **the grinding wheel**: diamanter, aviver, décrasser la meule

dressed, ~ and matched: (timber) raboté et bouveté
~ **coal**: charbon *nm* préparé, charbon lavé
~ **size**: (of timber) dimensions *nf* corroyées
~ **two edges**: (timber) raboté deux côtés
~ **two sides**: (timber) raboté deux faces

dressing: (casting) finissage *nm*, ébarbage *nm*, dessablage *nm*; (coal) préparation *nf* mécanique, triage *nm*; (facing, coating) enduit *nm* de surface; (fdry) poteyage *nm*; (grinding wheel) avivage *nm*, rhabillage *nm*; (ore) enrichissement *nm*
~ **plate**: marbre *nm* à dresser

dried: séché, déshydraté

drier → *dryer*

drift *nn*: (aero) dérive *nf* (en vol); (inf) dérive; (mech) chasse-clavette *nm*; mandrin *nm*, broche *nf* d'assemblage; (mining) galerie *nf* au rocher; *vb*: (coal) percer des galeries; (pipe) mandriner; (mech) chasser (une goupille); mandriner, brocher (un trou); (navigation) aller à la dérive
~ **compensation**: compensation *nf* de dérive
~ **meter**: dérivomètre *nm*
~ **pin**: broche *nm* d'assemblage
~ **punch**: chasse-clavette *nm*, chasse-goupille *nm*
~ **space**: (eon) espace *nm* de glissement
~ **transistor**: transistor *nm* à champ accélérateur, transistor à champ interne

drifter: (mining) gros marteau peforateur

drifting: (mining) creusement *nm* au rocher, creusement de galerie;
~ **out**: (mech) mandrinage *nm*

drill *nn*: (mech) foret *nm*, mèche *nf*; (mil) exercice *nm*; (mining) perforatrice *nf*; *vb*: percer, forer
~ **bush**: canon *nm* de perçage
~ **carriage**: affût *nm* de perforatrice, chariot *nm* porte-perforatrice
~ **chuck**: mandrin *nm* à foret
~ **collar**: (petr) masse-tige *nf*
~ **column**: (mech) montant *nm* de foreuse, colonne *nf* de perceuse; (petr) train *nm* de tiges
~ **pipe**: (petr) tige *nf* de forage
~ **press**: perceuse *nf* à colonne, NA perceuse *nf* sensitive
~ **spindle**: porte-outil *nm*, porte-mèche *nm*, porte-foret *nm*

drilled-in, ~ caisson: pieu-caisson *nm* foncé

driller: chef *nm* sondeur, sondeur *nm*, foreur *nm*

drilling: perçage *nm*, percement *nm*; (petr) forage *nm*, sondage *nm*
~ **and milling machine**: perceuse-fraiseuse *nf*
~ **bit**: foret *nm*, mèche *nf*; (petr) trépan *nm*
~ **gear**: installation *nf* de forage
~ **machine**: perceuse *nf*
~ **rig**: installation *nf* de forage
~ **rope**: câble *nm* de forage, câble de battage, câble de sondage
~ **spindle**: arbre *nm* porte-foret, broche *nf* de perceuse

drinking, ~ water: eau *nf* potable

drip *nn*: goutte *nf*; (constr) larmier *nm*; (of paint) coulure *nf*; *vb*: goutter, dégoutter
~ **feed lubrication**: graissage *nm* à compte gouttes
~ **feed lubricator**: compte-gouttes *nm*, graisseur *nm* compte-gouttes
~ **gasoline**: essence *nf* de gaz naturel

~ **moulding**: (auto) jet *nm* d'eau, gouttière *nf*; (constr) rejéteau *nm*, larmier *nm*
~ **pan**: attrape-gouttes *nf*; (under engine) cuvette *nf* d'huile
~ **pot** NA : pot *nm* de purge
~ **proof**: (el) abrité
~ **proof screen-protected**: (el) abrité-grillagé
~ **pump**: pompe *nf* de purge
~ **tight** NA : (el) abrité
~ **trap**: pot *nm* de purge

dripping: égouttement *nm*, égouttage *nm*
~ **cooling plant**: réfrigérant *nm* à ruissellement
~ **tube**: pipette *nf*, compte-gouttes *nm*

drive *nn*: (inf) lecteur *nm*, unité *nf* (de bande, de disque); (mech) commande *nf*, entraînement *nm*, transmission *nf*; (vehicle, machine) conduite *nf*; *adj*: d'attaque, de commande, d'entraînement, → also *driving*; *vb*: (mech) attaquer, commander, entraîner, transmettre le mouvement; (a nail, pile) enfoncer; (a screw) serrer; (a tunnel) percer, creuser; (a vehicle) conduire
~ **axle**: essieu *nm* moteur, pont *nm* moteur
~ **battery**: batterie *nf* de traction
~ **belt**: courroie *nf* de commande, courroie d'entraînement
~ **circuit**: circuit *nm* d'attaque
~ **current**: courant *nm* d'attaque
~ **gear**: pignon *nm* d'attaque; (on differential) planétaire *nm*
~ **home**: (a nail) enfoncer à refus; (a screw) serrer à bloc; (a pile) battre à refus;
~-**in bank**: auto-banque *nf*
~ **in a pile**: ficher un pieu, foncer un pieu
~ **line** NA : (mech) transmission *nf*
~ **motor**: moteur *nm* de commande, moteur d'entraînement; (rlwy) moteur de traction
~ **out**: (a rivet) chasser
~ **pin**: téton *nm* d'entraînement
~ **pinion carrier**: (auto) carter *nm* du couple conique, nez *nm* de pont
~ **plate**: flasque *nm* d'entraînement
~ **ratio**: rapport *nm* de transmission
~ **screw**: clou *nm* torsadé, pointe *nf* torsadée, pointe fausse-vis
~ **shaft**: (mech) arbre *nm* de commande; (auto) arbre de roue, arbre de transmission
~ **square**: carré *nm* d'entraînement
~ **train**: chaîne *nf* cinématique, organes *nm* de transmission, transmission *nf*
~ **wheel**: roue *nf* motrice

driven: commandé, mené, attaqué, récepteur
~ **member**: organe *nm* récepteur
~ **pulley**: poulie *nf* réceptrice, poulie menée, poulie conduite
~ **shaft**: arbre *nm* mené, arbre secondaire, arbre récepteur
~ **side**: (of belt) brin *nm* mou, brin mené
~ **well**: puits *nm* foncé

driver: (inf) pilote *nm*, programme *nm* de gestion, gestionnaire *nm*; (eon) circuit *nm* d'attaque, circuit de commande; (of locomotive) mécanicien *nm*; (of vehicle) conducteur *nm*; (of lorry) chauffeur; (mech) doigt *nm* d'entraînement, pignon *nm* d'entraînement, taquet *nm* d'entraînement, toc *nm* d'entraînement, roue *nf* d'entraînement, poulie *nf* motrice
~'**s cab**: cabine *nf* de conduite
~ **stage**: étage *nm* d'excitation, étage excitateur, excitateur *nm*

driving *nn*: (of pile) battage *nm*; (of vehicle) conduite *nf*; *adj*: moteur, d'attaque
~ **axle**: essieu *nm* moteur; (rigid) pont *nm* moteur
~ **belt**: courroie *nf* de commande, courroie *nf* de transmission
~ **cab**: cabine *nf* de conduite, poste *nm* de conduite
~ **cap**: casque *nm* de battage, casque de pieu
~ **circuit**: circuit *nm* d'attaque
~ **depth**: hauteur *nf* de fiche, profondeur *nf* de fiche
~ **fit**: ajustage *nm* à force, emboîtement *nm* à force
~ **gear**: mécanisme *nm* de commande, engrenage *nm* de commande, engrenage menant, engrenage d'attaque
~ **member**: organe *nm* de commande, organe moteur, organe actif
~ **mirror**: rétroviseur *nm*
~ **motor**: moteur *nm* d'entraînement; (naut) moteur de propulsion
~ **pin**: ergot *nm* d'entraînement, toc *nm* d'entraînement
~ **pinion**: pignon *nm* de commande, pignon d'attaque
~ **power**: force *nf* motrice; puissance *nf* d'attaque, puissance de commande; (tube) puissance d'excitation
~ **propeller**: hélice *nf* tractive
~ **pulley**: poulie *nf* d'entraînement, poulie motrice
~ **resistance**: (pile driving) résistance *nf* au battage
~ **rod**: (rlwy) bielle *nf* motrice

~ **shaft**: arbre *nm* d'entraînement, arbre de couche, arbre de commande, arbre moteur
~ **side**: (of belt) brin conducteur, brin menant; (of machine) côté *nm* commande, côté transmission
~ **square**: carré *nm* d'entraînement
~ **torque**: couple *nm* actif, couple moteur
~ **wheel**: roue *nf* motrice, roue *nf* de transmisision, roue menante, roue de commande; (auto, as opposed to roadwheel) volant *nm*

drogue: (space) parachute *nm* stabilisateur
~ **chute**: parachute *nm* stabilisateur
~ **parachute**: parachute *nm* stabilisateur

drone: avion *nm* cible

drop *nn*: (fall in value) baisse *nf*, chute *nf*; (tp) branchement d'abonné; *vb*: baisser, tomber
~ **annunciator**: annonciateur *nm* à volet[s]
~ **bottom**: fond *nm* mobile, fond ouvrant
~ **bottom car**: berline *nf* à déchargement par le fond
~ **bottom skip**: benne *nf* à fond ouvrant
~ **bottom trailer**: remorque *nf* à déversement par le fond
~ **box**: (transmission) boîte *nf* à arbres désaxés
~ **caisson**: caisson *nm* havé
~ **dead halt**: (inf) arrêt *nm* immédiat
~ **feed lubrication**: graissage *nm* compte-gouttes, graissage goutte à goutte
~ **forging**: estampage *nm*, matriçage *nm*; pièce *nf* estampée, pièce matricée
~-**frame chassis**: châssis *nm* surbaissé
~ **hammer**: mouton *nm* à chute libre, marteau-pilon *nm*
~ **in**: information *nf* parasite
~-**in girder**: poutre *nf* suspendue
~ **in level**: baisse *nf* de niveau; (ground) dénivellation nf
~ **lamp**: suspension *nf* électrique
~ **leaf**: abattant *nm*
~ **leg**: colonne *nf* barométrique
~ **lubricator**: graisseur *nm* compte-gouttes, compte-gouttes *nm*
~ **off**: (el) point *nm* de connexion, point de raccordement
~ **oiler**: graisseur *nm* compte-gouttes
~ **out**: (inf) perte *nf* d'information; (audio, video) paille *nf*; (of relay) relâchement *nm*, retombée *nf*, mise *nf* au repos; (of sound) chute *nf*, évanouissement *nm*
~ **point** «DP»: point *nm* de goutte
~ **runner**: (fdry) chenal *nm* de coulée en chute directe
~ **shutter**: obturateur *nm* à volet
~ **siding**: (constr) parement *nm* à mi-bois
~ **valve**: soupape *nf* à charnière, clapet *nm*
~ **wire**: (el, tp) câble *nm* de branchement aérien, branchement *nm* d'abonné; (weaving) œillet *nm* casse-fil, lamelle *nf* de casse-chaîne

droppable: (aero) largable

dropped, ~ **ceiling**: faux-plafond *nm*

dropper: (el) cavalier *nm* (ligne de contact)

dropping: (parachute) largage *nm*
~ **bottle**: flacon *nm* compte-gouttes
~ **resistor**: résistance *nf* chutrice

dross: impuretés *nf*; (metal) crasses *nf*, scories *nf*, laitier *nm*, écume *nf*

drown *vb*: (ground) inonder; (mine) noyer; (sound) couvrir, étouffer

drum: tambour *nm*; (cable) touret *nm*; (container) fût *nm*, tonneau *nm*
~ **armature**: induit *nm* en tambour
~ **brake**: frein *nm* à tambour
~ **polishing** NA : polissage *nm* au tonneau
~ **printer**: imprimante *nf* à tambour
~ **screen**: tambour *nm* cribleur
~ **storage**: (inf) mémoire *nf* à tambour
~ **winding**: enroulement *nm* en tonneau

drunken, ~ **cutter**: porte-lames *nm* elliptique
~ **saw**: scie *nf* circulaire oscillante
~ **thread**: filet *nm* à pas irrégulier

dry: sec; (mortar, concrete) gâché serré
~ **ash free**: (coal) eau *nf* et cendres exclues
~ **assay**: determination *nf* à sec
~ **bond adhesive**: colle *nf* de contact
~ **bulb temperature**: température *nf* boule sèche
~ **bulb thermometer**: thermomètre *nm* à boule sèche, thermomètre sec
~ **burning coal**: charbon *nm* maigre
~ **cargo ship**: navire *nm* transporteur de vrac sec
~ **casting**: coulée *nf* en moules étuvés
~ **cell**: pile *nf* sèche

~ **chemical extinguisher**: extincteur *nm* à poudre sèche
~ **content**: siccité *nf*
~ **cylinder liner**: chemise *nf* sèche
~ **dock**: cale *nf* sèche, forme *nf* de radoub
~ **enamelling**: émaillage *nm* au poudré
~ **end**: (pap) sécherie *nf*
~ **glazing**: vitrage *nm* sans mastic
~ **harbour**: port *nm* d'échouage
~ **ice extinguisher**: extincteur *nm* à neige carbonique
~ **joint**: (in masonry) joint *nm* vif; (wldg) soudure *nf* sèche, mauvaise soudure
~ **masonry**: maçonnerie *nf* à liaison à sec
~ **mineral-matter-free**: (coal) eau *nf* et matières minérales exclues
~ **process**: procédé *nm* par voie sèche
~ **pump**: pompe *nf* désamorcée
~ **rectifier**: redresseur *nm* à sec
~ **riser**: colonne *nf* sèche, conduite *nf* sèche
~ **room conditions**: conditions *nf* d'ambiance sèche
~ **rot**: pourriture *nf* sèche, carie *nf* sèche
~ **run**: (inf) pré-contrôle; (tv) répétition *nf*
~ **running**: (machine) marche *nf* à vide
~ **sand**: sable *nm* étuvé
~ **spot**: (in reinforced plastics) vide *nm* [entre strates]
~ **strength**: (of foundry sand) résistance *nf* à sec (après étuvage)
~ **stroke**: course *nf* à vide
~ **sump lubrication**: graissage *nm* à carter sec
~ **sump pump**: pompe *nf* pour installation hors d'eau
~ **well**: puits *nm* tari; (petr) puits *nm* non productif; (sewage) puisard *nm*

dryer: sécheur *nm*
~ **section**: (pap) sécherie *nf*

drying *nn*: séchage *nm*; *adj*: sécheur, siccatif
~ **berth**: mouillage *nm* sur corps mort en zone d'échouage
~ **cylinder**: tambour *nm* sécheur, cylindre *nm* sécheur
~ **loft**: (pap) séchoir *nm*, étendoir *nm*
~ **meter**: siccamètre *nm*
~ **oil**: huile *nf* siccative
~ **oven**: étuve *nf*
~ **power**: pouvoir *nm* siccativant
~ **shrinkage**: retrait *nm* au séchage
~ **stove**: étuve *nf* de séchage
~ **through**: séchage *nm* à cœur

dryness: siccité *nf*

DSB → *double sideband*

DSDD → *double sided double density*

DSR → *data set ready*

DSS → *decision support system*

DSSC → *double silk single cotton covered*

DTA → *differential thermal analysis*

DTL → *diode transistor logic*

dual: double
~ **braking system**: freins *nm* à double circuit, double circuit *nm* de freinage
~ **channel**: bicanal
~ **circuit braking**: double circuit *nm* de freinage
~ **control**: double commande *nf*
~**-current locomotive**: locomotive *nf* bi-courant
~ **feed device**: dispositif *nm* à double entraînement
~ **form feed**: (inf) double entraînement *nm* du papier
~**-fuel boiler**: chaudière *nf* mixte
~**-in-line package** «DIP»: boîtier *nm* à double rangée de connexions
~ **meter**: appareil *nm* de mesure à deux lectures
~ **operation**: fonctionnement *nm* en parallèle
~**-ported**: à double accès
~**-purpose**: à double usage, mixte
~ **service**: distribution *nf* mixte
~**-sided disk**: (inf) disque *nm* double face, disquette *nf* double face
~**-speed**: bivitesse
~**-standard receiver**: récepteur *nm* de télévision pour deux normes différentes
~**-voltage**: bitension
~ **wheel**: (aircraft) roues *nf* en diabolo; (auto) roues jumelées
~**-window fiber** «DWF»: fibre *nf* à deux fenêtres

dubbing: (cinema, tv) doublage *nm*, post-synchronisation *nf*

duck: coutil *nm*, toile *nf* à voiles

duckboards: caillebotis *nm*

duct: conduit *nm*, canalisation; (a.c.) gaine *nf*
~ **cable**: câble *nm* enterré, câble souterrain, câble en canalisation

~ **rod**: barre *nf* de tirage, aiguille *nf* de tirage
~ **rodding**: tirage *nm* d'un câble, aiguillage *nm*

ducted: sous canalisation
~ **air**: air *nm* canalisé
~ **fan**: soufflante *nf* canalisée, soufflante carénée, ventilateur *nm* soufflant, ventilateur caréné
~ **propeller**: hélice *nf* carénée

ductile: ductile, malléable
~ **iron**: fonte *nf* ductile
~ **rupture**: rupture *nf* ductile

ducting: gainage *nm*

dug → *dig vb*

dull: mat; (colour) terne

dullness: matité *nf*

dumb, ~ **barge**: chaland *nm* sans moteur, chaland remorqué

dummy *nn*: maquette *nf*; (vehicle testing) mannequin *nm*; *adj*: faux, factice, fictif
~ **cartridge**: fausse cartouche *nf*
~ **copy**: (graph) maquette *nf*
~ **crankcase**: faux-carter *nm*
~ **file**: (inf) fichier *nm* fictif
~ **head**: (mil) cône *nm* d'exercice
~ **instruction**: (inf) instruction *nf* fictive
~ **joint**: faux-joint *nm*
~ **pass**: fausse cannelure *nf*, passe *nf* à vide
~ **plug**: fiche *nf* isolante
~ **rivet**: faux rivet *nm*, rivet de montage
~ **shaft**: faux arbre *nm*
~ **shell**: obus *nm* d'exercice
~ **target**: (mil) cible *nf* factice

dump *nn*: (of arms, ammunitions) dépôt *nm*; (inf) vidage *nm*; *vb*: vider, décharger, déverser; (inf) vider; (wagon) basculer
~ **body**: benne *nf* basculante
~ **car**: wagon *nm* basculant, wagon à bascule
~ **check**: (inf) contrôle *nm* de vidage
~ **lorry**: camion-benne *nm*
~ **point**: (inf) point *nm* de reprise
~ **rock fill**: enrochement *nm* en vrac
~ **the pressure**: chuter la pression
~ **valve**: (aero) vide-vite *nm*

dumped, ~ **fill**: remblai *nm* en vrac, remblai déversé

dumper: (c.e.) dumper *nm*, tombereau *nm* automoteur; (inf) programme *nm* de vidage; (rlwy) basculeur *nm*, culbuteur *nm* (de wagons)

dumping: évacuation *nf*, décharge *nf*; remise *nf* à vide; (earthmoving) déversement *nm*; (inf) vidage *nm* mémoire
~ **clearance**: hauteur *nf* de déversement

duo, ~ **face harboard**: panneau *nm* dur à deux faces lisses

duobinary: duobinaire

duodecimal: duodécimal, à base 12

duodiode: duo-diode *nf*, diode *nf* double

duotone: bichrome

dupe NA → *duplicate*

duplex: duplex, double, jumelé; (tcm) bidirectionnel simultané
~ **burner**: brûleur *nm* à double débit
~ **cable**: câble *nm* à deux conducteurs torsadés
~ **caburettor**: carburateur *nm* jumelé
~ **half-tone block**: cliché *nm* simili deux tons
~ **half-tone cut** NA : cliché *nm* simili deux tons
~ **link**: (tcm) liaison *nf* duplex
~ **operation**: (tp) exploitation *nf* en duplex, fonctionnement *nm* en duplex
~ **transmission**: transmission *nf* duplex

duplexed: duplexé

duplexer: duplexeur *nm*

duplexing: duplexage *nm*

duplicate *nn*: duplicata *nm*, double *nm*; (film) contre-type *nm*; *adj*: en double, dédoublé; *vb*: faire un double; polycopier
~ **moulding**: surmoulage *nm*
~ **operation**: (inf) exploitation *nf* en système double;
~ **part**: pièce *nf* de remplacement
~ **system**: système *nm* double
~ **test**: contre-essai *nm*, contre-épreuve *nf*

duplicated, ~ **sample**: échantillon *nm* dédoublé

duplication: duplication *nf*, reproduction *nf*; polycopie *nf*

durability: durabilité *nf*

duramen: (wood) duramen *nm*, bois *nm* de cœur

duration: durée *nf*

duromer: (plast) duromère *nm*

duse: (petr) duse *nf*

dust *nn*: poussière *nf*; *vb*: poudrer, saupoudrer; talquer; essuyer
~ **abatement**: réduction *nf* de la poussière
~ **arrester**: collecteur *nm* de poussière
~ **binder**: huile *nf* antipoussière
~ **boot**: soufflet *nm* protecteur
~ **cap**: cache-poussière *nm*; (valve) capuchon *nm*
~ **catcher**: collecteur *nm* de poussière
~ **control**: dépoussiérage *nm*
~ **core**: noyau *nm* à poudre de fer
~ **cover**: cache-poussière *nm*; (book) jaquette *nf*, fausse couverture *nf*
~ **explosion**: coup *nm* de poussière
~ **extraction**: dépoussiérage *nm*
~ **holding capacity**: (filter) capacité *nf* de colmatage
~ **jacket**: (book) jaquette *nf*
~ **laying**: abattage *nm* de poussières
~ **laying oil**: huile *nf* anti-poussière
~ **removal**: dépoussiérage *nm*
~ **seal**: joint *nm* étanche aux poussières
~ **tight**: étanche à la poussière

dustfree: sec hors poussière

dusting: saupoudrage *nm*, poudrage *nm*; (dusty appearance) farinage *nm*

dustproof: imperméable à la poussière, étanche à la poussière, protégé contre les poussières

duty: service *nm*, régime *nm*; (of a machine) capacité *nf*, débit *nm*
~ **cycle**: coefficient *nm* d'utilisation
~ **factor**: facteur *nm* de marche, facteur d'utilisation

DUV → *data under voice*

DVM → *digital voltmeter*

dwarf, ~ **partition**: cloison *nf* d'appui, cloison basse
~ **wall**: muret *nm*

dwell *nn*: arrêt *nm* momentané de mouvement, pause *nf*, temps *nm* d'arrêt; *vb*: marquer un temps d'arrêt; (plastic moulding) faire respirer le moule, dégazer

dwelling: (constr) habitation *nf*, logement *nm*; (plastic moulding) pause *nf* de fermeture d'un moule

DWF → *dual window fiber*

DWG → *drawing*

dyad: dyade *nf*

dye: colorant *nm*, teinture *nf*
~ **laser**: laser *nm* à colorant
~ **penetrant crack detection**: détection *nf* de criques par ressuage

dyed: teint
~ **in the raw**: teint en fibre
~ **in the hank**: teint en écheveaux

dyehouse: teinturerie *nf*

dyeing: teinture *nf*
~ **and finishing**: teinture *nf* et apprêt
~ **vat**: cuve *nf* de teinture

dyestuff: matière *nf* colorante, colorant *nm*

dying, ~ **out**: (sound, oscillation) évanouissement *nm*
~ **out time**: durée *nf* d'évanouissement, durée d'amortissement

dynamic: dynamique; (inf) dynamique, évolutif; → *dynamics*
~ **braking**: freinage *nm* rhéostatique
~ **flow diagram**: diagramme *nm* dynamique
~ **head**: chute *nf* de pression dynamique, hauteur *nf* de charge dynamique
~ **microphone**: microphone *nm* à bobine mobile
~ **scheduling**: ordonnancement *nm* dynamique
~ **strength**: résistance *nf* dynamique

dynamicizer NA : convertisseur *nm* parallèle-série

dynamics: dynamique *nf*

dynamite: dynamite *nf*

dynamo: GB generator; NA dynamo *nf*

dynamometer: dynamomètre *nm*
~ **test**: essai *nm* dynamométrique

dynamotor: dynamoteur *nm*

dynatron: dynatron *nm*

dynode: dynode *nf*

E

E → *electronic*

E-and-M → *recEive and transMit*

EAPROM → *electrically alterable programmable ROM*

ear: oreille *nf*; (a lug) œil *nm*, œillet *nm*
~ **muffs**: casque *nm* antibruit, serre-tête *nm* antibruit

earlier: antérieur, précédent, précédemment

earliest, ~ **finish time**: (critical path) date *nf* de fin au plus tôt, fin *nf* au plus tôt

early: anticipé, prématuré
~ **cut off**: (steam engine) avance *nm* à l'admission
~ **failure**: défaillance *nf* précoce
~ **spark**: avance *nf* à l'allumage
~ **stiffening**: (concrete) fausse prise *nf*

EAROM → *electricallly alterable ROM*

earpiece: écouteur *nm*, pavillon *nm* d'écouteur

earth *nn*: (globe, soil) terre *nf*; (el) mise *nf* à la terre, terre; (on machinery) mise à la masse, masse *nf*; *vb*: mettre à la terre, mettre à la masse
~ **antenna**: antenne *nf* enterrée, antenne au sol
~ **arrester**: parafoudre *nm* de mise à la terre
~ **attraction**: gravitation *nf*
~ **cable**: câble *nm* de [prise de] terre, câble de [mise à la] masse
~ **circuit**: circuit *nm* de retour par la terre, retour *nm* par la terre
~ **connection**: mise *nf* à la terre, mise à la masse, prise *nf* de masse, prise de terre
~ **contact**: contact *nm* à la terre
~ **coverage antenna**: antenne *nf* à couverture mondiale, antenne à couverture globale
~ **current**: courant *nm* tellurique, courant de retour, courant de fuite
~ **electrode**: prise *nf* de terre
~ **fault**: défaut *nm* à la terre
~ **fill**: remblai *nm* de terre
~ **leak**: fuite *nf* à la terre
~ **leakage**: perte *nf* à la terre
~ **leakage current**: courant *nm* [de perte] à la terre
~ **magnetic field**: champ *nm* magnétique terrestre
~ **magnetism**: magnétisme *nm* terrestre
~ **metal**: métal *nm* terreux
~ **mover**: engin *nm* de terrassement
~ **observaton satellite** «EOS»: satellite *nm* d'observation de la terre
~ **phantom circuit**: circuit *nm* fantôme à retour par la terre
~ **pigment**: pigment *nm* minéral naturel
~ **plate**: plaque *nf* de terre
~ **pressure**: poussée *nf* des terres
~ **resistance**: résistance *nf* de terre
~ **resistance meter**: tellurohmètre *nm*
~ **resources**: ressources *nf* terrestres
~ **retaining**: soutènement *nm* des terres
~ **return**: retour *nm* par la terre, retour par la masse
~ **return circuit**: circuit *nm* de retour par la terre, circuit unifilaire
~ **rod**: piquet *nm* de terre
~ **short**: court-circuit *nm* à la terre
~**-space transmission**: transmission *nf* terre-espace
~ **station**: station *nf* terrienne
~ **system**: prise *nf* de terre
~ **terminal**: borne *nf* de terre
~**-to-satellite**: terre-satellite
~**-to-space**: terre-espace
~ **tremor**: secousse *nf* sismique
~ **wire**: fil *nm* de [mise à la] terre, fil de garde

earthed: mis à la terre; (to machine frame) mis à la masse
~ **grid**: grille *nf* à la masse, grille suppresseuse
~ **neutral system**: réseau *nm* à neutre à la terre

earthenware: poterie *nf* [de terre], grès *nm*

earthing: mise *nf* à la terre; (to machine frame) mise à la masse
~ **percentage**: taux *nm* de bridage

~ **resistance**: résistance *nf* de terre, résistance de masse
~ **switch**: sectionneur *nm* de terre

earthmover: engin *nm* de terrassement

earthmoving: travaux *nm* de terrassement, terrassement *nm*
~ **equipment**: engin[s] *nm* de terrassement

earthquake: séisme *nm*
~ **resistant**: parasismique
~ **wave**: onde *nf* séismique

earthshine: (space) clair *nm* de terre

earthworks: ouvrages *nm* en terre
~ **engineering**: technique *nf* des ouvrages en terre, technique des terrassements

EAS → *equivalent air speed*

ease *nn*: facilité *nf*; *vb*: desserrer, dégager, ralentir; (a beam) alléger; (a curve) adoucir; (an edge) délarder; (a part) donner du jeu
~ **of installation**: facilité *nf* de pose, mise *nf* en place facile

easement, ~ **curve**: courbe *nf* de raccordement

easing, ~ **wedge**: coin *nm* de blocage, coin d'attente

east: est

easting: (navigation) chemin *nm* est

easy: facile
~ **fit**: (mech) ajustage *nm* à jeu léger, ajustage lâche
~ **to reach**: d'accès facile

eaves: batellement *nm*, égout *nm* (de bord de toit)

eavesdropping: écoute *nf* clandestine

EAX → *electronic automatic exchange*

ebb: (of sea) reflux *nm*
~ **and flow**: flux *nm* et reflux
~ **tide**: marée *nf* descendante, reflux *nm*, jusant *nm*

EBCDIC → *extended binary coded decimal interchange*

E-beam: faisceau *nm* électronique

ebonite: ébonite *nf*
~-**coated steel**: acier *nm* ébonité
~ **lining**: ébonitage *nm*

EBR → *electron beam recording*

EBW → *electron beam welding*

EBWR → *experimental boiling water reactor*

EC → *engineering change*

ECC → *error correcting code*

eccentric *nn*: excentrique *nm*; *adj*: excentrique, excentré
~ **catch**: butoir *nm* d'excentrique
~ **gear**: distribution *nf* à excentrique
~ **motion**: commande *nf* par excentrique
~ **press**: presse *nf* à excentrique
~ **pulley**: poulie *nf* d'excentrique
~ **rod**: bielle *nf* d'excentrique, tige *nf* d'excentrique, tige du tiroir
~ **shaft**: arbre *nm* d'excentrique
~ **strap**: collier *nm* d'excentrique

ECG → *electrochemical grinding*

echelon, ~ **aerial**: antenne *nf* en rideau
~ **circuit**: circuit *nm* [en] série, montage *nm* en série

echo: écho *nm*; (tv) fantôme *nm*
~ **box**: cavité *nf* résonante, résonateur *nm* d'échos
~ **check**: contrôle *nm* par écho, vérification *nf* par écho
~ **control**: réduction *nf* d'écho, traitement *nm* d'écho
~ **current**: courant *nm* réfléchi
~ **image**: image *nf* fantôme
~ **killer**: suppresseur *nm* d'écho
~ **sounder**: échosonde *nf*, sondeur *nm* acoustique
~ **sounding**: échosondage *nm*
~ **suppressor**: suppresseur *nm* d'écho
~-**test set**: échomètre *nm*
~ **wave**: onde *nf* d'écho

echoplex: échoplex

ECL → *emitter coupled logic*

eclipse: éclipse *nf*
~ **outage**: interruption *nf* due à une éclipse

ECM → *electronic counter measure*

ECO → *electron coupled oscillator, engineering change order*

ECR → *electronic cash register*

EDC → *error detection code*

eddy: (fluid) tourbillon *nm*, remous *nm*
~ **current**: (fluid) courant *nm* tourbillonnaire; (el) courant de Foucault, courant parasite
~-**current brake**: frein *nm* à courants de Foucault, frein magnétique
~-**current loss**: perte *nf* par courants de Foucault, perte par courants parasites
~ **flow**: écoulement *nm* turbulent
~ **loss**: (turbine) perte *nf* par tourbillons

edge *nn*: bord *nm*, arête *nf*, rebord *nm*; (of book, paper stack) tranche *nf*; (of microfilm, punched card) marge *nf*; (of plank, brick) champ *nm*, chant *nm*; (of roof) rive *nf*; (of slate) chef *nm*; (of wave) front *nm*; *vb*: border, tomber un bord
~ **band**: (carpentry) alèse *nf*, alaise *nf* (de chant)
~ **beam**: poutre *nf* de rive
~-**bedded**: (stone) posé en délit
~ **coal**: gisement *nm* houiller dressant
~ **connector**: (el) connecteur *nm* plat, connecteur latéral
~ **distance**: (of bolts, rivets) pince *nf* transversale
~ **effect**: effet *nm* de bord, effet marginal
~ **flare**: distorsion *nf* des contrastes sur les bords; éclat *nm* de bord
~ **forming**: roulage *nm* des bords, sertissage *nm*
~ **girder**: poutre *nf* de rive
~ **gluing**: collage *nm* sur chant
~-**holding property**: (tool) résistance *nf* du tranchant, tenue *nf* de coupe
~ **insulator**: isolateur *nm* latéral
~ **joint**: assemblage *nm* sur champ
~ **jointing**: collage *nm* bord à bord
~ **life**: durée *nf* de coupe
~ **lighting**: éclairage *nm* par la tranche, éclairage rasant
~ **mill**: broyeur *nm* à meules verticales
~ **moulding**: baguette *nf* couvre-chant, couvre-chant *nm*
~ **preparation**: (wldg) préparation *nf* des bords
~-**punched card**: carte *nf* à perforations marginales
~ **retention**: (tool) tenue *nf* de coupe
~ **rolling**: (presswork) roulage *nm*
~ **runner**: meule *nf* verticale (de broyeur)
~ **seam**: (geol) dressant *nm*
~ **steepness**: (of wave) raideur *nf* du flanc, raideur de front
~ **stress**: tension *nf* à l'arête, tension aux arêtes, contrainte *nf* au contour, contrainte au bord
~ **strip**: couvre-chant *nm*
~ **tool**: outil *nm* à tranchant
~-**triggered**: déclenché par front d'impulsion
~ **trimmer**: (graph) coupe-bordure *nm*; (rolling mill) cisaille *nf* de rives
~ **trimming**: chutage *nm* des rives
~ **water**: (petr) eau *nf* de bordure, eau de gisement
~ **well**: (petr) puits *nm* à la limite d'un gisement

edger: fer *nm* à bordure (de cimentier); (inf) margeur *nm*

edging: bande *nf* de chant, bordure *nf*, couvre-chant *nm*; (concrete) bordurette *nf*; (of planks) dressage *nm*; (of lens) débordage *nm*
~ **strip**: bande *nf* de champ, bande de chant

Edison, ~ **accumulator**: accumulateur *nm* Edison, accumulateur fer-nickel
~ **base**: culot *nm* Edison, culot à vis
~ **screw cap** «ES»: culot *nm* à vis, culot Edison

edit *nn*: (inf) correction *nf*, édition *nf*, mise *nf* en forme, mise en page; *vb*: (book, newspaper) publier; (film) faire un montage sonore; (inf) éditer, corriger, mettre en forme, mettre en page
~ **key**: touche *nf* de correction
~ **in**: insérer
~ **out**: supprimer, éliminer
~ **pulse**: impulsion *nf* de montage
~ **routine**: programme *nm* d'édition

editing: (inf) édition *nf*, correction *nf*, mise *nf* en forme; (cinema) montage *nm*

editor: éditeur *nm* (de texte), programme *nm* d'édition, programme de mise en forme

EDM → *electrical discharge machining*

EDP → *electronic data processing*

educational: éducatif, d'enseignement, pour l'enseignement
~ **software**: didacticiel *nm*
~ **television** «ETV»: téléenseignement *nm*

educt: éduit *nm*; (chem) résidu *nm*

eduction: sortie *nf*, décharge *nf*, évacuation *nf*, échappement *nm*, vidange *nf*
~ **pipe**: tuyau *nm* d'émission
~ **port**: orifice *nm* d'émission, orifice de décharge, orifice d'échappement
~ **valve**: soupape *nf* d'échappement

edulcorate *vb*: purifier par lavage, neutraliser l'acidité

EEPROM → *electrically erasable programmable ROM*

effect: effet *nm*, résultat *nm*

effective: effectif, réel
~ **address**: adresse *nf* effective, adresse réelle
~ **call**: (tp) appel *nm* effectif
~ **current**: intensité *nf* efficace
~ **gain**: gain *nm* équivalent
~ **horse power** «ehp»: puissance *nf* réelle
~ **length**: (of column) longueur *nf* de flambage
~ **radiated power** «ERP»: puissance apparente rayonnée «PAR»
~ **range**: (of instrument) intervalle *nm* de mesure
~ **transmission equivalent**: équivalent *nm* de transmission effective
~ **value**: valeur *nf* efficace
~ **voltage**: tension *nf* efficace
~ **work**: travail *nm* utile

effectivity: entrée *nf* en vigueur, mise *nf* en application, prise *nf* d'effet

effector: (rob) effecteur *nm*

efficiency: rendement *nm*, efficacité *nf*

efficient: efficace, performant, à grand rendement
~ **use**: utilisation *nf* rationnelle

effluent: effluent *nm*

efflux: écoulement *nm*; (gas) émanation *nf*

EFT → *electronic funds transfer*

EFTS → *electronic funds transfer system*

EGD → *evolved gas detection*

egg: œuf *nm*
~-**beater rotors**: (helicopter) rotors *nm* contrarotatifs
~-**box lens**: (waveguide) lentille *nf* à trame rectangulaire
~-**shaped**: ovale, ovoïde

egress: sortie *nf*, échappement *nm*

ehf → *extremely high frequency*

ehp → *effective horse power*

EHP → *electrical horse power*

EHV → *extremely high voltage*

eigen, ~ **value**: valeur *nf* propre

eight: huit
~-**angle**: octogonal
~-**bit byte**: octet *nm*
~-**sided**: octaédrique
~-**sided polygon**: octaèdre *nm*

either, ~-**direction working**: (rlwy) banalisation *nf* des voies
~-**way communication**: mode *nm* bidirectionnel à l'alternat, bidirectionnel *nm* à l'alternat

eject *vb*: éjecter; (fdry) démouler
~ **button**: touche *nf* d'éjection

ejectable, ~ **nose cone**: (space) coiffe *nf* éjectable

ejected, ~ **beam**: faisceau *nm* de sortie, faisceau sorti

ejection: éjection *nf*
~ **ram**: piston *nm* d'éjection, piston d'éjecteur
~ **seat**: (aero) siège *nm* éjectable

ejector: éjecteur *nm*
~ **pin**: broche *nf* d'éjecteur, tige *nf* d'éjecteur
~ **pipe**: (aero) tube *nm* à réaction
~ **plate**: plaque *nf* d'éjection, plateau *nm* éjecteur
~ **seat**: (aero) siège *nm* éjectable
~ **sleeve**: éjecteur *nm* tubulaire

elapse *vb*: s'écouler (temps)

elapsed, ~ **time**: temps *nm* écoulé

elastic: élastique, souple
~ **bending**: flexion *nf* élastique
~ **buffer**: tampon *nm* à capacité variable
~ **coupling**: accouplement *nm* élastique

~ **deformation**: déformation *nf* élastique
~ **limit**: limite *nf* d'élasticité
~ **plastic**: élasto-plastique
~ **range**: zone *nf* d'élasticité
~ **recovery**: détente *nf* élastique, reprise *nf* élastique, revenu *nm* élastique

elasticity: élasticité *nf*, souplesse *nf*
~ **in shear**: élasticité *nf* de cisaillement

elastomer: élastomère *nm*

E-layer: couche *nf* E

elbow: coude *nm*, genou *nm*
~ **wrench**: clé *nf* coudée

electric, ~ **component**: (force) composante *nf* électrique; (part) composant *nm* électrique
~ **engineering**: électrotechnique *nf*
~ **equipment**: matériel *nm* électrique
~ **eye**: cellule *nf* photoélectrique
~ **thread**: filetage *nm* électrique, filetage pour lampes à incandescence
~ **industry**: industrie *nf* électrotechnique
~ **lock**: verrou *nm* électrique
~ **oil**: huile *nf* isolante
~ **power engineering**: technique *nf* des courants forts
~ **power line**: ligne *nf* électrique
~ **power station**: usine *nf* électrique, centrale *nf* électrique
~ **sheet**: tôle *nf* électrique, tôle magnétique, tôle pour transformateurs
~ **sign**: enseigne *nf* lumineuse
~ **steel production**: électrosidérurgie *nf*
~ **strength**: rigidité *nf* diélectrique
~ **tape**: ruban *nm* isolant, chatterton *nm*
~ **wave**: onde *nf* hertzienne
~ **wiring material** NA : matériaux *nm* d'installation

electrical: électrique
~ **bonding**: métallisation *nf*
~ **discharge machining** «EDM»: usinage *nm* par étincelage
~ **engineering**: électrotechnique *nf*
~ **household appliance**: appareil *nm* électroménager
~ **tape**: ruban *nm* isolant, chatterton *nm*

electrically: électriquement, par voie électrique
~ **alterable ROM**: mémoire *nf* morte modifiable électriquement
~ **alterable programmable ROM** «EAPROM»: mémoire *nf* morte programmable modifiable électriquement
~ **driven pump**: électro-pompe *nf*
~ **erasable programmable ROM** «EEPROM»: mémoire *nf* morte programmable effaçable électriquement
~ **erasable ROM** «EEROM»: mémoire *nf* morte effaçable électriquement
~ **operated**: marchant à l'électricité
~**-operated valve**: électrovalve *nf*

electricity: électricité *nf*
~ **meter**: compteur *nm* électrique, compteur d'électricité

electrification: électrification *nf*

electrified: (person) électrisé; (rlwy) électrifié

electroanalysis: électro-analyse *nf*

electrocast: électrofondu

electrochemical: électrochimique

electrode: électrode *nf*; (welding rod) baguette *nf* de soudage
~ **fault current**: courant *nm* de fuite d'une électrode
~ **gap**: distance *nf* interélectrodes, distance entre électrodes; (auto) écartement *nm* des électrodes
~ **holder**: porte-électrode *nm*, pince *nf* porte-électrode
~ **tip**: pointe *nf* d'électrode
~ **wire**: (wldg) baguette *nf* d'apport

electrodeposit: dépôt *nm* galvanoplastique

electrodeposition: dépôt *nm* électrolytique

electrodyalisis: électrodyalise *nf*

electrodynamics: électrodynamique *nf*

electroforming: électroformage *nm*

electrogalvanizing <ising>: zingage *nm* électrolytique, zingage galvanique

electrogenerated, ~ **chemiluminescence** «ELL»: électrophotochimie *nf*

electro-heat: électothermie *nf*

electroless: autocatalytique, sans courant

~ **copper plating deposit**: dépôt *nm* de cuivre chimique
~ **plating**: placage *nm* chimique

electroller NA : lustre *nm*

electroluminescent: électroluminescent

electrolyzer <iser>: électrolyseur *nm*

electrolysis: électrolyse *nf*

electrolyte: électrolyte *nm*

electromagnet: électro-aimant *nm*

electromagnetic «em»: électromagnétique
~ **compatibility** «EMC»: compatibilité *nf* électromagnétique
~ **interference** «EMI»: interférence *nf* électromagnétique, perturbation *nf* électromagnétique, ronflement *nm* électromagnétique
~ **radiation** «EMR»: rayonnement *nm* électromagnétique

electromechanical: électromécanique
~ **switching equipment**: matériel *nm* de commutation électromécanique, autocommutateur *nm* électromécanique

electromotive, ~ **force** «emf»: force *nf* électromotrice «fem»

electron *nn*: électron *nm*; *adj*: électronique
~ **beam**: faisceau *nm* électronique
~ **beam recording** «EBR»: enregistrement *nm* par faisceau électronique
~ **beam valve**: tube *nm* à faisceau électronique
~ **beam welding** «EBW»: soudage *nm* par bombardement électronique
~ **coupled oscillator** «ECO»: oscillateur *nm* à couplage électronique
~ **density**: densité *nf* électronique
~ **donor**: électrodonneur *nm*
~ **drift** NA : flux *nm* électronique
~ **flow**: flux *nm* électronique
~ **gas**: gaz *nm* électronique
~ **gun**: canon *nm* électronique
~**-hole pair**: paire *nf* électron-trou
~ **lens**: lentille *nf* électronique
~ **microscope**: microscope *nm* électronique
~ **optics**: optoélectronique *nf*
~ **pair**: paire *nf* d'électrons
~ **spin resonance** «ESR»: résonance *nf* de spin électronique

electronic: électronique *adj*
~ **automatic exchange** «EAX»: central *nm* automatique électronique
~ **banking**: services *nm* bancaires électroniques
~ **cash register** «ECR»: caisse *nf* enregistreuse électronique
~ **commuting**: télétravail *nm*
~ **cottage**: télétravail *nm*
~ **counter measure** «ECM»: contre-mesures *nf* électroniques
~ **data processing** «EDP»: traitement *nm* électronique de l'information
~ **engineer**: électronicien *nm*
~ **funds transfer system** «EFTS»: système *nm* électronique de transfert de fonds
~ **intelligence** «ELINT»: (mil) renseignements *nm* de source électronique
~ **mail** «EM», «E-mail»: courrier *nm* électronique
~ **messaging**: messagerie *nf* électronique
~ **office environment**: monde *nm* bureautique
~ **office**: bureautique *nf*
~ **switched network** «ESN»: réseau *nm* commuté électronique
~ **switching system** «ESS»: autocommutateur *nm* électronique, système *nm* de commutation électronique

electronics: électronique *nf*

electrooptical, ~ **tracking system** «EOTS»: poursuite *nf* optoélectronique

electrooptics: optoélectronique *nf*

electroosmosis: électro-osmose *nf*

electrophoresis: électrophorèse *nf*

electroplating: galvanoplastie *nf*

electropolishing: polissage *nm* électrolytique

electrosensitive: électrosensible

electrostatic: électrostatique
~ **loudspeaker**: haut-parleur *nm* électrostatique, haut-parleur à condensateur
~ **microphone**: microphone *nm* électrostatique, microphone *nm* à condensateur
~ **screen**: blindage *nm* électrostatique, écran *nm* électrostatique
~ **shield**: blindage *nm* électrostatique, écran *nm* électrostatique

electrothermal: électrothermique

electrotyping: électrotypie *nf*, galvanotypie *nf*

electrovalve: robinet *nm* électromagnétique, électro-valve *nf*

electrowinning: (met) électro-obtention *nf*, extraction *nf* par voie électrolytique

element: élément *nm*; (battery) plaque *nf* d'accumulateur
~ **synchronism**: synchronisme *nm* par éléments
~**-to-element phase change**: déphasage *nm* entre éléments

elemental: élémentaire

elementary, ~ **body**: corps *nm* simple

elevate *vb*: élever, surélever; (mil) hausser; (a gun) pointer en hauteur

elevated: élevé; (raised) surélevé; (overhead) aérien
~ **aerial**: antenne *nf* extérieure
~ **antenna** NA : antenne *nf* extérieure
~ **flooring**: faux-plancher *nm*
~ **monorail**: monorail *nm* surélevé

elevating: élévateur; (aero) sustentateur
~ **gear**: (mil) mécanisme *nm* de pointage en hauteur
~ **platform**: plate-forme *nf* mobile, table *nf* élévatrice
~ **platform truck**: chariot *nm* élévateur à plate-forme, chariot élévateur à petite levée
~ **power**: (aero) force *nf* ascensionnelle
~ **propeller**: (aero) hélice *nf* sustentatrice
~ **screw**: (aero) hélice *nf* sustentatrice; (mil) vis *nf* de pointage en hauteur
~ **tailgate**: hayon *nm* élévateur

elevation: altitude *nf*, hauteur *nf*; (drawing) élévation *nf*, projection *nf* verticale; (of firearm) pointage *nm* en hauteur; (increase) augmentation *nf*, hausse *nf*
~ **above sea-level**: hauteur *nf* au-dessus du niveau de la mer
~ **angle**: angle *nm* de site
~ **in temperature**: augmentation *nf* de la température
~ **position indicator** «EPI»: indicateur *nm* de distance et de site
~ **resolution**: (radar) résolution *nf* verticale

elevator: (aero) gouvernail *nm* de profondeur; NA (lift) ascenseur *nm*; (grain storage) silo *nm*
~**-aileron**: élevon *nm*
~ **car** NA : cabine *nf* d'ascenseur
~ **control**: (aero) commande *nf* de profondeur
~ **conveyor**: transporteur *nm* élévateur
~ **dredge[r]**: drague *nf* à godets
~ **lever**: (aero) guignol *nm* de commande *nf* de profondeur
~ **operator** NA : liftier *nm*, garçon *nm* d'ascenseur
~ **pit**: cuvette *nf* d'ascenseur
~ **platform**: pont *nm* élévateur
~ **shaft**: cage *nf* d'ascenseur, gaine *nf* d'ascenseur, puits *nm* d'ascenseur
~ **trim**: (aero) compensation *nf* de gouverne
~ **trim tab**: volet *nm* de compensation de gouverne
~ **unit**: (aero) empennage *nm* d'altitude, empennage de profondeur, empennage horizontal

elevon: élevon *nm*

ELF → *extremely low frequency*

eliminate *vb*: éliminer, supprimer

elimination: élimination *nf*, suppression *nf*
~ **of heat**: évacuation *nf* de la chaleur
~ **of radio interference**: anti-parasitage *nm*

eliminator: (antenna) circuit *nm* bouchon d'antenne; (filter) filtre *nm*, suppresseur *nm*

ELINT → *electronic intelligence*

eliquation: (casting) ségrégation *nf*, séparation *nf* par fusion

ell NA : raccord *nm* coudé, raccord en équerre

ELL → *electrogenerated chemiluminescence*

ellesify *vb*: intégrer à grande échelle, intégrer sur circuit LSI

ellipse: ellipse *nf*

ellipsoid: ellipsoïde *nm*

elliptic[al]: elliptique

elm: orme *nm*

elongated: allongé
~ **hole**: trou *nm* oblong, boutonnière *nf*

elongation: allongement *nm*
~ **at rupture**: allongement *nm* de rupture, allongement à la rupture

elutate: éluat *nm*

elution: élution *nf*

elutriate *vb*: décanter, éluer, épurer par lavage et filtrage; (mining) déschlammer

elutriation: élutriation *nf*, purification *nf* par lavage

elutriator: appareil *nm* d'élutriation, appareil *nm* de lavage du sable, séparateur *nm*

em → *electromagnetic*

EM → *end of medium, electronic mail*

E-mail → *electronic mail*

embankment: talus *nm*

embark *vb*: embarquer

embarkation: embarquement *nm*

embed *vb*: (inf) inclure, intégrer; (constr) poser; noyer, enrober, encastrer, insérer

embedded, ~ **blank**: (inf) blanc *nm* intercalé, espace *nm* intercalaire
~ **column**: poteau *nm* encastré
~ **in concrete**: enrobé de béton, noyé dans le béton
~ **link**: (el) barrette *nf* encastrée

embedding: (plastics) enrobage *nm*

embedment: noyage *nm*, enrobage *nm*

embodied: incorporé

embodiment: incorporation *nf*; (into an aircraft) avionnage *nm*

embossed: bosselé, embouti, en relief; (data processing) embossé
~ **finish**: (tex) apprêt *nm* gaufré
~ **paper**: papier *nm* gaufré
~ **plaster**: enduit *nm* bouchardé
~ **printing**: impression *nf* en relief

embossing: (met) emboutissage *nm*; (paper) gaufrage *nm*, grainage *nm*
~ **calender**: calandre *nf* gaufreuse, calandre de grainage, gaufreuse *nf*

embrittlement: fragilisation *nf*

EMC → *electromagnetic*

emergency *nn*: urgence *nf*; *adj*: d'urgence, de secours
~ **call**: appel *nm* d'urgence
~ **chute**: (aircraft) toboggan *nm*
~ **exit**: issue *nf* de secours, sortie *nf* de secours
~ **landing**: atterrissage *nm* forcé
~ **power**: alimentation *nf* de secours
~ **power unit** «EMU»: groupe *nm* de secours
~ **repair**: réparation *nf* provisoire, réparation de fortune, réparation improvisée
~ **services**: services *nm* secours, secours *nm*
~ **set**: groupe *nm* de secours
~ **shutdown**: arrêt *nm* d'urgence
~ **switch**: interrupteur *nm* d'urgence
~ **telephone**: poste *nm* d'appel d'urgence, poste de secours

emery: émeri *nm*
~ **cloth**: toile *nf* émeri
~ **paper**: papier *nm* émeri
~ **paste**: potée *nf* d'émeri
~ **stick**: rodoir *nm*
~ **wheel**: meule *nf* émeri

emf → *electromotive force*

EMI → *electromagnetic interference*

emission: émission *nf*
~ **line**: raie *nf* d'émission
~ **of heat**: dégagement *nm* de chaleur

emissive, ~ **power**: pouvoir *nm* émissif

emissivity: pouvoir *nm* d'émission, pouvoir émissif

emit *vb*: émettre, dégager; (rays) rayonner; (sparks) lancer

emitter: (eon) émetteur *nm*
~ **coupled logic** «ECL»: logique *nf* à couplage par les émetteurs, logique ECL
~ **follower**: émetteur-suiveur *nm*
~ **junction**: jonction *nf* émetteur

~-to-base current: courant *nm* émetteur-base
~-to-collector current: courant *nm* émetteur-collecteur

emphasis: accentuation *nf*

emphasize <ise> *vb*: accentuer, amplifier

empirical: empirique

emplaning: (aero) embarquement *nm*

empty: vide
~ **medium**: support *nm* vide
~ **molecule**: molécule *nf* non occupée
~ **running**: marche *nf* à vide
~ **shell**: (inf) infrastructure *nf* vide
~ **trip**: trajet *nm* à vide
~ **weight**: poids *nm* à vide, tare *nf*
~ **weight equipped**: (of aircraft) masse *nf* à vide équipé

EMR → *electromagnetic radiation*

EMU → *emergency power unit*

emulate *vb*: émuler

emulator: émulateur *nm*

emulsifiable: émulsifiable, émulsionnable

emulsifier: (equipment) émulseur *nm*; (an emulsifying agent): émulsifiant *nm*, émulsionnant *nm*

emulsify *vb*: émulsifier, émulsionner

emulsifying *nn*: mise *nf* en émulsion; *adj* émulsif, émulsifiant, émulsionnant
~ **agent**: agent *nm* émulsifiant, agent émulsionnant

emulsion: émulsion *nf*
~ **breaking agent**: produit *nm* désémulsionnant
~ **face**: (phot) côté *nm* émulsionné
~ **gravel**: grave-émulsion *nf*
~ **number**: indice *nm* d'émulsion
~ **paint**: peinture *nf* émulsion à l'huile
~ **polymerization**: polymérisation *nf* en émulsion

enable *nn*: validation *nf*; *vb*: valider, autoriser; mettre en service
~/disable: validation/invalidation *nf*

enabled: en fonction, validé

enabling *nn:* validation *nf*; *adj*: d'autorisation, de validation
~ **pulse**: impulsion *nf* de déclenchement
~ **signal**: signal *nm* d'autorisation, signal de validation

enamel: émail *nm*; (paint) peinture *nf* émail; (pipe laying) enduit *nm* d'enrobage; *vb*: émailler
~-covered wire: fil *nm* émaillé
~ **silk-covered**: émaillé guipé soie

enamelled <eled>: émaillé
~ **paper**: papier *nm* couché
~ **print**: (phot) épreuve *nf* glacée
~ **wire**: fil *nm* émaillé, fil émail

enamelling <eling>: émaillage *nm*
~ **sheet**: tôle *nf* à émailler

encapsulant: matière *nf* d'enrobage

encapsulate *vb*: encapsuler, enrober; (data) emballer

encapsulation: enrobage *nm* (par revêtement), imprégnation *nf*, encapsulage *nm*

encased, ~ **duct**: conduite *nf* enrobée
~ **magnet**: aimant *nm* cuirassé
~ **stanchion**: poteau *nm* métallique enrobé

encasement: revêtement *nm*, enrobage *nm*

encastré, ~ **beam**: poutre *nf* encastrée
~ **moment**: moment *nm* d'encastrement

encipher *nn*: codeur *nm*, encodeur *nm*; *vb*: chiffrer, coder

encipherment: codage *nm*, chiffrement *nm*

enclose *vb*: enfermer; délimiter
~ **in a casing**: mettre sous carter

enclosed: enfermé; (el) protégé, blindé; (mech) sous carter
~ **angle**: angle *nm* intérieur
~ **bus[bar]**: barre *nf* omnibus protégée
~ **chain**: chaîne *nf* sous carter
~ **fuse cutout**: coupe-circuit *nm* à fusion enfermée
~ **gear**: engrenage *nm* sous carter
~ **motor**: moteur *nm* cuirassé, moteur blindé

~ **scale thermometer**: thermomètre *nm* à échelle protégée
~ **switch**: interrupteur *nm* sous coffret, interrupteur protégé
~ **tail rotor**: rotor *nm* de queue caréné
~**-type motor**: moteur *nm* cuirassé
~**-ventilated**: blindé-ventilé

enclosure: enceinte *nf*, armoire *nf*, boîtier *nm*, coffret *nm*

encode *vb*: coder, encoder

encoding: codage *nm*, encodage *nm*, chiffrement *nm*

encrypt *vb*: chiffrer, coder

encryption: chiffrage *nm*, chiffrement *nm*, cryptage *nm*, cryptographie *nf*

end *nn*: bout *nm*, extrémité *nf*; fin *nf*; côté *nm*; (weaving) bout *nm* de fil, fil *nm*; (cut off) bout tronçonné, chute *nf*; *vb*: terminer, finir
~ **around borrow**: (inf) report *nm* négatif [circulaire]
~ **around carry**: (inf) report *nm* circulaire, report en boucle
~ **around shift**: (inf) décalage *nm* circulaire
~ **bearing**: palier *nm* de bout, palier frontal
~**-bearing pile**: pieu *nm* à pointe portante
~ **bell**: (el) tête *nf* de câble, embout *nm* protecteur; (pipe) manchon *nm* d'extrémité
~ **break**: (spinning) casse *nf*
~ **cam**: came *nf* de bout
~ **cap**: embout *nm*
~ **column**: poteau *nm* de rive
~ **cover**: flasque *nm*
~ **cropper**: cisaille *nf* d'éboutage
~ **cut**: (petr) fraction *nf* de queue
~**-discharge**: à déchargement longitudinal
~ **distance**: (of bolts, rivets) pince *nf* longitudinale
~ **down**: (spinning) casse *nf*
~ **dumping**: bennage *nm* à cul, déversement *nm* en arrière
~ **effector**: (rob) organe *nm* terminal (de préhension)
~ **elevation**: vue *nf* en bout
~ **event**: (critical path) étape *nf* fin, évènement *nm* final
~ **exchange**: (tp) central *nm* terminal
~**-fire aerial**: antenne *nf* à rayonnement longitudinal
~**-fixed beam**: poutre *nf* sur appuis encastrés
~ **fixity**: encastrement *nm*
~ **gas**: gaz *nm* imbrûlés
~ **gate**: (fdry) attaque *nf* en bout
~ **girder**: poutre *nf* de rive
~ **grain**: bois *nm* de bout
~ **leaves**: (graph) feuilles *nf* de garde
~ **mark**: (inf) drapeau *nm* indicateur
~ **mill**: fraise *nf* en bout
~ **of block** «EOB»: fin *nf* de bloc
~ **of data** «EOD»: fin *nf* de données
~ **of file** «EOF»: fin *nf* de fichier
~ **of form** «EOF»: fin *nf* de papier
~ **of job** «EIJ»: fin *nf* de travail
~ **of medium** «EOM»: fin *nf* de support
~ **of message** «EOM»: fin *nf* de message
~ **of tape** «EOT»: fin *nf* de bande
~ **of text** «ETX»: fin *nf* de texte
~ **of transmission** «EOT»: fin *nf* de transmission
~ **of transmission block** «ETB»: fin *nf* de bloc de transmission
~**-on armature**: armature *nf* frontale
~ **out**: (weaving) fil *nm* non pris
~ **output**: sortie *nf* finale
~ **piece**: embout *nm*
~ **plate**: flasque *nm*
~ **play**: jeu *nm* axial
~ **point**: extrémité *nf*; (chem) virage *nm*, fin *nf* d'un titrage
~ **pole**: poteau *nm* d'arrêt, poteau terminal, poteau tête de ligne
~ **post**: montant *nm* d'extrémité
~ **product**: produit *nm* final
~ **pulley**: poulie *nf* de retour
~ **restraint**: encastrement *nm*
~ **seal**: embout *nm* protecteur
~ **shears**: cisaille *nf* à ébouter, cisaille d'éboutage
~ **shell ring**: (boiler) virole *nf* d'extrémité
~ **shield**: flasque *nm*, capot *nm* protecteur
~ **stage casing**: corps *nm* de dernier étage
~ **step**: marche *nf* d'arrivée, marche palière
~ **stop**: butée *nf* de fin de course
~ **stop motion**: (spinning) casse-fils *nm*
~ **terminal**: borne *nf* d'attache, borne d'extrémité
~ **thrust**: poussée *nf* axiale, poussée longitudinale
~ **turn**: spire *nf* d'entrée
~ **use**: usage *nm* final
~ **user**: utilisateur *nm* final
~ **view**: vue *nf* en bout
~ **value** : valeur *nf* finale, valeur limite
~ **wire**: fil *nm* d'arrêt

ending *nn*: fin *nf*; *adj*: de fin
~ **label**: (inf) label *nm* fin

endless: sans fin
~ **belt**: courroie *nf* sans fin

~ **form**: (inf) imprimé en continu
~ **rope**: câble *nm* sans fin
~ **saw**: scie *nf* à ruban
~ **screw**: vis *nf* sans fin
~ **tape**: bande *nf* sans fin
~ **wire**: (pap) toile *nf* sans fin

endogenic: endogène

endothermic: endothermique

endurance: endurance *nf*, résistance *nf* à la fatigue; (aero) autonomie *nf*
~ **failure**: rupture *nf* par fatigue

endways: debout

endwise: bout à bout, perpendiculairement, de chant
~ **feed**: (inf) alimentation *nf* colonne par colonne
~ **motion**: déplacement *nm* axial, déplacement longitudinal

energization <isation>: mise *nf* sous tension, alimentation; (relay) excitation *nf*

energize <ise> *vb*: (arc) amorcer; (el) alimenter en électricité, mettre sous tension; (relay) exciter

energized <ised>: [mis] sous tension, alimenté, excité
~ **condition**: état *nm* de travail
~ **for holding**: alimenté pour maintien

energizing <ising>, ~ **quantity**: (relay) grandeur *nf* d'alimentation

energy: énergie *nf*
~ **absorbing column**: (auto) colonne *nf* de direction télescopique
~ **balance**: bilan *nm* énergétique
~ **component**: composante *nf* active, composante en phase, composante wattée
~ **conservation**: économie *nf* d'énergie
~ **consumption**: consommation *nf* d'énergie, dépense *nf* d'énergie
~ **content**: contenu *nm* énergétique
~ **conversion efficiency**: rendement *nm* énergétique
~ **density**: densité *nf* d'énergie
~ **efficiency**: rendement *nm* énergétique
~ **equivalent**: équivalent *nm* énergétique
~ **imparted**: énergie communiquée
~ **requirement**: besoin *nm* d'énergie

engage *vb*: enclencher; (gear) engrener, mettre en prise
~ **a gear**: (auto) passer une vitesse

engaged: enclenché, en prise, engrené; (clutch) embrayé; (tp) occupé
~ **column**: (architecture) demi-colonne *nf*
~ **signal**: signal *nm* d'occupation
~ **tone**: tonalité *nf* d'occupation

engagement: enclenchement *nm*, encliquetage *nm*; (of clutch) embrayage *nm*; (of teeth) engrènement *nm*

engaging, ~ **dog**: taquet *nm* d'embrayage, griffe *nf* d'entraînement
~ **force**: (el) force *nf* d'accouplement (d'un contact)
~ **piece**: doigt *nm* d'entraînement

engine: machine *nf*; moteur *nm*; (aero, space) propulseur nm
~ **at idle**: (auto) moteur *nm* au ralenti; (aero) réacteur *nm* réduit
~ **bay**: (aero) baie *nf* réacteur
~ **bearer**: support *nm* de moteur, berceau *nm* moteur
~ **bearers**: (ship) carlingage *nm* des machines
~ **bed**: berceau *nm* de moteur, berceau-moteur *nm*
~ **block**: bloc-moteur *nm*
~ **bracket**: patte *nf* d'attache du moteur, support *nm* de moteur
~ **brake**: frein *nm* moteur
~ **cowling**: capotage *nm*
~**-driven platform truck**: chariot *nm* thermique
~**-driven pump**: moto-pompe *nf*
~ **driver**: (rlwy) mécanicien *nm*
~ **fitter**: monteur *nm*
~ **flame out**: (aero) extinction *nf* de réacteur
~ **idling**: (auto) moteur *nm* au ralenti; (aero) gaz *nm* réduits
~ **jet wash**: souffle *nm* des réacteurs
~ **mounting**: bâti-moteur *nm*
~ **nacelle**: fuseau *nm* réacteur
~ **oil**: huile *nf* de graissage pour moteurs, huile moteur
~ **order telegraph**: (ship) transmetteur *nm* d'ordres à la machine
~ **pod**: fuseau *nm* moteur, fuseau réacteur
~ **room**: salle *nf* des machines, compartiment *nm* des machines
~ **shaft**: arbre *nm* de couche, arbre du moteur
~ **sized**: (pap) collé dans la pile
~ **speed**: vitesse *nf* de rotation, régime *nm* de moteur
~ **subframe**: faux-châssis *nm*

~ **swept volume**: cylindrée *nf* du moteur
~ **timing**: (auto) distribution *nf*
~ **underframe**: faux-châssis *nm*
~ **unit**: (aero) moteur *nm* de base habillé utilisable

engineer *nn*: technicien *nm*; (graduated) ingénieur *nm*; (mil) sapeur *nm*; NA (rlwy) mécanicien *nm* de train; **engineers** (mil) le génie *nm*; *vb*: concevoir, agencer

engineering: génie *nm*, génie industriel, technique *nf*; (design) étude *nf*, études; (mech) mécanique *nf*
~ **brick**: brique *nf* à résistance garantie
~ **calculation**: calcul *nm* technique
~ **cast iron**: fonte *nf* mécanique
~ **change**: modification *nf* technique
~ **change order** «ECO»: ordre *nm* de modification technique
~ **data**: données *nf* techniques
~ **data sheet**: fiche *nf* technique, fiche signalétique
~ **department**: service *nm* technique, bureau *nm* d'études
~ **drawing**: dessin *nm* technique
~ **fabric**: géotextile *nm*
~ **geology**: géologie *nf* appliquée
~ **structure**: (c.e.) ouvrage *nm* d'art
~ **time**: temps *nm* d'immobilisation

English, ~ **bond**: (constr) appareil *nm* alterné simple

engraving, ~ **tool**: burin *nm*

enhance *vb*: (a design) améliorer, perfectionner; (characteristics) accroître, augmenter; (on VDU) mettre en évidence, mettre en valeur

enhanced: évolué, amélioré, perfectionné

enhancement: (colour, image) accentuation *nf*; (increase) accroissement *nm*, augmentation *nf*; (development) perfectionnement *nm*, amélioration *nf*; (on VDU) mise *nf* en évidence, mise en valeur
~ **layer**: couche *nf* à enrichissement
~ **mode FET**: transistor *nm* à effet de champ à enrichissement
~ **mode MOS**: MOS à enrichissement

enlarge *vb*: agrandir, augmenter, élargir

enlarger: (phot) agrandisseur *nm*

enlargment: agrandissement *nm*, élargissement *nm*

enmesh *vb*: engrener

enplane *vb*: (aero) embarquer, monter en avion

ENQ → *enquiry*

enqueue *vb*: mettre en file d'attente

enquire *vb*: interroger

enquiry: demande *nf* (de renseignement, de prix); (inf) «ENQ» demande de renseignement, interrogation *nf*

enrich *vb*: (ore) enrichir, concentrer
~ **the mixture**: (engine) enrichir le mélange

enrichment: enrichissement *nm*

enter *vb*: entrer; (computer data) introduire des données, saisir
~ **key**: touche *nf* retour

entering, ~ **side**: (of tooth) face *nf* d'entrée
~ **tap**: taraud *nm* amorceur

enthalpy: enthalpie *nf*

entrained, ~ **air**: (casting) air *nm* occlus, air entraîné

entraining: embarquement *nm* (en train)

entrance: entrée *nf*; (inf) point *nm* d'entrée, adresse *nf* d'entrée
~ **bushing**: borne *nf* d'entrée
~ **cone**: (wind tunnel, nozzle) convergent *nm* d'entrée
~ **port**: lumière *nf* d'admission, lumière d'entrée

entrapped: (air, gas) occlus

entropy: entropie *nf*

entrucking: (mil) embarquement *nm* (dans camion)

entry: entrée *nf*; (inf) saisie *nf*; (in register) inscription *nf*
~ **and delivery**: (rolling mill) entrée *nf* et sortie
~ **and recoiling**: (rolling mill) entrée *nf* et bobinage
~ **marker**: curseur *nm*

~ **point**: point *nm* d'entrée, adresse *nf* de lancement
~ **side**: côté *nm* d'introduction
~ **table**: (rolling mill) train *nm* de rouleaux d'amenée

envelope: (of pulse, tube) enveloppe *nf*
~ **delay**: (tp) temps *nm* de propagation de groupe
~ **velocity**: (tp) vitesse *nf* de groupe

enveloping *nn*: mise *nf* en enveloppe; *adj*: enveloppant
~ **worm**: vis *nf* globique

environment: ambiance *nf*, milieu *nm*; (application) contexte *nm*, cadre *nm* d'utilisation; (ecology) environnement *nm*
~ **cooling**: refroidissement *nm* d'une ambiance
~ **test**: essai *nm* en environnement

environmental, ~ **condition**: condition ambiante
~ **noise**: bruit *nm* du milieu environnant
~ **stress**: contrainte *nf* d'environnement
~ **test**: essai *nm* d'environnement, essai sur l'environnement

EOB → *end of block*

EOD → *end of data*

EOF → *end of file, end of form*

EOJ → *end of job*

EOM → *end of medium, end of message*

EOS → *earth observation satellite*

EOT → *end of tape, end of transmission*

EOTS → *electrooptical tracking system*

EP → *epoxy, extreme pressure*

epoxy «EP» *nn*: époxyde *nm*; *adj*: époxy
~ **plastic**: plastique *nm* époxydique
~ **resin**: résine *nf* époxyde

EPR → *ethylene propylene rubber*

EPROM → *electrically PROM*

equal: égal
~ **angle**: cornière *nf* à ailes égales
~ **energy white**: blanc *nm* idéal
~ **signal white**: blanc *nm* moyen

equalization <isation>: égalisation *nf*; contre-distorsion *nf*, compensation *nf*

equalizer <iser>: (compensating element) correcteur *nm*; (electric winding) connexion *nf* équipotentielle
~ **amplifier**: amplificateur *nm* égaliseur, amplificateur d'égalisation
~ **spring**: ressort *nm* compensateur
~ **switch**: (generator) commutateur *nm* compensateur

equalizing <ising>, ~ **charge**: (battery) charge *nf* d'égalisation

equation: équation *nf*

equisignal: équisignal *nm*

equilibrium: équilibre *nm*
~ **moisture content**: équilibre *nm* hygrométrique

equip *vb*: équiper, munir de; (machine) outiller; (workshop) monter

equipment: matériel *nm*, installations *nf*, machines *nf*; (auto) aménagements *nm*
~ **bay**: (tp) baie *nf* de matériel
~ **box** NA : coffret *nm* d'équipement, boîte *nf* à outils
~ **cabinet**: armoire *nf* de matériel
~ **compatibility**: compatibilité *nf* des matériels, compatibilité entre équipements, compatibilité des systèmes
~ **initiated interrupt**: interruption *nf* interne
~ **inventory**: parc *nm* de matériel
~ **package**: (of satellite) case *nf* d'équipements
~ **rack**: bâti *nm* de matériel
~ **services**: servitudes *nf* avion
~ **specific**: propre à un matériel
~ **supplier**: équipementier *nm*

equipped: aménagé
~ **with**: muni de

equivalence: équivalence *nf*

equivalent: équivalent
~ **air speed** «EAS»: (aero) vitesse *nf* propre équivalente
~ **diagram**: schéma *nm* équivalent
~ **lines**: (tp) lignes *nf* groupées
~ **peak level** «EPL»: niveau *nm* de crête équivalent
~ **range**: (aero) distance *nf* théorique
~ **sound intensity**: isosonie *nf*

erasability: susceptibilité *nf* à l'effacement, possibilité *nf* d'effacement

erasable: effaçable
~ **store**: mémoire *nf* effaçable

erase *nn*: effacement *nm*; *vb*: effacer
~ **head**: tête *nf* d'effacement

erasure: effacement *nm*

erect *adj*: droit, vertical; *vb*: construire, édifier; élever, dresser, monter

erecting, ~ **engineer**: monteur *nm*
~ **shop**: atelier *nm* de montage, halle *nf* de montage
~ **track**: chaîne *nf* de montage, tapis *nm* roulant

erection: montage *nm*
~ **crew**: équipe *nf* de montage
~ **drawing**: dessin *nm* de montage, plan *nm* de montage
~ **weld**: soudure *nf* de montage

erector: constructeur *nm*, monteur *nm*; (picture) redresseur *nm* d'image
~ **mirror**: miroir *nm* redresseur

ergol: ergol *nm*

erode *vb*: éroder, affouiller

erosion: affouillement *nm*, érosion *nf*

erratic: irrégulier

erroneous, ~ **measurement**: fausse mesure *nf*

error: erreur *nf*
~ **burst**: paquet *nm* d'erreurs, groupe *nm* d'erreurs
~ **checking**: contrôle *nm* d'erreurs
~ **condition**: cas *nm* d'erreur; condition *nf* de détection d'erreurs
~ **correcting code**: code *nm* correcteur d'erreurs
~ **count**: nombre *nm* d'erreurs
~ **detection code** «EDC»: code *nm* détecteur d'erreur[s]
~ **display**: message *nm* d'erreur
~ **exit**: sortie *nf* sur erreur
~ **handler**: sous-programme *nm* de traitement des erreurs
~ **logging**: journal *nm* des erreurs, liste *nf* des erreurs
~ **of the first kind**: erreur *nf* de la première espèce
~ **prone**: sujet aux erreurs
~ **rate**: taux *nm* d'erreurs, fréquence *nf* d'erreur
~ **ratio**: taux *nm* [moyen] d'erreurs
~ **recovery**: (inf) reprise *nf* sur erreur; redressement *nm* d'erreur
~ **reporting**: signalisation *nf* des erreurs

eruptive: éruptif

ES → *Edison screw cap*

ESC → *escape*

escalator: escalier *nm* roulant, escalier mécanique
~ **effect**: banalisation *nf* progressive

escape *nn*: (inf) échappement; (of gas) dégagement *nm*, échappement *nm*, fuite *nf*; *vb*: (gas) se dégager, fuir, s'échapper
~ **chute**: (aero) toboggan *nm*, manche *nf* d'évacuation
~ **height**: (air cushion vehicle) intervalle *nm* de fuite, hauteur *nf* de fuite
~ **velocity**: (space) vitesse *nf* de libération

escort, ~ **vessel**: escorteur *nm*

escutcheon: (button, dial) enjoliveur *nm*; (bearing manufacturer's name) écusson *nm*; (lock) cache-entrée *nm*, entrée *nf* de clé

ESN → *electronic switched network*

esparto, ~ **paper**: papier *nm* alfa

ESR → *electron spin resonance*

ESS → *electronic switching system*

establish *vb*: (a firm) fonder; (tcm) établir

estate, ~ **car**: break *nm*

ester: ester *nm*
~ **number**: indice *nm* d'ester
~ **plastic**: plastique *nm* estérique

esterification: estérification *nf*

estimate *nn*: devis *nm*; *vb*: estimer, évaluer

estimated, ~ **failure rate**: taux *nm* de panne prévu

ETB → *end of transmission block*

etch *vb*: graver (à l'eau forte); (acid) attaquer

etchant: agent *nm* d'attaque, solution *nf* d'attaque; (p.c.) agent *nm* de gravure

etched: gravé
~ **circuit**: circuit *nm* gravé
~ **printed circuit**: circuit *nm* imprimé par décapage

etching: décapage *nm*, gravure *nf*; (chem) attaque *nf* chimique, attaque micrographique
~ **agent**: réactif *nm* d'attaque
~ **bath**: bain *nm* d'attaque chimique

ethane: éthane *nm*

ethanol: éthanol *nm*

ether: éther *nm*

ethyl: éthyle *nm*
~ **alcohol**: alcool *nm* éthylique, éthanol *nm*
~ **gasoline**: essence *nf* éthylée
~ **glycol**: éthyle-glycol *nm*

ethylene: éthylène *nm*
~ **plastic**: plastique *nm* éthylénique
~ **propylene rubber** «EPR»: caoutchouc *nm* d'éthylène-propylène

ETV → *educational television*

ETX → *end of text*

eudiometer: eudiomètre *nm*

evacuate *vb*: évacuer; (combustion gas) expulser; (vacuum) aspirer, faire le vide

evacuation: (of building) évacuation *nf*; (vacuum) pompage *nm*, vidage *nm*

evaluation: évaluation *nf*; (test results) interprétation *nf*

evaporate *vb*: évaporer, s'évaporer
~ **down**: concentrer, réduire

evaporated, ~ **layer**: couche *nf* obtenue par évaporation
~ **rubber latex**: latex *nm* concentré par évaporation

evaporation: évaporation *nf*
~ **deposit**: dépôt *nm* après évaporation
~ **loss**: perte *nf* par évaporation

evaporative: à évaporation, évaporatoire
~ **centrifuge**: centrifugeur *nm* à évaporation
~ **condenser**: condenseur *nm* à ruissellement
~ **cooling**: refroidissement *nm* par évaporation

evaporator: évaporateur *nm*
~ **tower**: tour *nf* d'évaporation

evaporimeter: évaporimètre *nm*

even: (maths) pair; (uniform) régulier, homogène; (flat) plan
~ **even**: (nuc) pair-pair
~ **grain wood**: bois *nm* homogène
~ **harmonic**: harmonique *nm* pair
~ **page**: page *nf* paire, fausse page
~ **parity bit**: bit *nm* de parité
~ **pitch**: pas *nm* régulier
~ **running**: marche *nf* uniforme, régime *nm* stable
~ **slope**: pente *nf* régulière
~ **surface**: surface *nf* plane
~ **texture**: (wood) texture *nf* homogène
~ **wear**: usure *nf* régulière, usure uniforme

evener, ~ **roll**: (tex) cylindre *nm* égalisateur; (pap) rouleau *nm* égalisateur

evenness: égalité *nf*, planéité *nf*

event: (critical path) étape *nf*, évènement *nm*; (inf) évènement *nm*

evergreen: conifère *nm*

evoke *vb*: (inf) appeler (un programme)

evolute *nn*: développée *nf*; *adj*: en développante de cercle

evolution: dégagement *nm* (chaleur, gaz)

evolved, ~ **gas analysis** «EGA»: analyse *nf* des gaz émis «AGE»

ex, ~ **mine**: sur le carreau, départ mine
~ **wharf**: pris à quai
~ **works**: départ usine

exact: exact, juste, précis

exacting: dur, pénible; strict, rigoureux
~ **tolerance**: tolérance *nf* sévère, tolérance étroite

examination: examen *nm*, inspection *nf*

examine *vb*: examiner, inspecter

excavate *vb*: creuser, fouiller; (a tunnel) percer

excavated, ~ material: déblai *nm*, masse *nf* de déblaiement

excavating, ~ bucket: godet *nm* de terrassement

excavation: fouille *nf*, déblai *nm*, travaux *nm* de déblaiement

excavator: excavateur *nm*, excavatrice *nf*

exceed: (a value) excéder, dépasser

excelsior NA : laine *nf* de bois

except, ~ gate: OU exclusif

exception: exception *nf*, anomalie *nf*

excess *nn*: excès *nm*, excédent *nm*; *adj*: excédentaire, en excédent
~ **current**: surintensité *nf*
~ **load**: surcharge *nf*
~ **meter**: compteur *nm* à dépassement
~ **pressure**: surpression *nf*
~ **probability**: probabilité *nf* de dépassement
~ **three code**: code *nm* plus 3
~ **voltage**: surtension *nf*
~ **water**: eaux *nf* excédentaires
~ **water removal**: essorage *nm*

excessive: excessif
~ **cooling**: (fdry) surrefroidissement *nm*
~ **drying**: surdessication *nf*

exchange *nn*: (of information) échange *nm*, dialogue *nm*; (tp) central *nm*, autocommutateur *nm*; *vb*: échanger, permuter
~ **cable**: câble *nm* urbain
~ **call**: appel *nm* urbain

exchangeable: interchangeable

exchanger: échangeur *nm*

excitation: excitation *nf*; (dynamo) amorçage *nm*

excited, ~ state: état *nm* d'excitation

exciter: excitatrice *nf*; (antenna) excitateur *nm*

exciting, ~ anode: anode *nf* d'allumage, anode d'amorçage
~ **coil**: bobine *nf* inductrice, bobine de champ

exclusive, ~ NOR: NI exclusif
~ **OR**: OU exclusif

excursion: (of instrument) déviation *nf*

execute *nn*: exécution *nf*, déroulement *nm*; *adj*: d'exécution; *vb*: exécuter

execution: exécution *nf*
~ **cycle**: cycle *nm* opératoire
~ **time**: durée *nf* d'exécution, moment *nm* d'exécution

executive *nn*: (management) cadre *nm*, directeur *nm*, dirigeant *nm*
~ **aircraft**: avion *nm* d'affaires
~ **program**: (inf) moniteur *nm*, superviseur *nm*

exemption: dérogation *nf*

exert *vb*: (a force, a pressure) exercer une force

exfoliate *vb*: (metal) s'écailler; (rock) se déliter

EXH → *exhaust*

exhaust«EXH» *nn*: échappement *nm*; évacuation *nf* d'air; *vb*: épuiser, vider; évacuer l'air; (inf) saturer
~ **air**: air *nm* évacué, air expulsé, air extrait
~ **back pressure**: contre-pression *nf* à l'échappement
~ **fan**: ventilateur *nm* aspirateur, aspirateur *nm*
~ **fumes**: fumées *nf* d'échappement
~ **gas**: gaz *nm* brûlés, gaz d'échappement
~ **gas emission**: émission *nf* des gaz d'échappement
~ **hood**: hotte *nf* d'évacuation, hotte d'extraction
~ **lead**: avance *nf* à l'échappement
~ **manifold**: collecteur *nm* d'échappement
~ **nozzle**: (aero) tuyère *nf* de sortie, tuyère d'éjection des gaz
~ **pipe**: tuyau *nm* d'échappement
~ **port**: lumière *nf* d'échappement, orifice *nm* d'échappement
~ **pressure**: pression *nf* à l'échappement
~ **pump**: pompe *nf* d'épuisement
~ **retarder**: ralentisseur *nm* sur échappement

~ **stack**: (aero) pipe *nm* d'échappement
~ **stroke**: course *nf* d'échappement, temps *nm* d'échappement
~ **tube**: (light bulb) queusot *nm* de pompage
~ **valve**: soupape *nf* d'échappement
~ **ventilation**: ventilation *nf* par aspiration, ventilation par extraction

exhauster: pompe *nf* de mise à vide; ventilateur *nm* aspirant, aspirateur *nm*

exhaustion: épuisement *nm*, aspiration *nf*, pompage *nm*, vidage *nm*

exhibit *nn*: objet *nm* exposé, article *nm* exposé; *vb*: exposer

exhibition: exposition *nf*, salon *nm*

exhibitor: exposant *nm*

exit *nn*: sortie *nf*; (building) sortie, issue *nf*; *vb*: sortir; (inf) quitter, sortir (de)
~ **stairs**: escalier *nm* de dégagement

exitway: dégagement *nm*

exothermic: exothermique

expand *vb*: se dilater, s'agrandir; (compressed gas) se détendre; (a hole) agrandir
~ **a tube**: mandriner, évaser

expandable: expansible, extensible; évolutif

expanded, ~ **keyboard**: clavier *nm* élargi
~ **metal**: métal *nm* déployé
~ **plastic**: plastique *nm* expansé
~ **rubber**: caoutchouc *nm* mousse, caoutchouc expansé
~ **name**: (inf) nom *nm* développé

expander: (inf, eon) expanseur *nm*; (plast) NA rouleau *nm* anti-plis, extenseur *nm*

expanding: extensible, à expansion
~ **brake**: frein *nm* à expansion, frein à extension
~ **roller**: (rubber) rouleau *nm* déplisseur
~ **test**: (tube) essai *nm* d'évasement

expansion: dilatation *nf*; (in engine) détente *nf*
~ **bend**: lyre *nf* de dilatation
~ **board**: carte *nf* d'extension
~ **bolt**: boulon *nm* de scellement
~ **chamber**: chambre *nf* de détente; chambre *nf* d'ionisation, chambre de Wilson
~ **circuit**: (inf) circuit *nm* additionnel
~ **cylinder**: (engine) cylindre *nm* de détente
~ **engine**: machine *nf* à expansion, machine à détente
~ **joint**: joint *nm* de dilatation, joint à soufflet; (pipe) lyre *nf*
~ **pipe sleeve**: fourreau *nm* d'indépendance
~ **ratio**: taux *nm* de détente, taux d'expansion
~ **slide valve**: tiroir *nm* de détente
~ **slot**: (inf) logement *nm* pour extension
~ **stroke**: course *nf* de détente
~ **tank**: vase *nm* d'expansion
~ **valve**: détendeur *nm*, robinet *nm* détendeur

expel *vb*: chasser, refouler

expendable: (small parts) consommable; (packaging) perdu
~ **packing**: emballage *nm* perdu
~ **pallet**: palette *nf* perdue

experience: expérience *nf* [pratique]

experienced: qui a du métier, confirmé

experiment: expérience *nf* (scientifique)

experimental, ~ **boiling water reactor** «EBWR»: réacteur *nm* expérimental à eau bouillante

expert: spécialiste *nm*, homme *nm* du métier

expired: expiré, périmé
~ **life**: limite *nf* de vie atteinte

explode *vb*: exploser, éclater, sauter, faire sauter; (inf) dégrouper, ventiler

exploded, ~ **view**: éclaté *nm*

exploration: exploration *nf*; (scanning) exploration, balayage *nm*

exploratory: d'exploration, de reconnaissance

explosion: explosion *nf*
~**-proof**: anti-déflagrant
~ **stroke**: course *nf* de détente, détente *nf*

explosive *nn*: explosif *nm*; *adj*: explosif

~ **atmosphere equipment**: matériel *nm* antidéflagrant
~ **gelatine**: dynamite-gomme *nf*
~ **mixture**: mélange *nm* détonant

exponent: (maths) exposant *nm*

exponential, ~ tube: (eon) tube *nm* à pente variable

exponentiation: (maths) élévation *nf* à une puissance

exposed: apparent; à nu, à découvert
~ **concrete**: béton *nm* apparent
~ **to the air**: (plaster, cement) éventé
~ **wire**: fil *nm* dénudé
~ **wiring**: installation *nf* visible, installation à découvert, installation en surface

exposure: (to light, radiation) exposition *nm*; (phot) exposition *nf*; (tcm, line to power line) rapprochement *nm*
~ **guide**: (phot) nombre *nm* guide
~ **meter**: (phot) posemètre *nm*
~ **of aggregate**: dénudation *nf*

expulsion, ~ fuse: fusible *nm* à expulsion [dirigée]
~**-type arrester**: parafoudre *nm* à expulsion

extend *vb*: agrandir, augmenter; prolonger, allonger
~ **the flaps**: (aero) abaisser les volets
~ **the landing gear**: (aero) sortir le train d'atterrissage

extended: augmenté, élargi, étendu
~ **play**: (record) longue durée *nf*
~ **binary coded decimal interchange code** «EBCDIC»: code *nm* EBCDIC

extender *nn*: agent *nm* diluant, diluant *nm*; blanc *nm* de charge, matière *nf* de charge, pigment *nm* de charge; (plast) extendeur *nm*; *adj*: (inf) d'extension
~ **board**: châssis *nm* d'extension
~ **card**: carte *nf* d'extension

extension: augmentation *nf*, allongement *nm*, prolongation *nf*; (in time) prorogation *nf*; (an electric cable) prolongateur *nm*; (engine cylinder) aller *nm*; (tp) poste *nm* [intérieur]
~ **ladder**: échelle *nf* à coulisse
~ **mast**: mât *nm* télescopique
~ **of landing gear**: descente *nf* du train d'atterrissage
~ **piece**: rallonge *nf*
~ **shaft**: rallonge *nf* d'arbre
~ **telephone**: poste *nm* supplémentaire

extensive: (area) étendu; (study, analysis) détaillé
~ **projector**: projecteur *nm* divergent, projecteur extensif

extensometer: extensomètre *nm*

exterior: extérieur
~ **non loadbearing wall**: façade *nf* légère
~ **shot**: prise *nf* de vue en extérieur
~ **thread**: filet *nm* extérieur, filet mâle

external: externe, extérieur; (inf) hors système, non intégré
~ **angle**: angle *nm* sortant, angle externe, angle saillant
~**-external traffic**: (tp) trafic *nm* en transit, trafic externe-externe
~ **gear**: roue *nf* à denture extérieure
~ **scrap**: ferraille *nf* du commerce, ferraille d'origine extérieure
~ **stairs**: escalier *nm* hors œuvre
~ **unit**: organe *nm* périphérique

extinction: extinction *nf*

extinguish *vb*: (arc) souffler; (fire, flame) éteindre

extinguisher: extincteur *nm*
~ **nozzle**: lance *nf* d'incendie

extra: supplémentaire; hors série
~ **european**: extra-européen
~ **high vacuum**: ultravide *nm*
~ **terrestrial**: extra-terrestre
~ **thickness**: surépaisseur *nf*

extract *vb*: extraire; (inf) extraire, rassembler

extraction: extraction *nf*; (of dust) dépoussiérage *nm*
~ **of gasoline**: dégazolinage *nm*

extractor: extracteur *nm*
~ **fan**: ventilateur *nm* extracteur, aspirateur *nm*

extreme, ~ breadth: (naut) largeur *nf* au fort
~ **dimensions**: (ship) dimension *nf* hors-tout
~ **elevation**: (gun) hausse *nf* maximale
~ **fibre**: fibre *nf* extrême
~ **pressure** «EP»: extrême pression *nf*

~ **vacuum**: vide *nm* ultra-élevé

extremely, ~ **high voltage** «EHV»: très haute tension
~ **low frequency** «ELF»: très basse fréquence «TBF»

extrude *vb*: filer, profiler, refouler, tréfiler

extruded, ~ **section**: profilé *nm*

extruder: boudineuse *nf*, machine *nf* à boudiner

extrusion: filage *nm* à la presse, extrusion *nf*; (aluminium) filage *nm*; (metal) profilé *nm* [de filage]; (plast) extrusion, boudinage *nm*, joint *nm* moulé; (rubber) boudinage; (soil mechanics) expulsion *nf* d'eau sous charge
~ **coating**: (plast) doublage *nm* par extrusion-laminage; (pap) couchage *nm* par extrusion
~ **die**: filière *nf* (d'extrudeuse, de boudineuse)
~ **moulding**: moulage *nm* par extrusion, moulage par boudinage

exudation: exsudation *nf*, ressuage *nm*

eye: œil *nm*, œillet *nm*; (of cable) cosse *nf*
~ **bolt**: boulon *nm* à œil, piton *nm*
~ **end**: embout *nm* à œil
~ **hook**: crochet *nm* fermé
~ **ring**: cosse *nf*
~ **screw**: piton *nm*

eyelet: œillet *nm*

eyepiece: oculaire *nm*

F

F → *frequency, format*

fabric: (constr) gros œuvre *nm*; (tex) tissu *nm*
~ **architecture**: architecture *nf* textile
~ **covering**: entoilage *nm*
~**-filled**: (moulding) à charge textile
~**-filled moulding material**: matière *nf* à mouler à charge textile

fabricated: (met) façonné, mécano-soudé, soudé

fabricator: (wldg) constructeur *nm*

face *nn*: face *nf*, côté *nm*; (of crystal) pan *nm*, facette *nf*; (of joint) plan *nm* de joint; (mining) front *nm* de taille, taille *nf*; (of punched card) recto *nm*; (of roll, cylinder) largeur *nf*, table *nf*, corps *nm*; (of valve) portée *nf*; *vb*: dresser, planer, surfacer
~ **bend test**: essai *nm* de pliage à l'endroit
~ **brick**: brique *nf* de parement
~**-centred cubic lattice**: réseau *nm* cubique à faces centrées
~ **cutter**: fraise *nf* à surfacer, fraise en bout
~ **grinding**: rectification *nf* des surfaces planes
~ **in compression**: face *nf* comprimée, face travaillant en compression
~ **in tension**: face *nf* tendue, face travaillant à la traction
~ **length**: (of roll) longueur *nf* de table
~ **mask**: masque *nm* anti-poussière
~ **milling cutter**: fraise *nf* à surfacer, fraise en bout
~ **moulding**: moulure *nf* de parement
~ **plate**: (crt) fond *nm*; (of lathe) plateau *nm* de tour; (eon) panneau *nm* frontal; (optics) plaque *nf* frontale; (in workshop) marbre *nm* d'atelier
~ **runout**: (of wheel) voile *nm*
~ **seal**: joint *nm* d'étanchéité axial, joint de tête
~ **shield**: masque *nm* de soudeur
~ **shovel**: pelle *nf* en butte
~**-to-face joint**: joint *nm* métal sur métal
~ **turning**: surfaçage *nm*
~ **veneer**: placage *nm* extérieur
~ **width**: (of gear) largeur *nf* de denture

facework: (constr) maçonnerie *nf* externe

facilities: aménagements *nm*; → also *facility*
~ **management** «FM»: (inf) gestion *nf* d'une installation informatique

facility: moyen *nm* de production; (on machine) moyen *nm*, dispositif *nm*, équipement *nm*, possibilité *nf*; (a plant) installation *nf*, usine *nf*

facing: (constr) parement *nm*; (fdry) enduit *nm* (de surface)
~ **and centering**: dressage *nm* et centrage des faces
~ **brick**: brique *nf* de parement
~ **lathe**: tour *nm* à surfacer
~ **sand**: sable *nm* fin de moulage

facsimile «fax»: fac-similé *nm*, télécopie *nf*
~ **laser printer**: imprimante *nf* à laser pour fac-similé
~ **machine**: télécopieur *nm*
~ **transceiver**: télécopieur *nm*

fact, ~ **file** NA : fiche *nf* signalétique, fiche technique
~ **film** NA : film *nm* d'information

factor: facteur *nm*, coefficient *nm*, indice *nm*
~ **of safety**: coefficient *nm* de sécurité

factored NA : pondéré

factorial: factoriel

factory: usine *nf*
~ **built**: monté en usine
~ **data**: données *nf* industrielles, données de fabrication
~ **environment**: milieu *nm* industriel
~ **floor**: atelier *nm* [d'usine]
~ **terminal**: terminal d'atelier
~ **wired**: câblé en usine

fade *nn*: (cinema) fondu *nm*; (of signal) évanouissement *nm*, affaiblissement *nm*; *vb*: (brakes, signal) s'affaiblir, s'é-

vanouir; (colour) passer
~ **down**: affaiblissement *nm* progressif
~ **in**: ouverture *nf* en fondu
~ **out**: fermeture *nf* en fondu, fondu *nm* au noir
~ **over**: fondu *nm* enchaîné
~ **up**: augmentation *nf* progressive

fading: (of brakes) affaiblissement *nm*, évanouissement *nm*, fading *nm*; (cinema) fondu *nm*; (of colour) décoloration *nf*; (signal) affaiblissement *nm*, évanouissement *nm*
~ **margin**: marge *nf* de protection contre les évanouissements
~ **rate**: fréquence *nf* des évanouissements
~ **safety factor** «FSF»: facteur *nm* de protection contre les évanouissements

fail *vb*: échouer; tomber en panne; (siphon, pump) se désamorcer; (research) ne pas aboutir, ne pas réussir
~ **a test**: donner un mauvais résultat, rater un test
~ **soft**: (inf) mode *nm* dégradé, dégradation *nf* progressive

failed: en panne
~ **condition**: dérangement *nm*

failsafe: à sûreté intégrée, à sécurité intégrée

failure: panne *nf*, défaillance *nf*, dérangement *nm*, incident *nm*; (of building, rock) effondrement *nm*; (of structure) ruine *nf*
~ **device**: dispositif *nm* de secours, dispositif de transfert en cas de panne
~ **of the spark**: panne *nf* d'étincelle, absence *nf* d'étincelle
~ **rate**: taux *nm* de défaillance
~ **report**: fiche *nf* d'incident, rapport *nm* d'incident
~ **to operate**: non fonctionnement *nm*
~ **wear**: usure *nf* accidentelle
~ **wedge**: (constr, c.e.) prisme *nm* d'éboulement, prisme de glissement

fair,~ **wear and tear**: usure *nf* normale

fairing: carénage *nm*; (naut) balancement *nm* des formes; (space) coiffe *nf*

fairlead: guide-câble *nm*; (naut) chaumard *nm*

fake *nn*: imitation *nf* malhonnête; *vb*: imiter (dans un but malhonnête)

fall *nn*: chute *nf*; diminution *nf*, baisse *nf*; (of cam) tombée *nf*; (of rock) éboulement *nm*; (naut) garant *nm* (de cordage); (season) NA automne *nm*; (slope) NA pente *nf*; *vb*: tomber, baisser, diminuer, chuter
~ **back circuit**: circuit *nm* de réserve, circuit de secours; *vb*: (relay) retomber
~ **out of step**: (el) décrocher
~ **through**: passer en séquence
~ **time**: temps *nm* de mise au repos

falling: tombant, descendant
~ **back**: (of relay) retombée *nf*
~ **edge**: (of wave) front *nm* descendant
~ **leaf**: (aero) feuillle *nf* morte
~ **weight test**: essai *nm* de choc vertical en chute libre

fallout: (nuc) retombée *nf* radioactive; défaillance *nf*

false: faux; (operation) intempestif; (result) erroné
~ **add**: addition *nf* sans report
~ **bed**: délit *nm*
~ **call**: appel *nm* intempestif
~ **ceiling**: faux-plafond *nm*
~ **floor**: faux-plancher *nm*
~ **noise**: bruit *nm* de circuit, parasite *nm*
~ **pass**: (rolling mill) fausse cannelure *nf*, cannelure à vide, passe *nf* à vide
~ **set**: fausse prise *nf*
~ **triggering**: déclenchement *nm* intempestif
~ **trip**: déclenchement *nm* intempestif, déclenchememnt inopiné
~ **warning**: fausse alarme *nf*

falsework: (concreting) étaiement *nm* de coffrage

FAM → *fast access memory*

familiarization <isation>: mise *nf* au courant

family: ensemble *nm*, famille *nf*, série *nf*

fan *nn*: ventilateur *nm*; *adj*: en éventail
~ **belt**: courroie *nf* de ventilateur
~ **blade**: ailette *nf* de ventilateur
~ **case**: carter *nm* de ventilateur
~ **casing**: carter *nm* de ventilateur
~-**coil unit**: (air conditioning) ventilo-convecteur *nm*
~ **convector**: aérotherme *nm*
~-**cooled**: refroidi par ventilateur
~ **cowl**: (auto) gaine *nf* de ventilateur
~ **gate**: (fdry) attaque *nf* en éventail

~ **heater**: thermoventilateur *nm*
~**-in** «FI»: entrance *nf* (porte logique); entrée *nf* en pyramide
~**-in ratio**: facteur *nm* pyramidal d'entrée
~ **jet**: réacteur *nm* à double flux
~**-out** «FO»: sortance *nf*; (inf) sortir en pyramide
~**-out ratio**: facteur *nm* pyramidal de sortie
~**-type lockwasher**: rondelle *nf* éventail

fancy,~ weave: armure *nf* fantaisie

fanfold: pliage *nm* accordéon, pliage paravent
~ **paper**: papier *nm* en continu à pliage paravent

fang: (on tool) queue *nf*, soie *nf*

fanlight: vasistas *nm*, imposte *nf*

fanning: mise *nf* en éventail
~ **strip**: réglette *nf* de distribution, réglette de répartition

fantail, ~ burner: bec *nm* de gaz en éventail
~**-die**: filière *nf* plate

FAO → *finish all over*

far: loin, lointain
~**-end**: éloigné, distant
~**-end crosstalk**: télédiaphonie *nf*
~ **field region**: région *nm* de rayonnement lointain
~ **infrared**: infrarouge *nm* lointain
~ **infrared laser**: laser *nm* émettant dans l'infrarouge lointain
~ **infrared radiation** «FIR»: rayonnement *nm* dans l'infrarouge lointain
~ **side**: (drawing) côté *nm* caché, côté éloigné
~ **sound field**: champ *nm* acoustique lointain
~ **ultraviolet**: ultraviolet *nm* lointain

farm, ~ out *vb*: amodier, affermer

fascia: (auto) tableau *nm* de bord; (constr) bordure *nf* de toit

fast: attaché, serré, fixe, ferme; rapide; (fabric) grand teint
~ **acess memory** «FAM»: mémoire *nf* à accès rapide
~ **breeding reactor** «FBR»: surrégénérateur *nm* rapide
~ **burst**: (nuc) rupture *nf* rapide de gaine
~ **colour**: couleur *nf* solide, couleur inaltérable
~ **food**: restauration *nf* minute
~ **forward**: avance *nf* rapide, bobinage *nm* rapide
~ **Fourier transform** «FFT»: transformation *nf* de Fourier rapide «TFR»
~ **growing**: en pleine évolution, en pleine extension
~ **head**: (on m-t) poupée *nf* fixe
~ **idling speed**: ralenti *nm* accéléré
~ **lens**: objectif *nm* à grande ouverture
~ **moving**: en pleine évolution; (sales) à forte rotation, de vente courante
~**-on nut**: écrou *nm* indesserrable
~ **pulp**: (pap) pâte *nf* maigre
~ **runner**: (rlwy) wagon *nm* bon rouleur
~ **sheet**: (window) châssis *nm* dormant, châssis fixe

fastback: (auto) carrosserie *nf* à 2 volumes

fasten *vb*: assujettir, attacher, fixer
~ **down**: (a machine) sceller

fastener: attache *nf*, agrafe *nf*; **fasteners**: boulonnerie-visserie *nf*

fastening: fixation *nf*, ancrage *nm*, pièce *nf* d'attache, attache *nf*

fastness: (of colour) stabilité *nf*
~ **to light**: solidité *nf* à la lumière

fat *nn*: graisse *nf*; *adj*: gras
~ **edge**: (painting) surépaisseur *nf* en bordure
~ **lime**: chaux *nf* grasse
~ **sand**: sable *nm* argileux
~ **spark**: étincelle *nf* nourrie

fatigue: fatigue *nf*
~ **crack**: fissure *nf* de fatigue
~ **life**: durée *nf* de vie en fatigue
~ **strength**: endurance *nf*, résistance *nf* en fatigue, tenue *nf* en fatigue

fatty: gras
~ **acid**: acide *nm* gras
~ **clay**: argile *nf* plastique

faucet: (on pipe) embout *nm* femelle, manchon *nm*, douille *nf*; NA robinet *nm*
~ **pipe**: tuyau *nm* à manchon, tuyau à emboîtement

fault: (defect) défaut *nm*; (failure) dérangement *nm*, panne *nf*, défaillance *nf*; (geol) faille *nf*

~ **current**: courant *nm* de défaut, courant de fuite
~ **finding**: localisation *nf* des dérangements, dépistage *nm*
~ **intolerant**: sensible aux dérangements
~ **line**: ligne *nf* de faille
~ **locating**: recherche *nf* de panne
~ **reporting**: signalisation *nf* de dérangement
~ **throwing**: déclenchement *nm* par défaut
~ **time**: temps *nm* d'arrêt sur panne
~ **tolerant**: insensible aux dérangements

faulty: défectueux, en dérangement; (geol) faillé, disloqué
~ **earthing**: mauvaise mise *nf* à la terre
~ **line**: ligne *nf* en dérangement
~ **material**: défaut *nm* de matière, vice *nm* de matière
~ **state**: anomalie *nf*, dérangement *nm*
~ **workanship**: malfaçon *nf*, vice *nm* de fabrication, vice de construction

fax → *facsimile*

FBR → *fast breeding reactor*

FC → *fire control*

FCC → *fluid catalytic cracking*

FCO → *field change order*

FCS → *frame check sequence*

FD → *full duplex*

FDM → *frequency division multiplexing*

FE → *field engineer, format effector*

feasibility, ~ **study**: étude *nf* préalable, étude de faisabilité

feasible: réalisable

feather *nn*: (mech) clavette *nf* plate; *vb*: (aero) mettre en drapeau; (carp) amincir le bord
~ **edge**: arête *nf* vive, rive *nf* amincie

feathering: (aero) mise *nf* en drapeau
~ **blade**: pale *nf* articulée
~ **pitch**: pas *nm* de mise en drapeau
~ **propeller**: hélice *nf* se mettant en drapeau

feature: particularité *nf* technique, caractéristique *nf* particulière, dispositif *nm*, fonction *nf*

fed: alimenté
~ **in phase**: alimenté en phase
~ **out of phase**: à alimentation déphasée

feed *nn*: alimentation *nf*; (m-t) avance *nf*; *vb*: alimenter; introduire, faire avancer
~ **bar**: (m-t) barre *nf* de chariotage
~ **box**: (m-t) boîte *nf* des avances
~ **chute**: goulotte *nf* d'alimentation
~ **clutch**: (m-t) embrayage *nm* d'avance
~ **cock**: robinet *nm* d'alimentation, robinet d'arrivée
~ **control**: commande *nf* de l'alimentation; (m-t) commande de l'avance
~ **end**: côté *nm* d'entrée, côté d'introduction, côté d'amenée; (furnace) côté *nm* de charge
~ **finger**: palpeur *nm*
~ **form**: (inf) saut *nm* de page
~ **gate**: (fdry) filière *nf* d'alimentation
~ **hole**: (on tape) perforation *nf* d'entraînement
~ **hopper**: magasin *nm* d'alimentation
~ **line**: (inf) saut *nm* de ligne
~ **motion**: mouvement *nm* d'entraînement; (tool) avance *nf*
~ **orifice**: (plastic moulding) point *nm* d'injection, entrée *nf* d'injection
~ **out**: éjection *nf*
~ **path**: chemin *nm* de bande, chemin suivi par la bande
~ **pin**: picot *nm* d'entraînement
~ **pipe**: (on boiler) tuyau *nm* d'arrivée; (on engine) tuyau *nm* d'amenée
~ **pump**: pompe *nf* d'alimentation
~ **reel**: bobine *nf* débitrice
~ **rod**: (on m-t) barre *nf* de chariotage, broche *nf* de chariotage
~ **roller**: rouleau *nm* d'introduction, rouleau entraîneur
~ **screw**: vis *nf* transporteuse; (m-t) vis de commande de l'avance
~ **shaft**: (on m-t) barre *nf* de chariotage
~ **slide**: chariot *nm* d'avance
~ **slot**: fente *nf* d'introduction
~ **stock**: (turning) barres *nf*; (petr) charge *nf* de départ; (plast) matière *nf* utilisée
~ **tank**: nourrice *nf*, bâche *nf*
~ **wire**: fil *nf* d'amenée

feedback: (negative) contre-réaction *nf*; (positive) réaction *nf*, rétroaction *nf*; (of information) remontée *nf*
~ **control**: commande *nf* asservie
~ **system**: système *nm* rétroactif, système asservi

feeder: (gas, el) feeder *nm*; (inf) chargeur *nm* de papier; (el) câble *nm* d'alimentation, ligne *nf* d'alimentation, artère *nf*; (rlwy) embranchement *nm*
~ **cable**: câble *nm* d'alimentation, câble de transport
~ **head**: (fdry) masselotte *nf*
~ **line**: (el) artère *nf*, ligne *nf* d'alimentation; (rlwy) antenne *nf*, ligne *nf* affluente
~ **pillar**: colonne *nf* de distribution

feeding: alimentation *nf*; (fdry) masselottage *nm*; (furnace) enfournement *nm*
~ **canal**: canal *nm* d'amenée, canal *nm* d'amont
~ **head**: (fdry) masselotte *nf*
~ **roller**: rouleau *nm* d'amenée, rouleau d'entrée
~ **roller table**: ligne *nf* de rouleaux d'amenée
~ **crane**: pont *nm* chargeur, grue *nf* enfourneuse

feel *nn*: sensation *nf* musculaire; (tex) toucher *nm*; *vb*: sentir, toucher

feeler: palpeur *nm*
~ **control**: commande *nf* à palpeur
~ **gauge**: calibre *nm* à lames, pige *nf* d'épaisseur, jauge *nf* d'épaisseur

felt: feutre *nm*
~ **board**: carton *nm* feutre, carton feutré
~ **ring**: rondelle *nf* en feutre
~ **side**: (pap) côté *nm* feutre, envers *nm*

felting: feutrage *nm*

female: femelle
~ **screw**: vis *nf* creuse, vis femelle
~ **taper**: cône *nm* intérieur
~ **thread**: filet *nm* intérieur, filet femelle

fence: (constr) clôture *nf*; (inf) borne *nf*, séparation *nf*, limite *nf*

fencer, ~ **unit**: électrificateur *nm* de clôture

fencing: clôture *nf*; (inf) délimitation *nf*

fender: (on ship) défense *nf*; (on vehicle) NA garde-boue *nm*, aile *nf*
~ **bender accident** NA : tôles *nf* froissées
~ **flap** NA : bavette *nf*
~ **guard**: (naut) ceinture *nf* d'accostage
~ **light** NA : (auto) feu *nm* d'encombrement, feu de gabarit, feu de côté

fenestration: fenêtrage *nm*

FEP → *front end processor*

fermentation: fermentation *nf*

ferrite: ferrite *nf*
~ **area**: plage *nf* de ferrite
~ **core**: (computer memory) tore *nm* de ferrite; (of transformer) noyau *nm* de ferrite
~ **core store**: mémoire *nf* à tores de ferrite

ferrod → *ferrite rod*

ferrosilicon: ferrosilicium *nm*

ferrous, ~ **metal**: métal *nm* ferreux

ferrule: bague *nf*, virole *nf*; (of pile) frette *nf*

fertilizer <iser>: engrais *nm* chimique

festoon: (pap) guirlande *nf*
~ **drier**: (tex) sécheur *nm* à festons, séchoir *nm* à festons, séchoir à plis supportés; (pap) accrocheuse-sécheuse *nf*
~ **lamp**: navette *nf*

FET → *field effect transistor*

fetch *nn*: (inf) accès *nm*, appel *nm*, interrogation *nf*, chargement *nm*, recherche *nf*; *vb*: (information) extraire; (a routine) appeler
~ **cycle**: cycle *nm* de recherche
~ **protection**: protection *nf* lecture

fettle *vb*: (casting) ébarber, dessabler

fettling: ébarbage *nm*, finissage *nm*

FF → *flip flop, form feed*

FFT → *fast Fourier transform*

FHP → *fractional horse power*

FFLL→ *flexible flow line loading*

FI → *fan in*

fiber NA → *fibre*

fibered, ~ **plaster**: plâtre *nm* armé de fibres

fibre <ber> *nn*: fibre *nf*; *vb*: relier par fibres optiques
~ **breaker**: défibreur *nm*
~ **buffer**: gainage *nm* secondaire, revêtement *nm*
~ **building board**: panneau *nm* de fibres
~ **cable**: câble *nm* optique
~ **composition**: (pap) composition *nf* fibreuse
~ **core**: cœur *nm* optique
~ **drawing**: fibrage *nm*
~ **filler**: (plast) charge *nf* fibreuse
~ **grease**: graisse *nf* fibréuse
~ **guide**: guide *nm* d'ondes optique, guide optique
~ **laser**: laser *nm* à fibre
~ **loss**: perte *nf* dans la fibre
~ **optic**: à fibres optiques, optique
~ **optic data bus**: bus *nm* optique
~ **optic link**: liaison *nf* par fibres optiques
~ **optic matrix**: matrice *nf* de fibre optique
~ **optics**: fibres *nf* optiques, optique *nf* à fibres
~ **pigtail**: fibre *nf* amorce, fibre intermédiaire de couplage
~ **production**: (fibre optics) fibrage *nm*
~ **show**: (plast) fibre *nf* apparente
~ **washer**: rondelle *nf* en fibre
~ **wheel**: disque *nm* de fibre, meule *nf* de fibre

fibreboard: aggloméré *nm*, panneau *nm* de fibres agglomérées

fibreglass: fibre *nf* de verre

fibrous: (texture, structure) fibreux, nerveux
~ **concrete**: béton *nm* armé de fibres
~ **fracture**: rupture *nf* à nerf, cassure *nf* fibreuse

fiche: microfiche *nf*

fiched: sur microfiches

fiducial, ~ **line**: ligne *nf* de foi; (metrology) ligne repère, ligne de zéro

field: champ *nm*; (of activity, knowledge) domaine *nm*, secteur *nm*; (tv) trame *nf*; (in wall) pan de mur entre baies
~ **alterable**: modifiable par l'utilisateur
~ **blanking**: (tv) suppression *nf* de trame
~ **change order** «FCO»: ordre *nm* de modification en clientèle
~ **coil**: bobine *nf* de champ, bobine d'excitation
~ **component**: composante *nf* du champ
~ **conditions**: conditions *nf* sur chantier, conditions sur place
~ **connected**: raccordé en clientèle
~ **current**: courant *nm* de champ, courant d'excitation
~ **drain**: drain *nm* agricole
~ **effect transistor** «FET»: transistor *nm* à effet de champ «TEC»
~ **emission**: (valve) émission *nf* par champ électrique
~ **engineer** «FE»: technicien *nm* de maintenance
~ **erection**: montage *nm* sur le chantier
~ **free**: à champ nul
~ **ion emission**: émission *nf* ionique par champ électrique
~ **magnet**: inducteur *nm*, aimant *nm* de champ, aimant d'excitation
~ **of contact**: (gear) champ *nm* d'engrènement
~ **of view**: champ *nm* visuel
~ **pole**: pôle *nm* inducteur, inducteur *nm*, pièce *nf* polaire
~ **programmable**: programmable par l'utilisateur
~ **programmable logic array** «FLPA»: réseau *nm* logique programmable par l'utilisateur
~ **reliability**: fiabilité *nf* en exploitation
~ **rivet**: rivet *nm* posé sur chantier
~ **shop**: atelier *nm* mobile de chantier
~ **strength**: intensité *nf* de champ
~ **study**: enquête *nm* sur les lieux
~ **sweep**: balayage *nm* de trame
~ **synchronising pulse**: impulsion *nf* de synchronisation de trame
~ **test**: essai *nm* pratique, essai en chantier, essai en clientèle, essai en service réel
~ **tile** NA : drain *nm* (de terre cuite)
~ **trial**: essai *nm* pratique, essai en chantier, essai en clientèle, essai en service réel
~ **weld**: soudure *nf* de chantier
~ **winding**: bobinage *nm* inducteur, bobinage d'excitation, enroulement *nm* de champ
~ **work**: travail *nm* sur le terrain

fierce, ~ **clutch**: embrayage *nm* brutal

FIFO → *first in first out*

fifth: cinquième
~ **door**: (on car) hayon *nm*

~ **wheel**: (on articulated lorry) plateau *nm* d'accouplement; (on tractor) sellette *nf*
~ **wheel coupler**: sellette *nf* d'attelage

fighter: combattant *nm*; (aero) avion *nm* de chasse
~ **bomber**: chasseur *nm* bombardier
~ **command**: aviation *nf* de chasse

figure: chiffre *nm*; (wood) dessins *nm*
~ **8 cable**: câble *nm* à porteur excentré
~ **of merit**: code *nm* de qualité

figured, ~ **wood**: bois *nm* madré, bois ronceux

filament: (of lamp) filament *nm*; (flow) filet *nm*; (tex) fil *nm*, filament
~ **battery**: batterie *nf* de chauffage
~ **bulb**: lampe *nf* incandescente
~ **rheostat**: rhéostat *nm* de chauffage
~ **voltage**: tension *nf* de chauffage, tension filament
~ **winding**: enroulement *nm* de chauffage
~ **yarn**: fil *nm* continu, fil de fibres continues

file *nn*: (document) dossier *nm*, document *nm*; (inf) fichier *nm*; (for keeping records) classeur *nm*, dossier; *vb*: classer, ranger
~ **batching**: groupage *nm* de fichiers
~ **clerk**: archiviste *nm*
~ **blocking**: groupage *nm* de fichiers
~ **copy**: exemplaire *nm* d'archive
~ **directory**: répertoire *nm* de fichiers
~ **handler**: gestionnaire *nm* de fichiers
~ **header label**: label *nm* de début de fichier
~ **layout**: définition *nf* de fichier, organisation *nf* de fichier
~ **librarian**: gestionnaire *nm* de fichiers
~ **maintenance**: tenue *nf* des fichiers, mise *nf* à jour
~ **management**: gestion *nm* des fichiers
~ **manager**: gestionnaire *nm* de fichiers
~ **name**: nom *nm* de fichier
~ **protect ring**: anneau *nm* d'interdiction d'écriture
~ **scan**: analyse *nf* de fichier, exploration *nf* de fichier
~ **scratching**: purge *nf* d'un fichier
~ **size**: volume *nm* du fichier
~ **storage**: archive *nm* de fichier, mémoire *nf* fichier
~ **store**: mémoire *nf* fichier
~ **terminator**: marqueur *nm* de fin de fichier

file *nn*: (tool) lime *nf*; *vb*: limer

filigree: filigrane *nm*

filing: (of documents) classement *nm*, archivage *nm*
~ **cabinet**: classeur *nm*

filings: limaille *nf*

fill *nn*: (constr, c.e.) remblai *nm*; (inf) pourcentage *nm* d'utilisation, taux *nm* d'utilisation; *vb*: remplir; (a blast furnace) charger; (a form) compléter, remplir; (a hole) boucher; (a trench) combler, remblayer
~ **a gap**: (inf) occuper un créneau
~ **in**: (excavation) combler
~ **in lighting**: contre-éclairage *nm*
~ **in the blanks**: remplir les blancs, remplir les cases vides
~ **the spindles**: (spinning) garnir les broches
~ **up a trench**: remblayer une tranchée
~ **up with fuel**: faire le plein de carburant
~ **factor**: facteur *nm* de remplissage

filled: rempli
~ **band**: (eon, nuc) bande *nf* remplie, bande occupée
~ **ground**: terrain *nm* remblayé
~ **region**: (eon) zone *nf* saturée

filler: matière *nf* de remplissage, matière de charge, charge *nf*; (inf) caractère *nm* de remplissage; (a machine) remplisseuse *nf*; (in paint) charge; (pap) intérieur *nm* (de carton)
~ **block**: cale *nf*
~ **cap**: bouchon *nm* de réservoir, bouchon de remplissage
~ **cement**: (wood) bouche-pores *nm*
~ **metal**: (wldg) métal *nm* d'apport
~ **neck**: goulotte *nf* de remplissage, tube *nm* de remplissage
~ **plate**: fourrure *nf*
~ **plug**: bouchon *nm* de remplissage; (in connector) plot *nm* de remplissage
~ **tube**: goulotte *nf* de remplissage, tube *nm* de remplissage

fillet: baguette *nf*, bandeau *nm*, congé *nm*, listel *nm*; (of cement, mortar) solin *nm*; (wldg) cordon *nm*
~ **radius**: (wldg) congé *nm* de raccordement
~ **weld**: soudure *nf* d'angle

filling: remplissage *nf*; (weaving) fil *nm* de trame, trame *nf*
~ **break**: casse *nf* de trame
~ **compound**: pâte *nf* de remplissage
~ **end**: queue *nf* de trame
~ **in**: masticage *nm*, rebouchage *nm*; (of joints) bourrage *nm*, masticage
~ **loss**: perte *nf* au remplissage
~ **putty**: bouche-pores *nm*, lut *nm*
~ **station**: (petr) station *nf* service; (mining) recette *nf* du fond
~ **stop motion**: casse-trame *nm*
~ **warp**: chaîne *nf* de remplissage

film: couche *nf* mince, feuille *nf* mince, film *nm*; (cinema) film ; (of paint) feuil *nm*; (phot) pellicule *nf*
~ **adhesive**: colle *nf* en feuille
~**-building**: feuillogène, filmogène
~ **casting**: (plast) coulage *nm* en feuille mince
~ **cooling**: refroidissement *nm* par film fluide, refroidissement pelliculaire
~ **evaporator**: évaporateur *nm* pelliculaire, évaporateur à couche mince
~ **extrusion**: extrusion *nf* de feuille mince
~ **file**: fichier *nm* sur film
~**-forming**: filmogène
~ **library**: filmothèque *nf*
~ **scanner**: lecteur *nm* de microfilm
~ **speed**: (phot) sensibilité *nf*, rapidité *nf*
~ **splicer**: colleuse *nf*
~ **wrapped**: emballé sous film

filmstrip: film *nm* fixe

FILO → *first in last out*

filter *nn*: filtre *nm*; (inf) cache *nm*, masque *nm*, filtre; *vb* filtrer
~ **aid**: adjuvant *nm* de filtrage
~ **bag**: sac *nm*, manche *nf*
~ **bandwidth**: bande *nf* passante de filtre
~ **cake**: gâteau *nm*, tourteau *nm* de filtre
~ **choke**: bobine *nf* de filtrage, self *nf* de filtrage
~ **cloth**: tissu *nm* filtrant
~ **gauze**: toile *nf* filtrante
~ **housing**: corps *nm* de filtre
~ **insert**: cartouche *nf*
~ **out**: séparer par filtration, éliminer par filtration; (inf) sélectionner par filtrage
~ **paper**: papier *nm* filtre
~ **plant**: installation *nf* de filtration
~ **press**: filtre-presse *nm*

filtering *nn*: filtration *nf*, filtrage *nm*; *adj*: filtrant

fin: (aero) dérive *nf*, plan *nm* fixe vertical; (on casting, weld) bavure *nf*; (on cast concrete) balèvre *nf*; (cooling, heating) ailette *nf*; (space) plan *nm* fixe d'empennage, empennage *nm*
~ **block**: (on water heater) corps *nm* de chauffe
~ **stabiliser**: (on ship) aileron *nm*
~ **tube**: tube *nm* à ailettes
~ **waveguide**: guide *nm* à ailette

final: final, définitif; de sortie
~ **boiling point** «FNB»: point *nm* d'ébullition final
~ **coat**: couche *nf* de finition
~ **control element**: (automatic control) vérin *nm*, organe *nm* final
~ **draft**: projet *nm* définitif
~ **drive**: (auto) couple *nm* final, couple conique [de pont]
~ **drive carrier**: carter *nm* de couple conique, nez *nm* de pont
~ **drive casing**: carter *nm* de couple conique, nez *nm* de pont
~ **finish**: parachèvement *nm*
~ **pull**: (graph) épreuve *nf* définitive
~ **rejection**: refus *nm* définitif
~ **run**: (wldg) passe *nf* terminale
~ **set**: (adhesive, concrete) fin *nf* de prise
~ **stage**: étage *nm* final
~ **total**: total *nm* général
~ **user**: utilisateur *nm* final

find *vb*: découvrir, trouver; localiser, calculer

finder, ~ **switch**: (tp) chercheur (d'appel, de ligne)

fine: fin, précis; (metal) fin, pur, affiné; → also *fines*
~ **adjustment**: réglage *nm* de précision, peaufinage *nm*
~ **control**: réglage *nm* précis, réglage de précision; (nuc) pilotage *nm*
~ **count**: (of yarn) numéro *nm* fin
~ **crusher**: concasseur *nm* secondaire, gravillonneur *nm*
~ **edge**: (on tool) tranchant *nm* affilé
~ **fraction**: pourcentage *nm* en éléments fins
~**-grained**: à grain *nm* fin, à grain serré
~ **gravel**: gravillon *nm*
~ **index**: index *nm* détaillé
~**-mesh**: à petites mailles
~ **roving frame**: (spinning) banc *nm* en surfin
~ **screen**: (graph) trame *nf* fine, trame serrée
~ **tuning**: (radio) accord *nm* précis; (adjustment) fignolage *nm*, peaufinage *nm*

fineness: finesse *nf*; (met) titre *nm* d'un alliage
~ **ratio**: (aircraft hull, rocket) allongement *nm*

fines: (coal) fins *nm*; (screening) fines *nf*
~ **content**: teneur *nf* en fines

finger: doigt *nm*
~ **joint**: assemblage *nm* à entures multiples
~ **nut**: écrou *nm* à oreilles, écrou papillon
~ **plate**: plaque *nf* de propreté
~ **screw**: vis *nf* à oreilles, vis papillon
~ **tight fastening**: serrage *nm* à la main
~ **tip control**: commande *nf* au doigt, commande à touches
~ **tip dispenser**: distributeur *nm* presse-bouton
~**-type gear lever**: (auto) levier *nm* de vitesses au volant

finish *nn*: apprêt *nm*, fini *nm*; *vb*: finir, terminer; (tex) apprêter
~ **machining**: surfaçage *nm*, dressage *nm*
~ **size**: dimension *nf* finie, grandeur finie
~ **surface**: (of road) couche *nf* d'usure, couche de roulement

finished: fini, achevé, terminé; (tex) apprêté
~ **size**: dimension *nf* finale; (pap) format *nm* fini

finisher: (road) finisseur *nm*; (rolling mill) cage *nf* finisseuse; (pap) pile *nf* raffineuse; (tex) apprêteur *nm*, finisseur-apprêteur *nm*

finishing: finissage *nm*, finition *nf*, parachèvement *nm*; (tex) apprêt *nm*; **finishings**: (constr) menus ouvrages *nm*, second œuvre *nm*; (wood) menuiserie *nf*
~ **and cleaning**: (casting) parachèvement *nm*
~ **carpentry** NA : menuiserie *nf*
~ **draft**: (spinning) étirage *nm* finisseur
~ **draw frame**: (spinning) banc *nm* en fin
~ **stand**: (in rolling mill) cage *nf* finisseuse

finned: à ailettes

fir: sapin *nm* blanc

FIR → *far infrared radiation, full indicator reading*

fire *nn*: feu *nm*, incendie *nm*; (mil) tir *nm*; *vb*: brûler; (bricks, ceramics) cuire; (eon) amorcer (valve); (mil) tirer
~ **alarm** «FA»: alerte *nf* d'incendie, alarme *nf* d'incendie; avertisseur *nm* d'incendie
~ **behaviour**: comportement *nm* au feu
~ **blanket**: couverture *nf* anti-feu, couverture ignifugée
~ **boat**: bateau-pompe *nm*
~ **break**: volume *nm* de protection
~ **brigade**: pompiers *nm*
~ **bulkhead**: cloison *nf* pare-feu
~ **button**: bouton *nm* de tir
~ **cement**: ciment *nm* réfractaire
~ **clay**: argile *nf* réfractaire
~ **cock**: robinet *nm* d'incendie
~ **company** NA : pompiers *nm*
~ **control**: (mil) «FC»: conduite *nf* du tir
~ **damp**: grisou *nm*
~ **department** NA : pompiers *nm*
~ **detector**: détecteur *nm* d'incendie
~ **door**: porte *nf* coupe-feu; (of boiler) porte de foyer; (of furnace) porte de chargement
~ **engine**: auto-pompe *nf*, fourgon-pompe *nm*
~ **exit**: issue *nf* de secours, sortie *nf* de secours
~ **extinguisher**: extincteur *nm* d'incendie
~ **hose**: lance *nf* d'incendie, manche *nf* d'incendie
~ **hydrant**: bouche *nf* d'incendie, poteau *nm* d'incendie
~ **hydrant plug**: prise *nf* d'eau, bouche *nf* d'incendie
~ **load**: charge *nf* d'incendie, potentiel *nm* calorifique
~ **nozzle**: lance *nf* à incendie
~ **plug**: prise *nf* d'eau, prise *nf* d'incendie
~ **point**: point *nm* d'inflammation, point *nm* de combustion; (petrol) point de feu
~ **resistant**: ignifuge, incombustible, réfractaire
~ **retardant**: difficilement inflammable
~ **ring**: (on piston) segment *nm* coupe-feu
~ **station**: poste *nm* d'incendie, poste *nm* de pompiers
~ **stop rating**: durée *nf* coupe-feu
~ **test**: essai *nm* au feu; (petr) essai de combustion
~ **truck** NA : auto-pompe *nf*, fourgon-pompe *nm*
~ **tube**: tube *nm* de fumée, tube-foyer *nm*

~ **tube boiler**: chaudière *nf* à tubes de fumée
~ **wall**: mur *nm* coupe-feu, cloison *nf* pare-feu

firearm: arme *nf* à feu

firefighting: lutte *nf* contre l'incendie

fireman: pompier *nm*; (on locomotive) chauffeur *nm*; (mining) boutefeu *nm*

fireproof: résistant au feu, ignifuge, incombustible, réfractaire
~ **colour**: (ceramics) couleur *nf* à grand feu

fireproofing: ignifugation *nf*

firestat: pyrostat *nm*

firing: (of boiler) chauffe *nf*; (of ceramics) cuisson *nf*; (of engine) allumage *nm*; (of furnace) mise *nf* à feu; (mil) tir *nm*, mise à feu; (of transistor) déblocage *nm*, déclenchement *nm*
~ **order**: ordre *nm* d'allumage
~ **pin**: (of firearm) percuteur *nm*
~ **rate**: allure *nf* de chauffe
~ **sequence**: ordre *nm* d'allumage
~ **shrinkage**: retrait *nm* de cuisson
~ **time**: temps *nm* de cuisson

firmness: fermeté *nf*; (rock) solidité *nf*, stabilité *nf*

firmware «F/W»: microprogrammation *nf*, microprogrammes *nm*
~ **based**: microprogrammé, piloté par microprogramme

first: premier
~ **editorial page**: première page *nf* de texte
~ **floor**: GB premier étage *nm*, NA rez-de-chaussée *nm*
~ **in first out** «FIFO»: premier entré premier sorti
~ **in last out** «FILO»: premier entré dernier sorti
~ **party release**: (tp) libération *nf* par le premier abonné
~ **pass**: (rolling) cannelure *nf* de départ
~ **rate**: excellent
~ **running**: (petr) tête *nf* de distillation
~ **selector**: sélecteur *nm* primaire
~ **stage vacuum**: vide *nm* primaire
~ **weld**: première passe *nf*

fish, ~ **farming**: pisciculture *nf*
~ **wire**: (tp) ruban *nm* de tirage

fishbone, ~ **antenna**: antenne *nf* en arête de poisson

fishery: lieu *nm* de pêche, pêcherie *nf*

fishing: pêche *nf*; (petr) repêchage *nm*
~ **magnet**: aimant *nm* de repêchage

fishplate: couvre-joint *nm*, éclisse *nf*
~ **burner**: bec *nm* de gaz en éventail, bec papillon, brûleur *nm* papillon

fissile: fissile, fissible

fission: fission *nf*
~ **ionisation chamber**: chambre *nf* d'ionisation à fission

fissionable NA : fissible, fissile

fit *nn*: (mech) ajustement *nm*, ajustage *nm*; *vb*: ajuster; monter, installer
~ **in**: emboîter, s'emboîter
~ **into**: encastrer
~ **out**: équiper; (naut) armer, équiper, gréer
~ **for**: apte à
~ **strip**: cale *nf* d'épaisseur

fitness, ~ **for the purpose**: aptitude *nf* à l'emploi

fitted, ~ **at site**: monté sur chantier

fitter: monteur *nm*; (mech) ajusteur *nm*, ajusteur-mécanicien *nm*

fitting: accessoire *nm*, ferrure *nf*, garniture *nf*; (mech) ajustage *nm*; mise *nf* en place, repose *nf*; (part) pièce *nm* de montage; (piping) raccord *nm*; **fittings**: (piping) raccorderie *nf*
~ **out**: (constr) agencement *nm* intérieur; (naut) armement
~ **out dock**: bassin *nm* d'armement

five: cinq
~**-door car**: voiture *nf* à cinq portes, voiture deux volumes
~**-sided**: pentagonal
~**-year**: quinquennal

fix *vb*: fixer, assujettir; (mil) faire le point; (repair) réparer
~ **up**: réparer, remettre en état
~**-tuned**: à accord fixe

fixed: fixe, constant; non réglable, non variable; stationnaire, inamovible
~ **amount**: somme *nf* forfaitaire
~ **beam**: poutre *nf* encastrée

~-**bed ion exchanger**: échangeur *nm* d'ions à lit fixe
~ **charge**: tarif *nm* forfaitaire
~ **communication satellite**: satellite *nm* de service fixe
~ **contact**: plot *nm*
~ **delivery**: débit *nm* constant
~ **displacement motor**: moteur *nm* à cylindrée constante
~ **end**: (constr) encastrement *nm*
~-**end moment**: moment *nm* d'encastrement
~-**expansion machine**: machine *nf* à expansion constante
~ **gantry crane**: portique *nm* fixe
~ **jib crane**: grue *nf* fixe
~ **orifice**: orifice *nm* invariable, orifice constant
~-**pitch propeller**: hélice *nf* à pas fixe
~ **point**: (inf) virgule *nf* fixe
~ **point part**: mantisse *nf*
~-**radius crane**: grue *nf* à portée fixe
~ **support**: (constr) appui *nm* à encastrement
~ **target**: cible *nf* immobile
~ **window**: fenêtre *nf* dormante

fixing: fixation *nf*; (phot) fixage *nm*
~ **agent**: (phot) fixateur *nm*
~ **bath**: bain *nm* de fixage
~ **into masonry**: scellement *nm*
~ **lug**: patte *nf* d'attache
~ **reinforcement**: armature *nf* d'encastrement

fixture: installation *nf* fixe, installation à demeure; (light, plumbing) appareil *nm* [fixe]; (machining) montage *nm*

flag *nn*: drapeau *nm*; (inf) drapeau, indicateur *nm* [d'état]; *vb*: baliser, marquer, indiquer, signaler
~ **bit**: bit *nm* indicateur
~ **of convenience**: pavillon *nm* de complaisance
~ **pole antenna**: antenne *nf* en tige, antenne tige

flagstone: dalle *nf* (en pierre)

flake: (of graphite, wax) flocon *nm*, paillette *nf*
~ **graphite**: graphite *nm* lamellaire
~ **twist**: (yarn) retors *nm* flammé
~ **yarn**: (tex) fil *nm* flammé, fil chiné

flaking: écaillement *nm*; (paint) écaillage *nm*, exfoliation *nf*

flaky: en paillettes; (met) lamellaire

flame: flamme *nf*
~ **annealing**: recuit *nm* au chalumeau
~ **arrester**: arrête-flamme *nm*, pare-flamme *nm*
~ **cleaning**: décalaminage *nm* au chalumeau
~ **coal**: charbon *nm* flambant
~ **cone**: dard *nm*
~ **cutter**: chalumeau *nm*, chalumeau coupeur
~ **cutting**: découpage *nm* à la flamme, découpage au chalumeau
~ **detector**: (on burner) indicateur *nm* d'extinction
~ **guard**: pare-flamme *nm*
~ **hardening**: trempe *nf* superficielle, trempe au chalumeau
~-**proofed**: ignifugé; (power unit) à dispositif anti-déflagrant
~ **resistant**: incombustible, ignifuge
~ **retardant**: retardateur *nm* d'inflammation
~ **retardation**: résistance *nf* à la flamme
~ **scaling**: décalaminage *nm* au chalumeau, décalaminage à la flamme
~ **spray coating**: revêtement *nm* au pistolet à flamme
~ **spread**: propagation *nf* de la flamme
~ **test**: essai *nm* à la flamme; (met) essai de coloration
~-**thrower**: lance-flammes *nm*
~ **trap**: pare-flamme *nm*
~ **tube**: tube *nm* à flamme
~ **welding**: soudage *nm* à la flamme, soudage au chalumeau

flameless: sans flamme

flaming, ~ **coal**: charbon *nm* flambant

flammability: inflammabilité *nf*

flammable NA : inflammable

flange *nn*: rebord *nm*, bourrelet *nm*; (of angle, section) aile *nf*; (of beam) aile *nf*, plate-bande *nf*, semelle *nf*; (of coupling) plateau *nm* de manchon; (of pipe) bride *nf*, collet *nm*; (of plate girder) semelle *nf*; (of pulley) joue *nf*; (of rail) patin *nm*, champignon *nm*; (of reel) flasque *nm*; (of shaft) flasque *nm*, plateau *nm*; (of tyre) talon *nm*; *vb*: emboutir, former un bord, relever un bord, rabattre (bord de tôle, collerette de tube); (sheet metal) tomber le bord
~ **connection**: assemblage *nm* à bords relevés; (pipe) joint *nm* à bride
~-**cooled engine**: moteur *nm* à refroidissement par ailettes
~ **coupling**: manchon *nm* à plateau, accouplement *nm* à disques, accouplement à plateaux
~ **motor**: moteur *nm* à bride de fixation, moteur à flasque-bride

~ **mounting housing**: carter *nm* flasque-bride
~ **pipe**: tuyau *nm* à bride, tuyau à collerette
~ **plate**: (compound girder) platebande *nf*, semelle *nf*
~ **roller**: galet *nm* à boudin
~ **wheel**: roue *nf* à mentonnet

flanged: à bride, à bourrelet, à boudin; (sheet metal) à bords tombés
~ **bobbin**: bobine *nf* à plateaux
~ **bolt**: boulon *nm* à collerette
~ **cock**: robinet *nm* à bride[s]
~ **joint**: joint *nm* à collerette, joint à bride
~ **nut**: écrou *nm* à embase, écrou à collet
~ **pulley**: poulie *nf* à joues, poulie à rebords
~ **seam**: agrafage *nm* rabattu, joint *nm* à collerette
~ **shaft**: arbre *nm* à bride, arbre à collerette
~ **sheet**: tôle *nf* à bords tombés
~ **sleeve**: manchon *nm* à plateau
~ **Tee**: té *nm* à bride
~ **valve**: soupape *nf* à bride, soupape à ailettes
~ **wheel**: roue *nf* à mentonnet, roue *nf* à boudin

flangeless: sans flasque
~ **wheel**: roue *nf* sans boudin, roue sans mentonnet

flanging: bordage *nm*
~ **machine**: machine *nf* à border les tôles

flank: flanc *nm* (d'une dent, d'un filet, d'un engrenage)
~ **angle**: angle *nm* de pression, angle d'engrenage

flanking: (acoustics) transmission *nf* indirecte du bruit

flap: abattant *nm*, rabat *nm*, volet *nm*; (aero, tp) volet *nm*; (of envelope) patte *nf*; (of valve) clapet *nm*; *vb*: (belt) flotter; → also *flaps*
~ **aileron**: aileron *nm* classique
~ **extended speed**: (aero) vitesse *nf* limite volets sortis
~ **seat**: strapontin *nm*
~ **shutter**: (phot) obturateur *nm* à volet
~ **valve**: soupape *nf* à clapet, clapet *nm* articulé, clapet à charnière

flapper, ~ **valve**: clapet *nm*

flapping: (of belt) flottement *nm*; (helicopter) levée *nf* de pale, battement *nm*
~ **hinge**: (on helicopter) axe *nm* de battement, axe de levée de pale
~ **wing**: (aero) aile *nf* battante

flaps, ~ **down**: (aero) volets *nm* baissés, volets sortis
~ **extended**: volets *nm* sortis
~ **lowered**: volets *nm* baissés
~ **retracted**: volets *nm* rentrés
~ **up**: volets *nm* rentrés

flare *nn*: embouchure *nf*, divergent *nm*; (a distress signal) fusée *nf* éclairante, fusée de signalisation; (light) diffusion *nf* parasite, lumière *nf* parasitaire; (petr) torche *nf*, torchère *nf*; (phot) tache *nf* lumineuse; (on pipe) évasement *nm*, épanouissement *nm*; (radar) écho *nm* déformé; (a shell) obus *nm* éclairant; (on tube) épanoui *nm*; (tv) hyperluminance *nf*; *vb*: (a pipe) évaser, épanouir; (petr) brûler à la torche
~ **bleeder** NA : torche *nf*, torchère *nf*
~ **gas**: gaz *nm* brûlé à la torche
~ **pistol**: pistolet *nm* lance-fusée
~ **spot**: tache *nf* lumineuse

flared: (joint) mandriné
~ **tube**: (of rear axle) trompette *nf* du pont arrière

flaring: brûlage *nm* à la torche

flash *nn*: (of light, lightning) éclair *nm*; (on casting) bavure *nf*; (an intermittent light) clignotement *nm*; (phot, publicity) flash *nm*; *adj*: rapide; *vb*: clignoter; (warning light) signaler
~ **the headlights**: (auto) faire des appels de phares
~ **back**: (of flame) retour *nm* de flamme; (on rectifier) arc *nm* en retour; (wldg) rentrée *nf* de flamme
~ **boiler**: chaudière *nf* à vaporisation rapide, chaudière à vaporisation instantanée
~ **closed cup**: point *nm* d'éclair en vase clos
~ **curve**: (petr) courbe *nf* de vaporisation
~ **distillation**: distillation *nf* éclair, distillation par détente, distillation flash
~ **drum**: ballon *nm* de détente
~ **drying**: séchage *nm* instantané, séchage ultra rapide
~ **exposure guide number**: nombre *nm* guide pour flash
~ **fin**: (plast) bavure *nf*, cordon *nm* de bavure, toile *nf*
~ **fire**: incendie *nm* spontané

~ **groove**: (plast) rainure *nf* d'échappement, gorge *nf* du moule
~ **light**: feu *nm* à éclipses, feu à éclats; NA lampe *nf* de poche
~ **line**: ligne *nf* de bavure, ligne de joint
~ **meter**: (phot) flashmètre *nm*
~ **mould**: moule *nm* à échappement, moule à couteau
~ **no flash test**: essai *nm* de point d'éclair par tout ou rien
~ **open cup**: point *nm* d'éclair en vase ouvert
~ **pickling**: décapage *nm* éclair
~ **point**: point *nm* d'éclair
~ **ridge**: (on moulding) jointure *nf*
~ **set**: (concreting) prise *nf* accélérée, prise instantanée
~ **test**: (el) essai *nm* de claquage, essai *nm* d'inflammation
~ **tube** NA : lampe *nf* à éclats
~ **vaporisation**: vaporisation *nf* éclair, vaporisation instantanée
~ **welding**: soudage *nm* par étincelage
~ **zone**: zone *nf* de détente

flashback: retour *nm* de flamme

flasher: feu *nm* à éclats; (auto) clignotant *nm*
~ **lamp**: (auto) clignotant *nm*
~ **unit**: (auto) automate *nm* de clignotement

flashing: (constr) bande *nf* de plomb, bande de zinc; (of light) clignotement *nm*; (on roof) zingage, solin (de mortier); (naut) signalisation *nf* par projecteur
~ **beacon**: balise *nf* à occultations, phare *nm* à éclats
~ **light**: feu *nm* à éclats

flashover: (of arc) amorçage *nm*, décharge *nf* disruptive; (on insulator) contournement *nm*
~ **test**: essai *nm* de claquage
~ **voltage**: tension *nf* d'amorçage, tension d'éclatement

flask: (laboratory equipment) ballon *nm*, flacon *nm*; (moulding) châssis *nm* de moulage; (nuc) château *nm* de transport
~ **casting**: moulage *nm* en châssis
~ **mould**: moule *nm* en châssis

flat *nn*: (constr) appartement *nm*; (mech) plat *nm*, méplat *nm*; (on nut) pan *nm*; (rlwy) wagon *nm* découvert (à bords plats); (naut) varangue *nf* de fond; (spinning) chapeau *nm* de carde; (tyre) crevaison *nf*; **flats**: (met) produits *nm* plats; *adj*: plat, plan, méplat; (colour, paint) terne, mat; (phot) sans contraste, sans relief; (sound) mat, sourd
~ **arch**: plate-bande *nf*
~ **bar**: fer *nm* méplat, fer plat, méplat *nm*
~-**bed press**: presse *nf* à plat
~-**bed truck** NA : camion *nm* à plateforme
~-**bend test**: essai *nm* de pliage à bloc
~-**bottom rail**: rail *nm* à patin, rail Vignoles
~ **brush**: queue *nf* de morue
~ **cable**: câble *nm* plat, câble ruban, ruban *nm*
~ **car**: (rlwy) wagon *nm* à plate-forme
~-**chord truss**: poutre *nf* à membrures parallèles
~ **coil**: bobine *nf* plate, galette *nf*, bobine *nf* en galette
~ **container**: conteneur *nm* plat, conteneur à plate-forme
~-**end shaft**: arbre *nm* à méplat
~ **flange**: bride *nf* lisse, bride ordinaire, bride plate
~ **four**: quadricylindre *nm* à plat
~ **gate**: (fdry) attaque *nf* plate, attaque en bavure
~-**headed rail**: rail *nm* plat
~-**link chain**: chaîne *nf* articulée, chaîne Galle
~ **mirror**: miroir *nm* plan
~ **of thread**: troncature *nf*
~ **pack**: (eon) boîtier *nm* plat
~ **paint**: peinture *nf* mate
~ **pallet**: palette *nf* simple
~ **part**: (of curve) palier *nm*
~ **plate**: (graph) cliché *nm* plat sans contraste
~-**plate collector**: capteur *nm* solaire plan
~-**platform truck**: camion *nm* plateau
~ **point**: (on screw) bout *nm* plat
~ **rate**: tarif *nm* forfaitaire, tarif unique
~-**rated engine**: moteur *nm* à poussée constante, moteur à puissance constante
~ **response**: réponse *nf* uniforme, réponse constante
~ **screen**: écran *nm* plat
~ **sheet extrusion**: extrusion *nf* à filière plate
~ **slab**: dalle *nf* simple
~ **spin**: (aero) vrille *nf* à plat
~ **spiral spring**: ressort *nm* spirale plat
~ **spot**: méplat *nm*; (engine) trou *nm* à la reprise; (paint) embu *nm*
~ **thread**: filet *nm* carré
~-**top antenna**: antenne *nf* en nappe
~-**top piston**: piston *nm* à tête plate, piston plat
~ **turn**: (aero) virage *nm* à plat

~ **twin**: (engine) bicylindre *nm* à plat
~ **tyre**: pneu *nm* crevé
~ **weld**: soudure *nf* à plat
~ **wheel**: roue *nf* carrée, méplat *nm*, plat *nm*
~ **wire**: fil *nm* plat, fil méplat
~-**wound**: bobiné à plat
~ **wrench**: clé *nf* plate

flatness: (mech) planéité *nf*; (paint) matité *nf*; (pap) à-plat *nm*

flatten *vb*: aplanir, aplatir; égaliser, lisser; laminer (tige de fer); (paint) rendre mat
~ **out**: (aero) redresser, se rétablir

flattened, ~ **cone**: cône *nm* plat

flatting: (of tyre) usure *nf* en facettes
~ **agent**: agent *nm* matant, agent de matité
~ **varnish**: vernis *nm* mat [d'apprêt]

flaw: défaut *nm*, défectuosité *nf*; anomalie *nf*; (in casting) paille *nf*, soufflure *nf*
~ **free**: sans défauts

flawed: défectueux, incorrect

flawless: sans défaut

fleece: (glass fibre, plast) voile *nm*

fleet: (of ships) flotte *nf*; (of vehicles) parc *nm* automobile, parc de véhicules
~ **air arm**: aéronautique *nf* navale, aéronavale *nf*
~ **test**: (auto) essai *nm* en service courant

flex: cordon *nm*, fil *nm* souple

flexed: en flexion

flexible: souple, flexible; adaptable, à usages multiples
~ **bearing**: palier *nm* à monture élastique
~ **cable**: câble *nm* souple, câble flexible
~ **conduit**: tube *nm* métallique souple
~ **connection**: (gasholder) genouillère *nf*
~ **coupling**: accouplement *nm* élastique
~ **disk**: (inf) disque *nm* souple, disquette *nf*
~ **flow line**: chaîne-transfert *nf* non séquentielle
~ **manufacturing system** «FMS»: (rob) atelier *nm* flexible
~ **pavement**: chaussée *nf* souple, revêtement *nm* souple
~ **shaft**: arbre *nm* flexible
~ **skirt air cushion**: coussin *nm* d'air à jupes souples
~ **suspension**: suspension *nf* élastique
~ **tank**: citerne *nf* souple, réservoir *nm* souple
~ **waveguide**: guide *nm* d'ondes souple, guide souple, guide flexible
~ **working hours**: horaire *nm* variable

flexitime: horaire *nm* variable

flexography: flexographie *nf*

flexural NA : de flexion, en flexion
~ **creep**: fluage *nm* en flexion
~ **rigidity**: rigidité *nf* de flexion
~ **test**: essai *nm* de flexion, essai en flexion

FLG → *flooring*

flicker: (of flame) tremblement *nm*, vacillement; *nm*; (of instrument) vacillement *nm*, oscillation *nf*; (of light) scintillation *nf*, scintillement *nm*, papillotement *nm*
~ **control**: radiocommande *nf* par tout ou rien; régulation *nf* à deux positions

flight: (aero) vol *nm*; (conveyor) raclette *nf*
~ **crew**: équipage *nm* de conduite
~ **deck**: (aircraft) poste *nm* de pilotage, poste d'équipage, habitacle *nm*; (aircraft carrier) pont *nm* d'envol
~ **engineer**: mécanicien *nm* navigant
~ **log**: journal *nm* de bord
~ **path**: ligne *nf* de vol, trajectoire *nf* de vol
~ **recorder**: enregistreur *nm* de vol
~ **refuelling**: ravitaillement *nm* en vol
~ **route**: itinéraire *nm*
~ **simulator**: simulateur *nm* de vol

flimsy: [trop] léger
~ **paper**: papier *nm* mince

flinger: déflecteur *nm*

flint: silex *nm*
~ **glass**: flint *nm*

flip *vb*: basculer, permuter; tourner (les pages)
~ **chart**: tableau *nm* à feuilles mobiles, tableau à feuilles arrachables
~ **chip**: pastille *nf* à protubérances, puce *nf* à protubérances
~ **flop** «FF»: (inf) bascule *nf* [bistable]

flippy, ~ disk: disquette *nf* double face
~ **floppy**: disque *nm* souple double face, disquette *nf* double face

flitch NA : dosse *nf*
~ **beam**: poutre *nf* composée mixte

float *nn*: flotteur *nm*; (concrete finishing) taloche *nf*; (plastering) bouclier *nm*; *vb*: flotter, faire flotter; mettre à flot; talocher
~ **on the surface**: surnager
~ **bowl** NA : (of carburettor) cuve *nf* à niveau constant
~ **chamber**: (of carburettor) cuve *nf* à niveau constant
~ **charge**: (of battery) charge *nf* d'entretien
~ **needle**: (of carburettor) pointeau *nm*, tige *nf* du flotteur
~ **switch**: commutateur *nm* à flotteur, interrupteur *nm* à flotteur
~ **trap**: purgeur *nm* à flotteur
~ **valve**: robinet *nm* à flotteur

floating *nn*: finissage *nm* à la taloche, talochage *nm*; *adj*: flottant
~ **absorbent**: absorbant *nm* flottant
~ **add**: addition *nf* en virgule flottante
~ **address**: adresse *nf* en virgule flottante, adresse relative
~ **battery**: batterie *nf* tampon
~ **charge**: (of battery) charge *nf* d'entretien
~ **crane**: ponton-grue *nm*
~ **dock**: bassin *nm* flottant, dock *nm* flottant
~ **floor**: faux-plancher *nm*
~ **gudgeon pin**: axe *nm* de piston mobile
~ **platen**: (of press) plateau *nm* mobile
~ **point** «FP»: virgule *nf* flottante
~ **point processor** «FPP»: processeur *nm* [à] virgule flottante
~ **roof**: (of tank) toit *nm* flottant
~ **tank**: réservoir *nm* tampon

floc → *flocculation*

flocculant: floculant *nm*

flocculation: floculation *nf*

flock, ~ coating: flocage *nm*
~ **test**: essai *nm* de floculation

flocked, ~ paper: papier *nm* suédé, papier velours, papier floqué

flocking: flocage *nm*

flong: flan *nm* de clicherie

flood *nn*: inondation *nf*; *vb*: noyer, inonder
~ **gate**: porte *nf* d'écluse, porte de bassin de marée
~ **level**: (plumbing) niveau *nm* de débordement
~ **plain**: plaine *nf* inondable
~ **tide**: marée *nf* montante, flux *nm*

flooding: inondation *nf*; (of carburettor) noyage *nm*; (flash machining) arrosage *nm*; (by river) débordement *nm*; (crt) arrosage *nm*

floodlight: projecteur *nm*; (phot) lampe *nf* flood

floodlighting: éclairage *nm* d'ambiance, éclairage par projecteurs

floor: (of building) sol *nm*, plancher *nm*; étage *nm*; (coal mining) mur *nm*; (of pit) fond *nm* de fouille; (of ship) varangue *nf*
~ **area**: (of building) superficie *nf* de plancher; (of machine) encombrement *nm* au sol
~ **covering**: revêtement *nm* de sol
~ **duct**: canalisation *nf* sous plancher
~ **layer**: (concrete) chapiste *nm*; (wood) poseur *nm* de parquet
~ **layout**: plan *nm* d'aménagement
~ **moulding**: moulage *nm* au sol
~ **operated**: commandé au sol, commandé du sol
~ **plan**: plan *nm* d'étage
~ **plate**: tôle à relief; (machine) taque *nf*
~ **shift**: (auto) levier *nm* de changement de vitesse au plancher
~ **slab**: dalle *nf* plancher
~ **space**: (constr) superficie *nf* couverte; (machine) encombrement *nm* au sol
~ **stand**: présentoir *nm* au sol
~**-to-floor time**: temps *nm* sol à sol

flooring «FLG»: revêtement *nm* de sol

floppy, ~ [disk]: disque *nm* souple, disquette *nf*

flotation: flottation *nf*

floturning: fluotournage *nm*, repoussage *nm* au tour

flow *nn*: (of fluid) cours *nm*, courant *nm*, débit *nm*, écoulement *nm*; (of electricity, heat) flux *nm*; (creep) fluage *nm*; (of work) déroulement *nm* des opérations; *vb*: (fluid) couler, s'écouler, faire cou-

ler; (el) circuler, parcourir
~ **back**: refluer
~ **chart**: (for fluids) diagramme *nm* de débit, diagramme des débits; (planning) ordinogramme *nm*, organigramme *nm*, schéma *nm* fonctionnel, schéma de principe, schéma de fabrication
~ **control**: régulation *nf* du débit; (inf) contrôle *nm* de flux
~ **control valve**: vanne *nf* de réglage de débit; (directional) distributeur *nm*
~ **cup**: coupe *nf* viscosimétrique
~ **diagram**: schéma *nm* de fonctionnement, schéma de principe, schéma de fabrication, organigramme *nm* de traitement; (for fluids) plan *nm* de circulation des fluides «PCF»
~ **direction**: (inf) sens *nm* de liaison
~ **divider**: diviseur *nm* de débit
~ **forming**: fluotournage *nm*
~ **indicator**: indicateur *nm* de débit, débitmètre *nm*
~ **line**: (of fluid) ligne *nf* de courant; (in flow chart) ligne de liaison, ligne fonctionnelle; (fdry) trace *nf* d'écoulement, fleur *nf*; (el) ligne de flux; (in plastic moulding) ligne d'écoulement, ligne de coulée; (production) ligne de production, chaîne *nf* de production; (wldg) ligne de soudure
~ **line system**: système *nm* de fabrication à la chaîne
~ **mark**: (fdry) trace *nf* d'écoulement, fleur *nf*
~ **matrix**: (inf) matrice *nf* de déroulement
~ **meter**: débitmètre *nm*, indicateur *nm* de débit
~ **of heat**: flux *nm* thermique, flux de chaleur
~ **path**: (inf) branche *nf* de traitement
~ **pattern**: diagramme *nm* d'écoulement, schéma *nm* d'écoulement, configuration *nf* d'écoulement
~ **pipe**: conduite *nf* montante; (domestic heating) départ *nm* d'eau chaude
~ **rate**: débit *nm*, vitesse *nf* d'écoulement
~ **resistance**: résistance *nf* à l'écoulement; (of liquid) résistance hydraulique
~ **restriction**: laminage *nm*
~ **separation**: décollement *nm* de l'écoulement
~ **sheet**: schéma *nm* de traitement, schéma de fonctionnement, schéma de principe, schéma de fabrication
~ **strain**: allongement *nm* de fluage
~ **string**: (petr) tube *nm* de production
~ **temperature**: température *nf* de fluage, température de fluidité
~ **test**: essai *nm* de fluage, essai *nm* d'écoulement
~**-through cell**: cellule *nf* montée sur canalisation
~**-through centrifuge**: centrifugeur *nm* à courant continu
~ **time**: durée *nf* de passage, temps *nm* de passage

flowability: fluidité *nf*, aptitude *nf* à l'écoulement

flowrater: débitmètre *nm*

flowspinning: fluotournage *nm*

flowturning: fluotournage *nm*

fluctuating: variable

flue: tuyau *nm* de cheminée, conduit *nm* de fumée; (of furnace, retort) carneau *nm*
~ **brush**: hérisson *nm*
~ **gas**: gaz *nm* brûlés, produits *nm* de combustion; gaz de carneau
~ **loss**: perte *nf* à la cheminée

fluid: fluide
~ **amplifier**: fluidyne *nm*, amplificateur *nm* fluidique
~ **coking**: cokéfaction *nf* fluide
~ **coupling**: accouplement *nm* hydraulique
~ **cushion**: coussin *nm* fluide
~ **drive**: transmission *nf* hydraulique
~**-filled column**: poteau *nm* rempli d'eau
~ **flow**: écoulement *nm* des fluides
~ **lubrication**: lubrification *nf* fluide, lubrification *nf* par un liquide
~ **mechanics**: mécanique *nf* des fluides
~**-packed pump**: pompe *nf* à garnissage hydraulique
~ **power circuit**: circuit *nm* hydraulique, circuit pneumatique
~ **transmission**: transmission *nf* hydraulique, transmission hydrodynamique

fluidics: fluidique *nf*

fluidized <ised>: fluidifié, fluidisé
~ **reactor**: réacteur *nm* à combustible fluidisé

flume: (of dam) canal *nm* d'amenée

fluorescence: fluorescence *nf*

fluorescent: fluorescent
~ **paint**: peinture *nf* lumineuse

~ **whitening**: blanchiment *nm* par agents fluorescents, blanchiment optique
~ **whitening agent**: azurant *nm* optique

fluoridation: fluoration *nf*

fluoride: fluorure *nm*

fluorine: fluor *nm*

fluorite: fluorine *nf*

fluorocarbon: fluorocarbone *nm*
~ **plastic**: plastique *nm* fluorocarboné

fluorochemical: composé fluoré

fluoroplastic: plastique *nm* fluoré

fluorspar: spath *nm* fluor

flush *nn*: (of w.c) chasse *nf* d'eau; (of sewer) curage *nm*; *adj*: affleuré, affleurant; à ras, de niveau; encastré; (bolt) noyé; *vb*: rincer; (masonry) égaliser, remplir (les joints); (sewer) débourber, curer
~ **antenna**: antenne *nf* encastrée
~ **countersunk head**: tête *nf* fraisée noyée
~ **door**: porte *nf* plane, porte isoplane
~ **edge**: bord *nm* rogné à vif
~ **gas** NA : (engine) gaz *nm* de balayage
~ **joint**: joint *nm* à francs bords
~ **left**: justification *nf* à gauche, cadrage *nm* à gauche
~-**mounted**: encastré
~ **nut**: écrou *nm* noyé
~ **out**: balayer rapidement, rincer; (inf) vider (file d'attente)
~ **paragraph**: (graph) paragraphe *nm* carré
~ **rivet**: rivet *nm* à tête perdue, rivet à tête affleurée, rivet à tête noyée
~-**riveted joint**: rivure *nf* noyée, rivure affleurée
~ **switch**: interrupteur *nm* encastré
~ **tank**: (of w.c.) réservoir *nm* de chasse
~ **through**: envoyer rapidement au travers
~ **water**: eau *nf* de rinçage; eau d'entraînement, eau de transport
~ **weld**: soudure *nf* affleurée, soudure à plat, soudure sans surépaisseur
~ **with**: à ras de, à fleur de

flushing: (of engine) balayage *nm*; (graph) rognage *nm* à fleur; (plumbing) chasse *nf*; (of sewer) chasse, curage *nm*; (of ship) dégazage *nm* (d'un pétrolier)

flute: cannelure *nf*

fluted, ~ **board**: carton *nm* ondulé
~ **filter**: filtre *nm* plissé
~ **shaft**: arbre *nm* cannelé

fluting: cannelures *nf*

flutter *nn*: (aero) flutter *nm*, flottement *nm*; (of flame) scintillement *nm*, sautillement *nm*; (of instrument) affolement *nm*; (of picture) sautillement; (of piston, sail) battement *nm*; *vb*: vaciller, scintiller; sautiller, s'affoler, battre
~ **echo**: (radar) écho *nm* multiple

flux *nn*: (bitumen) produit *nm* de fluxage; (ceramics, met) flux *nm*, fondant *nm*; (el) flux *nm*; (metalworking) décapant *nm*; (wldg) fondant *nm*; *vb*: (petr) fluxer; (wldg) couvrir de fondant
~ **oil**: huile *nf* de fluxage

fluxed: fluxé

fluxmeter: fluxmètre *nm*

fly *nn*: (tex) duvet *nm*; *vb*: voler; piloter (un avion)
~ **ash**: cendres *nf* volantes, envols *nm*
~ **blind**: voler à l'aveugle
~ **off one's course**: dévier de son cap
~ **one's course**: suivre son cap
~ **crank**: contre-manivelle *nf*
~ **frame**: (tex) banc *nm* à broches
~ **jib**: (crane) fléchette *nf*
~ **leaf**: feuille *nf* de garde, feuille volante, garde *nf*
~ **nut**: écrou *nm* à oreilles, écrou papillon
~ **screen**: moustiquaire *nf*
~ **sheet**: feuille *nf* volante
~ **twister**: métier *nm* continu à retordre à ailettes, continu *nm* à retordre à ailettes

flyback: (eon) retour *nm* [du spot]
~ **blanking**: suppression *nf* du retour du spot

flyball, ~ **governor**: régulateur *nm* à boules, régulateur à force centrifuge

flyer: (spinning) ailette *nf*
~ **bobbin**: bobine *nf* à ailettes

flying: volant
~ **club**: aéro-club *nm*
~ **crane**: grue *nf* volante, héligrue *nf*
~ **head**: (inf) tête *nf* flottante
~ **height**: (inf) écart *nm* entre tête et disque
~ **personnel**: personnel *nm* navigant
~ **scaffolding**: échafaudage *nm* volant
~ **shear**: cisaille *nf* volante
~ **spot**: (tv) spot *nm* lumineux; (spot analyser) spot de balayage
~ **spot scanning**: analyse *nf* par spot mobile, analyse à spot lumineux

flyover: saut-de-mouton *nm*

flyweight: masse *nf* centrifuge

flywheel: volant *nm* [moteur], volant d'inertie
~ **housing**: carter *nm* de volant
~ **ring gear**: couronne *nf* dentée du volant

FM → *facilities management, frequency modulation*

f-number: (phot) nombre *nm* du diaphragme

FO → *fan out*

foam *nn*: mousse *nf*; *vb*: mousser; (resin) s'expanser
~ **breaker**: agent *nm* anti-mousse
~ **extinguisher**: extincteur *nm* à mousse
~ **glass**: verre *nm* cellulaire, verre expansé, verre mousse
~ **gun**: canon *nm* à mousse
~ **insulation**: isolation *nf* plastique cellulaire, isolation plastique expansé
~ **persistence**: stabilité *nf* de la mousse
~ **rubber**: caoutchouc *nm* mousse, mousse *nf* de latex

foamed: expansé, mousseux, alvéolaire
~ **concrete**: béton *nm* mousse

foamer: agent *nm* moussant, moussant *nm*

foaming: formation *nf* de mousse, moussage *nm*

focal: focal
~ **aperture**: (phot) ouverture *nf* du diaphragme
~ **length**: distance *nf* focale, focale *nf*
~ **plane shutter**: obturateur *nm* focal
~ **point**: (opt) foyer *nm* d'une lentille
~ **spot**: foyer

focus *vb*: focaliser, mettre au point

focussing <using>: mise *nf* au point, focalisation *nf*

fog: brouillard *nm*; (phot) voile *nm*
~ **dispersal**: dénébulation *nf*
~ **lamp**: projecteur *nm* antibrouillard, antibrouillard *nm*
~ **light**: projecteur *nm* antibrouillard, antibrouillard *nm*
~ **lubrication**: graissage *nm* par brouillard d'huile

fogging: brumisage *nm*

foggy: brumeux; (phot) voilé

foil: feuille *nf* mince de métal, feuille d'aluminium; (for overhead projector) transparent *nm*
~**-laminated paper**: papier *nm* métallisé
~**-lined paper**: papier *nm* doublé aluminium
~ **side**: (p.c. board) côté *nm* conductif

foilstock: ébauche *nf* de feuille mince

fold *nn*: pli *nm*; repliure *nf*; (sheet metal) agrafe *nf*
~ **back**: rabattre, replier

folded: plié, plissé
~ **filter**: filtre *nm* plissé
~ **joint**: agrafe *nf*
~**-plate structure**: voile *nm* autoportant polygonal, structure *nf* prismatique
~ **seam connection**: assemblage *nm* par agrafage
~ **spiral seam tube**: tuyau *nm* métallique agrafé

folder: dossier *nm*

folding *nn*: pliage *nm*; (geol) plissement *nm*; *adj*: pliant, repliable
~ **container**: conteneur *nm* pliant, conteneur démontable
~ **wedge**: (constr) cale *nf* de fixation

foliated: lamellaire, foliacé

follow, ~ **shot**: (phot) ambulation *nf*
~ **up**: suite *nf*, perfectionnement *nm*; poursuite *nf*; suivi *nm*; (reminder) rappel *nm*, relance *nf*

follower: (inf) suiveur *nm*; (machining) palpeur *nm*; (pulley) poulie *nf* menée

~ **roller**: rouleau *nm* entraîné

font: (graph) police *nf* de caractères, jeu *nm* de caractères

food: alimentation *nf*
~ **industry**: industrie *nf* alimentaire

foolproof: à l'épreuve des fausses manœuvres, indéréglable

foolproofing: détrompage *nm*

foot: pied *nm*; (of page) bas *nm* de page; (of rail) patin *nm*; (of sail) bordure *nf*
~ **brake**: frein *nm* à pédale
~ **control**: commande *nf* au pied, commande à pédale
~ **margin**: espace *nm* en bas de page
~**-operated**: à commande au pied, à pédale

footage: longueur *nf* (en pieds); (boring) avancement *nm* (en pieds)

footer: annotation *nf* en bas de page

footing: (of column) socle *nm*, base *nf*; (foundation) semelle *nf*; (of machine) semelle *nf*; (of wall) pied *nm*, empattement *nm*, embase *nf*
~ **foundation**: fondation *nf* directe, fondation superficielle

footpath: trottoir *nm*

footplate: (rlwy) cabine *nf*, poste *nm* de conduite

footprint: (of beam, aerial) empreinte *nf*; (of equipment) encombrement *nm*; **footprints**: pince *nf* crocodile

forbidden: interdit, prohibé; (inf) invalide

force *nn*: force *nf*, effort *nm*; (personnel) effectifs *nm*; NA (a punch) poinçon *nm*, moule *nm* positif, demi-moule *nm* mâle; *vb*: forcer
~ **feed**: alimentation *nf* sous pression
~ **feed lubrication**: graissage *nm* sous pression
~ **of gravity**: pesanteur *nf*
~ **pipe**: tuyau *nm* de refoulement
~ **pump**: pompe *nf* foulante

forced: forcé, sous pression
~ **air ventilation**: ventilation *nf* forcée
~ **cooling**: refroidissement *nm* par ventilation forcée
~ **draught**: tirage *nm* forcé
~ **fit**: montage *nm* à force, emmanchement *nm* à force
~ **landing**: atterrissage *nm* forcé
~ **lubrication**: graissage *nm* forcé

forcing, ~ **hose**: tuyau *nm* de refoulement
~ **pump**: pompe *nf* foulante

fore: avant *nm*
~ **and aft**: (naut) de l'avant à l'arrière, longitudinal
~**-and-aft motion**: mouvement *nm* longitudinal, va-et-vient *nm*
~ **peak**: coqueron *nm* avant
~ **pump**: pompe *nf* à prévide, pompe à vide préliminaire
~ **runnings**: (distillation) produits *nm* de tête
~ **vacuum**: vide *nm* primaire
~ **wheels**: avant-train *nm*

forecast: prévision *nf*

forecastle: gaillard *nm* d'avant

forecooler: pré-réfrigérant *nm*, pré-refroidisseur *nm*

forecourt: (of petrol station) piste *nf* de ravitaillement

forefront: avant-garde *nf*, pointe *nf* (de la technologie)

foreground *nn*: premier plan *nm*, avant-plan *nm*; *adj*: (inf) prioritaire
~ **job**: tâche *nf* prioritaire

forehand, ~ **welding**: soudage *nm* à gauche, soudage en avant

forehearth: avant-creuset *nm*

foreign: étranger; acheté au dehors
~ **matter**: corps *nm* étranger, matière *nf* étrangère

foreman: contremaître *nm*, agent *nm* de maîtrise

foreshaft: avant-puits *nm*

foreshore: laisse *nf* de haute mer

foresight: (armament) guidon *nm*; (survey) coup *nm* avant

forestry: sylviculture *nf*

forge *nn*: forge *nf*; *vb*: forger
~ **welding**: soudage *nm* à la forge

forged: forgé
~ **in one piece**: venu de forge
~ **part**: pièce *nf* forgée; (die forging) pièce matricée

forging: forgeage *nm*; pièce *nf* forgée
~ **heat**: chaude *nf* de forgeage
~ **press**: presse *nf* à estamper, presse à forger, presse à matricer

forgiving: (inf) tolérant

fork: fourche *nf*, fourchette *nf*; (road) bifurcation *nf*; **forks**: (of fork lift truck) fourche *nf*
~ **carriage**: (of fork lift truck) tablier *nm*
~ **end**: (of rod) chape *nf*
~ **head**: articulation *nf* à fourche, chape *nf*; (on bicycle) tête *nf* de fourche
~ **hook**: griffe *nf*
~ **lever**: levier *nm* à fourche
~ **lift truck**: chariot *nm* élévateur à fourche
~ **link**: enfourchement *nm*, étrier *nm*
~ **pocket**: (container) entrée *nf* de fourche
~ **spanner**: clé *nf* plate
~ **wrench**: clé *nf* à fourche

forked: fourchu, bifurqué
~ **axle**: essieu *nm* à chapes ouvertes
~ **joint**: articulation *nf* à fourche
~ **lever**: levier *nm* fourchu, levier à chape
~ **pipe**: tuyau *nm* à fourche, tuyau en Y
~ **rod**: bielle *nf* à fourche

form *nn*: forme *nf*; (of cables) forme, peigne *nm*, harnais *nm*, faisceau *nm* de câblage; (of a curve) allure *nf*; (concreting) coffrage *nm*; (graph) formulaire *nm*, imprimé *nm*, NA forme *nf* d'impression; (inf) papier *nm*; *vb*: former, façonner; → also *forms*
~ **driver**: gestionnaire *nm* de masques
~ **feed** «FF»: présentation *nf* de feuille; changement *nm* de page, saut *nm* de page
~ **length**: hauteur *nf* de feuille
~ **letter**: lettre *nf* type
~ **liner**: (concrete) panneau *nm* coffrant
~ **milling**: fraisage *nm* de forme
~ **of tender**: modèle *nm* de soumission
~ **oil**: huile *nf* de démoulage
~ **removal**: décoffrage *nm*
~ **striking**: décoffrage *nm*
~ **stripping**: décoffrage *nm*
~ **throw**: saut *nm* de papier
~ **tractor**: rouleau *nm* d'entraînement du papier
~**-vibrated concrete**: béton *nm* vibré sur coffrage

formaldehyde: formaldéhyde *nm*

format *nn*: «F» format *nm*; formatage *nm*; *vb*: (computer disk) formater, initialiser; (word processing) éditer, mettre en page, mettre en forme

formation: (c.e.) terrain *nm* définitif; (geol) formation *nf*, terrain *nm*, couches *nf*; (paper defect) épair *nm*
~ **flying**: (aero) vol *nm* en formation

formatter: programme *nm* de mise en forme, formateur *nm*

formatting: (of computer disk) initialisation *nf*; (word processing) formatage *nm*, mise *nf* en page, édition *nf*

former: gabarit *nm*, moule *nm*, matrice *nf*; (paper machine) unité *nf* de formation; (rubber) forme *nf* [de trempage]
~ **winding**: enroulement *nm* sur gabarit

forming: façonnage *nm*, moulage *nm*, mise *nf* en forme, profilage *nm*; (m-t) copiage *nm*; (plast) formage *nm*
~ **and bending**: formage *nm* et pliage
~ **die**: (plast) moule *nm* de formage
~ **lathe**: tour *nm* à profiler, tour à façonner

forms: (inf) papier *nm*, formulaires *nm*, imprimés *nm*
~ **file**: fichier *nm* de grilles
~ **flash**: cadre *nm* préimprimé, masque *nm*
~ **pack**: liasse *nf* de papier

formwork: coffrage *nm*

fortnightly: bi-mensuel

forward: en avant; *vb*: expédier; (mail) faire suivre, réexpédier
~**-acting regulator**: régulateur *nm* à action
~**-backward**: aller-retour
~ **backward counter**: compteur *nm* progressif-régressif
~**-biassed**: polarisé en sens direct
~ **cab**: cabine *nf* avancée
~ **channel**: voie *nf* d'aller
~ **current**: courant *nm* direct, courant en l'état passant

~ **eccentric**: excentrique *nm* de marche avant
~ **link**: (tcm) satellite *nm* liaison aller, liaison *nf* aval
~ **motion**: (tape) défilement *nm*
~ **movement**: avance *nf*
~ **planning**: plan *nm* à longue échéance
~ **reaction**: réaction *nf* vers l'avant
~ **resistance**: résistance *nf* directe, résistance dans le sens passant
~ **sort**: tri *nm* croissant
~ **speed**: (vehicle) marche *nf* avant
~ **stroke**: (piston) aller *nm*, course *nf* directe
~ **wave**: onde *nf* directe
~ **welding**: soudage *nm* en avant, soudage à gauche

forwarding, ~ **agent**: entreprise *nf* de groupage, transitaire *nm*

foul: (air) vicié; (filter, pipe) encrassé, engorgé, obstrué
~ **anchor**: ancre *nf* engagée
~ **bottom**: (naut) carène *nf* sale

fouling: encrassement *nm*, engorgement *nm*; (naut) salissure *nf*

found *vb*: fondre, mouler, couler

foundation: fondation[s] *nf*
~ **engineering**: technique *nf* des fondations
~ **slab**: dalle *nf* de fondation, radier *nm*
~ **weave**: armure *nf* fondamentale

founder: fondeur *nm*

founding *nn*: fusion *nf*, coulée *nf*; *adj*: de fusion, de coulée

foundry: fonderie *nf*
~ **furnace**: four *nm* de fonderie
~ **ladle**: poche *nf* de coulée
~ **pit**: fosse *nf* de coulée, fosse de moulage

foundryman: fondeur *nm*

fount → *font*

fountain: (fdry) canal *nm* de coulée, chenal *nm* de coulée
~ **effect**: jaillissement *nm* (coulée en source)

four: quatre
~-**bit byte**: quartet *nm*
~-**channel**: tétraphonique, quadriphonique
~-**colour printing**: quadrichromie *nf*
~-**engine plane**: quadrimoteur *nm*
~-**high stand**: (rolling mill) cage *nf* quarto
~-**phase**: quadriphasé, tétraphasé
~-**pole**: tétrapolaire, quadripolaire
~ **seater**: à quatre places
~-**sided counter**: (in shop) bergerie *nf*
~ **square**: carré
~-**start thread**: filetage *nm* quadruple
~-**stroke engine**: moteur *nm* à quatre temps
~-**way rim wrench**: clé *nf* étoile à quatre branches
~-**way bit**: trépan *nm* à quatre lames
~-**wheel bogie**: double diabolo *nm*
~-**wheel drive** *nn*: transmission *nf* à quatre roues motrices, transmission sur les quatre roues; *adj*: à quatre roues motrices
~-**wire**: à quatre fils

fourdrinier, ~ **machine**: (pap) machine *nf* à table plate
~ **wire part**: table *nf* plate, table de Fourdrinier

fourfold: quadruple

FP → *floating point, freezing point*

fraction: fraction *nf*
~ **defective**: (quality control) proportion *nf* de défectueux

fractional: (distillation, crystallisation) fractionné; (motor) de faible puissance
~ **horse power**: puissance *nf* inférieure à 1 cv

fractionate *vb*: (chem) fractionner

fractionation: fractionnement *nm*

fractionator: colonne *nf* de fractionnement, tour *nf* de fractionnement

fracture *nn*: fracture *nf*, rupture *nf*, cassure *nf*; *vb*: fracturer, rompre, briser, se fracturer, se rompre, se briser

fragmentation: fragmentation *nf*, segmentation *nf*
~ **grenade**: grenade *nf* à fragmentation

frame *nn*: cadre *nm*; (constr) ossature *nf*, charpente *nf*; (of crane) chevalet *nm*; (inf) unité *nf* d'information; (el) NA masse *nf*; (of machine) bâti *nm*; (of motor) carcasse *nf*; (naut) couple *nm*, membre *nm*, membrure *nf*; (tcm) sé-

quence *nf*, trame *nf*, bloc *nm* de transmission; (auto) châssis *nm*; (video, cinema) image *nf*; *vb*: encadrer; borner, délimiter
~ **check sequence** «FCS»: séquence *nf* de contrôle de trame
~ **frequency**: fréquence *nf* d'image, fréquence de trame
~ **grounding**: mise *nf* à la masse
~ **member**: ; (constr) barre *nf* de treillis; (auto) longeron *nm* de châssis
~ **saw**: scie à cadre
~ **side member**: longeron *nm*
~ **timber**: (naut) pièce *nf* de membrure

framework: charpente *nf*, ossature *nf*; (of floor) solivage *nm*, poutraison *nf*; (naut) membrures *nf*; (tcm) verrouillage *nm* de trame; (tv) cadrage *nm*

fray *vb*: (electric wire) se dénuder; (tex) s'effilocher

free *adj*: libre, inoccupé, disponible; gratuit; *vb*: libérer, dégager
~ **air** NA : air *nm* atmosphérique
~ **alongside ship**: franco long du bord
~ **blowing**: (plast) soufflage *nm* sans moule
~ **cutting**: (met) à coupe rapide, de décolletage
~**-cutting steel**: acier *nm* de décolletage
~**-delivery pump**: pompe *nf* à chute libre
~ **fall**: chute *nf* libre
~ **field**: (inf) zone *nf* disponible; *adj*: à champ libre, en champ libre; (inf) à cliché non imposé
~ **flow**: (of fluid) écoulement *nm* libre; (of traffic) fluidité *nf*
~ **flowing**: à écoulement libre; (sand) coulant; (traffic) fluide
~ **format**: à structure non imposée
~ **from**: exempt de
~**-hand drawing**: dessin *nm* à main levée
~ **lift**: hauteur *nf* libre de levage
~ **motion**: jeu *nm* (d'une pièce)
~ **movement**: (of clutch pedal) garde *nf*
~ **of all charges**: tous frais compris
~ **on rail**: franco gare, franco sur rail, franco [sur] wagon
~ **on site**: rendu chantier
~ **on truck**: franco [sur] camion
~ **on wagon**: franco [sur] wagon
~**-piston engine**: moteur *nm* à pistons libres
~ **port**: port *nm* franc
~ **rolling speed**: vitesse *nf* de marche libre
~ **runner**: (rlwy) wagon *nm* bon rouleur
~ **running**: monté fou; en marche à vide
~ **speed**: vitesse *nf* à vide
~**-standing**: autonome, indépendant, séparé
~ **stock**: (pap) pâte *nf* maigre
~ **stream**: écoulement *nm* non perturbé
~ **travel**: (of clutch pedal) garde *nf*
~ **up**: dégager
~ **water**: eau *nf* non combinée; (geol) nappe *nf* libre
~ **wheel**: roue *nf* libre
~**-wheeled vehicle**: véhicule *nm* non guidé
~ **wheeling**: marche *nf* en roue libre

freeboard: (naut) franc-bord *nm*

freeware: logiciel *nm* gratuit

freeze *vb*: geler; (food) congeler; bloquer, figer, s'immobiliser
~ **etching**: cryodécapage *nm*
~ **frame mode** NA : arrêt *nm* sur image

freezer: congélateur *nm*

freezing: congélation *nf*; solidification *nf*; blocage *nm*, figeage *nm*
~ **point** «FP»: point *nm* de congélation
~**-and-thawing test**: essai *nm* de gel et dégel

freight: fret *nm*
~ **elevator**: monte-charge *nm*
~ **train**: train *nm* de marchandises

french, ~ **chalk**: talc *nm*
~ **curve**: pistolet *nm* à dessin
~ **nail**: pointe *nf* de Paris
~ **polish**: vernis *nm* au tampon

freon: fréon *nm*

frequency«F»: fréquence *nf*
~ **band**: bande *nf* de fréquences
~ **changer**: changeur *nm*, convertisseur *nm* de fréquence
~ **departure**: excursion *nf* de fréquence, écart *nm* de fréquence
~ **derived channel**: voie *nf* dérivée en fréquence
~ **diversity receiver**: récepteur *nm* en diversité de fréquence
~ **division multiplexing** «FDM»: multiplexage en fréquence, multiplexage en répartition de fréquence «MRF»
~ **exchange signalling**: modulation *nf* par mutation de fréquence

~ **hopping**: bond *nm* de fréquence, saut de fréquence
~ **meter**: fréquencemètre *nm*
~-**modulated**: à modulation de fréquence, modulé en fréquence
~ **modulation** «FM»: modulation *nf* en fréquence, modulation de fréquence «MF»
~ **offset**: décalage *nm* de fréquence
~ **range**: bande *nf* de fréquences, gamme *nf* de fréquences
~ **run**: essai *nm* de fréquence
~ **shift**: déplacement *nm* de fréquence, glissement *nm* de fréquence
~ **shift keying** «FSK»: modulation par déplacement de fréquence «MDF»
~ **sweep**: balayage *nm* de fréquence
~ **swing**: excursion *nf* de fréquence
~ **translation**: transposition *nf* en fréquence
~ **tuning**: accord en fréquence, accord *nm* des fréquences, syntonisation *nf* des fréquences

fresh, ~ **air**: air *nm* frais, air neuf
~ **sand**: sable *nm* neuf
~ **water**: eau *nf* douce

freshening: (of salt water) dessalure *nf*, dessalement *nm*

fret: endroit *nm* usé, usure *nf*, érosion *nf*, corrosion *nf*
~ **saw**: scie *nf* à découper, scie à chantourner

fretting: usure *nf* de contact
~ **corrosion**: corrosion *nf* par frottement

friable: friable, ébouleux, non cohérent

friction: frottement *nm*, friction *nf*
~ **brake**: frein *nm* à friction
~ **clutch**: embrayage *nm* à friction
~ **damper**: amortisseur *nm* à friction
~ **drag**: résistance *nf* de frottement
~ **feed**: entraînement *nm* à friction
~ **glazed**: (pap) glacé par friction, glacé sur calandre à friction
~ **head**: (pump) perte *nf* de charge par friction, perte de charge par frottement
~ **horse power**: puissance *nf* absorbée par les frottements
~ **loss**: perte *nf* par frottement; (piping) perte dans les conduites
~ **pad**: patin *nm* de frein, plaquette *nf* de frein
~ **pile**: pieu *nm* flottant
~ **point**: point *nm* dur
~ **tape** NA : chatterton *nm*, ruban *nm* isolant
~ **wear**: usure *nf* par frottement
~ **welding**: soudage *nm* par friction

frictional, ~ **loss**: perte *nf* par frottement
~ **resistance**: résistance *nf* de frottement

friendly: (inf) d'utilisation facile

frill: élément *nm* superflu

fringe *nn*: frange *nf*, bord *nm*, bordure *nm*, périphérie *nm*; *adj*: périphérique
~ **water**: eau *nf* de la frange capillaire

frog: (rlwy) cœur *nm* d'aiguille, cœur de croisement

frogman: homme-grenouille *nm*

FROM → *fusible read only memory*

front: devant *nm*; (constr) façade *nf*, devant *nm*; (of flame, wave) front *nm*; (of shop) devanture *nf*
~ **axle**: essieu *nm* avant, train *nm* avant
~ **edge of technology**: avant-garde *nf*
~ **elevation**: (of building) façade *nf*; (on drawing) vue *nf* de face
~ **end processor** «FEP»: processeur *nm* frontal
~ **heavy**: lourd du nez
~ **loading truck**: chariot *nm* frontal
~ **matter**: (graph) feuilles *nf* liminaires
~ **milling**: fraisage *nm* en bout
~ **office application**: appareil *nm* de guichet
~ **page**: première page *nf*
~, **shovel**: pelle *nf* en butte
~ **view**: vue *nf* de face, élévation *nf*
~-**wheel drive** «FWD»: traction *nf* avant
~-**wheel suspension**: suspension *nf* avant

frost: gel *nm*, gelée *nf*
~ **heave**: gonflement *nm* dû au gel, soulèvement dû au gel
~ **line**: cote *nf* de gel
~-**proof**: résistant *nm* au gel, incongelable
~ **resistant**: ingélif

frosted: givré; (glass) dépoli

frosting: (paint, plast) givrage *nm*; (glass) dépolissage *nm*

froth *nn*: écume *nf*, mousse *nf*; *vb*: mousser; bouillonner

frozen: (ground) gelé; (mech) coincé, grippé
~ **layer**: (fdry) croûte *nf* solidifiée

frustrum: (cone, pyramid) tronc *nm*

FSF → *fading safety factor*

FSK → *frequency shift keying*

fuel: combustible *nm*; (auto) carburant *nm*, essence *nf*
~ **bearing section**: (nuc) section *nf* de matière fissile
~ **burn out**: (nuc) brûlage *nm*
~ **cell**: pile *nf* à combustible; (in fuel tank) compartiment *nm*
~ **delivery**: alimentation *nf* en carburant
~ **dump valve**: vide-vite *nm*
~ **gas**: gaz *nm* combustible
~ **gauge**: indicateur *nm* de niveau d'essence, jauge *nf* de carburant
~ **leak-off**: (injector) retour *nm* de fuites
~ **lift pump**: (auto) pompe *nf* d'alimentation
~ **load**: (aero) carburant *nm* embarqué
~ **oil**: fuel *nm*, mazout *nm*, huile *nf* lourde, fuel oil *nm*
~ **pump**: pompe *nf* à combustible, pompe à essence
~ **rod**: (nuc) barre *nf* de combustible
~ **tank**: réservoir *nm* de combustible, réservoir d'essence
~ **yard**: parc *nm* aux combustibles

fuelling <elling>: alimentation *nf* en combustible, approvisionnement *nm* en combustible
~ **vehicle**: avitailleur *nm*

fulcrum: point *nm* d'articulation, point *nm* d'appui (d'un levier)
~ **pin**: axe *nm* d'articulation

full: plein; complet, entier
~ **adder**: additionneur *nm* complet
~ **annealing**: recuit *nm* complet
~ **bending**: pliage *nm* à bloc
~ **body colour**: teinté dans la masse
~ **bore**: (valve) passage *nm* intégral
~ **carrier**: onde *nf* porteuse complète
~ **duplex**: duplex *nm* intégral, duplex bidirectionnel simultané
~**-flow**: à passage intégral, à plein débit, en série
~**-flow filter**: filtre *nm* en série, filtre à passage intégral
~ **indicator reading** «FIR»: (instrument) lecture *nf* totale
~ **lift**: levée *nf* maximale
~ **load**: charge *nf* complète, pleine charge
~**-load current**: intensité *nf* à pleine charge
~**-load operation**: marche *nf* à pleine charge
~**-load running**: marche *nf* à pleine charge, marche à pleine puissance
~**-load test**: essai *nm* à pleine charge
~**-load torque**: couple *nm* en pleine charge
~**-page display**: (inf) écran *nm* pleine page
~ **power**: à toute puissance
~ **rate**: tarif *nm* normal
~ **scale**: échelle *nf* 1/1, grandeur *nf* nature
~**-scale deflection**: (instrument) déviation *nf* maximale
~**-scale reading**: (instrument) valeur *nf* maximale
~**-scale test**: essai *nm* dans les conditions d'utilisation
~ **screen**: (inf) pleine page *nf*
~**-size**: grandeur *nf* nature, vraie grandeur
~**-speed**: à toute vitesse, à plein régime
~ **text**: texte *nm* intégral
~ **throttle**: à plein régime; pleins gaz
~**-time**: à plein temps
~ **title**: grand titre *nm*
~**-wave rectification**: redressement *nm* pleine onde, redressement double alternance
~**-wave rectifier**: redresseur *nm* double alternance
~**-way valve**: vanne *nf* à passage intégral

fuller, ~**'s earth**: terre *nf* à foulon

fully, ~ **punched**: (inf) à confetti entièrement détaché
~ **restrained beam**: poutre *nf* encastrée
~ **tested**: mis au point

fulminating: fulminant
~ **cotton**: fulmicoton *nm*, coton-poudre *nm*

fume: vapeur *nf*, fumées *nf*, gaz *nm*
~ **cupboard**: hotte *nf* de laboratoire

function *nn*: fonction *nf*; *vb*: fonctionner, marche
~ **key**: touche *nf* de fonction

functional: fonctionnel
~ **test**: essai *nm* de fonctionnement

fundamental: de base, élémentaire
~ **harmonic**: harmonique *nf* fondamentale, première harmonique

fungicidal, ~ paint: peinture *nf* anticryptogamique, peinture fongicide

fungicide: fongicide *nm*

funnel: entonnoir *nm*; (naut) cheminée *nf*

furan: furanne *nm*
~ **resin**: résine *nf* furannique

furfural: furfural *nm*

furnace: four *nm*, étuve *nf*; (boiler) chambre *nf* de combustion, foyer *nm*; NA (heating appliance) calorifère *nm*
~ **charging machine**: enfourneuse *nf*

furnish: (pap) composition *nf* de fabrication

furred: (boiler, radiator) entartré, encrassé

furring: (carp) fourrure *nf*; (in pipe) dépôt *nm* calcaire; (in wall) doublage *nm* [isolant]

fuse <uze> *nn*: (el) fusible *nm*; (explosives) fusée *nf*, mèche *nf*, amorce *nf*, détonateur *nm*; *vb*: fondre
~ **block**: porte-fusible *nm*
~ **strip**: lame *nf* fusible
~ **wire**: fil *nm* fusible, fusible *nm*, plomb *nm*

fused: fondu, en fusion
~ **electrolyte**: électrolyte *nm* fondu

fuselage: fuselage *nm*
~ **skin panel**: panneau *nm* du fuselage

fusible: fusible
~ **cone**: cône *nm* pyrométrique
~ **link**: élément *nm* fusible
~ **plug**: bouchon *nm* fusible, plomb *nm* [fusible]

fusion: fusion *nf*
~ **cone**: (test) cône *nm* pyrométrique
~ **welding**: soudage *nm* par fusion

fuze → *fuse*

fuzzy: flou, qui manque de netteté

FWD→ *front wheel drive*

G

GA→ *general arrangement, general assembly*

GaAs, ~ laser: laser *nm* à l'arsénite de gallium

gable: pignon *nm*
~ **frame**: portique *nm* à traverse brisée

gaboon: okoumé *nm*

gadgetry: ensemble *nm* d'accessoires, accessoires *nm*

gage, gaged, gaging NA → *gauge, gauged, gauging*

gain: (of amplifier) gain *nm*, amplification *nf*; (of heat) apport *nm*
~**/bandwidth product**: produit *nm* gain/largeur de bande
~ **measuring set**: kerdomètre *nm*
~ **ripple**: ondulation *nf* du gain, ondulation de gain
~**/temperature** «G/T»: gain/température

gaiter: gaine *nf* (de ressort)

galena: galène *nf*

gallery: galerie *nf*; (lubrification) rampe *nf*

galley: (aero, naut) office *nm*, cuisine *nf*; (graph) galée *nf*
~ **proof**: épreuve *nf* en placard

gallium, ~ arsenide: arséniure *nm* de gallium

galvanic: galvanique

galvanize <ise> *vb*: galvaniser, zinguer

galvanized <ised>, ~ iron «GI»: tôle *nf* galvanisée
~ **iron profile**: petites ondes *nf* (tôle)

galvanizing <ising>: galvanisation *nf*

galvanometer: galvanomètre *nm*

GAM → *ground-to-air missile, guided aircraft missile*

game, ~ software: logiciel *nm* de jeux

gamma, ~ free flux: flux *nm* sans rayons gamma
~ **iron**: fer *nm* gamma
~ **radiation**: rayonnement *nm* gamma
~ **radiography**: gammagraphie *nf*
~ **ray**: rayon *nm* gamma
~ **ray laser** «graser»: laser *nm* [aux rayons] gamma
~ **ray spectrometer**: spectromètre *nm* gamma

gammagraphy: gammagraphie *nf*, gammaradiographie *nf*

gang *nn*: (a crew) équipe *nf*; (equipment) série *nf*; (pipelaying) cirque *nm*; *vb*: monter en série, monter ensemble, grouper; (switch) NA coupler mécaniquement
~ **car** NA : (rlwy) draisine *nf*
~ **control**: commande *nf* unique
~ **drill**: perceuse *nf* à forets multiples
~ **mould**: (concreting) moule *nm* multiple; (plast) moule à plusieurs empreintes
~ **punch**: poinçon *nm* série
~ **punching**: perforation *nf* en série
~ **saw**: scie *nf* multiple, scie à plusieurs lames
~ **tool**: outil *nm* multiple

ganged: à couplage mécanique, jumelé
~ **capacitor**: condensateur *nm* à couplage mécanique
~ **circuit**: circuit *nm* à commande unique
~ **form**: (concreting) batterie *nf* de coffrage
~ **tuning**: accord *nm* à commande unique

gangway: passerelle *nf* de service, couloir *nm* de service; (of bus) couloir; (of ship) passerelle *nf* de coupée
~ **port**: coupée *nf*

gantry: portique *nm*; (rlwy) portique de signaux
~ **crane**: grue *nf* à portique
~ **girder**: poutre *nf* de roulement

~-**type milling machine**: fraiseuse *nf* à portique mobile

gap: écartement *nm*, espace *nm*, intervalle *nm*; (of lathe) rompu *nm*; (of magnet) entrefer *nm*; (in magnetic tape) espace interbloc; (a nip) intervalle, écartement, espace entre cylindres; (of piston) jeu *nm* à la coupe; (of press) col *nm* de cygne; (radio) éclateur *nm*; (of sparking plug) écartement *nm*; (in telephone call) temps *nm* mort, temps de silence; (of valve) espace entre électrodes, espace interélectrode
~ **arrester**: éclateur *nm* à air
~ **bed**: banc *nm* rompu
~ **bed lathe**: tour *nm* à banc rompu
~ **character**: (inf) caractère *nm* de remplissage
~ **effective length**: longueur *nf* équivalente d'entrefer
~-**filling adhesive**: colle *nf* pour joints épais, colle de remplissage
~ **frame**: (m-t) bâti *nm* en col de cygne, col *nm* de cygne
~ **gauge**: calibre *nm* à mâchoires
~ **grading**: granulométrie *nf* discontinue
~ **lathe**: tour *nm* à banc rompu
~ **loss**: perte *nf* d'entrefer
~ **press**: presse *nf* à col de cygne, presse à montants ouverts
~ **travel**: course *nf* de l'entrefer
~ **width**: (of joint) épaisseur *nf* de joint; (of magnetic tape) hauteur *nf* de l'entrefer

garbage NA : ordures; (inf) données *nf* sans signification
~ **collection**: (inf) regroupement *nm* des vides, récupération *nf* d'espace en mémoire, récupération des positions inutilisées; (street cleansing) enlèvement *nm* des ordures, service *nf* de voierie
~ **collector**: (inf) ramasse-miettes *nm*
~ **in garbage out** «GIGO»: mauvaises données *nf* mauvais résultats

garbled: (signal, message) déformé, incohérent, mutilé

garbling: déformation *nf*, détérioration *nf*, mutilation *nf*

garboard: (naut) galbord *nm*

garter, ~ **spring**: ressort *nm* annulaire, ressort cylindrique en anneau

gas: gaz *nm*; NA (auto) (short for gasoline) essence *nf*; → also *fuel, petrol*
~ **blowout**: (petr) éruption *nf* de gaz
~ **booster**: surcompresseur *nm* de gaz
~ **bubble**: (met) soufflure *nf*
~ **bubble storage**: (inf) mémoire *nf* à bulles; (petr) bullage *nm* des gaz, stockage *nm* par bulle souterraine de gaz
~ **burner**: brûleur *nm* à gaz; NA radiateur *nm* à gaz
~ **cap**: (petr) chapeau *nm* de gaz (dans gisement)
~ **cartridge extinguisher**: extincteur *nm* à bouteille de gaz
~ **case hardening**: cémentation *nf* gazeuse
~ **chromatography**: chromatographie *nf* en phase gazeuse
~ **cleaner**: laveur *nm*, barboteur *nm* à gaz, épurateur *nm* de gaz
~ **coal**: charbon *nm* à gaz
~ **concrete**: béton *nm* cellulaire
~ **conduction**: conduction *nf* gazeuse
~-**cooled reactor**: réacteur *nm* à refroidissement au gaz
~ **cushion cable**: câble *nm* sous pression
~ **cutting**: oxycoupage *nm*, découpage *nm* au chalumeau
~ **discharge**: décharge *nf* dans le gaz; (of valve) décharge gazeuse
~ **discharge tube**: tube *nm* à décharge
~ **electric**: gazéo-électrique
~ **electrode**: électrode *nf* à gaz
~ **engine**: moteur *nm* à gaz
~ **equation**: équation *nf* des gaz parfaits
~ **expansion thermometer**: thermomètre *nm* à dilatation de gaz
~ **field**: champ *nm* de gaz naturel
~-**filled cable**: câble *nm* sous pression
~-**filled lamp**: lampe *nf* à atmosphère gazeuse
~-**filled tube** NA : tube *nm* à gaz
~-**filled valve**: tube *nm* à gaz
~-**fired**: chauffé au gaz, marchant au gaz
~ **flare**: (petr) torche *nf*
~ **flow laser**: laser *nm* à circulation de gaz
~ **focussing**: (crt) concentration *nf* [du faisceau] par gaz
~ **freeing**: dégazage *nm*
~ **generation**: gazéification *nf*
~ **generator**: gazogène *nm*
~-**graphite reactor**: réacteur *nm* à gaz-graphite
~ **injection** «GI»: injection *nf* de gaz
~ **laser**: laser *nm* à gaz
~ **lever**: manette *nf* des gaz
~ **line**: conduite *nf* de gaz
~-**liquid chromatography**: chromatographie *nf* gaz-liquide
~ **liquor**: (chem) eau *nf* ammoniacale

~ **mantle**: manchon *nm* à incandescence
~ **maser**: maser *nm* à ammoniac
~ **mileage** NA : consommation *nf* d'essence
~ **nitriding**: nitruration *nf* [en phase] gazeuse
~-**oil**: gasoil *nm*, gazole *nm*
~ **pedal** NA : accélérateur *nm*
~ **permeability**: perméabilité *nf* aux gaz
~ **pipeline**: gazoduc *nm*
~ **plant**: usine *nf* à gaz
~ **pocket**: (geol) poche *nf* de gaz; (met) soufflure *nf*
~ **pore**: soufflure *nf*
~ **pressure circuit-breaker**: disjoncteur *nm* à gaz sous pression
~ **producer**: gazogène *nm*
~ **purger**: dégazeur *nm*, purgeur *nm* de gaz, épurateur *nm* de gaz
~ **purifier**: épurateur *nm* de gaz, laveur *nm* de gaz
~ **ratio**: (of valve) facteur *nm* de vide
~ **relay**: (of valve) relais *nm* à gaz ionisé
~ **rock**: roche *nf* gazéifère
~ **scrubber**: laveur *nm* de gaz, barboteur *nm* à gaz
~ **scrubbing**: barbotage *nm*, épuration *nf* de gaz
~ **seal**: joint *nm* étanche aux gaz
~ **seep**: (geol) sortie *nf* de gaz, dégagement *nm* gazeux
~-**shielded welding**: soudage *nm* sous atmosphère gazeuse
~ **station** NA : poste *nm* d'essence, station-service *nf*
~ **tank** NA : (auto) réservoir *nm* d'essence
~ **thread**: filet *nm* au pas du gaz, pas *nm* du gaz
~ **torch**: chalumeau *nm* oxyacétylénique
~ **tube** NA : tube *nm* à gaz, tube à décharge
~ **tube protector**: éclateur *nm* à gaz
~ **turbine**: turbine *nf* à gaz
~ **turbine driven railcar** NA : rame *nf* turbine à gaz «RTG»
~ **utility** NA : usine *nf* à gaz
~ **valve**: tube *nm* à gaz
~ **vapour lock**: bouchon *nm* de vapeur
~ **welding**: soudage *nm* au chalumeau, soudage au gaz

gaseous: gazeux
~ **discharge**: (of valve) décharge *nf* gazeuse
~ **fuel**: combustible *nm* gazeux
~ **hydrocarbon**: hydrocarbure *nm* gazeux

gasholder: cloche *nf* à gaz, gazomètre *nm*

gasification: gazéification *nf*

gasified: gazéifié

gasistor: gazistance *nf*

gasket: joint *nm* [plat]

gasolene NA «gas»: essence *nf*; → also *gas, fuel, petrol*
~ **engine**: moteur *nm* à essence
~ **plant**: installation *nf* de dégazolinage; installation *nf* de désessenciement
~ **pump**: distributeur *nm* d'essence

gassed: (tex) gazé, flambé

gasser: puits *nm* produisant du gaz

gassing: dégagement *nm* gazeux; (in accumulator) bouillonnement *nm*, dégagement *nm* de gaz; (tex) flambage *nm*, gazage *nm*

gassy, ~ **tube**: (eon) tube *nm* imparfaitement vidé

gastight: hermétique, étanche au gaz

gasworks: usine *nf* à gaz

gate *nn*: (constr) barrière *nf*, grille *nf*; (eon) porte *nf*, grille, gâchette *nf*; (fdry) chenal *nm* de coulée, attaque *nf* de coulée; (injection and transfer moulding) entrée *nf*; (of lock, barrage) vanne *nf*; (auto) grille (de changement de vitesse); *vb*: (eon) déclencher
~ **control**: commande *nf* par gâchette
~ **cutter**: (plast) coupe-carotte *nm*
~ **mark**: (plast) trace *nf* de la carotte
~ **quadrant**: secteur *nm* de changement de vitesse
~ **system**: système *nm* d'alimentation (du moule)
~ **trigger current**: courant *nm* d'amorçage par la gâchette
~ **valve**: vanne *nf*, robinet-vanne *nm*

gated, ~ **amplifier**: amplificateur *nm* à déclenchement périodique
~ **pattern**: (fdry) modèle *nm* comportant un système d'alimentation

gateway: (to harbour) pertuis *nm*; (inf) connecteur *nm* de réseau; (tcm) centre *nm* de transit international

gathering: groupage *nm*, collecte *nf*, regroupement *nm*
~ **conveyor**: convoyeur *nm* principal

gating: (fdry) masselottage *nm*; (inf) déclenchement *nm*

gauge <gage> *nn*: (an instrument) cale *nf*, calibre *nm*, jauge *nf*, pige *nf*; (pressure gauge) manomètre *nm*; (of railway track) écartement *nm*; (of sheet material) épaisseur *nf*; *vb*: étalonner, calibrer, jauger, mesurer; (mortar) doser
~ **cock**: robinet *nm* de jauge, robinet de niveau
~ **for internal thread**: tampon *nm* fileté
~ **glass**: niveau *nm* visible
~ **length**: (measurement of elasticity) longueur *nf* initiale entre repères, longueur de mesure
~ **mark**: (on specimen) marque *nf* de référence, trait *nm* de repère
~ **pressure**: pression *nf* manométrique
~ **widening**: (rlwy) surécartement *nm* des voies

gauged <aged>, ~ **mortar**: enduit *nm* dosé
~ **orifice**: orifice *nm* calibré

gauging <aging>: jaugeage *nm*, calibrage *nm*, étalonnage *nm*, mesurage *nm*, contrôle *nm*; (of mortar) dosage *nm*
~ **roll**: (plast) cylindre *nm* de calibrage

gaussian, ~ **curve**: courbe *nf* en cloche, courbe de Gauss, courbe de distribution normale
~ **noise**: bruit *nm* blanc

gauze: toile *nf* métallique; (tex) gaze *nf*

G-cramp: serre-joint *nm*, presse *nf* à vis, presse à coller

GCA → *ground controlled approach*

GCV → *gross calorific value*

GDC → *graphic display controller*

gear: matériel *nm*, mécanisme *nm*; (auto) vitesse *nf*; (el) appareillage *nm*; (mech) engrenage *nm*; (naut) apparaux *nm*
~ **case**: boîte *nf* d'engrenages
~ **chain**: train *nm* d'engrenages
~ **change lever**: levier *nm* de changement de vitesse
~ **change selector**: fourchette *nf* de commande de changement de vitesse
~ **control**: commande *nf* des vitesses
~ **coupling**: accouplement *nm* par engrenages
~ **cover**: carter *nm* d'engrenages
~ **cutter**: fraise *nf* à tailler les engrenages
~ **down**: démultiplier
~ **down and locked**: (aero) train *nm* verrouillé sorti
~ **drive**: commande *nf* par engrenages
~ **guard**: capot *nm* de protection, protection *nf*
~ **hob**: fraise-mère *nf*, fraise *nf* à développante
~ **hobbing machine**: machine *nf* à fraiser les engrenages par développante
~ **motor**: moto-réducteur *nm*
~ **oil**: huile *nf* pour engrenages
~ **pair**: engrenage *nm*
~ **pump**: pompe *nf* à engrenages
~ **ratio**: rapport *nm* de multiplication, rapport de démultiplication; (auto) rapport *nm* des vitesses
~ **reduction**: démultiplication *nf*
~ **rim**: couronne *nf*
~ **shaft**: arbre *nm* intermédiaire, arbre de transmission
~ **shaver**: machine *nf* à tailler les engrenages
~ **shift** NA : (auto) changement *nm* de vitesse
~ **shift lever**: levier *nm* de changement de vitesse, levier des vitesses
~ **stick**: (auto) levier *nm* de changement de vitesse, levier des vitesses
~ **train**: chaîne *nf* cinématique, train *nm* d'engrenages
~ **up**: multiplier
~ **up and locked**: (aero) train *nm* verrouillé rentré
~ **well**: (aero) compartiment *nm* de train d'atterrissage, logement *nm* de train d'atterrissage
~ **wheel**: roue *nf* [d'engrenage], roue dentée

gearbox: boîte *nf* de vitesses

geared, ~ **down**: démultiplié
~ **down engine**: moteur *nm* à réduction, moteur démultiplié
~ **motor**: ensemble *nm* motoréducteur, moteur-réducteur *nm*
~ **propeller**: hélice *nf* démultipliée

gearing: ensemble *nm* des engrenages, engrenages *nm*; commande *nf* par engrenages
~ **up**: amplification *nf* par engrenage

gearless: à couplage *nm* direct
~ **motor**: moteur *nm* directement accouplé, moteur sans engrenage

gel: gel *nm*
~ **coat**: enduit *nm* gélifié, gel coat *nm*

gelatine: gelatine *nf*

gelignite: gélignite *nf*

gellant: gélifiant *nm*

gelled, ~ **electrolyte**: électrolyte *nm* gélifié

gelling, ~ **agent**: gélifiant *nm*

gelling: gélification *nf*

GEM → *ground effect machine*

gen → *generate, generation*

general: général; (equipment) polyvalent, universel
~ **arrangement drawing** «GA»: plan *nm* d'implantation, plan-guide *nm*
~ **cargo**: marchandises *nf* diverses, divers *nm*
~ **consumer goods**: articles *nm* grand public *nm*
~ **ledger**: comptabilité *nf* générale
~ **program**: programme *nm* général, programme banalisé
~ **purpose** «GP»: polyvalent, universel
~ **purpose interface bus** «GPIB»: bus GPIB
~ **register**: registre *nm* banalisé
~ **store**: mémoire *nf* banale
~ **view**: vue *nf* d'ensemble

generate *vb*: engendrer; (inf) générer, créer; (el) produire, générer; (a message) émettre

generated, ~ **address**: adresse *nf* calculée
~ **pitch circle** NA : cercle *nm* primitif de référence

generating: générateur
~ **cut**: taillage *nm* par génération
~ **gear**: roue *nf* génératrice
~ **plant**: (el) usine *nf* électrique, centrale *nf* électrique
~ **set**: groupe *nm* électrogène

generation: génération *nf*, création *nf*, production *nf*, émission *nf*

generator: (of frequency, tone) générateur *nm*; (of gas) gazogène *nm*; (el) génératrice *nf*; NA dynamo *nf*
~ **gas**: gaz *nm* de gazogène, gaz de gazéificateur
~ **set**: groupe *nm* électrogène, groupe générateur
~ **yoke** NA : bâti *nm* de dynamo, carcasse *nf* de dynamo

generic: générique

generous, ~ **coat**: couche *nf* bien nourrie

Geneva, ~ **movement**: croix *nf* de Malte
~ **wheel mechanism**: croix *nf* de Malte

gentex: gentex *nm*

genuine: authentique; (part) d'origine
~ **spare part**: pièce *nf* de rechange d'origine

geocentric: géocentrique

geodetic: géodésique

geometric[al], ~ **mean**: moyenne *nf* géométrique

geophone: géophone *nm*

geophysical, ~ **surveying**: recherche *nf* géophysique, prospection *nf* géophysique

geophysicist: géophysicien *nm*

geophysics: géophysique *nf*

geostationary: géostationnaire
~ **communication satellite**: satellite *nm* géostationnaire de [télé]communications

geothermal: géothermique

germ: microbe *nm*
~ **warfare**: guerre *nf* bactériologique

German, ~ **silver**: maillechort *nm*

germanium: germanium *nm*
~ **diode**: diode *nf* au germanium
~ **rectifier**: redresseur *nm* au germanium
~ **wafer**: gaufrette *nf* de germanium, plaque *nf* de germanium

get *nn*: (inf) lecture *nf*, opération *nf* de lecture, instruction *nf* de lecture; *vb*: (coal mining) abattre; (inf) lire, faire une lecture

getter: getter *nm*, dégazeur *nm*

GG → *glazing glass*

ghost: écho *nm*, effet *nm* d'écho; (crt) image *nf* fantôme, image dédoublée

ghosting: dédoublement *nm* de l'image; (graph) épaississement *nm* de la frappe

GHV → *gross heating value*

GI → *galvanised iron, gas injection*

gib: coin *nm*, lardon *nm* [de guidage], contre-clavette *nf*
~ **and cotter**: clavette *nf* et contre-clavette
~ **and key**: clavette *nf* et contre-clavette

gibbous: convexe, gibbeux

giga: milliard *nm*, giga
~**-year**: gigannée *nf*

gigabyte: gigaoctet *nm*

gigawatt-hour «GWh»: gigawattheure *nm*

GIGO → *garbage in garbage out*

gilding: dorure *nf*
~ **press**: presse *nf* à dorer

gill: ailette *nf*; (auto) volet *nm* (de capot)
~ **cooling**: refroidissement *nm* à ailettes

gilled: (pipe, radiator, tube) à ailettes

gilt *nn*: dorure *nf*; *adj*: doré
~ **edge**: (graph) tranche *nf* dorée
~**-edged**: doré sur tranche

gimbal *vb*: suspendre à la cardan; **gimbals**: suspension *nf* à la cardan, balancier *nm* (de compas)
~ **mounted**: suspendu à la cardan
~ **mounting**: suspension *nf* à cardan
~ **pivot**: axe *nm* de cardan

gimballed: à cardan, à suspension par cardan

gimlet: vrille *nf*

gin: (mechanical handling) chèvre *nf*; (tex) égreneuse *nf* de coton
~ **block**: palan *nm* de chèvre; (naut) chape *nf* de mât de charge
~ **pole**: chèvre *nf*, derrick *nm* à haubans; (naut) mât *nm* de charge, mât de levage

ginning: égrenage *nm* du coton

girder «G»: poutre *nf*
~ **bridge**: pont *nm* à poutres
~**-built underframe**: châssis-poutre *nm*
~ **cleat**: attache *nf* de poutre

girt NA : circonférence *nf*, contour *nm*, pourtour; (constr) lisse *nf* (d'ossature de façade légère)
~ **joint**: joint *nm* circulaire

gland: presse-étoupe *nm*, chapeau *nm* de presse-étoupe, fouloir *nm* de presse-garniture; (through partition) joint *nm* [d'étanchéité], traversée *nf* [de cloison]
~ **nut**: écrou *nm* de presse-étoupe
~ **packing**: garniture *nf* de presse-étoupe, garniture d'étanchéité

glare: éblouissement *nm*, lueur *nf*, miroitement *nm*, reflet *nm*, éclat *nm*, brillant *nm*
~ **free**: antireflets
~ **shield**: écran *nm* antiéblouissement

glass: verre *nm*
~ **bead**: bille *nf* en verre, perle *nf* en verre
~ **blower's pipe**: canne *nf* de souffleur
~ **blowing**: soufflage *nm* du verre
~ **building**: immeuble-miroir *nm*
~ **concrete**: béton *nm* translucide
~ **cutter**: pointe *nf* de diamant, diamant *nm* de vitrier, coupe-verre *nm*
~ **cylinder**: éprouvette *nf* à pied
~ **fibre**: fibre *nf* de verre
~ **fibre laminate**: stratifié-verre *nm*
~ **fibre laser**: laser *nm* à fibre de verre
~ **fibre mat**: mat *nm* en fibre de verre
~ **hard**: trempé extra-dur
~ **reinforced plastic** «GRP»: plastique *nm* armé de verre
~ **rod**: (laboratory equipment) agitateur *nm* en verre
~ **roof**: verrière *nf*
~ **silk**: silionne *nf*
~ **staple fibre**: verranne *nf*
~ **stop**: (glazing) pareclose *nf*

~ **stopper**: (laboratory equipment) bouchon *nm* de verre
~-**stoppered bottle**: flacon *nm* bouché à l'émeri
~ **tape**: ruban *nm* en fibre de verre
~ **transition**: transition *nf* vitreuse
~ **wool**: laine *nf* de verre

glassine, ~ **paper**: papier *nm* cristal

glassivation: (s.c.) glassivation *nf*

glassy: vitreux

glaze *nn*: (ceramics) glaçure *nf*; *vb*: glacer, satiner, vernisser; (abrasive) se glacer; (windows) poser les vitres, vitrer

glazed: (ceramics) vitrifié, émaillé, vernissé
~ **earthenware**: faïence *nf*
~ **paper**: papier *nm* glacé
~ **ware**: grès *nm* vernissé
~ **wire**: fil *nm* émaillé

glazier: vitrier *nm*

glazing: glaçage *nm*; vitrage *nm*
~ **bar**: petit bois *nm*, petit fer *nm*
~ **bead**: parclose *nf*
~ **calender**: (pap) calandre *nf* à satiner, satineuse *nf*
~ **glass**: verre *nm* à vitres, verre à vitrer
~ **sprig**: clou *nm* de vitrier

glide *vb*: glisser; (aero) faire du vol plané
~ **landing**: atterrissage *nm* moteur réduit
~ **path**: descente *nf*, trajectoire *nf* de descente, trajectoire *nf* d'atterrissage

gliding, ~ **flight**: vol *nm* plané, vol en descente
~ **scale**: échelle *nf* mobile, tarif *nm* variable

glitch: (inf) incident *nm*, défaut *nm*; (tcm) diaphonie *nf*, signal *nm* déformé, parasite *nm*

global: commun, général, global; mondial
~ **change**: correction *nf* globale
~ **coverage**: couverture *nf* mondiale
~ **data**: données *nf* communes
~ **search and replace**: substitution *nf* sur l'ensemble
~ **solar radiation** «GSR»: rayonnement *nm* solaire global

globe: globe *nm*; (earth) planète *nf*
~ **insulator**: isolateur *nm* à boule
~ **joint** NA : joint *nm* sphérique, joint à rotule
~ **valve**: robinet *nm* à soupape, soupape *nf* à boulet; NA clapet *nm* à bille

gloss: éclat *nm*; (of paint) brillant *nm*, lustre *nm*

glossy: brillant; (graph) glacé
~ **print**: (phot) épreuve *nf* glacée

glow *nn*: lueur *nf*, luminescence *nf*; *vb*: briller; (warning light) être allumé, s'allumer
~ **discharge**: décharge *nf* luminescente, effluve *nf*
~ **distance**: distance *nf* d'effluves
~ **lamp**: lampe *nf* à incandescence
~ **plug**: (auto) bougie *nf* incandescente, bougie de réchauffage, bougie de préchauffage

glowing: incandescent

glue: colle *nf*
~ **line**: plan *nm* de collage
~ **penetration**: (in plywood) transpercement *nm* de colle
~ **press**: serre-joint *nm* à coller

glued-laminated «glulam»: lamellé-collé
glulam → *glued-laminated*

GMT → *Greenwich mean time*

GND → *ground*

go, ~ **ahead**: feu *nm* vert
~ **about**: (boat) virer de bord vent devant
~ **ashore**: descendre à terre
~ **down**: descendre, baisser; (break down) tomber en panne; (naut) couler, sombrer
~ **channel**: voie *nf* d'aller
~ **devil**: (in sewer) racleur *nm*
~ **gauge**: calibre *nm* "entre"
~ **haywire**: se dérégler
~ **into a loop**: tourner sur une boucle
~ **limit**: limite *nf* "entre"
~-**no-go gauge**: calibre *nm* "entre n'entre pas"
~-**no-go operation**: méthode *nf* oui ou non, méthode tout ou rien
~ **off**: sauter, exploser; s'arrêter
~ **off the air**: (broadcasting) cesser les émissions
~ **out of true**: se gondoler, se voiler

goggles: lunettes *nf* de protection

going: (of stairs, between risers) giron *nm*; (of flight of stairs) étendue *nf*

gold: or *nm*
~**-film glass**: verre *nm* à pellicule d'or
~ **leaf**: or *nm* en feuille
~ **paint**: peinture *nf* à pigment d'or
~ **plate**: dorure *nf*

gold-plated: plaqué or, doublé or

gondola: gondole *nf*
~ **car** NA : wagon *nm* plat, wagon tombereau

good, ~ **for printing**: bon à tirer; → also *goods*
~ **practice**: règles *nf* de l'art
~ **workmanship**: exécution *nf* soignée, qualité *nf* de la fabrication

goods: marchandises *nf*
~ **lift**: monte-charge *nm*

gooseneck: col *nm* de cygne; (in piping) NA coude *nm* double

gopher, ~ **tape armour**: armure *nf* antirongeurs

gore: (constr) pan *nm* de dôme; (of parachute) fuseau *nm*

governing, ~ **error**: erreur *nf* déterminante, erreur principale

government, ~ **contract**: marché *nm* public

governor: régulateur *nm* [centrifuge]
~ **control**: commande *nf* par régulateur
~ **drive**: commande *nf* du régulateur
~ **weight**: masselotte *nf*

GP → *general purpose*

GPIB → *general purpose interface bus*

GPU → *ground power unit*

grab *nn*: grappin *nm*; benne *nf* preneuse; *vb*: (mech) brouter
~ **bucket**: benne *nf* preneuse
~ **crane**: grue *nf* à benne preneuse
~ **dredge**: drague *nf* à mâchoires, drague à grappin
~ **iron**: (petr) accrocheur *nm*
~ **line**: (naut) faux-bras *nm* (d'accostage); (of lifeboat) filière *nf* de salut
~ **set**: (of concrete) prise *nf* accélérée, prise instantanée

grabbing, ~ **clutch**: embrayage brutal
~ **of brakes**: broutement *nm* des freins

graceful, ~ **degradation**: (inf) dégradation *nf* progressive, fermeture *nf* progressive
~ **shutdown**: arrêt *nm* progressif (sans perte de données)

grade: qualité *nf*, classe *nf*, type *nm*; (c.e.) niveau *nm*; (of coal) calibre *nm*; (of ore) teneur *nf*; (of steel) nuance *nf*; *vb*: classer, trier; (c.e.) régulariser la pente
~ **crossing** NA : passage *nm* à niveau
~ **line**: pente *nf*, cote *nf* de contour du sol, ligne *nf* de niveau
~ **separation**: (rlwy) croisement *nm* étagé, croisement de voies superposées

graded: trié; (coal, coke) calibré
~ **filter**: filtre *nm* à granulométrie continue
~ **index**: (of optic fibre) gradient *nm* d'indice
~ **profile**: (c.e.) profil *nm* régularisé

grader: classeur *nm*, trieur *nm*; (c.e.) grader *nm*, niveleuse *nf*

gradient: (of voltage, pressure) gradient *nm*; (a slope) pente *nf*, inclinaison *nf*

grading: triage *nm* (par qualité ou dimension), classement *nm*; composition *nf* granulométrique; (sizing) calibrage *nm*, dosage *nm* granulométrique; (c.e.) nivellement *nm*, terrassement *nm*, arasement *nm* du sol
~ **analysis**: analyse *nf* granulométrique
~ **curve**: courbe *nf* granulométrique
~ **envelope**: fuseau *nm* granulométrique
~ **plant**: installation *nf* de triage
~ **screen**: crible *nm* classeur

graduated: gradué
~ **dial**: cadran *nm* gradué
~ **filter**: filtre *nm* dégradé
~ **scale**: échelle *nf* graduée
~ **screw**: vis *nf* graduée, vis micrométrique
~ **vessel**: recipient *nm* gradué

graduating: continu, progressif
~ **controller**: régulateur *nm* continu, régulateur à action continue
~ **spring**: ressort *nm* progressif

graduation: graduation *nf*

graft: greffe *nf*
~ **copolymer**: copolymère *nm* greffé
~ **copolymerisation**: copolymérisation *nf* avec greffage

grain *nn*: grain *nm*; (crop) grains, céréales *nf*; (of wood) grain, veines *nf*; *vb*: (painting) veiner façon bois
~ **boundary**: interface *nf*
~ **boundary cracking**: fissure *nf* intergranulaire
~ **carrier**: céréalier *nm*
~ **direction**: (pap) sens *nm* machine
~**-oriented**: à grains *nm* orientés
~ **refinement**: affinage *nm* du grain
~ **size**: dimension *nf* du grain, grosseur *nf* du grain, granularité *nf*
~ **size distribution**: granulométrie *nf*
~**-to-grain stress**: contrainte *nf* intergranulaire

grained: (paper) chagriné, grainé

graining: (imitation of wood or of marble) veinage *nm*, marbrage *nm*; (pap) grainage *nm*

gram-equivalent: gramme-équivalent *nm*

grand, ~ **total**: total *nm* général

grandfather: (inf) de première génération

granular, ~ **fracture**: cassure *nf* grenue
~ **material**: matière *nf* pulvérulente
~ **microphone**: microphone *nm* à grenaille
~ **follower**: lecteur *nm* de courbes

graph: graphique *nm*, graphe *nm*
~ **paper**: papier *nm* millimétrique, papier quadrillé
~ **plotter**: traceur *nm* de courbes

graphic: graphique
~ **data**: information *nf* graphique
~ **data processing**: infographie *nf*
~ **display**: visualisation *nf* graphique, écran *nm* graphique
~ **display controller** «GDC»: contrôleur *nm* graphique

graphics: graphisme *nm*
~ **tablet**: table *nf* traçante

graphite: graphite *nm*
~ **electrode**: électrode *nf* de graphite
~ **grease**: graisse *nf* graphitée
~ **pebbles**: billes *nf* de graphite
~ **rod**: baguette *nf* de graphite

graser → *gamma ray laser*

grass: (crt) herbe *nf*, signaux *nm* parasites

grate: grille *nf*
~ **bar**: barreau *nm* de grille

graticule: graticule *nm*; réseau *nm* quadrillé; (of optical instrument) réticule *nm*

grating: grille *nf*, caillebotis *nm*; réseau *nm* optique
~ **constant**: constante *nf* de réseau, distance *nf* entre lignes
~ **converter**: (wave guide) transformateur *nm*
~ **ghost**: raie *nf* fantôme due au réseau

gravel: gravier *nm*

gravelly: graveleux

graveyard: (nuc) cimetière *nm* radioactif

gravimetric, ~ **analysis**: analyse *nf* gravimétrique

graving: (naut) radoub *nm*
~ **dock**: forme *nf* de radoub, cale *nf* sèche

gravitation: gravitation *nf*

gravitational: de gravitation, gravitationnel
~ **field**: champ *nm* de gravité, champ de pesanteur
~ **flow**: écoulement *nm* libre, écoulement par gravité

gravity: gravité *nf*, pesanteur *nf*
~ **acceleration**: accélération *nf* due à la pesanteur
~ **circulation**: circulation *nf* par gravité
~ **dam**: barrage-poids *nm*
~ **die**: coquille *nf*
~ **die casting**: coulée *nf* en coquille, pièce *nf* coulée en coquille
~ **feed tank**: réservoir *nm* en charge
~ **field**: champ *nm* de la pesanteur
~ **flow**: écoulement *nm* par gravité, écoulement gravitaire
~ **gradient**: gradient *nm* de pesanteur
~ **head**: charge *nf* statique
~ **line**: conduite *nf* à écoulement naturel
~ **method**: méthode *nf* gravimétrique
~ **oiling**: graissage *nm* par gravité
~ **survey**: levé *nm* gravimétrique

~ **tank**: réservoir *nm* en charge
~ **water supply**: adduction *nf* gravitaire

gravure: héliogravure *nf*
~ **paper**: papier *nm* hélio
~ **printing**: impression *nf* en héliogravure
~ **screen**: trame *nf* hélio

gray → *grey*

grazing: (angle, incidence) rasant

grease: graisse *nf*
~ **channels**: pattes *nf* d'araignée
~ **cock**: robinet *nm* à graisse, robinet *nm* graisseur
~ **cup**: godet *nm* graisseur, graisseur *nm*
~-**filled cable**: câble *nm* rempli
~ **gun**: pistolet *nm* graisseur, graisseur *nm* à pression
~ **interceptor**: séparateur *nm* de graisse
~ **nipple**: raccord *nm* de graissage, raccord-graisseur *nm*
~ **pump**: pompe *nf* de graissage, pompe à graisse
~ **rack**: rampe *nf* de graissage
~ **ring**: (of piston) segment *nm* racleur
~ **separator**: décanteur *nm* de graisse (eaux usées)
~ **trap**: séparateur *nm* de graisse

greaseproof, ~ **paper**: papier *nm* sulfurisé, papier similisulfurisé

greaser: (mech) boîte *nf* à graisse, godet *nm* graisseur; (a person) graisseur *nm*

greasetight: étanche à la graisse

greasing *nn*: graissage *nm*; *adj*: graisseur, de graissage
~ **felt**: feutre *nm* de graissage
~ **pad**: feutre *nm* graisseur

great: grand
~ **circle**: grand *nm* cercle
~ **circle distance**: longueur *nf* de l'arc de grand cercle
~ **circle sailing**: navigation *nf* orthodromique

greater, ~ **than**: plus grand que, supérieur à

greatest, ~ **common divisor**: plus grand diviseur commun

green, ~ **adder**: (crt) circuit *nm* mélangeur pour le vert
~ **belt**: zone *nf* verte
~ **bond**: (fdry) corps *nm* à vert
~ **brick**: brique *nf* crue
~ **clay**: argile *nf* maigre
~ **coal**: charbon *nm* maigre
~ **concrete**: béton *nm* jeune
~ **energy**: énergie *nf* verte
~ **gun**: canon *nm* du vert
~ **laser**: laser *nm* émettant dans le vert
~ **light laser**: laser *nm* émettant dans le vert
~ **paper**: papier *nm* jeune, papier frais
~ **sand casting**: coulée *nf* à vert
~ **sand mould**: moule *nm* à vert, moule en sable vert
~ **strength**: (fdry) corps *nm* à vert; (powder metallurgy) résistance *nf* en vert, résistance à cru
~ **wood**: bois *nm* vert

greenhouse: serre *nf*
~ **effect**: effet *nm* de serre
~ **glass**: verre *nm* jardinier

Greenwich, ~ **mean time** «GMT»: temps *nm* moyen de Greenwich

grenade: grenade *nf*
~ **launcher**: lance-grenade *nm*

grey: gris; (cotton) écru
~ **cloth weaver**: tisseur *nm* en écru
~ **fade**: (cinema) fondu *nm* au gris
~ **scale**: échelle *nf* de gris, gamme *nf* de gris

grid *nn*: quadrillage *nm*, trame *nf*; (of distribution network) réseau *nm*; (eon) grille *nf*; *vb*: quadriller
~-**anode characteristic**: caractéristique *nf* grille-plaque
~ **base**: (of valve) polarisation *nf* de coupure
~ **bias**: polarisation *nf* de grille
~ **bias modulation**: modulation *nf* par variation de polarisation de grille
~-**blocking condenser**: condensateur *nm* de grille
~ **capacitor**: condensateur de grille
~ **control**: commande *nf* de grille, commande par grille
~ **current**: courant *nm* de grille, courant grille
~ **current modulation**: modulation *nf* par le courant de grille
~ **drawing**: (map) quadrillage *nm*, trame *nf*
~ **emission**: émission *nf* de la grille
~ **input power**: puissance *nf* d'attaque de grille

~ **ionisation chamber**: chambre *nf* d'ionisation à grille
~ **keying**: manipulation *nf* dans la grille
~ **mesh**: maille *nf* de la grille, maillage *nm*
~ **modulation**: modulation *nf* par la grille
~ **network**: réseau *nm* maillé
~ **pattern**: (tv) mire *nf* quadrillée
~ **penetration factor**: transparence *nf* de grille
~ **pitch**: (eon) pas *nm* de grille; (opt) pas *nm* du réseau
~-**plate capacitance**: capacité *nf* grille/anode
~ **potential**: potentiel *nm* de grille, tension *nf* [de] grille
~ **resistance**: résistance *nf* à la grille
~ **resistor**: résistance *nf* de fuite de grille
~ **shielding can**: (eon) blindage *nm* de grille
~ **swing**: amplitude *nf* de tension de grille
~ **system**: réseau *nm* maillé; (el) réseau de transport
~ **voltage**: tension *nf* de grille. tension de plaque
~ **voltage modulation**: modulation par variation de la tension de grille

gridiron: gril *nm* (de cale sèche), banc *nm* de carénage

grillage: (constr) grillage *nm* (de fondations)

grille: cache *nm*, enjoliveur *nm*; (of door, counter) grille *nf*; (of car radiator) calandre *nf*

grind *vb*: broyer; meuler; rectifier; (glass) dépolir, égriser; (pap) défibrer; (sharpen) affûter; (tex) aiguiser (cardes); (valves) roder
~ **taper**: rectifier conique
~ **wet**: meuler à l'eau

grinder: lapidaire *nm*, meule *nf*; (m-t) rectifieuse *nf*; (a mill) broyeur *nm*; (tex) aiguiseur *nm*, aiguiseuse *nf* (de cardes); (for valves) rodoir *nm*

grinding: meulage *nm*, rectification *nf*; (sharpening) affûtage *nm*; (pap) défibrage *nm* (pâte mécanique); (tex) aiguisage *nm* (des cardes); (of valves) rodage *nm*
~ **allowance**: surépaisseur *nf* de rectification
~ **compound**: pâte *nf* à roder
~ **head**: tête *nf* porte-meule
~ **mark**: strie *nf* de meulage
~ **mill**: broyeur *nm*
~ **powder**: poudre *nf* à roder, poudre abrasive
~ **roll**: (tex) tambour *nm* d'aiguisage
~ **spindle**: arbre *nm* porte-meule
~ **stone**: pierre *nf* à aiguiser
~ **tool**: outil *nm* à roder, rodoir *nm*
~ **wheel**: meule *nf*
~ **wheel hub**: moyeu *nm* porte-meule

grindstone: meule *nf* à aiguiser, meule à affûter

grip *nn*: serrage *nm*; (of vice) mâchoire *nf*, mors *nm*, mordache *nf*; (of tyre) adhérence *nf*; *vb*: saisir, prendre; monter, serrer, bloquer
~ **length**: (of bolt) longueur *nf* de serrage; (of reinforced concrete) longueur d'adhérence d'armature
~ **nut**: contre-écrou *nm*

gripgear: (of lift) parachute *nm*

gripper: pince *nf*; (graph) preneur *nm* de feuilles, griffe *nf*
~ **allowance**: (graph) blanc *nm* de prise, blanc de pinces
~ **margin**: blanc *nm* de prise, blanc de pinces

gripping: serrement *nm*, serrage *nm*; (rob) préhension *nf*
~ **frame**: (on container) cadre *nm* de préhension
~ **jaw**: griffe *nf* de serrage, mâchoire *nf* de serrage

grit: (causing wear) saleté *nf* abrasive; (finishing) particules *nf* abrasives, abrasif *nm* de décapage, grenaille *nf* anguleuse; (raw material) sable *nm* grossier, grès *nm* grossier; (for road) gravillon *nm*
~ **blasting**: grenaillage *nm* angulaire, grenaillage à la grenaille à arêtes vives
~ **chamber**: dessableur *nm*, bassin *nm* de dessablement
~ **spreader**: gravillonneuse *nf*
~ **wheel**: roue *nf* d'entraînement

gritter: gravillonneuse *nf*

gritty: granuleux

grizzly: grille *nf* à barreaux

groin: (architecture) arête *nf*; (in harbour) épi *nm*, brise-lames *nm*

grommet <grummet>: bague *nf* (en caoutchouc), œillet *nm*, passe-fil *nm*

groove: rainure *nf*, saignée *nf*; (on piston ring) gorge *nf*; (on record) sillon *nm*; (rolling mill) cannelure *nf*, passe *nf*
~ **and tongue**: (carp) rainure *nf* et languette
~ **clamp**: (el) bloc *nm* bifilaire
~ **cutter**: fraise *nf* à rainurer
~ **face** NA : bord *nm* d'un joint, lèvre *nf* d'un joint
~ **pulley**: poulie *nf* à gorge[s]

grooved: rainuré, cannelé
~ **core**: (el) jonc *nm* cylindrique rainuré
~ **cylindrical cable**: câble *nm* cylindrique rainuré, câble à jonc cylindrique rainuré
~ **milling cutter**: fraise *nf* à denture cannelée
~ **pin**: goupille *nf* cannelée
~ **pulley**: poulie *nf* à gorge[s]
~ **rail**: rail *nm* à gorge, rail à ornière
~ **roll**: cylindre *nm* cannelé
~ **shaft**: arbre *nm* cannelé
~ **wheel**: roue *nf* à gorge

grooving: rainurage *nm*
~ **cutter**: fraise *nf* à rainer
~ **plane**: bouvet *nm* femelle

gross: brut
~ **calorific value** «GCV»: pouvoir *nm* calorifique supérieur «PCS»
~ **charge per tonne**: (rolling) mise *nf* au mille
~ **effect**: effet *nm* total
~ **heating value** «GHV»: pouvoir *nm* calorifique supérieur «PCS»
~ **load hauled**: charge *nf* brute remorquée
~ **loss**: perte *nf* totale
~ **output**: production *nf* brute; (of power station) puissance *nf* produite brute
~ **ton**: tonne *nf* forte (1016 kg)
~ **weight**: poids *nm* brut
~ **wing area**: (aero) surface *nf* alaire totale

ground *nn*: terrain *nm*, sol *nm*; (el) NA terre *nf*, prise *nf* de terre, mise *nf* à la terre, (frame ground) masse *nf*, mise à la masse, → also *earth*; *vb*: (el) mettre à la terre, mettre à la masse; (aero) interdire à un avion de voler; (naut) échouer
~ **absorption**: (eon) absorption *nf* par le sol, perte *nf* par absorption terrestre
~ **ancillary equipment**: (aero) matériel *nm* de servitude, servitudes au sol
~**-based**: (tcm) terrestre, au sol, de surface, à terre
~ **breaking**: (constr) ouverture *nf* du sol
~ **bus**: câble *nm* de [mise à la] terre
~ **clamp**: bride *nf*, collier (de mise à la terre)
~ **clearance**: (auto) garde *nf* au sol
~ **colour**: couleur *nf* de base, couleur de fond
~ **conductor**: fil *nm* de terre
~ **connection**: mise *nf* à la terre, mise à la masse, prise *nf* de masse, prise de terre, retour *nm* à la terre, retour à la masse
~ **contact**: contact *nm* à la masse, court-circuit *nm* à la masse, terre *nf* accidentelle
~ **control**: (aero) contrôle *nm* au sol
~**-controlled approach** «GCA»: approche *nf* contrôlée au sol
~ **crew**: (aero) personnel *nm* non navigant
~ **current**: courant *nm* de retour par la terre
~ **disconnect**: sectionneur *nm* de mise à la terre
~ **echo**: écho *nm* du sol
~ **effect machine**: aéroglisseur *nm*
~ **fault**: contact *nm* à la terre, mise *nf* accidentelle à la terre, terre *nf* défectueuse
~ **feature**: accident *nm* de terrain
~ **grip tire**: pneu *nm* tout terrain
~ **handling**: (aero) manœuvre *nf* au sol
~ **handling services**: servitudes *nf* au sol
~ **insulation**: isolation *nf* par rapport à la terre
~ **leak**: perte *nf* à la terre
~ **level concentration**: (pollution) concentration *nf* au niveau du sol
~ **light**: balise *nf* lumineuse
~ **loop** NA : circuit *nm* de retour à la terre
~ **lug**: patte *nf* de mise à la terre
~ **mat**: prise *nf* de terre multiple
~ **noise**: bruit *nm* de fond
~ **pipe**: canalisation *nf* enterrée
~ **plan**: plan *nm* au sol, plan de terrain, plan des fondations
~ **plane antenna**: antenne *nf* à polarisation horizontale
~ **plate**: plaque *nf* de terre
~ **point**: point *nm* de [mise à la] terre
~ **power unit** «GPU»: (aero) groupe *nm* électrogène au sol, groupe auxiliaire au sol, groupe de démarrage au sol
~ **range**: (radar) distance *nf* terrestre
~**-reflected wave**: onde *nf* réfléchie par le sol
~ **relay**: relais *nm* de protection de mise à la terre

~ **resistance**: résistance *nf* de terre
~ **return**: retour *nm* par la terre; (radar) écho *nm* de sol
~ **return circuit**: (el) circuit *nm* de retour à la terre, circuit de retour à la masse; (tcm) circuit de retour par le sol, circuit de retour par la terre
~ **rod**: piquet *nm* de [mise à la] terre
~ **run**: (aero) roulement *nm*
~ **spare**: (tcm) satellite *nm* de réserve [au sol]
~ **speed**: (aero) vitesse *nf* par rapport au sol
~ **starter**: démarreur *nm* de piste
~ **station**: (space) géostation *nf*; (tcm) station *nf* terrestre, station *nf* terrienne, station au sol
~ **strap**: tresse *nf* de masse
~ **subsidence**: affaissement *nm* du terrain
~ **support equipment**: (aero) matériel *nm* d'infrastructure
~ **survey**: levé *nm* terrestre
~ **swell**: (sea) lame *nf* de fond
~ **switch**: commutateur *nm* de [mise à la] terre, interrupteur *nm* de [mise à la] terre
~ **system**: prise *nf* de terre ; (tcm) tapis *nm* de sol
~ **table**: (foundation) semelle *nf* filante; (of wall) assise *nf* de fondation
~ **tackle**: (naut) apparaux *nm* de mouillage
~ **terminal**: borne *nf* de [mise à la] masse, borne de [mise à la] terre
~ **thrust**: (aero) poussée *nf* au sol; (c.e.) poussée *nf* du terrain
~**-to-air missile** «GAM»: engin *nm* sol-air
~**-to-ground missile**: engin *nm* sol-sol
~ **to neutral**: terre *nf* reliée au neutre
~**-to-space transmitter**: émetteur *nm* terre/espace
~**-to-surface-vessel**: sol-vaisseau de surface
~ **transformer**: transformateur *nm* à neutre à la terre
~ **transmitter**: émetteur *nm* au sol
~ **transport**: transport *nm* terrestre
~ **vehicle**: véhicule *nm* terrestre
~ **view**: vue *nf* en plan
~ **water**: nappe *nf* phréatique
~ **wave**: (tcm) onde *nf* de surface, onde de sol, onde directe
~ **wire**: fil *nm* de terre, fil de masse

ground: broyé, meulé; rectifié, → also *grind*
~ **glass**: verre *nm* dépoli, verre rodé
~ **in**: (valve) rodé
~ **joint**: joint *nm* rodé
~ **stopper**: bouchon *nm* à l'émeri
~ **wood pulp**: (pap) pâte *nf* mécanique

grounded: (el) mise à la terre, mis à la masse; (naut) échoué
~ **aircraft**: appareil *nm* immobilisé, appareil frappé d'une interdiction de vol
~ **base connection**: (eon) montage *nm* à base commune
~**-cathode amplifier**: amplificateur *nm* avec cathode à la masse, amplificateur *nm* à cathode commune
~**-cathode connection**: couplage *nm* à cathode commune
~**-collector connection**: montage *nm* à collecteur commun
~**-emitter**: (eon) à émetteur commun, avec émetteur à la masse
~**-emitter connection**: (eon) montage *nm* à émetteur commun
~ **neutral system**: système *nm* à neutre à la terre

groundfloor: rez-de-chaussée *nm*

grounding: (aero) immobilisation *nf*, interdiction *nf* de vol; (el) mise *nf* à la terre, (frame ground) mise *nf* à la masse; (naut) échouement *nm*
~ **stick**: perche *nf* de mise à la terre
~ **switch**: commutateur *nm* de mise à la terre
~ **test**: essai *nm* de terre
~ **transformer**: transformateur *nm* à neutre à la terre

group: groupe *nm*; (chem, plast) groupe, radical *nm*; (tp) groupe primaire «GP»
~ **allocation**: répartition *nf* des groupes
~ **heating**: chauffage *nm* en commun
~ **link**: (tp) liaison *nf* en groupe primaire
~ **listening**: écoute *nf* collective
~ **reference pilote** «GRP»: onde *nf* pilote de groupe primaire
~ **separator** «GS»: séparateur *nm* de groupe
~ **velocity**: vitesse *nf* de groupe

grouping: groupage *nm*, groupement *nm*

grout: coulis *nm*, mortier *nm* clair
~ **hole**: trou *nm* d'injection

grouting: jontoiement *nm* au mortier liquide, scellement *nm* au mortier clair, scellement au coulis; (under pressure) injection *nf*
~ **mortar**: mortier *nm* d'injection

growler: indicateur *nm* de courts-circuits, détecteur *nm* de courts-circuits

grown, ~ **junction**: jonction *nf* par tirage

growth: (of grain) croissance *nf*; (of crystal) croissance, tirage *nm*; (nuc) grandissement *nm*
~ **curve**: courbe *nf* de grandissement
~ **industry**: industrie en pleine croissance
~ **junction**: jonction *nf* par tirage
~ **rate**: taux *nm* de croissance
~ **ring**: (in timber) couche *nf* annuelle

grub, ~ **screw**: vis *nf* sans tête

grubbing: défrichage *nm*, essouchement *nm*

grummet → *grommet*

GS → *group separator*

GSR → *global solar radiation*

G-suit: combinaison *nf* anti-accélération

G/T → *gain/temperature*

guarantee: garantie *nf*

guard: (for brake, chain, clutch) carter *nm* [de sécurité]; (for chain) carter *nm*, couvre-chaîne *nm*; (on machinery) protection *nf*
~ **band**: bande *nf* de garde
~ **circuit**: circuit *nm* protecteur, circuit de garde
~ **rail**: garde-fou *nm*, garde-corps *nm*; (rlwy) contre-rail *nm*
~ **ring**: anneau *nm* de garde
~ **wire**: fil *nm* de protection, fil de garde

guarded: sous carter, avec protection

gudgeon, ~ **pin**: axe *nm* de piston, axe de pied de bielle
~ **pin bush**: bague *nf* d'axe de piston
~ **pin hole**: logement *nm* d'axe de piston

guidance: guidage *nm*

guide: guide *nm*; (tcm) guide d'ondes; (on machine) glissière *nf*
~ **bar**: barre *nf* de guidage, lardon *nf* de guidage; bielle *nf* du parallélogramme, glissière *nf* de crosse
~ **bearing**: palier-guide *nm*
~ **block**: patin *nm* de glissière
~ **bush**: (m-t) canon *nm* de centrage, canon de guidage
~ **edge**: bord *nm* de référence
~ **line**: (survey) ligne *nf* de foi
~ **guide lines**: (management) directives *nf*
~ **mark**: repère *nm*; (graph) point *nm* de repère
~ **number**: (phot) nombre-guide *nm*
~ **peg**: cheville *nf* de repérage, tenon *nm* de repérage
~ **pillar**: (moulding) colonne *nf* de guidage
~ **pin**: axe-guide *nm*; (el) broche-guide *nf*, broche *nf* de guidage, broche pilote
~ **pulley**: poulie *nf* de renvoi
~ **track**: (on magnetic tape) piste *nf* pilote
~ **vane**: (of turbine) aube *nf* directrice, aube redresseuse
~ **wheel**: roue *nf* de réaction; (of turbine) distributeur *nm* annulaire
~ **wire**: guide *nm* [d'onde] unifilaire

guided: guidé, téléguidé
~ **by wire**: filoguidé
~ **missile**: engin *nm* téléguidé
~ **weapon** «GW»: arme *nf* téléguidée

guideway: (m-t) glissière *nf*; (monorail) voie *nf*

guiding: de guidage, de repère

guillotine: guillotine *nf*; (graph) massicot *nm*
~ **attenuator**: affaiblisseur *nm* à guillotine
~ **shear**: cisaille-guillotine *nf*, cisaille *nf* à guillotine
~ **trimming**: massicotage-rognage *nm*

gull, ~ **wing**: (aero) aile *nf* en M, aile en double flèche

gulley **<gully>**: bouche *nf* d'égout, bouche avaloir

gulp: (inf) groupe *nm*, ensemble *nm*, suite *nf* (d'octets, de multiplets)

gum: gomme *nf*; NA colle *nf* de bureau
~ **arabic**: gomme *nf* arabique
~ **dynamite**: dynamite-gomme *nf*
~ **lac**: gomme-laque *nf*
~ **resin**: résine-gomme *nf*, oléorésine *nf*
~ **up**: encrasser

gummed, ~ **paper** NA : papier *nm* collant
~ **tape**: ruban *nm* adhésif

gumming: gommage *nm*
~ **machine**: encolleuse *nf*, gommeuse *nf*
~ **up**: encrassement *nm*

gun: canon *nm*, pièce *nf* d'artillerie; (hand gun) pistolet *nm*, revolver *nm*; (machine gun) mitrailleuse *nf*; (spraying tool) canon, pistolet *nm*
~ **application**: pistolage *nm*, projection *nf*
~ **bay**: soute *nf* canons
~ **boat**: canonnière *nf*
~ **cotton**: fulmicoton *nm*, coton-poudre *nm*
~ **crew**: équipe *nf* de pièce, servants *nm*
~ **fire**: feu *nm* de canon, feu de mitrailleuse, tir *nm*
~ **firing gear**: commande *nf* de mitrailleuse
~-**injection shot**: coup *nm* de canon
~ **laying**: pointage *nm* du canon
~ **mount**: affût *nm* de canon
~ **nailer**: cloueur *nm* automatique
~ **platform**: plate-forme *nf* de tir; support *nm* de mitrailleuse
~ **spraying**: pulvérisation *nf* au pistolet
~ **turret**: tourelle *nf*
~ **welder**: pince *nf* à souder

gunfire, ~ **control**: conduite *nf* de tir
~ **radar**: radar *nm* directeur, radar de conduite de tir

gunite: mortier *nm* projeté

gunner: tireur *nm*, artilleur *nm*, cannonier *nm*, pointeur *nm*

gunnery: tir *nm* au canon

gunpowder, ~ **factory**: poudrière *nf*

gunsight: collimateur *nm*, viseur *nm*

gunsmith: armurier *nm*

gunwale: lisse *nf* de plat-bord

gusher: (petr) puits *nm* éruptif

gusset: gousset *nm* (d'assemblage); (of bag) pli *nm* latéral
~ **bag**: sac *nm* à soufflet
~ **plate**: gousset *nm*

gutta, ~ **percha**: gutta-percha *nf*

gutter: (on roof) gouttière *nf*, chéneau *nm*; (along pavement) caniveau *nm*
~ **furnace**: four *nm* à rigole
~ **tile**: tuile *nf* creuse

guy: (of davit, of derrick) retenue *nf*
~ **pole**: derrick *nm* à haubans
~ **rope**: hauban *nm*
~ **thimble**: cosse *nf* de hauban

guyed: haubanné

GW-year → *gigawatt year*

gypsum: gypse *nm*, plâtre *nm*
~ **block**: carreau *nm* de plâtre
~ **board**: carton-plâtre *nm*
~ **plaster**: plâtre *nm*
~ **wall board**: plaque *nf* de revêtement en plâtre, carreau *nm* de plâtre

gyratory, ~ **crusher**: concasseur *nm* giratoire

gyro, ~ **blower**: soufflerie *nf* centrifuge
~ **compass**: gyrocompas *nm*, compas *nm* gyroscopique
~ **gunsight**: viseur *nm* gyroscopique
~ **horizon**: horizon *nm* gyroscopique
~ **mixer**: mélangeur *nm* centrifuge
~ **pilot**: gyropilote *nm*, bloc *nm* de pilotage; (naut) commande *nf* gyroscopique de la barre
~ **plane**: autogire *nm*

H

H → *height, hydrant*

hacker: (inf) pirate *nm*, intrus *nm*

hacking: (inf) effraction *nf* informatique, intrusion *nf* informatique

hacksaw: scie *nf* à métaux

HAD → *half amplitude duration*

hade: (geol) pendage *nm*; (of vein) inclinaison *nf* (par rapport à la verticale)

haft: manche *nm*, poignée *nf* d'outil

hail: grêle *nf*

hailstone: grêlon *nm*

hair *nn*: cheveu *nm*; (of animal) poil *nm*; (of horse) crin *nm*; *adj*: capillaire
~ **crack**: fissure *nf* capillaire
~ **felt**: feutre *nm* de poil
~ **hygrometer**: hygromètre *nm* à cheveu
~ **sieve**: tamis *nm* en crin

haircross: réticule *nm*

hairpin, ~ **bend**: virage *nm* en épingle à cheveux
~ **coil**: bobine *nf* en U
~ **spring**: ressort *nm* en épingle à cheveux

halation: auréole *nf*, halo *nm*

half *nn*: moitié; *adj*: demi-, semi-
~ **adder**: demi-additionneur *nm*
~**-amplitude duration**«HAD»: durée *nf* à mi-amplitude
~ **binding**: demi-reliure *nf*
~**-brick wall**: mur *nm* de l'épaisseur d'une demi-brique
~ **cell**: demi-cellule *nf*, hémi-cellule *nf*
~ **column**: demi-poteau *nm*
~ **cycle**: demi-alternance *nf*, demi-période *nf*
~ **dome**: (architecture) cul-de-four *nm*
~ **duplex** «HD»: semi-duplex *nm*
~ **duplex operation**: fonctionnement *nm* en semi-duplex, fonctionnement bidirectionnel à l'alternat
~ **duplex transmission**: transmission *nf* bidirectionnelle à l'alternat
~**-finished product**: produit *nm* semi-fini, demi-produit *nm*
~ **frame**: demi-portique *nm*, demi-cadre *nm*
~ **gap**: (of lathe) demi-rompu *nm*
~ **hard**: mi-dur
~ **hitch**: (a knot) demi-clé *nf*
~ **hourly**: semi-horaire
~**-lap winding**: bobinage *nm* à semi-recouvrement
~ **life**: (phys) demi-vie *nf*; (nuc) période *nf*
~ **normal bend**: coude *nm* à 45 degrés
~ **period**: demi-alternance *nf*, demi-période *nf*
~ **power beamwidth** «HPBW»: largeur *nf* angulaire à mi-puissance, ouverture *nf* à mi-puissance
~ **power** *nn*: mi-puissance *nf*; *adj*: à mi-puissance
~**-power frequency**: fréquence *nf* à puissance moitié
~**-round** *nn*: fer *nm* demi-rond, demi-rond *nm*; *adj*: semi-circulaire, demi-rond
~**-round wire rod**: fil *nm* machine demi-rond
~**-size**: demi-grandeur *nf*
~ **speed shaft**: arbre *nm* de dédoublement de la vitesse
~ **stuff**: (pap) demi-pâte *nf*
~ **tone**: demi-teinte *nf*, → also *halftone*
~ **track**: demi-piste *nf*
~**-track vehicle**: véhicule *nm* semi-chenillé
~**-value depth**: (nuc) profondeur *nf* de demi-exposition
~**-value layer**: (nuc) couche *nf* de demi-atténuation
~**-value thickness**: (nuc) couche *nf* de demi-atténuation
~ **wave**: alternance *nf*, demi-onde *nf*
~**-wave dipole**: dipôle *nm* demi-onde
~**-wave rectification**: redressement *nm* d'une seule alternance
~**-wave rectifier**: redresseur *nm* à une alternance, redresseur simple alternance

halftone, ~ **process**: similigravure *nf*

halide: halogénure *nm*

hall: vestibule *nm*, hall *nm*, salle *nf* des pas perdus
~ **mark**: poinçon *nm* de garantie

halliard: (naut) drisse *nf*

halogen: halogène *nm*
~ **bulb**: lampe *nf* halogène

halogenated: halogéné

halogenation: halogénation *nf*

halt *nn*: arrêt *nm*, interruption *nf*; *vb*: s'arrêter

halve *vb*: dédoubler, partager en deux

halyard: (naut) drisse *nf*

ham: radioamateur *nm*

hammer *nn*: (a tool) marteau *nm*; (of rifle) chien *nm*; *vb*: marteler
~ **blow**: coup *nm* de marteau
~ **crusher**: broyeur *nm* à marteaux
~ **drill**: marteau *nm* perforateur
~ **grab**: trépan-benne *nm*
~ **harden**: écrouir, marteler à froid
~ **hardening**: écrouissage *nm*, martelage *nm* à froid
~ **mill**: broyeur *nm* à marteaux
~ **scale**: battitures *nf* de martelage

hammered: martelé; (met) martelé, forgé, battu
~ **point**: (of rivet) rivure *nf* en pointe de diamant
~ **steel**: acier *nm* forgé

hammering: martelage *nm*

hammock: hamac *nm*

hand *nn*: main *nf*; (of dial, instrument) aiguille *nf*; (of fabric) toucher *nm*; (labour) ouvrier *nm*; (direction) sens *nm*; (of watch) aiguille; *adj*: manuel; → *hands*
~ **actuated**: commandé à main, à commande *nf* manuelle
~ **brake**: frein *nm* à main
~ **drill**: perceuse *nf* à main, chignole *nf*
~ **drive**: commande *nf* à main, commande manuelle
~ **feed**: (m-t) avance *nf* à main
~ **grinder**: meuleuse *nf* portative
~ **grip**: poignée *nf* à main
~ **held**: portatif
~ **hole**: trou *nm* de poing, trou de visite, trou d'inspection
~ **lamp**: baladeuse *nf*
~ **lever**: levier *nm* à main, manette *nf* de commande
~ **made paper**: papier *nm* à la cuve, papier à la forme
~**-operated**: manuel, à main, à bras
~ **over**: remettre (à quelqu'un)
~ **pump**: pompe *nf* à main, pompe à bras
~ **radar**: radar *nm* portatif
~ **reset**: réenclenchement *nm* manuel, réarmement *nm* à la main
~ **tool**: outil *nm* à main

handbook: manuel *nm*

handicraft: artisanat *nm*

handle *nn*: poignée *nf*, manche *nm*; manette *nf*, manivelle *nf*; (of paper) main *nf*, bouffant *nm*; (tex) toucher *nm*; *vb*: manier, manipuler; (inf) traiter, prendre en charge

handlebar: guidon *nm* de bicyclette

handler: (inf) programme *nm* gestionnaire, gestionnaire *nm*

handling: (of goods) manutention *nf*; (inf) manipulation *nf* des données, traitement *nm*, prise *nf* en charge; (tp) acheminement *nm* des appels, écoulement *nm* du trafic

handover: remise *nf* du matériel au client

handpiece: (tp) combiné *nm*

handrail: main *nf* courante, garde-corps *nm*, garde-fou *nm*, rambarde *nf*

hands, ~ **free**: mains *nf* libres
~**-free mode**: mode *nm* mains libres
~**-on training**: formation *nf* pratique

handset: combiné *nm*, appareil *nm* [téléphonique], récepteur *nm*
~ **telephone**: appareil *nm* téléphonique avec combiné

handshake: (inf) établissement *nm* de liaison, validation *nf* de liaison, prise *nf* de contact

handwritten: manuscrit

handy: commode, pratique
~ **ship**: navire *nm* maniable

hang *vb*: pendre, accrocher, suspendre, être suspendu [à]
~ **by gimbals**: suspendre à la cardan
~ **up** *nn*: arrêt *nm* imprévu; (tp) raccrochage *nm*; *vb*: s'arrêter; (tp) accrocher, raccrocher, libérer la ligne

hangar: (aero) hangar *nm*

hanger: console *nf*, dispositif *nm* de suspension; (a hanging bracket) chaise *nf* pendante, chaise suspendue; (in roof) poinçon *nm* de charpente

hanging: suspendu
~ **bracket**: chaise *nf* pendante, chaise suspendue
~ **connecting rod**: bielle *nf* pendante
~ **stage**: échafaudage *nm* volant
~ **step**: marche *nf* suspendue
~ **stile**: (of door) côté *nm* gond
~ **valley**: (geol) vallée *nf* suspendue

hangover: (crt) traînage *nm*, persistance *nf* (de l'image)

hank: écheveau *nm*
~ **yarn**: fil *nm* en écheveaux

harbor NA → *harbour*

harbour: port *nm*
~ **craft**: bâtiment *nm* de servitude
~ **dues**: droits *nm* de mouillage
~ **entrance**: entrée *nf* du port
~ **facilities**: installations *nf* portuaires
~ **master**: capitaine *nm* de port
~ **master's office**: capitainerie *nf* du port
~ **station**: gare *nf* maritime

hard: dur; (inf) fixe, permanent; (met) trempé, écroui
~ **beating**: (pap) raffinage *nm* poussé
~ **board**: (pap) carton *nm* compact; → also *hardboard*
~ **broaching**: brochage *nm* à l'état dur
~ **coal** NA : anthracite *nm*
~ **component**: (of cosmic ray) composante *nf* dure
~ **copy**: sortie *nf* imprimée, sortie [sur] papier, tirage *nm*
~ **copy terminal**: terminal *nm* d'impression
~ **core error**: erreur *nf* persistante
~ **core**: (nuc) cœur *nm* dur; (rlwy) ballast *nm*; → also *hardcore*
~ **disk**: (inf) disque *nm* dur
~ **drawing**: écrouissage *nm* par étirage
~ **drawn**: étiré à froid
~ **facing**: (wldg) rechargement *nm* dur, chargement *nm* dur
~ **failure**: panne *nf* d'équipement
~ **gas circuit-breaker**: disjoncteur *nm* à autoformation de gaz
~ **glass**: verre *nm* dur
~ **hat** NA : casque *nm* de chantier
~ **hyphen**: trait *nm* d'union permanent
~ **interface**: dispositif *nm* d'interface
~ **restart**: (inf) reprise *nf* à froid
~ **right**: (naut) à droite toute
~ **rubber**: ébonite *nf*, caoutchouc *nm* vulcanisé
~**-sized**: (pap) fortement collé
~ **shoulder**: bande *nf* d'arrêt d'urgence
~ **solder**: soudure *nf* forte, brasure *nf*
~ **tube**: (eon) tube *nm* dur, tube à vide poussé
~ **vacuum**: vide *nm* poussé
~ **water**: eau *nf* dure
~**-wired**: câblé
~ **wood**: bois *nm* dur; → also *hardwood*
~ **X-rays**: rayons *nm* X durs

hardboard: isorel *nm*, panneau *nm* de fibres dur

harden *vb*: durcir; (cement) prendre; (met) tremper
~ **through**: tremper à cœur

hardenability: aptitude *nf* à la trempe, trempabilité *nf*

hardenable: (met) trempant

hardened, ~ **steel**: acier *nm* trempé

hardener: (plast) durcisseur *nm*

hardening *nn*: durcissement *nm*; (met) trempe *nf*; *adj*: trempant
~ **and tempering**: trempe *nf* et revenu
~ **furnace**: four *nm* de trempe

hardness: dureté *nf*; (met) dureté, trempe *nf*; (of gas tube) degré *nm* de vide
~ **scale**: échelle *nf* de dureté
~ **number**: indice *nm* de dureté
~ **tester**: duromètre *nm*

hardware «H/W»: quincaillerie *nf*, petit matériel *nm* de montage; (constr) serrurerie *nf*, ferrures *nf*; (inf) matériel *nm*, machine[s] *nf*, équipement *nm*
~ **configuration**: configuration *nf* machine, configuration [du] matériel
~ **failure**: incident *nm* machine
~ **firm**: (inf) constructeur *nm* d'ordinateurs
~ **monitor**: moniteur *nm* matériel

~ **upgrade**: perfectionnement *nm* de matériel, mise *nf* à niveau de matériel

hardwearing: durable, solide

hardwire *vb*: (inf) câbler [une fonction]

hardwood: bois *nm* feuillu
~ **pulp**: pâte *nf* de feuillus

H-armature: induit *nm* en double T

harmful: nuisible, nocif

harmless: inoffensif

harmonic *nn*: harmonique *nm*; *adj*: harmonique
~ **component**: composante *nf* harmonique
~ **distortion**: distorsion *nf* non linéaire, distorsion harmonique
~ **filter**: filtre *nm* d'harmoniques
~ **generator**: producteur *nm* d'harmoniques, générateur *nm* d'harmoniques
~ **motion**: mouvement *nm* pendulaire, mouvement sinusoïdal
~ **order**: ordre *nm* d'un harmonique
~ **suppressor**: filtre *nm* [suppresseur] d'harmoniques
~ **trap**: filtre *nm* d'harmoniques

harness *nn*: (of cables) peigne *nm*, faisceau *nm*, forme *nf* de câbles; (ignition) rampe *nf*; *vb*: exploiter, domestiquer; (hydroelectric power) capter

harnessing: (a source of energy) aménagement *nm*, mise *nf* en œuvre; (hydroelectricity) captation *nf*

harp, ~ **antenna**: antenne *nf* en harpe

harpoon, ~ **log**: silomètre *nm*

harsh: (sound) criard, discordant
~ **picture**: image *nf* fortement contrastée

hash *nn*: (radar) signaux *nm* parasites; (inf) informations *nf* parasites; *vb*: totaliser, convertir en valeur numérique
~ **coding**: adressage *nm* dispersé
~ **total**: total *nm* de contrôle

hasp: moraillon *nm*

hat, ~ **section**: profilé *nm* en oméga, oméga *nm*

hatch: (constr) guichet *nm* de service; (naut) écoutille *nf*, panneau *nm* de cale
~ **coaming**: hiloire *nf* d'écoutille
~ **cover**: panneau *nm* d'écoutille, panneau de cale
~ **grating**: caillebotis *nm* d'écoutille

hatchet: hache *nf* à main, hachette *nf*

hatching: hachures *nf*

hatchway: écoutille *nf*, panneau *nm* carré, ouverture *nf* de panneau

haul *nn*: parcours *nm*, transport *nm*; remorquage *nm*, traction *nf*; route *nf* parcourue; *vb*: traîner, tirer, remorquer; transporter [par camion]

haulage: camionnage *nm*, transport *nm*, frais *nm* de transport; (mining) roulage *nm*
~ **way**: (mining) galerie *nf* de roulage, voie *nf* de roulage

hauller: camionneur *nm*; (rlwy) voiturier *nm*

hauling: (mining) transport *nm*, roulage *nm*, extraction *nf*; (navigation) halage *nm*, remorquage *nm*
~ **capacity**: effort *nm* de traction

haunch: (of arch) aisselle *nf*, rein *nm*

hawse, ~ **hole**: écubier *nm*

hawser: aussière *nf*
~ **laid**: commis en aussière

haywire: déréglé

HAZ → *heat affected zone*

hazard: danger *nm*, risque *nm*
~ **warning lights**: (auto) feux *nm* de détresse

haze: brume *nf*; (phot, plast) voile *nm*

H-beam: poutre *nf* en I

H-bend: (in waveguide) coude *nm* progressif H

H-bomb: bombe *nf* à hydrogène

HC→ *hybrid circuit*

H-corner: (in waveguide) coude *nm* brusque H

HD → *head, heavy duty, high density*

HDPE → *high density polythene*

HDX → *half duplex*

head «HD» *nn*: tête *nf*; (constr) traverse *nf*, linteau *nm*; (of cylinder, boiler) fond *nm*; (pressure) hauteur *nf* de charge, charge *nf*; (of rocket, shell) ogive *nf*; (top of page) haut *nm* de page; *vb*: conduire, diriger; → also *heads*
~ **amplifier**: préamplificateur *nm*
~ **for**: mettre le cap sur, être en route pour, se diriger vers
~ **bay**: (in canal lock) arrière-bief *nm*, bief *nm* amont
~ **beam**: solive *nf* de tête, traverse *nf*
~ **box**: (pap) caisse *nf* de tête
~ **cup**: (rivetting) tas *nm*
~ **down**: (display, intrument) tête *nf* basse
~ **end**: (el) tête *nf* (de câble, de réseau)
~ **frame**: (mining) chevalet *nm* d'extraction, chevalement *nm*
~ **gap**: (of recording head) entrefer *nm*
~ **gasket**: (auto) joint *nm* de culasse
~ **gate**: porte *nf* amont, porte d'amont
~ **indicator**: indicateur *nm* de cap
~ **loss**: perte *nf* de la hauteur de chute
~ **margin**: haut *nm* de page, marge *nf* début de page
~ **of a level**: (mining) avancée *nf*, galerie *nf* d'avancement
~ **of a cone**: sommet *nm* d'un cône
~ **of a vessel**: avant *nm* d'un navire
~ **of a rail**: boudin *nm*, champignon *nm*
~ **of water**: charge *nf* d'eau, hauteur *nf* de chute
~ **office**: siège *nm* social; (tp) central *nm* principal
~**-on collision**: collision *nf* frontale, collision de plein fouet
~ **on to the sea**: (naut) debout à la lame
~ **on to the wind**: (naut) debout au vent
~**-on wind**: vent *nm* de face
~ **pipe**: tuyau *nm* d'amenée, conduite *nf* d'amenée
~ **product**: distillat *nm* de tête, fraction *nf* de tête
~ **race**: canal *nm* d'amenée, canal d'amont
~ **rail**: lisse *nf* d'appui
~ **receiver**: casque *nm* téléphonioque, écouteur *nm* téléphonique
~ **resistance**: résistance *nf* à l'avancement
~ **the engine**: mettre la machine en avant
~**-to-tail**: tête-bêche
~ **water**: eau *nf* d'amont
~ **wheel**: (video) disque *nm* porte-têtes
~ **wind**: vent *nm* contraire, vent debout
~ **window**: fente *nf* pour tête de lecture

headband: ruban *nm* serre-tête, ressort *nm* serre-tête, serre-tête *nm*

headed, ~ **note paper**: papier *nm* à en-tête

header: (inf) en-tête; (constr) boutisse *nf*; (el, eon) barrette *nf* de contact, culot *nm*; (mech) collecteur *nm*, manifold *nm*
~ **bond**: appareil *nm* en boutisses
~ **label**: label *nm* début de bande, label en tête de fichier
~ **pipe**: collecteur *nm*
~ **tank**: réservoir *nm* en charge, nourrice *nf*

headgear: superstructure *nf* d'un derrick; (mining) chevalement *nm*

heading: (graph, inf) en-tête; (met) refoulement *nm*; (mining) avancée *nf*, avancement *nm*, galerie *nf* d'avancement; (nav) cap *nm*; (of tunnel) chantier *nm* d'avancement
~ **die**: matrice *nf* de refoulement
~ **face**: front *nm* d'avancement
~ **indicator**: indicateur *nm* de route
~ **stope**: chantier *nm* d'avancement

headlamp: (auto) phare *nm*, projecteur *nm*; (rlwy) feu *nm* avant

headland: cap *nm*, promontoire *nm*

headlidght: (auto) phare *nm*, projecteur *nm*; (rlwy) feu *nm* avant

headline: titre *nm*; (of newspaper) manchette *nf*

headphone: écouteur *nm*; (tp) casque *nm* téléphonique
~ **reception**: réception *nf* au casque

headquarters: (business) siège *nm*, bureau *nm* principal; (mil) quartier *nm* général

headrest: appuie-tête *nm*

headroom: hauteur *nf* utile, hauteur libre; encombrement *nm* vertical

heads: (petr) concentrés *nm*, produits *nm* de tête, têtes *nf*

headset: casque *nm* téléphonique

headspace: (in tank) espace *nm* libre

headstock: (of lathe) poupée *nf*

headway: hauteur *nf* libre, hauteur utile; (of bridge) hauteur libre, hauteur navigable; (traffic) distance *nf* entre deux véhicules

headwheel: (mining) molette *nf*

headwind, ~ landing: atterrissage *nm* vent debout

heald: (weaving) lisse *nf*

healthy: sain

heap: tas *nm*
~ **up**: amasser, mettre en tas

hearing: audition *nf*, ouïe *nf*
~ **aid**: appareil *nm* de correction auditive

heart: cœur *nm*
~ **cut**: fraction *nf* de cœur
~ **shake**: (in timber) fente *nf* au cœur
~**-shaped**: en cœur, cardioïde
~ **wood**: bois *nm* de cœur

hearth: (of blast furnace) creuset *nm*; (of fireplace) âtre *nm*, foyer *nm*; (of furnace) sole *nf*
~ **furnace**: four *nm* à sole
~ **lining**: garnissage *nf* de la sole
~ **melting**: fusion *nf* sur sole
~ **refining**: affinage *nm* sur sole

heat *nn*: chaleur *nf*; (met) chaude *nf*; *adj*: thermique; *vb*: chauffer; réchauffer
~ **affected zone** «HAZ»: (wldg) zone *nf* de transition
~ **balance**: bilan *nm* thermique
~ **barrier**: mur *nm* thermique, blocage *nm* thermique
~ **build up**: échauffement *nm*
~ **capacity**: capacité *nf* calorifique
~ **coil**: bobine *nf* thermique
~ **colour**: couleur *nf* des chaudes
~ **conducting**: thermoconducteur, caloporteur
~ **conductivity**: conductivité *nf* thermique
~ **content**: enthalpie *nf*
~ **control**: régulation *nf* de la chaleur, régulateur *nm* de chaleur
~ **demand**: besoins *nm* en chaleur
~ **efficiency**: rendement *nm* calorifique
~ **elimination**: évacuation *nf* de la chaleur
~ **emission**: dégagement *nm* de chaleur
~ **engine**: machine *nf* thermique, moteur *nm* thermique
~ **equivalent**: équivalent *nm* mécanique de la chaleur
~ **exchange**: échange *nm* de chaleur, échange thermique
~ **exchanger**: échangeur *nm* de chaleur
~ **expansion**: dilatation *nf* thermique
~ **flow**: flux *nm* de chaleur, écoulement *nm* de la chaleur
~ **gain**: apport *nm* de chaleur
~**-generating**: thermogène
~ **generation**: production *nf* de chaleur
~ **gradient**: gradient de température
~ **input**: apport *nm* calorifique, énergie *nf* thermique fournie, énergie thermique consommée
~ **insulation**: isolation *nf* thermique, calorifugeage *nm*
~ **load**: charge *nf* thermique
~ **of combustion**: chaleur *nf* de combustion
~ **of hydration**: chaleur *nf* d'hydratation
~ **pipe**: conduit *nm* de chaleur, caloduc *nm*
~ **pump**: pompe *nf* à chaleur «PAC»
~ **radiation**: radiation *nf* thermique, rayonnement *nm* thermique
~ **recovery**: récupération *nf* de la chaleur
~ **release**: dégagement *nm* de chaleur
~ **resistant**: calorifuge, résistant à la chaleur, thermostable, réfractaire; (met) indétrempable
~ **resisting**: résistant à la chaleur
~ **run**: essai *nm* d'échauffement, essai thermique; cycle *nm* de chauffage
~ **seal** *nn*: scellement *nm* thermique; *vb*: thermosouder, thermosceller
~ **sealing** *nn*: thermosoudage *nm*; *adj*: thermosoudable
~ **seeking**: à guidage par infrarouge
~ **sensitive**: thermosensible
~ **shield**: écran *nm* thermique, bouclier *nm* thermique
~ **shock**: choc *nm* thermique
~ **shrinkable**: thermo-rétractable
~ **sink**: radiateur *nm* (de refroidissement), refroidisseur *nm*, dissipateur *nm* thermique, puits *nm* de chaleur, puits *nm* thermique

~ **spotting**: (met) traitement *nm* thermique localisé
~ **storage**: accumulation *nf* de chaleur
~ **supply**: apport *nm* de chaleur, apport calorifique
~ **test**: essai *nm* d'échauffement, essai thermique; (on oil) essai de stabilité thermique
~ **transfer**: transmission *nf* de la chaleur
~ **transfer medium**: fluide *nm* caloriporteur, caloporteur *nm*
~ **transfer surface**: surface thermoconductrice
~ **treatment**: traitement *nm* thermique
~ **value**: pouvoir *nm* calorifique
~ **wave**: (phys) onde *nf* calorifique; (weather) vague *nf* de chaleur

heated, ~ **cathode**: cathode *nf* à chauffage indirect

heater: appareil *nm* de chauffage, réchauffeur *nm*; (eon) filament *nm* chauffant, fil *nm* chauffant
~ **band**: collier *nm* chauffant
~ **battery**: batterie *nf* de chauffage
~ **cathode**: cathode *nf* à chauffage indirect
~ **element**: élément *nm* de chauffage; (of boiler) corps *nm* de chauffe
~**-type**: (valve, tube) à chauffage *nm* indirect
~ **voltage**: (eon) tension *nf* de chauffage, tension de filament

heating *nn*: chauffage *nm*; échauffement *nm*; *adj*: chauffant;
~ **chamber**: chambre *nf* de chauffe
~ **coil**: serpentin *nm* de chauffage
~ **coil**: bobine *nf* thermique
~ **degree day**: degré-jour *nm* de chauffage
~ **engineer**: chauffagiste *nm*
~ **furnace**: (met) four *nm* pour traitement thermique
~ **jacket**: chemise *nf* de réchauffage, enveloppe *nf* de réchauffage
~ **oil**: huile *nf* de chauffe
~ **pad**: coussin *nm* chauffant; (around pipework) enveloppe *nf* chauffante
~ **power**: puissance *nf* calorifique
~ **surface**: surface *nf* de chauffe
~ **test**: essai *nm* à la chaleur; essai de réchauffage
~ **time**: durée *nf* de mise en température
~ **up**: mise *nf* en température, préchauffage *nm*; échauffement *nm*
~ **value**: pouvoir *nm* calorifique

heatproof: résistant *nm* à la chaleur; allant au feu, qui supporte le feu

heave *nn*: gonflement *nm*, boursouflement *nm*; (geological fault) rejet *nm* horizontal; *vb*: (naut) virer
~ **ahead**: virer de l'avant
~ **astern**: virer de l'arrière
~ **to**: mettre à la cape
~ **up anchor**: lever l'ancre

heavier, ~ **than air craft**: appareil *nm* plus lourd que l'air

heaving, ~ **line**: lance-amarre *nm*; (of lifeboat) ligne *nf* d'attrape

heavy «HVY»: lourd
~ **anode**: (eon) anode *nf* massive, anode pleine
~ **casting**: grosse pièce *nf* en fonte
~ **clay**: argile *nf* grasse
~ **current**: (el) courant *nm* fort
~ **cut**: (m-t) passe *nf* profonde
~ **duty** «HD» *nn*: service *nm* intensif; *adj*: renforcé, à haut rendement, à grand débit, pour conditions sévères
~ **fire**: (mil) feu *nm* nourri
~ **gradient**: pente *nf* raide
~ **grease**: graisse *nf* consistante
~ **hour**: heure *nf* de pointe; (tp) heure de trafic intense
~ **lift**: colis *nm* lourd
~ **lift helicopter** «HLH»: hélicoptère *nm* de transport lourd, hélicoptère gros porteur
~ **line**: trait *nm* épais, trait gras
~ **medium**: (flotation) liquide *nm* dense, milieu *nm* dense
~ **metal**: métal *nm* lourd
~ **oil**: huile *nf* visqueuse, huile lourde
~ **plate**: tôle *nf* forte
~ **pressure**: forte pression *nf*
~ **sea**: grosse lame *nf*, grosse mer *nf*
~ **section**: profil *nm* renforcé
~ **sky**: temps *nm* couvert
~ **traffic**: (tp) fort trafic *nm*; (of vehicles) forte circulation *nf*
~ **user**: gros utilisateur *nm*, grand utilisateur *nm*, gros usager *nm*
~ **water**: eau *nf* lourde
~ **water reactor** «HWR»: réacteur *nm* à eau lourde
~ **weather**: gros temps *nm*

hectometric, ~ **wave**: onde *nf* hectométrique

hedge: haie *nf*
~ **hopping**: vol *nm* en rase-mottes, rase-mottes *nm*

heel: talon *nm*; (naut) bande *nf*, gîte *nf*
~**-and-toe driving**: double pédalage *nm*

heeling, ~ **error**: erreur *nf* de bande (compas)

height «HG»: hauteur *nm*; altitude *nf*
~ **above ground**: (constr) hauteur *nf* hors sol, hauteur au-dessus du sol; (aero) altitude *nf* relative
~ **above sea level**: hauteur *nf* au-dessus du niveau de la mer
~ **between floors**: hauteur *nf* d'étage
~ **finder**: altimètre *nm*
~ **finder radar**: radar *nm* d'altimétrie; (mil) radar de sitométrie
~ **gauge**: altimètre *nm*
~ **of fall**: hauteur *nf* de chute
~ **of fill**: (constr) hauteur *nf* du remblai
~ **of high water**: hauteur *nf* de la pleine mer
~ **of hook**: (of crane) hauteur *nf* sous crochet
~ **of lift**: hauteur *nf* de levage
~ **of low water**: hauteur *nf* de la basse mer
~ **overall**: hauteur *nf* totale

heliborne: héliporté

helical: en hélice, hélicoïdal
~ **pitch**: pas *nm* de spire
~ **spring**: ressort *nm* à boudin

helicopter: hélicoptère *nm*

helicoptered: héliporté

helilifting: levage *nm* par hélicoptère

heliographic, ~ **printing**: héliographie *nf*

heliography: héliographie *nf*

heliostation: centrale *nf* hélioélectrique, centrale électrosolaire

heliport: héliport *nm*
~ **building**: héligare *nf*

helistop: hélistation *nf*

helium: hélium *nm*
~ **neon laser**: laser *nm* à hélium et néon
~ **nucleus**: hélion *nm*

helix *nn*: hélice *nf*; *adj*: en hélice, hélicoïdal
~ **angle**: angle *nm* d'hélice
~ **waveguide**: guide *nm* d'ondes hélicoïdal

helm: gouvernail *nm*, barre *nf* du gouvernail, roue *nf* de gouvernail
~ **order**: commandement *nm* à la barre

helmet: casque *nm*; (pile driving) casque de battage, faux-pieu *nm*

helmsman: barreur *nm*, homme *nm* de barre, timonier *nm*

help: aide *nf*, asssistance *nf*
~ **key**: (inf) touche *nf* SOS
~ **window**: (inf) cadre *nm* explicatif

helper NA : machine *nf* de secours; (rlwy) locomotive *nf* de renfort

HEM → *hybrid electromagnetic*

hemihedral: hémihèdre, hémiédrique

hemlock: sapin *nm* du Canada

hemp: chanvre *nm*
~ **core**: âme *nf* de chanvre

heptane: heptane *nm*
~ **number**: indice *nm* d'heptane

heptode: heptode *nf*

hermetic, ~ **seal**: fermeture *nf* hermétique, scellement *nm*

hermetically, ~ **sealed**: (el) en boîtier *nm* hermétique

herringbone, ~ **bond**: appareil *nm* en épi
~ **gear**: engrenage *nm* à dentures à chevrons

hertz, ~ **generator**: générateur *nm* de hertz

hertzian: hertzien
~ **wave**: onde *nf* hertzienne

heterodyne *nn*: hétérodyne *nf*; *adj*: hétérodyne

heterogeneous: hétérogène

heterojunction: hétérojonction *nf*

heteropolar: hétéropolaire

heuristic: heuristique

heuristics: heuristique *nf*

hew *vb*: (coal) piquer; (forestry) abattre, couper; (quarrying) abattre, tailler

hewer: ouvrier *nm* de taille, abatteur *nm*, piqueur *nm*, haveur *nm*

hex → *hexadecimal*

hexadecimal: hexadécimal, à base 16

hexagon *nn*: hexagone *nm*; *adj*: hexagonal
~ **head**: tête *nf* à six pans, tête hexagonale
~ **head screw**: boulon *nm* six pans
~ **nut**: écrou *nm* six pans
~ **socket set screw**: tige *nf* filetée à six pans creux
~ **turrent**: tourelle *nf* hexagonale

hexaphase: hexaphasé

hexode: hexode *nf*

HF → *high frequency*

HG → *height*

HHV → *high heating value*

Hi → *high*

hide: (tanning) cuir *nm*, peau *nf*

hide: *vb*: cacher, dissimuler

high: haut, élevé
~ **accuracy**: haute précision *nf*
~ **activity waste**: déchets *nm* fortement actifs
~-**alloy**: fortement allié
~-**altitude airport**: altiport *nm*
~ **alumina cement**: ciment *nm* alumineux, ciment fondu
~ **and low**: à maximum et minimum
~ **beam**: feu *nm* de route, phare *nm* longue portée
~-**capacity**: à grand débit, de grande contenance
~-**capacity plane**: avion *nm* gros porteur, gros porteur *nm*
~ **density**: (inf) haute densité
~-**density traffic**: trafic *nm* intense; (on road) grande circulation *nf*
~ **frequency** «HF»: haute fréquence *nf*
~-**gain amplifier**: amplificateur *nm* à gain élevé
~-**gain antenna**: antenne *nf* à grand gain
~ **gear**: (auto) grande vitesse *nf*
~-**grade**: de qualité *nf* supérieure; (met) à haute résistance
~ **ground**: terrain *nm* élevé
~ **heating value** «HHV»: pouvoir *nm* calorifique supérieur
~ **idle speed**: vitesse *nf* maxi à vide; (auto) ralenti *nm* accéléré
~-**level language** «HLL»: langage *nm* évolué
~ **lift** *nn*: hypersustentation *nf*; *adj*: hypersustentateur
~-**lift wing**: voilure *nf* à grande portance
~-**octane fuel**: carburant *nm* à indice d'octane élevé
~ **order**: (inf) le plus significatif
~-**order bit**: bit *nm* de poids fort
~-**order column**: colonne *nf* la plus à gauche
~-**order component**: composante *nf* d'ordre supérieur
~-**order position**: position *nf* la plus significative
~-**pass filter**: filtre *nm* passe-haut
~-**pass** «hp»: passe-haut
~-**performance**: à haute performance, performant, rapide
~-**pitched**: aigu
~-**power**: à grande puissance, puissant
~ **pressure** «HP»: haute pression, surpression *nf*
~-**pressure polyiethylene** «HPPE»: polyéhtylène *nm* haute pression «pehp»
~ **priority**: haute priorité *nf*
~-**purity**: de grande pureté
~-**rated**: de forte puissance
~-**reliability** «hi-rel»: à haute fiabilité
~-**reliability power line**: ligne *nf* à grande sécurité de service
~-**resolution**: à haute résolution
~-**rise construction**: architecture *nf* verticale
~-**rupture capacity fuse** «HRC»: fusible *nm* à haut pouvoir de coupure
~ **side**: côté *nm* haut, côté maxi; (tcm) côté chaud
~-**speed**: rapide, à grande vitesse
~-**speed film**: (phot) pellicule *nf* ultrasensible
~-**speed lens**: objectif *nm* à grande ouverture
~-**speed shaft** «HSS»: arbre *nm* grande vitesse
~-**speed storage**: (inf) mémoire *nf* à accès rapide
~-**speed terminal**: terminal *nm* lourd
~-**speed train**: train *nm* grande vitesse
~-**strength**: extra-fort, à haute résistance
~-**swept wing**: aile *nf* haute en flèche
~ **technology** «hi-tec»: haute technologie
~ **temperature**: température *nf* élevée
~-**tensile**: à haute résistance

~ **tension** «HT»: haute tension
~ **tide**: marée *nf* haute, haute mer *nf*
~**-usage**: à fort trafic, à trafic intense
~ **vacuum**: vide *nm* poussé, vide élevé
~**-vacuum tube**: tube *nm* à vide poussé
~**-volatile**: à haute teneur en matières volatiles
~ **voltage**: haute tension
~**-voltage direct current** «HVDC»: courant *nm* continu haute tension «ccht»
~ **voltage/medium voltage** «HV/MV»: haute tension/moyenne tension
~ **voltage/medium voltage transformer**: transformateur *nm* haute tension/moyenne tension
~ **volume of traffic**: trafic *nm* dense
~ **water**: hautes eaux, haute mer, marée *nf* haute
~ **water mark**: laisse *nf* de haute mer, niveau *nm* de la haute mer
~ **weather**: anticyclone *nm*

higher: plus haut, plus élevé; de hiérarchie supérieure
~ **harmonic**: harmonique *nm* d'ordre plus élevé, harmonique de rang plus élevé

highlands: région *nf* montagneuse

highlight *vb*: faire briller, illuminer; (inf) mettre en évidence, souligner

highlighting: mise *nf* en valeur, mise en évidence, surbrillance *nf*

highway: (a road) route *nf*; (inf) bus *nm*, canal *nm* principal
~ **crossing** NA : passage *nm* à niveau

hill: colline *nf*, côte *nf*
~ **climbing ability**: tenue *nf* en côte, rampe *nf* gravissable maxi
~ **holder**: encliquetage *nm* anti-recul

hillside, ~ **work**: travaux *nm* à flanc de coteau

hinge: charnière *nf*, gond *nm*, penture *nf*
~ **pin**: axe *nm* de charnière, pivot *nm*

hinged: articulé
~ **connection**: assemblage *nm* par articulation
~ **cover**: couvercle *nm* à rabattement

hip: (constr): croupe *nf*

hire *nn*: location *nf*; *vb*: louer

hiss: sifflement *nm*, souffle *nm*

histogram: histogramme *nm*

history: historique *nm*

hit: coup *nm*; (el) perturbation *nf* brusque, variation *nf* brusque; (inf) réussite *nf*, succès *nm* (dans une recherche); *vb* frapper
~ **a key**: appuyer sur une touche
~ **on the fly printer**: imprimante *nf* à la volée
~ **or miss**: tout ou rien
~ **rate**: (inf) taux *nm* de succès, taux de réussite

hitch: incident *nm*; (el) connexion *nf*; (naut) nœud *nm*, amarrage *nm*, accrochage *nm*; (trailer) attelage *nm*

HLL → *high level language*

hoarding: clôture *nf* de chantier, palissade *nf*

hob *nn*: fraise-mère *nf* développante; *vb*: fraiser, tailler

hobbing: taillage *nm* par fraise-mère

hobby, ~ **computer**: ordinateur *nm* d'amateur

hoe: houe *nf*; (a pullshovel) chargeuse-pelleteuse *nf*

hog: contre-flèche *nf*

hogbacked: en dos d'âne

hogging: contre-flèche *nf*, flèche *nf* négative

hoist: appareil *nm* de levage, palan *nm*, treuil *nm*; (a goods lift) monte-charge *nm*; (constr) monte-matériaux *nm*
~ **block**: moufle *nm*
~ **cable**: câble *nm* de levage, câble moufleur
~ **drum**: tambour *nm* de treuil, treuil *nm* de levage; (mining) tambour d'extraction
~ **frame**: (mining) chevalement *nm* d'extraction
~ **load**: effort *nm* au tambour
~ **man**: machiniste *nm* d'extraction
~ **tower**: sapine *nf*

hoisting: hissage *nm*; levage *nm*; remontée *nf*; (mining) extraction *nf*
~ **gear**: appareil *nm* de hissage, appareil de levage
~ **jack**: cric *nm*, vérin *nm*
~ **plant**: installation *nf* d'extraction
~ **platform**: plate-forme *nf* élévatrice

hold *nn*: maintien *nm*, blocage *nm*; (el) garde *nf*, mise *nf* en garde; (tcm) attente *nf*; *vb*: (mech) bloquer, maintenir, tenir, maintenir; (a volume) contenir
~ **back agent**: (nuc) inhibiteur *nm* d'entraînement
~ **control**: (crt) commande *nf* de synchronisation
~ **down**: ancrer, assujettir
~ **down a key**: maintenir une touche abaissée
~ **instruction**: (inf) instruction *nf* de maintien
~ **position**: enclenchement *nm*; (of relay) collage *nm*
~ **queue**: file *nf* de travaux en attente
~ **the ligne**: ne quittez pas
~ **the pressure**: tenir la pression
~ **time**: temps *nm* de maintien
~ **up**: (industrial process) charge *nf* en œuvre; (chem) charge de séjour
~ **up time**: temps *nm* de maintien

holder: (of account, of credit card) titulaire *nm*; **-holder**: porte-

holderbat: collier *nm* de tuyau, bride *nf* d'attache (de tuyau)

holdfast: serre-joints *nm*, valet *nm* d'établi; (a clip) pélican *nm*, crapaud *nm*

holding: blocage *nm*, maintien *nm*; (by vehicle) tenue *nf*; (tp) attente *nf*, occupation *nf*
~ **altitude**: (aero) altitude *nf* d'attente
~ **attachment**: dispositif *nm* de bridage, dispositif de fixation, dispositif de serrage
~ **beam**: (tcm) faisceau *nm* d'attente, faisceau d'accumulation
~ **bolt**: boulon *nm* d'assemblage, boulon de fixation
~ **brake**: frein *nm* d'arrêt
~ **circuit**: circuit *nm* de maintien
~ **coil**: bobine *nf* de retenue, bobine de maintien
~ **current**: courant *nm* minimal de fonctionnement, courant d'arrêt, courant de collage, courant de retenue
~ **down bolt**: boulon *nm* d'ancrage
~ **frequency**: fréquence *nf* pilote
~ **load**: (el) charge *nf* constante
~ **notch**: cran *nm* d'arrêt
~ **position**: (of relay) position *nf* de collage
~ **relay**: relais *nm* de maintien
~ **screw**: vis *nf* d'arrêt
~ **time**: temps *nm* de maintien, temps d'arrêt, temps de transformation; (tel) période *nf* d'occupation

hole: trou *nm*; (punched) perforation *nf*; (s.c.) lacune *nf*
~ **capture**: (eon) capture *nf* de lacune
~ **conduction**: conduction *nf* par trous
~ **electron pair**: paire *nf* trou-électron
~ **site**: position *nf* de perforation
~ **size**: diamètre *nm* du trou

holed: percé, perforé; (mining) havé

holiday: (painting) dimanche *nm*, manque *nm*

hollow *nn*: creux *nm*; *vb*: creuser
~ **area**: (between layers) décollement *nm*
~ **blade**: lame *nf* évidée
~ **casting**: fonte *nf* en creux, pièce *nf* [de fonte] creuse
~ **glassware**: verre *nm* creux
~ **out**: évider
~ **punch**: emporte-pièce *nm*
~ **rolling**: laminage *nm* de tubes
~ **ware**: (ceramics) produits *nm* creux; (glass) verre *nm* à bouteilles
~ **weld**: soudure *nf* d'angle concave, soudure en congé

hologram: hologramme *nm*

holography: holographie *nf*

home *nn*: foyer *nm*, domicile *nm*; *adj*: familial, domestique, à usage domestique; à fond, à bloc, à refus
~ **appliance**: appareil *nm* électroménager
~ **banking**: banque *nf* à domicile
~ **banking terminal**: terminal *nm* de télépaiement
~**-built**: d'amateur
~ **computer**: ordinateur *nm* domestique, ordinateur familial, ordinateur individuel
~ **improvement**: réhabilitation *nf* de logement, bricolage *nm*
~ **key**: touche *nf* position 1, touche début d'écran
~ **made**: fait maison, maison
~ **market**: marché *nm* intérieur
~ **position**: (of instrument) position *nf* de repos; (inf) position début d'écran, position initiale; (nuc) point *nm* de référence
~ **shopping**: téléachats *nm*

~ **terminal**: terminal *nm* domestique
~ **trade**: commerce *nm* intérieur; (shipping) navigation *nf* au cabotage

homer: radiogoniomètre *nm* de ralliement, appareil *nm* de guidage

homeward, ~ **flight**: vol *nm* de retour

homeworker: travailleur *nm* à domicile

homing: (aero) radioralliement *nm*, radioguidage *nm*; (inf) retour à la position initiale; (of selector) retour *nm* au repos
~ **head**: tête *nf* chercheuse, autodirecteur *nm*

homogeneous: homogène

homopolar: homopolaire

hone *vb*: roder (à la pierre), pierrer

honeycomb: en nid d'abeilles, cellulaire
~ **radiator**: radiateur *nm* en nid d'abeilles

honing: honing *nm*

hood: (auto) capote *nf*, NA capot *nm*; (of forge, lab) hotte *nf*; (of instrument) capot *nm*; (phot) pare-soleil *nm*

hook: crochet *nm*; (tcm, inf) point *nm* de raccordement, raccord *nm* (pour logiciel)
~ **bolt**: boulon *nm* à crochet
~ **clearance**: (of crane) hauteur *nf* de volée du crochet
~**-on meter**: pince *nf* ampèremétrique
~ **spanner**: clé *nf* à ergot, clé à crochet
~ **switch**: (tcm) crochet *nm* commutateur
~ **up** NA *nn*: (el) branchement *nm*, schéma *nm* de montage; (tcm) connexion *nf*, liaison *nf*; *vb*: connecter, interconnecter
~ **up fee** NA : taxe *nf* de branchement
~ **up wire** NA : fil *nm* de connexion, fil de montage

hooking NA : branchement *nm*, connexion *nf*

hoop: frette *nf*, cerceau *nm*
~ **iron**: feuillard *nm*
~ **stress**: contrainte *nf* périphérique

hooped: fretté, cerclé

hooping: cerclage *nm*, frettage *nm*

hooter: (in factory) sirène *nf*; (on vehicle) avertisseur *nm*

hop: saut *nm*, bond *nm*; petite distance *nf*
~ **test**: petit vol *nm* d'essai

hopper: trémie *nf*; (m-t) magasin *nm*
~ **barge**: marie-salope *nf*
~ **dredge[r]**: drague *nf* porteuse, drague suceuse

horizon: horizon *nm*

horizontal: horizontal
~ **blanking**: (crt) suppression *nf* de ligne
~ **flight**: vol *nm* en palier
~ **frequency**: (crt) fréquence *nf* de lignes
~ **hold**: (crt) stabilité *nf* horizontale
~ **joint**: (in masonry) joint *nm* d'assise
~ **perforation**: (on computer form) moletage *nm* transversal
~ **pitch**: (graph) nombre *nm* de caractères par pouce
~ **projection**: (mapping) projection *nf* horizontale; (drawing) vue *nf* de dessus, vue en plan
~ **raster count**: nombre *nm* de lignes horizontales (dans une trame)
~ **scroll[ing]**: (inf) défilement *nm* horizontal (à l'écran)
~ **skip**: (inf) saut *nm* horizontal
~ **synchronisation**: synchronisation *nf* horizontale, synchronisation de lignes
~ **tabulation** «HT»: tabulation *nf* horizontale
~ **take off and landing** «HTOL»: décollage *nm* et atterrissage horizontaux
~ **vertical weld**: soudure *nf* en corniche

horn: cornet *nm*; (acoustical) pavillon *nm*; (auto) avertisseur *nm* [sonore]
~ **antenna**: antenne *nf* à cornet
~ **arrester**: parafoudre *nm* à corne
~ **button**: bouton *nm* d'avertisseur
~ **gap**: éclateur *nm* à cornes
~ **gap switch**: disjoncteur *nm* à cornes
~ **loudspeaker**: haut-parleur *nm* à pavillon

hornbeam: hêtre *nm* blanc, charme *nm*

horse, ~ **power** «HP»: puissance *nf* (en chevaux)

horsehair: crin *nm*

horseshoe: fer *nm* à cheval
~ **arch**: arc *nm* outrepassé
~ **magnet**: aimant *nm* en fer à cheval

hose: tuyau *nm* flexible, flexible *nm*; (made of canvas) manche *nf*; (of car radiator) durit *nf*
~ **clip**: collier *nm* de serrage
~ **down**: nettoyer au jet d'eau, laver à la lance
~ **reel**: touret *nm*, dévidoir *nm*

hoseproof: protégé contre les jets d'eau, étanche à la lance

hospital, ~ **ship**: navire-hôpital *nm*

host *nn*: hôte *nm*; (inf) centre *nm* serveur; *vb*: loger, accueillir, héberger
~ **computer**: ordinateur *nm* central, ordinateur principal; ordinateur serveur, serveur *nm*
~ **driven**: géré par le système central
~ **rock**: roche *nf* mère
~ **system**: système *nm* principal; système serveur

hot: chaud; (nuc) radioactif
~ **adjustment**: réglage *nm* à chaud; réglage sous tension
~ **air balloon**: montgolfière *nf*, aérostat *nm*
~ **air heating**: chauffage *nm* à air chaud
~ **area**: zone *nf* d'activité intense
~ **bearing**: coussinet *nm* échauffé
~ **blast cupola**: cubilot *nm* à vent chaud
~ **blast main**: conduite *nf* de vent chaud
~ **cave**: (nuc) casemate *nf*
~ **dip**: immersion *nf* à chaud
~ **face**: (of furnace) face *nf* chaude
~ **flow**: fluage *nm* par échauffement, fluage à chaud
~ **job**: travail *nm* urgent, travail prioritaire
~ **laboratory**: (nuc) laboratoire *nm* chaud, laboratoire de haute activité
~ **line**: ligne *nf* directe, ligne prioritaire; (with the USSR), in the USA: téléphone *nm* rouge, in France: téléphone vert
~ **metal**: métal *nm* en état de fusion
~ **metal handling crane**: pont *nm* roulant de coulée
~ **mix**: (roadmaking) enrobé *nm* à chaud
~ **refuelling**: (aero) ravitaillement *nm* moteur tournant
~ **replacement**: remplacement *nm* immédiat
~ **setting**: thermodurcissable
~ **short**: cassant à chaud
~ **shortness**: fragilité *nf* à chaud
~ **spot**: point *nm* chaud; (inf) point central
~ **standby**: secours *nm* immédiat
~ **start**: (aero) démarrage avec surchauffe; (of engine) démarrage *nm* à chaud; (of lamp) amorçage *nm* à chaud
~ **trap**: piège *nm* chaud
~ **up**: (an engine) gonfler, pousser
~ **wire** *nn*: fil *nm* sous tension; *adj*: (of instrument) thermique, à fil chaud
~ **wire galvanometer**: galvanomètre à fil chaud
~ **wire microphone**: microphone *nm* thermique, microphone à fil chaud
~ **workability**: usinabilité *nf* à chaud
~ **worked**: (met) corroyé

hotmelt, ~ **adhesive**: colle *nf* thermofusible, colle hotmelt

hotted, ~ **up engine**: moteur *nm* poussé, moteur gonflé

hour: heure *nf*; **hours**: horaire *nm* (de travail)

hourly: horaire *adj*
~ **output**: rendement *nm* horaire, production *nf* horaire

house *nn*: (constr) maison *nf*; *adj*: d'entreprise; *vb*: loger, recevoir; (carp) encastrer, emboîter
~ **connection**: branchement *nm* d'immeuble, branchement particulier
~ **lead-in**: entrée *nf* d'immeuble
~ **painter**: peintre *nm* en bâtiments

household *nn*: foyer *nm*; *adj* ménager
~ **goods**: articles *nm* ménagers
~ **rate**: tarif *nm* pour usage domestique

housekeeping: entretien *nm*, maintenance *nf*; (inf) aménagement *nm*, mise *nf* en ordre, rangement *nm*
~ **operation**: opération *nf* d'aménagement
~ **record**: carnet *nm* de bord

housing: (constr) logement; (mech) carter *nm*, logement *nm*; (el) boîtier *nm*
~ **base**: socle *nm* de boîtier
~ **estate**: lotissement *nm*
~ **seal**: joint *nm* de boitier

hover: vol *nm* stationnaire

hovercraft: aéroglisseur *nm*

hovertrain: aérotrain *nm*

howler: hurleur *nm*

hp → *high pass, high pressure, horse power*

HPPE → *high pressure polylethylene*

HRC → *high rupture capacity fuse*

HSS → *high speed shaft*

HT → *high tension, horizontal tabulation*

HTR → *heater*

hub: moyeu *nm*; (for magnetic tape) moyeu porte-bobine; (tcm) plot *nm* (de tableau de connexions)
~ **cap**: chapeau *nm* de roue
~ **extractor**: arrache-moyeux *nm*
~ **flange**: disque *nm* de moyeu, flasque *nm* de moyeu
~ **puller**: arrache-moyeux *nm*

hue: teinte *nf*

hull: coque *nf* (de navire)

hum: ronflement *nm*
~ **balancer**: (valve) potentiomètre *nm* anti-ronflement
~ **bucking coil**: bobine *nf* compensatrice de ronflement
~ **pick up**: ronflement *nm* induit

human *nn*: être *nm* humain; *adj*: humain
~ **engineered**: ergonomique
~ **engineering**: ergonomie *nf*
~ **oriented**: ergonomique

humidifier: humidificateur *nm*

humidistat: hygrostat *nm*

humidity: humidité *nf*
~ **control**: hygrostat *nm*

hump: (eon) bosse *nf;* (rlwy) dos *nm* d'âne, butte *nf*

hunting: (cycling) pompage *nm*; (of instrument) affolement *nm*; (of motor) emballement *nm*; (oscillation) oscillation *nf* pendulaire; (tp) recherche *nf* de ligne libre

hurricane: ouragan *nm*

hut: baraquement *nm*

HV → *high voltage*

HV/MV → *high voltage/medium voltage*

HVDC → *high voltage direct current*

HVY → *heavy*

H/W → *hardware*

hybrid: hybride
~ **circuit** «HC»: circuit *nm* hybride; différentiel *nm*, transformateur *nm* différentiel
~ **computer**: ordinateur *nm* hybride
~ **computer system**: système *nm* analogique et numérique
~ **electromagnetic** «HEM»: électromagnétique hybride
~ **electromagnetic wave**: onde *nf* électromagnétique hybride
~ **interface**: interface *nf* hybride, interface numérique/analogique
~ **junction**: jonction *nf* hybride
~ **loss**: affaiblissement *nm* de transformateur différentiel
~ **network**: réseau *nm* différentiel
~ **transformer**: transformateur *nm* différentiel

hydrant «H»: prise *nf* d'eau; (firefighting) bouche *nf* d'incendie

hydration: hydratation *nf*

hydraulic: hydraulique
~ **engineer**: hydraulicien *nm*
~ **engineering**: hydraulique *nf*

hydraulics: hydraulique *nf*

hydrocarbon: hydrocarbure *nm*

hydrochloric, ~ **acid**: acide *nm* chlorhydrique

hydroelectric: hydro-électrique
~ **plant**: usine *nf* hydro-élélectrique
~ **power station**: centrale *nf* hydroélectrique

hydroflating: lestage *nm* liquide (des pneus de tracteur)

hydrofoil: hydrofoil *nm*, hydroptère *nm*

hydroforming: hydroformage *nm*

hydrogen: hydrogène *nm*
~ **blister**: soufflure *nf* d'hydrogène
~ **brittleness**: fragilité *nf* à l'hydrogène
~ **embrittlement**: fragilité *nf* par l'hydrogène

hydrometer: aréomètre *nm*, pèse-acide *nm*, hydromètre *nm*

hydrophone: hydrophone *nm*

hydroplaning: hydroplanage *nm*

hydrospinning: fluotournage *nm*

hydrostatic: hydrostatique

hygrometer: hygromètre *nm*

hypercompound, ~ dynamo: dynamo *nf* hypercompound

hypercompounding: hypercompoundage *nm*

hypereutectic: hypereutectique

hyperfrequency: hyperfréquence *nf*

hypernucleus: hypernoyau *nm*

hyphen: trait *nm* d'union

hyphenate *vb*: mettre un trait d'union, couper un mot

hyphenation: coupure *nf* d'un mot

hypoid, ~ drive: transmission *nf* hypoïde

hypsogram: hypsogramme *nm*, diagramme *nm* des niveaux

hysteresis: hystérésis *nf*
~ **distortion**: distorsion *nf* par hystérésis
~ **loop**: boucle *nf* d'hystérésis
~ **loss**: perte *nf* par hystérésis
~ **meter**: hystérésimètre *nm*

HPBW → *half power beam width*

HWR→ *heavy water reactor*

I

I2L→ *integrated injection logic*

I-beam: poutre *nf* à double T

IBM compatible: compatible IBM

Ibp → *initial boiling point*

IC → *integrated circuit[s]*

ICC → *integrated communication controller*

Ice: glace *nf*
~ **breaker**: brise-glaces *nm*
~ **cold**: glacial
~ **formation**: formation *nf* de glace; (on surface) givrage *nm*
~ **guard**: pare-glace *nm*

Icebound: bloqué par les glaces

Icing: givrage *nm*

ICL → *instrument controlled landing*

Icon: image *nf* graphique, symbole *nm* graphique, icône *nf*

ICW → *interrupted continuous wave*

ID → *identification, inside diameter*

IDC → *image dissector camera*

IDCC → *international data communications centre*

IDDD → *international direct distance dialling*

Ideal: idéal, théorique, parfait
~ **antenna**: antenne *nf* théorique
~ **gas**: gaz *nm* idéal, gaz parfait
~ **transformer**: transformateur *nm* parfait

Identification «ID»: identification *nf*; (on cable) marquage *nm*, repérage *nm*; (tcm) indicatif *nm*
~ **beacon**: feu *nm* de repère, balise *nf* d'identification, radiophare *nm* d'identification
~ **colour**: couleur *nf* repère
~ **disc** NA : plaque *nf* d'identité
~ **friend or foe** «IFF»: identification ami-ennemi
~ **leader**: amorce *nf* d'identification
~ **of cable pairs**: repérage *nm* des paires
~ **tag** NA: plaque *nf* d'identité

Identifier: identificateur *nm*

Identifying: identification *nf*

Ideograph: idéogramme *nm*

IDF → *intermediate distribution frame*

Idle *nn*: (engine) ralenti *nm*; (machine) marche *nf* à vide; *adj*: (inf) en attente, sans activité; (mech) fou, libre; *vb*: marcher à vide; tourner au ralenti
~ **character**: caractère *nm* nul
~ **circuit**: circuit nm au repos; (tp) circuit libre
~ **component**: composante *nf* réactive, composante déwattée
~ **current**: courant *nm* déwatté, courant réactif
~ **gear**: pignon *nm* fou, pignon intermédiaire
~ **jet**: (on engine) gicleur *nm* de ralenti
~ **line**: (tp) ligne *nf* au repos, ligne libre
~ **loss**: perte *nf* à vide
~ **movement**: mouvement *nm* perdu
~ **pair**: paire *nf* inutilisée
~ **power**: puissance *nf* réactive
~ **running**: marche *nf* à vide, marche au ralenti, ralenti *nm*
~ **time**: (of relay) temps *nm* inactif; (tp) temps d'inoccupation (de circuit), temps mort (de conversation)
~ **travel**: : mouvement *nm* perdu
~ **turn**: spire *nf* morte

Idler: pignon *nm* fou, roue *nf* folle, roue de renvoi; (on belt conveyor) rouleau *nm* inférieur
~ **gear**: engrenage *nm* intermédiaire, roue *nf* intermédiaire
~ **pulley**: poulie *nf* folle
~ **sprocket**: barbotin *nm* de renvoi

Idling: (of engine) marche *nf* au ralenti, ralenti *nm*; (of machine) marche *nf* à vide; (tp) temps *nm* mort
~ **stroke**: course *nf* de retour
~ **wheel**: roue *nf* de renvoi

IDN → *integrated digital network*

IDP → *integrated data processing*

IF → *intermediate frequency*

If, ~ **applicable**: le cas échéant
~ **required**: au besoin, à la demande
~ **then element**: (inf) circuit *nm* d'inclusion
~ **then gate**: porte *nf* d'inclusion

I/F → *interface*

IFF → *identification friend or foe*

Igneous, ~ **rock**: roche *nf* ignée

Ignite *vb*: s'allumer, s'enflammer, prendre feu; (inf) mettre en fonction

Igniter → *ignitor*

Ignition: inflammation *nf*, allumage *nm*; (ceramics) mise nf à feu; (el) amorçage *nm*; (of engine) allumage
~ **advance**: avance *nf* à l'allumage
~ **anode**: anode *nf* d'amorçage, anode auxiliaire, anode d'allumage
~ **coil**: bobine *nf* d'allumage
~ **control**: réglage *nm* de l'allumage
~ **cycle**: (of engine) course *nf* d'explosion, temps *nm* d'explosion
~ **electrode**: électrode *nf* d'allumage, électrode d'amorçage
~ **harness**: rampe *nf* d'allumage
~ **key**: clé *nf* de contact
~ **loss**: perte *nf* au feu
~ **plug**: bougie *nf* [d'allumage]
~ **point**: point *nm* d'inflammation, point d'allumage
~ **stroke**: temps *nm* d'explosion
~ **switch**: commutateur *nm* d'allumage, contact *nm* d'allumage
~ **tester**: contrôleur *nm* d'allumage
~ **timing**: réglage *nm* de l'allumage
~ **voltage**: tension *nf* d'amorçage

Igniting: allumage *nm*, inflammation *nf*

Ignitor <ter>: igniteur *nm*
~ **voltage drop**: chute *nf* de tension dans l'igniteur

Ignitron: ignitron *nm*

Ignore *vb*: ne pas tenir compte de, ne pas prendre en compte, passer outre, sauter
~ **character**: caractère *nm* d'omission

IHP → *indicated horse power*

II → *image intensifier*

IIL → *integrated injection logic*

IIR → *isobutylene isopropylene rubber*

Illegal: illégal, interdit; (inf) non autorisé
~ **character**: caractère *nm* interdit, caractère non autorisé

Illuminance: éclairement *nm*

Illuminate *vb*: éclairer, illuminer

Illuminated: : éclairé, lumineux
~ **button**: bouton-poussoir *nm* lumineux
~ **dial**: cadran *nm* lumineux

Illuminating: éclairant
~ **bomb**: bombe *nf* éclairante
~ **engineer** NA : éclairagiste *nm*
~ **engineering** NA : éclairagisme *nm*

Illumination: éclairement *nm*, illumination *nf*

Illuvium: illuvion *nm*, couche *nf* illuviale

ILS → *instrument landing system*

Image: image *nf*
~ **antenna**: antenne *nf* image
~ **attenuation coefficient**: affaiblissement *nm* sur images
~ **attenuation constant** NA : affaiblissement *nm* sur images
~ **brightness**: brillance *nf* de l'image, luminosité *nf* de l'image
~ **burn**: image *nf* retenue
~ **dissector**: analyseur *nm* d'image
~ **dissector camera** «IDC»: caméra *nf* d'analyse d'image
~ **file**: fichier *nm* vidéo, fichier des données images
~ **frequency**: fréquence *nf* image
~ **intensifier** «II»: intensificateur *nm* d'image
~ **phase change constant**: déphasage *nm* sur images
~ **phase change coefficient**: déphasage *nm* sur images
~ **printer**: imprimante *nf* optique
~ **processing**: traitement *nm* des images, traitement de l'image
~ **refreshing**: entretien *nm* de l'image

~ **response**: fréquence *nf* image
~ **scale**: (radar) échelle *nf* de l'image; (reprography) échelle de reproduction
~ **scanning**: analyse *nf* optique, balayage *nm* optique
~ **transfer constant**: exposant *nm* de transfert sur images
~ **tube**: tube *nm* image

imager, ~ chip: puce *nf* images

imagery: images *nf*, données *nf* images
~ **processing**: traitement *nm* des images

imaging, ~ radar: radar *nm* enregistreur d'images

imbalance: déséquilibre *nm*

imbed → *embed*

immediacy: instantanéité *nf*

immediate: immédiat, instantané
~ **access**: accès *nm* direct, accès immédiat, accès instantané
~ **appreciation**: compréhension *nf* immédiate, compréhensibilité *nf* immédiate
~ **data**: donnés *nf* instantanées
~ **dial[ling]**: numérotation *nf* immédiate
~ **frequency**: fréquence *nf* fondamentale
~ **processing**: traitement *nm* à la demande, traitement sur demande

immerse *vb*: immerger

immersed, ~ liquid quenched fuse: fusible *nm* immergé à extinction en liquide

immersion: immersion *nf*
~ **hardening**: trempe *nf* par immersion
~ **heater**: thermoplongeur *nm*, canne *nf* de chauffage
~ **plating**: galvanoplastie *nf* par immersion, dépôt *nm* au trempé, dépôt par immersion
~ **vibrator**: (concreting) pervibrateur *nm*

immunity, ~ to noise: insensibilité *nf* au bruit
~ **to interference**: insensiblité *nf* au brouillage, insensibilité aux parasites

impact: impact *nm*, coup *nm*, choc *nm*; (of gunfire) impact
~ **bending test**: essai *nm* de flexion au choc, essai de flexion par choc
~ **breaker**: concasseur *nm* à percussion
~ **crusher**: concasseur *nm* à percussion
~ **electron**: électron *nm* de choc
~ **excitation**: excitation *nf* par impulsion, excitation par choc
~ **extrusion**: extrusion *nf* par choc, filage *nm* à la presse par choc
~ **fatigue test**: essai *nm* d'endurance aux chocs répétés
~ **load**: à-coup *nm*, force *nf* impulsive, force de choc
~ **pressure**: pression *nf* due au choc, pression de choc
~ **printer**: imprimante *nf* à impact
~ **resilience**: résilience *nf* au choc
~ **sound**: bruit *nm* de choc
~ **speed**: vitesse *nf* à l'impact, vitesse d'impact, vitesse de choc
~ **test**: essai *nm* de choc, essai au choc, essai de résilience
~ **value**: résilience *nf*
~ **velocity**: vitesse *nf* à l'impact, vitesse d'impact, vitesse de choc

impaired, ~ hearing handset: (tp) combiné *nm* pour malentendant

impairment: diminution *nf*, affaiblissement *nm* (de l'acuité sensorielle)

impart *vb*: (inf) communiquer
~ **a movement**: imprimer un mouvement
~ **energy**: communiquer l'énergie

impassable: infranchissable

impedance: impédance *nf*
~ **matching**: adaptation *nf* d'impédance
~**-matching set**: adaptateur *nm* d'impédance
~**-matching transformer**: transformateur *nm* d'adaptation
~ **meter**: impédancemètre *nm*
~ **protection**: protection *nf* à impédance
~ **starter**: démarreur *nm* à impédance
~ **to earth**: impédance *nf* par rapport à la terre
~ **transformer**: transformateur *nm* d'impédance

impedor: impédance *nf*

impeller: (of centrifugal pump) roue *nf*, turbine *nf*; (of turbine) roue à aubes; (on aircraft) surcompresseur *nm*

imperfect: ayant des défauts

imperfection: défaut *nm*

impermeability: imperméabilité *nf*

impervious: imperméable
~ **blanket**: masque *nm* étanche, masque d'étanchéité
~ **to light**: opaque

impetus: impulsion *nf*, vitesse *nf* acquise, élan *nm*

implant: (nuc) implant *nm*

implement *nn*: outil *nm*, accessoire *nm*; *vb*: mettre en application, mettre en place, mettre en œuvre, mettre en service; (a project) exécuter, réaliser; (a regulation) appliquer

implementation: mise *nf* en application, mise en œuvre, mise en place, mise en service; (inf) version *nf* (propre à un constructeur); (of project) exécution *nf*, réalisation *nf*
~ **dependent**: tributaire de l'application
~ **specific**: propre à une version

implementor: ingénieur *nm* d'application

implicit: implicite

implied: implicite
~ **condition**: condition *nf* sous-entendue

implode *vb*: imploser; (inf) condenser, regrouper en mémoire

implosion: implosion *nf*

impound: (a vehicle) mettre en fourrière; (water) endiguer

impounded, ~ water: retenue *nf* d'eau

impoverishment: appauvrissement *nm*

impreg NA → *impregnated*

impregnated: imprégné
~ **wood**: bois *nm* imprégné

impregnation: imprégnation *nf*; injection *nf* (de poteaux)

impress *vb*, ~ **a voltage**: appliquer une tension

impressed, ~ voltage: tension *nf* appliquée

impression: (an indentation) empreinte *nf*; (graph) impression *nf* (en creux); (graph) tirage *nm*

imprint: surimpression *nf*, repiquage *nm*

improper: inapte (à un emploi); impropre; (inf) invalide
~ **number**: (math) nombre *nm* fractionnaire, fractionnaire *nm*

improve *vb*: améliorer, perfectionner; (a specification) aggraver

improved, ~ tolerance: tolérance *nf* plus stricte

improvement: amélioration *nf*, perfectionnement *nm*; (of soil) amendement *nm*

impulse *nn*: (el) impulsion *nf*; (a movement) poussée *nf* motrice, élan *nm*; *vb*: émettre une impulsion
~ **circuit breaker**: interrupteur *nm* à impulsion
~ **counter**: compteur *nm* d'impulsions
~ **excitation**: excitation *nf* par impulsion, excitation par choc
~ **generator**: générateur *nm* d'impulsions
~ **noise**: bruit *nm* impulsif, parasites *nm* impulsifs, parasites de courte durée
~ **spark over voltage**: tension *nf* d'amorçage au choc
~ **test**: essai *nm* de choc, essai aux ondes de choc
~ **type turbine**: turbine *nf* à action
~ **withstand voltage**: tension *nf* de tenue au choc

impulsive: impulsif, de courte durée
~ **conditions**: régime *nm* impulsif
~ **noise**: bruit *nm* impulsif, parasites *nm* impulsifs, parasites de courte durée

impurity: contaminant *nm*, impureté *nf*, saleté *nf*

in : dans, en; → *incore*
~-and-out bolt: boulon *nm* passant, boulon traversant
~ **compliance with**: conformément à
~ **compression**: travailler à la compression
~ **conducting direction**: dans le sens passant
~ **gear**: embrayé, en prise

~-**house**: interne
~ **inverse ratio**: en raison inversement proportionnelle, inversement proportionnel
~-**line**: en ligne; (inf) direct
~ **pairs**: deux par deux
~ **parallel**: en parallèle
~ **phase**: en phase
~-**plant**: interne (à l'usine), intégré
~-**processing inspection**: contrôle *nm* en cours de fabrication
~ **series**: en série
~-**series mill**: laminoir *nm* en cascade
~ **situ**: sur le terrain, sur place, chez le client
~ **step**: en phase
~ **tape**: amorce *nf*, bande *nf* [d']entrée
~ **tension**: travaillant à la traction
~ **top gear**: en grande vitesse; (auto) en prise directe
~ **tune**: accordé

inaccuracy: inexactitude *nf*; (of instrument) imprécision *nf*

inaccurate: inexact; (instrument) imprécis

inactivate *vb*: rendre inactif

inactive: inactif; (chem) inerte
~ **file**: fichier *nm* non mouvementé

inadequate: insuffisant

inaudible: (sound) imperceptible

inaugurate *vb*: (a plant) mettre en service; (a system) mettre en vigueur

inbark: entre-écorce *nm*

inboard: intérieur, interne

inbound: vers l'intérieur; (inf) du terminal vers l'ordinateur; (ship) qui entre en rade, qui entre au port
~ **call**: (tp) communication *nf* d'arrivée, appel *nm* d'arrivée
~ **track**: (rlwy) voie *nf* d'arrivée, voie d'entrée, voie de réception

inbuilt: incorporé, intégré

incandescence: incandescence *nf*

incandescent: incandescent
~ **lamp**: lampe *nf* à incandescence

incapsulate *vb*: mettre dans une capsule, encapsuler

incase *vb*: enrober, envelopper

incendiary: incendiaire

incentive: intéressement *nm*

inch *nn*: pouce; *vb*: avancer pas à pas; (m-t) marcher au coup par coup

inching: avance *nf* pas à pas; (m-t) marche *nf* au coup par coup

incidence: incidence *nf*

incident: incident
~ **wave**: onde *nf* incidente

incidental: fortuit, accidentel; → also *incidentals*
~ **cost**: faux frais *nm*, menus frais

incidentals: petites pièces *nf*, menues pièces

incineration: incinération *nf*
~ **dish**: capsule *nf* à incinération

incinerator: incinérateur *nm*

incipient: naissant
~ **crack**: amorce *nf* de fissure
~ **failure**: début *nm* de rupture
~ **fracture**: amorce *nf* de rupture
~ **red heat**: rouge *nm* naissant
~ **tear**: (met) amorce *nf* de crique

inclination: (of magnetic needle, orbit) inclinaison *nf*; (of wall, road) devers *nm*

incline: pente *nf*; plan *nm* incliné

inclined, ~ plane: plan *nm* incliné
~ **weld**: soudure *nf* demi-montante

inclinometer: clinomètre *nm*, inclinomètre *nm*

include *vb*: inclure, insérer

inclusion: inclusion *nf*

inclusive: inclusif
~ **price**: prix *nm* tout compris
~ **sum**: somme *nf* globale
~ **OR**: OU inclusif
~ **OR operation**: réunion *nf*

incombustible: incombustible

incoming«I/C»: entrant, d'arrivée

~ **call**: appel *nm* entrant, communication *nf* d'arrivée
~ **data**: données *nf* en entrée
~ **junction**: jonction *nf* entrante
~ **traffic**: trafic *nm* en réception, trafic d'arrivée

Incomplete, ~ **circuit**: circuit nm ouvert

Inconsistency: divergence *nf*, manque *nm* d'homogénéité, incohérence *nf*

Incore, ~ **reactor**: réacteur en cœur
~ **sort**: tri *nm* en mémoire

Incorporate *vb*: intégrer
~ **an improvement**: apporter un perfectionnement; (machine) bénéficier d'un perfectionnement

Incorrect: faux, inexact, incorrect; impropre

Increase *nn*: accroissement *nm*, augmentation *nf*; *vb*: accroître, augmenter
~ **fourfold**: quadrupler
~ **tenfold**: décupler
~ **threefold**: tripler

Increaser: raccord *nm* conique

Increasing, ~ **order**: ordre *nm* croissant

Increment *nn*: tranche *nf*, palier *nm*; (inf) incrément *nm*; (maths, phys) pas nm de progression, valeur *nf* de progression; *vb*: augmenter, incrémenter

Incremental: incrémentiel
~ **duplex**: duplex *nm* par addition
~ **integrator**: intégrateur *nm* à pas de progression

Indent: renfoncement *nm*; (word processing) rentré *nm*, renfoncement *nm*, décrochement *nm*

Indentation: renfoncement *nm*; (a mark left in surface) impression *nf*, empreinte *nf*; (in coastline) échancrure *nf*; (hardness test) empreinte

Independent: indépendant, autonome
~ **front suspension** «IFS»: suspension *nf* avant à roues indépendantes
~ **sideband** «ISB»: bande *nf* latérale indépendante «BLI»
~ **sideband transmitter**: émetteur *nm* à bande latérale indépendante

Index *nn*: indicateur *nm*, aiguille *nf*; indice *nm*; (a list) index *nm*, répertoire *nm*; (maths) exposant *nm*; *vb*: indexer; (m-t) positionner
~ **card**: fiche *nf*
~ **file**: fichier *nm*
~ **plate**: (m-t) plateau *nm* diviseur
~ **value**: valeur *nf* de consigne, valeur de référence

Indexer: (inf) générateur *nm* d'index, programme *nm* indexeur

Indexing: (inf) indexation *nf*; (m-t) division *nf*, positionnement *nm*
~ **center**: (m-t) mécanisme *nm* diviseur
~ **head**: poupée *nf* à diviser, diviseur *nm*
~ **mechanism**: (of rotary switch) encliquetage *nm*
~ **plate**: (m-t) plateau *nm* diviseur

Indian, ~ **ink**: encre *nf* de Chine

Indicating, ~ **fuse**: fusible *nm* à indicateur de fusion
~ **lamp**: lampe *nf* témoin, lampe de signalisation, témoin *nm*, voyant *nm*

Indicator: voyant *nm*, témoin *nm*; (an annunciator) annonciateur *nm*; (an instrument) indicateur *nm*
~ **board**: tableau *nm* indicateur, indicateur *nm* à volets
~ **drop**: volet *nm* d'annonciateur
~ **lamp**: lampe *nf* témoin, témoin *nm*, voyant *nm*
~ **light**: voyant *nm* lumineux, voyant de signalisation
~ **panel**: panneau *nm* de signalisation, panneau indicateur, tableau *nm* indicateur

Indirect: indirect
~ **arc furnace**: four *nm* à arc indirect
~ **arc heating**: chauffage *nm* indirect par arc
~ **costs**: frais *nm* généraux
~ **echo**: écho *nm* indirect, faux écho
~ **resistance furnace**: four *nm* à chauffage indirect par résistance
~ **scanning**: analyse *nf* par réflexion (du spot lumineux)
~ **wave**: onde *nf* indirecte, onde réfléchie, onde ionosphérique, onde de ciel

Indirected, ~ **graph**: graphe *nm* non orienté

Indirectly, ~ **heated**: à chauffage *nm* indirect

individual *nn*: personne *nf*; *adj*: individuel
~ **control**: commande *nf* individuelle, commande séparée

individually, ~ packed: sous emballage unitaire

indoor: intérieur, d'intérieur
~ **bushing**: traversée *nf* d'intérieur
~ **lighting**: éclairage *nm* intérieur
~ **transformer**: transformateur *nm* d'intérieur

indraught: appel *nm* d'air

induce *vb*: induire; (a current, vibrations) amorcer

induced: induit, secondaire
~ **current**: courant *nm* induit
~ **draught**: tirage *nm* induit, tirage par aspiration

inducing, ~ current: courant *nm* inducteur

inductance: inductance *nf*, coefficient *nm* d'induction
~ **bridge**: pont *nm* de mesure d'inductance
~ **capacitance coupling**: couplage *nm* par inductance-capacité
~ **coil**: bobine *nf* de self, bobine d'inductance, self *nf*

induction: induction *nf*; (of engine) admission *nf*
~ **coil**: bobine *nf* d'induction, bobine de self, self *nf*
~ **coupling**: couplage *nm* par induction
~ **field**: champ *nm* inducteur, champ d'induction
~ **furnace**: four *nm* à induction
~ **generator**: génératrice *nf* asynchrone, machine *nf* asynchrone, générateur *nm* asynchrone, alternateur *nm* asynchrone
~ **hardening**: trempe *nf* par induction
~ **heating**: chauffage *nm* par induction
~ **housing**: carter *nm* d'admission
~ **manifold**: collecteur *nm* d'admission
~ **motor**: moteur *nm* à induction, moteur asynchrone
~ **pipe**: tuyau *nm* d'arrivée, tuyau d'admission
~ **valve**: soupape *nf* d'admission

inductive: inducteur, inductif
~ **window**: (of waveguide) iris *nm* inductif, fenêtre *nf* inductive

inductor: inducteur *nm*; (an inductance coil) bobine *nf* d'inductance, bobine de self, self *nf*
~ **alternator**: alternateur *nm* à fer tournant
~ **generator**: alternateur *nm* à fer tournant
~ **machine**: machine *nf* à fer tournant

industrial, ~ applications programming «IAP»: logiciels *nm* d'application sectorielle
~ **engineering**: organisation *nf* industrielle
~ **environment**: milieu *nm* industriel
~ **plant**: établissement *nm* industriel
~ **truck**: chariot *nm* élévateur [à moteur] électrique

industry: industrie *nf*; (a particular industry) secteur *nm*
~**-oriented**: industriel, à vocation industrielle
~**-specific**: propre à une industrie, sectoriel

ineffective: inefficace, sans effet
~ **call**: (tp) appel *nm* infructueux
~ **time**: (inf) temps *nm* inactif, temps mort, temps d'inutilisation

inefficient: inefficace; (person) inapte

inert: inerte; inactif; → *inerts*
~ **cell**: pile *nf* non amorcée
~ **equipment**: (el) appareillage *nm* à atmosphère inerte
~ **filler**: charge *nf* inerte
~ **gas shielded arc welding**: soudage *nm* à l'arc en atmosphère inerte

inertia: inertie *nf*, force *nf* d'inertie
~ **damped motor**: moteur *nm* à amortissement inertiel
~ **reel belt**: ceinture *nf* de sécurité à enroulement automatique
~ **starter**: démarreur *nm* à inertie

inertial: inertiel, à inertie, par inertie

inertialess: sans inertie

inertness: inactivité *nf* chimique

inerts: matières *nf* inertes; (mining) stériles *nm*

inexhaustible: inépuisable, intarissable

infant, ~ mortality: (inf) défaillances *nf* initiales, mortalité *nf* infantile

Infeed: (grinding) avance *nf* en plongée; (inf) arrivée *nf*, entrée *nf*
~ **grinder**: rectifieuse *nf* en plongée
~ **tractor**: entraîneur *nm* à picots côté entrée

Infiltration: infiltration *nf*

Infinite *nn*: infini *nm*, infinité *nf; adj*: infini

Infinitely, ~ **variable**: à réglage *nm* continu

Infinitesimal: infinitésimal

Infix, ~ **numeration**: notation *nf* infixée

Inflammability: inflammabilité *nf*
~ **classification**: catégorie *nf* d'inflammabilité

Inflammable: inflammable

Inflatable: gonflable; pneumatique
~ **boat**: canot *nm* pneumatique
~ **raft**: radeau *nm* pneumatique

Inflate *vb*: gonfler

Inflater → *inflator*

Inflation: gonflage *nm*
~ **pressure**: pression *nf* de gonflage

Inflator: gonfleur *nm*

Inflected: infléchi
~ **curve**: contre-courbe *nf*

Inflection: inflexion *nf*, fléchissement *nm*

Inflexibility: rigidité *nf*, manque *nm* de souplesse

Inflexion → *inflection*

Inflight: en vol, embarqué

Inflow: entrée *nf*, arrivée *nf*, influx *nm*; (of air, gas) afflux *nm*
~ **of water**: venue *nf* d'eau, montée *nf* d'eau

Influence, ~ **line**: ligne *nf* d'influence

Influencing, ~ **quantity**: grandeur *nf* d'influence

Info → *information*

Information: information *nf*, renseignements *nm*; (inf) information, données *nf*
~ **bit**: bit nm d'information, bit utile
~ **department**: service *nm* informatique
~ **engineer**: informaticien *nm*
~ **engineering**: informatique *nf*
~ **field** «I-field»: zone *nf* d'information
~ **flow**: flux *nm* de l'information
~ **gathering**: collecte *nf* des données
~ **handling**: traitement *nm* des données
~ **management**: gestion *nf* de l'information
~ **network**: réseau *nm* informatique
~ **packing density**: densité *nf* d'enregistrement des données
~ **processing**: traitement *nm* de l'information
~ **retrieval**: recherche *nf* de l'information
~ **sink**: récepteur *nm* d'information
~ **source**: origine *nf* de l'information
~ **storage and retrieval** «ISR: stockage *nm* et recherche d'informations
~ **technology** «*IT*»: informatique *nf*

Infrared «IR» *nn*: infrarouge *nm*; *adj*: infrarouge
~ **emulsion**: émulsion *nf* sensible à l'infrarouge
~ **heater**: radiateur *nm* à infrarouge
~ **heating**: chauffage *nm* à infrarouge, chauffage *nm* par rayons infrarouges
~ **imaging**: formation *nf* d'images dans l'infrarouge
~ **photocell**: cellule *nf* sensible à l'infrarouge
~ **radar** «IRRAD»: radar *nm* à rayons infrarouges
~ **radiation**: rayonnement *nm* infrarouge

Infrasonic: infrasonore

Infrasound: infrason *nm*

Infrastructure: infrastructure *nf*

Ingot: lingot *nm*
~ **charging crane**: pont *nm* roulant, enfourneur *nm* de lingots
~ **gold**: or *nm* en lingots, or en barres
~ **mould**: lingotière *nf*
~ **stripping crane**: pont *nm* démouleur, pont stripeur
~ **tilter**: culbuteur *nm* de lingots
~ **tipper**: culbuteur *nm* de lingots
~ **yard**: parc *nm* à lingots

Ingress: (of steam, water) arrivée *nf*, entrée *nf*, admission *nf*

Inhabited: habité

Inhand: en train, disponible

Inherent: inhérent, propre, naturel
~ **colour**: couleur *nf* naturelle
~ **strength**: résistance *nf* naturelle
~ **vice**: vice *nm* propre

Inherited, ~ error: erreur *nf* héritée, erreur originelle, erreur répercutée

Inhibit vb: interdire, invalider, mettre hors service
~ **an alarm**: neutraliser une alarme
~ **mode**: mode *nm* d'interdiction
~ **pulse**: impulsion *nf* de blocage

Inhibiting: interdiction *nf*, neutralisation *nf*, mise *nf* hors service, blocage *nm*
~ **circuit**: circuit *nm* inhibiteur, circuit d'inhibition
~ **error**: erreur *nf* bloquante
~ **signal**: signal *nm* d'interdiction

Inhibition: interdiction *nf*

Inhibitor: inhibiteur *nm*

Inhour: (nuc) inhour

In-house: d'entreprise, interne, au sein de l'entreprise
~ **software**: logiciel *nm* maison

Initial *nn*: initiale *nf*; *adj*: initial; *vb*: viser;
Initials: (of a person) initiales; (of a firm) sigle *nm*
~ **boiling point** «ibp»: point *nm* initial d'ébullition
~ **cone**: (weaving, spinning) cône *nm* de départ
~ **cost**: frais *nm* d'installation, frais d'établissement
~ **event**: (PERT) évènement *nm* de départ
~ **position**: position *nf* d'origine
~ **program loading** «IPL»: chargement *nm* initial de programme
~ **set**: (of concrete) début *nm* de prise
~ **stage**: premier temps *nm*, première étape *nf*
~ **stress** NA : (prestress) précontrainte *nf*

Initialize <ise> *vb*: initialiser

Initialization <isation>: initialisation *nf*

Initiate *vb*: (arc) amorcer; (inf) activer, amorcer, déclencher

Initiation: (inf) lancement *nm* d'une opération
~ **status**: état *nm* au lancement

Initiator: fonction *nf* de lancement

Injection: injection *nf*
~ **engine**: moteur *nm* à injection
~ **harness**: rampe *nf* d'injection
~ **laser** «IL»: laser *nm* à injection
~ **moulding**: moulage *nm* par injection

Injector: injecteur *nm*

Ink: encre *nf*
~ **coverage**: encrage *nm*
~ **jet printer**: imprimante *nf* à jet d'encre
~ **recorder**: enregistreur *nm* à stylet
~ **roller**: rouleau *nm* encreur

Inking: encrage *nm*

Inland *nn*: intérieur *nm* d'un pays; *adj*: intérieur, national
~ **navigation**: navigation *nf* intérieure
~ **port**: port *nm* intérieur
~ **water transport**: batellerie *nf*
~ **waterways**: réseau *nm* navigable

Inlet: admission *nf*, aspiration *nf*, entrée *nf*
~ **feed pipe**: tubulure *nf* d'admission
~ **flange**: bride *nf* d'admission
~ **manifold**: collecteur *nm* d'admission
~ **valve**: soupape *nf* d'admission

In-line: en ligne; (inf) connecté
~-**compressor**: compresseur *nm* à cylindres en ligne
~ **processing**: traitement *nm* en ligne directe, traitement direct

Inner: intérieur
~ **cone**: (of flame) dard *nm*
~ **crown**: (of furnace) chapelle *nf*, voûte *nf*
~ **lining**: revêtement *nm* intérieur
~ **tube**: (of tyre) chambre *nf* à air
~ **harbour**: port *nm* intérieur, arrière-port *nm*

Inoperable: inexploitable
~ **time**: durée *nf* d'immobilisation

In-phase, ~ component: composante *nf* en phase, composante active, composante wattée
~ **current**: courant *nm* en phase, courant watté

in-plant: en usine, sur place, dans l'usine même

in-process: en cours de fabrication

input *nn*: entrée *nf*; (of energy) consommation *nf*, puissance *nf* absorbée; (inf) données *nf* d'entrée, introduction *nf* de données; *vb*: introduire, entrer
~ **buffer**: tampon *nm* d'entrée
~ **device**: organe *nm* d'entrée, unité *nf* [périphérique] d'entrée
~ **energy**: énergie *nf* reçue, énergie introduite
~/**output** «I/O»: entrée/sortie «E/S»
~/**output control system** «IOCS» système *nm* de contrôle des entrées/sorties
~/**output driver**: programme *nm* de gestion des entrées/sorties
~/**output port**: porte *nf* d'entrée/sortie
~ **pinion**: pignon *nm* d'attaque
~ **power**: puissance *nf* absorbée, puissance consommée; puissance d'entrée, puissance d'attaque
~ **transaction**: mouvement *nm* entrée
~ **transformer**: transformateur *nm* d'entrée
~ **variable**: grandeur *nf* d'entrée

inquire *vb*: demander, interroger, consulter, rechercher; → also *enquire*

inquiry: demande *nf* (de renseignement); (inf) interrogation *nf* (de fichier), consultation *nf*; → also *enquiry*
~ **station**: poste *nm* d'interrogation

inrush, ~ current: courant *nm* d'appel, appel *nm* de courant, courant transitoire de mise sous tension

insect, ~ screen: moustiquaire *nf*

insensitive, ~ time: (eon) temps *nm* mort

insert *nn*: insertion *nf*; (graph) encart *nm*; (mech) prisonnier *nm*, pièce *nf* rapportée, insert *nm*; *vb*: introduire, insérer; intercaler; (mech) rapporter
~ **earphone**: écouteur *nm* interne

inserted, ~ tooth cutter: fraise *nf* à dents rapportées
~ **tooth reamer**: alésoir *nm* à lames rapportées

insertion: insertion *nf*, mise *nf* en place
~ **phase change**: déphasage *nm* par insertion, déphasage d'insertion

inshore: à terre
~ **piloting**: lamanage *nm*

inside: intérieur
~ **back cover**: quatrième page *nf* de couverture
~ **cover**: deuxième page *nf* de couverture
~ **diameter** «ID»: diamètre *nm* intérieur; (of hole) alésage *nm*
~ **length**: (of vehicle body) longueur *nf* utile de chargement
~ **measurement**: (constr) mesure *nf* dans œuvre
~ **out flow**: écoulement *nm* centrifuge
~ **thread**: filet *nm* intérieur, filet femelle
~ **width**: (of vehicle body) largeur *nf* utile de chargement

inspection: (of equipment) visite *nf*; (for quality control) contrôle *nm*, vérification *nf*
~ **cover**: regard *nm* (de visite)
~ **gauge**: calibre *nm* de vérification, calibre de contrôle
~ **hole**: regard *nm*, ouverture *nf* de visite, trou *nm* de regard
~ **lamp**: baladeuse *nf*
~ **pit**: fosse *nf* de visite, puits *nm* de visite, trou *nm* d'homme; (in garage) fosse *nf* de réparation
~ **procedure**: gamme *nf* de contrôle
~ **stamp**: cachet *nm* de vérification, tampon *nm* de vérification, poinçon *nm* de contrôle

install *vb*: (machinery) installer, mettre en place, monter; (el) poser

installation: installation *nf*, pose *nf*, montage *nm*; (equipment) matériel *nm*, système *nm*

installed: installé, monté, mis en place, posé
~ **base**: parc *nm* de machines
~ **capacity**: puissance *nf* installée
~ **engine**: (in aircraft) moteur *nm* avionné
~ **load**: (el) puissance *nf* installée
~ **power**: puissance *nf* installée

installer: installateur *nm*, monteur *nm*

instant: instantané
~ **start lamp**: lampe *nf* à amorçage à froid

instantaneous: instantané
~ **fuse**: cordon *nm* détonant
~ **relay**: relais *nm* à action instantanée, relais instantané

~ **value**: valeur *nf* instantanée

Instruction: consigne *nf*, instruction *nf*; (inf) instruction *nf*; **Instructions**: notice *nf*, mode *nm* d'emploi
~ **code**: code *nm* opération, code instruction
~ **flash panel**: consigne *nf* lumineuse
~**s for use**: mode *nm* d'emploi, notice *nf*

Instructor: moniteur *nm*

Instrument: (measuring) instrument *nm*, appareil *nm* de mesure; (tp) appareil
~ **board**: tableau *nm* de bord, tableau de commande
~ **controlled landing** «ICL»: atterrissage *nm* aux instruments
~ **flight rules** «IFR»: règles *nf* de vol aux instruments
~ **flying**: vol *nm* aux instruments
~ **landing system** «ILS»: système *nm* d'atterrissage aux instruments
~ **layout**: disposition *nf* des instruments
~ **lead**: cordon *nm* de mesure
~ **panel**: tableau *nm* de bord, tableau *nm* de commande
~ **range**: gamme *nf* des mesures
~ **reading**: lecture *nf* des instruments; valeur *nf* indiquée
~ **transformer**: transformateur *nm* de mesure
~ **with locking device**: instrument *nm* à blocage d'équipage
~ **with optical index**: instrument *nm* à index lumineux
~ **with suppressed zero**: instrument *nm* à suppression de zéro

Instrumental, ~ **error**: erreur *nf* de lecture due à l'instrument

Instrumentation: instruments *nm* de mesure, technique *nf* des instruments de mesure

Insulance: résistance *nf* d'isolement

Insulating: isolant, calorifuge
~ **barrier**: écran *nm* anti-arc
~ **base**: plaquette-support *nf* (circuits imprimés)
~ **compound**: pâte *nf* isolante, masse *nf* isolante, masse de remplissage
~ **mat**: tapis *nm* isolant
~ **property**: pouvoir *nm* isolant
~ **strength**: résistance *nf* d'isolement (d'un diélectrique)
~ **tape**: chatterton *nm*, ruban *nm* isolant

Insulation: (material) isolation *nf*; (property) isolement *nm*
~ **failure**: défaut *nm* d'isolement
~ **fault**: défaut *nm* d'isolement
~ **rating**: dimensionnement *nm* de l'isolation
~ **resistance**: résistance *nf* d'isolement
~ **strength**: (el) rigidité *nf* diélectrique, rigidité d'isolement

Insulator: (an insulant) isolant *nm*, matière *nf* isolante; (el) isolateur *nm*
~ **arcover**: arc *nm* de contournement (d'un isolateur)
~ **pin**: support *nm* d'isolateur, tige *nf* d'isolateur
~ **set**: chaîne *nf* [d'isolateurs] équipée
~ **string**: chaîne *nf* d'isolateurs

Intaglio, ~ **engraving**: gravure *nf* en creux

Intake: (of engine) admission *nf*
~ **air heater**: réchauffeur *nm* d'admission
~ **casing**: carter *nm* d'admission
~ **duct**: conduite *nf* d'amenée
~ **guide vane**: aube *nf* de guidage, aube de pré-rotation, aube directrice d'entrée
~ **throat**: col *nm* d'entrée
~ **valve**: soupape *nf* d'admission

Integer: nombre *nm* entier

Integral: (built-in) intégré, incorporé
~ **number**: nombre *nm* entier
~ **pinion shaft**: pignon *nm* arbré
~ **tank**: réservoir *nm* structural
~ **with**: solidaire de; (casting) venu de fonte

Integrated: intégré
~ **circuit**: «IC» circuit *nm* intégré
~ **communication controller** «ICC»: contrôleur *nm* de transmission intégré
~ **data processing** «IDP»: traitement *nm* intégré des données, traitement intégré de l'information
~ **digital network** «IDN»: réseau *nm* numérique intégré «RNI»
~ **injection logic** «IIL», «I2L»: logique *nf* intégrée à injection
~ **systems**: équipements *nm* intégrés

Integrating: intégrateur; (measuring instrument) intégrateur, totalisateur
~ **counter**: compteur *nm* totalisateur
~ **photometer**: photomètre *nm* à intégration
~ **relay**: relais *nm* totalisateur

Intelligence: intelligence *nf*; (information) information *nf*, renseignements *nm*
~ **bit**: bit *nm* d'information, bit utile

Intelligent: intelligent, programmable [par l'utilisateur]
~ **copier**: copieur *nm* à microprocesseur intégré, copieur programmable
~ **terminal**: terminal *nm* intelligent, terminal programmable, terminal lourd

Intensifier: renforçateur *nm*; (crt) électrode *nf* post-accélératrice
~ **electrode**: électrode *nf* de post-accélération, électrode post-accélératrice

Intensity: intensité *nf*; (crt) luminosité nf; (of voice) puissance *nf* vocale
~ **control**: (crt) réglage *nm* de la luminosité
~ **distortion**: (tp) distorsion *nf* d'amplitude
~ **meter**: (for sound) phonomètre *nm*, sonomètre *nm*

Intensive, ~ projector: projecteur *nm* convergent, projecteur intensif

Interact *vb*: agir l'un sur l'autre; (inf) dialoguer

Interacting: interdépendant

Interactive: (inf) interactif, conversationnel, de dialogue, dialogué

Interband: interbande *nf*

Interbank: interbancaire

Interblock: interbloc *nm*
~ **gap**: espace *nm* interbloc

Intercarrier: (a frequency) interporteuse *nf*, porteuse *nf* intermédiaire

Intercept *nn*: interception *nf*, écoute *nf*; *vb*: (tp) intercepter un appel; (mil) écouter

Interchange: échange *nm*; permutation *nf*; (a road) échangeur *nm*

Interchangeable: interchangeable; amovible, détachable; équivalent

Interchannel: intercanal, entre voies

Intercity: interurbain, interville

Intercom: (tp) interphone *nm*

Intercommunication: intercommunication *nf*
~ **system**: réseau *nm* interne de communications, système *nm* d'intercommunication; (tp) interphone *nm*

Interconnect *vb*: interconnecter, relier
~ **equipment**: équipement *nm* terminaux
~ **system** NA : système *nm* fourni par l'abonné

Interconnection: interconnexion *nf*; raccordement *nm* d'équipement terminal

Intercontinental: intercontinental
~ **guided missile** «ICGM»: engin *nm* intercontinental téléguidé

Intercooler: refroidisseur *nm* intermédiaire

Intercrystalline: intercristallin

Interdigital: interchiffre

Interface «IF»: liaison *nf*, jonction *nf*, interface *nf*; *vb*: connecter, relier; (inf) communiquer, interfacer
~ **connector**: réglette *nf* d'interface, connecteur *nm* de jonction

Interference: brouillage *nm*, interférence *nf*, parasites *nm*, perturbations *nf*
~ **current**: courant *nm* perturbateur, courant parasite
~ **eliminator**: filtre *nm* antiparasite
~ **fading**: évanouissement *nm* par interférence
~ **fit**: ajustement *nm* serré
~-**free**: non-brouillé, sans brouillage, antiparasite
~ **inverter**: diode *nf* anti-brouilleuse, diode antiparasite
~ **suppression**: antiparasitage *nm*
~ **suppressor**: dispositif *nm* antiparasite
~ **tone**: signal *nm* brouilleur
~ **unit**: générateur nm d'interférences, brouilleur *nm*

Interfering, ~ carrier: porteuse *nf* brouilleuse
~ **voltage**: tension *nf* perturbatrice

Interferometer: interféromètre *nm*

Intergranular: intergranulaire

interior: intérieur
~ **wiring system**: distribution *nf* intérieure

interlacing: entrelacement *nm*, imbrication *nf*

interleave *vb*: (graph) intercaler des feuilles; (inf) imbriquer, entrelacer

interlink *vb*: connecter, relier

interlinked, ~ controls: commandes *nf* conjuguées

interlock *nn*: verrouillage *nm* (de sécurité), interdiction *nf* sécurité, blocage *nm*, interblocage *nm*; *vb*: s'emboîter; verrouiller

interlocking: enclenchement *nm*, verrouillage *nm*, blocage *nm*
~ **gear**: appareil *nm* d'enclenchement
~ **relay**: relais *nm* de verrouillage
~ **safeguard**: dispositif *nm* de verrouillage
~ **tile**: tuile *nf* à emboîtement

intermating: accouplable; interconnectable

intermediate: intermédiaire
~ **distribution frame** «IDF»: (tp) répartiteur *nm* intermédiaire
~ **film system**: télévision *nf* par film intermédiaire
~ **frequency**: «IF»: fréquence *nf* intermédiaire, fréquence moyenne
~ **frequency amplifier**: amplificateur *nm* à fréquence intermédiaire, amplificateur intermédiaire
~ **repeater**: (tcm) amplificateur *nm* de ligne, répéteur *nm* de ligne, répéteur *nm* intermédiaire

intermittent: intermittent, discontinu
~ **duty**: service *nm* intermittent
~ **fault**: défaut *nm* intermittent

intermodulation «IM»: intermodulation *nf*

internal: intérieur, interne
~ **angle**: angle *nm* rentrant
~ **audit**: contrôle *nm* interne, vérification *nf* interne
~ **combustion** «IC»: combustion *nf* interne
~ **combustion engine**: moteur *nm* à explosion, moteur thermique
~ **diameter**: diamètre *nm* intérieur; (of tube) calibre *nm*
~ **energy**: énergie *nf* interne
~ **gear**: engrenage *nm* à denture intérieure
~ **milling cutter**: fraise *nf* aléseuse
~ **modem**: modem *nm* intégré
~ **strength member optical cable**: câble *nm* optique à porteur central
~ **teeth**: denture *nf* intérieure
~ **thread**: filet *nm* femelle, filet intérieur, taraudage *nm*

international, ~ direct distance dialling «IDDD»: (tp) téléphone *nm* automatique international
~ **subscriber dialling** «ISD»: service *nm* automatique international

internetworking: interconnexion *nf* de réseaux

internetting: interconnexion *nf* de réseaux

interoffice: (tp) intercentraux
~ **trunk cable**: câble *nm* de jonction interurbaine

interpole: pôle *nm* de commutation

interrecord: inter-enregistrement *nm*

interreflection: réflexions *nf* mutuelles

interrogation: (inf) interrogation *nf*, consultation *nf*

interrupt *nn*: interruption *nf*; *vb*: interrompre; (the current) couper
~ **disabling**: désarmement *nm* des interruptions
~ **handler** «IH»: gestionnaire *nm* des interruptions
~ **setting**: armement *nm* des interruptions

interrupted, ~ continuous wave «ICW»: onde *nf* modulée, onde entretenue interrompue
~ **ringing**: sonnerie *nf* rythmée, sonnerie cadencée

interrupting NA : (el) de coupure, de rupture
~ **capacity**: pouvoir *nm* de coupure
~ **rating**: pouvoir *nm* de coupure, puissance *nf* de rupture, puissance de coupure, puissance de disjonction
~ **time**: durée *nf* de coupure
~ **voltage**: tension *nf* de rupture

interruption: interruption *nf*; interruption de service, arrêt *nm* de fonctionnement
~ **burst**: paquet *nm* d'interruptions

~ **cable**: câble *nm* de secours, câble auxiliaire

Interstage: stade *nm* intermédiaire
~ **transformer**: transformateur *nm* de liaison

Interswitchboard: (tp) privé

Intertoll NA : (tp) interurbain
~ **network**: réseau *nm* interurbain
~ **trunk**: circuit *nm* interurbain

Intertripping: déclenchement *nm* interdépendant

Interturn, ~ insulation: isolation *nf* entre spires
~ **short circuit**: court-circuit *nm* entre spires

Interval: intervalle *nm*; (in operation) temps *nm* mort; (on scale) valeur *nf* d'une division
~ **timer**: horloge *nf*, rythmeur *nm*; compteur *nm* d'intervalle de temps

Intervening: intercalaire, intermédiaire

Interworking: échanges *nm* entre matériels de constructeurs différents

Into, ~ the wind: face au vent

Intra-area NA : (tp) interrégional

Intrinsic: intrinsèque

Introduce *vb*: introduire; (a product) lancer; (a system) mettre en place

Introduction: introduction *nf*, lancement *nm*, mise *nf* en place

Introductory: de lancement

Intruder: cambrioleur *nm*

Intrusion, ~ detector: (acoustic) avertisseur *nm* anti-vol

Invalid: invalide, incorrect, erroné, non valable
~ **character**: caractère *nm* invalide
~ **key**: touche *nf* inopérante

Invalidate *vb*: invalider

Invar: invar *nm*

Invariant: invariant, fixe

~ **field**: zone *nf* fixe

Inventory: (stock taking) inventaire *nm*; (stocks held) stock[s] *nm*, parc *nm*
~ **control**: gestion *nf* des stocks, tenue *nf* des stocks
~ **report**: état *nm* de stock
~ **turnover**: rotation *nf* des stocks

Inverse: inverse, réciproque, renversé, opposé, antagoniste
~ **feedback**: contre-réaction *nf*
~ **direction**: sens *nm* inverse; (el, eon) direction *nf* inverse, sens de non-conduction, sens non conducteur
~ **feedback amplifier**: amplificateur *nm* à contre-réaction
~ **feedback filter**: filtre *nm* à contre-réaction
~ **function**: fonction *nf* inverse, fonction réciproque
~ **timelag**: retard *nm* dépendant, retard inverse
~-**timelag relay**: relais *nm* à retard inverse, relais à retard dépendant
~ **value**: valeur *nf* réciproque

Inversion: inversion *nf*; (of electronic power) ondulation *nf* électronique
~ **factor**: facteur *nm* de conversion (d'un onduleur)
~ **with automatic return**: inversion *nf* à rappel

Invert *nn*: (constr) radier *nm*; *vb*: inverser, intervertir; renverser

Inverted: inverse, inversé, renversé, à l'envers, réciproque
~ **arrow engine**: moteur *nm* en W inversé
~ **converter**: convertisseur *nm* continu-alternatif
~ **flying**: vol *nm* sur le dos

Inverter: inverseur *nm*; (inf) changeur *nm* de signe, inverseur; (el) onduleur *nm*, inverseur *nm*, convertisseur *nm* continu-alternatif

Investigate *vb*: examiner, analyser, explorer

Invigilator: contrôleur *nm* de séquence

Invocation: (inf) appel *nm* de programme

Invoice *nn*: facture; *vb*: facturer

Invoicing: facturation *nf*

invoke *vb*: (inf) appeler (un programme)

involute: développante *nf*
~ **gear**: engrenage *nm* en développante, roue *nf* à développante
~ **spring**: ressort *nm* en spirale
~ **teeth**: denture *nf* en développante
~ **to a circle**: développante *nf* de cercle

inward: entrant, d'arrivée
~ **call**: appel *nm* d'arrivée, communication *nf* d'arrivée
~ **flow**: écoulement *nm* centripète
~ **flow turbine**: turbine *nf* centripète
~ **trunk**: (tp) circuit *nm* entrant, circuit d'arrivée

IO → *input output*

IOCS → *input output control system*

iodine: iode *nf*
~ **number**: indice *nm* d'iode
~ **value**: indice *nm* d'iode

iodized <ised>: iodé

ion *nn*: ion *nm*; *adj*: ionique
~ **avalanche**: avalanche *nf* ionique
~ **beam**: faisceau *nm* d'ions, faisceau ionique
~ **burn**: brûlure *nf* ionique
~ **chamber**: chambre *nf* d'ionisation
~ **current**: courant *nm* ionique
~ **flow**: flux *nm* ionique
~ **nitriding**: nitruration *nf* par bombardement ionique
~ **plating**: ionoplastie *nf*
~ **spot**: tache *nf* ionique
~ **trap**: piège *nm* à ions

ionic, ~ focusing: concentration *nf* ionique

ionization <isation>: ionisation *nf*
~ **chamber**: chambre *nf* d'ionisation

ionizing <ising>: ionisant

ionizer <iser>: ionisant *nm*

ionometer: ionomètre *nm*

ionosphere: ionosphère *nf*

ionospheric: ionosphérique
~ **disturbance**: perturbation *nf* ionosphérique
~ **time delay**: temps *nm* de propagation dans l'ionosphère

IPL → *initial program loading*

IR → *infrared, information retrieval*

iridescence: irisation *nf*

iris: iris *nm*; (on waveguide) diaphragme *nm*

irising, ~-in: ouverture *nf* graduelle du diaphragme
~-**out**: fermeture *nf* graduelle du diaphragme

iron: fer *nm*; (cast iron) fonte *nm*; (colloquial) matériel *nm*; (domestic equipment) fer à repasser
~ **carbide**: carbure *nm* de fer
~-**clad dynamo**: dynamo *nf* cuirassée
~ **core**: noyau *nm* de fer
~ **loss**: perte *nf* dans le fer
~-**nickel accumulator**: accumulateur *nm* au fer-nickel
~ **ore**: minerai *nm* de fer
~ **out**: éliminer (les erreurs, les problèmes)
~ **plate core**: noyau *nm* en tôle, noyau feuilleté
~ **plating**: blindage *nm* de fer
~-**vane instrument**: appareil *nm* de mesure à fer mobile
~-**wire core**: noyau *nm* en fil

ironclad: cuirassé

ironworks: usine *nf* sidérurgique

IRRAD → *infrared radar*

irradiate *vb*: rayonner, illuminer; irradier

irradiation: éclairement *nm*; irradiation *nf*

irrecoverable: non récupérable, irréparable

irrelevant: non pertinent

irretrievable: (inf) inaccesible, introuvable

irreversible: irréversible

irrigation: irrigation *nf*
~ **duct**: canal d'irrigation

irrotational, ~ field: champ *nm* irrotationnel
~ **wave**: onde *nf* irrotationnelle, onde longitudinale

ISB→ *independant sideband*

ISD → *international subscriber dialling*

Isobar: isobare *nf*

Isobutylene, ~ Isopropylene rubber «IIR»: caoutchouc *nm* IIR

Isochromatic: isochrome

Isochronous: isochrone

Isolate *vb*: (part of a system) isoler, sectionner; (a fault) localiser

Isolated, ~ neutral: à neutre isolé

Isolating: de sectionnement
~ **amplifier**: amplificateur *nm* tampon
~ **gap**: distance *nf* de sectionnement, éclateur *nm* de protection
~ **link**: barrette *nf* de sectionnement, coupe-circuit *nm* sectionneur
~ **switch**: interrupteur *nm* de sectionnement, sectionneur *nm*

Isolation: isolation *nf*, isolement *nm*; (of fault) localisation *nf*

Isolator: sectionneur *nm*

Isoluminance, ~ curve: courbe *nf* isophote de lumière

Isotherm: isotherme *nf*

Isotope: isotope *nm*

Isotropic: isotrope, isotropique

Issue: (of book) parution *nf*, publication *nf*; (an exit) issue *nf*, sortie *nf*; (of tickets) délivrance *nf*, émission *nf*
~ **number**: indice *nm*; édition *nf* No; numéro *nm* de sortie, numéro d'ordre

IT → *information technology*

Item: article *nm*; (inf) article, élément *nm* d'information, rubrique *nf*
~ **card**: carte *nf* article
~ **file**: fichier *nm* des articles
~ **number**: (on drawing) repère *nm*
~ **size**: (inf) longueur *nm* d'article

Itemised <ised>: (price, list) détaillé

Iteration: itération *nf*, répétition *nf*

Iterative: itératif
~ **guidance**: guidage *nm* par itération

J

jack *nn*: (mech) cric *nm*, vérin *nm*; (tp) jack *nm* (de panneau); prise *nf* (d'abonné); *vb*: relier par cavalier
~ **actuator**: actionneur *nm* à vérin à vis, commande *nf* à vérin à vis
~ **adapter pad**: appui-cric *nm*, appuie-cric *nm*
~ **field**: panneau *nm* de commutation, panneau de jacks
~ **hammer**: brise-béton *nm*
~ **pad**: appui *nm* de vérin
~ **panel**: panneau *nm* de commutation, panneau de jacks
~ **plug**: fiche *nf* de jack, cavalier *nm*
~ **screw**: vis *nf* d'accouplement
~ **strip**: réglette *nf* de jacks, barrette *nf* de jacks
~ **up**: lever avec un cric, soulever avec un cric
~ **up platform**: plate-forme *nf* autoélévatrice

jacked: (tp) à prises préinstallées

jacket *nn*: chemise *nf*, gaine *nf*, enveloppe *nf*, jaquette *nf*; (of book) chemise *nf*, jaquette *nf*; (of disc) pochette *nf*; *vb*: garnir d'une chemise
~ **cooling**: refroidissement *nm* par jaquette d'eau, refroidissement de la chemise
~ **heater**: chauffe-eau *nm* à chemise

jacketed: (wire) sous enveloppe, sous gaine
~ **cylinder**: cylindre *nm* à chemise

jacking, ~ pad: appui *nm* de cric, embout *nm* de levage, rotule *nf* de vérin
~ **up**: levage *nm* (avec un cric ou avec un vérin)

jackknife *vb*: (vehicle) se mettre en zigzag, se mettre en portefeuille

jackscrew: vérin *nm* a vis

jackshaft: arbre *nm* secondaire, arbre de renvoi

jacquard: jacquard
~ **card**: carton *nm* jacquard

jagged, ~ edge: bord *nm* déchiqueté, bord dentelé

jam: (inf) bourrage *nm* (de cartes); (radio) brouillage *nm*; (traffic) embouteillage *nm*, encombrement *nm*; *vb*: (mech) s'enrayer, se coincer
~ **circuit**: circuit *nm* antibourrage
~ **nut**: contre-écrou *nm*, écrou *nm* de blocage
~ **tight**: (nut) serré à refus

jamb: (constr) montant *nm* (de porte, de fenêtre), poteau *nm* d'huisserie

jammer: brouilleur *nm*

jamming: (inf) bourrage *nm* (de cartes); (mech) blocage *nm*, enrayage *nm*, grippage *nm*, serrage *nm*; (radio) brouillage *nm*, interférence *nf*
~ **device**: plaquette *nf* arrêtoir, blocage *nm* de vis, frein *nm* d'écrou

jamproof: antiblocage, antibourrage

janitor NA : concierge *nm*
~ **service**: service *nm* d'entretien (de locaux)

japan: vernis *nm* du Japon, laque *nf*

japanned: laqué

jar: bocal *nm*, flacon *nm*; (accumulator) bac *nm*, boîte *nf*; (laboratory equipment) vase *nm*; (sound) son *nm* discordant; (sudden shock) coup *nm* sec, contre-coup *nm*

jarring: moulage *nm* à secousses
~ **mark**: marque *nf* de secousse

javel[le], ~ water: eau *nf* de Javel

jaw: mâchoire *nf*, mors *nm*, mordache *nf*
~ **breaker**: concasseur *nm* à mâchoires
~ **chuck**: mandrin *nm* à mors
~ **crusher**: concasseur *nm* à mâchoires

JCL→ *job control language*

jelled: gélifié

jelly: gelée *nf*
~ **filling**: bourrage *nm* gélatineux

jellying: gélification *nf*

jenny: (spinning) métier *nm* à filer

jeopardize <ise> *vb*: mettre en danger

jerk: choc *nm*, saccade *nf*, secousse *nf*; (space) suraccélération *nf*

jerky: saccadé

jerrican: jerrycan *nm*; bidon *nf* à essence, nourrice *nf*

jerry, ~ **building**: construction *nf* bon marché, mauvaise construction

jerrycan → *jerrican*

jet *nn*: buse *nf*, gicleur *nm*; (aero) tuyère *nf* d'éjection des gas, tuyère de réacteur; (jet aircraft) avion *nm* à réaction; (of liquid) jet *nm*; (space travel) propulseur *nm*; *vb*: gicler, faire gicler; nettoyer au jet
~ **bit**: trépan *nm* à jet
~ **body**: corps *nm* de propulseur
~ **burner**: brûleur *nm* à jet
~ **carburetter**: carburateur *nm* à giclage
~ **engine**: moteur *nm* à réaction
~ **engine fuel**: carburéacteur *nm*
~ **fighter**: chasseur *nm* à réaction
~ **flame**: flamme *nf* jaillissante
~ **flap**: (aero) volet *nm* fluide
~ **flapped rotor**: rotor *nm* à volet fluide, rotor soufflé
~ **fuel**: carburéacteur *nm*
~ **holder**: porte-gicleur *nm*
~ **pipe**: (aero) tuyère *nf* [d'éjection]
~ **plating**: métallisation *nf* à jet
~ **plug**: bouchon *nm* gicleur, bouchon de giclage
~ **pluming**: éclatement *nm* du jet
~-**proof** étanche à la lance
~-**propelled**: à réaction
~ **propulsion**: propulsion *nf* à réaction, réaction *nf*
~ **pump**: éjecteur *nm*, pompe *nf* à jet
~ **recorder**: enregistreur *nm* à jet d'encre
~ **rotor**: rotor *nm* à réaction
~ **stream**: courant-jet *nm*
~ **turbine**: turbine *nf* à réaction
~ **wash**: (of jet engine) souffle *nm* des réacteurs

jetcrete: gunite *nf*

jetlag: effet *nm* du décalage horaire

jetting: lançage *nm*; fonçage *nm* des pieux per jet d'eau

jettison *nn*: jet *nm* à la mer; (aero) délestage *nm*, largage *nm* par-dessus bord; *vb*: se délester de, larguer, jeter à la mer
~ **tank**: réservoir *nm* largable
~ **valve**: vide-vite *nm*

jetty: appontement *nm*, digue *nf*, jetée *nf*
~ **head**: musoir *nm*

jetway: passerelle *nf* (d'accès aux avions)

jewel: bijou *nm*; (of watch) rubis *nm*
~ **colour**: couleur *nf* vive
~ **light**: voyant *nm* faceté

JFET → *junction field effect transistor*

jib: (of crane) flèche *nf*; (of fork lift truck) potence *nf*; (a sail) foc *nm*
~ **crane**: grue *nf* à flèche

jibe *vb*: empanner, gambeyer

jiffy, ~ **bag**: pochette *nf* matelassée

jig *nn*: calibre *nm*, jauge *nf*, gabarit *nm*, étalon *nm*; (m-t) montage *vb*; (wldg) mannequin *nm*; *vb*: secouer; (mining) passer au crible
~ **boring machine**: machine *nf* à pointer et à aléser, aléseuse-pointeuse *nf*
~ **dimension**: cote *nf* au gabarit
~ **table**: crible *nm* vibrant

jigger: (mining) crible *nm* oscillant; (tex) jigger *nm*, machine *nf* de teinture au large
~ **conveyor**: convoyeur *nm* à secousses, couloir *nm* oscillant, transporteur *nm* à secousses

jigging: séparation *nf* à secousses; (compacting) chocage *nm*

jigsaw: scie *nf* à chantourner, scie sauteuse

jingle: sonal *nm*

jitter: fluctuation *nf*, instabilité *nf*, vacillement *vb*; scintillement *nm*, fluctuation *nf*

jitterbug: générateur *nm* d'impulsions arythmiques

job: emploi *nm*, travail *nm*; tâche *nf*; travail *nm* à la demande
~ **accounting**: comptabilité *nf* des travaux, comptabilisation *nf* des travaux
~ **captain** NA : chef *nm* d'atelier, responsable *nm* des études
~ **classification**: catégorie *nf* professionnelle; (inf) hiérarchie *nf* des travaux
~ **control**: gestion *nf* des travaux, suivi *nm* des travaux
~ **control language** «JCL»: langage *nm* de contrôle des travaux
~ **entry**: soumission *nf* de travaux, chargement *nm* de travaux
~ **evaluation**: classification *nf* des emplois
~ **lot**: lot *nm* désassorti
~ **lot production**: fabrication *nf* en petites séries
~**-mixed concrete**: béton *nm* coulé sur place
~ **printing**: travaux *nm* de ville
~ **queue**: file *nf* d'attente de travaux
~ **run**: exécution *nf* du travail
~ **scheduler**: programmateur *nm* de travaux
~ **site** NA : chantier *nm* de construction
~ **stream**: train *nm* de travaux
~ **termination**: fin *nf* d'un travail, fin des travaux
~ **work**: travail *nm* à la tâche, travail à forfait, entreprise *nf* à forfait; exécution *nf* de commandes uniques

jobbing: travaillant à façon
~ **plate**: tôle *nf* moyenne
~ **sheet**: tôle *nf* moyenne

jockey, ~ **pulley**: galet *nm* de guidage, poulie *nf* de guidage
~ **weight**: poids *nm* mobile, poids curseur, curseur *nm*
~ **wheel**: galet *nm* de tension, tendeur *nm*

jog *vb*: faire marcher par à-coups; (card deck) battre; (graph) égaliser, taquer

jogger: (graph) taqueuse *nf*

jogging: marche *nf* par à-coups

joggle: (carp) assemblage *nm* en adent

join *vb*: assembler, joindre, lier, relier, réunir, connecter
~ **edge to edge**: (panels) affronter
~ **end to end**: abouter, rabouter, mettre bout à bout; (pipes) aboucher

joiner: menuisier *nm*

joining: asssemblage *nm*; (of film) collure *nf*

joint «JT» *nn*: joint *nm*; (carp) assemblage *nm*; (el) connexion *nf*, raccord *nm*, raccordement *nm*; (spliced) épissure *nf*; *adj*: commun
~ **box**: boîte *nf* de jonction
~ **compound**: pâte *nf* à joints, mastic *nm* pour joints
~ **face**: (in masonry) face *nf* de joint; (moulding) plan *nm* de joint
~ **filler**: pâte *nf* à joints, pâte *nf* de remplissage
~ **flange**: bride *nf* d'assemblage
~ **flash**: bavure *nf* de joint
~ **geometry**: (of linkage) géométrie *nf* des articulations
~ **line**: ligne *nf* de joint, ligne séparatrice
~ **ownership**: propriété *nf* commune
~ **plate**: couvre-joint *nm*
~ **strength**: rigidité *nf* d'un joint
~ **use**: usage *nm* commun
~ **user**: co-usager *nm*

jointer: fer *nm* à joints, tire-joint *nm*

jointing: assemblage *nm* (de poutres), abouchement *nm* (de tuyaux); (geol) fissuration *nf*; (of masonry) jointoiement *nm* en montant, refoulement *nm* en montant
~ **chamber**: (tp) puits *nm* à câbles
~ **compound**: masse *nf* de remplissage, lut *nm*

joist: poutre *nf*; (made of wood) solive *nf*; (made of steel) poutrelle *nf*
~ **hanger**: étrier *nm*

jolt: secousse *nf*
~ **moulding**: moulage *nm* à secousses
~ **vibrator**: vibrateur *nm* à secousses

jolting: moulage *nm* à secousses

journal: (inf) journal *nm* (des évènements); (mech) tourillon *nm*; (publishing) revue *nf* scientifique, revue technique; (rlwy) fusée *nf* d'essieu
~ **bearing**: palier *nm* lisse, coussinet *nm*
~ **box**: (rlwy) boîte *nf* d'essieu

joystick: (aero) manche *nm* à balai; (inf) manche *nm* à balai, manette *nf* de commande; (rob) manche *nm* à balai, manche de pilotage, module *nm* d'instruction

JT→ *joint*

jubilee, ~ **clip**: collier *nm* à vis sans fin

judder: soubresaut *nm*; (of tool) broutage *nm*

juice: jus *nm*; (colloquial) essence *nf*, courant *nm* électrique

jumbo: (tunneling) jumbo *nm*
~ **jet**: gros-porteur *nm*

jump *nn*: saut *nm*; (inf) branchement *nm*, renvoi *nm* sur une séquence, renvoi sur un sous-programme, rupture *nf* de séquence; *vb*: sauter; (inf) effectuer un branchement; (el) relier par cavalier
~ **backward**: (inf) branchement *nm* amont
~ **forward**: (inf) branchement *nm* aval
~ **instruction**: instruction *nf* de branchement, instruction de saut de séquence
~ **lead**: connexion *nf* volante
~ **scrolling**: défilement *nm* par sauts, défilement discontinu
~ **spark**: étincelle *nf* disruptive, étincelle sautante
~ **the lights**: (auto) passer au rouge
~ **the rails**: (rlwy) dérailler
~ **up**: (forging) refouler
~ **weld**: soudure *nf* bout par bout

jumper: cavalier *nm*, connexion *nf* volante, fil *nm* volant, jarretière *nf*; bretelle *nf* (de ligne aérienne)
~ **bar**: barre *nf* à mine
~ **cable**: (rlwy) câble *nm* de pontage; (tp) câble de raccordement
~ **wire**: connexion *nf* volante, cavalier *nm*; (p.c.) fil *nm* de liaison, fil de fermeture de circuit; (tp) fil *nm* jarretière, jarretière *nf*
~ **hammer**: refouloir *nm*

junction: (el, pipes) branchement *nm*, raccordement *nm*; (in mains) nœud *nm* de canalisation; (rlwy) embranchement *nm*, gare *nf* d'embranchement; (of rivers) confluent *nm*; (of roads) bifurcation *nf*; (transistor) jonction *nf*
~ **box**: boîte *nf* de dérivation, boîte de jonction
~ **cable**: câble *nm* de connexion, câble de jonction, câble de raccordement
~ **coupling**: (of waveguide) couplage *nm* direct
~ **diode**: diode *nf* à jonction
~ **field effect transistor** «JFET»: transistor *nm* à effet de champ à jonction
~ **point**: (el) borne *nf*, branchement *nm*, connexion *nf*; (in pipe) nœud *nm*
~ **rectifier**: redresseur *nm* à jonction
~ **transistor**: transistor *nm* à jonction

junctor: joncteur *nm*
~ **trunk group**: faisceau *nm* de joncteurs

junk: déchet *nm*, rebuts *nm*, ferraille *nf*; (inf) informations *nf* déformées
~ **feeler**: tâte-ferraille *nf*
~ **pipe**: (petr) tuyau *nm* réformé
~ **value**: valeur *nf* de rebut

just, ~ **published**: vient de paraître

justification: (graph) justification *nf*; (inf) cadrage *nm*

justify *vb*: justifier, cadrer

jute: jute *nm*
~ **sacking**: toile *nf* de jute
~ **serving**: (of cable) revêtement *nm* de jute

K

k, K: kilo; (inf) kilo-octet *nm*

kaolin: kaolin *nm*

karat NA : carat *nm*

KB → *Kbyte, kelly bushing*

KBD → *keyboard*

Kbyte «KB»: kilo-octet *nm*

kd → *knocked down*

keel: (of ship) quille *nf*; (of aircraft) poutre *nf* principale
~ **block**: tin *nm*

keelson: carlingue *nf*

keen: aiguisé, tranchant

Keene's, ~ **cement**: plâtre *nm* aluné à prise rapide

keep *nn*: (of bearing) chapeau *nm* de palier; *vb*: conserver, garder, maintenir
~ **a record**: consigner par écrit, noter par écrit
~ **alive**: (a flame, current) entretenir, maintenir
~ **clear**: défense de stationner
~ **cool**: (on packaging) craint la chaleur
~ **in step**: (el) maintenir le synchronisme
~ **in good repair**: conserver en bon état, bien entretenir
~ **track**: suivre, faire le suivi
~ **in stock**: stocker
~ **ring**: (tp) anneau *nm* de garde

keeper: (of lock) gâche *nf*; (el, magnet) armature *nf*, shunt *nm*

keg: tonnelet *nm*, barillet *nm*

kelly: (petr) kelly *nm*, tige *nf* carrée d'entraînement
~ **bushing**: carré *nm* d'entraînement
~ **cock**: robinet *nm* de tige carrée
~ **sub**: raccord *nm* d'usure de la tige carrée

kennel NA : (in road) caniveau *nm*, rigole *nf*

kentledge: lest *nm* (de grue)

kerb: bordure *nf* de trottoir
~ **weight**: poids *nm* en ordre de marche

kerbing: (on tyre) cordon *nm* de protection

kerf: saignée *nf*, trait *nm* de scie

kerosene **<sine>** NA : kérosène *nm*, pétrole *nm* lampant

ketone: cétone *nf*
~ **resin**: (plast) résine *nf* cétonique

kettle: marmite *nf*; (for heating asphalt) fondoir *nm*
~ **dyeing**: teinture *nf* en autoclave

key *nn*: (inf) indicatif *nm*, clé *nf*, code *nm*; (of keyboard) touche *nf*; (mech) clavette *nf*; (of lock, masonry) clé *nf*; (tp) clé d'écoute, manipulateur *nm*; *vb*: claveter; coder l'information, classer selon une clé
~**-actuated**: commandé par touche, commandé par clavier
~ **in**: (inf) introduire manuellement, introduire au clavier
~ **on**: (mech) claveter, caler sur
~ **punch**: perforer
~ **bed**: (geol) couche *nf* repère, niveau repère
~ **blank**: ébauche *nf* de clé
~ **bounce**: rebondissement *nm* d'une touche
~ **button**: (el) bouton *nm* à touche, bouton-poussoir; (on keyboard) bouton *nm* de touche, tête *nf* de touche
~ **cable**: câble *nm* principal
~ **cap**: dessus *nm* de touche
~ **change**: changement *nm* d'indicatif
~ **cluster**: groupe *nm* de touches
~ **depression**: abaissement *nm* d'une touche, appui *nm* sur une touche, enfoncement *nm* d'une touche, frappe *nf*
~ **depression rate**: vitesse *nf* de frappe

~ **display terminal**: terminal *nm* d'affichage à clavier
~ **driven**: commandé par clavier, géré depuis le clavier
~ **drop**: (on lock) cache-entrée *nm*
~ **entry**: introduction *nf* par clavier, saisie *nf* au clavier
~ **groove**: (mech) rainure *nf* de clavette, logement *nm* de clavette
~ **head**: (mech) talon *nm* de clavette; (on keyboard) tête *nf* de touche, bouton *nm* de touche
~ **jack**: jack *nm* de manipulateur
~ **label**: nom *nm* de touche
~ **length**: longueur *nf* d'indicatif
~ **lighting**: éclairage *nm* prédominant, éclairage sur le plan principal
~**-operated switch**: interrupteur *nm* à clé
~**-operated telephone**: téléphone *nm* à clavier
~ **overlay**: masque *nm* de touche
~ **pressure**: pression *nf* à exercer sur les touches
~ **rate**: vitesse *nf* de frappe, vitesse de saisie
~ **rock**: roche *nf* repère, roche guide
~ **seat cutter**: fraise *nf* à rainurer
~ **sender**: manipulateur *nm* à touches; clé *nf* pilote
~ **sending**: envoi *nm* de signaux par touche
~ **sequence**: combinaison *nf* de touches
~ **slot**: (mech) logement *nm* de clavette, rainure *nf* de clavette
~ **speed**: (tp) vitesse *nf* de manipulation
~ **stroke**: frappe *nf*
~ **switch**: interrupteur *nm* à clé, manipulateur *nm*
~**-to-tape device**: enregistreur *nm* sur bande magnétique
~ **top**: cabochon *nm*, dessus *nm* de touche
~ **valve**: robinet *nm* à clé

keyboard «KBD» *nn*: clavier *nm*; *vb*: introduire au clavier
~**-actuated**: à clavier
~ **dialling**: (tp) numérotation au clavier
~ **display**: clavier *nm* [avec] écran
~ **entry**: introduction *nf* par clavier, introduction manuelle, saisie *nf* au clavier
~ **inquiry**: interrogation *nf* par clavier
~ **layout**: disposition du clavier, répartition *nf* des touches
~ **lock[out]**: blocage *nm* du clavier, verrouillage *nm* du clavier
~ **operator**: claviste *nm*, pupitreur *nm*
~ **perforator**: perforateur *nm* à clavier, clavier *nm* perforateur
~ **printer**: imprimante *nf* à clavier
~ **transmission**: transmission *nf* manuelle

keyboarding: (graph) composition *nf*, frappe *nf*; (inf) pupitrage *nm*, saisie *nf* sur clavier

keyed: (inf) avec clé, par clé; (mech) calé, claveté; (tp) manipulé
~ **access**: accès *nm* par clé [d'index]
~ **carrier**: porteuse *nf* manipulée
~ **connection**: assemblage *nm* à clavette
~ **continuous wave**: onde *nf* entretenue manipulée
~ **joint**: assemblage *nm* à clé, clavetage *nm*
~ **modulation wave**: onde *nf* modulée manipulée

keyhole *nn*: trou *nm* de serrure; *adj*: en clé de voûte, trapézoïdal
~ **saw**: scie *nf* d'entrée, scie à guichet

keying: (inf) introduction *nf* au clavier, frappe *nf*; (mech) clavetage *nm*, calage *nm*; (tcm) manipulation *nf*, transmission *nf*
~ **error**: faute *nf* de frappe, erreur *nf* de perforation
~ **in**: saisie *nf*, introduction *nf* au clavier
~ **rate**: vitesse *nf* de manipulation, vitesse de frappe
~ **speed**: vitesse *nf* de manipulation, vitesse de frappe
~ **wave**: onde *nf* de manipulation

keyless, ~ ringing: (tp) appel *nm* automatique, sonnerie *nf* automatique

keylock: (inf) verrou *nm* de sécurité

keypad: bloc *nm* de touches; (on computer) clavier *nm* numérique

keyphone: appareil *nm* téléphonique à clavier, appareil téléphonique à boutons

keypunch *vb*: perforer (avec un clavier)
~ **machine**: perforatrice *nf* à clavier
~ **operator**: perforatrice *nf*, perforeuse *nf*

keyset *nn*: clavier *nm* (de saisie); *adj*: composé sur clavier

keystone: (of arch) clé *nf* de voûte; (roadmaking) concassé *nm* de fermeture

~ **distortion**: (crt) distorsion *nf* en trapèze, distorsion trapézoïdale
~ **ring**: (on piston) segment *nm* trapézoïdal
~**-shaped**: trapézoïdal

keystroke: (inf) frappe *nf* d'une touche; (tp) manipulation *nf*

keystroking, ~ **error**: erreur *nf* de perforation, faute *nf* de frappe

keyway: logement *nm* de clavette, rainure *nf* de clavette

keyword: mot-clé *nm*
~ **search**: recherche *nf* par mot-clé
~ **indexing**: indexation *nf* par mot-clé

kick: (engine, gun) recul *nm*; (machine) secousse *nf*; (motocycle) kick *nm*
~ **out**: (inf) expulser, éjecter (de la mémoire)
~ **off**: arrêt *nm* d'urgence; NA mise *nf* en train, lancement *nm* (de la fabrication)
~ **press**: presse *nf* à pédale
~ **stand**: (for bicycle) béquille *nf*

kickback: (crt) retour *nm* de spot; (by engine) retour en arrière, retour de manivelle; (a rebound) rebondissement *nm*, recul *nm*

kickdown: kickdown *nm*

kicker: générateur *nm* d'impulsions

kickplate: plinthe *nf* de protection (sur un meuble)

kidney, ~**-shaped**: en haricot

kier: (tex) autoclave *nm*, kier *nm*

kieselguhr: terre *nf* à diatomées, kieselguhr *nm*

kill *vb*: tuer; neutraliser, rendre inoffensif; (inf) effacer, arrêter (l'exécution), supprimer (des procédures); (a missile) détruire
~ **the engine**: caler le moteur
~ **probability**: (mil) probabilité *nf* de destruction
~ **string**: (petr) colonne *nf* de neutralisation

killed: détruit, supprimé, interrompu, arrêté prématurément
~ **steel**: acier *nm* calmé

killer: (chem) agent *nm* neutralisant; (crt) poison *nm*, signal *nm* de suppression de couleur; (tcm) affaiblisseur *nm*, atténuateur *nm*, amortisseur *nm*

kiln: four *nm*
~ **brick**: brique *nf* réfractaire
~ **cured**: (wood) séché au four, étuvé
~ **floor**: (ceramics) sole *nf* du four
~ **run**: fournée *nf*

kilo: mille, kilo
~ **operations per second** «KOPS»: milliers *nm* d'opérations par seconde

kilobyte «K»: kilooctet *nm*

kilometric, ~ **wave**: onde *nf* kilométrique

kiloword «KW»: kilomot *nm*

kindle *vb*: allumer, mettre le feu à, embraser

kinematics: cinématique *nf*

kinetic, ~ **energy**: énergie *nf* cinétique, force *nf* vive
~ **quantity**: quantité *nf* de mouvement

king, ~ **bolt**: cheville *nf* ouvrière; (auto) axe *nm* de pivot de fusée
~ **size**: grand format *nm*, grand modèle *nm*

kingpost: poinçon *nm* de ferme
~ **truss**: ferme *nf* à poinçon et contrefiches, ferme simple

kink *nn*: vrille *nf*, boucle *nf*, coque *nf* (dans un cordage); *vb*: (cable) faire des coques, tortiller

kirving: (mining) havage *nm*, sous-cavage *nm*

kiss, ~ **coating**: couchage *nm* par léchage
~ **printing**: impression *nf* par effleurage

kit: (of tools) trousse *nf*; (of parts) jeu *nm*, kit *nm*, lot *nm*
~ **form**: prêt à monter

kite: cerf-volant *nm*
~ **antenna**: antenne *nf* [montée] sur cerf-volant
~ **winder**: (constr) marche *nf* tournante entre volées droites

klystron: klystron *nm*

~ **tube**: klystron *nm*

knack: tour *nm* de main, habileté *nf*

knapsack: sac *nm* à dos
~ **version**: modèle *nm* à dos

knead *vb*: malaxer, pétrir

kneader: (plast) malaxeur *nm*

knee: articulation *nf*, coude *nm*, genou *nm*, rotule *nf*; (of a curve) cassure *nf*, jarret *nm*, coude *nm*
~ **joint**: joint *nm* articulé, genou *nm* (de tuyau)
~ **lever**: levier *nm* brisé, levier coudé
~ **pipe**: tube *nm* coudé
~ **press**: presse *nf* à genouillère
~ **table**: (m-t) table *nf* à console
~**-type milling machine**: fraiseuse *nf* à console

knife: couteau *nm*
~ **blade**: lame *nf* de couteau
~**-blade type corrosion**: corrosion *nf* en lame de couteau
~ **coating**: enduction *nf* à la racle sur rouleau
~ **edge**: tranchant *nm* de couteau; (of scales) couteau *nm* de balance; (a sharp edge) arête *nf* vive
~**-holder**: porte-lames *nm*
~ **line**: (plast) ligne *nf* de tranchage, ligne de coupe
~ **rest**: (mil) cheval *nm* de frise
~ **switch**: interrupteur *nm* à couteau[x]

knit *vb*: tricoter
~ **line**: (plast) ligne *nf* de soudure

knitwear: (manufacturing industry) la maille *nf*; (retail trade) bonneterie *nf*

knob: bouton *nm*, poignée *nf* sphérique; (of gear lever) pommeau *nm*; (tex) bouton; (of tile) tenon *nm*
~ **handle**: manivelle *nf* à bouton, manette *nf*

knock *nn*: coup *nm*; *vb*: frapper, heurter; (engine) cogner
~ **out**: chasser, repousser; (fdry) décocher; (presswork) éjecter
~ **characteristic**: caractéristique *nf* anti-détonante
~ **down**: démonter, démonté
~**-on effect**: répercussion *nf*
~ **rating**: (of fuel) indice *nm* d'octane, valeur *nf* anti-détonante

knocked, ~ **down**: démonté

knocking: (of engine) cognement *nm*
~ **off motion**: (tex) casse-fil *nm*

knockout «KO» *nn*: pastille *nf* de métal poinçonné, débouchure *nf*; (plast) éjecteur *nm*; (petr) séparateur *nm* (de liquides, d'eau); *adj*: défonçable
~ **drum**: (petr) séparateur *nm*
~ **pin**: (plast) broche *nf* d'éjecteur, tige *nf* d'éjecteur

knop: (tex) bouton *nm*

knot: nœud *nm*; (pap) nœud (dans pâte, bois), bouton *nm* (dans papier)

knotter: (pap) trieur *nm* de nœuds, épurateur *nm* de pâte; (tex) tête *nf* de nouage, tête voyageuse-noueuse

knotting: (painting) vernis *nm* couvre-nœuds; (tex) nouage *nm*, rattachement *nm*
~ **varnish**: vernis *nm* couvre-nœuds

knotty: (paper) bûcheteux, plein d'éclats; (yarn) boutonneux; (wood) noueux

know-how: savoir-faire *nm*

knowledge: connaissance[s] *nf*
~ **engineer**: cogniticien *nm*
~ **industry**: industrie *nf* de matière grise

knuckle: articulation *nf*, joint *nm* articulé, rotule *nf*
~ **joint**: joint *nm* à rotule, rotule *nf*, articulation *nf* à genouillère, genouillère *nf*
~ **nut**: écrou *nm* à rotule
~ **pin**: axe *nm* de tête de biellette; (rlwy) axe *nm* d'attelage

knurl *nn*: (on coin) cordon *nm*; *vb*: moleter

knurled, ~ **knob**: bouton *nm* moleté

knurling, ~ **tool**: molette *nf*
~ **wheel**: molette *nf*

KO → *knock out*

KOPS→ *kilo operations per second*

kraft, ~ **paper**: papier *nm* kraft

krarup, ~ **loading**: krarupisation *nf*

krypton: krypton *nm*

KW→ *kiloword*

L

lab→ *laboratory*

label *nn*: étiquette *nf*; (inf, magnetic tape, quality) label *nm*; *vb*: étiqueter; (with quality label) labelliser; (a disc, tape) immatriculer; (nuc) marquer

labelling <elling>: étiquetage *nm*; (inf) annotation *nf*, désignation *nf*, immatriculation *nf*, écriture *nf* de labels; (nuc) marquage *nm*

labor, **laborer** NA → *labour, labourer*

laboratory: laboratoire *nm*
~ **assistant**: laborantin *nm*, laborantine *nf*
~ **bath**: bain-marie *nm*
~ **bench**: table *nf* de laboratoire, paillasse *nf*
~ **sample**: échantillon *nm* pour laboratoire
~ **test**: essai *nm* en laboratoire

labour <bor> *nn*: main-d'œuvre *nf*; *vb*: fatiguer, peiner
~ **force**: effectifs *nm*
~ **intensive**: qui utilise beaucoup de main-d'œuvre

labourer <borer>: ouvrier *nm* non qualifié, manœuvre *nm*

labyrinth: labyrinthe *nm*
~ **ring**: bague *nf* à labyrinthe

lac: gomme-laque *nf*, laque *nf*

lace *nn*: lacet *nm*; (inf) grille *nf* (de perforation); *vb*: (naut) transfiler les tentes; mailler une voile à une autre
~ **a belt**: attacher une courroie
~ **a punch card**: faire une grille
~ **punching**: perforation *nf* en grille

lacing, ~ **bar**: (constr) barre *nf* de treillis, barre de triangulation
~ **course**: (constr) chaînage *nm* horizontal

lack, ~ **of**: manque *nm* de, absence *nf* de

lacquer: laque *nf*, vernis *nm*

lacquering: laquage *nm* (carburant)

ladar → *laser radar*

ladder: échelle *nf*
~ **ditcher**: excavateur *nm* à godets
~ **dredge[r]**: drague *nf* à godets, drague à chapelets
~ **network**: biporte *nm* en échelle, réseau en échelle[s]
~ **polymer**: polymère *nm* échelle
~ **track**: (rlwy) gril *nm* de triage

laden: (naut) chargé
~ **draught**: tirant *nm* d'eau en charge
~ **weight**: (of vehicle) poids *nm* total autorisé en charge

ladle: (casting) poche *nf* de coulée
~ **car**: chariot *nm* porte-poche
~ **crane**: pont *nm* [roulant] de coulée

ladleman: couleur *nm*

lag *nn*: (a delay) retard *nm*, décalage *nm* (dans le temps); (crt) traînage *nm*; *vb*: (el) être en retard de phase, être déphasé en arrière; (insulate) calorifuger; (mining) coffrer
~ **bolt** NA : tire-fond *nm*
~ **of the brushes**: décalage *nm* des balais
~ **of the current**: déphasage *nm* en arrière
~ **screw**: tire-fond *nm*

lagging *nn*: (constr) couchis *nm* (d'un cintre); (delay) retard *nm*, ralentissement *nm*; (insulation) calorifugeage *nm*, revêtement *nm* calorifuge; (el) décalage *nm*, déphasage *nm* [en arrière], retard *nm*; (mining) coffrage *nm*, boisage *nm*, garnissage *nm* (d'une galerie); (of rotor blade) mouvement *nm* de traînée; *adj*: (el) déphasé en arrière
~ **current**: courant *nm* déphasé [en arrière], courant en retard [de phase]
~ **phase**: phase *nf* en retard

lagoon: (sewage) lagon *nm*

laid: posé; (cable) commis; (gun) pointé
~ **dry**: (masonry) posé à sec

~ **in ducts**: (wiring) posé en caniveau
~ **paper**: papier *nm* vergé
~ **up**: (machine) en panne; (ship) désarmé

laitance: laitance *nf*

lake: (geol) lac *nm*; (dyeing) laque *nf*
~ **deposit**: dépôt *nm* lacustre

lamella: lamelle *nf*

lamellar: lamellaire, feuilleté
~ **magnet**: aimant *nm* feuilleté
~ **tearing**: arrachement *nm* lamellaire

lamellate: lamellé, feuilleté

laminar: laminaire
~ **flow**: écoulement *nm* laminaire
~ **separation**: décollement *nm* lamellaire

laminate *nn*: laminé *nm*, stratifié *nm*; *vb*: laminer, lamifier; (glass) feuilleter; (plast) stratifier

laminated: feuilleté, laminé, stratifié; (paper, board) laminé
~ **armature core**: noyau *nm* d'induit feuilleté
~ **beam**: poutre *nf* lamellée-collée
~ **board**: (pap) carton *nm* laminé; (wood panel) contreplaqué *nm* lamellé, contreplaqué à âme lamellée
~ **brush**: (el) balai *nm* à lames
~ **clay**: argile *nf* feuilletée
~ **cloth** NA : stratifié *nm* tissu
~ **core**: (el) noyau *nm* en tôle, noyau feuilleté
~ **fabric**: stratifié *nm* tissu
~ **fuse**: fusible *nm* à lame[s], fusible en lamelle
~ **glass**: verre *nm* feuilleté
~ **magnet**: électroaimant *nm* [à noyau] feuilleté
~ **paper**: stratifié *nm* papier
~ **plastic**: matière *nf* plastique stratifiée, stratifié *nm*
~ **spring**: ressort *nm* à lames
~ **structure**: structure *nf* lamellaire, structure rubannée, structure feuilletée
~ **wood**: bois *nm* lamellé, stratifié *nm* bois

laminating: stratification *nf*
~ **press**: presse *nf* à plastifier

lamination: laminage *nm*, feuilletage *nm*; (geol) schistosité *nf*, stratification *nf*; (el) tôle *nf*; (rolling) dédoublure *nf*, repliure *nf* de laminage; **laminations**: (of transformer, rotor, stator) paquet *nm* de tôles, tôles *nf*

laminator: contre-colleuse *nf*; presse *nf* à plastifier

laminboard → *laminated board*

lamp: lampe *nf*; (a blow lamp) chalumeau *nm*; (naut) lampe, fanal *nm*
~ **base** NA : culot *nm*
~ **black**: noir *nm* de fumée
~ **cap**: culot *nm*
~ **guard**: corbeille *nf* de protection
~ **locker**: lampisterie *nf*
~ **oil**: pétrole *nm* lampant
~ **post**: réverbère *nm*, lampadaire *nm*
~ **socket**: douille *nf* de lampe

lampholder: douille *nf*

LAN → *local area network*

lance: lance *nf*
~ **cutting**: oxycoupage *nm*

land *nn*: terre *nf*, terrain *nm*; (of drill, reamer) lèvre *nf*; (of piston) cordon *nm*; (p.c.) dépôt *nm* conducteur; (in profile of a tool) partie *nf* droite, partie parallèle; *vb*: atterrir; (on the moon) atterrir sur la lune, alunir; (on the sea) amerrir
~ **air cushion vehicle**: aéroglisseur *nm* terrestre
~ **arch**: (of bridge) arche *nf* de rive
~**-based**: terrestre, au sol
~ **chain**: chaîne *nf* d'arpenteur
~ **circuit**: circuit *nm* terrestre
~ **development**: aménagement *nm* du terrain
~ **line**: (tcm) ligne *nf* terrestre, liaison *nf* terrestre
~ **pattern**: (p.c.) configuration *nf*
~ **plat** NA : cadastre *nm*
~ **reclamation**: défrichement *nm*
~ **register**: cadastre *nm*
~ **slide**: glissement *nm* de terrain, éboulement *nm* de terrain
~ **station**: (tcm) station *nf* terrestre, station fixe
~ **survey**: arpentage *nm*, levé *nm* de terrain
~ **use plan**: plan *nm* d'occupation des sols «POS»
~ **with all services**: terrain *nm* viabilisé

landfall: éboulement *nm*; (aero, naut) arrivée *nf* en vue de terre

landfill: (c.e.) remblai *nm*, décharge *nf* en remblai

landing: atterrissage *nm*; (from ship) débarquement *nm*; (on aircraft carrier) appontage *nm*; (on the moon) alunissage *nm*, atterrissage sur la lune; (on water) amerrissage *nm*; (of stairs) palier *nm* [de repos], repos *nm*
~ **beam**: faisceau-guide *nm* d'atterrissage
~ **distance**: longueur *nf* de roulement à l'atterrissage
~ **door**: porte *nf* palière
~ **gear** «L/G»: atterrisseur *nm*, train *nm* d'atterrissage
~ **gear extension**: sortie *nf* du train d'atterrissage
~ **gear retraction**: rentrée *nf* du train d'atterrissage
~ **light**: (aero) balise *nf* d'atterrissage; (constr) éclairage *nm* de palier
~ **run**: parcours *nm* à l'atterrissage, longueur *nf* d'atterrissage, roulement *nm* à l'atterrissage, course *nf* à l'atterrissage
~ **site**: (aero) point *nm* d'atterrissage; (for helicopter) zone *nf* de poser
~ **stage**: appontement *nm*, débarcadère *nm*
~ **tread**: marche *nf* palière

landlocked: environné de terre
~ **country**: pays *nm* sans côtes marines

landmark: (naut) amer *nm*; (mil) repère *nm* topographique, point *nm* coté

landscape: paysage *nm*
~ **architecture**: architecture *nf* paysagère
~ **format**: format *nm* en largeur, format en travers, format horizontal
~ **office**: bureau *nm* paysager

landslide: éboulement *nm* de terrain

lane: (for road traffic) couloir *nm* de marche, voie *nf*; (for shipping) route *nf* de navigation

language: (inf) langage *nm*
~ **laboratory**: laboratoire *nm* de langues

lantern: lanterne *nf*; (on ship) fanal *nm*
~ **gear**: engrenage *nm* à fuseaux, engrenage en fuseaux
~**-mounted pump**: pompe *nf* sur lanterne
~ **wheel**: roue *nf* à lanterne, lanterne *nf*

lap *nn*: (carding) nappe *nf*, rouleau *nm* (de batteur); (an overlap) chevauchement *nm*; (rolling) repliure *nf* de laminage; (of valve) recouvrement *nm*; *vb*: roder, polir
~ **and diagonal seat belt**: ceinture *nf* trois points, ceinture combinée
~ **belt**: ceinture *nf* de sécurité sous-abdominale
~ **dissolve**: fondu *nm* enchaîné
~ **doubler**: (spinnning) doubleur *nm*, réunisseur *nm*
~ **joint**: asemblage *nm* à recouvrement, assemblage à clin, joint *nm* à recouvrement
~ **length**: (reinforced concrete) recouvrement *nm* des armatures
~ **model**: (inf) modèle *nm* portatif
~ **riveting**: rivetage *nm* à recouvrement
~ **roll**: (tex) *nm* dérouleur (d'ouvraison, étirage), cylindre enrouleur, rouleau *nm* livreur
~ **seam**: joint *nm* à clin, joint à recouvrement; (in sheet metal) ourlet *nm*
~ **siding**: bardage *nm* à clins
~ **the warp**: enrouler la chaîne
~ **weld**: soudure *nf* à recouvrement, soudure à clin
~ **winding**: (el) enroulement *nm* imbriqué, bobinage *nm* imbriqué

lapel, ~ **microphone**: micro-boutonnière *nm*

lapped: assemblé à recouvrement, assemblé à clins; rodé; (pap) plié en trois, plié à l'anglaise

lapping: (overlapping) chevauchement *nm*, recouvrement *nm*; (metal finishing) rodage *nm*, polissage *nm*
~ **compound**: pâte *nf* à roder
~ **disc**: disque *nm* de rodage
~ **wheel**: lapidaire *nm*

laptop, ~ **computer**: ordinateur *nm* portatif (se posant sur les genoux)

larch: mélèze *nm*

large: grand
~**-capacity**: puissant, de grande puissance
~ **pair count cable**: câble *nm* de grande contenance
~ **scale integration** «LSI»: intégration *nf* à grande échelle

~ **scale production**: grosse production *nf*

laryngaphone: microphone *nm* de larynx, laryngaphone *nm*

laser: laser *nm*
~ **beam**: faisceau *nm* laser
~ **beam recording** «LBR»: enregistrement *nm* au laser, enregistrement par faisceau laser
~ **diode**: diode *nf* laser
~ **diode source**: émetteur *nm* DL
~**-driven**: à laser
~ **interferometer**: interféromètre *nm* laser
~ **memory**: mémoire *nf* à laser
~ **printer**: imprimante *nf* laser
~ **radar** «ladar»: radar *nm* à laser, lidar *nm*
~ **vision** «LV»: laservision *nf*

LASH: barge *nf*

lash *nn*: ligature *nf*; *vb*: amarrer, nouer, lier; (a cable) ligaturer, ficeler

lashing: fouettement *nm*, battement *nm*
~ **chain**: (naut) chaîne *nf* d'amarrage
~ **strap**: (container) sangle *nf* d'amarrage

last: dernier
~ **course**: (in masonry) arase *nf*, arasement *nm*
~ **in first out** «LIFO»: dernier entré premier sorti
~ **in last out** «LILO»: dernier entré dernier sorti
~ **runnings**: queues *nf* de distillation
~ **trunk busy**: (tp) occupation *nf* totale

lasting: de longue durée, persistant

latch: verrou *nm*; verrouillage *nm*; (eon) bascule *nf*
~ **bolt**: pêne *nm* demi-tour, pêne à ressort
~ **lock**: serrure *nf* à ressort
~ **of a switch**: accrochage *nm* d'un interrupteur

latching: verrouillage *nm*, arrêt *nm*, blocage *nm*
~ **relay** NA : relais *nm* à verrouillage

late: en retard
~ **cutoff**: (of engine) retard *nm* à la fermeture de l'admission
~ **spark**: retard *nm* d'allumage

latent, ~ **defect**: vice *nm* caché
~ **heat**: chaleur *nf* latente

later: plus tard, postérieur
~ **model**: modèle *nm* postérieur, modèle plus récent

lateral: latéral, transversal
~ **control**: maniabilité *nf* en roulis
~ **flexion**: flambage *nm*, flambement *nm*
~ **force**: effort *nm* tranchant
~ **parity check**: contrôle *nm* de parité transversale
~ **reinforcement**: (in reinforced concrete) armatures *nf* latérales, armatures secondaires
~ **runout**: (of wheel) voile *nm*
~ **stability**: stabilité *nf* latérale, stabilité transversale, stabilité au roulis
~ **traverse**: (mech) déplacement *nm* latéral
~ **trim**: (aero) compensation *nf* de gauchissement
~ **yield**: (soil mechanics) déformation *nf* latérale, fluage *nm* latéral

latest: le dernier, le plus récent; (PERT) au plus tard
~ **finish [time]**: date *nf* de fin au plus tard

latex: latex *nm*
~ **foam**: mousse *nf* de latex
~ **paint**: peinture *nf* au caoutchouc, peinture au latex

lath: latte *nf*
~ **and plaster**: latte *nf* et enduit

lathe: (m-t) tour *nm*
~ **bed**: banc *nm* de tour
~ **centre**: pointe *nf* de tour
~ **dog**: toc *nm*
~ **rest**: lunette *nf* (de tour)

lather: mousse *nf* (de savon, de détergent)
~ **behaviour**: tenue *nf* de la mousse
~ **collapse**: chute *nf* de la mousse

lathework: travail *nm* au tour, chariotage *nm*, tournage *nm*

lathing: lattage *nm*, lattis *nm*

lattice: treillage *nm*, treillis *nm*; (crystal, nuc) réseau *nm*, maille *nf*
~ **bar**: (constr) barre *nf* de triangulation
~ **beam**: poutre *nf* à treillis en croix, poutre triangulée
~ **coil**: bobine *nf* en nid d'abeille
~ **constant**: constante *nf* de réseau

~ **girder**: poutre *nf* en treillis, poutre triangulée
~ **network**: (el) réseau *nm* maillé, circuit *nm* en pont, montage *nm* en pont; (eon) biporte *nm* en treillis
~ **purlin**: panne *nf* en treillis
~ **tower**: pylône *nm* en treillis
~ **web**: âme *nf* en treillis
~ **winding**: bobinage *nm* en nid d'abeille, enroulement *nm* en nid d'abeille
~ **wound**: bobiné en nid d'abeille

latticework: treillis *nm*

laughing, ~ **gas**: gaz *nm* hilarant

launch *nn*: lancement *nm*; (a boat) vedette *nf*; *vb*: (a product) lancer; (a ship) lancer, mettre à l'eau
~ **a satellite into orbit**: satelliser, mettre un satellite sur orbite
~ **into orbit**: mettre en orbite, placer en orbite
~ **pad**: aire *nf* de lancement
~ **vehicle**: lanceur *nm*

launcher: lanceur *nm*, rampe *nf* de lancement; (space) plate-forme *nf* de lancement

launching: lancement *nm*, mise *nf* en service; (naut) lancement *nm*, mise *nf* à l'eau
~ **complex**: ensemble *nm* de lancement
~ **cradle**: ber *nm*, berceau *nm* de lancement
~ **pad**: aire *nf* de lancement
~ **rail**: rail *nm* de lancement; (space) tour *nf* de lancement
~ **ramp**: rampe *nf* de lancement
~ **site**: aire *nf* de lancement; base *nf* de lancement, station *nf* de lancement (pour fusées, missiles)
~ **vehicle**: fusée *nf* porteuse, lanceur *nm*
~ **ways**: cale *nf* de lancement, voie *nf* de lancement

launder *nn*: (fdry) chenal *nm* de coulée, rigole *nf* de coulée; (mining, petr) auge *nf*, caniveau *nm*; *vb*: (clothes) laver le linge

lava: lave *nf*
~ **flow**: coulée *nf* de lave

LAW → *light antitank weapon*

lay *nn*: (of rope) commettage *nm*; (of winding) torsade *nf*, pas *nm* d'un enroulement; (weaving) battant *nm*; *vb*: placer, poser; (a cable) commettre; (el, water) installer
~ **a gun**: pointer un canon
~ **a mine**: mouiller une mine
~ **motion**: (weaving) mouvement *nm* du battant
~ **shaft**: arbre *nm* intermédiaire
~ **on edge**: poser de chant
~ **the foundations**: jeter les fondations, poser les fondations
~ **the course**: (nav) tracer la route
~ **to**: (naut) mettre à la cape
~ **up**: (reinforced plastics) superposition *nf* de couches; *vb*: (a machine) arrêter (pour une longue durée); (twist) torsader; (reinforced plastics) confectionner
~ **up a vessel**: désarmer

layboy: (pap) ramasse-feuilles *nm*, empileur *nm* ramasse-feuilles

layby: stationnement *nm* en bordure de route

layer: couche *nf*; (of bricks) assise *nf*; (of tape) spire *nf*; (of wires) nappe *nf*
~ **winding**: enroulement *nm* en couches

layered: en couches, stratifié; (inf) en couches, hiérarchisé; (rock) lité
~ **cable**: câble *nm* à couches concentriques

laying: (of cables, pipes) pose *nf*; (of gun) pointage *nm*; (of mine) mouillage *nm*; (of rope) commettage *nm*
~ **cat**: tracteur *nm* chenillé à flèche latérale, pose-tubes *nm*
~ **out**: (c.e.) implantation *nf*; (m-t) trusquinage *nm*, traçage *nm*

layman: profane *nm*

layout: agencement *nm*, disposition *nf*; (of aircraft) aménagement *nm*; (graph) mise *nf* en page, présentation *nf*, maquette *nf*; (of road, town) tracé *nm*
~ **dimension**: cote *nf* d'implantation
~ **drawing**: plan *nm* d'implantation, schéma *nm* de montage
~ **man**: maquettiste *nm*

LB → *local battery*

LC→ *lead-covered*

lc → *lower case*

LCD → *liquid crystal display*

LCM → *least common multiple*

LD → *low density*
~ **process**: (met) procédé *nm* LD

LDC → *lower dead center*

leach *vb*: filtrer, lessiver; (pap) lixivier

leaching: lessivage *nm*, lixivation *nf*
~ **pit**: puits *nm* perdu
~ **tank**: cuve *nf* de filtration

leachy, ~ **soil**: sol *nm* perméable

lead: (el, mech) avance *nf*; (el) fil *nm* conducteur, fil d'amenée, fil d'entrée, déphasage *nm* en avant; (of gearwheel, thread, spiral) pas *nm*; (a metal) *see separate entry*
~ **angle**: angle *nm* de calage, angle d'avance; NA (m-t) dépouille *nf*; (of thread) angle d'attaque
~-**in cable**: câble *nm* d'amenée, amenée *nf* de courant, câble d'entrée
~-**in insulator**: isolateur *nm* de traversée
~-**in wire**: fil *nm* d'entrée, entrée *nf*, fil *nm* d'amenée de courant, amenée *nf* de courant
~ **of slide valve**: avance *nf* du tiroir
~ **of brushes**: décalage *nm* en avant des balais
~-**out groove**: (of record) sillon *nm* de sortie
~-**through**: de traversée, de passage
~-**through bushing**: canon *nm* de passage
~-**through terminal**: borne *nf* de traversée
~-**thru** NA → *lead-through*
~ **time**: délai *nm* (d'approvisionnement, de livraison, de mise en œuvre); (production) temps *nm* de lancement, temps de démarrage, durée *nf* d'exécution; (inf) durée de traitement

lead: (a metal) plomb *nm*; (el, mech) *see separate entry*
~-**acetate test**: essai *nm* à l'acétate de plomb
~-**acid battery**: batterie *nf* au plomb
~ **bronze**: bronze *nm* au plomb
~ **burning**: brûlage *nm* au plomb, soudage *nm* au plomb
~ **cable**: câble *nm* sous plomb
~ **castle**: (nuc) château *nm* de plomb
~-**coated**: plombé
~-**covered cable**: câble *nm* armé au plomb, câble sous [gaine de] plomb
~-**covered paper insulated** «LCPI» **cable**: câble *nm* sous plomb à isolation papier
~ **covering**: gaine *nf* de plomb
~ **drier**: (paint) siccatif *nm* au plomb
~ **equivalent**: (nuc) épaisseur *nf* équivalente de plomb
~ **foil**: plomb *nm* en feuille, feuille *nf* de plomb
~ **joint**: joint *nm* au plomb, joint coulé
~ **matte**: matte *nf* de plomb
~ **pencil**: crayon *nm* à mine graphitée
~ **poisoning**: saturnisme *nm*
~ **sheath**: gaine *nf* de plomb, enveloppe *nf* de plomb
~-**sheathed paper insulated cable**: câble *nm* sous plomb à isolation papier
~ **shot**: grains *nm* de plomb, grenaille *nf* de plomb
~ **storage battery**: accumulateur *nm* au plomb

leaded: au plomb, plombé; (el) *see separate entry*
~ **fuel**: carburant au plomb
~ **gasoline**: essence *nf* au plomb

leaded: (el) muni de fils; (with metal) *see separate entry*
~ **pack**: boîtier *nm* chargé, boîtier équipé de fils

leader: (constr) tuyau *nm* de descente; (of film, tape) amorce *nf*, début *nm*; (a firm) précurseur *nm*, spécialiste *nm* éminent; **leaders**: (graph) points *nm* de conduite
~ **pilot**: chef *nm* des pilotes
~ **pin**: cheville *nf* de guidage, broche *nf* de guidage

leaderless: (tape) sans amorce

leading: en avant; (el) déphasé en avant
~ **bogie**: (rlwy) bogie *nm* avant, avant-train *nm*
~ **character**: (inf) caractère *nm* de gauche, caractère de poids fort
~ **current**: courant *nm* en avance (de phase), courant déphasé en avant
~ **edge**: (of aerofoil) bord *nm* d'attaque; (of wave) front *nm* (d'onde, d'impulsion), flanc *nm* antérieur, flanc avant, flanc de montée
~-**in roll**: rouleau *nm* embarqueur, rouleau d'entrée
~-**in cable**: câble *nm* d'entrée, câble d'amenée
~-**in wire**: (of aerial) descente *nf* d'antenne; (tp) entrée *nf* de poste
~-**out cable**: câble *nm* de départ, départ *nm*

~ **phase**: phase *nf* en avance
~ **shoe**: (of brake) mâchoire *nf* comprimée, mâchoire primaire, segment *nm* comprimé, segment primaire
~ **technique**: technique *nf* de pointe
~ **truck** NA : (rlwy) bogie *nm* avant
~ **zero**: zéro *nm* en tête, zéro à gauche

leadless: sans fil

leadscrew: (m-t) vis-mère *nf*

leaf: feuille *nm*; (of spring) feuille, lame *nf*
~ **metal**: métal *nm* en feuille, feuille *nf* de métal
~ **spring**: lame *nf* de ressort; ressort *nm* feuilleté, ressort à lames
~ **wood**: bois *nm* feuillu

leak *nn*: fuite *nf*; (in ship, outwards to inwards) voie *nf* d'eau; *vb*: fuire, avoir une fuite; (naut) faire eau
~ **field**: champ *nm* de fuite, champ de dispersion
~ **locator**: déceleur *nm* de fuites; (el) indicateur *nm* de pertes à la terre
~ **off**: fuite *nf* de trop-plein
~ **transformer**: transformateur *nm* à dispersion

leakage: fuite *nf*, défaut *nm* d'étanchéité
~ **current**: courant *nm* de dispersion, courant de fuite
~ **flux**: flux *nm* de fuite, flux de dispersion
~ **line**: ligne *nf* de dispersion
~ **path**: ligne *nf* de fuite
~ **pipe**: (on diesel engine) tuyau *nm* de retour au réservoir
~ **protection**: (el) protection *nf* contre les défauts d'isolement
~ **resistance**: résistance *nf* de fuite, résistance d'isolement
~ **water**: eau *nf* d'inflitration

leakance: perditance *nf*

leakiness: inétanchéité *nf*, défaut d'étanchéité

leaky: non étanche; (el) mal isolé
~ **line**: ligne *nf* mal isolée
~ **tube**: (eon) tube *nm* mal vidé, tube à vide imparfait
~ **wave antenna**: antenne *nf* à onde de fuite
~ **waveguide**: guide *nm* d'ondes à fente

lean: (concrete, gas, ore) pauvre
~ **bow**: (of ship) avant *nm* mince
~ **mixture**: mélange *nm* pauvre
~ **mixture knock rating**: indice *nm* d'octane en mélange pauvre
~ **sand**: sable *nm* maigre
~ **spark**: étincelle *nf* médiocre

learning: apprentissage *nm*
~ **curve**: courbe *nf* d'apprentissage
~ **software**: didacticiel *nm*

lease *nn*: (commerce) bail *nm*; (weaving) envergeure *nf*, encroix *nm*; *vb*: louer
~ **back**: cession-bail *nf*
~ **reed**: peigne *nm* envergeur, peigne d'envergeure
~ **rod**: baguette *nf* d'encroix, baguette d'envergeure

leased, ~ **line**: (tp) ligne *nf* louée, ligne spécialisée

leasing: crédit-bail *nm*

least, ~ **common multiple** «LCM»: plus petit commun multiple
~ **mean square error** NA : erreur *nf* quadratique moyenne
~ **significant bit** «LSB»: bit *nm* de plus faible poids
~ **significant**: le moins significatif
~ **square methods**: méthode *nf* des moindres carrés

leat: (to canal lock) canal *nm* d'amenée

leather: cuir *nm*
~ **board**: carton *nm* cuir
~ **cloth**: similicuir *nm*
~ **fibre board**: synderme *nm*
~ **mop**: (polishing) buffle *nm*
~ **packing**: (mech) garniture *nf* en cuir embouti

leatherette: similicuir *nm*

leaving: de sortie
~ **edge**: bord *nm* de sortie
~ **side**: (on tooth) flanc *nm* de sortie

LED → *light emitting diode*
~ **source**: émetteur *nm* DEL

ledge: rebord *nm*; (mining) filon *nm*, veine *nf*; (eon) banc *nm* d'ionisation
~ **rock**: roche *nf* en place

ledger: (accounting) grand livre *nm*, registre *nm*; (constr) longrine *nf* (d'échafaud), filière *nf* (de coffrage)

leech: (of sail) chute *nf*

leeward: sous le vent

leeway: dérive *nf*

left: gauche, à gauche
~**-hand** «LH»: à gauche; (inf) de poids fort
~**-hand drive**: conduite *nf* à gauche
~**-hand engine**: machine tournant à gauche
~**-hand rotation**: rotation *nf* à gauche
~**-hand rule** «LHR»: règle *nf* des 3 doigts, règle de la main gauche
~**-hand side**: côté *nm* gauche; (auto) GB côté *nm* chaussée, côté *nm* de circulation
~**-hand thread**: filet *nm* à gauche
~**-hand twist**: (of rope, yarn) torsion *nf* [en] S, torsion gauche
~**-handed propeller**: hélice *nf* tournant à gauche
~ **justification**: cadrage *nm* à gauche, justification *nf* à gauche
~ **justify**: justifier à gauche
~ **shift**: (inf) décalage à gauche

leftmost: le plus à gauche; (inf) de poids fort, le plus significatif

leg: jambe *nf*, pied *nm*; (of angle iron) aile *nf*; (of furniture) pied; (geol) jambe, flanc *nm* (anticlinal); (of journey) étape *nf*; (el) branchement *nm*, tronçon *nm*; (of landing gear) jambe; (of magnet) branche *nf*; (of structure) montant *nm*; (of piping) branche
~ **transformer**: transformateur *nm* à colonnes

legal: autorisé, admis, licite

legend: légende *nf*

legible: lisible

legibility: lisibilité *nf*

length: longueur *nf*; (of pipe, rail) section *nf*, tronçon *nm*; (of time) durée *nf*
~**/beam ratio**: (of air cushion) rapport *nm* longueur/largeur
~ **between centres**: (m-t) longueur *nf* entre pointes
~ **between pulley centres**: longueur *nf* d'entraxe
~ **of contact line**: (of gear) longueur *nf* de ligne d'engrènement
~ **of cushion**: longueur *nf* d'amortissement
~ **of ink**: longueur *nf*
~ **of lay**: pas *nm* d'enroulement, pas de câblage
~ **of runout**: (of thread) longueur *nf* des filets incomplets
~ **overall** «LOA»: longueur *nf* hors-tout
~ **tolerance**: tolérance *nf* sur [la] longueur
~ **under head**: (of rivet) épaisseur *nf* des tôles, longueur *nf* de serrage

lengthening: allongement *nm*
~ **piece**: rallonge *nf*
~ **pipe**: tuyau *nm* de rallonge

lengthwise: longitudinalement; (plast) en direction de la longueur, dans le sens de fabrication
~ **crease**: (pap) pli *nm* sens machine
~ **motion**: mouvement *nm* longitudinal
~ **section**: coupe *nf* longitudinale

lens: (of headlamp) diffuseur *nm*; (optics) lentille *nf*; (phot) objectif *nm*
~ **aperture**: ouverture *nf* de l'objectif
~ **assembly**: objectif *nm*
~ **cap**: couvre-objectif *nm*
~ **hood**: pare-soleil *nm*
~ **mounting**: monture *nf* d'objectif
~**-shaped**: lenticulaire
~ **spotlight**: projecteur *nm* à lentille
~ **stop**: (phot) valeur *nf* de diaphragme
~ **turret**: (of microscope) tourelle *nf* d'objectifs

lensing: (geol) stratification *nf* lenticulaire

lenticular: lenticulaire

less: moindre
~ **than**: inférieur à
~ **than or equal to**: inférieur ou égal à
~ **than carload freight** NA «LCL»: (rlwy) marchandises *nf* de détail

lessen *vb*: diminuer, réduire, affaibilir, amoindrir

LET → *linear energy transfer*

let *vb*: louer
~ **down**: faire descendre; (pressure) détendre
~**-down**: détente *nf*
~ **fall**: laisser tomber
~ **go**: lâcher
~**-go**: (glass reinforced plastic) décollement *nm*
~ **in**: laisser entrer; (embed) encastrer
~ **in the clutch**: embrayer
~**-off**: (tex) déroulement *nm*
~**-off motion**: (tex) régulateur *nm* de tension

~ **off steam**: lâcher la vapeur
~ **out**: laisser sortir
~ **through**: laisser passer

lethal: mortel, létal
~ **dose**: dose *nf* létale

letter: (a character) lettre *nf*; (mail) lettre *nf*, courrier *nm*
~ **case**: (graph) casse *nf*
~ **code**: code *nm* alphabétique; indicatif *nm* littéral
~ **of intent**: lettre *nf* d'intention
~ **quality printer** «LQP»: imprimante *nf* qualité courrier

letterpress, ~ **printing**: typographie *nf*

letterset, ~ **printing**: offset *nm* [à] sec

levee: levée *nf* de terre, digue *nf*, endiguement *nm*

level *nn*: niveau *nm*; (mining) étage *nm*; *adj*: plat, en palier; de niveau; (filling) à ras bords; *vb*: mettre à niveau; niveler, égaliser
~ **crossing**: passage *nm* à niveau
~ **cutting**: tranchée *nf* de niveau
~ **diagram**: hypsogramme *nm*
~ **flight**: vol *nm* en palier
~ **gauge**: indicateur *nm* de niveau
~-**gradient device**: (rlwy) dispositif *nm* plaine-montagne
~ **hunting**: (tp) recherche *nf* multiniveau, recherche sur plusieurs niveaux
~ **indicator**: (of liquid) jaugeur *nm*; (of sound) décibelmètre *nm*; (surveying) indicateur *nm* de niveau
~ **line**: ligne *nf* de niveau; (hydrology) niveau *nm* d'eau; NA (rlwy) ligne de plaine
~ **luffing**: déplacement *nm* horizontal de la flèche
~ **luffing crane**: grue *nf* à portée variable, grue à flèche articulée
~ **meter**: (altitude) hypsomètre *nm*; (for liquids and powders) limnimètre *nm*; (for sound) décibelmètre *nm*
~ **monitoring**: contrôle *nm* de niveau
~ **of the water table**: niveau *nm* hydrostatique
~ **off**: [s']établir à un niveau constant; (aero) redresser
~ **recorder**: enregistreur *nm* de niveau, hypsographe *nm*
~ **running**: marche *nf* en palier
~ **sensor**: canne *nf* de niveau
~ **switch**: contacteur *nm* de niveau
~ **with**: à ras de, à fleur de

leveller: (roadmaking) niveleuse *nf*; (of rolling mill) planeuse *nf*

levelling: égalisation *nf*, mise *nf* à niveau; (c.e.) régalage *nm*; (of lift) nivelage *nm*; (reducing the height) arasement *nm*; (surveying) nivellement *nm*
~ **course**: (constr) arase *nf*, arasement *nm*
~ **layer**: (of road) couche *nf* d'égalisation
~ **out**: (aero) mise *nf* en palier
~ **off**: (aero) mise *nf* en palier
~ **roll**: rouleau *nm* à dresser
~ **screw**: vis *nf* de réglage, vis de calage, vérin *nm* de réglage
~ **staff**: mire *nf* [d'arpenteur]

lever: levier *nm*; (hand type) manette *nf*
~ **action**: effet *nm* de levier
~ **advantage**: multiplication *nf*
~-**controlled**: à levier

leverage: puissance *nf* de levier, rapport *nm* des leviers, effet *nm* de levier

levigation: lévigation *nf*

levitation: lévitation *nf*

Lewis, ~ **bolt**: boulon *nm* de scellement

LF → *line feed, low frequency*

LG → *landing gear*

LH → *left hand*

LHR → *left hand rule*

LHV → *lower heating value*

LNG → *liquefied natural gas*
~ **carrier**: méthanier *nm*
~ **tanker**: méthanier *nm*

liability: (for defects) responsabilité *nf*
~ **to frost damage**: gélivité *nf*

liable, ~ **for**: responsable de
~ **to**: sujet à, enclin à, susceptible de

liber: (wood) liber *nm*

liberation, ~ **of gas**: dégagement *nm* de gaz

librarian: (a person) bibliothécaire *nm*, *nf*; (inf) programme *nm* de gestion de bibliothèque, gestionnaire *nm* de bibliothèque

library: bibliothèque *nf*
~ **manager**: gestionnaire *nm* de bibliothèque

LIC → *linear integrated circuit*

licence: licence *nf*, autorisation *nf*
~ **holder**: titulaire *nm* d'une licence

license *nn*: NA licence *nf*, autorisation *nf*; *vb*: autoriser, octroyer une licence
~ **plate** NA : (auto) plaque *nf* d'immatriculation

licensed: autorisé, brévété
~ **dealer**: concessionnaire *nm*

licensee: exploitant *nm* sous licence; concessionnaire *nm*, détenteur *nm* d'un permis

lidar: lidar *nm*

lie *nn*: (of ground) disposition *nf*, configuration *nf*; (of road) tracé *nm*
~ **alongside**: (ship) être bord à bord; être à quai
~ **at anchor**: être à l'ancre, être mouillé
~ **over**: donner de la bande
~ **to**: être à la cape, capeyer
~ **detector**: détecteur *nm* de mensonges
~ **of the land**: disposition *nf* du terrain, topographie *nf*

life *nn*: vie *nf*, durée *nf* de vie, longévité *nf*
~ **belt**: ceinture *nf* de sauvetage
~ **expectancy**: durée *nf* de vie probable, durée de vie estimée
~ **jacket**: gilet *nm* de sauvetage
~ **support equipment**: équipement *nm* de vie
~ **test**: essai *nm* de durée [de vie]

lifeboat: canot *nm* de sauvetage; (on ship) embarcation *nf* de sauvetage

lifebuoy: bouée *nf* de sauvetage

lifeline: ligne *nf* de sauvetage; (aboard a ship) garde-corps *nm*, attrape *nf*, filière *nf* de sécurité, sauvegarde *nf*

lifespan: durée *nf* de vie

lifetime: durée *nf* de vie
~ **lubrication**: graissage *nm* permanent, graissage à vie

LIFO → *last in first out*

lift *nn*: (aero) portance *nf*, sustentation *nf*; (of cam, eccentric, valve) levée *nf*; (concreting) banchée *nf*, levée *nf* de bétonnage; (elevator) ascenseur *nm*; (of pump) hauteur *nf* d'aspiration, hauteur d'élévation, hauteur de dépression, hauteur de refoulement; *vb*: lever, soulever; (pump) refouler
~ **and force pump**: pompe *nf* aspirante et élévatoire
~ **capacity**: (aero) capacité *nf* d'emport, capacité de transport
~ **drag ratio**: (aero) finesse *nf* [aérodynamique]; (naut) rapport *nm* de la poussée à la traînée
~ **fan**: (of air cushion) soufflante *nf* de sustentation
~ **jet**: réacteur *nm* de sustentation
~ **off**: (aero) décoller
~**-off tape**: ruban *nm* correcteur (par enlèvement)
~**-on/lift-off ship** «lo-lo»: navire *nm* à levage, navire à chargement vertical
~**-on/lift-off system**: manutention *nf* à levage
~ **pump**: pompe *nf* élévatoire, pompe aspirante
~ **shaft**: cage *nf* d'ascenseur
~ **the receiver**: (tp) décrocher l'appareil
~ **the casting**: démouler la fonte
~ **truck**: chariot *nm* élévateur
~**-up**: relevable
~**-up tailgate**: (auto) hayon *nm*
~ **wire**: hauban *nm* porteur, hauban de soutien

lifter: poussoir *nm*, came *nf*

lifting: soulèvement *nm*; (aero) portance *nf*; (crane movement) relevage *nm*
~ **and forcing pump**: pompe *nf* aspirante et foulante, pompe à double effet
~ **beam**: palonnier *nm*
~ **capacity**: force *nf* de levage, charge *nf* admissible
~ **cylinder**: vérin *nm* de levage
~ **eye**: anneau *nm* de levage
~ **force**: (aero) force *nf* de sustentation, force élévatoire, force portante
~ **gate**: barrière *nf* basculante, barrière oscillante
~ **gear**: appareil *nm* de levage
~ **jack**: vérin *nm* [de levage]
~ **magnet**: électroaimant *nm* porteur, électroaimant de levage
~ **platform**: pont *nm* élévateur
~ **power**: (buoyancy) force *nf* portante; (mechanical handling) puissance *nf* de levage
~ **ramp**: pont *nm* élévateur
~ **screw**: (a conveyor) hélice *nf* élévatrice; (a jack) cric *nm* à vis
~ **surface**: (aero) surface *nf* sustentatrice
~ **tackle**: palan *nm* [de levage]

light *adj*: léger; (naut) lège; → also *light nn*
~ **antitank weapon** «LAW»: arme *nf* antichar légère
~ **armoured car**: automitrailleuse *nf* légère «AML»
~ **cladding**: façade *nf* légère
~ **construction**: construction *nf* légère, construction allégée
~ **control**: commande *nf* douce
~ **current**: courant *nm* faible, courant basse tension
~ **displacement**: déplacement *nm* lège
~ **draught**: tirant *nm* d'eau lège
~ **duty**: de faible puissance, de petite puissance, de faible rendement
~ **end**: (petr) fraction *nf* légère
~ **engine**: (rlwy) locomotive *nf* haut-le-pied
~ **engineering**: petite mécanique *nf*, mécanique de précision
~ **face type**: caractère *nm* maigre
~ **fit**: ajustage *nm* légèrement serré, ajustement *nm* à jeu
~ **gauge sheet**: tôle *nf* mince
~ **load**: (el) charge *nf* incomplète, charge partielle
~ **load test**: essai *nm* à charge réduite
~ **lorry**: camionnette *nf*
~ **machine gun** «LMG»: mitrailleuse *nf* légère, fusil-mitrailleur *nm*
~ **negative**: négatif *nm* sous-exposé
~ **oil**: huile *nf* fluide, huile légère
~ **overhaul**: révision *nf* mineure
~ **running**: (of machinery) marche *nf* à vide; (rlwy) marche *nf* haut-le-pied
~ **section**: profil *nm* léger, profilé *nm* léger
~ **section iron**: fer *nf* de faible échantillon, fer de petit échantillon
~ **ship**: navire *nm* lège
~ **traffic**: faible trafic *nm*; à faible circulation
~ **type**: caractères *nm* maigres
~ **vessel**: navire *nm* lège
~ **water reactor** «LWR»: réacteur *nm* à eau légère

light *nn*: lumière *nf*; (auto) feu *nm*; *adj*: lumineux; *vb*: éclairer, illuminer; allumer, s'allumer; → also *light adj*
~ **aperture**: (of optical instrument) pinnule *nf*
~ **back**: (engine) avoir un retour de flamme
~ **beam**: faisceau *nm* lumineux
~ **bulb**: ampoule *nf* d'éclairage
~ **buoy**: bouée *nf* lumineuse
~ **detector**: détecteur *nm* optique, photorécepteur *nm*, photodétecteur *nm*
~ **distribution**: distribution *nf* lumière
~ **emitting diode** «LED»: diode *nf* électroluminescente
~ **emitting diode source**: émetteur *nm* à DEL, émetteur DEL
~ **engineer**: éclairagiste *nm*
~ **fastness**: (of colour) tenue *nf* à la lumière, stabilité *nf* à la lumière; (of fabric) solidité *nf* à la lumière
~ **filter**: filtre *nm* orthochromatique
~ **fixture**: luminaire *nm*, appareil *nm* d'éclairage
~ **flux**: flux *nm* lumineux
~ **hour**: heure *nf* d'éclairage
~ **intensity**: intensité *nf* lumineuse
~ **mark**: repère *nm* lumineux
~ **meter**: luxmètre *nm*, photomètre *nm*, posemètre *nm*
~ **microscope**: microscope *nm* optique
~ **negative**: photorésistant
~ **outlet** NA : prise *nf* de courant d'éclairage
~ **output**: intensité *nf* lumineuse
~ **pen**: photostyle *nm*
~ **positive**: photoconducteur
~ **ray**: rayon *nm* lumineux
~ **sensitive**: photosensible
~ **ship**: bateau-feu *nm*, bateau-phare *nm*
~ **signal**: signal *nm* lumineux
~ **socket**: prise *nf* de courant d'éclairage
~ **source**: source *nf* lumineuse, source de lumière; photo-émetteur *nm*
~ **spot**: tache *nf* lumineuse; repère *nm* lumineux
~ **stability**: inaltérabilité *nf* à la lumière, stabilité *nf* à la lumière
~ **switch**: interrupteur *nm* d'éclairage
~ **value**: niveau *nf* de luminosité
~ **wave**: onde *nf* lumineuse
~ **year**: année *nf* lumière

lighted: éclairé, lumineux

lighten *vb*: alléger; soulager; éclairer, illuminer

lightening: allègement *nm*

lighter *nn*: allège *nf*, barge *nf*; *adj*: plus léger
~-**aboard ship** «LASH»: navire *nm* porte-barges
~ **than air**: plus léger que l'air, aérostat *nm*
~ **carrier**: porte-barges *nm*

lighterage: déchargement *nm* par allèges; droits *nm* d'allège, frais *nm* d'allège

lightfastness: stabilité *nf* à la lumière

lightguide: fibre *nf* [optique], guide *nm* [d'ondes] optique

lighthouse: phare *nm*
~ **triode**: triode *nf* phare

lighting: éclairage *nm*, éclairement *nm*, illumination *nf*; (of fire) allumage *nm*
~ **cable**: fil *nm* lumière, câble *nm* d'éclairage
~ **engineer**: éclairagiste *nm*
~ **engineering**: éclairagisme *nm*
~ **fixture**: appareil *nm* d'éclairage
~ **load**: consommation *nf* de courant lumière
~ **outlet**: prise *nf* de courant lumière

lightness: (of colour) clarté *nf*; (light) luminance *nf*, brillance *nf*, éclairement *nm*; (weight) légèreté *nf*

lightning: éclair *nm*, foudre *nf*
~ **arrester**: parafoudre *nm*, éclateur *nm*
~ **conductor**: parafoudre *nm*, paratonnerre *nm*
~ **fault**: dérangement *nm* causé par la foudre
~ **flash**: éclair *nm*
~ **protector**: parafoudre *nm*, éclateur *nm*
~ **rod**: tige *nf* de paratonnerre
~ **surge**: surtension *nf* due à la foudre, surtension atmosphérique

lightproof: étanche à la lumière, inaccessible à la lumière, opaque; résistant à la lumière, stable à la lumière

lightweight: léger
~ **cable**: (tp) câble *nm* à armure interne, câble à porteur central
~ **construction**: construction *nf* légère, construction allégée
~ **scrap**: ferraille *nf* légère

ligneous: ligneux

lignin: lignine *nf*
~ **plastic**: plastique *nm* à base de lignine
~ **resin**: résine *nf* de lignine

lignite: lignite *nf*

like, ~ **poles**: pôles *nm* de même nom
~ **sign**: de même signe

LILO → *last in last out*

LIM → *linear induction motor*

limb: (astronomy) limbe *nm*; (of antenna, magnet, U-shaped tube) branche *nf*; (of surveying instrument) limbe *nm*, cercle *nm* gradué

lime: chaux *nf*
~ **and cement mortar**: mortier *nm* bâtard
~ **grease**: graisse *nf* calcique
~ **kiln**: four *nm* à chaux
~ **mortar**: mortier *nm* de chaux
~ **putty**: pâte *nf* de chaux
~ **water**: eau *nf* de chaux

limen: seuil *nm* de sensation

limestone: calcaire *nm*
~ **flux**: (fdry) castine *nf*

limewash: badigeon *nm* à la chaux, eau *nf* de chaux, lait *nm* de chaux

liminal, ~ **value**: valeur *nf* de seuil

liming: chaulage *nm*

limit *nn*: limite *nf*, borne *nf*; *vb*: limiter, borner
~ **check**: (inf) contrôle *nm* de vraisemblance
~ **design**: calcul *nm* à la [charge] limite
~ **gauge**: calibre *nm* de tolérance
~ **stop**: butée *nf* de fin de course
~ **switch**: contacteur *nm* de fin de course, interrupteur *nm* de fin de course, fin *nm* de course
~ **testing**: essai *nm* aux limites; (quality control) contrôle *nm* des tolérances
~**s and fits**: tolérances *nf* et ajustage

limited, ~ **rotary motor**: machine *nf* à angle de rotation limité
~ **slip differential**: différentiel *nm* auto-bloquant, différentiel à autoblocage
~ **train** NA : train *nm* à supplément

limiter: limiteur *nm*, écrêteur *nm*; (inf) borne *nf*, délimitateur *nm*, séparateur *nm* de zones

limiting *nn*: limitation *nf*; *adj*: de limite
~ **condition**: condition *nf* limite
~ **device**: limiteur *nm* (de charge, de courant, d'effort)
~ **frequency**: fréquence *nf* limite, fréquence de coupure
~ **value**: valeur *nf* limite

limo NA → *limousine*

limousine GB : limousine *nf*; NA : minibus *nm*, minicar *nm*

line *nn*: ligne *nf*, trait *nm*; (design) ligne, tracé *nm*; (el) ligne, secteur *nm*; (piping) canalisation *nf*; (production) chaîne *nf*, tapis *nm* roulant; (range of products) gamme *nf*; (rlwy) ligne, voie *nf*; (of road) tracé *nm*; (of spectrum, tv) raie *nf*; (transport, tcm) ligne; NA (waiting) queue *nf*, file *nf* d'attente; (of vehicles) file *nf*; *vb*: garnir, doubler, revêtir (intérieurement)
~ **and tack**: (a pipeline) alignement *nm* et pointage *nm*
~ **at a time printer**: imprimante *nf* ligne par ligne
~ **bid**: (tp) demande *nf* de ligne
~ **blanking**: suppression *nf* de ligne[s]
~ **blending**: (petr) mélange *nm* en canalisation
~ **block**: cliché *nm* trait
~ **breaker**: interrupteur *nm* général, disjoncteur *nm* principal
~ **burner**: brûleur *nm* rectiligne, rampe *nf* à gaz
~ **clear**: voie *nf* libre
~ **diagram**: épure *nf*
~ **drawing**: dessin *nm* au trait
~ **driver**: amplificateur *nm* de ligne
~ **drop**: perte *nf* en ligne
~ **engraving**: gravure *nf* au trait
~ **fault**: défaut *nm* en ligne, dérangement *nm* de ligne, dérangement de secteur
~ **feed**: (inf) changement *nm* de ligne, avancement *nm* d'un interligne, interligne *nm*, retour *nm* à la ligne, saut *nm* de ligne
~ **filament**: filament *nm* rectiligne
~ **finder**: chercheur *nm* de ligne
~ **fittings**: robinetterie *nf*
~ **flyback**: (eon) retour *nm* horizontal, balayage *nm* de retour
~ **focus**: foyer *nm* linéaire
~**-free**: à alimentation *nf* autonome; (tv) sans lignes
~ **generator**: (inf) générateur *nm* graphique
~ **hunting**: (tp) recherche *nf* de lignes libres
~ **loss**: perte *nf* en ligne
~ **of contact**: (of gear) ligne *nf* d'engrènement
~ **of flux**: ligne *nf* de champ, ligne de flux
~ **of force**: ligne *nf* de force
~ **of least resistance**: ligne *nf* de moindre résistance
~ **of sight** «LOS»: (mil) ligne *nf* de mire; (tcm link) en visibilité directe
~**-powered** NA : à alimentation *nf* secteur, fonctionnant sur secteur
~ **printer**: imprimante *nf* ligne par ligne
~ **shafting**: arbres *nm* de transmission, arbres de couche
~ **skip**: (inf) saut *nm* de ligne
~ **slip**: (tv) glissement *nm* horizontal de l'image
~ **space**: espace *nm* interligne, interligne *nm*
~ **spectrum**: spectre *nm* de raies
~ **starter**: interrupteur *nm* de démarrage
~ **status**: état *nm* de ligne
~ **team**: équipe *nf* de pose
~ **terminal**: extrémité *nf* de ligne, terminaison *nf* de ligne; borne *nf* de phase
~ **up** *nn*: alignement; *vb*: aligner
~**-up mark**: repère *nm* (d'alignement)
~ **voltage**: tension *nf* de secteur, tension du réseau
~ **width**: largeur *nf* de trait
~ **wire**: fil *nm* secteur

lineal: linéaire

linear: linéaire, rectiligne; (measurement) courant
~ **amplifier**: amplificateur *nm* linéaire
~ **bearing**: roulement *nm* axial
~ **density**: masse *nf* linéique
~ **energy transfer** «LET»: transfert *nm* linéique d'énergie
~ **equation**: équation *nf* linéaire, équation du premier degré
~ **induction motor** «LIM»: moteur *nm* à induction linéaire
~ **integrated circuit** «LIC»: circuit *nm* intégré linéaire
~ **list**: (inf) liste *nf* séquentielle
~ **measure**: mesure *nf* de longueur
~ **polariser**: polariseur *nm* rectiligne
~ **search**: (inf) recherche *nf* séquentielle
~ **thermometer**: thermomètre *nm* à échelle linéaire

lineman: monteur *nm* de lignes, poseur *nm* de lignes

linen: linge *nm*
~ **cloth**: toile *nf* de lin, tissu *nm* de lin
~ **finish**: apprêt *nm* toile, apprêt similitoile

liner: (aero) avion *nm* de ligne; (of engine cylinder) chemise *nf*; chemisage *nm*; (petr) tubage *nm* perdu, colonne *nf* perdue; (a perforated tube) crépine *nf*; (a ship) transatlantique *nm*; (space) inhibiteur *nm*, isolant *nm*

lining: (of brake, clutch plate) garniture *nf*; (of furnace) garnissage *nm*; (packaging) contre-emballage *nm*; (of shaft, tunnel) blindage *nm*; (of trench) boisage *nm*
~ **up**: (mech) alignement *nm*, repérage *nm*; (mil) visée *nf*; (tcm) réglage *nm*, égalisation *nm*

linisher: bande *nf* abrasive, ruban *nm* émerisé

link *nn*: chaînon *nm*, tronçon *nm*; (of chain) maillon *nm*; (crossbar) maillon; (mech) tringle *nf*, bielle *nf*; (slotted) coulisse *nf*, bielle *nf* oscillante; (transport, tcm) liaison *nf*; **links**: (mech) parallélogramme *nm*; *vb*: relier, connecter, interconnecter, rattacher, associer; (inf) enchaîner, assembler; (tcm) assurer la liaison, relier, connecter
~ **belt**: courroie *nf* articulée; (mil) bande *nf* articulée (de chargement)
~ **chain**: chaîne *nf* ordinaire, chaîne à articulations, chaîne Galle
~ **editor**: (inf) éditeur *nm* de liens
~ **loader**: (inf) chargeur-éditeur *nm* de liens
~ **mechanism**: embiellage *nm*
~ **pin**: axe *nm* d'articulation, tourillon *nm*, goujon *nm*
~ **rod**: biellette *nf*
~ **trainer**: simulateur *nm* de vol
~ **word**: mot *nm* de chaînage

linkage: (chem) liaison *nf*; (inf) chaînage *nm*, enchaînement *nm*; (mech) embiellage *nm*, timonerie *nf*, tringlerie *nf* ~ **editor**: éditeur *nm* de liens
~ **point**: point *nm* d'articulation

linked: (inf) assemblé, enchaîné; (mech) couplé, jumelé
~ **switches**: commmutateurs *nm* à couplage mécanique, interrupteurs *nm* jumelés

linker: (inf) éditeur *nm* de liens

linking, ~ **loader**: chargeur-éditeur *nm* de liens

linseed: graine *nf* de lin
~ **oil**: huile *nf* de lin
lint, ~ **free**: non pelucheux

lip: lèvre *nf*, rebord *nm*; (for pouring) bec *nm*
~ **microphone**: microphone *nm* labial
~ **seal**: joint *nm* à lèvre

liquefied: liquéfié
~ **natural gas** «LNG»: gaz *nm* naturel liquéfié «GNL»
~ **petroleum gas** «LPG»: gaz *nm* de pétrole liquéfié «GPL»

liquefy *vb*: liquéfier, fluidifier

liquid *nn*: liquide *nm*; *adj*: liquide
~ **coupling**: accouplement *nm* hydraulique, embrayage *nm* hydraulique
~ **crystal display** «LCD»: affichage *nm* à cristaux liquides, écran *nm* à cristaux liquides
~ **expansion thermometer**: thermomètre *nm* à dilatation de liquide
~ **fuel**: combustible *nm* liquide
~ **fuse**: fusible *nm* à liquide, fusible à extinction en liquide
~ **gas engine**: moteur *nm* à gaz liquéfié
~ **grease**: graisse *nf* fluide
~ **head**: charge *nf* hydrostatique
~ **limit**: (petr, soil mechanics) limite *nf* de liquidité
~-**liquid extraction**: extraction *nf* liquide-liquide
~ **propellant**: propergol *nm* liquide
~-**quenched fuse**: fusible *nm* à extinction en liquide
~ **ring pump**: pompe *nf* à anneau liquide
~ **seal**: joint *nm* hydraulique
~-**to-liquid exchanger**: échangeur *nm* liquide-liquide

liquidus: liquidus *nm*

L-iron: équerre *nf*

L-shaped: en L; (constr) en retour

list *nn*: liste *nf*; (inf) listage *nm*; (of parts) nomenclature *nf*; (naut) bande *nf*, gîte *nm*, faux-bord *nm*; *vb*: lister; (naut) gîter, avoir de la bande
~ **number**: (of part) désignation *nf*
~ **of cables**: carnet *nm* de câblage
~ **price**: prix *nm* catalogue

listener: (a device) récepteur *nm*, écouteur *nm*, module *nm* d'écoute; (a person) auditeur *nm*, personne *nf* à l'écoute

listening: écoute *nf*, audition *nf*
~ **station**: poste *nm* d'écoute

listing: (publicity) listage *nm*, listing *nm*; (inf) listing; (tp) inscription *nf* à l'annuaire
~ **paper**: papier *nm* en continu

literature: documentation *nf*

~ **search**: recherche *nf* documentaire

lithium: lithium *nm*
~ **soap grease**: graisse *nf* au savon de lithium

litmus, ~ **paper**: papier *nm* tournesol

live: (broadcasting) en direct; (el) sous tension, parcouru par le courant, traversé par le courant
~ **ammunition**: projectiles *nm* réels
~ **axle**: essieu *nm* moteur, pont *nm* moteur
~ **conductor**: conducteur *nm* chargé, conducteur sous tension
~ **data**: données *nf* réelles
~ **end**: extrémité *nf* sous tension
~-**front switchboard**: tableau *nm* sous tension
~ **keyboard**: clavier *nm* interactif, clavier conversationnel
~ **load** «LL»: (constr, c.e.) charge *nf* variable, charge dynamique, charge mobile, surcharge *nf* mobile, surcharge temporaire; (el) charge *nf* en régime
~ **memory**: (inf) mémoire *nf* active
~ **pipe**: conduite *nf* en charge
~ **pulley**: poulie *nf* mobile
~ **rail**: (rlwy) rail *nm* conducteur, rail de contact, rail d'alimentation
~ **room**: salle *nf* réverbérante
~ **shaft**: arbre *nm* de couche, arbre de transmission
~ **steam**: vapeur *nf* vive
~ **test**: essai *nm* réel
~ **traffic**: (tp) trafic *nm* réel
~ **transmission**: émission *nf* en direct
~ **wire**: fil *nm* de phase, fil sous tension
~ **working**: (el) travail *nm* sous tension

livering: (of ink) caoutchoutage *nm*, épaississement *nm*; (of paint) épaississement

liveware: (inf) personnel *nm* informaticien

living: vivant; d'habitation
~ **environment**: cadre *nm* de vie
~ **room**: salle *nf* de séjour, séjour *nm*, living *nm*
~ **standard**: niveau *nm* de vie

lixiviation: lessivation *nf*, lixiviation *nf*

lo → *low*

lo/lo → *lift-on/lift-off*

lo res → *low resolution*

LOA → *length overall*

load *nn*: charge *nf*, chargement *nm*; effort *nm*; (air conditioning, refrigeration) besoin *nm* de froid, demande *nf* de froid; (el) charge, utilisation *nf*; (heat) besoin de chaleur, demande de chaleur; (transport) cargaison *nf*; *vb*: charger; (a tape, disk) charger, monter
~ **at break**: charge *nf* de rupture
~-**bearing**: porteur
~ **break switch**: sectionneur *nm* de coupure en charge, interrupteur *nm* de coupure en charge
~ **capacity**: capacité *nf* en charge, charge *nf* utile
~ **carrying**: (mech) travaillant
~ **center**: nœud *nm* de la charge, centre *nm* de gravité de la charge, centre d'application de la charge
~ **circuit**: circuit *nm* d'utilisation
~ **dispatcher**: répartiteur *nm* de charge
~ **displacement**: (naut) déplacement *nm* en charge
~ **distribution switch**: (tcm) commutateur *nm* de répartition du trafic
~ **equivalent**: équivalent *nm* de la charge
~ **factor**: (inf) densité *nf* d'occupation, densité d'enregistrement; (traffic) facteur *nm* de saturation, taux *nm* de saturation
~ **line**: (naut) ligne *nf* de charge
~ **relief**: délestage *nm*
~ **reversal**: renversement *nm* de la charge
~ **sharing**: répartition *nf* de la charge
~ **shedding**: (el) délestage *nm*
~ **side**: (el) côté *nm* utilisation
~-**side protection**: (el) protection *nf* aval
~ **test**: essai *nm* en charge, essai de charge; (aero) essai *nm* statique
~ **transfer**: report *nm* de la charge

loader: chargeur *nm*; (earthmoving equipment) chargeuse-pelleteuse *nf*, pelleteuse *nf*, chargeuse *nf*; (of furnace) enfourneur *nm*, enfourneuse *nf*; (inf) chargeur, programme *nm* de chargement

loading: chargement *nm*; (el) pupinisation *nf*; (inf) chargement, mise *nf* en place; (into kiln, into reactor) enfournement *nm*; (nuc, phot) imprégnation *nf*; (of structure) mise *nf* en charge; (tex) incrustation *nf*
~ **bay**: quai *nm* de chargement

~ **coil**: bobine *nf* [de] Pupin, bobine de charge, bobine de pupinisation
~-**coil spacing**: pas *nm* de pupinisation
~ **gear**: (on ship) apparaux *nm* de chargement
~ **platform**: quai *nm* de chargement, plate-forme *nf* de chargement

loam: limon *nm*, terre *nf* argileuse, terre de moulage
~ **sand**: sable *nm* argileux

lobe: (of antenna) lobe *nm*; (of cam) bossage *nm*, nez *nm* de came

local: local; (tp) urbain
~ **area network**: réseau *nm* local
~ **battery** «LB»: batterie *nf* locale
~ **call**: (tp) communication *nf* locale
~ **control**: commande *nf* directe, commande locale
~ **labour**: main-d'œuvre *nf* indigène
~ **office** NA : (tp) central *nm* local, centre *nm* local, centre urbain
~ **time** «LT»: heure *nf* locale
~ **trunk cable**: câble *nm* de jonction urbaine

localization <isation>: (of fault) localisation *nf*, repérage *nm*

localizer <iser>, ~ **beacon**: radiophare *nm* d'alignement de piste «RAP»

localizing <ising>: repérage *nm*; adaptation *nf* à un pays particulier; (aero) alignement *nm* de piste

locate: repérer, situer, localiser; (mech) centrer, positionner; (inf) implanter, rechercher (en mémoire)

locating: localisation *nf*, repérage *nm*; positionnement *nm*; (of concentric parts) centrage *nm*
~ **bush**: canon *nm* de centrage
~ **disk**: pastille *nf* de positionnement
~ **dowel**: pied *nm* de centrage
~ **hole**: trou *nm* de piétage, trou *nm* détrompeur, trou de logement, piétage *nm* femelle
~ **mark**: trait *nm* de repère
~ **pin**: pied *nm* de centrage, goujon *nm* de centrage, pion *nm* de centrage
~ **plate**: positionneur *nm*
~ **spigot**: téton *nm* de centrage
~ **stud**: piétage *nm* mâle
~ **tab**: ergot *nm* de positionnement

location: emplacement *nm*, position *nf*, implantation *nf*; (of faults) localisation *nf*; (mech) logement *nm*; (of tools on lathe) centrage *nm*
~ **hole**: trou *nm* d'ajustage
~ **plan**: plan *nm* d'implantation

locator: repère *nm*, pièce *nf* de repérage; détecteur *nm*, dispositif *nm* de repérage; (a crimping tool) positionneur *nm*; (a guiding light) balise *nf* de ralliement; (sound) appareil *nm* de repérage

lock *nn*: (on canal) écluse *nf*; (on door) serrure *nf*; (car steering) braquage *nm*; *vb*: fermer à clé; bloquer, verrouiller; (el) asservir, synchroniser; (mech) arrêter, freiner, immobiliser
~ **angle**: angle *nm* de braquage
~ **out**: interdire l'accès, interdire l'utilisation
~ **chamber**: sas *nm*
~ **gate**: porte *nf* d'écluse
~ **seam**: agrafage *nm*
~-**up garage**: box *nm*
~ **washer**: rondelle-frein *nf*, frein *nm* d'écrou, rondelle *nf* de blocage

locked, ~ **rotor test**: essai *nm* à rotor bloqué, essai de décrochage

locker: armoire *nf* (de vestiaire); (on ship) coffre *nm*, caisson *nm* de rangement

locking: blocage *nm*, verrouillage *nm*
~ **plate**: plaque *nf* frein, tôle *nf* frein

locknut: contre-écrou *nm*

lockout: interdiction *nf* d'accès, verrouillage *nm*

lockpin: (for nut) axe *nm* de freinage, épingle *nf* de freinage

lockshield, ~ **valve**: robinet *nm* à cache-entrée

loctal, ~ **base**: (eon) culot *nm* loctal

locus: lieu *nm* géométrique

lode: filon *nm*, veine *nf*

loft: (constr) grenier *nm*; (shipbuilding) salle *nf* de traçage
~ **dried**: (pap) séché à l'air
~ **space**: combles *nm*

log *nn*: (inf) journal *nm*, session *nf*; (of journey) carnet *nm* de route; (maths) logarithme *nm*; (naut) loch *nm*; (of timber) bûche *nf*, grume *nf*; *vb*: (inf) enregistrer, consigner
~ **file**: fichier *nm* de journalisation
~ **in** *nn*: ouverture *nf* de session; *vb*: ouvrir une session, entrer en communication, entrer dans le système
~ **off** *nn*: fin de session; *vb*: sortir du système, clore une session
~ **on**: entrer en communication, entrer dans le système, ouvrir une session
~ **out**: sortir du système, clore une session

logbook: carnet *nm* de bord, journal *nm* de bord

logarithm: logarithme *nm*

logger: enregistreur *nm* chronologique [automatique], consignateur *nm*

logging: (inf) consignation *nf*, enregistrement *nm*; (petr) diagraphie *nf*
~ **file**: fichier *nm* de consignation, fichier journal, fichier de journalisation
~ **in**: ouverture *nf* d'une session [de traitement]
~ **out**: fermeture *nf* d'une session [de traitement]
~ **record**: enregistrement *nm* de journalisation

logic: logique
~ **array**: réseau *nm* logique
~ **engineer**: logicien *nm*
~ **error**: erreur [de] logique

logical: logique, de logique

logo: sigle *nm*

lone, ~ **electron**: électron *nm* célibataire

long, ~ **clay**: argile *nf* plastique
~ **column**: poteau *nm* élancé
~ **distance**: (radio station) à grande puissance, à longue portée; (tp) interurbain
~ **haul**: (connexion, transport) à grande distance
~**-haul aircraft**: avion *nm* long courrier, long courrier *nm*
~**-haul truck**: camion *nm* grand routier
~**-life battery**: batterie *nf* de longue durée
~ **liquor ratio**: long rapport *nm* de bain
~**-pitch winding**: enroulement *nm* à pas allongé
~**-playing record** «LP»: disque *nm* microsillon, disque longue durée, disque 33 tours
~ **radius**: grand rayon *nm*
~**-range**: à grande portée, à grande distance
~ **run**: essai *nm* prolongé; (production) grande série *nf*
~ **shot**: prise *nf* de vues à distance; (phot) plan *nm* général, plan d'ensemble
~ **sweep curve**: courbe *nf* de grand rayon
~ **ton**: tonne *nf* forte (1016 kg)
~ **wave**: onde *nf* longue; (radio) «LW»: grandes ondes
~ **welded rail**: (rlwy) rail *nm* long, rail soudé
~ **wheelbase** «LWB»: (auto) empattement *nm* long

longitudinal: longitudinal
~ **member**: longeron *nm*
~ **parity check**: contrôle *nm* de parité *nf* longitudinale
~ **redundancy check**: contrôle *nm* de redondance longitudinale
~ **section**: profil *nm* en long, coupe *nf* longitudinale

look *nn*: lecture *nf*; *vb*: regarder
~ **ahead**: lecture *nf* par anticipation, lecture anticipée
~ **through**: (pap) épair *nm*; (mil) blanc *nm*
~ **up**: (inf) consulter (une table); (tp) rechercher (un numéro)

lookup: consultation *nf* (de table etc); (tp) recherche *nf* d'un numéro

loom: (el) faisceau *nm* de câbles, câblage *nm* pré-assemblé; (tex) métier *nm* à tisser
~ **beam**: ensouple *nf* de derrière, ensouple de tissage

loop *nn*: boucle *nf*; (in wire) boucle, coque *nf*; (of oscillation) ventre *nm* d'une oscillation, ventre d'une vibration, antinœud *nm*; (a turn) spire *nf*, tour *nm*; *vb*: boucler; tourner sur une boucle
~ **antenna**: antenne *nf* cadre
~ **check**: contrôle *nm* par retour de l'information
~ **circuit**: circuit *nm* bouclé
~ **closure**: fermeture *nf* de boucle
~ **connection**: couplage *nm* en boucle, montage *nm* en boucle
~ **delay**: temps *nm* de propagation en boucle
~ **drier** NA : accrocheuse-sécheuse *nf*
~ **galvanometer**: galvanomètre *nm* à cadre

~ **hanger**: (for girder) étrier *nm* de suspension
~ **line**: (rlwy) voie *nf* de contournement
~ **network**: réseau *nm* en boucle, réseau bouclé
~ **reception**: réception *nf* sur cadre

loopback: bouclage *nm* rétroactif

loose: lâche, desserré, détaché, ayant pris du jeu; démontable, amovible; (soil) meuble, ébouleux
~ **bottom**: fond *nm* amovible
~ **connection**: connexion *nf* desserrée
~ **contact**: (el) mauvais contact *nm*
~**-fill insulation**: isolant *nm* de bourrage, isolant en granulés, isolant en vrac
~ **fit**: ajustement *nm* lâche, ajustement libre, ajustement avec jeu
~ **goods**: produits *nm* en vrac
~ **headstock**: poupée *nf* mobile
~ **insert**: (graph) encart *nm* volant, encart libre
~ **lead**: extrémité *nf* libre
~ **leaf binder**: reliure *nf* à feuillets mobiles
~ **material**: matériau *nm* meuble, matériau sans cohésion
~ **pulley**: poulie *nf* folle, galopin *nm*
~ **roller**: rouleau *nm* fou
~ **rope**: câble *nm* mou
~ **side of belt**: brin *nm* conduit, brin mou, brin mené
~ **soil**: (for foundation) mauvais sol *nm*
~ **washer**: rondelle *nf* folle

looseness: (between plies) décollement *nm*; (movement) liberté *nf*, jeu *nm*; (of soil) inconsistance *nf*

loosening: desserrage *nm*, déblocage *nm*; (of soil) ameublissement *nm*

lorry: camion *nm*; (rlwy) diable *nm*, lorry *nm*
~ **driver**: conducteur *nm*, chauffeur *nm* de camion; (long distance driver) routier *nm*

LOS → *line of sight, line out of service*

lose *vb*: perdre; fuir, laisser s'échapper
~ **the seal**: (trap) se désamorcer
~ **time**: (clock) retarder

loss: perte *nf*; (of signal) affaiblissement *nm*
~ **angle**: angle *nm* de pertes [diélectriques]
~**-free**: sans perte[s], exempt de perte[s]
~ **of head**: perte *nf* de charge
~ **of power**: perte *nf* de puissance; (el) panne *nf* de courant
~ **on ignition**: (met) perte *nf* au feu

lossy: avec beaucoup de pertes; (cable) à fort affaiblissement

lost: perdu
~ **motion**: déplacement *nm* libre, mouvement *nm* à vide, course *nf* morte
~ **time**: temps *nm* perdu, temps d'inutilisation, temps mort
~ **wax casting**: moulage *nm* à la cire perdue; pièce *nf* moulée à la cire perdue

lot: (a batch) lot *nm*; NA (building land) terrain *nm*, parcelle *nf*
~ **tolerance percent defective** «LTPD»: niveau *nm* de qualité toléré

loudness: intensité *nf* sonore, puissance *nf* sonore, volume *nm* sonore; (video) contour *nm*

loudspeaker «LS»: haut-parleur *nm* «HP»
~ **cabinet**: ébénesterie *nf* de haut-parleur
~ **enclosure**: enceinte *nf* de haut-parleur
~ **paging**: recherche *nf* de personnes par haut-parleur

low «lo»: bas; faible, peu élevé; (on instrument) minimum *nm*; (sound) grave
~ **alloy steel**: acier *nm* faiblement allié
~ **beam** NA : éclairage *nm* code, feu *nm* de croisement
~**-bed chassis**: (of vehicle) châssis *nm* surbaissé
~**-boiling**: à point d'ébullition bas
~**-carbon**: à bas carbone *nm*, peu carburé
~**-carbon steel**: acier *nm* à faible teneur en carbone
~**-case** «l.c.» **letter**: lettre *nf* minuscule
~**-cost**: économique
~ **cycle fatigue**: fatigue *nf* oligocyclique
~ **density** «LD»: (inf) basse densité
~**-expansion alloy**: alliage *nm* à faible dilatation
~ **frequency** «LF»: basse fréquence *nf*
~ **gear**: petite vitesse *nf*
~ **gear ratio**: petite multiplication *nf*

~ **grade**: de qualité inférieure, de mauvaise qualité; (ore) de faible teneur
~**-level flow chart**: organigramme *nm* détaillé
~**-level language** «LLL»: langage *nm* peu évolué, langage de bas niveau, langage de niveau inférieur
~**-lift truck**: chariot *nm* à petite levée
~ **loader**: (trailer, wagon) surbaissé, à plate-forme surbaissée
~**-maintenance**: exigeant peu d'entretien
~**-noise**: peu bruyant, silencieux
~**-order**: (inf) de poids faible, de droite
~**-pass** «LP»: passe-bas
~**-pass filter** «LPF»: filtre *nm* passe-bas, passe-bas *nm*
~**-pass image**: image *nf* filtrée au passe-bas
~**-pitch[ed]**: (roof) à faible pente; (sound) bas, grave
~ **pressure** «LP»: basse pression «BP»
~ **pressure area**: (weather) dépression *nf*
~**-profile tyre**: pneu *nm* taille basse
~**-speed**: lent
~**-speed film**: pellicule *nf* à faible sensiblité
~**-speed shaft** «LSS»: arbre *nm* petite vitesse «PV»
~**-stop filter**: filtre *nm* passe-haut
~ **storey**: entresol *nm*
~**-temperature**: à basse température, pour basses températures
~ **tension**: basse tension *nf*
~**-tension battery** «LTB»: (eon) batterie *nf* de chauffage
~ **vacuum**: vide *nm* peu poussé
~ **voltage** «LV»: basse tension *nf* «BT»
~**-voltage release**: déclenchement *nm* à minimum de tension
~ **water**: basse mer *nf*, marée *nf* basse, basses-eaux *nf*

lower *adj*: plus bas, inférieur, de dessous; *vb*: descendre, abaisser; baisser, réduire, diminuer
~ **case letter**: lettre *nf* minuscule
~ **crankcase**: (on engine) carter *nm* inférieur, carter d'huile
~ **dead center** «LDC»: point *nm* mort inférieur, point mort bas
~ **limit**: limite *nf* inférieure, limite mini
~ **shed**: (weaving) pas *nm* d'en bas
~ **sideband** «LSB»: bande *nf* latérale inférieure
~ **skin panel**: (aero) intrados
~ **surface**: (aero) intrados

lowering: descente *nf*; abaissement *nm*, diminution *nf*; (of pipeline) mise *nf* en fouille

lowest: le plus bas; le plus faible, le plus petit
~ **usable frequency** «LUF»: fréquence *nf* minimale utilisable, fréquence minimale d'utilisation

lox → *liquid oxygen*

LP → *long playing, low pass, low pressure*

LPF → *low pass filter*

LPG → *liquefied petroleum gas*

LQP → *letter quality printer*

LS → *loudspeaker*

LSB → *least significant bit, lower sideband*

LSI → *large scale integration*

LTB → *low tension battery*

lube → *lubricating*
~ **oil**: huile *nf* lubrifiante, huile de graissage

lubricant: lubrifiant *nm*

lubricated: lubrifié, graissé
~ **gasoline** NA : mélange *nm* pour moteur à 2 temps
~ **petrol**: mélange *nm* pour moteur à 2 temps

lubricating «lube»: lubrifiant, de graissage
~ **chart**: plan *nm* de graissage, tableau *nm* de graissage
~ **diagram**: schéma *nm* de graissage
~ **felt**: feutre *nm* graisseur
~ **nipple**: raccord *nm* de graissage
~ **oil**: huile *nf* de graissage

lubrication: graissage *nm*, lubrification *nf*

lubricator: godet *nm* graisseur, graisseur *nm*

lubricity: onctuosité *nf* (d'une huile de graissage), pouvoir *nm* lubrifiant

luffing: (crane movement) relevage *nm* de la flèche, variation *nf* de la portée

~ **crane**: grue *nf* à flèche relevable, grue à volée variable
~ **jib**: flèche *nf* relevable, flèche à portée variable

lug: patte *nf* (de fixation); (el) cosse *nf*); (moulding) oreille *nf* de châssis

lukewarm: tiède

lumber NA : bois *nm* de sciage, bois *nm* d'œuvre
~ **mill**: scierie *nf*

lumbering NA : industrie *nf* du bois de sciage, travaux *nm* forestiers

lumberjack NA : bûcheron *nm*

lumberman NA : exploitant *nm* de forêt, marchand *nm* de bois

luminous: lumineux, éclairant
~ **discharge**: effluve *nf*, décharge *nf* lumineuse
~ **flame**: flamme *nf* éclairante

lump *nn*: [gros] morceau *nm*; (ceramics) masse *nf*, motte *nf*; (of soil) motte *nf*; *adj*: en morceaux
~ **sum**: somme *nf* globale, somme forfaitaire
~ **together**: grouper, regrouper

lumped: concentré, localisé, regroupé
~ **capacity**: capacité *nf* concentrée
~ **circuit**: circuit *nm* à constantes localisées
~ **resistance**: résistance *nf* localisée

luster: lustre *nm*, éclat *nm*, brillant *nm*, reflet *nm* superficiel

lute: mastic *nm*, lut *nm*

luton: (on vehicle) capucine *nf*

LV → *laser vision, low voltage*

LW → *long wave*

LWB → *long wheel base*

lye: lessive *nf*

lying: posé, horizontal
~ **flat**: posé à plat

M

MAC→ *maximum admissible concentration*

macadam: macadam *nm*

macerate NA : (plast) matière *nf* à mouler

Mach, ~ number: nombre *nm* de mach

machine *nn*: machine *nf*; *vb*: usiner
~ **accounting**: comptabilité *nf* mécanographique
~ **address**: adresse *nf* absolue, adresse machine
~ **aided translation** «MAT»: traduction *nf* assistée par ordinateur «TAO»
~ **bolt**: boulon *nm* décolleté, boulon mécanique
~ **check**: (inf) contrôle *nm* intégré
~ **composition**: composition *nf* mécanique
~ **cycle**: (inf) cycle *nm* machine, temps *nm* d'exécution
~ **direction**: (pap) sens *nm* machine
~ **glazed** «MG»: (pap) frictionné
~ **gun** «MG»: mitrailleuse *nf*
~ **gun carrier**: automitrailleuse *nf*
~ **independent**: indépendant du matériel, non subordonné à une machine particulière
~ **language**: langage *nm* machine
~ **log**: journal *nm* machine
~ **minder**: conducteur *nm* de machine, surveillant *nm* de machine
~ **mining**: exploitation *nf* mécanisée
~ **oil**: huile *nf* pour machines
~ **pistol**: pistolet *nm* mitrailleur
~ **ringing**: (tp) appel *nm* semi-automatique
~ **room**: salle *nf* des machines
~ **screw**: vis *nf* mécanique, vis à métaux
~ **shop**: atelier *nm* de mécanique
~ **tool**: machine-outil *nf*
~ **translation**: traduction *nf* automatique

machined: usiné

machining: usinage *nm*, façonnage *nm* par enlèvement de copeaux
~ **allowance**: surépaisseur *nf* d'usinage

machinist: machiniste *nm*; ajusteur *nm* de machine-outil; conducteur *nm*, surveillant *nm* de machines

macle: macle *nf*

macro, ~ assembler: macro-assembleur *nm*
~ **etching**: attaque *nf* grossière
~ **generating program**: programme *nm* macro-générateur, macro-générateur *nm*
~ **instruction**: macro-instruction *nf*

macrocomputing: macro-informatique *nf*

macrocrystalline: macrocristallin

macrography: macrographie *nf*

macroprocessor: macro-processeur *nm*

macroprogramming: macro-programmation *nf*

made: fabriqué, confectionné; (ground) remblayé
~ **circuit**: circuit *nm* fermé
~ **ground**: remblai *nm*
~ **to gauge**: fait au gabarit
~ **to measure**: fait sur mesure, personnalisé

Mae, ~ West: gilet *nm* de sauvetage

mag → *magnetic*

magazine: magasin *nm* (d'alimentation, de réception); (of rifle) chargeur *nm*
~ **mining**: exploitation *nf* par chambres-magasins

magic, ~ eye: oeil *nm* magique, oeil cathodique

maglev → *magnetic levitation*

magma: (geol, wldg) magma *nm*

magnal, ~ base: (eon) culot *nm* à 11 broches

magnesia: magnésie *nf*

magnesite: magnésite *nf*

magnesium: magnésium *nm*
~ **alloy**: alliage *nm* au magnésium, alliage de magnésium

magnet: aimant *nm*
~ **crane**: grue *nf* à électro-aimant, grue à aimant porteur
~ **wheel**: roue *nf* polaire
~ **yoke**: culasse *nf* d'aimant

magnetic: magnétique
~ **blowout**: soufflage *nm* magnétique
~ **blowout circuit breaker**: disjoncteur *nm* à soufflage magnétique
~ **bottle**: (nuc) bouteille *nf* magnétique
~ **bubble memory** «MBM»: mémoire *nf* à bulles magnétiques
~ **catch**: cliquet *nm* magnétique, loqueteau *nm* magnétique
~ **character recognition**: reconnaissance *nf* des caractères magnétiques
~ **character reader**: lecteur *nm* de caractères magnétiques
~ **core**: noyau *nm* magnétique, noyau d'aimant; (inf) tore *nm* magnétique (mémoire)
~ **core memory**: mémoire *nf* à tores magnétiques
~ **course**: cap *nm* magnétique
~ **dip**: inclinaison *nf* magnétique
~ **dipole**: doublet *nm* magnétique
~ **disturbance**: perturbation *nf* magnétique
~ **domain**: domaine *nm* magnétique
~ **drum**: tambour *nm* magnétique
~ **drum storage**: mémoire *nf* à tambour magnétique
~ **field line**: ligne *nf* de force du champ magnétique
~ **field strength**: intensité *nf* de champ magnétique
~ **flux**: flux *nm* magnétique
~ **focusing**: concentration *nf* magnétique
~ **freezing**: collage *nm*
~ **gate**: (nuc) porte magnétique
~ **induction**: induction *nf* magnétique
~ **ink**: encre *nf* magnétique
~ **ink character recognition** «MICR»: reconnaissance *nf* de caractères magnétiques
~ **leakage**: dispersion *nf* magnétique
~ **levitation** «maglev»: sustentation *nf* magnétique, lévitation *nf* magnétique
~ **needle**: aiguille *nf* aimantée
~ **particle clutch**: embrayage *nm* à particules magnétiques, accouplement *nm* à particules magnétiques
~ **recording medium**: support *nm* d'enregistrement magnétique
~ **screen**: cuirasse *nf* [anti]magnétique, écran *nm* [anti]magnétique
~ **sensing**: lecture *nf* magnétique
~ **shield**: blindage *nm* [anti]magnétique, écran *nm* [anti]magnétique
~ **storm**: orage *nm* magnétique
~ **stray field**: champ *nm* de dispersion magnétique
~ **stripe**: piste *nf* magnétique
~ **tape** «MT»: bande *nf* magnétique «BM»
~ **tape certifier**: certifieur *nm* de bande magnétique
~ **tape drive[r]**: dérouleur *nm* de bande magnétique
~ **tape recorder**: magnétophone *nm*
~ **tape transport**: dérouleur *nm* de bande magnétique
~ **tape unit** «MTU»: lecteur *nm* de bande magnétique
~ **torque**: couple *nm* magnétique
~ **torquing system**: générateur *nm* de couple magnétique
~ **track**: (inf) piste *nf* magnétique
~ **valve**: robinet *nm* électromagnétique
~ **variation**: déclinaison *nf* magnétique
~ **wand**: crayon *nm* lecteur magnétique
~ **wire memory**: mémoire *nf* à fil magnétique
~ **wire store**: mémoire *nf* à fil magnétique

magnetize <ise> *vb*: aimanter, magnétiser

magnetizable <isable>: aimantable, magnétisable

magnetization <isation>: aimantation *nf*, magnétisation *nf*

magneto: magnéto *nf*
~ **ignition**: allumage *nm* par magnéto
~ **inductor**: rotor *nm* de la magnéto
~**-ionic**: magnéto-ionique
~**-optic[al]**: magnéto-optique

magnetometer: magnétomètre *nm*

magnetomotive, ~ force «MMF»: force *nf* magnétomotrice

magnetostriction: magnétostriction *nf*

magnetostrictive, ~ delay line: ligne *nf* à retard à magnétostriction

magnetron: magnétron *nm*
~ **pushing**: glissement *nm* amont d'un magnétron

magnification: grossissement *nm*
~ **factor**: facteur *nm* de surtension, facteur de qualité
~ **of a circuit**: coefficient *nm* de surtension

magnifier: (eon) amplificateur *nm*; (opt) verre *nm* grossissant

magnify *vb*: grossir

magnifying: grossissant
~ **glass**: verre *nm* grossissant, loupe *nf*
~ **power**: grossissement *nm*, puissance *nf* de grossissement

magnitude: grandeur *nf*, ordre *nm* de grandeur

magtape → *magnetic tape*

mahogany: acajou *nm*

maiden, ~ **fligth**: premier vol *nm*, vol inaugural

mail *nn*: poste *nf*, courrier *nm*; *vb*: expédier par la poste
~ **merge**: interclassement *nm* texte/adresse
~ **order [business]**: vente *nf* par correspondance
~ **order house**: entreprise *nf* de vente par correspondance, maison *nf* de vente par correspondance

mailbox «MB» NA : boîte *nf* aux lettes; (inf) boîte aux lettres [électronique] «BAL»
~ **system**: courrier *nm* électronique

mailing: mailing *nm*, publipostage *nm*
~ **address** NA : adresse *nf* postale
~ **list**: liste *nf* de diffusion

mailshot: envoi *nm* (en publicité directe), publipostage *nm*

main: principal; → also *mains*
~ **and tail rope haulage**: (mining) traînage *nm* par câble tête et câble queue
~ **axis**: axe *nm* principal; (of ellipse) grand axe
~ **beam**: faisceau *nm* principal; (of aerial) lobe *nm* principal; (constr) maîtresse-poutre *nf*; (on vehicle) feu *nm* de route
~ **beam filament**: filament *nm* de route
~ **bearing**: (auto) palier *nm* de vilebrequin
~ **contractor**: entreprise *nf* générale
~ **distribution frame** «MDF»: (tp) répartiteur *nm* principal d'entrée
~ **drainage**: tout-à-l'égout *nm*
~ **drive**: transmission *nf* primaire, commande *nf* principale
~ **frame computer**: gros ordinateur *nm*, processeur *nm* central, unité *nf* centrale, unité principale
~ **gate**: (constr) portail *nm*
~ **landing gear** «MLG»: atterrisseur *nm* principal, train *nm* d'atterrissage avant
~ **leaf**: (of spring) lame *nf* maîtresse
~ **line**: (piping) canalisation *nf* principale; (rlwy) grande ligne *nf*
~ **line flow chart**: organigramme *nm* essentiel, organigramme général
~ **mast**: grand mât *nm*
~ **memory**: mémoire *nf* centrale «MC»
~ **oil gallery**: (on engine) rampe *nf* de graissage
~ **panel**: (el) tableau *nm* général
~ **plane**: (aero) aile *nf*, voilure *nf*; (of wall) nu *nm*
~ **plate**: (of spring) lame *nf* maîtresse
~ **road**: route *nf* de grande circulation, route principale, route nationale
~ **rod**: bielle *nf* motrice
~ **rope**: (mining) câble *nm* d'extraction, câble-tête, câble de tête
~ **sewer**: égout *nm* collecteur, égout principal, collecteur *nm* principal
~ **shaft**: arbre *nm* [de couche] principal, arbre de commande, arbre moteur
~ **shafting**: transmission *nf* principale
~ **sideband**: bande *nf* latérale principale
~ **storage**: (inf) mémoire *nf* centrale
~ **store**: (inf) mémoire *nf* centrale
~ **surface**: (of component, wall) nu *nm*
~ **switch**: interrupteur *nm* général
~ **wall**: mur *nm* de gros-œuvre

mainland: terre *nf* ferme

mains: (el) réseau *nm*, secteur *nm*; (pipe) canalisation *nf*
~ **failure**: panne *nf* de secteur
~**-fed**: alimenté par le secteur
~ **hum**: ronflement *nm* de secteur
~ **hum filter**: filtre *nm* antironflement
~ **junction**: nœud *nm* de canalisations
~ **on**: (on battery charger) secteur *nm* en circuit
~ **supply**: alimentation *nf* secteur
~ **transformer**: transformateur *nm* d'alimentation
~ **voltage**: tension *nf* de secteur

mainsail: grand'voile *nf*

mainsheet: écoute *nf* de grand'voile

maintain *vb*: entretenir, assurer la maintenance; (inf) tenir un fichier [à jour]

maintained: maintenu, entretenu

maintenability: facilité *nf* d'entretien, facilité de maintenance

maintenance: entretien *nm*, maintenance *nf*; (inf) tenue *nf* des fichiers, mise *nf* à jour
~ **feature**: dispositif *nm* de maintenance
~**-free**: sans entretien
~ **pack**: unité *nf* de tests de maintenance
~ **schedule**: calendrier *nm* de maintenance
~ **time**: durée *nf* d'intervention

maisonette: duplex *nm*

major: majeur, grand, principal
~ **axis**: grand axe *nm*
~ **constituent**: constituant *nm* principal
~ **defect**: défaut *nm* majeur
~ **diameter**: (of thread) diamètre *nm* externe
~ **overhaul**: révision *nf* générale
~ **repair**: grande réparation *nf*, grosse réparation
~ **road**: route *nf* prioritaire
~ **total**: (inf) total *nm* de niveau supérieur

majority: majorité *nf*
~ **carrier**: porteur *nm* majoritaire

make *nn*: marque *nf*; *vb*: faire, fabriquer; (machinery) construire; (el) fermer (un circuit); (steel) élaborer
~ **a call**: téléphoner
~**-and-break current**: courant *nm* intermittent
~**-and-break ignition**: allumage *nm* à rupteur, allumage par rupteur
~**-and-break switch**: conjoncteur-disjoncteur *nm*
~**-before-break**: fermeture *nf* avant rupture
~**-before-break contact**: contact *nm* à chevauchement, contact travail-repos
~**-break contact**: contact *nm* de fermeture avant rupture, contact à chevauchement, contact travail-repos
~ **contact**: établir le contact
~**-contact**: contact *nm* de fermeture, contact de travail
~**-contact operating time**: temps *nm* de fonctionnement du contact de travail
~**-contact release time**: temps *nm* de mise au repos du contact de travail
~**-contact unit**: dispositif *nm* de contact de fermeture, contact *nm* de fermeture, contact de travail
~ **even**: égaliser
~ **fast**: fixer, assujettir; (naut) amarrer
~ **for**: se diriger vers, faire route vers; mettre le cap sur; (naut) gouverner à un cap
~ **good**: corriger, réparer, compenser
~ **true**: (a wheel) dresser, ajuster
~ **flush**: affleurer, mettre à niveau
~ **impulse**: impulsion *nf* provoquée par le lancement d'un courant
~ **run**: période *nf* de fabrication
~ **spring**: ressort *nm* contacteur, ressort de contact
~ **sure**: vérifier, contrôler, s'assurer
~ **time**: durée *nf* d'établissement, durée de fermeture, temps *nm* de fermeture
~ **up** *nn*: (graph) mise *nf* en page; *vb*: constituer; (a level) faire l'appoint
~ **up for**: compenser, contrebalancer, neutraliser
~**-up length**: pièce *nf* de raccordement
~**-up water**: eau *nf* d'appoint
~**-up yard** NA : (rlwy) gare *nf* de formation
~ **use of**: se servir de, utiliser

maker: fabricant *nm*; (of machinery) constructeur *nm*

makeshift, ~ **repair**: réparation *nf* de fortune

making: fabrication *nf*, construction *nf*; (el) fermeture *nf* (de circuit)
~ **capacity**: pouvoir *nm* de fermeture
~ **current**: courant *nm* de fermeture
~ **direction**: (pap) sens *nm* machine
~ **relay**: relais *nm* contacteur
~ **up**: (rlwy) formation *nf* (de trains)

maladjusted: mal réglé, déréglé

male: mâle
~ **die**: poinçon *nm* (à estamper); (plast, rubber) moule *nm* mâle
~ **plug**: bouchon *nm*, prise *nf* mâle, fiche *nf*
~ **thread**: filet *nm* extérieur, filet mâle

malfunction: mauvais fonctionnement *nm*, dérangement *nm*, dysfonctionnement *nm*

mall NA : galerie *nf* marchande

malleability: malléabilité *nf*

malleable: malléable
~ **cast iron**: fonte *nf* malléable
~ **iron**: «MI»: fer *nm* malléable

mallet: maillet *nm*

Maltese, ~ cross: croix *nf* de Malte

malthene: malthène *nm*

man: homme *nm*, ouvrier *nm*
~**-hour**: heure *nf* d'ouvrier, heure de main-d'œuvre, homme-heure
~**-machine communication**: communication *nf* homme-machine, dialogue *nm* homme-machine
~**-machine interaction**: communication *nf* homme-machine, dialogue *nm* homme-machine
~**-minute**: minute *nf* de main-d'œuvre, homme-minute
~**-shift**: homme-poste *nm*
~**-shift output**: rendement *nm* par homme-poste

manage *vb*: gérer, diriger

management: gestion *nf*; direction *nf*; conduite *nf* des travaux
~ **consultant**: conseiller *nm* en gestion, conseil *nm* en gestion
~ **engineering**: organisation *nf* de la gestion
~ **game**: jeu *nm* d'entreprise
~ **information system** «MIS»: système *nm* intégré de gestion «SIG»

manager: chef *nm*, directeur *nm*, dirigeant *nm*, responsable *nm*, manager *nm*; (inf) programme *nm* de gestion, gestionnaire *nm*

mandatory: obligatoire

mandrel: (m-t) mandrin *nm*; (plast) noyau *nm* de moule
~ **drawing**: étirage *nm* sur mandrin
~ **rod**: (extrusion) poinçon *nm*

maneuver NA → *manoeuvre*

maneuverable NA → *manoeuvrable*

manganese: manganèse *nm*
~ **bronze**: bronze *nm* au manganèse

manganiferous: manganésifère

manganous: manganeux

mangle: (ceramics) calandre *nf*
~ **roll**: (rolling) rouleau *nm* à dresser

manhole: trou *nm* d'homme, trou *nm* de visite; (tp) puits *nm* d'accès, puits à câbles, chambre *nf* de tirage
~ **cover**: couvercle *nm* de regard; (on sewer) tampon *nm* d'égout, plaque *nf* d'égout

manifold: manifold *nm*, collecteur *nm* [à raccordements multiples]; (on engine) collecteur, tubulure *nf*
~ **block**: (hydraulics) bloc *nm* de raccordement, carré *nm* de raccordement

manilla, ~ hemp: chanvre *nm* de Manille
~ **rope**: câble *nm* en chanvre de Manille

manipulate *vb*: manipuler, manier

manipulated, ~ variable NA : grandeur *nf* de réglage, valeur *nf* de réglage

manipulator: (nuc) [télé]manipulateur *nm*; (tcm, robotics) manipulateur *nm*; (rolling) culbuteur *nm*, manipulateur

manite → *man-minute*

manmade: artificiel
~ **fibre**: fibre *nf* synthétique
~ **noise**: perturbation *nf* industrielle

manned: surveillé
~ **aircraft**: avion *nm* piloté
~ **flight**: (space) vol *nm* habité
~ **level crossing**: passage *nm* à niveau gardé
~ **space vehicle**: astronef *nm* habité
~ **station**: (el) poste *nm* avec personnel de conduite

manning: personnel *nm*, effectifs *nm*

manoeuvrability: manœuvrabilité *nf*, maniabilité *nf*

manoeuvrable: manœuvrable, maniable

manoeuvre *nn*: manœuvre *nf*; *vb*: manœuvrer
~ **margin**: marge *nf* de manœuvre

manograph: manomètre *nm* enregistreur

manometer: manomètre *nm*

manpower: effectifs *nm*, main-d'œuvre *nf*

mantissa: mantisse *nf*

mantle: (geol) manteau *nm*, enveloppe *nf*; (of gas light) manchon *nm*

manual *nm*: manuel nm; *adj*: manuel, à main, à bras
~ **control**: commande *nf* manuelle, commande volontaire, commande musculaire
~ **manipulator**: (robotics) manipulateur *nm* manuel
~ **operation**: exploitation *nf* manuelle
~ **override**: intervention *nf* manuelle prioritaire

manufacture *nn*: production *nf*, fabrication *nf*; *vb*: produire, fabriquer

manufactured «mfd»: fabriqué, produit
~ **gas**: gas *nm* manufacturé
~ **goods**: produits *nm* manufacturés

manufacturer: fabricant *nm*

manufacturing: fabrication *nf*
~ **capacity**: capacité *nf* de production
~ **cost**: prix *nm* de revient de la production
~ **defect**: vice *nm* de fabrication
~ **dimension**: cote *nf* de fabrication
~ **industry**: industrie *nf* manufacturière
~ **order** «MO»: ordre *nm* de fabrication «OF»
~ **overheads**: frais *nm* généraux de fabrication
~ **plant**: unité *nf* de fabrication, unité de production
~ **process**: procédé *nm* de fabrication
~ **shop**: atelier *nm*

manware: personnel *nm* informaticien

manway: passage *nm* pour homme, galerie *nf* de circulation du personnel

map *nn*: carte *nf*; (of a town) plan *nm*; (inf) plan *nm* d'implantation, table *nf* de correspondances, table des implantations; *vb*: dresser la carte, établir la carte; (inf) mapper
~ **gridding**: carroyage *nm* d'une carte, quadrillage *nm*
~ **maker**: cartographe *nm*
~ **out**: dresser la carte
~ **out a route**: tracer un itinéraire
~ **projection**: projection *nf* cartographique

maple: érable *nm*

mapping: cartographie *nf*; (maths) application *nf*; (fdry) gerces *nf*, nervures *nf*; (inf) mappage *nm*, topographie (de la mémoire); (radar, tv) cadrage *nm*

mar, ~ **resistant**: résistant aux maculations

maraging, ~ **steel**: acier *nm* maraging

marble *nn*: marbre; *vb*: marbrer; (pap) jasper

marbling: marbrure[s] *nf*; (pap) jaspage *nm*

margin: marge *nf*; (of tile, slate) pureau *nm*
~ **of safety**: marge *nf* de sécurité
~ **stop**: (on typewriter) margeur *nm*

marginal: marginal, en marge; à la limite
~ **punching**: perforations *nf* marginales

marigraph: marégraphe *nm*

marina: marina *nf*, port *nm* de plaisance

marine: marin
~ **borer**: xylophage *nm* marin, taret *nm*
~ **chart**: carte *nf* marine, carte nautique
~ **engine**: machine *nf* marine, moteur *nm* marin
~ **engineer**: ingénieur *nm* naval
~ **environment**: milieu *nm* marin
~ **propeller**: hélice *nf* marine

maritime: maritime
~ **patrol aircraft**: appareil *nm* de reconnaissance en haute mer
~ **satellite** «marsat»: satellite *nm* maritime de télécommunications
~ **terminal**: gare *nf* maritime

mark *nn*: marque *nf*, repère *nm*, point *nm* de repère; (a defect) marque *nf*, rayure *nf*, trace *nf* (d'outil, de moule); (a design) modèle *nm*; (a stain) tache *nf*; *vb*: marquer, repérer, tracer
~ **off**: cocher, pointer; délimiter; repérer depuis
~ **out**: tracer; (surveying) piqueter, jalonner
~ **sensing**: lecture *nf* de marques
~ **up** *nn*: marge *nf* bénéficiaire; *vb*: (a drawing) corriger, indiquer une modification
~ **with centre punch**: pointer, amorcer un trou au pointeau

marker: marqueur *nm*; (aero) balise *nf*
~ **beacon**: radioborne *nf*
~ **light**: (aero) balise *nf* lumineuse; NA (on truck) feu *nm* de position, feu d'encombrement

market *nn*: marché *nm*; *vb*: commercialiser
~ **value**: valeur *nf* commerçante

marketable: commercialisable, vendable, marchand

marketing: commercialisation *nf*, marketing *nm*

marking: marquage *nm*, repérage *nm*; (on road) signalisation *nf* horizontale
~ **gauge**: trusquin *nm* [à tracer]
~ **ink**: encre *nf* à tracer
~ **roll**: molette *nf* de marquage
~ **template**: gabarit *nm* de traçage
~ **tool**: pointe *nf* à tracer

marl: marne *nf*

marly: marneux

marsat → *maritime satellite*

marsh: marais *nm*, marécage *nm*
~ **gas**: gaz *nm* des marais

marshal *vb*: (rlwy) trier, classer

marshalling <alling>: classement *nm*; (rlwy) triage *nm*, formation *nf* des trains
~ **yard**: gare *nf* de triage

mascon: (space) réplétion *nf*

maser: maser *nm*
~ **amplifier**: amplificateur *nm* maser
~ **pump**: pompe *nf* de maser

mash, ~ **welding**: soudure *nf* par écrasement

mask *nn*: cache *nm*, masque *nf*; *vb*: masquer
~ **making**: (p.c.) fabrication *nf* de masques
~ **matching**: comparaison *nf* de masques

masking: masquage *nm*
~ **tape**: papier-cache *nm*

mason: maçon *nm*, briqueteur *nm*

masonry: maçonnerie *nf*, ouvrage *nm* en maçonnerie
~ **anchor**: patte *nf* de scellement
~ **fixing**: scellement *nm*
~ **shaft**: puits *nm* maçonné
~ **unit**: bloc *nm* de maçonnerie

mass *nn*: amas *nm*, masse *nf*; grand nombre *nm*; (el) masse *nf*, terre *nf*; *adj*: massique
~ **concrete**: gros béton *nm*, béton de masse
~ **conservation**: conservation *nf* de la masse
~ **energy**: énergie *nf* massique
~ **mailing**: publipostage *nm*
~ **market**: marché *nm* grand public
~ **media**: moyens *nm* de communication de masse, mass medias *nm*
~ **memory**: mémoire *nf* de masse, mémoire de grande capacité
~ **number**: nombre *nm* de masse
~ **polymerisation**: polymérisation *nf* en masse
~ **production**: fabrication *nf* en [grande] série, construction *nf* en série
~ **storage**: mémoire *nf* de masse, mémoire de grande capacité
~ **store**: mémoire *nf* de masse, mémoire de grande capacité

massage *vb*: (inf) optimiser des données, réduire des données

mast: (of antenna, ship) mât *nm*; (of forklift truck) montant *nm*; (a structure) mât, poteau *nm*, pylône *nm*
~ **antenna**: antenne-mât *nf*; (on vehicle) antenne-fouet *nf*

master: maître, principal; (gauge) étalon; (inf) de base, central, pilote
~ **batch**: mélange *nm* maître, mélange mère
~ **borer**: chef *nm* foreur, chef sondeur
~ **card**: carte *nf* maîtresse
~ **clock**: horloge *nf* principale, horloge mère, horloge pilote, rythmeur *nm* maître
~ **compas**: compas *nm* pilote, compas principal
~ **computer**: ordinateur *nm* pilote, ordinateur maître
~ **control room**: (tv) régie *nf* centrale, régie finale
~ **controller**: combinateur *nm*
~ **copy**: (cinema) copie *nf* originale, enregistrement *nm* original (du son); (of magnetic tape) *nf* bande pilote
~ **cylinder**: cylindre *nm* moteur; (of brakes) maître-cylindre *nm*
~ **data**: données *nf* de base, données permanentes

~ **disk**: (inf) disque *nm* de base, disque d'origine; (recording) disque *nm* père, père *nm*
~ **file**: fichier *nm* permanent, fichier maître, fichier de base
~ **film**: (of microfiche) négatif *nm* pour reproduction
~ **frequency**: fréquence *nf* mère
~ **gear**: engrenage *nm* principal; roue *nf* étalon, pignon *nm* étalon
~ **group** «MG»: (inf) groupe *nm* maître; (tcm) groupe tertiaire
~ **index**: index *nm* principal
~ **instrument**: instrument *nm* de référence, instrument étalon
~ **key**: passe-partout *nm*
~ **mariner**: capitaine *nm* (de marine marchande)
~ **meter**: compteur *nm* général
~ **monitor**: moniteur *nm* d'émission, moniteur final, moniteur principal
~ **oscillator**: oscillateur *nm* pilote, maître-oscillateur *nm*
~ **pattern**: (m-t) gabarit *nm*
~ **pinion**: pignon *nm* étalon
~ **plan**: plan *nm* directeur, plan d'ensemble; (for development) schéma *nm* directeur
~ **plug**: tampon *nm* étalon
~ **profile**: profil *nm* de référence, profil étalon
~ **record**: (inf) article *nm* du fichier permanent, enregistrement *nm* principal
~-**slave**: maître-esclave
~ **station**: station *nf* maîtresse, station principale; (remote control) poste *nm* de conduite centralisée, poste maître
~ **switch**: interrupteur *nm* général, interrupteur principal
~ **tap**: (a tool) taraud *nm* mère; (a stop cock) robinet *nm* chef, robinet général
~ **tape**: bande *nf* originale, bande maîtresse, bande principale
~ **tooling**: outillage *nm* étalon
~ **valve**: robinet *nm* général

masticator: (plast, rubber) masticateur *nm*

MAT → *machine aided translation*

mat *nn*: tapis *nm*; (of fibres) matelas *nm*, mat *nm*; (graph) flan *nm* de clicherie; *adj*: mat
~-**coated paper**: papier *nm* couché mat
~ **cut**: (glass) taillé non poli, taillé mat
~ **dip**: bain *nm* de matage
~ **finish**: finition *nf* mate; (p.c) finition dépolie
~ **foundation** NA : fondation *nf* sur radier
~ **print**: (phot) épreuve *nf* sur papier mat

match *nn*: assortiment *nm*, concordance *nf*, correspondance *nf*; *vb*: appareiller, apparier, assortir; comparer; (el) adapter, équilibrer
~ **boarding**: planches *nf* bouvetées
~ **line**: ligne *nf* de repérage
~ **mark**: trait *nm* de repère

matched, ~ **electron tubes**: (eon) tubes *nm* à caractéristiques identiques
~ **joint**: (carp) assemblage *nm* bouveté
~ **load**: charge *nf* adaptée
~ **metal dies**: moule *nm* et contre-moule [rigides]
~ **parts**: pièces *nf* ajustées entre elles, pièces appariées
~ **waveguide**: guide *nm* adapté

matching: (el) adaptation *nf*, équilibrage *nm*, synchronisation *nf*; (inf) assortiment *nm*, correspondance *nf*; (of pattern) raccord *nm*; (tv) équilibrage *nm* des couleurs
~ **network**: réseau *nm* d'adaptation, réseau adaptateur
~ **section**: tronçon *nm* d'adaptation
~ **transformer**: transformateur *nm* d'adaptation
~ **waste**: (of pattern) perte *nf* au raccord

mate *nn*: (labour) compagnon *nm*; (mech) pièce *nf* correspondante, pièce conjuguée; *vb*: connecter, solidariser; (mech) ajuster

material: matériau *nm*, matière *nf*; (tex) tissu *nm*
~ **balance**: (nuc) bilan *nm* matière
~ **damage**: dégâts *nm* matériels
~ **defect**: vice *nm* de matière
~ **handling**: manutention *nf*
~ **testing**: essai *nm* des matières, essai des matériaux
~ **unaccounted for**: différence *nf* d'inventaire «DI»

mating *nn*: connexion *nf*, appariement *nm*, conjugaison *nf* mécanique; *adj*: correspondant; (gear) en prise
~ **dimension**: dimension *nf* de raccordement
~ **face**: plan *nm* de joint
~ **flange**: contre-bride *nf*
~ **force**: (el) force *nf* d'accouplement (d'un contact)
~ **gear**: roue *nf* conjuguée
~ **surface**: surface *nf* d'appui, surface de contact, surface d'ajustement

matrix *nn*: (binding material, inf, maths) matrice *nf*; (of engine radiator) faisceau *nm*; (graph) flan *nm*; *adj*: matriciel
~ **notation**: notation *nf* matricielle
~ **printer**: imprimante *nf* par points, imprimante matricielle

matrixing: matriçage *nm*

matte: (met) matte *nf*

maturing: maturation *nf*, conditionnement *nm*

maximum *nn*: maximum *nm*; *adj*: maximal, maxi
~ **admissible concentration** «MAC»: concentration *nf* maximale admise
~ **allowable working pressure**: pression *nf* maximale de marche; (of pressure vessel) timbre *nm*
~ **and minimum thermometer**: thermomètre *nm* à maximum et minimum
~ **continuous rating**: service *nm* nominal continu maxi
~ **current relay**: relais *nm* à maximum (de courant, d'intensité)
~ **demand meter**: compteur *nm* à indicateur de pointe, indicateur *nm* de pointe
~ **demand tariff**: tarif *nm* de pointe
~ **interference**: (mech) serrage *nm* maxi
~ **permissible concentration**: concentration *nf* maximale admissible «CMA»
~ **permitted life**: limite *nf* de vie
~ **usable frequency** «MUF»: fréquence *nf* maximale d'utilisation, fréquence maximale utilisable
~ **voltage relay**: relais *nm* à maximum de tension
~ **working pressure**: (of pressure vessel) timbre *nm*
~ **zero fuel weight**: (aero) poids *nm* maximum sans combustible

MB → *mail box*

Mb → *megabit, megabyte*

MBM → *magnetic bubble memory*

MCW → *modulated continuous wave*

MDF → *main distribution frame*

mean *nn*: moyenne; *adj*: moyen; → also *means*
~ **annual temperature**: moyenne *nf* annuelle de température
~ **deviation**: écart *nm* moyen
~ **downtime**: moyenne *nf* des temps d'immobilisation
~ **effective pressure** «MEP»: pression *nf* effective moyenne
~ **free path**: libre parcours *nm* moyen
~ **information content**: entropie *nf*
~ **life**: durée *nf* de vie moyenne, durée moyenne de vie; (nuc) vie *nf* moyenne
~ **low water**: niveau *nm* moyen des basses eaux
~ **pulse time**: durée *nf* moyenne d'impulsion
~ **repair time**: temps *nm* moyen de réparation, durée *nf* moyenne d'intervention
~ **sea level** «MSL»: niveau *nm* [moyen] de la mer
~ **solar time**: temps *nm* solaire moyen
~ **square**: moyenne *nf* quadratique
~ **square deviation**: écart *nm* quadratique moyen
~ **square error**: erreur *nf* quadratique moyenne
~ **temperature difference** «MTD»: écart *nm* moyen de température
~ **time between failures** «MTBF»: temps *nm* moyen inter pannes, intervalle *nm* moyen entre les pannes, moyenne *nf* des temps de bon fonctionnement «MTBF»
~ **time between errors** «MTBE»: temps *nm* moyen entre erreurs
~ **time to failure** «MTTF»: temps *nm* moyen sans pannes
~ **time to repair** «MTTR»: temps moyen de dépannage, temps moyen de reprise
~ **up time** «MUT»: temps *nm* moyen de bon fonctionnement
~ **value**: valeur *nf* moyenne
~ **voltage** «MV»: tension *nf* moyenne

meander: méandre *nm*

meandering, ~ **crack**: fissure *nf* en dents de scie

means: moyen *nm*
~ **of communication**: moyen *nm* de communication
~ **of transport**: moyen *nm* de transport

measurable: mesurable

measure *nn*: mesure *nf*; (in coal mine) étage nm, gisement *nm*; *vb*: mesurer
~ **out**: doser

measured: mesuré
~ **course**: (ship trials) base *nf* de vitesse
~ **drawing**: relevé *nm* d'architecture

~ **quantity**: valeur *nf* mesurée, valeur obtenue
~ **value**: valeur *nf* enregistrée, valeur indiquée
~ **variable**: grandeur *nf* mesurée

measurement: mesure *nf*; dimension *nf*, cote *nf*; métrologie *nf*; (cubic measurement) cubage *nm*, volume *nm*, encombrement *nm*; (naut) jaugeage *nm*
~ **cargo**: marchandises *nf* de cubage, marchandises d'encombrement
~ **certificate**: certificat *nm* de jauge
~ **standard**: étalon *nm* de mesure

measuring *nn*: mesurage *nm*; *adj*: de mesure
~ **accuracy**: précision *nf* des mesures, exactitude *nf* des mesures
~ **apparatus**: appareil *nm* de mesure
~ **bridge**: pont *nm* de mesure
~ **chain**: chaîne *nf* d'arpenteur
~ **channel**: canal *nm* de mesure, voie *nf* de mesure; (nuc) chaîne *nf* de mesure
~ **cylinder**: (lab) vase *nm* gradué
~ **engineering**: technique *nf* des mesures
~ **error**: erreur *nf* de mesure
~ **flask**: ballon *nm* gradué
~ **glass**: verre *nm* gradué
~ **instrument**: appareil *nm* de mesure, instrument *nm* de mesure
~ **jar**: éprouvette *nf* graduée, verre *nm* gradué
~ **points grid**: quadrillage *nm* des points de mesure
~ **range**: plage *nf* de mesure, gamme *nf* de mesure, étendue *nf* de mesurage
~ **rod**: pige *nf*
~ **rule**: règle *nf* graduée
~ **screw**: vis *nf* calibrée, vis micrométrique
~ **set**: appareil *nm* de mesure
~ **tank**: réservoir *nm* jaugeur
~ **tape**: mètre *nm* à ruban
~ **wheel**: roue *nf* d'arpenteur

mechanic *nn*: mécanicien *nm*

mechanical: mécanique; automatique
~ **advantage** «MA»: force *nf* de levier
~ **bond**: ancrage *nm* mécanique; (of concrete) accrochage *nm* mécanique
~ **claw**: (robotics) manipulateur *nm*; (tcm) bras *nm* manipulateur
~ **cooling tower**: refroidisseur *nm* à ventilation forcée
~ **design**: étude *nf* de matériel
~ **drive**: commande *nf* mécanique, entraînement *nm* mécanique
~ **efficiency**: rendement *nm* mécanique
~ **engineer**: mécanicien *nm*; (a graduated engineer) ingénieur *nm* mécanicien
~ **engineering**: construction *nf* mécanique, mécanique *nf*
~ **equivalent of heat**: équivalent *nm* mécanique de la chaleur
~ **error**: (inf) erreur *nf* machine
~ **floor**: étage *nm* technique
~ **handling**: manutention *nf* [mécanique]
~ **moulding**: moulage *nm* à la machine
~ **navvy**: pelle *nf* mécanique
~ **pulp**: (pap) pâte *nf* mécanique
~ **pulp board**: carton *nm* de pâte mécanique, carton bois
~ **seal**: garniture *nf* mécanique
~ **stage**: (of microscope) platine *nf* à chariot croisé
~ **translation**: traduction *nf* machine, traduction automatique
~ **work**: travail *nm* mécanique

mechanically, ~ **coupled**: à couplage *nm* mécanique
~**-foamed plastic**: plastique *nm* expansé mécaniquement
~**-operated**: à commande *nf* mécanique

mechanician NA → *mechanical engineer*

mechanics: mécanique *nf*

mechanize <ise>: mécaniser; (inf) informatiser

mechanism: mécanisme *nm*

media: (plural of *medium* → *medium nn*); (mass media) médias *nm*
~ **planning**: plan *nm* média

medial, ~ **strip**: bande *nf* de séparation

median: médian
~ **lethal dose**: (nuc) dose *nf* létale moyenne, dose létale 50%, DL 50
~ **lethal time**: (nuc) temps *nm* létal moyen, temps de survie 50%, temps létal 50%

medium *nn*: milieu *nm*; (inf) support *nm*; (of paint, cement) véhicule *nm*; *adj*: moyen
~**-access memory**: mémoire *nf* à temps d'accès moyen
~**-bodied oil**: huile *nf* de moyenne viscosité
~**-carbon steel**: acier *nm* à moyenne teneur en carbone

~-curing: à séchage *nm* moyen; (concrete) à prise *nf* semi-rapide
~-density hardboard: panneau *nm* de fibres mi-dur
~-duty: de type *nm* normal, standard
~ frequency «MF»: moyenne fréquence *nf*
~-gauge: moyen, d'épaisseur moyenne
~ hard: mi-dur
~ haul: (aircraft) moyen courrier *nm*; (tp) à moyenne distance *nf*
~ liner: (pap) papier *nm* cannelure pour carton ondulé
~ pressure «MP»: moyenne pression *nf*
~ quality: qualité *nf* moyenne
~ range: moyenne portée *nf*, moyenne distance *nf*
~-range aircraft: avion *nm* moyen courrier
~-scale integration «MSI»: intégration *nf* à moyenne échelle
~ shot: (cinema, tv) plan *nm* moyen
~ size: de moyenne grandeur *nf*, de moyenne puissance *nf*
~ speed: moyenne vitesse *nf*
~ voltage: moyenne tension *nf*
~ wave: onde *nf* moyenne, onde hectométrique

meet *vb*: (a condition, a demand, a requirement) remplir, satisfaire
~ **a standard**: être conforme à une norme

meeting: rencontre *nf*, réunion *nf*
~ **faces**: faces *nf* en contact

meg → *mega*

mega: méga

megabit «Mb»: mégabit

megabyte «Mb»: méga-octet

megaflops (mega floating point operations per second): million *nm* d'opérations en virgule flottante par seconde

megaphone: porte-voix *nm*, mégaphone *nm*

megaword: mégamot *nm*

megger → *megohmmeter*

megohmmeter «megger»: megohmmètre *nm*

melamine: mélamine *nf*
~ **formaldehyde** «MF»: mélamine-formaldéhyde
~ **formaldehyde resin**: résine *nf* mélamine-formaldéhyde
~ **resin**: résine *nf* de mélamine

melt *nn*: masse *nf* en fusion; (met) chaude *nf*; *vb*: fondre, mettre en fusion
~ **film coating**: couchage *nm* par fusion
~ **off**: séparer par fusion
~ **on**: (enamel) appliquer par fusion
~ **out**: séparer par fusion, enlever par fusion
~ **rate**: taux *nm* de fusion, vitesse *nf* de fusion
~ **zone**: (plast) zone *nf* d'homogénéisation, zone de plastification, zone de ramollissement

melting: (met) fusion *nf*; (plast) ramollissement *nm*
~ **furnace**: four *nm* de fusion, four à fusion
~ **house**: fonderie *nf*
~ **loss**: perte *nf* au feu
~ **point** «MP: point *nm* de fusion
~ **pot**: (chem, fdry, glass) creuset *nm*

member: élément *nm*; (of a machine) organe *nm*; (of a structure) membre *nm*, élément *nm*; (robotics) partie *nf*

membrane: membrane *nf*, diaphragme *nm*; (nuc) barrière *nf*
~ **analogy**: analogie *nf* de la membrane
~ **curing**: (of concrete) cure *nf* sous antiévaporant

memo → *memorandum*
~ **pad**: (inf) agenda *nm*

memorandum: mémorandum *nm*
~ **of costs**: mémoire *nm* de travaux

memory: mémoire *nf*
~ **bank**: bloc *nm* [de] mémoire
~-**based**: résidant en mémoire
~ **card**: carte *nf* à mémoire
~ **dump**: vidage *nm* [de la] mémoire
~ **location**: position *nf* [en] mémoire
~ **management**: gestion *nf* de la mémoire
~ **mappe**: configuration *nf* mémoire, mappe *nf* mémoire, topographie *nf* mémoire
~ **printout**: image *nf* du contenu de la mémoire, vidage *nm* de la mémoire sur imprimante
~ **size**: capacité *nf* de la mémoire
~ **tube**: (eon) tube *nm* à mémoire

mend *vb*: réparer

mender: pièce *nf* défectueuse, tôle *nf* défectueuse, tôle de deuxième choix

meniscus: ménisque *nm*

menu: (inf) menu *nm*
~ **based**: piloté par menu, à base de menus
~ **driven**: piloté par menu, à base de menus
~ **list**: liste *nf* d'options
~ **selection**: sélection *nf* sur menu

mer: (polymer) mères *nm*

mercerize <ise> *vb*: merceriser

merchandiser: marchandiseur *nm*, présentoir *nm*

merchandising: marchandisage *nm*

merchant: négociant *nm*, commerçant *nm* (en gros); NA revendeur *nm*, détaillant *nm*
~ **bar**: acier *nm* marchand, fer *nm* marchand
~ **fleet**: flotte *nf* de commerce
~ **iron**: fer *nm* marchand
~ **mill**: laminoir *nm* à fers marchands, laminoir marchand
~ **navy**: marine *nf* marchande

mercurial: mercuriel, à mercure

mercury: mercure *nm*
~ **arc**: arc *nm* à mercure
~ **arc converter**: convertisseur *nm* à vapeur de mercure
~ **arc lamp**: lampe *nf* à arc à [vapeur de] mercure
~ **arc rectifier**: redresseur *nm* à [vapeur de] mercure
~ **column**: colonne *nf* de mercure, colonne barométrique
~ **discharge lamp**: lampe *nf* à arc à [vapeur de] mercure
~ **gauge**: manomètre *nm* à mercure
~ **pool cathode**: cathode *nf* à bain de mercure
~ **switch**: commutateur *nm* à mercure, interrupteur *nm* à mercure
~ **vapour lamp**: lampe *nf* à vapeur de mercure
~ **vapour rectifier**: redresseur *nm* à vapeur de mercure

merge *nn*: fusion *nf*, interclassement *nm*; *vb*: (inf) fusionner, interclasser; (traffic) converger

merging: (inf) fusion *nf*, interclassement *nm*; (traffic) convergence *nf*
~ **sort**: tri *nm* par fusion

meridian: méridien *nm*
~ **passage**: passage *nm* au méridien

mesh: (of net, network, screen) maille *nf*; (of gear) prise *nf*
~ **aperture**: ouverture *nf* de maille
~ **connection**: (el) connexion *nf* en polygone, connexion polygonale, couplage *nm* en delta, montage *nm* en delta
~ **network**: réseau *nm* maillé
~ **reinforcement**: armature *nf* en treillis
~ **size**: ouverture *nf* de maille
~ **voltage**: tension *nf* composée, tension entre phases, tension en delta

meshed: maillé; (gear) engrené, en prise
~ **anode**: (eon) anode *nf* en mailles
~ **network**: réseau *nm* maillé

meshing: treillis *nm* métallique; (of gears) engrènement *nm*, mise *nf* en prise
~ **rotors**: rotors *nm* engrenants

mesic, ~ **atom**: atome *nm* mésique, atome mésonique

mesomorphic: mésomorphe

meson: méson *nm*

mesosphere: mésosphère *nf*

message: message *nm*
~ **blocking**: (inf) groupage *nm* de messages
~ **handler**: gestionnaire *nm* de messages
~ **handling**: gestion *nf* de messages, traitement *nm* de messages; (electronic mail) messagerie *nf* électronique
~ **handling service**: messagerie *nf* électronique
~ **register**: (tp) compteur *nm* d'appels, compteur de communications
~ **routing**: acheminement *nm* des messages
~ **sink**: collecteur *nm* de messages
~ **switching**: commutation *nf* de messages

messenger NA : (tp) câble *nm* porteur
~ **wire**: fil *nm* porteur

met → *meteorological*

meta → *metaldehyde*

metadyne: métadyne *nf*

metal *nn*: métal *nm*; (glassmaking) bain *nm* de fusion, verre *nm* en fusion; (rlwy), ballast *nm*; (roadmaking) empierrement *nm*; → also *metals*
~ **alloy**: alliage *nm* métallique
~ **arc welding**: soudage *nm* à l'arc métallique
~ **asbestos gasket**: joint *nm* métalloplastique
~ **block**: (graph) cliché *nm* métal
~ **braid**: tresse *nf* métallique
~ **ceramic**: cermet *nm*
~ **clad**: (switch, motor) blindé
~ **coating**: dépôt *nm* métallique, revêtement *nm* métallique
~ **cut**: (graph) cliché *nm* métal
~ **cutting**: coupe *nf* des métaux, découpage *nm* des métaux
~**-enclosed**: à enveloppe *nf* métallique, sous enveloppe métallique
~**-filament lamp**: lampe *nf* à filament métallique
~ **finishing**: traitement *nm* de surface des métaux
~ **fitting**: ferrure *nf*
~ **foil**: feuille *nm* métallique
~ **frame**: (constr) ossature *nf* métallique
~ **gauze**: toile *nf* métallique
~ **inert gas arc** «MIG» **welding**: soudage *nm* MIG
~ **oxide semiconductor** «MOS»: MOS *nm*
~ **oxyde field effect transistor**: transistor *nm* MOS à effet de champ
~ **penetration**: (fdry) abreuvage *nm* (de métal dans le sable)
~ **rectifier**: redresseur *nm* sec
~ **sheath**: enveloppe *nf* métallique, gaine *nf* métallique
~ **shield**: blindage *nm*
~ **spinning**: repoussage *nm* [de métal] au tour
~ **spraying**: métallisation *nf* [au pistolet]
~ **tank rectifier**: redresseur *nm* à cuve métallique
~**-to-metal bonding**: collage *nm* métal-métal
~**-to-metal clutch**: embrayage *nm* métallique
~ **worker**: ouvrier *nm* métallurgiste, métallo *nm*

metaldehyde «meta»: métaldéhyde *nm*

metalled <aled>, ~ **road**: route *nf* empierrée

metallic: métallique
~ **conductor cable**: conducteur *nm* à paires métalliques, câble *nm* à conducteurs métalliques
~ **fume**: vapeur *nf* métallique
~ **paint**: peinture *nf* métallisée
~ **soap**: savon *nm* métallique

metalliferous: métallifère

metalling <**alling**>: (of road) empierrement *nm*; (rlwy) ballast *nm*

metallization <**allisation**>: métallisation *nf*

metallized <**allised**>,~ **paper**: papier *nm* métallisé

metallizing <**allising**>: métallisation *nf*

metallurgy: métallurgie *nf*

metallo-organic: organométallique

metalloid: métalloïde *nm*

metallurgic, ~ **cement**: ciment *nm* métallurgique, ciment de fer

metallurgic[al]: métallurgique

metallurgist: métallurgiste *nm*

metals: (rlwy) rails *nm*, voie *nf*

metamorphic: métamorphique
~ **rock**: roche *nf* métamorphique, roche cristallophyllienne

metastable: métastable

meteor: météore *nm*

meteorological, ~ **satellite** «mets»: satellite *nm* météorologique

meteorology: météorologie *nf*

meter *nn*: appareil *nm* de mesure; compteur *nm*; NA mètre *nm*; *vb*: mesurer
~ **base**: socle *nm* d'un compteur
~ **case**: boîtier *nm* d'un compteur
~ **pulse**: impulsion *nf* de comptage
~ **reading**: relevé *nm* de compteur, lecture *nf* de compteur
~ **wave**: onde *nf* métrique
~ **wire**: fil *nm* de comptage

metered: mesuré au compteur

metering: mesurage *nm* (par des instruments); comptage *nm*; dosage *nm*
~ **helix**: (fuel injection) rampe *nf* de réglage
~ **hole**: orifice *nm* calibré
~ **jet**: orifice *nm* d'injection, gicleur *nm*
~ **pump**: pompe *nf* de dosage

methane: méthane *nm*
~ **carrier**: méthanier *nm*
~ **tanker**: méthanier *nm*

methanol: méthanol *nm*, alcool *nm* méthylique

method: méthode *nf*, façon *nf* de procéder
~ **of least squares**: méthode *nf* des moindres carrés
~ **of operation**: mode *nm* opératoire, mode de fonctionnement
~**s engineering**: étude *nf* des méthodes

meths → *methylated spirit*

methyl: méthyle *nm*
~ **ester**: ester *nm* méthylique

methylated, ~ spirit «meths»: alcool *nm* dénaturé

methylene: méthylène *nm*

metre <ter>: mètre *nm*

metric: métrique
~ **wave**: onde *nf* métrique
~ **wave link**: liaison *nf* à très hautes fréquences

metrication: adoption *nf* du système métrique

metsat → *meteorological satellite*

MF → *melamine formaldehyde*

MF → *medium frequency, multiple frequency*

MFC → *multiple frequency coding*

mfd → *manufactured*

MG → *machine glazed, machine gun, master group*

MI → *malleable iron*

mica: mica *nm*
~ **capacitor**: condensateur *nm* [isolé] au mica, condensateur à feuilles de mica

MICR → *magnetic ink character recognition*

micro: (a microphone) micro *nm*, microphone *nm*; (a micro computer) micro-ordinateur *nm*
~**-alloy junction**: jonction *nf* micro-alliée

microassembler: (inf) micro-assembleur *nm*

microcard: microcarte *nf*

microchip: puce *nf*

microcomputer: micro-ordinateur *nm*

microelectronics: micro-électronique *nf*

microfiche: microfiche *nf*
~ **viewer**: visionneuse *nf* de microfiches

microfilm *nn*: microfilm *nm*; *vb*: microfilmer

micrographics: micrographie *nf*

microhardness: microdureté *nf*

micrometer: micromètre *nm*, micron *nm*; palmer *nm* pour tôles
~ **screw**: vis *nf* micrométrique
~ **[screw] gauge**: micromètre *nm* à vis

micronic, ~ filter: filtre *nm* micrométrique, filtre micronique

micropack: microboîtier *nm*

micropackaging: microconditionnement *nm*

microphone: microphone *nm*, micro *nm*
~ **boom**: perche *nf*, girafe *nf*
~ **insert**: capsule *nf* microphonique

microphony: effet *nm* microphonique

microprint: tirage *nm* de microfiches

microprocessor: microprocesseur *nm*

microscope: microscope *nm*
~ **clip**: valet *nm* de la platine

~ **stage**: platine *nf* porte-objet

microshrinkage: (met) microretassure *nf*

microsoftware: micrologiciel *nm*

microstore: micromémoire *nf*

microstrip: ligne *nf* microbande, microbande *nf*, ligne microruban, microruban *nm*, guide *nm* d'ondes à ruban

microswitch: microrupteur *nm*

microwave: micro-onde *nf*
~ **antenna**: antenne *nf* de faisceau hertzien, antenne hyperfréquence
~ **frequency**: hyperfréquence *nf*
~ **link**: liaison *nf* hertzienne
~ **region**: hyperfréquences *nf*

mid: au milieu
~ **course**: à mi-course, à mi-route
~ **perpendicular**: médiatrice *nf* du triangle
~ **plane**: plan *nm* médian
~ **point of class**: (statistics) centre *nm* de classe
~ **point tapping**: (of transformer) prise *nf* médiane
~ **point wire**: (3-phase current) fil *nm* neutre, neutre *nm*
~ **position contact**: contact *nm* de position neutre
~ **value of class**: centre *nm* de classe

middle *nn*: milieu *nm*; (of board) intérieur *nm*; *adj*: au milieu; moyen
~ **cut file**: lime *nf* demi-douce
~ **deck**: entrepont *nm*
~ **of axle**: corps *nm* d'essieu
~ **pillar**: (auto) pied *nm* milieu
~ **section**: (of ship) maîtresse partie *nf*, couple *nm* au maître
~ **strip**: (constr) bande *nf* médiane (de dalle)
~ **third**: tiers *nm* médian

middlings: (petr) mixtes *nm*

midget: miniature
~ **submarine**: sous-marin *nm* de poche

midline: bissectrice *nf*

midpoint: point *nm* médian, point neutre
~ **connection**: (of transformer) prise *nf* médiane

midrail: sous-lisse *nf* (de garde-corps)

midrange: milieu *nm* de gamme

midscale: centre *nm* d'échelle

midship: milieu *nm* du bateau
~ **beam**: maître bau *nm*
~ **frame**: maître couple *nm*
~ **section**: couple *nm* au maître, maîtresse partie *nf*

midway: à mi-chemin

MIG → *metal inert gas*
~ **arc welding**: soudage *nm* MIG

mike → *microphone*

mil: millième *nm* (de pouce); → *military*

mild: doux
~ **firing**: (met) petit feu *nm*
~ **steel**: acier *nm* doux

mileage: distance *nf* (en miles); kilométrage *nm*
~ **point**: point *nm* kilométrique «PK»
~ **recorder**: compteur *nm* kilométrique

mile: (land) mile *nm*; (air or sea) mille *nm*
~**s per gallon** «mpg: miles *nm* par gallon
~**s per hour** «mph»: miles à l'heure, milles *nm* à l'heure

military «mil»: militaire
~ **engineering**: génie *nm* militaire

milk, ~ **of lime**: lait *nm* de chaux

milky: laiteux

mill: moulin *nm*; (crushing) broyeur *nm*, concasseur *nm*; (a cutter) fraise *nf*; (metal rolling) laminoir *nm*; (pap) papeterie *nf*; (spinning) filature *nf*; (weaving) usine *nf* de tissage; *vb*: broyer; fraiser, moleter; laminer; (a coin) créneler; (tex) fouler
~ **applied coating**: revêtement *nm* en usine
~ **bar**: larget *nm*, fer *nm* ébauché à plat, barre *nf* de fer brut
~-**run**: tout venant
~ **scale**: : battitures *nf* de laminoir, scories *nf* de laminoir
~ **scrap**: ferraille *nf* récupérée, ferraille intérieure, ferraille de recyclage
~ **train**: train *nm* de laminoir

millboard: gros carton *nm*, carton à l'enrouleuse

milled, ~ **nut**: écrou *nm* moleté

millimeter, ~ wave: onde *nf* millimétrique

milline, ~ rate: coût *nm* d'une ligne pour 1 million de lecteurs, prix *nm* d'une ligne pour 1 million de lecteurs

milling: (of metal) fraisage *nm*; (of ore, stone) broyage *nm*, concassage *nm*; (tex) foulage *nm*
~ **cutter**: fraise *nf*

millions, ~ of operations per second «MOPS»: milllions *nm* d'opérations par seconde

millstone: (geol) meunière *nf*; (grindstone) meule *nf*

millwork NA : menuiserie *nf* préfabriquée

millwright: mécanicien-serrurier *nm*; petit outillage *nm*

mimic, ~ diagram: schéma *nm* synoptique

minder: (of machine) surveillant *nm*, conducteur *nm*

mine *nn*: mine *nf*; *vb*: exploiter une mine; (mil) miner
~ **clearance**: déminage *nm*
~ **drainage pump**: pompe *nf* d'exhaure
~ **gas**: grisou *nm*
~ **hunter**: chasseur *nm* de mines
~ **laying**: (naut) mouillage *nm* de mines
~ **run**: (coal) tout venant
~ **salt**: sel *nm* gemme
~ **shaft**: puits *nm* de mine
~ **sweeper**: dragueur *nm* de mines

miner: mineur *nm*, ouvrier *nm* du fond

mineral: minéral
~ **candle** NA : bougie *nf* de paraffine
~ **caoutchouc**: élatérite *nf*
~ **chemistry**: chimie *nf* minérale, chimie inorganique
~ **coal**: charbon *nm* de terre, houille *nf*
~ **filler**: charge *nf* minérale
~ **jelly**: vaseline *nf*
~ **oil**: huile *nf* minérale; pétrole *nm*
~ **oil fluid**: fluide *nm* pétrolier
~ **rights**: concession *nf* minière, propriété *nf* minière
~ **spirit**: essence *nf* minérale, white spirit *nm*
~ **surface felt**: feutre *nm* surfacé
~ **surface roofing paper**: carton *nm* bitumé sablé
~ **turpentine**: white spirit *nm*
~ **wool**: laine *nf* minérale, laine *nf* de laitier, laine de roche

miniature: miniature, de petit format

miniaturized <ised>: miniaturisé

minimize <ise>: minimaliser

minimum *nn*: minimum *nm; adj*: minimal, minimum
~ **access coding**: codage *nm* à temps d'accès minimum
~ **configuration**: (inf) configuration *nf* de base

mining: (of coal) abattage *nm*, exploitation *nf*; (petr) exploitation, extraction *nf*; (mil) minage *nm*

minium: minium *nm*

minor: [d'importance] secondaire, mineur, petit
~ **axis**: petit axe *nm*
~ **constituent**: constituant *nm* secondaire
~ **repair**: petite réparation *nf*
~ **tooling**: petit outillage *nm*
~ **work**: (constr) menus ouvrages *nm*

minority *nn*: minorité; *adj*: minoritaire
~ **carrier**: porteur *nm* minoritaire

mint *nn*: monnaie *nf* (usine); *vb*: frapper monnaie, battre monnaie

minuend: diminuende *nm*

minus: moins
~ **tolerance**: tolérance *nf* en moins

mirror: miroir *nm*
~ **finish**: poli *nm* miroir, poli spéculaire
~ **galvanometer**: galvanomètre *nm* à miroir
~ **image**: image *nf* symétrique

MIS→ *management information system*

misadjustment: mauvais réglage *nm*, déréglage *nm*

misalignment: faux alignement *nm*, défaut *nm* d'alignement, désalignement *nm*; (of car wheels) manque *nm* de parallélisme

misbilling: erreur *nf* de facturation

miscalculation: calcul *nm* érroné

miscellaneous: divers; mélangé
~ **sections**: fers *nm* divers
~ **cargo**: cargaison *nf* en cueillette
~ **equipment**: matériels *nm* divers

misdialling <alling>: (tp) erreur *nf* de numéro

misfeed: défaut *nm* d'alimentation

misfile: erreur *nf* de classement

misfire *nn*: raté *nm* d'allumage; *vb*: avoir des ratés, rater

mishandling: fausse manœuvre *nf*

misinformation: information *nf* erronée

mismanagement: mauvaise gestion *nf*; erreur *nf* de gestion

mismatch: (of shafts, centrelines) déport *nm*, décentrage *nm*; (eon) désadaptation *nf*; (inf) non concordance *nf*, discordance *nf*

mismatching: (of mould) décalage *nm* (au joint)

mispick: (weaving) fausse duite *nf*

mispress *nn*: erreur *nf* de touche; *vb*: se tromper de touche, enfoncer une touche par erreur

misprint: coquille *nf*, erreur *nf* typographique, erreur d'impression

misread *vb*: faire une erreur de lecture

misregistration: défaut *nm* de cadrage, décadrage *nm*

misrun: pièce *nf* manquée

miss *nn*: coup *nm* manqué; *vb*: manquer
~ **rate**: (inf) taux *nm* d'insuccès

missile: missile *nm*, engin *nm*

missing: manquant

mistuning: désaccord *nm*

mistype: erreur *nf* de touche; (typing) faute *nf* de frappe

misuse: mauvais emploi *nm*

mitre <ter>: biseau *nm*, onglet *nm*
~ **block**: boîte *nf* à onglets
~ **box**: boîte *nf* à onglets
~ **joint**: assemblage *nm* à onglet
~ **saw**: scie *nf* à dos
~ **valve**: soupape *nf* conique
~ **wheel**: engrenage *nm* conique, roue *nf* d'angle, roue conique

mix *nn*: assortiment *nm*, éventail *nm*, choix *nm*; mélange *nm*; (concreting) composition *nf* du malaxage; *vb*: mélanger, malaxer; (tv) mixer

mixed: mélangé; mixte
~ **base numeration**: numération *nf* à bases multiples
~ **flow pump**: pompe *nf* hélicocentrifuge, pompe centrifuge semi-axiale
~ **in situ**: préparé sur place
~ **mode**: (inf) mode *nm* alphanumérique
~ **radix**: (inf) à base multiple, à plusieurs bases, mixte

mixer: mélangeur *nm*; (concreting) bétonnière *nf*, malaxeur *nm*
~ **truck**: camion *nm* malaxeur, bétonnière *nf*

mixing: mélange *nm*; (cinema) mixage *nm*; (of concrete) malaxage *nm*; (of mortar) gâchage *nm*
~ **drum**: tambour *nm* malaxeur, tambour mélangeur
~ **plant**: (concreting) centrale *nf* à béton; (roadmaking) poste *nm* d'enrobage
~ **tap**: robinet *nm* mélangeur

mixture: mélange *nm*
~ **control**: (on engine) commande *nf* de mélange, commande de richesse
~ **ratio**: dosage *nm* du mélange, composition *nf* du mélange

mizzen: artimon *nm*
~ **mast**: mât *nm* d'artimon

MMF → *magnetomotive force*

MO → *manufacturing order*

mobile, ~ **belt conveyor**: sauterelle *nf*
~ **crane**: (not self-propelled) grue *nf* sur truck, grue mobile; (self-propelled) grue automotrice; grue roulante
~ **exhibition**: exposition *nf* itinérante

~ **gantry**: portique *nm* mobile
~ **land station**: station *nf* mobile terrestre
~ **load**: charge *nf* variable, surcharge *nf*
~ **partition**: cloisonnette *nf*
~ **plant**: (concreting) usine *nf* foraine
~ **radio unit** «MRU»: émetteur *nm* mobile
~ **transceiver**: émetteur-récepteur *nm* mobile
~ **unit**: (broadcasting) car *nm* de reportage, voiture *nf* de reportage; (tp) poste *nm* mobile
~ **workshop**: camion-atelier *nm*

mobilometer: (plast) mobilomètre *nm*; (paint) viscosimètre *nm*

mockup: maquette *nf* grandeur nature

mode: (of operation) mode *nm*, méthode *nf*, manière *nf*
~ **changer**: transformateur *nm* de mode[s]
~ **converter**: convertisseur *nm* de mode, transformateur *nm* de mode
~ **transformer**: convertisseur *nm* de mode, transformateur *nm* de mode

model *nn*: modèle *nm*; (a template) gabarit *nm*, calibre *nm*; (small scale) modèle *nm* réduit; *vb*: simuler (sur modèle)
~ **analysis**: étude sur modèle
~ **house** NA : maison *nm* témoin
~ **railway enthusiast**: modéliste *nm* ferroviaire
~ **test**: essai *nm* de modèle, essai sur maquette, essai de maquette

modeller: (fdry) modeleur *nm*

modelling **<eling>**: (design) modélisation *nf*; (fdry) modelage *nm*

modem: modem *nm*

moderating, ~ **ratio**: (nuc) efficacité *nf* d'un modérateur

moderator: (nuc) modérateur *nm*, ralentisseur *nm*
~ **lattice**: réseau *nm* modérateur

modification: modification *nf*
~ **kit**: jeu *nm* de modification, lot *nm* de modification
~ **record**: dossier *nm* de modification
~ **removal**: dépose *nf* pour modification

modifier: (chem) agent *nm* modifiant; (inf) modificateur *nm*
~ **register**: registre *nm* d'index
~ **storage**: mémoire *nf* d'index
~ **store**: mémoire *nf* d'index

modify *vb*: modifier, apporter une modification

modular: modulaire
~ **construction**: architecture *nf* modulaire
~ **design**: architecture *nf* modulaire

modularization **<isation>**: modularisation *nf*

modulate *vb*: moduler

modulated, ~ **continuous wave** «MCW»: onde *nf* entretenue modulée

modulating *nn*: modulation *nf*; *adj*: de modulation, modulateur, modulant
~ **wave**: onde *nf* modulatrice, onde de modulation, onde modulante

modulation: modulation *nf*; (keying) manipulation *nf*
~ **factor meter**: modulomètre *nm*
~ **meter**: modulomètre *nm*

modulator: (carrier frequency) modulateur *nm*

module: module *nm*, bloc *nm* [fonctionnel]; (space) cabine *nf* pressurisée, module *nm*

modulo: (inf) modulo *nm*
~-**n check**: contrôle *nm* modulo n

mogas → *motor gasoline*

moiré: moiré *nm*, moirure *nf*, moirage *nm*

moisture: humidité *nf*
~ **barrier**: pare-vapeur *nm*, barrière *nf* d'étanchéité
~ **content**: degré *nm* d'humidité, taux d'humidité; (of the air) degré *nm* hygrométrique
~ **meter**: humidimètre *nm*, hygromètre *nm*
~ **pick up**: absorption *nf* d'humidité
~-**proof**: non-hygroscopique, imperméable à l'humidité, résistant à l'humidité
~ **regain**: (pap, tex) reprise *nf* d'humidité

molar: molaire

mold, molder, molding NA → *mould, moulder, moulding*

mole: (chem) mole *nf*: (in harbour) môle *nm*; (c.e.) taupe *nf*, tunnelier *nm*
~ **drainage**: drainage *nm* taupe
~ **fraction**: fraction *nf* molaire, abondance *nf* moléculaire

molecular: moléculaire
~ **bond**: liaison *nf* moléculaire
~ **flow**: (nuc) écoulement *nm* [en régime] moléculaire
~ **sieve**: tamis *nm* moléculaire
~ **weight**: masse *nf* moléculaire

mollisol: couche *nf* active du sol, mollisol *nm*

molten: fondu, en fusion
~ **bath**: bain *nm* de fusion
~ **metal**: métal *nm* en fusion
~ **salt**: sel *nm* fondu

moly → *molybdenum*

molybdenum: molybdène *nm*
~ **disulphide**: bisulfure *nm* de molybdène
~ **steel**: acier *nm* au molybdène

moment: (time, physics) moment *nm*
~ **about**: moment *nm* par rapport à
~ **of a couple**: moment *nm* d'un couple
~ **of flexion**: moment *nm* de flexion, moment fléchissant
~ **of momentum**: moment *nm* cinétique, moment d'impulsion, moment des quantités de mouvement
~ **of normal force**: moment *nm* de force transversale
~ **of resistance**: moment *nm* résistant, moment de résistance
~ **of tilt**: moment *nm* de renversement

momentary: momentané, passager, instantané
~ **action switch**: interrupteur *nm* sans maintien
~ **contact**: contact *nm* à impulsion
~ **current**: courant *nm* instantané
~ **load**: charge *nf* instantanée, charge passagère, charge de courte durée

momentum: énergie *nf* cinétique, force *nf* vive, quantité *nf* de mouvement

money, ~ machine: distributeur *nm* de billets

monitor *nn*: appareil *nm* de contrôle, appareil de surveillance; (tp) appareil d'écoute; (in roof) lanterneau *nm*; (inf) moniteur *nm*, superviseur *nm*; (firefighting) monitor *nm*; (tv) moniteur *nm*, écran *nm* de contrôle, écran témoin; *vb*: suivre (une opération, une affaire); surveiller, contrôler
~**'s desk**: (tp) table *nf* d'écoute
~ **roof**: comble *nm* à lanterneau
~ **routine**: programme *nm* moniteur, moniteur *nm*
~ **run**: (inf) passage *nm* de contôle

monitoring: (of project, development) suivi *nm*; contrôle *nm*, surveillance *nf*; (radio) monitorage *nm*; (tp) écoute *nf*
~ **key**: clé *nf* d'écoute
~ **receiver**: récepteur *nm* de contrôle

monkey, ~ spanner: clé *nf* anglaise, clé à molette
~ **wrench** NA : clé *nf* anglaise, clé à molette

monobath: (phot) monobain *nm*

monobeam: monopoutre *nf*

monobloc: monobloc

monoboard: monocarte *nf*

monochrome: monochrome
~ **screen**: (inf, tv) écran *nm* monochrome, écran noir et blanc

monofilament: monofilament *nm*
~ **cable**: câble *nm* monofibre

monoflop: (eon) multivibrateur *nm* monostable, monovibrateur *nm*

monolayer: couche *nf* monomoléculaire, couche simple

monolith *nn*: monolithe *nm*; *adj*: (constr) monolithe; (figurative) monolithique

monolithic, ~ integrated circuit «MIC»: circuit *nm* intégré monolithique

monomer *nn*: monomère *nm*; *adj*: monomère

monophonic: monophonique, en monophonie

monopole *nm*: monopôle nm; *adj*: monopolaire, unipolaire

monopropellant <llent>: monergol *nm*

monorail: monorail *nm*

monostable: monostable
~ **circuit**: multivibrateur *nm* monostable, monovibrateur *nm*
~ **flip-flop**: multivibrateur *nm* monostable, monovibrateur *nm*
~ **multivibrator**: multivibrateur *nm* monostable, monovibrateur *nm*
~ **trigger circuit**: bascule *nf* monostable

monovalent: univalent, monovalent

monovariant: univariant, à un seul degré de liberté

monoxide: monoxyde *nm*

monthly: mensuel

moon *nn*: lune *nf*; *adj*: lunaire

moor *vb*: amarrer
~ **head and stern**: amarrer à quatre, s'embosser
~ **side by side**: amarrer à couple
~ **to a buoy**: prendre un corps mort

mooring: corps *nm* mort, mouillage *nm*, amarrage *nm*
~ **buoy**: coffre *nm* d'amarrage, coffre de corps mort, corps *nm* mort
~ **line**: amarre *nf*, aussière *nf* d'amarrage
~ **post**: duc-d'albe *nm*, pieu *nm* d'amarrage
~ **rope**: amarre *nf*

mop: disque *nm* toile, disque de coton

mopboard NA : plinthe *nf*

MOPS → *millions of operations per second*

moraine: moraine *nf*

mordant *nn*: mordant *nm*; *vb*: (tex) mordancer

mordanting: mordançage *nm*

Morse, ~ **code**: alphabet *nm* Morse
~ **key**: manipulateur *nm* Morse
~ **socket**: douille *nf* au cône Morse

mortar: (constr, mil) mortier *nm*
~ **and pestle**: mortier *nm* et pilon
~ **bed**: bain *nm* de mortier

mortise <ice>: mortaise *nf*
~ **chisel**: ciseau *nm* à mortaiser, ciseau à bédane, bédane *nm*
~ **lock**: serrure *nf* encastrée

mortiser <icer>: mortaiseuse *nf*, machine *nf* à mortaiser

mortising <icing>: mortaisage *nm*; assemblage *nm* à tenon et mortaise
~ **machine**: mortaiseuse *nf*, machine *nf* à mortaiser

MOS → *metal oxide semiconductor*

mosaic *nn*: mosaïque *nf*; *vb*: mosaïquer
~ **printer**: imprimante à mosaïque, imprimante à aiguilles, imprimante par point

mosaicking: mosaïquage *nm*

MOSFET → *metal oxyde s.c. field effect transistor*

most, ~ **economical range**: (aero) distance *nf* franchissable [la plus] économique
~ **significant bit** «MSB»: bit *nm* de poids fort
~ **significant digit** «MSD»: chiffre de poids fort

mothball *nn*: boule *nf* de naphtaline; *vb*: mettre sous cocon; (a ship) désarmer

mother, ~ **aircraft**: avion *nm* porteur
~ **industry**: industrie *nf* d'amont
~ **liquor**: eau-mère *nf*
~ **lode**: filon *nm* mère, filon principal, veine *nf* principale
~ **ship**: navire-mère *nm*

motherboard: (inf) fond *nm* de panier

mothproof: antimite
~ **finish**: apprêt *nm* antimite

motion: mouvement *nm*; (tex) mécanisme *nm*
~ **picture** NA : film *nm* [cinématographique]

motional: cinétique, de mouvement, dynamique

motionless: immobile, immobilisé, sans mouvement

motive: moteur *adj*
~ **force**: force *nf* motrice, effort *nm* moteur

~ **power unit**: unité *nf* motrice; (aero) groupe *nm* motopropulseur, motopropulseur *nm*

motor *nn*: moteur *nm* (électrique); NA moteur *nm* (thermique), GB machine *nf*; (aero, space) propulseur *nm*; NA (a motocar) auto[mobile] *nf*, voiture *nf*; *vb*: NA conduire une auto[mobile], aller en auto[mobile]
~ **barge**: chaland *nm* automoteur, automoteur *nm*, péniche *nf* à moteur, péniche automotrice
~ **coach train**: rame *nf* automotrice
~ **drive**: commande *nf* à moteur
~ **gasoline** NA «mogas»: carburant *nm* moteur
~ **generator set**: groupe *nm* moteur-générateur, moteur-générateur *nm*
~ **grader**: niveleuse *nf* automotrice
~ **grouping switchgroup**: (rlwy) combinateur *nm* de couplage des moteurs
~ **mechanic**: motoriste *nm*
~ **oil**: huile *nf* auto, huile moteur
~ **operator**: (automatic control) moteur *nm* de commande, servo-moteur *nm*
~ **pump**: motopompe *nf*
~ **rating**: puissance *nf* [nominale] du moteur
~ **saw**: tronçonneuse *nf*
~ **show**: salon *nm* de l'auto
~ **spirit**: essence *nf* auto, carburant *nm* auto
~ **synchronisation**: (el) synchronisation *nf* en moteur
~ **train set**: rame *nf* automotrice, rame *nf* de grand parcours «RGP»

motorboat: bateau *nm* à moteur

motorboating: (eon) crépitement *nm*, oscillation *nf* [BF] indésirable

motorized <ised>: motorisé, à moteur
~ **keyboard**: clavier *nm* mécanique, clavier à moteur

motorist: automobiliste *nm*

motorway: autoroute *nf*

mould <mold> *nn*: moule *nm*; (mildew) moisissure *nf*; (pap) forme *nf*; (plast, also called die) moule, matrice *nf*; (rolling) lingotière *nf*; (shipbuilding) gabarit *nm*; *vb*: mouler; (shipbuilding) mouler, gabarier
~ **designer**: mouliste *nm*
~ **loft**: salle *nf* des gabarits, salle de traçage
~ **lubricant**: (concreting) huile *nf* de décoffrage
~ **machine**: (pap) machine *nf* à forme ronde
~ **manufacturer**: mouliste *nm*
~ **opening** NA : (of press) distance *nf* entre plateaux, lumière *nf*, hauteur *nf* libre, hauteur entre plateaux
~ **parting line**: plan *nm* de joint du moule
~ **seam**: ligne *nf* de joint
~ **stain**: tache *nf* d'humidité, piqure *nf* d'humidité

mouldboard <moldboard>: (bulldozer) lame *nf* frontale, bouclier *nm*

moulded <molded>: moulé
~ **board**: (pap) carton *nm* de moulage
~ **breadth**: (of ship) largeur *nf* hors membrures
~ **depth**: (of ship) creux sur quille
~ **insulation**: coquilles *nf*

moulding <molding>: moulage *nm*; pièce *nf* moulée
~ **alloy**: alliage *nm* moulable
~ **bay**: chantier *nm* de moulage
~ **box**: châssis *nm* de moulage
~ **compound**: matière *nf* de moulage, mélange *nm* à mouler
~ **loft**: (shipbuilding) salle *nf* des gabarits
~ **press**: presse *nf* à mouler; (shipbuilding) presse à gabarier
~ **sand**: sable *nm* de fonderie, sable de moulage
~ **shop**: chantier *nm* de moulage
~ **shrinkage**: retrait *nm* au moulage

mount *nn*: monture; *vb*: monter
~ **between centres**: (m-t) serrer entre pointes

mountain: montagne *nf*
~ **crystal**: cristal *nm* de roche

mounting: monture *nf*, accessoire *nm*; montage *nm*, assemblage *nm*; (for boiler) accessoire *nm* de chaudière; *adj*: de fixation, de montage
~ **bracket**: patte *nf* de fixation
~ **cord**: cordon *nm* de raccordement
~ **face**: plan *nm* de pose
~ **flange**: bride *nf* de montage, bride de fixation; (of oil filter) embase *nf*, support *nm*
~ **hole**: trou *nm* de fixation
~ **lug**: patte *nf* d'attache, patte de montage
~ **on plaster**: pose *nf* sur crépi
~ **pad**: bossage *nm* de fixation, bossage de montage
~ **panel**: panneau *nm* d'assemblage
~ **plate**: plaque *nf* de montage, platine *nf*, socle *nm*

~ **screw**: vis *nf* d'assemblage, vis de fixation
~ **strip**: (el) réglette *nf* de raccordement

mouse: (inf) souris *nf*
~ **hole**: trou *nm* de souris

mouth: bouche *nf*; (of furnace) gueulard *nm*; (of harbour) entrée *nf*; (of river) embouchure *nf*; (of pit) orifice *nm*; (of tunnel) débouché *nm*

movable: mobile, transportable, portable, portatif, amovible
~ **bridge**: pont *nm* mobile
~ **contact assembly**: (el) équipage *nm* mobile
~ **gear**: baladeur *nm*

move *nn*: mouvement *nm*, déplacement *nm*, transfert *nm*; *vb*: déplacer, transférer
~ **away**: enlever
~ **backward**: reculer, faire reculer
~ **forward**: avancer, faire avancer; (tape) défiler en marche avant
~ **past**: passer devant; (tape) défiler devant
~ **up and down**: monter et descendre

moveable → *movable*

movement: mouvement *nm*, déplacement *nm*; (inf) operation *nf*, mouvement *nm*; (of information) transfert *nm*

mover: moteur *nm*, machine *nf* motrice

movie NA : film *nm* [cinématographique]; **movies**: cinéma *nm*

moving *nn*: déplacement *nm*, mouvement *nm*; (of earth) terrassement *nm*; *adj*: mouvant, en mouvement, mobile; moteur
~ **bed**: lit *nm* mobile
~ **carpet**: tapis *nm* roulant, trottoir *nm* roulant
~ **coil**: bobine *nf* mobile; (of instrument) cadre *nm* mobile
~ **part**: pièce *nf* en mouvement, organe *nm* mobile
~ **pavement**: trottoir *nm* roulant
~ **power**: force *nf* motrice
~ **sidewalk** NA : trottoir *nm* roulant
~ **spring**: ressort *nm* moteur, ressort de commande, ressort mobile
~ **staircase**: escalier *nm* mécanique, escalier roulant
~ **target indicator** «MTI»: indicateur *nm* de cible mobile
~ **traffic**: circulation *nf* en mouvement
~ **walkway** NA trottoir *nm* roulant

MP → *medium pressure, melting point*

mpg → *miles per gallon*

mph → *miles per hour*

mpm → *miles per minute*

MRU → *mobile radio unit*

M+S → *mud and snow*

MSB → *most significant bit*

MSD → *most significant digit*

MSI → *medium scale integration*

MSL → *mean sea level*

MTBE → *mean time between errors*

MTBF → *mean time between failures*

MTBM → *mean time between maintenance*

MTD → *mean temperature difference*

MTI → *moving target indicator*

MTTF → *mean time to failure*

MTTR → *mean time to repair, mean time to restart*

mucilage NA: colle *nf* de bureau, gomme *nf* arabique

muck: saleté *nf*; NA (mining) déblais *nm*
~ **shifting**: terrassement *nm*
~ **soil**: sol *nm* humifère, terre *nf* humifère

mucker: chargeuse *nf* de déblais

mud: boue *nf*; (on seabed) vase *nf*
~ **and snow** «M+S» **tire** NA : pneu *nm* hiver, pneu boue et neige
~ **barge**: marie-salope *nf*
~ **berth**: souille *nf*
~ **bit**: (petr) trépan *nm* à boue
~ **clearing**: curage *nm*
~ **cock**: robinet *nm* d'ébouage
~ **flap**: (auto) bavette *nf*
~ **grouting**: injection *nf* de boue
~ **hole**: trou *nm* de nettoyage
~ **hose**: (petr) flexible *nm* d'injection de boue, flexible pour boue de forage

~ **line**: (petr) ligne *nf* de boue, limite *nf* de la ceinture de boue; conduite *nf* de boue
~ **shield**: carter *nm* de protection, garde-boue *nm*

muddy: boueux; (liquid) trouble

mudguard: (on bicycle) garde-boue *nm*; NA (auto) aile *nf*
~ **flap**: bavette *nf*

muff: manchon *nm*; (an ear protection) protège-oreille *nm*, coquille *nf* antibruit; (on car radiator) couvre-radiateur *nm*; (spinning) manchon *nm*
~ **coupling**: accouplement *nm* à manchon

muffle *nn*: (met) moufle *nm*; *vb*: (sound) étouffer
~ **furnace**: four *nm* à moufle

muffler NA : silencieux *nm*, pot *nm* d'échappement

muldem → *multiplexer-demultiplexer*

muldex → *multiplexer-demultiplexer*

mule, ~ **cop**: (spinning) canette *nf* du renvideur
~ **frame**: renvideur *nm*

Mullen, ~ **tester**: éclatomètre *nm*

mullion: meneau *nm* (vertical)

multi → *multiple*

multiaxial, ~ **stress**: contrainte *nf* multiaxiale, contrainte pluriaxiale

multiaxle, ~ **heavy goods vehicle**: camion *nm* "mille pattes"

multiband: multibande

multibank, ~ **radial engine**: moteur *nm* en étoile à plusieurs rangées de cylindres

multicarrier: à porteuses *nf* multiples

multicavity: à cavités *nf* multiples
~ **klystron**: klystron *nm* multicavité, klystron à cavités multiples
~ **magnetron**: magnétron *nm* à ondes progressives

multicell: multicellulaire

multichannel: multicanal, multivoie
~ **signal**: signal *nm* multiplex

multicomputing: multitraitement *nm*

multicore, ~ **cable**: câble *nm* multiple, câble à plusieurs conducteurs, câble multiconducteur

multidaylight, ~ **press**: presse *nf* à plateaux multiples

multideck: à plusieurs étages, à gradins, pas à pas
~ **screen**: crible *nm* à étages multiples, crible à plusieurs étages
~ **system**: (on aircushion vehicle) système *nm* à ponts multiples

multidrop: (circuit, line) multipoint

multifilament, ~ **lamp**: lampe *nf* à plusieurs filaments

multifont: multipolice *nf*

multifuel: polycarburant

multifrequency: multifréquence *nf*

multigated: (plast) à entrées multiples

multigrade, ~ **oil**: huile *nf* multigrade

multihole, ~ **nozzle**: injecteur *nm* à plusieurs trous

multilayer: à plusieurs couches, multicouche; (pap) multijet
~ **board**: carton *nm* multijet, carton multicouche, multiplex *nm*
~ **deposit**: (plating) dépôt *nm* composite, dépôt multicouche
~ **paper**: papier *nm* multicouche, papier multijet, multiplex *nm*

multimeter: appareil *nm* de mesure universel, multimètre *nm*, polymètre *nm*

multiphase: polyphasé

multipin: multibroche
~ **connector**: connecteur *nm* multibroche
~ **plug**: fiche *nf* multibroche

multiple *nn*: (maths) multiple *nm*; (tcm) multiplage *nm*; *adj*: multiple; → also words beginning with *multi*
~ **address message**: (inf) message *nm* à plusieurs adresses

~ **barge convoy set**: convoi *nm* poussé
~ **box loom**: métier *nm* à tisser à plusieurs navettes
~ **break**: rupture *nf* multiple; (el) à coupure *nf* multiple
~ **cavity mould**: moule *nm* multiple, moule à cavités multiples; (diecasting) moule à plusieurs empreintes
~ **channel** *nn*: canal *nm* multiple; *adj*: multicanal, multivoie
~ **collision**: (traffic) collision *nf* en chaîne
~ **connector**: connecteur *nm* multibroche, connecteur multicontact
~ **contact switch**: combinateur *nm*, commutateur *nm* à plots, commutateur à gradins
~**-current generator**: génératrice *nf* polymorphique
~**-disc brake**: frein *nm* multidisque, frein à disques multiples
~**-disk clutch**: embrayage *nm* à disques [multiples]
~ **duct**: conduite *nf* multiple de câbles, caniveau *nm* à passages multiples
~ **dwelling**: logement *nm* collectif
~**-entry pallet**: palette *nf* à entrées multiples, palette à prises multiples
~**-folded dipole**: doublet *nm* replié multiple
~ **frame**: (of structure) portique *nm* à travées multiples
~ **frequency** «MF»: multifréquence *nf*
~**-frequency coding** «MFC»: codage *nm* multifréquence
~**-hearth furnace**: four *nm* à étages, four à soles multiples
~ **job processing**: traitement *nm* multitâches
~**-operator welding unit**: poste *nm* de soudage multiple, appareil *nm* de soudage à postes multiples
~**-phase flow**: écoulement *nm* en phase multiple, écoulement *nm* polyphasique
~ **pile up**: (traffic) collision *nf* en chaîne
~ **point-to-point configuration**: réseau *nm* en étoile, réseau radial
~ **punching**: multiperforation *nm*
~**-shear riveting**: rivure *nf* polycisaillée, rivure à plusieurs coupes
~**-spindle**: (m-t) multibroche
~**-spline**: (hub, shaft) cannelé
~**-spot welding**: soudage *nm* par points multiples
~**-start thread**: filetage *nm* multiple
~**-storey frame**: portique *nm* étagé, portique à étages
~ **system**: (battery) montage *nm* en parallèle (des plaques)
~ **threaded**: à plusieurs filets *nm*
~ **track**: (inf) à pistes *nf* multiples; (rlwy) à voies *nf* multiples
~**-tuned antenna**: antenne *nf* à inductance d'accord
~**-turn ring**: anneau *nm* serpentin
~**-twin cable**: câble *nm* à paires combinables
~ **way**: (valve) à plusieurs voies
~ **winding**: (spinning) assemblage *nm*
~ **wound**: (spinning) assemblé

multiplex *nn*: multiplex *nm*; *vb*: multiplexer
~ **channel**: canal *nm* multiple, voie *nf* multiplex
~ **data terminal**: terminal *nm* multiplex

multiplexer: multiplexeur *nm*
~**-demultiplexer** «muldex», «muldem»: multiplexeur-démultiplexeur *nm*, muldex *nm*

multiplexing: multiplexage *nm*

multiplicand: multiplicande *nm*

multiplier: multiplicateur *nm*

multipling: (tp) multiplage *nm*

multiply *adj*: à plusieurs couches; (plywood) multipli; *vb*: multiplier
~ **board**: carton *nm* multijet, multiplex *nm*
~ **medium**: (nuc) milieu *nm* multiplicateur

multipoint: multipoint
~ **connection**: liaison *nf* multipoint
~ **connector**: connecteur *nm* multibroche, connecteur multiple
~ **ignition**: allumage *nm* à plusieurs étincelles
~ **ring configuration**: (telecontrol) réseau *nm* en boucle

multipolar: multipolaire

multiport: (inf) à accès *nm* multiple
~**[ed] valve**: tiroir *nm* à orifices multiples

multiprocess *vb*: travailler en multitraitement

multiprocessing: multitraitement *nm*

multiprocessor: multiprocesseur *nm*

multipropellant <**llent**>: polyergol *nm*

multipurpose: universel, polyvalent
~ **carrier**: navire *nm* multicargo, cargo *nm* polyvalent

multirange: (measuring instrument) à plusieurs gammes; (tcm) toutes ondes
~ **amplifier**: amplificateur *nm* multigain
~ **tariff**: tarif *nm* à tranches

multirun, ~ **weld**: soudure *nf* en plusieurs passes, soudure à passes multiples

multispot, ~ **welding**: soudage *nm* multipoint

multistage: à plusieurs étages, multiétage, à étages [multiples]
~ **pump**: pompe *nf* à plusieurs étages, pompe multicellulaire
~ **sampling**: (quality control) échantillonnage *nm* à plusieurs degrés
~ **stressing**: précontrainte *nf* fractionnée

multistandard: (tv) multinorme, multistandard

multistation: multiposte, multiclavier

multitask: multitâche *nf*

multitasking: multitâche *adj*

multitester: appareil *nm* de mesure universel

multithrow, ~ **pump**: pompe *nf* mécanique à plusieurs cylindres

multitrack: multipiste

multiturn: multispire, à plusieurs spires

multiuser: à utilisateurs multiples, multi-utilisateur

multivibrator: multivibrateur *nm*

multiway: multicanal, multivoie
~ **duct**: conduite *nf* multitubulaire

multiwire *nn*: (pap) table *nf* multiple de fabrication; *adj*: multiconducteur, multifilaire, à plusieurs conducteurs, à plusieurs fils, à plusieurs brins

mushroom *nn*: champignon *nm*; *adj*: en forme de champignon
~ **head**: (of bolt, rivet) tête *nf* en goutte de suif
~-**headed push-button**: bouton *nm* coup de poing
~ **valve**: clapet *nm* champignon, soupape *nf* champignon

mustard, ~ **gas**: ypérite *nf*

MUT → *mean uptime*

mute *adj*: muet, silencieux; → also *mutilated*; *vb*: assourdir; (inf) mettre en sommeil (un terminal)
~ **aerial**: antenne *nf* artificielle
~ **antenna** NA : antenne *nf* artificielle

mutilated: (inf) détérioré (carte), tronqué (message)

muting, ~ **device**: silencieux *nm*
~ **switch**: commutateur *nm* de réglage silencieux
~ **threshold**: seuil *nm* de réglage silencieux

mutual: mutuel, commun
~ **conductance**: transconductance *nf*; NA : pente *nf* de tube
~ **key**: critère *nm* commun

MUX → *multiplexer*

muzzle: (mil) bouche *nf* (de fusil, de canon)
~ **velocity**: vitesse *nf* initiale

myriametric, ~ **wave**: onde *nf* myriamétrique
~ **frequency**: très basse fréquence

N

NA→ *neutral axis, not aplicable*

nacelle: (of aero engine) nacelle *nf*

NACK → *negative acknowledge[ment]*

nadir: nadir *nm*

nail *nn*: clou *nm*, pointe *nf*; *vb*: clouer
~ **claw**: arrache-clou[s] *nm*, arrache-pointe[s] *nm*, pied-de-biche *nm*, tire-clou[s] *nm*
~ **puller**: arrache-clou[s] *nm*, arrache-pointe[s] *nm*, pied-de-biche *nm*, tire-clou[s] *nm*
~ **punch**: chasse-pointes *nm*, chasse-clous *nm*

nailing: clouage *nm*
~ **strip**: tasseau *nm* de clouage

NAK → *negative acknowledge[ment]*

naked: nu
~ **eye**: oeil *nm* nu
~ **light**: feu *nm* nu, flamme *nf* nue
~ **wire** fil *nm* nu, fil dénudé

name *nn*: nom *nm*; (inf) nom *nm*, indicatif *nm*, libellé *nm*; (of account) intitulé *nm*; *vb*: nommer, désigner, identifier

named, ~ **train**: (rlwy) train *nm* drapeau

nameplate: plaque *nf* du constructeur, plaque signalétique

naming: attribution *nf* d'un nom, désignation *nf*

NAND: NON-ET
~ **gate: porte** *nf* NON-ET

nap: (of fabric) sens *nm* du poil; (of leather) grain *nm*

napalm: napalm *nm*

naperian: népérien

naphthalene: naphtalène *nm*

nappe: (geol) nappe *nf* de charriage

narrow *adj*: étroit; *vb*: resserrer, rétrécir, se resserrer
~ **angle lens**: objectif *nm* petit angulaire
~ **angle light fitting**: luminaire *nm* intensif
~ **band** «NB»: bande *nf* étroite
~ **beam**: faisceau *nm* étroit, pinceau *nm*
~ **casting**: (broadcasting) diffusion *nf* restreinte
~ **gauge railway**: chemin *nm* de fer à voie étroite
~ **gauge track**: (rlwy) voie *nf* étroite

narrowing: resserrement *nm*

native: natif, naturel
~ **asphalt**: asphalte *nm* naturel

natural: naturel, propre
~ **face**: (of stone) lit *nm* de carrière, parement *nm* brut
~ **frequency**: fréquence *nf* propre, fréquence naturelle
~ **gas**: gaz *nm* naturel
~ **gasoline**: essence *nf* de gaz naturel
~ **number**: nombre *nm* entier naturel
~ **oscillation**: oscillation *nf* propre, oscillation naturelle
~ **rubber** «NR»: caoutchouc *nm* naturel
~ **seasoning**: (of timber) séchage *nm* à l'air
~ **stone**: pierre *nf* véritable
~ **wave**: onde *nf* fondamentale

nature, ~ **conservation**: protection *nf* de la nature

naught NA → *nought*

nautical, ~ **chart**: carte *nf* marine, carte nautique
~ **mile** «n.m.»: mille *nm* marin, mille nautique

naval, ~ **engineering**: génie *nm* maritime
~ **stores** NA : produits *nm* résineux
~ **version**: (of aircraft) avion *nm* embarqué
~ **yard**: arsenal *nm*

nave: (architecture) nef *nf*; (of wheel) moyeu *nm*

navigation: navigation *nf*
~ **aid**: aide *nf* à la navigation, auxiliaire *nm* de navigation
~ **light**: feu *nm* de route

navigational: de navigation, pour la navigation
~ **aid**: aide *nf* à la navigation, auxiliaire *nm* de navigation

navigator: navigateur *nm*

navvy: (a machine) excavateur *nm*; (a person) ouvrier *nm* terrassier, terrassier *nm*

navy: marine *nf*; plus particulièrement: marine nationale, marine de guerre

NB → *narrow band*

NC → *nitrocellulose, no-circuit, no-connexion, normally closed, numerical control*

NCC → *network control center*

n-cell, ~ **battery**: batterie *nf* à n éléments

NCP → *network control protocol*

NCR → *no carbon required*

NCV → *net calorific value*

n-cycle, ~ **motor**: moteur *nm* à n périodes

nd → *neodymium, second*

NDR → *non destructive read*

NDRO → *non destructive read-out*

NDT → *non destructive testing*

n.e. → *near end*

neap, ~ **tide**: marée *nf* de morte eau, morte-eau *nf*, petite marée

near «nr»: proche; quasi
~ **earth orbit**: orbite *nf* circumterrestre
~ **earth space station**: station *nf* [spatiale] proche de la Terre
~ **end** «n.e».: extrémité *nf* rapprochée
~ **end crosstalk**: paradiaphonie *nf*
~ **field**: champ *nm* proche
~ **field region**: région *nf* d'induction
~ **infrared**: infrarouge *nm* proche
~ **IR laser**: laser *nm* émettant dans l'infrarouge proche
~ **letter quality** «NLQ»: (printer) qualité *nf* pseudo-courrier
~ **parabolic**: quasi-parabolique
~ **region**: région *nf* d'induction
~ **shore**: littoral *nm*
~ **side**: (of drawing) côté *nm* vu; (of lefthand drive vehicle) côté gauche, côté du passager; (of righthand drive vehicle) côté droit, côté du conducteur
~ **side lane**: (lefthand drive) voie *nf* de gauche; (righthand drive) voie de droite
~ **space**: cosmos *nm* proche
~ **surface**: près de la surface, superficiel, peu profond
~ **ultraviolet**: ultraviolet *nm* proche
~ **visible**: quasi visible

neat: (solution) non dilué; (plaster, cement) pur
~ **flame**: (of burner) flamme *nf* blanche
~ **fuel**: carburant *nm* pur (sans air)

nebula: nébuleuse *nf*

neck: col *nm*; (of bottle) goulot *nm*; (a collar) collet *nm*, collerette *nf*; (of roll) tourillon *nm*
~ **flange**: bride *nf* à rebord

need *nn*: besoin *nm*; *vb*: avoir besoin de
~ **to know list**: (inf) liste *nf* sélective

needle: aiguille *nf*; (of valve, carburettor) pointeau *nm*; (a pin) picot *nm*
~ **bearing**: roulement *nm* à aiguilles
~ **counter tube**: (nuc) tube *nm* compteur à aiguille
~ **cutter**: fraise-aiguilles *nf*
~ **jet**: gicleur *nm* à aiguille
~ **printer**: imprimante *nf* à aiguilles
~ **roller bearing**: roulement *nm* à aiguilles
~-**shaped**: aciculaire
~ **valve**: soupape *nf* à pointeau; pointeau *nm* (de carburateur)

needled, ~ **felt**: feutre *nm* aiguilleté

needling: (of felt) aiguilletage *nm*

negate *vb*: inverser logiquement, réaliser une inversion

negater: inverseur *nm*

negation: négation *nf*, inversion *nf* logique

negative *nn*: (phot) négatif *nm*; *adj*: négatif
~ **acknowledge[ment]** «NACK», «NAK»: accusé *nm* de réception négatif
~ **air ionisation**: électroclimatisation *nf*
~ **bias**: polarisation *nf* négative
~ **booster**: dévolteur *nm*
~ **boosting transformer**: transformateur *nm* suceur
~ **deviation**: (statistics) écart *nm* en moins
~ **die**: moule *nm* femelle
~ **distortion** NA : distorsion *nf* en coussin
~ **feedback**: contre-réaction *nf*
~ **going**: de sens négatif
~ **grid bias**: polarisation *nf* négative de grille
~ **lens**: lentille *nf* divergente, lentille concave
~ **phase sequence impedance**: impédance *nf* inverse
~ **pressure**: dépression *nf*
~ **sequence component**: composante *nf* en inversion de phase

negatron: négatron *nm*

negentropy: néguentropie *nf*

neochannel: néocanal

neodymium «Nd»: néodyme *nm*
~ **laser**: laser *nm* [dopé] au néodyme

neon: néon *nm*
~ **lamp**: lampe *nf* au néon
~ **sign**: enseigne *nf* au néon
~ **tube**: tube *nm* au néon

neoprene: néoprène *nm*
~**-covered cable**: câble *nm* sous gaine de néoprène
~**-sheathed cable**: câble *nm* sous gaine de néoprène

nep: (tex) bouton *nm*

NEP → *noise equivalent power*

nest *nn*: nid *nm*, poche *nf*; (inf) emboîtement *nm*; *vb*: imbriquer, s'imbriquer, emboîter, s'emboîter
~ **of ore**: nid *nm* de minerai, poche *nf* de minerai
~ **of tubes**: faisceau *nm* tubulaire

nestable: emboîtable

nested, ~ **loop**: boucle *nf* emboîtée, boucle imbriquée
~ **subroutine**: sous-programme *nm* imbriqué, sous-programme emboîté

nesting: emboîtement *nm*, imbrication *nf*

net *nn*: filet *nm*; (network) réseau *nm*; *adj*: net; *vb*: envoyer par réseau, relier par réseau
~ **calorific value** «NVC»: pouvoir calorifique inférieur «PCI»
~ **heating value** «NHV» NA : pouvoir calorifique inférieur «PCI»
~ **weight** «nt.wt»: poids *nm* net

netlist: liste *nf* d'interconnexions

netting: (calculation) calcul *nm* des besoins nets; (networking) mise *nf* en réseau

network: circuit *nm*, réseau *nm*
~ **analyzer**: analyseur *nm* de circuits, analyseur de réseau
~ **control**: commande *nf* de réseau, gestion *nf* de réseau
~ **control center** «NCC»: centre *nm* de commande *nf* du réseau
~ **control protocol** «NCP»: protocole *nm* de gestion de réseau
~ **diagram**: plan *nm* de réseau
~ **polymer**: polymère *nm* réticulé
~ **processor**: processeur *nm* de gestion de réseau
~ **splitting**: (el) ilotage *nm*
~ **structure**: configuration *nf* du système; (met) structure *nf* réticulée, structure réticulaire
~ **user**: usager *nm* de réseau

networking: gestion *nf* de réseaux

neutral *nn*: (chem) substance *nf* chimiquement neutre; (el) fil *nm* neutre, neutre *nm*; (on motor vehicle) point *nm* mort; *adj*: neutre
~ **axis** «NA»: axe *nm* neutre
~ **chemical**: substance *nf* chimique neutre
~ **conductor**: conducteur *nm* neutre, fil *nm* neutre, neutre *nm*
~ **density filter**: écran *nm* gris neutre, filtre *nm* gris neutre
~ **earthing**: mise *nf* à la terre du neutre
~ **grounding** NA : mise *nf* à la terre du neutre
~ **point**: (el) point *nm* neutre, neutre *nm*; (rolling) ligne *nf* neutre, zone *nf* neutre (emprise des cylindres)
~ **point transformer**: transformateur *nm* de point neutre

~ **position**: (central position) position *nf* médiane, position ouverte, position de repos, position zéro, zéro *nm*; (mech) point *nm* mort
~ **relay**: relais *nm* non polarisé, relais indifférent
~ **terminal**: borne *nf* de neutre
~ **zone**: zone *nf* neutre; (automatic control) plage *nf* d'insensibilité, zone d'insensibilité
~ **zone control**: régulation *nf* avec zone d'insensibilité

neutrodyne *nn*: neutrodyne *nm*; *adj*: neutrodyne
~ **circuit**: montage *nm* neutrodyne, circuit *nm* neutrodyne

neutron: neutron *nm*
~ **absorber**: absorbeur *nm* de neutrons
~ **balance**: bilan *nm* neutronique
~ **pile**: pile *nf* à neutrons
~ **radiation**: rayonnement *nm* neutronique
~ **temperature**: température *nf* neutronique
~ **width**: largeur *nf* d'émission neutronique

new: nouveau; (unused) neuf; → also *news*
~ **line**: (sales) article *nm* nouveau, nouveauté *nf*; (typing) retour *nm* à la ligne
~ **line character**: caractère *nm* d'interligne
~ **release**: nouvelle version *nf*
~ **town**: ville *nf* nouvelle
~ **wool**: laine *nf* vierge
~ **work**: (constr) travaux *nm* neufs

newel: noyau *nm* d'escalier
~ **post**: départ *nm* de rampe, poteau *nm* de départ

news: nouvelle *nf*; (broadcasting) informations *nf*
~ **stock**: papier *nm* journal

newsboard: carton *nm* gris

newsletter: bulletin *nm* d'informations

newsprint: papier *nm* journal

next: suivant
~ **matter** «NM»: (graph) après texte, à côté texte
~ **to reading matter** «NR»: (graph) après texte, à côté texte

N-gate, ~ **thyristor**: thyristor *nm* N

n-hour, ~ **rate**: (battery) régime *nm* de charge en n heures

nhp → *nominal horse power*

NHV → *net heating value*

N/I → *noise-to-interference*

nib: tenon *nm* (de tuile plate)

nibble *nn*: (inf) quartet *nm*; *vb*: grignoter

nibbler: grignoteuse *nf*

nibbling: grignotage *nm*
~ **machine**: grignoteuse *nf*

nichrome: nichrome *nm*

nick: encoche *nf*, entaille *nf*

nickel: nickel *nm*
~ **bronze**: bronze *nm* au nickel
~ **iron**: ferronickel *nm*
~ **matte**: matte *nf* de nickel
~ **silver**: maillechort *nm*, argentan *nm*

night *nn*: nuit *nf*; *adj*: de nuit, nocturne
~ **light**: veilleuse *nf*
~ **range**: portée *nf* nocturne, portée de nuit
~ **service**: permanence *nf* de nuit
~ **shift**: poste *nm* de nuit; (personnel) équipe *nf* de nuit
~ **vent**: vasistas *nm*

nihard: fonte *nf* résistant à l'usure

nil: nul
~ **defects**: zéro défauts

nine: neuf
~**'s complement**: (inf) complément à neuf

ninety, ~ **degree**: en équerre
~ **degree angle**: angle *nm* droit
~ **degree bend**: coude *nm* en équerre; (in road) virage *nm* à angle droit
~ **degree elbow**: coude *nm* en équerre

nip *nn*: étranglement *nm*, pincement *nm*, resserrement *nm*; (between two rolls) écartement *nm*, espace *nm*, portage *nm*, zone *nf* de contact; (tex) coup *nm* d'arrachage; *vb*: pincer
~ **bolt**: boulon *nm* agrafe
~ **of rollers**: emprise *nf*, ligne *nf* de contact, ligne *nf* de pression, zone *nf* de pression

~ **pressure**: pression *nf* linéaire, pression de serrage
~ **roll**: cylindre *nm* de pression, rouleau *nm* pinceur, rouleau presseur

nipper: (of cam) déclic *nm*; → also *nippers*
~ **roll**: (plast, rubber) rouleau *nm* pinceur

nippers: pince *nf*, pince coupante, tenailles *nf*

nipple: raccord *nm* droit de tuyauterie; manchon *nm* fileté
~ **connection**: joint *nm* à raccord droit
~ **nut**: écrou *nm* de raccord, écrou-raccord *nm*

niresist: fonte *nf* Niresist, fonte résistant à la corrosion et réfractaire

nital: solution *nf* alcoolique d'acide nitrique

niter NA → *nitre*

NiTi: alliage *nm* au nickel et titane

nitrate: nitrate *nm*

nitration: nitration *nf*

nitre: salpêtre *nm*

nitric: nitrique

nitride *nn*: nitrure *nm*; *vb*: nitrurer

nitriding *nn*: nitruration *nf*; *adj*: de nitruration
~ **steel**: acier *nm* pour nitruration

nitrify: (met) nitrurer; (biology) nitrifier

nitrile: nitrile
~ **rubber**: caoutchouc *nm* nitrile

nitro: nitré
~ **compound**: composé *nm* nitré
~ **derivative**: dérivé *nm* nitré

nitrobenzene: nitrobenzène *nm*

nitrocellulose «nc»: nitrocellulose *nf*
~ **lacquer**: laque *nf* de nitrocellulose, vernis *nm* nitrocellulosique

nitrogen: azote *nm*
~ **case hardening**: nitruration *nf*, cémentation *nf* à l'azote
~ **hardening**: nitruration *nf*

nitrogenated: azoté, nitré

nitroglycerine <ln>: nitroglycérine *nf*

nitroglycerol NA : nitroglycérine *nf*

nitrous: nitreux

NL → *new line*

n-line, ~ **reeving**: mouflage *nm* à n brins

n.m. → *nautical mile*

NM → *next matter, next to reading matter*

NMR → *nuclear magnetic resonance*

N+N technique: technique *nf* N+N, technique des 2 fils

NO → *normally open*

noble, ~ **gas**: gaz *nm* rare, gaz noble
~ **metal**: métal *nm* noble

no, **~-break power suppply**: (el) alimentation *nf* ininterrompue
~-circuit «NC»: pas de circuit
~-connection «NC»: à circuit *nm* ouvert
~ **cut/no fill line**: (earthmoving) ligne *nf* des zéros
~-delay: sans attente
~ **entry**: défense *nf* d'entrer, entrée *nf* interdite
~-fines concrete: béton *nm* sans sable, béton sans granulats fins, béton caverneux
~-frills version: version *nf* de base, version dépouillée
~-go gauge: calibre *nm* "n'entre pas"
~-go limit: limite *nf* "n'entre pas"
~ **lift**: portance *nf* nulle, sustentation *nf* nulle
~-lift direction: direction *nf* de portance nulle
~-load: (el) à circuit ouvert; (engine, machine) à vide
~-load current: courant *nm* à vide
~-load operation: marche *nf* à vide
~-load running: marche *nf* à vide, roulement *nm* à vide
~-load test: essai *nm* de marche à vide
~-mag: non magnétique (fonte)
~-op → *no operation*
~-op time: temps *nm* inactif
~-operation instruction: instruction *nf* ineffective
~-slump concrete: béton *nm* de consistance terre humide, béton sec

~-spin differential: différentiel *nm* auto-bloquant, différentiel à auto-blocage
~-volt: (circuit breaker, relay) à tension *nf* nulle, à manque *nm* de tension
~-volt release: déclenchement *nm* à tension nulle
~-voltage relay: relais *nm* à manque de tension, relais à tension nulle

nodal: nodal
~ **point**: nœud *nm* nodal, point *nm* nodal
~ **processor**: processeur *nm* nodal

node: (of grid, truss, wave, astronomy) nœud *nm*; (point of no flow) neutre *nm*, point *nm* neutre; (of network) intersection *nf*, nœud
~ **computer**: ordinateur *nm* nodal
~ **processor**: processeur *nm* nodal

nodular: noduleux; (geol, fdry) nodulaire
~ **cast iron**: fonte *nf* à graphite sphéroïdal
~ **graphite**: graphite *nm* nodulaire
~ **iron**: fonte *nf* à graphite sphéroïdal
~ **ore**: minerai *nm* en rognons

nodule: (geol, met) nodule *nm*

noise: bruit *nm*; (radio) parasites *nm*
~ **abatement**: lutte *nf* contre le bruit
~ **blanker**: antiparasites *nm*
~ **control**: lutte *nf* contre le bruit
~ **deafness**: hypoacousie *nf*
~ **diode**: diode *nf* de bruit
~ **equivalent power** «NEP»: puissance *nf* équivalente au bruit «PEB»
~ **field**: champ *nm* parasitaire, champ perturbateur
~ **filter**: filtre *nm* antiparasites
~ **free**: silencieux, insonore; déparasité,
~ **immunity**: insensibilité *nf* au bruit, imperméabilité *nf* aux parasites
~ **killer**: dispositif *nm* antiparasite
~ **level meter**: psophomètre *nm*
~**-making circuit**: circuit *nm* brouilleur, circuit émetteur de parasites
~ **meter**: sonomètre *nm*
~ **pressure**: pression *nf* sonore
~ **reducer**: carter *nm* d'insonorisation, réducteur *nm* de bruit
~ **suppression**: antiparasitage *nm*
~**-to-interference ratio** «N/I»: rapport *nm* bruit/brouillage
~ **trap**: dispositif *nm* éliminateur de parasites, système éliminateur *nm* de parasites

noiseless: silencieux, à faible bruit, sans bruit

noisy: bruyant; perturbé
~ **black**: noir *nm* perturbé
~ **environment**: milieu *nm* bruyant
~ **location**: milieu *nm* bruyant
~ **reception**: réception *nf* brouillée

nominal: nominal, normal
~ **field stength**: champ *nm* nominal
~ **voltage**: tension *nf* nominale, tension de régime

non, ~-ageing: insensible au vieillissement, non sujet au vieillissement, résistant au vieillissement
~**-attended**: sans surveillance, non surveillé
~**-automatic control**: commande *nf* volontaire
~**-axial**: décalé, désaxé
~**-baking coal**: houille *nf* maigre, charbon *nm* non collant, charbon maigre
~**-bogie**: (rlwy) à essieux
~**-busy hour**: heure *nf* creuse
~**-castering**: (wheel) non orientable
~**-combustible**: ininflammable
~**-completed call**: (tp) appel *nm* inefficace
~**-conducting**: (heat) calorifuge, isolant
~**-conducting direction**: (el) sens *nm* de non-conduction
~**-conforming**: non conforme, hors normes
~**-consolute**: immiscible
~**-contacting piston**: (eon) piston *nm* à piège (sans contact)
~**-contacting plunger**: (eon) piston *nm* à piège (sans contact)
~**-contiguous**: non consécutif, isolé
~**-continuous ringing**: sonnerie *nf* intermittente
~**-control**: asservi
~**-crossed gear**: roue *nf* d'engrenage parallèle, roue concourante
~**-crystalline**: non cristallin, amorphe
~**-dedicated**: (inf) non spécialisé, non réservé
~**-degenerate**: (nuc) non dégénéré
~**-delay**: instantané
~**-destructive**: non destructif
~**-destructive read** «NDR»: lecture *nf* non destructive, lecture sans effacement
~**-destructive readout** «NDRO»: lecture *nf* non destructive, lecture sans effacement
~**-destructive testing** «NDT»: essai *nm* non destructif
~**-directional**: omnidirectionnel
~**-diversity**: (tcm) sans diversité
~**-drying**: non siccatif
~**-edited data**: données *nf* avant mise en forme, données non mises en forme

~-**equivalence**: disjonction *nf*, OU exclusif
~-**erasable**: ineffaçable
~-**ferrous metallurgy**: métallurgie *nf* des métaux non ferreux
~-**flam** → *non-flammable*
~-**flammable**: ininflammable
~-**freeze plate**: (of relay) pastille *nf* antirémanente
~-**gaseous**: non gazeux; (coal) pauvre en gaz
~-**gassy**: (mine) non grisouteux
~-**gem crystal**: cristal *nm* synthétique
~-**glare**: antiéblouissant, antireflet
~-**graded**: tout venant
~-**guided transport**: transport *nm* autonome
~-**halo**: (phot) antihalo
~-**homing**: (relay) sans retour au repos
~-**hydraulic**: (lime, mortar) aérien
~-**impact printer**: imprimante *nf* sans impact
~-**inflammable**: ininflammable
~-**linear resistance**: résistance *nf* variable, résistance non linéaire «RNL»
~-**loaded**: non chargé; (el) non pupinisé
~-**locking**: (key) sans maintien
~-**machined**: non usiné
~-**machined washer**: rondelle *nf* brute, rondelle à l'état brut
~-**magnetic**: amagnétique
~-**magnetisable**: non aimantable
~-**metallic resistance strain gauge**: extensomètre *nm* à résistance non métallique
~-**network**: hors réseau
~-**operable**: hors service
~-**operated**: au repos
~-**operating part**: pièce *nf* non mécanique
~-**overridable**: à priorité absolue
~-**oxidising**: (material) inoxydable; (treatment) non oxydant
~-**performance**: non exécution, inexécution
~-**petroleum lubricant**: lubrifiant *nm* non pétrolier
~-**porous**: non poreux; sans porosités; (wldg) sans soufflures
~-**premium grade gasoline** NA : essence *nf* ordinaire
~-**producing**: improductif
~-**productng well**: puits *nm* improductif, puits sec
~-**productive time**: temps *nm* mort
~-**published number**: (tp) numéro *nm* de la liste rouge
~-**quadded cable**: câble *nm* en paires
~-**removable**: inamovible, fixe
~-**restricted valve**: robinet *nm* à passage intégral
~-**return to zero** «NRZ»: non retour à zéro
~-**return valve** «NRV»: clapet *nm* de non retour
~-**returnable**: non repris, perdu, non consigné
~-**reusable pallet**: palette *nf* perdue
~-**reversible**: irréversible
~-**rising spindle valve**: robinet *nm* à vis intérieure
~-**rising-stem**: (of gate valve) tige *nf* fixe
~-**scheduled maintenance**: entretien *nm* non prévu
~-**simultaneous transmission**: transmission *nf* à l'alternat
~-**soap grease**: graisse *nf* sans savon
~-**spatter additive**: agent *nm* filant
~-**speech circuit**: circuit *nm* non téléphonique
~-**spill battery**: accumulateur *nm* inversable
~-**spin**: antigiratoire
~-**spinning rope**: câble *nm* anti-torsion, câble sans torsion, câble qui ne vrille pas
~-**standard**: spécial, personnalisé
~-**stick**: antiadhérent
~-**stop**: sans arrêt, marchant 24 h sur 24, tournant 24 h sur 24
~-**stop flight**: vol *nm* sans escale
~-**stop rapid transit system**: transport *nm* urbain continu
~-**stop urban transportation**: transport *nm* urbain continu
~-**switch**: sans interrupteur
~-**symmetrical**: dissymétrique, asymétrique
~-**volatile storage**: mémoire *nf* rémanente
~-**working**: hors service
~-**working flank**: (of gear) flanc *nm* arrière
~-**woven**: non tissé

n-operator, ~ **welding set**: poste *nm* à n pinces

NOR, ~ **element**: élément *nm* NON-OU, élément NI, mélangeur-inverseur *nm*

normal: normal
~ **bend**: coude *nm* à 90 degrés
~ **bending test**: essai *nm* de pliage à l'endroit
~ **condition**: (of relay) position *nf* de repos
~ **current**: courant *nm* de régime
~ **rating**: puissance *nf* normale, charge *nf* de régime, charge normale
~ **running**: marche *nf* à régime établi
~ **stress**: contrainte *nf* normale
~ **temperature and pressure** «NTP»: conditions *nf* normales de température et pression

normally, ~ **closed** «NC»: normalement fermé
~ **closed contact**: contact *nm* «NF», contact [de] repos
~ **open** «NO»: normalement ouvert
~ **open contact**: contact *nm* normalement ouvert, contact [de] travail

nose: (of arbor, spindle) nez *nm;* (of fuselage) avant *nm*, pointe *nf* avant; (of tool) bec *nm* d'outil
~ **cone**: (of missile) ogive *nf*; (space) coiffe *nf*
~ **fairing**: nez *nm* avant, nez d'entrée
~ **gear**: atterrisseur *nm* auxiliaire, train *nm* avant
~ **heaviness**: tendance *nf* à piquer
~ **key**: contre-clavette *nf*
~ **section**: (of fuselage) partie *nf* avant
~ **up attitude**: assiette *nf* à cabrer
~ **up** *nn*: cabrage *nm*; *vb*: cabrer

nosewheel: roue *nf* d'atterrissage avant, train *nm* avant
~ **landing gear**: train *nm* tricycle, train *nm* d'atterrissage à roue avant
~ **steering**: orientation *nf* train *nm* avant

nosing: (of moulding) arête *nf*; (of pier) musoir *nm*; (of step) nez *nm*

not: non
~ **applicable** «NA»: sans objet «S/O»
~ **flat**: (sheet) inégal
~ **to scale** «NTS»: non à l'échelle
~ **true**: gauchi, voilé
~ **under command**: (naut) non maître de sa manœuvre

NOT, **~-AND element**: élément *nm* NON-ET, porte *nf* NON-ET
~ **circuit**: circuit *nm* NON, circuit inverseur, inverseur *nm*
~ **gate**: circuit *nm* NON, circuit inverseur, inverseur *nm*, porte *nf* NON
~-IF-THEN: exclusion *nf*, d'exclusion

notation: notation *nf*, numération *nf*

notch: (of punched card) encoche *nf*; (material testing) entaille *nf*
~ **bar impact strength**: résistance *nf* au choc sur barreau entaillé
~ **effect**: effet *nm* d'entaille
~ **gun**: (fdry) canon *nm* à boucher le trou de coulée
~ **sensitivity**: sensibilité *nf* à l'entaille
~ **tensile strength**: résistance *nf* à la traction d'une éprouvette entaillée
~ **toughness**: résilience *nf* d'une éprouvette entaillée

notched, ~ **bar**: barreau *nm* entaillé, éprouvette *nf* entaillée
~ **bar impact test**: essai *nm* de résilience sur barreau entaillé
~ **bar test**: essai *nm* sur barreau entaillé
~ **belt**: courroie *nf* crantée
~ **bend test**: essai *nm* de pliage sur barreau entaillé
~ **quadrant**: secteur *nm* denté, secteur crénelé

notching, ~ **relay**: relais *nm* intégrateur d'impulsions

nought: zéro *nm*

novolak: novolaque *nf*

nozzle: (of aerosol, carburettor) gicleur *nm*; (air conditioning) diffuseur *nm*; (of burner) injecteur *nm*; (of cupola) tuyère *nf*; (of flowmeter) ajutage *nm*; (of fuel can) bec *nm* verseur; (of hose) lance *nf* de tuyau, lance d'incendie; (injection moulding) buse *nf* [d'injection]; (of injector) nez *nm*; (of ladle) busette *nf*; (space) tuyère *nf*; (of wind tunnel) convergent *nm*
~ **blade**: (of turbine) aube *nf* de distributeur
~ **guide vane**: (of turbine) aube *nf* distributrice
~ **guide vanes**: aubage *nm* distributeur
~ **holder**: porte-injecteur *nm*
~ **plate**: couronne *nf* de tuyères, plaque *nf* porte-tuyères
~ **process**: (nuc) procédé *nm* par tuyère
~ **ring**: (of turbine) couronne *nf* directrice
~ **set**: (of ejector) tuyères *nf* multiples
~ **swivelling**: (space) braquage *nm* de tuyère[s]
~ **throat**: col *nm* de la tuyère
~ **tip**: ajutage *nm*, tête *nf* de gicleur
~ **tube**: tube *nm* du gicleur
~ **valve**: aiguille *nf* d'injecteur

nr → *near*

NR → *natural rubber, next to reading matter*

NRV→ *non return valve*

NRZ→ *non return to zero*

n-stage, ~ **gear unit**: ensemble *nm* à n engrenages

n-stand, ~ mill: (rolling) train *nm* à n cages
~ **train**: (rolling) train *nm* à n cages

nt.wt → *net weight*

NTP → *normal temperature and pressure*

NTS → *not to scale*

NU → *number unobtainable*

nuclear: nucléaire
~ **burn up**: combustion *nf* [nucléaire]
~ **fuel**: combustible *nm* nucléaire
~ **magnetic resonance** «NMR»: résonance *nf* magnétique nucléaire
~ **physicist**: physicien *nm* nucléaire
~ **plant**: centrale *nf* nucléaire, installation *nf* nucléaire
~ **powered**: (rocket, submarine) à propulsion *nf* nucléaire
~ **waste**: déchets *nm* nucléaire, déchets radioactifs

nucleation: (met) germination *nf*

nucleonics: physique *nf* nucléaire, technologie *nf* nucléaire

nucleus: (of atom) noyau *nm*; (core) noyau *nm*, cœur *nm*, partie *nf* maîtresse; (of crystal) germe *nm*

nuclide: nucléide *nm*, nuclide *nm*

nugget: (of gold) pépite *nf*; (wldg, drilling) noyau *nm*

nuisance: inconvénient *nm*; (pollution) nuisance *nf*; (radar) brouillage *nm*
~ **call**: (tp) appel *nm* malveillant

null: nul, zéro
~ **character**: caractère *nm* nul
~ **detector**: indicateur *nm* de zéro
~ **indicator**: indicateur *nm* de zéro
~ **method**: méthode *nf* du zéro, méthode de réduction à zéro
~ **string**: (inf) chaîne *nf* vide
~ **valence**: valence *nf* zéro

nullify *vb*: annuler

number *nn*: nombre *nm*, numéro *nm*, chiffre *nm*; (of yarn) numéro; *vb*: numéroter; (count) compter
~ **base**: base *nf* de numération
~ **cruncher**: machine *nf* à calculer, ordinateur *nm* principal
~ **of starts**: (of thread) nombre *nm* de filets
~ **of strokes**: (of engine) nombre de temps
~ **unobtainable** «NU»: muméro *nm* inaccessible
~ **system**: numération *nf*

numbering: chiffraison *nf*, numérotage *nm*; numérotation *nf*, numération *nf*
~ **device**: numéroteur *nm*
~ **dial**: (tp) cadran *nm* d'appel
~ **machine**: numéroteur *nm* [automatique]

numeral *nn*: chiffre *nm*; *adj*: numéral

numeralization <**isation**): numérisation *nf*

numeration: numération *nf*

numeric *nn*: caractère *nm* numérique; *adj*: numérique
~ **alphabetic**: alphanumérique
~ **cluster**: clavier *nm* numérique
~ **pad**: clavier *nm* numérique

numerical: numérique
~ **array**: table *nf* de nombres, table des valeurs
~ **control** «N/C»: commande *nf* numérique
~ **tape**: bande *nf* de commande numérique

numerically, ~ controlled machine-tool: machine-outil *nf* à commande numérique «MOCN», machine-outil CN

nut: écrou *nm*
~ **lock**: frein *nm* d'écrou, rondelle *nf* d'arrêt d'écrou
~ **retainer**: frein *nm* d'écrou, rondelle *nf* d'arrêt d'écrou
~ **runner**: visseuse *nf*
~ **wrench**: clé *nf* à écrou

O

OA→ *office automation*

oak: chêne *nm*

oakum: filasse *nf* [de chanvre], étoupe *nf*

oar: aviron *nm*, rame *nf*

OB → *outside broadcast*

OBC → *on board computer*

object, ~ **glass**: objectif *nm*

objective: (of microscope) objectif *nm*; (a target) but *nm*, objectif *nm*

oblique: oblique; (crystal) monoclinique; (geol) monoclinal
~ **bending**: flexion *nf* déviée, flexion gauche
~ **system**: (crystal) système *nm* monoclinique
~ **triangle**: triangle *nm* quelconque, triangle scalène

oblong *nn*: rectangle *nm*; *adj*: rectangulaire
~ **hole**: trou *nm* longitudinal, boutonnière *nf*

OBO → *oil bulk ore*

obscure *adj*: obscur; *vb*: obscurcir, cacher; (glass) dépolir

observance: (of rules, of a standard) observation *nf*, respect *nm*

observation: observation *nf*
~ **car**: (rlwy) voiture *nf* panoramique
~ **carriage**: (rlwy) voiture *nf* panoramique
~ **coach**: (rlwy) voiture *nf* panoramique

obtuse: (maths) obtus
~ **bevelling**: équerrage *nm* en gras

occluded, ~ **gas**: gaz *nm* occlu

occulting: à occultations

occupancy: (of a building) occupation *nf*; (inf, tcm) occupation, encombrement *nm*
~/**vacancy**: occupation/non-occupation

occupant: occupant *nm*

occupation: profession *nf*

occurrence: apparition *nf*, présence *nf*; (linguistics) occurrence *nf*
~ **of minerals**: présence *nf* de minéraux
~ **of natural gas**: venue *nf* de gaz naturel

ocean: océan *nm*
~ **bed**: fond *nm* sous-marin, fond marin
~ **bottom**: fond *nm* sous-marin, fond marin
~ **cable**: câble *nm* sous-marin, câble transocéanique
~ **floor**: fond *nm* océanique
~-**going**: de haute mer, long-courrier, au long cours
~-**going ship**: navire *nm* long-courrier, navire au long cours, hauturier *nm*

OCL → *operation control language*

OCO → *oil coal ore*

OCR → *optical character recognition*

octagon: octogone *nm*

octagonal: octogonal, à 8 pans

octal: octal

octally: en octal

octane: octane *nm*
~ **number** «ON»: indice *nm* d'octane
~ **rating**: indice *nm* d'octane
~ **value**: indice *nm* d'octane

octave: octave *nf*

octet: octet *nm*

oculus: œil-de-bœuf *nm*

OD→ *outside diameter*

odd: (different) dépareillé; (container) non normalisé; (number) impair
~-**even check**: contrôle *nm* de parité
~-**ones parity**: imparité *nf*
~ **page**: belle page *nf*, page impaire
~ **parity**: imparité *nf*
~ **parity bit**: bit *nm* d'imparité
~ **parity check**: contrôle *nm* de parité impaire, contrôle d'imparité
~ **pitch**: (of screw) pas *nm* bâtard
~ **size**: dimension *nf* spéciale, dimensions diverses

odometer: odomètre *nm*; (used on foot) podomètre *nm*

odour <odor>: odeur *nm*

odourless <odorless>: inodore, sans odeur

OEM → *original equiment manufacturer*
~ **market**: marché *nm* des constructeurs OEM

of, ~ **opposite** sign: (el) de nom contraire

off: (el) hors circuit, coupé, éteint; (machine) à l'arrêt; (valve) fermé
~ **bit**: bit *nm* 0, bit à 0
~ **period**: (eon) période *nf* de non conduction, temps *nm* de blocage
~ **position**: (of machine) position *nf* d'arrêt; (of relay) position de repos; (of switch) position de coupure de circuit, position d'ouverture de circuit, position ouverte, position de disjonction
~ **the hook**: (tp) décroché
~ **the peg**: disponible immédiatement, sur stock, [pris] en stock
~ **the rack**: disponible immédiatement, sur stock, [pris] en stock
~ **the shelf**: disponible immédiatement, sur stock, [pris] en stock
~ **the shelf delivery**: livraison *nf* immédiate, livraison à lettre lue
~ **the track**: (rwly) déraillé

off-axis: désaxé, hors axe

off-balance: en déséquilibre

off-beam: (antenna) en dehors de l'axe principal, en dehors du faisceau principal, en dehors du lobe principal

off-board: hors carte

offcast: (fdry) coulée *nf* manquée, pièce *nf* manquée

off-centre <ter>: désaxé, excentré, décentré
~ **car park**: parking *nm* de dissuasion

off-centring <tering>: excentrement *nm*; (radar) décentrage *nm* (de l'image)

off-chip: hors puce

off-circuit: hors circuit

off-colour: de mauvaise couleur

off-condition *nn*: état *nm* ouvert; (inf) état déconnecté; *adj*: ouvert, déconnecté

offcut: chute *nf*, rognure *nf*

off-gauge <age>: en dehors des tolérances de mesure, hors cotes

off-grade: déclassé, ne répondant pas à la qualité voulue

offhand, ~ **grinding**: meulage *nm* à la main, affûtage *nm* manuel

offheat: coulée *nf* ratée

off-highway, ~ **vehicle**: véhicule *nm* tous terrains, véhicule tout terrain

off-hook *nn*: (tp) décrochage (du combiné); *adj*: décroché; *vb*: décrocher
~ **signal**: signal *nm* de décrochage, signal de réponse

off-line: non branché, non connecté, déconnecté, hors circuit; (inf) autonome, hors ligne, en différé; → also *offline*
~ **equipment**: matériel *nm* [périphérique] autonome
~ **operation**: exploitation *nf* en [mode] autonome
~ **processing**: traitement *nm* en différé
~ **programming**: (robotics) programmation *nf* hors ligne
~ **working**: exploitation en autonome

offline *vb*: transférer en différé

off-load: à vide; *vb*: décharger, alléger la charge; (el) délester

offloading: (inf) déchargement *nm*, transfert *nm*; (transport) débarquement *nm*, déchargement
~ **valve**: soupape *nf* de dérivation

off-machine: hors machine

off-peak: en dehors des heures de pointe, pendant les heures creuses
~ **hours**: heures *nf* creuses; (tp) heures de faible trafic

off-print: tirage *nm* à part, tiré à part

off-register: (graph) non au repérage; (card punching) décadré; (fabric pattern) non au rapport

offset *nn*: désaxage *nm*; décalage *nm*, déplacement *nm*; compensation *nf*, contrepartie *nf*; (graph) NA maculage *nm*; (offset lithography) offset *nm*; *vb*: compenser, contrebalancer
~ **blanket**: blanchet *nm* offset
~ **carrier**: porteuse *nf* décalée
~ **curve**: courbe *nf* décentrée
~ **drilling**: sondage *nm* dévié
~ **handle**: poignée *nf* coudée
~ **key**: clé *nf* coudée
~ **printing**: impression *nf* offset, offset *nm*
~ **shot**: tir *nm* déporté
~ **spray**: émulsion *nf* antimaculage
~ **voltage**: tension *nf* de suppression

offsetting: décalage *nm*; (ink) maculage *nm*

offshade: écart *nm* de couleur

off-shift: en dehors des périodes d'exploitation

offshore: extraterritorial, marin, au large [des côtes]; (petr) offshore
~ **platform**: derrick *nm* en mer
~ **terminal**: terminal *nm* d'éclatement

offside: (of vehicule) côté *nm* volant, côté conducteur, GB côté droit
~ **lane**: GB voie *nf* de droite

off-site: hors du lieu d'installation

offsite: installation *nf* annexe, installation extérieure

off-size: hors cote

off-specifications: non conforme

off-state: à l'état bloqué
~ **current**: courant *nm* à l'état bloqué

offstate: (eon) état *nm* bloqué

off-straight: de travers, pas d'aplomb

off-stream: (plant) pas en fonctionnement

offtake: départ *nm*, prise *nf*

off-to-on, ~ **transition**: passage *nm* de fermé à ouvert

off-track: hors voie

offwhite: blanc *nm* légèrement teinté

offer, ~ **up**: (mech) présenter (une pièce à une autre)

office: bureau *nm*; (tp) NA central *nm*
~ **automation** «OA»: bureautique *nf*
~ **automation package**: progiciel *nm* de bureautique
~ **building**: immeuble *nm* de bureaux
~ **code**: (tp) indicatif *nm* de central
~ **environment**: monde *nm* du bureau
~ **equipment**: matériel *nm* de bureau
~ **hours**: heures *nf* d'ouverture
~ **requisites**: fournitures *nf* de bureau
~ **technology**: bureautique *nf*

officer: (mil) officier *nm*; (administration) préposé *nm*, responsable *nm*
~ **of the deck**: chef *nm* de quart

ogee: doucine *nf*; (curve) en S

OH → *open hearth, open hole, oil hardening*

OHC → *overhead camshaft*

ohmic, ~ **loss**: perte *nf* par effet Joule, perte ohmique

ohmmeter: ohmmètre *nm*

OHS → *open hearth steel*

OHV → *overhead valve*

OI → *oil immersed*

oil: huile *nf*; (petr) pétrole *nm*
~ **baffle**: chicane *nf* à huile
~ **bath air cleaner**: filtre *nm* à air à bain d'huile
~ **bath filter**: filtre *nm* à bain d'huile
~ **bearing**: pétrolifère

~ **break switch**: interrupteur *nm* dans l'huile, interrupteur à l'huile, interrupteur à bain d'huile
~ **bulk ore carrier** «OBO»: pétrolier *nm* vraquier minéralier
~ **burning**: marchant au mazout, marchant au fuel
~ **cake**: tourteau *nm*
~ **can**: (a container) bidon *nm* d'huile; (lubrication) burette *nf* à huile
~ **catcher**: collecteur *nm* d'huile, cuiller *nf* à huile (de tête de bielle)
~ **change**: vidange *nf*
~ **chart**: tableau *nm* de graissage
~ **circuit breaker**: disjoncteur *nm* à bain d'huile, disjoncteur à huile
~-**coal-ore carrier** «OCO»: navire *nm* OCO
~ **company**: société *nf* pétrolière
~ **control ring**: (on piston) segment *nm* racleur
~ **cooler**: radiateur *nm* d'huile, réfrigérant *nm* d'huile, refroidisseur *nm* d'huile
~ **cooling radiator**: radiateur *nm* d'huile, réfrigérant *nm* d'huile, refroidisseur *nm* d'huile
~ **cup**: godet *nm* à huile, godet graisseur, graisseur *nm*
~ **deposit**: gisement *nm* de pétrole, gisement pétrolifère
~ **dipper**: mentonnet *nm* lubrificateur, cuiller *nf* d'huile (tête de bielle)
~ **distributor**: (mech) distributeur *nm* d'huile, rampe *nf* à huile
~ **drilling rig**: derrick *nm*, appareil *nm* de forage
~ **drum**: bidon *nm*, fût *nm*
~-**electric drive** NA : (rlwy) propulsion *nf* diesel-électrique
~ **engine**: moteur *nm* à huile lourde
~ **equivalent**: équivalent *nm* pétrole
~ **feed gallery**: rampe *nf* de graissage
~-**feed wick**: mèche *nf* à huile
~ **feeder pipe**: arrivée *nf* d'huile, canalisation *nf* d'amenée d'huile
~ **field**: gisement *nm* pétrolifère, champ *nm* de pétrole, champ pétrolifère
~-**filled**: à huile, rempli d'huile
~-**filled radiator**: radiateur *nm* oléoélectrique
~-**fired**: chauffé au mazout
~ **flinger**: déflecteur *nm* d'huile
~ **gallery**: rampe *nf* de graissage
~ **gas**: gaz *nm* de pétrole
~ **gauge**: indicateur *nm* de niveau d'huile, jauge *nf* d'huile
~ **groove**: rainure *nf* de graissage, patte *nf* d'araignée
~ **guard**: déflecteur *nm*, pare-gouttes *nm*
~ **hardening** «OH»: trempe *nf* à l'huile
~-**hardening steel**: acier *nm* trempant à l'huile
~ **heater**: réchauffeur *nm* d'huile, réchauffeur à huile
~ **hole**: lumière *nf* de graissage, trou *nm* de graissage
~-**immersed** «OI»: à bain d'huile, dans l'huile
~-**immersed forced-air-cooled transformer**: transformateur *nm* à bain d'huile et refroidissement forcé par air
~-**immersed natural-cooling** «ON»: à bain d'huile et refroidissement naturel
~-**immersed self-cooled transformer**: transformateur *nm* à bain d'huile et refroidissement naturel
~-**immersed transformer**: transformateur *nm* à bain d'huile
~-**immersed water-cooled transformer**: transformateur *nm* à bain d'huile à refroidissement par circulation d'eau
~-**in-water emulsion**: émulsion *nf* huile dans l'eau
~ **interceptor**: séparateur *nm* d'huile
~-**jacked bearing**: palier *nm* à pression d'huile
~ **land**: (of piston) quatrième cordon *nm*
~ **line**: canalisation *nf* pétrolière; tuyau *nm* d'huile
~ **manifold**: collecteur *nm* d'huile, rampe *nf* à huile
~ **mist lubrication**: graissage *nm* par brouillard, lubrification *nf* par brouillard
~-**moistened air filter**: filtre à air imprégné d'huile
~ **of turpentine**: essence *nf* de térébenthine
~-**ore carrier** «O.O»: pétrolier-minéralier *nm*, navire *nm* o/o
~ **pad**: tampon *nm* graisseur
~ **pan**: (on engine) carter *nm* d'huile
~ **pipeline**: oléoduc *nm*
~ **purifier**: filtre *nm* épurateur d'huile
~ **removal**: déshuilage *nm*
~ **separation**: déshuilage *nm*
~ **rig**: derrick *nm*
~ **ring**: anneau *nm* de graissage, bague *nf* de graissage; (of piston) segment *nm* racleur
~ **rock**: roche *nf* pétrolifère
~ **sand**: sable *nm* pétrolifère
~ **scraper**: segment *nm* racleur
~ **scrubbing**: (natural gas) épuration *nf* à l'huile, nettoyage *nm* à l'huile
~ **seal**: joint *nm* d'étanchéité; (gasholder) garde *nf* d'huile
~ **seal ring**: bague *nf* d'étanchéité d'huile
~ **separator**: séparateur *nm* d'huile; déshuileur *nm*

~ **shale**: schiste *nm* bitumineux
~ **showing**: indice *nm* de pétrole
~ **slick**: nappe *nf* de pétrole, marée *nf* noire
~ **slinger**: déflecteur *nm* d'huile, lance-gouttes *nm*, collet *nm* de barbotage
~**-soluble**: oléo-soluble
~ **sorbent product**: (against oil slick) absorbant *nm* flottant
~ **splash lubrication**: graissage *nm* par barbotage
~ **spray nozzle**: diffuseur *nm* d'huile
~ **spraying**: pulvérisation *nf* d'huile
~ **string**: (petr) colonne *nf* de production
~ **stripping**: désessenciement *nm*, dégazolinage *nm* de l'huile
~ **sump**: (on engine) carter *nm* d'huile
~ **switch**: interrupteur *nm* à bain d'huile, interrupteur dans l'huile, interrupteur à huile
~ **tanker**: pétrolier *nm*
~ **tar**: goudron *nm* de pétrole
~ **temper**: revenu *nm* à bain d'huile
~ **thrower**: déflecteur *nm* d'huile
~ **ton equivalent** «o.t.e.»: tonne *nf* d'équivalent pétrole
~ **tracks**: pattes *nf* d'araignée (d'un coussinet)
~ **transformer**: transformateur *nm* à [bain d'] huile
~ **tray**: cuvette *nf* de récupération
~**-water** «OW»: à bain d'huile et refroidissement par eau
~ **well**: puits *nm* de pétrole
~ **wiper**: racleur *nm* d'huile, lécheur *nm*; (on piston) segment *nm* racleur

oilcloth: toile *nf* cirée

oiler: (a person) graisseur *nm*; (petr) puits *nm* productif; (a ship) pétrolier *nm*

oiliness: onctuosité *nf*

oiling: graissage *nm*; (of gas) brumisage *nm*, huilage *nm*; (tex) ensimage *nm*

oilman: pétrolier *nm*

oilway: canal *nm* d'huile, canal de graissage, patte *nf* d'araignée

oily: huileux

OJT → *on the job training*

OK: (publicity) bon *nm* à tirer «BAT»; *vb*: approuver, donner le feu vert
~ **with corrections** «w/c»: BAT après corrections

OL → *overhead line*

old: vieux, ancien; vétuste

olefin *nn*: oléfine *nf*; *adj*: (plastic, resin) oléfinique

oleo, ~ **bumper**: amortisseur *nm* oléopneumatique
~ **strut**: jambe *nf* oléopneumatique

oleopneumatic: oléopneumatique

oleoresin: oléorésine *nf*

oligomer: oligomère *nm*

OLP → *oxygen lance powder*

OMR → *optical mark reader, optical mark reading*

ON → *octane number, oil-immersed natural-cooling*

on: en marche; allumé; en circuit
~ **board**: à bord, embarqué
~**-board computer** → *OBC*: ordinateur *nm* embarqué, ordinateur de bord
~ **button**: poussoir *nm* Marche
~**-call bus system**: autobus *nm* à la demande, autobus au cadran
~ **center distance** NA : entraxe *nm*
~ **customer premises**: chez le client, en clientèle
~ **duty**: de service
~ **end**: de bout, debout, droit, vertical *nm*
~ **hold**: (tp) en garde, mise *nf* en garde, mise en attente (d'un appel)
~ **hook**: raccroché
~**-hook signal**: signal *nm* de raccrochage, signal de fin de communication
~ **line**: (equipment) en ligne, connecté; (inf) en temps réel, interactif; (processing) en ligne, en direct
~ **line data service**: serveur *nm* de données
~ **line programming**: (robotics) programmation *nf* en ligne
~ **line starter**: démarreur *nm* direct
~ **line working**: (inf) exploitation *nf* en temps réel
~ **load**: en charge
~**-load switch**: (rlwy) combinateur *nm* de réglage en charge, graduateur *nm* de réglage en charge
~**-load tap changer**: (rlwy) graduateur *nm* de réglage en charge
~ **location shot**: (cinema) extérieur *nm*
~ **machine**: sur machine

~/**off**: marche-arrêt
~/**off control**: réglage *nm* par tout ou rien
~/**off hook**: décrochage/raccrochage
~/**off keying**: (tcm) manipulation *nf* par tout ou rien
~ **request**: à la demande
~ **site**: sur place
~-**site data capture**: saisie *nf* à la source, saisie en temps réel
~ **state**: (eon) état *nm* passant, état conducteur
~ **the factory floor**: en atelier
~ **the flat**: en palier
~ **the fly**: à la volée
~ **the high seas**: en pleine mer
~ **the job training** «OJT»: formation *nf* directe, formation sur le tas
~ **the latch**: fermé à demi-tour
~ **the level**: en palier
~ **the rock**: (valve) en bascule
~ **the skew**: en biais
~ **the slant**: en biais, en écharpe
~ **the spot**: (location) sur place; (in time) immédiat
~ **the stop**: (mech) en butée
~ **the windward side**: au vent
~ **track**: (rlwy) en voie, sur rails
~ **trial**: à l'essai

once: une fois
~-**through**: à passage unique, sans recyclage, sans récupération

oncoming, ~ **traffic**: circulation *nf* venant en sens inverse; (rlwy) circulation à contre-voie

one, ~ **ahead addressing**: adressage *nm* à progression automatique
~-**digit adder**: demi-additionneur *nm*
~-**digit subtracter**: demi-soustracteur *nm*
~-**dimensional**: unidimensionnel, à une dimension
~-**direction**: dans un seul sens, unidirectionnel
~-**engined**: à un seul moteur, monomoteur *nm*
~ **hundred percent**: à cent pour cent
~ **off**: isolé, unique
~-**off list price**: prix *nm* catalogue à l'unité
~-**piece**: monobloc *nm*, d'un seul tenant, d'une seule pièce
~'**s complement**: complément *nm* à un
~-**shot**: (one off) isolé, unique; (lubrication) un coup
~-**shot flip flop**: bascule *nf* monostable
~-**shot mltivibrator**: multivibrateur *nm* monostable
~-**sided**: unilatéral, d'un seul côté; (computer disk) simple face
~-**trip**: (packaging) à jeter, non consigné, perdu, sans retour
~-**way**: unidirectionnel; (packaging) à jeter, non consigné, perdu, sans retour
~-**way cock**: robinet *nm* à passage direct, robinet à une voie
~-**way switch**: interrupteur *nm* simple
~-**wire**: unifilaire

onion, ~ **skin paper**: papier *nm* pelure, pelure *nf* surglacée

onsetter: (mining) accrocheur *nm*, encageur *nm*

OO → *oil ore*

o.o.o. → *out of order*

ooze *vb*: suinter

OP → *operation, operational, out of print*

opacifier: opacifiant *nm*

opaque: opaque
~ **to heat**: imperméable à la chaleur

open *adj*: à ciel ouvert; (el) non protégé; (site) non abrité; (tank, channel) à surface libre; *vb*: ouvrir, s'ouvrir; (relay) décoller; (a street, a tunnel) percer
~ **air**: à l'air libre; (outdoor) de plein air, en plein air
~ **air plant**: installation *nf* à l'air libre, installation à ciel ouvert
~ **air transformer**: transformateur *nm* à l'air libre, transformateur extérieur
~ **aisle coach**: (rlwy) voiture *nf* à couloir central
~ **and shut action**: réglage *nm* par tout ou rien
~ **arc welding**: soudage *nm* à l'arc à l'air libre
~ **assembly time**: (of adhesive) temps *nm* d'exposition à l'air avant assemblage
~ **boarding**: planches *nf* non jointives
~ **boat**: embarcation *nf* non pontée
~ **box pallet**: palette-caisse *nf* sans couvercle, palette-caisse ouverte
~ **burning coal**: charbon *nm* flambant gras, charbon gras
~ **bus**: barre *nf* omnibus non protégée
~ **cast mining**: exploitation *nf* à ciel ouvert
~ **cell**: alvéole *nf* ouverte
~ **chain**: (chem) chaîne *nf* ouverte
~-**chain compound**: composé *nm* acyclique, composé aliphatique
~ **channel**: conduit *nm* à écoulement libre

~ **circuit** «OC»: à circuit *nm* ouvert, en circuit ouvert
~**-circuit operation**: exploitation *nf* en circuit ouvert; (of generator) fonctionnement *nm* à vide
~**-circuit voltage**: tension *nf* à vide, tension de marche à vide, tension en circuit ouvert
~ **coil**: spire *nf* coupée
~ **conductor**: fil *nm* nu
~ **cup** «OP»: vase *nm* ouvert
~**-cup test**: essai *nm* en vase ouvert
~ **current**: courant *nm* en circuit ouvert
~ **cut**: découverte *nf*, fouille *nf* à ciel ouvert, tranchée *nf*
~**-cut mining**: exploitation *nf* à ciel ouvert, exploitation en découverte
~**-cycle engine**: moteur *nm* à cycle ouvert
~ **day**: journée *nf* portes ouvertes
~**-deck pallet**: palette *nf* à planchers non jointifs
~**-end spanner**: clé *nf* à fourche, clé plate
~**-end spinning**: filage *nm* open-end, filature *nf* open-end
~**-end wrench** NA : clé *nf* plate, clé à fourche
~**-ended**: évolutif, extensible, ouvert
~**-ended coil**: bobine *nf* ouverte
~ **excavation**: découverte *nf*, fouille *nf* à ciel ouvert
~ **exhaust**: échappement *nm* libre
~ **fence**: clôture *nf* à claire-voie
~ **fire** *nn*: feu *nm* nu; *vb*: déclencher le tir, ouvrir le feu sur
~ **flame**: flamme *nf* nue
~ **flow**: débit *nm* à ouverture totale
~**-frame girder**: poutre *nf* échelle
~**-front press**: presse *nf* à bâti en col de cygne
~**-fuse cutout**: coupe-circuit *nm* à l'air libre, coupe-circuit à fusion libre
~**-gap**: (shear, press) à col de cygne
~ **goods wagon**: wagon-tombereau *nm*, wagon *nm* découvert
~**-graded**: à granulométrie *nf* ouverte, à granulométrie serrée
~ **grain**: grain *nm* grossier, gros grain
~**-hearth furnace** «O.H.»: four *nm* à sole, four Martin
~**-hearth plant**: aciérie *nf* Martin
~**-hearth steel** «OHS»: acier *nm* Martin
~ **hole** «OH» *nn*: trou *nm* non tubé, trou découvert, trou nu; *adj*: à découvert, sans cuvelage
~**-hole drilling**: forage *nm* à découvert, sondage *nm* non tubé
~**-jet wind tunnel**: soufflerie *nf* à veine libre
~**-line wire**: fil *nm* nu, fil nu aérien, fil aérien
~**-loop control**: commande *nf* en boucle ouverte
~ **mining**: exploitation *nf* à ciel ouvert
~**-mounted**: (el) nu
~ **network**: réseau *nm*; (tp) réseau accessible au public
~**-phase protection**: protection *nf* contre les coupures de phase
~**-pit mining**: exploitation *nf* à ciel ouvert
~ **plan**: (constr) en espace fonctionnel, librement aménageable
~**-plan office**: bureau *nm* paysage
~ **position**: position *nf* de mise hors circuit
~ **quarry**: carrière *nf* à ciel ouvert
~ **resistor**: résistance *nf* coupée
~ **sand**: sable *nm* bien perméable, sable ouvert, sable poreux
~**-sand casting**: moulage *nm* à découvert
~ **sea**: haute mer *nf*, le large
~**-shop operation**: exploitation *nf* "salle ouverte", exploitation en libre service
~ **space**: (constr) espace *nm* non bâti
~ **stairs**: escalier *nm* en échelle de meunier, escalier évidé, (winding type) vis *nf* à jour
~ **storage**: stockage *nm* à ciel ouvert
~ **system**: système *nm* d'appareils différents, système ouvert
~ **system architecture** «OSA»: architecture *nf* de systèmes ouverts
~ **systems interconnection** «OSI»: interconnexion *nf* de systèmes ouverts «ISO»
~ **tank**: réservoir *nm* à surface libre
~ **termination**: (of cable) extrémité *nf* à l'air libre
~ **to atmosphere**: en communication avec l'air libre, mis à l'air libre
~**-tube gauge**: manomètre *nm* à air libre
~ **type**: (el) de type ouvert, non protégé contre les contacts accidentels
~ **wall container**: conteneur *nm* avec porte latérale
~ **washer**: rondelle *nf* en C, rondelle ouverte
~ **web**: âme *nf* en treillis, âme triangulée
~**-web steel joist**: poutrelle *nf* en treillis
~**-width**: (tex) au large
~**-width washing**: (tex) lavage *nm* au large
~ **wire**: fil *nm* aérien, fil nu
~**-wire fuse**: fusible *nm* à fusion libre, fusible à l'air libre, coupe-circuit *nm* à fusion libre
~**-wire line**: ligne *nf* en fils nus [aériens], ligne aérienne

~ **wiring**: fils *nm* nus, installation *nf* à découvert; (open circuit) circuit *nm* ouvert

opener: (tex) ouvreuse *nf*

opening: ouverture *nf*; (of beam) largeur *nf*, ouverture *nf*; (of circuit) ouverture *nf*, coupure *nf*; (of relay) décollage *nm*; (tex) ouvraison *nf*; (tripping) déclenchement *nm*, disjonction *nf*
~ **area**: (of valve) section *nf* de passage
~ **between the rolls**: (rolling) écartement *nm* des cylindres
~ **light**: (constr) ouvrant *nm*
~ **surface**: (of mould) surface *nf* d'ouverture, surface de joint, plan *nm* de joint

openwork: ajouré, à jour, à claire-voie

operand: opérande *nm*
~ **address**: adresse *nf* opérande «AOP»

operate *vb*: actionner, faire fonctionner; mettre en service; utiliser, exploiter

operating *nn*: exploitation *nf*
~ **break time**: temps *nm* de réponse du contact de repos
~ **condition**: état *nm* de marche
~ **contact**: contact *nm* de travail, contact à fermeture
~ **costs**: frais *nm* d'exploitation
~ **current**: courant *nm* de fonctionnement, courant de régime, courant de travail
~ **cycle**: cycle *nm* de fonctionnement, cycle opératoire; (mechanical switching device) cycle de manœuvres
~ **environment**: conditions *nf* d'exploitation
~ **frequency**: fréquence *nf* de service
~ **handle**: poignée *nf* de manœuvre, manette *nf*
~ **instructions**: consignes *nf* d'utilisation, consignes d'exploitation
~ **key**: manipulateur *nm*
~ **lever**: levier *nm* de commande, levier de manœuvre; poignée *nf* de manœuvre, manette *nf*
~ **make time**: temps *nm* de fonctionnement du contact de travail
~ **manual**: manuel *nm* d'exploitation
~ **mode**: mode *nm* d'exploitation; état *nm* de fonctionnement
~ **parameter**: paramètre *nm* d'exploitation
~ **part**: pièce *nf* mécanique
~ **pin**: ergot *nm* de commande
~ **position**: position *nf* de travail; (of switch) position de fermeture
~ **power**: puissance *nf* utile
~ **pressure**: pression *nf* de service, pression de fonctionnement
~ **procedure**: mode *nm* opératoire
~ **radius**: (of crane) portée *nf* (sous charge); (rlwy) autonomie *nf*
~ **range**: (of instrument) plage *nf* de fonctionnement, plage d'utilisation; (of missile) rayon *nm* d'action; (of reactor) domaine *nm* de fonctionnement
~ **ratio**: coefficient *nm* d'exploitation, taux *nm* de disponibilité, taux d'utilisation
~ **side**: (of furnace) face *nf* de coulée, avant *nm* du four; (of machine) côté *nm* de conduite, côté opérateur
~ **stand**: pupitre *nm* de commande
~ **system** «OS»: (inf) système *nm* d'exploitation «SE»
~ **time**: durée *nf* d'utilisation; (inf) temps *nm* d'exécution; (of relay) temps *nm* de fonctionnement; (of switch) durée des manœuvres
~ **value**: (automatic control) valeur *nf* de réglage; (of relay) valeur de fonctionnement
~ **voltage**: tension *nf* de service, tension de fonctionnement
~ **wave**: onde *nf* de travail

operation «op»: (inf, maths) opération *nf*; (of machinery, vehicle) conduite *nf*, exploitation *nf*; (a plant) unité *nf* de fabrication, unité de production; (of switch) manœuvre *nf*; (working) fonctionnement *nm*, marche *nf*; → also *operations*
~ **code**: code *nm* [d']opération
~ **control language** «OCL»: langage *nm* de contrôle des opérations
~ **time**: temps *nm* d'exécution

operational: en état de fonctionnement; en exploitation; de régime; opérationnel
~ **flexiblity**: souplesse *nf* d'exploitation
~ **requirement**: condition *nf* d'exploitation, exigence *nf* de service, nécessité *nf* de service
~ **research** «OR»: recherche *nf* opérationnelle

operations: (a department) service *nm* d'exploitation
~ **manager**: chef *nm* d'exploitation
~ **per minute** «OPM»: opérations/minute
~ **per second** «OPS»: opérations/seconde

operator: (of crane) grutier *nm*; (of forklift truck) cariste *nm*; (of overhead crane) pontier *nm*, pontonnier *nm*; (inf) pupitreur *nm*; (of machine) conducteur *nm*, opérateur *nm*, préposé *nm*; (tp) standardiste *nm*, *nf*, téléphoniste *nm*, *nf*; (utilities) entité *nf* exploitante, concessionnaire *nm*
~ **action**: intervention *nf* de l'opérateur
~ **console**: console *nf* opérateur, pupitre *nm* de commande, pupitre de l'opérateur
~ **control**: (quality control) autocontrôle *nm*, contrôle *nm* par l'opérateur
~ **manual**: manuel *nm* d'utilisation
~ **switchboard**: (tp) standard *nm*

OPM → *operations per minute*

opposed: antagoniste, inverse, opposé
~ **cylinder engine**: moteur *nm* à cylindres opposés

opposing: (direction, winding) inverse
~ **spring**: ressort *nm* de rappel, ressort antagoniste

opposite: opposé, contraire; face à
~ **page**: page *nf* en regard
~ **pole**: (el) pôle *nm* de nom contraire
~ **text**: face texte

opposition, ~ **duplex**: duplex *nm* par opposition

OPS → *operations, operations per second*

optic: optique

optical: optique, visuel
~ **bleaching agent**: agent *nm* de blanchiment optique, azurant *nm* optique
~ **brightener**: agent *nm* de blanchiment optique, azurant *nm* optique
~ **cable**: câble *nm* optique, câble à fibres optiques
~ **character reader** «OCR»: lecteur *nm* optique de caractères
~ **character recognition** «OCR»: reconnaissance *nf* optique des caractères «ROC»
~ **cladding**: gaine *nf* optique
~ **digital disk**: disque *nm* optique numérique «DON»
~ **emitter**: émetteur *nm* optique, photo-émetteur *nm*, source *nf* optique
~ **fiber**: fibre *nf* [optique]
~ **fiber waveguide**: guide *nm* [d'ondes] optique
~ **mark reading** «OMR»: lecture *nf* optique de marques
~ **mark sensor**: détecteur *nm* optique
~ **source**: source *nf* de lumière, source optique
~ **transmitter**: module *nm* d'émision optique
~ **unit**: bloc *nm* optique
~ **wand**: crayon-lecteur *nm* optique

optically, ~ **coupled**: à couplage optique
~ **pumped laser**: laser *nm* à pompage optique
~ **tracked**: à guidage *nm* optique

optics: optique *nf*

optimization <isation>: optimisation *nf*, optimalisation *nf*

optimum *nn*: optimum; *adj*: optimal
~ **working frequency** «OWF»: fréquence *nf* optimale d'utilisation; (tp) fréquence optimale de trafic «FOT»

optional: en option, sur option; facultatif; (inf) conditionnel
~ **feature**: option *nf*

optoelectronics: optoélectronique *nf*

optometrist: optométriste *nm*

optronics: optoélectronique *nf*

OR → *operational research*

OR: (inf) OU *nm* inclusif
~ **else**: OU *nm* exclusif
~ **gate**: circuit *nm* OU *nm*, élément *nm* OU
~ **operation**: (inf) union *nf*, réunion *nf* OU, OU *nm* inclusif

orange, ~ **peel**: (met) peau *nf* de crocodile; (painting) peau *nm* d'orange
~ **peel bucket**: benne *nf* polype

orbit *nn*: orbite *nf*; *vb*: orbiter; mettre sur orbite, satelliser

orbital *nn*: orbitale *nf*; *adj*: orbital, d'orbite
~ **electron**: électron *nm* orbital, électron planétaire
~ **height**: altitude *nf* d'orbite
~ **period**: durée *nf* de révolution, période *nf* orbitale, période *nf* de révolution
~ **plane**: plan *nm* orbital, plan d'orbite
~ **sander**: ponceuse *nf* orbitale

orbiter: orbiteur *nm*

orbiting: sur orbite, en orbite
~ **vehicle**: véhicule *nm* orbital

order *nn*: (maths, architecture, sorting) ordre *nm*; (commercial) commande *nf*; (inf) instruction *nf*; (mil) ordre, commandement *nm*; *vb*: commander; ranger, ordonner
~ **book**: carnet *nm* de commandes
~ **in hand**: commande *nf* en carnet
~ **of magnitude**: ordre *nm* de grandeur

ordering: classement *nm*, mise *nf* en ordre; (commercial) passation *nf* de commande

orderly: en ordre, ordonné
~ **halt**: arrêt *nm* programmé
~ **shutdown**: arrêt *nm* automatique sans perte de données

ordinary: ordinaire, courant, habituel
~ **paper**: (not a printed form) papier *nm* libre
~ **Portland cement**: ciment *nm* Portland sans constituants secondaires
~ **wave**: onde *nf* fondamentale, onde ordinaire

ordinate: (maths) ordonnée *nf*
~ **axis**: axe *nm* des ordonnées

ordnance: matériel *nm* de guerre, munitions *nf*; artillerie *nf*
~ **survey** GB : (survey) nivellement *nm* général

ore: minerai *nm*
~ **assay**: analyse *nf* quantitative des minerais
~ **bearing**: métallifère
~ **bulk oil carrier** «OBO»: navire *nm* o/b/o
~ **carrier**: minéralier *nm*
~ **concentration**: enrichissement *nm* du minerai, préparation *nf* des minerais
~ **deposit**: gisement *nm* métallifère, gîte *nm* métallifère
~ **dressing**: préparation *nf* mécanique des minerais
~ **horizon**: niveau *nm* minéralisé
~ **mineral**: minéral *nm* métallique
~ **roasting**: grillage *nm* des minerais
~ **ship**: minéralier *nm*
~ **vein**: filon *nm* métallifère

organic: organique
~ **farming**: agriculture *nf* biologique
~ **coated steel**: acier *nm* prélaqué, tôle *nf* prélaquée
~ **cooled**: à réfrigérant organique
~ **dye laser**: laser *nm* à colorant organique, laser à liquides organiques

organization <isation>: organisation *nf*, structure *nf*; (an official body) organisme *nm*; (a firm) entreprise *nf*

organometallic: organométallique

organosol: (plast) organosol *nm*

orientation: (chem) orientation *nf*

orienting: (chem) orientation *nf*

orifice: orifice *nm*
~ **land**: (of die) partie *nf* de filière à section constante
~ **meter**: débitmètre *nm* à diaphragme
~ **nozzle**: (auto) injecteur *nm* à trous
~ **plate**: diaphragme *nm* (de débitmètre), diaphragme de mesure, plaque perforée

origin: (maths) origine *nf*

original: d'origine; (in time) initial, de départ
~ **equipment manufacturer** «OEM»: (inf) constructeur *nm* de systèmes
~ **inspection**: contrôle *nm* en première présentation
~ **packing**: emballage *nm* d'origine

originate *vb*: provenir [de]; (inf) émettre, créer

originating, ~ **office**: bureau *nm* d'origine; (tp) central *nm* de départ
~ **traffic**: trafic *nm* d'origine, trafic interne-externe

origination: (of information) création *nf*, émission *nf*

originator: (inf) créateur *nm*, émetteur *nm*; (tp) abonné *nm* demandeur, abonné appelant, demandeur *nm*, appelant *nm*

O-ring: joint *nm* torique

orlop, ~ **deck**: faux-pont *nm*

orthotropic: orthotrope

OS → *operating system*

OSA → *open system architecture*

oscillate *vb*: osciller, fluctuer

oscillating: oscillant; alternant, à va-et-vient; (like a pendulum) pendulaire; (vibrating) à secousses
~ **crank**: bielle *nf* oscillante, manivelle *nf* oscillante
~ **current**: courant *nm* oscillatoire
~ **displacement pump**: pompe *nf* volumétrique alternative
~ **motion**: mouvement *nm* oscillatoire
~ **screen**: tamis *nm* oscillant, tamis vibrant, tamis à secousses
~ **table**: table *nf* vibrante, table à secousses
~ **voltage**: tension *nf* d'oscillation

oscillation: oscillation *nf*, mouvement *nm* oscillatoire

oscillator: oscillateur *nm*

oscillatory: oscillatoire, oscillant

oscillograph: oscillographe *nm*

oscilloscope: oscilloscope *nm*
~ **display**: écran *nm* d'un oscilloscope

OSI → *open systems interconnection*

o.t.e. → *oil ton equivalent*

other, ~ **source**: acheté au dehors, étranger (à l'entreprise)

O-type, ~ **tube**: tube *nm* à faisceau linéaire, tube à focalisation linéaire, tube de type O

out: sorti, hors (de)
~ **of alignment**: désaligné, décadré
~ **of band**: hors bande
~ **of beam**: hors faisceau
~ **of blast**: (blast furnace) éteint
~ **of bounds**: hors limite
~ **of commission**: (naut) désarmé
~ **of focus**: défocalisé, décentré
~ **of form**: fin *nf* de papier
~ **of frame**: perte *nf* de verrouillage de trame; décadré
~ **of gear**: désengrené, débrayé, désembrayé; hors service
~ **of order** «o.o.o.»: en dérangement, en panne; (out of sequence) déclassé
~ **of phase**: déphasé
~ **of pitch**: (blade) décalé
~ **of plumb**: hors d'aplomb, dévoyé, dévers
~ **of print** «OP»: épuisé
~ **of round hole**: trou *nm* ovalisé, faux-rond *nm*, ovalisation *nf*
~ **of step**: (el) rupture *nf* de synchronisme; décalé, désynchronisé
~ **of stock**: rupture *nf* de stock, en rupture de stock
~ **of true**: faux-rond *nm*, excentration *nf*; ovalisé; (wheel) faussé, voilé
~**-to-out measurement**: mesure *nf* hors-œuvre

outage: arrêt *nm* de fonctionnement, interruption *nf*, panne *nf*; (el) coupure *nf*
~ **time**: durée *nf* de panne

outboard: extérieur
~ **bearing**: palier *nm* côté libre, palier extérieur, palier en porte-à-faux, palier auxiliaire
~ **engine**: moteur *nm* hors-bord

outbound: vers l'extérieur; (inf) dans le sens ordinateur/terminal; (rlwy) de sortie

outdated: périmé, suranné

outdoor: (aerial, fitting, loudspeaker) extérieur, à l'extérieur, au dehors
~ **bushing**: traversée *nf* d'extérieur
~ **plant**: installation *nf* à ciel ouvert, installation à l'air libre
~ **temperature**: température *nf* extérieure

outer: externe, extérieur
~ **bearing**: palier *nm* auxiliaire, palier de bout
~ **dead center**: point *nm* mort extérieur
~ **harbour**: avant-port *nm*
~ **jib**: grand foc *nm*
~ **runner**: rotor *nm* secondaire
~ **shell electron**: électron *nm* optique, électron périphérique
~ **space**: espace *nm* extra-atmosphérique

outfall: débouché *nm* d'égout, décharge *nf* d'égout

outfit: (machinery) machinerie *nf*, machines *nf*, outillage *nm*, équipement *nm*

outgassing: dégazage *nm*

outgoing: de départ, de sortie; (transport) en partance
~ **circuit**: circuit *nm* de départ, circuit sortant
~ **feeder**: départ *nm*
~ **line**: ligne *nf* sortante, ligne de départ
~ **panel**: (el) panneau *nm* de départ
~ **tide**: marée *nf* descendante
~ **traffic**: (tcm) trafic *nm* en émission, trafic sortant, trafic de départ

outlet: (el) prise *nf* de courant; (of pipe) débouché *nm*, sortie *nf*; (sales) point *nm* de vente, débouché *nm*, marché *nm*; (of sewer) exutoire *nm*; (of washbasin) bonde *nf*
~ **pipe**: tuyau *nm* d'écoulement
~ **terminal**: (el) borne *nf* de sortie
~ **valve**: soupape *nf* d'évacuation, soupape de refoulement, clapet *nm* de décharge

outlier: (quality control) point *nm* aberrant, observation *nf* aberrante

outline: contour *nm*, profil *nm*
~ **half-tone**: simili-détouré *nm*

outperform *vb*: offrir des performances supérieures, dépasser

outphasing: déphasage *nm*

output *nn*: production *nf*; rendement *nm*, puissance *nf* [utile]; (inf), données *nf* de sortie, sortie *nf*, résultats *nm*; (of pump) débit *nm*; *vb*: sortir (des informations)
~ **curve**: courbe *nf* de production, courbe de puissance; courbe de rendement; (of pipe) courbe de charge
~ **device**: périphérique *nm* de sortie
~ **equipment**: matériel *nm* périphérique de sortie
~ **per man-shift** «OMS»: rendement *nm* par ouvrier-poste, rendement homme-poste
~ **power**: puissance *nf* mécanique fournie, puissance débitée, puissance restituée
~ **pulley**: poulie *nf* menante, poulie transmettrice, poulie réceptrice
~ **quantity**: grandeur *nf* de sortie; (automatic control) variable *nf* commandée
~ **shaft**: arbre *nm* de sortie; (driven shaft) arbre récepteur, arbre mené
~ **spool**: bobine *nf* réceptrice
~ **terminal**: (el) borne *nf* de sortie
~ **unit**: unité *nf* périphérique de sortie, unité de sortie; unité réceptrice
~ **well**: (petr) puits *nm* producteur

outreach: (of crane) portée *nf*

outrigger: (of craft) outrigger *nm*; (of handling equipment) béquille *nf* de stabilisation, stabilisateur *nm*
~ **scaffolding**: échafaudage *nm* en bascule

outside *nn*: dehors *nm*, extérieur *nm*; *adj*: externe, extérieur, au dehors
~ **air**: air *nm* extérieur
~ **air intake**: prise *nf* d'air frais
~ **back cover**: quatrième page *nf* de couverture
~ **broadcast**: reportage *nm* extérieur, reportage en direct
~ **diameter** «OD»: diamètre *nm* extérieur; (of gearwheel) diamètre de tête
~ **dimension**: dimension *nf* hors-tout, encombrement *nm*; (constr) dimension hors œuvre
~ **front cover**: première *nf* page de couverture
~-**in flow element**: élément *nm* filtrant à écoulement centripète
~ **measurement**: mesure *nf* hors tout; (constr) mesure hors œuvre
~ **plant**: installation *nm* à ciel ouvert
~ **thread**: filet *nm* externe, filet mâle

outsize: en dehors des limites
~ **cargo**: charge *nf* hors dimensions

outstanding: remarquable; en souffrance; (invoice) impayé

outstation: poste *nm* extérieur, poste éloigné, poste secondaire; poste *nm* satellite, poste asservi; poste terminal

outstroke: (of engine) course *nf* ascendante

outward: sortant, de départ
~ **flow turbine**: turbine *nf* centrifuge
~ **freight**: fret *nm* d'aller, fret de sortie
~ **journey**: aller *nm*
~ **pressure**: (on wall) poussée *nf* au vide

outworker: ouvrier *nm* à domicile

oval *nn*: ovale *nm*; *adj*: ovale

oven: four *nm*, étuve *nf*
~-**dry weight**: poids *nm* sec absolu
~ **drying**: séchage *nm* à l'étuve, étuvage *nm*

over, ~-**and-under relay**: relais *nm* à maximum et à minimum

overall: général, global, total
~ **dimension**: cote *nf* d'encombrement, encombrement *nm*; (of building) dimension *nf* hors œuvre; (of component) dimension hors-tout

overburden: mort-terrain *nm*, terrain *nm* de couverture, terres *nf* de couverture

overburn: (ceramics) produit *nm* surcuit

overcapture: (nuc) capture *nf* multiple

overcast: (weather) couvert
~ **binding**: reliure *nf* en surjet

overcharge: (el) surcharge *nf*

overcompounding: hypercompoundage *nm*

overcooling: (met) surrefroidissement *nm*

overcoupled: surcouplé

overcure: (rubber) survulcanisation *nf*; (plast) surcuisson *nf*

overcurrent: courant *nm* de surcharge, surcharge *nf*, surintensité *nf*
~ **protection**: dispositif *nm* de protection à maximum de courant, disjoncteur *nm* à maximum

overdesign *nn*: surdimensionnement *nm*; *vb*: surdimensionner

overdrive: vitesse *nf* surmultipliée, surmultiplication *nf*

overfeeding: suralimentation *nf*

overflow: débordement *nm*; (of dam) déversoir *nm*; (inf) dépassement *nm* (de capacité); (plumbing) trop-plein *nm*; (tp) débordement de capacité, trafic *nm* de débordement
~ **meter**: (tp) compteur *nm* de débordements
~ **pipe**: tuyau *nm* de trop-plein

overground: (el, tcm) aérien

overhang: porte-à-faux *nm*, surplomb *nm*, encorbellement *nm*; (of roof) débord *nm*

overhanging: en porte-à-faux, en surplomb, en encorbellement

overhaul: révision *nf*

overhead «OVHD»: (valve) en tête; (wire) aérien; → also *overheads*
~ **camshaft**: arbre *nm* à cames en tête
~ **clearance**: hauteur *nf* libre
~ **compas**: compas *nm* renversé
~ **crane**: pont *nm* roulant
~ **crossing**: (by piping) canalisation *nf* aérienne, conduite *nf* aérienne, traversée *nf* aérienne; (rlwy, road) passage *nm* supérieur, passage en-dessus
~ **ground wire**: fil *nm* de garde aérien
~ **guard**: (on truck) protège-conducteur *nm*
~ **irrigation**: irrigation *nf* par aspersion
~ **line** «OL»: ligne *nf* aérienne
~ **network**: réseau *nm* aérien, installations *nf* aériennes
~ **piping system**: tuyauterie *nf* suspendue
~ **projector**: rétroprojecteur *nm*
~ **travelling crane**: pont *nm* roulant
~ **valve** «OHV»: soupape *nf* en tête
~ **valve engine**: moteur *nm* à soupapes en tête
~ **welding**: soudage *nm* au plafond

overheads: frais *nm* généraux

overheating: surchauffe *nf*, échauffement *nm* anormal

overhung: monté en porte-à-faux

overlaid, ~ **plywood**: contreplaqué *nm* revêtu

overland: terrestre, par voie de terre

overlap *nn*: chevauchement *nm*, recouvrement *nm*; *vb*: chevaucher, poser à recouvrement, recouvrir partiellement
~ **welding**: soudage *nm* par recouvrement

overlay: calque *nm*; rechargement *nm*, revêtement *nm*; (inf) recouvrement *nm* (de programme), segment *nm* de recouvrement; (for keyboard) cache *nm* de clavier
~ **mat**: (plast) mat *nm* "overlay"
~ **module**: (inf) module *nm* superposable

overlength: surlongueur *nf*

overload «OVLD»: surcharge *nf*
~ **capacity**: puissance *nf* en surcharge
~ **circuit breaker**: disjoncteur *nm* à maximum
~ **failure**: rupture *nf* par surcharge
~ **protection**: (el) disjoncteur *nm* à maximum, protection *nf* contre les surcharges
~ **release**: disjoncteur *nm* à maximum; déclenchement *nm* à surintensité

~ **tripping** NA : déclenchement *nm* à surintensité

overlying: (geol) sus-jacent

overmanned: ayant trop de personnel

overmodulation: surmodulation *nf*

overpass: passage *nm* en-dessus, passage supérieur, ouvrage *nm* de franchissement

overpick: (weaving) chasse *nf* par le haut

overplanted: suréquipé en matériel

overpressure: surpression *nf*

overprint[ing]: surimpression *nf*, repiquage *nm*

overproduction: surproduction *nf*

overpunch *vb*: perforer hors-texte

overrange: dépassement *nm* de capacité; (instrument) dépassement de l'étendue de mesure

overridable: non prioritaire

override *nn*: commande *nf* prioritaire; (tp) entrée *nf* en tiers; *vb*: avoir priorité, être prioritaire, être privilégié

overrider: (on vehicle) sabot *nm* de pare-chocs

overrun *nn*: dépassement *nm*, surcharge *nf*; *vb*: (capacity, limit) dépasser; (el) survolter; (graph) remanier (les lignes); (auto) rouler plus vite que le moteur

overrunning, ~ brake: frein *nm* à inertie

overseas: outre-mer, à l'étranger

oversewing: reliure *nf* en surjet

overshoot *nn*: suroscillation *nf*; (aero) atterrissage *nm* trop long; (control) dépassement *nm* de réglage; *vb*: dépasser; (aero) atterrir trop long

overshooting: surmodulation *nf*

overside, ~ delivery: (shipping) livraison *nf* sous palan

oversize: au-dessus de la cote, à surépaisseur, surcoté; surdimensionné; (engine cylinder) suralésé, réalésé; (piston) à cote de réalésage
~ **material**: refus *nm* d'un crible

oversized, ~ engine: moteur *nm* suralésé

overspeed: survitesse *nf*
~ **governor**: régulateur *nm* de sécurité
~ **test**: essai *nm* d'emballement

oversquare, ~ engine: moteur *nm* supercarré

oversteering: survireur

overstress *vb*: surcharger

overstrike *vb*: surimprimer, superposer

overtake *vb*: (auto) dépasser, doubler

overtime: heures *nf* supplémentaires

overtone: note *nf* harmonique, son *nm* harmonique

overtravel: surcourse *nf*, dépassement *nm* de course

overturn *nn*: (naut) chavirement *nm*; *vb*: chavirer; (auto) capoter

overturning: basculement *nm*, déversement *nm*, renversement *nm*; (auto) capotage *nm*; (naut) chavirement *nm*

overtype *vb*: surimprimer

overvoltage: surtension *nf*

OVHD → *overhead*

ovoid: (coal) boulet *nm*

OW → *oil water*

own: propre, particulier
~ **load**: charge *nf* permanente

owner: propriétaire *nm*; (of account, of licence) titulaire *nm*; (of a ship) armateur *nm*; (constr) maître *nm* d'ouvrage

oxidant: oxydant *nm*, agent *nm* d'oxydation

oxidation: oxydation *nf*
~ **inhibitor**: additif *nm* antioxydant, antioxydant *nm*
~-**reduction**: oxydo-réduction *nf*

oxide: oxyde *nm*
~-**coated cathode**: cathode *nf* à couche d'oxyde
~ **masking**: masquage *nm* à couche d'oxyde

oxidizer <iser>: oxydant *nm*, agent *nm* d'oxidation; comburant *nm*

oxidizing <ising> *nn*: oxydation *nf*; *adj*: oxydant

oxy-arc, ~ **cutting**: oxycoupage *nm* à l'arc

oxyacetylene: oxyacétylénique, à l'acétylène

oxygen: oxygène *nm*
~ **blown converter steel**: acier *nm* soufflé à l'oxygène
~ **cutting**: oxycoupage *nm*
~ **free high conductivity copper** «OFHC»: cuivre *nm* à haute conductivité, cuivre OFHC
~ **lance**: lance *nf* à oxygène
~ **lance powder converter** «OLP»: convertisseur *nm* OLP
~ **pipeline**: oxyduc *nm*
~ **refined steel**: acier *nm* [affiné] à l'oxygène

oxyhydrogen, ~ **torch**: chalumeau *nm* oxhydrique
~ **welding**: soudage *nm* oxhydrique

ozone: ozone *nm*
~ **layer**: ozonosphère *nf*

ozonizer <iser>: ozoniseur *nm*

P

PA→ *polyamide, power amplifier, public address, put away*

PABX → *private automatic branch exchange*

pace *nn*: pas *nm*; vitese *nf*, allure *nf*; *vb*: mesurer au pas

PACK → *positive acknowledgement*

pack *nn*: (of cards) paquet *nm*; (of disk memory) pile *nf*; (inf) ensemble *nm*, groupe *nm*, bloc *nm* de données; (mining) remblai *nm*; (packaging) emballage *nm*, suremballage *nm* de vente, paquet *nm*; *vb*: emballer; serrer, comprimer; (inf) condenser, tasser
~ **annealing**: revenu *nm* en paquet
~ **hardening**: trempe *nf* en paquet
~ **ice**: banquise *nf*
~ **shot**: (publicity) plan paquet *nm*, plan *nm* produit, "pack shot"

package: ensemble *nm*; achat *nm* groupé; bloc *nm*, boîtier *nm*; (s.c.) boîte *nf*; (of services) forfait *nm*; (software) progiciel *nm*; (spinning) bobine *nf*; *vb*: conditionner; mettre sous boîtier
~ **reactor**: réacteur *nm* préfabriqué
~ **unit**: ensemble *nm* tout monté

packaged: conditionné; (equipment) autonome

packaging: conditionnement *nm*, emballage *nm*

packed: serré, condensé; (mech) garni
~ **assembly/disassembly** «PAD» assemblage/désassemblage de paquets
~ **column**: (petr) colonne *nf* garnie, colonne à garnissage
~ **decimal**: (inf) décimal condensé
~ **tower**: (petr) colonne *nf* garnie

packer: (a mine labourer) remblayeur *nm*; (a machine) machine *nf* à remblayer

packet: (inf) paquet *nm*, groupe *nm* (de bits); (tcm) paquet
~ **switched network** «PSN» réseau *nm* de commutation par paquets, réseau à commutation par paquets
~ **switching**: commutation *nf* par paquets, commutation de paquets
~ **switching network** «PSN» réseau *nm* de commutation par paquets

packetization <isation>: groupage *nm* par paquets

packetize <ise> *vb*: grouper les données par paquets, mettre en paquets

packing: emballage *nm*; compactage *nm*, serrage *nm*; (of container) empotage *nm*; (mining) remblayage *nm*; (of printing cylinder) habillage *nm*; (rlwy) bourrage *nm* (des traverses); (sealing) étanchéification *nf*; (tv) compression *nf* de l'image
~ **box**: presse-étoupe *nm*, boîte *nf* à garniture
~ **case**: caisse *nf* [d'emballage]
~ **cord**: cordon *nm* d'étanchéité
~ **density**: densité *nf* d'enregistrement
~ **effect**: (in crystal) défaut *nm* de masse
~ **follower**: (a gland) fouloir *nm*, bague-fouloir *nf*, bague de presse-étoupe
~ **list**: bordereau *nm* de colisage, bordereau d'expédition, liste *nf* de colisage
~ **retainer**: porte-garniture *nm*
~ **ring**: anneau *nm* d'étanchéité, bague *nf* de garniture, bague métallique, garniture *nf* d'étanchéité, garniture de presse-étoupe

packless: sans garniture

PAD → *packed assembly/disassembly*

pad *nn*: (chem) tampon *nm*; (a small keyboard) bloc *nm*, miniclavier *nm*; (mounting) bossage *nm*; (of pedal) patin *nm*, couvre-pédale *nm*; (space) aire *nf* de lancement; (tp) atténuateur *nm* [fixe], ligne *nf* d'affaiblissement, complément *nm* de ligne; (writing) bloc-notes *nm*; *vb*: (tex) foularder
~ **dyeing**: teinture *nf* au foulard

~ **foundation**: semelle *nf* isolée (sous poteau)
~ **lubricator**: tampon *nm* graisseur
~ **polishing**: polissage *nm* au tampon
~ **weight**: (space) poids *nm* au lancement

padded: rembourré
~ **hub**: (of steering wheel) moyeu *nm* rembourré

padding: matelassage *nm*, rembourrage *nm*; (inf) bourrage *nm*, remplissage *nm*; (of pipeline) rembourrage *nm*; (tex) foulardage *nm*

paddle: (of agitator, mixer) ailette *nf*, pale *nf*, palette *nf*; (constr) moulinet *nm* (pour crépir); (of wheel) aube *nf*, pale
~ **plane**: hélicoplane *nm*, cyclogyro *nm*
~ **wheel**: roue *nf* à aubes, roue à palettes
~ **wheel fan**: ventilateur *nm* centrifuge
~ **wheel rotor**: rotor *nm* d'hélicoplane

padlock: cadenas *nm*

page *nn*: page *nf*; (inf) page, feuillet *nm* (de papier continu); *vb*: (to number pages) paginer; (to call) faire un appel de personne
~ **break**: fin *nf* de page
~ **footing line**: ligne *nf* de bas de page
~ **frame**: cadre *nm* de page
~ **in**: (inf) chargement *nm* de page (en mémoire)
~ **out**: renvoi *nm* de page
~ **proof**: épreuve *nf* en pages
~ **setting**: mise *nf* en pages
~ **skip**: saut *nm* de page
~ **throw**: changement *nm* de page

paged: organisé en pages; (person) recherché

pager: récepteur *nm* d'appel, téléavertisseur *nm*

paging: (inf) pagination *nf*; recherche *nf* de personnes
~ **device**: téléavertisseur *nm*, dispositif *nm* de recherche de personne
~ **machine**: numéroteur *nm* automatique, folioteuse *nf*, machine *nf* à paginer

paint *nn*: peinture *nf*; *vb*: peindre; (inf) colorier
~ **brush**: pinceau *nm*
~ **drier**: siccatif *nm*
~ **gun**: pistolet *nm* [pulvérisateur] à peinture
~ **remover**: décapant *nm* (pour peinture)
~ **shop**: atelier *nm* de peinture
~ **system**: (inf) palette *nf* électronique
~ **thinner**: diluant *nm* pour peinture

painter: peintre *nm*; (on boat) bosse *nf* d'embarcation, câblot *nm*

painting: peinturage *nm*

pair: paire *nf*
~ **of gears**: engrenage *nm*

paired: à paires
~ **cable**: câble *nm* à paires

pairing: pairage *nm*

pale *nn*: pieu *nm* (de clôture); *adj*: (colour) clair, pâle
~ **crepe rubber**: crêpe *nm* blanc
~ **oil**: huile *nf* blonde

paling: palissade *nf*

palladium: palladium *nm*
~ **plating**: palladiage *nm*

pallet: palette *nf*
~ **stacker**: gerbeur *nm*
~ **truck**: transpalette *nm*
~ **wrap**: housse *nf* de palette

palletizable <isable>: palettisable

palletized <ised>: sur palette, palettisé

palm: palme *nf*; (of hand) paume *nf*
~ **grip hand knob**: poignée *nf* étoile

PAM → *pulse-amplitude modulation*

pan *nn*: (balance) plateau *nm*; (of conveyor) bac *nm*; *adj*: (panchromatic) panchromatique; (phot) panoramique *nm*; *vb*: (an aerial) orienter; (phot) panoramiquer
~-**head rivet**: rivet *nm* à tête tronconique
~ **mill**: broyeur *nm* à meules verticales
~ **shot**: (tv, cin) panoramique *nm*

pancake *vb*: (aero) atterrir à plat
~ **coil**: (el) bobine *nf* en galette *nf*, bobine en fond de panier, bobine plate; (piping) serpentin *nm* plat
~ **engine**: moteur *nm* à cylindres opposés

panchromatic: panchromatique

pane: (of glass) vitre *nf*; (of hammer) panne *nf*

panel: (constr) panneau *nm*; (el) tableau *nm*
~ **beating**: réparation *nf* de carrosserie
~ **entry**: (mining) galerie *nf* d'exploitation
~ **frame**: cadre *nm* de panneau
~ **heating**: chauffage *nm* à surface rayonnante
~ **mounting**: (el, tp) montage *nm* sur panneau, montage sur tableau, montage en saillie
~ **point**: (of lattice, truss) nœud *nm*
~ **spalling test**: essai *nm* de chocs thermiques sur panneau
~ **strip**: couvre-joint *nm* (entre panneaux)

panelling <elling>: panneaux *nm*; (constr, in wood) lambrissage *nm*

panic, ~ **bar**: barre *nf* antipanique
~ **lock**: serrure *nf* coup de poing

panning: orientation *nf*; (aerial survey) pivotement *nm*; (phot) panoramique *nm* [horizontal]
~ **shot**: prise *nf* de vue panoramique

pantechnicon: garde-meubles *nm*; (van) camion *nm* de déménagement

pantile: tuile *nf* flamande, tuile panne

pantograph: pantographe *nm*

paper *nn*: papier *nm*; (read at a conference) communication *nf*; *vb*: tapisser
~ **advance**: avancement *nm* du papier
~ **capacitor**: condensateur *nm* au papier
~ **chromatography**: chromatographie *nf* sur papier
~ **feed**: alimentation *nf* du papier, entraînement *nm* du papier, mouvement *nm* du papier
~ **guide**: guide-papier *nm*
~ **insulated cable** «PIC»: câble *nm* [isolé] au papier
~ **insulated lead covered cable**: câble *nm* sous plomb isolé au papier
~ **jam**: bourrage *nm* de papier
~ **maker**: papetier *nm*, fabricant *nm* de papier
~ **making**: papeterie *nf*
~ **negative**: négatif *nm* sur papier
~ **out**: (inf) fin *nf* de papier
~ **print**: épreuve *nf* sur papier
~ **printer**: (phot) tireuse *nf* sur papier
~ **shredder**: déchiqueteuse *nf*, destructeur *nm* de documents
~ **stacker**: récepteur *nm* de papier
~ **weight**: grammage *nm*
~ **wool**: frisons *nm* de papier

paperboard NA : carton *nm*
~ **box** NA : caisse-carton *nf*

paperwork: travail *nm* de bureau, écritures *nf*

papier, ~ **mâché**: papier *nm* mâché, carton-pierre *nm*, carton-pâte *nm*

PAPM → *pulse amplitude phase modulation*

PAR → *precision approach radar*

para → *parabolic, paragraph*

parabola: parabole *nf*

parabolic: parabolique

parachute *nn*: parachute *nm*; *vb*: parachuter, faire un parachutage

paraffin GB : pétrole *nm* [lampant]
~ **jelly**: vaseline *nf*
~ **oil**: (pharmacy) huile *nf* de paraffine, paraffine *nf* liquide; GB (fuel) pétrole *nm* [lampant]
~ **series**: série *nf* paraffinique
~ **wax**: cire *nf* de paraffine, paraffine *nf* (solide)

parallax: parallaxe *nf*

parallel *adj*: parallèle; *vb*: connecter en parallèle, mettre en parallèle, monter en parallèle
~ **bars**: (mech) bielles *nf* du parallélogramme, tiges *nf* du parallélogramme
~ **bearing**: roulement *nm* à rouleaux cylindriques
~ **centrifuge**: centrifugeuse *nf* à courant parallèle
~ **connection**: couplage *nm* en dérivation, couplage en parallèle, montage *nm* en dérivation, montage en parallèle
~-**flanged beam**: poutre *nf* en I, poutre en double T
~ **flow**: courant *nm* parallèle, courant de même sens, cocourant *nm*
~ **gallery**: (mining) voie *nf* parallèle, voie jumelle
~ **hole**: trou *nm* cylindrique
~-**in/parallel-out** «PIPO»: entrée *nf* et sortie parallèles

~ **in/serial-out «PISO»**: entrée *nf* parallèle/sortie série
~ **laminated**: stratifié parallèle
~ **modem**: modem *nm* pour transmission parallèle
~ **motion**: (mech) parallélogramme *nm* articulé
~ **pin**: goupille *nf* cylindrique
~ **plate lens**: (of waveguide) lentille *nf* à lames parallèles
~ **plate waveguide**: guide *nm* d'ondes à plaques parallèles
~ **plug**: (of valve) tournant *nm* cylindrique
~ **rod**: tige *nf* du parallélogramme
~ **running**: exploitation *nf* en parallèle, marche *nf* en parallèle
~-**serial converter**: convertisseur *nm* parallèle-série
~ **slide valve**: vanne *nf* à obturateur à faces parallèles, tiroir *nm* à déplacement parallèle
~ **thread**: filet *nm* cylindrique
~ **winding**: enroulement *nm* parallèle
~ **working**: exploitation *nf* en parallèle, fonctionnement *nm* en parallèle, marche *nf* en parallèle

paralleled: mis en parallèle

paralleling: couplage *nm* en dérivation, couplage en parallèle, mise *nf* en parallèle, mise *nf* en dérivation, montage *nm* en dérivation, montage en parallèle; accrochage *nm* (de machine synchrone)

parallelogram: parallélogramme *nm*
~ **of forces**: parallélogramme *nm* des forces

paralysis: (eon) blocage *nm*, verrouillage *nm*; (nuc) paralysie *nf*

paramagnetic: paramagnétique

parameter «parm:» paramètre *nm*

parameterization <**isation**>: paramétrage *nm*

paramp: amplificateur *nm* paramétrique

parapet: parapet *nm*; (a small wall above roof level) acrotère *nm*, parapet

paraphase, ~ **amplifier**: amplificateur *nm* déphaseur

parasitic: parasite *adj*
~ **suppressor**: dispositif *nm* antiparasite

parcel: (post office) colis *nm*
~ **plating** NA : dépôt *nm* limité, dépôt partiel
~ **shelf**: (auto) plage *nf* arrière

parchment, ~ **paper**: papier *nm* sulfurisé

parent, ~ **atom**: atome *nm* père
~ **metal**: (wldg) métal *nm* de base
~ **rock**: roche *nf* mère

pargetting <**eting**>: (constr) enduit *nm* hydrofuge

parison: paraison *nf*

parity: parité *nf*

park *nn*: parc *nm*; *vb*: (auto) garer, stationner

parking: stationnement *nm*
~ **brake**: frein *nm* de stationnement, frein à main
~ **light**: feu *nm* de stationnement, feu de position
~ **lot** NA : parc *nm* de stationnement, parking *nm*
~ **meter**: parcomètre *nm*
~ **orbit**: (space) orbite *nf* d'attente

parkway NA : route *nf* touristique

parlor, ~ **car** NA : voiture-salon *nf*, wagon-salon *nm*

parm → *parameter*

parse *vb*: (inf) analyser

parser: analyseur *nm* [syntaxique]

part *nn*: partie *nf*; (a component) pièce *nf*; (reeving) brin *nm*; (of set) exemplaire *nm*; (of tag) volet *nm*; *adj*: partiel; *vb*: séparer, détacher; → also *parts*
~ **load**: charge *nf* partielle
~ **load operation**: marche *nf* à charge réduite
~ **load traffic**: (rlwy) marchandises *nf* de détail
~ **number**: référence *nf*
~ **time work**: travail *nm* à temps partiel, travail à mi-temps
~ **winding starting**: démarrage *nm* sur fraction d'enroulement

partial: partiel
~ **delivery**: livraison *nf* partielle
~ **vacuum**: vide *nm* partiel, vide imparfait

partially, ~ **enclosed**: (el) protégé contre les contacts accidentels
~ **fixed**: (constr) à encastrement *nm* élastique
~ **restrained**: (constr) à encastrement *nm* élastique

particle: particule *nf*
~ **accelerator**: accélérateur *nm* de particules
~ **board**: panneau *nm* d'aggloméré, panneau en bois reconstitué, panneau de particules
~ **fluence**: fluence *nf* de particules
~ **radiation**: rayonnement *nm* corpusculaire, rayonnement de particules
~ **size**: dimension *nf* des particules, dimension *nf* granulométrique, granulométrie *nf*
~ **size distribution**: répartition *nf* granulométrique

parting: séparation *nf*, joint *nm* de séparation
~ **agent**: (concreting) agent *nm* de décoffrage; (plast) agent de démoulage
~ **line**: (plast) plan *nm* de joint, ligne *nf* de joint
~ **off**: tronçonnage *nm*
~ **off lathe**: tour *nm* à décolleter, tour à tronçonner
~ **sand**: (fdry) sable *nm* isolant, sable à saupoudrer

partition *nn*: partage *nm*, séparation *nf*; (constr) cloison *nf* de distribution, mur *nm* de séparation; *vb*: découper, diviser, segmenter
~ **bulkhead**: (naut) cloison *nf* de séparation
~ **chromatography**: chromatographie *nf* de partage, chromatographie d'affinité
~ **line**: (plast) ligne *nf* de joint, plan *nm* de joint

partitioned: compartimenté; (constr) cloisonné

parts, ~ **list**: nomenclature *nf*
~ **manufacturer**: fabricant *nm* d'équipements
~ **per billion** «ppb» parties *nf* par milliard, milliardièmes *nm*
~ **per million** «ppm» parties *nf* par million, millionièmes *nm*

party: (tp) correspondant *nm*; (travel) groupe *nm*
~ **line**: ligne *nf* commune, ligne partagée
~ **wall**: mur *nm* mitoyen

PAS → *public address system*

pass *nn*: (a machine run) passage *nm* en machine, passe *nf*; (in mountains) col *nm*; (of rolling mill) cannelure *nf*; *vb*: passer; approuver
~ **a test**: subir avec succès
~ **back into solution**: remettre en solution
~ **for press**: (publicity) donner le BAT
~ **on**: (information) communiquer, transmettre

passband: bande *nf* passante

passbook: (banking) carnet *nm*, livret *nm*

passenger: passager *nm*, voyageur *nm*
~ **car**: (rlwy) voiture *nf* de voyageurs; (road transport) voiture de tourisme, voiture particulière
~ **carriage**: (rlwy) voiture *nf* de voyageurs
~ **conveyor**: trottoir *nm* roulant
~ **elevator** NA : ascenseur *nm*
~ **lift**: ascenseur *nm*
~ **traffic**: trafic *nm* voyageurs

passing: (of oncoming traffic) croisement *nm*; (rlwy) évitement *nm*
~ **bolt**: boulon *nm* traversant
~ **contact**: contact *nm* de passage d'un commutateur
~ **place**: (in road) garage *nm*
~ **track**: (rlwy) voie *nf* d'évitement, évitement *nm*, garage *nm* actif

passivation: passivation *nf*

passive: passif
~ **element**: élément *nm* non alimenté
~ **restraint**: (auto) sécurité *nf* secondaire, sécurité automatique
~ **return loss**: affaiblissement *nm* passif d'équilibrage
~ **station**: station *nf* neutre, station en veille

password: mot *nm* de passe

paste *nn*: pâte *nf*; (an adhesive) colle *nf*; *vb*: coller; (inf) insérer
~ **up** *nn*: montage *nm* (de document d'exécution); *vb*: coller les épreuves, mettre en page

pasteboard: carton *nm* contrecollé

pasted: encollé; (pap) contrecollé
~ **plate**: (battery) plaque *nf* empâtée

pasting: collage *nm*, encollage *nm*, contrecollage *nm*
~ **machine**: colleuse *nf*, encolleuse *nf*, machine *nf* à contrecoller

pasty: pâteux

patch: (for bicycle inner tube) rustine *nf*; (inf) correction *nf*, modification *nf*; (tp) connexion *nf*, raccordement *nm*; (for tyre) emplâtre *nm*; (for veneer) bouchon *nm*, pastille *nf*
~ **cord**: connecteur *nm*, cordon *nm* de raccordement, cordon de connexion
~ **panel**: (tp) panneau *nm* de jacks

patchboard: panneau *nm* de jacks, tableau *nm* de connexions

patent *nn*: brevet *nm* d'invention; *vb*: breveter; (wire drawing) tremper au bain de plomb
~ **claim**: revendication *nf* d'un brevet
~ **fuel**: briquettes *nf*, aggloméré *nm*, boulets *nm*
~ **rights**: propriété *nf* industrielle

path: chemin *nm*, sentier *nm*; trajectoire *nf*, chemin *nm* décrit, parcours *nm*; (inf) circuit *nm*, chemin *nm*, parcours *nm*
~ **of contact**: (of gears) ligne *nf* d'action

pathname: nom *nm* d'accès

patio: terrasse *nf*
~ **door**: porte *nf* panoramique

patrol: patrouille *nf*
~ **boat**: patrouilleur *nm*
~ **inspection**: contrôle *nm* volant

pattern: configuration *nf*, image *nf*, dessin *nm*; (crt) mire *nf*; (a design) modèle *nm*, dessin *nm*; (fdry) modèle; (of network) structure *nf*; (on tyre) sculptures *nf*; (weaving) armure *nf*
~ **flow**: écoulement *nm* complexe
~ **generator**: générateur *nm* de mire
~ **maker**: (fdry) modeleur *nm*
~ **plate**: (fdry) plaque-modèle *nf*; (graph) cliché *nm* matrice
~ **recognition** «PR» reconnaissance *nf* des formes, reconnaissance des structures
~ **repeat**: (of wallpaper) rapport *nm*; (weaving) rapport d'armure

pave *vb*: paver, daller

paved-in, ~ **track**: (rlwy) voie *nf* en chaussée

pavement: pavage *nm*; (road surface) revêtement *nm*; (part of the road) GB trottoir *nm*, NA chaussée *nf*
~ **breaker**: brise-béton *nm*, marteau *nm* piqueur
~ **concrete**: béton *nm* routier

paver: paveur *nm*; bétonnière *nf* motorisée

paving: pavage *nm*
~ **breaker**: marteau *nm* pneumatique, marteau piqueur, brise-béton *nm*
~ **stone**: pavé *nm*
~ **train**: train *nm* à béton

pawl: cliquet *nm*, encliquetage *nm*
~ **lever**: levier *nm* à cliquet

PAX → *private automatic exchange*

pay *nn*: (wages) paie *nf*, salaire *nm*; *vb*: payer, verser (de l'argent), régler (une facture)
~ **off**: dérouler
~ **ore**: minerai *nm* exploitable
~ **out**: dérouler
~ **phone**: cabine *nf* [téléphonique] publique, taxiphone *nm*, téléphone *nm* payant, téléphone à prépaiement
~ **section**: (petr) zone *nf* productrice
~ **slip**: bordereau *nm* de salaire
~ **station** NA : cabine *nf* [téléphonique] publique
~ **television**: télévision *nf* à accès conditionnel, télévision à péage, télévision payante
~ **zone**: (geol) couche *nf* rentable

payload: charge *nf* utile

payoff, ~ **reel**: dérouleuse *nf*

payout, ~ **spool**: bobine *nf* dérouleuse, bobine débitrice

payroll: livre *nm* de paie; salaires *nm*
~ **department**: service *nm* des salaires

PB → *pushbutton*

PBX → *private branch exchange*

pc → *personal computer, plug compatible, plug connectable, printed circuit*

PC→ *pitch circle, polycarbonate, Portland cement, post combustion*

PCB→ *printed circuit board*

PCM → *pulse code modulation*

PCP → *printed circuit pack*

PCS → *plastic clad silica*

PCTFE → *polychlorotrifluoroethylene*

PD → *potential difference, positive displacement*

PDN → *public data network*

PE → *peripheral equipment, polythene, polyethylene*

pea: (coal) petite noix *nf*
~ **gravel**: mignonette *nf*
~ **lamp**: lampe *nf* pisiforme, minilampe *nf*

peak *nn*: crête *nf*; pointe *nf*, maximum *nm*; (of ship hold) coqueron *nm*; (of sail) pic *nm*, corne *nf*; *vb*: atteindre le maximum; (pulse) crêter
~ **clipping**: écrêtage *nm*, suppression *nf* des crêtes
~ **current**: courant *nm* de crête, courant de pointe
~ **envelope power** «PEP»: puissance *nf* de pointe, puissance de crête
~ **hour**: heure *nf* de pointe; (traffic) heure d'affluence
~ **lasing power**: puissance *nf* maxi de laser
~ **limiting**: écrêtage *nm*
~ **load**: charge *nf* maxi[male], charge de pointe
~ **ripple factor**: taux *nm* d'ondulation de crête
~ **sideband power** «PSP»: puissance *nf* de crête de bande latérale
~**-switching current**: courant *nm* d'enclenchement de crête
~**-to-peak** «p-p»: de crête à crête
~**-to-peak amplitude**: amplitude *nf* de crête à crête
~**-to-peak value**: valeur *nf* de crête à crête
~**-to-valley value**: valeur *nf* de crête à creux
~ **value**: valeur *nm* maxi[male], valeur de crête, valeur de pointe
~ **voltage**: tension *nf* de crête, tension de pointe
~ **white**: blanc *nm* parfait

pear, ~**-shaped**: piriforme

pearlite: perlite *nf*

peat: tourbe *nf*

pebble: caillou *nm*, galet *nm*
~ **filter**: filtre *nm* à galets
~ **mill**: broyeur *nm* à galets

pebbledash, ~ **finish**: enduit *nm* à la mignonette

PEC → *photo-electric cell*

pedal *nn*: pédale *nf*; *adj*: à pied, à pédale; *vb*: pédaler
~ **clearance**: garde *nf* de la pédale, course *nf* morte
~ **control**: commande *nf* à pied, commande à pédale
~ **pad**: patin *nm* de pédale

pedestal: socle *nm*, support *nm*; (architecture) piédestal *nm*
~ **bearing**: palier *nm* ordinaire, chaise-palier *nf*
~ **body**: corps *nm* de palier
~ **cap**: chapeau *nm* de palier
~**-mounted**: monté sur socle
~**-mounted pump**: pompe *nf* à palier-support, pompe à bâti-palier
~ **type**: (sanitary ware) sur pied

pedestrian: piéton *nm*
~ **area**: zone *nf* piétonne, zone piétonnière
~ **controlled**: (vehicle) à conducteur accompagnant, à conducteur à pied
~ **traffic**: circulation *nf* piétonnière

pedometer: pédomètre *nm*, podomètre *nm*, compte-pas *nm*

peek-a-boo: recherche de perforations (recherche documentaire)
~ **system**: système *nm* de recherche à cartes perforées

peel *nn*: pelure *nf*, peau *nf*; *vb*: (ingots) écroûter; (paint) s'écailler; (veneer) dérouler
~ **off**: (a cable) dénuder; (spot welds) déboutonner
~ **off coating**: vernis *nm* pelable
~ **off washer**: rondelle *nf* lamellée
~ **test**: essai *nm* d'arrachement

peeling: (electroplating, paint) écaillage *nm*

peen *nn*: panne *nf* de marteau; *vb*: marteler, rabattre, mater
~ **hammer**: marteau *nm* à panne

peening: martelage *nm*

peep, ~ **hole** NA : trou *nm* de regard, regard *nm*
~ **sight** NA : (mil) hausse *nf* à trou

peer: pair, égal, de même niveau, homologue

PEF → *polythene foam insulated*

peg: cheville *nf*, goupille *nf*; (tp) fiche *nf*; (surveying) pieu *nm*; (for tent) piquet *nm*
~ **count**: (tp) comptage *nm* du trafic, nombre *nf* de prises
~ **out**: (surveying) jalonner, piqueter; (mining) borner, délimiter (une concession)

pegboard: panneau *nm* dur perforé, panneau *nm* de fibre perforée; (eon) tableau *nm* de connexions

pelican, ~ **hook**: croc *nm* à échappement

pellet: (for airgun) plomb *nm*; (of carbon black, plast) granulé *nm*; (of rubber) pastille *nf*, boulette *nf*

pelleting, ~ **machine**: pastilleuse *nf*

pen: plume *nf*, stylo *nm*; (naut) abri *nm* (de sous-marins)
~ **recorder**: enregistreur *nm* à plume, enregistreur graphique
~**-type dosimeter**: stylodosimètre *nm*

pencil: crayon *nm*; (a thin beam) pinceau *nm* lumineux; (maths) faisceau *nm* (de cercles, de courbes)
~ **beam**: faisceau *nm* étroit, pinceau *nm* lumineux
~ **gate**: (fdry) attaque *nf* de coulée en crayon
~ **iron**: crayon *nm* à souder
~ **lead**: mine *nf* de plomb, mine de crayon
~ **marked**: graphité
~ **round**: (beading) à chant rond
~ **[soldering] iron**: fer-crayon *nm*

pendant: (a light fitting) suspension *nf*; (naut) pantoire *nf*, pendeur *nm*
~ **bracket**: chaise *nf* pendante (de coussinet)
~ **control station**: boîtier *nm* de commande suspendu
~ **pedal**: pédale *nf* suspendue
~ **station**: boîte *nf* à boutons-poussoirs pendante

pendent → *pendant*

pendular: pendulaire

pendulum: pendule *nm*
~ **bearing**: appui *nm* pendulaire, appui à balancier
~ **motion**: mouvement *nm* pendulaire, mouvement de va-et-vient,
~ **swing**: oscillation *nf* pendulaire

peneplain: pénéplaine *nf*

penetrant, ~ **inspection**: contrôle *nm* par ressuage

penetrating: (radiation) dur
~ **component**: composante *nf* dure
~ **oil**: huile *nf* de dégrippage

penetration: (drilling progress) pénétration *nf*, avancement *nm*; (s.c.) pénétration
~ **hardening**: trempe *nf* à cœur
~ **record**: carnet *nm* de battage
~ **resistance**: (of pile) résistance *nf* au battage
~ **test**: essai *nm* pénétrométrique

penetrometer: pénétromètre *nm*

penstock: conduite *nf* forcée

pentagon: pentagone *nm*

penthouse, ~ **heating plant**: chaufferie *nf* en terrasse

pentode: pentode *nf*

people, ~ **engineering**: ergonomie *nf*

PEP → *peak envelope power*

peptizer <iser>: (dry rubber) peptisant *nm*

per, ~ **capita consumption**: consommation *nf* par tête
~ **cent**: pour cent
~ **unit of area**: surfacique
~ **unit of length**: linéique

percent, ~ **defectives**: pourcentage *nm* de défectueux
~ **denial**: (tp) taux *nm* de refus

percentage: pourcentage *nm*
~ **errors**: pourcentage *nm* d'erreurs
~ **reinforcement**: (reinforced concrete) pourcentage *nm* d'armature

perched, ~ **water**: (geol) nappe *nf* perchée

perchman: perchiste *nm*

percolating, ~ **water**: eau *nf* d'infiltration

percolation: filtration *nf*; (hydrology) infiltration *nf*, percolation *nf*

percussion, ~ **drilling**: forage *nm* au câble, forage par battage
~ **fuse**: amorce *nf* à percussion; fusée *nf* percutante, fusée à percussion
~ **welding**: soudage *nm* par percussion

percussive: à percussion, percutant

perdistillation: distillation *nf* à membrane semiperméable

perfect: parfait, idéal
~ **crystal**: cristal *nm* idéal
~ **number**: nombre *nm* parfait
~ **vacuum**: vide *nm* absolu

perfecting, ~ **press**: (graph) presse *nf* à retiration, presse recto-verso

perfector: (graph) presse *nf* à retiration, presse recto-verso

perfluoroethylene/propylene «FEP»: éthylène/propylène perfluoré

perforate *vb*: perforer, percer

perforated, ~ **casing**: (petr) tubage *nm* perforé; (of pile) tube *nm* filtrant, tube crépiné
~ **disc wheel**: roue *nf* à voile ajouré
~ **liner**: colonne *nf* perdue à fentes, colonne perdue à trous

perforated, ~ **tape**: bande *nf* perforée

perforation: perforation *nf*; **perforations**: moletage *nm*; poinçonnage *nm*

perforator: perforateur *nm*; (inf) perforatrice *nf*, poinçonneuse *nf*, molette *nf*

perform *vb*: accomplir, exécuter

performance: (of contract) exécution *nf*; (mech) fonctionnement *nm*, marche *nf*; rendement *nm*, performance *nf*; comportement *nm*, tenue *nf*
~ **bond**: garantie *nf* de bonne exécution
~ **evaluation**: analyse *nf* des performances
~ **monitoring**: contrôle *nm* des performances, mesure *nf* des performances
~ **number** «PN»: (petr) indice *nm* de performance
~ **period**: durée *nf* de fonctionnement

perigee: périgée *nm*
~ **stage**: étage *nm* de périgée

perimeter: pourtour *nm*; (geometry) périmètre *nm*
~ **road**: route *nf* de ceinture
~ **track**: (aero) piste *nf* périphérique

period: (el) période *nf*, cycle *nm*; (graph) point *nm*; (of oscillation, vibration) période; (time) durée *nf*, période *nf*
~ **meter**: (nuc) périodemètre *nm*
~ **of contact**: (of gear) durée *nf* d'engrènement

periodic: (current, damping, vibration, function) périodique
~ **systematic sampling**: échantillon *nm* systématique périodique

periodical: (duty, operation) périodique

peripheral: périphérique
~ **control unit**: unité *nf* de contrôle des périphériques
~ **electron**: électron *nm* périphérique, électron de valence
~ **equipment**: matériel *nm* périphérique, périphérique *nm*
~ **processor**: processeur *nm* satellite
~ **speed**: vitesse *nf* périphérique, vitesse circonférentielle

periscope: périscope *nm*

perish *vb*: se détériorer, s'altérer

perishable, ~ **goods**: denrées *nf* périssables

peritectic: péritectique

perlite: perlite *nf*

permafrost: pergelisol *nm*, permagel *nm*

permalloy: permalloy *nm*

permanent: permanent; (ink) indélébile); (load) fixe, constant; (tcm) non cadencé (courant d'appel, tonalité)
~ **construction**: construction *nf* en dur
~ **duty**: régime *nm* continu, service *nm* permanent
~ **fault**: panne *nf* franche
~ **form**: (concreting) coffrage *nm* perdu

~ **magnet** «PM»: aimant *nm* permanent
~ **magnet motor**: magnétomoteur *nm*, moteur *nm* magnétoélectrique
~ **magnet moving iron instrument**: appareil *nm* à fer mobile et aimant permanent
~ **magnet moving coil instrument**: appareil *nm* magnétoélectrique
~ **mold casting** NA : coulée *nf* en coquille
~ **mold** NA : coquille *nf*
~ **set**: déformation *nf* permanente
~ **way**: (rlwy) voie *nf* ferrée
~ **work**: (c.e.) ouvrage *nm* d'art

permanently, ~ attached: rendu solidaire par assemblage

permanganate: permanganate *nm*

permeate *vb*: pénétrer, imprégner, traverser, filtrer à travers

permeation: imprégnation *nf*, infiltration *nf*, pénétration *nf*, perméation *nf*

permissible: admissible, autorisé
~ **total weight**: poids *nm* total roulant «PTR»

permissive, ~ explosive: explosif *nm* autorisé, explosif agréé, explosif antigrisou
~ **signal**: (rlwy) feu *nm* franchissable, signal permissif

peroxide: peroxyde *nm*

perpendicular: perpendiculaire, transversal
~ **elevation**: coupe *nf* verticale
~ **magnetisation**: aimantation *nf* transversale
~ **shaft**: puits *nm* vertical
~ **to the grain**: (wood) en travers du grain, transversal

persalt: persel *nm*

persistence: (crt) persistance *nf*, rémanence *nf*

personal: personnel, individuel
~ **computer** «pc»: ordinateur *nm* personnel «OP», ordinateur individuel
~ **dosemeter**: dosimètre *nm* individuel
~ **rapid transit**: transport *nm* en commun personnalisé, transport *nm* en commun individualisé

personalization <isation>: personnalisation *nf*

personnel: personnel *nm*
~ **manager**: chef *nm* du personnel, directeur *nm* du personnel

perspective *nn*: perspective *nf*; *adj*: perspectif
~ **grid**: quadrillage *nm* perspectif
~ **projection**: projection *nf* perspective

perusal: examen *nm* (d'un document), lecture *nf*

pervious: perméable

pet, ~ cock: robinet *nm* de purge, purgeur *nm*; vis-robinet *nf*
~ **valve**: soupape *nf* d'évent

Petri, ~ dish: boîte *nf* de Pétri

petrochemical *nn*: produit *nm* pétrochimique; *adj*: pétrochimique
~ **industry**: pétrochimie *nf*

petroil: mélange *nm* d'huile et d'essence
~ **lubrication**: lubrification *nf* par mélange d'huile et d'essence

petrol: essence *nf*
~ **can**: bidon *nm* à essence
~ **driven**: à moteur *nm* à essence
~ **dump**: dépôt *nm* d'essence
~ **engine**: moteur *nm* à essence
~ **gauge**: indicateur *nm* de niveau d'essence, jauge *nf* d'essence
~ **isolation valve**: coupe-carburant *nm*
~ **pump**: (on petrol station) distributeur *nm* d'essence; (on vehicle) pompe *nf* à essence
~ **station**: station *nf* service, poste *nm* d'essence
~ **tank**: réservoir *nm* à essence
~ **vapour**: vapeur *nf* d'essence

petroleum *nn*: pétrole *nm*; *adj*: pétrolier, de pétrole
~ **gas**: gaz *nm* de pétrole
~ **product**: produit *nm* pétrolier, produit dérivé du pétrole
~ **spirit**: essence *nf* minérale, white spirit *nm*

petroliferous: pétrolifère

petticoat: jupe *nf*, cloche *nf* (d'isolateur)

pewter: étain *nm* (d'art, de poterie), potin *nm*

PF → *phenol-formaldehyde, power factor*

PFD → *preferred*

PFM → *pulse frequency modulation*

PG → *plate girder, pulse generator, producer gas*

phantom: fantôme *nm*
~ **aerial**: antenne *nf* artificielle, antenne fictive
~ **circuit**: circuit *nm* fantôme; (tp) circuit combiné
~ **group**: (tp) groupe *nm* combinable
~ **line**: ligne *nf* fantôme
~ **signal**: (radar) signal *nm* fantôme
~ **target**: (radar) cible *nf* fantôme

phantoming: (tp) combinaison *nf* des circuits

pharmaceutical: pharmaceutique; **pharmaceuticals**: produits *nm* pharmaceutiques
~ **balance**: trébuchet *nm*

pharmacist: pharmacien *nm*

phase *nn*: phase *nf*; *vb*: mettre en phase
~ **adapter**: adaptateur *nm* de phase
~ **adjustment**: réglage *nm* en phase
~ **angle**: angle *nm* de déphasage, angle de phase
~ **angle difference**: déphasage *nm*, différence *nf* de phase
~ **angle error**: erreur *nf* de déphasage
~ **balance**: concordance *nf* des phases
~ **black**: mise *nf* en phase sur noir
~ **break**: (contact wire) section *nf* de séparation des phases, séparation *nf* des phases
~ **change**: déphasage *nm*, changement *nm* de phase, variation *nf* de phase
~ **change material**: matière *nf* à changement *nm* de phase
~ **changer**: convertisseur *nm* de phase, déphaseur *nm*
~ **coincidence**: concordance *nf* de phases
~ **compensation**: compensation *nf* de phase, correction *nf* de phase
~ **conductor**: conducteur *nm* de phase, fil *nm* de phase, phase *nf*
~ **constant**: constante *nf* de phase
~ **converter**: convertisseur *nm* de phase, déphaseur *nm*
~ **delay**: retard *nm* de phase, temps *nm* de propagation de phase
~ **departure**: déviation *nf* de phase, excursion *nf* de phase, écart *nm* de phase
~ **deviation**: déviation *nf* de phase, écart *nm* de phase, excursion *nf* de phase
~ **displacement**: décalage *nm* de phase, déphasage *nm*
~ **distortion**: distorsion *nf* de phase
~ **equaliser**: correcteur *nm* de phase, compensateur *nm* de phase
~ **hit**: (tcm) variation *nf* brusque de phase
~ **in**: introduire progressivement
~ **inversion modulation**: modulation *nf* par inversion de phase
~ **inverter**: déphaseur *nm*
~ **jitter**: variation *nf* brusque de phase
~ **jump**: changement *nm* brusque de phase, variation *nf* brusque de phase
~ **lag**: retard *nm* de phase, décalage *nm* de phase en arrière
~ **lead**: avance *nf* de phase, déphasage *nm* en avant, décalage *nm* en avant
~**-locked**: à verrouillage de phase, verrouillé en phase
~ **matching**: accord *nm* de phase
~ **meter**: phasemètre *nm*
~**-modulated wave**: onde *nf* modulée en phase
~ **modulation** «PM»: modulation *nf* de phase, modulation en phase
~ **modulation recording**: enregistrement *nm* en modulation de phase
~ **opposition**: opposition *nf* de phase
~ **out**: retirer progressivement
~ **response**: réponse *nf* en phase
~ **reversal**: inversion *nf* de phase
~ **reversal protection**: protection *nf* contre les inversions de phase
~ **rotation**: rotation *nf* des phases
~ **rotation order**: ordre *nm* des phases
~ **rule**: règle *nf* des phases
~ **sequence**: ordre *nm* des phases, séquence *nf* des phases, suite *nf* des phases
~ **sequence indicator**: indicateur *nm* d'ordre des phases
~ **shift**: déphasage *nm*, décalage *nm* de phase, glissement *nm* de phase
~ **shift bridge**: pont *nm* de déphasage
~ **shift keying** «PSK»: modulation *nf* par déplacement de phase «MDP»
~ **shift network**: réseau *nm* déphaseur, réseau de déphasage
~ **shift oscillator**: oscillateur *nm* à déphasage, oscillateur déphaseur
~ **shifter**: déphaseur *nm*, compensateur *nm* de phase
~ **splitter**: déphaseur *nm* multiple
~**-to-earth**: entre phase et terre, phase-terre

~-to-earth voltage: tension *nf* phase-terre
~-to-neutral voltage: tension *nf* simple
~-to-phase: phase *nf* à phase, entre phases
~-to-phase voltage: tension *nf* entre phases, tension composée (d'un réseau triphasé)
~ velocity: vitesse *nf* de phase

phasing: mise *nf* en phase, synchronisation *nf*

phenol: phénol *nm*

phenolformaldehyde, ~ **resin** «PF»: résine *nf* phénol-formaldéhyde

phenolic, ~ **plastic**: phénoplaste *nm*
~ **resin**: résine *nf* phénolique

phenoplast: phénoplaste *nm*

phone *nn*: téléphone *nm*; *vb*: téléphoner; → also *telephone*
~ **card**: télécarte *nf*

phonic, ~ **wheel**: roue *nf* phonique

phonon: phonon *nm*

phosphate: phosphate *nm*

phosphor: phosphore *nm*; (eon) luminophore *nm*
~ **bronze**: bronze *nm* phosphoreux

phosphorescent: phosphorescent

phosphorus: phosphore *nm*

photocell: cellule *nf* photoélectrique

photochromic: photochromique

photocomposing, ~ **machine**: photocomposeuse *nf*

photoconduction: photoconduction *nf*

photoconductive, ~ **effect**: effet *nm* photoélectrique interne, photoconduction *nf*

photocopier: photocopieur *nm*, photocopieuse *nf*

photocurrent: courant *nm* photoélectrique

photoelastic: photoélastique
~ **effect strain gauge**: extensomètre *nm* à effet photoélastique

photoelasticimetry: photoélasticimétrie *nf*

photoelectric: photoélectrique
~ **cell** «PEC»: cellule *nf* photoélectrique
~ **emission**: photo-émission *nf*
~ **curve**: courbe *nf* d'émission de photons

photoemissive: photoémetteur
~ **effect**: effet *nm* photoélectrique externe, photoémission *nf*

photoengraving: photogravure *nf*

photoetching: photogravure *nf*

photogelatin, ~ **printing**: phototypie *nf*

photogrammetry: photogrammétrie *nf*

photographic: photographique
~ **library**: photothèque *nf*
~ **medium**: support *nm* photographique

photogravure: photogravure *nf*, héliogravure *nf*

photolibrary: photothèque *nf*

photolysis: photolyse *nf*

photomap: carte *nf* photogrammétrique

photometer, ~ **bench**: banc *nm* photométrique

photomontage: photomontage *nm*

photomultiplier: photomultiplicateur *nm*

photon: photon *nm*

photoneutron: photoneutron *nm*

photophoresis: photophorèse *nf*

photopolymer: photopolymère *nm*

photoresist: agent *nm* photorésistant, photorésistant *nm*

photoresistor: photorésistance *nf*

photosensing: lecture *nf* photoélectrique

photosensitive: photosensible

photosensor: détecteur *nm* photoélectrique, détecteur optique, photorécepteur *nm*

photostat: photostat *nm*, photocopie *nf*

phototelegraphy: phototélécopie *nf*

phototransistor: phototransistor *nm*

phototypesetting: photocomposition *nf*
~ **machine**: photocomposeuse *nf*

photovoltaic: photovoltaïque

phreatic, ~ **water**: eau *nf* phréatique, nappe *nf* phréatique

physical: physique; réel, matériel
~ **characteristic**: caractéristique physique
~ **chemistry**: physico-chimie *nf*
~ **circuit**: (tcm) circuit *nm* physique, circuit réel
~ **quantity**: grandeur *nf* physique
~ **record**: enregistrement *nm* physique

physically, ~ **locked**: verrouillé mécaniquement

physicist: physicien *nm*

physics: physique *nf*

piano, ~ **wire**: corde *nf* à piano

pic → *picture*

PIC → *paper insulated cable, plastic insulated cable*

pica: (graph) cicéro, corps douze

pick *nn*: pioche *nf*; (mining) pic *nm* de haveuse; (tex) duite *nf*, coup *nm* de chasse, chasse *nf* de navette; *vb*: piocher; (mining) trier, épierrer; choisir, sélectionner
~ **a lock**: crocheter une serrure
~**-and-pick**: (tex) duite *nf* à duite
~**-and-place**: (robotics) bras-transfert *nm*
~**-and-place robot**: robot *nm* de transfert
~ **breaker**: concasseur *nm* à pointes
~ **clock**: compte-duites *nm*
~ **list**: (of stocks) liste *nf* à servir
~ **off filter**: filtre *nm* passe-fréquence, passe-fréquence *nm*
~ **out**: (tex) duite *nf* manquée
~ **up** «PU» *nn*: (inf) collecte *nf*, ramassage *nm*; (nuc) rapt *nm*; (of record player) pick-up *nm*; (of relay) mise *nf* au travail; (a sensor) détecteur *nm*, capteur *nm*; (tp) prise *nf* d'appel; (auto) pick-up *nm*; *vb*: ramasser, prendre; (carbon, dirt) absorber; (impurities) absorber, attirer; (relay) exciter, s'exciter; (a signal) capter; (tp) décrocher (le récepteur)
~ **up arm**: bras *nm* de lecture
~ **up coil**: bobine *nf* exploratrice
~ **up current**: (relay) intensité *nf* mini d'excitation; (rlwy) courant *nm* de reprise; (tp) courant d'appel
~ **up dust**: absorber la poussière, attirer la poussière
~ **up efficiency**: (of aerosol) capacité *nf* d'absorption, capacité de prélèvement
~ **up passengers**: prendre des voyageurs
~ **up speed**: prendre de la vitesse
~ **up stylus**: pointe *nf* de lecture
~ **up truck**: pick-up *nm*
~ **up tube**: tube *nm* analyseur, tube de prise de vue
~ **up value**: valeur *nf* de mise au travail

pickaxe: pioche *nf*

picker: (handling) ramasseur *nm*; (inf) dispositif *nm* de sélection; (mining) trieur *nm*; (tex) taquet *nm*, batteur *nm*
~ **belt**: (office machinery) courroie *nf* d'entraînement

picket: palis *nm*, pieu *nm*; (surveying) piquet *nm*

picketing: piquetage *nm*

pickhammer: marteau *nm* piqueur, marteau à piquer

picking: piochage *nm*; (of fabric) peluchage *nm*; (from stock) prélèvement *nm*; (material handling) butinage *nm*; (mining) triage *nm*; (pap) arrachage *nm*; (spinning) battage *nm*
~ **arm**: (weaving) battant *nm* de chasse, fouet *nm* de chasse
~ **dirt**: (mining) pierres *nf* de triage
~ **motion**: (weaving) chasse *nf*, mécanisme *nm* de chasse

pickle *vb*: décaper (par voie chimique)

pickling: décapage *nm*
~ **bath**: bain *nm* décapant, bain de décapage
~ **embrittlement**: fragilité *nf* par décapage

pickoff: capteur *nm*

pictogram: pictogramme *nm*

pictorial: illustré (catalogue etc)

picture: illustration *nf*, image *nf*; (art) tableau *nm*; (crt) image; (phot) photo *nf*; (cinema) film *nm* [cinématographique]; (tv) NA : trame *nf*, image
~ **area**: (of film) champ *nm* d'image
~ **aspect ratio**: format *nm* de l'image
~ **black**: niveau *nm* du noir, noir *nm* d'image
~ **bounce**: tremblement *nm* de l'image
~ **facsimile telegraphy**: télégraphie *nf* facsimilé nuancée, télécopie *nf* nuancée
~ **jitter**: (tv, radar) sautillement *nm*, instabilité *nf*
~ **monitor**: écran *nm* de contrôle, écran témoin
~ **phone**: vidéophone *nm*, visiophone *nm*
~ **sharpness**: netteté *nf* de l'image
~ **signal**: signal *nm* vidéo, signal image
~ **size**: format *nm* d'image
~ **transmission**: phototélégraphie *nf*
~ **tube**: tube *nm* cathodique, tube [à] image
~ **weaving**: ondulation *nf* d'image
~ **white**: niveau *nm* du blanc
~ **window**: (constr) fenêtre *nf* panoramique; (cinema) fenêtre de projection

pie, ~ **chart**: camembert *nm*, diagramme *nm* circulaire, graphique *nm* circulaire, graphique à secteurs

piece: morceau *nm*, pièce *nf*; (of fabric) pièce *nf*; (a coin) pièce
~ **dyed**: teint en pièces
~ **of ordnance**: pièce *nf* d'artillerie
~ **together**: joindre
~ **up the broken ends**: (spinning) rattacher les bouts
~ **work**: travail *nm* aux pièces

piecing, ~ **the yarn**: rattache *nf* du fil

pier: (against wall) contre-fort *nm*, demi-pilier *nm*; (of arch) piédroit *nm*; (between two openings in wall) trumeau *nm*; (of bridge, nave) pile *nf*; (in harbour) jetée *nf*, appontement *nm*, môle *nm*
~ **dues**: droits *nm* de quai
~ **panel**: trumeau *nm* (de façade légère)

pierce *vb*: percer; (punch) poinçonner

piercing *nn*: (of tunnel) percement *nm*; *adj*: (sound) perçant

piezoelectric: piézoélectrique, à cristal, à quartz
~ **crystal**: quartz *nm* piézo-électrique

piezometer, ~ **ring**: anneau *nm* piézométrique

pig: (met) saumon *nm*, gueuse *nf*; (for pipeline) racleur *nm*
~ **iron**: fonte *nf* brute, fonte de première fusion
~ **metal**: métal *nm* en saumons, métal en gueuses

pigeon, ~ **hole** *nn*: case *nf* de tri; *vb*: classer

pigging: raclage *nm*, ramonage *nm* des canalisations
~ **back**: (met) recarburation *nf* (par de la fonte)

piggyback *nn*: (transport) ferroutage *nm*; *adj*: superposable; ferroutier; *vb*: superposer; ferrouter
~ **connection**: connexion *nf* enfichable
~ **connector**: connecteur *nm* à prise additionnelle
~ **transport**: ferroutage *nm*

piggybacking: (inf) (une forme de fraude)

pigment: pigment *nm*

pigtail: (el) fil *nm* enroulé (en attente), flexible *nm* (de balai), queue *nf* [de cochon], spirale *nf*; (fiber) fibre *nf* amorce

pike: (of oscillation) variation *nf* brusque; (use of a road) NA : péage *nm*
~ **road** NA : route *nf* à péage

pile: (of carpet) velours *nm*, poil *nm*; (constr) pieu *nm*; (a heap) tas *nm*; (nuc) pile *nf*
~ **cap**: (constr) chapeau *nm* de palée, longrine *nf*
~ **driver**: sonnette *nf* de battage, batteur *nm* de pieux
~ **driving**: battage *nm* de pieux

~ **driving rig**: sonnette *nf* de battage
~ **fabric**: tissu *nm* velouté, tissu à poils
~ **foundation**: fondations *nf* sur pieux
~ **hoop**: frette *nf*
~ **mooring**: duc *nm* d'albe
~ **plank**: palplanche *nf*
~ **refuses**: pieu *nm* refuse, pieu refoule
~ **shoe**: sabot *nm* de pilotis, sabot de pieu
~-**supported**: fondé sur pieux
~ **up**: amasser, empiler, entasser; s'amasser, s'empiler, s'entasser
~ **warp**: chaîne *nf* de poil

pilger: (rolling, welding) à pas de pélerin

piling «PLG»: battage *nm* de pieux; pilotis *nm*, palplanches *nf*; mise *nf* en tas; (foundation) palification *nf*; (met) empaquetage *nm*
~ **furnace**: four *nm* à réchauffer en paquets

pill: boulocher

pillar: colonne *nf*, pilier *nm*; (auto) pied *nm*, piédroit *nm*, pied-droit *nm*; (of m-t) colonne; (of ship) épontille *nf*; (of windshield) montant *nm*
~ **and room**: (mining) exploitation *nf* par chambres et piliers
~ **and stall system**: méthode *nf* des piliers et galeries
~ **shaper**: étau-limeur *nm* à table mobile

pillaring: (mining) exploitation *nf* par piliers; dépilage *nm*

pilling: (tex) boulochage *nm*

pillion: tan-sad *nm*
~ **rider**: passager *nm* (d'une motocyclette)

pillow, ~ block: palier *nm* (ordinaire), chaise *nf* palier, support *nm* d'arbre
~ **distortion**: distorsion *nf* en coussin
~ **structure**: (geol) structure *nf* en coussins

pilot *nn*: pilote *nm*; (on locomotive) chasse-pierres *nm*; (tcm) fréquence *nf* pilote, onde *nf* pilote; *adj*: pilote, de guidage, de centrage; (trial) pilote, expérimental; *vb*: (transport) piloter
~ **balloon**: ballon *nm* sonde
~ **bearing**: roulement *nm* de centrage
~ **boat**: bateau-pilote *nm*
~ **bridge**: (on ship) passerelle *nf* (de commandement)
~ **burner**: veilleuse *nf*
~ **cell**: élément *nm* témoin, élément pilote
~ **circuit**: circuit *nm* pilote, circuit de commande
~ **control**: commande *nf* pilote
~-**controlled**: piloté
~ **flame**: veilleuse *nf* d'allumage
~ **generator**: générateur *nm* d'ondes pilotes
~ **hoist**: monte-échelle *nf* de pilote
~ **hole**: avant-trou *nm*, trou *nm* de positionnement
~ **jet**: gicleur *nm* de ralenti
~ **lamp**: lampe *nf* témoin, témoin *nm*
~ **licence**: brevet *nm* de pilote
~ **light**: (el) lampe *nf* témoin, voyant *nm* [lumineux]; (of gas appliance) veilleuse *nf*
~ **pick off filter**: filtre *nm* passe-pilote
~ **plant**: usine *nf* pilote, unité *nf* pilote
~ **production**: avant-série *nf*, lot *nm* pilote, présérie *nf*
~ **protection**: protection *nf* par pilote
~ **regulated**: à asservissement par pilote
~ **run**: avant-série *nf*, lot *nm* pilote, pré-série *nf*
~ **sleeve**: douille *nf* de centrage
~ **washer**: rondelle *nf* de centrage
~ **wave**: onde *nf* pilote
~ **wire** «P-wire», «PW»: fil *nm* pilote, fil témoin
~ **wire regulator**: régulateur *nm* à fil pilote

pilotless,~ aircraft: avion *nm* sans pilote, avion téléguidé

pin *nn*: goupille *nf*; (of crank) soie *nf* de manivelle; (el) broche *nf*; (of hinge) goujon *nm*, broche *nf*; (of mould) chandelle *nf*; (of piston) axe *nm*; (of shackle) boulon *nm*; (of truss) broche *nf*; *adj*: (el, tcm) à un contact (fiche, jack)
~ **contact**: contact *nm* mâle
~ **cop**: (tex) canette-trame *nf*
~ **drift**: chasse-goupilles *nm*, chasse-boulons *nm*
~ **feed**: entraînement *nm* à picots, entraînement à ergots
~ **head**: tête *nf* d'épingle
~ **hinge**: paumelle *nf*
~ **hole**: trou *nm* d'épingle; (in joint) trou *nm* de cheville; (in tape) perforation *nf* d'entraînement
~ **insulator**: isolateur *nm* rigide, isolateur à tige
~ **joint**: assemblage *nm* par chevilles, assemblage par goupilles; joint *nm* articulé, articulation *nf* à tourillon, articulation cylindrique
~ **lock**: serrure *nf* à broche, serrure forée
~ **punch**: chasse-goupilles *nm*

~ **spanner**: clé *nm* à ergot[s], clé à griffe[s]
~ **wheel**: roue *nf* à ergot[s]
~ **wrench**: clé *nf* à ergot[s]

pincers: tenailles *nf*

pinch *nn*: pincement *nm*; (rolling) repliure *nf* longitudinale; *vb*: pincer
~ **bar**: pied-de-biche *nm*, pince *nf* à levier
~ **effect**: (in fluid) effet *nm* de pincement, effet de striction; (wldg) effet de peau
~ **nut**: contre-écrou *nm*
~ **pass**: (rolling) passe *nf* de dressage, passe d'écrouissage
~ **roll**: rouleau *nm* entraîneur, cylindre *nm* preneur
~ **roller**: galet *nm* presseur

pinchbeck: tombac *nm*

pine: pin *nm*
~ **oil**: essence *nf* de pin
~ **resin**: gemme *nf*

pinetree, ~ **antenna**: antenne *nf* en arête de poisson, antenne en sapin

ping: impulsion *nf* (du sonar)

pinhole: trou *nm* d'épingle; (in joint) trou *nm* de cheville; (a surface defect) piqûre *nf*; (in tape) perforation *nf* d'entraînement

pinion: pignon *nm*; (in car differential) pignon *nm* satellite
~ **carrier**: porte-satellites *nm*
~ **drive**: commande *nf* à pignon, entraînement *nm* par pignon
~ **shaft**: arbre *nm* de pignon, arbre pignonné, queue *nf* de pignon; (integral) pignon *nm* arbré
~ **web**: toile *nf* de pignon

pink, ~ **noise**: bruit *nm* rose

pinked, ~ **edge**: bord *nm* croqué

pinking: (of engine) cognement *nm*, cliquetis *nm*

pinout: disposition *nf* des broches, brochage *nm*

pinpoint *nn*: point *nm* identifié, position *nf* identifiée; *vb*: indiquer exactement, localiser
~ **accuracy**: très grande précision

pinsharp: à haute définition

pinstripe: (tex) fil-à-fil

pintle: (of hinge) goujon *nm*; (of injector) téton *nm* d'aiguille d'injecteur; (of lock) broche *nf*
~ **injector nozzle**: nez *nm* d'injecteur à téton
~ **nozzle**: injecteur *nm* à téton

pinwheel, ~ **feed**: entraînement *nm* à ergots

pioneer *nn*: innovateur *nm*; *vb*: innover

pip: top *nm* (d'écho radar)

pipe: tuyau *nm*; (colloquial) câble *nm* coaxial; (a duct) canalisation *nf*; (met) renard *nm*, retassure *nf* (en forme de canal); *adj*: (radiator, still) tubulaire
~ **bed**: lit *nm* de pose
~ **bend**: coude *nm* de tuyau
~ **bending machine**: machine *nf* à cintrer les tuyaux
~ **bracket**: cavalier *nm*, collier *nm* d'attache
~ **fitter**: tuyauteur *nm*
~ **bridge**: passerelle *nf* (de pipeline)
~ **brush**: hérisson *nm*
~ **burner**: brûleur *nm* rectiligne, rampe *nf* à gaz
~ **burst**: rupture *nf* de tuyau
~ **clamp**: bride *nf* d'attache, collier *nm* d'attache, collier de serrage
~ **clip**: collier *nm* de fixation
~ **coil**: serpentin *nm*
~ **column**: poteau *nm* tubulaire
~ **compound**: mastic *nm* pour joints de tuyaux
~ **connection**: raccord *nm* de tuyauterie, jonction *nf* de tuyaux
~ **coupling**: manchon *nm* [taraudé]
~ **cross**: Té *nm* double
~ **cutter**: coupe-tubes *nm*, coupe-tuyaux *nm*, tronçonneuse *nf* (pour tuyaux)
~ **duct**: gaine *nf* technique
~ **fitter**: monteur *nm* de tuyaux, poseur *nm* de tuyaux
~ **fitting**: raccord *nm* de tuyau
~ **flange**: bourrelet *nm*, bride *nf* de tuyau
~ **gallery**: galerie *nf* technique
~ **hanger**: étrier *nm* de suspension d'une canalisation, chaise *nf* pour tuyaux, porte-tuyaux *nm*
~ **layer**: (a person) poseur *nm* de tuyaux, poseur de canalisations; (a machine) pose-tubes *nm*, tracteur *nm* à grue latérale
~ **laying**: pose *nf* de canalisations
~ **length**: tronçon *nm* de tuyau

~ **locator**: détecteur *nm* de conduite
~ **man**: tuyauteur *nm*, poseur *nm* de tuyauterie
~ **plug**: bouchon *nm* fileté de tuyau, obturateur *nm*, bouchon *nm* à vis, bouchon mâle
~ **resistance**: perte *nf* de charge dans les tuyaux
~ **run**: ligne *nf* de tuyauterie
~ **saddle**: collier *nm* de dérivation, selle *nf* de raccordement
~ **setting**: cintrage *nm* de tuyaux
~ **sleeve**: fourreau *nm* (tuyau en traversée)
~ **spinning**: coulée *nf* centrifuge de tuyaux
~ **straightener**: (drilling) redresseur *nm* de tiges; (pipeline) redresseur *nm* de tubes
~ **strap**: collier *nm*
~ **string**: (petr) train *nm* de tiges
~ **thread**: filetage *nm* à pas du gaz
~**-type cable**: câble *nm* sous tube
~ **ventilated**: à canalisation d'air
~ **vice**: étau *nm* à tubes
~ **vise**: étau *nm* à tubes
~ **wrapping**: enrobage *nm* des canalisations
~ **wrench**: clé *nf* serre-tubes, serre-tubes *nm*

piped, ~ **key**: clé *nf* forée
~ **water supply**: adduction *nf* d'eau

pipeline: pipeline *nm*; (for gas) gazoduc *nm*; (for oil) oléoduc *nm*; (for oxygen) oxyduc *nm*; (inf) pipeline
~ **run**: quantité *nf* de produit transportée, quantité reçue, quantité délivrée par pipeline
~ **time**: délai *nm* de livraison

pipeliner: pipelinier *nm*

pipelining: (inf) traitement *nm* pipeline

pipette: pipette *nf*

pipework: tuyauterie *nf*

piping: tuyauterie *nf*; (met) formation *nf* de renards, renardage *nm*, retassures *nf*; (plumbing) plomberie *nf*

PIPO → *parallel in parallel out*

pirn: canette *nf*, cannette *nf*
~ **winder**: canettière *nf*

PISO → *parallel in serial out*

pistol: pistolet *nm*
~ **grip**: poignée *nf* pistolet

piston: piston *nm*
~ **body**: corps *nm* de piston
~ **clearance**: jeu *nm* [radial] du piston; espace *nm* mort du cylindre
~ **cross-head**: crosse *nf* de piston
~ **crown**: tête *nf* de piston
~ **displacement**: déplacement *nm* de piston; cylindrée *nf* [d'un cylindre]
~ **displacement meter**: compteur *nm* volumétrique à piston
~ **gauge**: (for engine piston) jauge *nf* du jeu radial de piston; (a pressure gauge) manomètre *nm* à piston
~ **head**: tête *nf* de piston
~ **land**: cordon *nm* de piston
~ **pin bearing**: palier *nm* de pied de bielle
~ **pin bushing**: coussinet *nm* de pied de bielle
~ **pin**: axe *nm* de pied de bielle, axe de piston
~ **pump**: pompe *nf* à piston[s]
~ **ring clearance**: jeu *nm* à la coupe d'un segment
~ **ring**: segment *nm* de piston
~ **ring flutter**: battement *nm* du segment de piston
~ **ring gap**: jeu *nm* à la coupe d'un segment de piston
~ **ring groove**: gorge *nf* de segment de piston
~ **ring sticking**: gommage *nm* des segments
~ **rod**: bielle *nf*; tige *nf* de piston
~ **skirt**: corps *nm* de piston, jupe *nf* de piston
~ **slap**: claquement *nm* de piston
~ **stroke**: course *nf* du piston
~ **swept volume**: cylindrée *nf* unitaire
~ **top**: haut *nm* de piston, fond *nm* de piston, tête *nf* de piston
~ **undercrown**: calotte *nf* de piston
~ **valve**: tiroir *nm* cylindrique
~ **valve steam engine**: machine *nf* à vapeur à distribution par tiroir
~ **wrist pin**: axe *nm* de piston

pit *nn*: (constr) fosse *nf*, fouille *nf*; (of elevator) cuvette *nf*; (fdry) fosse de coulée; (in garage) fosse; (mining) puits *nm*, mine *nf*; (a quarry) carrière *nf* (de sable, gravier); (a surface defect) cratère *nm*, piqûre *nf*, bulle *nf* ouverte; *vb*: corroder, attaquer, se piquer
~ **bottom**: fond *nm* de fouille; (mining) recette *nf* du fond
~ **casting**: coulée *nf* en fosse
~ **coal**: charbon *nm* de terre, houille *nf*
~ **frame**: chevalement *nm*
~ **furnace**: (met) four *nm* pit
~ **gas**: grisou *nm*
~ **gravel**: gravier *nm* de carrière
~ **head**: carreau *nm* de mine
~ **mould**: moule *nm* en fosse

~ **prop**: étai *nm* de mine
~ **rope**: câble *nm* d'extraction
~ **run**: tout venant
~ **sand**: sable *nm* de carrière
~ **water**: eau *nf* d'exhaure

pitch *nn*: (aero, ship) tangage *nm*; (of chain, thread) pas *nm*; (coal tar) brai *nm*; (of holes, posts, rivets) écartement *nm*, distance *nf* d'axe en axe; (resin) poix *nm*; (of sound) hauteur *nf*; (of roof) pente *nf*, déclivité *nf*; (of tooth) module *nm*, pas; (wldg) espacement *nm*; *vb*: incliner; (aero) tanguer
~ **attitude**: (aero) angle *nf* d'inclinaison
~ **center diameter**: diamètre *nm* de perçage
~ **chain**: chaîne *nf* à articulations, chaîne Galle
~ **circle**: (of bolts) cercle *nm* des trous de boulons; (of gear) cercle primitif
~ **control**: commande *nf* de pas; (on helicopter) commande de profondeur
~ **diameter**: (of gear) diamètre *nm* primitif; (of thread) diamètre sur flancs de filets
~ **damper**: amortisseur *nm* de tangage
~ **down**: (aero) piquer
~ **error**: (aero) erreur *nf* sur l'angle de tangage; (of chain, gear) erreur de pas
~ **filling**: (of cable) colmatage *nm* au brai
~ **helix**: hélice *nf* primitive
~ **limit**: limite *nf* de la fréquence audible
~ **line**: (of gear) ligne *nf* primitive, ligne d'engrenages
~ **of harness**: (weaving) division *nf* du harnais
~ **pocket**: (in wood) poche *nf* de résine
~ **ratio**: pas *nm* [géométrique] relatif
~ **reversing**: inversion *nf* de pas
~ **roll and yaw axes**: trièdre *nm* de référence
~ **setting**: (aero) calage *nm* du pas, réglage *nm* du pas
~ **surface**: surface *nf* primitive
~ **under**: (aero) piquer
~ **up**: (aero) *nn*: autocabrage *nm*; *vb*: cabrer
~ **wheel**: roue *nf* d'engrenage

pitchblende: pechblende *nf*

pitched: en pente, incliné
~ **chord**: (of truss) membrure *nf* inclinée
~ **roof**: toit *nm* en pente, toit à deux versants

pitching *nn*: inclinaison *nf*; (auto) plongée *nf*; (aero, naut) tangage *nm*; *adj*: incliné
~ **seam**: (mining) couche *nf* inclinée

pitchpine: pitchpin *nm*

pith: (wood) moelle *nf*
~ **ray**: rayon *nm* médullaire

pitman: bielle *nf* de balancier, bielle de connexion

Pitot, ~ head: sonde *nf* de Pitot; (aero) badin *nm*
~ **tube**: tube *nm* de Pitot; (aero) sonde *nf* anémométrique

pitted: corrodé, piqué

pitting: attaque *nf* par piqûres, formation *nf* de piqûres

pivot *nn*: pivot *nm*; *vb*: pivoter
~ **bearing**: crapaudine *nf*

pivoting *nn*: rotation *nf*, pivotement *nm*; *adj*: pivotant

pix NA : (short for pictures) films *nm*; (tv) images *nf*
~ **carrier**: porteuse *nf* vidéo
~ **tube**: tube *nm* à rayons cathodiques

pixel: (short for picture element) point *nm* d'image, pixel *nm*

pkg → *package*

PLA → *programmable logic array*

place *nn*: endroit *nm*, lieu *nm*, emplacement *nm*, position *nf*; *vb*: placer
~ **an order**: passer [une] commande
~ **value**: (inf) valeur *nf* selon l'emplacement

placement: implantation *nf*, positionnement *nm*

placing: mise *nf* en place; (concrete) mise en coffrage, mise en œuvre, coulage *nm*

plain *nn*: (geol) plaine *nf*; *adj*: ordinaire, simple; (message) en clair
~ **bar type gauge**: calibre *nm* plat
~ **bearing**: palier *nm* [lisse]
~ **carbon steel**: acier *nm* au carbone non allié
~ **colour**: teinte *nf* unie, teinte plate
~ **conductor**: fil *nm* monométallique

~ **end**: (of pipe) bout *nm* lisse, bout non fileté
~ **flange**: bride *nf* lisse, bride ordinaire, bride plate
~ **grinding**: rectification *nf* cylindrique [extérieure]
~ **language**: langage *nm* clair
~ **paper**: papier *nm* ordinaire, papier de bureau
~ **plug gauge**: tampon *nm* [lisse]
~ **reinforcement**: armature *nf* lisse
~ **shaft**: arbre *nm* lisse
~ **text**: texte *nm* en clair
~ **tile**: tuile *nf* plate
~ **washer**: rondelle *nf* ordinaire, rondelle plate
~ **weave**: armure *nf* uni, armure toile

plait *nn*: tresse *nf*; *vb*: tresser

plaited, ~ **rope**: cordage *nm* tressé

plaiter: (tex) plieuse *nf*

plaiting, ~ **machine**: (rope) machine *nf* à tresser; (weaving) machine à plier, plieuse *nf*

plan *nn*: (scheme, drawing) plan *nm*; *vb*: projeter, faire des projets; dresser un plan
~ **position indicator** «*PPI*»: indicateur *nm* panoramique (radar)
~ **view**: vue *nf* en plan, projection *nf* horizontale

plane *nn*: (of aerofoil) plan *nm* portant, plan de sustentation; (geom) plan; (tool) rabot *nm*; *adj*: plan, plat; *vb*: raboter
~ **deformation**: déformation *nf* biaxiale, déformation plane
~ **hole**: lumière *nf* de rabot
~ **iron**: fer *nm* de rabot
~ **of fire**: plan *nm* de tir
~**-parallel**: à faces *nf* planes et parallèles
~ **stock**: fût *nm* de rabot
~ **survey**: levé *nm* à la planchette
~ **surveying**: planimétrie *nf*
~ **table**: planchette *nf* [topographique]
~ **tree**: platane *nm*
~ **wave**: onde *nf* plane

planar: planaire
~ **graph**: graphe *nm* planaire, graphe unidimensionnel

planer: machine *nf* à raboter, raboteuse *nf*

planet: (astronomy) planète *nf*; (planetary gear) satellite *nm*
~ **carrier**: porte-satellites *nm*
~ **gear**: engrenage *nm* planétaire, engrenage épicycloïde
~ **wheel**: pignon *nm* satellite, satellite *nm*
~ **wheel motion**: mouvement *nm* planétaire

planetary, ~ **gear**: engrenage *nm* planétaire, engrenage épicycloïdal

planimetry: planimétrie *nf*

planing: rabotage *nm*, aplanissage *nm* (du bois)
~ **machine**: raboteuse *nf*

planisher: machine *nf* à planer [les tôles]

planishing: planage *nm*
~ **hammer**: marteau *nm* à planer

plank *nn*: planche *nf*; (large) madrier *nm*; (ship) vaigre *nf*; *vb*: planchéier, recouvrir en planches; (outside a ship) vaigrer; (inside a ship) border

planking: planchéiage *nm*, revêtement *nm* en madriers; (of roof) voligeage *nm*; (outside a ship) bordé *nm*, bordage *nm*; (inside a ship) vaigrage *nm*

planned: prévu, préparé, organisé
~ **maintenance**: entretien *nm* systématique
~ **use**: usage *nm* prévu

planning: planification *nf*, planning *nm*, établissement *nm* d'un projet
~ **chart**: planigramme *nm*

plano, ~**-concave**: plan-concave
~**-convex**: plan-convexe

plant *nn*: (botany) plante *nf*; (industry) installation *nf*, usine *nf*; matériel *nm*; *vb*: (a stake, nail) planter
~ **cover**: couverture *nf* végétale
~ **protection product**: produit *nm* phytosanitaire
~ **room**: local *nm* technique
~ **shutdown**: arrêt *nm* d'une installation; (nuc) îlotage *nm*

planted, ~ **moulding**: moulure *nf* rapportée

plasma: plasma *nm*
~ **diode**: diode *nf* à plasma
~ **display**: affichage *nm* [à] plasma
~ **gun**: canon *nm* à plasma

~ **jet machining**: usinage *nm* par jet de plasma
~ **screen**: écran *nm* plasma
~ **surfacing**: rechargement *nm* au plasma

plaster: (rendering) enduit *nm*; (made with gypsum) plâtre *nm*

plastering: plâtrage *nm*

plastic *nn*: matière *nf* plastique, plastique *nm*; *adj*: plastique
~ **clad silica fiber** «PCS»: fibre *nf* silice-plastique
~**-coated sheet**: tôle *nf* plastifiée
~ **design**: calcul *nm* en plasticité
~ **explosive**: plastic *nm*
~ **film**: feuille *nf* en matière plastique
~ **insulated cable** «PIC»: câble *nm* à isolant synthétique, câble à isolant plastique
~ **laminate**: stratifié *nm*
~ **laminator**: machine *nf* à plastifier (des documents)
~ **range**: domaine *nm* plastique
~ **sheet**: feuille *nf* en matière plastique; (for silage) bâche *nf* en matière plastique
~ **size**: ensimage *nm* plastique

plasticate *vb*: (a thermoplastic compound) malaxer

plasticator: (plast, rubbber) masticateur *nm*, plastificateur *nm*

plasticizer <iser>: plastifiant *nm*

plasticity, ~ **number** «PN»: indice *nm* de plasticité

plasticizing <ising>: plastification *nf*

plastigel: plastigel *nm*

plastisol: plastisol *nm*

plastomer: plastomère *nm*

plate *nn*: (anode) NA anode *nf*, plaque *nf*; (of coupling, clutch) disque *nm*, plateau *nm*; (graph) cliché *nm* métal, illustration *nf* hors texte; (thick metal sheet) tôle *nf* forte, plaque *nf*; *vb*: cuirasser, blinder; plaquer, métalliser par électrolyse; (glass) doubler, plaquer
~ **capacitor**: condensateur *nm* feuilleté, condensateur à plaques
~ **clutch**: embrayage *nm* à disques, embrayage à plateaux
~ **column**: (petr) colonne *nf* à plateaux
~ **commutator**: commutateur *nm* à plaques
~ **current** NA : courant *nm* anodique, courant de plaque
~ **cylinder**: (graph) cylindre *nm* porte-cliché
~ **doubler**: doubleuse *nf* de tôles
~ **efficiency** NA : rendement *nm* anodique, rendement des plaques
~ **gauge**: calibre *nm* [d'épaisseur] pour tôles
~ **girder** «PG»: poutre *nf* à âme pleine
~ **glass**: verre *nm* à glace, glace *nf*
~ **glazed**: laminé à la plaque
~ **laying**: (rlwy) pose *nf* de rails, pose de la voie
~ **lug**: (battery) queue *nf* de la plaque
~ **making**: (graph) clichage *nm*
~ **spring**: ressort *nm* à lames
~ **voltage** NA : tension *nf* anodique, tension de plaque
~ **wheel**: roue *nf* pleine, roue à toile pleine, roue à centre plein

plateau: (geol) plateau *nm*; (level part of diagram) palier *nm*, plateau

plated: plaqué, doublé, bordé; blindé, cuirassé
~ **deposit**: dépôt *nm* électrolytique
~ **steel**: acier *nm* plaqué

platelayer: (rlwy) poseur *nm* de rails, cantonnier *nm*

platen: (graph) platine *nf;* (m-t) table *nf*; (typewriter) cylindre *nm* (d'impression), rouleau *nm*

platform: (geol) plate-forme *nf*; (rlwy) quai *nm*; (space) station *nf* spatiale
~ **car**: wagon *nm* plat
~ **roof**: toit *nm* terrasse
~ **scales**: bascule *nf*, pont-bascule *nm*
~ **shelter**: abri *nm* de quai, marquise *nf* de trottoir
~ **truck**: (on station platform) chariot *nm* à bras, chariot porteur; (road vehicle) camion-plateau *nm*, camion-plate-forme *nm*

plating: électrodéposition *nf*, électroplastie *nf*, galvanoplastie *nf*; dépôt *nm* électrolytique, revêtement *nm* électrolytique, placage *nm*; blindage *nm*, cuirassement *nm*; (graph) clichage *nm*; (outside a ship) bordé *nm* en tôles, bordé en fer, (inside a ship) vaigrage *nm*
~ **up**: (rotary press) fixation *nf* des clichés, pose *nf* des clichés

platinize <ise> *vb*: platiner

platinizing <ising>, ~ bath: bain *nm* de platinage

platinum: platine *nm*
~ **foam**: mousse *nf* de platine

play *nn*: jeu *nm*; *vb*: (a record, cassette) écouter; (a tape) passer, lire, faire défiler

playback *nn*: reproduction *nf*; (geophysics) rejeu *nm*; (tape) lecture *nf*, écoute *nf*; (audiovisual) préenregistrement *nm*, présonorisation *nf*; *vb*: (tape) repasser
~ **head**: tête *nf* de lecture
~ **robot**: robot *nm* à mémoire, robot à apprentissage

plenum: diffuseur *nm*, chambre *nf* de distribution
~ **chamber**: chambre *nf* de tranquillisation; (of air cushion) chambre à cloche, chambre en cloche
~ **system**: (a.c.) système *nm* à surpression

PLG → *piling*

pliability: souplesse *nf*, flexibilité *nf*

pliable: flexible, souple, pliable

pliers: pince *nf*

Plimsol, ~ line: ligne *nf* de Plimsoll, marque *nf* de Plimsoll
~ **mark**: ligne *nf* de Plimsoll, marque *nf* de Plimsoll

plinth: (of column) base *nf*, socle *nm*; (constr) plinthe *nf*

PLM → *pulse length modulation*

plot *nn*: (building land) terrain *nm*; *vb*: faire le tracé, tracer; (surveying) dresser le plan, faire le relevé
~ **A against B**: établir la courbe de A en fonction de B
~ **a bearing**: porter un relèvement
~ **a course**: (nav) tracer une route
~ **a curve**: tracer une courbe
~ **an angle**: rapporter un angle
~ **mode**: (inf) mode *nm* tracé
~ **of land**: parcelle *nf* de terrain, terrain *nm*
~ **the abscissa**: porter en abscisse
~ **the ordinate**: porter en ordonnée
~ **the position**: (nav) faire le point, porter le point sur la carte

plotter: appareil *nm* de restitution; restituteur *nm* d'image, restituteur de film; (for technical drawing) table *nf* traçante, traceur *nm* [de courbes]

plotting: (drawing) représentation *nf* graphique, traçage *nm*; (radar) pointage *nm*; (aerial survey) restitution *nf*
~ **board**: table *nf* traçante
~ **paper**: papier *nm* quadrillé
~ **scale**: échelle *nf* de représentation, échelle de restitution
~ **table**: table *nf* traçante

plough: charrue *nf*; (el) sabot *nm*, frotteur *nm*; (mining) rabot *nm*
~ **and tongue joint**: assemblage *nm* à rainure et languette

ploughing: labourage *nm*; (mining) rabotage *nm*

plow NA → *plough*

plug *nn*: (of cock) noix *nf*, clé *nf*, boisseau *nm*, tournant *nm*; (el) fiche *nf*, prise *nf* de courant [mâle]; (a sparking plug) bougie *nf* [d'allumage]; (of washbasin) bonde *nf*; *vb*: (el) enficher, brancher, connecter, brancher, se connecter, se brancher; (a pipe) boucher, obturer; (masonry) tamponner
~ **a leak**: (naut) aveugler une voie d'eau
~ **and socket connector**: connecteur *nm*
~ **cock**: robinet *nm* à boisseau, robinet à clé, robinet à tournant conique
~ **compatible «PC»**: (inf) directement connectable
~ **fouling**: encrassement *nm* des bougies
~ **fuse**: fusible *nm* à bouchon, coupe-circuit *nm* à cartouche
~ **gap**: (of sparking plug) écartement *nm* des électrodes
~ **gauge**: tampon *nm*
~ **hole**: (naut) trou *nm* de nable, nable *nm*
~ **in**: enficher, connecter
~**-in**: à fiches, enfichable, interchangeable
~**-in relay**: relais *nm* à fiches, relais enfichable
~**-in type bearing**: boîte-palier *nf*
~ **nozzle**: tuyère *nf* à noyau central
~ **switch**: commutateur *nm* à fiche, interrupteur *nm* à fiche
~**-to-plug compatible**: à connexion compatible, directement connectable

~-to-plug **compatibility**: compatibilité *nf* directe, branchement *nm* sans adaptateur
~ **weld**: soudure *nf* en bouchon

plugboard: tableau *nm* à fiches, tableau de connexions (à fiches)

pluggable: enfichable

plugged: (leak) colmaté, obturé; (masonry) tamponné
~ **in**: branché, enfiché

plugging: (braking) freinage *nm* par contre-courant; (el) connexion *nf*, enfichage *nm*, embrochage *nm*; (of masonry) tamponnement *nm*; (of hole) bouchage *nm*, colmatage *nm*, comblement *nm*, obturation *nf*
~ **chisel**: tamponnoir *nm*
~ **drill**: tamponnoir *nm*

plumb *vb*: mettre d'aplomb, plomber (un mur); (seal) plomber; (naut) sonder
~ **bob**: plomb *nm* (de fil à plomb, de sonde)
~ **level**: niveau *nm* de maçon
~ **line**: fil *nm* à plomb

plumbago: graphite *nm*

plumber: plombier *nm*
~**'s torch**: lampe *nf* à souder

plumbing: plomberie *nf*, installations *nf* sanitaires; (colloquial) équipement *nm* de guide d'ondes
~ **fixture**: appareil *nm* sanitaire
~ **system**: plomberie *nf*
~ **unit**: bloc *nm* eau

plummer, ~ **block**: palier-support *nm*, chaise *nf*

plummet *nn*: plomb *nm* (de sonde, de fil à plomb); *vb*: tomber verticalement

plunge *vb*: plonger, tremper
~ **battery**: batterie *nf* à immersion
~ **feed**: avance *nf* en plongée
~ **grinding**: rectification *nf* en plongée

plunger: piston *nm* plongeur, plongeur *nm*; (el) noyau *nm* mobile, noyau plongeur; (for pipe) débouchoir *nm*, dégorgeoir *nm* à ventouse
~ **pump**: pompe *nf* à piston[s] plongeur[s], pompe *nf* foulante
~ **relay** NA : relais *nm* à plongeur, relais à solénoïde
~ **retaining plate**: (on press) plongeur *nm* porte-poinçon, porte-poinçon *nm*

plunging *nn*: immersion *nf*; *adj*: (geol) plongeant

plus: plus
~ **and minus limits**: tolérances *nf* maximale et minimale
~ **tapping**: (on transformer) prise *nf* additive
~ **tolerance**: tolérance *nf* en plus
~ **wire**: fil *nm* positif, conducteur *nm* positif

plutonium: plutonium *nm*
~ **pile**: pile *nf* au plutonium, réacteur *nm* au plutonium
~ **reactor**: pile *nf* au plutonium, réacteur *nm* au plutonium

pluviometer: pluviomètre *nm*

ply: (a layer) pli *nm*, couche *nf*, épaisseur *nf*; (of board, paper) jet *nm*; (of plywood) pli; (of tyre) nappe *nf*
~ **break**: (on tyre) rupture *nf* de nappe
~ **separation**: (on tyre) décollement *nm* entre nappes; (in plywood) séparation *nf* des couches
~ **turn up**: (on tyre) retournement *nm* des nappes
~ **yarn**: fil *nm* retors

plywood: contreplaqué *nm*

PM → *permanent magnet, phase modulation*

pmpg→ *pumping*

PMX→ *private manual exchange*

PN → *performance number*

pneumatic: pneumatique, à air comprimé
~ **drill**: marteau *nm* perforateur à air comprimé, marteau pneumatique
~ **spring**: ressort *nm* à air comprimé
~ **tyre**: bandage *nm* pneumatique, pneu *nm*, pneumatique *nm*

PO → *power output, post office, public office, purchase order*
~ **box**: boîte *nf* postale

pocket *nn*: poche *nf*; (of ore, gravel) nid *nm* de minerai; *adj*: de poche
~ **calculator**: calculatrice *nf* de poche, calculette *nf*
~ **dosemeter**: stylo *nm* dosimètre

~ **envelope**: pochette *nf*
~ **exposure meter**; stylo *nm* exposimètre
~ **size**: de poche, petit format
~ **tube**: (for thermometer) doigt *nm* de gant

pod: (aero) fuseau *nm*, nacelle *nf*

podded, ~ **engine**: moteur *nm* en nacelle

point *nn*: (arithmetic) virgule *nf* décimale; (a spot, dot) point *nm*; (a sharp end) pointe *nf*; *adj*: ponctuel; *vb*: (to aim) viser, braquer sur; (brickwork) jointoyer; (stone) ficher; → also *points*
~ **contact**: (transistor) contact *nm* ponctuel, contact à pointe
~ **load**: charge *nf* ponctuelle
~ **location**: emplacement *nm* de la virgule
~ **of control**: (quality control) point *nm* d'indifférence (de la courbe d'efficacité)
~ **of failure**: point *nm* de détérioration, point de rupture
~ **of impact**: (of bullet) point *nm* d'impact; (of a force) point d'attaque
~ **of purchase**: (sale, advertising) point *nm* d'achat
~ **of sailing**: allure *nf*
~ **of sale** «POS»: lieu *nm* de vente, point *nm* de vente
~ **of the compass**: aire *nf* de vent
~ **rail**: (rlwy) rail *nm* mobile de l'aiguille
~ **source**: (of light) source *nf* ponctuelle
~**-to-point control**: commande *nf* point à point
~**-to-point connection**: (tp) liaison *nf* poste à poste
~ **tongue**: (rlwy) lame *nf* d'aiguille, aiguille *nf*
~ **welding**: soudage *nm* par points

pointed: pointu, effilé
~ **arch**: arc *nm* brisé
~ **chisel**: grain *nm* d'orge
~ **drill**: foret *nm* à langue d'aspic
~ **rivet head**: tête *nf* de rivet en pointe de diamant, tête de rivet conique

pointer: (of instrument) aiguille *nf*, index *nm*; (inf) indicateur *nm*, marqueur *nm*, pointeur *nm*, curseur *nm*
~ **instrument**: appareil *nm* à aiguille
~ **movement**: déviation *nf* de l'aiguille

pointing: (of brickwork) jontoiement *nm*

points: (rlwy) aiguille *nf*
~ **crossing**: cœur *nm* d'aiguille

poison *nn*: poison *nm*; *vb*: empoisonner, intoxiquer
~ **gas**: gaz *nm* toxique; (warfare) gaz asphyxiant

poker: tisonnier *nm*; (met) ringard *nm*, pique-feu *nm*
~ **vibrator**: pervibrateur *nm*
~ **work**: pyrogravure *nf*

polar: polaire
~ **cap**: calotte *nf* polaire
~ **moment of inertia**: moment *nm* d'inertie polaire

polarimeter: polarimètre *nm*

polarizer <iser> *nn*: polariseur *nm*; *adj*: polariseur

pole: (el) pôle *nm*; (a post) poteau *nm*; (of scaffold) échasse *nf*, perche *nf*, poteau
~ **arc**: arc *nm* polaire
~ **base**: pied *nm* de poteau
~ **body**: noyau *nm* polaire
~ **changer**: inverseur *nm* de pôles, inverseur de polarité
~ **changing**: commutation *nf* de polarité, inversion *nf* des pôles, inversion de polarité; (on motor) changement *nm* du nombre de pôles
~**-changing motor**: moteur *nm* à nombre de pôles variable
~**-changing switch**: inverseur *nm* de polarité, inverseur de pôles
~ **climbers**: grimpettes *nf*
~ **core**: noyau *nm* polaire
~ **digger**: tarière *nf*
~ **face**: face *nf* polaire
~ **finder**: chercheur *nm* de pôle, indicateur *nm* de pôle, indicateur de polarité, cherche-pôles *nm*
~ **horn**: corne *nf* polaire
~ **line**: ligne *nf* sur poteaux
~ **mounting**: montage *nm* sur poteau
~ **piece**: masse *nf* polaire, pièce *nf* polaire
~ **pitch**: pas *nm* polaire, distance *nf* entre pôles
~ **reverser**: inverseur *nm* de pôles, inverseur de polarité
~ **shoe**: sabot *nm* de poteau; corne *nf* polaire, épanouissement *nm* polaire, masse *nf* polaire, pièce *nf* polaire
~ **slipping**: glissement *nm* de pôle
~ **switch**: interrupteur *nm* de poteau
~ **tip**: corne *nf* polaire, pièce *nf* polaire
~**-to-pole guy**: hauban *nm* tendeur entre deux poteaux
~ **wheel**: roue *nf* polaire

poling, ~ board: (constr) planche *nf* de blindage, planche de boisage, planche de coffrage

polish *nn*: cire *nf*, encaustique *nf*; *vb*: polir; (glass) adoucir

polished: poli, adouci; ciré, encaustiqué
~ **fatigue limit**: limite *nf* de fatigue déterminée sur barreau lisse
~ **plate**: glace *nf* doucie

polishing: polissage *nm*; (glass) adoucissage *nm*
~ **mop**: disque *nm* à polir, disque de coton
~ **rouge**: rouge *nm* d'Angleterre, colcotar *nm*, potée *nf* rouge
~ **wheel**: polissoir *nm*, meule *nf* à polir, disque *nm* de polissage

poll *nn*: appel *nm*, interrogation *nf*; *vb*: (inf) interroger

polling: (tp) interrogation *nf*, appel *nm* sélectif; (tcm) invitation *nf* à émettre

pollutant: polluant *nm*

pollute *vb*: polluer

polluter: pollueur *nm*

pollution: pollution *nf*
~ **abatement**: dépollution *nf*
~ **burden**: charge *nf* polluante
~ **control**: lutte *nf* contre la pollution; *adj*: antipollution

poly: multiple, poly; (chem) poly

polyacetal: polyacétal *nm*

polyacrylate: polyacrylate *nm*

polyacrylic, ~ plastic: plastique *nm* polyacrylique

polyacrylonitrile: polyacrylonitrile *nm*

polyaddition: polyaddition *nf*

polyamide «PA»: polyamide *nm* «PA»
~ **plastic**: plastique *nm* polyamidique, plastique PA

polybutadiene: polybutadiène *nm*

polybutylene, ~ plastic: plastique *nm* polybutylène

polycarbonate: polycarbonate *nm* «PC»
~ **plastic**: plastique *nm* polycarbonate

polychrome: polychrome

polycrystalline: polycristallin

polyelectrode: électrode *nf* multiple

polyester: polyester *nm*
~ **plastic**: plastique *nm* polyestérique
~ **resin**: résine *nf* polyester

polyether: polyéther *nm*

polyethylene «PE»: polyéthylène *nm*
~ **foam** «PEF»: polyéthylène *nm* mousse
~ **glycol**: polyéthylène-glycol *nm*

polyfuel: polycarburant, multicarburant

polygon: polygone *nm*
~ **engine**: moteur *nm* en polygone
~ **of forces**: polygone *nm* des forces

polyhedral: polyédrique

polyhedron: polyèdre *nm*

polymer: polymère *nm*

polymerization <isation>: polymérisation *nf*

polyolefine: polyoléfine *nf*
~ **plastic**: plastique *nm* polyoléfinique

polyphase: polyphasé
~, **commutator motor**: moteur *nm* à collecteur polyphasé
~ **current**: courant *nm* polyphasé

polypole: multipolaire

polypropylene «PP»: polypropylène *nm*
~ **plastic**: plastique *nm* polypropylène, plastique polypropylénique

polystyrene «PS»: polystyrène *nm* «PS»
~ **foam**: mousse *nf* de polystyrène, polystyrène cellulaire
~ **plastic**: plastique *nm* polystyrène

polytetrafluorethylene «PTFE»: polytétrafluoréthylène *nm*

polythene «PE»: polyéthylène *nm*
~ **foam insulated cable** «PEF»: câble *nm* isolé au polyéthylène mousse

polyurethane «PUR»: polyuréthane *nm*, polyuréthanne *nm* «PUR»
~ **resin**: résine *nf* de polyuréthane

polyvalent: polyvalent

polyvinyl: polyvinyle *nm*
~ **acetate** «PVAC»: acétate *nm* de polyvinyle
~ **chloride** «PVC»: chlorure *nm* de polyvinyle
~ **resin**: résine *nf* polyvinylique

pond: étang *nm*; (in garden) pièce *nf* d'eau; (on canal lock) bief *nm*; (pap) cuve *nf*

pondage: (of dam) capacité *nf* d'emmagasinage, volume *nm* de retenue, retenue *nf*

pontoon: ponton *nm*
~ **bridge**: pont *nm* de bateaux, pont d'équipage

pool *nn*: regroupement *nm*; (for swimming) piscine *nf*; (petr) gisement *nm*; *vb*: mettre en commun, regrouper, concentrer (des ressources)
~ **cathode**: cathode *nf* liquide, cathode à bain
~ **reactor**: réacteur *nm* piscine
~ **rectifier tube**: tube *nm* redresseur à cathode liquide

pooled, ~ **maintenance**: entretien *nm* en banalité

pooler: (inf) concentrateur *nm*

pooling: mise *nf* en commun, regroupement *nm*, concentration *nf* des ressources

poor: (bad) mauvais; (gas, mixture) pauvre; (mining) pauvre, stérile
~ **conductor**: mauvais conducteur *nm*
~ **quality**: de mauvaise qualité

pop, ~ **back**: (engine) retour *nm* de flamme
~ **valve**: soupape *nf* de surpression

popout: (in concrete) cratère *nm*; (in GRP) défibrage *nm*

poppet: (of lathe) poupée *nf* de tour
~ **valve**: soupape *nf* en champignon

population: (statistics, nuc) population *nf*; (of machinery) parc *nm*

porcelain: porcelaine *nf*
~ **bushing**: passe-fil *nm* en porcelaine, traversée *nf* en porcelaine
~ **enamel** NA : émail *nm* vitrifié

porch: (constr) porche *nm*; (tv) palier *nm* du noir

porcupine: (a go-devil) hérisson *nm*
~ **cylinder**: (spinning) tambour *nm* égreneur

pore: pore *nm*
~ **filler**: bouche-pores *nm*
~ **pressure**: pression *nf* interstitielle
~ **space**: (geol) volume *nm* des pores
~ **water**: eau *nf* interstitielle
~**-water pressure**: pression *nf* [de l'eau] interstitielle

porosimeter: porosimètre *nm*

porosity: porosité *nf*

porous: poreux

porpoising: marsouinage *nm*

port: (a harbour) port *nm*; (inf) port, connecteur *nm*; (an opening) lumière *nf*, orifice *nm* (pour échappement de gaz, de vapeur); (a porthole) sabord *nm*; (portside) bâbord *nm*; (of waveguide) porte *nf* (d'accès), port *nm* (d'entrée, de sortie)

portability: portabilité *nf*, transportabilité *nf*; (of software) interchangeabilité *nf*, portabilité , transférabilité *nf*

portable: mobile, portatif, transportable; (software) portable, transférable
~ **compressor**: compresseur *nm* mobile
~ **conveyor**: sauterelle *nf*
~ **hangar**: hangar *nm* démontable

portal: (in structure) portique *nm*; (of tunnel) tête *nf*, entrée *nf*
~ **crane**: grue-portique *nf*, grue à portique
~ **frame**: portique *nm*
~ **type robot**: robot *nm* portique

ported: muni d'orifices, à orifices, à lumières

porthole: hublot *nm*

portrait, ~ **format**: format *nm* vertical

portside *nn*: bâbord *nm*; *adj*: à bâbord

POS → *point of sale*

position *nn*: position *nf*, emplacement *nm*; (nav) point *nm*, position; *vb*: mettre en place, placer
~ **finding**: calcul *nm* du point
~ **light**: feu *nm* de position
~ **welding**: soudage *nm* en position

positioner: (automatic control) vérin *nm*

positioning: positionnement *nm*; (of beam) calage *nm* d'un faisceau; (mech) centrage *nm*
~ **accuracy**: (robotics) précision *nf* de positionnement
~ **control**: (cybernetics) commande *nf* point à point
~ **element**: (automatic control) vérin *nm*, organe *nm* final
~ **hole**: trou *nm* de centrage

positive: positif; (electroplating) anodique; (mech) à accouplement *nm* rigide
~ **acknowledgement** «PACK»: accusé *nm* de réception positif
~ **booster**: survolteur *nm*
~ **clutch**: embrayage *nm* à entraînement instantané
~ **deviation**: (statistics) écart *nm* en plus
~ **die**: moule *nm* positif, moule mâle
~ **displacement meter** «PD»: compteur *nm* volumétrique
~ **displacement pump** «PD»: pompe *nf* volumétrique
~ **distortion**: distorsion *nf* en barillet
~ **drive**: entraînement *nm* direct, commande *nf* positive
~ **electron**: positon *nm*, positron *nm*
~ **feedback**: rétroaction *nf*, réaction *nf* positive
~ **glow**: lumière *nf* anodique, lumière positive
~ **mould**: moule *nm* positif
~-**negative booster**: survolteur-dévolteur *nm*
~-**negative control**: action *nf* par plus ou moins
~ **ray**: rayon *nm* canal, rayon positif
~ **reinforcement**: armatures *nf* de moment positif
~ **sign**: signe *nm* plus
~ **stop**: butée *nf* fixe
~ **ventilation**: ventilation *nf* forcée

positively, ~ **connected**: à liaison rigide, solidarisé

positron: positon *nm*, positron *nm*

post *nn*: poteau *nm*, pieu *nm*; (auto) montant *nm*; (el) borne *nf*, poteau *nm*; (in fence) piquet *nm*; (in metal structure) pilier *nm*; (mail) poste *nf*; (in mine) pilier *nm*; (naut) étambot *nm*; *vb*: poster, mettre à la poste; afficher; (inf) enregistrer, inscrire
~-**and-beam**: à poteaux et poutres
~-**and-girder**: à poteaux et poutres
~-**and-lintel**: à poteaux et poutres
~ **bracket**: potence *nf*
~ **code**: code postal
~-**completion drawing**: plan *nm* de récolement
~-**deflection accelerator**: électrode *nf* post-accélératrice, électrode de post-accélération
~ **hole digger**: tarière *nf*
~-**installation**: après installation
~ **insulator**: support *nm* isolant, isolateur *nm* support
~ **pallet**: palette *nf* à montants, palette à ridelles
~-**tensioning**: post-tension *nf*, précontrainte *nf* postérieure
~-**treatment**: traitement *nm* ultérieur

postchlorinated: surchloré

postcombustion «PC»: postcombustion *nf*, réchauffe *nf*

postcure: postcuisson *nf*, recuit *nm*; (inf) post-traitement *nm*

poster: affiche *nf*
~ **pillar**: colonne *nf* d'affichage

postforming: postformage *nm*

posting: affichage *nm*; (inf) enregistrement *nm*, inscription *nf*

postmortem: autopsie *nf*, postmortem *nm*

postpone *vb*: ajourner, différer, remettre à plus tard, renvoyer à une date ultérieure

postponement: ajournement *nm*, remise *nf* à plus tard, renvoi *nm* à une date ultérieure

pot *nn*: pot *nm*; (met) creuset *nm*; (a potentiometer) potentiomètre *nm*; *vb*: mettre en pot; (eon) encapsuler
~ **clay**: argile *nf* téguline
~ **core**: noyau *nm* en pot
~ **floor**: plancher *nm* à hourdis en terre cuite
~ **furnace**: four *nm* à creuset

~ **life**: vie *nf* en pot, durée *nf* limite d'emploi, temps *nm* maxi d'utilisation
~ **magnet**: aimant *nm* en [forme de] pot, électro-aimant *nm* cuirassé
~ **plunger** NA : piston *nm* de transfert
~ **steel**: acier *nm* au creuset
~**-type furnace**: four *nm* à pot

potash: potasse *nf*

potassium, ~ hydroxyde: potasse *nf* caustique, hydroxyde *nm* de potasse

potcher: (pap) pile *nf* laveuse, pile blanchisseuse

potential: potentiel *nm*
~ **difference** «PD»: différence *nf* de potentiel, tension *nf*
~ **gradient**: gradient *nm* de potentiel
~ **transformer**: transformateur *nm* de tension, transformateur de potentiel

potentiometer: potentiomètre *nm*
~ **control**: réglage *nm* par potentiomètre
~ **pick off**: capteur *nm* à potentiomètre

potentiometric, ~ titration: titrage *nm* potentiométrique

pothead: (el) boîte *nf* d'extrémité (de câble)

pothole: (geol) cuvette *nf*, marmite *nf* de géant; (in road) nid *nm* de poule

potting: (plastic moulding) empotage *nm*

pouch: sachet *nm*

pound *nn*: (for cars) fourrière *nf*; *vb*: piler; (ore) bocarder

pounding: (machine) cognement *nm*, martellement *nm*; (naut) talonnement *nm*
~ **test**: essai *nm* de résilience

pour *vb*: verser; (concreting, fdry) couler
~ **from the bottom**: couler en source
~ **from the top**: couler en chute
~ **off**: décanter
~ **point**: (of oil) point *nm* de décongélation; (of grease) point d'écoulement
~ **point depressant**: additif *nm* abaissant le point d'écoulement

pourability: (fdry) aptitude *nf* à la coulée, coulabilité *nf*

poured, ~ concrete wall: mur *nm* en béton banché
~ **short mould**: moule *nm* non rempli

pourer: bec *nm* verseur; (fdry) couleur *nm*

pouring: (met) coulée *nf*; (concreting) coulage *nm*, mise *nf* en place
~ **basin**: bassin *nm* de coulée, entonnoir *nm* de coulée
~ **bay**: halle *nf* de coulée
~ **gate**: trou *nm* de coulée, entonnoir *nm*, masselote *nf*
~ **ladle**: poche *nf* de coulée
~ **lip**: bec *nm* verseur
~ **spout**: bec *nm* verseur; (fdry) rigole *nf* de coulée

powder *nn*: poudre *nf*; *adj*: en poudre; *vb*: réduire en poudre; (to spread powder) saupoudrer
~ **filling**: remplissage *nm* pulvérulent
~ **metallurgy**: métallurgie *nf* des poudres
~ **moulding**: moulage *nm* à partir de poudres
~ **pipeline**: (for coal) carboduc *nm*
~ **product**: pulvérulent *nm*
~ **snow**: neige *nf* poudrée, neige poudreuse

powdered: pulvérisé, en poudre
~ **charcoal**: noir *nm* végétal
~ **iron**: poudre *nf* de fer

powdering: saupoudrage *nm*; (paper defect) poudrage *nm*; (with French chalk) talcage *nm*

powdery: en poudre, poudreux

power *nn*: puissance *nf*; (capacity of a machine) puissance, capacité *nf*; (el) électricité *nf*, courant *nm*, courant fort, courant force; (maths) puissance *nf*; *adj*: (as opposed to manual) mécanique, à moteur
~ **amplification**: amplification *nf* en puissance
~ **amplifier** «PA»: amplificateur *nm* de puissance
~**-assisted brake**: frein *nm* asssisté; servofrein *nm*
~**-assisted control**: commande *nf* servo-assistée, commande à servomoteur
~ **barrow**: motobrouette *nf*
~ **boat**: canot *nm* à moteur
~ **brake**: frein *nm* assisté; servofrein *nm*
~**-breeder reactor**: réacteur *nm* surrégénérateur

~ **burner**: brûleur *nm* à mélange surpressé
~ **cable**: câble *nm* de transport d'énergie; câble pour courants forts, câble de force motrice, câble de puissance
~ **car** NA : (rlwy) automotrice *nf*
~ **circuit**: circuit *nm* de force, circuit pour courant fort; circuit de puissance
~ **component**: composante *nf* active
~ **consumption**: puissance *nf* absorbée; consommation *nf* d'électricité
~ **control**: commande *nf* de puissance
~ **current**: courant *nm* de force, courant fort
~ **cutback**: réduction *nf* de puissance, délestage *nm* de puissance
~ **demand**: puissance *nf* requise, puissance absorbée
~ **diode**: diode *nf* de puissance
~ **drain**: puissance *nf* absorbée
~ **drill**: perceuse *nf* [électrique]
~ **drive**: commande *nf* mécanique, commande par moteur
~ **driven**: à moteur, à commande mécanique
~ **dump**: coupure *nf* de courant
~ **efficiency**: rendement *nm* énergétique
~ **electronics**: électronique *nf* de puissance
~ **excursion**: excursion *nf* de puissance
~ **factor** «pf»: facteur *nm* de puissance
~ **failure**: manque *nm* de courant, panne *nf* de courant
~ **feed**: alimentation *nf* mécanique; (m-t) avance *nf* mécanique
~ **frequency**: fréquence *nf* industrielle
~ **gain**: gain *nm* en puissance; (of antenna) gain *nm* d'antenne
~ **gas**: gaz *nm* carburant, carburant *nm* gazeux
~ **generator**: groupe *nm* électrogène
~ **house**: centrale *nf* électrique, usine *nf* électrique
~ **input**: puissance *nf* d'attaque, puissance consommée; (to a machine) puissance absorbée
~ **kerosene**: pétrole *nm* carburant, pétrole pour tracteurs
~ **lead**: amenée *nf* du courant
~ **line**: ligne *nf* électrique, ligne de transport de force
~ **loom weaving**: tissage *nm* mécanique
~ **mass ratio**: puissance *nf* massique
~ **meter**: wattmètre *nm*
~ **miser**: économiseur *nm* [d'énergie]
~ **module**: (space) bloc *nm* de puissance
~ **mower**: motofaucheuse *nf*
~ **off**: hors tension; (aero, auto) moteur *nm* arrêté; *vb*: débrancher, éteindre, mettre hors tension
~ **off indicator**: indicateur *nm* de mise hors circuit
~ **oil**: huile *nf* combustible
~ **on**: sous tension; *vb*: allumer, brancher, mettre sous tension
~ **on indicator**: indicateur *nm* de mise en circuit
~**-operated**: commandé par moteur, commandé mécaniquement, à servo
~ **outage**: panne *nf* d'électricité
~ **output** «PO»: puissance *nf* débitée, puissance *nf* fournie, puissance utile
~ **pack**: bloc *nm* d'alimentation, source *nf* de courant
~ **plant**: centrale *nf* électrique, usine *nf* électrique; groupe *nm* electrogène; (aero) ensemble *nm* de propulsion, groupe moteur, groupe propulseur, groupe turbo-réacteur «GTR»
~ **plug**: prise *nf* de courant
~ **point**: prise *nf* de courant
~ **press**: presse *nf* mécanique
~ **pump**: motopompe *nf*, pompe *nf* électrique, pompe mécanique
~ **rail**: rail *nm* de prise de courant
~ **range**: (of reactor) domaine *nm* de puissance
~ **rating**: puissance *nf* nominale
~ **relay**: relais *nm* de puissance, relais wattmétrique
~ **requirement**: puissance *nf* absorbée
~ **shaft**: arbre *nm* de couche, arbre de commande
~ **shovel**: pelle *nf* mécanique, pelleteuse *nf*
~ **stage**: étage *nm* de puissance
~ **station**: usine *nf* électrique, centrale *nf* électrique
~ **steering**: (auto) direction *nf* assistée
~ **stroke**: (of engine) course *nf* de détente, course motrice
~ **supply** «PS»: alimentation *nf* en courant, source *nf* de courant
~ **supply unit** «PSU»: bloc *nm* d'alimentation, source *nf* d'alimentation en courant, alimentation *nf* en courant
~ **tailgate**: hayon *nm* élévateur
~ **take off** «PTO»: prise *nf* de force
~**-to-weight ratio**: puissance *nf* massique (d'un moteur)
~ **tools**: outillage *nm* mécanique
~ **train**: groupe *nm* motopropulseur
~ **transformer**: transformateur *nm* d'alimentation, transformateur de puissance
~ **transmission**: transport *nm* d'énergie [électrique], transport *nm* de force; (auto) transmission *nf*

~ **unit**: groupe *nm* moteur, moteur *nm* [amovible]; (el) source *nf* de courant, groupe électrogène; (aero) moteur *nm* habillé; (auto) ensemble *nm* moteur/boîte de vitesses; (car steering) vérin *nm*; (space) bloc *nm* de puissance

powered: à moteur
~ **axle**: essieu *nm* moteur, pont *nm* moteur
~ **flight**: vol *nm* propulsé

pozzolana: pouzzolane *nf*

PP → *polypropelene*

p-p → *peak-to-peak*

ppb → *parts per billion*

ppm → *parts per million*

PPM → *pulse phase modulation, pulse position modulation*

PR → *pattern recognition*

practicable: faisable; (road) carrossable

practice *nn*: usage *nm* courant, coutume *nf*; *vb* NA → *practise*
~ **firing**: tir *nm* d'entraînement, tir d'exercice

practise **<ice>** *vb*: s'entraîner, s'exercer

PRD → *preferred*

preamplifier: préamplificateur *nm*

prearcing, ~ **time**: durée *nf* de préarc (d'un fusible)

preassembled: tout monté

precanned: (inf) de série, prêt à l'emploi

precast: (concrete) préfabriqué
~ **concrete block**: aggloméré *nm*, parpaing *nm*
~ **on site**: coulé au sol

precedence: priorité *nf*

precipitate *nn*: précipité *nm*; *vb*: se précipiter, se déposer, se condenser

precipitation, ~ **hardening**: durcissement *nm* structural, durcissement par précipitation

precise: précis, de précision

precision *nn*: précision *nf*, exactitude *nf*; *adj*: de précision
~ **adjustment**: réglage *nm* fin

precompiler: précompilateur *nm*

precrusher: broyeur *nm* primaire

precuring: (of concrete) prise *nf* prématurée; (plast) précuisson *nf*

precut, ~ **blank**: ébauche *nf* estampée, flan *nm* estampé

predesign: avant-projet *nm*

predictable: prévisible

prediction: prévision *nf*

preemphasis: préaccentuation *nf*

prefab → *prefabricated*

prefabricated «prefab»: préfabriqué

preferential, ~ **flow**: débit *nm* prioritaire

preferred «PRD»: préférentiel
~ **acceptable quality level**: niveau *nm* de qualité acceptable recommandé
~ **number**: nombre *nm* normal
~ **term**: terme *nm* à employer de préférence

prefix: préfixe *nm*
~ **notation**: (inf) notation *nf* préfixée, notation polonaise

preflashing: prévaporisation *nf*

preflight, ~ **check**: visite *nf* avant vol, visite prévol

prefocused: préfocalisé

preform *nn*: préforme *nf*, ébauche *nf*; *vb*: préformer; (plast) pastiller

preformed: (sealant, joint filler) prémoulé
~ **winding**: enroulement *nm* sur gabarit

preforming, ~ machine: machine *nf* à pastiller, pastilleuse *nf*
~ **press**: pastilleuse *nf*

preheat *vb*: réchauffer [d'avance], dégourdir, porter à température

preheater: réchauffeur *nm*

preheating, ~ oven: étuve *nf* de préchauffage, étuve de réchauffage
~ **time**: durée *nf* de mise en température

pre-ignition: allumage *nm* prématuré, auto-allumage *nm*, préallumage *nm*

preimpregnated: préimprégné

preliminary: préalable, préliminaire
~ **design**: avant-projet *nm*
~ **filter**: filtre *nm* préparatoire, premier filtre
~ **matter**: (graph) feuilles *nf* liminaires, préliminaires *nf*
~ **project**: avant-projet *nm*
~ **study**: étude *nf* préalable

preload *nn*: (on spring) charge *nf* d'étalonnage; *vb*: précharger

premises: lieux *nm*, local *nm*, locaux *nm*

premium, ~ [grade] fuel: supercarburant *nm*
~ **gasoline**: supercarburant *nm*

premix, ~ burner: brûleur *nm* à mélange préalable
~ **concrete**: béton *nm* préparé en centrale

premixed: (concrete) prêt à mouiller

prepayment, ~ meter: compteur *nm* à prépaiement

prepreg: preimprégné

pre-production: pré-série

preread: prélecture *nf*
~ **head**: téte *nf* de première lecture

prerecorded: (tape) préenregistré
~ **broadcast**: émission *nf* en différé

prerequisite: condition *nf* préalable

presentation, ~ copy: (graph) exemplaire *nm* gratuit

preservative: préservatif *nm*, agent *nm* de conservation, produit *nm* de conservation

preset: prédéterminé, prédéfini; pré-réglé, prépositionné; réglé en usine; (condition, requirement) prescrit
~ **channel**: canal *nm* pré-réglé

press *nn*: (a machine) presse *nf*; (pass for press) bon à tirer «BAT»; *vb*: appuyer sur, exercer une pression sur; emboutir, estamper; (a key) abaisser
~/**blow**: pressé-soufflé
~ **brake**: presse *nf* plieuse
~ **button**: bouton-poussoir, bouton à pression, touche *nf*
~ **button telephone**: téléphone *nm* à clavier
~ **cutting**: coupure *nf* de presse
~ **drawn metal section**: profil *nm* filé à la presse
~-**filter**: filtre-presse *nm*
~ **fit**: emmanchement *nm* à force, emmanchement à la presse, ajustage *nm* à force, ajustage à la presse
~ **fitted**: monté à force, emmanché à la presse, emmanché à force
~ **foot**: (of sewing machine) pied *nm* presseur
~ **in**: enfoncer; emmancher à la presse
~ **out**: exprimer, extraire à la presse; faire sortir (en appuyant)
~ **release**: communiqué-presse *nm*
~ **roll**: rouleau *nm* compresseur
~ **screw**: vis *nf* de pression, vis de serrage
~ **switch**: interrupteur *nm* à pression, bouton-poussoir *nm*
~ **work**: estampage *nm*, emboutissage *nm*; (graph) impression *nf*, tirage *nm*

pressbraked, ~ sheet: tôle *nf* pliée

pressed: comprimé, serré; (metal) embouti, estampé
~ **glass**: verre *nm* moulé, verre pressé
~-**in liner**: (on engine) chemise *nf* emmanchée
~ **sheet**: (of metal) tôle *nf* emboutie; (of plast) feuille *nf* pressée

pressing: moulage *nm* à la presse; (on press brake) pliage *nm*; (petr) déparaffinage *nm* à la presse

pressure: pression *nf*
~ **break**: (in laminated plastics) manque *nm* de pression
~ **build up**: montée *nf* de la pression, montée en pression

~ **bulb**: (constr) bulbe *nm* des pressions
~ **bulkhead**: (naut) cloison *nf* étanche
~ **burner**: brûleur *nm* à mélange surpressé, brûleur surpressé
~ **cabin**: cabine *nf* pressurisée
~ **capsule**: capsule *nf* manométrique
~ **cell**: capteur *nm* de pression, capsule *nf* manométrique, cellule *nf* manométrique
~**-charged engine**: moteur *nm* suralimenté
~ **charging**: suralimentation *nf*
~ **contactor**: manocontact *nm*
~ **control valve** «PCV»: clapet *nm* de surpression, soupape *nf* de surpression
~ **controller**: régulateur *nm* de pression
~ **delivery**: refoulement *nm* sous pression
~ **distillate** «PD»: distillat *nm* de craquage
~ **drawdown**: décompression *nf*
~ **drop**: diminution *nf* de la pression, chute *nf* de pression; (of gas) détente *nf*
~ **face**: (of propeller) intrados *nm*
~ **feed**: alimentation *nf* sous pression
~ **flow**: circulation *nf* forcée
~ **gauge**: manomètre *nm*
~ **grease cup**: godet *nm* pour graissage forcé
~ **head**: colonne *nf* manométrique, hauteur *nf* de charge; hauteur *nf* de refoulement
~ **intensifier**: multiplicateur *nm* de pression
~ **line**: conduite *nf* sous pression; tuyauterie *nf* de refoulement
~ **loss**: chute *nf* de pression, perte *nf* de charge
~ **lubrication**: graissage *nm* sous pression
~**-operated switch**: contacteur *nm* manométrique
~ **pick off**: prise *nf* de pression
~ **pick up**: capteur *nm* de pression
~ **pipe**: conduite *nf* sous pression, tuyau *nm* en charge
~ **pump**: pompe *nf* élévatoire, pompe foulante
~ **reducing gauge**: manodétendeur *nm*
~ **reducing station**: poste *nf* de détente
~ **reducing valve**: mano-détendeur *nm*, détendeur *nm*
~ **release**: décompression *nf*
~ **release regulator**: régulateur *nm* de décompression
~ **relief**: décompression *nf*
~ **relief valve** «PRV»: clapet *nm* de surpression, soupape *nf* de surpression, soupape de sûreté
~ **roller**: galet *nm* presseur
~ **sensitive paper**: papier *nm* autoadhésif, papier auto-collant
~ **side**: (of pump) côté *nm* refoulement
~ **stroke**: (of engine) course *nf* de compression
~ **switch**: manostat *nm*, pressostat *nm*; (cybernetics) barocontact *nm*
~ **tank**: réservoir *nm* sous pression
~ **tapping**: prise *nf* de pression
~ **tester**: contrôleur *nm* de pression
~ **testing**: épreuve *nf* sous pression
~ **transducer**: capteur *nm* de pression
~ **vessel**: récipient *nm* sous pression; (of compressor) accumulateur *nm*
~ **welding**: soudage *nm* par pression, soudage par rapprochement

pressurization <isation>: mise *nf* en pression

pressurize <ise> *vb*: mettre en pression

pressurized <ised>: sous pression, pressurisé
~ **cabin**: cabine *nf* pressurisée
~ **water reactor** «PWR»: réacteur *nm* à eau sous pression

prestressing: précontrainte *nf*

pretaped: préenregistré (sur bande)

pretimed: (signal) à cycle fixe

pretreatment: traitement *nm* initial, traitement *nm* préparatoire, traitement préalable, pré-traitement

pretrigger: prédéclenchement *nm*

prevailing, ~ **wind**: vent *nm* dominant

preventer: (blowout preventer) obturateur *nm*

prevention: prévention *nf*

preventive, ~ **action**: mesure *nf* préventive
~ **maintenance**: entretien *nm* planifié, entretien préventif, entretien systématique

preview: (of film) avant-première *nf*; (of new product) présentation *nf*

previous: antérieur; précédent

prewired: précâblé

PRF → *pulse repetition frequency*

price *nn*: prix *nm*; *vb*: calculer le prix, établir le prix
~ **each**: prix *nm* unitaire
~ **list**: barême *nm*, tarif *nm*
~ **tag**: étiquette *nf*; prix *nm*

pricing: tarification *nf*

prick: piqûre *nf* (faite avec un objet pointu)
~ **punch** NA : pointeau *nm*

primary *nn*: (primary colour) couleur *nf* fondamentale, couleur primaire; *adj*: primaire
~ **colour**: couleur *nf* de base, couleur fondamentale, couleur primaire
~ **conductor**: fil *nm* inducteur
~ **jigger**: primaire *nm* de transformateur d'oscillations
~ **screen**: crible *nm* préclasseur, crible préparatoire
~ **shaft**: arbre *nm* d'entraînement, arbre d'entrée, arbre menant, arbre moteur, arbre primaire
~ **store**: mémoire *nf* centrale
~ **structure**: (aero) œuvres *nf* vives
~ **winding**: enroulement *nm* primaire, primaire *nm*

prime *adj*: (maths) premier; (quality) supérieur; *vb*: (motor, pump) amorcer; (paint) appliquer la couche de fond
~ **constructor**: (aero) avionneur *nm*
~ **contractor**: (constr) maître *nm* d'œuvre
~ **cost**: prix *nm* de fabrication, prix de revient
~ **factor**: (decision making) facteur *nm* important; (maths) facteur premier
~ **mover**: appareil *nm* moteur, appareil d'entraînement, machine *nf* motrice, moteur *nm* [primaire], moteur d'entraînement
~ **number**: nombre *nm* premier
~ **power**: puissance *nf* immédiatement disponible, puissance de base
~ **quality**: de premier choix, de qualité supérieure
~ **sheet**: tôle *nf* de premier choix

primer: amorce *nf*, charge *nf* d'amorçage; (on engine) dispositif *nm* d'injection au démarrage; (of mine) cartouche-amorce *nf*; (el) électrode *nf* d'amorçage; (painting, on non-porous surface) peinture *nf* de fond, (on porous surface) peinture d'impression

priming: (of engine, pump) amorçage *nm*; (auto) injection *nf* au démarrage
~ **cap**: capsule-amorce *nf*, amorce *nf*
~ **charge**: charge *nf* d'amorçage
~ **coat**: couche *nf* d'apprêt, couche de fond, couche d'impression
~ **water**: (in steam) eau *nf* entraînée

principal *nn*: (a girder) poutre-maîtresse *nf*; (a rafter) arbalétrier *nm*; (a truss) ferme *nf*; *adj*: principal
~ **arch**: (of bridge) voûte-maîtresse *nf*
~ **beam**: poutre-maîtresse *nf*
~ **clock**: horloge *nf* mère
~ **member**: maîtresse *nf* pièce, pièce *nf* principale
~ **rafter**: arbalétrier *nm*

print *nn*: matière *nf* imprimée; (of drawing) calque *nm*; (of film) copie *nf*; (phot) épreuve *nf*; *vb*: imprimer, tirer, faire un tirage
~ **element**: (on typewriter) boule *nf*, marguerite *nf*, tulipe *nf* d'impression; (for magnetic tape) tête *nf* d'enregistrement
~ **density**: densité *nf* d'impression
~ **hammer**: marteau *nm* d'impression, marteau de frappe
~ **holiday**: espace *nm* sauté, trou *nm* dans la frappe
~ **out** *nn*: sortie *nf* d'imprimante; *vb*: imprimer (depuis un ordinateur), sortir à l'impression
~ **spooling**: désynchronisation *nf* de l'impression
~ **through**: (graph) perception *nf* au verso; (on magnetic tape) effet *nm* d'empreinte [magnétique]

printed: imprimé
~ **board**: carte *nf* à circuits imprimés, carte imprimée, plaquette *nf* à circuits imprimés
~ **card**: plaquette *nf* imprimée usinée
~ **circuit** «PC»: circuit *nm* imprimé
~ **circuit board** «PCB»: carte *nf* à circuits imprimés, plaquette *nf* de circuits imprimés
~ **circuit** «p.c.», «PC»: circuit *nm* imprimé
~ **circuit pack** «PCP»: carte *nf* de circuits imprimés
~ **form**: formule *nf*, formulaire *nm*
~ **report**: état *nm* imprimé
~ **wiring** «PW»: câblage *nm* imprimé

printer: imprimeur *nm*; (inf) imprimante *nf*; (phot) tireuse *nf*
~ **bound**: limité au débit de l'imprimante
~ **driver**: séquence *nf* de commande d'impression, programme *nm* de commande d'impression
~ **plotter**: imprimante-traçante *nf*

~ **port**: porte *nf* pour imprimante, sortie *nf* pour imprimante
~ **ribbon**: ruban *nm* d'imprimante
~**'s devil**: (a person) apprenti *nm*; (an error) coquille *nf*
~**'s error**: faute *nf* d'impression, coquille *nf*
~**'s imprint**: marque *nf* d'imprimerie

printerfacing: interface *nf* ordinateur/imprimante

printing: (graph) impression *nf*; (phot) tirage *nm*
~ **calculator**: calculatrice *nf* imprimante
~ **industry**: imprimerie *nf*
~ **mask**: (phot) cache *nm* de tirage
~ **plate**: cliché *nm*; (an illustration) planche *nf*; (offset) plaque *nf*
~ **punch**: perforatrice *nf* imprimante
~ **works**: imprimerie *nf*; (tex) usine *nf* d'impression

printout: sortie *nf* d'imprimante

printworks: (tex) usine *nf* d'impression

prioritized: prioritaire; hiérarchisé

priority *nn*: priorité; *adj*: à priorité, prioritaire
~ **interrupt**: interruption *nf* des priorités
~ **order**: commande *nf* prioritaire; ordre *nm* de priorité
~ **polling**: appels *nm* hiérarchisés
~ **scheme**: système *nm* de priorités

prism: prisme *nm*

privacy: confidentialité *nf*

private: privé; interdit au public, défense d'entrer; (garden, garage) privatif
~ **automatic branch exchange** «PABX»: autocommutateur *nm* privé automatique (racordé au réseau)
~ **automatic exchange** «PAX»: autocommutateur *nm* privé automatique (non raccordé au réseau)
~ **branch exchange** «PBX»: autocommutateur *nm* privé (raccordé au réseau)
~ **exchange** «PX»: central *nm* privé
~ **manual exchange** «PMX»: central *nm* manuel privé

prize *vb*: faire pesée avec un levier
~ **open**: ouvrir en faisant pesée

probabilistic: probabiliste

probe: (for in-flight refuelling) canne *nf*, lance *nf*; (of Pitot tube) sonde *nf*; (a sensor) capteur *nm*, palpeur *nm*
~ **index**: point *nm* d'émergence du palpeur
~ **rocket**: fusée-sonde *nf*
~ **transformer**: transformateur *nm* sonde

problem: problème *nm*; (inf) application *nf*
~ **description**: (inf) dossier *nm* d'application
~ **oriented**: d'application

procedure: marche *nf* à suivre, méthode *nf*, mode *nm* opératoire

proceed *vb*: avancer, continuer

process *nn*: procédé *nm*; processus *nm* industriel; *vb*: traiter; transformer; (phot) développer
~ **average**: qualité *nf* moyenne d'une fabrication
~ **computer**: ordinateur *nm* industriel
~ **control**: automatisme *nm* industriel, commande *nf* des processus industriels, gestion *nf* des processus industriels, régulation *nf* des processus industriels
~ **design**: étude *nf* de procédé
~ **diagram**: schéma *nm* de principe
~ **engineer**: ingénieur *nm* automaticien
~ **engraver**: clicheur *nm*
~ **product**: produit *nm* obtenu
~ **pump**: (petr) pompe *nf* process
~ **water**: eau *nf* de fabrication; (petr) eau de traitement

processable: (inf) exploitable

processed: traité, ayant subi un traitement, transformé
~ **data**: donnée *nf* élaborée
~ **film**: film *nm* développé

processing: ; transformation *nf*, valorisation *nf*; (inf) traitement *nm*; (tex) ennoblissement *nm*, manutention *nf*
~ **industry**: industrie *nf* de transformation
~ **speed**: vitesse *nf* d'exécution

processor: (an industrialist) transformateur *nm*; (inf) ordinateur *nm*, unité *nf* centrale; microprocesseur *nm*, processeur *nm*

procure *vb*: se procurer, s'approvisionner en

procurement: approvisionnement *nm*

produce *nn*: produit *nm* (surtout agricole); *vb*: produire, fabriquer; (a document) présenter

producer: producteur *nm*, fabricant *nm*; (an oil well) puits *nm* productif; (of gas) gazogène *nm*
~ **gas**: gaz *nm* de gazogène
~**'s risk**: risque *nm* du fabricant

producing: productif, de production, d'exploitation

product: produit *nm*
~ **information**: information *nf* sur un produit
~ **liability**: responsabilité *nf* produit
~ **line**: gamme *nf* de produits
~ **manager**: chef *nm* de produit[s]
~ **mix**: éventail *nm* de produits
~ **support**: service *nm* après-vente, après-vente *nm*

production *nn*: production *nf*, fabrication *nf*; *adj*: de série
~ **aircraft**: avion *nm* de série
~ **control**: gestion *nf* de la production
~ **copy**: (of drawing) bon pour exécution
~ **drawing**: dessin *nm* d'exécution
~ **engineering**: technique *nf* de la production, génie *nm* de la production
~ **engineering department**: bureau *nm* des méthodes
~ **facility**: moyen *nm* de production, installation *nf*
~ **line**: chaîne *nf* de fabrication
~ **plant**: usine *nf*
~ **test**: essai *nm* en cours de fabrication
~ **workers**: personnel *nm* d'atelier

productive: à grand rendement; (mining, petr) productif
~ **time**: temps *nm* d'exploitation, temps utile

productivity: productivité *nf*, rendement *nm*

profile *nn*: profil *nm*; *vb*: profiler; (m-t) copier
~ **cutter**: fraise *nf* de forme, fraise à profiler
~ **drag**: traînée *nf* de profil
~ **paper**: papier *nm* millimétrique, papier quadrillé
~ **plate**: gabarit *nm*, modèle *nm*
~ **sheet**: tôle *nf* pliée, tôle profilée

profiled, ~ **wire**: fil *nm* façonné, fil profilé

profiling: profilage *nm*, fraisage *nf* en bout; (on lathe) copiage *nm*, reproduction *nf*
~ **slide**: chariot *nm* à reproduire
~ **bar**: règle *nf* de copiage

profit: bénéfice *nm*
~ **margin**: marge *nf* bénéficiaire

profitability: rentabilité *nf*

program NA : (inf) programme *nm*
~ **form**: feuille *nf* de programmation
~ **language**: langage *nm* de programmation
~ **library**: programmathèque *nf*
~ **run**: passage *nm*
~ **writer**: programmeur *nm*

programmable: programmable
~ **controller**: automate *nm* programmable, automate programmable industriel «API»
~ **logic array** «PLA»: réseau *nm* logique programmable
~ **read only memory** «PROM»: mémoire *nf* morte programmable, mémoire PROM, ROM programmable
~ **terminal**: terminal *nm* intelligent, terminal programmable

programmer: (a person) programmeur *nm*; (a device) programmateur *nm*

programming: programmation *nf*
~ **documentation**: dossier *nm* de programmation

progress *nn*: évolution *nf*, progression *nf*; avancement *nm* (des travaux), déroulement *nm* (d'une opération); *vb*: évoluer, progresser; faire avancer; (work) avancer
~ **chart**: tableau *nm* d'avancement des travaux
~ **report**: compte rendu *nm*, état *nm* d'avancement

progressing: ordonnancement *nm* (de travaux)

progressive: progressif, graduel, de proche en proche
~ **collapse**: effondrement *nm* de proche en proche, effondrement en chaîne
~ **form**: (concreting) coffrage *nm* autogrimpant
~ **total**: total *nm* progressif

prohibited: proscrit

project *nn*: projet *nm*; *vb*: projeter, jeter, lancer; dépasser, faire saillie; faire des prévisions
~ **leader**: chef *nm* de projet
~ **engineer**: chef *nm* de projet; (constr) maître *nm* d'œuvre
~ **manager**: chef *nm* de projet; (constr) maître *nm* d'œuvre

projecting: saillant, en saillie

projection: saillie *nf*; (drawing, map) projection *nf*; (a forecast) prévision *nf*; (through roof) pénétration *nf*
~ **welding**: soudage *nm* par bossages

PROM → *programmable read only memory*

promoter: (chem, constr) promoteur *nm*

prompt *nn*: (inf) invite *nf*; *adj*: prompt, rapide; *vb*: (inf) inviter à sélectionner; (tcm) inviter à émettre
~ **critical**: (nuc) critique instantané
~ **neutron**: neutron *nm* instantané

prong: dent *nf* (de fourche); (of connector) broche *nf*; (on chuck) griffe *nf*
~**-type**: (el, transformer, motor) à pince

proof: preuve *nf*; (graph) épreuve *nf*; *adj*: imperméable, étanche
~ **coin**: (minting) de qualité *nf* épreuve
~ **load**: charge *nf* d'épreuve
~ **press**: presse *nf* à épreuves
~ **pressure**: (of boiler) pression *nf* d'épreuve, timbre *nm*
~ **reader**: correcteur *nm* (d'épreuves)
~ **stress**: limite *nf* apparente d'élasticité
~ **total**: total *nm* de contrôle

prop *nn*: étai *nm*; support *nm*; (short for "propeller") hélice *nf*; *vb*: étayer, soutenir
~ **shaft**: arbre *nm* de transmission

propane: propane *nm*
~ **carrier**: propanier *nm*

propel *vb*: propulser, faire avancer

propellant <lent> *nn*: (of aerosol) propulseur *nm*; (of rocket) ergol *nm*, propergol *nm*; *adj*: (explosive) propulsif

propeller: hélice *nf*
~ **blade**: pale *nf* d'hélice
~ **disc**: cercle *nm* balayé par l'hélice
~ **fan**: ventilateur *nm* à ailettes, ventilateur à hélice, ventilateur hélicoïde
~ **post**: (naut) étambot *nm*
~ **rake**: déport *nm* de pale
~ **shaft**: (naut) arbre *nm* porte-hélice, arbre d'hélice; (auto) arbre *nm* de transmission
~ **thrust**: traction *nf* de l'hélice
~ **turbine engine**: turbopropulseur *nm*
~ **turbine**: turbopropulseur *nm*
~ **wash**: remous *nm* de l'hélice, souffle *nm* de l'hélice

propelling: propulsif, de propulsion
~ **force**: force *nf* motrice, force propulsive, force de propulsion
~ **nozzle**: tuyère *nf* propulsive
~ **screw**: hélice *nf* de propulsion

propene: propylène *nm*, propène *nm*

proper, ~ **fraction**: fraction *nf* ordinaire, fraction simple

propergol: propergol *nm*

property: propriété *nf*, caractéristique *nf*
~ **sort**: tri *nm* par caractéristiques

proportion: (of a constituent) taux *nm* de, teneur *nf* en; (of mixture) dosage *nm*, composition *nf* du mélange
~ **by volume**: proportion *nf* en volume
~ **by weight**: proportion *nf* en poids

proportional: proportionnel
~ **test piece**: éprouvette *nf* proportionnelle

proportionate *adj*: proportionnel; *vb*: proportionner

proportioning: dosage *nm*
~ **pump**: pompe *nf* de dosage, pompe doseuse

propped: étayé, soutenu

propping: soutien *nm*, support *nm*; (constr) étaiement *nm*

proprietary: (agreement) d'exclusivité; (product, item) de marque, propre à un fabricant
~ **rights**: droits *nm* de propriété [industrielle], droits d'exclusivité; (software) droits d'auteur

propulsion: propulsion *nf*, force *nf* propulsive, force de propulsion, force motrice
~ **magnet**: aimant *nm* de traction
~ **unit**: propulseur *nm*

~ **force**: force *nf* propulsive, force de traction

propylene: propylène *nm*, propène *nm*
~ **plastic**: plastique *nm* propylénique

prospect *nn*: client *nm* [éventuel], prospect *nm*; *vb*: prospecter, explorer
~ **well**: puits *nm* d'exploration

prospecting *nn*: prospection *nf*, recherche *nf*, exploration *nf*; *adj*: d'exploration, de reconnaissnce, de recherche
~ **license**: permis *nm* de recherche
~ **rights**: concession *nf* (minière)

prospection: prospection *nf*, exploration *nf*, recherche *nf* [minière]

protected: protégé; (from weather) abrité, à l'abri de; (el) fermé, blindé

protective: protecteur, de protection
~ **clothing**: vêtements *nm* industriels
~ **cover**: capuchon *nm* protecteur, enveloppe *nf*, gaine *nf*
~ **earth**: mise *nf* à la terre de protection, terre *nf* de protection
~ **gap**: parafoudre *nm*, éclateur *nm* de protection
~ **gear**: dispositif *nm* de protection, ensemble *nm* de dispositifs protecteurs, protections *nf*
~ **switch**: disjoncteur *nm* de protection, interrupteur *nm* de sécurité

proton *nn*: proton *nm*; *adj*: de proton, protonique

prototype: prototype *nm*

protractor: rapporteur *nm*

proud: désaflleuré, qui dépasse

prove *vb*: prouver; (testing) éprouver, faire l'essai

proved, ~ **area drilling**: forage *nm* de développement

proven: éprouvé

provisional: provisoire
~ **acceptance**: réception *nf* provisoire

prow: (naut) proue *nf*

proximate, ~ **analysis**: analyse *nf* immédiate

proximity: proximité *nf*, voisinage *nm*
~ **effect**: effet *nm* de voisinage, effet de proximité
~ **switch**: détecteur *nm* de proximité

PS → *parallel-to-serial, polystyrene, power supply*

PSN → *packet switched network, public switched network*

PTM → *pulse-time modulation*

PRV → *pressure relief valve*

pseudo, ~ **code**: pseudo code *nm*
~ **instruction**: pseudo instruction *nf*
~ **random**: pseudo-aléatoire

PU → *pick-up*

public *nn*: public *nm*; (cinema, theatre) public, spectateurs *nm*, auditoire *nm*; *adj*: public
~ **address system** «PAS»: sonorisation *nf*
~ **data network** «PDN»: réseau *nm* public de [transmission de] données
~ **domain**: (patent) domaine *nm* public; (software) non classé
~ **switched network** «PSN»: réseau *nm* public commuté
~ **telephone**: taxiphone *nm*, cabine *nf* téléphonique, poste *nm* téléphonique public
~ **transport**: transport *nm* en commun
~ **utility**: service *nm* public
~ **works**: travaux *nm* publics «t.p.»

publication: (of newspaper) parution *nf*

publicity: publicité *nf*
~ **spot**: spot *nm* publicitaire, message *nm* publicitaire

publisher: éditeur *nm*

publishing: édition *nf*

puckering: (a defect) gaufrage *nm*, gaufrure *nf*

pudding, ~ **stone**: poudingue *nm*

puddle *vb*: (clay) corroyer; (met) puddler

puddled: (iron, steel) puddlé

puddling: (of concrete) piquage *nm*; (met) puddlage *nm*

pug *vb*: pétrir, malaxer

~ **mill**: (ceramics) pétrin *nm*, malaxeur *nm*, boudineuse *nf*

pull *nn*: traction *nf*; (graph) épreuve *nf*; (of magnet) appel *nm*, force *nf* d'attraction; (towing) effort *nm* au crochet; (tractive power) effort *nf* de traction; *vb*: tirer; (drilling) remonter (un train de tiges); (inf) extraire, sortir; (an oil well) détuber, abandonner un puits
~ **and push train**: (rlwy) train *nm* réversible, rame *nf* réversible
~ **back ram**: (on press) piston *nm* de retour
~ **back spring**: ressort *nm* de rappel
~ **box**: (tp) boîte *nf* de tirage
~ **chain**: chaîne *nf* de traction
~ **cord**: tirette *nf*
~ **down**: (a building) démolir; (a machine) démonter
~**-down resistor**: résistance *nf* chutrice, résistance branchée au moins
~ **handle**: tirette *nf*
~**-in torque**: (el) couple *nm* d'accrochage
~**-in voltage**: tension *nf* d'enclenchement
~ **into step**: (el) s'accrocher, se mettre en phase
~ **knob**: tirette *nf*
~ **off**: (el) à déconnexion par traction
~ **off spring**: ressort *nm* de rappel
~ **off test**: (adhesive) essai *nm* d'arrachement
~ **out**: (aero) redresser (après un piqué); (auto) déboîter; (el) débrocher; (mining) extraire, remonter; (petr) remonter (un train de tiges)
~**-out**: (el) débrochable
~**-out strength**: résistance *nf* à l'arrachement
~**-out torque**: (of motor) couple *nm* critique, couple maxi du moteur; (of synchronous motor) couple de décrochage
~ **rod**: tige *nf* de traction, tringle *nf* de traction
~ **shovel**: pelle *nf* rétro[caveuse]
~ **spring**: ressort *nm* de traction
~ **switch**: interrupteur *nm* à tirette
~**-through winding**: enroulement *nm* à fils tirés
~ **up**: (aero) cabrer
~**-up torque**: (of motor) couple *nm* minimal (au démarrage)

pulldown, ~ **menu**: menu *nm* appelable sur l'écran
~ **test**: (refrigeration) essai *nm* de refroidissement

puller: extracteur *nm*, outil *nm* de démontage

pulley: poulie *nf*; (of mine hoist) molette *nf*
~ **block**: moufle *nm*, palan *nm*
~ **sheave**: réa *nm*

pulling: tirage *nm*, traction *nf*; (mining) remontée *nf*, extraction *nf*, enlèvement *nm*; (of crystals, electric wire) tirage *nm*
~ **back**: (mining) dépilage *nm*
~ **into synchronisation**: (el) accrochage *nm*
~ **out of synchronisation**: (el) décrochage *nm*
~ **power**: effort *nm* de traction
~ **propeller**: hélice *nf* tractive
~ **rope**: câble *nm* tracteur
~ **test**: essai *nm* de traction; essai d'arrachement

pulp: pulpe *nf*; (pap) pâte *nf* à papier
~ **mill**: fabrique *nf* de pâte à papier
~ **water**: (pap) eau *nf* sous toile

pulper: broyeur *nm*, triturateur *nm*

pulsating: à pulsation; (el) pulsé, pulsatoire, ondulé
~ **current**: courant *nm* pulsatoire, courant pulsé
~ **load**: effort *nm* ondulé, charge *nf* pulsatoire, charge ondulée
~ **quantity**: grandeur *nf* ondulée, grandeur *nf* pulsatoire

pulsation, ~ **welding**: soudage *nm* par pulsations

pulse *nn*: impulsion *nf*; *vb*: pulser; émettre des impulsions
~ **amplitude modulation** «PAM»: modulation *nf* d'impulsions en amplitude
~ **amplitude phase modulation** «PAPM»: modulation d'impulsions en amplitude et en phase «MIAP»
~ **chain**: train *nm* d'impulsions
~ **code modulation** «PCM»: modulation *nf* par impulsions et codage, modulation par impulsions codées «MIC»
~ **coder**: générateur *nm* d'impulsions codées, générateur *nm* d'impulsions cryptées
~ **decay**: affaiblissement *nm* d'impulsion, descente *nf* d'impulsion
~ **decay time**: durée *nf* d'affaiblissement d'impulsion (radar)
~ **duration modulation** «PDM»: modulation *nf* par impulsion de durée variable, modulation d'impulsions en durée
~ **edge**: flanc *nm* d'impulsion
~ **fall time**: temps *nm* de descente

~ **former**: circuit *nm* de mise en forme
~ **frequency modulation** «PFM»: modulation d'impulsions en fréquence
~ **generator**: générateur *nm* d'impulsions
~ **height**: amplitude *nf*
~ **jet**: pulsoréacteur *nm*
~ **leading edge**: front *nm* avant d'une impulsion
~ **length modulation** «PLM»: modulation d'impulsions en durée
~ **modulation**: modulation par impulsions, modulation d'impulsions
~ **phase modulation** «PPM»: modulation *nf* d'impulsions en phase
~ **phasing**: mise *nf* en phase d'impulsions
~ **position modulation** «PPM»: modulation d'impulsions en position «MIP»
~ **pumping**: pompage *nm* par impulsions
~ **rise**: montée *nf* d'une impulsion
~ **rise time**: durée *nf* d'établissement d'impulsion, temps *nm* d'établissement d'impulsion
~ **sequence**: série *nf* d'impulsions, succession *nf* d'impulsions, train *nm* d'impulsions
~ **shaper**: conformateur *nm* d'impulsions
~ **shaping**: conformation *nf* d'impulsion, mise *nf* en forme des impulsions
~ **stream**: train *nm* d'impulsions
~ **time modulation** «PTM»: modulation *nf* d'impulsions dans le temps
~ **trailing edge**: front *nm* arrière d'une impulsion
~ **transformer** «PT»: transformateur *nm* d'impulsions
~ **width** «PW»: durée *nf* d'impulsion, largeur *nf* d'impulsion
~ **width modulation** «PWM»: modulation *nf* d'impulsions en largeur, modulation d'impulsions en durée

pulsed: pulsé, par impulsions, à impulsions

pulsejet, ~ **engine**: pulsoréacteur *nm*

pulser: générateur *nm* d'impulsions

pulsing: émission *nf* d'impulsions, envoi *nm* d'impulsions, génération *nf* d'impulsions

pulsojet: pulsoréacteur *nm*

pultrusion: extrusion *nf* par étirage, pultrusion *nf*

pulverized **<ised>**: pulvérisé

pulvimixer: pulvimixer *nm*, tritureuse *nf*, pulvérisateur-mélangeur *nm*

pumice, ~ **stone**: pierre *nf* ponce

pump *nn*: pompe *nf*; *vb*: pomper; (a tyre) gonfler
~ **inlet**: orifice *nm* d'entrée de la pompe
~ **intake valve**: soupape *nf* d'admission
~ **out**: évacuer, épuiser, assècher; mettre sous vide

pumped: pompé; (eon) à vide *nm* entretenu, à maintien *nm* du vide
~ **storage**: (power station) accumulation *nf* par pompage

pumping: pompage *nm*; (laser) pompage; (sewage treatment) relevage *nm*
~ **engine**: machine *nf* d'épuisement
~ **head**: hauteur *nf* de refoulement
~ **out**: évacuation *nf*, épuisement *nm*, assèchement *nm*; mise *nf* sous vide
~ **station**: pomperie *nf*
~ **tube**: (el, eon, bulb) queusot *nm* de pompage
~ **well**: puits *nm* pompé, puits en pompage

punch: (a hand tool, male part of a mould) poinçon *nm*; (a hole) perforation *nf*; (inf) perforateur *nm*, perforatrice *nf*; *vb*: perforer; (m-t) découper; (rivets) chasser, défaire
~ **and die**: poinçon *nm* et matrice
~ **card**: carte *nf* mécanographique, carte perforée
~ **die**: matrice *nf* de perforation
~ **hole**: perforation *nf*
~ **mark**: coup *nm* de pointeau
~ **out**: découper
~ **pliers**: pince *nf* emporte-pièce
~ **tape**: bande *nf* perforée
~ **through**: (between two PN junctions) pénétration *nf*

punched, ~ **card**: carte *nf* perforée
~ **card file**: fichier *nm* mécanographique, fichier sur cartes perforées

punching: (el) tôle *nf* de noyau; (inf) perforation *nf*; (mech) poinçonnage *nm*, poinçonnement *nm*; **punchings**: (mech) débouchures *nf* de poinçonneuse; (inf) confetti *nm*
~ **die**: matrice *nf* de découpe, matrice à poinçonner, outil *nm* de découpe
~ **shear**: contrainte *nf* de poinçonnement
~ **test**: essai *nm* de poinçonnement

punchless: non perforé, sans perforation

puncture: (of insulant, of insulator) perforation *nf*, claquage *nm*; (of tyre) crevaison *nf*
~ **proof**: (insulator) imperforable, résistant au claquage; (tyre) increvable
~ **strength**: (el) résistance *nf* au claquage; (of paper) résistance à la perforation
~ **tester**: (pap) perforamètre *nm*

punty: (glassmaking) pontil *nm*

purchase: achat *nm*, acquisition *nf*; (mech) amplification *nf* de la force; palan *nm*, appui *nm*
~ **order** «PO»: ordre *nm* d'achat

pure, ~ **alcohol**: alcool *nm* absolu
~ **bending**: flexion *nf* pure
~ **shear**: cisaillement *nm* simple
~ **wave**: onde *nf* sinusoïdale

purge *nn*: purge *nf*; *vb*: purger; (inf) effacer, éliminer, purger, vider

purification: purification *nf*; (sewage treatment) clarification *nf*, décantation *nf*, épuration *nf*

purifier: épurateur *nm*

purify *vb*: épurer, purifier; clarifier, débourber; (met) affiner

purifying: (met) affinage *nm*

purity: pureté *nf*

purlin: panne *nf*

purpose: but *nm*, objectif *nm*
~ **built**: fait sur demande

push *vb*: pousser; (on a button) presser, appuyer sur
~-**button**: bouton-poussoir *nm*
~-**button control**: commande *nf* par boutons-poussoirs
~-**button dialling**: (tp) numérotation *nf* au clavier
~-**button station**: boîte *nf* à boutons
~-**button telephone**: téléphone *nm* à clavier
~ **contact**: contact *nm* à pression
~ **down**: enfoncer, repousser
~-**down list**: (inf) liste *nf* inversée, liste refoulée
~-**down stack**: (inf) pile *nf* refoulée
~-**down storage**: mémoire *nf* à liste inversée
~ **fit**: ajustage *nm* gras
~-**pull**: (aero) à moteurs en tandem; (el) montage *nm* va-et-vient, push-pull *nm*, va-et-vient *nm*
~-**pull amplifier**: amplificateur *nm* symétrique
~-**pull button**: interrupteur *nm* bistable
~-**pull circuit**: montage *nm* symétrique, circuit *nm* bistable
~-**pull running**: (rlwy) marche *nf* en réversible
~-**pull train**: (rlwy) rame *nf* réversible
~-**up list**: (inf) liste *nf* directe

pusher: poussoir *nm*, engin *nm* pousseur; (pushloader) tracteur *nm* pousseur
~ **aeroplane**: avion *nm* à hélice propulsive
~ **engine**: moteur *nm* propulseur, moteur à hélice propulsive
~ **operation** NA : (rlwy) marche *nf* en pousse
~ **propeller**: hélice *nf* propulsive
~ **tow-boat**: pousseur *nm*
~ **train**: (naut) convoi *nm* poussé
~ **type furnace**: four *nm* poussant

pushing *nn*: poussée *nf*; *adj*: de poussée, pousseur; (engine) propulsif
~ **barge**: pousseur *nm*
~ **propeller**: hélice *nf* propulsive

put *vb*: mettre, placer
~ **away**: ranger; (inf) «PA»: à classer
~ **back**: (clock, progress) retarder; (postpone) remettre [à]
~ **down**: poser, déposer; (aero) atterrir, se poser; (tp) raccrocher (le récepteur)
~ **in**: (machinery) mettre en place, installer
~ **into effect**: (a decision) appliquer, mettre en vigueur
~ **into force**: mettre en vigueur
~ **into gear**: engrener, mettre en prise; (auto) embrayer
~ **into operation**: (a machine) mettre en service; (a plan) appliquer, mettre en vigueur
~ **into port**: (naut) faire escale, entrer au port
~ **off**: différer, remettre à plus tard; (turn off, switch off) éteindre
~ **on**: (turn on, switch on) allumer; (the brakes) serrer les freins
~ **on hold**: mettre en attente, suspendre; (tp) mettre en garde
~ **out a call**: émettre un appel
~ **out of action**: (a machine) arrêter, mettre hors de service
~ **out of true**: fausser, dévoyer

~ **out to sea**: appareiller, prendre le large
~ **right**: (a defect) remédier à; (an error) rectifier
~ **through a machine**: faire passer sur une machine
~ **through**: (tp) établir la communication
~ **to sea**: appareiller
~ **together**: (documents) rassembler; (a machine) monter, remonter

putty *nn*: mastic *nm*; *vb*: mastiquer
~ **knife**: couteau *nm* à mastiquer

PV → *pressure-volume*

PVAC → *polyvinyl acetate*

PVC → *polyvinyl chloride*

PVT → *pressure volume temperature*

PW → *pilot wire, printed wiring, pulse width*

PWM → *pulse width modulation*

PWR → *pressurized water reactor*

PX → *private exchange*

pylon: pylône *nm*, mât *nm*

pyramid: pyramide *nf*

pyrite: pyrite *nf*

pyrolysis: pyrolyse *nf*

pyrometer: pyromètre *nm*

pyrometric, ~ rod: canne *nf* pyrométrique

pyrotechnics: artifices *nm*, pyrotechnie *nf*

pyrotechnist: artificier *nm*, pyrotechnicien *nm*

Q

QA→ *quality assurance*

QC → *quartz crystal*

Q-factor: facteur *nm* de qualité; (of resonant circuit) facteur de surtension

Q-grade, ~ **gasoline**: essence *nf* ordinaire

qlty → *quality*

Q-meter: Q-mètre *nm*, acumètre *nm*

qnty → *quantity*

Q-percentile, ~ **life**: percentile *nm* d'ordre Q de la durée de vie

Q-point → *quiescent point*

Q+R → *quality and reliability*

QTOL → *quiet take off and landing*

qty → *quantity*

QTZ → *quartz*

quad: quarte *nf*
~ **cable**: câble *nm* à quartes
~ **drive**: unité *nf* de disquette double face double densité
~-**pair**: à paires *nf* câblées en étoile
~-**pair cable**: câble *nm* à paires en étoile

quadded, ~ **cable**: câble à quartes

quadrangle: quadrilatère *nm*

quadrant: quart *nm* de cercle, quadrant *nm*; (mech) secteur *nm*
~ **beading**: baguette *nf* quart de rond
~ **divider**: compas *nm* quart de cercle
~ **electrometer**: électromètre *nm* à quadrants
~ **elevation**: (mil) angle *nm* au niveau
~ **plate**: lyre *nf*
~ **steering gear**: appareil *nm* à gouverner à secteur

quadrantal, ~ **corrector**: sphère *nf* de compensation
~ **deviation**: déviation *nf* quadrantale

quadraphonic: quadriphonique, tétraphonique

quadrat: (graph) cadrat *nm*, cadratin *nm*

quadratic, ~ **equation**: équation *nf* du deuxième degré, équation quadratique

quadrature: quadrature *nf*
~ **amplitude modulation** «QAM»: modulation *nf* d'amplitude en quadrature

quadricolour, ~ **process**: quadrichromie *nf*

quadripolar: quadripolaire, tétrapolaire

quadripole: quadripôle *nm*

quadrivalent: tétravalent

qualified: qualifié

qualitative, ~ **analysis**: analyse *nf* qualitative

quality «qly», «qlty»: qualité *nf*
~ **and reliability** «Q+R»: qualité *nf* et fiabilité
~ **asurance** «QA»: assurance *nf* [de la] qualité
~ **audit**: audit *nm* qualité
~ **control**: contrôle *nm* de la qualité
~ **system**: système *nm* de gestion de la qualité

QAM → *quadrature amplitude modulation, queued access method*

quantification: quantification *nf*

quantified: quantifié

quantifier: quantificateur *nm*

quantile: quantile *nm*

quantitative, ~ **analysis**: analyse *nf* quantitative

quantities: cubage *nm* (de terrassements); devis *nm* (de construction)

quantity «qnty», «qty»: quantité *nf*; → also *quantities*
~ **control**: contrôle *nm* quantitatif
~ **indicator**: jaugeur *nm*
~ **production**: production *nf* en grande quantité
~ **surveyor**: métreur *nm*
~ **unit**: ensemble *nm* jaugeur

quantum: quantum *nm*
~ **mechanics**: mécanique *nf* quantique
~ **number**: nombre *nm* quantique
~ **theory**: théorie *nf* des quanta, théorie quantique
~ **voltage**: tension *nf* quantique
~ **yield**: rendement *nm* quantique

quarl: (of burner) ouvreau *nm*

quarry: carrière *nf*
~ **stone**: moellon *nm*
~ **tile**: carreau *nm* céramique non émaillé

quarrying: abattage *nm* en carrière

quarter *nn*: quartier *nm*; quart *nm*; (of the compass) quartier *nm* d'aire de vent, division *nf* de la rose; (of a year) trimestre *nm*; (of ship) hanche *nf*; *vb*: diviser en quatre parties
~ **a sample**: diviser un échantillon en quatre parties
~ **bend**: coude *nm* en équerre
~ **chord line**: ligne *nf* à 25% de la corde
~-**hourly rating**: régime *nm* quart-horaire
~ **panel**: (auto) custode *nf*
~-**phase**: diphasé
~-**round bead**: baguette *nf* quart de rond
~ **sawing**: débit *nm* sur maille, débit sur quartier
~-**turn**: quart *nm* de tour
~-**turn belt**: courroie *nf* demi-croisée
~-**wave**: quart *nm* d'onde
~-**wave line**: ligne *nf* quart d'onde
~ **wavelength**: quart *nm* d'onde
~ **window**: (auto) glace *nf* de custode

quarterdeck: (naut) plage *nf* arrière

quartering: (mech) calage *nm* à 90 degrés; (sampling) quartation *nf*

quarterly: trimestriel

quarterpace: (on stairs) quartier *nm* tournant

quartz «QTZ»: quartz *nm*
~ **crystal** «QC»: cristal *nm* de quartz
~-**insulated transformer**: transformateur *nm* dans le quartz
~ **sand**: sable *nm* quartzeux

quaterpolymer: quaterpolymère *nm*, copolymère *nm* quaternaire

quay: quai *nm*

queen, ~ **post**: (constr) faux-poinçon *nm*, aiguille *nf* pendante latérale
~ **roll**: (pap) rouleau *nm* supérieur, second *nm* d'en bas

quench *vb*: refroidir brusquement; (coke) éteindre; (el, flame) étouffer; (met) tremper
~ **ageing**: vieillissement *nm* par refroidissement rapide
~ **chamber**: chambre *nf* d'extinction, chambre de soufflage
~ **circuit**: circuit *nm* éliminateur d'étincelles
~ **condenser**: condensateur *nm* de soufflage
~ **crack**: tapure *nf* de trempe
~ **hardening**: durcissement *nm* par trempe
~ **resistance**: (el) résistance *nf* d'étouffement
~ **tower**: (distillation) tour *nf* de refroidissement

quenched: (in oil, water) trempé à (l'huile, l'eau)
~ **spark gap**: éclateur *nm* à étincelles amorties

quenching: (of coke, flame) extinction *nf*; (el) soufflage *nm*; (met) trempe *nf*, refroidissement *nm* rapide
~ **capacitor**: condensateur *nm* de soufflage
~ **choke**: bobine *nf* d'amortissement
~ **circuit**: circuit *nm* éliminateur d'étincelles
~ **hardening**: trempe *nf* brusque
~ **tower**: (for coke) tour *nf* d'extinction

query *nn*: demande *nf*, interrogation *nf*; *vb*: demander, interroger
~ **language**: (inf) langage *nm* d'interrogation

queue: file *nf* d'attente

queued, ~ **access**: accès *nm* par file d'attente
~ **access method** «QAM»: méthode *nf* d'accès avec file d'attente

quick: rapide, prompt
~-**acting**: rapide
~-**acting coupling**: raccord *nm* pompier, raccord rapide
~-**acting fuse**: fusible *nm* à fusion rapide
~-**action**: à action instantanée
~-**action cam**: came *nf* à levée rapide, came à profil brusque
~ **break** *nn*: (el) rupture *nf* brusque; *adj*: à action rapide, à interruption rapide
~ **charge**: (of battery) charge *nf* rapide (de biberonnage)
~-**drying oil**: huile *nf* siccative
~-**drying paint**: peinture *nf* siccative
~ **ground**: terrain *nm* boulant
~ **lime**: chaux *nf* vive
~ **make** *nn*: enclenchement *nm* rapide; *adj*: à action rapide, à fermeture rapide
~ **set**: prise *nf* accélérée, prise instantanée
~ **setting cement**: ciment *nm* à prise rapide, ciment prompt
~ **silver**: mercure *nm*, vif argent *nm*
~ **sweep curve**: courbe *nf* de petit rayon
~ **taper**: cône *nm* à pente rapide

quickworks: (naut) œuvres *nf* vives

quiescence: arrêt *nm* en douceur, arrêt progressif

quiescent: tranquille; (el) de repos, au repos
~ **point** «QP»: point *nm* de repos

quiescing: mise *nf* au repos

quiet: silencieux
~ **steel**: acier *nm* calmé
~ **take off and landing** «QTOL»: avion *nm* à décollage *nm* et atterrissage silencieux «ADAS»
~ **tuning**: accord *nm* silencieux, réglage *nm* silencieux

quieting: isolation *nf* acoustique, insonorisation *nf*

quietizer <iser>: capot *nm* insonorisant, carter *nm* insonorisant, enceinte *nf* d'insonorisation

quill: NA arbre *nm* creux; (m-t) douille *nf*, fourreau *nm* de broche
~ **drive**: commande *nf* par arbre creux, transmission *nf* à arbre creux

quoin: coin *nm* (pour caler); (constr) pierre *nf* d'angle

quotation: devis *nm*, indication *nf* de prix

quote *nn*: (a quotation) devis *nm*, indication *nf* de prix; *vb*: donner un prix, soumettre un devis

R

R → *radius*

R & D → *research and development*

R & M → *repairs and maintenance*

rabbet → *rebate*

rabbit: (cleaning of large pipes) furet *nm*

race *nn*: course *nf* (de vitesse); (of ball bearing) chemin *nm* de roulement; *vb*: (an engine) emballer un moteur

racer NA : voiture *nf* de course, voiture de compétition

raceway: (el, tp) caniveau *nm*

racing: (of engine) emballement *nm* (du moteur)
~ **car**: voiture *nf* de course, voiture de compétition
~ **test**: essai *nm* d'emballement

rack *nn*: (eon) baie *nf* d'électronique; (mech) crémaillère *nf*; (for storage) étagère *nf*; (tp) bâti *nm*; (of truck) ridelle *nf*; *vb*: (a liquid) soutirer; (petr) stocker les tiges dans le derrick, mettre les tiges en gerbe
~ **and pinion**: mécanisme *nm* à crémaillère
~ **and pinion gear**: engrenage *nm* à crémaillère
~ **and pinion drive**: commande *nf* par pignon et crémaillère, traction *nf* à crémaillère, traction par crémaillère
~ **and pinion steering gear**: direction *nf* à crémaillère
~ **exchange**: (tp) central *nm* en bâti
~ **rail**: rail-crémaillère *nm*, rail denté
~ **wrench**: clé *nf* à crémaillère

racked, ~ **truck**: camion *nm* à ridelles

racking: déformation *nf* en diagonale, déformation en parallélogramme; (tp) montage *nm* en baie; (petr) racking *nm*
~ **platform**: (petr) plate-forme *nf* d'accrochage
~ **test**: (of container) essai *nm* de rigidité

racon → *radar beacon*

radar: radar *nm*
~ **beacon** «racon»: balise *nf* radar, phare *nm* radar
~ **clutter**: herbe *nf*
~ **deception**: leurrage *nm* radar
~ **interference**: brouillage *nm* radar
~ **lobe**: lobe *nm* radar
~ **map**: carte *nf* radar[graphique]
~ **operator**: radariste *nm*

radial: radial, en étoile
~ **air compressor**: compresseur *nm* d'air centrifuge
~ **cord tyre**: pneu *nm* à carcasse radiale
~ **drilling machine**: perceuse *nf* radiale
~ **engine**: moteur radial *nm*, moteur en étoile
~ **flank**: flanc *nm* de pied
~ **flow impeller**: roue *nf* radiale
~ **piston pump**: pompe *nf* à pistons radiaux, pompe à pistons en étoile
~ **ply tyre**: pneu *nm* à carcasse radiale
~ **[shaft] seal**: bague *nf* d'étanchéité

radiance: luminance *nf* énergétique; irradiance *nf*

radiant: radiant, rayonnant
~ **burner**: brûleur *nm* radiant
~ **heat**: chaleur *nf* radiante, chaleur rayonnante
~ **panel**: panneau *nm* radiant

radiate *vb*: émettre, irradier, rayonner
~ **heat**: diffuser de la chaleur

radiated, ~ **energy**: énergie rayonnée
~ **power**: puissance *nf* rayonnée, puissance émise
~ **structure**: structure *nf* radiée

radiating: rayonnant
~ **gill**: ailette *nf* de refroidissement
~ **wire**: brin *nm* émetteur

radiation: rayonnement *nm*; radiation *nf*; radioactivité *nf*
~ **balance**: bilan *nm* radiatif

~ **catalysis**: catalyse *nf* par rayonnement
~ **chemistry**: chimie *nf* du rayonnement
~ **detector**: détecteur *nm* de radioactivité
~ **efficiency**: rendement *nm* de rayonnement; rendement d'antenne
~ **emitter**: émetteur *nm* de rayonnemnt
~ **hardening**: renforcement *nm* de résistance anx radiations
~ **hardness**: résistance *nf* au rayonnement
~ **heating**: chauffage *nm* par rayonnement
~ **injury**: radiolésion *nf*
~ **loss**: perte *nf* par rayonnement
~ **pattern**: diagramme *nm* de rayonnement

radiative: radiatif

radiator: radiateur *nm*
~ **casing**: (heating) cache-radiateur *nm*
~ **core**: faisceau *nm* de radiateur
~ **cover**: cache-radiateur *nm*, couvre-radiateur *nm*
~ **cowl**: (auto) gaine *nf* de ventilateur, tunnel *nm* de ventilateur
~ **grille**: (auto) calandre *nf*
~ **muff** NA : couvre-radiateur *nm*
~ **shell**: calandre *nf* de radiateur
~ **stay**: tirant *nm* de radiateur

radical: (chem) radical *nm*

radio: radio *nf*
~ **beacon**: radiobalise *nf*, radiophare *nm*
~ **bearing**: relèvement *nm* radiogoniométrique
~ **compass**: radiocompas *nm*
~ **controlled aircraft**: avion *nm* radioguidé
~ **deception**: leurrage *nm* par radio
~ **direction finder**: radiogoniomètre *nm*
~ **direction finding**: radiogoniométrie *nf*
~ **frequency** «RF» radiofréquence *nf* «RF»
~ **frequency choke** «RFC»: bobine *nf* d'arrêt HF
~ **homing**: radioralliement *nm*
~ **link**: liaison *nf* hertzienne
~ **mast**: pylône *nm* d'antenne
~ **operator**: radio *nm*, radiotélégraphiste *nm*
~ **range beacon**: radiobalise *nf*
~ **range finder**: radiotélémètre *nm*
~ **recognition**: identification *nf* radio
~ **silence**: silence *nm* radio
~ **telegram**: radiogramme *nm*, radiotélégramme *nm*
~ **wave**: onde *nf* radioélectrique, onde hertzienne

radioactive: radioactif
~ **fall-out**: retombées *nf* radioactives
~ **marker**: marqueur *nm* radioactif
~ **waste**: déchets *nm* radioactifs

radiocasting: radiodiffusion *nf*

radioelement: radioélément *nm*

radioguidance: radioguidage *nm*

radiologist: radiologue *nm*

radiorepeater: relais *nm* radioélectrique

radiotelescope: radiotélescope *nm*

radius «R»: (of circle) rayon *nm*; (of crane) portée *nf*
~ **of curvature**: rayon *nm* de courbure
~ **of gyration**: rayon de giration

radix: (inf) base *nf* (de notation, de numération)
~ **complement**: complément *nm* à la base
~ **minus one complement**: complément *nm* restreint, complément moins un

radome: radôme *nm*

raffinate: (petr) raffinat *nm*

raft: radeau *nm*; (foundation) radier *nm*
~ **foundation**: fondation *nf* sur radier

rafting: flottage *nm* (du bois)

rag: chiffon *nm*
~ **bolt**: boulon *nm* de scellement (à crans)
~ **engine**: (pap) défileuse *nf* (à chiffons)
~ **paper**: papier *nm* de chiffons

ragged: déchiqueté
~ **left**: (graph) décalé à gauche

rail: rail *nm*; (of balcony) garde-corps *nm*, garde-fou *nm*; (of door, sash) traverse *nf*; (a handrail) lisse *nf*, main *nf* courante; (rlwy) chemin *nm* de fer, rail *nm*; (naut) lisse *nf*, rambarde *nf*; → also *rails*
~ **base**: patin *nm* de rail

~ **bond[ing]**: (rlwy) connexion *nf* de rail à rail
~ **brake**: frein *nm* de voie
~ **crossing**: (of two tracks) traversée *nf*
~ **flange**: patin *nm* de rail
~ **foot**: patin *nm* de rail
~ **guard**: (rlwy) chasse-pierres *nm*
~ **head**: champignon *nm*
~ **jack**: lève-rail *nm*, cric *nm* de relevage
~ **link**: liaison *nf* ferroviaire
~ **post**: poteau *nm* de balustrade
~ **transport**: transport *nm* ferroviaire
~ **tread**: chemin *nm* de roulement du rail, table *nf* de roulement

railcar: autorail *nm*

railing: garde-fou *nm*, balustrade *nf*; **railings**: clôture *nf* à claire-voie

railroad NA «RR»: chemin *nm* de fer
~ **crossing** NA : passage *nm* à niveau

rails: (railings) clôture *nf*

railway «Rwy», «Ry»: chemin *nm* de fer
~ **arch**: voûte *nf* d'un pont de chemin de fer
~ **bridge**: pont *nm* de chemin de fer, pont-rail *nm*
~ **crossing**: passage *nm* à niveau
~ **cutting**: voie *nf* en déblai, voie en tranchée
~ **sleeper**: traverse *nf* de chemin de fer
~ **track**: voie *nf* de chemin de fer, voie ferrée

rain *nn*: pluie *nf*; *vb*: pleuvoir
~ **chart**: carte *nf* pluviométrique
~ **gauge**: pluviomètre *nm*
~ **water**: eau *nf* de pluie, eaux météoriques

rainfall: précipitations *nf*

raise *vb*: élever, soulever
~ **steam**: produire de la vapeur
~ **to a power**: (maths) élever à une puissance
~ **to the cube**: élever au cube
~ **to the square**: élever au carré

raised: surélevé, en saillie, en relief; (tex) gratté, lainé
~ **edge**: rebord *nm*
~ **floor**: faux plancher *nm*
~ **grain**: (of wood) fibres *nf* soulevées
~**-head rivet**: rivet *nm* à tête bombée
~**-head screw**: vis *nf* à tête goutte de suif
~ **skylight**: lanterneau *nm*
~ **spot**: partie *nf* saillante

raising, ~ **machine**: (tex) laineuse *nf*, machine *nf* à lainer

rake: rateau *nm*; (a comb, in fluid flow) peigne *nm*; (a slant) GB inlinaison *nf* par rapport à la verticale, NA inclinaison par rapport à l'horizontale; (of ship stem) élancement *nm* de l'étrave
~ **vein**: (mining) filon *nm* vertical, filon croiseur, filon à pendage fort

raking: (coping, course) rampant; **rakings**: débris *nm* de dégrillage
~ **pile**: pieu *nm* incliné
~ **shore**: étai *nm* oblique, contre-fiche *nf*

RAM → *random access memory*

ram *nn*: piston *nm* (hydraulique, plongeur); (of fork lift truck) éperon *nm*; (of press) coulisseau *nm*, plongeur *nm*, mouton *nm*; (of ship) éperon; *vb*: serrer, fouler
~ **air**: air *nm* dynamique
~ **bow**: bulbe *nm* d'étrave
~ **drag**: (of air cushion vehicle) traînée *nf* de captation
~ **pressure**: pression *nf* dynamique
~ **jet [engine]**: stato-réacteur *nm*
~ **jet helicopter**: hélicoptère *nm* à statoréacteur

rammed, ~ **earth**: béton *nm* de terre, pisé *nm*

rammer: fouloir *nm*

ramp: (an incline) rampe *nf*
~ **down**: (inf) temps *nm* de décélération, décélération *nf*
~ **up**: (inf) temps *nm* d'accélération, accélération *nf*

ramshorn, ~ **hook**: crochet *nm* double

random: aléatoire
~ **access memory** «RAM»: (inf) mémoire *nf* à accès sélectif
~ **file**: (inf) fichier *nm* à accès sélectif
~ **number**: nombre *nm* aléatoire
~ **order**: ordre *nm* quelconque
~ **rubble**: moellons *nm* irréguliers
~ **sample**: échantillon *nm* aléatoire, échantillon pris au hasard
~ **testing**: essai *nm* au hasard
~ **widths**: largeurs *nf* non assorties

range *nn*: domaine *nm*, étendue *nf*; (for firing practice) champ *nm* de tir; (of instrument) plage *nf*; (of masonry) NA

assise *nf*; (of mountains) chaîne *nf*; (of products) gamme *nf*, éventail *nm*; (of temperature) intervalle *nm*; (of values) fourchette *nf*
~ **between**: varier entre, être compris entre
~ **finder**: télémètre *nm*
~ **of lift**: (of crane) hauteur *nf* de levage
~ **pole**: (surveying) jalon *nm*
~ **switch**: commutateur *nm* de gammes

rapid, ~ **curing** «RC»: séchage *nm* rapide, prise *nf* rapide
~ **curing cutback**: cut-back *nm* à prise rapide
~ **quenching**: hypertrempe *nf*
~ **transit system**: métro *nm*

rare, ~ **earth**: terre *nf* rare

rasp: râpe *nf*

raster: (tv) trame *nf*, quadrillage *nm*
~ **scanning**: (tv) balayage *nm* récurrent
~ **screening**: balayage *nm* récurrent, balayage télévision

rat, ~ **hole**: (petr) trou *nm* de rat (tige carrée)
~ **tail**: queue *nf* de rat
~ **tail burner**: brûleur *nm* à flamme filiforme

ratchet: cliquet *nm*, rochet *nm*
~ **motion**: encliquetage *nm*
~ **spanner**: clé *nf* à cliquet
~ **wrench**: clé *nf* à rochet, clé à cliquet

rate *nn*: vitesse *nf*, allure *nf*; taux *nm*, rapport *nm*; (pricing) prix *nm*, tarif *nm*; *vb*: estimer, calculer
~ **distance**: distance *nf* tarifaire
~ **of combustion**: vitesse *nf* de combustion
~ **of flow**: débit *nm*
~ **of loading**: (of structure) vitesse *nf* de mise en charge
~ **of production**: taux *nm* de production
~ **regulator**: cadenceur *nm*
~ **structure**: tarification *nf*

rated: calculé, estimé; nominal
~ **load**: charge *nf* de régime, charge prévue
~ **speed**: vitesse *nf* de régime, vitesse normale

rating: allure *nf* de marche; (of machine) régime *nm* d'utilisation, capacité *nf* nominale, puissance *nf* (nominale); estimation *nf*, évaluation *nf*, tarification *nf*; classement *nm*; **ratings**: caractéristiques *nf*, spécifications *nf*
~ **plate**: plaque *nf* signalétique

ratio: (maths) rapport *nm*
~ **of a transformer**: rapport *nm* de transformation
~ **of purchase**: rapport *nm* de bras de levier

raw: brut, non traité; (paper) sans apprêt
~ **coal**: charbon *nm* brut
~ **cotton**: coton *nm* en bourre
~ **data**: données *nf* brutes
~ **gas**: gaz *nm* brut, gaz non épuré
~ **silk**: soie *nf* grège
~ **steel**: acier *nm* brut
~ **water**: eau *nf* brute, eau fraîche, eau non traitée

ray: rayon *nm*

RB → *ring and ball*

RBE → *remote batch entry*

RC → *rapid curing, reinforced concrete, remote control*

RD → *research and development, remote diagnostic*

RDB → *relational data base*

RDF → *radio direction finder*

reach *nn*: (of canal) bief *nm*; (of hydraulic shovel) portée *nf*; *vb*: atteindre
~ **fork lift truck**: chariot *nm* à fourche rétractable
~-**through voltage**: tension *nf* de pénétration, tension de perçage
~ **truck**: chariot *nm* à fourche rétractable

react *vb*: réagir

reactance: réactance *nf*
~ **circuit**: circuit *nm* de réactance
~ **coupling**: couplage *nm* à réactance
~ **rise**: accroissement *nm* par réactance

reaction: réaction *nf*
~ **flask**: ballon *nm* à réaction
~ **of the supports**: réaction *nf* aux appuis
~ **point**: seuil *nm* de réponse
~ **rate**: vitesse *nf* de réaction
~ **stress**: tension *nf* de réaction
~ **turbine**: turbine *nf* à réaction

reactivate *vb*: (inf) réactiver, remettre en action, remettre en activité; relancer (un programme)

reactivation: relance *nf* (d'un programme)

reactive: réactif
~ **current**: courant *nm* réactif
~ **impedance**: réactance *nf*

reactivity: (nuc) réactivité *nf*

reactor: (chem, nuc) réacteur *nm*; (el) bobine *nf* de self, self *nf*
~ **control**: commande *nf* d'un réacteur, conduite *nf* d'un réacteur
~ **core**: cœur *nm* du réacteur
~ **rod**: barre *nf* de réacteur
~ **start motor**: moteur *nm* à démarrage par self
~ **vessel**: caisson *nm* de réacteur, cuve de réacteur
~ **waste**: déchets *nm* de réacteur

read *nn*: lecture *nf*; *vb*: lire; (graph) corriger (des épreuves)
~ **back** *nn*: relecture *nf*; *vb*: relire
~ **head**: tête *nf* de lecture
~ **in**: enregistrer en mémoire, introduire en mémoire
~ **mostly memory** «RMM»: mémoire *nf* à lecture majoritaire
~ **only access**: consultation *nf* sans mise à jour
~ **only memory** «ROM»: mémoire *nf* fixe, mémoire morte «MEM»
~ **only storage**: mémoire *nf* fixe, mémoire morte «MEM»
~ **out**: extraire de la mémoire, sortir de la mémoire; visualiser, visionner; → *readout*
~**/write** «R/W»: lecture-écriture *nf*
~**/write memory** «RWM»: mémoire *nf* vive «MEV»:

readability: lisibilité *nf*

reader: lecteur *nm*

reading: (of instrument) lecture *nf*; (of meter) relevé *nm*; valeur *nf* indiquée
~ **date**: date *nf* de relevé
~ **error**: erreur *nf* d'indication
~ **track**: piste *nf* de lecture

readout: extraction *nf*, sortie *nf*; affichage *nm*, visualisation *nf*
~ **device**: unité *nf* d'affichage

ready: prêt
~ **about**: paré à virer
~ **assembled**: complètement monté
~ **for building**: (land) constructible
~ **for connection**: (el, inf) en ordre de marche
~ **for delivery**: disponible
~ **for shipping**: prêt à être expédié
~ **for take off**: (aero) en ordre de marche, prêt à décoller
~ **made**: (tex) prêt à porter
~ **mixed**: prêt à l'emploi
~ **mixed concrete**: béton *nm* prêt à l'emploi, béton de centrale, béton prémalaxé
~ **primed**: (steel industry) prépeint
~ **reckoner**: barême *nm*, livre *nm* de comptes tout faits
~ **response**: obéissance *nf* immédiate
~ **to run**: prêt à l'emploi

reafforestation: reboisement *nm*

reagent: réactif *nm*

real: réel
~ **course**: route *nf* de navigation
~ **estate**: propriété *nf* foncière
~ **size**: grandeur *nf* nature[lle]
~ **time** «R/T»: temps *nm* réel
~ **time clock**: horloge *nf* en temps réel
~ **time computer**: ordinateur *nm* en temps réel
~ **time output**: sortie *nf* en temps réel
~ **time processing**: traitement *nm* en temps réel, traitement immédiat

ream *nn*: (of paper) rame *nf*; *vb*: aléser, fraiser (un trou)

reamer: alésoir *nm*, fraise *nf*

reaming, ~ **bit**: trépan *nm* aléseur
~ **tap**: taraud *nm* aléseur

rear: arrière
~ **axle**: essieu *nm* arrière; (auto) pont *nm* arrière
~ **axle drive**: traction *nf* arrière
~ **axle housing**: carter *nm* de pont arrière
~ **black porch**: (tv) palier *nm* arrière
~ **bumper**: pare-chocs *nm* arrière
~ **drive**: traction *nf* arrière
~**-dump truck**: camion *nm* basculant par l'arrière
~**-end collision**: collision *nf* par l'arrière
~ **engine**: moteur *nm* [à l']arrière
~ **fender**: GB pare-chocs *nm* arrière; NA aile *nf* arrière
~ **mirror**: rétroviseur *nm*
~ **quarter panel**: (auto) custode *nf*
~ **reflector**: catadioptre *nm*
~ **view mirror**: rétroviseur *nm*
~ **window**: (auto) lunette *nf* arrière

reballasting: (rlwy) regarnissage *nm* de la voie

rebar → *reinforcement bar*

rebate: (commercial) remise *nf*; (in woodwork) feuillure *nf*

rebed *vb*: (mech) refaire les portées

rebore *nn*: réalésage *nm*; *vb*: réaléser

reboot[strap]: (inf) réamorcer, réinitialiser

rebound: rebondissement *nm*; (of bullet) ricochet *nm*; (of spring) détente *nf*; (of suspension) rebond *nm*

rebroadcast *vb*: rediffuser, retransmettre
~ **transmitter**: émetteur *nm* relais, réémetteur *nm*

rebuild *vb*: (constr) rebâtir, reconstruire; (mech) remettre à neuf

rebuilt, ~ **machine**: machine *nf* remise à neuf

rebush *vb*: regarnir les paliers

recall *nn*: rappel; *vb*: rappeler

recap *vb*: récapituler, faire la synthèse

recapping: récapitulation *nf*; (of tyre) rechapage *nm*

receipt: réception *nf*; (for document) reçu *nm*, récépissé *nm*

receive *nn*: réception; *vb*: recevoir
~ **attenuator**: (fiber optics) atténuateur *nm* de réception
~ **gate**: porte *nf* de réception
~ **loss**: (tcm) affaiblissement *nm* à la réception
~ **only printer**: imprimante *nf* sans clavier
~ **relay**: relais *nm* de réception

receiver: récipient *nm*, bac *nm* de recette; (on compressor) réservoir *nm* d'air; (of cupola) avant-creuset *nm*; (tcm) récepteur *nm*
~ **hook**: (tp) crochet *nm* commutateur, berceau *nm*
~ **noise**: bruit *nm* propre du récepteur
~**-transducer**: transducteur-récepteur *nm*

receiving *nn*: récepteur *nm*; *adj*: de réception, récepteur
~ **agent**: réceptionnaire *nm*
~ **bin**: trémie-magasin *nf*
~ **end**: extrémité *nf* réceptrice
~ **gain**: gain *nm* à la réception
~ **house**: salle *nf* de recette
~ **loop**: cadre *nm* de réception
~ **reference equivalent** «RRE»: équivalent de référence à la réception «ERR»
~ **repeater**: répétiteur *nm* de réception
~ **station**: poste *nm* récepteur; station *nf* de réception, station réceptrice
~ **vessel**: cuve *nf* de stockage

receptacle NA : prise *nf* de courant femelle, socle *nm* de prise de courant

reception: réception *nf*
~ **antenna**: antenne *nf* réceptrice
~ **definition**: definition *nf* à la réception

recess: chambrage *nm*, embrèvement *nm*; (constr) encastrement *nm*; (on gudgeon, piston pin) détalonnage *nm*; (in tunnel) niche *nf*, refuge *nm*

recharge *nn*: recharge *nf*; *vb*: recharger

rechargeable: rechargeable

recipient: (of consignment) destinataire *nm*; (of message) récepteur *nm*; (tcm) station *nf* destinataire, station réceptrice

reciprocal: réciproque; (maths) inverse
~ **action**: interaction *nf*
~ **counter**: compteur *nm* réciproque
~ **number**: nombre *nm* inverse
~ **ratio**: raison *nf* inverse, rapport *nm* inverse

reciprocating: à mouvement *nm* alternatif, alternatif
~ **compressor**: compresseur *nm* alternatif, compresseur à piston [alternatif]
~ **engine**: moteur *nm* alternatif, moteur à pistons
~ **internal combustion engine**: moteur *nm* alternatif à combustion interne
~ **motion**: mouvement *nm* alternatif, mouvement *nm* de va-et-vient
~ **pump**: pompe *nf* alternative, pompe à mouvement alternatif
~ **saw**: scie *nf* alternative
~ **table**: table *nf* à secousses

reciprocity, ~ theorem: théorème *nm* de réciprocité

recirculate *vb*: recirculer; recycler

recirculating, ~ ball screw: vis *nf* à circulation de billes
~ **heating**: chauffage *nm* à circulation d'air

reckon *vb*: calculer

reckoning: calcul *nm*; (nav) NA estime *nf*

reclaim *vb*: récupérer; (oil, rubber) régénérer; (from stock) reprendre au stock, reprendre au tas

reclaimed: de récupération, récupéré, régénéré
~ **land**: terrain *nm* amendé; (from the sea) terres *nf* reprises sur la mer
~ **rubber**: caoutchouc *nm* régénéré

reclaimer: appareil *nm* de reprise

reclaiming: régénération *nf*; (from waste) récupération *nf*; (from stocks) déstockage *nm*, reprise *nf*
~ **by gravity**: régénération *nf* par décantation
~ **from stock pile**: reprise *nf* au tas
~ **machine**: appareil *nm* de reprise

reclamation: récupération *nf*, régénération *nf*; (from the sea) assèchement *nm*

reclining, ~ seat: siège *nm* à dossier réglable

reclosing: (el) réenclenchement *nm*
~ **cutout**: coupe-circuit *nm* à réenclenchement
~ **time**: durée *nf* de réenclenchement

recognition: (mil) identification *nf*; (tcm) reconnaissance *nf*

recoil *nn*: recul *nm*; *vb*: rebobiner
~ **particle**: (nuc) particule *nf* de recul
~ **proton**: proton *nm* de recul
~ **spring**: ressort *nm* de recul
~ **strength**: force *nf* de rappel

recoiler: enrouleuse *nf*, bobineuse *nf*

recoilless: sans recul

recommend *vb*: préconiser

recommendation: (of official body) avis *nm*

recommission *vb*: (a machine, ship) remettre en service

recompression: recompression *nf*

recondition *vb*: reconditionner, remettre en état, remettre à neuf

reconditioning: remise *nf* en état, remise à neuf

reconfigure *vb*: reconfigurer, reconstruire

reconnoitre *vb*: faire des travaux de reconnaissance, reconnaître

reconnoitring: exploration *nf*, recherches *nf*, reconnaissance *nf*

record *nn*: disque *nm*; enregistrement *nm*; (inf, logical) article *nm*, (physical) bloc *nm*; *vb*: enregistrer; (in a register) consigner; → also *records*
~ **head**: tête *nf* d'enregistrement
~ **keeping**: tenue *nf* des archives
~ **mark**: drapeau *nm* d'enregistrement

recorded, ~ announcement: annonce *nf* parlée

recorder: enregistreur *nm*

recording, ~ instrument: appareil *nm* enregistreur
~ **tape**: bande *nf* magnétique, ruban *nm* magnétique
~ **thermometer**: thermomètre *nm* enregistreur, thermographe *nm*

records: archives *nf*

recovered: récupéré, régénéré

recovery: (el) rétablissement *nm*; (of materials) récupération *nf*
~ **oil**: huile *nf* récupérée, huile de récupération
~ **time**: durée *nf* de rétablissement
~ **vehicle**: dépanneuse *nf*, camion *nm* dépanneur, véhicule *nm* de dépannage
~ **voltage**: tension *nf* de rétablissement

recrusher: broyeur *nm* secondaire

rectification: (a correction) rectification *nf*, rectificatif *nm*; (distillation) rectification; (el) redressement *nm*

rectifier: (el) redresseur *nm*
~ **bridge**: pont *nm* redresseur
~ **cell**: élément redresseur
~ **station**: poste *nm* de redressement
~ **stack**: pont *nm* redresseur, assemblage *nm* d'éléments redresseurs
~ **tank**: cuve *nf* de redresseur
~ **valve**: tube *nm* redresseur

rectify: (an error) rectifier; (el) redresser

rectifying: rectificatif; redresseur
~ **apparatus**: (chem) rectificateur *nm*
~ **diode**: diode *nf* redresseuse
~ **letter**: lettre *nm* rectificative
~ **section**: (petr) section *nf* de rectification
~ **tube**: tube *nm* redresseur
~ **valve**: lampe *nf* redresseuse

rectilinear: rectiligne

recumbent: renversé, couché

recurrent: périodique, intermittent

recut *vb*: (a blade) aviver; (a file) retailler

recycle *nn*: recyclage *nm*; *vb*: recycler
~ **gas**: gaz *nm* de recyclage
~ **stock**: produit *nm* recyclé, charge *nf* de recyclage

recycling: recyclage *nm*

red: rouge
~ **heat**: (met) chaude *nf* rouge
~ **hot**: chauffé au rouge
~ **lead**: minium *nm*
~ **light**: feu *nm* rouge
~ **short**: (met) cassant à chaud
~ **tape**: tracasseries *nf* administratives; (inf) de servitude, de service

reduce *vb*: réduire, diminuer; (rolling) NA dégrossir, ébaucher

reducer: réducteur *nm*; (on piping) cône *nm* de réduction, convergent *nm*, manchon *nm* de réduction, réduction *nf*; (of pressure) détendeur *nm*; (of viscosity) diluent *nm*, fluidogène *nm*

reducing, ~ **coupling**: réduction *nf*, manchon *nm* de réduction taraudé
~ **flame**: flamme *nf* réductrice
~ **nipple**: manchon *nm* de réduction mâle-mâle
~ **pipe**: cône *nm*, convergent *nm*
~ **transformer**: dévolteur *nm*, transformateur *nm* abaisseur de tension
~ **valve**: détendeur *nm*

reduction: baisse *nf*, diminution *nf*, réduction *nf*; (chem) réduction; (of area) striction *nf*; (rolling) allongement *nm*, étirage *nm*
~ **capacity**: (rolling) taux *nm* d'allongement, taux d'étirage
~ **furnace**: four *nm* à réduction
~ **gear**: réducteur *nm*
~ **ratio**: (mech) démultiplication *nf*; (phot) rapport *nm* de réduction
~ **scale**: échelle *nf* de réduction (d'un plan)
~ **unit**: démultiplicateur *nm*

redundancy: redondance *nf*

redundant: (inf) redondant; (structure) surabondant
~ **frame**: portique *nm* hyperstatique

redwood: (pinus sylvestris) sapin *nm* rouge du Nord; (sequoia sempervirens) cèdre *nm* de Californie

reed: (of relay) lame *nf* souple, lame vibrante; (weaving) peigne *nm*
~ **space**: (weaving) empeignage *nm*
~ **switch**: interrupteur *nm* à lames souples
~ **width**: (weaving) empeignage *nm*

reeding: (weaving) piquage *nm* en peigne, empeignage *nm*, passage *nm* au peigne
~ **the warp**: piquage *nm* en peigne

reef: (geol) récif *nm*; (mining) filon *nm* métallifère, filon minéralisé; (of sail) ris *nm*
~ **knot**: nœud *nm* plat
~ **point**: garcette *nf* de ris

reefer: fourgon *nm* frigorifique, navire *nm* frigorifique, wagon *nm* frigorifique
~ **car**: wagon *nm* frigorifique

reel: moulinet *nm*, touret *nm*; (of paper, board, magnetic tape) bobine *nf*; (tex) dévidoir *nm*
~ **cone**: cône *nm* de bobine
~ **core**: mandrin *nm*
~ **dyeing**: teinture *nf* au moulinet
~ **hub**: moyeu *nm* [porte-bobine]
~ **off**: dévider
~ **on**: enrouler
~ **sample**: échantillon *nm* pris sur bobine
~ **stand**: porte-bobine *nm*

~-to-reel: bobine *nf* à bobine
~-to-reel cassette: cassette *nf* à deux bobines, cassette bibobine

reeling, ~ **frame**: (tex) dévidoir *nm*
~ **off**: débobinage *nm*
~ **winch**: treuil *nm* d'enroulement

reentrant: (angle, curve) rentrant; (inf) rentrant, invariant

reentry: (petr) rentrée *nf*; (space) retour *nm* dans l'atmosphère, retour sur terre
~ **point**: (inf) point *nm* de retour

reeving: (mech) mouflage *nm*

reference: référence *nf*
~ **gauge**: calibre *nm* étalon
~ **noise** «RN»: bruit *nm* de référence (américain)
~ **surface**: (of component) nu *nm*

refill *vb*: remplir de nouveau; (a trench) reboucher, combler

refined: raffiné
~ **steel**: acier *nm* raffiné, acier d'affinage

refinery: raffinerie *nf*
~ **bitumen**: bitume *nm* de distillation
~ **gas**: gaz *nm* de raffinerie

reflected: réfléchi

reflecting: réfléchissant, réflecteur, de réflexion

reflection *nn*: réflexion *nf*; *adj*: à réflexion, de réflexion, en réflexion
~ **loss**: perte due aux réflexions
~ **measuring set**: réflectomètre *nm*
~ **shooting**: sismique-réflexion *nf*

reflective: réflecteur, réfléchissant
~ **foil**: (on magnetic tape) marque *nf* réfléchissante

reflector: réflecteur *nm*
~ **antenna**: antenne *nf* à réflecteur
~ **lamp**: lampe *nf* à réflecteur

reflux: reflux *nm*
~ **valve**: clapet *nm* de retenue

reforming: (eon) réformation *nf*; (petr) réformage *nm*

refraction: réfraction *nf*
~ **shooting**: sismique-réfraction *nf*

refractive, ~ **index**: indice *nm* de réfraction

refractoriness: resistance *nf* au feu

refractory *nn*: matière *nf* réfractaire, produit *nm* réfractaire; *adj*: réfractaire
~ **metal oxide semiconductor** «RMOS»: semi-conducteur *nm* à oxyde métallique réfractaire

refresh: (inf) rafraîchissement *nm*, régénération *nf*
~ **memory**: mémoire *nf* d'entretien, mémoire de rafraîchissement

refrigerating: frigorifique
~ **capacity**: puissance *nf* frigorifique
~ **medium**: fluide *nm* frigorigène
~ **plant**: centrale *nf* frigorifique

refrigeration: réfrigération *nf*, froid *nm*
~ **engineering**: froid *nm*
~ **load**: besoin *nm* de froid, demande *nf* de froid
~ **oil**: huile *nf* pour machines frigorifiques

refuel *vb*: se ravitailler en combustible, faire le plein

refuelling <eling>: ravitaillement *nm* en combustible, ravitaillement en carburant
~ **point**: poste *nm* d'approvisionnement (en combustible, en carburant)

refuse: (household) ordures *nf*; (mining) déblais *nm*, stériles *nm*
~ **disposal**: traitement *nm* des ordures ménagères

regenerative, ~ **braking**: freinage *nm* par récupération
~ **cooling**: refroidissement *nm* par récupération

regenerator: (on gas turbine) récupérateur *nm* (de chaleur); (tcm) régénérateur *nm*, répéteur-régénérateur *nm*, circuit *nm* de régénération

register *nn*: registre *nm*; (graph) repérage *nm*, registre, enlignement *nm*; *vb*: enregistrer, consigner; (graph) mettre en registre

regrading: reclassement *nm*

regrinding: (crushing) broyage *nm* secondaire; (a blade) réaffûtage *nm*

regular, ~ **grade**: qualité *nf* ordinaire

regulating: de réglage
~ **rod**: (nuc) barre *nf* de pilotage
~ **valve**: robinet *nm* de réglage, soupape *nf* de réglage, vanne *nf* régulatrice
~ **variable**: valeur *nf* de réglage

regulation: règlement *nm*
~ **lights**: feux *nm* réglementaires

regulus: régule *nm*

reheat *nn*: post-combustion *nf*, réchauffe *nf*; *vb*: (met) recuire

reheating, ~ **furnace**: four *nm* à réchauffer

reinforce: renforcer; (concrete) armer; (plastics) armer, renforcer; (a structure) conforter

reinforced, ~ **concrete** «RC»: béton *nm* armé
~ **plastic**: plastique *nm* armé, plastique renforcé
~ **seam**: joint *nm* à surépaisseur

reinforcement: (of concrete) armature *nf*; (of weld) surépaisseur *nf*
~ **bar** «rebar»: barre *nf* d'armature

RJE: → *remote job entry*

reject *nn*: rejet *nm*; (after quality control) rebut *nm*; *vb*: rejeter, rebuter, mettre au rebut; (acceptance procedure) refuser
~ **rate**: (production) taux *nm* de rebut; (tp) taux de rejet

rejection: rejet *nm*, rebut *nm*, refus *nm*
~ **number**: critère *nm* de rejet

relational, ~ **data base** «RDB»: base *nf* de données relationnelles «BDR»

relative, ~ **humidity** «RH»: degré *nm* hygrométrique

relay *nn*: relais *nm*; (tcm) retransmission *nf*; *vb*: relayer
~ **base**: socle *nm* de relais
~ **operated**: à relais, commandé par relais
~ **station**: station *nf* relais, station de retransmission

release *nn*: dégagement *nm*, libération *nf*; mécanisme *nm* de détente; (new version of product) nouvelle version *nf*; (of brakes) desserrage *nm*; (of compression) décompression *nf*; (of coupling, of clutch) débrayage *nm*; (of heat, of gas) dégagement *nm*; (from mould) démoulage *nm*; (of product) lancement *nm*, diffusion *nf*; (to the press) communiqué *nm*; (of relay) décollage *nm* de l'armature; *vb*: dégager, libérer, détendre; lancer, diffuser; (from an aircraft) larguer
~ **agent**: agent *nm* de décoffrage, agent de démoulage
~ **key**: touche *nf* de libération
~ **lever**: levier *nm* de déclenchement, levier de débrayage
~ **membrane**: film *nm* de démoulage, peau *nf* de démoulage
~ **rod**: (of brake) tringle *nf* de rappel
~ **spring**: ressort *nm* de détente, ressort de déclenchement, ressort de desserrage; ressort de rappel
~ **tape**: bande *nf* de distribution
~ **valve**: soupape *nf* de décharge, soupape contre les surpressions, soupape de sûreté
~ **yoke** NA : fourchette *nf* de débrayage

releasing: (aero) largage *nm*
~ **time**: (of relay) durée *nf* de chute, durée de décollage

reliability: fiabilité *nf*
~ **compliance test**: essai *nm* de conformité en fiabilité

relief: (geography) relief *nm*; (of compression) décompression *nf*; (of internal stresses) détensionnement *nm*; (of strain) relaxation *nf*, détente *nf*; (el, of load) délestage *nm*; (of pressure) détente *nf*, décharge *nf*
~ **angle**: (mech) angle *nm* de dépouille, angle de détalonnage
~ **cock**: robinet *nm* de décompression
~ **map**: carte *nf* en relief
~ **pipe**: évent *nm*
~ **train**: train *nm* bis, train supplémentaire, train de dédoublement
~ **valve** «RV»: clapet *nm* de décharge, soupape *nf* de décharge, soupape de sûreté, soupape de décompression

relieve *vb*: (the load) décharger, alléger; (the strain) soulager

relieving, ~ **arch**: arc *nm* de décharge
~ **lathe**: tour *nm* à détalonner

relining: regarnissage *nm*; (of engine) rechemisage *nm*

relocatable: (inf) translatable

relocate *vb*: déplacer, transférer

remainder: reste *nm*

remedial: (action, maintenance) correctif

remelt[ed], ~ **alloy**: alliage *nm* de deuxième fusion

remelting: refonte *nf*

remote: éloigné, isolé; à distance, télé-
~ **batch entry** «RBE»: télésoumission *nf* par lots, soumission *nf* de travaux par lots à distance
~ **batch processing**: traitement *nm* par lots à distance, télétraitement *nm* par lots
~ **bulb thermostat**: thermomètre *nm* à bulbe et capillaire
~ **computer**: ordinateur *nm* satellite
~ **control** «RC»: commande *nf* à distance, télécommande *nf*
~ **controlled**: commandé à distance, télécommandé
~ **copier**: télécopieur *nm*
~ **data entry**: saisie *nf* à distance, télésaisie *nf*
~ **diagnostic** «RD»: télédiagnostic *nm*
~ **display**: téléaffichage *nm*
~ **job entry** «RJE»: soumission *nf* de travaux à distance, télésoumission *nf* de travaux
~ **loading**: téléchargement *nm*
~ **maintenance**: télémaintenance *nf*
~ **management**: télégestion *nf*
~ **manipulator**: (robotics) manipulateur *nm* à distance, télémanipulateur
~ **mode**: mode *nm* télétraitement
~ **printing**: téléimpression *nf*
~ **processing**: télétraitement *nm*
~ **reading**: lecture *nf* à distance
~ **sensing**: télédétection *nf*
~ **shopping**: téléachats *nm*
~ **signalling**: télésignalisation *nf*
~ **support**: téléassistance *nf*
~ **work**: télétravail *nm*

remotely, ~ **piloted vehicle** «RPV»: véhicule *nm* téléguidé

remoulded: (soil) remanié; (tyre) rechapé

remounting: repose *nf*

removable: amovible, démontable

removal: enlèvement *nm*, retrait *nm*, suppression *nf*; (mech) dépose *nf*; (of ice) déglaçage *nm*; (of snow) déneigement *nm*; (of excess water) essorage *nm* (du béton)
~ **of load**: allègement *nm* de la charge

remove *vb*: enlever, retirer, supprimer; (mech) déposer
~ **burrs**: ébavurer

rendering: (constr) enduit *nm*

renewable, ~ **energy**: énergie *nf* renouvelable

rental: location *nf*
~ **equipment**: matériel *nm* de location, matériel en location

reorder *vb*: réapprovisonner, renouveler une commande

reordering: renouvellement *nm* de commande

repack *vb*: remballer; (inf) regrouper

repair *nn*: réparation *nf*; *vb*: réparer; → also *repairs*
~ **kit**: (of parts) lot *nm* de réparation, kit *nm*; (of tools) trousse *nf* de dépannage, trousse de réparation
~ **outfit**: trousse *nf* de dépannage, trousse de réparation
~ **pit**: fosse *nf* de réparation
~ **plug**: pastille *nf* antifuite
~ **ship**: navire *nm* atelier

repairs: (to the hull of a ship) radoub *nm*
~ **and maintenance** «R & M»: réparations *nf* et entretien

repeat, ~ **key**: touche *nf* à répétition

repel *vb*: repousser; (graph) refuser, repousser (l'encre)

repelling, ~ **power**: force *nf* répulsive

repetitiveness: caractère *nm* répétitif

rephasing: remise *nf* en phase

replace *vb*: remplacer, substituer; remettre en place

replaceable: amovible, remplaçable

replacement: remplacement *nm*, substitution *nf*; remise *nf* en place

replay *vb*: (record, tape) repasser, réécouter

replenishment: réapprovisionnement *nm*

reply-paid, ~ **envelope**: enveloppe *nf* timbrée

repointing: (constr) rejointoiement *nm*, regarnissage *nm* de joints

report *nn*: compte *nm* rendu, rapport *nm*; (inf) état *nm*; *vb*: signaler
~ **file**: fichier *nm* d'état, fichier d'édition
~ **generator**: programme *nm* d'édition
~ **program generator** «RPG»: générateur *nm* automatique de programme «GAP»
~ **writer**: (inf) programme *nm* d'édition
~ **writing**: (inf) édition *nm* d'états

repr → *reprint*

representative: représentatif, typique
~ **sample**: échantillon *nm* type

reprint «repr»: nouveau tirage *nm*, réimpression *nf*; (of article) tiré *nm* à part

reprocess *vb*: (production) recycler, régénérer, retraiter; (inf) traiter à nouveau, réexécuter

reprocessing: recyclage *nm*, retraitement *nm*

reprogrammable, ~ **ROM** «REPROM»: mémoire *nf* morte reprogrammable

reprographics: reprographie *nf*

reprography: reprographie *nf*

REPROM → *reprogrammable ROM*

request *nn*: demande *nf*; *vb*: demander
~ **control**: (inf) demander à intervenir
~ **to send** «RTS»: demande *nf* pour émettre «DPE»

require *vb*: avoir besoin de, demander; nécessiter, requérir

required, ~ **space**: encombrement *nm*

requisition: (of materials) demande *nf* de réapprovisionnement

re-recording: enregistrement *nm* superposé, réenregistrement *nm*; (tv) repiquage *nm*

re-reeling: rebobinage *nm*

reroute *vb*: détourner, dérouter, réacheminer, rediriger (sur)

rerun *nn*: reprise *nf*; (petr) recyclage *nm*; *vb*: réexécuter (un traitement), repasser (sur une machine); (petr) recycler, redistiller
~ **oil**: huile *nf* recyclée, huile de recyclage
~ **point**: point *nm* de reprise

reschedule: replanifier
~ **in**: replanifier vers l'amont
~ **out**: replanifier vers l'aval

research: recherche *nf*
~ **and development** «RD»: recherche *nf* et développement
~ **establishment**: centre *nm* de recherche
~ **octane number**: indice *nm* d'octane théorique

reseat *vb*: refaire la portée, roder (une soupape), gratter (un coussinet)

reservoir, ~ **rock**: roche-magasin *nf*, roche-réservoir

reset *nn*: remise *nf* à zéro «RAZ»; *vb*: régler de nouveau, rerégler; mettre à zéro; (inf) remettre à l'état initial, réinitialiser
~ **button**: bouton *nm* de réenclenchement

reshape: (inf) régénérer, restaurer, restructurer

residence, ~ **time**: temps de séjour

residential: résidentiel, d'habitation
~ **air conditioning**: climatisation *nf* des habitations
~ **building**: bâtiment *nm* à usage d'habitation

residual: résiduel
~ **pore pressure**: pression *nf* résiduelle de l'eau interstitielle
~ **set**: déformation *nf* résiduelle
~ **stud**: pastille *nf* antirémanente
~ **tack**: adhésivité *nf* résiduelle

residue *nn*: reste *nm*; (chem) résidu *nm*; *adj*: résiduaire

~ **test**: (distillation) détermination *nf* du taux de résidus

resilience: retour *nm* élastique, rebondissement *nm* élastique

resin: résine *nf*
~ **cement**: résine-ciment *nf*

resist: (graph, tex) réserve *nf*

resistance: résistance *nf*
~ **furnace**: four *nm* à résistance
~ **pyrometer**: pyromètre *nm* à résistance
~ **seam welding**: soudage *nm* à la molette
~ **start motor**: moteur *nm* à démarrage par résistance
~ **thermometer**: thermomètre *nm* à résistance
~ **welding**: soudage *nm* par résistance

resistojet: (space) propulseur *nm* électrothermique

resistor: résistance *nf*
~ **transistor logic** «RTL»: logique *nf* à résistances et transistors, logique RTL

resize *vb*: remettre à la cote

resolution: (of picture) définition *nf*; (microscopy) pouvoir *nm* séparateur
~ **of forces**: décomposition *nf* des forces

resolver: (inf) séparateur *nm*

resonance: résonance *nf*
~ **frequency meter**: fréquencemètre *nm* à résonance

resonator: résonateur *nm*
~ **wavemeter**: ondemètre *nm* à cavité résonnante

resource: ressource *nf*
~ **allocation**: affectation *nf* des ressources
~ **management**: gestion *nf* des ressources

respirator: masque *nm* respiratoire

respond *vb*: répondre, réagir

response: réponse *nf*, réaction *nf*

rest *nn*: repos *nm*, arrêt *nm*; appui *nm*, support *nm*; (remainder) reste *nm*; *vb*: reposer, prendre appui

restart: redémarrage *nm*, reprise *nf*; relance *nf* (d'un programme)
~ **point**: point *nm* de reprise

restarting: remise *nf* en route, redémarrage *nm*; (of blast furnace) rallumage *nm*, remise *nf* à feu

restore *vb*: (current supply) rétablir l'alimentation; (utilities) remettre en service; (inf) restaurer (un fichier)
~ **supply**: rétablir le courant

restoring, ~ **force**: force *nf* de rétablissement, force antagoniste
~ **moment**: moment *nm* de rappel; (aero) moment stabilisateur
~ **torque**: couple *nm* de rappel, couple d'équilibrage

restrained: (constr) encastré

restraint: dispositif *nm* de retenue; (constr) encastrement *nm*

restricted: (document) de diffusion restreinte
~ **file**: fichier *nm* d'accès réservé

restrictor: étrangleur *nm*, clapet *nm* de laminage

result: resultat *nm*
~ **in**: avoir comme conséquence, entraîner, résulter en
~ **from**: découler de, s'ensuivre

resume *vb*: (restart) reprendre; (sum up) résumer, faire la synthèse

retain *vb*: maintenir, retenir, garder

retainer *nn*: (of ball bearing) cage *nf*; *adj*: d'arrêt, de retenue
~ **bolt**: boulon *nm* de retenue
~ **key**: clavette *nf* d'arrêt
~ **ring**: bague *nf* de retenue, jonc *nm*
~ **seal**: joint *nm* anti-fuite

retaining: de retenue
~ **dam**: barrage *nm* de retenue
~ **pin**: goupille *nf* de fixation
~ **spring**: ressort *nm* de retenue, ressort d'arrêt
~ **wall**: mur *nm* de soutènement, mur de retenue
~ **washer**: rondelle *nf* d'arrêt

retard *vb*: retarder, ralentir

retarded, ~ ignition: retard *nm* à l'allumage, allumage *nm* retardé

retarder: (chem, nuc) retardateur *nm*; (concreting) retardateur de prise; (auto) ralentisseur *nm*; (rlwy) frein *nm* de voie

retarding: de freinage, de ralentissement
~ **agent**: (chem) agent *nm* retardateur
~ **developer**: (phot) révélateur *nm* compensateur

retemper *vb*: (mortar, plaster) rebattre

retention: conservation *nf*, maintien *nm*
~ **time**: temps *nm* de séjour; (inf) temps de retenue (en mémoire)

retest: contre-essai *nm*

reticular: réticulé

reticulation: réticulation *nf*

retort: cornue *nf*

retouching: (graph, phot) retouche *nf*

retrace: (tv) retour *nm* du spot, retour de balayage horizontal

retractable: escamotable, éclipsable
~ **mast**: (of fork lift truck) fourche *nf* rétractible

retracting, ~ spring: ressort *nm* de rappel

retraining: (of staff) recyclage *nm*

retread *nn*: rechapage *nm*; *vb*: rechaper

retreading: rechapage *nm*

retreating, ~ face: (mining) taille *nf* rabattante

retrieval: récupération *nf*; (inf) extraction *nf*, recherche *nf*
~ **time**: temps *nm* d'accès à l'information

retrofit *nn*: rattrapage *nm*; *vb*: mettre à niveau, rattraper
~ **kit**: lot *nm* de rattrapage

retro-rocket: rétrofusée *nf*

retry: nouvelle tentative *nf*

retune *vb*: remettre au point

return *nn*: retour *nm*; (management) relevé *nm*, statistiques *nf*; (of radar) écho *nm*; *vb*: renvoyer, retourner, être renvoyé; → also *returns*
~ **air**: (a.c.) air *nm* de reprise
~ **bend**: coude *nm* double, coude à 180 degrés, coude en U
~ **conductor**: fil *nm* de retour, conducteur *nm* de retour
~ **control to**: repasser la main à, rendre la main à
~ **crank**: contre-manivelle *nf*
~ **current**: courant *nm* de retour
~ **curve**: (of cam) courbe *nf* descendante; (rlwy) contre-courbe *nf*
~ **flame boiler**: chaudière *nf* à retour de flamme
~ **freight**: fret *nm* de retour
~ **idler**: rouleau *nm* de renvoi
~ **key**: (inf) touche *nf* d'entrée; (on typewriter) touche retour de chariot
~ **line**: tuyauterie *nf* de retour
~ **pulley**: poulie *nf* de renvoi
~ **pump**: pompe *nf* de refoulement
~ **shock**: choc *nm* en retour, contrecoup *nm*
~ **spring**: ressort *nm* de rappel
~ **stroke**: course *nf* de retour
~ **to earth**: mettre à la terre, mettre à la masse
~ **to ground**: mettre à la terre, mettre à la masse
~ **to zero** «RZ»: retour *nm* à zéro «RAZ»
~ **wall**: mur *nm* en retour

returnable: (packaging) consigné, réutilisable
~ **document**: document *nm* aller-retour

returns: invendus *nm*; (paper work) états *nm*, statistiques *nf*; (petr) retour *nm* du fluide de circulation

reusable: réutilisable

reuse: remploi *nm*

rev → *revolution*
~ **up an engine**: augmenter la vitesse

reverberate *vb*: réfléchir, réverbérer

reverberating, ~ furnace: four *nm* à réverbère

reverberatory, ~ furnace: four *nm* à reverbère

reversal: inversion *nf*; (of direction) renversement *nm*; (of force) changement *nm* de signe
~ **of stroke**: changement *nm* de course
~ **of ventilation**: (mining) renversement *nm* d'aérage

reverse *nn*: (thrust, pitch) inversion *nf*; *adj*: inverse, opposé; en sens inverse; *vb*: renverser la marche; (vehicle) faire marche arrière
~ **bend test**: essai *nm* de pliage à l'envers
~ **braking**: freinage *nm* à contre-courant
~ **channel**: canal *nm* de retour, voie *nf* de retour
~ **charge call**: appel *nm* en PCV
~ **current**: (of a fluid) contre-courant *nm*, courant *nm* inverse; (el) retour *nm* de courant; (eon) courant inverse
~ **curve**: contre-courbe *nf*, courbe *nf* en S, courbe et contre-courbe
~ **direction**: sens *nm* inverse
~ **engineer**: désosser, démonter (espionnage industriel)
~ **engineering**: désossage *nm*, rétrotechnique *nf*
~ **flow**: contre-courant *nm*, débit *nm* inverse
~**-flow combustion chamber**: chambre *nf* de combustion à retour
~ **frame**: contre-membrure *nf*
~ **gear**: marche *nf* arrière, pignon *nm* de marche arrière
~ **gradient**: contre-pente *nf*
~ **lock**: encliquetage *nm* anti-recul, dispositif *nm* antiretour
~ **motion**: marche *nf* arrière
~ **pitch**: pas *nm* inverse, pas négatif
~ **press**: presse *nf* montante
~ **profile**: contre-profil *nm*, profil *nm* renversé
~ **reading**: lecture *nf* arrière
~ **shaft**: arbre *nm* de marche arrière
~ **speed**: marche *nf* arrière
~ **stroke**: contre-course *nf* (de piston)

reversed: inversé
~ **bending**: flexion *nf* alternée
~ **current**: courant *nm* inversé
~ **press**: presse *nf* montante

reverser: (of direction) inverseur *nm* de marche; (of poles) commutateur *nm*

reversible: réversible
~ **cloth**: tissu *nm* double face, tissu réversible
~ **counter**: compteur-décompteur *nm*

reversing: inversion *nf*, renversement *nm*
~ **gear**: engrenage *nm* d'inversion, engrenage de renversement, mécanisme *nm* d'inversion, mécanisme de renversement
~ **lever**: levier *nm* de renvoi, levier de renversement de marche, levier de marche arrière
~ **light**: feu *nm* de recul
~ **mill**: laminoir *nm* réversible
~ **motion**: mécanisme *nm* de renversement de marche
~ **motor**: moteur *nm* à changement de marche; moteur de renversement de marche

revolute, ~ **joint**: (robotics) articulation *nf* simple

revolution: tour *nm*
~ **counter**: compte-tours *nm*
~ **per minute** «rpm: tours-minute «tr/mn»
~ **per second** «rps»: tours-seconde «tr/s»

revolving: tournant, rotatif
~ **body**: corps *nm* de révolution
~ **crane**: grue *nf* pivotante
~ **door**: porte *nf* revolver, porte à tambour
~ **joint**: joint *nm* tournant
~ **light**: feu *nm* tournant; (auto) gyrophare *nm*
~ **motion**: mouvement *nm* pivotant, mouvement tournant
~ **surface**: surface *nf* de révolution
~ **switch**: commutateur *nm* rotatif

rewind *nn*: rebobinage *nm*; *vb*: rebobiner
~ **spool**: bobine *nf* réceptrice

rework *nn*: réfection *nf*, reprise *nf* d'une pièce; *vb*: retoucher, remanier, récupérer, retraiter

RF: → *radiofrequency*

RH: → *relative humidity, right hand, round head*

rheometer: rhéomètre *nm*

rheostat: rhéostat *nm*

rhumbatron: rhumbatron *nm*

rib: nervure *nf*; (tex) côte *nf*

ribbed: nervuré; (structure) raidi
~ **frame**: bâti *nm* à nervures
~ **radiator**: radiateur *nm* à ailettes
~ **slab**: dalle *nf* nervurée

ribbing: nervures *nf*; (tex) côtes *nf*

ribbon: ruban *nm*
~ **cable**: câble *nm* plat, câble ruban
~ **development**: construction *nf* tentaculaire
~ **grain**: (in wood) rubanage *nm*
~ **microphone**: microphone *nm* à ruban
~ **rails** NA : rails *nm* soudés en barres longues, barres *nf* soudées de grande longueur
~ **saw**: scie *nf* à ruban, scie rotative

rice: riz *nm*
~ **grain decoration**: (ceramics) décoration *nf* en grain de riz
~ **paper**: papier *nm* de Chine; (edible) papier de riz

rich: riche; (soil) gras
~ **clay**: argile *nf* grasse
~ **coal**: charbon *nm* gras, houille *nf* grasse
~ **in**: à haute teneur en
~ **mixture**: (for engine) mélange *nm* riche
~ **mixture knock rating**: indice *nm* d'octane en mélange riche

riddle: crible *nm*, tamis *nm*

riddling: criblage *nm*
~ **smalls**: menus *nm* de criblage

riddlings: refus *nm* de crible, criblures *nf*

ride *nn*: (in car) trajet *nm* en voiture, promenade *nf* en voiture; *vb*: (in a car) aller en voiture; (on a bicycle) aller à bicyclette
~ **at anchor**: être à l'ancre, être mouillé

rider: cycliste *nm*, motocycliste *nm*; (laboratory) cavalier *nm* (de balance); (of ship) porque *nf*
~ **pallet truck**: transpalette *nm* à conducteur porté, transpalette à conducteur assis
~**-seated**: (truck) à conducteur assis, à conducteur porté
~**-type**: (truck) à conducteur assis, à conducteur porté

ridge: (of mountains) arête *nf*, crête *nf*; (of roof) faîtage *nm*, faîte *nm*
~ **beam**: poutre *nf* faîtière, faîtière *nf*
~ **line**: ligne *nf* de faîte, ligne de couronnement
~ **roof**: toit *nm* à deux versants
~ **tile**: tuile *nf* faîtière
~ **waveguide**: guide *nm* d'ondes à moulures, guide d'ondes nervuré
~ **welding**: soudure *nf* à bords relevés

ridged: strié
~ **waveguide**: guide *nm* d'ondes à moulures, guide d'ondes nervuré

ridging: usure *nf* en sillons

riding: (overlapping) chevauchement *nm*; (naut) mouillage *nm*
~ **sail**: voile *nf* de cape
~ **light**: feu *nm* de mouillage, fanal *nm* de mouillage
~ **surface**: (auto) surface *nm* de roulement

riffle *nn*: cannelure *nf*; *vb*: feuilleter (des pages), ventiler (des cartes mécanographiques)

riffler: (pap) sablier *nm*

rifle: fusil *nm*
~ **grenade launcher**: lance-grenade *nm* à fusil, tromblon *nm*
~ **shot**: coup *nm* de fusil
~ **shooting**: tir *nm* au fusil

rifling: (on firearm) rayage *nm*, rayures *nf*

rift: fente *nf*; (geol) crevasse *nf*, fissure *nf*
~ **valley**: fossé *nm* d'effondrement

rig: (petr) appareil *nm* de forage, tour *nf* de forage; (naut) gréement *nm*
~ **down**: démonter (une installation de forage)
~ **up**: monter (une installation de forage); faire une installation de fortune

rigged, ~ **as**: (ship) gréé en; (machine) équipé en

rigger: gréeur *nm*; (aero) monteur *nm*; (a pulley) poulie *nf* à courroie

rigging: (of machine) équipage *nm*, montage *nm*; (of ship) gréement *nm*, manœuvres *nf*
~ **line**: (aero) suspente *nf*
~ **screw**: ridoir *nm* [métallique]
~ **template**: gabarit *nm* de réglage

right *nn*: côté *nm* droit, droite *nf*; *adj*: droit; correct, exact; *vb*: redresser
~ **angle**: angle *nm* droit
~**-angle**: à angle droit, perpendiculaire

~**-angle drive gear unit**: engrenage *nm* à arbres perpendiculaires, renvoi d'angle *nm*
~**-angle stacking**: gerbage *nm* perpendiculaire
~**-angled**: à angle droit, d'équerre, orthogonal
~**-hand** «RH»: à droite
~**-hand drive**: conduite *nf* à droite
~**-hand lay**: câblage *nm* à droite, câblage Z
~**-hand page**: page *nf* en regard
~**-hand polarisation**: polarisation *nf* circulaire à droite
~**-hand rotation**: rotation *nf* à droite
~**-hand turn**: (auto) virage *nm* à droite
~**-hand twist**: torsion *nf* à droite, torsion Z
~**-hand welding**: soudage *nm* en arrière
~**-handed engine**: moteur *nm* de rotation à droite
~**-handed helix**: spirale *nf* à droite, hélice *nf* à droite
~**-handed propeller**: hélice *nf* de pas à droite
~**-justified**: cadré à droite, justifié à droite
~ **justify**: cadrer à droite, justifier à droite
~ **laid**: (cable) commis à droite
~**-left** «RL»: de droite à gauche
~ **of way**: servitude *nf* de passage; (road traffic) priorité *nf* de passage
~ **side**: endroit *nm*
~ **side up**: position *nf* normale

righting, ~ **moment**: moment *nm* de redressement, moment de rappel

rightmost: (inf) de poids faible

rightful, ~ **owner**: propriétaire *nm* légitime

rigid: rigide; (frame) indéformable; (soil) raide, consistant
~ **axle**: essieu *nm* fixe
~ **coupling**: accouplement *nm* rigide
~ **joint**: assemblage *nm* rigide
~ **live axle**: pont *nm* rigide
~**-plastic**: (structure) plasticité *nf* absolue, plasticité totale
~ **transmission**: transmission *nf* rigide

rim: bord *nm*, rebord *nm*; (of reel) flasque *nm*; (of wheel) jante *nf*
~ **brake**: frein *nm* sur jante
~ **diameter**: diamètre *nm* du cercle de roulement
~ **lock**: serrure *nf* à palastre
~ **steel**: acier *nm* effervescent, acier non calmé
~ **tool**: démonte-jante *nm*

rimmed, ~ **steel**: acier effervescent *nm*, acier non calmé

ring *nn*: anneau *nm*, bague *nf*; (of anchor) organeau *nm*; (of flywheel, starter) couronne *nf*; (of piston) segment *nm*; (tp) sonnerie *nf*; *adj*: en anneau, annulaire; *vb*: sonner; téléphoner
~ **and ball** «RB»: (test) bille *nf* et anneau
~ **and ball softening point**: point *nm* de ramollissement par la méthode bille et anneau
~ **back**: rappeler (au téléphone)
~ **back tone**: tonalité *nf* de retour d'appel, retour *nm* d'appel
~ **back signal**: signal *nm* de rappel
~ **balance**: tore *nm* pendulaire
~ **based**: (tp) en anneau, en boucle
~ **binder**: classeur *nm* à anneaux
~ **bolt**: piton *nm*
~ **burner**: brûleur *nm* couronne
~ **chain**: (chem) chaîne *nf* cyclique
~ **clearance**: (of piston) jeu *nm* à la coupe
~ **closure**: (chem) cyclisation *nf*
~ **compound**: composé *nm* cyclique
~ **diode modulator**: modulateur *nm* en anneau
~ **formation**: (chem) cyclisation *nf*
~ **forward**: (tp) rappel *nm* en avant, rappel du demandé
~ **frame**: (tex) continu *nm* à anneaux
~ **gap**: (of piston) jeu *nm* à la coupe
~ **gate**: (fdry) attaque *nf* annulaire
~ **gauge**: bague *nf* calibre, tampon *nm* bague
~ **gear**: couronne *nf*
~ **generator**: générateur *nm* de sonnerie
~ **indicator** «RI»: indicateur *nm* d'appel
~ **joint**: joint *nm* annulaire, joint circulaire
~ **laser**: laser *nm* annulaire
~ **lubrication**: graissage *nm* par bague
~ **lubricator**: graisseur *nm* à bague
~ **modulator**: modulateur *nm* en anneau
~ **network**: réseau *nm* en anneau
~**-oiled**: graissé par bague
~ **oiling**: graissage *nm* par bague
~ **rail**: (tex) plate-bande *nf* porte-anneaux
~ **relay**: relais *nm* de sonnerie
~**-shaped**: annulaire
~ **spanner**: clé *nf* à œil, clé fermée
~ **spindle**: (tex) broche *nf* pour continu à anneaux
~ **spinning frame**: continu *nm* à filer à anneaux
~ **spun yarn**: filé *nm* de continu

~ **sticking**: (of piston) collage *nm* des segments, gommage *nm* des segments
~ **structure**: (chem) structure *nf* cyclique
~ **terminal**: cosse *nf* circulaire (à œil), cosse à plage fermée
~ **twister**: (tex) retordoir *nm* à anneaux
~**-type joint**: joint *nm* annulaire, joint-tore *nm*
~ **up**: téléphoner
~ **winding**: enroulement *nm* torique
~ **wire**: fil *nm* de nuque (relié à la sonnerie), fil R
~ **wound**: à enroulement en anneau

ringed, ~ **nail**: clou *nm* annelé

ringer: sonnerie *nf* [d'appel]

ringing: sonnerie *nf*; (tp) appel *nm*, communication *nf*, conversation *nf*, envoi *nm* du courant d'appel; oscillation *nf* amortie, oscillation transitoire; (tv) oscillations parasites
~ **current**: courant *nm* d'appel
~ **cycle**: cadence *nf* de sonnerie
~ **disable**: coupure *nf* de sonnerie
~ **failure**: sonnerie *nf* défectueuse, absence *nf* de sonnerie
~ **generator**: générateur *nm* de sonnerie
~ **key**: clé *nf* d'appel, touche *nf* d'appel
~ **repeater**: signaleur *nm* basse fréquence
~ **signal**: signal *nm* d'appel, signal de retour d'appel, retour d'appel
~ **tone**: tonalité *nf* de retour d'appel, retour *nm* d'appel
~ **transformer**: transformateur *nm* de sonnerie

rinse *nn*: rinçage *nm*; *vb*: rincer
~ **thoroughly**: rincer à grande eau

rinsing: rinçage *nm*

rip *vb*: déchirer; fendre
~ **cord**: fil *nm* de déchirement

ripeness: maturité *nf*, état *nm* mûr

ripening: maturation *nf*

ripper: défonceuse *nf* [portée], scarificateur *nm*

ripping, ~ **bar** NA : pied-de-biche *nm*

ripple: ondulation *nf*
~ **frequency**: fréquence *nf* d'ondulation
~ **ratio**: taux *nm* d'ondulation
~ **voltage**: tension *nf* d'ondulation

rippling *nn*: usure *nf* ondulée; *adj*: (inf) en cascade

riprap: enrochement *nm*

ripsaw: scie *nf* à refendre, scie de long

rise *nn*: (an increase) accroissement *nm*, augmentation *nf*, élévation *nf*; (of an arch) flèche *nf*; (of a curve) partie *nf* ascendante; (in ground) hauteur *nf*, exhaussement *nm*; (in level) montée *nf*; (of a river) crue *nf*; (in sea bed) seuil *nm* sous-marin; (of a step) hauteur de marche; (in temperature) échauffement *nm*, élévation *nf* de la température; *vb*: remonter, monter; augmenter, s'élever
~ **and fall** *nn*: (of the sea) flux *nm* et reflux; *adj*: à déplacement *nm* vertical
~**-and-fall pendant**: suspension *nf* à contrepoids
~ **face**: (mining) taille *nf* montante
~ **shaft**: (el) gaine *nf* d'ascension, gaine verticale
~**-span ratio**: rapport *nm* de la flèche à la portée
~ **time**: temps *nm* de montée; (of current) temps d'établissement

riser: gaine *nf* d'ascension, gaine verticale; (el) colonne *nf* montante; (fdry) masselotte *nf*; (petr) tube *nm* ascenseur; (a pipe) conduite *nf* montante; (a step) contremarche *nf*
~ **pipe**: colonne *nf* montante, conduite *nf* montante

rising *nn*: accroissement *nm*, augmentation *nf*, élévation *nf*; (of river) crue *nf*; *adj*: montant; croissant
~ **casting**: coulée *nf* en source
~ **damp**: humidité *nf* ascensionnelle
~ **edge**: (of wave) front *nm* montant
~ **mains**: colonne montante *nf*, conduite *nf* montante
~ **pipe**: conduite *nf* montante
~ **steel**: acier *nm* effervescent, acier non calmé
~ **stem**: (of gate valve) tige *nm* montante
~ **stem valve**: robinet *nm* à vis extérieure
~ **tide**: marée *nf* montante, flux *nm*

risk, ~ **assessment**: estimation *nf* du risque

rivelling: (in coating, paint) formation *nf* de rides

river: cours *nm* d'eau, rivière *nf*, fleuve *nm*
~ **crossing**: franchissement *nm*; (by pipe) conduite *nf* sous fluviable, traversée *nf* sous fluviable
~ **traffic**: batellerie *nf*

rivet *nn*: rivet *nm*; *vb*: river, riveter
~ **in single shear**: rivet *nm* à cisaillement simple
~ **joint**: assemblage *nm* à rivets, rivure *nf*
~ **plate**: contre-rivure *nf*, rondelle *nf* de rivure, rosette *nf* de rivure
~ **punch**: chasse-rivets *nm*
~ **shank**: fût *nm* de rivet, corps *nm* de rivet
~ **washer**: rondelle *nf* de contre-rivure, rosette *nf*

riveted: riveté, rivé
~ **joint**: rivure *nf*, joint *nm* rivé
~ **seam**: rivure *nf*

riveter: (a machine) riveuse *nf*, riveteuse *nf*; (a hammer) rivoir *nm*; (an operator) riveur *nm*

riveting: rivetage *nm*, rivure *nf*
~ **hammer**: marteau *nm* riveur, rivoir *nm*
~ **joint** NA : rivure *nf*, joint *nm* rivé
~ **pattern**: maillage *nm*
~ **pin**: broche *nf* d'assemblage
~ **punch**: bouterolle *nf*
~ **tool**: bouterolle *nf*, marteau *nm* à river

RJ → *route junctor*

RJE → *remote job entry*

RL → *right/left*

rly → *railway*

RMM → *read mostly memory*

RMOS → *refractory metal oxide semiconductor*

rms *nn*: moyenne *nf* quadratique; *adj*: efficace; → also *root mean square*
~ **detector**: détecteur *nm* quadratique
~ **deviation**: écart *nm* quadratique moyen
~ **error**: erreur *nf* quadratique moyenne
~ **frequency deviation**: excursion *nf* de fréquence efficace
~ **voltage**: tension *nf* efficace

RN → *reference noise*

ro → *rough*

RO → *receive only*

road *nn*: route *nf*; (in mine) galerie *nf*, voie *nf*; (a roadstead) rade *nf*; *adj*: routier
~ **ability**: tenue *nf* de route
~ **bed**: assiette *nf* de la route, plateforme *nf*
~ **block**: barrage *nm*
~ **breaker**: marteau-piqueur *nm*, marteau pneumatique, marteau brise-béton
~ **bridge**: pont-route *nm*, pont *nm* routier
~ **clearance**: (above vehicle) hauteur *nf* libre; (under vehicle) garde *nf* au sol
~ **cutting**: route *nf* en déblai
~ **engineering**: technique *nf* routière
~ **grader**: niveleuse *nf*, profileuse *nf*
~ **grip**: adhérence *nf* à la route
~ **haulage**: transports *nm* routiers
~ **holding**: tenue *nf* de route
~ **limits**: emprise *nf* de la route
~ **making**: construction *nf* de routes
~ **map**: carte *nf* routière
~ **marking**: signalisation *nf* horizontale
~ **materials**: matériaux *nm* routiers
~ **metal**: empierrement *nm*, pierraille *nf*, revêtement *nm* routier
~ **narrows**: chaussée *nf* rétrécie
~ **network**: réseau *nm* routier
~ **octane number** «RON»: indice *nm* d'octane route «IOR»
~ **oil**: huile *nf* bitumineuse pour routes
~ **roller**: rouleau *nm* compresseur
~ **scarifier**: scarificateur *nm*
~ **show**: exposition *nf* itinérante
~ **sign**: panneau *nm* de signalisation
~ **signs**: signalisation *nf* routière, signalisation verticale
~ **speed**: vitesse *nf* de route
~ **system**: réseau *nm* routier
~ **tanker**: camion-citerne *nm*
~ **test**: essai *nm* sur route
~ **topping**: tapis *nm* routier
~ **tractor**: tracteur *nm* routier
~ **traffic**: circulation *nf* routière
~ **train**: train *nm* routier
~ **user**: usager *nm* de la route
~ **works**: travaux *nm* de voirie, chantier *nm* (de travaux)

roadhead: (mining) front *nf* d'avancement d'une galerie

roadman: cantonnier *nm*

roadrailer NA : wagon *nm* rail-route

roadsman: cantonnier *nm*

roadstead: rade *nf*

roadway: chaussée *nf*; (of bridge) tablier *nm*; (in mine) voie *nf*

roadworthy: en bon état, en état de rouler

roarer: puits *nm* de gaz en éruption

roast *vb*: (ore) griller, calciner

roaster: four *nm* à calciner, four de grillage

roasting: grillage *nm*, calcination *nf*
~ **furnace**: four *nm* à calciner, four de grillage

rob *vb*: (mining) dépiler, déboiser

robbing: (mining) dépilage *nm*, gaspillage *nm* de gisement

robot: robot *nm*

robotics: robotique *nf*

robust: robuste, solide

robustness: robustesse *nf*, solidité *nf*

rock *nn*: roche *nf* (en place), rocher *nm*; *vb*: osciller, basculer, faire basculer, travailler en bascule
~ **bit**: trépan *nm* à molettes
~ **breaker**: broyeur *nm* à pierres, brise-roche *nf*, dérocheuse *nf*
~ **crystal**: cristal *nm* de roche
~ **drill**: (hammer) marteau *nm* perforateur, perforatrice *nf* [au rocher]
~ **fall**: éboulement *nm* de roches
~ **filling**: enrochement *nm*
~ **formation**: système *nm* rocheux
~ **in situ**: roche *nf* en place, roche vive
~ **oil**: pétrole *nm* de roche
~ **salt**: sel *nm* gemme
~ **wool**: laine *nf* de roche

rocker: levier *nm* basculant; palonnier *nm*; (auto) culbuteur *nm*
~ **adjuster**: vis *nf* de réglage du culbuteur
~ **arm**: culbuteur *nm*
~ **arms**: culbuterie *nf*
~ **arms cover**: couvercle *nm* de culbuterie
~ **box**: carter *nm* de culbuterie
~ **box cover**: couvercle *nm* de carter de culbuterie
~ **conveyor**: transporteur *nm* à secousses, couloir *nm* à secousses
~ **shaft**: axe *nm* de levier oscillant; (auto) axe de culbuteur
~ **shovel**: chargeuse-pelleteuse *nf*
~ **switch**: commutateur *nm* à bascule, inverseur *nm* à bascule

rocket: (mil) roquette *nf*; (space) fusée *nf*
~ **assisted take-off**: décollage *nm* assisté
~ **engine**: moteur *nm* de fusée, propulseur *nm* de fusée
~ **gun**: lance-fusée[s] *nm*; (naut) lance-amarre *nm*
~ **launcher**: (mil) lance-roquettes *nm*; (space) aire *nf* de lancement, base *nf* de lancement
~ **motor**: moteur-fusée *nm*
~ **pod**: nacelle *nf* porte-roquettes
~ **propulsion unit**: moteur-fusée *nf*

rockfill: enrochement[s] *nm*
~ **dam**: barrage *nm* en enrochement[s]

rocking *nn*: balancement *nm*, oscillation *nf*; *adj*: oscillatoire, pendulaire
~ **arm**: balancier *nm*
~ **arm pump**: pompe *nf* à balancier
~ **conveyor**: couloir *nm* à secousses, transporteur *nm* à secousses
~ **motion**: mouvement *nm* oscillant, mouvement basculant
~ **piston**: piston *nm* oscillant
~ **shaft**: arbre *nm* oscillant

rocky: rocheux, rocailleux; instable, branlant
~ **soil**: terrain rocheux

rod *nn*: (drain cleaning) canne *nf*; (earthing, grounding) piquet *nm* de terre; (mech) tige *nf*, tringle *nf*; (nuc) barre *nf*; (plastic) jonc *nm*, baguette *nf*; (tp) aiguille *nf*; (wldg) baguette *nf* d'apport; *vb*: (concrete) piquer; (drain cleaning) dégorger; (tp) aiguiller; → also *rods*
~ **antenna**: antenne *nf* tige
~ **assembly**: (mech) tringlerie *nf*
~ **chart**: graphique *nm* à bâtonnets
~ **down**: (rolling) dégrossir
~ **end**: (car steering) embout *nm* à rotule; (of cylinder) fond *nm* avant
~ **extrusion**: filage *nm* à la presse de barres pleines
~ **holder**: porte-électrode *nm*
~ **insulator**: isolateur *nm* à tige
~ **mill**: (crushing) broyeur *nm* à barres; (rolling) laminoir *nm* à fils
~ **solder**: soudure *nf* en barre
~ **transmission**: transmission *nf* rigide

rodded, ~ **concrete**: béton *nm* piqué

rodder: (tp) engin *nm* d'aiguillage, tire-câble *nm* à tige

rodding: (of drains) nettoyage *nm* avec des cannes; (mech) transmission *nf* rigide; (tp) aiguillage *nm*, enfilage *nm*, tirage *nm* de câble

rods: timonerie *nf*, tringlerie *nf*

role: rôle *nm*; (of military aircraft) mission *nf*
~ **indicator**: (inf) indicateur *nm* de fonction

roll *nn*: cylindre *nm*, rouleau *nm*; (aerobatics) tonneau *nm*; (inf) défilement *nm* (de l'image-écran); (of paper) bande *nf* de papier en continu, rouleau *nm*; (aero, naut, robotics) roulis *nm*; (of typewriter) cylindre; *vb*: rouler; (met) laminer
~ **attitude**: assiette *nf* latérale, gîte *nf*
~ **axis**: axe *nm* de roulis
~ **back**: (inf) faire une reprise, revenir en arrière, réeffectuer, repasser, repositionner; (auto) rouler en arrière
~ **bar**: arceau *nm* de sécurité
~ **barrel**: corps *nm* du cylindre
~ **call**: appel *nm*; (inf) appel chronologique
~ **centre**: centre *nf* de roulis
~ **coating**: revêtement *nm* au rouleau
~ **control**: (aero) commande *nf* de gauchissement
~ **crown**: bombé *nm* (d'un cylindre)
~ **damper**: (aero) amortisseur *nm* de roulis; (naut) aileron *nm* anti-roulis, stabilisateur *nm* anti-roulis
~ **down**: (inf) défiler vers le bas; (rolling mill) dégrossir, réduire, amincir, transformer
~**-down key**: touche *nf* de défilement vers le bas
~ **drafting**: calibrage *nm* des cylindres, tracé *nm* des cannelures
~ **electrode**: galet *nm* de soudage, molette *nf* de soudage
~ **gap**: emprise *nf* des cylindres
~ **housing**: montant *nm* de laminoir, montant de cage
~ **mill**: (crushing) broyeur *nm* à cylindres; (plast) laminoir *nm*
~ **neck**: tourillon *nm* de cylindre
~ **off** *nn*: (aero) décrochage *nm* latéral; *vb*: abattre sur une aile
~ **off the press**: (graph) imprimer, sortir de la presse
~ **off the production line**: produire
~ **on** *vb*: enrouler, bobiner
~**-on/roll-off** «ro-ro»: manutention *nf* horizontale, transroulage *nm* direct; (container carrier) à roulage [direct]
~**-on/roll-off ship**: navire *nm* roulier, roulier *nm*, navire transroulier
~ **opening**: emprise *nf* des cylindres; NA : cannelure *nf*, calibre *nm*
~ **out** *adj*: déroulable, déployable; *vb*: évacuer, sortir, produire; (inf) transférer de la mémoire centrale vers une mémoire auxiliaire
~ **over** *nn*: (auto) capotage *nm*; *vb*: retourner; (auto) capoter, faire un tonneau
~ **pin**: goupille *nf* élastique
~ **shell**: virole *nf* (de cylindre)
~ **stand**: porte-bobine *nm*; (of rolling mill) cage *nf* à cylindres, cage de laminage
~ **sulphur**: soufre *nm* en canons
~ **thread**: rouler un filet
~ **up**: enrouler, mettre en rouleau; (inf) défiler vers le haut
~**-up door**: porte *nf* à rideau métallique, rideau *nm* métallique
~**-up key**: touche *nf* de défilement vers le haut

rollability: aptitude *nf* au laminage, laminabilité *nf*

rolled: enroulé; laminé
~ **bar**: barre *nf* de laminage, barre laminée
~ **at one heat**: laminé en une seule chaude
~ **gold**: or *nm* doublé, or plaqué
~ **section**: fer *nm* laminé, profilé *nm* de laminage, profilé laminé
~ **shape**: profilé *nm* de laminage, profilé laminé
~ **slab**: brame *nf* [brute]
~ **steel channel** «RSC»: profil *nm* en U
~ **steel joist** «RSJ»: poutrelle *nf* en I
~ **steel plate**: tôle *nf* laminée
~ **thread**: filet *nm* roulé

roller: galet *nm*, rouleau *nm*; (operator) lamineur *nm*
~ **bearing**: roulement *nm* à rouleaux
~ **bit**: trépan *nm* à molettes, taillant *nm* à molettes, tricône *nm*
~ **blind**: (indoor) store *nm* sur rouleau; (outdoor) volet *nm* roulant
~ **blind shutter**: (phot) obturateur *nm* à rideau
~ **burnishing**: galetage *nm*
~ **cage**: cage *nf* de rouleaux
~ **chain**: chaîne *nf* à galets, chaîne à rouleaux
~ **clearing**: (tex) nettoyage *nm* des cylindres
~ **coating**: couchage *nm* par rouleaux
~ **coiler**: (in strip mill) cintreuse *nf*

~ **conveyor**: transporteur *nm* à rouleaux
~ **delivery**: (tex) sortie *nf* par rouleaux
~ **electrode**: molette *nf* de soudage
~ **lever**: levier *nm* à galet
~ **mill**: broyeur *nm* à rouleaux; (plast, rubber) malaxeur *nm* à cylindres
~ **path**: (of crane) couronne *nf* d'orientation
~ **pin**: axe *nm* de galet
~ **plunger**: poussoir *nm* à galet
~ **ring**: couronne *nf* de galets, couronne de rouleaux
~ **rocker**: levier *nm* double à galets
~ **shutter**: rideau *nm* métallique [à lames], volet *nm* mécanique, volet roulant
~ **slide**: patin *nm* à galets
~ **straightener**: machine à dresser à rouleaux
~ **table**: table *nf* à rouleaux, tablier *nm* à rouleaux; (of rolling mill) banc *nm* de rouleaux, train *nm* de rouleaux
~ **tappet**: poussoir *nm* à galet
~ **track**: voie *nf* de roulement

rolling *nn*: roulement *nm*, (on the ground) roulage *nm*; (met) laminage *nm*; (aero, naut, robotics) roulis *nm*; *adj*: de roulement, roulant; en roulis
~ **ability**: aptitude *nf* au laminage, laminabilité *nf*
~ **bearing**: roulement *nm*
~ **bridge**: pont *nm* roulant
~ **contact**: contact *nm* de roulement
~ **contact bearing**: roulement *nm*
~ **crusher**: broyeur *nm* à meules, concasseur *nm* à cylindres
~ **down**: laminage *nm* final, laminage finisseur
~ **equipment** NA : (rlwy) matériel roulant, parc *nm* (de voitures, de wagons)
~ **friction**: frottement *nm* de roulement, résistance *nf* au roulement
~ **gate**: barrière *nf* roulante
~ **lap**: repli *nm* de laminage
~ **load**: (c.e.) charge *nf* roulante, surcharge *nf* mobile; (rolling) effort *nm* de laminage
~ **mill**: laminoir *nm*
~ **moment**: moment *nm* de roulis
~ **motion**: roulement *nm* (sans glissement); (aero, naut) mouvement *nm* de roulis
~ **of soils**: cylindrage *nm*, roulage *nm* des sols
~ **off the rim**: déjantage *nm*
~ **oil**: huile *nf* pour laminoirs, huile de laminage
~ **resistance**: résistance *nf* au roulement
~ **scale**: peau *nf* de laminage, croûte *nf* de laminage
~ **sea**: mer *nf* houleuse
~ **shutter**: volet *nm* roulant
~ **skin**: peau *nf* de laminage, croûte *nf* de laminage
~ **stand**: cage *nf* de laminoir
~ **stock**: (haulage) parc *nm*; (rlwy) matériel *nm* roulant
~ **take off**: (aero) décollage *nm* avec vitesse initiale
~ **tank**: caisse *nf* à roulis
~ **train**: train *nm* de laminage
~ **wear**: usure *nf* due au roulement

rolltainer: conteneur *nm* [métallique] à roulettes

ROM → *read only memory, run of mine*

ROM: (inf) mémoire *nf* morte
~ **burning**: programmation *nf* de mémoire morte

roman, ~ cement: ciment *nm* romain
~ **beam**: balance *nf* romaine
~ **numeral**: chiffre *nm* romain

romware: logiciel *nm* stocké dans des mémoires ROM, PROM, EPROM, microprogrammes stockés dans des mémoires ROM, PROM, EPROM

roof *nn*: (of building) toit *nm*; (of car) pavillon *nm*; (of furnace) voûte *nf*; (of mine) plafond *nm*, toit *nm*; *vb*: poser la couverture
~ **antenna**: antenne *nf* de toit, antenne extérieure
~ **bolting**: (mining) ancrage *nm* du toit, boulonnage *nm* d'ancrage
~ **covering**: couverture *nf*
~ **cutting**: havage *nm* au toit
~ **deck**: sous-toiture *nf*
~ **fall**: éboulement *nm* du toit
~ **framing**: charpente *nf* de toit
~ **garden**: jardin-terrasse *nm*
~ **light**: lucarne *nf*, lanterneau *nm*
~ **plate**: poutre *nf* sablière
~ **rock**: roche *nf* couverture
~ **sheathing**: forme *nf* de toiture, support *nm* de couverture, voligeage *nm*
~ **space**: combles *nm*, vide *nm* sous comble
~ **top heliport**: héliport *nm* en terrasse
~ **truss**: ferme *nf*
~ **vent**: chatière *nf*
~ **ventilator**: aérateur *nm* de toit, ventilateur *nm* de toit

roofed: couvert

roofer: couvreur *nm*

roofing: couverture *nf*, toiture *nf*; (telegraph poles) biseautage *nm*

~ **felt**: carton *nm* bitumé, carton asphalté, carton goudronné, feutre *nm* pour toiture, roofing *nm*
~ **in**: mise *nf* hors d'eau
~ **membrane**: complexe *nm* d'étanchéité

room *nn*: espace *nm*, place *nf*; (in a building) pièce *nf*, salle *nf*; (a bedroom) chambre *nf*; *adj*: ambiant
~ **and pillar system**: exploitation *nf* par chambres et piliers
~ **heating**: chauffage *nm* des locaux
~ **lighting**: éclairage *nm* des locaux
~ **noise**: bruit *nm* ambiant
~ **power**: (el) circuit *nm* local
~**-sealed appliance**: appareil *nm* en circuit étanche
~ **temperature**: température *nf* ambiante
~ **temperature laser**: laser *nm* émettant à la température ambiante
~ **thermostat**: thermostat *nm* d'ambiance

roomy: spacieux

root: racine *nf*; (of pulse) pied *nm* d'une impulsion; (of thread) base *nf*, fond *nm* de filet; (of tooth) pied, base, racine, fond de dent; (of turbine blade) talon *nm*; (of weld) base, racine, fond du chanfrein; (of wing) emplanture *nf*
~ **bead**: (wldg) passe *nf* de fond, première passe
~ **circle**: (of gear) cercle *nm* de pied
~ **crack**: (wldg) crique *nf* à la base, fissure *nf* à la base
~ **cutter**: dessoucheuse *nf*
~ **diameter**: (of gear) diamètre *nm* du cercle de pied; (of screw) diamètre du noyau
~ **directory**: répertoire *nm* central
~ **face**: (wldg) méplat *nm*
~ **index**: index *nm* de base
~ **mean square** «rms»: moyenne *nf* quadratique
~ **mean square error**: erreur *nf* quadratique moyenne
~ **mean square value**: valeur *nf* efficace, valeur quadratique moyenne
~ **mean square voltage**: tension *nf* efficace
~ **pass**: (wldg) passe *nf* de fond
~ **phase**: phase *nf* de base
~ **radius**: (of thread) rayon *nm* à fond de filet
~ **reinforcement**: (wldg) cordon *nm* de pénétration, surépaisseur *nf*
~ **relief**: (of gear) dépouille *nf* du pied
~ **run**: passe *nf* de fond
~ **segment**: segment *nm* de base, segment principal
~ **thickness**: (of gear teeth) épaisseur *nm* à la base
~ **undercut**: dégagement *nm* de pied

rooter: défonceuse *nf* [tractée]
~ **plow**: NA : défonceuse *nf* tractée

ro-ro → *roll-on/roll-off*

ROP → *receive only printer*

rope: corde *nf*; (made of metal) câble *nm*; (of buoy) orin *nm*; (spinning) boyau *nm*; (radar) paillette *nf*
~ **clip**: serre-câble *nm*
~ **conveyor**: convoyeur *nm* à câble métallique
~ **drilling**: (petr) sondage *nm* à la corde, sondage au câble
~ **drive**: commande *nf* par câble, transmission *nf* par câble
~ **drum**: tambour *nm* à câble
~ **dyeing**: teinture *nf* en boyaux
~ **ladder**: échelle *nf* de corde
~ **pulley**: poulie *nf* à câble
~ **railway**: chemin *nm* de fer funiculaire, funiculaire *nm*
~ **skid**: ripeur *nm* à câble
~ **speed**: (mining) vitesse *nf* d'extraction
~ **take-up**: tendeur *nm* d'un câble
~ **winder**: enrouleur *nm* de câble

ropeway: transporteur *nm* à câble, câble *nm* transporteur

ropy: filant

ROS → *read only store*

rose: rose *nf*, rosette *nf*
~ **countersink**: fraise *nf* taillée, fraise conique
~ **head**: (of shower) pomme *nf* de douche; (of watering can) pomme d'arrosoir
~ **nail**: clou *nm* à tête de diamant

rosewood: bois *nm* de rose; palissandre *nm*

rosin: colophane *nf*
~**-sized paper**: papier *nm* collé à la colophane

rot *nn*: pourriture *nf*; (wood) carie *nf*; *vb*: pourrir

rotary: rotatif
~ **attenuator**: (waveguide) affaiblisseur *nm* rotatif
~ **booster**: surpresseur *nm* à pistons rotatifs

~ **boring**: sondage *nm* par rotation, sondage rotary
~ **converter**: (el) moto-générateur *nm*, groupe convertisseur *nm*; (ac-ac) commutatrice *nf*
~ **crusher**: concasseur *nm* giratoire
~-**cut veneer**: bois *nm* de placage déroulé
~ **cutter**: couteau *nm* circulaire
~ **drilling**: forage *nm* rotary
~ **exhauster**: extracteur *nm* à piston circulaire
~ **hearth**: (of furnace) sole *nf* tournante
~-**impeller exhauster**: extracteur *nm* à pistons rotatifs
~ **joint**: (robotics) articulation *nf* simple
~ **meter**: compteur *nm* à turbine
~ **moulding**: (plast) moulage *nm* par carrousel
~ **pawl**: cliquet *nm* de rotation
~ **piston engine**: moteur *nm* [à piston] rotatif
~ **press**: (graph) presse *nf* rotative, rotative *nf*; (for plast, rubber) presse à barillet, presse à tourelle revolver
~ **rig**: installation *nf* de forage rotary
~ **screen**: crible *nm* rotatif, tambour *nm* cribleur, tambour classeur
~ **screen printing**: sérigraphie *nf* à cadre rotatif
~ **seal**: joint *nm* tournant
~ **slide valve**: tiroir *nm* tournant, tiroir rotatif
~ **sprinkler**: tourniquet *nm*
~ **switch**: commutateur *nm* rotatif, interrupteur *nm* rotatif
~ **tipper**: culbuteur *nm* circulaire
~ **valve**: vanne *nf* à opercule tournant; (a slide valve) tiroir *nm* tournant
~ **vane pump**: pompe *nf* rotative à ailettes, pompe à palettes
~ **wing**: voilure *nf* tournante
~ **wing aircraft**: aéronef *nf* à voilure tournante, giravion *nm*

rotatable: tournant, rotatif, orientable
~ **antenna**: antenne *nf* orientable

rotate *vb*: tourner, effectuer une rotation; faire tourner; (inf) faire défiler (des enregistrements)

rotating: tournant, rotatif
~ **field**: champ *nm* [magnétique] rotatif
~ **joint**: joint *nm* tournant, raccord *nm* tournant; (robotics) articulation *nf* simple
~ **loop**: (an antenna) cadre *nm* orientable, cadre tournant

rotation: rotation *nf*; (a change) permutation *nf*, alternance *nf*; (of staff) roulement *nm*

rotational: rotationnel, de rotation
~ **angle**: angle *nm* de rotation
~ **axis**: axe *nm* de rotation
~ **casting**: (plast) coulage *nm* par rotation
~ **motion**: mouvement *nm* de rotation, mouvement rotatoire
~ **moulding**: (plast) moulage *nm* en moules rotatifs, moulage par rotation, rotomoulage *nm*
~ **speed**: vitesse *nf* de rotation
~ **visco[si]meter**: viscosimètre *nm* à rotation

rotoforming: moulage *nm* par rotation, rotomoulage *nm*

rotogravure: rotogravure *nf*, héliogravure *nf* rotative

rotomolding NA : moulage *nm* par rotation, rotomoulage *nm*

rotor: rotor *nm*; (el) induit *nm*
~ **arm**: (auto) doigt *nm* de distributeur d'allumage
~ **blade**: aube *nf* motrice, pale *nf* de rotor
~ **crane**: grue *nf* volante, héligrue *nf*
~ **core**: noyau *nm* d'induit
~ **current**: courant *nm* rotorique
~ **field winding**: (el) enroulement *nm* rotorique, enroulement de l'induit
~ **inflow**: flux *nm* à travers un rotor
~ **laminations**: paquet *nm* de tôles rotor
~ **spinning**: lancement *nm* du rotor
~ **slipstream**: sillage *nm* du rotor
~ **stream**: souffle *nm* du rotor
~ **voltage**: tension *nf* rotorique
~ **winding**: enroulement *nm* d'induit
~ **wing**: aile *nf* à rotor, aile rotatoire

rotorcraft: giravion *nm*

rotproof: imputrescible

rotproofing: imputrescibilisation *nf*
~ **paint**: peinture *nf* sanitaire

rotten: décomposé, pourri, putréfié

rotting: pourriture *nf*; (of flax) rouissage *nm*; (pap) pourrissage *nm*

rough: grossier, brut; (surface) «ro» rugueux; (measure) approximatif
~ **adjustment**: réglage *nm* grossier, réglage approximatif

~ **average**: moyenne *nf* approximative
~ **bodywork**: caisse *nf* brute
~ **boring**: alésage *nm* d'ébauche
~ **casting**: (fdry) pièce *nf* brute de fonderie
~ **coal**: charbon *nm* tout venant
~ **coat**: (plastering) crépi *nm*, gobetis *nm* de préparation
~ **cut**: (file) grosse taille *nf*; (cin, tv) premier montage *nm*
~ **diamond**: diamant *nm* non taillé
~ **down**: dégrossir, ébaucher
~ **draft**: brouillon *nm*
~ **drill**: percer un avant-trou
~ **estimate**: calcul *nm* approximatif
~ **floor**: plancher *nm* brut
~ **grind**: dégrossir à la meule
~ **ground**: terrain *nm* inégal
~ **layout**: (graph) prémaquette *nf*
~ **machining**: dégrossissage *nm*
~ **polishing**: (of glass) débrutissage *nm*
~ **rendering**: mouchetis *nm*
~ **road**: chaussée *nf* déformée
~ **running point**: (mech) point *nm* dur
~ **surface**: surface *nf* rugueuse
~ **tuning**: accord *nm* approximatif
~ **turn**: dégrossir au tour, ébaucher au tour
~ **vacuum**: vide *nm* primaire
~ **work**: (constr) maçonnerie *nf* non apparente, gros ouvrages *nm*

roughcast: crépi *nm* (visible)

roughen *vb*: rendre rugueux

rougher: cage *nf* ébaucheuse; (an operator) lamineur *nm* dégrossisseur

roughing: dégrossissage *nm*, ébauchage *nm*
~ **cut**: passe *nf* de dégrossissage, coupe *nf* d'ébauche, première coupe
~ **down**: dégrossissage *nm*
~**-in**: (plumbing) plomberie *nf* brute
~**-in coat**: gobetis *nm*
~ **lathe**: tour *nm* à dégrossir
~ **mill**: (a cutter) fraise *nf* à dégrossir, fraise de dégrossissage; (rolling) laminoir *nm* ébaucheur, laminoir dégrossisseur, train *nm* ébaucheur, train dégrossisseur
~ **stand**: cage *nf* dégrossisseuse, cage ébaucheuse
~ **train**: train *nm* dégrossisseur, train ébaucheur

roughly: environ, approximativement

roughness: rugosité *nf*

round *nn*: rond *nm*, rondeur *nf*; (surveillance) ronde *nf*; *adj*: rond
~ **arch**: arc *nm* en plein cintre
~ **down**: arrondir au chiffre inférieur
~ **head** «RH»: tête *nf* ronde
~**-headed window**: fenêtre *nf* en plein cintre
~ **nut**: écrou *nm* cylindrique
~ **of ammunition**: coup *nm* complet
~ **off**: arrondir [au plus près]
~ **pliers**: pince *nf* à bec rond, pince ronde
~ **reinforcing bar**: acier *nm* rond, fer *nm* rond, rond *nm* à béton
~**-strand rope**: câble *nm* à torons ronds
~ **the clock**: 24 heures sur 24
~ **the world**: mondial
~ **thread**: filet *nm* rond
~ **trip**: aller *nm* et retour
~ **up**: arrondir par excès, arrondir au chiffre supérieur

rounded: arrondi

roundhouse NA : rotonde *nf* à locomotives

roundness: arrondi *nm*, rondeur *nf*, rotondité *nf*

route *nn*: itinéraire *nm*; (tcm) artère *nf*, parcours *nm*, voie *nf* d'acheminement; *vb*: acheminer; (tp) aiguiller
~ **diversity**: diversité *nf* d'acheminement
~ **diversion**: détournement *nm*
~ **junctor** «RJ»: joncteur *nm* d'acheminement

router: toupilleuse *nf*

routine *nn*: (inf) sous-programme *nm*; *adj*: courant, systématique, périodique
~ **check**: vérification *nf* périodique
~ **maintenance**: entretien *nm* courant, entretien ordinaire, entretien périodique, entretien systématique

routing: acheminement *nm*, voie *nm* d'acheminement, routage *nm*, itinéraire *nm*
~ **indicator**: indicateur *nm* d'acheminement
~ **machine**: détoureuse *nf*, toupilleuse *nf*

roving: (plast) stratifil *nm* de verre textile; (tex) mèche *nf*
~ **bobbin**: (tex) bobine *nf* de banc
~ **frame**: (tex) banc *nm* à broches, banc en fin
~ **package**: enroulement *nm* de stratifil
~ **traverse motion**: guide-mèche *nm*

row: rangée *nf*, ligne *nf*; (of bricks) rang *nm*
~ **houses** NA: maisons *nf* en bande

rowlock: dame *nf* de nage

RPF → *report program generator*

rpm → *revolutions per minute*

rps → *revolutions per second*

RPV → *remotely piloted vehicle*

RR → *railroad*

RRE → *receiving reference equivalent*

RSC → *rolled steel channel*

RSJ → *rolled steel joist*

RTL → *resistor transistor logic*

RTS → *request to send*

rub *vb*: frotter
~ **down**: égrener, poncer
~ **off**: enlever par frottement
~-**off**: (graph) maculage *nm*
~ **out**: effacer (avec une gomme)
~ **rail**: (naut) ceinture *nf*

rubber: caoutchouc *nm*; (an eraser) gomme *nf*
~ **blanket**: (graph) blanchet *nm* en caoutchouc
~ **boat**: canot *nm* pneumatique
~ **boot**: coiffe *nf*, soufflet *nm* cache-poussière
~ **cement**: dissolution *nf*
~-**coated**: (roller) garni de caoutchouc; (tex) gommé
~-**coated steel**: acier *nm* ébonité
~-**covered**: (el) isolé au caoutchouc, sous gaine caoutchouc
~ **emulsion paint**: peinture *nf* latex
~ **extruder**: boudineuse *nf* de caoutchouc
~ **extrusion**: boudinage *nm*
~ **gasket**: garniture *nf* en caoutchouc, joint *nm* en caoutchouc
~ **hose**: tuyau *nm* [flexible] en caoutchouc, flexible *nm* en caoutchouc
~-**insulated**: isolé au caoutchouc, sous gaine caoutchouc
~ **proofing**: caoutchoutage *nm*
~ **solution**: dissolution *nf*
~ **solvent**: solvant *nm* à base de caoutchouc, solvant pour caoutchouc
~ **spreading**: gommage *nm*, enduction *nf*
~ **tyre**: bandage *nm* en caoutchouc; (inflated) pneumatique *nm*, pneu *nm*
~-**tyred vehicle**: véhicule *nm* sur pneus
~ **wire**: fil *nm* sous caoutchouc

rubberized <ised>: caoutchouté

rubberizing <ising>: (of fabric) caoutchoutage *nm*

rubbery: caoutchouteux

rubbing: frottement *nm*
~ **corrosion**: corrosion *nf* par frottement
~ **edge**: (on tyre) épaule *nf* de frottement
~ **varnish**: vernis *nm* à poncer

rubbish: détritus *nm*; (household) ordures *nf* ménagères
~ **chute**: vide-ordures *nm*

rubble: pierraille *nf*; (geol) éboulis *nm*; (from demolition) gravats *nm*, gravois *nm*; (masonry) moellons *nm*
~ **stone work**: limousinage *nm*, maçonnerie *nf* en moellons
~ **drain**: drain *nm* de pierres sèches

rubblework: maçonnerie *nf* en moellons

ruby: rubis *nm*

rudder: gouvernail *nm*; (aero) gouvernail *nm* de direction, gouverne *nf* de direction
~ **angle**: (aero) angle *nm* de braquage; (naut) position *nf* du gouvernail
~ **angle indicator**: indicateur *nm* de position de barre
~ **bar**: palonnier *nm* du gouvernail de direction
~ **blade**: safran *nm* de gouvernail
~ **case**: trou *nm* de jaumière
~ **chain**: drosse *nf*, sauvegarde *nf* de gouvernail
~ **command**: ordre *nm* à la barre
~ **frame**: cadre *nm* de gouvernail
~ **pedals**: palonnier *nm*
~ **plate**: safran *nm* de gouvernail
~ **post**: (aero) longeron *nm* de gouvernail de direction; (naut) étambot *nm*
~ **telegraph**: transmetteur *nm* d'ordres
~ **telltale**: répétiteur *nm* d'angle de barre
~ **tiller**: barre *nf*

rugged: robuste, solide

rule *nn*: règle *nf*, règlement *nm*; *vb*: commander, décider; (with ruler) régler, tirer un trait à la règle; → also *rules*
~ **of thumb**: méthode *nf* empirique

ruled, ~ **frame**: (graph) cadre *nm* de filets
~ **paper**: papier *nm* réglé

ruler: règle *nf*

rules: réglementation *nf*

rumbler: tambour *nm* dessableur, tambour de dessablage, tonneau *nm* dessableur

run *nn*: cycle *nm* de marche, exploitation *nf* d'une machine, passage *nm* sur une machine; série *nf* (produite sur une machine); (painting) coulure *nf*; (piping) ligne *nf* de tuyauterie, tronçon *nm*, section *nf*; (wldg) passe *nf*; *vb*: (dye, colour) couler; (inf) exécuter (un programme); (equipment) fonctionner, marcher, rouler, tourner; (liquid) couler, s'écouler; (a machine) exploiter, faire marcher; (piping) passer, faire passer
~ **a weld**: faire une soudure
~ **against**: heurter
~ **aground**: (naut) échouer
~ **at take off**: (aero) roulement *nm*
~ **away**: (engine, machine) s'emballer
~ **chart**: organigramme *nm* d'exploitation
~ **command**: (inf) instruction *nf* d'exécution
~ **down**: (a machine) ralentir; (production) diminuer; (a tank) vider; (battery) déchargé, à plat; (stocks) épuisé
~ **hot**: s'échauffer
~ **idle**: marcher à vide; marcher au ralenti
~-**in**: rodage *nm*
~ **late**: être en retard, avoir du retard
~ **light**: (machine) marcher à vide; (locomotive) aller haut-le-pied
~ **of mine** «ROM»: (coal) tout-venant *nm*
~ **of river power station**: centrale *nf* au fil de l'eau
~ **off**: être branché sur
~ **off centre**: se décentrer
~ **off the rails**: dérailler
~-**off water**: eau *nf* de ruissellement
~ **on**: (auto) auto-allumage *nm* permanent
~ **out of**: manquer de
~ **out of petrol**: avoir une panne sèche
~ **out of true**: (face) se voiler; (radially) s'ovaliser
~-**out trailer**: (of tape) amorce *nf* de la fin
~ **short**: manquer de
~ **through**: faire passer par
~ **true**: tourner bien rond
~ **up**: accélération *nf* à pleine vitesse

runaway: emballement *nm*
~ **wagon**: wagon *nm* en dérive

runback: (of liquid) reflux *nm*; (a pipe) canalisation *nf* de retour

runnability: comportement *nm* sur machine

runner: (a crusher) meule *nf* courante; (fdry) canal *nm* de coulée, jet *nm* de coulée, rigole *nf* de coulée; (injection moulding) canal *nm* principal; (a roller) galet *nm* de roulement; (a rotor) rotor *nm*; (a running rail) rail *nm* de roulement; (a skid) patin *nm*, ski *nm*; (a water turbine) roue *nf* à auges

running: fonctionnement *nm*, marche *nf*; déroulement *nm*, exécution *nf*
~ **block**: poulie *nf* mobile
~ **bond**: (constr) appareil *nm* en panneresses
~ **centre**: (m-t) pointe *nf* tournante
~ **clearance**: jeu *nm* libre, jeu tournant
~ **condition**: état *nm* de marche
~ **fit**: ajustement *nm* tournant
~ **ground**: terrain *nm* boulant, terrain coulant
~ **head[line]**: (graph) titre *nm* courant
~ **height**: hauteur *nf* d'encombrement
~-**in**: rodage *nm*
~ **knot**: nœud *nm* coulant
~ **meter**: mètre *nm* courant
~ **order**: ordre *nm* de marche
~ **part**: pièce *nf* en mouvement
~ **rigging**: (naut) gréement *nm* courant, manœuvre *nf* courante
~ **sand**: sable *nm* boulant, sable croulant; (on beach) sable mouvant
~ **speed**: vitesse *nf* de marche
~ **state**: état *nm* opérationnel
~ **take off**: (aero) décollage *nm* roulé
~ **time**: temps *nm* machine, temps d'utilisation
~ **title**: (graph) titre *nm* courant (en haut de chaque page)
~ **voltage**: tension *nf* de service, tension de marche
~ **water**: eau *nf* courante, eau vive
~ **wheel**: roue *nf* de roulement

runoff: écoulement *nm* de surface, ruissellement *nm*
~ **water**: eau *nf* de ruissellement

runout: écoulement *nm*, évacuation *nf*, sortie *nf*; (a face defect) voile *nm*; (a radial defect) défaut *nm* de concentricité, excentricité *nf*, faux-rond *nm*, ovalisation *nf*; (fdry) bavure *nf*
~ **roller table**: train *nm* de rouleaux d'évacuation
~ **conveyor**: convoyeur *nm* d'évacuation
~ **of thread**: sortie *nf* du filet

runway: (aero) piste *nf* en dur; (of crane) NA : chemin *nm* de roulement

rupture: rupture *nf*; (of insulation) claquage *nm*; (bursting) éclatement *nm*
~ **strength**: résistance *nf* à la rupture

rush: (cinema) épreuve *nf* (de tournage)
~ **hour**: heure *nf* de pointe
~ **of current**: (el) accroissement *nm* brusque, à-coup *nm*, appel *nm* de courant
~ **order**: commande *nf* urgente

rust *nn*: rouille *nf*; *vb*: rouiller
~ **inhibitor**: antirouille *nm*
~ **remover**: dérouillant *nm*, produit *nm* enlevant la rouille

rustproof: (oil, grease) antirouille

rustproofing: revêtement *nm* antirouille, traitement *nm* contre la rouille

rut: ornière *nf*

RV → *relief valve*

R/W → *read/write*

RWM → *read/write memory*

Rwy → *railway*

Ry → *railway*

RZ→ *return to zero*

S

sachet: sachet *nm*

sack: sac *nm*
~ **filling**: ensachage *nm*
~ **filter**: filtre *nm* à sac
~ **hoist**: monte-sacs *nm*

sacrificial, ~ **anode**: anode *nf* soluble

saddle: (on m-t) chariot *nm* (longitudinal), coulisseau *nm* de banc, traînard *nm*; (on pipe) empattement *nm*, ouverture *nf* d'un départ latéral, selle *nf* de raccordement; (on water or gas main) colllier *nm* de prise en charge; (a washer) coupelle *nf* d'appui, cuvette *nf* de montage
~ **joint**: agrafure *nf* simple
~ **key**: clavette *nf* creuse, clavette évidée
~ **stitch**: (graph) piquer à cheval
~ **stitching**: piqûre *nf* à cheval
~ **tee**: collier *nm* de prise en charge
~ **washer**: rondelle *nf* de forme

safe: sûr
~ **anchorage**: bon mouillage *nm*
~ **from**: à l'abri de
~ **light**: (phot) éclairage *nm* inactinique, lumière *nf* inactinique
~ **load**: charge *nf* admissible
~ **working load** «SWL»: charge *nf* de travail admissible

safeguard *nn*: dispositif *nm* de sécurité, mesure *nf* de sécurité, protection *nf*; *vb*: protéger, sauvegarder

safety: sûreté *nf*, sécurité *nf*
~ **allowance**: marge *nf* de sécurité
~ **assessment**: analyse *nf* de sécurité
~ **belt**: ceinture *nf* de sécurité
~ **catch**: cran *nm* d'arrêt, cran de sûreté
~ **chain**: chaîne *nf* de sûreté
~ **glass**: verre *nm* de sécurité
~ **hook**: cran *nm* de sûreté, cran à linguet de sécurité, mousqueton *nm*
~ **hoop**: crinoline *nf*
~ **instructions**: consignes *nf* de sécurité
~ **inventory**: NA : stocks *nm* de sécurité
~ **lock**: serrure *nf* de sûreté
~ **margin**: marge *nf* de sécurité
~ **officer**: responsable *nm* de la sécurité
~ **paper**: papier *nm* de sûreté, papier infalsifiable
~ **pin**: goupille *nf* de sécurité
~ **switch**: disjoncteur *nm* de protection; (rlwy) aiguille *nf* de protection, aiguille de déraillement

safetying: (of screws) freinage *nm* (de la visserie)

sag *nn*: (of beam, line) flèche *nf*; *vb*: fléchir, s'affaisser

sagged, ~ **weld**: soudure *nf* effondrée, soudure affaissée

sagging: flèche *nf*, fléchissement *nm*, affaissement *nm* (sous charge); (of paint) coulure *nf*
~ **moment**: moment *nm* fléchissant

SAGW → surface-to-air guided weapon

sail *nn*: voile *nf*; *vb*: (naut) naviguer, (to leave) appareiller; **sails** voilure *nf*
~ **area**: surface *nf* de voilure, surface vélique
~ **locker**: soute *nf* aux voiles, voilerie *nf*
~ **loft**: voilerie *nf*
~ **maker**: voilier *nf*
~ **needle**: carrelet *nm*

sailcloth: toile *nf* à voiles

sailing: appareillage *nm*, départ *nm*; navigation *nf*
~ **boat**: bateau *nm* à voiles

saint, ~ **Andrew's cross**: croix *nf* de Saint André

sal: (chem, pharmacy) sel *nm*

sale: vente *nf*; → also *sales*

sales, ~ **engineer**: ingénieur *nm* commercial, technico-commercial *nm*
~ **feature**: argument *nm* de vente
~ **kit**: dossier *nm* de vente, argumentaire *nm*

~ **manager**: directeur *nm* commercial
~ **mix**: éventail *nm* de produits, mix *nm* des produits

salient: avancé, en console, saillant
~ **pole armature**: armature *nf* à pôles saillants

saloon, ~ **car**: berline *nf*, conduite *nf* intérieure
~ **carriage**: voiture-salon *nf*, wagon-salon *nm*

salt *nn*: sel *nm*; *vb*: saler
~ **bath**: bain *nm* de sel
~**-bearing crude**: pétrole *nm* brut salin
~ **brine**: saumure *nf*
~ **glazed**: vernissé au sel
~ **spray test**: essai *nm* au brouillard salin
~ **water**: eau *nf* salée; eau de mer
~ **water flow**: (petr) venue *nf* d'eau salée (dans un puits)

saltpeter: salpêtre *nm*

salvage *nn*: (recovery) récupération *nf*; (of ship) renflouage *nm*, sauvetage *nm*; *vb*: récupérer; renflouer
~ **crane**: (auto) grue *nf* de dépannage
~ **operation**: opération *nf* de sauvetage
~ **value**: valeur *nf* de récupération
~ **vessel**: navire *nm* de sauvetage

salvageable: récupérable

salvaged, ~ **rubber**: caoutchouc *nm* régénéré

salvo: salve *nf*
~ **fire**: tir *nm* par salve, tir en salves

sample *nn*: échantillon *nm*; *vb*: échantillonner
~**-and-hold**: échantillonnage *nm* bloqueur, échantillonneur-bloqueur *nm*
~ **cock**: robinet *nm* d'échantillonnage
~ **copy**: spécimen *nm*
~ **division**: subdivision *nf* de l'échantillon
~ **fraction**: taux *nm* d'échantillonnage
~ **median**: médiane *nf* d'un échantillon
~ **outlet**: prise *nf* d'échantillon
~ **shot**: tir *nm* d'échantillonnage
~ **size**: taille *nf* de l'échantillon, effectif *nm* de l'échantillon
~ **survey**: enquête *nf* par sondage, sondage *nm*
~ **testing**: contrôle *nm* statistique
~ **tube**: tube *nm* de prélèvement

sampler: échantillonneur *nm*, appareil *nm* de prélèvement d'échantillon: (petr) carottier *nm*

sampling: échantillonnage *nm*, prélèvement *nm* d'échantillon, prise *nf* d'échantillon
~ **cock**: robinet *nm* de prise
~ **gun**: carottier *nm*
~ **inspection**: contrôle *nm* par échantillonnage
~ **plan**: plan *nm* d'échantillonnage
~ **point**: point *nm* de prélèvement; (eon) moment *nm* fixé d'échantillonnage
~ **procedure**: méthode *nf* d'échantillonnage
~ **rate**: fréquence *nf* d'échantillonnage; taux *nm* d'échantillonnage
~ **test**: essai *nm* sur prélèvement, essai par échantillon

sand *nn*: sable; *vb*: (spread sand) sabler; (with sandpaper) poncer
~ **asphalt**: sable *nm* enrobé de bitume, enrobé *nm* fin
~ **bank**: banc *nm* de sable
~ **bed**: couche *nf* de sable, lit *nm* de sable
~ **blast**: jet *nm* de sable
~ **blasting**: décapage *nm* au sable
~ **blow**: (fdry) soufflure *nf* due au moule
~ **box**: (rlwy) sablière *nf*
~ **casting**: coulée *nf* en sable; pièce *nf* moulée en sable
~ **catcher**: bassin *nm* de dessablement, dessableur *nm*; (pap) sablier *nm* (de pile)
~ **conditioning**: (fdry) préparation *nf* du sable
~ **deposit**: (geol) dépôt *nm* sablonneux; ensablement *nm*
~ **heap analogy**: analogie *nf* du tas de sable
~ **interceptor**: dessableur *nm*
~**-lime brick**: brique *nf* silico-calcaire
~ **moulding**: moulage *nm* en sable
~ **pile**: pieu *nm* de sable
~ **pit**: sablière *nf*
~ **pocket**: poche *nf* de sable
~ **shop**: (fdry) sablerie *nf*
~ **trap**: dessableur *nm*
~ **wash**: érosion *nf*, arrachement *nm* de sable
~ **well**: puits *nm* de pétrole en formation sableuse

sanded: poncé; sablé
~ **plaster**: plâtre *nm* amaigri

sander: ponceuse *nf*; (rlwy) sablière *nf*

sanding: (of road) sablage *nm*; (surface finishing) ponçage *nm*
~ **block**: cale *nf* à poncer
~ **up**: ensablement *nm*

sandpaper: papier *nm* de verre

sandslinger: machine *nf* à mouler par projection de sable

sandstone: grès *nm*

sandwich *nn*: sandwich; *vb*: arranger en sandwich
~ **foil**: feuille *nf* composée
~ **structure**: structure *nf* multicouche

sandy: sableux, sablonneux

sanitary: hygiénique, sanitaire
~ **engineering**: technique *nf* sanitaire, génie *nm* sanitaire
~ **ware**: appareils *nm* sanitaires

sanitation: hygiène *nf*; (sewerage) assainissement *nm*

sap *nn*: sève *nf*; *vb*: miner, saper

saponification: saponification *nf*
~ **number**: indice *nm* de saponification

saponifier: saponifiant *nm*

saponify *vb*: saponifier

sapphire: saphir *nm*

sapwood: aubier *nm*

SAR → *search and rescue*

sash: châssis *nm* de fenêtre à guillotine
~ **bar**: petit bois *nm*, fer *nm* à vitrage
~ **window**: fenêtre *nf* à guillotine

sat → *satellite*

sateen: satinette *nf*

satellite «sat»: satellite *nm*
~ **broadcasting**: radiodiffusion *nf* par satellite
~ **communication**: télécommunications *nf* par satellite
~ **computer**: ordinateur *nm* satellite
~ **television**: télévision *nf* par satellite

satin *nn*: satin *nm*; *adj*: satiné
~ **finish**: satiné
~ **weave**: armure *nf* satin

saturable: saturable

saturant: produit *nm* imprégnant, produit d'imprégnation

saturate *vb*: saturer; imprégner

saturated: saturé; (inf) complet, plein

saturation: saturation *nf*

save *nn*: sauvegarde *nf*; *vb*: sauver, conserver; économiser; (inf) sauvegarder
~**-all**: (pap) ramasse-pâte *nm*
~ **restore**: sauvegarde-restauration

saving: économie *nf*; (inf) sauvegarde *nf*

saw *nn*: scie *nf*; *vb*: scier
~ **kerf**: trait *nm* de scie
~ **off**: couper à la scie
~ **set**: tourne-à-gauche *nm*
~ **wrench**: tourne-à-gauche *nm*

sawdust: sciure *nf*

sawhorse: chevalet *nm*

sawing: sciage *nm*; (of timber) débit *nm*

sawmill: scierie *nf*

sawn, ~ **timber**: bois *nm* de sciage

sawtooth: dent *nf* de scie
~ **current**: courant *nm* en dents de scie
~ **generator**: générateur *nm* de dents de scie
~ **keyboard**: clavier *nm* à action directe
~ **roof**: toit *nm* en shed, toit à redents, toit à redans

scab: (on mould) gale *nf*; (on casting) adhérence *nf* de surface

scaffold: échafaud *nm*, échafaudage *nm*

scaffolding: échafaudage *nm*; (met) accrochage *nm* de la charge (au cubilot)
~ **pole**: échasse *nf*, écoperche *nf*, perche *nf*

scalant: détartrant *nm*

scalar: scalaire

scald *vb*: échauder, ébouillanter

scale: écaille *nf*; (on boiler) incrustations *nf*, tartre *nm*; (of drawing) échelle *nf*; (met) battiture[s] *nf*, dépôt *nm* de calamine, calamine *nf*; (of prices) tarif *nm*, barême *nm*; *vb*: (boiler) s'entarter; détartrer, désincruster; (lumber) cuber; → also *scales*
~ **down**: réduire l'échelle, réduire en proportions exactes
~ **drawing**: dessin *nm* à l'échelle, plan *nm* à l'échelle
~ **formation**: (on boiler) entartrage *nm*
~ **model**: modèle *nm* réduit, modèle à échelle réduite
~ **of n circuit**: démultiplicateur *nm* de rapport n/1
~ **paper**: papier *nm* quadrillé, papier millimétré, papier millimétrique
~ **remover**: désincrustant *nm*
~ **trap**: séparateur *nm* d'impuretés
~ **up** *nn*: agrandissement *nm* à l'échelle; *vb*: augmenter l'échelle, grossir
~ **wax**: paraffine *nf* écaille, écailles *nf* de paraffine

scaler: échelle *nm* de comptage

scales: balance *nf*

scaling: (deposit on boiler, pipes) entartrage *nm*; (descaling) décalaminage *nm*; (of concrete, mortar) écaillage *nm*; (inf) cadrage *nm*; (loosening of scales) exfoliation *nf*; (met) formation *nf* de calamine; (removal of deposit from boiler, pipes) détartrage *nm*, piquage *nm*
~ **down**: réduction *nm* d'échelle
~ **tool**: outil *nm* à détartrer
~ **up**: agrandissement *nm* à l'échelle supérieure

scalp *vb*: (billets, ingots) écroûter

scalping: (of coal, ore) criblage *nm* préliminaire

scan *nn*: balayage *nm*, exploration *nf*; *vb*: balayer, explorer; (a list, a text) parcourir

scanner: (automatic control) analyseur *nm*, détecteur *nm*, lecteur *nm* optique; (inf) explorateur *nm*, lecteur *nm*; (remote sensing) scanner *nm*, scanneur *nm*
~ **receiver**: récepteur *nm* à balayage, récepteur à exploration

scanning: analyse *nf* [par balayage], balayage *nm*, exploration *nf*
~ **beam**: faisceau *nm* explorateur, faisceau d'analyse
~ **line**: ligne *nf* d'exploration, ligne d'analyse, ligne de balayage
~ **spot**: spot *nm* d'exploration, spot de balayage; (tcm) spot analyseur (émission), spot synthétiseur (réception)
~ **wand**: crayon *nm* lecteur

scant: (dimension) faible, de faible échantillon, maigre

scarcity: pénurie *nf*

scarf *vb*: (carp) assembler à mi-bois, enter; (met) nettoyer au chalumeau
~ **joint**: assemblage *nm* en sifflet, enture *nf* en sifflet
~ **weld**: soudure *nf* à chanfrein

scarfing: (carp) assemblage *nm* en sifflet; (met) décriquage *nm*, décapage *nm* (au chalumeau)
~ **burner**: chalumeau *nm* de décalaminage

scarifier: scarificateur *nm*

scatter *nn*: dispersion *nf*, diffusion *nf*; *vb*: disperser, disséminer; (data) éclater, ventiler
~ **echo**: écho *nm* diffus
~**/gather**: ventilation/regroupement
~ **gram**: mosaïque *nf*
~ **read**: lecture *nf* avec éclatement

scattered, ~ **light**: lumière *nf* diffuse, lumière diffusée, lumière parasite
~ **wave**: onde *nf* diffusée

scattering: diffusion *nf*, dispersion *nf*
~ **chamber**: (nuc) chambre *nf* à diffusion
~ **cross section**: (of antenna) aire *nf* de diffusion

scavenge *vb*: (an engine, gas) balayer
~ **oil pump**: pompe *nf* de reprise d'huile, pompe de retour d'huile (de balayage)
~ **port**: orifice *nm* de balayage
~ **pump**: pompe *nf* de balayage

scavenging: balayage *nm*, évacuation *nf*; (fdry) dégazage *nm*; (of waste gas) expulsion *nf* des gaz brûlés
~ **and cooling blower**: (of diesel engine) soufflante *nf* de balayage et de refroidissement
~ **oil pump**: pompe *nf* de reprise, pompe de retour d'huile (de balayage)

~ **pump**: (on engine) pompe *nf* de balayage; (for oil) pompe de retour d'huile

scene, ~ **of fire**: lieu *nm* d'incendie

schedule: liste *nf*; (of parts) nomenclature *nf*; horaire *nm*; calendrier *nm*
~ **number**: numéro *nm* de nomenclature

scheduled: prévu (au plan, au calendrier)
~ **flight**: vol *nm* régulier
~ **service**: (maintenance) entretien *nm* périodique; (transport) service *nm* régulier

scheduling: ordonnancement *nm*

schematic, ~ **diagram**: schéma *nm* de principe

scheme: projet *nm*, programme *nm* d'action; plan *nm*, méthode *nf*, système *nm*

schist NA : schiste *nm*

schnorkel: schnorchel *nm*, schnorkel *nm*

schreinered: (tex) satiné à la calandre

science: science *nf*

scientist: savant *nm*

scintillation: scintillation *nf*
~ **counter**: compteur *nm* à scintillation, compteur de scintillations, détecteur *nm* de scintillations

scintillator: scintillateur *nm*

scissors: ciseaux *nm*; (of landing gear) compas *nm*
~ **crossing**: (rlwy) jonction *nf* double
~ **truss**: ferme *nf* en écharpe, ferme à entrait brisé

sclerometer: scléromètre *nm*

scleroscope: scléroscope *nm*

scoop *nn*: écope *nf*; (c.e.) pelle *nf*, godet *nm*; (dredging) cuillère *nf*; (news) exclusivité *nf*, primeur *nf*; *vb*: pelleter
~ **dredger**: drague *nf* à godets
~ **wheel**: roue *nf* à godets, roue à augets

scope: étendue *nf*, portée *nf*; (application) champ *nm* d'application, champ d'utilisation; (range) domaine *nm*; (oscilloscope) oscilloscope *nm*; (telescope) lunette *nf*

scorch *vb*: brûler superficiellement; NA (a cable) brûler

scorched: (fabric) roussi
~ **steel**: acier *nm* à structure aciculaire

scorching: (of cable) carbonisation *nf*; (met) cristallisation *nf* aciculaire; (a rubber defect) grillage *nm*, vulcanisation *nf* prématurée
~ **heat**: chaleur *nf* ardente

score *vb*: rayer; (crease cardboard) tracer (en vue d'un pli)

scoria: scorie *nf*

scotch: cale *nf* de blocage, cale de verrouillage

scour *vb*: (erode) affouiller; (pickle) décaper; (a sewer) curer, débourber; (tex) débouillir, dégommer, dégraisser, décreuser, désensimer

scouring: (erosion) affouillement *nm*; (tex) débouillissage *nm*, décreusage *nm*, dégommage *nm*, dégraissage *nm*, désensimage *nm*

scout, ~ **car**: véhicule *nm* blindé de reconnaissance
~ **plane**: avion *nm* de reconnaissance

scouting: exploration *nf*, reconnaissance *nf*; recherche *nf* d'information

SCR → *silicon controlled rectifier*

scram: (nuc) arrêt *nm* d'urgence

scramble *vb*: (a message) brouiller, rendre indéchiffrable

scrambler: brouilleur *nm*

scrambling: brouillage *nm*

scramjet: statoréacteur *nm* à combustion supersonique

scrap *nn*: (a small piece) fragment *nm*, morceau *nm*; (metal waste) mitraille *nf*, ferraille *nf*; (cutting waste) chutes *nf*; (rejects) déchets *nm*, pièces *nf*

manquées, rebuts *nm*; *vb*: jeter, rebuter; (machinery) réformer
~ **iron**: ferraille *nf*, riblons *nm*
~ **returns**: retours *nm* de fabrication
~ **value**: valeur *nf* de rebut, valeur à la casse
~ **view**: vue *nf* partielle

scrape *vb*: gratter, racler

scraper: (c.e.) décapeuse *nf*, scraper *nm*; (on chain, conveyor) raclette *nf*; (cleaning of pipeline) piston *nm* racleur, racleur *nm*; (a small tool) grattoir *nm*, racloir *nm*
~ **conveyor**: convoyeur *nm* à raclettes
~ **ring**: racleur *nm* d'huile; (on piston) segment *nm* racleur

scraping: grattage *nm*, raclage *nm*; (to clean a wall) ravalement *nm*

scrapping: mise *nf* à la ferraille; (of machinery) réforme *nf*

scrapyard: parc *nm* à ferrailles

scratch *nn*: rayure *nf*; (inf) brouillon *nm*; *vb*: rayer; (inf) effacer
~ **area**: (inf) zone *nf* de travail, zone de manœuvre
~ **board**: NA : papier *nm* procédé
~ **brush**: brosse *nf* métallique
~ **date**: date *nf* d'expiration, date de péremption
~ **file**: (inf) fichier *nm* de travail
~ **hardness**: dureté *nf* sclérométrique
~ **memory**: mémoire *nf* de travail
~ **pad**: bloc-notes *nm*
~ **pad memory**: mémoire *nf* de travail, mémoire bloc-notes
~ **tape**: bande *nf* de manœuvre, bande de travail
~ **test**: essai *nm* de rayage, essai de rayure

scratching: griffures *nf*, rayures *nf*, striage *nm*

scree: (geol) talus *nm* d'éboulis, éboulis *nm*

screed: règle *nf* à araser, règle à niveler; (of concrete floor) chape *nf*

screen *nn*: (el) blindage *nm*; (graph) trame *nf*; (hydrology) grille *nf* fine; (inf) écran *nm*, image-écran *nf*; (a mask) masque *nm* de saisie, grille *nf* de visualisation; (pap) classeur *nm*, épurateur *nm*; (for sifting, sizing) crible *nm*, tamis *nm*; (for visual display) écran; *vb*: cribler, tamiser; visionner; sélectionner; (with a projector) projeter
~ **analysis**: analyse *nf* granulométrique
~ **burn**: brûlure *nf* d'écran
~ **cleaner**: (hydrology) dégrilleur *nm*
~ **display**: affichage *nm*, image *nf* à l'écran, image d'écran, visualisation *nf*
~ **form[at]**: masque *nm*, grille *nf*
~ **grid**: (eon) grille-écran *nf*
~ **opening**: maille *nf* de tamis
~ **printing**: sérigraphie *nf*
~-**protected**: (el) grillagé-protégé
~ **shield**: écran *nm* en treillis métallique
~ **sieve**: tamis *nm*
~ **sizing**: classification *nf* au tamis
~ **tape**: ruban *nm* de blindage
~ **time**: (of film) durée *nf* de projection
~ **wall**: claustra *nm*

screened: (el) blindé; (graded) calibré; (hidden) dissimulé; (sorted) classé, sélectionné; (for size) tamisé, criblé
~ **cable**: câble *nm* blindé
~ **conductor cable**: câble *nm* à conducteurs blindés
~ **material**: passé *nm*, tamisat *nm*
~ **matter**: passé *nm*, tamisat *nm*

screening: (cinema) projection *nf*, passage *nm*; (el) blindage *nm*; (selection) classement *nm*, filtrage *nm*, sélection *nf*, tri *nm* préalable; (tp) filtrage; (sizing) criblage *nm*, tamisage *nm*; → also *screenings*
~ **drum**: tambour-classeur *nm*, tambour cribleur, tambour tamiseur
~ **test**: (quality control) essai *nm* de sélection

screenings: criblures *nf*, déchets *nm* de criblage; (oversize) refus *nm* de tamis; (undersize) menus *nm*, produit *nm* passé; (pap) déchets d'épuration

screw *nn*: vis *nf*; (a propeller) hélice *nf*; NA (a screw bolt) boulon *nm* fileté; *vb*: visser
~ **base**: (of bulb) culot *nm* à vis
~ **bolt**: boulon *nm* fileté, boulon à vis, boulon à écrou
~ **boss**: moyeu *nm* d'hélice
~ **brake**: frein *nm* à vis
~ **cap**: bouchon *nm* à vis, obturateur *nm* à vis; bouchon *nm* taraudé, écrou *nm* creux à chapeau
~ **clamp**: serre-joint *nm*
~ **compressor**: compresseur *nm* à vis
~ **connection**: raccord *nm* fileté, raccord vissé
~ **conveyor**: convoyeur *nm* à vis sans fin, transporteur *nm* à vis sans fin, vis *nm* d'Archimède, vis transporteuse

~ **cutter**: fileteur *nm*; (a machine) taraudeuse *nf*
~ **cutting lathe**: tour *nm* à fileter, tour à décolleter
~ **cutting milling cutter**: fraise *nf* à fileter, fraise à tailler les filets
~ **die**: coussinet *nm* de filière, peigne *nm*
~ **down**: visser; à vis
~ **down valve**: robinet-vanne *nm*, robinet à soupape
~ **extruder**: boudineuse *nf* à vis
~ **flow meter**: compteur *nm* à moulinet
~ **jack**: vérin *nm* à vis
~ **locking**: freinage *nm* de la visserie
~ **nail**: clou *nm* torsadé, fausse vis *nf*
~ **off**: dévisser, desserrer
~ **on**: visser
~ **pile**: pieu *nm* à vis, pieu à vrille
~ **plate**: coussinet *nm* de filière, filière *nf* [simple]
~ **plug**: bouchon *nm* fileté, bouchon à vis, vis *nf* de fermeture
~ **plug gauge**: tampon *nm* fileté
~ **press**: presse *nf* à vis
~ **pump**: pompe *nf* hélicocentrifuge, pompe centrifuge semi-axiale; (positive-rotary type) pompe à vis, pompe à broches hélicoïdales
~ **ring**: piton *nm*
~ **safetying**: freinage *nm* de la visserie
~**-shaped**: en hélice, hélicoïdal
~ **spindle**: tige *nf* filetée
~ **stock**: acier *nm* de boulonnerie; (a tool) porte-filière *nm*
~ **stopper**: bouchon *nm* à vis
~ **strip**: (el) bornier *nm* à vis
~ **terminal**: borne *nf* à vis
~ **thread**: filet *nm* de vis
~ **thread insert**: intervis *nm*
~ **up** *vb*: serrer
~ **wheel**: roue *nf* à dents hélicoïdales, roue hélicoïdale

screwdriver: tournevis *nm*
~ **bit**: embout *nm* de tournevis

screwed: fileté, vissé, à vis; (female thread) taraudé
~ **home**: vissé à fond
~ **in**: serré à vis, vissé
~ **joint**: joint *nm* vissé, joint à vis

screwing: vissage *nm*, taraudage *nm*; (screwcutting) filetage *nm*

scribe *vb*: tracer, trusquiner

scriber: pointe *nf* à tracer, trusquin *nm*

scribing: traçage *nm*, trusquinage *nm*
~ **block**: trusquin *nm*
~ **tool**: pointe *nf* à tracer

script: écriture *nf*; (cinema) script *nm*
~ **type**: caractère[s] *nm* d'écriture

scroll *nn*: spirale *nf*, volute *nf*; (inf) défilement *nm*; *vb*: faire défiler
~ **back**: revenir en arrière
~ **down**: descendre à l'écran
~ **saw**: scie *nf* sauteuse
~ **through**: (inf) parcourir
~ **up**: remonter à l'écran

scrolling: défilement *nm* à l'écran

scrub *vb*: frotter (pour nettoyer); (inf) purger; (petr, nuc) laver

scrubbed: (gas, solvant) purifié

scrubber: brosse *nf*; (chem, petr) épurateur *nm*, laveur *nm* de gaz; (inf) purgeur *nm*; (space) absorbeur-neutralisateur *nm*
~ **tower**: tour *nf* de lavage

scrubbing: épuration *nm*, lavage *nm*, nettoyage *nm*, purification *nf*

scuff *nn*: usure *nf* par frottement; *vb*: user par frottement
~ **resistance**: résistance *nf* au frottement

scuffing: éraillure *nf* légère et localisée; (mech) grippage *nm*, scuffing *nm*

scum: écume *nf*, crasse *nf* qui surnage; (on masonry) efflorescence *nf*; (sewage disposal) chapeau *nm*

scumming: écumage *nm*; efflorescence *nf*

scupper: (on ship, roof) dalot *nm*

S-curve: courbe *nf* en S, double courbure *nf*

scuttle *vb*: saborder

sea: mer *nf*
~ **anchor**: ancre *nf* de cape, ancre flottante
~ **cable**: câble *nm* transocéanique
~ **chart**: carte *nf* marine, carte nautique
~ **clutter**: (radar) effet *nm* de mer
~ **coal**: noir *nm* minéral
~ **earth cable**: câble *nm* de prise de terre en mer
~ **keeping**: tenue *nf* de la mer
~ **lane**: route *nf* maritime
~ **level**: niveau *nm* de la mer

~ **mile**: mille *nm* marin (1852m)
~ **return**: (radar) écho *nm* de mer
~ **salt**: sel *nm* marin

seaboard: littoral *nm*

seal *nn*: cachet *nm*, plomb *nm*, sceau *nm*, scellé *nm*; (mech) joint *nm* d'étanchéité; (plumbing) garde *nf* d'eau; (of waveguide) fenêtre *nf* de pressurisation, fenêtre d'étanchéité; *vb*: étanchéier, étanchéiser; (a porous surface) abreuver; (a wooden floor) vitrifier
~ **nipple**: manchon *nm* d'étanchéité, raccord *nm* d'étanchéité
~ **packing**: joint *nm* plat (circulaire)
~ **shot**: (petr) tir *nm* de fermeture
~ **weld**: soudure *nf* d'étanchéité

sealed: hermétique; étanche; plombé; (envelope) cacheté; (nuc) scellé
~ **against**: rendu étanche à
~ **beam headlight**: (auto) phare *nm* monobloc, sealed-beam *nm*
~ **bid** NA : soumission *nf* cachetée
~ **compressor**: compresseur *nm* hermétique
~ **end**: (el) extrémité *nf* isolée
~-**in burner**: brûleur *nm* scellé, brûleur encastré
~-**in fuel element**: (nuc) élément *nm* combustible scellé
~ **porosity**: porosité *nf* fermée
~ **relay**: relais *nm* étanche
~ **tender**: soumission *nf* cachetée

sealer: (a paint) peinture *nf* isolante; (for wood) bouche-pores *nm*

sealing *nn*: plombage *nm*, scellement *nm*; (of leaks) colmatage *nm*; (plast) soudage *nm* à chaud et sous pression; *adj*: assurant l'étanchéité
~ **box**: (el) boîte *nf* à masse de remplissage
~ **coat**: couche *nf* de fermeture, couche de scellement, enduit *nm* superficiel; (painting) couche *nf* d'impression, imbue *nf*
~ **compound**: lut *nm*, matériau *nm* d'étanchéité; (for radiators) antifuite *nm*, vernis *nm* hermétique
~ **cord**: cordon *nm* d'étanchéité
~ **flange**: (fdry) cordon *nm* d'étanchéité, bourrelet *nm* de fermeture
~ **liquid**: liquide *nm* d'étanchéité, liquide obturateur
~ **ring**: anneau *nm* d'étanchéité
~ **rock**: (geol) couverture *nf*
~ **run**: (wldg) reprise *nf* à l'envers
~ **strip**: garniture *nf* d'étanchéité
~ **tape**: ruban *nm* gommé
~ **weld**: soudure *nf* d'étanchéité

seam: ligne *nf* d'assemblage, ligne de jonction, ligne de soudure; (coal mining) couche *nf*, gîte *nm*, gisement *nm*, filon *nm*, veine *nf*; (left by mould) ligne *nf* de joint; (a sheet metal joint) agrafure *nf*; (sewing) couture *nf*; (wldg) soudure *nf* (continue)
~ **weld**: soudure *nf* continue
~ **welding**: soudage *nm* à la molette

seaming: (of sheet metal) agrafage *nm*

seamless: (tube) sans soudure
~ **flooring**: revêtement *nm* de sol coulé, revêtement de sol sans joint

seamy: (defect in sheet metal) à repliures *nf* de laminage
~ **rock**: roche *nf* fissurée

seaplane: hydravion *nm*

seaquake: séisme *nm* sous-marin

sear *vb*: (tex) flamber, griller

search *nn*: recherche *nf*; (mining) recherche, prospection *nf*
~ **and replace**: (inf) recherche *nf* et substitution
~ **coil**: bobine *nf* exploratrice
~ **key**: (inf) clé *nf* de recherche, critère *nm* de recherche

searcher: chercheur *nm*

searching: recherche *nf*

searchlight: projecteur *nm*

season *nn*: saison *nf*; *vb*: conditionner, exposer à l'action de l'air, laisser vieillir; (wood) sécher
~ **cracking**: (of brass) corrosion *nf* sous tension

seasoning: (of paper) conditionnement *nm*; (of wood) séchage *nm*

seat: siège *nm*, place *nf* assise; (of ball bearing, nut) portée *nf*; (of fire) foyer *nm* d'un incendie; (of leaf spring) patin *nm*; (of valve) siège *nm*
~ **belt**: ceinture *nf* de sécurité
~ **reservation**: location *nf* des places, réservation *nf* des places

seating: (of brushes) calage *nm*; (of valve) portage *nm*
~ **capacity**: nombre *nm* de places assises
~ **face**: face *nf* d'appui

seaworthy: en état de navigabilité

sec → *second*

secant *nn*: sécante *nf*; *adj*: sécant

second «sec» *nn*: (duration) seconde *nf*; (a product) article *nm* de deuxième choix; *adj*: deuxième, second
~ **hand**: d'occasion
~ **operation work**: travail *nm* de reprise
~ **source**: deuxième fournisseur *nm*, deuxième source *nf* d'approvisionnement
~ **trace echo**: (radar) écho *nm* secondaire

secondary: secondaire
~ **alloy**: alliage *nm* de deuxième fusion
~ **current**: courant *nm* secondaire; (of welding transformer) intensité *nf* au secondaire
~ **glazing**: survitrage *nm*
~ **relay**: relais *nm* indirect
~ **shaft**: arbre *nm* intermédiaire, arbre mené, arbre récepteur, arbre secondaire
~ **storage**: (inf) mémoire *nf* auxiliaire
~ **store**: (inf) mémoire *nf* auxiliaire
~ **winding**: enroulement *nm* secondaire, secondaire *nm*

secrecy: secret *nm*

secret, ~ **nailing**: clouage *nm* dérobé, clouage à tête perdue

section: (of book) chapitre *nm*; (of cable, pipe) tronçon *nm*; (drawing) coupe *nf*; NA (mining) quartier *nm*; (steel) profilé *nm*
~ **iron**: fer *nm* profilé
~ **mill**: laminoir *nm* à profilés

sectional: démontable, sectionnel, en sections; (view) en coupe, en profil
~ **drawing**: dessin *nm* en coupe
~ **elevation**: coupe *nf* verticale
~ **formwork**: coffrage *nm* outil
~ **paper**: papier *nm* quadrillé
~ **view**: vue *nf* en coupe, vue transversale

sector: secteur *nm*
~ **gear**: secteur *nm* denté
~ **scan[ning]**: (radar) exploration *nf* sectorielle

sectorizing <ising>: sectorisation *nf*

secure *adj*: à l'abri, sauf; (door) fermé à clé; (inf) avec secret; *vb*: protéger; assujettir, fixer, immobiliser
~ **a container**: immobiliser un conteneur, arrimer un conteneur

securing, ~ **screw**: vis *nf* d'arrêt, vis de retenue

security: sécurité *nf*, sûreté *nf*
~ **clearance**: autorisation *nf* d'accès
~ **paper**: papier *nm* de sécurité, papier fiduciaire, papier inimitable

sedan: berline *nf* (à 4 places et 4 glaces), conduite *nf* intérieure

sedimentary: sédimentaire

sedimentation: formation *nf* de dépôt; (geol) sédimentation *nf*
~ **analysis**: analyse *nf* granulométrique par sédimentation
~ **tank**: bassin *nm* de décantation, bassin de dépôt

seed: germe *nm* (de cristal)
~ **core**: cœur *nm* à germes
~ **crystal**: cristal *nm* germe
~ **sludge**: boues *nf* d'ensemencement

seeding: (of crystal) ensemencement *nm*
~ **sludge**: boues *nm* d'ensemencement

seek *vb*: chercher; (inf) positionner
~ **address**: adresse *nf* de recherche
~ **time**: (inf) temps *nm* de positionnement

seeker, ~ **head**: (of missile) autodirecteur *nm*

seep *vb*: suinter

seepage: infiltration *nf*, suintement *nm*

see-through, ~ **mirror**: miroir *nm* espion, semi-miroir *nm*

segment *nn*: (of circle) segment *nm*, secteur *nm*; (of commutator) lame *nf*; *vb*: fractionner, segmenter
~ **wheel**: roue *nf* à segments dentés; (m-t) meule *nf* segmentée

segmental: segmentaire
~ **circular saw**: scie *nf* circulaire à segments rapportés

segmenting: segmentation *nf*

segmentize <ise> *vb*: segmenter

segregate *vb*: séparer, isoler, mettre à part

segregated, ~ oil: huile *nf* séparée

segregation: ségrégation *nf*, séparation *nf*

seismic: sismique
~ **disturbance**: agitation *nf* sismique

seismology: sismologie *nf*

seismometer: sismomètre *nm*

seize *vb*: saisir; (mech) coincer, gripper
~ **a line**: (tcm) mettre en état de prise

seized: (mech) grippé

seizing: (of a mould) grippage *nm*; (of piston) gommage *nm*; (tcm) prise *nf*
~ **signal**: signal *nm* de prise

SELCALL → *selective calling*

select *nn*: (inf) sélection *nf*; *adj*: de choix; *vb*: sélectionner

selecting: sélection *nf*; (tcm) invitation *nf* à recevoir
~ **signal**: (tp) signal *nm* de sélection, signal de numérotation

selective: sélectif
~ **calling** «SELCALL»: appel *nm* sélectif
~ **corrosion**: corrosion *nf* localisée
~ **dump**: vidage *nm* sélectif
~ **hardening**: trempe *nf* locale
~ **oil**: huile *nf* de raffinage sélectif

selector: sélecteur *nm*
~ **bank**: banc *nm* de sélecteurs
~ **dial**: cadran *nm* mobile; (tp) cadran d'appel
~ **switch**: commutateur *nm*, sélecteur
~ **unit**: (tp) bloc *nm* de sélecteurs

selenium, ~ cell: cellule *nf* au sélénium
~ **rectifier**: redresseur *nm* au sélénium

self-acting: automatique
~ **incline**: plan *nm* incliné automoteur

self-adhesive: auto-adhésif, autocollant

self-adjusting: autoréglable, à rattrapage automatique du jeu

self-aligning, ~ bearing: palier *nm* à rotule, roulement *nm* à rotule

self-assembly: autoassemblage *nm*

self-bias: (of valve) autopolarisation *nf*, polarisation *nf* automatique

self-check: auto-contrôle *nm*, autovérification *nf*

self-cleaning, ~ paint: peinture *nf* autolavable
~ **filter**: filtre *nm* à auto-épuration

self-closing: à fermeture *nf* automatique

self-coloured <lored>: (tex) d'une seule couleur, uni

self-contained: autonome

self-cooled: autoventilé, à refroidissement *nm* naturel

self-discharge: décharge *nf* spontanée

self-disengaging: à débrayage *nm* automatique

self-dumping: à déchargement *nm* automatique, à déversement *nm* automatique

self-employed: travaillant à son compte

self-energy: énergie *nf* propre

self-extinguishible: auto-extinguible

self-feed: alimentation *nf* automatique

self-fluxing: autofondant

self-focussing <using> *nn*: autofocalisation *nf*; *adj*: autofocalisateur

self-hardening: (metal) auto-trempant; (plast) autodurcissant

self-heterodyne: autodyne

self-ignition: auto-allumage *nm*

self-levelling <elling>: autonivelage *nm*; (of lift) isonivelage *nm*
~ **coat**: enduit *nm* auto-lissant, autolissant *nm*

self-locking: autofreiné, auto-freineur, indesserrable; à autoverrouillage *nm*, à blocage *nm* automatique; (bolt) à auto-serrage *nm*

self-lubricating: autolubrifiant, autograisseur

self-oscillation: oscillation *nf* propre, oscillation spontanée

self-powered: automoteur

self-propelled <eled>: automoteur; (missile) autopropulsé

self-recording: à enregistrement *nm* automatique

self-regulating: à autoréglage *nm*, autorégulateur, à réglage *nm* automatique

self-releasing: à autodéclenchement *nm*, à débrayage *nm* automatique

self-sealing: auto-étanche, auto-obturateur

self-service: libre service *nm*

self-shielding: (nuc) autoprotection *nf*

self-starter: démarreur *nm* automatique

self-supporting: autoportant, autoporteur, autoporté; (tower) non haubanné

self-tapping, ~ screw: vis *nf* à tôle, vis autotaraudeuse

self-test: test *nm* intégré, test automatique

selvage <vedge>: lisière *nf*

semi: demi- semi-
~-bituminous coal: charbon *nm* demi-gras
~-bleached pulp: (pap) pâte *nf* demi-blanchie, pâte mi-blanchie
~-bold: (graph) demi-gras
~-killed steel: acier *nm* semi-calmé
~-steel: fonte *nf* aciérée

semicircular: en demi-cercle *nm*, en hémicycle *nm*; (architecture) en plein cintre

semiconductor: semi-conducteur *nm*

semicustom: semi-personnalisé; (printed circuit, chip) prédiffusé

semihard: mi-dur

semiskilled, ~ labour: main-d'œuvre spécialisée
~ worker: ouvrier *nm* spécialisé «OS»

semitrailer: semi-remorque *nf*

send *nn*: (tcm) émission *nf*; *vb*: envoyer; (tcm) émettre
~ back: renvoyer
~-receive switch: commutateur *nm* émission-réception

sender: expéditeur *nm*; (tcm) émetteur *nm*

sending: envoi *nm*, expédition *nf*; (tcm) émission *nf*
~ end: (el) côté *nm* distribution; (tcm) extrémité *nf* [d']émission
~ office: (tcm) bureau *nm* émetteur, centre *nm* émetteur
~ station: (tcm) station *nf* émettrice, station de transmission, centre *nm* d'émission

seniority: ancienneté *nf*; (inf) priorité *nf*, préséance *nf*

sense *nn*: sens *nm*, direction *nf*; *vb*: (eon) détecter, lire (par exploration), palper, sonder
~ signal: signal *nm* de lecture

sensible: sensible, perceptible
~ heat: chaleur *nf* sensible

sensing: lecture *nf*, détection *nf*
~ device: détecteur *nm*, capteur *nm*, palpeur *nm*
~ pin: plongeur *nm* de détection, plongeur de lecture; (m-t) goujon *nm* palpeur, palpeur *nm*
~ station: poste *nm* de lecture

sensitive: sensible; (information) confidentiel
~ drill: perceuse *nf* sensitive
~ feed: avance *nf* sensitive
~ to frost: gélif
~ to low temperatures: craignant le froid

sensitiveness: sensibilité *nf*

sensitize <ise> *vb*: sensibiliser

sensitizer <iser>: (activator) activateur *nm*; (graph, phot) sensibilisateur *nm*

sensor: capteur *nm*, détecteur *nm*, sonde *nf* (de mesure)
~-**based**: connecté à l'instrumentation, connecté au capteur
~-**based computer**: ordinateur *nm* industriel

sent: envoyé, expédié; (tcm) émis
~-**collect message**: message *nm* payable à l'arrivée
~-**paid call**: communication *nf* payée au départ

separate *adj*: distinct, séparé; *vb*: détacher, séparer; décomposer, diviser; (mining) cribler, trier
~ **drive**: commande *nf* indépendante

separating, ~ **switch**: sectionneur *nm*

separation: séparation *nf*; (of cables) segrégation *nm*; (gap) distance *nf*, écart *nm*, écartement *nm*; (chem) décantation *nf*, décomposition *nf*, précipitation *nf*; (of laminations) délaminage *nm*; (mech) désaccouplement *nm*; (of telephone traffic) aiguillage *nm*; (of tyre) décollement *nm* entre nappes
~ **plant**: installation *nm* de triage
~ **rupture**: rupture *nf* par séparation, rupture par décohésion

separator: séparateur *nm*; (inf) caractère *nm* de séparation; (of forms) déliasseuse *nf*

sequence *nn*: séquence *nf*, succession *nf*, suite *nf*; ordre *nm*; *adj*: séquentiel, en série; *vb*: mettre en séquence, ordonner
~ **key**: indicatif *nf* de classement
~ **number**: numéro *nm* d'ordre
~ **of operations**: ordre *nm* des opérations, succession *nm* des opérations
~ **robot**: (robotics) robot *nm* séquentiel
~ **switch**: commutateur *nm* séquentiel, combinateur *nm* séquentiel

sequencer: (fluidics, space) séquenceur *nm*

sequencing: enchaînement *nm*, mise *nf* en séquence, séquencement *nm*; classement *nm*, tri *nm*

sequential: (operation, processing) séquentiel

~ **sampling**: échantillonnage *nm* progressif
~ **test**: essai *nm* progressif

sequestering: (chem) chélation *nf*

serial: en série, sériel, séquentiel
~ **computer**: ordinateur *nm* sériel, ordinateur séquentiel
~ **data**: données *nf* sérielles
~-**in parallel-out**: série-parallèle
~-**in serial-out**: série-série
~ **mounting**: (el) couplage *nm* en série
~ **number**: numéro *nm* de série
~ **printer**: imprimante *nf* série, imprimante sérielle
~-**to-parallel converter**: désérialisateur *nm*, convertisseur *nm* série-parallèle

serialization <isation>: numérotation *nf* consécutive; mise *nf* en série, sérialisation *nf*

serialize <ise> *vb*: numéroter consécutivement; mettre en série, sérialiser

serializer <iser>: convertisseur *nm* parallèle/série

series: série *nf*; (a production run) lot *nm*, série
~ **connection**: couplage *nm* en série, montage *nm* en série
~ **motor**: moteur *nm* série
~-**parallel**: [en] série/parallèle
~-**parallel connection**: couplage *nm* en série/parallèle, montage *nm* en série/parallèle
~ **production**: fabrication *nf* en série, fabrication courante
~-**wound**: excité en série

serif: (top of character) obit *nm*; (bottom of character) empattement *nm*

serrated: dentelé, crénelé
~ **lock washer**: rondelle *nf* éventail
~ **nut**: écrou *nm* cannelé
~ **shaft**: arbre *nm* dentelé

serration: dentelure *nf*; (tv, radar) crénelure *nf*

serve *vb*: desservir; (inf, tcm) prendre en charge

served: (cable) à revêtement *nm* extérieur

server: (inf) serveur *nm*
~ **managed**: géré par serveur

service: (maintenance) réparation *nf*, entretien *nm*; (transport) service *nm*; NA (el, tp) branchement *nm* particulier, branchement d'immeuble; (service rendered) prestation *nf*; *vb*: desservir; réparer, entretenir; → also *services*
~ **area**: zone *nf* de desserte
~ **band**: bande *nf* attribuée
~ **board**: (el) tableau *nm* d'arrivée de secteur
~ **bureau**: centre *nm* de traitement à façon, entreprise *nf* de traitement à façon
~ **cable**: câble *nm* d'abonné, câble de branchement
~ **ceiling**: (aero) plafond *nm* pratique
~ **channel**: voie *nf* de service
~ **conditions**: conditions *nf* de fonctionnement, conditions d'utilisation; (mech) régime *nm*
~ **corrosion**: corrosion *nf* en service
~ **drop**: branchement *nm* d'abonné (sur ligne aérienne)
~ **elbow**: coude *nm* mâle et femelle
~ **engineer**: dépanneur *nm*, réparateur *nm*
~ **floor**: étage *nm* technique
~ **industry**: secteur *nm* tertiaire
~ **life**: durée *nf* de vie utile, vie *nf* utile
~ **line**: (tp) ligne *nf* de branchement, branchement *nm* (d'abonné), liaison *nf* de service; (rlwy) voie *nf* de service
~ **man**: dépanneur *nm*, réparateur *nm*
~ **operation**: (inf) opération *nf* de servitude
~ **pipe**: conduite *nf* d'alimentation, conduite de branchement; (for water) branchement *nm* d'eau général
~ **platform**: plate-forme *nf* d'accès
~ **program**: (inf) programme *nm* de service, programme de servitude; programme utilitaire
~ **provider**: (inf) serveur *nm*
~ **rating**: (of engine) puissance *nf* de régime
~ **refrigerator**: réfrigérateur *nm* du jour
~ **road**: route *nf* de desserte, desserte *nf*
~ **routine**: programme *nm* de service, programme de servitude
~ **ship**: navire *nm* de servitude
~ **station**: station-service *nf*
~ **tank**: (auto) nourrice *nf*; (naut) caisse *nf* journalière
~ **trial**: essai *nm* de mise en service
~ **valve**: (utilities) robinet *nm* de barrage
~ **wire**: fil *nm* de service, branchement *nm* d'abonné

serviceability: facilité *nf* d'entretien; aptitude *nf* au service, aptitude à l'emploi

serviceable: en bon état, utile, utilisable

serviced: (mech) entretenu, réparé; (building land) viabilisé

servicer: (aero) avitailleur *nm*, chariot *nm* de ravitaillement, oléoserveur *nm*

services: (constr) équipements *nm*; (commerce) secteur *nm* tertiaire
~ **required on machine**: branchements *nm* requis

servicing: entretien *nm* courant, service *nm* courant, maintenance *nf*; réparation *nf*

serving: (on cable) revêtement *nm*, enveloppe *nf*, gaine *nf*

servo *nn*: servomécanisme *nm*; *adj*: d'asservissement
~**-actuator**: servomoteur *nm*
~ **brake**: servofrein *nm*, frein *nm* assisté
~**-driven**: à servomoteur *nm*
~ **loop**: boucle *nf* d'asservissement
~ **system**: asservissement *nm*, système *nm* asservi
~**-unit**: servomoteur *nm*
~**-valve**: (robotics) servovalve *nf*

servocontrol: servocommande *nf*

servomechanism: servomécanisme *nm*

session: (inf) séance *nf*, session *nf*
~ **layer**: couche *nf* session

set *nn*: collection *nf*, jeu *nm*, ensemble *nm*, assortiment *nm*; (of documents, drawings) liasse *nf*; (cinema, theatre) décor[s] *nm*; (maths) ensemble; (of plaster, concrete) prise *nf*; (radio) poste *nm*, récepteur *nm*; (of saw teeth) voie *nf* d'une scie; (of sidings) faisceau *nm* de voies; (of a spring) tension *nf*, bande *nf*; (strain) déformation *nf* permanente; (tp) poste, téléphone *nm*; (tv) téléviseur *nm*; (of tunnel, mining) cadre *nm*; (of wheels) train *nm* de roues; (of wagons) rame *nf* (de manœuvre); *vb*: caler, fixer, bloquer; positionner, orienter; (adhesive) prendre; (conditions, limits) définir, établir; (graph) composer; (inf) mettre à 1 (un bit), positionner (un drapeau); (a pile) planter; (plaster) prendre; (a spring) tarer
~ **collar**: bague *nf* d'arrêt, bague de sûreté

~ **in**: (constr) encastrer, emboîter; (a wire) poser
~ **in motion**: mettre en marche
~ **noise**: bruit *nm* de fond propre (d'un récepteur)
~ **nut**: contre-écrou *nm*, écrou *nm* de blocage, écrou de pression
~ **off** *nn*: (graph) maculage *nm*; *vb*: (el) mettre hors fonction, désactiver
~ **on**: mettre en fonction, activer
~ **on edge**: poser de champ, poser sur le chant
~ **on fire**: incendier
~ **pin**: goujon *nm* prisonnier, goujon d'assemblage, goujon de calage
~ **point**: (automatic control) point *nm* de consigne
~ **screw**: vis *nf* de pression, vis d'arrêt, vis de réglage
~ **square**: équerre *nf* à dessin
~ **up** *nn*: montage *nm*; (of a firm) organisation *nf*, structure *nf*; *vb*: (a communication), établir, installer, mettre au point; (a machine) installer une machine, monter une machine
~ **value**: valeur *nf* de consigne

setting: pose *nf*, positionnement *nm*; (adjustment) ajustement *nm*, mise *nf* au point, réglage *nm*; (graph) composition *nf*; (inf) mise *nf* à 1; (of spring, valve) tarage *nm*
~ **gauge**: jauge *nf* de réglage, calibre *nm* de réglage
~ **mark**: repère *nm* de calage
~ **range**: domaine *nm* de réglage
~ **to zero**: remise *nf* à zéro
~ **up**: (m-t) montage *nm*, préparation *nf*; (tp) établissement *nm* d'une communication

settle *vb*: (foundations) se tasser; (instrument) se calmer, se stabiliser; (liquid) se déposer

settlement: (of foundations) tassement *nm*; (deposit) dépôt *nm*, précipitation *nf*

settler: appareil *nm* de décantation, cuve *nf* de décantation

settling: tassement *nm*; décantation *nf*, sédimentation *nf*
~ **chamber**: (of wind tunnel) chambre *nf* de tranquillisation

seven, ~ **bit byte**: septet *nm*
~**-sided**: heptagonal

sever *vb*: couper, sectionner

sewage: eaux *nf* d'égout, eaux usées, eaux-vannes
~ **disposal**: assainissement *nm* des eaux usées
~ **farm**: station *nf* d'épuration, champs *nm* d'épandage
~ **pump**: pompe *nf* de relèvement des eaux d'égout
~ **treatment**: épuration *nf* des eaux usées

sewer: égout *nm* public

sewerage: assainissement *nm*

sewing: couture *nf*; (bookbinding) brochage *nm*

sewn: (tex) cousu; (book) broché

SF → *single frequency*

SH → *sheet, shield*

shackle: manille *nf*; (of spring) bride *nf*, chape *nf*, étrier *nm*
~ **pin**: axe *nm* de manille, boulon *nm* de manille

shade: (of colour) nuance *nm*; (in sunlight) ombre *nf*

shaded: ombré; (graph) gras-maigre
~ **colour**: teinte dégradée
~ **rule**: (graph) filet *nm* cadre, filet gras-maigre

shading: (crt, graph) effet *nm* d'ombrage, ombrage *nm*
~ **paint**: peinture *nf* antisolaire

shadow: ombre *nf* portée
~ **printing**: impression *nf* par microjuxtaposition, impression en gras (par frappe multiple)
~ **recording**: enregistrement *nm* en double

shadowing: (electroplating) effet *nm* d'écran; (tcm) occultation *nf*

shaft: arbre *nm*; (of blast furnace) cheminée *nf*, cuve *nf*; (of lift) cage *nf*, gaine *nf*, puits *nm*; (in mine) puits; (straight part of column) fût *nm*
~ **boring**: (mining) fonçage *nm* de puits
~ **collar**: (mech) bague *nf* d'épaulement, collet *nm* d'arbre, embase *nf*; (mining) orifice *nm* du puits
~ **drive**: transmission *nf* par arbre[s], prise *nf* de mouvement de l'arbre d'entraînement
~ **end**: bout *nm* d'arbre
~ **furnace**: four *nm* à cuve

~ **gear**: pignon *nm* à queue
~ **horse power** «shp»: puissance *nf* sur l'arbre
~ **lining**: (of blast furnace) maçonnerie *nf* de la cuve; (mining) revêtement *nm* de puits
~ **pinion**: pignon *nm* arbré solidaire
~ **position**: position *nf* angulaire
~ **position encoder**: codeur *nm* de position angulaire
~ **seal**: garniture *nf* d'étanchéité d'arbre
~ **set**: (mining) cadre *nm* de puits
~ **sinking**: fonçage *nm* de puits
~ **sleeve**: chemise *nf* d'arbre

shafting: (mech) ligne *nf* d'arbres, arbres *nm*, transmission *nf*; (of column) fûts *nm*

shake *nn*: secousse *nf*; *vb*: secouer
~ **down**: (inf) mise *nf* au point, rodage *nm*
~ **down test**: test *nm* d'endurance
~ **out**: (fdry) décochage *nm*; (moulding) démoulage *nm*

shakeproof: (bolt, washer) indesserrable

shaker: crible *nm* à secousses
~ **conveyor**: convoyeur *nm* à secousses; (mining) couloir *nm* oscillant
~ **screen**: crible *nm* à secousses, tamis *nm* oscillant

shaking: à secousses
~ **conveyor**: convoyeur *nm* à secousses; (mining) couloir *nm* oscillant
~ **screen**: crible *nm* à secousses, tamis *nm* oscillant

shale: schiste *nm* (argileux)
~ **oil**: huile *nf* de schiste

shallow: peu profond; → also *shallows*
~ **draught**: faible tirant *nm* d'eau
~ **foundation**: fondation *nf* sur semelle superficielle
~ **nut**: écrou *nm* bas
~ **water**: bas-fond *nm*, haut-fond *nm*
~ **water cable**: câble *nm* de petit fond

shallows: bas-fond *nm*, haut-fond *nm*

shaly: schisteux

shank: (of anchor) verge *nf*; (of blade) pied *nm* de pale; (of connecting rod) corps *nm* de bielle; (of rivet) fût *nm*; (of tool, milling cutter, drill) queue *nf*; NA carré *nm* de manœuvre

shape: forme *nf*; NA (met) profilé *nm*

shaped: façonné, formé, profilé
~ **charge**: (of explosive) charge *nf* creuse
~ **wheel**: (grinding) meule *nf* de forme

shaper: (m-t) étau-limeur *nm*; (fdry) toupie *nf* (de modelage); (for woodwork) toupie *nf*

shaping: façonnage *nm*, formage *nm*; mise *nf* au galbe; (tcm) mise en forme (du signal)
~ **circuit**: circuit *nm* conformateur
~ **machine**: étau-limeur *nm*

share *vb*: partager, utiliser en commun

shareable: partageable

shared: mis en commun, commun, en commun, partagé
~ **data base**: base *nf* commune de données

sharp: (knife) affilé; (pointed) pointu; (phot) net, bien défini
~ **angle**: angle *nm* vif
~ **bend**: (in piping) coude *nm* normal, coude à petit rayon
~ **character**: dièse *nm*
~ **edge**: arête *nf* vive
~ **joint**: joint *nm* vif
~ **paint**: peinture *nf* à séchage rapide
~ **picture**: image *nf* nette
~ **sand**: sable *nm* mordant
~ **sensitivity**: (of an instrument) grande sensibilité *nf*
~ **tone**: son *nm* aigu

sharpness: (of sound) acuité *nf*; (visual) netteté *nf*

shatter *vb*: se briser en morceaux, se briser en éclats

shattering: (of glass) fragmentation *nf*
~ **explosive**: explosif *nm* brisant

shaving: copeau *nm*; (machining) shaving *nm*; **shavings**: (of paper) frisons *nm*, (of metal) copeaux *nm*, rognures *nf*, (of wood) copeaux

shear *nn*: cisaillement *nm*; *vb*: (mech) cisailler; (tex) tondre; **shears**: cisaille *nf*
~ **dowel**: goupille *nf* de sécurité
~ **fatigue**: fatigue *nf* par cisaillement
~ **force**: effort *nm* tranchant
~ **modulus**: module *nm* d'élasticité au cisaillement

~ **pin**: goupille *nf* de cisaillement, goupille de sécurité
~ **rate**: gradient *nm* de cisaillement
~ **reinforcement**: armatures *nf* d'efforts tranchant
~ **strain**: déformation *nf* de cisaillement
~ **strength**: résistance *nf* au cisaillement
~ **thickening**: réoépaississement *nm*

shearing: cisaillement *nm*
~ **bolt**: boulon *nm* de sûreté (à cisailler)
~ **load**: effort *nm* tranchant
~ **machine**: (mech) cisaille *nf* mécanique; (tex) tondeuse *nf*
~ **member**: organe *nm* de sûreté (destiné à la rupture)
~ **strength**: résistance *nf* au cisaillement
~ **stress**: contrainte *nf* de cisaillement
~ **wedge**: prisme *nm* de cisaillement

sheath: gaine *nf*

sheathed: enveloppé, sous gaine
~ **cable**: câble *nm* sous gaine, câble sous enveloppe
~ **pyrometer**: canne *nf* pyrométrique

sheathing: (of cable) gaine *nf* extérieure; (constr) coffrage *nm* (en panneaux); (mining) cuvelage *nm*, revêtement *nm* (de puits); (of trench) blindage *nm*

sheave: poulie *nf* à gorge

shed: (constr) abri *nm*, hutte *nf*, hangar *nm*, resserre *nf*; (rlwy) rotonde *nf* pour locomotives; (tex) foule *nf*, pas, *nm*
~ **roof**: toit *nm* à un seul versant

shedding: (tex) formation *nf* du pas, formation de la foule

sheer: (fabric) clair, transparent
~ **plan**: (of ship) projection *nf* longitudinale

sheet «SH»: feuille *nf*; (of hardboard) feuille, plaque *nf*; (sheet metal) tôle *nf*; (of sail) écoute *nf*; (thick and waterproof covering) bâche *nf*
~ **bar**: (rolling) larget *nm*, tôle *nf* ébauchée
~ **billet**: (rolling) larget *nm*
~ **calender**: calandre *nf* à feuilles
~ **extruder**: boudineuse *nf* pour feuilles
~ **glass**: verre *nm* à vitres, verre en feuilles
~ **iron**: tôle *nf*
~ **lead**: plomb *nm* en feuille
~ **metal**: tôle *nf*
~ **metal work**: tôlerie *nf*; (heavy) chaudronnerie *nf*
~ **of hardboard**: feuille *nf* de fibres dure, plaque *nf* de fibres dure
~ **pile**: palplanche *nf*
~ **pile wall**: rideau *nm* de palplanches
~ **piling**: écran *nm* en palplanches, rideau *nm* en palplanches, palplanches *nf*
~ **pit**: (pap) fosse *nf* à cassés
~ **steel**: tôle *nf* d'acier

sheeter: (graph) coupeuse *nf* en feuilles, coupe-feuilles *nm*; (constr) palfeuille *nf*
~ **line**: ligne *nf* de tranchage; traces *nf* de coupe

sheeting: (constr) coffrage *nm*; (geol) stratification *nf*; (metal sheets) tôlage *nm*, tôles *nf*; (plastic) feuilles *nf*; (of trench) blindage *nm*
~ **mill**: (plast, rubber) laminoir *nm* de feuilles, tireur *nm* de feuilles
~ **plane**: plan *nm* de stratification
~ **process**: (plast, rubber) tirage *nm* en feuille[s]
~ **rail**: (constr) lisse *nf* de façade légère

shelf: (geol) plateau *nm* continental; (for storage) étagère *nf*, rayon *nm*; (shop display) étagère de gondole, linéaire *nm*
~ **display**: présentoir *nm* de gondole
~ **life**: durée *nf* de conservation, durée limite de stockage

shell: coquille *nf*, coque *nf*; (of boiler) corps *nm* de chaudière, enveloppe *nf* de chaudière; (of building) gros œuvre *nm*; (auto) caisse *nf* brute de soudure; (of heat exchanger) calandre *nf*; (of roll) virole *nf*; (naut) bordé *nm* extérieur; (of structure) voile *nm* mince
~ **and coil condenser**: condenseur *nm* à calandre multitubulaire
~ **casting**: moulage *nm* en carapace
~ **core**: (plastic moulding) noyau-carapace *nm*
~ **mould**: (plast) moule-carapace *nm*
~ **moulding** NA : moulage *nm* en carapace, moulage en coquille
~ **plating**: (naut) tôles *nf* de bordé
~ **reamer**: alésoir *nm* creux
~ **roof**: toit *nm* en voile mince
~ **sand**: sable *nm* coquillier
~ **tool**: outil *nm* creux
~ **transformer**: transformateur *nm* cuirassé

~-type: (motor, transformer) cuirassé, blindé; (tool) creux
~-type reactor: bobine *nf* d'inductance cuirassée

shelter: abri *nm*

shelving *nn*: (shelves) rayonnage *nm*; (a gentle slope) glacis *nm*, déclivité *nf*; *adj*: incliné, en pente

SHF → *super high frequency*

shield «SH»: (el) écran *nm*, blindage *nm*; (mining) bouclier *nm*; (nuc) écran, bouclier

shielded: blindé; antiparasité
~ **cable**: câble *nm* armé, câble blindé, câble protégé
~ **cell**: (nuc) cellule *nf* de haute activité
~ **metal-arc welding**: soudage *nm* à l'arc métallique avec électrode enrobée

shielding: (as a protection) blindage *nm*, isolement *nm* électrique, protection *nf*; anti-parasitage *nm*; (of cable) armature *nf*; (of engine) conconnage *nm*; (of welding electrode) enrobage *nm*; (screening) effet *nm* d'écran, occultation *nf*
~ **pond**: (nuc) réservoir *nm* à blindage, réservoir blindé
~ **pool**: (nuc) réservoir *nm* à blindage, réservoir blindé

shift *nn*: (auto) changement *nm* (de vitesse); (geol) rejet *nm* horizontal, faille *nf* de dislocation; (inf) décalage *nm*; (work organisation) équipe *nf*, poste *nm*; *vb*: déplacer, décaler
~ **down**: (auto) rétrograder
~ **fork**: fourchette *nf* du changement de vitesse
~ **gears**: changer de vitesse
~ **in**: (inf) introduire par décalage
~-**in character** «SI»: caractère *nm* de code normal, caractère en code
~ **lock**: (on keyboard) verrouillage *nm* de clavier, garde *nf* d'inversion
~ **out**: (inf) éliminer par décalage, sortir d'un registre
~-**out character** «SO»: caractère *nm* en code spécial, caractère *nm* hors code
~ **pulse**: impulsion *nf* de décalage
~ **register**: registre *nm* à décalage
~ **spanner**: clé *nf* anglaise, clé à molette

shifting: décalage *nm*, déplacement *nm*; (auto) débrayage *nm*; (of belt) débrayage, passe *nf*; (of the brushes) décalage; (of rail track) ripage *nm*; (of soil) mouvement *nm* des terres
~ **register**: (inf) registre *nm* à décalage
~ **sand**: sable *nm* mouvant
~ **spanner**: clé *nf* à molette, clé anglaise
~ **up**: (auto) montée *nf* de vitesse

shiftwork: travail *nm* posté, travail par postes, travail à brigades relevées

shim: cale *nf* d'épaisseur
~ **washer**: rondelle *nf* de calage, rondelle de réglage, rondelle entretoise

shimming, ~ **rod**: barre *nf* de compensation

shimmy: (auto) shimmy *nm*, flottement *nm* latéral des roues avant, dandinement *nm* des roues avant

shine *nn*: clarté *nf*, éclat *nm*; (of gold, silver) éclair *nm*; *vb*: briller, luire, reluire

shiner: brillant; (an enamel defect) point *nm* brillant; (a paper defect) paillette *nf*

shingle *nn*: (roofing) bardeau *nm*; (stone) galet *nm*; *vb*: (wrought iron) cingler

shingling: (constr) bardage *nm*, essentage *nm* en bardeaux; (met) cinglage *nm*
~ **press**: presse *nf* à cingler

ship *nn*: navire *nm*, bâtiment *nm*; *vb*: embarquer, mettre à bord; (to send goods) expédier
~-**borne lighter**: barge *nf* de navire
~ **bottom paint**: peinture *nf* de carène
~ **call**: (tcm) communication *nf* avec un navire
~ **canal**: canal *nm* maritime
~ **electrical system**: réseau *nm* de bord
~ **on ballast**: navire *nm* sur lest
~ **plane**: avion *nm* embarqué
~ **plate**: tôle *nf* pour constructions navales
~-**to-ship**: navire-navire
~-**to-shore**: navire-terre
~ **water**: embarquer de l'eau
~'**s company**: équipage *nm*
~'**s engineer**: mécanicien *nm* de bord

~**'s gear**: apparaux *nm*

shipboard: sur navire; (aero) de bord

shipborne: embarqué

shipbreaking: démolition *nf* de navires

shipbroker: courtier *nm* maritime

shipload: cargaison *nf*

shipment: transport *nm* (par eau); envoi *nm*, expédition *nf*; lot *nm* de marchandises, marchandises *nf* expédiées

shipowner: armateur *nm*

shipper: chargeur *nm*, expéditeur *nm*; affrêteur *nm*

shipping: navigation *nf*; embarquement *nm*, mise *nf* à bord; expédition *nf*, transport *nm*
~ **lane**: route *nf* de navigation
~ **note**: bordereau *nm* d'expédition
~ **port**: port *nm* d'embarquement
~ **seal** NA : (el) bout *nm* de câble, embout *nm* protecteur, tête *nf* de câble, manchon *nm* d'extrémité

shipworm: taret *nm*

shipwreck: naufrage *nm*

shipyard: chantier *nm* de construction navale

shive: (pap) bûchette *nf*

shp → *shaft horse power*

shoal: haut-fond *nm*; (of fish) banc *nm* de poissons

shock: choc *nm*; (el) électrocution *nf*
~ **absorber**: (auto) amortisseur *nm*; (rlwy) butoir *nm*, tampon-amortisseur *nm*
~ **absorber strut**: (aero) jambe *nf* élastique
~ **hazard**: danger *nm* de contact électrique, danger d'électrocution
~ **heating**: chauffage *nm* par onde de choc
~ **mount**: support *nm* anti-vibratoire, support élastique
~ **mounting**: montage *nm* élastique
~ **tunnel**: soufflerie *nf* aérodynamique à ondes de choc
~ **valve**: clapet *nm* antichocs
~ **wave**: onde *nf* de choc

shockproof: antichoc

shoddy *nn*: (tex) shoddy *nm*; *adj*: mal exécuté, mal fait, de mauvaise qualité

shoe: sabot *nm*, patin *nm*; (of brake) mâchoire *nf*, segment *nm*; (of cable) cosse *nf*, connecteur *nm*; (el) frotteur *nm* de contact
~ **brake**: frein *nm* à mâchoires, frein à sabots, frein à segments [articulés]

shoot *nn*: (with firearm) tir *nm*; (a chute) NA goulotte *nf*, couloir *nm*, glissière *nf*, plan *nm* incliné; *vb*: tirer, faire feu; faire sauter; (phot) prendre une photo
~ **a film**: tourner un film

shooting: (cinema) tournage *nm*; (with firearm) tir; (phot) prise *nf* de vues
~ **range**: champ *nm* de tir

shop *nn*: (retail trade) magasin *nm*, commerce *nm*; (a workshop) atelier *nm*; *vb*: faire des achats
~ **around**: rechercher le meilleur prix
~ **assembly**: montage *nm* en atelier
~ **assistant**: vendeur *nm*
~ **awning**: banne *nf*
~ **blind**: volet *nm*
~ **check**: contrôle *nm* en atelier, visite *nf* en atelier
~ **drawing**: dessin *nm* d 'atelier, dessin d'exécution
~ **fitting**: agencement *nm* de magasin
~ **flight**: (aero) vol *nm* usine, vol technique
~ **front**: devanture *nf*
~ **sign**: enseigne *nf*, écriteau *nm*
~ **standards**: règles *nf* normalisées d'installation, règles d'exploitation
~ **test**: essai *nm* en atelier, essai en usine
~ **window**: vitrine *nf*
~**-wired**: câblé à l'atelier, câblé en usine

shopping: achats *nm*, shopping *nm*
~ **centre**: centre *nm* commercial, galerie *nf* marchande
~ **precinct**: centre *nm* commercial piétonnier

shore *nn*: (coast) côte *nf*, littoral *nm*, rivage *nm*; (constr) étai *nm*; *adj*: côtier; *vb*: buter, étayer
~**-based**: côtier
~**-end cable**: câble *nm* de bas-fond, câble de petit fond, câble d'extrémité
~ **station**: station *nf* terrienne
~ **terminal**: (tcm) aboutissement *nm*, atterrissement *nm*, extrémité *nf* littorale, extrémité côtière

~ **up**: buter, étayer

shoring: étaiement *nm*, étançonnement *nm*

short *nn*: (a short circuit) court-circuit *nm*; *adj*: court; (met) aigre, cassant; (quantity) manquant; *vb*: court-circuiter; **shorts** (timber) petites longueurs *nf*; → also *short-circuit*
~ **arc welding**: soudage *nm* à l'arc court
~ **batch**: petite série *nf*
~ **column**: poteau *nm* court
~**-haul**: à petite distance
~**-haul transport aircraft**: avion *nm* de transport court courrier
~ **iron**: fer *nm* aigre, fer cassant
~**-lived**: de faible durée, transitoire
~ **moulding**: moulage *nm* court, pièce *nf* incomplète
~ **movie** NA : court métrage *nm*
~ **oil varnish**: vernis *nm* léger, vernis maigre
~ **out**: mettre hors-circuit, court-circuiter
~ **pitch winding**: bobinage *nm* à pas raccourci, enroulement *nm* à pas raccourci
~**-poured**: (mould) non rempli
~**-range**: à court rayon d'action
~ **residue**: résidu *nm* de distillation poussée, résidu court
~ **run**: petite série *nf*; (graph) petit tirage *nm*; (fdry) manque *nm*, coulée *nf* courte
~ **take-off and landing** «STOL»: atterrissage *nm* et décollage courts
~ **take-off and landing aircraft**: avion *nm* à décollage et atterrissage courts
~**-time**: de courte durée, de peu de durée
~**-time measure**: mesure *nf* temporaire
~**-time rating**: (el) puissance *nf* temporaire, puissance intermittente, service *nm* nominal temporaire
~**-time current**: courant *nm* de courte durée
~ **to earth**: court-circuit *nm* à la terre
~ **to frame**: court-circuit *nm* à la masse
~ **to ground** NA : court-circuit *nm* à la terre
~ **ton**: tonne *nf* américaine (2000 lbs, 907,185 kg)
~ **wave** «SW»: onde *nf* courte «OC», petite onde «PO»

shortage: manque *nm*, pénurie *nf*
~ **of labour**: pénurie *nf* de main-d'œuvre

short-circuit: *nn* court-circuit *nm*; *vb*: court-circuiter
~ **brake**: frein *nm* à court-circuit
~ **breaking capacity**: pouvoir *nm* de coupure en court-circuit
~ **characteristic**: caractéristique *nf* en court-circuit
~ **current**: courant *nm* de court-circuit
~ **making capacity**: pouvoir *nm* de fermeture en court-circuit
~ **operation**: fonctionnement *nm* en court-circuit
~ **plug**: plot *nm* de mise en court-circuit
~ **power**: pouvoir *nm* de court-circuit
~ **protection**: protection *nf* contre les courts-circuits
~ **strength**: résistance *nf* aux courts-circuits
~ **plug**: fiche *nf* de court-circuitage
~ **winding**: enroulement *nm* en court-circuit, enroulement court-circuité

short-circuiting: court-circuitage *nm*, mise *nf* en court-circuit

shortcoming: imperfection *nf*

shorted: court-circuité
~**-out**: court-circuité
~ **turn**: spire *nf* de court-circuit, court-circuit *nm* entre spires

shorten *vb*: raccourcir

shorthand: sténographie *nf*
~ **notation**: (inf) notation *nf* abrégée

shorting: mise *nf* en court-circuit
~ **voltage**: tension *nf* de claquage

shortness: (met) fragilité *nf*

shot: (die casting, moulding) injection *nf*; (of firearm) coup *nf* de feu; (met) grenaille *nf*; (phot) prise *nf* de vue; (shotblasting) coup *nm* de mine; (surveying) visée *nf*
~ **blasting**: (met) grenaillage *nm*; (mining) travail *nm* aux explosifs, sautage *nm*
~ **drilling**: forage *nm* à la grenaille
~ **effect**: (eon) effet *nm* de grenaille
~ **hole**: trou *nm* de tir
~ **peening**: grenaillage *nm*
~ **point**: point *nm* de tir
~ **silk**: (tex) moire *nf*
~ **silk effect**: (tv) moirure *nf*

shotcrete: béton *nm* projeté, gunite *nf*

shotcreting: gunitage *nm*, projection *nf* de béton

shotfirer: boutefeu *nm*

shotgun: fusil *nm* (de chasse)

shoulder: épaulement *nm*
~ **flange**: bride *nf* à collerette
~-**level**: à hauteur des épaules
~ **strap**: bretelle *nf*, bandoulière *nf*

shouldered, ~ **nut**: écrou *nm* à épaulement
~ **piston**: piston *nm* étagé, piston différentiel

shovel *nn*: pelle *nf*; *vb*: pelleter
~ **loader**: chouleur *nm*
~ **tractor**: tractopelle *nf*

shovelful: pelletée *nf*

shoveller <eler>: pelleteur *nm*, conducteur *nm* de pelle

shovelling <eling>: pelletage *nm*

show *nn*: exposition *nf*, salon *nm*; *vb*: montrer; exposer
~ **card**: pancarte *nf*
~ **window** NA : vitrine *nf*

showbusiness: monde *nm* du spectacle

showcase: vitrine *nf*

shower: (constr) douche *nf*; (nuc) gerbe *nf*; (pap) rinceur *nm*; (weather) averse *nf*
~ **cooling**: rafraîchissement *nm* par ruissellement, refroidissement *nm* par ruissellement
~ **cubicle**: cabine *nf* de douche
~ **head**: pomme *nf* de douche
~ **pipe**: (pap) rinceur *nm*
~ **stall** NA : cabine *nf* de douche

showroom: hall *nm* d'exposition, magasin *nm* d'exposition, salle *nf* d'exposition

shp → *shaft horse power*

shrapnel: éclats *nm* d'obus

shred *vb*: déchiqueter

shredder: (of documents) destructeur *nm* de documents; (pap, tex) délisseuse *nf*

shrink *vb*: rétrécir
~ **cavity**: (met) retassure *nf*
~ **film**: film *nm* à retrait
~ **fit**: (mech) emmanchement *nm* par retrait, emmanchement à chaud
~ **hole**: (met) retassure *nf*
~ **on** *vb*: emmancher à chaud, fretter à chaud, poser à chaud
~ **packaging**: emballage *nm* par rétraction
~ **porosity**: (met) microretassure *nf*
~ **wrapping**: emballage *nm* par rétraction

shrinkage: rétrécissement *nm*, retrait *nm*
~ **block**: (plast) gabarit *nm* conformateur, conformateur *nm*
~ **cavity**: (met) retassure *nf*
~ **crack**: (met) tapure *nf*, crique *nf* de retassure; (timber) fente *nf* de retrait, fente de dessication

shroud *nn*: enveloppe *nf* (de protection), carénage *nm*; (of contact) protecteur *nm* de contact; (of fan) capot *nm* de refoulement; (of gas turbine) anneau *nm* de renforcement de turbine; (on ship) hauban *nm*; (of space rocket) coiffe *nf*; *vb*: (gears) emboîter; (a transformer) blinder
~ **knot**: nœud *nm* de hauban

shrouded, ~ **propeller**: hélice *nf* carénée

shrunk: rétréci, contracté
~-**on**: calé à chaud, monté à chaud
~-**on ring**: frette *nf* posée à chaud

shunt *nn*: (in chimney) conduit *nm* collecteur, collecteur *nm*; (el) dérivation *nf*, montage *nm* en parallèle, shunt *nm*; *vb*: (el) brancher en parallèle, connecter en parallèle, monter en parallèle, shunter; (rlwy) manœuvrer
~ **capacitor**: condensateur *nm* shunt, condensateur en parallèle
~ **circuit**: circuit *nm* en parallèle, circuit en dérivation, circuit dérivé
~ **coil**: bobine *nf* de dérivation, bobine en dérivation, bobine shunt
~ **connection**: montage *nm* en dérivation, montage en shunt, shuntage *nm*
~ **controller**: (rlwy) shunter, combinateur *nm* de shuntage
~ **current**: courant dérivé
~ **generator**: dynamo *nf* shunt, génératrice *nf* shunt, génératrice en dérivation
~ **motor**: moteur *nm* shunt, moteur en dérivation
~ **relay**: relais *nm* en dérivation
~ **tripping**: déclenchement *nm* par bobine en dérivation

~ **winding**: enroulement *nm* en dérivation, enroulement en parallèle, enroulement shunt
~-**wound**: excité en dérivation
~-**wound motor**: moteur *nm* en dérivation, moteur shunt
~ **yard**: (rlwy) triage *nm*

shunted: monté en parallèle, monté en dérivation, ponté, shunté

shunter: (rlwy) locomotive de manœuvre; (a person) décrocheur *nm*

shunting: (el) montage *nm* en dérivation, montage en parallèle, montage en shunt; (rlwy) manœuvre *nf* des wagons, triage *nm*, changement *nm* de voie, débranchement *nm*
~ **locomotive**: locomotive *nf* de manœuvre
~ **track**: voie *nf* de manœuvre
~ **yard**: gare *nf* de triage, triage *nm*

shut *vb*: fermer
~ **down**: (a machine) arrêter
~ **off** *nn*: arrêt *nm*, coupure *nf*, fermeture *nf*; *vb*: arrêter, fermer, couper
~ **off an engine**: couper les gaz
~ **off valve**: robinet *nm* d'arrêt

shutdown: arrêt *nm* de travail, fermeture *nf*

shutter: (constr) volet *nm*, persienne *nf*; (phot, waveguide) obturateur *nm*
~ **speed**: (phot) temps *nm* d'exposition

shuttered, ~ **concrete**: béton *nm* banché

shuttering: (concreting) coffrage *nm*
~ **panel**: banche *nf*
~ **slab**: prédalle *nf*

shuttle: navette *nf*
~ **armature**: induit *nm* en double T
~ **belt conveyor**: convoyeur *nm* à navette, transporteur *nm* navette
~ **box**: boîte *nf* à navette
~-**in shuttle-out**: insertion/extraction alternées
~ **valve**: clapet *nm* pilote, clapet baladeur
~-**wound**: (el) à enroulement en double T

SI → *shift in*

side: côté *nm*; (of angle iron) aile *nf*; (of impulse) flanc *nm*; (of disk, plank) face *nf*; (of thread, tooth) flanc
~ **and face cutter**: fraise *nf* trois tailles
~ **arm**: (mech) bras *nm* latéral; (mil) arme *nf* portée à la ceinture
~ **beam**: (of frame) longeron *nm*
~ **boom**: flèche *nf* latérale
~ **boom crane**: pose-tubes *nm*
~ **broaching**: (m-t) brochage *nm* sur flancs
~ **by side**: côte à côte, juxtaposé
~ **circuit**: (tp) circuit *nm* réel, circuit combinant
~-**contact base**: culot *nm* à contacts latéraux
~ **cutters**: pince *nf* coupante de côté
~-**draught carburetor**: carburateur *nm* horizontal
~ **dump**: déversement *nm* par le côté
~-**dump body**: benne *nf* basculante à déchargement de côté
~ **elevation**: vue *nf* de côté, vue latérale
~ **frequency**: fréquence *nf* latérale
~ **inlet pump**: pompe *nf* à aspiraton latérale
~ **light**: feu *nm* de position, feu de stationnement
~ **lighting**: éclairage *nm* par la tranche
~ **loader**: chariot *nm* élévateur à fourche transversale, chariot latéral
~ **loading truck**: chariot *nm* élévateur à fourche transversale, chariot latéral
~ **lobe**: (of antenna) lobe *nm* latéral, lobe secondaire
~ **member**: (of frame) longeron *nm*
~-**member frame**: (auto) châssis *nm* à longerons
~-**on collision**: collision *nf* de flanc
~ **pinion**: (of differential gear) pignon *nm* satellite
~ **rack**: (on lorry) ridelle *nf*
~ **rail**: (on ship) rambarde *nf*; (auto) longeron *nm*; (of bridge, balcony) garde-fou *nm*; (of curtain wall) lisse *nf* de façade légère; (of ladder) montant *nm*; (rlwy) contre-rail *nm*
~ **rails frame** NA : cadre *nm* longerons frame NA : cadre *nm* à longerons
~ **reaction**: réaction *nf* parasite, réaction secondaire
~ **rod** NA: bielle *nf* d'accouplement
~ **run**: à-côté *nm* de fabrication
~ **scuttle**: hublot *nm*
~ **shifting**: (of load) déplacement *nm* latéral
~ **shift truck**: gerbeur *nm* latéral
~ **sill**: (of bodywork) longrine *nf*
~ **slip**: (auto) dérapage *nm*; (aero) glissement *nm* sur l'aile
~ **stitching**: (graph) piqûre *nf* à plat, agrafure *nf* à plat
~ **strake**: (naut) virure *nf* de muraille
~ **suction pump**: pompe *nf* à aspiration latérale

~ **sway**: balancement *nm* latéral
~ **tippler**: culbuteur *nm* latéral
~**-to-phantom crosstalk**: diaphonie *nf* entre réel et fantôme
~**-to-side crosstalk**: diaphonie *nf* entre réel et réel
~ **tone**: effet *nm* local
~ **valve**: (on engine) soupape *nf* latérale
~ **view**: vue *nf* de côté, vue de profil
~ **wall**: paroi *nf* latérale; (of tyre) flanc *nm*

sideband «SDB»: bande *nf* latérale
~ **frequency**: fréquence *nf* latérale
~ **spread**: étalement *nm* des bandes latérales

sideslip *nn*: (aero, auto) dérapage *nm*; *vb*: déraper

sidewalk NA : trottoir *nm*
~ **manhole**: (el, tp) chambre *nf* sous trottoir

sidewash: déflection *nf* latérale (des filets d'air)

sideways: de côté, latéralement
~ **feed**: alimentation *nf* ligne à ligne

siding: (constr) paroi *nf* en planches, parement *nm* (autre qu'en maçonnerie ou stuc); (cladding) bardage *nm*; (rlwy) voie *nf* d'évitement, voie de garage

sieve *nn*: tamis *nm*; (with a coarse mesh) crible *nm*; *vb*: cribler, tamiser
~ **analysis**: analyse *nf* au tamis, analyse par tamisage
~ **drum**: tambour *nm* perforé
~ **tray**: plateau *nm* perforé

sieving: tamisage *nm*, criblage *nm*

sift *vb*: cribler, tamiser; classer, filtrer

sifting: criblage *nm*, tamisage *nm*; classement *nm*, triage *nm*; **siftings**: criblures *nf*, menus *nm* de crible, passée *nf*
~ **sort**: (inf) tri *nm* par filtrage

sight: vue *nf*, vision *nf*; (appearance) aspect *nm*; (artillery) hausse *nf*; (of rifle) guidon *nm*; (surveying) visée *nf*; *vb*: (a gun, rifle) pointer; (surveying) viser
~ **axis**: (of radar) axe *nm* de pointage; (of firearm) axe de mire
~ **check** *nn*: (quality control) examen *nm* visuel, contrôle *nm* visuel, vérification *nf* visuelle; *vb*: (punched cards) mirer
~**-feed lubricator**: graisseur *nm* à débit visible
~**-feed oil cup**: graisseur *nm* à débit visible
~**-feed pump**: pompe *nf* à débit visible
~ **gauge**: viseur *nm*
~ **glass**: regard *nm*, viseur *nm* de liquide
~ **hole**: trou *nm* de regard, regard *nm*
~ **rule**: alidade *nf*
~ **tube**: tube *nm* de visée; (surveying) lunette *nf* de visée
~ **vane**: pinnule *nf* (d'alidade)

sighting: visée *nf*; (firearm) pointage *nm*
~ **notch**: (on firearm) cran *nm* de mire
~ **telescope**: lunette *nf* de pointage, lunette de visée

sign *nn*: signe *nm*; (a notice) écriteau *nm*; (on road) panneau *nm* de signalisation; *vb*: (a document) signer
~ **bit**: bit *nm* de signe
~ **changer**: inverseur *nm*
~**-changing amplifier**: amplificateur *nm* changeur de signe, amplificateur inverseur
~ **changing**: inversion *nf* de signe
~ **extension**: (inf) répétition *nf* de signe
~ **flag**: indicateur *nm* de signe
~ **off** *nn*: (inf) fermeture *nf* de session; (tcm) fin *nf* de connexion; *vb*: (inf) sortir du système, clôturer la session
~ **on** *nn*: (inf) ouverture *nf* de session; (tcm) demande *nf* de connexion, entrée *nf* en communication; *vb*: (inf) entrer dans le système, ouvrir une session; (tcm) entrer en communication
~ **reversing**: inversion *nf* de signe

signal *nn*: signal; (mil) renseignement *nm*, information *nf*; *vb*: signaler
~ **bit**: bit *nm* de signalisation
~ **box**: (rlwy) poste *nm* d'aiguillage
~ **bridge**: (rlwy) portique *nm* à signaux, passerelle *nf* à signaux
~ **channel**: (tcm) voie *nf* de signalisation
~ **component**: élément *nm* de signal
~ **condition**: présence *nf* d'un signal
~ **conditioning**: conditionnement *nm* de signaux
~ **converter**: convertisseur *nm* de signaux
~ **distance**: distance *nf* intersignaux
~ **distortion**: distorsion *nf* de signal
~ **engineering** NA : technique *nf* des communications
~ **envelope**: enveloppe *nf* de signal

~ **failure**: coupure *nf* de signal
~ **fault**: défaut *nm* de signal
~ **flow**: circulation *nf* des signaux
~ **gantry**: (rlwy) passerelle *nf* à signaux
~ **generator**: générateur *nm* de signaux
~ **enhancement**: renforcement *nm* du niveau de signal
~ **interval**: intervalle *nm* unitaire
~ **lamp**: lampe *nf* témoin, témoin *nm* lumineux, voyant *nm* lumineux
~ **light**: (automatic control) voyant *nm* lumineux; (rlwy) feu *nm* de signalisation; (naut) fanal *nm*
~**/noise ratio** «S/N»: rapport *nm* signal/bruit
~ **path**: parcours *nm* du signal
~ **processing**: traitement *nm* du signal, traitement des signaux
~ **regeneration**: régénération *nf* de signal
~ **relay**: relais *nm* de signalisation
~ **reshaping**: remise *nf* en forme du signal
~ **shaping**: mise *nf* en forme du signal
~ **shaping network**: réseau *nm* conformateur
~**-to-crosstalk ratio**: écart *nm* diaphonique
~**-to-image ratio**: rapport *nm* des fréquences signal/image
~**-to-interference ratio**: rapport *nm* signal/brouillage
~**-to-noise ratio** «S/N»: rapport *nm* signal/bruit
~ **tower** NA : (rlwy) cabine *nf* de signalisation
~ **train**: (tcm) sématème *nm*

signalling <aling>: signalisation *nf*, émission *nf* de signaux, transmission *nf* de signaux
~ **facility**: dispositif *nm* de signalisation, matériel *nm* de signalisation
~ **frame**: trame *nf* de signal
~ **line extender**: suralimenteur *nm*
~ **range extender**: suralimenteur *nm*
~ **rate**: vitesse *nf* de transmission des signaux
~ **speed**: vitesse *nf* de transmission
~ **system**: (tcm) système de signalisation; (rlwy) installation *nf* d'enclenchement
~ **unit**: signaleur *nm*

signalman: (a block post keeper) garde-signaux *nm*; (a points man) aiguilleur *nm*

signature: signature *nf*
~ **title**: (graph) signature *nf*, titre *nm* de la signature
~ **tune**: indicatif *nm* musical

signed: (document) signé; (maths) avec signe

significance: signification *nf*; (inf) importance *nf*, poids *nm*

significant: significatif
~ **digit**: chiffre *nm* significatif

signing: signature *nf*
~ **off**: (tcm) fin *nf* de connexion; (inf) fermeture *nf* de session
~ **on**: (tcm) demande *nf* de connexion, entrée *nf* en communication; (inf) ouverture *nf* de session

signpost: poteau *nm* indicateur

signposted: indiqué (au moyen de poteaux indicateurs)

silage: ensilage *nm*

silencer: amortisseur *nm* de bruit, enceinte *nf* acoustique, enceinte d'insonorisation; (auto) silencieux *nm*

silencing: lutte *nf* contre le bruit, insonorisation *nf*; (tcm) mise *nf* au silence

silent: silencieux
~ **block**: (for engine) support *nm* élastique, silentblock *nm*
~ **chain**: chaîne *nf* silencieuse, chaîne sourde
~ **gap**: (tcm) temps *nm* mort, temps de silence
~ **zone**: (radio) zone *nf* de silence

silex: silex *nm*

silica: silice *nf*
~ **fiber**: fibre *nf* de silice
~ **gel**: gel *nm* de silice
~ **sand**: sable *nm* siliceux
~ **tube**: tube *nm* en quartz
~ **wool**: laine *nf* de silice

silicate: silicate *nm*

siliceous: siliceux

silicon: silicium *nm*; (a silicon chip) puce *nf* électronique
~**-based**: (inf) intégré
~ **bronze**: bronze *nm* siliceux, bronze au silicium
~ **carbide**: carbure *nm* de silicium
~ **chip**: puce *nf* de silicium, puce électronique
~**-controlled rectifier** «SCR»: redresseur *nm* commandé au silicium, redresseur thyristorisé, redresseur à thyristors

~-**on-sapphire** «SOS»: silicium *nm* sur saphir
~ **transistor**: transistor *nm* au silicium
~ **wafer**: pastille *nf* de silicium, tranche *nf* de silicium

silicone: silicone *nf*
~ **grease**: graisse *nf* de silicone
~ **plastic**: plastique *nm* silicone
~ **resin**: résine *nf* silicone
~ **rubber**: caoutchouc *nm* silicone

siliconize <ise> *vb*: (with silicon) enrichir au silicium; (with silicone) traiter à la silicone

silk: soie *nf*
~-**covered** «SC»: guipé de soie, sous soie
~ **fabric**: tissu *nm* de soie
~ **printing**: sérigraphie *nf*

silky: soyeux
~ **fracture**: (met) fracture *nf* soyeuse, cassure *nf* à grains fins

sill: (of door) seuil *nm*; (of foundation) sole *nf*, semelle *nf*; (geol) couche *nf* d'intrusion

silo: silo *nm*

silt: (geol) limon *nm*; (in boiler) dépôt *nm* de boue
~ **box**: piège *nm* à boue
~ **trap**: piège *nm* à boue

silting, ~ **up**: envasement *nm*

silty, ~ **clay**: argile *nf* limoneuse

silver: argent *nm*; (on back of mirror) tain *nm*
~ **bearing**: argentifère
~ **bromide**: bromure *nm* d'argent
~ **coating**: argenture *nf*
~ **dip**: bain *nm* d'argenture
~ **oxide battery**: accumulateur *nm* à oxyde d'argent

silvering: argenture *nf*; (on mirror) étamage *nm*

silverplated: argenté

silverplating: argenture *nf* galvanoplastique

similar: semblable, analogue
~ **poles**: pôles *nm* de même nom, pôles de même signe

similography: similographie *nf*, télésimilographie *nf*

simple: simple
~ **beam**: (of antenna) faisceau *nm* simple; (constr) poutre *nf* sur appuis libres
~ **bending**: flexion *nf* simple
~ **bridge**: pont *nm* à une travée
~ **fraction**: fraction *nf* simple
~ **frame**: portique *nm* simple
~ **parallel winding**: enroulement *nm* parallèle simple
~ **support**: appui *nm* simple

simplex: simplex, unidirectionnel
~ **lap winding**: enroulement *nm* imbriqué parallèle simple
~ **modem**: modem *nm* unidirectionnel
~ **telegraphy**: télégraphie *nf* simplex, télégraphie unidirectionnelle
~ **transmission**: transmission *nf* unidirectionnelle
~ **wave winding**: enroulement *nm* ondulé série, enroulement ondulé simple
~ **winding**: enroulement *nm* simple

simultaneous: simultané
~ **access**: accès *nm* en parallèle
~ **operation**: fonctionnement simultané, exploitation *nf* en simultané
~ **telegraphy and telephony**: télégraphie *nf* intrabande, télégraphie et téléphonie simultanées

sine *nn*: sinus *nm*; *adj*: sinusoïdal
~ **bar**: règle *nf* sinus
~ **curve**: courbe *nf* sinusoïdale, sinusoïde *nf*, sinusoïdale *nf*
~-**squared**: en sinus carré
~ **table**: (m-t) plateau *nm* sinus, table *nf* sinus
~ **wave**: onde *nf* sinusoïdale
~ **wave current**: courant *nm* sinusoïdal
~ **wave signal**: signal *nm* sinusoïdal

singe *vb*: (accidental damage) roussir; (tex) flamber

singeing: (tex) flambage *nm*; (gassing) gazage *nm*

singing *nn*: (eon) sifflement *nm*; *adj*: sifflant, résonnant, sonore
~ **arc**: arc *nm* chantant
~ **flame**: flamme *nf* sonore
~ **margin**: marge *nf* d'amorçage (de sifflement)
~ **point**: point *nm* d'amorçage
~ **suppressor**: (tp) suppresseur *nm* de réaction

single: simple; seul, unique; individuel

~-**acting**: à simple effet
~-**address**: à une adresse
~-**anode**: monoanodique
~-**aperture core**: noyau *nm* toroïdal
~-**armed lever**: levier *nm* simple
~-**barrel gun**: fusil *nm* à un coup
~-**bevel weld**: soudure *nf* en V
~-**blade propeller**: hélice *nf* monopale
~-**block mode of operation**: (inf) mode *nm* bloc à bloc
~-**break switch**: interrupteur *nm* [à rupture] simple
~-**coil filament**: filament *nm* à simple boudinage, filament spiralé
~-**control tuning**: monoréglage *nm*, réglage *nm* unique
~-**crystal**: monocristal
~-**cylinder**: monocylindrique
~-**cylinder engine**: moteur *nm* monocylindre, monocylindre *nm*
~-**deck pallet**: palette *nf* à simple plancher
~-**deck screen**: crible *nm* à un plateau, crible à un seul étage
~-**dial tuning**: commande *nf* unique, monoréglage *nm*
~-**disk clutch**: embrayage *nm* monodisque, embrayage à plateau unique
~ **footing**: (for foundation) semelle *nf* isolée
~ **frame**: (tv) image *nf* individuelle
~-**frequency** «SF»: monofréquence
~-**girder crane**: pont *nm* monopoutre
~-**J butt weld**: soudure *nf* en demi U
~-**knob control**: commande *nf* unique, commande à bouton unique, monoréglage *nm*
~ **lens reflex camera** «SLR»: appareil *nm* reflex mono-objectif
~-**phase**: monophasé
~-**phase current**: courant *nm* monophasé, monophasé *nm*
~-**phase three-wire system**: système *nm* monophasé à 3 fils
~ **phasing**: marche *nf* en monophasé
~-**pitch roof**: toit *nm* monopente, toit à un seul versant
~-**plate clutch**: embrayage *nm* monodisque
~-**ply board**: carton *nm* un jet
~-**pole**: monopolaire, unipolaire
~ **precision**: simple précision *nf*
~-**probe**: monopalpeur
~-**pulley**: monopoulie
~ **pump** NA : pompe *nf* simplex à action directe
~-**purchase pulley**: poulie *nf* simple, poulie à simple renvoi
~-**purpose**: spécialisé
~-**rate spring**: ressort *nm* à flexibilité constante
~-**screw**: à une seule hélice
~-**service**: (container) perdu
~-**shell bodywork**: (rlwy) caisse *nf* monocoque
~-**shot fire**: tir *nm* coup par coup
~-**shot rivet** *nn*: rivet *nm* monofrappe; *vb*: riveter au monofrappe
~-**shot surface**: (met) surface *nf* écrouie localement
~ **sideband** «SSB»: bande *nf* latérale unique «BLU»
~ **sided double density** «SSDD»: monoface double densité
~-**sided**: [à] une face, simple face, monoface
~-**signal** «ss»: à signal unique
~ **space**: (graph) interligne *nm* simple
~ **spindle**: à un seul arbre; (m-t) monobroche
~-**split mould**: moule *nm* en deux parties, moule en 2 pièces
~-**spoke steering wheel**: volant *nm* monobranche
~-**stage**: (compressor, turbine) à un étage, monoétagé
~-**step**: en pas à pas
~-**sweep operation**: fontionnement *nm* en balayage unique
~-**tank switch**: interrupteur *nm* à bac unique, disjoncteur *nm* à bac unique
~ **thread**: filet *nm* [à pas] simple
~-**thread screw**: vis *nf* à pas simple, vis à un filet
~ **thrust bearing**: butée *nf* simple
~ **track**: (rlwy) voie *nf* unique «VU»
~-**trip package**: emballage *nm* pour usage unique
~-**turn ring**: anneau *nm* hélicoïdal
~-**turn current transformer**: transformateur *nm* d'intensité à primaire unifilaire
~-**turn lock**: serrure *nf* à un tour
~-**wave rectifier**: redresseur *nm* demi-onde
~-**way cock**: robinet *nm* à passage direct
~ **weight**: poids *nm* individuel
~-**wire**: unifilaire

sink *nn*: (for heat) dissipateur *nm* de chaleur; (inf) collecteur *nm* de données, puits *nm* récepteur de données; (in kitchen) évier *nm*; (a washbasin) lavabo *nm*; *vb*: (a cable) immerger, noyer; (a pile) foncer; (naut) couler; (structure, ground) s'affaisser; (a well) forer

sinker: plomb *nm* de sonde

sinking: (of foundations) dénivellement *nm*; (of ground); affaissement *nm*, tassement *nm*; (into a liquid) immersion *nf*, submersion *nf*; (of well) fonçage *nm*

sinter *vb*: fritter

sintered, ~ **glass**: verre *nm* fritté

sinterpoint: point *nm* de grésage, point de vitrification

sinusoid: ligne *nf* sinusoïdale, sinusoïde *nf*

SIO → *serial input/output*

SIP → *single in line package*

siphon *nn*: siphon *nm*; *vb*: siphonner

SIPO → *serial-in parallel-out*

SISO → *serial-in serial-out*

sister, ~ ship: navire-jumeau *nm*, sister-ship *nm*
~ **ships**: navires *nm* de la même série

site *nn*: emplacement *nm*; (constr) chantier *nm*; (inf) lieu *nm* d'installation, installation *nf*; *vb*: implanter, installer
~ **hut**: baraque *nf* de chantier
~ **prefabrication**: préfabrication *nf* foraine
~ **specific**: (inf) propre à une installation
~ **weld**: soudure *nf* de chantier

siting: choix *nm* d'implantation

six, ~ bit byte: sextet *nm*
~**-phase**: hexaphasé
~**-sided**: hexagonal

sixfold: sextuple

size *nn*: dimensions *nf*, grandeur *nf*, taille *nf*, volume *nm*, encombrement *nm*; (an adhesive) colle *nf* (d'encollage); (of coal) calibre *nm*; (of grain, particle) grosseur *nf*; (graph) format *nm* (de feuille); (of machine, memory) capacité *nf*; (quality control) effectif *nm* (de lot, d'échantillon); *vb*: classer (par grandeur), calibrer; encoller
~ **cold**: encoller à froid
~ **press**: presse *nf* encolleuse, presse à encoller

sized, ~ coal: charbon *nm* calibré. charbon criblé
~ **paper**: papier collé

sizing: calibrage *nm*, mise *nf* à la cote, mise à dimensions; classification *nf*, granulation *nf*; criblage *nm*, séparation *nf* par tamisage; (with adhesive) collage *nm*; apprêt *nm*, apprêtage *nm*, encollage *nm* [d'apprêt]
~ **mill**: laminoir *nm* calibreur
~ **plant**: (mining) installation *nf* de séparation; (pap) installation d'engommage; (tex) installation d'apprêtage

SS → *single signal*

SSB → *single sideband*

SSDD → *single sided double density*

skein: écheveau *nm*

skeletal: schématique; (inf) paramétrable

skeleton: (constr) ossature *nf* [porteuse]
~ **construction**: construction *nf* à ossature métallique
~ **container**: conteneur *nm* à claire-voie
~ **diagram**: schéma *nm* de principe
~ **frame**: (el) carcasse *nf* ajourée
~ **pattern**: (fdry) modèle-carcasse *nm*
~ **staff**: permanence *nf*

skelp: feuillard *nm* d'acier (pour tuyaux)

sketch: croquis *nm*

skew *nn*: biais *nm*, obliquité *nf*: (of magnetic tape) mise *nf* en travers, désalignement *nm*; *adj*: biais, en biais
~ **bevel gear**: roue *nf* conique à denture oblique
~ **bridge**: pont *nm* biais
~ **character**: caractère *nm* oblique
~ **distortion**: distorsion *nf* en parallélogramme
~ **distribution**: (statistics) distribution *nf* asymétrique
~ **roller**: rouleau incliné
~ **roller table**: (rolling) train *nm* à rouleaux inclinés

skewer: (mining) épinglette *nf*; (spinning) brochette *nf*

skewness: dévers *nm*, gauchissement *nm*; (statistics) asymétrie *nf*, dissymétrie *nf*

skid *nn*: ski *nm*, patin *nm*; *vb*: déraper, glisser; riper; (wheel) patiner
~**-mounted**: monté sur patins

skidding: dérapage *nm*, glissement *nm*; ripage *nm*

skill: habileté *nf* manuelle, dextérité *nf*; connaissance pratique *nf*

skilled, ~ **labour**: main-d'œuvre *nf* qualifiée

skim *vb*: écumer
~ **gate**: piège *nm* à crasses

skimmer: (fdry) écumoire *nf* (de laitier); (oil pollution) dépollueur *nm*; (sewage) grille *nf* de retenue (pour corps flottants)
~ **brick**: brique-barrage *nf*
~ **scoop**: godet *nm* de niveleuse
~ **shovel**: pelle *nf* niveleuse

skimming: écrémage *nm*, écumage *nm*; (met) décrassage *nm*; (petr) distillation *nf* non poussée

skin: peau *nf*, enveloppe *nf* extérieure, revêtement *nm*; (of cellular plastics) croûte *nf*, peau; (met, paint) peau
~ **effect**: effet *nm* pelliculaire, effet de surface
~ **friction**: frottement *nm* superficiel; (of pile) frottement latéral
~ **packaging**: emballage *nm* moulant
~ **panel**: panneau *nm* de revêtement
~ **pass rolling mill**: train *nm* d'écrouissage

skinned, ~ **wire**: fil *nm* dénudé

skinning: formation *nf* de peaux; (of wire) dénudation *nf*

skip *nn*: (a container) benne *nf*; (of conveyor) balancelle *nf*; (painting) dimanche *nm*; (tcm, inf) saut *nm*; *vb*: omettre, sauter
~ **effect**: (of reflected wave) effet *nm* de saut, effet de bond
~ **feed**: avance *nf* saccadée
~ **hoist**: élévateur *nm* à balancelles
~ **lorry**: camion-benne *nm*
~ **welding**: soudage *nm* à pas de pélerin
~ **zone**: (tcm) zone *nf* de silence

skirt *nn*: (of hovercraft, insulator, piston) jupe *nf*; (of waveguide) collerette *nf*; *vb*: contourner

skirting: plinthe *nf*

skull: (fdry) fond *nm* de poche
~ **cracker**: masse *nf* de casse, mouton-pendule *nm* de démolition

sky: ciel *nm*
~ **crane**: héligrue *nf*
~ **wave**: onde *nf* réfléchie, onde ionosphérique

skylight: lucarne *nf*

skyline: horizon *nm*

sl → sea level

slab: plaque *nf*; (floor) dalle *nf*; (of marble) tranche *nf*; (of timber) dosse *nf*
~ **billet**: bilette *nf* plate
~ **insulant**: isolant *nm* en plaques

slabbing, ~ **mill**: train *nm* à brames

slack *nn*: (in belt) mou *nm*; (fine coal) charbon *nm* menu, menu *nm*, poussier *nm* de charbon; (mech) jeu *nm* mécanique; *adj*: (rope, tape) mou, lâche; (sea) étale; (screw) desserré, qui a du jeu; (pace, speed) lent; *vb*: desserrer, donner du mou
~ **chain**: chaîne *nf* détendue, chaîne lâche
~ **coal**: charbon *nm* fin, charbon menu, menu *nm*
~ **edge**: bord *nm* détendu
~ **lime**: chaux *nf* éteinte
~ **loop**: (of cable) boucle *nf* de relâchement; (on pipeline) boucle de dilatation
~ **mount**: support *nm* élastique
~ **side**: (of belt) brin *nm* mou, brin mené; (of veneer) côté *nm* ouvert, face *nf* distendue
~ **wax**: gatsch *nm*

slacken *vb*: détendre, relâcher; desserrer, donner du jeu, donner du mou

slacking: (of blast furnace) refroidissement *nm*; (of nut) desserrage *nm*; (of lime) extinction *nf*; (of speed) ralentissement *nm*

slag: laitier *nm*, scorie *nf*
~ **cement**: ciment *nm* de laitier
~ **dam**: (met) piège *nm* à crasse
~ **off**: écrémer, décrasser
~ **sand**: sable *nm* de laitier

slake *vb*: (lime) éteindre; (fire) étouffer

slaked, ~ **lime**: chaux *nf* éteinte

slaking: (of lime) extinction *nf*

slant *nn*: inclinaison *nf*; (graph) barre *nf* oblique, barre de fraction; *adj*: incliné, en pente, oblique

slantwise: en biais, en écharpe, obliquement

slap: (of piston) claquement *nm*

slash *nn*: barre *nf* oblique, barre de fraction; *vb*: (graph) barrer; (weaving) encoller
~ **sawing**: débit *nm* en plot, sciage *nm* en plot

slasher: (tex) encolleuse *nf*

slat: latte *nf*
~ **conveyor**: transporteur *nm* à lattes

slate *nn*: ardoise *nf*; (geol) ardoise, schiste *nm*; *vb*: couvrir en ardoise[s]
~ **flour**: poudre *nf* d'ardoise
~ **hanging**: bardage *nm*, essentage *nm*
~ **oil**: huile *nf* de schiste

slater: couvreur *nm* en ardoise[s]

slave: asservi; secondaire
~ **application**: utilisation *nf* en mode asservi
~ **arm**: (robotics) bras *nm* esclave
~ **control**: asservissement *nm*
~ **cylinder**: (of clutch) cylindre *nm* récepteur

slaved: asservi

S-lay: câblage *nm* à gauche, câblage S

slay: (weaving) battant *nm*

sledge, ~ **hammer**: masse *nf*

sleek *vb*: lisser, égaliser

sleep: inactivité *nf*, dormance *nf*, état *nm* de repos
~ **position**: position *nf* inactive, état *nm* de repos

sleeper: (rlwy) traverse *nf*
~ **cab**: (auto) cabine *nf* couchette, cabine grand routier
~ **screw**: tire-fond *nm*

sleeping, ~ **car**: wagon-lits *nm*
~ **policeman**: (on road) ralentisseur *nm*

sleeve: (bush) douille *nf*, manchon *nm*; (of control valve) chemise *nf*; (of flexible shaft) fourreau *nm*; (of record) pochette *nf*
~ **bearing**: palier *nm* à douille, palier à coussinet-douille
~ **coupling**: accouplement *nm* à manchon, accouplement à douille, embrayage *nm* à manchon
~ **nut**: manchon *nm* fileté, manchon double vissé, écrou-raccord *nm*
~ **shaft**: arbre *nm* creux
~-**type suppressor**: manchon *nm* d'antiparasitage
~ **valve**: clapet *nm* à boisseau; chemise *nf* tiroir
~ **wire**: (tp) fil *nm* relié à la douille (d'une fiche, d'un jack), troisième fil

slenderness, ~ **ratio**: élancement *nm*

slew *nn*: (inf) saut *nm* de papier (sur imprimante); *vb*: faire pivoter, tourner sur un axe

slewing: pivotement *nm*; (by crane) giration *nf*, orientation *nf*; (by radar) balayage *nm*
~ **crane**: grue *nf* pivotante, grue à pivot
~ **motion**: mouvement *nm* pivotant, mouvement tournant, mouvement d'orientation

sley: (weaving) battant *nm*

slice: tranche *nf*

sliced: (film sheet, veneer) tranché

slick: (pollution) nappe *nf* de mazout, marée *nf* noire

slickenside: (geol) surface *nf* de glissement, miroir *nm* de faille

slicker: (moulding) lissoir *nm*

slide *nn*: coulisse *nf*, glissière *nf*; (on contact, instrument) curseur *nm*; (of lathe) coulisseau *nm*, chariot *nm*; (of microscope) lame *nf* [porte-objet]; (phot) diapositive *nf*; *adj*: à coulisse
~ **bearing**: palier *nm* lisse, palier à glissement
~ **bridge**: pont *nm* à curseur
~ **coil**: bobine *nf* à curseur
~ **contact**: contact *nm* glissant
~ **feed screw**: (m-t) vis *nf* de commande du coulisseau
~ **fit**: ajustage *nm* glissant
~ **gauge**: pied *nm* à coulisse
~ **lathe**: tour *nm* parallèle, tour à charioter
~ **mould**: (plast) moule *nm* sur glissière
~ **rail**: glissière *nf*
~ **rest**: (m-t) chariot *nm* [porte-outil]
~ **rod**: tige *nf* de tiroir

~ **rule**: règle *nf* à calcul
~ **switch**: commutateur *nm* à coulisse, commutateur à glissière, interrupteur *nm* à coulisse, interrupteur à glissière
~ **valve**: distributeur *nm* à tiroir, tiroir *nm*
~ **valve chest**: boîte *nf* de tiroir
~ **valve gear**: distribution *nf* par tiroir
~ **wire**: fil *nm* à contact glissant, curseur *nm*
~ **wire potentiometer**: potentiomètre *nm* à contact glissant, potentiomètre à curseur

slider: curseur *nm*, contact *nm* glissant
~ **rheostat**: rhéostat *nm* à curseur

slideway: coulisse *nf*; (m-t) glissière *nf*

sliding *nn*: glissement *nm*; (on lathe) chariotage *nm*; *adj*: glissant, coulissant
~ **armature**: induit *nm* coulissant
~ **bearing**: palier *nm* lisse
~ **bevel**: fausse équerre *nf*
~ **calliper**: (of brake) étrier *nm* flottant; (a measuring tool) pied *nm* à coulisse
~ **cam**: came *nf* coulissante, came baladeuse
~ **clutch**: crabot *nm* baladeur, baladeur *nm*
~ **coil**: bobine *nf* à coulisse, bobine à curseur, self *nf* à curseur
~ **collar**: collier *nm* coulissant, baladeur *nm*
~ **contact**: curseur *nm*, contact *nm* glissant
~ **door**: porte *nf* à coulisse
~ **friction**: résistance *nf* au glissement, frottement *nm* de glissement
~ **gear**: pignon *nm* baladeur, train *nm* baladeur, baladeur *nm*
~ **joint**: joint *nm* glissant, joint à coulisse; (robotics) coulisse *nf*
~ **lathe**: tour *nm* à charioter, tour parallèle
~ **pinion**: baladeur *nm*, pignon *nm* coulissant
~ **roof**: (auto) toit *nm* ouvrant, toit coulissant
~ **scale**: échelle *nf* mobile
~ **scale tariff**: tarif *nm* dégressif
~ **switch**: commutateur *nm* à glissement, interrupteur *nm* à coulisse
~ **window**: fenêtre *nf* coulissante, fenêtre à coulisse

slim: mince
~ **hole**: trou *nm* de faible diamètre
~ **hole drilling**: (petr) filiforage *nm*
~**-line**: extra-plat

slime: vase *nf*, boue *nf*; **slimes**: (mining) schlamms *nm* fins

sling: élingue *nf*
~ **psychrometer**: psychromètre *nm* à fronde

slip *nn*: glissement *nm*; décalage *nm*; (of belt, clutch) patinage *nm*; (ceramics) barbotine *nf*, engobe *nm*; (pap) sauce *nf* de couchage; *vb*: glisser, patiner
~ **fit**: ajustage *nm* doux, emmanchement *nm* doux, emmanchement glissant
~ **form**: coffrage *nm* glissant
~ **gauge**: cale *nf* étalon
~ **hook**: croc *nm* à échappement
~ **knot**: nœud *nm* coulant
~ **plane**: (geol) plan *nm* de glissement; (crystals) surface *nf* de glissement
~ **ring**: bague *nf* collectrice
~ **ring contact**: contact *nm* à bague glissante
~ **ring motor**: moteur *nm* à bagues [collectrices]
~ **ring rotor**: induit *nm* à bagues [collectrices]
~ **sheet**: (graph) maculature *nf*, intercalaire *nf*
~ **stream**: (of air, propeller) sillage *nm*
~ **tank**: (aero) réservoir *nm* largable
~ **thermoforming**: thermoformage *nm* par glissement
~ **tongue**: (carp) languette *nf* rapportée
~ **washer**: rondelle *nf* ouverte, rondelle en C

slippage: glissement *nm*, patinage *nm*; (of frequency) décalage *nm*

slipper: (of brake) patin *nm*; (of rod) glissière *nf*; (tv) décaleur *nm*

slippery: glissant

slipping, ~ **clutch**: embrayage *nm* qui patine

slipway: cale *nf* de lancement

slit *nn*: fente *nf*; *adj*: fendu; *vb*: fendre, refendre
~ **bush**: bague *nf* fendue
~ **coil**: (rolling) bobineau *nm*, bobinot *nm*
~ **die**: filière *nf* droite plate

slitter: (pap) refendeuse *nf*, coupeuse *nf* en long; (rolling) cisaille *nf* à refendre

slitting: refendage *nm*, refente *nf* (d'une bobine)

sliver: (tex) ruban *nm* (d'étirage, de carde)
~ **can**: pot *nm* pour rubans
~ **lapper**: réunisseuse *nf* de rubans
~ **stop motion**: casse-ruban *nm*

slo → *slow*

slope: inclinaison *nf* par rapport à l'horizontale, pente *nf*; (of roof) égout *nm*, versant *nm*
~ **a bank**: taluter

sloper: taluteuse *nf*

slot: fente *nf*; (inf) tranche *nf* de temps; (marketing) créneau *nm*; (in piston wall) lumière *nf*; (for p.c. card) position *nf*, logement *nm*, alvéole *nf*
~ **antenna**: antenne *nf* à fente
~**-bound**: (inf) saturé
~ **die**: filière *nf* droite, filière plate
~ **flap**: volet *nm* obturateur de fente
~**-headed screw**: vis *nf* à tête fendue
~ **machine**: distributeur *nm* automatique
~ **meter**: compteur *nm* à prépayement
~ **pitch**: pas *nm* des rainures, pas aux encoches, pas des encoches
~ **radiator**: fente *nf* rayonnante
~ **washer**: rondelle *nf* à entaille, rondelle fendue
~ **welding**: soudage *nm* sur entaille
~ **winding**: enroulement *nm* à encoches

slotted, ~ **cable core**: jonc *nm* cylindrique rainuré
~ **head**: tête *nf* fendue
~ **hole**: trou *nm* long, boutonnière *nf*
~ **line**: ligne *nf* [fendue] de mesure
~ **nut**: écrou *nm* à encoches, écrou crénelé

slotter: mortaiseuse *nf*

slotting: mortaisage *nm*
~ **machine**: mortaiseuse *nf*

slow «slo»: lent; (clock) en retard; (el) temporisé
~**-acting relay**: relais *nm* temporisé
~**-break switch**: interrupteur *nm* à rupture lente
~**-burning**: à combustion lente; (stove) à feu continu
~ **down**: ralentir; freiner
~ **fuse**: coupe-circuit *nm* retardé
~ **idling**: (auto) ralenti *nm* normal
~**-motion adjustment**: réglage *nm* précis, réglage fin
~**-motion dial**: cadran *nm* démultiplié
~**-moving**: (inf) à faible taux de mouvement; (sale) à écoulement lent
~**-moving traffic**: circulation *nf* lente, circulation *nf* au ralenti
~ **running**: régime *nm* lent; (auto) ralenti *nm*
~**-running jet**: gicleur *nm* de ralenti
~**-setting**: à prise lente

slowing, ~ **down**: ralentissement *nm*

SLSI → *super large scale integration*

slub *vb*: (tex) filer en gros
~ **yarn**: fil *nm* boutonné

slubbing: (tex) filage *nm* en gros; mèche *nf* (de préparation)
~ **frame**: banc *nm* en gros, banc à pots

sludge: boue *nf*, vase *nf*

slue NA → *slew*

slug: NA jeton *nm*; (graph) plaquette *nf* porte-caractères, réglette *nf* interligne; (el, eon) noyau *nm* plongeur; (nuc) barreau *nm* de combustible; (in piping) bouchon *nm*; (on steam circuit) bulle *nf*, vide *nm*
~**-tuned**: à accord *nm* par noyau plongeur
~ **well**: (plast) piège *nm* à goutte [froide]

sluggish: lent, paresseux
~ **motor**: moteur *nm* qui ne tire pas

sluice: vanne *nf* (sur cours d'eau); NA écluse *nf*
~ **gate**: porte *nf* d'amont, porte de tête
~ **valve**: robinet *nm* à vanne, robinet-vanne *nm*

sluing NA → *slewing*

slum: ilôt *nm* insalubre, quartier *nm* insalubre, taudis *nm*
~ **clearance**: assainissement *nm* des taudis

slump: affaissement *nm*
~ **test**: (on concrete) essai *nm* au cône d'Abrams, essai d'affaissement

slung, ~ **load**: charge *nf* à l'élingue

slurry: boue *nf* liquide; bouillie *nf*; (coal mining) schlamms *nm*
~ **reactor**: réacteur *nm* à combustible en suspension

slush: neige *nf* fondante
~ **casting**: coulée *nf* au renversé; (plast) moulage *nm* par embouage, coulage *nm* par embouage
~ **pit**: (petr) bac *nm* à boue, bassin *nm* à boue

slushing, ~ oil: huile *nf* antirouille, huile anticorrosive

super, ~ large scale integration «SLSI»: intégration *nf* à ultra grande échelle, super intégration

S/M → *submarine*

small: petit; réduit, restreint; **smalls** *nn*: menus *nm*; (rlwy) colis *nm* de détail
~ **area network**: (tp) réseau *nm* local restreint, petit réseau local
~ **arm**: arme *nf* portative, arme de poing
~ **business**: petite entreprise *nf*
~ **business computer**: ordinateur *nm* pour PME; petit ordinateur de gestion
~ **end**: (of connecting rod) pied *nm* de bielle
~ **end bearing**: palier *nm* de pied de bielle
~ **end bearing bush**: coussinet *nm* de pied de bielle
~ **end hole**: œil *nm* de pied de bielle
~**-grained**: à grain *nm* fin
~ **letter**: (graph) lettre *nf* minuscule
~**-scale**: de dimensions *nf* réduites
~ **scale integration** «SSI: intégration *nf* à petite échelle
~ **section**: (met) petit fer *nm*
~ **signal**: signal *nm* faible
~ **wares**: (tex) rubannerie *nf*

smart NA : intelligent
~ **card**: carte *nf* à mémoire, carte à microprocesseur
~ **terminal**: terminal *nm* intelligent

smash *nn*: (auto) collision *nf* violente; *vb*: briser (avec violence)
~ **to pieces**: fracasser, briser en morceaux

SMD → *storage module drive*

smear: (crt) marbrage *nm*, marbrure *nf*; (graph) maculage *nm*; (of grease) couche *nf* légère, petite quantité *nf*; *vb*: enduire

smectic: smectique

smell: odeur *nf*

smelt *vb*: fondre

smelter: fondeur *nm*

smelting: (met) élaboration *nf* (du métal); (process) coulée *nf*, fusion *nf*
~ **furnace**: four *nm* de fusion
~ **works**: fonderie *nf*

smithery: forgeage *nm*

smithy: forge *nf*
~ **coal**: charbon *nm* de forge

smog: (combination of smoke and fog) smog *nm*, brumée *nf*

smoke *nn*: fumée *nf*; *vb*: fumer; enfumer
~ **absorbing device**: appareil *nm* fumivore
~ **absorption**: fumivorité *nf*
~ **and heat vent**: aérateur *nm* exutoire
~ **black**: noir *nm* de fumée
~ **bomb**: bombe *nf* fumigène
~ **consuming**: fumivore
~ **ejection**: désemfumage *nm*
~ **emission**: dégagement *nm* de fumée
~ **flue**: carneau *nm*
~ **generator**: fumigène *nm*
~ **helmet**: casque *nm* respiratoire
~ **meter**: fumimètre *nm*
~ **period**: (inf) rodage *nm*
~ **point**: point *nm* de fumée
~ **removal**: désemfumage *nm*
~ **rocket**: cartouche *nf* fumigène
~ **screen**: rideau *nm* de fumée
~ **shell**: obus *nm* fumigène
~ **stack**: cheminée *nf* [d'évacuation des fumées]
~ **test**: épreuve *nf* d'étanchéité à la cartouche fumigène; (inf) mise *nf* sous tension (pour essai)
~ **tube**: (of boiler) tube *nm* de fumée
~ **vent**: clapet *nm* de désenfumage, exutoire *nm* à fumée

smoked, ~ glass: verre *nm* fumé

smokeless, ~ appliance: appareil *nm* fumivore
~ **fuel**: combustible *nm* sans fumée
~ **powder**: (explosive) poudre *nf* sans fumée

smolder NA → *smoulder*

smooth *adj*: lisse; régulier; *vb*: lisser, aplanir, égaliser
~ **armature**: induit *nm* lisse
~ **bore**: à âme *nf* lisse
~ **curve**: courbe *nf* à allure régulière
~ **cut**: (filing) taille *nf* douce
~ **fatigue limit**: limite *nf* de fatigue déterminée sur barreau lisse
~ **file**: lime *nf* douce

~ **running**: allure *nf* régulière, marche *nf* douce, marche stable, marche régulière; (engine) qui tourne rond
~ **starting**: démarrage *nm* doux
~ **traffic**: circulation *nf* fluide

smoothed: lissé

smoother: (constr) lissoir *nm*; (el) filtre *nm* de lissage

smoothing *nn*: (el, eon) filtrage *nm*, lissage *nm*; (statistics) lissage
~ **capacitor**: condensateur *nm* de filtrage
~ **choke**: bobine *nf* de filtrage, bobine de lissage, self *nf* de filtrage
~ **circuit**: circuit *nm* de filtrage, circuit *nm* filtre, circuit de lissage
~ **filter**: filtre *nm* de lissage
~ **press**: presse *nf* offset (sur machine à papier)
~ **tool**: outil *nm* de finition; (for asphalt, concrete) lissoir *nm*

smoothness: (of surface) égalité *nf*, planéité *nf*; (of coat of paint) arrondi *nm*; (of paper) lissé *nm*
~ **of operation**: souplesse *nf* de marche

smother: étouffer (les flammes, un feu)

smoulder <older> *vb*: (fire) couver

smouldering <oldering>, ~ **fire**: feu *nm* couvant

smudge: tache *nf*, maculage *nm*

S/N → *signal/noise*

snag: difficulté *nf*, problème *nm*

snagging: (of casting) ébarbage *nm*, dégrossissage *nm* à la meule, meulage *nm*
~ **wheel**: disque *nm* d'ébarbage, roue *nf* à ébarber, meule *nf* dégrossisseuse

snaking: reptation, serpentage *nm*
~ **in**: mise *nf* en fouille d'une canalisation

snap *nn*: (mech) déclic *nm*; (phot) instantané *nm*; *adj*: instantané; *vb*: encliqueter; casser d'un coup net, se briser brusquement; (spring) se détendre brusquement
~**-action contact**: contact *nm* à déclic, contact à séparation brusque, contact à ressort
~**-action switch**: interrupteur *nm* à action instantanée
~**-back thermoforming**: (plast) thermoformage *nm* en relief profond
~ **closing**: (el) enclenchement *nm* brusque
~ **gauge**: calibre *nm* à mâchoire
~ **head**: (of rivet) tête *nf* ronde, tête bouterollée
~ **hook**: mousqueton *nm*
~**-in**: à encliquetage, encliquetable
~ **lid**: couvercle *nm* à ressort, couvercle à enfoncer
~**-on**: encliquetable
~ **ring**: jonc *nm* [à ergot], jonc d'arrêt, anneau *nm* élastique, bague *nf* élastique
~ **switch**: commutateur *nm* à ressort, commutateur *nm* à rupture brusque, interrupteur *nm* à ressort, interrupteur à rupture brusque

snapshot *nn*: (inf) programme *nm* d'analyse sélective; (phot) instantané; *adj*: (inf) sélectif
~ **trace program**: programme *nm* d'analyse sélective

snatch *vb*: (grab) saisir brusquement
~ **block**: moufle *nf* à chape ouvrante
~ **block**: poulie *nf* coupée, poulie à chape ouvrante
~ **brake**: frein *nm* à cliquet

sneak, ~ **current**: courant *nm* parasite

snifter, ~ **valve**: reniflard *nm*

sniper: tireur *nm* isolé

snips: cisaille *nf* de ferblantier, cisaille pour tôle, pince *nf* coupante

snooper: appareil *nm* d'écoute

snooperscope: (mil) lunette *nf* à infrarouge

snooping: espionnage *nm*

snorkel: schnorchel *nm*, schnorkel *nm*

snow *nn*: neige *nf*; (crt) effet *nm* de neige; *vb*: neiger
~**-clearing machine**: déneigeuse *nf*
~ **fall**: chute *nf* de neige; (a measurement) enneigement *nm*
~ **fence**: pare-neige *nm*
~ **line**: limite *nf* des neiges [éternelles]
~ **load**: surcharge *nf* de neige
~ **plough**: chasse-neige *nm*

snowdrift: congère *nf*

snubber: amortisseur *nm*

snug *nn*: ergot *nm*; *adj*: sans jeu ni serrage
~ **fit**: ajustage *nm* à frottement doux

SO → *shift out*

soak *vb*: tremper, faire tremper; (met) réchauffer à cœur
~ **in**: absorber
~ **up**: absorber

soakaway: puisard *nm*

soaker: (petr) maturateur *nm*

soaking: (inf) essai *nm* prolongé; (met) maintien *nm* à température, maintien pour mettre en solution solide, maintien d'homogénéisation
~ **pit**: (met) four *nm* pit

soap: savon *nm*
~**-film analogy**: analogie *nf* du film de savon
~ **flakes**: savon *nm* en paillettes

soaping: (tex) savonnage *nm*

soapy, ~ **water**: eau *nf* savonneuse

socket: (el) prise *nf* de courant; (a lampholder) NA douille *nf* de lampe; (for mast) emplanture *nf*; (on pipe) manchon *nm*, évasement *nm*, tulipe *nf*
~ **contact**: contact *nm* femelle, alvéole *nf*
~ **end**: (of pipe) embout *nm* femelle
~ **fitting**: (on pipe) raccord *nm* à emboîtement
~ **head**: tête *nf* creuse
~**-head screw**: vis *nf* [à tête] creuse
~ **joint**: (mech) joint *nm* à rotule; (on pipe) tulipe *nf*, raccord *nm* à emboîtement
~ **key**: clé *nf* à douille
~ **outlet**: (el) socle *nm* (de prise de courant)
~ **pipe**: tuyau *nm* à emboîtement
~ **screw**: vis *nf* [à tête] creuse
~ **spanner**: clé *nf* à douille, clé à pipe, clé *nf* à tube
~ **weld**: emboîtement *nm* soudé
~ **wrench**: clé *nf* à douille, clé à pipe, clé *nf* à tube

sod NA : gazon *nm*

soda: (sodium carbonate) carbonate *nm* de soude, cristaux *nm* de soude; (sodium hydroxyde) soude *nf* [caustique]
~ **ash**: carbonate *nm* de soude
~ **grease**: graisse *nf* à la soude, graisse sodique
~ **lime**: chaux *nf* sodée
~ **lye**: lessive *nf* de soude
~ **pulp**: (pap) pâte *nf* à la soude
~ **water**: (a drink) soda *nm*

sodar: (sound radar) sodar *nm*

sodium: sodium *nm*
~ **bicarbonate**: bicarbonate *nm* de soude
~ **chloride**: chorure *nm* de soude
~ **discharge lamp**: lampe *nf* à vapeur de sodium
~ **vapour lamp**: lampe *nf* à vapeur de sodium

soft: mou, tendre; souple; (metal) doux, non trempé
~ **annealing**: recuit *nm* d'adoucissement
~ **architecture**: architecture *nf* textile
~ **base**: (chem) base *nf* molle; (mil) base *nf* de campagne non protégée
~ **binding**: brochage *nm*
~**-bound**: broché
~ **clay**: argile *nf* plastique
~ **cloth**: chiffon *nm* doux
~ **component**: composante *nf* molle
~ **copy**: image *nf* d'écran
~ **energy**: énergie *nf* douce
~ **error**: (inf) erreur *nf* temporaire
~ **failure**: (inf) panne *nf* fugitive, panne passagère
~ **focus**: (phot) flou *nm* artistique
~ **goods**: articles *nm* de consommation immédiate; produits *nm* textiles
~ **ground**: (constr) mauvais sol *nm*
~ **iron core**: noyau *nm* en fer doux
~ **keyboard**: (inf) clavier *nm* programmable
~ **landing**: (space) atterrissage *nm* en douceur
~ **metal**: métal *nm* mou, métal tendre
~ **rubber**: caoutchouc *nm* mou, caoutchouc souple
~ **shoulder**: (along road) accotement *nm* non stabilisé
~**-sized**: (pap) peu collé
~ **soap**: savon *nm* noir
~ **solder**: soudure *nf* à l'étain, soudure tendre
~ **spinning**: filage *nm* à torsion floche
~ **steel**: acier *nm* doux
~ **stone**: pierre *nf* tendre
~ **twisting**: (tex) torsion *nf* floche
~ **vacuum**: vide *nm* partiel
~ **water**: eau *nf* douce, eau non calcaire
~ **wood**: bois *nm* tendre; → also *softwood*

softboard: panneau *nm* de fibres tendre

soften *vb*: adoucir; (tex) adoucir, ensimer

softening: (of hard material) ramollissement *nm*; (laundering of clothes) adoucissement *nm*; (of water) adoucissement *nm*; (tex) ensimage *nm*
~ **point**: (of grease) point *nm* de ramollissement

software: logiciel *nm*
~**-driven**: commandé par logiciel
~ **engineering**: génie *nm* logiciel, ingénierie *nf* du logiciel
~ **house**: société *nf* de services et d'ingénierie en informatique
~ **monitor**: moniteur *nm* logiciel
~ **package**: progiciel *nm*
~ **writer**: concepteur *nm* de logiciels, créateur *nm* de logiciels

softwood: bois *nm* résineux

SOH → *start of heading character*

soil *nn*: (ground) sol *nm*, terre *nf*; (dirt) salissure *nf*, souillure *nf*; *vb*: salir
~**-air temperature**: (air conditioning) température *nf* fictive extérieure
~ **and subsoil**: (c.e.) sol *nm* et sous-sol; (mining) fonds *nm* et tréfonds
~ **bearing value**: indice *nm* portant du sol
~ **corrosion**: corrosion *nf* tellurique
~ **improvement**: amendement *nm* des sols
~ **mechanics**: mécanique *nf* des sols
~ **science**: pédologie *nf*
~ **survey**: étude *nf* du sol, étude pédologique, reconnaissance *nf* du sol

soilless, ~ **culture**: culture *nf* hydroponique

solar: solaire
~ **architecture**: hélioarchitecture *nf*
~ **array**: batterie *nf* solaire, panneau *nm* solaire
~ **cell**: pile *nf* solaire, photopile *nf*
~ **cell panel**: panneau *nm* de cellules solaires
~ **collector**: héliocapteur *nm*
~ **engineering**: hélio-ingénierie *nf*
~ **heating**: chauffage *nm* solaire
~ **radiation**: rayonnement *nm* solaire

solder: soudure *nf* indirecte
~ **flux**: pâte *nf* à souder
~ **tack**: point *nm* de soudure

soldering: soudage *nm* tendre, soudage à l'étain; (die casting) collage *nm*, soudure *nf* (du métal sur moule); (fdry) collage *nm* (de la pièce sur le moule)
~ **bit**: fer *nm* à souder
~ **copper**: fer *nm* à souder
~ **iron**: fer *nm* à souder
~ **lamp**: lampe *nf* à souder
~ **lug**: cosse *nf* à souder
~ **tongs**: pince *nf* à souder
~ **tool**: fer *nm* à souder
~ **torch**: lampe *nf* à souder

solderless: sans soudure
~ **connection**: (el) connexion *nf* sans soudure

sole *nn*: semelle *nf*; *adj*: seul, unique
~ **plate**: (of framed structure) sablière *nf* basse; (of machinery) taque *nf*, plaque *nf* d'assise; (rlwy) selle *nf* de rail
~ **supplier**: fournisseur *nm* exclusif

solenoid: solénoïde *nm*
~**-operated**: à commande par électro-aimant
~ **plunger**: (of magnet) noyau *nm* plongeur
~ **relay**: relais *nm* à plongeur, relais à aimant plongeur
~ **switch**: interrupteur *nm* électromagnétique, relais *nm* électromagnétique
~ **valve**: électrovalve *nf*, électrovanne *nf*, clapet *nm* électromagnétique, clapet solénoïde, électrorobinet *nm*; (a flow control valve) électrodistributeur *nm*

solid: (robust) solide; (as opposed to hollow) massif
~ **coal**: charbon *nm* en place
~ **axle**: axe *nm* fixe
~ **bearing**: palier *nm* plein, palier lisse massif
~ **board**: carton *nm* homogène
~ **bulk cargo**: vrac *nm* solide
~ **colour**: couleur *nf* unie
~ **core insulator**: isolateur *nm* à noyau massif
~ **disc**: (of wheel) voile *nm* plein
~ **earthing**: mise *nf* à la terre directe
~ **fibreboard**: carton *nm* compact
~ **floor**: plancher *nm* massif
~ **ground**: terrain *nm* ferme
~ **grounding** NA : mise *nf* à la terre directe
~ **injection**: (auto) injection *nf* mécanique, injection directe, injection sans air
~ **journal bearing**: coussinet *nm* fermé, palier *nm* fermé
~ **line**: (on drawing) ligne *nf* en traits pleins; (road marking) bande *nf* continue, ligne continue

~-liquid rocket: fusée *nf* solide-liquide
~ **measure**: mesure *nf* de volume
~ **propellant**: (space) poudre *nf*
~ **rock**: roche *nf* en place, roche vive
~ **rocket**: fusée *nf* à poudre
~-**solid mixer**: mélangeur *nm* de plusieurs matières solides
~ **solution**: (met) solution *nf* solide
~ **state** *nn*: état *nm* solide; *adj*: (eon) à semi-conducteurs, transistorisé
~ **tyre**: bandage *nm* plein
~ **wheel**: (auto) roue *nf* pleine, roue à toile pleine; (rlwy) roue monobloc, roue en une seule pièce
~ **wire**: fil *nm* plein, fil massif
~ **with**: solidaire de

solidify *vb*: se solidifier; (grease, oil) se figer

solidity: (firmness) fermeté *nf*; (robustness) solidité *nf*

solidly, ~ **earthed neutral**: neutre directement à la terre
~-**grounded neutral** NA : neutre directement à la terre

solifluction: solifluxion *nf*

soluble: soluble

solute: soluté *nm*, matière *nf* dissoute, substance *nf* dissoute

solution: solution *nf*
~ **anneal**: recuit *nm* de mise en solution
~ **polymerisation**: polymérisation *nf* en solution
~ **treatment**: mise *nf* en solution

solve *vb*: résoudre

solvent: solvant *nm*
~ **bonding**: collage *nm* par solvant
~ **cleaning**: dégraissage *nm* au solvant
~ **extaction**: extraction *nf* par dissolvant
~ **naphtha**: solvant *nm* naphta
~ **power**: pouvoir *nm* dissolvant
~ **recovery**: récupération *nf* du solvant
~ **resistance**: résistance *nf* aux solvants
~-**type adhesive**: colle *nf* au solvant

solving: (of problem) résolution *nf*

sonar: sonar *nm*

sonic: sonique
~ **block**: (fluid mechanics) blocage *nm* sonique
~ **boom**: (aero) bang *nm* sonique, bang supersonique
~ **cutoff**: (fluid mechanics) blocage *nm* sonique

sonobuoy: bouée *nf* acoustique, bouée sonore

sonometer: sonomètre *nm*

soot: suie *nf*
~ **door**: porte *nf* de ramonage, trappe *nf* de ramonage

sooted: (sparking plug) calaminé, encrassé

sooting: encrassement *nm* [par la suie]; (of sparking plug) calaminage *nm*

sooty, ~ **coal**: charbon *nm* fumant

sort *nn*: tri *nm*; *vb*: trier
~ **key**: indicatif *nm* de tri, clé *nf* de tri, critère *nm* de tri
~ **routine**: sous-programme *nm* de tri

sorting: (inf) tri *nm*; (mining, rlwy) triage *nm*
~ **office**: (post office) bureau *nm* de tri

SOS: (distress) SOS; → also *silicon on sapphire*

sound *nn*: son *nm*; *adj*: sain
~ **absorbing**: insonorisant, amortissant le son
~ **absorption**: absorption *nf* acoustique, amortissement *nm* du son
~ **barrier**: mur *nm* du son
~ **carrier**: (a wave) porteuse *nf* son; (acoustics) support *nm* du son
~ **casting**: pièce *nf* de fonderie saine
~ **deadening** *nn*: amortissement *nm* du son; *adj*: absorbant le son, antisonique
~ **editing**: montage *nm* sonore
~ **film**: film *nm* sonore, film parlant
~ **insulation**: insonorisation *nf*, isolation *nf* phonique
~ **level**: niveau *nm* sonore
~ **level meter**: sonomètre *nm*
~ **library**: sonothèque *nf*
~ **mixer**: pupitre *nm* de mélange du son, table *nf* de mixage
~ **pick up**: prise *nf* de son
~ **pressure**: pression *nf* acoustique, pression sonore
~ **proofing**: insonorisation *nf*
~ **recordist** NA : ingénieur *nm* du son

~ **reduction**: affaiblissement *nm* acoustique
~ **wave**: onde *nf* sonore

sounding: sondage *nm*
~ **balloon**: ballon-sonde *nm*
~ **laser**: laser-sonde *nm*
~ **line**: ligne *nf* de sonde
~ **rocket**: fusée-sonde *nf*

soundproof *adj*: insonore; *vb*: insonoriser

soundproofing: insonorisation *nf*, débruitage *nm*

sour: sûr; (met) aigre
~ **crude**: brut *nm* corrosif, brut sulfureux
~ **gas**: (petr) gaz *nm* corrosif, gaz sulfureux
~ **oil**: huile *nf* corrosive

source: (origin) source *nf*
~ **of fire**: foyer *nm* d'incendie
~ **of heat**: foyer *nm* de chaleur, source *nf* de chaleur

south: sud

SP → *single pole, space character, structured programming*

S/P → *serial to parallel*

space *nn*: espace *nm*; emplacement *nm*; (a gap) écartement *nm*; (between lines) interligne *nm*; (between teeth) évidement *nm*, entredent *nm*; *adj*: spatial; *vb*: espacer, écarter
~ **age**: ère *nf* spatiale
~ **bar**: (on typewriter) barre *nf* d'espacement
~ **character** «SP»: (inf) caractère *nm* d'espacement, caractère espace, caractère blanc
~-**carrier operation**: (tp) exploitation *nf* en porteuses distinctes
~ **charge**: charge *nf* d'espace
~ **charge wave**: onde *nf* à charge d'espace
~ **communications**: télécommunications *nf* spatiales
~ **division switching**: commutation *nf* spatiale
~ **efficient**: peu emcombrant, de faible encombrement
~ **factor**: facteur *nm* d'encombrement, encombrement *nm*
~ **frame**: (constr) structure *nf* tridimensionnelle
~ **group**: (crystal) groupe *nm* spatial
~ **heating**: chauffage *nm* des locaux
~ **industry**: industrie *nf* aérospatiale, aérospatiale *nf*
~ **lattice**: (constr) treillis *nm* spatial, treillis tridimensionnel; (met) réseau *nm* cristallin
~ **out**: espacer; aérer (un texte)
~ **probe**: sonde *nf* spatiale
~ **requirement**: encombrement *nm* (d'une machine)
~ **saving**: peu encombrant, de volume réduit, qui permet un gain de place
~ **station**: station *nf* spatiale
~-**to-earth**: (tcm) espace-Terre
~-**to-space link**: (tcm) liaison *nf* espace-espace

spacecraft: astronef *nm*, spationef *nm*, engin *nm* spatial

spacer: entretoise *nf*
~ **shaft**: arbre *nm* de transmission (entre deux machines)

spacing: espacement *nm*, écartement *nm*

spade: (a tool) bêche *nf*; (el) cosse *nf*
~ **lug**: cosse *nf*
~-**tipped lead**: conducteur *nm* à cosse

spaghetti: (plast) spaghetti *nm*, joncs *nm*, souplisseau *nm*

spalling: (of brick, stone) épaufrure *nf*, effritement *nm*; (of concrete) écaillage *nm*, éclatement *nm*

span *nn*: (aero) envergure *nf* (des ailes); (constr) portée *nf*, distance *nf* entre appuis; (measuring range) plage *nf*, intervalle *nm* de mesure; (tp) liaison *nf* (entre centraux); (of winding, coil) pas *nm*; *vb*: (a road, a river) franchir, enjamber; (tp) réaliser une liaison (en câble)
~ **loading**: chargement *nm* sur l'envergure
~ **pipeline**: canalisation *nf* suspendue
~ **roof**: toit *nm* à deux versants
~ **saw**: scie *nf* montée
~ **wire**: fil *nm* tendeur, tendeur *nm*

spandrel: (between arches) tympan *nm*; (of stairs) échiffre *nf*; (under window) allège *nf*

spanner: clé *nf* (de serrage)

spar: (aero) longeron *nm* d'aile

spare: de secours; de rechange; en attente, libre, disponible, inutilisé; de réserve
~ **can**: (for petrol) nourrice *nf*
~ **part**: pièce *nf* de rechange
~ **track**: (on magnetic tape) piste *nf* de réserve
~ **wheel**: (auto) roue *nf* de secours

sparge, ~ **pipe**: tuyau *nm* perforé

spark: étincelle *nf*
~ **advance**: avance *nf* à l'allumage
~ **arrester**: grille *nf* à flammèches, pare-étincelles *nm*
~ **chamber**: chambre *nf* à étincelles
~ **erosion**: étincelage *nm*, usinage *nm* par étincelage
~ **gap**: (between electrodes) écartement *nm* des electrodes; (a protection device) éclateur *nm* [à étincelles]
~ **gap receiver**: récepteur *nm* à éclateur, récepteur à étincelles
~ **gap transmitter**: émetteur *nm* à éclateur, émetteur *nm* à étincelles
~ **ignition engine**: moteur *nm* à allumage par étincelle
~ **killer**: suppresseur *nm* d'étincelles
~ **knock**: (on engine) cliquetis *nm* d'allumage
~ **machining**: usinage *nm* par étincelage
~ **plug**: (auto) bougie *nf* d'allumage
~ **tester**: (auto) contrôleur *nm* d'allumage
~ **transmitter**: émetteur *nm* à éclateur, émetteur à étincelles
~ **plug**: (auto) bougie *nf*
~ **plug ignition**: allumage *nm* par bougie
~ **plug point**: électrode *nf*, pointe *nf* de bougie
~ **plug spanner**: clé *nf* à bougies

sparkover: (of insulator) contournement *nm*; (in gaseous or liquid dielectric) amorçage *nm*
~ **test**: essai *nm* de contournement

spat: (on car wheel) bavette *nf*; (aero) carénage *nm* de roues

spatial: spatial, dans l'espace
~ **dimension**: dimension *nf* dans l'espace
~ **resolution**: résolution *nf* spatiale

spatter *vb*: crépiter, cracher; (el) jeter des étincelles
~ **formation**: (wldg) formation *nf* de projections
~ **loss**: perte *nf* par projection

speaker: (loudspeaker) «spkr» haut-parleur *nm*; (tcm) interlocuteur *nm*, correspondant *nm*
~-**dependent**: (tcm) monolocuteur
~ **enclosure**: enceinte *nf* de haut-parleur
~-**independent**: (tcm) multilocuteur
~ **telephone**: poste *nm* [téléphonique] à haut-parleur

speakerphone: poste *nm* [téléphonique] à haut-parleur

speaking: (tcm) de conversation
~ **channel**: voie *nf* de conversation
~ **circuit**: circuit *nm* de conversation, circuit téléphonique
~ **clock**: horloge *nf* parlante
~ **current**: courant *nm* de conversation, courant téléphonique
~ **key**: touche *nf* de conversation
~ **tube**: porte-voix *nm*

spec → *specification*

special *nn*: produit *nm* spécial; (rlwy) train *nm* spécial; *adj*: spécial, particulier, hors-série
~ **case**: cas *nm* d'espèce
~ **effects**: (cinema) truquage *nm*
~ **feature**: (characteristic) particularité *nf*; (device) dispositif *nm* spécial
~ **issue**: (of newspaper) édition *nf* spéciale
~-**purpose**: spécialisé, à usage spécial
~ **specifications**: (of tender) cahier *nm* des prescriptions spéciales, spécifications *nf* particulières
~ **work**: travail *nm* à façon

specialized <ised>: spécialisé, non banalisé; personnalisé

specially, ~ **made**: particulier, d'exécution spéciale
~ **manufactured**: hors-série

species: (of animals, plants) espèce *nf*; (of trees) essence *nf*

specific: spécifique; massique
~ **activity**: (nuc) activité *nf* massique
~ **address**: (inf) adresse *nf* absolue
~ **burn up**: (nuc) combustion *nf* massique
~ **gravity** «SG»: densité *nf*
~ **heat**: chaleur *nf* massique
~ **power**: puissance *nf* massique
~ **weight** «SW»: masse *nf* volumique

specification «spec»: spécification *nf*; (of patent) description *nf*; → also *specifications*
~ **card**: fiche *nf* signalétique
~ **sheet**: fiche *nf* signalétique

specifications «specs»: description *nf*, caractéristiques *nf* techniques; (for inspection) gamme *nf* de contrôle; (of tender) cahier *nm* des charges

specifier: (a person) descripteur *nm*; (inf) identificateur *nm*, indicateur *nm*

specimen: échantillon *nm*; (a test piece) éprouvette *nf*

speck: moucheture *nf*, petite tache *nf*

specs: → *specifications*

spectral, ~ **component**: composante *nf* spectrale
~ **density**: densité *nf* spectrale
~ **distribution**: répartition *nf* spectrale
~ **hardening**: durcissement *nm* du spectre
~ **index**: indice *nm* de spectre
~ **line**: raie *nf* spectrale, raie de spectre
~ **shift control**: régulation *nf* par dérive spectrale
~ **shift reactor**: réacteur *nm* à dérive spectrale, réacteur à spectre réglable

spectrometer: spectromètre *nm*

spectrum: spectre *nm*; gamme *nf*, éventail *nm*
~ **analysis**: analyse *nf* spectrale
~ **component**: composante *nf* spectrale
~ **display**: image *nf* de spectre
~ **line**: raie *nf* spectrale, raie de spectre
~ **pattern**: image *nf* de spectre

specular: spéculaire
~ **gloss**: (pap) poli *nm* spéculaire
~ **finish**: (mech) poli *nm* spéculaire
~ **reflection**: réflexion *nf* spéculaire

speech: parole *nf*; (tp) parole, conversation *nf*
~ **amplifier**: amplificateur *nm* microphonique
~ **articulation**: netteté *nf* de la parole
~ **band**: bande *nf* des fréquences vocales, bande des fréquences téléphoniques
~ **coil**: bobine *nf* mobile
~ **communication**: communication *nf* téléphonique; transmission *nf* de la parole, transmission de signaux vocaux
~ **frequency**: fréquence *nf* acoustique, fréquence vocale, fréquence téléphonique
~ **line**: ligne *nf* téléphonique
~/**noise ratio** «SN»: rapport *nm* signal vocal/bruit
~ **plus duplex equipment** «S+D»: équipement *nm* bivocal
~ **plus simplex equipment** «S+S» équipement univocal
~ **recognition**: reconnaissance *nf* de la parole
~ **ROM**: mémoire *nf* ROM parole
~ **sample**: échantillon *nm* vocal
~ **signal**: signal *nm* de parole, signal de conversation, signal téléphonique, signal vocal
~ **synthesiser**: synthétiseur *nm* de parole
~-**to-noise ratio** «S/N»: rapport *nm* signal vocal/bruit
~ **wave**: onde *nf* acoustique
~ **wire**: fil *nm* de conversation

speed *nn*: vitesse *nf*; (of engine) régime *nm*; (of film) sensibilité *nf*; (of printer) débit *nm*, nombre *nm* de mots par minute; *adj*: à grande vitesse
~ **at one hour rating**: vitesse *nf* unihoraire, vitesse en régime unihoraire
~ **box**: boîte *nf* de vitesse
~ **brake**: (aero) aérofrein *nm*, frein *nm* aérodynamique
~ **bump**: (on road) casse-vitesse *nm*, ralentisseur *nm*
~ **calling**: (tp) numérotation *nf* abrégée
~ **change**: changement *nm* de vitesse
~ **change gear**: roue *nf* de changement de vitesse
~ **change gear unit**: boîte *nf* de vitesses
~ **control**: régulation *nf* de la vitesse
~ **control hump**: casse-vitesse *nm*, ralentisseur *nm*
~ **controller**: régulateur *nm* de vitesse
~ **counter**: cinémomètre *nm*; compte-tours *nm*
~ **dialling**: numérotation *nf* abrégée
~ **frame**: (tex) banc *nm* à broches
~ **governor**: régulateur *nm* de vitesse
~ **increasing gear**: multiplicateur *nm* grande vitesse, multiplicateur «GV»
~ **increasing ratio**: rapport *nm* de multiplication
~ **over water**: vitesse *nf* sur l'eau
~ **per hour**: vitesse *nf* horaire
~ **pulley**: poulie *nf* à cônes, poulie à gradins
~ **ramp**: (on road) ralentisseur *nm*

~ **ratio**: (on drive) rapport *nm* de transmission
~ **reducer**: réducteur *nm* de vitesse, réducteur démultiplicateur
~ **reducing gear train**: train *nm* réducteur
~ **reduction**: ralentissement *nm*
~ **restriction**: (on road) limitation *nf* de vitesse
~ **trap**: (on road) casse-vitesse *nm*, ralentisseur *nm*
~ **up**: accélérer
~ **variator**: variateur *nm* de vitesse
~ **wrench**: clé *nf* à vilebrequin

speedboat: vedette *nf*

speeder: (rlwy) draisine *nf* à moteur; NA (tex) banc *nm* à broches

speedway: (motorcycle racing) piste *nf* cendrée; NA (car racing) piste *nf*; NA (a road) route *nf* pour circulation rapide

speller: dictionnaire *nm* orthographique

spelling: orthographe *nf*
~ **checker**: vérificateur *nm* d'orthographe
~ **error**: faute *nf* d'orthographe

spelter: zinc *nm* commercial, zinc de première fusion

spent: (chem) épuisé, usé
~ **fuel**: combustible *nm* utilisé; (nuc) combustible épuisé
~ **liquor**: lessive *nf* épuisée, lessive usée
~ **oil**: huile *nf* épuisée, huile usée
~ **oxide**: (chemical purification) matière *nf* épuisée

spew, ~ **channel**: (rubber) coupe-gomme *nm*
~ **groove**: (plast) gorge *nf* (d'un moule)
~ **line**: (moulded plastic) ligne *nf* de bavure
~ **ridge**: (moulding) jointure *nf*

sphere: sphère *nf*
~ **gap**: éclateur *nm* à sphères, éclateur *nm* à boules

spherical, ~ **coordinate**: coordonnée *nf* sphérique
~ **involute**: développante *nf* sphérique
~ **plain bearing**: rotule *nf* lisse, articulation *nf* à rotule
~ **roller**: tonnelet *nm*
~ **roller bearing**: roulement *nm* à tonnelets; roulement à rotule
~ **roller thrust bearing**: butée *nf* à rotule à rouleaux
~ **turning**: tournage *nm* bombé
~ **valve**: soupape *nf* à bille, soupape à boulet, soupape sphérique
~ **wave**: onde *nf* sphérique

spherically, ~ **seated bearing**: palier *nm* à rotule

spheroidal, ~ **graphite**: graphite *nm* sphéroïdal
~ **graphite iron**: fonte *nf* à graphique sphéroïdal, fonte GS, fonte nodulaire

spider: (of wheel) croisillon *nm*; (of lathe) araignée *nf*
~ **gear**: pignon *nm* satellite, satellite *nm*
~ **pinion**: pignon *nm* satellite, satellite *nm*

spigot: ergot *nm*, pion *nm*, axe *nm* (solidaire); (a valve) robinet *nm*
~ **and socket joint**: raccord *nm* à emboîtement
~ **bolt**: boulon *nm* de centrage, queue *nf* de centrage
~ **end**: (of spigot and socket joint) bout *nm* mâle
~ **faucet joint**: emboîtement *nm*
~ **joint**: joint *nm* à emboîtement, emboîtement *nm*
~ **pin**: pion *nm* de centrage, queue *nf* de centrage
~ **pipe**: tuyau *nm* à bout uni

spike: pointe *nf*; (on tyre) clou *nm* à glace; (el) pointe *nf* de tension; (eon) pointe d'impulsion

spiked, ~ **lattice**: (tex) tablier *nm* à pointes
~ **roller**: hérisson *nm*

spiking: (nuc) ensemencement *nm*

spill *vb*: verser, répandre; se répandre
~ **bin**: trémie *nf* de trop-plein
~ **burner**: brûleur *nm* à retour
~ **light**: (phot) lumière *nf* parasite
~ **over** *vb*: déborder
~ **plate**: (of a conveyor) rehausse *nf*
~ **port**: (auto) lumière *nf* de décharge, orifice *nm* de décharge
~ **tray**: cuvette *nf* de propreté

spillover: (inf, tcm) débordement *nm*, dépassement *nm* de capacité

spillway: canal *nm* de trop-plein, déversoir *nm*, évacuateur *nm* de crues

spin: rotation *nf*; (aero) vrille *nf*; (nuc) spin *nm*; *vb*: centrifuger; (aero) descendre en vrille, faire la vrille; (a propeller, rotor) lancer; (tex) filer; (turning) repousser au tour; (wheel) patiner
~ **around**: (auto) faire une embardée
~ **axis**: axe *nm* de rotation
~ **casting**: coulée *nf* centrifuge
~ **dryer**: séchoir *nm* à tambour rotatif; centrifugeuse *nf*, essoreuse *nf*
~ **off** *nn*: conséquence *nf*, suite *nf*; retombée *nf* technologique; *vb*: essorer
~-**on filter**: filtre *nm* vissé
~ **scan**: balayage *nm* par rotation
~ **stabilisation**: stabilisation *nf* gyroscopique
~ **tunnel**: soufflerie *nf* de vrille
~ **up** *nn*: (of wheel) mise *nf* en rotation; *vb*: mettre en rotation
~ **welding**: soudage *nm* par rotation

spindle: broche *nf*, arbre *nm* fileté, axe *nm*, tige *nf*; (on axle) fuseau *nm*, tourillon *nm*; (fdry) arbre *nm* de trousseau
~ **box**: (spinning) boîte *nf* à broches
~ **flyer**: ailette *nf* de la broche
~ **gauge**: écartement *nm* des broches
~ **moulder**: toupilleuse *nf*
~ **nose**: nez *nm* de broche
~ **oil**: huile *nf* à broches
~ **rail**: (tex) traverse *nf* porte-broches
~- **shaped**: fuselé, fusiforme
~ **wharve**: (spinning) noix *nf* de la broche

spindling, ~ **machine**: toupillleuse *nf*

spinner: séparateur *nm* centrifuge; (on instrument) moulinet *nm*, toupie *nf* (de gyroscope); (of propeller) casserole *nf* d'hélice; (tex) fileuse *nf*, métier *nm* à filer

spinneret: (tex) filière *nf*

spinning: rotation *nf* rapide; (of metal) centrifugation *nf*, repoussage *nm* au tour; (tex) filage *nm*, filature *nf*; (of wheel) patinage *nm*
~ **electron**: électron *nm* tournant
~ **fly**: duvet *nm* de filature
~ **frame**: continu *nm* à filer, métier *nm* à filer
~ **lathe**: tour *nm* à repousser
~ **mill**: filature *nf*

spiral *nn*: spirale; *adj*: en spirale
~ **binding**: couture *nf* spirale, reliure *nf* spirale, reliure mécanique
~ **chute**: descendeur *nm* hélicoïdal par gravité, toboggan *nm*
~ **condenser**: serpentin *nm* de refroidissement
~ **conveyor**: hélice *nf* à vis, hélice transporteuse, limace *nf*, spirale *nf* transporteuse, transporteur *nm* hélicoïdal, transporteur en spirale, vis *nf* transporteuse
~ **flute**: cannelure *nf* hélicoïdale
~-**four quad**: câble *nm* à quartes-étoile, quarte-étoile *nf*
~ **gear**: engrenage *nm* à denture hélicoïdale
~ **knurl**: moletage *nm* incliné
~ **nail**: clou *nm* vrillé
~ **pipe**: serpentin *nm*
~ **resistor**: résistance *nf* boudinée
~ **scanning**: balayage *nm* en spirale, exploration *nf* en spirale
~ **spring**: ressort *nm* spiral, ressort à boudin
~ **stairs**: escalier *nm* en hélice, escalier à vis
~ **strip welding**: procédé *nm* roulé-soudé
~ **teeth**: denture *nf* spirale
~ **welding**: soudage *nm* en spirale
~ **wire**: fil *nm* boudiné, filament *nm* spirale
~-**wound filament**: filament *nm* boudiné
~-**wound wire**: fil *nm* torsadé, fil boudiné
~ **wrapping**: enroulé-soudé *nm*, feuilleté *nm* métallique soudé

spirally, ~ **wound**: torsadé, hélicoïdal

spirit: (chem) esprit *nm*; NA essence *nf*; **spirits**: (a drink) spiritueux *nm*
~ **lamp**: lampe *nf* à alcool
~ **level**: niveau *nm* à bulle
~ **stain**: teinture *nf* à l'alcool

spit *vb*: cracher, crépiter
~ **back**: (engine) avoir des retours de flamme au carburateur

spitting: crachements *nm*; (auto) ratés *nm* d'allumage; (of converter) projections *nf*

spkr → *speaker*

splash *nn*: éclaboussure *nf*, projection *nf* (de liquide); *vb*: arroser, éclabousser
~ **guard**: (m-t) carter *nm* de protection (contre le réfrigérant)
~ **lubrication**: lubrification *nf* par barbotage, graissage *nm* par projection, graissage par barbotage
~ **proof**: protégé contre les projections d'eau, étanche aux éclaboussures

splay *nn*: ébrasement *nm*; *vb*: ébraser

splayed, ~ joint: assemblage *nm* en sifflet, joint *nm* en sifflet

splice *nn*: épissure *nf*; (in reel) collure *nf*, ajouture *nf*
~ **box**: (el) boîte *nf* de jonction
~ **plate**: éclisse *nf*

splicer: pince *nf* à épisser, épisseur *nm*; (for film, tape) colleuse *nf*

splicing: (of cables) épissage *nm*; (carp) entures *nf*; (of film, tape) collage *nm*; (of wires) ligature *nf*
~ **sleeve**: manchon *nm* de raccordement; boîte *nf* de jonction, manchon *nm* de jonction
~ **tape**: chatterton *nm*, ruban *nm* isolant, bande *nf* adhésive

spline: cannelure *nf*
~ **milling**: fraisage *nm* des cannelures

splined, ~ hub: moyeu *nm* à cannelures, moyeu cannelé
~ **shaft**: arbre *nm* cannelé

splinter: (of glass, rock) éclat *nm*; (of wood) écharde *nf*

split *nn*: fente *nf*; (tcm) coupure *nf*; *adj*: (mech) en deux parties; (nut, pin, rivet) fendu; (plastic moulding) coin *nm*; *vb*: fendre; (inf) splitter, fractionner
~ **anode**: anode *nf* fendue, anode divisée
~**-beam cathode ray tube**: tube *nm* à rayons cathodiques à faisceau divisé
~ **bearing**: palier *nm* en deux pièces
~ **bushing**: douille *nf* en deux pièces
~ **cone**: (on engine valve) clavette *nf* conique de soupape, dé *nm* de soupape
~ **cooler**: climatiseur *nm* en deux blocs séparés
~**-core transformer**: transformateur *nm* pince
~ **cotter**: clavette *nf* fendue, goupille *nf* fendue
~ **coupling**: accouplement *nm* à coquilles
~ **crankcase**: carter *nm* en deux parties
~ **fitting**: (el) domino *nm*
~ **flap**: volet *nm* d'intrados
~ **flow**: écoulement *nm* divisé
~**-flow tray**: plateau *nm* à deux passes
~ **image**: dédoublement *nm* d'image
~ **key**: (mech) clavette *nf* fendue; (tcm) clé *nf* de séparation
~ **light**: voyant *nm* en deux parties
~ **mould**: moule *nm* à coins
~**-muff coupling**: accouplement *nm* à coquilles
~**-nose cone**: (space) coiffe *nf* ouvrante
~ **phase**: (el) phase *nf* auxiliaire
~**-phase motor**: moteur *nm* à enroulement auxiliaire de démarrage
~ **pin**: clavette *nf* fendue, goupille *nf* fendue
~ **resistor**: résistance *nf* fractionnée
~ **screen**: écran *nm* subdivisé, écran divisé
~ **washer**: rondelle *nf* ouverte

splitter: (petr) colonne *nf* de séparation, colonne de fractionnement; (rubber) machine *nf* à refendre; (tp) répartiteur *nm* à sorties multiples, séparateur *nm* (de bandes de fréquence), distributeur *nm* (de réseaux)
~ **gear**: pignon *nm* de demi-vitesse

splitting: division *nf*, séparation *nf*; (of atom) fission *nf*; (inf) fractionnement *nm* (d'article, de fichier) subdivision *nf*; (tp) mise *nf* en garde, coupure *nf* (de ligne); (of wood) fendage *nm*
~ **test**: essai *nm* de fendage
~ **time**: (tcm) temps *nm* de coupure, temps d'interruption

spluttering: (tcm) babillage *nm*
~ **of the arc**: crachement *nm*

spoil *nn*: (c.e.) materiau *nm* excavé [excédentaire]; *vb*: abîmer, gâcher; s'abîmer, se détériorer; (production) manquer, rater
~ **bank**: cavalier *nm* de déblais

spoilage: déchets *nm*, rebuts *nm*

spoiled, ~ casting: pièce *nf* manquée, rebut *nm* de fonderie

spoiler: spoiler *nm*, déporteur *nm*

spoke: rayon *nm* (de roue)
~ **wheel**: roue *nf* à rayons

spokeless, ~ wheel: roue *nf* pleine

spokeshave: vastringue *nf*

spoking: (of magnetic tape) voilage *nm*

sponge *nn*: éponge *nf*; *vb*: éponger
~ **grease**: graisse *nf* spongieuse
~ **plating**: NA dépôt *nm* à l'éponge
~ **rubber**: caoutchouc *nm* mousse

spongy: spongieux; (casting) poreux, avec soufflures

sponson: (aero) nageoire *nf*

sponsor *nn*: commanditaire *nm*; *vb*: commanditer, parrainer

sponsored, ~ **television**: télévision *nf* commerciale

sponsoring: parrainage *nm*

spontaneous: spontané
~ **combustion**: autocombustion *nf*
~ **ignition**: auto-inflammation *nf*, inflammation *nf* spontanée; (engine) auto-allumage *nm*, allumage spontané

spool *nn*: bobine *nf*; (of control valve) tiroir *nm*; *vb*: bobiner, enrouler, renvider
~ **and sleeve**: (of control valve) tiroir *nm* et chemise
~ **off**: dévider, dérouler, débobiner
~ **valve**: distributeur *nm* à tiroir cylindrique, tiroir *nm* cylindrique

spooler: caneteuse *nf*, bobinoir *nm*, enrouleur *nm*

spooling: bobinage *nm*, enroulement *nm*; (inf) spooling *nm*
~ **machine**: bobineuse *nf*

spoon: cuiller *nf*, cuillère *nf*

spot: point *nm*; (of light) point lumineux, tache *nf* de lumière; (for helicopter landing) point de poser; (opt, crt) spot *nm*; (a stain) tache; (tv publicity) message *nm* publicitaire; (welding) point
~ **check**: essai *nm* sur place, essai à l'improviste
~ **displacement**: excentrage *nm* du spot
~ **distortion**: distorsion *nf* de spot
~ **facing**: (machining) lamage *nm*
~ **gluing**: application *nf* de colle en plots
~ **height**: point *nm* coté
~ **height point**: (surveying) point *nm* de contrôle altimétrique
~ **landing**: atterrissage *nm* de précision
~ **on**: exactement comme voulu, très précis
~ **remover**: détachant *nm*
~ **sample**: échantillon *nm* isolé
~ **speed**: (crt) vitesse *nf* de balayage, vitesse d'exploration
~ **test**: (in laboratory) essai *nm* à la touche, essai à la goutte
~ **weld**: soudure *nf* par points
~ **welder**: machine *nf* à souder par points
~ **welding**: soudage *nm* par points
~ **wobble**: vobulation *nf* du spot
~ **yarn**: (tex) retors *nm* boutonné, retors bouchonneux

spotfacing: lamage *nm*, surfaçage *nm* partiel

spotlight: projecteur *nm* convergent, projecteur intensif, projecteur ponctuel, spot *nm*; (a searchlight) projecteur orientable, projecteur chercheur

spout *nn*: (for pouring) bec *nm*; (fdry) canal *nm* de coulée, chenal *nm* de coulée; *vb*: jaillir
~ **ladle**: (casting) poche *nf* théière

spouter: (petr) puits *nm* jaillissant

spray *nn*: (of castings) grappe *nf*; (of seawater) embrun *nm*; *vb*: (atomise) pulvériser, vaporiser; (mortar, paint) projeter; (sprinkle) asperger; (with aerosol can) bomber
~ **booth**: cabine *nf* de peinture
~ **can**: bombe *nf*, pulvérisateur *nm*
~ **carburetter**: carburateur *nm* à giclage
~ **coating**: revêtement *nm* par projection; (pap) couchage *nm* par pulvérisation
~ **cooler**: refroidisseur *nm* à ruissellement, réfrigérant *nm* à ruissellement
~ **drying**: séchage *nm* par atomisation, séchage par pulvérisation
~ **gun**: pistolet *nm* pour projection, pistolet à peinture
~ **lubrication**: graissage *nm* par brouillard d'huile
~ **nozzle**: pulvérisateur *nm*; buse *nf* de pulvérisation, gicleur *nm*
~ **painting**: peinture *nf* au pistolet
~ **pattern**: configuration *nf* de pulvérisation
~-**up**: (reinforced plastic) pistolage *nm*, projection *nf* simultanée
~ **webbing**: NA (plast) coconisation *nf*

sprayed, ~ **coating**: revêtement *nm* par métallisation
~ **concrete**: béton *nm* projeté
~-**on paint**: peinture *nf* au pistolet

spread *nn*: (of band, spectrum) étalement *nm*; (of beam) divergence *nf* du faisceau; (of fire) propagation *nf* de l'incendie; *vb*: étaler; répandre; distribuer, répartir; diffuser, disséminer, disperser; (fire) se propager; (unfold) déployer

~ **footing**: fondation *nf* superficielle

spreader: (of asphalt) épandeur *nm*; (on container) spreader *nm*, palonnier *nm* automatique, palonnier de levage, cadre *nm* de levage, cadre de préhension; (diecasting, plast, rubber) torpille *nf*; (of formwork) entretoise *nf*, étrésillon *nm* provisoire; (pap) rouleau *nm* déplisseur, barre *nf* déplisseuse; (tex) élargisseur *nm*, élargisseuse *nf*

spreading: dissémination *nf*, dispersion *nf*; diffusion *nf*; (of adhesive) étalement *nm*; (of fire) propagation *nf*
~ **power**: (of paint) pouvoir *nm* couvrant

spreadsheet: (graph) double page *nf* (utilisée comme une seule feuille continue); (inf) feuille *nf* de calcul [électronique]
~ **package**: tableur *nm*
~ **program**: tableur *nm*

sprig: pointe *nf* de Paris, semence *nf*

spring *nn*: ressort *nm*; (season) printemps *nm*; (of water) source *nf*; *vb*: monter sur ressort[s], suspendre
~**-actuated**: à ressort
~ **balance**: peson *nm* à ressort
~ **blade**: lame *nf* de ressort, feuille *nf* de ressort
~ **bracket**: main *nf* de ressort
~ **clip**: étrier *nm* de ressort; collier *nm* à ressort, circlip *nm*, jonc *nm* élastique; (laboratory equipment) pince *nf* à ressort
~ **dowel**: goupille *nf* élastique
~ **hook**: mousqueton *nm*
~ **leaf**: lame *nf* de ressort, feuille *nf* de ressort
~**-loaded**: à ressort
~ **plate**: coupelle *nf* de ressort; lame *nf* de ressort, feuille *nf* de ressort
~ **suspension**: suspension *nf* à ressorts, suspension élastique
~ **washer**: rondelle *nf* élastique, rondelle Grower

springiness: élasticité *nf*

springing: ressorts *nm*, suspension *nf* élastique, suspension à ressorts; (architecture) naissance *nf* de voûte, retombée *nf* de voûte

sprinkle *vb*: arroser, asperger; saupoudrer

sprinkler: arroseur *nm*, asperseur *nm*; (a vehicle) arroseuse *nf*; (firefighting) extincteur *nm* automatique, sprinkler *nm*
~ **system**: système *nm* de noyage en pluie

sprocket: dent *nf*, picot *nm*; (a gear wheel) roue *nf* dentée
~ **chain**: chaîne *nf* à barbotin, chaîne à articulations, chaîne Galle
~ **feed**: entraînement *nm* par roues à picots
~ **hole**: perforation *nf* d'entraînement
~ **noise**: bruit *nm* de perforation
~ **pulse**: (inf) impulsion *nf* de synchronisation
~ **track**: piste *nf* d'entraînement
~ **wheel**: pignon *nm* à chaîne

spruce: épicéa *nm*, sapin *nm* de Norvège

sprue: (fdry, moulding) carotte *nf* (attachée à la pièce; (on mould) jet *nm* de coulée
~ **cutter**: (for moulding) décarotteur *nm*; (for mould) coupe-jet *nm*
~ **pin**: diffuseur *nm*
~ **puller**: extracteur *nm* de carotte

sprung: à ressorts, suspendu sur ressorts
~ **mass**: masse *nf* suspendue

spud: *vb*: forer par battage au câble

spudding, ~ **bit**: trépan *nm* d'attaque

spun: filé
~ **glass**: verre *nm* filé
~ **metal**: métal *nm* centrifugé
~ **pipe**: tuyau *nm* centrifugé
~ **roving**: stratifil *nm* bouclé
~ **yarn**: (nautical) bitord *nm*

spunbonded: filé-lié

spur: (on rider's shoe) étrier *nm*; (for climbing on a pole) grappin *nm*, crampon *nm*; (rlwy) embranchement *nm*
~ **gear**: engrenage *nm* cylindrique, engrenage droit, roue *nf* cylindrique droite, roue droite
~ **wheel**: roue *nf* à denture droite

spurious, ~ **count**: (nuc) coup *nm* parasite
~ **radiation**: rayonnement *nm* parasite

squab: (auto) coussin *nm* de siège

square *nn*: carré; (a driving square) carré *nm* de manœuvre; *adj*: carré, rectangulaire; à angle droit; *vb*: mettre d'équerre; (maths) élever au carré; (stone, timber) équarrir
~ **bit drive**: carré *nm* d'entraînement
~ **bracket**: (graph) crochet *nm*
~ **butt weld**: soudure *nf* bout à bout sans chanfrein
~ **cascade**: (nuc) cascade *nf* constante
~ **drive**: carré *nm* d'entraînement
~**-edged**: avivé d'équerre, à arête vive
~ **elbow**: (in piping) genou *nm* vif, coude *nm* à angle droit
~ **engine**: moteur *nm* carré
~ **head**: (of bolt, screw) tête *nf* carrée, tête cubique
~**-headed**: (door, window) carré
~**-law**: quadratique
~ **measure**: mesure *nf* de superficie
~ **neck**: (of bolt) collet *nm* carré
~ **nut**: écrou *nm* à quatre pans, écrou carré
~ **root**: racine *nf* carrée
~**-ruled paper** NA : papier *nm* quadrillé
~ **screw**: vis *nf* à filet carré
~ **thread**: filet *nm* carré
~ **wave**: onde *nf* rectangulaire
~ **with**: d'équerre avec, perpendiculaire à

squared: d'équerre; (maths) élevé au carré; (paper) quadrillé

squaring: (eon) transformation *nf* en ondes carrées; (maths) élévation *nf* au carré
~ **shears**: (met) cisaille *nf* à étêter, cisaille à ébouter

squeegee: raclette *nf* souple, raclette en caoutchouc

squeeze *vb*: comprimer (un solide), pincer, serrer; presser (pour extraire un liquide), exprimer
~ **riveting**: rivetage *nm* au Cé
~ **roll**: rouleau *nm* essoreur

squeezer: cingleur *nm*, machine *nf* à cingler

squeezing: serrage *nm*

squirrel, ~ cage: cage *nf* d'écureuil
~ **cage motor**: moteur *nm* à cage d'écureuil

squirt *nn*: giclée *nf*, jet *nm*; *vb*: gicler, faire gicler
~ **gun**: pistolet *nm* à graisse, pistolet graisseur

SR → *shift register, straight run*

SS → *stainless steel*

SSDD → *single sided double density*

SSI → *small scale integration*

SSM → *surface-to-surface missile*

stabilization <isation>: stabilisation *nf*

stabilize <ise> *vb*: stabiliser, équilibrer

stabilizer <iser>: stabilisateur *nm*, équilibreur *nm*

stabilizing <ising>: de stabilisation, stabilisateur
~ **jack**: (on fork lift truck) stabilisateur *nm*
~ **winding**: enroulement *nm* de compensation, enroulement compensateur

stability: stabilité *nf*
~ **to**: stabilité *nf* à, résistance *nf* à

stable, ~ equilibrium: équilibre *nm* stable

stack *nn*: tas *nm*, pile *nf*; (of blast furnace) cuve *nf*; (casting, moulding) grappe *nf*; (chimney) cheminée *nf*; (inf) pile *nf*; (el) empilage *nm*; (of sheets) paquet *nm* de tôles; *vb*: (mechanical handling) gerber, empiler
~ **casting**: coulée *nf* en grappe
~ **cutting**: découpage *nm* en paquets, découpage de tôles empilées
~ **door**: porte *nf* accordéon escamotable
~ **gas**: gaz *nm* brûlé; (of blast furnace) gaz de gueulard
~ **losses**: pertes *nf* à la cheminée
~ **mould**: grappe *nf*
~ **of sheets**: paquet *nm* de tôles
~ **pipe**: conduit *nm* de fumée
~ **solids**: (in smoke) envols *nm*

stackability: gerbabilité *nf*

stackable: empilable, superposable; (mechanical handling) gerbable
~ **channel**: (tcm) voie *nf* superposable
~ **container**: conteneur *nm* gerbable

stacked, ~ antennas: antennes *nf* superposées

stacker: (a truck) chariot *nm* gerbeur, gerbeur *nm*; (a portable conveyor) sauterelle *nf*

stacking: empilage *nm*, gerbage *nm*; (aero) mise *nf* en attente, échelonnage *nm* vertical
~ **and reclaiming transporter**: portique *nm* de mise et reprise au stock
~ **bin**: (inf) case *nf* de réception
~ **crane**: pont *nm* roulant gerbeur
~ **factor**: (el) facteur *nm* de foisonnement
~ **truck**: chariot *nm* gerbeur, gerbeur *nm*

stadia: (a rod) stadia *nf*
~ **survey**: levé *nm* tachéométrique

staff: (building material) staff *nm*; (for flag) mât *nm*; (personnel) effectifs *nm*, personnel *nm*

staffed, ~ **station**: station *nf* surveillée

stage: étape *nf*, phase *nf*, stade *nm*; (of work) tranche *nf*; (mech) étage *nm*; (staging) échafaudage *nm*, estrade *nf*

stagger *vb*: échelonner
~ **tuning**: accord *nm* décalé, syntonisation *nf* décalée

staggered: échelonné, à gradins; en chicane; en zig-zag; (over several rows) en quinconce
~-**contact connector**: connecteur *nm* à contacts en quinconce
~ **riveting**: rivure *nf* en quinconce
~ **roll**: (rolling) cylindre *nm* à gradins
~ **scanning**: (tv) analyse *nf* entrelacée
~ **seam**: soudure *nf* discontinue alternée

staggering: échelonnement *nm*; décalage *nm*; disposition *nf* en quinconce

staging: échafaudage *nm*

stain *nn*: teinture *nf*; (a defect) tache *nf*; *vb*: tacher; (soil) salir, souiller

stained, ~ **glass**: vitrail *nm*

stainless, ~ **steel**: acier *nm* inoxydable

stair: marche *nf* d'escalier; escalier *nm*; → also *stairs*
~ **rail**: rampe *nf*

staircase: escalier *nm*
~ **signal**: signal *nm* en escalier

stairs: escalier *nm*
~ **well**: cage *nf* d'escalier

stairway: cage *nf* d'escalier

stake *nn*: pieu *nm*, poteau *nm*; *vb*: (a screw) arrêter d'un coup de poinçon
~ **body**: carrosserie *nf* plateau-ridelles
~ **out**: jalonner, piqueter; (a plot) bornoyer, borner

staking: (of screw, bolt) matage *nm*, freinage *nm* par coups de poinçon
~ **out**: implantation *nf* (sur le terrain)

stale: (air) vicié; (cement, plaster) éventé

stalk: (of a Tee) âme *nf*

stalking: (of pipeline) mise *nf* bout à bout (pour soudage); (plast) dégrappage *nm*

stall *nn*: (by compressor, engine) décrochage *nm*; *vb*: (aero) décrocher; (engine) bloquer, caler
~ **fence**: cloison *nf* de décrochage
~ **landing**: atterrissage *nm* moteur calé
~ **torque**: couple *nm* maxi

stalling: arrêt *nm* du moteur, blocage *nm* du moteur; (aero) décrochage *nm*
~ **speed**: vitesse *nf* de décrochage
~ **torque**: couple *nm* maximum du moteur

stamp *nn*: timbre *nm*, cachet *nm*; *vb*: poinçonner; (presswork) matricer, estamper
~ **out**: (presswork) découper à la matrice

stamped, ~ **bottom**: fond *nm* matricé
~ **contact**: contact *nm* serti
~ **hole**: trou *nm* embouti

stamping: estampillage *nm*, timbrage *nm*; (a component) pièce *nf* emboutie, pièce matricée, pièce découpée, pièce de découpage
~ **die**: matrice *nf* (d'estampage)

stanchion: montant *nm*; (constr) poteau *nm* (de charpente métallique); (rlwy) rancher *nm* (de wagon); (naut) montant *nm*, épontille *nf*, chandelier *nm*

stand *nn*: (at exhibition) stand *nm*; (of rolling mill) cage *nf*; (of stadium) tribune *nf*; (a support) support *nm*, pied *nm*; *vb*: poser [debout], être debout; (withstand) supporter, résister à
~ **alone**: isolé, détaché; autonome
~**-off**: droit, à montage vertical; (armament) à distance de sécurité
~ **oil**: standolie *nf*
~**-on**: (platform truck) à conducteur debout

standard *nn*: montant *nm*, poteau *nm*; norme *nf*; *adj*: normal, courant; normalisé; de référence; → also *standards*
~ **air**: air *nm* normal, air de référence
~ **atmosphere**: atmosphère *nf* normale; atmosphère normalisée
~ **brick**: brique *nf* d'échantillon, brique normalisée
~ **cell**: pile *nf* étalon
~ **conditions**: conditions *nf* normales, conditions normalisées
~**-design**: standard, de série
~ **deviation**: écart *nm* quadratique moyen; écart type
~ **error**: erreur *nf* type
~ **feature**: (inf) fonction *nf* de base
~ **frequency**: fréquence *nf* étalon
~ **function**: fonction *nf* intégrée
~ **gauge**: étalon *nm* type; (rlwy) écartement *nm* normal
~ **gauge railway**: chemin *nm* de fer à voie normale
~ **gear**: roue *nf* non déportée
~ **gear set**: engenage *nm* cylindrique sans déport
~ **instrument**: instrument *nm* étalon, instrument d'étalonnage
~ **lens**: objectif *nm* normal
~ **meter**: compteur *nm* étalon
~ **observer**: œil *nm* de référence colorimétrique
~ **pace**: (work study) allure *nf* étalon
~ **part**: pièce *nf* normalisée, pièce standardisée
~ **production**: fabrication *nf* de série
~ **rating**: (work study) allure *nf* étalon
~ **rating cycle**: cycle *nm* de référence
~ **reference atmosphere**: atmosphère *nf* normale de référence
~ **replacement**: échange *nm* standard
~ **section**: (met) laminé *nm* marchand
~ **signal**: signal *nm* étalon
~ **size**: dimension *nf* normale, dimensions normalisées; (graph) format-type *nm*
~ **soiled fabric**: tissu *nm* sali normalisé
~ **solution**: solution *nf* type, solution titrée
~ **test piece**: éprouvette *nf* normalisée
~ **weave**: armure *nf* fondamentale, armure classique

standardization <isation>: normalisation *nf*

standardize <ise> *vb*: standardiser, normaliser

standards, ~ of professional practice: règles *nf* de déontologie
~ **room**: salle *nf* de métrologie

standby *nn*: attente *nf*; réserve *nf*, sécurité *nf*, secours *nm*; *adj*: en attente, de réserve, de secours
~ **facility**: installation *nf* de secours
~ **generator**: groupe *nm* électrogène de secours
~ **lighting**: éclairage *nm* de remplacement
~ **outage duration**: durée *nf* de disponibilité à l'arrêt

standing: debout, vertical
~ **bevel**: biseautage *nm* émoussé, équerrage *nm* en gras
~ **block**: poulie *nf* fixe
~ **charge**: coût *nm* fixe
~ **on end**: vertical
~ **on nines carry**: (inf) report *nm* bloqué à neuf
~ **panel**: panneau *nm* de hauteur, panneau en hauteur
~ **rigging**: (naut) gréement *nm* dormant, manœuvres *nf* dormantes
~ **rope**: brin *nm* mort (de palan)
~ **seam**: joint *nm* debout
~ **start**: départ *nm* arrêté
~ **timber**: bois *nm* sur pied
~ **traffic**: véhicules *nm* à l'arrêt
~ **water**: eau *nf* stagnante
~ **wave** «SW»: onde *nf* stationnaire
~ **wave ratio** «SWR»: taux *nm* d'ondes stationnaires

standpipe: tuyau *nm* vertical; (petr) colonne *nf* montante (de boues)

standstill: arrêt *nm*, immobilisation *nf*

staple: (of cotton) soie *nf*; (a fastener) agrafe *nf*
~ **fibre**: (tex) fibre *nf* coupée, fibre discontinue
~ **gun**: agrafeuse *nf*

stapler: agrafeuse *nf*; (bookbinding) brocheuse *nf*; (tex) coupeuse *nf*

stapling: agrafage *nm*; (graph) brochage *nm* (au fil métallique)
~ **hammer**: marteau *nm* agrafeur

star *nn*: étoile *nf*; *adj*: en étoile, en croix
~ **burner**: brûleur *nm* étoile

~ **connection**: (el) montage *nm* en étoile
~**-delta connection**: montage *nm* en étoile-triangle
~**-delta switch**: commutateur *nm* étoile-triangle
~**-head screw**: vis *nf* cruciforme
~ **knob**: poignée *nf* à croisillon
~ **network**: réseau *nm* en étoile
~ **pinion**: satellite *nm* du différentiel
~ **point**: (el) point *nm* neutre, neutre *nm*
~ **quad**: (el) quarte *nf* [en étoile]
~**-quad cable**: câble *nm* à quartes [en étoile]
~ **shell**: obus *nm* éclairant
~ **tracker**: suiveur *nm* stellaire
~ **washer**: rondelle *nf* éventail

starboard: tribord *nm*

starch *nn*: amidon *nf*; *vb*: amidonner, empeser
~ **paste**: (an adhesive) colle *nf* d'amidon; (tex) empois *nm*

start *nn*: commencement *nm*, début *nm*; (of thread) entrée *nf*; *vb*: commencer; démarrer; mettre en marche, déclencher; (an engine) lancer
~ **leader**: (on tape) amorce *nf* du début, bande *nf* amorce
~ **of heading** «SOH»: début *nm* d'entête
~ **of text** «STX»: début *nm* de texte
~ **of work**: (constr) ouverture *nf* de chantier, mise *nf* en chantier, démarrage *nm* des travaux
~ **off**: démarrer
~ **operation**: entrer en service
~**-stop apparatus**: appareil *nm* arythmique
~**-stop controller**: chronautographe *nm*
~ **up**: mettre en marche, mettre en route; (an engine) lancer

starter: (of engine) démarreur *nm*; (of fluorescent light) starter *nm*
~ **bar**: (for reinforced concrete) acier *nm* en attente
~ **button**: bouton *nm* de démarrage
~ **dog**: griffe *nf* de démarreur
~ **frame**: (of formwork) amorce *nf*
~ **kit**: kit *nm* de base, kit de départ
~ **motor**: démarreur *nm*
~ **ring**: couronne *nf* de démarreur

starting *nn*: mise *nf* en marche; (of electric discharge) amorçage *nm*; (of engine) lancement *nm*, démarrage *nm*; *adj*: initial, de début
~ **crank** NA : (auto) manivelle *nf* de lancement, manivelle de démarrage
~ **dog**: dent *nf* de loup, griffe *nf* de mise en marche
~ **fracture**: amorce *nf* de rupture
~ **handle**: (auto) manivelle *nf* de lancement, manivelle de démarrage

starved: (painting) mal nourri
~ **joint**: (of adhesive) joint *nm* mal nourri

state *nn*: état *nm*, condition *nf*; *vb*: énoncer; préciser
~ **of conservation**: état *nm* de conservation
~ **of equilibrium**: état *nm* d'équilibre
~ **of the art**: état *nm* actuel de la technique; (patent) règles *nf* de l'art
~ **of the art technology**: technique *nf* de pointe
~ **of the art equipment**: matériel *nm* d'avant-garde

statement: (banking) état *nm*, relevé *nm*; (inf) instruction *nf*

static *nn*: électricité *nf* statique; *adj*: statique; → also *statics*
~ **head**: hauteur *nf* de la pression statique, pression *nf* statique; (pumping) hauteur d'élévation, hauteur de refoulement
~ **hovering**: vol *nm* statique
~ **level meter**: statolimnimètre *nm*
~ **lift**: (aero) force *nf* ascensionnelle statique, sustentation *nf* aérostatique; (pumping) hauteur *nf* d'élévation
~ **thrust**: (of propeller) traction *nf* au point fixe; (of jet engine) poussée *nf* au point fixe

statically, ~ **determinate frame**: portique *nm* statiquement déterminé

staticizer <iser>: convertisseur *nm* série-parallèle, désérialiseur *nm*

staticize <ise> *vb*: convertir de série en parallèle

statics: (radio interference) parasites *nm*; (a science) statique *nf*

station: poste *nm*, station *nf*; (rlwy) gare *nf*
~ **capacity**: puissance *nf* installée
~**-to-station**: (tcm) de poste à poste
~ **wagon**: (auto) break *nm*

stationary: stationnaire
~ **contact**: (el) plot *nm*
~ **wave**: onde *nf* stationnaire

statistical: statistique
~ **quality control**: contrôle *nm* statistique

statistics: statistique *nf*

stator: (of alternator) induit *nm* [fixe], stator *nm*; (of turbine) stator
~ **blade**: aube *nf* fixe
~ **lamination**: tôle *nf* du stator
~ **slot**: encoche *nf* de stator
~ **starter**: démarreur *nm* statorique

status: état *nm*
~ **bit**: bit *nm* d'état
~ **report**: état *nm* [d'avancement] des travaux
~ **return**: profil *nm* d'état

statute, ~ **mile**: mille *nm* anglais (1609 m), mille terrestre

statutory: obligatoire
~ **undertaker**: concessionnaire *nm* de service public

stay, ~ **rod**: contre-fiche *nf*
~ **tube**: tube-tirant *nm*, tube *nm* d'écartement

STD → *subscriber trunk dialling*

steady: régulier, stable
~ **condition**: condition *nf* uniforme, régime *nm* stable
~ **current**: courant *nm* constant, courant permanent
~ **flow**: écoulement *nm* permanent
~ **load**: charge *nf* constante; charge fixe, charge statique
~ **rest**: (on m-t) lunette *nf* fixe
~ **running conditions**: régime *nm* stable
~ **state**: régime *nm* permanent, régime établi
~-**state load**: charge *nf* statique
~-**state operation**: opération *nf* en régime permanent
~-**state test**: essai *nm* en régime permanent

steadying: de stabilisation

steal, *vb* ~ **cycles**: (inf) voler des cycles

steam *nn*: vapeur *nf*; *vb*: vaporiser
~ **chamber**: (on boiler) coffre *nm* à vapeur
~ **chest**: boîte *nf* à vapeur, boîte du tiroir
~ **coil**: serpentin *nm* à vapeur
~ **cracker**: (petr) vapocraqueur *nm*
~ **cracking**: vapocraquage *nm*
~ **curing**: (ceramics) traitement *nm* à la vapeur; (of concrete) étuvage *nm*; (of rubber) vulcanisation *nf* en vapeur
~ **drier**: sécheur *nm* à vapeur
~ **exhaust**: échappement *nm* de la vapeur; (continuous casting) aspiration *nf* de la vapeur
~ **generation**: production *nf* de vapeur
~-**jacketed**: à chemise *nf* à vapeur
~ **jet cleaning**: nettoyage *nm* au jet de vapeur
~ **line**: conduite *nf* de vapeur
~ **oven**: étuve *nf* à vapeur
~ **plant**: centrale *nf* thermique
~ **producer**: générateur *nm* de vapeur
~ **raising**: production *nf* de vapeur
~ **requirements**: besoins *nm* en vapeur
~ **trap**: purgeur *nm* de vapeur

steaming: injection *nf* de vapeur; étuvage *nm*; (tex) décatissage *nm*, vaporisage *nm*
~ **tower**: tour *nf* de traitement à la vapeur

steamtight: étanche à la vapeur

steel: acier *nm*
~ **band**: ruban *nm* d'acier
~ **construction**: construction *nf* métallique
~ **erector**: monteur *nm* de charpentes métalliques
~ **facing**: aciérage *nm*
~ **fixer**: ferrailleur *nm*
~ **frame**: (constr) charpente *nf* métallique
~ **girder**: poutre *nf* métallique
~ **grit**: grenaille *nf* d'acier
~ **joist**: poutrelle *nf* en acier
~ **making**: élaboration *nf* de l'acier
~ **mill**: aciérie *nf*, usine *nf* sidérurgique
~ **rope**: câble *nm* en acier
~-**rubber spring**: ressort *nm* acier-caoutchouc
~-**sheathed cable**: câble *nm* à enveloppe d'acier, câble à gaine d'acier
~ **sheet**: tôle *nf* d'acier
~-**sheet piling**: rideau *nm* de palplanches métalliques
~ **strip**: feuillard *nm* d'acier
~ **structure**: charpente *nf* métallique, construction *nf* métallique
~ **tape armour**: (el) armature *nf* à ruban d'acier, armure *nf* à ruban d'acier
~ **tower**: pylône *nm* (en acier)
~ **tyre**: bandage *nm* métallique, bandage en acier
~ **wool**: laine *nf* d'acier; (coarse) paille *nf* de fer

steelworks: aciérie *nf*

steely: aciéreux

steelyard: balance *nf* romaine, balance à [poids] curseur

steep *adj*: (slope) abrupt, raide; *vb*: tremper
~ **wave**: onde *nf* à front raide
~ **increase**: montée *nf* en flèche
~ **rise**: montée *nf* en flèche; (geographical feature) pente *nf* abrupte, pente raide

steeping: (tex) trempage *nm*

steepness: (of wave front) raideur *nf*

steer *vb*: (aero) faire route (sur), voler à un cap; (auto) diriger; (naut) barrer, gouverner [à un cap], diriger, faire route, mettre le cap sur

steerable: (aerial, beam) orientable

steered, ~ **course**: route *nf* apparente, route au compas

steering *nn*: (auto) direction *nf*; (of beam, crane) orientation *nf*; (space) pilotage *nm*; *adj*: de direction, directeur
~ **and driving axle**: essieu *nm* directeur-moteur
~ **angle**: (auto) angle *nm* de braquage
~ **arm**: (auto) levier *nm* de commande de fusée
~ **axle**: essieu *nm* directeur
~ **box**: boîtier *nm* de direction, boîte *nf* de direction
~ **column**: colonne *nf* de direction
~ **column lock**: antivol *nm* sur la direction
~ **compas**: compas *nm* de route
~ **drop arm**: levier *nm* de direction
~ **engine**: (naut) servomoteur *nm* de barre
~ **gear**: (auto) direction *nf*; (naut) appareil *nm* à gouverner
~ **gear box**: (auto) boîtier *nm* de direction, carter *nm* de direction
~ **gear case** NA : (auto) boîtier *nm* de direction, carter *nm* de direction
~ **gear unit**: boîte *nf* de direction
~ **indicator**: axiomètre *nm*, indicateur *nm* d'angle de barre
~ **knuckle** NA : (auto) fusée *nf* de direction
~ **knuckle pivot** NA : (auto) axe *nm* de pivot de fusée
~ **lever**: levier *nm* de commande de direction, bielle *nf* pendante
~ **linkage**: (auto) timonerie *nf* de direction, tringlerie *nf* de direction
~ **live axle**: pont *nm* à roues motrices et directrices
~ **lock**: angle *nm* de braquage des roues avant
~ **pillar**: colonne *nf* de direction
~ **quadrant**: secteur *nm* de direction
~ **rack**: crémaillère *nf* de direction
~ **stub axle**: porte-fusée *nm*
~ **tie rod** NA : barre *nf* de direction, barre d'accouplement
~ **track rod**: barre *nf* d'accouplement, barre de direction
~ **wheel**: (auto) volant *nm* (de direction); (a roadwheel) roue *nf* directrice; (naut) roue du gouvernail
~ **wobble**: flottement *nm* de la direction

stem *nn*: (of key) queue *nf*; (of pile) fût *nm*; (of retaining wall) voile *nm*; (of rivet) corps *nm*; (of ship) étrave *nf*; (of Tee) âme *nf*; (of thermometer, valve) tige *nf*; *vb*: (a flow) arrêter, endiguer; (a leak) aveugler; (a hole) bourrer
~ **operated lift type disk valve**: soupape *nf*
~ **pinion**: pignon *nm* à queue

stench: odeur *nf* nauséabonde
~ **trap**: siphon *nm* (d'appareil sanitaire, d'évier)

stencil: stencil *nm*, cliché *nm*; (screen printing) pochoir *nm*, écran *nm*

stenter: (tex) rame *nf*
~ **drier**: rame *nf* sécheuse

step *nn*: échelon *nm*, gradin *nm*; (a stage) étape *nf*, phase *nf*; (el) phase *nf*; (a pace) pas *nm*; (stair) marche *nf*, degré *nm*; *vb*: faire avancer (un compteur); → also *steps*
~ **back welding**: soudure *nf* à pas de pélerin
~ **bearing**: (mech) crapaudine *nf*
~ **bit**: trépan *nm* à redans
~**-by-step** «SxS»: par étapes, par paliers; (mech) point par point, pas à pas, progressif
~**-by-step motor**: moteur *nm* pas à pas
~**-by-step resistance**: résistance *nf* graduelle
~**-by-step resistor**: gradateur *nm*, résistance *nf* à plots
~**-by-step selector**: sélecteur *nm* progressif, sélecteur pas à pas
~**-by-step switch**: commutateur *nm* pas à pas
~ **change**: variation *nf* discrète
~ **chuck**: mandrin *nm* étagé
~ **down**: (el) abaisser la tension; (mech) démultiplier

~-**down ratio**: démultiplication *nf*, rapport *nm* de réduction, réduction *nf*
~-**down station**: poste *nm* abaisseur
~-**down transformer**: transformateur *nm* abaisseur, abaisseur *nm* de tension, transformateur *nm* dévolteur, dévolteur *nm*
~ **function**: fonction *nf* échelon
~ **gating**: (fdry) coulée *nf* en source avec attaque intermédiaire
~ **hardening**: trempe *nf* étagée
~ **index**: (optical fiber) saut *nm* d'indice
~ **index fiber**: fibre *nf* à saut d'indice
~ **iron**: (in manhole) échelon *nm*
~ **ladder**: échelle *nf*
~ **motion**: commande *nf* pas à pas
~ **motor**: moteur *nm* pas-à-pas
~ **on the gas**: (auto) appuyer sur le champignon
~ **piston**: piston *nm* différentiel, piston à gradins
~ **pulley**: poulie *nf* à gradins, poulie à cônes, cône *nm* à gradins
~ **relay**: relais *nm* progressif
~ **size**: pas *nm* de progression
~ **spring**: ressort *nm* à lames étagées
~ **switch**: commutateur *nm* à plots, commutateur *nm* à gradins
~ **tracking**: poursuite *nf* par échelons, poursuite pas à pas
~ **up**: accroissement *nm*, augmentation *nf*; (gearing) multiplication *nf*
~-**up ratio**: rapport *nm* de multiplication, multiplication *nf*
~-**up station**: (el) poste *nm* élévateur
~-**up transformer**: transformateur *nm* élévateur, transformateur survolteur, survolteur *nm*
~ **valve**: soupape *nf* à gradins, soupape étagée

stepless: sans discontinuité

stepped: échelonné, à étages, étagé, à gradins, graduel, par degrés, par paliers
~ **addressing**: adressage *nm* à progression chronologique, adressage à progression automatique
~ **coil**: bobine *nf* à enroulement fractionné
~ **footing**: semelle *nf* en gradins, semelle en redans successifs
~ **gear wheel**: pignon *nm* étagé
~ **lens**: lentille *nf* à échelons, lentille à zones
~ **piston**: piston *nm* différentiel, piston étagé
~ **piston ring**: segment *nm* [à extrémités] à recouvrement
~ **pulley**: poulie *nf* étagée
~ **shaft**: arbre *nm* à échelons, arbre à épaulements, arbre à gradins

stepper, ~ **motor**: (robotics) moteur *nm* pas-à-pas

stepping *nn*: échelonnement *nm*; progression *nf*; *adj*: (motor, relay) pas à pas
~ **down**: démultiplication *nf*, réduction *nf*
~ **motor**: moteur *nm* pas à pas
~ **switch**: commutateur *nm* à gradins, sélecteur *nm* pas à pas
~ **up**: accélération *nf*; augmentation *nf*; (el) mise *nf* en circuit progressive

steps: (portable) escabeau *nm*; (stairs) escalier *nm*

stereo → *stereophonic, stereophony*
~ **plotter**: stéréorestituteur *nm*

stereophonic «stereo»: stéréophonique

stereophony «stereo»: stéréophonie *nf*

sterilize <ise> *vb*: stériliser

sterilizer <iser>: stérilisateur *nm*

stern: (of ship) poupe *nf*, arrière *nm*
~ **frame**: cadre *nm* d'hélice, cadre d'étambot
~ **heavy**: lourd sur l'arrière
~ **post**: étambot *nm*
~ **tube**: tube *nm* d'étambot

stevedore: arrimeur *nm*, acconier *nm*, aconier *nm*; NA (an unloader) débardeur *nm*

stick *nn*: bâton *nm*; (aero) manche *nm* à balai; (auto) levier *nm* de changement de vitesse; *vb*: coller
~ **circuit**: circuit *nm* d'automaintien, circuit à autocollage
~ **grenade**: grenade *nf* à manche
~ **insulator**: isolateur *nm* à tige
~ **lac**: laque *nf* en bâtons
~ **magnet**: aimant *nm* droit
~-**on**: adhésif, collable
~-**on label**: étiquette *nf* adhésive, papillon *nm* adhésif
~ **sulphur**: soufre *nm* en canons

sticker: étiquette *nf* collante, étiquette gommée, papillon *nm*, autocollant *nm*; (on magnetic tape) marqueur *nm* de bande, réflecteur *nm*

sticking: adhérence *nf*; (crt) blocage *nm*, persistance *nf*, rémanence *nf*, traînage *nm*; (mech) blocage *nm*, coinçage *nm*, grippage *nm*; (of piston ring) collage

nm, gommage *nm*
~ **to 1**: défaut *nm* de collage à 1
~ **voltage**: (crt) tension *nf* de blocage

sticky: collant

stiction NA : (static friction) frottement *nm* statique

stiff: raide, rigide; (viscous) épais
~ **frame**: (constr) portique *nm* hyperstatique
~ **leg**: jambe *nf* de force

stiffener: raidisseur *nm*; entretoise *nf*, contrefort *nm*; renfort *nm*, nervure *nf*

stiffening: raidissement *nm*; renforcement *nm*; (of building) consolidation *nf*; (of suspension) durcissement *nm*
~ **plate**: plaque *nf* de renfort, tôle *nf* de renfort
~ **rib**: nervure *nf* de renforcement, nervure raidisseuse

stiffness: raideur *nf*, rigidité *nf*; (of a moving part) résistance *nf* au mouvement; (of paste) épaisseur *nf*

stile: (of door, window) montant *nm*

still *nn*: (distillation) alambic *nm*; (a still picture) image *nf* fixe, vue *nf* fixe; *adj*: tranquille
~ **air**: air *nm* calme
~ **coke**: coke *nm* de cornue
~ **frame**: arrêt *nm* sur image, image *nf* arrêtée
~ **gas**: gaz *nm* de distillation

Stillson, ~ **wrench**: clé *nf* à tube, clé serre-tube

stilted, ~ **arch**: arc *nm* surélevé

stilting: surhaussement *nm* (de voûte)

sting: (wind tunnel) dard *nm*; balance-dard *nf*

stir *vb*: remuer, agiter

stirrer: agitateur *nm*, mélangeur *nm*

stirrup: étrier *nm*
~ **bolt**: étrier *nm* fileté

stitch *nn*: (sewing) point *nm*; *vb*: (graph) brocher; (sewing) coudre, piquer
~ **welding**: soudure *nf* par points

stitching: (graph) brochage *nm*; (sewing) couture *nf*
~ **wire**: fil *nm* à brocher

STN → *switched telephone network*

stock: (of gun) crosse *nf*; (of machinery, housing) parc *nm*; (pap) pâte *nf*; (stores) stock *nm*; *adj*: de série, courant; *vb*: stocker; → also *stocks*
~ **and bit**: vilebrequin *nm* et mèche
~ **bath**: (tex) bain-mère *nm*
~ **chest**: (pap) cuvier *nm* à pâte
~ **column**: (met) colonne *nf* des charges
~ **on order**: attendus *nm*
~ **pile**: stocks *nm* de réserve
~ **piling**: (mechanical handling) mise *nf* en tas
~ **position**: état *nm* des stocks
~ **preparation**: (pap) traitement *nm* de la pâte, préparation *nf* de la pâte
~ **production**: fabrication *nf* courante, fabrication en série
~ **removal**: (met) enlèvement *nm* de copeaux
~ **shot**: image *nf* d'archives
~ **size**: taille *nf* courante
~ **taking**: inventaire *nm*
~ **yard**: parc *nm* à matériaux, parc de stockage

stockout: rupture *nf* de stock

stockroom: magasin *nm*

stocks: (naut) ligne *nf* de tins, tins *nm* de cale sèche, cale *nf* de construction navale, chantiers *nm* de construction

stoke *vb*: chauffer une chaudière

stokehold: chambre *nf* de chauffe, chaufferie *nf*

stoker: chauffeur *nm* (de chaudière), chargeur *nm* [mécanique]; (on ship) soutier *nm*

stoking: chauffe *nf*, chauffage *nm*, alimentation *nf* (d'un foyer)

stoking: conduite *nf* du feu

STOL → *short take-off and landing*

stolport: adacport *nm*

stone: pierre *nf*
~ **chippings**: cailloutis *nm*, gravillons *nm*
~ **drift**: galerie *nf* au rocher

~ **dust**: poussière *nf* minérale; (mining) pierre *nf* inerte, stériles *nm*
~ **grinder**: lapidaire *nm*
~ **guard**: (rlwy) pare-pierres *nm*
~ **mason**: tailleur *nm* de pierres

stoneware: grès *nm* cérame

stonework: maçonnerie *nf* en pierres

stoneworking: abattage *nm* de la pierre

stony: pierreux, rocailleux

stool: (mech) chaise *nf* d'arbre; (for motor) lanterne-support *nf*; (a seat) tabouret *nm*

stop *nn*: arrêt *nm*, interruption *nf*; (mech) butée *nf*; *vb*: arrêter, interrompre; (a hole, pipe) boucher, obturer, tamponner
~ **a leak**: arrêter une fuite; (on ship) aveugler une voie d'eau
~ **cock**: robinet *nm* d'arrêt, robinet de fermeture
~ **collar**: bague *nf* d'arrêt, collier *nm* d'arrêt, bague de butée, collet *nm* de butée
~ **dead**: s'arrêter net; se bloquer
~ **dog**: cliquet *nm* d'arrêt
~ **down**: (phot) diaphragmer
~ **filter**: (eon) filtre *nm* d'arrêt
~ **frame mode**: (video) arrêt *nm* sur image
~-**go**: marche-arrêt
~ **motion**: (cinema) prise *nf* de vues image par image; (tex) casse-fil *nm*, mécanisme *nm* d'arrêt
~ **notch**: cran *nm* d'arrêt
~ **nut**: contre-écrou *nm*
~ **pin**: boulon *nm* de butée
~ **press**: dernière minute *nf*
~ **screw**: vis *nf* de butée, vis d'arrêt
~ **send signal**: signal *nm* d'arrêt d'émission
~ **street** NA: rue *nf* non prioritaire
~ **up**: étancher, luter
~ **washer**: rondelle *nf* d'arrêt, rondelle de butée
~ **watch**: chronomètre *nm*
~ **work**: débrayer

stopcock: robinet *nm* de barrage, robinet d'arrêt

stoping: (mining) abat[t]age *nm* en gradins

stoplight: (auto) feu *nm* de stop

stopover NA : (aero) arrêt *nm*, interruption *nf* du voyage; (by navy) escale *nf*

stoppage: arrêt *nm*; mise *nf* au repos; (outage) panne *nf*

stopper: bouchon *nm*, obturateur *nm*, tampon *nm*; mastic *nm*, bouche-pores *nm*
~ **circuit**: circuit *nm* bouchon
~ **ladle**: (casting) poche *nf* à quenouille

stopping, ~ **distance**: (auto) distance *nf* d'arrêt
~ **knife**: couteau *nm* à reboucher
~ **power**: (nuc) pouvoir *nm* d'arrêt
~ **time**: durée *nf* de mise à l'arrêt; (auto) durée *nf* de décélération

storage: emmagasinage *nm*, mise *nf* en stock, stockage *nm*; (in furniture) rangement *nm*; (inf) mémoire *nf*, mémorisation *nf*; (in marshalling yard) remisage *nm*
~ **area**: (inf) zone *nf* de rangement, zone de mémorisation; (for materials) aire *nf* de stockage
~ **battery**: accumulateur *nm*, batterie *nf* (d'accumulateurs)
~ **card**: (inf) carte *nf* à mémoire
~ **cell**: (el) élément *nm* d'accumulateur, accumulateur *nm*; (inf) cellule *nf* de mémoire
~ **density**: (inf) densité *nf* d'enregistrement
~ **environment**: conditions *nf* de stockage
~ **heating**: chauffage *nm* par accumulation
~ **life**: durée *nf* de conservation
~ **medium**: support *nm* mémoire
~ **module drive** «SMD»: chargeur *nm*
~ **oscilloscope**: oscilloscope *nm* à mémoire
~ **power station**: usine *nf* de barrage
~ **register**: registre *nm* de mémoire
~ **requirements**: encombrement *nm*
~ **tank**: réservoir *nm* d'emmagasinage, réservoir de stockage
~ **test**: essai *nm* de conservation
~ **unit**: élément *nm* de rangement, meuble *nm* de rangement
~ **vault**: local *nm* à archives

store *nn*: (inf) mémoire *nf*; (a shop) magasin *nm*; (for stocks) magasin *nm*; **stores**: provisions *nf*; grands magasins *nm*; *vb*: ranger; conserver, stocker; enregistrer, mémoriser
~ **clerk**: magasinier *nm*
~ **keeper**: magasinier *nm*

stored, ~ **program**: programme *nm* enregistré

storeship: ravitailleur *nm*

storey: étage *nm*

storing: emmagasinage *nm*, mise *nf* en stock; (inf) mémorisation *nf*, mise en mémoire
~ **temperature**: température *nf* de stockage

storm: tempête *nf*
~ **choke**: (petr) clapet *nm* de sécurité; (natural gas) duse *nf* de fond
~ **door**: contre-porte *nf*
~ **oil**: huile *nf* de filage, huile filante
~ **sewer**: égout *nm* pluvial
~ **water**: eaux *nf* pluviables
~ **water run-off**: apport *nm* pluvial, eaux *nf* pluviales

story NA → *storey*

stove: poêle *nm*
~ **enamel**: émail *nm* au four
~ **finish**: émail *nm* au four

stoving: (of enamel) étuvage *nm*, cuisson *nf* au four

stow *vb*: (mining) remblayer; (naut) arrimer

stowage: (mining) remblayage *nm*; (naut) arrimage *nm*

stowing, ~ **machine**: remblayeuse *nf*

straddle *vb*: être à cheval sur; (mil) encadrer un objectif, tirer à la fourchette
~ **carrier**: chariot *nm* cavalier, cavalier *nm*
~ **crane**: portique *nm* roulant
~ **milling**: fraisage *nm* combiné

straight: (course, flight, spline) droit, rectiligne; (hole) cylindrique
~ **arch**: plate-bande *nf*
~ **bevel gear**: roue *nf* conique [à denture] droite
~ **binary**: binaire pur
~ **edge**: (mech) règle *nf* (de précision)
~ **eight engine**: moteur *nm* à 8 cylindres en ligne
~ **flow**: écoulement *nm* direct
~-**flow furnace**: four *nm* continu
~-**grained timber**: bois *nm* de fil droit, bois de fil rectiligne
~ **line**: ligne *nf* droite; (aero) à vol d'oiseau
~ **line coding**: programmation *nf* sans boucle
~ **matter**: (graph) composition *nf* courante, composition simple
~ **oil**: huile *nf* pure
~ **run distillation** «SR»: distillation *nf* directe, première distillation
~ **run product**: produit *nm* de distillation directe, produit de première distillation
~ **section**: (of piping, road) partie *nf* droite, tronçon *nm* droit
~ **shank**: queue *nf* cylindrique
~-**through**: à passage direct
~-**through connector**: connecteur *nm* intermédiaire
~-**through type piston pump**: pompe *nf* à pistons à passage direct

straighten *vb*: redresser, dégauchir; (rolling) dresser
~ **out**: (aero) se rétablir; (a wire) redresser

straightener: dégauchisseuse *nf*

straightening: redressement *nm*; (of road) rectification *nf*; (of sheet metal) dressage *nm*, dégauchissement *nm*; (of wood) dégauchissement
~ **plate**: marbre *nm* à dresser
~ **press**: presse *nf* à dresser

straightforward: simple

straightness: rectitude *nf*

straightway, ~ **valve** NA : robinet *nm* à passage intégral, vanne *nf* à passage intégral

strain *nn*: déformation *nf* (sous sollicitation); *vb*: exercer un effort sur, fatiguer; forcer, fausser; tamiser, filtrer
~ **gauge**: extensomètre *nm*, jauge *nf* de contrainte
~ **hardening**: écrouissage *nm*
~ **insulator**: isolateur *nm* d'ancrage
~ **relief**: (el) serre-câble *nm*

strainer: crépine *nf*, tamis *nm*
~ **cap**: bouchon *nm* filtre
~ **filter**: filtre *nm* à tamis

straining: tension *nf*; filtration *nf*
~ **screw**: tendeur *nm* à vis

strake: (naut) virure *nf*

strand *nn*: (of belt) brin *nm*; (of cable) toron *nm*; (of electric cable) conducteur *nm*; (plast) fil *nm* de base; (a shore) grève *nf*, rivage *nm*; *vb*: toronner

stranded: câblé, toronné; (ship) échoué

~ **conductor**: conducteur *nm* câblé, conducteur multibrin
~ **wire**: fil *nm* torsadé, fil toronné

stranding: (of cable) toronnage *nm*; (of ship) échouage *nm*
~ **machine**: toronneuse *nf*

strap: collier *nm* de fixation, étrier *nm* de fixation; (a belt) bande *nf*, courroie *nf*, ruban *nm*; (eon, tcm) fil *nm* de connexion, connexion *nf*, cavalier *nm*; (of an eccentric) collier; (of pulley) estrope *nf*; (of spring) bride *nf*; *vb*: (el) connecter, brancher; (packing) cercler
~ **bolt**: étrier *nm* fileté
~ **brake**: frein *nm* à bande, frein *nm* à ruban
~ **drive**: transmission *nf* à courroie
~ **hinge**: penture *nf*
~ **iron**: feuillard *nm* pour cercler les emballages
~ **on**: accoler, joindre
~ **on booster**: (space) pousseur *nm* latéral
~ **striker**: fourchette *nf* d'embrayage et de débrayage

strappable: connectable par cavalier

strapping: (of bundle) cerclage *nm*; (mech) courroies *nf*; (eon, tcm) câblage *nm*, connexion *nf*; (packaging) banderolage *nm*, enrubannage *nm*
~ **machine**: cercleuse *nf*

stratified: (geol) stratifié

stratum: strate *nf*, couche *nf* (géologique)

straw: paille *nf*

strawboard: carton *nm* paille

stray: (el) parasite, vagabond
~ **capacitance**: capacité *nf* parasite
~ **current**: courant *nm* parasite, courant vagabond, courant de fuite
~ **current corrosion**: corrosion *nf* par courants vagabonds
~ **emission**: émission *nf* parasite
~ **flux**: flux *nm* de dispersion, flux de fuite
~ **heat**: chaleur *nf* perdue (par dissipation)

streak: (geol) traînée *nf*; (in paint) fusée *nf*, traînée; (tv) filage *nm* d'image

streaking: formation de traînées; (tv) filage *nm* d'image, traînage *nm* de l'image

stream: (from an aerosol) jet *nm*; (of data) flot *nm*, chaîne *nf*, suite *nf*, train *nm*; (a river) cours *nm* d'eau; (of traffic) courant *nm*
~ **day**: (petr) jour *nm* de fonctionnement (d'une raffinerie)
~ **file**: fichier *nm* de communication
~ **line**: ligne *nf* de courant
~ **the log**: filer le loch

streaming: (inf) enregistrement *nm* et lecture en continu; (nuc) effet *nm* de canalisation
~ **drive**: (inf) dérouleur *nm* en continu

streamline *vb*: (mech) caréner, profiler; (organisation) moderniser, rationaliser, simplifier

streamlined: aérodynamique, caréné; rationalisé, simplifié

streamlining: carénage *nm*, profilage *nm*

street: rue *nf*
~ **floor** NA : rez-de-chaussée *nm*
~ **furnishings**: mobilier *nm* urbain
~ **lamp**: réverbère *nm*
~ **lighting**: éclairage *nm* de la voie publique
~ **line**: (of a building) alignement *nm*
~ **sprayer**: arroseuse *nf* (municipale)
~ **sweeper**: balayeuse *nf* (municipale)
~ **work** NA : travaux *nm* de voirie

streetcar NA : tramway *nm*

strength: force *nf*, puissance *nf*, robustesse *nf*; (of colour, current) intensité *nf*; (mech, physics) résistance *nf*; (of signal) intensité *nf* de réception, puissance *nf* du signal; (of solution) force; (of foundry sand) corps *nm*
~ **function**: (nuc) fonction *nf* densité
~ **member**: (constr) élément *nm* porteur
~ **of materials**: résistance *nf* des matériaux
~ **test**: essai *nm* de résistance

strengthen *vb*: raidir, renforcer; (a structure) conforter, consolider; (a solution) enrichir, concentrer

strengthening, ~ piece: renfort *nm*
~ **ring**: anneau *nm* de raidissement

stress *nn*: contrainte *nf*, effort *nm*, sollicitation *nf*, travail *nm* à la sollicitation, travail en sollicitation; *vb*: charger, faire travailler, solliciter
~ **corrosion**: corrosion *nf* sous contrainte, corrosion sous tension
~ **corrosion cracking**: fissuration *nf* par corrosion sous tension, fissuration par corrosion sous contrainte
~ **raiser**: point *nm* de concentration des tensions
~ **relaxation**: (met) relaxation *nf* des contraintes; (plast) relaxation en contrainte
~ **relief**: (met) détente *nf*, relaxation *nf* des contraintes, stabilisation *nf*
~ **relief treatment**: traitement *nm* de détente, traitement de suppression des tensions
~ **relieving**: détente *nf*; (of internal stresses) détensionnement *nm*, relaxation *nf* des contraintes
~ **reversal**: inversion *nf* des sollicitations
~**-strain curve**: courbe *nf* des contraintes-déformations

stretch *nn*: (of land, water) étendue *nf*; *vb*: tendre; allonger, étirer; (a cable) bander
~ **at break**: allongement *nm* à la rupture par traction
~ **fabric**: tissu *nm* extensible
~ **forming**: (plast) drapage *nm*, formage *nm* sur moule positif
~ **out** *nn*: étirage *nm*; (reactor) déchargement *nm* différé; *vb*: étirer; (resources) utiliser au maximum
~ **reducing mill**: laminoir *nm* étireur-réducteur
~ **thermoforming**: (plast) thermoformage *nm* par emboutissage

stretcher: tendeur *nm*; (in brickwork) panneresse *nf*
~ **bar**: (plast) mandrin *nm* extensible, rouleau *nm* anti-plis, extenseur *nm*, déplisseur *nm*
~ **bond**: appareil *nm* en panneresses
~ **leveller**: planeuse *nf*
~ **pulley**: tendeur *nm* de courroie

stretching *nn*: (tex) élasticité *nf*, extensibilité *nf*; *adj*: tendeur
~ **machine**: (rolling) planeuse *nf* (à tôles)
~ **pulley**: galopin *nm* de tension, poulie *nf* de tension
~ **screw**: tendeur *nm*, ridoir *nm*

strickle, ~ **board**: (fdry) trousseau *nm*
~ **moulding**: moulage *nm* au trousseau

strike *nn*: (by labour force) grève *nf*; (of lock) gâche *nf*; (mech, mil) attaque *nf*; (mining, petr) découverte *nf* d'un gisement; *vb*: frapper; (a match) frotter une allumette; (a spark) faire jaillir une étincelle; (mining, petr) atteindre, rencontrer (une nappe, un gisement)
~ **an arc**: faire jaillir un arc
~ **bath**: bain *nm* d'amorçage
~ **deposit**: (plating) dépôt *nm* amorce
~ **off**: araser, racler; (concrete, plaster) araser, dresser à la règle
~ **off a pile**: recéper
~ **oil**: découvrir du pétrole
~ **the centres of an arch**: (constr) décintrer
~ **through**: (of ink) transpercement *nm*, pénétration *nf* de l'encre dans le papier; (of paint) ressuage *nm*, remontée *nf*, saignement *nm*
~ **wheel**: (drawing frame) roue *nf* de renversement

striker: (of drive belt) fourchette *nf* de débrayage et d'embrayage; (el) percuteur *nm*; (labour) gréviste *nm*
~ **pin**: (of fuse) téton *nm* de signalisation de fusion

striking *nn*: (of an arc) amorçage *nm*; (of an arch) décintrement *nm*, décoffrage *nm*, démoulage *nm*; (of forms, shuttering) décoffrage *nm*, démoulage *nm*; *adj*: (mech) d'attaque
~ **gear**: passe-courroie *nm*, embrayeur/débrayeur de courroie
~ **off**: arasement *nm*
~ **point**: centre *nm* du tracé d'un arc
~ **roller**: came *nf*, galet *nm* d'entraînement
~ **voltage**: tension *nf* d'allumage, tension d'amorçage

string: corde *nf*, ficelle *nf*; (of barges) train *nm* de bateaux; (of bits) chaîne *nf*; (of cars) file *nf*; (of drill pipes) train *nm*; (of insulators) chaîne *nf* d'isolateurs; (of stairs) limon *nm*; (of wagons) rame *nf*
~ **drive**: transmission *nf* par corde
~ **galvanometer**: galvanomètre *nm* à corde
~ **of casing**: (petr) colonne *nf* de tubage
~ **of rods**: (petr) train *nm* de tiges
~ **of tools**: (drilling) chapelet *nm* d'outils
~ **oscillograph**: oscillographe *nm* à corde

stringer: (constr) poutrelle *nf* longitudinale; (geol) filet *nm* de minerai; (laying of pipeline) chef *nm* de chantier de pose

stringy: fibreux

strip *nn*: (aero) bande *nf* d'atterrissage; (a floorboard) lame *nf* de parquet, frise *nf*; (met) bande *nf*, feuillard *nm*; (phot) bande *nf* photographique; *vb*: (a casting) décocher; (concrete) décoffrer; (ingots) démouler; (paint, wood) décaper; (a site) enlever les terrains de couverture; (a thread) foirer un filet; (a wire) dénuder
~ **chart recorder**: appareil *nm* enregistreur à bande
~ **copper test**: essai *nm* à la lame de cuivre
~ **development**: urbanisation *nf* en ruban
~ **down**: (a machine) démonter
~ **footing**: semelle *nf* filante
~ **fuse**: fusible *nm* à lame, coupe-circuit *nm* à lame
~ **iron**: feuillard *nm*
~ **light**: rampe *nf* d'éclairage, bandeau *nm* lumineux
~ **lighting**: éclairage *nm* par bandes lumineuses
~ **mill**: laminoir *nm* à bande, laminoir à feuillards, train à bandes
~ **mining**: exploitation *nf* par découverte
~ **packaging**: emballage *nm* au mètre
~ **pit**: carrière *nf* à ciel ouvert, exploitation *nf* à ciel ouvert
~ **terminal**: (el) borne *nf* plate

stripped, ~ **atom**: atome *nm* dépouillé
~ **gas**: gaz *nm* désessencié, gaz rectifié
~ **thread**: filet *nm* foiré
~ **wire**: fil *nm* dénudé

stripper: (el) pince *nf* à dénuder, machine à dénuder; (met) démouleuse *nf*; (petr) épuiseur *nm*, dégazolineur *nm*
~ **crane**: (met) pont *nm* roulant strippeur
~ **plant**: (petr) unité *nf* de dégazolinage, unité de rectification
~ **plate**: plaque *nf* dévêtisseuse, plaque de dévêtissage

stripping: (carding) débourrage *nm*; (c.e.) découverture *nf*, enlèvement *nm* des terrains de couverture; (chem) extraction *nf*, lavage *nm*, NA réextraction *nf*; (of container) dépotage *nm*; (mech) déshabillage *nm*; (mining) dépilage *nm*; (of mould) démoulage *nm*; (nuc) stripage *nm*; (petr) dégazolinage *nm*, désessenciement *nm*, rectification *nf*; (of thread) arrachement *nm*; (of topsoil) décapage *nm* des terres végétales; (of wire) dénudation *nf*
~ **agent**: (concreting) agent *nm* de décoffrage; (dyeing) agent de démontage; (plast) agent séparateur
~ **comb**: (tex) peigne *nm* débourreur
~ **crane**: pont *nm* strippeur, pont démouleur
~ **knife**: (for wallpapering) couteau *nm* à égrener
~ **pin**: chandelle *nf* de démoulage
~ **pliers**: pince *nf* à dénuder
~ **pump**: pompe *nf* d'assèchement
~ **roller**: (carding) cylindre *nm* débourreur

strobe *nn*: signal *nm* d'échantillonnage; *vb*: échantillonner
~ **pulse**: impulsion *nf* stroboscopique

stroboscope *nm* stroboscope *nm*

stroke: (of engine) temps *nm*; (of hammer) coup *nm*; (inf) frappe *nf* (au clavier); (of moving contact) déplacement *nm*; (of pen) trait *nm*; (of piston) course *nf*, levée *nf*
~ **capacity**: (of engine) cylindrée *nf*
~ **counter**: (m-t) compte-coups *nm*
~ **edge**: (inf) bord *nm* de segment
~ **in**: (inf) introduire au clavier
~ **volume**: cylindrée *nf* (d'un cylindre)

strong: fort, solide, résistant
~ **clay**: argile *nf* grasse
~ **current**: (el) courant *nm* intense, courant de force motrice; (hydrology) courant rapide
~ **ink**: encre *nf* ferme
~ **sand**: (fdry) sable *nm* gras
~ **signal**: (tcm) bonne réception *nf*
~ **varnish**: vernis *nm* fort

strongroom: chambre *nf* forte

strop NA → *strap*

struck: (capacity) à ras; (scaffolding) démonté

structural: de charpente, porteur; NA de construction
~ **engineer**: ingénieur *nm* architecte
~ **foam**: mousse *nf* à peau intégrée, mousse structurée
~ **member**: élément *nm* porteur; pièce *nf* de charpente
~ **shape**: profilé *nm* en acier
~ **steel**: acier *nm* de construction
~ **steelwork**: charpente *nf* métallique
~ **work**: (constr) gros ouvrage *nm*

structure *nn*: charpente *nf*, ossature *nf*; (c.e.) ouvrage *nm* d'art, gros ouvrage; NA construction *nf*; *vb*: organiser, structurer

~ **around**: (inf) articuler sur
~ **gauge**: (rlwy) gabarit *nm* des obstacles
~**-soil potential**: potentiel *nm* entre structure et milieu ambiant

structured, ~ **programming** «SP»: programmation *nf* structurée

strut: jambe *nf* de force (en traction ou en compression), contre-fiche *nf*, diagonale *nf*, pièce *nf* travaillant à la compression; (mining, trench) étai *nm*

strutting: étançonnement *nm*, étrésillonnement *nm*

stub: souche *nf*, tronc *nm*, tronçon *nm*; (a cable) amorce *nf*, câble-amorce *nm*, câble *nm* d'amorce; (of cheque, receipt) talon *nm*, souche *nf*; (of tile) tenon *nm*; (of tower) embase *nf* de pylône; (of tree) souche; (of waveguide) bras *nm* de réactance
~ **axle**: (auto) fusée *nf*
~ **axle spindle**: pivot *nm* de fusée
~ **axle swivel**: porte-fusée *nm*
~ **bar**: (for reinforced concrete) acier *nm* en attente
~ **drill**: foret *nm* extra-court
~**-end track**: (rlwy) voie *nf* en cul-de-sac
~ **mortise**: mortaise *nf* aveugle, mortaise borgne
~ **nail**: caboche *nf*
~ **pipe**: (auto) pipe *nm* d'échappement
~ **shaft**: bout *nm* d'arbre moteur; (el) faux arbre
~ **teeth**: denture *nf* tronquée
~ **terminal** NA : gare *nf* en cul-de-sac, gare tête de ligne
~ **tuner**: adaptateur *nm* à bras
~ **wing**: (aero) moignon *nm* d'aile

stubbing: raboutage *nm*; (of ground) essouchement *nm*

stucco: enduit *nm* extérieur en plâtre; (marble imitation) stuc *nm*

stuck : collé; (mech) grippé, coincé
~ **ring**: (of piston) segment *nm* gommé

stud: (of armature, of contact) plot *nm*; (of chain) étai *nm*, étançon *nm*; (mech) goujon *nm* fileté, (driven with gun) spit *nm*; (in road) clou *nm*; (of timber frame) poteau *nm*; (on tyre) clou *nm* à glace
~ **bolt**: goujon *nm* fileté, boulon *nm* fileté; prisonnier *nm*
~ **driving**: spittage *nm*
~ **gun**: pistolet *nm* de scellement
~ **link chain**: chaîne *nf* étançonnée, chaîne à étais
~ **link**: maille *nf* étançonnée, maille à étai
~ **pin**: goujon *nm*
~ **shooting**: spittage *nm*
~ **terminal**: (el) borne *nf* à tige
~ **welding**: soudage *nm* de goujons
~ **wheel**: roue *nf* intermédiaire

studded, ~ **tyre**: pneu *nm* à clous, pneu à crampons

studio: (broadcasting, constr, phot) studio *nm*

stuff *nn*: (materials) matières *nf*, matériaux *nm*; (mortar) mortier *nm*; (pap) pâte *nf*; (timber) bois *nm* scié; *vb*: bourrer, boucher; étouper; rembourrer
~ **catcher**: (pap) ramasse-pâte *nm*
~ **chest**: (pap) cuvier *nm* à pâte
~ **sizing**: (pap) collage *nm* en pâte, collage dans la masse

stuffer: (plast, rubber) NA presse *nf* à filer

stuffing: bourrage *nm*; (of container) empotage *nm*; (inf) bourrage *nm*, remplissage *nm*
~ **bit**: bit *nm* de bourrage
~ **box**: presse-étoupe *nm*
~ **box gland**: fouloir *nm*
~ **box packing**: garniture *nf* de presse-étoupe
~ **character**: caractère *nm* de bourrage, caractère de remplissage

stump: (of tree) souche *nf*

stunt, ~ **box**: (tcm) coffret *nm* de commande

sturdy: robuste

STX → *start of text*

stylus: (of measuring or recording instrument) style *nm*, stylet *nm*; (of m-t) pointe *nf* du palpeur; (of pick up) pointe *nf* de lecture, aiguille *nf*
~ **force**: force *nf* d'appui
~ **instrument**: instrument *nm* à palpeur
~ **recorder**: enregistreur *nm* à style

styrene: styrène *nm*
~ **butadiene rubber** «SBR»: caoutchouc *nm* styrène-butadiène
~ **plastic**: plastique *nm* styrénique

~ **rubber plastic**: plastique *nm* styrène-caoutchouc

SLSI → *super-large scale integration*

STX → *start of text*

subaggregate: sous-agrégat *nm*

subangular, ~ **grain**: particule *nf* à arêtes arrondies

subaqueous: immergé, sous-marin
~ **microphone**: hydrophone *nm*

subassembly: sous-ensemble *nm*, sous-groupe *nm* (de pièces)

subatmospheric, ~ **pressure**: pression *nf* sous-atmosphérique

subaudio: infra-acoustique

subcarrier: sous-porteuse *nf*
~ **modulation**: modulation *nf* par sous-porteuse

subchannel: sous-canal *nm*, sous-voie *nf*

subchannelling <eling>: subdivision *nf* des voies

subclass: sous-classe *nf*

subcomponent: sous-composant *nm*

subcontract *vb*: sous-traiter; commander à un façonnier, confier à un façonnier

subcontractor: sous-traitant *nm*

subcontrol, ~ **station**: (tcm) station *nf* sous-directrice

subcooled: sous-refroidi

subcooling: sous-refroidissement *nm*

subcritical: sous-critique
~ **flow**: écoulement *nm* fluvial, écoulement tranquille

subdivide *vb*: subdiviser

sub-entry: (inf) sous-rubrique *nf*

subfeeder: feeder *nm* secondaire
~ **cable**: câble *nm* de transport secondaire, câble de distribution

subfield: sous-champ *nm*, sous-zone *nf*

subfloor: faux-plancher *nm*, sous-plancher *nm*

subflooring: support *nm* de revêtement de sol

subframe: (auto) faux-châssis *nm*; (of door) pré-dormant *nm*, pré-cadre *nm* dormant; (of locomotive) châssis *nm* secondaire, châssis auxiliaire; (of structure) ossature *nf* secondaire; (tcm, tv) secteur *nm* de trame, sous-trame *nf*

subgrade NA : couche *nf* de fondation, terrain *nm* de fondation

subheading: sous-titre *nm*

sub-key: (inf) sous-indicatif *nm*

sublimate: sublimé *nm*

submachine, ~ **gun**: pistolet-mitrailleur *nm* «PM», mitraillette *nf*

submarine *nn* «S/M»: sous-marin *nm*; *adj*: sous-marin
~ **cable link**: liaison *nf* par câble sous-marin

submerge *vb*: submerger, noyer

submerged, ~ **arc welding**: soudage *nm* à l'arc sous flux
~ **cooler**: refroidisseur *nm* immergé
~ **jet**: gicleur *nm* noyé
~ **pump**: pompe *nf* immergée
~ **repeater**: répéteur *nm* immergé, répéteur *nm* sous-marin
~ **run**: (of submarine) parcours *nm* en plongée
~ **telephone link**: liaison *nf* téléphonique sous-marine

subminiature: subminiature

submultiplexing: sous-multiplexage *nm*

subrefraction: infraréfraction *nf*

subroutine: sous-programme *nm*

subsample: échantillon *nm* réduit

subscreen: sous-écran *nm*, partie *nf* d'écran, section *nf* d'écran

subscriber: abonné *nm*

~ **dialled call**: communication *nf* en service automatique
~ **dialling**: appel *nm* direct, numérotation *nf* directe
~ **service wire**: branchement *nm* d'abonné
~ **trunk dialling** «STD»: automatique *nm* interurbain
~**'s set**: appareil *nm* d'abonné, téléphone *nm* d'abonné

subscript: indice *nm* inférieur

subset: (maths) sous-ensemble *nm*; (subscriber's telephone set) appareil *nm* d'abonné, téléphone *nm* d'abonné; (tcm) modem *nm*

subsidence: affaissement *nm* (du sol)

subsoil: (below formation level) tréfonds *nm*; (below topsoil) sous-sol *nm*

subsonic: (aero) subsonique

substance: substance *nf*; (pap) grammage *nm*

substation: sous-station *nf*

substitute *adj*: de remplacement; équivalent; *vb*: remplacer

substrate: (chem, s.c.) substrat *nm*; (painting) subjectile *nm*

substructure: fondement *nm*; (constr) infrastructure *nf*

subsurface: souterrain

subtelephone, ~ frequency: fréquence *nf* infra-téléphonique

subterranean: souterrain

subtotal: sous-total *nm*, total *nm* partiel

subtractive, ~ filter: filtre *nm* soustractif
~ **process**: procédé *nm* par soustraction, procédé soustractif

subtrahend: (inf) diminuteur *nm*

subtransient: subtransitoire

suburban: suburbain, de banlieue
~ **line**: ligne *nf* de banlieue

subway: (for cables) tunnel *nm*; (means of transport) NA métro *nm*; (under road) passage *nm* souterrain

subzero, ~ temperature: température *nf* inférieure à 0

successful, ~ bidder: adjudicataire *nm*

sucker: (a piston) piston *nm* plongeur aspirant; (a suction cup) ventouse *nf*
~ **rod**: (petr) tige *nf* de pompage

sucking *nn*: aspiration *nf*, succion *nf*; *adj*: aspirant, d'aspiration
~ **and forcing pump**: pompe *nf* aspirante et foulante, pompe à double effet
~ **coil**: bobine *nf* à noyau plongeur
~ **pump**: pompe *nf* aspirante

suction: aspiration *nf*, succion *nf*; (a draft) appel *nm* d'air; (on lee side) dépression *nf*
~ **carburettor**: carburateur *nm* à dépression
~ **cup**: ventouse *nf*
~ **dredge**: drague *nf* suceuse, drague aspirante
~ **face**: (of blade, propeller) extrados *nm*
~ **fan**: ventilateur *nm* aspirant, aspirateur *nm*
~ **filter**: filtre *nm* aspirant
~ **head**: hauteur *nf* d'aspiration
~ **hood**: hotte *nf* aspirante, hotte d'aspiration
~ **manifold**: collecteur *nm* d'aspiration, tubulure *nf* d'admission
~ **stroke**: temps *nm* d'aspiration; (auto) course *nf* d'admission
~ **time**: (of pump) temps *nm* d'amorçage
~ **valve**: soupape *nf* d'aspiration, soupape d'admission
~ **wind loading**: dépression *nf* du vent

sudden, ~ change: saute *nf* (de pression, de température, de vent)

suds: (m-t coolant) eau *nf* de savon

suffix, ~ notation: notation *nf* polonaise inversée, notation suffixée

suit *nn*: jeu *nm*; *vb*: convenir, être apte à
~ **of sails**: jeu *nm* de voiles

suitability: aptitude *nf* (à l'emploi)

suitable: apte à l'emploi

suite: (inf) ensemble *nm* de programmes
~ **of rooms**: enfilade *nf* de pièces; (in hotel) appartement *nm*
~ **of rows**: (tcm) travée *nf*

sulf... NA → *sulph...*

sullage: (geol) boue *nf* alluvionnaire; (drainage, sewage) eaux *nf* d'égout, eaux usées

sulphating *nn*: (of battery) sulfatation *nf*; (agriculture) sulfatage *nm*; *adj*: sulfateur

sulphide *nn*: sulfure *nm*; *adj*: sulfuré

sulphitation: sulfitage *nm*

sulphite: sulfite *nm*
~ **pulp**: (pap) pâte *nf* au bisulfite

sulphonated: sulfoné

sulphosalt: sulfosel *nm*

sulphur *nn*: soufre *nm*; *vb*: soufrer
~ **flower**: fleur *nf* de soufre
~ **resist**: (tex) réserve *nf* au soufre

sulphureous: sulfureux

sulphuric, ~ acid: acide *nm* sulfurique

sulphurize <ise> *vb*: sulfuriser

sum *nn*: somme *nf*, total *nm*; *vb*: totaliser, additionner
~ **check**: (inf) contrôle *nm* par totalisation
~ **total**: montant *nm* total, somme *nf* globale
~ **up**: totaliser; résumer

summand: opérande *nm* d'une somme

summarize <ise>: *vb*: récapituler, résumer

summary: sommaire *nm*, résumé *nm*
~ **chart**: tableau *nm* récapitulatif

summation: sommation *nf*, totalisation *nf*
~ **check**: contrôle *nm* par totalisation
~ **counter**: compteur *nm* totalisateur
~ **frequency**: fréquence *nf* résultante
~ **meter**: compteur *nm* totalisateur
~ **tone**: son *nm* résultant

summer: (inf) additionneur *nm*, sommateur *nm*; (constr) sommier *nm*

summing, ~ network: réseau *nm* additionneur, réseau *nm* sommateur
~ **point**: point *nm* de sommation

sump: (of engine) carter *nm* de vidange
~ **fuel**: (aero) carburant *nm* contenu dans les fonds de réservoir
~ **hole**: puisard *nm*
~ **pit**: puisard *nm* de vidange
~ **plug**: bouchon *nm* de vidange
~ **pump**: pompe *nf* d'assèchement, pompe de puisard
~ **shaft**: (mining) puits *nm* d'exhaure

sun: soleil *nm*
~ **and planet gear**: engrenage *nm* planétaire
~ **gear**: engrenage *nm* principal, planétaire *nm*
~ **interference**: (tcm) brouillage *nm* d'origine solaire
~ **sensor**: capteur *nm* solaire
~ **shield**: (phot) pare-soleil *nm*
~ **visor**: (auto) pare-soleil *nm*
~ **wheel**: (mech) planétaire *nm*

sundries: divers *nm*

sunk: (recessed) enfoncé, en retrait, encastré; (ship) coulé
~ **key**: clavette *nf* noyée
~ **panel**: panneau *nm* en retrait
~ **screw**: vis *nf* noyée
~ **switch**: interrupteur *nm* encastré

sunken: noyé, submergé; encastré
~ **road**: route *nf* en déblai, route encaissée

sunlight: lumière *nf* solaire

sunroof: toit *nm* solarium; (auto) toit ouvrant

sunset: coucher *nm* du soleil

sunspot: tache *nf* solaire

superalloy: superalliage *nm*

super-audio, ~ frequency: fréquence *nf* supra-acoustique
~ **telegraphy**: télégraphie *nf* supra-acoustique

supercalendering: supercalandrage *nm*, satinage *nm*

supercharge *vb*: (an engine) suralimenter

supercharged, ~ **engine**: moteur *nm* suralimenté

supercharger: compresseur *nm*, soufflante *nf* de suralimentation

supercharging: (of engine) suralimentation *nf*
~ **set**: groupe *nm* de suralimentation

superchip: superpuce *nf*

super-clean, ~ **coal**: charbon *nm* extra pur

supercompression, ~ **engine**: moteur *nm* surcomprimé

supercomputer: ordinateur *nm* géant, super-ordinateur *nm*

supercomputing: grande informatique *nf*

superconducting: supraconducteur *adj*

superconductor: supraconducteur *nm*

supercooled: surfondu, en surfusion

supercooling: surfusion *nf*

supercritical: surcritique, supercritique

super-eight, ~ **film**: film *nm* super-huit

superelevation: surélévation *nf*; (of railway line, road) dévers *nm*

superfatting *nn*: (soap) surgraissage *nm*; *adj*: surgraissant

superfinish: superfinition *nf*

supergroup: (tp) groupe *nm* secondaire

superheat *nn*: surchauffe *nf*; *vb*: surchauffer

superheater: surchauffeur *nm*

superhet → *superheterodyne*

superheterodyne: superhétérodyne *nf*

superimposed: (phot) surimprimé; (radio, radar) superposé
~ **load**: surcharge *nf* [d'exploitation]

super-large, ~ **scale integration** «SLSI»: intégration *nf* à super grande échelle, superintégration *nf*

supermastergroup: (tp) groupe *nm* quaternaire

supernatent: surnageant

supernumerary: en supplément, en surplus, en surnombre

superpower: à grande puissance *nf*
~ **station**: centrale *nf* à grande puissance, supercentrale *nf*

superpressure: très haute pression *nf*

superquick-acting: ultra rapide

superrefined, ~ **steel**: acier *nm* surfin

superrefraction: superréfraction *nf*

superregenerative: à super-réaction

supersaturate *vb*: sursaturer

superscript: exposant *nm*, indice *nm* supérieur

superseded: remplacé, périmé, supplanté

supersonic: supersonique, ultrasonore
~ **bang**: bang *nm* supersonique
~ **wave**: onde *nf* ultra-sonore
~ **waves**: ultra-sons *nm*

superspeed: très rapide, ultra rapide

superstratum: (geol) couche *nf* supérieure, strate *nf* supérieure

superstructure: superstructure *nf*

supersulphated, ~ **cement**: ciment *nm* [métallurgique] sursulfaté

supertanker: pétrolier *nm* géant, supertanker *nm*, superpétrolier *nm*

super-telephone, ~ **frequency**: fréquence *nf* supra-téléphonique

supervise *vb*: surveiller, superviser

supervision: surveillance *nf*, supervision *nf*

supervisor: agent *nm* de maîtrise; **supervisors**: maîtrise *nf*

supervisory, ~ program: programme *nm* superviseur, superviseur *nm*
~ **staff**: maîtrise *nf*

super-wide, ~ angle lens: objectif *nm* super-grand-angulaire

supplementary: supplémentaire, additionnel, d'appoint
~ **brake**: frein *nm* auxiliaire
~ **heating**: chauffage *nm* d'appoint
~ **lens**: (phot) bonnette *nf*

suppleness: souplesse *nf*, flexibilité *nf*

supplier: (a firm) fournisseur *nm*; (aero, naut) ravitailleur *nm*; (a ship) bâtiment *nm* de soutien logistique

supply *nn*: fourniture *nf*; (el) alimentation *nf* en courant, source *nf* de courant; (mil) ravitaillement *nm*; *vb*: fournir, approvisionner, desservir, alimenter
~ **and exhaust**: (a. c.) admission *nf* et extraction
~ **bobbin**: (spinning) bobine *nf* de livraison
~ **canal**: canal *nm* d'amont
~ **contract**: marché *nm* de fournitures
~ **current**: courant *nm* d'alimentation, courant de secteur
~ **line**: (el) ligne *nf* d'amenée, amenée *nf* de courant; (piping) conduite *nf* aller
~ **of potable water**: adduction *nf* d'eau potable
~ **pipe**: tuyau *nm* d'alimentation, conduite *nf* d'amenée, conduite d'alimentation, conduite d'arrivée
~ **pressure**: pression *nf* d'alimentation
~ **reel**: bobine *nf* débitrice
~ **ship**: ravitailleur *nm*
~ **side**: (el) amont *nm*
~ **spool**: bobine *nf* débitrice
~ **vessel**: bateau *nm* ravitailleur, ravitailleur *nm*
~ **voltage**: tension *nf* de réseau, tension de secteur

supplying: (aero, naut) avitaillement *nm*
~ **industry**: industrie *nf* d'amont

support: (of customers) assistance *nf*, service *nm* après vente; (mil) logistique *nf*; (physical) appui *nm*, soutien *nm*, support *nm*
~ **arm**: potence *nf*
~ **beam**: potence *nf*
~ **industry**: (auto) industrie *nf* des accessoires, industrie de la sous-traitance
~ **services**: servitudes *nf*
~ **staff**: équipe *nf* après-vente
~ **strand**: (tcm) câble *nm* porteur, filin *nm* porteur

suppress *vb*: supprimer; (tcm) blinder, antiparasiter

suppressed, ~ carrier: onde *nf* porteuse supprimée, porteuse *nf* supprimée
~ **carrier transmission**: émission *nf* à onde porteuse supprimée
~-**zero instrument**: instrument *nm* à suppression de zéro, appareil *nm* à zéro supprimé

suppression: (of radio noise) antiparasitage *nm*

suppressor: suppresseur *nm*
~ **grid**: grille *nf* d'arrêt

supraluminescent, ~ diode «SLD»: diode *nf* supraluminescente «DSL»

surface *nn*: surface *nf*; (mining) jour *nm*, surface; *vb*: (machining) surfacer, usiner la surface; (submarine) faire surface
~ **active agent**: agent *nm* de surface, agent tensio-actif, surfactant *nm*
~-**barrier transistor** «SBT»: transistor *nm* à barrière de surface
~ **bearing**: (constr) appui *nm* simple
~ **blemish**: défaut *nm* de surface
~ **burst**: (mil, nuc) explosion *nf* de surface, explosion superficielle
~ **carburettor**: carburateur *nm* à léchage
~-**charge effect**: (eon) effet *nm* de charge superficielle, effet S
~ **condition**: état *nm* de surface
~-**cooled motor**: moteur *nm* ventilé extérieurement
~ **earthworks**: terrassements *nm* en découverte
~ **finish**: état *nm* de surface
~ **gauge**: trusquin *nm*
~ **grinding machine**: rectifieuse *nf* plane, rectifieuse de surfaces planes
~ **lathe**: tour *nm* à surfacer, tour à plateau, tour en l'air
~ **length**: (rolling) longueur *nf* de table
~ **load**: (aero) charge *nf* alaire; (of filter) charge surfacique
~ **mining**: exploitation *nf* à ciel ouvert
~-**mounted device** «SMD»: composant *nm* monté en surface «CMS»
~-**mounted lock**: serrure *nf* en applique

~ **mounting**: (p.c.) montage *nm* en surface; (of switch, wiring) montage apparent, montage en saillie, montage sur enduit; (of wiring) installation à découvert
~ **planer**: machine *nf* à dégauchir, dégauchisseuse *nf*
~ **plant**: (mining) installation *nf* du jour, carreau *nm*
~ **plate**: marbre *nm* [d'atelier]
~ **roughness**: rugosité *nf* de surface
~ **switch**: interrupteur *nm* en saillie, interrupteur sur socle
~ **tension**: tension *nf* superficielle
~**-to-air guided weapon** «SAGW»: engin *nm* guidé sol-air
~**-to-air missile** «SAM»: engin *nm* sol-air
~**-to-surface missile** «SSM»: engin *nm* sol-sol
~ **water**: eau *nf* de ruissellement
~ **wave**: onde *nf* de sol, onde de surface
~ **work**: (mining) travail *nm* au jour
~ **working**: exploitation *nf* à ciel ouvert

surfaceman: (mining) ouvrier *nm* du jour

surfacing: (m-t) surfaçage *nm*, planage *nm*, dressage *nm*, dégauchissage *nm*; (met) recharge *nf* par apport de métal, recharge par soudure; (polishing) polissage *nm*; (of road) revêtement *nm* routier; (of timber) rabotage *nm*
~ **machine**: dégauchisseuse *nf*; surfaceuse *nf*

surfactant: agent *nm* tensio-actif, agent *nm* de surface

surge *nn*: augmentation *nf* brusque, pointe *nf*, saute *nf*; (of compressor, motor) pompage *nm*; (el) choc *nm*, courant *nm* transitoire anormal, montée *nf* subite (de courant), pointe (de tension), saut *nm* de tension, surtension [transitoire]; (in tank) coup *nm* de liquide; (a wave) onde *nf* de choc, onde à front raide, onde transitoire; *adj*: (current, voltage, wave) transitoire
~ **damper**: amortisseur *nm* des sautes de pression, régularisateur *nm* de pression
~ **diverter**: parasurtension *nm*, parafoudre *nm*
~ **drum**: réservoir *nm* tampon
~ **effect**: effet *nm* de vague
~ **guard**: dispositif *nm* anti-pompage
~ **pressure**: surpression *nf* [transitoire]
~ **protection**: protection *nf* contre les surintensités
~ **relay**: relais *nm* à maximum
~ **tank**: réservoir *nm* amortisseur, réservoir de compensation de pression, réservoir d'égalisation de pression, réservoir d'expansion, réservoir intermédiaire, réservoir tampon
~ **test**: (el) essai *nm* de choc
~ **voltage**: surtension *nf* (de choc, transitoire)

surgical, ~ **spirit**: alcool *nm* à 90

surging: pompage *nm*, régime *nm* pulsatoire; (of water) contre-refoulement *nm* (dans une conduite)

surplus *nn*: excédent *nm*, surplus *nm*; *adj*: excédentaire, en trop, en surplus

surprint *nn*: (overprinting) surimpression *nf*; (graph) repiquage *nm*; *vb*: surimprimer, repiquer

surveillance: (mil) surveillance *nf*

surveying: opérations *nf* topographiques; (mining) prospection *nf*; (with chain) arpentage *nm*

surveyor: (insurance) expert *nm*; (of land) arpenteur *nm*, arpenteur-géomètre; (a quantity surveyor) géomètre *nm*

survival: survie *nf*; **survivals**: (quality control) survivants *nm*
~ **kit**: équipement *nm* de survie

suspend *vb*: suspendre; arrêter, interrompre

suspended: en suspension; en attente
~ **matter**: matière *nf* en suspension

suspension, ~ **bridge**: pont *nm* suspendu
~ **cable**: câble *nm* porteur
~ **line**: suspente *nf*
~ **polymerisation**: polymérisation *nf* en suspension

sustained: (vibration, wave) entretenu
~ **depression**: (of key) pression *nf* continue sur la touche
~ **deviation**: écart *nm* permanent
~ **fault**: défaut *nm* persistant
~ **short-circuit**: court-circuit *nm* permanent

S/W → *software*

swage *nn*: étampe *nf*, matrice *nf*; *vb*: estamper, matricer
~ **block**: (m-t) étampe *nf*

swaging: estampage *nm*, matriçage *nm*

swallow, ~ **tail**: queue *nf* d'aronde

swamp *nn*: marais *nm*, marécage *nm*; *vb*: inonder, noyer, submerger
~ **the market**: inonder le marché

swan-neck: col *nm* de cygne
~ **jib**: (of crane) flèche *nf* brisée

swap *nn*: (of equipment) échange *nm*; (of disks) permutation *nf*
~ **back and forth**: alterner
~-**in**: (inf) insertion *nf* par permutation, chargement *nm* avec permutation
~-**out**: (inf) vidage *nm* par permutation, déchargement *nm* avec permutation
~ **tapes**: (inf) faire une bascule de dérouleurs

swapping: (of disks, files) permutation *nf*

swarf: (filings) limaille *nf*; (m-t) copeaux *nm*; (grinding) boue *nf* de meule, cambouis *nm*
~ **clearance**: dégagement *nm* des copeaux
~ **tray**: bac *nm* à copeaux

swash, ~ **plate**: (on lathe) plateau *nm* oscillant

swatch: échantillon *nm* (de papier, tissu)

sway: mouvement *nm* latéral d'une structure
~ **bar**: (auto) stabilisateur *nm* à barre de torsion
~ **brace**: entretoise *nf* de contreventement
~ **bracing**: contreventement *nm*
~ **frame**: palée *nf* de stabilité, portique *nm* de contreventement
~ **stabilization**: (of monorail) stabilisation *nf* latérale

swbd → *switchboard*

sweat: suintement *nm*, condensation *nf*; (met) ressuage *nm*; (fdry) exsudation *nf* (à la surface d'une pièce)
~ **joint**: joint *nm* soudé par capillarité

sweating: suintement *nm*, condensation *nf* d'eau sur une surface; (explosive) exsudation *nf*

sweep *nn*: (a curve) courbe *nf* de grand rayon; (fdry) trousseau *nm*, planche *nf* à trousser; (robotics) mouvement *nm* de pivot, pivot *nm*; (scanning) analyse *nf*, balayage *nm*, exploration *nf*; *vb*: (a chimney) ramoner; (radar) analyser, balayer, explorer; (naut) draguer; (with sweeping brush) balayer
~ **alignment**: alignement *nm* par balayage
~ **frequency**: fréquence *nf* de balayage; fréquence de vobulation, fréquence de wobulation; (rate) cadence *nf* de balayage
~ **frequency generator**: générateur *nm* de balayage; vobulateur *nm*, wobulateur *nm*
~ **moulding**: moulage *nm* au trousseau
~ **signal generator**: wobulateur *nm*, vobulateur *nm*

sweepback, ~ **wing**: aile *nf* en flèche

sweeper: (a vehicle) balayeuse *nf*; (eon) circuit *nm* de balayage, générateur *nm* de balayage, vobulateur *nm*, wobulateur *nm*

sweeping: balayage *nm*; **sweepings**: balayures *nf*
~ **curve**: courbe *nf* de grand rayon

sweet: doux; (crude oil, coal) non sulfureux, peu sulfureux
~ **distillate**: distillat *nm* adouci
~ **gas**: gaz *nm* non corrosif
~ **gasoline**: essence *nf* adoucie

sweetening: (petr) adoucissement *nm*

swell: bombement *nm*, renflement *nm*; (of cam) ressaut *nm*; (of sea) houle *nf*

swelling: gonflement *nm*; (bulging) renflement *nm*; (of lime) foisonnement *nm*; (of river) crue *nf*
~ **agent**: agent *nm* gonflant, agent de gonflement

swept: balayé; (by radar) analysé, balayé, exploré; (by ship) dragué
~ **area**: (of radar) portée *nf*
~ **channel**: chenal *nm* dragué
~ **response test**: (tcm) essai *nm* de vobulation, essai de wobulation
~ **volume**: (of compressor) volume *nm* engendré; (of engine) cylindrée *nf*; (vacuum) volume *nm* aspiré

sweptback: (blade, wing) en flèche

swim *vb*: nager; (on surface) flotter, surnager

swimming, ~ pool reactor: réacteur *nm* piscine

swing *nn*: balancement *nm*, mouvement *nm* oscillant, mouvement pendulaire, mouvement de rotation; (eon) amplitude *nf* crête-à crête; (of frequency) excursion *nf*; (of index) déviation *nf* d'une aiguille; (of lathe) hauteur *nf* de pointe; (of pendulum) oscillation *nf*; *vb*: balancer, osciller; faire pivoter, pivoter; (a crane) orienter; (a propeller) faire tourner à la main
~ **axle**: (auto) pont *nm* oscillant
~ **bolt**: boulon *nm* articulé, boulon à charnière
~ **bridge**: pont *nm* tournant
~ **by**: (space) gravidéviation *nf*, gravicélération *nf*
~ **check valve**: clapet *nm* de retenue à battant
~ **crane**: grue *nf* pivotante
~ **door**: porte *nf* battante
~ **gate**: barrière *nf* pivotante
~ **joint**: genouillère *nf*
~ **lever**: levier *nm* oscillant, balancier *nm*
~ **pipe**: tuyau *nm* articulé, tube *nm* à genouillère, genouillère *nf*
~ **saw**: scie *nf* circulaire oscillante
~ **sieve** NA : crible *nm* oscillant, tamis *nm* à secousses
~ **tag**: étiquette *nf* mobile
~ **valve**: clapet *nm* articulé, clapet à bascule, clapet basculant
~ **wing aircraft**: avion *nm* à flèche variable

swinging *nn*: oscillation *nf*; pivotement *nm*; *adj*: oscillant; pendulaire; orientable, pivotant
~ **arm**: bras *nm* pivotant, bras oscillant, bras de balayage
~ **caliper**: (auto) étrier *nm* (de frein) basculant, étrier oscillant
~ **crane**: grue *nf* pivotante

swirl: remous *nm*, tourbillonnement *nm*, turbulence *nf*
~ **chamber**: chambre *nf* de turbulence
~ **nozzle**: tuyère *nf* à turbulence
~ **vane**: aube *nf* de turbulence, déflecteur *nm*

swirling *nn*: brassage *nm* rotatif, tourbillon *nm*; *adj*: tourbillonnaire
~ **chamber**: (of aerosol) chambre *nf* de turbulence
~ **flow**: écoulement *nm* rotationnel
~**-flow burner**: brûleur à turbulence, brûleur à courants tourbillonnaires

switch *nn*: «SW» (on-off type) interrupteur *nm*; (changeover type) commutateur *nm*; *vb*: commuter; (rlwy) NA manœuvrer; (relay) fermer ses contacts
~ **base**: socle *nm* d'interrupteur
~ **blade**: (el) couteau *nm* de contact, couteau d'interrupteur, lame *nf* de contact; (rlwy) aiguille *nf*, lame *nf* d'aiguille
~ **box**: coffret *nm* électrique, boîte *nf* de distribution
~ **connection**: montage *nm* contacteur
~ **engine**: locomotive *nf* de manœuvre
~ **group**: combinateur *nm*
~ **hook**: crochet *nm* commutateur
~ **in**: enclencher
~ **key**: (auto) clef *nf* de contact
~ **off**: fermer le courant, déconnecter, mettre hors tension, mettre hors circuit, ouvrir le circuit, interrompre le circuit; (an appliance) fermer, éteindre; (a light) éteindre
~ **off the ignition**: (auto) couper l'allumage, couper le contact
~ **on**: mettre en circuit, fermer le circuit, établir le courant; (an appliance) allumer, ouvrir; (a light) allumer
~ **over**: commuter
~ **start fluorescent lamp**: lampe *nf* fluorescente à allumage par starter

switchable: commutable

switchboard «swbd»: (el) panneau *nm* de distribution, tableau *nm* de distribution; (tp) standard *nm*, commutateur *nm* manuel
~ **operator**: (tp) standardiste *nm*, *nf*

switched: commuté; (tp) établi par commutation
~ **laser**: laser *nm* à commutation
~ **operation**: (tp) exploitation *nf* commutée
~ **telephone network** «STN»: réseau *nm* téléphonique commuté «RTC»

switcher: (rlwy) NA (an engine) locomotive *nf* de manœuvre; (a person) agent *nm* de manœuvre; (tp) autocommutateur *nm*; (tv) aiguilleur *nm*

switchgear: (el) appareillage *nm* électrique
~ **oil**: huile *nf* pour disjoncteurs

switching: (el) commutation *nf*; (rlwy) manœuvre *nf*
~ **diode**: diode *nf* commutatrice, diode de commutation
~ **function**: (inf) fonction *nf* logique
~ **impulse**: choc *nm* de manœuvre

~ **in**: enclenchement *nm*, fermeture *nf* de circuit, mise *nf* en circuit
~ **link**: languette *nf* de commutation; (tp) liaison *nf* commutée
~ **off**: mise *nf* hors circuit, déclenchement *nm*, coupure *nf*
~ **on**: enclenchement *nm*, mise *nf* en circuit, fermeture *nf* de circuit
~ **over**: inversion *nf*, commutation *nf*
~ **pilot**: onde *nf* pilote de commutation
~ **point**: point *nm* de commutation, point de mise en circuit
~ **rate**: cadence *nf* des manœuvres; fréquence *nf* de commutation
~ **station**: (el) poste *nm* de sectionnement, poste de couplage; (tp) station *nf* de commutation
~ **surge**: surtension *nf* de manœuvre, à-coup *nm* de courant de commutation
~ **time**: durée *nf* de commutation, temps *nm* de commutation; (inf) temps *nm* de basculement; instant *nm* de commutation
~ **transistor**: transistor *nm* de commutation
~ **yard** NA : gare *nf* de triage

switchman NA : aiguilleur *nm*

switchover: (el) commutation *nf*; (inf) bascule *nf*

swivel *nn*: articulation *nf*; mouvement *nm* d'orientation; (of chain) émerillon *nm*; *vb*: pivoter, tourner
~ **block**: poulie *nf* à émerillon
~ **caster**: galet *nm* orientable
~ **fitting**: raccord *nm* articulé, raccord orientable
~ **hook**: croc *nm* émerillon
~ **joint**: joint *nm* articulé, joint à rotule
~ **scan**: exploration *nf* circulaire (autour du défaut)
~ **screen**: écran *nm* orientable

swivelling *nn*: pivotement *nm*, rotation *nf*; *adj*: orientable, pivotant, à pivot

SWR → *standing wave ratio*

SxS → *step by step*

syllabic: syllabique

symbol: symbole *nm*
~ **string**: chaîne *nf* de symboles

symbolic, ~ **map**: (inf) liste *nf* des symboles

symmetrical: symétrique

symmetry: symétrie *nf*

sync → *synchronisation, synchronising, synchronous*

synch → *synchronisation, synchronising, synchronous*

synching: mise *nf* en synchronisme

synchromesh: synchroniseur *nm*
~ **gearbox**: boîte *nf* de vitesses synchronisée

synchron→ *synchronous*

synchronization <isation>: synchronisation *nf*

synchronous: synchrone
~ **induction motor**: moteur *nm* asynchrone synchronisé

synclinal: synclinal *adj*

syncline: synclinal *nm*, pli *nm* synclinal

synthesis: synthèse *nf*
~ **gas**: gaz *nm* de synthèse, gaz synthétique

synthesize <esise>, <etize>, <etise> *vb*: synthétiser

synthesizer <iser>: synthétiseur *nm*

synthetic: synthétique, de synthèse

synthetize → *synthesize*

syphon → *siphon*

syringe: seringue *nf*

SYSGEN → *system generation*; *vb*: exécuter une génération *nf* de système

system: sytème *nm*; (auto) circuit *nm* (de freinage, de refroidissement); (geol) formation *nf*; (el) réseau *nm*; → also *systems*
~ **check**: contrôle *nm* général
~ **designer**: analyste *nm* organique
~ **disk**: (inf) disque *nm* système
~ **generation** «SYSGEN»: génération *nf* de système
~ **noise**: (tp) bruit *nm* de réseau

~ **requirement**: (inf) matériel *nm* nécessaire, configuration *nf* requise
~ **sensitive relay**: relais *nm* palpeur
~ **specific**: (inf) propre au système opérationnel

systems, ~ **analysis**: analyse *nf* fonctionnelle
~ **analyst**: analyste *nm* fonctionnel, analyste organique
~ **engineer**: ingénieur *nm* système

T

T → *temperature, transformer, time*

T&G → *tongue and groove*

tab: (aero) compensateur *nm*; (graph) onglet *nm*; (mech) ergot *nm*; → also *tabulator*
~ **card**: carte *nf* perforée, carte mécanographique
~ **key**: touche *nf* de tabulation, tabulateur *nm*
~ **washer**: frein *nm* d'écrou à languette, frein à ergot, rondelle *nf* à languette, rondelle à ergot

table: table *nf*, tableau *nm*
~ **look up**: consultation *nf* de table
~ **plotter**: table *nf* traçante
~ **roll**: (pap) pontuseau *nm*
~ **slide**: (m-t) coulisseau *nm* porte-table

tablet: (pharmacy) comprimé *nm*; (plast) pastille *nf*
~ **press** NA : pastilleuse *nf*

tabulate *vb*: tabuler

tabulator «tab»: (a feature) tabulateur *nm*; (a machine) tabulatrice *nf*

tacheometer: tachéomètre *nm*

tacheometric, ~ **levelling**: levé *nm* au tachéomètre, tachéométrie *nf*

tachograph: tachygraphe *nm*; (colloquial) mouchard *nm*
~ **chart**: disque *nm* de tachygraphe

tachometer: tachymètre *nm*, compte-tours *nm*
~ **drive**: prise *nf* de tachymètre, prise de compte-tours
~ **generator**: génératrice *nf* tachymétrique

tachymeter: tachéomètre *nm*

tack: (a fastener) pointe *nf*, punaise *nf*, semence *nf*; (tackiness) état *nm* collant; (wldg) point *nm* de soudure; *vb*: (mech) épingler; (sailing) louvoyer, virer de bord vent devant
~ **coat**: couche *nf* d'accrochage
~ **free**: sec hors poussière, hors poussière
~ **rivet** *nn*: rivet *nm* d'assemblage, rivet d'attente; *vb*: morpionner
~ **weld**: soudure *nf* par points, soudure d'épinglage
~ **welding**: épinglage *nm*, pointage *nm* (avant soudage)

tackiness: adhésivité *nf*

tacking *nn*: (sailing) louvoyage *nm*, virement *nm* de bord; *adj*: (fastener) d'attente, de montage, provisoire

tackle: (lifting) palan *nm*, moufle *nf*
~ **block**: moufle *nf*, poulie *nf* de palan
~ **delivery**: livraison *nf* sous palan

tacky: collant
~ **grease**: graisse *nf* filante

tactic[al]: tactique

tactile, ~ **keyboard**: clavier *nm* tactile

TACV → *tracked aircushion vehicle*

tag *nn*: (inf) adresse *nf* symbolique, étiquette *nf*, nom *nm* symbolique; (el) broche *nf*, cosse *nf*; (a label) étiquette; (a lug) patte *nf*, oreille *nf* à souder; *vb* étiqueter; (nuc) marquer
~ **bit**: bit *nm* drapeau
~ **block**: bloc *nm* de raccordement, réglette *nf* de broches

tagboard: planchette *nf* à bornes, tablette *nf* à bornes; (eon) barrette *nf* de cosses à souder

tagged, ~ **atom**: atome *nm* traceur, atome marqué

tail: partie *nf* arrière, queue *nf*; (of coin) revers *nm*; (graph) marge *nf* de pied
~ **bay**: (constr) travée *nf* contiguë au mur; (on canal lock) bief *nm* d'aval, bief de fuite, sortie *nf* d'écluse
~ **drum**: (of conveyor) tambour *nm* de renvoi

~ **end**: extrémité *nf*, fin *nf*; (distillation) queue *nf*; (pap) pointe *nf* d'embarquement
~ **end drive**: (of conveyor) tête *nf* motrice auxiliaire
~ **end processing**: (nuc) traitement *nm* final
~ **first configuration aircraft**: avion-canard *nm*, avion à voilure canard
~ **gas**: gaz *nm* résiduaire
~ **in**: (a beam) encastrer
~ **lift**: (auto) hayon *nm* élévateur
~ **lock**: écluse *nf* de fuite
~ **piece**: (constr) solive *nf* boîteuse; (graph) cul-de-lampe *nm*
~ **pipe**: (aero) tuyère *nf*; (auto) tuyau *nm* d'échappement; (drilling) tube *nm* queue
~ **plane**: (aero) plan *nm* fixe horizontal, empennage *nm* horizontal
~ **pulley**: poulie *nf* de queue, poulie de retour
~ **race**: conduite *nf* de décharge
~ **section**: (aero) partie *nf* arrière (du fuselage)
~ **station**: (of conveyor) station *nf* de renvoi
~ **trim**: réglage *nm* du plan horizontal
~ **unit**: (aero) empennage *nm*
~ **water**: eau *nf* d'aval
~ **wind**: vent *nm* de poupe

tailback: (traffic) bouchon *nm*

tailboard: (on lorry) hayon *nm*, ridelle *nf* arrière de camion

tailgate: (on car) hayon *nm*, troisième porte *nf*, cinquième porte; NA (on truck) hayon *nm*, ridelle *nf* arrière

tailing: (crt) traînage *nm*; **tailings**: (coal preparation) tailings *nm*, schistes *nm* de flottation, eau *nf* schisteuse; (distillation) résidus *nm*, produits *nm* de queue; (of screen) refus *nm* de crible

tailor-made: sur mesure, adapté aux besoins, hors série, d'exécution spéciale, personnalisé

tailored: sur mesure, adapté aux besoins, hors série, d'exécution spéciale, personnalisé

tailoring: adaptation *nf*, personnalisation *nf*

tailstock: (m-t) contre-poupée *nf*, poupée *nf* mobile

take *nn*: (cinema) prise *nf* de vues; *vb*: prendre
~ **a bearing**: relever un point, faire le point
~ **a stress**: supporter un effort, supporter une tension
~ **aim**: viser, ajuster (le tir)
~ **an option**: lever une option
~ **apart**: démonter
~ **down**: démonter
~ **effect**: entrer en vigueur
~ **in tow**: prendre en remorque
~ **off** *vb*: enlever; (aero) décoller; → also *take-off*
~ **off the strain**: soulager
~ **off the receiver**: décrocher l'appareil
~ **on board**: embarquer (des marchandises)
~ **over**: prendre en charge, prendre la relève; → also *take-over*
~ **stock**: faire l'inventaire
~ **up** *nn*: (of a belt) tendeur *nm*; (spinning) enroulement *nm*, envidage *nm*; *vb*: compenser; (a force) absorber, reprendre, recevoir; (on a reel) rembobiner, rebobiner, réenrouler
~ **up bolt**: boulon *nm* tendeur
~ **up reel**: bobine *nf* réceptrice
~ **up roll**: rouleau *nm* d'appel, rouleau entraîneur; (plast) cylindre *nm* de tirage, cylindre récepteur
~ **up spool**: bobine *nf* réceptrice
~ **up spring**: ressort *nm* de rattrapage du jeu
~ **up the slack**: rattraper le jeu; (of a belt) rattraper le mou, retendre
~ **up the wear**: rattraper l'usure

take-off: (aero) décollage *nm*
~ **point**: prise *nf* (de force, de pression)
~ **power**: (aero) puissance *nf* au décollage
~ **reel**: bobine *nf* débitrice
~ **run**: roulement *nm* au décollage, course *nf* au décollage
~ **spool**: (for magnetic tape) bobine *nf* débitrice
~ **to touch down time**: temps *nm* de vol, temps d'étape
~ **weight** «TOW»: poids *nm* au décollage

take-over: relève *nf*; prise *nf* en charge
~ **bid**: offre *nf* publique d'achat «OPA»

talk *nn*: conversation *nf*, parole *nf*; (a lecture) causerie *nf*; *vb*: parler; (tcm) émettre
~ **down**: (aero) atterrissage *nm* contrôlé par radio-phone
~**-listen switch**: commutateur *nm* écoute-parole
~**-ringing key**: clé *nf* d'appel et de conversation

talker: (equipment) émetteur *nm*; (a person) correspondant *nm*

talking, ~ **chip**: puce *nf* parole

tallow: suif *nm*

tally *nn*: comptage *nm*; *vb*: compter
~ **down** *nn*: compte *nm* à rebours; *vb*: décompter, compter à rebours, compter en régressant
~ **roll**: (of cash register) bande *nf* de contrôle
~ **up** *nn*: compteur *nm* progressif normal; *vb*: compter en progressant

talus: (geol) pente *nf* d'éboulis, lit *nm* de déjection

tamp *vb*: damer, fouler; (mining) bourrer les trous; (rlwy) bourrer les traverses

tamper: (constr) fouloir *nm*, dame *nf*; (mining) bourroir *nm*; (rlwy) bourreuse *nf*, bourreur *nm* (de traverses)
~ **with a meter**: trafiquer un compteur

tamperproof: inviolable, intraficable, infraudable

tamping: compactage *nm*, pilonnage *nm*; (of railway sleepers) bourrage *nm*

tan *nn*: tan; *vb*: tanner

tandem *nn*: tandem *nm*; *adj*: en tandem; (tcm) en tandem, en cascade, de transit, en transit
~ **exchange**: central *nm* nodal, central tandem
~ **office**: central *nm* nodal, central tandem, central de transit
~ **rotor helicopter**: hélicoptère à rotors en tandem

tang: (of tool) queue *nf*, soie *nf*

tangent «tg» *nn*: tangente *nf*; *adj*: tangent
~ **galvanometer**: boussole *nf* des tangentes

tangential: tangentiel

tank: (a container) réservoir *nm*, citerne *nf*, cuve *nf*, bâche *nf*; (mil) char *nm*
~ **car** NA : wagon-citerne *nm*
~ **circuit**: circuit *nm* bouchon, circuit résonnant parallèle
~ **farm**: (petr) parc *nm* de stockage (d'hydrocarbures)
~ **truck** NA : camion-citerne *nm*
~ **unit**: (a gauge) jaugeur *nm*
~ **voltage**: (plating) tension *nf* de bain

tankage: mise *nf* en réservoir, opération *nf* de stockage; contenance *nf* d'un réservoir; frais *nm* de stockage en réservoir

tanker: camion-citerne *nm*, bateau-citerne *nm*, navire-citerne *nm*, pétrolier *nm*, wagon-citerne *nm*

tanking: (constr) cuvelage *nm* (de sous-sol)

tap *nn*: (for antenna) prise *nf*; (el) branchement *nm*, prise *nf*, mise *nf* en dérivation, dérivation; (a threading tool) taraud *nm*; (a valve) robinet *nm*; *vb*: (a cask) mettre en perce; (a furnace) percer; (met) faire la coulée; (thread) tarauder; (tp) écouter clandestinement
~ **changer**: commutateur *nm* à prises de réglage
~ **hole**: trou *nm* de coulée
~ **slag**: (met) décrasser
~ **switch**: commutateur *nm* à prises
~ **water**: eau *nf* du robinet
~ **wrench**: tourne-à-gauche *nm*

tape *nn*: bande *nf*, ruban *nm*; (magnetic) bande *nf*; *vb*: (a cable) guiper; (music, sound) enregistrer sur bande
~ **alternation**: bascule *nf* de dérouleurs
~ **armour**: armure *nf* en feuillards d'acier
~ **break**: rupture *nf* de bande
~ **cable**: câble-ruban *nm*, câble plat
~ **cartridge**: cartouche *nf*, chargeur *nm* (de bande)
~ **copy**: duplication *nf* sur bande
~ **deck**: platine *nf*
~ **density**: densité *nf* d'enregistrement (sur bande)
~ **drive**: système *nm* d'entraînement de bande magnétique, dérouleur *nm*
~ **feed**: avancement *nm* de la bande
~ **handler**: dérouleur *nm* de bande magnétique
~ **header**: en-tête *nm* de bande magnétique
~ **leader**: amorce *nf* de bande
~ **library**: bandothèque *nf*
~ **measure**: ruban *nm* d'acier, mètre *nm* en ruban
~ **operating system** «TOS»: système *nm* d'exploitation à bande
~ **puncher**: perforateur *nm*
~ **reader**: lecteur *nm* de bandes perforées
~ **record**: enregistrement *nm* sur bande

~ **recorder**: magnétophone *nm*
~ **speed**: vitesse *nf* de défilement de la bande
~ **splicer**: colleuse *nf* de bande
~ **streamer**: dérouleur *nm* en continu
~**-to-tape**: bande à bande
~ **trailer**: fin *nf* de bande magnétique
~ **transport**: défilement *nm* de la bande, déroulement *nm* de la bande, entraînement *nm* de la bande; (a device) dérouleur *nm* de bande
~ **unit**: dérouleur *nm* de bande

taper: conicité *nf*; (in waveguide) raccord *nm* progressif, transition *nf* progressive
~ **gib**: clavette *nf* de guidage en coin, clavette conique, lardon *nm* de guidage en coin
~ **grinding**: meulage *nm* conique
~ **pin**: clavette *nf* conique, goupille *nf* conique
~ **pipe**: cône *nm*, convergent *nm*
~ **plug gauge**: tampon *nm* conique
~ **ratio**: (aero) effilement *nm*
~ **thread**: filet *nm* conique, filetage *nm* conique
~ **turning**: tournage *nm* conique
~ **washer**: rondelle *nf* biaise

tapered: conique; effilé
~ **key**: clavette *nf* inclinée
~ **roller bearing**: roulement *nm* à rouleaux coniques
~ **section**: (of waveguide) section *nf* à raccord progressif
~ **thread**: filetage *nm* conique

tapering: conicité *nf*; diminution *nf* progressive; (on pipe) réduction *nf*; (of waveguide) effilement *nm*

taping: enregistrement *nm* sur bande

tapped: (el) à prises; (threaded) taraudé
~ **potentiometer**: potentiomètre *nm* à prises
~ **resistor**: résistance *nf* à prises
~ **station**: poste *nm* en dérivation
~ **transformer**: transformateur *nm* à prises

tappet: poussoir *nm*
~ **block**: guide *nm* de poussoir
~ **clearance**: jeu *nm* des poussoirs
~ **roller**: galet *nm* de poussoir

tapping: (of cask) soutirage *nm*; (casting) percée *nf*, coulée *nf*; (el) prise *nf*, branchement *nm*, dérivation *nf*, raccordement *nm*; (of rubber tree) saignée *nf*; (threading) taraudage *nm*; (tp) écoute *nf* clandestine
~ **hole**: (met) trou *nm* de coulée
~ **point**: (el) prise *nf* (intermédiaire), point *nm* de prise
~ **screw**: vis *nf* à tôle, vis autotaraudeuse
~ **switch**: commutateur *nm* à plots

tar *nn*: goudron *nm*; *vb*: goudronner
~ **board**: carton *nm* goudronné
~ **concrete**: béton *nm* goudronneux
~ **extractor**: séparateur *nm* de goudron, dégoudronneur *nm*
~ **paper**: papier *nm* goudronné
~ **sprayer**: goudronneuse *nf*

tare *nn*: tare *nf*; *vb*: (an instrument) mettre à zéro
~ **weight**: tare *nf*; (auto) poids *nm* à vide; (aero) poids à vide de construction

target: cible *nf*; but *nm*, objectif *nm*
~ **aircraft**: avion-cible *nm*
~ **computer**: ordinateur *nm* d'exécution
~ **date**: date *nf* prévue
~ **exchange**: (tp) central *nm* d'aboutissement
~ **field**: zone *nf* destinataire
~ **language**: (inf) langage *nm* résultant, langage objet; (translation) langue *nf* d'arrivée
~ **seeking device**: (mil) tête *nf* chercheuse
~ **system**: réseau *nm* cible

tariff: tarif *nm*

tarmac: (aero) aire *nf* de stationnement, aire de trafic; → also *tarmacadam*

tarmacadam: (a tradename) tarmacadam *nm*, macadam *nm*

tarpaulin: bâche *nf* (goudronnée, imperméable)

tarred: bitumé, goudronné

tarring: goudronnage *nm*, bitumage *nm*

TAS → *true air speed*

task: tâche *nf*
~ **dispatcher**: distributeur *nm* de tâches, répartiteur *nm*

taut: (rope) tendu

taxable: imposable
~ **horsepower**: (auto) puissance *nf* fiscale, chevaux *nm* fiscaux

taxi *nn*: taxi *nm*; *vb*: (aero) rouler au sol

~ **light**: (aero) feu *nm* de roulement

taxiing: roulage *nm* au sol, roulement *nm* au sol

TBO → *time between overhauls*

t.c.e. → *ton coal equivalent*

TDC → *top dead center*

TDM → *time division multiplexing*

TDMA → *time division multiple access*

teach *vb*: enseigner
~**-in**: (robotics) apprentissage *nm*

teaching *nn*: enseignement *nm*; *adj*: d'enseignement, pédagogique

teachware: didacticiel *nm*

team: équipe *nf*

teamster NA : camionneur *nm*, chauffeur *nm* de camion, routier *nm*

tear *nn*: déchirure *nf*; *vb*: déchirer
~ **off**: détacher; à détacher
~ **out**: détacher; à détacher
~ **strength**: résistance *nf* à la déchirure
~**-strip packaging**: emballage *nm* avec bande de déchirure

tear: larme *nf*, coulure *nf* de peinture
~ **gas**: gaz *nm* lacrymogène

teasel *nn*: (tex) chardon *nm*, carde *nf*; *vb*: gratter, lainer

teaser: (publicity) aguiche *nf*

technical, ~ **specifications**: cahier *nm* des charges techniques
~ **support**: assistance *nf* technique
~ **writer**: rédacteur *nm* technique

technology: technologie *nf*

tectonic: (geol) tectonique; (architectonic) architectonique

Tee: T *nm*, té *nm*
~ **section**: fer *nm* Té

teeming: (met) coulée *nf*
~ **ladle**: poche *nf* de coulée

teeth: dents *nf*, denture *nf*

teething, ~ **troubles**: difficultés *nf* de démarrage, difficultés initiales, défauts *nm* de jeunesse, maladies *nf* infantiles

tele: télé, à distance

telecommunications: télécommunications *nf*

telecommuter: télétravailleur *nm*

telecommuting: télétravail *nm*

telecomputing: télétraitement *nm*, télégestion *nf*

teleconferencing: téléconférence *nf*

telecontrol: teléconduite *nf*, télécommande *nf*

telecontrolled: télécommandé, commandé à distance

telecopier: télécopieur *nm*

telefax: télécopie *nf*

telegraph *nn*: télégraphe *nm*; (naut) transmetteur *nm* d'ordres; *adj*: télégraphique
~ **line**: ligne *nf* télégraphique
~ **operator**: télégraphiste *nm*

teleinformatics: télématique *nf*

telelens: téléobjectif *nm*

telematics: télématique *nf*

telemeter: appareil *nm* de télémesure

telemetering: télémesure *nf*

telemonitoring: télésurveillance *nf*

teleoperator: (robotics) téléopérateur *nm*, télémanipulateur *nm*

telephone *nn*: téléphone *nm*; *adj*: téléphonique; *vb*: téléphoner
~ **answering machine**: répondeur *nm*
~ **answering service**: secrétariat *nm* téléphonique, permanence *nf* téléphonique
~ **card**: télécarte *nf*
~ **directory**: annuaire *nm* de téléphone
~ **exchange**: central *nm* téléphonique

~ **receiver**: récepteur *nm* téléphonique
~ **set**: appareil *nm* téléphonique, récepteur *nm* téléphonique

telephotolens: téléobjectif *nm*

teleprinter: téléimprimeur *nm*, téléscripteur *nm*, télétype *nm*

teleprocessing: téléinformatique *nf*, télétraitement *nm*

telerecording: télé-enregistrement *nm*

telescope *nn*: télescope *nm*; *vb*: télescoper

telescreen: télécran *nm*

telesoftware «TSW»: télélogiciel *nm*

teletex: Télétex *nm*, Vidéotex *nm* (noms déposés)

teletype: Télétype *nm* (nom déposé)

television: télévision *nf*
~ **commercial**: film *nm* publicitaire (à la télévision)
~ **film**: téléfilm *nm*
~ **receiver**: téléviseur *nm*
~ **set**: téléviseur *nm*
~ **viewer**: téléspectateur *nm*

telewriting: télé-écriture *nf*

telex «TLX»: télex *nm*

teller: caissier *nm*, guichetier *nm*

telltale: (constr) témoin *nm*; (naut) axiomètre *nm* (de gouvernail), compas *nm* renversé

telluride: tellure *nm*

telomer: télomère *nm*

telpher: transporteur *nm* aérien

temp → *temperature, temporary*

temper *nn*: (met) revenu *nm*; *vb*: (met) adoucir, faire revenir; (mortar) gâcher
~ **brittleness**: fragilité *nf* de revenu
~ **carbon**: carbone *nm* de recuit

temperature «T» «temp» *nn*: température *nf*; *adj*: thermique
~ **balance**: compensation *nf* en température
~ **compensation**: compensation *nf* en température, compensation thermique
~ **control**: régulation *nf* de la température
~**-controlled**: à température contrôlée; (lorry, waggon) isotherme
~ **dependent**: variable avec la température
~ **difference**: écart *nm* de température
~ **gradient**: gradient *nm* de température
~ **range**: domaine *nm* de températures, intervalle *nm* de température; champ *nm* d'application thermique
~ **relay**: relais *nm* thermique
~ **rise**: élévation *nf* de la température, hausse *nf* de la température, échauffement *nm*
~ **run**: essai *nm* d'échauffement
~ **strength**: résistance *nf* thermique
~ **stress**: contrainte *nf* thermique

tempered: (met) revenu
~ **glass**: verre *nm* trempé
~ **hardboard**: panneau *nm* de fibres extra-dur
~ **hardness**: (met) dureté *nf* après revenu

tempering: (of cement, mortar) gâchage *nm*; (of foundry sand) humidification *nf*; (of glass) trempe *nf*; (met) revenu *nm*

template: gabarit *nm*, modèle *nm*, calibre *nm*

templet NA → *template*

temporary «temp»: temporaire, provisoire; (staff) temporaire, intérimaire; (fastener) d'attente, de montage, provisoire

ten: dix; (as a prefix) deca; **tens**: dizaines *nf*
~**-pole**: décapolaire

tender: (for contract) soumission *nf*; (mil) bâtiment *nm* de servitude, ravitailleur *nm*, dépanneur *nm*; (pap) conducteur *nm* de machine; (for ship, oil platform) tender *nm*; (of textile machinery) soigneur *nm*

tendon: acier *nm* de tension, acier de précontrainte

tenfold: décuple

tenon *nn*: tenon *nm*; *vb*: assembler à tenon et mortaise
~ **saw**: scie *nf* à dos

tensile: de traction
~ **force**: force *nf* de traction
~ **strength**: résistance *nf* à la traction
~ **test**: essai *nm* à la traction, essai de traction

tensiometer: tensiomètre *nm*

tension: (mech) traction *nf*; (of steam) pression *nf* de la vapeur; (el, obsolete) tension *nf*
~ **and compression**: traction *nf* et compression
~ **boom**: membrure *nf* tendue, membrure travaillant à l'extension
~ **device**: (weaving) tendeur *nm*
~ **dynamometer**: dynamomètre *nm* de traction
~ **fatigue**: fatigue *nf* en tension, fatigue par traction
~ **pulley**: poulie *nf* de tension, galet *nm* tendeur
~ **roller**: galet *nm* tendeur, galet de tension, rouleau *nm* tendeur, tendeur *nm*
~ **spring**: ressort *nm* de traction

tensioned: (spring) armé, bandé

tensioning: (of tendons) mise *nf* en tension des aciers
~ **device**: tendeur *nm*
~ **rope**: câble *nm* tendeur
~ **wire**: fil *nm* tendeur, fil de tension

tensor: (maths) tenseur *nm*

tentative: expérimental; provisoire

tepid: tiède

term: (maths) terme *nm*, membre *nm*

terminal *nn*: (aero, inf, pipeline, port) terminal *nm*; (for cable) boîte *nf* de raccordement; (data) équipement *nm* terminal; (el) borne *nf*, cosse *nf*, point *nm* de raccordement; *adj*: (insulator, mast) d'arrêt, d'ancrage
~ **blank**: (inf) espace *nm* à droite
~ **block**: bornier *nm* de raccordement
~ **board**: planchette *nf* à bornes, plaque *nf* à bornes, tablette *nf* à bornes
~ **box**: boîte *nf* de connexions, boîte *nf* à bornes, boîte de raccordement; (for cable) manchon *nm* d'embout, manchon [de] tête de câble
~ **closet** NA : armoire *nf* de raccordement
~ **country**: (tp) pays *nm* d'arrivée
~ **cover**: cache-bornes *nm*
~ **exchange**: centre *nm* terminal, centre d'extrémité, centre tête de ligne
~ **marking**: repérage *nm* des bornes
~ **post**: borne *nf* polaire, boulon *nm* polaire
~ **repeater**: répéteur *nm* terminal, répéteur d'extrémité de ligne
~ **screw**: borne *nf* [à vis]
~ **strip**: barrette *nf* à bornes, planchette *nf* à bornes, tablette *nf* à bornes, réglette *nf* à bornes, réglette à broches
~ **voltage**: tension *nf* aux bornes

terminate *vb*: terminer, mettre fin à; (el, tp) raccorder, relier

terminated, ~ **line**: ligne *nf* bouclée

terminating: (tcm) d'arrivée
~ **cable**: câble *nm* d'amorce, câble amorce
~ **department**: service *nm* destinataire
~ **office**: central *nm* d'arrivée
~ **traffic**: (tcm) trafic *nm* d'arrivée; (transport) trafic de destination, trafic externe-interne

termination: fin *nf*; suspension *nf*, arrêt *nm*; (of line) raccordement *nm*

terne, ~ **plate**: acier *nm* plombé-étamé, acier pré-revêtu d'étain-plomb

terra, ~ **cotta** NA : terre *nf* cuite

terrace: (geol) terrasse *nf*

terraced: en gradins
~ **houses**: maisons *nf* en bande

terrazzo: granito *nm*

terrestrial: terrestre

terry, ~ **towelling**: tissu *nm* éponge

tertiary: tertiaire

tervalent: trivalent

test *nn*: essai *nm*, test *nm*; *vb*: tester
~ **bar**: éprouvette *nf*
~ **bed**: banc *nm* d'essai
~ **board**: (el) panneau *nm* de contrôle, tableau *nm* de contrôle; (tp) table *nf* d'essai
~ **card**: (tv) mire *nf*
~ **chart**: (tv) mire *nf*
~ **conditions**: régime *nm* d'essai

~ **data**: données *nf* d'essai
~ **deck**: jeu *nm* d'essai
~ **flight**: vol *nm* d'essai
~ **for**: rechercher
~ **for leaks**: vérifier l'étanchéité
~ **load**: charge *nf* d'essai, charge d'épreuve
~ **paper**: (chem) papier *nm* réactif
~ **pattern**: (tv) mire *nf*
~ **piece**: éprouvette *nf*
~ **pit**: (el, tcm) fosse *nf* d'essai[s], fosse d'exploration; (petr) puits *nm* de recherche, puits d'exploration
~ **point**: point *nm* de mesure
~ **pressure**: pression *nf* d'épreuve; (of boiler) timbre *nm*
~ **report**: procès-verbal *nm* d'essai
~ **run**: (on machine) passage *nm* d'essai, essai *nm* sur machine; (rlwy) essai *nm* en ligne
~ **sample**: échantillon *nm* pour essai
~ **shot**: passage *nm* d'essai, essai *nm* sur machine
~ **signal**: signal *nm* d'essai, signal de mesure
~ **specimen**: éprouvette *nf*
~ **stand**: banc *nm* d'essai
~ **to failure**: essai *nm* jusqu'à la ruine
~ **tone**: tonalité *nf* d'essai, tonalité de mesure
~ **tube**: éprouvette *nf* (de laboratoire)

tester: appareil *nm* d'essai, appareil de contrôle, appareil de vérification; (a person) contrôleur *nm*, essayeur *nm*, testeur *nm*, vérificateur *nm*

testing: essai *nm*, épreuve *nf*; (inspection) contrôle *nm*
~ **laboratory**: laboratoire *nm* d'essais
~ **station**: centre *nm* d'essais
~ **terminal**: borne *nf* d'essai

tetraethyl, ~ **lead**: plomb *nm* tétraéthyle

tetrafluoroethylene «TFE»: tétrafluoroéthylène *nm*

tetrahedral: tétraédrique

tetrahedron: tétraèdre *nm*

tetrode: tétrode *nf*

text: texte *nm*; (of message) libellé *nm*
~ **matter**: (graph, publicity) copie *nf*
~ **page**: page *nf* rédactionnelle, page de texte
~ **processing**: traitement *nm* de texte

textile: textile *nm*, *adj*
~ **glass**: verre *nm* textile
~ **glass multifilament products**: silionne *nf*
~ **glass staple fibre products**: verranne *nf*
~ **sleeve filter**: filtre *nm* à manche de toile

texture *nn*: texture *nf*; *vb*: texturer
~ **coating**: (constr) enduit tramé

texturized <ised>: texturé

TFE → *tetrafluoroethylene*

tg → *tangent*

thatch: chaume *nm* (de toiture)

thaw *nn*: dégel *nm*, fonte *nf*; *vb*: fondre, dégeler

theorem: théorème *nm*

theoretical: théorique

thermal *nn*: courant *nm* thermique; *adj*: thermique
~ **agitation noise**: bruit *nm* d'agitation thermique
~ **analysis**: analyse *nf* thermique
~ **barrier**: barrière *nf* thermique, mur *nm* thermique
~ **binding**: reliure *nf* à chaud
~ **breakdown**: (el) claquage *nm* [par effet] thermique
~ **breaker**: thermorupteur *nm*
~ **cracking**: (petr) craquage *nm* thermique
~ **efficiency**: rendement *nm* thermique
~ **equivalent**: équivalent *nm* mécanique de la chaleur
~ **expansion**: dilatation *nf* thermique
~ **expansion instrument**: instrument *nm* à fil chaud, instrument à dilatation [thermique]
~ **expansion joint**: joint *nm* de dilatation [thermique]
~ **focal area**: (nuc, X-rays) foyer *nm* thermique
~ **gradient**: gradient *nm* thermique, gradient de température
~ **imaging**: thermographie *nf*
~ **instrument**: instrument *nm* de mesure thermique, instrument à fil chaud, instrument à dilatation
~ **paper**: papier *nm* thermosensible
~ **plant**: (el) centrale *nf* thermique
~ **power station**: centrale *nf* thermique
~ **runaway**: (s.c.) rupture *nf* thermique, claquage *nm* thermique
~ **shield**: bouclier *nm* thermique
~ **shock**: choc *nm* thermique
~ **value of fuel oil**: pouvoir *nm* calorifique d'un combustible

thermionic: thermo-ionique, thermoïonique

thermistor: thermistance *nf*

thermit[e]: thermite *nf*
~ **welding**: soudage *nm* aluminothermique
~ **process**: aluminothermie *nf*

thermochemistry: thermochimie *nf*

thermocouple: thermocouple *nm*
~ **instrument**: appareil *nm* à thermocouple

thermodynamics *nn*: thermodynamique *nf*; *adj*: thermodynamique

thermoelectric: thermoélectrique

thermoelectromotive, ~ **force**: force *nf* thermoélectrique

thermoemission: thermo-émission *nf*

thermoforming: thermoformage *nm*

thermoluminescence: thermoluminescence *nf*

thermometer: thermomètre *nm*
~ **stem**: tube *nm* du thermomètre

thermomotor: moteur *nm* à air chaud

thermonuclear: thermonucléaire

thermopile: thermopile *nf*

thermoplastic *nn*: matière *nf* thermoplastique; *adj*: thermoplastique

thermoregulator: thermorégulateur *nm*

thermorelay: relais *nm* thermique, relais thermo-électrique

thermostat: thermostat *nm*

thick: épais; (fluid) visqueux
~-**film**: à couche *nf* épaisse
~-**film integrated circuit**: circuit *nm* intégré à couches épaisses
~ **grease**: graisse *nf* consistante
~ **place**: (tex) grosseur *nf*

thicken *vb*: épaissir

thickener: épaississeur *nm*, agent *nm* épaississant

thickening: épaississement *nm*
~ **washer**: rondelle *nf* d'épaisseur

thickness: épaisseur *nf*; (of key, nut) hauteur *nf*
~ **gauge**: jauge *nf* d'épaisseur, calibre *nm* d'épaisseur
~ **meter**: (nuc) épaisseurmètre *nm*
~ **nut**: écrou *nm* haut

thicknessing: (carp) mise *nf* à l'épaisseur; (fdry) tirage *nm* d'épaisseur (du moule)

thief: voleur *nm*; échantillonneur *nm*, pipette *nf* d'échantillonnage, canne *nf* échantillonneuse
~ **rod**: tige *nf* voleuse, pipette *nf* de prise d'échantillons

thiefing: prise *nf* d'échantillon

thieving: prise *nf* d'échantillon

thimble: dé *nm*; (on cable, wire, guy rope) cosse *nf*; (mech) bague *nf*, virole *nf* (de joint); (nuc) chaussette *nf* de réacteur; (on printer) tulipe *nf*
~ **hook**: croc *nm* à cosse
~ **ionisation chamber**: chambre-dé *nf*
~ **trap**: doigts *nm* de gants froids

thin *adj*: mince; (air) raréfié; (oil) fluide; *vb*: amincir, effiler
~ **beam**: pinceau *nm*
~ **down**: (a liquid) diluer, réduire la viscosité; → also *thindown*
~ **film**: couche *nf* mince
~-**film circuit**: (eon) circuit *nm* à couche mince
~-**film integrated circuit**: circuit *nm* intégré à couches minces
~ **line** *nn*: trait *nm* mince; *adj*: extra plat
~ **nut**: écrou *nm* bas
~ **oil**: huile *nf* fluide
~ **out**: diluer
~ **place**: (tex) point *nm* mince
~ **plaster**: plâtre *nm* gâché clair
~ **shell**: (constr) voile *nm* mince
~ **spanner**: clé *nf* plate ouverte
~ **stream**: filet *nm*
~-**wall**: à paroi mince
~ **window display**: (inf) affichage *nm* restreint, écran *nm* partiel, écran *nm* réduit

thindown: (nuc) dégradation *nf*

thinner: diluant *nm*

thinning, ~ **out**: (petr) dilution *nf*

third *nn*: tiers *nm*; *adj*: troisième
~ **angle projection**: projection *nf* américaine
~ **brush**: (el) balai *nm* auxiliaire, balai de réglage, troisième balai
~ **party**: tiers *nm*
~ **rail**: rail *nm* de contact, rail conducteur, rail d'alimentation, troisième rail

THM → *tons hot metal*

thong: lanière *nf* (de cuir)

thoriated: thorié

thorough: approfondi, détaillé

thoroughfare: (a road) artère *nf*

thrashing: (inf) emballement *nm*, écroulement *nm*

thread *nn*: fil *nm*; (fluid) filet *nm*; (screw) filet, filetage *nm*; *vb*: (through a hole) enfiler; (on a machine) introduire; (met) fileter; → also *threads*
~ **chaser**: peigne *nm* à fileter
~ **count**: (tex) numéro *nm* de fil
~ **counter**: (tex) compte-fils *nm*
~ **cutting**: filetage *nm*
~ **gauge**: bague *nf* filetée, calibre *nm* de filetage, calibre fileté; tampon *nm* fileté
~ **insert**: filet *nm* rapporté
~ **milling cutter**: fraise *nf* à fileter
~ **rolling machine**: machine *nf* à rouler les filets
~ **runout**: sortie *nf* du filet, fin *nf* de filetage
~ **start**: entrée *nf* de filet
~ **stripping**: arrachement *nm* du filet
~ **undercut**: gorge *nf* de dégagement

threaded: (externally) fileté; (internally) taraudé
~ **bolt**: boulon *nm* fileté
~ **bush**: bague *nf* filetée, douille *nf* filetée
~ **hole**: trou *nm* taraudé
~ **rod**: tige *nf* filetée

threading: (met) filetage *nm*, taille *nf* des filets; (internally) taraudage *nm*; (pap) engagement *nm* (du papier dans une machine); (of tape) enfilage *nm*, mise *nf* en place
~ **die**: cage *nf* de filière, filière *nf*

threads, ~ per inch «tpi»: pas *nm* d'un filetage

three: trois; tri...
~**-axis**: sur les 3 axes, triaxial
~**-blade propeller**: hélice *nf* tripale
~**-centred arch**: arc *nm* en anse de panier
~**-colour printing**: trichromie *nf*
~**-component concrete**: béton *nm* ternaire
~**-dimensional** «3D»: à trois dimensions, en relief, tridimensionnel
~**-electrode tube**: triode *nf*
~**-finger rule**: règle *nf* des 3 doigts
~**-grid tube**: tube *nm* trigrille, lampe *nf* trigrille
~**-high mill**: laminoir *nm* trio, train *nm* trio
~**-high stand**: (rolling) cage *nf* trio
~**-hinged arch**: arc *nm* à trois articulations
~**-level**: (eon, inf) trivalent
~**-layer**: (paper, board) triplex
~**-phase**: triphasé
~**-pin plug**: fiche *nf* tripolaire, fiche à trois broches
~**-ply plate**: (met) tôle *nf* triplex
~**-pole**: tripolaire, à trois pôles
~**-quarter file**: lime *nf* tiers-point, lime triangulaire, tiers-point *nm*
~**-square file**: lime *nf* tiers-point, tiers-point *nm*
~**-way**: (valve) à trois voies
~**-way switch**: commutateur *nm* à trois directions, commutateur *nm* à trois positions; (lighting) interrupteur *nm* va-et-vient
~**-wire system**: distribution *nf* [à] trois fils

threefold: triple

threshold: seuil *nm*
~ **violation**: dépassement *nm* de seuil

throat: gorge *nf*; (of anchor) collet *nm*; (of blast furnace) gueulard *nm*; (of burner, nozzle) col *nm*; (of carburettor) diffuseur *nm*; (of combustion chamber) retreint *nm*; (of m-t, press) col *nm* de cygne; (of punch) gorge *nf*; (of saw) ouverture *nf*; (of wind tunnel) entrée *nf*
~ **diameter**: (of gear wheel) diamètre *nm* à fond de gorge
~ **microphone**: laryngophone *nm*

throttle *nn*: (auto) papillon *nm* des gaz; (a valve) étrangleur *nm*; (on steam engine) registre *nm* de vapeur; *vb*: (a fluid) laminer; (steam) étrangler; (an engine) fermer (les gaz)
~ **control**: (on engine) commande *nf* des gaz
~ **control lever**: manette *nf* des gaz, levier *nm* de papillon

~ **control linkage**: (auto) tringlerie *nf* [du papillon] des gaz, tringlerie d'accélération, tringlerie du carburateur
~ **down**: réduire les gaz, mettre le moteur au ralenti
~ **lever**: manette *nf* de commande des gas, levier *nm* de papillon
~ **slide valve**: tiroir *nm* d'étranglement
~ **spindle**: (auto) axe *nm* du papillon
~ **valve**: robinet *nm* d'étranglement, robinet de laminage, régulateur *nm* de laminage; soupape *nf* d'étranglement, registre *nm* de vapeur, registre de réglage; (auto) papillon *nm* (des gaz)

throttled: au ralenti, étranglé

throttling: étranglement *nm*; (of fluid) laminage *nm*

through: à travers; (processing) à cœur
~ **bolt**: boulon *nm* passant, boulon traversant
~ **bridge**: pont *nm* à tablier inférieur
~**-colour**: teinté dans la masse
~ **connection**: connexion *nf* directe; (p.c.) connexion transversale
~ **dialling**: (tp) numérotation *nf* directe, sélection *nf* automatique
~ **drying**: séchage *nm* à cœur
~**-feed grinding**: rectification *nf* en enfilade
~ **group**: (tp) groupe *nm* primaire
~ **heating**: chauffage *nm* à cœur
~ **hole**: trou *nm* débouchant
~ **master group**: (tp) groupe *nm* tertiaire
~ **mortise**: mortaise *nf* passante
~ **stone**: pierre *nf* en parpaing
~ **supergroup**: (tp) groupe *nm* secondaire
~**-the-wall**: extérieur, encastré dans un mur
~ **traffic**: (transport) trafic *nm* en transit, trafic externe-externe
~ **train**: train *nm* direct
~ **ventilation**: aération *nf* naturelle (d'un bâtiment)

throughput: quantité *nf* traitée, quantité passée sur une machine; production *nf*, tonnage *nm* produit; (inf) débit *nm*, capacité *nf* de traitement

throw *nn*: (of cam, eccentric) rayon *nm*; (gasholder) NA: pression *nf* gazométrique; (geol) rejet *nm* (de faille); (of piston) course *nf*; (of pump) hauteur *nf* de refoulement; *vb*: jeter; (c.e.) pelleter; (a liquid) jeter, projeter; (a switch) basculer
~**-away**: à jeter; (packaging) perdu, non repris
~ **in**: (mech) embrayer, enclencher; (commerce) ajouter, donner en plus (sans supplément de prix)
~ **into gear**: embrayer, engrener, mettre en prise
~ **off** *nn*: débrayage *nm*; *vb*: jeter, projeter; (mech) débrayer
~ **out**: jeter
~ **out bearing**: (on clutch) butée *nf* de débrayage
~ **out lever**: levier *nm* de débrayage
~ **out of gear**: débrayer
~ **over**: (el) commuter, inverser le courant
~ **over relay**: relais *nm* à deux directions, relais basculant
~ **over switch**: commutateur-inverseur *nm*, commutateur *nm*

thrower: déflecteur *nm*
~ **ring**: (lubrication) segment *nm* déflecteur, collet *nm* de barbotage

throwing: jet *nm*, projection *nf*; (of sparks) projection *nf*, jaillissement *nm*
~ **into gear**: embrayage *nm*, enclenchement *nm*, mise *nf* en marche

thru NA → *through*

thrust: poussée *nf*; (c.e.) poussée, pression *nf* des terres
~ **ball bearing**: butée *nf* à billes
~ **bearing**: palier *nm* de butée, butée *nf*
~ **collar**: collet *nm* de butée
~ **cut off**: (space) arrêt *nm* de poussée, extinction *nf*
~ **decay**: (space) queue *nf* de poussée
~ **reverser**: inverseur *nm* de poussée, inverseur de jet
~ **reversing**: inversion *nf* de jet
~ **ring**: anneau *nm* de butée, bague *nf* de butée, collet *nm* de butée, rondelle *nf* de butée
~ **shaft**: arbre *nm* de butée
~ **shaft flange**: plateau *nm* de l'arbre de butée
~ **washer**: rondelle *nf* d'appui, rondelle de butée

thruster: poussoir *nm*, vérin *nm*; (space) propulseur *nm*; (naut) propulseur *nm* (d'étrave)

thrustor → *thruster*

thumb, ~ **bolt**: boulon *nm* à oreilles
~ **piece**: poucier *nm*
~ **tack**: punaise *nf*

thumbnail: petit, minuscule

thumbnut: écrou *nm* à oreilles, écrou papillon

thumbscrew: vis *nf* à oreilles, vis à ailettes; bouton *nm* moleté

thumbwheel: molette *nf*, roue *nf* moletée
~ **switch**: commutateur *nm* rotatif à molette

thyratron: thyratron *nm*

thyristor: thyristor *nm*

tick *vb*: cocher (une case), pointer (sur une liste)

ticker, ~ **tape**: bande *nf* de téléimprimeur

ticket: billet *nm*, ticket *nm*; (indicating price) étiquette *nf*
~**-dating machine**: composteur *nm*
~ **office**: guichet *nm* des billets

tidal: de marée *nf*, à marée
~ **dock**: bassin *nm* de marée
~ **harbour**: port *nm* à marée
~ **power**: houille *nf* bleue
~ **power plant**: centrale *nf* marémotrice, usine *nf* marémotrice
~ **power station**: centrale *nf* marémotrice, usine *nf* marémotrice
~ **range**: marnage *nm*
~ **zone**: zone *nf* de marnage

tide: marée *nf*
~ **gauge**: échelle *nf* de marée
~ **table**: annuaire *nm* des marées

tie *nn*: attache *nf*, lien *nm*; (rlwy) NA traverse *nf*; *vb*: attacher; (tcm) connecter, relier
~ **bar**: crosse *nf* de piston; tirant *nm* de raccordement; (m-t) traverse *nf*; (in reinforced concrete) acier *nm* de couture
~ **beam**: (constr) entrait *nm*
~ **line**: (tp) ligne *nf* privée, ligne spécialisée
~**-on label**: étiquette *nf* à œillet
~ **plate**: (rlwy) selle *nf* de rail
~ **rod**: (auto) NA barre *nf* d'accouplement
~ **rod end**: (auto) NA rotule *nf* de barre d'accouplement
~ **up**: (resources) immobiliser

tier: rangée *nf*, étage *nm*

TIG → *tungsten inert gas*
~ **welding**: soudage *nm* TIG

tight: serré; tendu
~ **buffer[ing]**: gainage *nm* serré
~ **fit**: ajustement *nm* serré, ajustement sans jeu, ajustement à frottement dur, ajustement à refus
~ **inspection**: contrôle *nm* strict
~ **joint**: joint *nm* étanche
~ **knot**: (in wood) nœud *nm* adhérent
~ **riveting**: rivure *nf* étanche
~ **rope**: corde *nf* raide, corde tendue
~ **sand**: sable *nm* colmaté, sable peu perméable, sable compact
~ **side**: (of belt) brin *nm* tendu; (of veneer) face *nf* comprimée
~**-tolerance**: de grande précision

tighten *vb*: (a screw) serrer; (a rope) tendre

tightener: tendeur *nm*, raidisseur *nm*

tightening: serrage *nm*; (of conditions, of quality control inspection) renforcement *nm*
~ **key**: clavette *nf* de calage, clavette de serrage
~ **pulley**: poulie *nf* de tension, galet *nm* tendeur
~ **wedge**: cale *nf* de rattrapage, coin *nm* de rattrapage
~ **yoke**: noix *nf* de serrage

tightness: compacité *nf*; étanchéité *nf*; raideur *nf*; serrage *nm*

tilde: tilde *nf*

tile *nn*: (roofing) tuile *nf*; (on floor, wall) carreau *nm*; *vb*: couvrir en tuile[s]; carreler
~ **batten**: liteau *nm*
~ **clay**: argile *nf* téguline, glaise *nf*

tiler: (of floors, walls) carreleur *nm*; (a roofer) couvreur *nm* (en tuiles)

tiling: (of roof) couverture *nf* de tuiles; (of walls, floor) carrelage *nm*
~ **adhesive**: ciment-colle *nm*

tiller: (on hand truck) timon *nm* de manœuvre; (on ship) barre *nf* de gouvernail
~ **telltale**: indicateur *nm* d'angle de barre

tilt *nn*: inclinaison *nf*; (of camera) panoramique *nm* vertical; *vb*: incliner; (mechanical handling) culbuter; (rolling) culbuter, tourner (les lingots)
~ **and swivel screen**: écran *nm* inclinable et orientable

~ **and telescope steering column**: (auto) colonne *nf* inclinable et télescopique
~ **and turn window**: fenêtre *nf* oscillo-battante
~ **cab**: cabine *nf* basculante
~ **wing aircraft**: avion *nm* à voilure basculante

tiltdozer: bouteur *nm* inclinable

tilting *nn*: inclinaison *nf*; (cinema) panoramiquage *nm*; *adj*: basculant, à bascule; inclinable; rabattable; renversable
~ **bearing**: palier *nm* à rotule, appui *nm* à rotule
~ **body coach**: (rlwy) voiture *nf* à caisse inclinable
~ **bottom**: fond *nm* basculant, fond à charnière
~ **device**: culbuteur *nm* (de wagons, de lingots)
~ **ladle**: poche *nf* basculante, poche théière
~ **pad bearing**: palier *nm* à segments pivotants
~ **skip**: benne *nf* basculante

timber: bois *nm* de construction, bois d'œuvre; (naut) membrure *nf*, couple *nm*, allonge *nf*
~ **grab**: grappin *nm* à bois
~ **in the log**: bois *nm* de brin
~ **mill**: scierie *nf*

timbering: (mining) boisage *nm*

time «T» *nn*: temps *nm*, durée *nf*; (by the clock) heure *nf*; *vb*: chronométrer; (an engine) caler (un moteur), régler (l'allumage)
~ **between overhauls** «TBO»: temps *nm* entre révisions, potentiel *nm* entre révisions
~ **bomb**: bombe *nf* à retardement
~ **clock**: horloge *nf* de pointage, horodateur *nm*
~ **consuming**: qui prend beaucoup de temps
~ **critical**: à durée *nf* critique
~ **delay**: action *nf* retardée, temporisation *nf*
~ **delay circuit**: circuit *nm* retardateur
~ **delay relay**: relais *nm* à action différée, relais temporisé
~ **division multiple access** «TDMA»: accès *nm* multiple à répartition dans le temps
~ **division multiplexing** «TDM»: multiplexage *nm* dans le temps, multiplexage par répartition dans le temps, multiplexage temporel
~ **element**: dispositif *nm* de temporisation, relais *nm* temporisé
~ **fuse**: (mil) fusée *nf* fusante, fusée à retardement
~ **lag** *nn*: délai *nm*, retard *nm*, retardement *nm*; (el) délai *nm* de commutation, délai de coupure, temporisation *nf*, décalage *nm* dans le temps; *adj*: à action différée, à action retardée, à action temporisée
~ **lag relay**: relais *nm* temporisé, relais à action différée
~ **out**: expiration *nf* de délai
~ **relay**: relais *nm* temporisé, relais retardé, relais à action différée
~ **sharing** «TS»: partage *nm* de temps, temps *nm* partagé
~ **shell**: (mil) obus *nm* fusant
~ **signal**: signal *nm* horaire
~ **slice**: tranche *nf* de temps
~-**switch**: interrupteur *nm* horaire, minuterie *nf*
~ **switching**: commutation *nf* temporelle
~ **table**: horaire *nm*, emploi *nm* du temps
~ **to chopping**: (of impulse) durée *nf* jusqu'à la coupure
~ **to half value**: durée *nf* jusqu'à la mi-valeur
~ **to puncture**: durée *nf* de percement
~ **to repair** «TTR»: temps *nm* passé au dépannage
~ **zone**: fuseau *nm* horaire

timed: chronométré; temporisé
~ **call**: communication *nf* taxée à la durée

timekeeper: chronométreur *nm*, pointeur *nm*

timekeeping: chronométrage *nm*, pointage *nm*

timer: interrupteur *nm* horaire, minuterie *nf*; générateur *nm* d'impulsions

timing: chronométrage *nm*, minutage *nm*; calendrier *nm*; (of engine) réglage *nm*, calage *nm*, mise *nf* au point
~ **belt**: (on engine) courroie *nf* crantée
~ **case**: (auto) carter *nm* de distribution
~ **case cover**: (auto) couvercle *nm* du carter de distribution
~ **chain**: (auto) chaîne *nf* de distribution
~ **chart**: chronogramme *nm*
~ **device**: minuterie *nf*
~ **element**: relais *nm* de temporisation; NA minuterie *nf* (de compteur)
~ **gear**: (auto) engrenage *nm* de distribution, distribution *nf*

~ **mark**: (auto) repère *nm* de réglage de l'allumage
~ **of the valve gear**: réglage *nm* de la distribution
~ **pulse**: impulsion *nf* de synchronisation
~ **sequence**: (of engine) ordre *nm* d'allumage

tin *nn*: étain *nm*; boîte *nf* en fer-blanc, boîte *nf* métallique; *vb*: étamer; mettre en boîte
~ **bearing**: stannifère
~ **can**: boîte *nf* en fer-blanc
~-**coated**: étamé
~ **coating**: étamage *nm*
~ **foil**: feuille *nf* d'étain, papier *nm* d'étain, papier métallisé
~ **plating**: étamage *nm*
~ **putty**: potée *nf* d'étain
~ **sweat**: ressuage *nm* d'étain, remontée *nf* d'étain
~ **tack**: semence *nf* (de tapissier)

tine: (of bucket) dent *nf*; (of fork) branche *nf*, fourchon *nm*

tinned: étamé; (food) en conserve, en boîte; (music) enregistré

tinning: étamage *nm*

tinplate: fer-blanc *nm*

tinsmith: ferblantier *nm*

tinted, ~ **glass**: verre *nm* teinté
~ **screen**: (auto) pare-brise *nm* teinté

tinting, ~ **strength**: (of carbon black) pouvoir *nm* colorant

tip: bout *nm*, extrémité *nf*, pointe *nf*; (of electrode) pointe *nf*; (of pyramid) sommet *nm*; (for rubbish) décharge *nf*, dépôt *nm* d'ordures, voirie *nf*; (a tool insert) plaquette *nf*, pastille *nf*; (of welding torch) buse *nf*; *vb*: basculer; déverser, verser (en basculant)
~ **bucket**: benne *nf* basculante
~ **circle**: (of gear) cercle *nm* de tête
~ **crowning**: (of gear wheel) bombé *nm* de tête
~ **cylinder**: (of gear wheel) cylindre *nm* de tête
~ **diameter**: (of gear wheel) diamètre *nm* de tête
~ **electrode**: électrode *nf* de soudage par points
~ **fairing**: (aero) saumon *nm* d'aile
~ **lorry**: camion *nm* à benne basculante
~ **out**: verser, déverser
~ **over**: basculer, renverser, se renverser
~ **path plane**: (of helicopter) plan *nm* du disque balayé
~ **pour ladle**: poche *nf* à coulée par le bec, poche théière, poche basculante
~ **truck** NA : camion *nm* à benne basculante
~ **up door**: porte *nf* basculante
~ **up seat**: strapontin *nm*

tipper: basculeur *nm*, culbuteur *nm*; (auto) camion-benne *nm*, camion *nm* à benne basculante

tipping: basculement *nm*; déversement *nm*; (of tool) pose *nf* de plaquettes
~ **bucket**: benne *nf* basculante; (of conveyor) godet *nm* basculant
~ **skip**: benne *nf* basculante; (of conveyor) godet *nm* basculant
~ **trailer**: remorque *nf* à benne basculante

tipple *vb*: (mining) culbuter, déverser

tire NA → *tyre*

tissue: (botany, biology) tissu *nm*; (pap) mouchoir *nm* en papier
~ **equivalent ionisation chamber**: (nuc) chambre *nf* d'ionisation équivalente au tissu
~ **paper**: papier *nm* mousseline, papier de soie

titer NA → *titre*

title: titre *nm*
~ **box**: cartouche *nm*
~ **page**: page *nf* de titre
~ **panel**: (on drawing) cartouche *nm* de plan; (binding) entre-nerf *nm*

titration: dosage *nm*, analyse *nf* volumétrique, titrage *nm*

titre: titre *nm*, titrage *nm*; (of yarn) numéro *nm* de fil

TLX: → *telex*

TNT → *trinitrotoluene*

to, ~ **size**: à la cote

t.o.e. → *ton oil equivalent*

toe: (of pile) pointe *nf*; (of slope) pied *nm*
~-**in**: (auto) pincement *nm* des roues avant
~ **nailing**: clouage *nm* en biais

~-out: (auto) ouverture *nf* des roues avant

toeboard: (a skirting) plinthe *nf*; (of scaffolding, gangway) garde-pieds *nm*, plinthe

toggle: (eon) bascule *nf*, déclencheur *nm* bistable; (mech) genouillère *nf*
~ **joint**: genouillère *nf*, joint *nm* à rotule, rotule *nf*
~ **lever**: levier *nm* à genouillère, levier articulé
~ **mechanism**: mécanisme *nm* à bielles, mécanisme à genouillères
~ **switch**: interrupteur *nm* à bascule, interrupteur à levier, tumbler *nm*

toilet: (w.c.) toilette *nf*
~ **paper**: papier *nm* hygiénique

tokamak: tokamak *nm*

token: jeton *nm*
~ **passing**: passage *nm* de jeton
~ **ring**: jeton *nm* circulant
~ **ring passing**: passage *nm* de jeton

tolerance: tolérance *nf*

tolerancing: tolérancement *nm*

toll *nn*: (on road) péage *nm*; *adj*: (tp) interurbain
~ **booth**: poste *nm* de péage, péage *nm*
~ **call**: appel *nm* interurbain, communication *nf* interurbaine
~ **office**: bureau *nm* interurbain, central *nm* interurbain
~ **road**: route *nf* à péage

toluene: toluène *nm*

tommy, ~ **bar**: broche *nf* lisse
~ **gun**: pistolet *nm* mitrailleur, mitraillette *nf*
~ **nut**: écrou *nm* à trous (se vissant à la broche)
~ **screw**: vis *nf* à broche, vis à clé

ton «t»: tonne *nf*; → also *tons*
~ **coal equivalent** «t.c.e.»: tonne *nf* équivalent charbon «t.e.c.»
~ **oil equivalent** «t.o.e.»: tonne *nf* équivalent pétrole «t.e.p»
~/**kilometre**: tonnage *nm* kilométrique, tonne-kilomètre *nf*

tone *nn*: fréquence *nf* (vocale); (music) ton *nf*; (tp) tonalité *nf*; *vb*: (phot) virer
~ **frequency**: fréquence *nf* audible

tongs: pince *nf*

tongue: languette *nf*; (of buckle) ardillon *nm*
~ **and groove** «TG»: rainure *nf* et languette

tongued, ~ and grooved: assemblé à rainure et languette

toning: (phot) virage *nm*
~ **and fixing bath**: bain *nm* de virage-fixage

tonnage: tonnage *nm*; (of ship) port *nm*, tonnage *nm*
~ **steel**: acier *nm* de grosse production, acier commercial ordinaire

tonne: tonne *nf* métrique

tons, ~ hot metal «THM»: tonnes *nf* d'acier liquide

tool *nn*: outil *nm*; *vb*: (graph) estamper
~ **board**: panoplie *nf*
~ **box**: boîte *nf* à outils
~ **chest**: caisse *nf* à outils
~ **feed**: (m-t) avance *nf* de l'outil
~ **holder**: porte-outil *nm*
~ **kit**: sac *nm* à outils, trousse *nf* à outils, boîte *nf* à outils
~ **location**: (m-t) centrage *nm* des outils
~ **mark**: rayure *nf* d'outil
~ **path**: trajectoire *nf* d'outil
~ **pick up**: dégagement *nm* de l'outil, effacement *nm* de l'outil, relevage *nm* de l'outil, relèvement *nm* de l'outil
~ **post**: support *nm* porte-outil, support *nm* d'outil
~ **rack**: râtelier *nm* à outils
~ **relief**: dégagement *nm* de l'outil, effacement *nm* de l'outil, relevage *nm* de l'outil, relèvement *nm* de l'outil
~-**rest**: porte-outil *nm*
~ **rest slide**: chariot *nm* porte-outil
~ **roll**: trousse *nf* à outils
~ **slide**: coulisseau *nm* porte-outil, chariot *nm* porte-outil
~ **socket**: douille *nf* de l'outil
~ **tip**: bec *nm* d'outil; pastille *nf*, plaquette *nf* (rapportée)

tooling: (tools) outillage *nm*; (machining) usinage *nm*
~ **allowance**: surépaisseur *nf* pour usinage
~ **hole**: trou *nm* de fabrication, trou d'usinage

toolmaker: outilleur *nm*

toolroom: atelier *nm* d'outillage; (moulding) atelier de moules
~ **lathe**: tour *nm* d'outilleur

tooth: dent *nf*; (of paper) grain *nm*
~ **chamfer**: entrée *nf* de dent
~ **clearance**: jeu *nm* de denture
~ **contact [pattern]**: portée *nf* des dents
~ **contour**: profil *nm* de la dent
~ **depth**: hauteur *nf* de dent
~ **flank**: flanc *nm* de la dent
~ **line**: cercle *nf* de denture
~ **lock washer**: rondelle *nf* éventail
~ **pitch**: module *nm* de denture, pas *nm* de denture
~ **space**: entredent *nm*
~ **surface**: flanc *nm*, surface *nf* active
~ **tip**: sommet *nm* de dent
~ **trace**: ligne *nf* de flanc

toothed: denté, crénelé
~ **flywheel**: volant *nm* denté
~ **plate**: (a timber connector) crampon *nm*
~ **roller**: hérisson *nm*
~ **wheel**: roue *nf* dentée

toothing: denture *nf*; (in new masonry) harpe *nf*, briques *nf* en attente, pierres *nf* en attente; (in old masonry) arrachements *nm*; (a stone finish) brettelure *nf*

top *nn*: dessus *nm*, haut *nm*; crête *nf*, sommet *nm*; tête; (auto) toit *nm*, pavillon *nm*; (of furnace) gueulard *nm* d'un haut-fourneau; *adj*: supérieur; maximum; *vb*: dépasser, surpasser; (trees) écimer, étêter; (piles) recéper
~ **blowing**: (casting) soufflage *nm* audessus du bain
~ **brass**: (of bearing) contre-coussinet *nm*
~ **casting**: coulée *nf* en chute directe
~ **coat**: (of paint) couche *nf* de finition; (on road) couche d'usure, couche de roulement
~ **copy**: original *nm*
~ **dead centre** «TDC»: point *nm* mort haut «PMH»
~ **down**: de haut en bas, descendant
~ **gas**: gaz *nm* de gueulard
~ **gear**: (auto) prise *nf* directe
~ **grade**: de première qualité
~ **hat section**: (met) oméga *nm*
~ **heavy**: lourd du haut
~ **layer**: couche *nf* extérieure; (wldg) dernière passe *nf*
~ **light**: plafonnier *nm*
~ **lighting**: éclairage *nm* zénithal
~ **management**: cadres *nm* supérieurs
~ **of the range**: haut de gamme
~ **pour**: coulée *nf* en chute directe
~ **rail**: (of door, window) traverse *nf* haute; (of partition) rail *nm* haut, rail de tête
~ **side**: (pap) côté *nm* feutre, côté grain
~ **skin**: (of wing) extrados *nm*
~ **speed**: vitesse *nf* maximale
~ **step**: marche *nf* d'arrivée
~ **up**: faire le niveau (d'un liquide)
~ **wall**: (of mine) toit *nm*

topped: de distillation *nf* primaire

topping: (fdry) éboutage *nm*, démasselottage *nm*; (petr) distillation *nf* primaire; (on road) couche *nf* de surface
~ **up**: remplissage *nm* (de réservoir)

topside, ~ **planking**: bordé *nm* des œuvres mortes; → also *topsides*
~ **sounding**: (space) sondage *nm* en contre-haut

topsides: hauts *nm* d'un navire, œuvres *nf* mortes, accastillage *nm*

topsoil: sol *nm* vivant, terre *nf* végétale

torch: lampe *nf* de poche, torche *nf*; NA : chalumeau *nm*
~ **cutting**: oxycoupage *nm*
~ **hardening**: trempe *nf* au chalumeau
~ **nozzle**: bec *nm* de chalumeau
~ **tip**: buse *nf* de chalumeau

torchlight: lampe *nf* de poche, torche *nf* électrique

torn: déchiré, arraché
~ **grain**: (of wood) fibres *nf* arrachées
~ **thread**: filetage *nm* arraché

toroid: tore *nm*; (el) bobine *nf* toroïdale, enroulement *nm* toroïdal

toroidal: toroïdal
~ **core**: noyau *nm* toroïdal, tore *nm*

torpedo: torpille *nf*
~ **boat**: torpilleur *nm*
~ **gunboat**: aviso-torpilleur *nm*
~ **ladle**: poche *nf* torpille
~ **tube**: tube *nm* lance-torpilles

torque: couple *nm* (de rotation)
~ **arms**: (mech) compas *nm*
~ **converter**: convertisseur *nm* de couple
~ **handle**: poignée *nf* dynamométrique
~ **limiting clutch**: accouplement *nm* à surcharge

~ **links**: (aero) compas *nm* de train
~ **motor**: moteur *nm* couple
~ **reaction**: effet *nm* de couple, effort *nm* de torsion, couple *nm* antagoniste
~ **reaction of final drive**: (auto) couple *nm* de renversement du pont arrière
~ **shaft**: arbre *nm* de torsion
~ **spanner**: clé *nf* dynamométrique
~ **variator**: variateur *nm* de couple
~ **wrench**: clé *nf* dynamométrique

torquemeter: couplemètre *nm*, torsiomètre *nm*

torquer NA : moteur-couple *nm*

torsion: torsion *nf*
~ **balance**: balance *nf* de torsion
~ **bar suspension**: suspension *nf* à barre de torsion
~ **free**: (yarn) à torsion *nf* zéro
~-**loaded shaft**: arbre *nm* soumis à la torsion
~ **proof** NA : rigide en torsion
~ **shear**: cisaillement *nm* par torsion
~ **spring**: barre *nf* de torsion
~-**string galvanometer**: galvanomètre *nm* à corde

torsional: de torsion, en torsion
~ **rigidity**: rigidité *nf* de torsion, rigidité en torsion
~ **strain**: déformation *nf* de torsion
~ **strength**: résistance *nf* à la torsion
~ **stress**: contrainte *nf* de torsion, effort *nm* de torsion, sollicitation *nf* de torsion

torsionmeter: torsiomètre *nm*

torus: tore *nm*

TOS → *tape operating system*

total *nn*: total *nm*, montant *nm*; *adj*: total, global
~ **absorption peak**: (nuc) pic *nm* d'absorption totale
~ **depletion voltage**: (nuc) tension *nf* de déplétion totale
~ **travel position**: position *nf* de fin de course totale

totalizing <ising>: totalisateur
~ **scale**: bascule *nf* intégratrice

totally, ~ **enclosed**: (el) fermé
~-**enclosed fan-ventilated machine**: machine *nf* fermée auto-ventilée
~-**enclosed separately fan ventilated machine**: machine *nf* fermée à ventilation extérieure

tote, ~ **box**: bac *nm* de manutention

touch *nn*: toucher *nm*; *vb*: toucher
~-**and-go-landing**: atterrissage *nm* posé-décollé
~ **down**: (aero) se poser
~ **down speed**: (aero) vitesse *nf* d'impact
~ **dry**: sec au toucher
~ **tone keyboard**: (tp) clavier *nm* à boutons
~ **tone telephone**: (tp) poste *nm* à clavier, poste à boutons
~ **up**: retoucher

touchdown: (aero) impact *nm* (à l'atterrissage)
~ **zone**: aire *nf* de prise de contact

tough: solide, résistant; (met) tenace

toughen *vb*: durcir; (glass) tremper

toughened, ~ **glass**: verre *nm* trempé

toughness: résistance *nf* (au choc) (met) dureté *nf*, ténacité *nf*

TOW → *take-off weight*

tow: (of ships) convoi *nm* poussé, remorque *nf*; (tex) filasse *nf*, étoupe *nf*; *vb*: (a ship) remorquer, prendre en remorque; (a trailer) remorquer, tracter
~ **abreast**: remorquer à couple
~ **ahead**: remorquer en flèche
~ **astern**: remorquer en arbalète
~ **line**: aussière *nf* de remorque, remorque *nf*
~ **tractor**: tracteur *nm* de remorquage

towage: (of barges) remorquage *nm*, halage *nm*, poussage *nm*

towboat: pousseur *nm*

towed: remorqué; (road vehicle) tracté
~ **convoy**: train *nm* de bateaux, train remorqué, train poussé

tower: tour *nf*; (of cableway) pylône *nm*; (el) mât *nm*, pylône *nm*; (rlwy) NA poste *nm* d'aiguillage
~ **block**: immeuble *nm* tour, immeuble de grande hauteur «IGH»
~ **body**: fût *nm* d'un pylône
~ **crane**: grue-tour *nf*
~ **purifier**: tour *nf* d'épuration
~ **scrubber**: tour *nf* de lavage

towerman NA : garde-signaux *nm*

towing, ~ basin: bassin *nm* d'essai des carènes
~ **eye**: chape *nf* d'attelage
~ **tractor**: tracteur *nm* attelé

town *nn*: ville *nf*; *adj*: de ville, urbain
~ **planning**: urbanisme *nm*

tpi → *threads per inch, tracks per inch*

tpr → *teleprinter*

TR → *transmit-receive*

trabeated: à poutres et poteaux

trace *nn*: trace *nf*; *vb*: suivre le tracé, tracer; (a drawing) calquer, décalquer; (a fault) rechercher, dépister; (with a stylus) palper
~ **element**: oligo-élément *nm*

tracer: balise *nf* traçante; (a bullet) balle *nf* traçante; (in ground) fil *nm* de repère, repère *nm* (de canalisation); (on lathe) palpeur *nm*, tâteur *nm*; (nuc) indicateur, traceur *nm*
~ **bullet**: balle *nf* traçante
~ **control**: (numerical control) commande *nf* à palpeur, système *nm* de copiage
~ **finger**: doigt *nm* de palpage, pointe *nf* du palpeur
~ **pair**: (tcm) paire *nf* pilote
~ **quad**: (tcm) quarte *nf* pilote
~ **shell**: obus *nm* traceur

tracing: (copying of drawing) calquage *nm*, calque *nm*; (of faults) dépistage *nm*, localisation *nf*; (scribing) traçage *nm*, tracé *nm*
~ **cloth**: toile *nf* d'architecte, toile à calquer
~ **paper**: papier *nm* calque
~ **stylus**: pointe *nf* du palpeur, touche *nf* du palpeur

track *nn*: (caterpillar) chenille *nf*; (of crane) chemin *nm* de roulement, voie *nf* de roulement; (on magnetic tape) piste *nf*; (rlwy) voie *nf*; *vb*: suivre, faire un suivi; (an amplifier) aligner; → also *tracks*
~ **brake**: frein *nm* sur rail
~ **chamber**: (nuc) chambre *nf* à trace
~ **code**: (inf) code *nm* de vérification
~ **down**: rechercher
~ **equipment**: (rlwy) armement *nm* de la voie
~ **fastenings**: petit matériel *nm* de voie
~ **gauge**: (auto) écartement *nm* des roues; (rlwy) écartement d'une voie
~ **in**: (cinema) travelling *nm* avant
~ **layer**: engin *nm* à chenilles
~ **laying**: pose *nf* de voie ferrée
~ **link**: patin *nm* de chenille, tuile *nf* de chenille
~ **motorcar**: (rlwy) draisine *nf*
~**-mounted**: (crane) sur rails
~ **out**: (cinema) travelling *nm* arrière
~ **parity check**: contrôle *nm* de parité longitudinale
~ **pitch**: (inf) entre-axe *nm* des pistes, pas *nm* transversal
~ **record**: passé *nm*, historique *nm*
~ **rod**: (auto) barre *nf* d'accouplement
~ **rod end**: rotule *nf* de barre d'accouplement
~ **roller**: (on crawler) galet *nm* de roulement, galet de chenille
~ **scales**: pont-bascule *nm*
~ **shoe**: patin *nm* de chenille, tuile *nf* de chenille
~ **spike**: crampon *nm* (de voie)
~ **while scan**: dispositif *nm* de traçage et balayage simultanés

trackage: réseau *nm* ferré, voies *nf*

tracked: à chenilles, chenillé
~ **aircushion vehicle** «TACV»: aéroglisseur *nm* guidé
~ **hovercraft**: aéroglisseur *nm* guidé

tracker: (space) suiveur *nm*

tracking: poursuite *nf*, suivi *nm*, traçage *nm*; (on helicopter) alignement *nm* des pales; (of magnetic tape) centrage *nm* de piste; (radar) poursuite *nf*; (on road surface) frayées *nf*
~ **antenna**: antenne *nf* de poursuite
~ **radar**: radar *nm* de poursuite
~ **station**: station *nf* de poursuite

tracklayer: engin *nm* à chenilles, chenillard *nm*

trackman NA : surveillant *nm* de la voie, agent *nm* de parcours

tracks: (lubrication) pattes *nf* d'araignée
~ **per inch** «tpi»: pistes *nf* par pouce

trackwalker NA : agent *nm* de parcours

traction: traction *nf*
~ **wheel**: (of locomotive) roue *nf* motrice

tractive: de traction
~ **effort**: effort *nm* de traction
~ **power**: puissance *nf* de traction; (towing) effort *nm* au crochet

~ **stock**: (rlwy) matériel *nm* moteur, parc *nm* moteur
~ **unit**: groupe *nm* de traction, engin *nm* de traction, tracteur *nm*

tractor: (agriculture, road transport) tracteur *nm*; (on printer) entraîneur *nm* à picots
~ **crane**: grue *nf* automotrice, autogrue *nf*
~ **feed**: (on printer) entraînement *nm* par picots
~ **feed pin**: picot *nm* d'entraînement
~ **fuel** NA : pétrole *nm* carburant
~ **loader**: tractopelle *nf*
~ **shovel**: tractopelle *nf*
~ **trailer unit**: train *nm* routier
~ **vaporising oil** «TVO»: pétrole *nm* carburant

trade: commerce *nm*; secteur *nm* d'activité; (a craft) métier *nm*
~ **fair**: foire *nf* professionnelle, salon *nm* professionnel
~-**in**: reprise *nf*
~ **journal**: revue *nf* professionnelle
~ **mark**: marque *nf* de fabrique; (registered) marque déposée
~ **name**: appellation *nf* commerciale
~ **off**: (economic) compromis *nm*
~ **secret**: secret *nm* de fabrication
~ **show**: foire *nf* professionnelle, exposition *nf* professionnelle, salon *nm* professionnel
~ **union**: syndicat *nm*

traffic: (tp) trafic *nm*; (transport) circulation *nf*, trafic
~ **circle** NA : rond-point *nm*
~ **control**: (of road traffic) réglementation *nf* de la circulation; (tp) gestion *nf* du trafic, aiguillage *nm* du trafic
~ **engineering**: (transport) ingéniérie *nf* de la circulation, technique *nf* de la circulation
~ **flow**: écoulement *nm* du trafic
~ **handling**: acheminement *nm* du trafic
~ **jam**: embouteillage *nm*
~ **light**: feu *nm* de signalisation
~ **route**: (tp) artère *nf*
~ **routing**: acheminement *nm*, écoulement *nm*

trafficable, ~ **ground**: terrain *nm* praticable
~ **roof**: toiture *nf* accessible

T-rail: rail *nm* Vignoles, rail à patin

trail *nn*: traînée *nf*; *vb*: traîner; remorquer

trailer: (of articulated bus, tramway) baladeuse *nf*; (a caravan) caravane *nf*; (crt) strie *nf* lumineuse; (film) bande *nf* annonce; (inf) en-queue *nm*; (a vehicle) remorque *nf*
~ **label**: (inf) label *nm* fin

trailing: traînage *nm*; (tv) filage *nm* d'image, effet *nm* de traînage; *adj*: arrière, traînant
~ **antenna**: antenne *nf* suspendue
~ **arm**: (auto) bras longitudinal, bras tiré
~ **edge**: bord *nm* arrière; (aero) bord de fuite; (of pulse, wave) flanc *nm* arrière; (synchronisation) queue *nf* du top
~ **pole tip**: corne *nf* de sortie, corne polaire de sortie
~ **shoe**: (of brake) segment *nm* secondaire, segment tendu
~ **stock**: matériel *nm* remorqué
~ **truck**: (rlwy) bogie *nm* arrière
~ **wheel**: galet *nm* fou; roue *nf* tirée; (rlwy) roue *nf* porteuse arrière
~ **zero**: (inf) zéro *nm* à droite

train *nn*: (rlwy) train, rame *nf*; (underground transport) rame; (of gears) système *nm* d'engrenages, train *nm* d'engrenages; (of impulses, waves) train *nm*; *vb*: (a belt) remettre à l'alignement; (a gun) pointer; (a river) canaliser; (staff) former, mettre au courant

trainee: stagiaire *nm*

trainer, ~ **aircraft**: avion *nm* école

training: formation *nf*; (mil) instruction *nf*
~ **plane**: avion-école *nm*, avion *nm* d'entraînement
~ **flight**: vol *nm* d'entraînement

trainman NA : cheminot *nm*

tramp: tramp *nm*
~ **iron**: fer *nm* étranger

tramping: navigation *nf* à la cueillette, tramping *nm*

tramway: tramway *nm*
~ **rail**: rail *nm* à ornière, rail à gorge

transaction: (commerce) transaction *nf*; (inf) mouvement *nm*; (a written record) compte-rendu *nm*
~ **code**: code *nm* mouvement
~ **driven**: (inf) transactionnel

~ **file**: fichier *nm* de détail, fichier mouvements

transadmittance: admittance *nf* mutuelle, transadmittance *nf*

transborder: transfrontière

transceiver: émetteur-récepteur *nm*

transcoding: transcodage *nm*

transcontainer: transconteneur *nm*

transcribe *vb*: transcrire

transducer «XDER»: transducteur *nm*; (metrology) capteur *nm*

transductor: transducteur *nm*

transfer *nn*: transfert *nm*; (banking) virement *nm*; (of drawing) décalque *nm*; (of force, load) report *nm*; (transport) changement *nm*, transbordement *nm*; *vb*: transférer; décalquer; reporter; virer
~ **box**: (auto) boîte *nf* de transfert; (el) coffret *nm* de branchement d'immeuble
~ **case** NA : (auto) boîte *nf* de transfert
~ **chamber**: (plastic moulding) pot *nm* de transfert
~ **control**: donner la main
~ **machine**: (m-t) machine *nf* transfert
~ **moulding**: moulage *nm* par transfert
~ **platform**: quai *nm* de transbordement
~ **plunger**: piston *nm* de transfert
~ **pot** NA : (plast) pot *nm* de transfert

transformation: transformation *nf*
~ **chain**: série *nf* radioactive
~ **range**: (met) domaine *nm* critique
~ **temperature**: (met) température *nf* critique; (plast) température *nf* de solidification

transformer «T»: transformateur *nm*
~ **case**: bac *nm*, cuve *nf*
~ **coupling**: couplage *nm* par transformateur, liaison *nf* par transformateur
~ **kiosk**: cabine *nf* de transformateur
~ **lamination**: tôle *nf* de transformateur
~ **leg**: colonne *nf* de transformateur
~ **plate**: tôle *nf* pour transformateurs
~ **ratio**: rapport *nm* de transformation
~ **sheet**: tôle *nf* pour transformateurs
~ **stampings**: paquet *nm* de tôles, tôle *nf* (découpée) pour transformateurs
~ **station**: poste *nm* de transformation
~ **substation**: sous-station *nf* de transformation
~ **tank**: bac *nm* de transformateur, cuve *nf* de transformateur
~ **tap**: prise *nf* de transformateur
~**-turns ratio**: rapport *nm* de transformation
~ **yoke**: culasse *nf* de transformateur

transformerless: sans transformateur

transforming: transformation *nf*

tranship → *transship*

transient: transitoire; (program) non résident
~ **current**: courant *nm* transitoire
~ **fault**: défaut *nm* fugitif
~ **recovery voltage**: tension *nf* transitoire de rétablissement
~ **state**: régime *nm* transitoire
~ **wave**: onde *nf* transitoire, onde *nf* progressive, onde mobile

transistor *nn*: transistor *nm*; *adj*: à transistors
~ **amplifier**: amplificateur *nm* à trans istors
~ **transistor logic** «TTL», «T2L»: logique *nf* transistor-transistor

transistorized <**ised**>: transistorisé, à transistors

transit: (astronomy) passage *nm*; (surveying instrument) théodolite *nm*; (transport) transit *nm*
~ **gauge**: gabarit *nm* de transit
~**-mix,truck**: (for concrete) camion *nm* malaxeur
~**-mixed concrete**: béton *nm* prêt à l'emploi
~ **operation**: (tcm) exploitation *nf* en transit
~ **time**: (aero) durée *nf* d'escale; (el) temps *nm* de commutation; (of signal) temps de transit; (of switch) durée *nf* de parcours

transite: amiante-ciment *nm*; fibrociment *nm* (nom déposé)

transition: changement *nm*; transition *nf*; (el) NA : entrée *nf* de câbles
~ **apparatus**: (rlwy) transitionneur *nm*
~ **box** NA : boîte *nf* d'entrée (des fils)
~ **contact**: (el) contact *nm* de passage
~ **curve**: (rlwy) courbe *nf* de raccordement
~ **fit**: ajustement *nm* incertain, ajustement libre

translate *vb*: traduire; transcoder

translation: traduction *nf*; (m-t) translation *nf*

translator: traducteur *nm*

translucent: translucide, transparent

transmission: transmission *nf*; NA (broadcast) émission *nf*, diffusion *nf*; (el) transport *nm*
~ **brake**: frein *nf* sur la transmission
~ **control**: gestion *nf* de transmission; contrôleur *nm* de transmission
~ **grid**: (el) réseau *nm* de transport d'énergie électrique
~ **line**: (auto) éléments *nm* de transmission; (el) ligne *nf* de transport d'énergie; (mech) chaîne *nf* cinématique; (shafting) transmission; (tp) ligne *nf* de communication, circuit *nm* interurbain
~ **system**: (mech) chaîne *nf* cinématique

transmit *nn*: «TX» émission *nf*; *vb*: (broadcast) émettre; (energy) transporter; (heat) conduire; (a movement) imprimer, communiquer; (sound) transmettre; (tcm) «XMIT» transmettre
~ **direction**: sens *nm* émission
~ **end**: extrémité *nf* émission
~**/receive** *nn*: «TR»: émission-réception; *adj*: émetteur-récepteur
~**/receive switch**: commutateur *nm* TR, tube *nm* commutateur TR
~ **start code**: code *nm* d'invitation à émettre

transmittance: facteur *nm* de transmission

transmitter: (automatic control) transmetteur *nm*; (broadcasting) émetteur *nm*; (tp) microphone *nm*
~ **noise**: (tp) bruit *nm* de microphone

transmitting: émetteur, d'émission
~ **tube**: tube *nm* émetteur

transom: (across a window) meneau *nm*; (a transom bar) traverse *nf* d'imposte; (a transom window) imposte *nf*; (on boat) barre *nf* d'arcasse, dossier *nm* d'embarcation

transonic: transsonique

transparency: (phot) diapositive *nf*; (for overhead projection) transparent *nm*

transponder: transpondeur *nm*, répondeur *nm*; (tcm) satellite *nm*, répéteur *nm*
~ **beacon**: balise *nf* répondeuse

transport *nn*: transport *nm*; (inf) entraînement *nm* (de bande); *vb*: transporter; acheminer; (a magnetic tape) faire défiler
~ **mean free path**: libre parcours *nm* moyen de transport
~ **operator**: entrepreneur *nm* de transport, entreprise *nf* de transport

transportable: transportable; (software) interchangeable

transportation: transport

transporter: transporteur *nm*
~ **bridge**: pont *nm* transbordeur
~ **crane**: pont *nm* portique

transpose *vb*: transposer; intervertir, permuter

transposition: transposition *nf*; inversion *nf*; (of wires) croisement *nm*

transship *vb*: transborder

transshipping: transbordement *nm*

transsonic → *transonic*

transtrictor: transistor *nm* à effet de champ

transversal: transversal
~ **check**: (inf) contrôle *nm* de parité transversale

transverse: transversal
~ **bending test**: essai *nm* de flexion en travers; essai de pliage transversal
~ **engine**: moteur *nm* transversal
~ **pitch**: (of gear) pas *nm* apparent; (of rivets) pas *nm* transversal

trap: piège *nm*; (a siphon) siphon *nm*; (inf) déroutement *nm*, arrêt *nm*, interruption *nf* de programme; (tcm) filtre *nm* antibrouillage
~ **circuit**: circuit *nm* bouchon
~ **handling**: (inf) gestion *nf* des interruptions

trapezium: trapèze *nm* irrégulier, quadrilatère *nm* irrégulier

trapezoid *nn*: NA trapèze *nm* irrégulier, quadrilatère *nm* irrégulier; *adj*: (quadrilateral) quadrilatère

trapped, ~ **fuel**: (in tank) carburant *nm* résiduel, carburant non consommable

trash *nn*: NA détritus *nm*, ordures *nf*; (work) travail mal fait
~ **chute** NA : vide-ordures *nm*

travel: voyage *nm*; (horizontal movement of crane, m-t) translation *nf*; (mech) course *nf*; (of moving contact) déplacement *nm*; (of sound) propagation *nf*
~ **past**: défiler

traveller <eler>: (mechanical handling) pont *nm* roulant, grue *nf* roulante; (on spinning frame) curseur *nm*

travelling <eling> *nn*: (horizontal movement of crane, m-t) translation *nf*; *adj*: itinérant, mobile; monté sur roues
~ **block**: moufle *nf* mobile, palan *nm* mobile
~ **bridge**: (for transport) pont *nm* roulant
~ **crane**: (mechanical handling) pont *nm* roulant (à béquilles), grue *nf* roulante
~ **crane driver**: pontonnier *nm*
~ **crane operator**: pontonnier *nm*
~ **expenses**: frais *nm* de voyage
~ **gantry**: portique *nm* roulant
~ **motion**: (of crane) mouvement *nm* de translation
~ **public**: public-voyageurs *nm*
~ **steady**: (on m-t) lunette *nf* à suivre
~ **wave** «TW»: onde *nf* progressive
~ **wave tube** «TWT»: tube *nm* à ondes progressives «TOP»
~ **workshop**: voiture-atelier *nf*

traverse: (of crab) course *nf* du chariot; (mil) pointage *nm* en direction; (on m-t) déplacement *nm* longitudinal; (slewing) orientation *nf*; (surveying) cheminement *nm*; *vb*: (el) parcourir, circuler; (rotate) pivoter, tourner
~ **guide**: (spinning) guide-mèche *nm*
~ **stroke**: (of m-t) course *nf* longitudinale
~ **winding**: (spinning) bobinage *nm* croisé

traverser: transbordeur *nm*

traversing: (of lathe) chariotage *nm*; (surveying) levé *nm* par cheminement
~ **fire**: tir *nm* fauchant

trawler: chalutier *nm*

tray: plateau *nm*; (for battery) cuvette *nf*; (for cables) chemin *nm* de câbles; (for punched cards) case *nf* de réception; (petr) plateau *nm* de colonne; (steel roofing) bac *nm* acier
~ **conveyor**: convoyeur *nm* à plateaux

tread: (of rail) chemin *nm* de roulement du rail, table *nf* de roulement, surface *nf* de roulement; (of stair) dessus *nm* de marche, giron *nm*; (of tyre) bande *nf* de roulement, chape *nf*, sculptures *nf*; (between wheels) écartement *nm*, voie *nf*
~ **arc width**: (of tyre) largeur *nf* développée
~ **chord width**: (of tyre) largeur *nf* à plat
~ **groove**: (of tyre) fond *nm* de rainure), fond de sculpture
~ **length**: (of stair) emmarchement *nm*
~ **mat**: (door control) tapis-contact *nm*
~ **ply**: (of tyre) nappe *nf* de renforcement

treading NA : (of tyre) rechapage *nm*

treadle: pédale *nf* (à double effet)

treat *vb*: traiter; (oil, sewage) épurer

treatment: traitement *nm*
~ **plant**: (for sewage) usine *nf* d'épuration des eaux

treble *nn*: notes aiguës, sons aigus; *adj*: triple; (sound) aigu; *vb*: tripler
~ **loudspeaker**: tweeter *nm*, haut-parleur *nm* d'aigus
~ **periodicity**: tripériodicité *nf*
~-**riveted**: à triple rang *nm* de rivets

tredecillion: NA 10^{42} GB 10^{78}

tree: arbre *nm*; (network) réseau *nm* non maillé
~ **dozer**: bulldozer *nm* forestier
~ **effect**: (electrodeposition) arborescence *nf*
~ **structure**: arborescence *nf*

trefoil *nn*: trèfle *nm*; *adj*: (architecture) trilobé

trellis *nn*: treillis *nm*; *adj*: en treillis

trench *nn*: (c.e.) tranchée *nf*, fouille *nf*; (in concrete) caniveau *nm*; (geol) fossé *nm*; (for water) fossé *nm*, rigole *nf*; *vb*: creuser une tranchée, creuser un

fossé
~ **digging**: creusement *nm* de tranchées
~ **filler**: remblayeuse *nf*
~ **hoe**: trancheuse *nf*; (a backacter) pelle *nf* rétrocaveuse
~ **pump**: pompe *nf* d'épuisement, pompe d'assèchement de fouille

trenching: creusement *nm* de tranchées, fossoyage *nm*

trenchwork: creusement *nm* de tranchées, fouilles *nf*

trestle: chevalet *nm*, tréteau *nm*; NA (gantry) portique
~ **bridge**: pont *nm* sur chevalets

trial: essai *nm*, expérimentation *nf*; (oil) recherche *nf*, reconnaissance *nf*
~ **and error method**: méthode *nf* empirique
~ **boring**: sondage *nm* d'exploration, sondage de reconnaissance
~ **flight**: vol *nm* d'essai
~ **pit**: puits *nm* de recherche, puits d'exploration
~ **run**: marche *nf* d'essai, fonctionnement *nm* expérimental; (auto) essai *nm* sur route; (rlwy) essai en ligne

triangular: triangulaire
~ **file**: tiers-point *nm*

triaxial: triaxial

tributary: affluent *nm*

trichloroethylene: trichloréthylène *nm*

trichromatic: trichrome
~ **process**: trichromie *nf*, procédé *nm* trichrome

trick, ~ **of the trade**: astuce *nf*, recette *nf* de métier, tour *nm* de main

trickle: filet *nm* (de liquide), écoulement *nm* goutte à goutte
~ **charge**: (of battery) charge *nf* à régime lent
~ **through**: s'infiltrer

trickler: (irrigation) goutteur *nm*

trickling: dégouttement *nm*, écoulement *nm* goutte à goutte; (of surface water) ruissellement *nm*
~ **filter**: filtre *nm* à égouttement, filtre goutte à goutte
~ **tower**: tour *nf* à ruissellement
~ **water collector**: (solar energy) capteur *nm* à ruissellement

tricolour: trichrome
~ **inks**: encres *nf* primaires (pour trichromie)

tricycle, ~ **gear**: (aero) train *nm* tricycle

trigger *nn*: (on gun) détente *nf*, gâchette *nf*; *adj*: de déclenchement; *vb*: déclencher
~ **grip**: poignée *nf* pistolet
~ **pair**: (inf) bascule *nf*
~ **tube**: tube *nm* relais à décharge lumineuse

triggered, ~ **time base**: base *nf* de temps déclenchée, base de temps à déclenchement

triggering: déclenchement *nm*; (of valve) déclenchement, amorçage *nm*

trigonometry: trigonométrie *nf*

trillion: GB (10^{18}) trillion *nm*; NA: (10^{12}) billion *nm*

trim *nn*: (aero) assiette *nf*, équilibrage *nm*, équilibre *nm*; (carp) moulure *nf*, encadrement *nm* (de porte); (constr) moulures, ouvrages *nm* de menuiserie légère; (radio) réglage *nm*, mise *nf* au point; (sailing boat) allure *nf*; (on structure) habillage *nm*; *vb*: garnir, enjoliver; (aero, ship) équilibrer; (cut shorter) rogner; (an edge, end) affranchir; (fdry) ébarber, parer; (joists) enchevêtrer; (wallpaper) émarger
~ **level**: araser
~ **tab**: volet *nm* compensateur, compensateur *nm*

trimer: trimère *nm*

trimmed, ~ **opening**: (constr) enchevêtrure *nf*
~ **position**: (aero) position *nf* de centrage
~ **size**: (pap) format *nm* fini
~ **width**: largeur *nf* rognée

trimmer: (constr) chevêtre *nm*; (guillotine) couteau *nm* de massicot; (radio) trimmer *nm*

trimming: (die casting) détourage *nm* à la presse; (loading of ship) arrimage *nm*; (radio) réglage *nm* fin; (of submarine) assiette *nf*; **trimmings**: chutes *nf*, rognures *nf*, ébarbures *nf*

~ **capacitor**: condensateur *nm* ajustable
~ **hatch**: panneau *nm* d'arrimage
~ **machine**: (fdry) ébarbeuse *nf*; (pap) rogneuse *nf*; (tex) coupe-bordure *nm*
~ **press**: presse *nf* à ébarber

trinitrotoluene «TNT»: trinitrotoluène *nm*

triode: triode *nf*
~ **gun**: canon *nm* triode
~ **thyristor**: thyristor *nm* triode

trip *nn*: (release) déclenchement *nm*; (of switch) disjonction *nf*; *vb*: déclencher; (el) disjoncter
~ **counter**: compteur *nm* journalier
~ **free**: à déclenchement libre
~ **in**: embrayer
~ **off**: débrayer
~ **recorder**: compteur *nm* journalier

triphase: triphasé

triplate: ligne *nf* triplaque, triplaque *nf*

triple *adj*: triple; *vb*: tripler
~-**pole**: tripolaire, à trois pôles
~ **riveting**: rivetage *nm* à trois rangs

triplet: triplet *nm*

triplex, ~ **board**: carton *nm* trois couches, carton triplex
~ **cable**: câble *nm* à trois conducteurs câblés, câble à trois conducteurs torsadés, tierce *nf*

triplug: fiche *nf* tripolaire

tripod: trépied *nm*; (phot) pied *nm*

tripole: tripôle *nm*

triported: à trois accès, triaccès, à trois portes

tripout: disjonction *nf*

tripping: déclenchement *nm*, déconnexion, mise *nf* hors circuit; (automatic) disjonction *nf*
~ **current**: intensité *nf* de déclenchement, courant *nm* de déclenchement
~ **device**: (el) disjoncteur *nm*; (mech) déclencheur *nm*
~ **off**: (of relay) décollement *nm*
~ **time**: temps *nm* de disjonction
~ **voltage**: tension *nf* de déclenchement, tension de collage, tension d'enclenchement

tripropellant <lent>: triergol *nm*

tristimulus: trichromatique
~ **value**: composante *nf* trichromatique, valeur *nf* trichromatique

tritriated: tritrié

troffer: chemin *nm* lumineux (encastré)

trolley: chariot *nm*; (of trolleybus) trolley *nm*
~ **wire**: fil *nm* de contact, fil de trolley

trolleybus: trolleybus *nm*, trolley *nm*

trommel: (mining) tambour *nm*; (a screen trommel) crible *nm* à tambour

tropicalized <ised>: tropicalisé

troposphere *nn*: troposphère *nf*; *adj*: troposphérique

tropospheric: troposphérique

trouble: incident *nm*, anomalie *nf* de fonctionnement, dérangement *nm*, panne *nf*
~-**free operation**: fonctionnement *nm* sûr, fonctionnement sans incident
~-**hunter**: (equipment) appareil *nm* de dépannage; (a person) dépanneur *nm*
~ **lamp**: baladeuse *nf*
~ **light**: baladeuse *nf*
~-**proof**: indéréglable
~ **shooter**: (equipment) appareil *nm* de dépannage; (a person) dépanneur *nm*
~ **shooting**: dépannage *nm*, recherche *nf* des pannes

trough: (for cables) caniveau *nm* pour câbles; (of chain) auge *nf*; (maths) creux *nm* de courbe, minimum *nm*; (roofing) bac *nm*; (weather) creux *nm* barométrique
~ **conveyor**: convoyeur *nm* à auges, convoyeur à augets, transporteur *nm* à auges, transporteur à augets
~ **washer**: (coal preparation) laveur *nm* à couloir

troughed: (belt) en auge

troughing *nn*: (el, tp) caniveau *nm*; *adj*: (conveyor rollers, idlers) en auge

trowel: truelle *nf*

truck: (a fork lift truck) chariot *nm* [élévateur]; (a lorry) NA camion *nm*; (earthover) truck *nm*; (rlwy) NA bogie *nm*; (for

sacks, luggage) diable *nm*
~ **crane**: grue *nf* sur porteur
~ **driver**: (a lorry driver) chauffeur *nm* de camion; (a fork lift truck driver) cariste *nm*
~-**mixed concrete**: béton *nm* prêt à l'emploi
~ **mixer**: bétonnière *nf* portée, camion-bétonnière *nm*, camion *nm* malaxeur, toupie *nf* à béton
~ **tractor**: tracteur *nm* semi-porteur, tracteur *nm* de semi-remorque
~-**type**: (el) à chariot, roulant

truckage: camionnage *nm*

trucker NA : camionneur *nm*, transporteur *nm* routier

trucking: camionnage *nm*
~ **industry**: transports *nm* routiers

true *adj*: vrai; aligné, centré; *vb*: dégauchir, rectifier; (a bearing) ajuster; (a flange) redresser; (a wheel) centrer
~ **air speed** «TAS»: vitesse *nf* vraie
~ **complement**: (inf) complément *nm* à la base
~ **course**: (nav) cap *nm* vrai
~ **porosity**: porosité *nf* totale
~ **running**: (of shaft) concentricité *nf*
~ **sample**: échantillon *nm* représentatif
~ **scale**: grandeur *nf* naturelle
~ **to gauge**: à la cote
~ **to scale**: à l'échelle
~ **up**: centrer, dégauchir, redresser

trueing: dégauchissage *nm*, dégauchissement *nm*; (of a grinding wheel) dressage *nm*; (of post) redressage *nm*; (of wheel) centrage *nm*

trueness: équerrage *nm*
~ **to size**: précision *nf* dimensionnelle

truing → *trueing*

trumpet: (fdry, tex) entonnoir *nm*; (tcm) pavillon *nm*

truncate *vb*: tronquer

truncation: troncature *nf*

trunk *nn*: (auto) NA coffre *nm* à bagages; (on ship) coffre *nm*, puits *nm*; (tp) ligne *nf* interurbaine, ligne réseau; (of tree) tronc *nm*; *adj*: (tp) interurbain
~ **cable**: câble *nm* interurbain, câble à longue distance
~ **call**: appel *nm* interurbain, communication *nf* interurbaine
~ **conveyor**: convoyeur *nm* principal
~ **dialling**: interurbain *nm* automatique
~ **duct**: collecteur *nm*
~ **feeder**: feeder *nm* principal, feeder d'interconnexion
~ **group**: faisceau *nm* de lignes groupées, faisceau de lignes réseau; faisceau interurbain, faisceau de circuits interurbains
~ **line**: (rlwy) ligne *nf* principale, grande ligne *nf*; (tp) ligne interurbaine; (of PABX) ligne extérieure
~ **main**: canalisation *nf* de transport; (el) feeder *nm* principal; (water distribution) conduite *nf* principale
~ **piston**: piston *nm* fourreau
~ **road**: route *nf* nationale; (mining) galerie *nf* principale
~ **sewer**: égout *nm* collecteur, égout principal
~ **switchboard**: (tp) tableau *nm* interurbain, commutateur *nm* interurbain
~-**to-line connection**: (tp) raccordement *nm* ligne réseau à ligne intérieure
~-**to-trunk connection**: raccordement *nm* ligne réseau à ligne réseau
~ **traffic**: trafic *nm* interurbain

trunking: canalisation *nf*, conduite *nf* principale; (air conditioning) gaine *nf* d'air; (tp) liaison *nf*, gestion *nf* des liaisons
~ **diagram**: schéma *nm* de câblage; (tp) plan *nm* de réseau, diagramme *nm* de jonction

trunnion: pivot *nm*; tourillon *nm*
~ **bearing**: palier *nm* de tourillon
~ **block**: (auto) dé *nm* de cardan

truss: ferme *nf*, poutre *nf* à treillis
~ **bridge**: pont *nm* à poutres à treillis, pont en treillis
~ **joint**: nœud *nm*
~ **rod**: bielle *nf*, tirant *nm*

trussed: en treillis
~ **girder**: poutre *nf* à treillis
~ **purlin**: panne *nf* en treillis

truth, ~ **table**: table *nf* de vérité

try *vb*: essayer; éprouver, mettre à l'épreuve

TS → *time sharing*

TSW → *telesoftware*

TTL → *transistor-transistor logic*

TTR → *time to repair*

tub: baquet *nm*, cuve *nf*; (a bathtub) NA baignoire *nf*; (mining) berline *nf*
~ **dip process**: (tex) procédé *nm* de teinture au plongé
~ **pusher**: (mining) encageur *nm* de berlines
~ **seat**: (auto) siège *nm* baquet
~-**sized paper**: papier *nm* collé à la cuve
~ **wheel**: roue *nf* à cuve

tubbing: (of mineshaft) boisage *nm*, cuvelage *nm*

tube *nn*: tube *nm*; (in London) métropolitain *nm*, métro *nm*; (eon) tube *nm*, lampe *nf*; (of tyre) chambre *nf* à air; *adj*: tubulaire
~ **bending machine**: machine *nf* à cintrer les tuyaux
~ **boiler**: chaudière *nf* tubulaire
~ **bundle**: (of heat exchanger) faisceau *nm* de tubes, faisceau *nm* tubulaire
~ **clamp**: serre-tube *nm*, pince *nf* (pour tuyaux souples)
~ **coil**: serpentin *nm*
~ **conveyor**: tube *nm* transporteur
~ **cutter**: coupe-tubes *nm*
~ **drawing**: étirage *nm* des tubes
~ **expander**: mandrin *nm* pour tubes, dudgeon *nm*
~ **expanding**: dudgeonnage *nm*
~ **extrusion press**: boudineuse *nf* à tuyaux, extrudeuse *nf* à tuyaux
~ **fitting**: raccord *nm* de tuyauterie
~ **holder**: (eon) douille *nf*
~-**in-tube condenser**: condenseur *nm* à double tube
~ **mill**: (crushing) tube *nm* broyeur; (rolling) laminoir *nm* à tubes
~ **noise**: (eon) souffle *nm*, bruit *nm* de fond (d'un tube électronique)
~ **packing**: bague *nf* d'étanchéité
~ **plate**: (of boiler) plaque *nf* tubulaire
~ **radiator**: radiateur *nm* tubulaire
~ **rectifier**: redresseur *nm* à tubes
~ **rolling**: laminage *nm* des tubes
~ **scraper**: nettoie-tubes *nm*, gratte-tubes *nm*, raclette *nf* (pour tuyaux de chaudière)
~ **seam**: soudure *nf* de tuyau
~ **shoulder**: collet *nm* de tuyau
~ **tester**: (eon) lampemètre *nm*
~ **transmitter**: émetteur *nm* à lampes, émetteur à tubes
~ **wrench**: clé à tube, serre-tube *nm*

tubed, ~ **tyre**: pneu à chambre à air

tubeless, ~ **tyre**: pneu *nm* sans chambre à air, pneu tubeless

tubing: tubes *nm*, tubulure *nf*; (petr, gas) tube *nm* de production, colonne *nf* de production; (el) gaine *nf* isolante, souplisso *nm*
~ **board**: (petr) plate-forme *nf* de garage des tiges de production
~ **gas**: gaz *nm* de colonne de production

tubular: tubulaire; **tubulars** → *tubular goods*
~ **cooler**: réfrigérant *nm* tubulaire, radiateur *nm* tubulaire
~ **die**: filière *nf* annulaire
~ **film**: (plast) feuille *nf* en gaine
~ **goods**: matériel *nm* tubulaire; (tex) articles *nm* de métier circulaire, articles en tricot tubulaire
~ **motor**: moteur *nm* tubulaire, moteur à flux axial
~ **pile**: pieu *nm* creux
~ **rivet**: rivet *nm* creux
~ **spacer**: tube-entretoise *nm*

tubulating, ~ **machine**: (eon) machine *nf* à sceller les queusots

tufa: tuf *nm* (calcaire), tuffeau *nm*

tuff: tuf *nm* (volcanique)

tuft: touffe *nf*; (tex) flocon *nm* (de fibres); (spinning) barbe *nf*

tufted, ~ **carpet**: tapis *nm* tufted, tapis tufté

tufting: (carpet manufacture) tufting *nm*

tug *nn*: remorqueur *nm*; *vb*: (pull) tirer; (naut) remorquer

tugger: chariot *nm* tracteur

tulle: (tex) tulle *nm*

tumble *vb*: tonneler, polir au tambour
~ **home**: inclinaison *nf* des flancs, rentrée *nf* des murailles (d'un navire)
~ **polishing**: polissage *nm* au tonneau
~ **washer**: laveuse *nf* à tambour
~ **frame**: (on lathe) cœur *nm* de renversement
~ **lock**: serrure *nf* à gorges
~ **switch**: interrupteur *nm* à bascule

tumbling, ~ **home**: rentrée *nf* d'un pilier
~ **in**: rentrée *nf* d'un pilier
~ **mixer**: tambour *nm* mélangeur rotatif
~ **motion**: (space) culbutage *nm*

~ **shaft**: arbre *nm* à cames, arbre de changement de marche de la distribution

tunable: accordable

tundish: (casting) distributeur *nm*, panier *nm* de coulée

tune *nn*: air *nm* musical; *vb*: accorder, régler (un récepteur), syntoniser
~ **in**: s'accorder sur, régler sur; prendre l'écoute, se mettre à l'écoute
~ **out**: désaccorder
~ **up** *nn*: (of an engine) mise *nf* au point d'un moteur, gonflage *nm*; *vb*: caler (la magnéto); (an engine) mettre au point, réviser, gonfler un moteur, régler à la puissance maxi

tuned: accordé
~ **radio frequency** «trf»: radiofréquence *nf* accordée
~ **radio frequency receiver**: récepteur *nm* direct, récepteur à amplification directe

tuner: tuner *nm*, syntoniseur *nm*

tungsten: tungstène *nm*
~ **inert gas welding**: soudage *nm* à l'arc inerte avec électrode en tungstène, soudage TIG
~ **lamp**: lampe *nf* au tungstène
~ **steel**: acier *nm* au tungstène

tuning: (of engine) réglage *nm*, mise *nf* au point; (radio) accord *nm*, réglage *nm*, syntonisation *nf*
~ **control**: réglage *nm* d'accord, syntonisation *nf*; (a knob) bouton *nm* d'accord, bouton de syntonisation
~ **eye**: œil *nm* magique, trèfle *nm* cathodique
~ **fork**: diapason *nm*
~ **fork oscillator**: oscillateur *nm* à diapason
~ **knob**: bouton *nm* d'accord, bouton *nm* de syntonisation
~ **range**: gamme *nf* d'accord
~ **scale**: (on receiver) cadran *nm* gradué, cadran de réglage
~ **slug**: noyau *nm* d'accord

tunnel *nn*: tunnel *nm*; NA (mining) galerie *nf*; *vb*: percer un tunnel, creuser un tunnel
~ **burner**: brûleur *nm* tunnel
~ **diode**: diode *nf* tunnel
~ **diode logic** «TDL»: logique *nf* à diodes tunnel
~ **drier**: séchoir-tunnel *nm*, tunnel *nm* de séchage
~ **driving**: percement *nm* de tunnel
~ **furnace**: four-tunnel *nm*
~ **kiln**: four-tunnel *nm*
~ **lining**: revêtement *nm* de tunnel
~ **ring**: virole *nf* de tunnel

tunnelling: percement *nm* d'un tunnel
~ **machine**: tunnelier *nm*

turbid: trouble

turbidimeter: turbidimètre *nm*

turbine *nn*: turbine; *vb*: turbiner (de l'eau)
~ **blade**: aube *nf* de turbine, ailette *nf* de turbine
~ **blades**: aubage *nm* de turbine
~ **bucket** NA : aube *nf* de turbine, ailette *nf* de turbine
~ **buckets** NA : aubage *nm* de turbine
~ **casing**: enveloppe *nf* de turbine
~ **fuel**: turbocombustible *nm*
~ **wheel**: roue *nf* de turbine, rotor *nm* de turbine

turboblower: turbosoufflante *nf*, turbocompresseur *nm*

turbocharging: suralimentation *nf* par turbosoufflante

turbodrill: trépan *nm* à turbine hydraulique

turboelectric: turbo-électrique

turboengine: turbomoteur *nm*

turbofan: turboventilateur *nm*; (aero) réacteur *nm* à double flux, soufflante *nf* carénée, soufflante canalisée

turbogenerator: turbogénératrice *nf*, turbogénérateur *nm*, turboalternateur *nm*

turbojet: turboréacteur *nm*

turboprop: turbopropulseur *nm*
~ **engine**: turbopropulseur *nm*

turbopump: turbopompe *nf*

turboramjet, ~ **engine**: moteur *nm* combiné turbo-stato[réacteur]

turboset: turbo-générateur *nm*

turboshaft, ~ **engine**: turbomoteur *nm*

turbotrain: turbotrain *nm*

turbulent, ~ flow: écoulement *nm* turbulent
~ **plasma torch**: torche *nf* à plasma turbulent
~ **separation**: (aero) détachement *nm* turbulent, décollement *nm* turbulent

turn *nn*: (in road) tournant *nm*, virage *nm*; (of spiral) spire *nf*; (of tide) changement *nm*, renversement *nm*; *vb*: (on lathe) tourner; → also *turns*
~ **and bank**: (aero) virage *nm* et inclinaison
~ **around**: (inf) délai *nm* d'exécution; (transport) rotation *nf*
~ **around time**: (inf) temps *nm* de traitement; (for repair) délai *nm* de réparation
~ **button**: bouton *nm* rotatif
~-**button switch**: commutateur *nm* rotatif, interrupteur *nm* rotatif
~ **down**: (a flap) rabattre; (machining) dégrossir au tour; (refusal) refuser, rejeter; (sound, pressure) réduire, baisser; → also *turndown*
~ **freely**: tourner fou
~ **hot**: (bearing, shaft) chauffer, s'échauffer
~ **indicator**: (auto) clignotant *nm* de direction; (aero) indicateur *nm* de virage
~ **insulation**: (el) isolement *nm* de spire
~ **off**: fermer, couper, mettre hors service; (transistor) bloquer
~-**off thyristor**: thyristor *nm* blocable
~ **on**: (a cock) ouvrir; (el) brancher, mettre en circuit; (a light) allumer; (a transistor) débloquer
~ **out** *nn*: (rlwy) embranchement *nm*, aiguillage *nm*, voie *nf* d'évitement; *vb*: produire
~ **over**: retourner, renverser, se renverser
~ **ratio**: (of transformer) rapport *nm* de transformation (du nombre de spires)
~ **round**: (shipping, transport) rotation *nf*
~ **signal**: (auto) clignotant *nm* de direction, indicateur *nm* de changement de direction
~ **straight**: (machining) tourner droit, tourner cylindrique
~ **switch**: commutateur *nm* rotatif, interrupteur *nm* rotatif
~ **taper**: (machining) tourner conique

turnbuckle: lanterne *nf* de tension, tourniquet *nm*, tendeur *nm* de hauban, tendeur à lanterne, tendeur à vis

turndown: rabattable

turned: façonné, tourné; rabattu
~ **from barstock**: décolleté dans la barre
~ **screw**: vis *nf* mécanique

turner: tourneur *nm*

turning: rotation *nf*; (auto) braquage *nm*; (machining) tournage *nm*, travail *nm* au tour; **turnings**: copeaux *nm* de tour, tournures *nf*
~ **chip**: tournure *nf*
~ **circle**: (auto) diamètre *nm* de braquage; (naut) courbe *nf* de giration
~ **gear**: vireur *nm*
~ **moment**: moment *nm* de rotation
~ **radius**: rayon *nm* de rotation; (auto) rayon de braquage; (aero) rayon de virage
~ **saw**: scie *nf* à chantourner
~ **tool**: outil *nm* de tour

turnkey: clé *nf* en main

turnout NA : (rlwy) branchement *nm*; (road, canal, rlwy) évitement *nm*

turnpike NA : poste *nm* de péage, barrière *nf* de péage, péage *nm*; autoroute *nf* à péage
~ **effect**: encombrement *nm* progressif

turns, ~ per inch «tpi»: spires *nf* par pouce
~ **ratio**: taux *nm* d'enroulement, rapport *nm* du nombre de spires

turnscrew: tendeur *nm* à vis

turnstile: tourniquet *nm*
~ **aerial**: antenne *nf* en tourniquet, tourniquet *nm*

turntable: (a carrousel) carrousel *nm*; (drilling) table *nf* de rotation; (of record player) plateau *nm* tourne-disques; (rlwy) plaque *nf* tournante, pont *nm* tournant

turpentine: térébenthine *nf*, essence *nf* de térébenthine
~ **substitute**: essence *nf* de térébenthine artificielle, white spirit *nm*

turps → *turpentine, turpentine substitute*

turret: (mil) tourelle *nf*; (m-t) tourelle *nf* revolver
~ **lathe**: tour *nm* à tourelle revolver, tour revolver
~ **rest**: chariot *nm* porte-tourelle

~ **tuner**: sélecteur *nm* de canaux à tourelle

tusk: renfort *nm* de tenon; brique *nf* en attente, pierre *nf* en attente

tutorial: (inf) didacticiel *nm*, guide *nm* d'initiation

tuyere: (met) tuyère *nf*
~ **nozzle**: nez *nm* de la tuyère
~ **opening**: chapelle *nf*

TV → *television*

TVO → *tractor vaporizing oil*

TW → *travelling wave*

tweendeck: entrepont *nm*

tweeter: haut-parleur *nm* aigu, tweeter *nm*

tweezers: pince *nf* à épiler; brucelles *nf*

twelve, ~ **angled**: dodécagone
~**-phase**: dodécaphasé

twill: (tex) croisé *nm*

twilled, ~ **fabric**: tissu *nm* croisé

twin *nn*: (crystal) macle *nf*; *adj*: double, jumelé
~**-bank engine**: moteur *nm* en double ligne
~ **check**: (inf) contrôle *nm* par duplication
~**-choke carburettor**: carburateur *nm* double corps
~ **cord**: cordon *nm* à deux brins
~ **crystal**: cristal *nm* maclé, macle *nf*
~**-cylinder engine**: moteur *nm* à deux cylindres
~ **engine**: bimoteur *nm*
~ **flex**: cordon *nm* à deux brins
~ **grains**: (crystal) grains *nm* maclés
~ **guns**: (artillery) pièces *nf* doubles, pièces jumelées
~ **horizontal opposed cylinder engine**: bicylindre *nm* à plat
~ **ignition**: double allumage *nm*, allumage jumelé
~ **jet [engine]**: biréacteur *nm*
~ **jet aircraft**: réacteur *nm* bi-moteur, biréacteur *nm*
~**-lead cable**: câble *nm* à deux brins
~**-screw**: (naut) à hélices *nf* jumelles
~**-screw extruder**: boudineuse *nf* à deux vis
~**-spool compressor**: compresseur *nm* double corps
~**-spool turbojet**: turboréacteur *nm* double corps
~ **tie** NA (rlwy) traverse *nf* jumelée
~ **triode**: duo-triode *nf*
~ **wheels**: roues *nf* jumelées; (aero) diabolo *nm*
~ **wire**: (pap) double toile *nf*

twine: ficelle *nf*

twinned: jumelé; (crystal) maclé

twist *nn*: torsion *nf*; (in waveguide) section *nf* en torsade; *vb*: tordre; (a cable, wire) torsader; (defect) déformer, gauchir, voiler; (weaving) nouer, rattacher; (yarn) retordre
~ **disclination**: désinclinaison *nf* de torsion
~ **drill**: foret *nm* américain, foret hélicoïdal, mèche *nf* américaine, mèche en spirale
~ **joint**: (el, tp) joint *nm* à torsade, torsade *nf*
~**-off cap**: capsule *nf* quart de tour
~ **tester**: torsiomètre *nm*

twisted, ~ **yarn**: fil *nm* retors [simple]

twister: (a machine) continu *nm* à retordre, retordoir *nm*; (a person) retordeur *nm*, retordeuse *nf*; (a vehicle) tortilleur *nm*

twisting: torsion *nf*; (spinning) retordage *nm*; (weaving) nouage *nm*, rattachage *nm*; (warping) gauchissement *nm*
~ **strain**: déformation *nf* de torsion, effort *nm* de torsion
~ **couple**: couple *nm* de torsion
~ **frame**: continu *nm* à retordre

two: deux; double
~**-barrel carburettor**: carburateur *nm* double corps
~**-beam**: à deux faisceaux, à double faisceau
~**-coat work**: (constr) enduit *nm* en deux couches
~**-colour**: bicolore
~**-colour printing**: bichromie *nf*
~**-component**: (mixture) binaire, à deux composants
~ **dimensional**: bidimensionnel
~**-door saloon**: voiture *nf* à deux portes et quatre glaces, coach *nm*
~**-door sedan** NA: voiture *nf* à deux portes et quatre glaces, coach *nm*
~**-engine**: bimoteur *nm*
~**-fluid cell**: (of battery) élément *nm* à deux liquides
~**-grid tube**: (eon) tube *nm* bigrille
~**-high**: (rolling) duo

~-high rolling mill: laminoir *nm* duo, train *nm* duo
~-hinged arch: arc *nm* à deux articulations
~-input adder: (inf) demi-additionneur *nm*, additionneur *nm* à deux entrées
~-layer board: carton *nm* en deux couches, carton double, carton duplex, duplex *nm*
~-legged circuit: circuit *nm* à deux branches
~-motion selector: sélecteur *nm* à mouvement double
~ out of five code: (inf) code 2 parmi 5, code 2 sur 5
~-pack: (adhesive, mixture) binaire
~-part: (adhesive, mixture) binaire; (mech) en deux pièces, en deux parties
~-part reeving: mouflage *nm* à deux brins
~-part tariff: tarif *nm* binôme
~-phase: (el) biphasé, diphasé; (project) en deux étapes, en deux phases
~-phase n-wire system: distribution *nf* diphasée *n* fils
~-pin: à deux fiches, bipolaire, à deux pôles, à deux plots
~-pin plug: fiche *nf* bipolaire
~-ply: bi-pli
~-ply belt: courroie *nf* à deux plis
~-pole: bipolaire
~-port network: biporte *nm*
~-rate meter: compteur *nm* à double tarif
~-sided test: test *nm* bilatéral
~-speed: bivitesse
~-stage: (burner, compressor) à deux étages
~-start: (screw thread) à deux filets
~-state: binaire, bistable
~-step: (on-off) marche-arrêt; (two stage) à deux étages
~-step relay: relais *nm* à deux seuils
~-step start: démarrage *nm* à deux temps
~-stroke engine: moteur *nm* à deux temps
~-terminal network: dipôle *nm*
~-voltage: bitension
~-way: (inf) dialogué; (valve) à deux directions, à deux voies
~-way break-before-make contact: contact *nm* à deux directions sans chevauchement
~-way contact: contact à deux directions
~-way make-before-break contact: contact *nm* à deux directions avec chevauchement
~-way mirror: miroir *nm* espion, semi-miroir *nm*
~-way pallet: palette *nf* à deux entrées
~-way switch: interrupteur *nm* à deux directions, commutateur *nm* va-et-vient, va-et-vient *nm*
~-way working: (rlwy) banalisation *nf* des voies
~-wheel: à deux roues, à un essieu
~-wheel hand truck: diable *nm*
~-wheeled trolley: diable *nm*
~-wheeler: deux-roues *nm*
~-wire: bifilaire, à deux fils

twofold, **~ purchase**: palan *nm* double

TWT → *travelling wave tube*

TX → *transmit, transmitter*

tying: (spinning) nouage *nm*
~-in: (tex) rattachage *nm*

type *nn*: type *nm*; (graph) caractères *nm*; *vb*: taper à la machine, frapper (une touche)
~ approval: homologation *nf* de type
~ certification: homologation *nf* de type
~ metal: alliage *nm* pour caractères d'imprimerie
~ test: essai *nm* de type, essai d'homologation, essai de conformité

typeset *vb*: (graph) composer

typesetter: (a machine) composeuse *nf*, machine *nf* à composer; (a person) compositeur *nm*

typesetting: (graph) composition *nf*

typewriter: machine *nf* à écrire

typewriting: dactylographie *nf*

typical: typique, type
~ highway loading: convoi *nm* type

typist: dactylo *nf*

tyre: bandage *nm* pneumatique, pneumatique *nm*, pneu *nm*
~ bead: talon *nm* de pneu
~ belt: ceinture *nf* (de pneu radial)
~ brake: frein *nf* sur pneu
~ cement: dissolution *nf*
~ gauge: contrôleur *nm* de pression, vérificateur *nm* de pression
~ inflating station: poste *nm* d'air
~ inflation: gonflage *nm* des pneus
~ inflator NA : gonfleur *nm*
~ lever: démonte-pneus *nm*
~ patch: rustine *nf*
~ pattern: sculptures *nf*
~ pressure: pression *nf* de gonflage

~ **pump**: gonfleur *nm*
~ **remover**: démonte-pneus *nm*
~ **tool**: démonte-pneus *nm*
~ **tread**: chape *nf*, bande *nf* de roulement
~ **valve plug**: obus *nm* de chambre à air

tyred, ~ wheel: roue *nf* bandagée

U

UB→ *universal beam*

U-bolt: étrier *nm* fileté

u.c. → *upper case*

U-channel: coulisse *nf*

UHF → *ultra high frequency*

U-link: (el, tp) cavalier *nm* (de liaison), étrier *nm*

ullage: creux *nm* d'un réservoir; (of fuel tank) manque *nm* à remplir; (in tanker) espace *nm* vide au-dessus de la cargaison, vide *nm*
~ **measurement**: mesure *nf* par le creux

ULSI → *ultra large scale integration*

ultimate: dernier, final
~ **load**: charge *nf* limite, charge à la rupture
~ **set**: (of pile) fiche *nf* d'un pieu
~ **strength**: résistance *nf* à la rupture
~ **vacuum**: vide *nm* final, vide limite

ultra, ~ **finish**: poli *nm* miroir, polissage *nm* spéculaire
~ **high frequency** «UHF»: ultra haute fréquence *nf*; onde *nf* décimétrique, onde ultra courte
~ **high vacuum**: ultra vide *nm*, vide poussé
~ **large scale integration** «ULSI»: intégration *nf* à ultra grande échelle, intégration ULSI
~ **vacuum**: ultravide *nm*, vide *nm* poussé

ultracentrifuge: ultracentrifugeuse *nf*

ultrafiltration: ultrafiltration *nf*

ultramicroscope: ultramicroscope *nm*

ultrasonic: ultrasonore, ultrasonique, par ultrasons
~ **frequency**: frequence *nf* ultrasonore
~ **generator**: générateur *nm* d'ultrasons
~ **testing**: contrôle *nm* par ultrasons
~ **welding**: soudage *nm* ultrasonique, soudage par ultrasons

ultrasonics: technique *nf* des ultrasons, ultrasons *nm*

ultrasonograph: échographe *nm*

ultraviolet «UV»: ultraviolet *nm*
~ **absorption**: absorption *nf* dans l'ultraviolet
~ **ray**: rayon *nm* ultraviolet

umbilical, ~ **cord**: (of rocket) prise *nf* ombilicale

unacknowledged: sans accusé de réception

unaffected: (by air or water) inaltérable; (by frost) ingélif

unallocated: non affecté, disponible, non réservé

unannealed: non recuit

unarmoured <ored>: non cuirassé, non blindé; (tp) sans armature
~ **cable**: câble *nm* sans armure, câble non armé

unary: à un seul opérande, unaire

unassemble *vb*: démonter, désassembler, désosser

unattended: non surveillé, télésurveillé
~ **operation**: exploitation *nf* automatique, fonctionnement *nm* automatique

unaudible: inaudible

unaudited: non contrôlé, non vérifié

unauthorized <ised>: non autorisé
~ **installation**: (tcm) installation *nf* clandestine

unavailable: non disponible
~ **time**: temps *nm* d'indisponibilité

unavoidable: inévitable

unbalance: déséquilibre *nm*, défaut *nm* d'équilibrage; (in mass) balourd *nm*; (eon) dissymétrie *nf*, asymétrie *nf*, déséquilibre *nm*

unbalanced: mal équilibré, déséquilibré; qui a du balourd; (el, tcm) asymétrique, dissymétrique

unbend *vb*: (a spring) détendre, débander; (a rod) redresser

unbiassed <ased>: (opinion) impartial; (statistics) sans biais, non biaisé, objectif; (el) non polarisé

unbleached: (tex, paper pulp) écru

unblock: (inf) dégrouper; (a pipe) déboucher, dégorger; (punched cards) décomprimer

unbound: libre, non combiné; (book) broché

unbraced: non étayé; non haubané
~ **frame**: ossature *nf* non contreventée

unbreakable: incassable; (cypher) indéchiffrable

unbroken: continu, ininterrompu; (line) en trait plein
~ **seal**: plomb *nm* intact

unbuffered: sans tampon, non tamponné

unbuilt: non bâti

unbundling: (of software) facturation *nf* séparée, dégroupage *nm*

unburnt: (brick, ceramics) non cuit

unburst, ~ **stationery**: feuilles *nf* en continu

uncased: (magnetic tape) qui n'est pas dans une boîte
~ **pile**: pieu *nm* non chemisé
~ **well**: puits *nm* non tubé, puits non cuvelé

uncatalogued <ged>: non répertorié, non référencé

unchanged: inchangé; non modifié; (inf) non mouvementé

unchanging: constant, invariable

unclamp *vb*: desserrer; démonter

uncoil *vb*: dérouler; (yarn) dévider

uncompleted: inachevé; (tcm) perdu
~ **call**: (tp) appel *nm* inefficace

uncompressed: non comprimé; (inf) non condensé

unconfined, ~ **water**: (geol) nappe *nf* libre

uncorrupted: sans erreur

uncouple *vb*: débrayer, déclencher; (el, eon) désaccoupler; (rlwy) dételer, décrocher

uncoursed: (masonry) non assisé

uncover *vb*: découvrir, mettre à nu; (an opening) démasquer

uncrate *vb*: déballer

uncustomized <ised>: non personnalisé; banalisé

uncut: (diamond, stone) non taillé, brut; (graph) non rogné; (pile of fabric) bouclé

undamaged: sans avarie, intact

undamped: (sound) non amorti; (wave) entretenu

under: sous, au-dessous de, en bas de
~ **bending load**: soumis à la flexion
~ **construction**: en construction, chantier *nm* ouvert
~ **cover**: à l'abri de la pluie
~ **crop**: cultivé, en culture
~ **load**: en charge *nf*, sollicité
~ **pressure**: sous pression; (pipe) en charge
~ **repair**: en réparation
~ **river**: sous-fluvial
~ **steady conditions**: en régime *nm* établi, en régime permanent
~ **steam**: sous pression, en pression (vapeur)

~ **test**: en essai *nm*

underbevelling <**eling**>: équerrage *nm* en maigre

undercarriage: atterrisseur *nm*, train *nm* d'atterrissage

undercoat: sous-couche *nf*; (painting) apprêt *nm*

undercooling: (met) surfusion *nf*

undercure: (of rubber) sous-vulcanisation *nf*; (plast) sous-cuisson *nf*

undercurrent: courant *nm* de fond, courant sous-marin; (el) courant trop faible
~ **protection**: protection *nf* à minimum de courant
~ **relay**: relais *nm* à minimum de courant

undercut *nn*: (mech) dégagement *nm*, contre-dépouille *nf*; (of tooth) détalonnage *nm*; (wldg) caniveau *nm*; *vb*: (mining) haver au mur, sous-caver

undercutting: (mining) havage *nm*, sous-cavage *nm*; (wldg) caniveau *nm* de soudure

underdeveloped: sous-développé

underexposure: (phot) sous-exposition *nf*

underfiring: (ceramic) sous-cuisson *nf*

underflow: courant *nm* de fond; (inf) sous-dépassement *nm*, dépassement *nm* négatif

underframe: châssis *nm*, infrastructure *nf*; (auto) faux châssis

underground *nn*: métro *nm*, métropolitain *nm*; *adj*: enterré, souterrain; (mining) au fond, de fond
~ **conduit**: (el, tp) galerie *nf*, conduit *nm* souterrain (pour câbles)
~ **line**: (tp) ligne *nf* enterrée, ligne souterraine
~ **water**: eau *nf* souterraine, nappe *nf* d'eau souterraine
~ **workman**: ouvrier *nm* de fond, travailleur *nm* de fond

undergrowth: broussailles, sous-bois *nm*

underhung: suspendu

underinflated: insuffisamment gonflé

underline *vb*: souligner

underliner: (of board) demi-intérieur *nm* (d'un carton)

underlining, ~ **felt**: feutre *nm* de sous-toiture

underload: charge *nf* partielle

underloaded: sous-utilisé, sous-occupé

underlying: sous-jacent

undermanned: ayant un personnel insuffisant, manquant de personnel

undermine *vb*: (foundations, wall) saper, miner; (hydrology) affouiller

underpan: (of engine) carter *nm* inférieur

underpin: (constr) reprendre en sous-œuvre

underpinning: reprise *nf* en sous-œuvre

underplanted: sous-équipé

underproduction: sous-production *nf*, production *nf* déficitaire

underprop *vb*: étayer (en sous-œuvre), soutenir (un ouvrage)

undershoot: (aero) atterrissage *nm* trop court; (el) sous-dépassement *nm*; (tcm) sous-vibration *nf*; sous-oscillation *nf*

undershore *vb*: étayer en sous-œuvre

underside «U/S»: dessous *nm*; (of paper) côté *nm* toile, côté machine

undersize: (mech) sous-dimensionné; à la cote réparation, à la cote minorée; (from screening) passant *nm* d'un crible, passé *nm* d'un crible, déclassé, refus *nm* du crible

underslung: suspendu
~ **frame**: (auto) châssis *nm* surbaissé
~ **suspension**: suspension *nf* sous l'essieu

understeer *vb*: sous-virage *nm*; *vb*: sous-virer

understeering: sous-vireur

undersurface: (aero) intrados *nm*

undertaking: entreprise *nf*

undervoltage *nn*: manque *nm* de tension, sous-tension *nf*; *adj*: à minimum de tension, à manque de tension
~ **protection**: protection *nf* à minimum de tension, disjoncteur *nm* à minimum
~ **relay**: relais *nm* à minimum de tension
~ **release**: déclenchement *nm* à manque de tension, déclenchement à minimum de tension

underwashing: (erosion) affouillement *nm*

underwater: sous l'eau, sous-marin, immergé
~ **cable**: câble *nm* immergé, câble sous-marin
~ **concrete**: béton *nm* coulé sous l'eau
~**-to-air missile**: engin *nm* sous-marin-sol
~ **welding**: soudage *nm* sous l'eau

underway: en route, en chemin; (naut) en mer, à la mer

underweight: manquant (en poids)

underwinding: (spinning) sous-renvidage *nm*

underwing: (aero) intrados *nm*

undesirable: indésirable

undetected: inaperçu

undisturbed: inchangé, non perturbé; (radio) sans brouillage
~ **earth**: terre *nf* en place, terre non remuée, terrain *nm* naturel
~ **field**: champ *nm* non perturbé

undo *vb*: défaire; annuler

undraw *vb*: effacer

undressed: (lumber) non corroyé; (stone) non taillé

undue: excessif

unearth *vb*: déterrer

uneconomical: non rentable

unenclosed: (machine) à découvert

unequal: inégal
~ **angle**: cornière *nf* à ailes inégales
~ **settlement**: dénivellation *nf* des appuis, tassement *nm* différentiel
~ **tee**: Té *nm* réducteur

unequipped: (assembly) nu

uneven: inégal, irrégulier; (maths) impair
~ **grained wood**: bois *nm* hétérogène
~ **page**: (graph) page *nf* de droite, "belle page", page impaire
~ **running**: (of machine) marche *nf* instable
~ **spacing**: écartement *nm* variable, espace *nm* variable

unevenness: inégalité *nf*; désaffleurement *nm*; rugosité *nf*

unexpired: dont la date de péremption n'est pas atteinte

unexposed: non exposé, à l'abri
~ **film**: film *nf* vierge

unfair, ~ **competition**: concurrence *nf* déloyale

unfasten *vb*: défaire; détacher

unfavourable **<orable>**: désavantageux, défavorable

unfilled: non rempli
~ **order**: commande *nf* en cours

unfinished: inachevé, non terminé; brut, non façonné, non usiné; (tex) non apprêté
~ **paper**: papier *nm* brut, papier sans apprêt

unfired: non soumis à la flamme, non soumis au feu; (ceramics) non cuit, vert; (eon) non amorcé; (tube) non ionisé

unfit: impropre

unfold *vb*: déplier; déployer, étaler

unglazed: non vernissé; (ceramics) non émaillé; (glass) non vitré; (paper) mat, non glacé
~ **porcelain**: porcelaine *nf* poreuse

ungraded: non trié, non classé; (according to size) non calibré
~ **coke**: coke *nm* tout venant

ungrounded NA : (el) non mis à la terre, non mis à la masse

unguarded: sans dispositif *nm* protecteur; (gear) sans carter *nm*

unhardened: (met) non trempé

unhealthy: malsain

unhook *vb*: décrocher

unidirectional: unidirectionnel
~ **engine**: moteur *nm* non réversible

uniflow: équicourant *nm*
~ **capacitor**: condensateur *nm* à courants parallèles
~ **current**: (of steam, water) courant *nm* parallèle
~ **scavenging**: (of engine) balayage *nm* longitudinal, balayage équicourant
~**-type compressor**: compresseur *nm* à équicourant, compresseur à flux continu

uniform: uniforme, homogène; constant
~ **connection**: montage *nm* homogène
~ **pitch**: pas *nm* constant

unijunction, ~ **transistor**: transistor *nm* unijonction

unimpaired: intact, non affecté

uninflammable: ininflammable

uninhabitable: inhabitable

uninsulated: non isolé, nu

unintelligible, ~ **crosstalk**: diaphonie *nf* inintelligible

unintentional: involontaire, non voulu

uninterruptable: (el) sans coupure

uninverted, ~ **crosstalk** NA : diaphonie *nf* intelligible

union: (inf) opération *nf* OU; (of labour) syndicat *nm*; (a pipe fitting) raccord *nm* union, raccord *nm* en 3 pièces; (tex) tissu *nm* mélangé, (linen-cotton) tissu *nm* métis, métis *nm*, (silk-cotton) tissu mi-soie, (wool-cotton) tissu mi-laine
~ **cloth**: tissu *nm* mélangé; (linen and cotton) métis *nm*, toile *nf* métisse; (silk and cotton) tissu mi-soie, (wool and cotton) tissu mi-laine
~ **fitting**: raccord *nm* trois pièces, raccord union, union *nf*
~ **nut**: écrou *nm* d'accouplement, écrou-raccord *nm*
~ **paper**: papier *nm* doublé-bitumé

unionmelt, ~ **process welding**: soudage *nm* par procédé Unionmelt

unipolar: unipolaire

unit: unité *nf*; ensemble *nm*, groupe *nm*; machine *nf*, équipement *nm*; dispositif *nm*, appareil *nm*; (inf) unité *nf* périphérique; *adj*: unitaire; **units**: (constr) matériaux finis
~ **construction**: construction *nf* par éléments préfabriqués, construction modulaire
~ **construction pump**: pompe *nf* monobloc, groupe *nm* de pompage monobloc
~ **cooler**: bloc *nm* refroidisseur; (a.c.) climatiseur *nm* individuel
~ **die**: (die casting) moule *nm* à éléments interchangeables
~ **discharge**: débit *nm* unitaire
~ **heater**: aérotherme *nm*
~ **weight**: masse *nf* volumique

univalent: monovalent

univariant: univariant

universal, ~ **beam** «UB»: poutre *nf* en H
~ **burner**: brûleur *nm* tous gaz
~ **joint**: joint *nm* de cardan, cardan *nm*
~ **joint linkage**: embiellage *nm* à cardan
~ **time** «UT»: temps *nm* universel

unjustified: (graph) non justifié, non cadré

unkeyed: (tcm) non manipulé

unkilled, ~ **steel**: acier *nm* non calmé, acier effervescent

unlabelled <eled>: (inf) sans indication, sans référence; (keyboard key) sans légende, disponible, muet; (magnetic tape) sans labels

unlawful: illégal, illicite

unleaded: (fuel) sans plomb

unless, ~ otherwise stated: sauf indications contraires

unlike: dissemblable
~ **poles**: pôles *nm* de nom contraire

unlimited: illimité

unlisted: (telephone number) à la liste rouge, confidentiel

unload *vb*: décharger; (tool) démonter

unloaded: non chargé, à vide; (el) non pupinisé, non chargé; (plast) sans charge

unloader: déchargeur *nm*, décompresseur *nm*; (auto) régulateur *nm* de pression; (a stevedore) NA débardeur *nm*
~ **valve**: détendeur *nm* de surpression, soupape *nf* de décharge

unloading: déchargement *nm*; (transport) débarquement *nm*
~ **device**: régulation *nf* à décompression
~ **dock**: débarcadère *nm*
~ **valve**: soupape *nf* de décharge, soupape de sûreté

unlock *vb*: débloquer; (with a key) ouvrir (avec une clé)

unmanned: (aircraft) sans pilote; (unattended) non surveillé
~ **flight**: (space) vol *nm* sans équipage
~ **railway crossing**: passage *nm* à niveau non gardé

unmate *vb*: déconnecter

unmetalled <aled>: (road) non empierré

unmixed: sans mélange, pur

unobstructed, ~ capacity: (of container) volume *nm* intérieur libre
~ **dimension**: dimension *nf* libre

unpack *vb*: déballer; (a container) dépoter; (data) décondenser, éclater

unpacking: déballage *nm*; (of container) dépotage *nm*

unpin *vb*: dégoupiller, désépingler; (tex) dépicoter

unplaned: (wood) non raboté

unplasticized <ised> «UP»: non plastifié «NP»
~ **polyvinylchloride** «uPVC»: chlorure *nm* de polyvinyle non plastifié

unplug *vb*: débrancher, déconnecter

unpriming: désamorçage *nm*

unprocessed: (paper, board) en l'état

unproductive: improductif

unprofitable: non rentable

unpurified: (gas) brut, non épuré, non purifié

unrecorded: vierge

unrecoverable: non réparable; (error) irrémédiable; (data) inaccessible

unrectified: (el) non redressé

unreliable: (information) douteux, incertain; (equipment) non fiable, peu fiable

unrelieved: (mech) non dégagé, non détalonné

unrestrained, ~ bearing: appui *nm* libre

unrestricted, ~ flow: écoulement *nm* libre

unsaturate *nn*: produit *nm* non saturé; *adj*: insaturé, non saturé

unsaturated, ~ polyester «UP»: polyester *nm* non saturé

unscheduled: non prévu à l'horaire
~ **maintenance**: entretien *nm* non planifié, entretien curatif

unscramble *vb*: débrouiller; (a message) reconstituer; (sound) restituer

unscreened: (eon) non blindé, sans écran; (mining) non tamisé, non criblé; (unsorted) non classé
~ **coal**: charbon *nm* brut, charbon tout-venant

unscrew *vb*: dévisser, desserrer

unseal *vb*: (a siphon) désamorcer

unseat *vb*: (a valve) ouvrir

unserviceable: inutilisable, non en état de fonctionnement

unshielded, ~ metal arc welding: soudage *nm* à arc non protégé

unshrinkable: irrétrécissable

unsinkable: insubmersible

unsprocketed: sans perforations marginales

unsprung: non suspendu

unstable: instable

unstacking: dépilage *nm*

unstop *vb*: (a pipe) déboucher, dégorger

unstrained: sans tension, non tendu; non filtré

unsuitable: impropre

unsupported: sans appui, sans support
~ **span**: travée *nf* continue

unsurfaced, ~ concrete: béton *nm* brut de décoffrage

unsymmetrical: asymétrique, dissymétrique
~ **bending**: flexion *nf* déviée, flexion gauche

untapped: (resources) inexploité

untempered: (mortar) non gâché; (steel) non trempé

untested: inessayé, non éprouvé, non exploré

untrained: (staff) non formé

untreated: non traité, non préparé
~ **concrete**: béton *nm* brut de décoffrage
~ **water**: eau *nf* brute

untrimmed, ~ size: (of paper) format *nm* brut

untrue *nn*: ovalisation *nf*, faux-rond *nm*; *adj*: faux; (mech) ovalisé

untwisting: détorsion *nf*

unused: inutilisé; de première mise en œuvre

unusual: inusité

unwanted: indésirable
~ **signal**: (tcm) signal *nm* brouilleur
~ **voltage**: tension *nf* de brouilage

unwater *vb*: (a cofferdam) épuiser; (a mine) dénoyer, exhaurer; (a trench) assécher

unweighted: non pondéré

unwind *vb*: dérouler, dévider

unwinding: déroulement *nm*; (of magnetic tape) défilement *nm*

unworkable: (oil well) inexploitable, non rentable; (component) non usinable

up: en haut, relevé; (el) allumé, sous tension
~ **and down movement**: mouvement *nm* de montée et de descente
~ **and down stroke**: course *nf* double; (of piston) aller *nm* et retour du piston, va-et-vient *nm*
~ **and down working**: (tcm) exploitation *nf* à l'alternat
~ **and over door**: porte *nf* basculante, porte escamotable en plafond
~ **and running**: opérationnel, prêt à marcher, prêt à fonctionner
~ **converter**: changeur *nm* élévateur de fréquence, élévateur *nm* de fréquence
~ **count**: comptage *nm* progressif
~ **current**: courant *nm* ascendant
~ **lock**: (aero) verrou *nm* de position train rentré
~**-path**: (satellite) trajet *nm* terre/espace, trajet montant
~ **river**: en amont
~ **running**: (casting) coulée *nf* en source
~ **time**: (operable time) temps *nm* utilisable, durée de disponibilité
~ **train**: train *nm* montant

upcut, ~ shear: cisaille *nf* à coupe montante
~ **milling**: fraisage *nm* normal

update *nn*: mise *nf* à jour, actualisation *nf*; *vb*: mettre à jour, actualiser

up/down, ~ **counter**: compteur/décompteur *nm*

updraft, ~ **carburetor**: carburateur *nm* vertical

upend *vb*: mettre debout; (upset) refouler

upgrade *nn*: pente *nf* ascendante, rampe *nf* montante, montée *nf*; *vb*: améliorer la qualité

upgrading: augmentation *nf* de la puissance, augmentation de la qualité, évolution *nf*; (of coal) valorisation *nf*

uphand, ~ **weld**: soudure *nf* montante

uphill, ~ **casting**: coulée *nf* en source

upholstery: (auto) garniture *nf* intérieure, habillage *nm*, sellerie *nf*; (furniture) sièges *nm* (rembourrés), meubles *nm* capitonnés
~ **fabric**: tissu *nm* d'ameublement

upkeep: (of a building) entretien *nm*

uplift: sous-pression *nf* du sol (sur les fondations)
~ **pile**: pieu *nm* travaillant à l'arrachement

uplink: (tcm) trajet *nm* terre/satellite, trajet montant
~ **transmission**: transmission *nf* sens terre/satellite, transmission sens montant, transmission sur le trajet montant

uplocking: (aero) verrouillage *nm* en position train rentré

upmarket: haut de gamme

upper: de dessus; supérieur; (hydrology) d'amont
~ **case** «u.c».: (graph) haut *nm* de casse
~ **case letter**: majuscule *nf*
~ **chord**: (of beam) membrure *nf* supérieure
~ **dead center**: point *nm* mort haut «PMH»
~ **deviation**: écart *nm* supérieur, écart en plus
~ **flange**: (of beam) membrure *nf* supérieure
~ **flooding chamber**: (on canal) sas *nm* d'amont
~ **limit**: (on gauge) limite *nf* maxi
~ **reaches**: (of a river) partie *nf* amont
~ **skin**: (of wing) extrados *nm*
~ **surface**: (of blade) extrados *nm* (de pale)
~ **water**: eau *nf* d'amont

upright *nn*: montant *nm* [droit]; (rolling mill) colonne *nf*; *adj*: debout

upset *vb*: (a liquid) renverser; (an instrument) dérégler; (met) refouler; (a rivet) aplatir
~ **welding**: soudage *nm* par refoulement

upsetting: refoulement *nm*, forgeage *nm* par refoulement
~ **angle**: (of ship) angle *nm* de chavirement
~ **die**: matrice *nf* à refouler, calibre *nm* à refouler
~ **press**: presse *nf* à refouler

upside, ~ **down**: renversé, la tête en bas

upstream: [du] côté amont, en amont

upstroke: course *nf* ascendante, course montante

uptake, ~ **shaft**: (of mine) puits *nm* de sortie d'air

uptwister: (tex) retordeuse *nf*

uPVC → *unplasticised polyvinylchloride*

upward: montant, ascendant, vers le haut
~ **stroke**: (of piston) montée *nf*, course *nf* ascendante

upwash: déflexion *nf* vers le haut (des filets d'air)

urban, ~ **fabric**: tissu *nm* urbain
~ **planning**: urbanisme *nm*
~ **renewal**: rénovation *nf* urbaine

urea: urée *nf*
~ **formaldehyde resin** «UFR»: résine *nf* urée-formaldéhyde

urethane: uréthane *nm*
~ **plastic**: plastique *nm* uréthanique

U/S → *underside*

usable <useable>: utilisable
~ **life**: temps *nm* maximum d'utilisation

usage: (of services) utilisation *nf*; (of parts) consommation *nf*

use *nm*: utilisation *nf*, emploi *nm*; *vb*: employer, se servir de, utiliser
~ **up**: épuiser

useable → *usable*

used: d'occasion

useful: utile
~ **life**: durée *nf* de vie utile, vie *nf* utile

user: utilisateur *nm*; usager *nm*
~ **base**: (inf) parc *nm* d'utilisateurs
~ **definable**: définissable par l'utilisateur, programmable par l'utilisateur
~ **facility**: installation *nf* d'abonné; service *nm* offert aux usagers
~ **population**: parc *nm* d'utilisateurs
~**-supplied**: fourni par l'utilisateur

UT → *universal time*

utilization **<isation>**: utilisation *nf*, taux *nm* d'utilisation

utility *nn*: (inf) programme *nm* utilitaire; (usefulness) utilité *nf*; (commercial) entreprise *nf* de service public, service *nm* public; (town planning) commodité *nf*; *adj*: à usage général, de servitude, utilitaire
~ **aircraft**: avion *nm* à usage général, avion utilitaire
~ **equipment**: matériel *nm* de servitude
~ **helicopter**: hélicoptère *nm* à usage général, hélicoptère polyvalent, hélicoptère utilitaire
~ **program**: (routine) programme *nf* de service
~ **truck**: camion-atelier *nm*
~ **undertaker**: concessionnaire *nm* (de service public)

U-turn: (auto) demi-tour *nm*

UV→ *ultraviolet*
~ **erasable**: effaçable par ultra-violets
~ **plastic**: plastique *nm* anti-UV

V

vacancy: (s.c., nuc) lacune *nf*; (crystal) vacance *nf*, interstice *nm*

vacant: libre, inoccupé

vacuum *nn*: vide *nm*, dépression *nf*; *adj*: sous vide, à dépression, à vide
~ **bell jar**: cloche *nf* à vide
~ **breaker**: casse-vide *nm*
~ **casting**: coulée *nf* sous vide
~ **chamber**: enceinte *nf* à vide
~ **control**: commande *nf* à dépression; (auto) commande d'avance à dépression, avance à dépression
~ **exhauster**: ventilateur *nm* de vide
~ **fan**: ventilateur *nm* aspirant
~ **feed**: alimentation *nf* à dépression
~ **filter**: filtre *nm* à vide
~ **gas oil**: gasoil *nm* sous vide
~ **gauge**: déprimomètre *nm*, indicateur *nm* de vide, indicateur de dépression, vacuomètre *nm*
~ **governor**: régulateur *nm* à dépression
~ **ignition advance**: (auto) avance *nf* à l'allumage par dépression
~**-operated**: à dépression
~ **packaging**: emballage *nm* sous vide
~ **proof**: étanche au vide
~ **pump**: pompe *nf* à vide
~ **relief valve**: clapet *nm* de dépression
~ **spark control**: commande *nf* d'allumage à dépression
~ **tank**: réservoir *nm* à dépression, enceinte *nf* à vide; (auto) chambre *nf* à dépression
~ **test**: essai *nm* sous vide
~ **tester**: dépressiomètre *nm*, contrôleur *nm* de dépression
~ **tight**: étanche au vide
~ **tube**: tube *nm* à vide
~ **welding**: soudage *nm* sous vide

valence NA → *valency*

valency <ce>: valence *nf*
~ **bond**: liaison *nf* de valence
~ **shell**: couche *nf* de valence

valid: valable, valide

validate *vb*: (approve) homologuer; (inf) valider

validity: validité *nf*
~ **check**: (inf) contrôle *nm* de vraisemblance, contrôle de validité

valley: (geo) vallée *nf*; (of corrugated sheet) fond *nm* d'onde; (in curve) creux *nm*, valeur *nf* mini; (of pulse) creux *nm*; (in roof) noue *nf*

value *nn*: valeur *nf*; (maths) quantité *nf*, grandeur *nf*; *vb*: estimer
~ **added**: valeur *nf* ajoutée
~ **added network** «VAN»: réseau *nm* à valeur ajoutée
~ **function**: fonction *nf* de valeur

valve: clapet *nm*; (operated from outside) robinet *nm*; (stem-operated lift type) soupape *nf*; (eon) valve *nf*; → *valves*
~ **block**: bloc *nm* de raccordement, bloc de distribution
~ **bounce**: rebondissement *nm* de soupape
~ **box**: boîte *nf* à clapets; carter *nm* de robinet; (in road) bouche *nf* à clé; (a valve chest) chapelle *nf*
~ **cage**: corbeille *nf* de soupape, cage *nf* de clapet
~ **cap**: (on tyre) capuchon *nm* de valve
~ **chamber**: chapelle *nf* à clapet, chapelle à soupape
~ **chamber**: boîte *nf* à clapets; boîte *nf* à soupapes, boîte à tiroir; boîte de distribution (des soupapes)
~ **chest**: boîte *nf* à clapets, boîte à soupapes, chapelle *nf* de soupape
~ **cone**: pointeau *nm* de soupape, cône *nm* de soupape
~ **core**: (of tyre valve) obus *nm*
~ **cover**: cache-soupapes *nm*, couvercle *nm* de clapet
~ **diagram**: diagramme *nm* de distribution, épure *nf* de distribution
~ **disk**: tête *nf* de soupape
~ **face**: portée *nf* de soupape; (of slide valve) face *nf* du tiroir
~ **flap**: clapet *nm* articulé, clapet de soupape
~ **gear**: (auto) mécanisme *nm* de commande des soupapes, commande *nf* des soupapes, culbuterie *nf*; (on steam engine) appareils *nm* de distribution de vapeur, organes *nm* de distribution de vapeur

~ **grinding**: rodage *nm* des soupapes
~ **grinding tool**: rodoir *nm*
~ **in head**: soupape *nf* en tête
~ **keeper**: demi-clavette *nf*
~ **lap**: chevauchement *nm* des soupapes
~ **lift**: levée *nf* de soupape
~ **lifter**: lève-soupape *nm*; NA poussoir *nm* de soupape
~ **lifter roller**: galet *nm* de poussoir
~ **lifter tool**: lève-soupape *nm*
~ **manifold**: embase *nf* de montage
~ **needle**: pointeau *nm*, aiguille *nf* de pointeau
~ **noise**: (eon) bruit *nm* de fond d'un tube
~ **on the rock**: soupape *nf* en bascule
~ **overlap**: (on engine) chevauchement *nm* des soupapes d'admission et d'échappement
~ **plate**: plaque *nf* porte-clapets, plateau *nm* porte-soupapes; (eon) anode *nf* de lampe
~ **pushrod**: tige *nf* de poussoir
~ **reactor**: réactance *nf* électronique
~ **rectifier**: (eon) redresseur *nm* à tube
~ **rocker arm**: culbuteur *nm* de soupape, linguet *nm*
~ **rocker set**: culbuterie *nf*
~ **rod**: bielle *nf* du tiroir, tige *nf* de manœuvre; (auto) tige *nf* de soupape, queue *nf* de soupape
~ **seat**: siège *nm* de soupape; glace *nf* de distribution
~ **seat insert**: siège *nm* de soupape rapporté
~ **setting**: réglage *nm* des soupapes; (auto) calage *nm* de la distribution, réglage *nm* de la distribution
~ **slide**: tiroir *nm*
~ **spindle**: tige *nf* de soupape
~ **spring collar**: coupelle *nf* de ressort de soupape
~ **spring retainer**: clavette *nf* de ressort de soupape
~ **stem**: queue *nf* de soupape, tige *nf* de soupape
~ **tappet**: poussoir *nm* de soupape
~ **tester**: vérificateur *nm* de soupapes; (eon) lampemètre *nm*
~ **timing**: réglage *nm* de la distribution, réglage des soupapes
~ **timing adjustment**: calage *nm* de la distribution
~**-type piston**: piston-clapet *nm*

valves: robinetterie *nf*, soupapes *nf*
~ **and fittings**: robinetterie *nf* et raccords

van: (auto) camionnette *nf*; (rlwy) fourgon *nm*

VAN → *value added network*

vane: (el) palette *nf*; (of propeller) pale *nf*; (of turbine) ailette *nf*, aube *nf*, pale *nf*
~ **anemometer**: anémomètre *nm* à moulinet
~ **flowmeter**: compteur *nm* à moulinet
~ **impeller**: roue *nf* à ailettes
~ **pump**: pompe *nf* à ailettes
~ **relay**: relais *nm* à palette
~ **ring**: (on turbine) couronne *nf* directrice, stator *nm*
~ **wattmeter**: wattmètre *nm* à palette

vanishing, ~ **line**: ligne *nf* de fuite
~ **point**: point *nm* de fuite; (end of thread) fin *nm* de filetage

vapor NA → *vapour*

vaporimeter: vaporimètre *nm*

vaporization <isation>: vaporisation *nf*

vaporizer <iser>: vaporisateur *nm*, évaporateur *nm*; (spraying) atomiseur *nm*, brumisateur *nm*, pulvérisateur *nm*, vaporisateur *nm*

vapour <por>: vapeur *nm* (à une température inférieure à l'ébullition)
~ **barrier**: pare-vapeur *nm*
~ **blasting**: (honing) honage *nm* au jet de vapeur, pierrage *nm* au jet de vapeur; (cleaning) sablage *nm* humide
~ **deposition**: dépôt *nm* en phase vapeur
~ **lock**: bouchon *nm* de vapeur
~ **phase**: phase *nf* vapeur
~ **pressure**: tension *nf* de vapeur
~ **relief**: (of fuel tank) dégazage *nm*
~ **relief valve**: dégazeur *nm*
~ **tight**: étanche, hermétique

varactor: varactor *nm*

variable *nn*: variable *nf*; *adj*: variable, réglable
~ **at will**: réglable à volonté
~ **capacity pump**: pompe *nf* à débit réglable
~ **displacement engine**: moteur *nm* à cylindrée variable
~ **displacement motor**: moteur *nm* à cylindrée variable
~ **displacement pump**: pompe *nf* à débit variable
~ **frequency oscillator** «VFO»: oscillateur *nm* à fréquence variable
~ **geometry** «VG»: (aero) géométrie *nf* variable
~ **geometry aircraft**: avion *nm* à flèche variable

~ **geometry inlet**: entrée *nf* d'air variable, prise *nf* d'air variable
~ **geometry intake**: entrée *nf* d'air variable, prise *nf* d'air variable
~ **mission system**: (robotics) atelier *nm* flexible
~ **output pump**: pompe *nf* à débit réglable
~ **pitch propeller**: hélice *nf* à pas variable
~ **resistor**: rhéostat *nm*, résistance *nf* variable (de réglage)
~ **short circuit**: court-circuit *nm* mobile, piston *nm* de court-circuit
~ **speed drive**: variateur *nm* de vitesse
~ **speed motor**: moteur *nm* à régime variable
~ **speed transmission**: variateur *nm* de vitesse
~ **voltage control**: régulation *nf* par variation de tension

variance: (automatic control) écart *nm*; (acceptance) dérogation *nf*

variant: variante *nf*, version *nf*

variate: variable *nf* aléatoire

variation: changement *nm*, variation *nf*; modification *nf*; (in temperature, in pressure) fluctuation *nf*
~ **order**: ordre *nf* de modification

variocoupler: variocoupleur *nm*

variometer: variomètre *nm*

varistor: varistance *nf*

varnish *nn*: vernis *nm*; *vb*: vernir *nm*

varnishing: vernissage *nm*

vat: bac *nm*, cuve *nf*
~ **dye**: (pap) couleur *nf* à la cuve
~ **dyed**: (tex) teint à la cuve
~ **dyestuff**: colorant *nm* de cuve
~ **machine**: (pap) machine *nf* à formes rondes
~ **paper**: papier *nm* à la cuve, papier à la main

vault: voûte *nf*; NA (gas supply, water supply) bouche *nf* à clé; (tp) chambre *nf* de câbles
~ **abutment**: culée *nf* de voûte

V-belt: courroie *nf* trapézoïdale
~ **drive**: transmission *nf* par courroie trapézoïdale

V-block: cale *nf* prismatique

VDT → *visual display terminal*

VDU → *visual display unit*

vector *nn*: vecteur *nm*; *adj*: vectoriel
~ **quantity**: grandeur *nf* vectorielle

veer *vb*, ~ **a cable**: filer une amarre

vegetable *nn*: légume *nm*; *adj*: végétal
~ **blanket**: tapis *nm* végétal
~ **soil**: terre *nf* végétale, sol *nm* vivant
~ **kingdom**: règne *nm* végétal

vehicle: (chem, paint, transport) véhicule *nm*
~ **gauge**: (rlwy) gabarit *nm* d'encombrement limite

vehicular, ~ **encoder**: codeur *nm* pour poste [radiotéléphonique] mobile
~ **gap** NA : (road traffic) créneau *nm*

vein: (mining) veine *nf*, filon *nm*; (in wood) madrure *nf*
~ **ore**: minerai *nm* en filons

veined: marbré; (wood) madré

veiney: marbré; (wood) madré

veining: (foundry defect) gerces *nf*, nervures *nf*

vellum: parchemin *nm*
~ **paper**: papier *nm* vélin

velocity: vitesse *nf*
~ **head**: hauteur *nf* équivalente de la vitesse, hauteur dynamique
~ **vector diagram**: (cinematics) diagramme *nm* vectoriel des vitesses

velvet *nn*: velours *nm*; *adj*: velouté

velvety: velouté

vending, ~ **machine**: distributeur *nm* automatique

vendor: vendeur *nm*; (supplier) fournisseur *nm*; NA distributeur *nm* automatique
~ **appraisal**: évaluation *nf* préalable par le fournisseur
~ **inspection**: contrôle *nm* du fournisseur par le client

veneer: (wood) bois *nm* de placage, feuille *nf* de placage; (masonry) placage *nm*; (laminate) pli *nm*
~ **brick**: brique *nf* de placage
~ **peeling**: déroulage *nm*

veneered, ~ **masonry**: maçonnerie *nf* plaquée

venetian, ~ **blind**: store *nm* vénitien

vent *nn*: évent *nm*, purge *nf* d'air; mise *nf* à l'air libre; (a ventlight) vasistas *nm*; *vb*: purger; aérer, ventiler; (to atmosphere) mettre à l'air libre
~ **cock**: robinet *nm* de purge; robinet d'évacuation d'air
~ **hem**: (of parachute) bord *nm* de fuite
~ **hole**: évent *nm*, orifice *nm* de dégagement
~ **pipe**: tuyau *nm* de mise à l'air libre, reniflard *nm*
~ **plug**: bouchon *nm* de purge d'air
~ **sash**: vasistas *nm*
~ **to atmosphere**: mettre à l'air libre

vented: aéré; purgé; mis à l'air libre; dégazé

ventilating, ~ **course**: (mining) galerie *nf* d'aérage
~ **fan**: ventilateur *nm*
~ **flap**: clapet *nm* d'aération, volet *nm* d'aération
~ **shaft**: (mining) puits *nm* d'aérage

ventilation: aération *nf*, ventilation *nf*; (mining) aérage *nm*

ventilator: aérateur *nm*; (a flap) volet *nm* d'aération

venting: mise *nf* à l'air libre; purge *nf* d'air; ventilation *nf*; tirage *nm* d'air
~ **quality**: (of moulding sand) perméabilité *nf*

ventlight: vasistas *nm*

venturi: venturi *nm*, tube *nm* venturi
~ **governor**: régulateur *nm* à venturi
~ **meter**: indicateur *nm* de débit par [tube] venturi, compteur *nm* à venturi
~ **tube**: tube *nm* de Venturi, venturi *nm*

verdigris: vert-de-gris *nm*

verge: (on roof) rive *nf* latérale de toit; (alongside a road) accotement *nm*

vergeboard: bordure *nf* de pignon, planche *nf* de rive

verifier: vérificatrice *nf*, vérifieuse *nf*

vermicular: vermiculaire

vernier *nn*: vernier *nm*; *adj*: de précision, micrométrique
~ **calliper gauge**: pied *nm* à coulisse à vernier
~ **potentiometer**: potentiomètre *nm* à vernier

versatile: à usages multiples, polyvalent, universel

versatility: souplesse *nf* d'utilisation, polyvalence *nf*

vertex: (of angle, of triangle) sommet *nm*

vertical *nn*: verticale *nf*; *adj*: vertical, en hauteur
~ **adjustment**: réglage *nm* vertical, réglage en hauteur
~ **blanking**: (tv) suppression *nf* de trame
~ **casting**: coulée *nf* debout
~ **circle**: cercle *nm* azimutal
~ **frequency**: fréquence *nf* de balayage, fréquence d'exploration; (tv) fréquence d'image
~ **gear unit**: ensemble *nm* à engrenages superposés
~ **hold**: stabilité *nf* verticale, syntonisation *nf* de la trame
~ **journal**: pivot *nm* d'un arbre vertical
~ **member**: (of steel structure) montant *nm*
~ **paddle mixer**: vis *nf* mélangeuse verticale
~ **retrace**: (tv) retour *nm* vertical du spot
~ **shaft motor**: moteur *nm* à axe vertical
~ **shore**: chandelle *nf*
~ **stabilizer**: (aero) plan *nm* fixe vertical
~ **take-off** «VTO»: décollage *nm* vertical
~ **take-off and landing** «VTOL»: décollage *nm* et atterrissage verticaux
~ **winch**: cabestan *nm*

vertically, ~ **polarised**: à polarisation *nf* verticale

vertiplane: avion *nm* convertible

very: très; → also *Very*
~ **high frequency** «VHF»: très haute fréquence «THF»

~ **high frequency wave**: onde *nf* métrique
~ **high level language** «VHLL»: (inf) langage *nm* très évolué
~ **high scale integration** «VHSI»: intégration *nf* à très grande échelle
~ **high scale integrated circuit** «VHSIC: circuit *nm* à très haute intégration
~ **large scale integration** «VLSI»: intégration *nf* à très grande échelle
~ **low frequency** «VLF»: très basse fréquence
~ **low frequency wave**: onde *nf* myriamétrique
~ **low temperature**: température *nf* cryogénique

Very, ~ **pistol**: pistolet *nm* lance-fusées
~ **signal**: fusée *nf* éclairante

vesicant, ~ **gas**: gaz *nm* vésicant

vessel: (a container) récipient; (of reactor) caisson *nm*, cuve *nf*; (a ship) bâtiment *nm*, navire *nm*, vaisseau *nm*

vestigial: résiduel
~ **sideband**: bande *nf* latérale résiduelle «BLR»

vet *vb*: vérifier et approuver; (inf) valider

veteran: (mil) ancien combattant *nm*; (inf) utilisateur *nm* averti

VF → *voice frequency*

VFO → *variable frequency oscillator*

VG → *variable geometry, voice grade, voltage gain*

V-groove: en V
~ **pulley**: poulie *nf* pour courroie trapézoïdale

VHF → *very high frequency*
~ **equipment**: matériel *nm* à ondes métriques

VHLL → *very high level language*

VHSI → *very high scale integration*

VHSIC → *very high scale integrated circuit*

VI → *viscosity index*

viaduct: viaduc *nm*

vial: fiole *nf*

vibrate *vb*: vibrer, faire vibrer

vibrating: vibrant, vibratoire; (conveyor) à secousses
~ **circuit**: circuit *nm* vibratoire
~ **classifier**: vibro-classeur *nm*
~ **conveyor**: convoyeur *nm* à secousses, tapis *nm* à secousses, transporteur à secousses
~ **current**: courant *nm* vibré
~ **motion**: mouvement *nm* vibratoire
~ **rectifier**: redresseur *nm* à lame vibrante
~ **reed**: (on instrument) lame *nf* vibrante
~ **screen**: tamis *nm* vibrant, tamis à secousses
~ **table**: table *nf* à secousses

vibration: vibration *nf*
~ **absorbent**: antivibratile
~ **damper**: amortisseur *nm* de vibrations
~ **fatigue**: fatigue *nf* par vibrations, fatigue due aux vibrations
~ **insulation**: protection *nf* anti-vibratoire
~ **isolation**: isolement *nm* antivibratoire
~ **meter**: vibromètre *nm*
~ **mount**: isolateur *nm* antivibratile

vibrator: vibreur *nm*, vibrateur *nm*
~ **coil**: bobine *nf* à trembleur
~ **table**: table *nf* à secousses

vibratory: vibratoire, vibrant
~ **fatigue**: fatigue *nf* par vibrations, fatigue due aux vibrations

vibro-deduster: dépoussiéreur *nm* vibrant

vibrograph: enregistreur *nm* de vibrations

vice <ise>: étau *nm*

video: vidéo *nf*, *adj*
~ **carrier**: porteuse *nf* vidéo
~ **clip**: bande *nf* vidéo promotionnelle, bande promo, clip *nm*
~ **conferencing**: vidéo-conférence *nf*, visioconférence *nf*
~ **frequency**: fréquence *nf* vidéo, vidéofréquence *nf*
~ **output**: sortie *nf* vidéo
~ **readout**: restitution *nf* de l'image
~ **signal**: signal *nm* image, signal vidéo

~ **tape**: bande *nf* magnétoscopique, bande vidéo
~ **tape cassette**: vidéocassette *nf*
~ **tape recorder**: magnétoscope *nm*
~ **tape recording** «VTR»: magnétoscopie *nf*; enregistrement *nm* magnétoscopique
~ **track**: piste *nf* vidéo

videocasting: vidéodiffusion *nf*

videodisk: vidéodisque *nm*

videofrequency: vidéofréquence *nf*

videographic: vidéographique

videophone: vidéophone *nm*, visiophone *nm*

videotex: vidéotex *nm*

view *nn*: vue *nf*; *vb*: regarder; (eon) visionner
~ **room inspection**: contrôle *nm* en salle spécialisée

viewer: visionneuse *nf*; (tv) téléspectateur *nm*

viewing: visionnement *nm*
~ **monitor**: écran *nm* de contrôle
~ **screen**: écran *nm* image

vignette: (graph, phot) dégradé *nm*; (graph) cabochon *nm*, fleuron *nm*, vignette *nf*

vinyl *nn*: vinyle *nm*; *adj*: vinylique
~ **acetate**: acétate *nm* de vinyle
~ **acetate plastic**: plastique *nm* acétovinylique
~ **chloride plastic**: plastique *nm* chlorovinylique
~ **ethyl ether**: éther *nm* éthyl-vinylique
~ **plastic**: plastique *nm* vinylique
~ **resin**: résine *nf* vinylique

virgin, ~ **gasoil**: gas-oil *nm* de première distillation
~ **stock**: huile *nf* vierge

vis: force *nf* (mécanique); → *viscosity*
~ **inertiae**: force *nf* d'inertie

visbreaker → *viscosity breaker*

visbreaking → *viscosity breaking*

viscose: viscose *nf*
~ **rayon**: rayonne *nf* de viscose

viscosity: viscosité *nf*
~ **breaker**: viscoréducteur *nm*
~ **breaking**: viscoréduction *nf*
~ **index** «VI»: indice *nm* de viscosité, index *nm* de viscosité
~/**temperature chart**: abaque *nm* viscosité-température

viscous: visqueux
~ **coupling**: viscocoupleur *nm*
~ **damping**: amortissement *nm* dû à la viscosité, amortissement visqueux
~ **flow**: écoulement *nm* visqueux

vise NA → *vice*

visible, ~ **defect**: défaut *nm* apparent; (constr) désordre *nm* apparent
~ **laser**: laser *nm* émettant dans le visible

visor: pare-soleil *nm*

visual, ~ **display terminal** «VDT»: terminal *nf* à écran de visualisation, clavier-écran *nm*, visuel *nm*
~ **control panel**: (rlwy) tableau *nm* de commande *nf* optique «TCO»
~ **display unit** «VDU»: terminal *nm* à écran de visualisation, clavier-écran *nm*, visuel *nm*
~ **examination**: examen *nm* visuel, examen à l'œil nu
~ **flight**: (aero) vol *nm* à vue
~ **indication**: affichage *nm*
~ **inspection**: contrôle *nm* d'aspect, contrôle visuel

visualizer **<iser>**: (publicity) dessinateur *nm*, concepteur *nm*, maquettiste *nm*

vitreous, ~ **china**: porcelaine *nf* vitrifiée, porcelaine sanitaire
~ **enamel**: émail *nm* vitrifié

vitrified,

VLF → *very low frequency*

VLSI → *very large scale integration*

VO → *voice over*

vocoder: vocodeur *nm*

voice *nn*: voix *nf*; *adj*: vocal, teléphonique
~ **band**: bande *nf* de fréquence[s] vocale[s], bande téléphonique
~ **channel**: voie *nf* téléphonique, voie à fréquences vocales

~ **control**: commande *nf* vocale; modulation *nf* par la voix
~ **controlled**: à commande *nf* vocale
~ **frequency** «VF»: basse fréquence *nf*, fréquence téléphonique, fréquence vocale
~ **grade** «VG»: de qualité télephonique, téléphonique
~ **in**: (cinema) voix *nf* dans le champ, dans le champ
~ **off**: voix *nf* hors champ, hors champ
~ **over** «VO»: voix *nf* sur dialogue, commentaire *nm* sur image

void *nn*: vide *nm*; (in concrete) alvéole *nf*, cavité *nf*
~ **ratio**: rapport *nm* volumétrique des vides, indice *nm* des vides, teneur *nf* en vides; taux *nm* de porosité

volatile, ~ **matter** «VM»: matières *nf* volatiles «MV»
~ **storage**: (inf) mémoire *nf* non rémanente

voltage: tension *nf*
~ **across the terminals**: tension aux bornes
~ **booster**: survolteur *nm*
~ **control**: régulation *nf* de la tension
~ **cutout**: coupe-circuit *nm*
~ **gain** «VG»: gain *nm* en tension
~ **loop**: ventre *nm* de tension
~ **sensible**: sensible aux variations de tension
~ **stabilizer**: stabilisateur *nm* de tension
~ **surge**: onde *nf* de surtension, surtension *nf*

voltmeter: voltmètre *nm*

volume: volume *nm*; (of sound) puissance *nf* [sonore]; (of traffic) débit *nm*
~ **control**: réglage *nm* de la puissance; bouton *nm* de réglage de puissance, commande *nf* de puissance
~ **deformation**: déformation *nf* cubique, déformation volumétrique
~ **indicator**: indicateur *nm* de volume, vumètre *nm*
~ **level**: (of sound) niveau *nm* sonore, puissance *nf* sonore
~ **percent**: pourcentage *nm* volumétrique

volumetric, ~ **analysis**: analyse *nf* volumétrique
~ **flask**: matras *nm* jaugé, fiole *nf* jaugée

volute: volute *nf*
~ **casing**: volute *nf*, colimaçon *nm*
~ **chamber**: conque *nf*, diffuseur *nm*
~ **pump**: pompe *nf* à volute, pompe à colimaçon, pompe à spirale
~ **spring**: ressort *nm* en spirale conique, ressort à volute

vortex: tourbillon *nm*
~ **breaker**: déflecteur *nm* anti-tourbillon
~ **generator**: générateur *nm* de tourbillons
~ **line**: ligne *nf* de tourbillon
~ **motion**: mouvement *nm* tourbillonnaire, tourbillonnement *nm*

voucher: reçu *nm*, justificatif *nm* (de dépenses)
~ **copy**: (graph) justificatif

vp → *vapour pressure*

V-plow: étrave *nf* (de chasse-neige)

V-rope, ~ **pulley**: poulie *nf* à gorge

V-shaped, ~ **brake**: frein *nm* à gorge

V-slideway: glissière *nf* en Vé; glissière *nf* trapézoïdale

V-thread: filet *nm* en V, filet triangulaire

VTO → *vertical take-off*

VTOL → *vertical take-off and landing*

VTR → *video tape-recorder*

vulcanizate <isate>: vulcanisat *nm*

vulcanization <isation>: vulcanisation *nf*

vulcanize <ise> *vb*: vulcaniser

vulcanizing <ising>: de vulcanisation

vumeter: vumètre *nm*

V-way: Vé *nm* de guidage

W

wabble→ *wobble*

wadding: ouate *nf*, bourre *nf*

wafer: (s.c.) rondelle *nf*, tranche *nf*, pastille *nf*; (of switch) galette *nf*

waggon <agon>: (rlwy) wagon *nm* à marchandises
~**-loading unit**: enwagonneuse *nf*
~ **stock**: parc *nm* de wagons
~ **tipper**: basculeur *nm* de wagons, culbuteur *nm* de wagons; (mining) basculeur *nm* de berlines, culbuteur *nm* de berlines

wainscot: lambris *nm* d'appui

waiting *nn*: attente; *adj*: en attente, en instance
~ **line** NA : file *nf* d'attente
~ **list**: liste *nf* d'attente
~ **time**: temps *nm* d'attente, durée *nf* d'attente

waiver: (acceptance procedure) dérogation *nf*

wake: (of ship) sillage *nm*

waling: moise *nf*

walk *nn*: marche *nf*; *vb*: marcher
~**-in cooler**: chambre *nf* froide
~**-up** NA (housing) sans ascenseur; (inf) en libre service
~**-up window**: guichet *nm* automatique

walkie: (a truck) chariot *nm* à conducteur accompagnant, chariot à conducteur à pied
~**-talkie**: walkie-talkie *nm*, talkie-walkie *nm*

walking, ~ **beam**: balancier *nm* (oscillant autour d'un axe horizontal), poutre *nf* oscillante; (petr) levier *nm* de battage
~ **crane**: grue *nf* roulante
~ **line**: (of stairs) ligne *nf* de foulée

walkman: baladeur *nm*

walkway: passage *nm*, passerelle *nf* (sur réservoir, sur machine)

wall *nn*: (constr) mur *nm*; (of container) paroi *nf*; *adj*: mural; *vb*: murer, emmurer
~ **beam**: poutre *nf* cloison
~ **block**: applique *nf* murale, support *nm* mural; (el) rosace *nf* isolante
~ **bracket**: applique *nf* murale, console *nf* murale; (a shaft hanger) chaise-console *nf*, chaise-applique *nf*
~ **bushing**: traversée *nf* [murale], fourreau *nm*
~ **crane**: grue *nf* murale, grue d'applique, grue à console, grue à potence, potence *nf*
~ **effect**: effet *nm* de paroi
~ **fixture**: applique *nf*
~ **footing**: semelle *nf* filante (sous mur)
~ **form**: (concreting) banche *nf*
~ **loss**: perte *nf* par les parois
~**-mounted**: fixé au mur, mural
~ **outlet** NA : prise *nf* murale
~ **plane**: nu *nm* du mur
~ **rock**: roche *nf* encaissante
~ **shuttering**: banchage *nm*
~ **string**: (of stairs) faux limon *nm*

walling: murs *nm*, maçonnerie *nf*; (mining) revêtement *nm* de puits

wallpaper: papier *nm* peint

walnut: noyer *nm*

wand: baguette *nf*, (eon) lecteur *nm* manuel
~ **scanner**: crayon *nm* lecteur

wane: (astronomy) déclin *nm*; (in wood) flache *nf*

want *nn*: besoin *nm*; manque *nm*, insuffisance *nf*; *vb*: (require) avoir besoin de

wanted: requis; (tcm) utile
~ **signal**: (tcm) signal *nm* utile
~**-to-unwanted signal ratio**: rapport *nm* signal utile/signal brouilleur

war *nn*: guerre *nf*; *adj*: de guerre
~ **head**: cône *nm* explosif, tête *nf* [nucléaire], ogive [nucléaire] *nf*

warble *nn*: hululement *nm*; *adj*: hululé
~ **signal**: signal *nm* hululé

wardroom: (naut) carré *nm*

warehouse: entrepôt *nm*, magasin *nm* (de stockage); (in port) dock *nm*; **warehouses**: (in port) surfaces *nf* couvertes
~ **keeper**: magasinier *nm*
~ **set**: éventé

warm: chaud
~ **restart**: reprise *nf* à chaud, reprise automatique
~ **standby**: réserve *nf* semi-active, secours *nm* semi-automatique
~ **up**: mettre en température, réchauffer
~**-up time**: temps *nm* de préchauffage; (of instrument) temps de stabilisation; (of machine) temps de mise en fonctionnement, temps de démarrage

warming: dégourdissage *nm*
~ **up**: mise *nf* en température, réchauffement *nm*; (machinery) mise en route

warning: avertissement *nm*
~ **light**: lampe *nf* de signalisation, lampe témoin, témoin *nm*, voyant *nm*
~ **limit**: (quality control) limite *nf* de surveillance
~ **marker**: ruban *nm* d'avertissement

warp *nn*: (naut) aussière *nf*, grelin *nm*, remorque *nf*; (weaving) chaîne *nf*; *vb*: (distortion) gauchir, tordre; se gondoler, se voiler; (weaving) ourdir, monter la chaîne
~ **and weft**: chaîne *nf* et trame
~ **beaming**: ensouplage *nm*, montage *nm* de la chaîne
~ **pattern**: rapport *nm* en chaîne
~ **stop motion**: casse-chaîne *nm*

warper: (a person) ourdisseur *nm*; (a machine) ourdissoir *nm*

warping: (distortion) gauchissement *nm*, voilement *nm*; (naut) touage *nm*, halage *nm*; (weaving) ourdissage *nm*
~ **capstan**: cabestan *nm* de touage
~ **frame**: métier *nm* à ourdir, ourdissoir *nm*
~ **line**: touée *nf* de cordage, remorque *nf*
~ **machine**: ourdissoir *nm*

wash *nn*: (aero, naut) remous *nm*; (chem) lavage *nm*, purification *nf*; (of a jet engine) jet *nm* de réacteur; (constr) glacis *nm* (pour évacuer l'eau); (erosion) affouillement *nm*; (geol) alluvions *nf* grossières; (laundering) lavage; (painting) badigeon *nm*, badigeonnage *nm*; *vb*: laver
~ **boring**: (petr) sondage *nm* à injection
~ **bottle**: flacon *nm* laveur, pissette *nf*
~ **box**: (mining) bac *nm* de lavage
~ **drawing**: dessin *nm* au lavis
~ **liquor**: bain *nm* de lavage
~ **out**: (erode) affouiller
~ **primer**: peinture *nf* primaire réactive, wash primer *nm*
~ **tower**: tour *nf* de lavage, tour d'épuration

washability: lavabilité *nf*; (mining) aptitude *nf* à la séparation, lavabilité

washable: lavable

washbasin: lavabo *nm*

washboard NA : plinthe *nf*

washbowl: lavabo *nm*

washery: (coal preparation) lavoir *nm*; (mining) laverie *nf*

washin: (of wing tip) gauchissement *nm* supérieur à 0, gauchissement positif

washing: lavage *nm*
~ **classifier**: laveur-classeur *nm*
~ **engine**: (pap) pile *nf* laveuse
~ **soda**: cristaux *nm* de soude

washleather: peau *nf* chamoisée

washout: (erosion) affouillement *nm*, ravinement *nm*; (of wing tip) gauchissement *nm* inférieur à 0, gauchissement négatif

washroom NA : (in factory, offices) toilettes *nf*

waste *nn*: gaspillage *nm*; déchets *nm*; rebuts *nm*; (demolition) gravois *nm*, gravats *nm*; (of sanitary appliance) trou *nm* d'écoulement, écoulement *nm*, vidage *nm*; *vb*: gaspiller
~ **cock**: robinet *nm* de purge, robinet de vidange
~ **cotton**: déchets *nm* de coton, bourre *nf* à polir

~ **disposal**: évacuation *nf* des déchets, élimination *nf* des déchets; (by local authority) enlèvement *nm* des ordures, évacuation *nf* des ordures
~ **disposal unit**: broyeur *nm* d'évier
~ **gas**: gaz *nm* brûlé, fumées *nf*; (auto) gaz d'échappement
~ **ground**: terrain *nm* vague
~ **heat boiler**: chaudière *nf* à récupération, récupérateur *nm* [thermique]
~ **heat recovery**: récupération *nf* de la chaleur perdue
~ **liquor**: lessive *nf* résiduaire
~ **oil**: (refinery) résidus *nm* de raffinage; (used oil) huile *nf* usée
~ **pipe**: tuyau *nm* d'évacuation
~ **product**: déchet *nm*
~ **rocks**: (mining) stériles *nm*, déchets *nm* de roche
~ **sheet**: (graph) feuille *nf* de passe, passe *nf*
~ **steam**: vapeur *nf* d'échappement
~ **water**: (pap) eau[x] *nf* résiduaire[s]

wastepaper: vieux papiers *nm*

watch *nn*: (timekeeping) montre *nf*; (nautical) quart *nm*, veille *nf*; *vb*: veiller, surveiller, observer
~ **glass**: verre *nm* de montre

watchdog: (inf) chien *nm* de garde, contrôleur *nm* de séquence
~ **timeout**: dépassement *nm* de temps de surveillance

watchmaker: horloger *nm*

water *nn*: eau *nf*; *vb*: arroser
~ **ballast**: lest *nm* liquide
~ **basin**: bassin *nm* hydrographique, bassin versant
~ **bath**: bain-marie *nm*
~**-bearing**: aquifère
~ **cart**: arroseuse *nf*
~ **cement**: ciment *nm* hydraulique
~ **closet** «W.C»., «w.c.»: w.c. *nm*, toilettes *nf*
~ **cone**: (petr) cône *nm* d'eau
~ **coning**: formation *nf* d'un cône d'eau
~ **content**: teneur *nf* en eau
~**-cooled**: hydroréfrigéré
~**-cooled engine**: moteur *nm* refroidi par eau
~ **cooler**: réfrigérant *nm* à eau
~ **cooling tower**: réfrigérant *nm* atmosphérique
~**-dispersible**: hydrodispersable
~ **drainage**: épuisement *nm*; (of ground) drainage *nm*; (mining) exhaure *nf*
~ **duct**: (under road) dalot *nm*
~ **ejector**: hydro-éjecteur *nm*
~**-finished**: (pap) calandré humide
~ **flooding**: (petr) injection *nf* d'eau
~ **gas**: gaz *nm* à l'eau
~ **gauge**:«WG»: colonne *nf* d'eau; indicateur *nm* de niveau d'eau, niveau *nm* d'eau, indicateur de pression hydraulique
~ **gauge pressure**: pression *nf* de colonne d'eau
~ **glass**: verre *nm* soluble
~ **hammer**: bélier *nm*
~ **hardness measurement**: hydrotimétrie *nf*
~ **heater**: chauffe-eau *nm*, chauffe-bain *nm*
~ **hose**: tuyau *nm* d'arrosage
~**-in-oil emulsion**: émulsion *nf* eau dans l'huile
~ **insoluble**: insoluble dans l'eau
~ **jacket**: chemise *nf* d'eau
~ **jet**: jet *nm* d'eau
~**-jet driving**: (pile driving) lançage *nm* (de pieux)
~**-jet pump**: hydro-éjecteur *nm*
~ **lime**: chaux *nf* hydraulique
~ **line**: (a pipe) conduite *nf* d'eau, tuyauterie *nf* d'eau; (naut) ligne *nf* de flottaison
~ **mains**: conduite *nf* de distribution d'eau
~ **marks**: (naut) échelle *nf* de tirant d'eau
~ **mill**: (rolling) train *nm* refroidisseur
~ **packing**: (mining) remblayage *nm* hydraulique
~ **power**: houille *nf* blanche, énergie *nf* hydraulique, force *nf* motrice hydraulique
~ **pressure**: poussée *nf* de l'eau, pression *nf* de l'eau, pression hydraulique
~ **propeller**: hélice *nf* marine
~ **ram**: bélier *nm* hydraulique
~ **repellent**: hydrofuge; hydrophobe
~ **ring pump**: pompe *nf* à anneau liquide
~ **seal**: (mech) joint *nm* hydraulique; (a stench trap) siphon *nm* [isolateur]
~ **separator**: déshydrateur *nm*, séparateur *nm* d'eau; (on diesel engine) purgeur *nm*; (for steam) sécheur *nm* de vapeur
~ **shortage**: pénurie *nf* d'eau, manque *nm* d'eau
~ **softener**: adoucisseur *nm* d'eau
~**-soluble**: soluble dans l'eau
~ **supply**: distribution *nf* d'eau; (piped) adduction *nf* d'eau; (to a machine) alimentation *nf* en eau
~ **supply point**: poste *nm* d'eau
~ **table**: nappe *nf* d'eau, nappe phréatique, nappe libre
~ **tank**: réservoir *nm* d'eau, citerne *nf*
~**-to-carbide generator**: générateur *nm* à chute d'eau

~ **tower**: château *nm* d'eau
~ **trap**: poche *nf* d'eau, siphon *nm*; séparateur *nm* d'eau; sécheur *nm* de vapeur
~ **treatment**: épuration *nf* de l'eau
~ **tube boiler**: chaudière *nf* à tubes d'eau, chaudière *nf* aquatubulaire
~ **vapour pressure**: tension *nf* de vapeur d'eau
~ **wheel**: roue *nf* hydraulique

waterborne: à flot

waterbound, ~ macadam: macadam *nm* à l'eau

waterline: ligne *nf* de flottaison, flottaison *nf*

waterlogged: (ground) gorgé d'eau, détrempé

watermark: (graph) filigrane *nm*

waterproof «WP»: étanche

waterproofing *nn*: hydrofugation *nf*; (tex) imperméabilisation *nf*; *adj*: imperméabilisant, d'hydrofugation
~ **compound**: produit *nm* d'étanchéité

watershed: ligne *nf* de partage des eaux

watertight «WT»: étanche à l'eau

waterway: voie *nf* navigable; (on deck of a ship) gouttière *nf*

waterworks: station *nf* de pompage

watt: watt *nm*
~ **component**: composante *nf* active, composante wattée
~ **current**: courant *nm* actif, courant watté
~**-hour meter**: watt-heuremètre *nm*

wattage: consommation *nf* en watts, puissance *nf* en watts

wattful: actif, watté

wattless: réactif, déwatté (terme d'atelier)
~ **current**: courant *nm* réactif, courant déwatté

wattmeter: wattmètre *nm*

wave *nn*: onde *nf*; (of the sea) vague *nf*; *adj*: ondulatoire; **waves**: houle *nf*
~**-change switch**: commutateur *nm* d'ondes, commutateur de longueur d'onde
~ **collector**: collecteur *nm* d'ondes
~ **duct**: guide *nm* d'ondes [cylindrique]
~ **filter**: filtre *nm* d'ondes
~ **front**: front *nm* d'onde
~ **mechanics**: mécanique *nf* ondulatoire
~ **motion**: mouvement *nm* ondulatoire
~ **shape**: forme *nf* d'onde
~ **shaper**: conformateur *nm* d'ondes
~ **train**: train *nm* d'ondes, série *nf* d'ondes
~ **trap**: filtre *nm* antibrouillage; (radar) circuit *nm* bouchon
~ **trough**: creux *nm* de l'onde
~ **velocity**: vitesse *nf* de propagation

waveform: forme *nf* d'onde

wavefront: front *nm* d'onde
~ **time**: temps *nm* de montée

waveguide «WG»: guide *nm* d'ondes
~ **component**: élément *nm* de guide d'ondes, élément en guide d'ondes
~ **dipahragm**: diaphragme *nm*, iris *nm*
~ **radiator**: guide *nm* d'ondes rayonnant
~ **section**: élément *nm* de guide d'ondes
~ **window**: diaphragme *nm*, iris *nm*

wavelength «WL»: longueur *nf* d'onde

wavemeter: ondemètre *nm*

waviness: ondulation *nf*; (a defect) gondolage *nm*

wavy: ondulé, onduleux; gondolé

wax: cire *nf*; (petr) cire minérale, paraffine *nf*
~ **cake**: gâteau *nm* de paraffine
~ **content**: (of oil) teneur *nf* en paraffine
~ **free oil**: huile *nf* sans paraffine
~ **paper**: papier *nm* paraffiné

waybill: feuille *nf* de route

WB → *wheelbase*

WBT→ *wet bulb temperature*

WC → *water closet, without charge*

weak: faible; (of low content) pauvre; (diluted) allongé, dilué
~ **clay**: argile *nf* maigre

~ **current**: courant *nm* de faible intensité, courant faible
~ **mixture**: mélange *nm* pauvre
~ **solution**: solution *nf* étendue

weaken *vb*: faiblir, fléchir; (a mixture) appauvrir; (a solution) allonger, diluer, étendre; (a sound) atténuer

weakening: affaiblissement *nm*, atténuation *nf*, appauvrissement *nm*

weapon: arme *nf*

wear *nn*: usure *nf*; (of clothes) porter *nm*; *vb*: s'user; (clothes) porter
~**-in**: usure *nf* d'ajustage
~ **out**: user, s'user
~**-out failure**: défaillance *nf* d'usure
~ **resistance**: résistance *nf* à l'usure
~ **strip**: plat *nm* d'usure, lardon *nm* d'usure
~ **well**: bien résister à l'usure

wearing: usure *nf*
~ **off**: usure *nf* (par abrasion)
~ **part**: pièce *nf* d'usure, pièce soumise à l'usure

weather: temps *nm*, conditions *nf* atmosphériques, intempéries *nf*
~ **chart**: carte *nf* météorologique
~ **check**: (constr) larmier *nm*
~ **deck**: (naut) pont *nm* découvert
~ **forecast**: bulletin *nm* météorologique, prévisions *nf* météorologiques
~ **glass**: baromètre *nm*
~ **moulding**: jet *nm* d'eau (de porte, de fenêtre)
~ **report**: bulletin *nm* météorologique, prévisions *nf* météorologiques
~ **strip**: profil *nm* d'étanchéité; (constr) bourrelet *nm* (coupe-vent), calfeutrage *nm*
~ **tiling**: revêtement *nm* de mur en tuiles
~ **vane**: girouette *nf*

weathercock *nn*: girouette *nf*; *vb*: (aero) virer face au vent

weathered: patiné; (constr) NA à glacis

weathering: exposition *nf* à l'atmosphère; tenue *nf* aux intempéries, vieillissement *nm*; (constr) NA : glacis *nm*
~ **steel**: acier *nm* patinable

weatherproof «WP»: protégé des intempéries; résistant aux intempéries

weave *nn*: (pattern) armure *nf*; (of tape, strip) flottement *nm* latéral; *vb*: tisser
~ **bead**: (wldg) passe *nf* large
~ **pattern**: dessin *nm* d'armure

weaver: tisserand *nm*
~**'s knot**: nœud *nm* de tisserand

weaving: tissage *nm*; (movement) serpentement *nm*, zigzags *nm*; (of traffic) entrecroisement *nm*; (wldg) balancement *nm*
~ **mill**: usine *nf* de tissage

web: (of beam) âme *nf*; (of crank) flasque *nm*; (of gear case) cloison *nf*; (of hollow masonry unit) paroi *nf* intérieure; (pap) feuille *nf* continue, bande *nf*; (a rib) nervure *nf*
~ **break**: casse *nf* de la bande
~**-fed**: (graph) à bobine, alimenté par bobine
~**-fed printing press**: presse *nf* rotative [à bobines], rotative *nf* [à bobines]
~ **frame**: (naut) porque *nf*
~ **machine**: presse *nf* rotative, rotative *nf*
~ **member**: (of a truss) membrure *nf* d'âme
~ **paper**: papier *nm* en bobines
~ **press**: presse *nf* rotative, rotative *nf*

webbing: sangle *nf*

wedge *nn*: coin *nm*; (mech) cale *nf* biaise; *adj*: (brick, stone) en coin; *vb*: coincer, se coincer; (mech) claveter, caler, fixer avec des coins
~ **angle**: (of drill, of tool) angle *nm* de taillant; (of roll) angle *nm* d'entraînement
~ **belt**: courroie *nf* trapézoïdale étroite
~ **bolt**: boulon *nm* de calage, boulon à coin de serrage, vis *nf* à coin
~ **brick**: (of furnace) coin *nm*
~ **gate valve**: vanne *nf* à sièges obliques
~ **key**: clé *nf* de serrage, clavette *nf* inclinée
~ **screw**: vis *nf* de calage, vis à coin de serrage
~**-shaped**: cunéiforme, en forme de coin
~ **valve**: vanne *nf* à coin, robinet-vanne *nm* à sièges obliques

wedging: calage *nm*, clavetage *nm*
~ **cone**: (in prestressed concrete) cône *nm* mâle

weed: mauvaise herbe *nf*
~ **out**: éliminer (les défauts, les erreurs)

weedkiller: herbicide *nm*

week: semaine *nf*

weekly: hebdomadaire

weep *vb*: suinter

weephole: chantepleure *nf*, barbacane *nf*

weft: (tex) trame *nf*
~ **change**: changement *nm* de trame
~ **pattern**: rapport *nm* en trame
~ **thread**: fil *nm* de trame
~ **winding machine**: canetière *nf*
~ **yarn**: fil *nm* de trame

weigh *vb*: peser
~ **anchor**: lever l'ancre, appareiller

weighbridge: pont-bascule *nm*

weighing: pesée *nf*, pesage *nm*
~ **hopper**: trémie *nf* peseuse, trémie de pesage
~ **machine**: bascule *nf*
~ **room**: (in laboratory) salle *nf* des balances
~ **scales**: balance *nf*

weight «wgt», «wt» *nn*: poids *nm*, masse *nf*; (balancing) contrepoids *nm*; (of governor) masselotte *nf*; (of paper) grammage *nm*; *vb*: alourdir, charger; (calculation) pondérer; → also *weights*
~ **and balance**: (of aircraft) poids *nm* et centrage
~ **clamp**: (on underwater pipeline) masse *nf* de lestage
~ **empty**: poids *nm* à vide; (aero) poids *nm* opérationnel
~ **feed**: dosage *nm* pondéral, alimentation *nf* pondérale
~ **indicator**: peson *nm*
~**-operated**: à contrepoids
~ **per unit of area**: masse *nf* surfacique
~ **per unit of volume**: masse *nf* volumique
~ **per unit of power**: masse *nf* puissancique
~ **percent[age]**: pourcentage *nm* en poids

weighted: à contrepoids; lesté; (calculation) pondéré; (valve) à poids, à contrepoids
~ **mean**: moyenne *nf* pondérée
~ **mud**: boue *nf* alourdie
~ **saftey valve**: soupape *nf* de sûreté à contrepoids
~ **value**: valeur *nf* pondérée

weighting: alourdissement *nm*; (calculation) pondération *nf*
~ **by spring**: pression *nf* par ressort

weightlessness: apesanteur *nf*, impesanteur *nf*

weights, ~ and measures: poids *nm* et mesures

weir: déversoir *nm*
~ **valve**: vanne *nf* niveleuse

weld *nn*: soudure *nf*; *vb*: souder
~ **bead**: cordon *nm* de soudure
~ **decay**: corrosion *nf* intercristalline
~ **mark**: (in plastic) ligne *nf* de soudure
~ **metal**: métal *nm* d'apport
~ **on**: rapporter par soudure
~ **reinforcement**: surépaisseur *nf* (de soudure en congé)
~ **steel**: acier *nm* soudant, acier soudable, acier soudé
~ **with root reinforcement**: soudure *nf* renforcée à l'envers
~ **without backing strip**: soudure *nf* sans soutien

weldability: soudabilité *nf*

weldable: soudable

welded: soudé
~ **connection**: connexion *nf* par soudage
~ **on**: rapporté par soudure
~ **plate girder**: poutre *nf* reconstituée soudée
~ **seam**: soudure *nf*, couture *nf* soudée
~ **wire fabric** NA : treillis *nm* soudé
~ **wire mesh**: treillis *nm* soudé

welder: machine *nf* à souder; (an operator) soudeur *nm*

welding *nn*: soudure *nf*, soudage *nm*; *adj*: soudable, soudant
~ **bead**: perle *nf* de soudure
~ **burr**: bavure *nf* de soudure
~ **crack**: crique *nf* de soudure
~ **ground** NA : contre-électrode *nf*
~ **helmet**: masque *nf* de soudeur, casque *nm* de soudeur
~ **jig**: mannequin *nm* de soudage
~ **metal**: métal *nm* d'apport, métal déposé
~ **outfit**: poste *nm* de soudage
~ **rod**: baguette *nf* de soudure, baguette d'apport

~ **set**: combiné *nm* de soudage, poste *nm* de soudage
~ **shield**: bouclier *nm* de soudage
~ **steel**: acier *nm* soudable
~ **tongs**: pince *nf* à souder
~ **torch**: chalumeau *nm* à souder, lampe *nf* à souder
~ **wheel**: molette *nf* de soudage
~ **wire**: baguette *nf* d'apport, baguette à souder

weldless: sans soudure
~ **tube**: tube *nm* étiré sans soudure

well: bien
~ **built**: bien construit
~ **sprung**: bien suspendu
~ **tested**: éprouvé
~ **tried**: éprouvé

well: (for water) puits *nm*; (of lift shaft, staircase) cage *nf*; (petr) puits, forage *nm*, trou *nm* de sondage; (of thermocouple) tube *nf* d'immersion; (of thermometer) gaine *nf* de thermomètre, puits *nm* thermométrique
~**-base rim**: (of tyre) jante *nf* à base creuse
~ **borer**: (petr) foreur *nm*, sondeur *nm*; (water) puisatier *nm*
~ **casing**: cuvelage *nm*, tubage *nm*, revêtement *nm* de puits
~ **casing ring**: anneau *nm* de cuvelage
~ **permit**: permis *nm* de forage
~ **point**: pointe *nf* filtrante, puits *nm* ponctuel, well point *nm*

wellhead: tête *nf* de puits

welt: (constr) couvre-joint *nm*, bande *nf* de recouvrement; (in metal roofing) agrafure *nf*; (knitwear) bordure *nf*; (of sail) ourlet *nm*, bordure *nf*, repli *nm*
~ **seam**: (in metal) agrafe *nf*, agrafage *nm*

wet *adj*: humide; (process) par voie humide; *vb*: mouiller
~ **bulb temperature** «WBT»: température *nf* boule humide
~ **bulb thermometer**: thermomètre *nm* à boule humide
~ **cell**: pile *nf* liquide
~ **crease recovery**: défroissabilité *nf* au mouillé
~ **crushing**: broyage *nm* à l'eau
~ **cylinder liner**: (on engine) chemise *nf* humide
~ **dock**: bassin *nm* à flot
~ **down**: (concreting) arroser (les coffrages, le béton)
~ **enamelling**: émaillage *nm* au trempé
~ **end**: (pap) partie *nf* humide
~ **filter**: filtre *nm* humide
~ **flashover voltage**: tension *nf* d'arc sous conditions humides, tension de contournement sous pluie
~ **gas**: (petr) gaz *nm* riche (en condensat, en hydrocarbures liquides)
~ **grinding**: rectification *nf* avec arrosage
~**-liner cylinder**: (on engine) cylindre *nm* à chemise humide
~ **oil**: (petr) pétrole *nm* brut à forte teneur en eau
~ **pipe system**: réseau *nm* d'incendie à eau sous pression
~ **pit pump** NA : pompe *nf* à corps noyé, pompe plongeante, pompe submersible
~ **press**: presse *nf* humide
~ **process**: procédé *nm* par voie humide
~ **rot**: (of wood) carie *nf* humide, pourriture *nf* humide
~ **sanding**: ponçage *nm* humide
~ **season**: saison *nf* des pluies
~ **stock**: pâte *nf* grasse
~ **strength**: résistance *nf* en conditions mouillées; résistance à l'état humide
~ **sump**: carter *nm* à bain d'huile
~ **sump lubrication**: lubrification *nf* à carter humide
~ **sump pump**: pompe *nf* à corps noyé
~ **turning**: tournage *nm* avec arrosage

wettability: mouillabilité *nf*

wetted: mouillé
~ **wall tower**: (distillation) colonne *nf* à ruissellement

wetting: arrosage *nm*, humidification *nf*; mouillage *nm*
~ **agent**: agent *nm* mouillant
~**-out agent**: agent *nm* mouillant

WG → *water gauge, wave guide, wire gauge*

wgt → *weight*

wharf: quai *nm*, appontement *nm*, wharf *nm*; embarcadère *nm*, débarcadère *nm*

what, ~ if: (inf) hypothèse *nf*
~ **if mode**: mode *nm* simulation
~ **you see is what you get editor** «WYSIWYG»: (inf) éditeur *nm* complet

wheel *nn*: roue *nf*; (for grinding) meule *nf*; (steering wheel) volant; *vb*: rouler

~ **alignment**: parallélisme *nm* des roues
~ **amidships**: (naut) la barre *nf* à zéro
~ **and bucket pump**: roue *nf* à augets
~ **arch**: (auto) passage *nm* de roue
~ **boss**: moyeu *nm*
~ **brake**: frein *nm* sur roue
~ **brace**: vilebrequin *nm* à roues, vilebrequin à main
~ **brake cylinder**: cylindre *nm* de roue, cylindre récepteur
~ **camber**: (auto) carrossage *nm*
~ **case**: carter *nm* de roue, carter d'engrenage[s]
~ **caster**: (auto) chasse *nf*
~ **centre**: centre *nm* de roue, disque *nm* de roue, toile *nf* de roue, voile *nf* de roue
~ **clearance**: (auto) débattement *nm* des roues
~ **disc**: centre *nm* de roue, corps *nm* de roue, disque *nm* de roue, flasque *nm* de roue, toile *nf* de roue, voile *nf* de roue; (auto) enjoliveur *nm*
~ **ditcher**: trancheuse *nf* à roue, fraise *nf* à tranchées
~ **dresser**: (grinding) décrasse-meule *nm*
~ **drive shaft**: (auto) demi-arbre *nm* articulé
~ **guard**: carter *nm* de roue, couvre-roue *nm*; (grinding) protecteur *nm* de meule
~ **head**: (m-t) poupée *nf* porte-meule
~ **housing**: (auto) passage *nm* de roue
~ **hub**: moyeu *nm* de roue
~ **hub motor**: moteur *nm* au moyeu
~ **jack**: lève-roue[s] *nm*, cric *nm*
~ **load**: charge *nf* par roue, charge sur une roue
~ **lock**: angle *nm* de braquage des roues
~ **puller**: démonte-roues *nm*
~ **rim**: jante *nf* de roue
~ **set**: essieu monté *nm*, train *nm* de roues (montées), paire *nf* de roues
~ **slip**: patinage *nm*
~ **step**: marche *nf* rayonnante
~ **trim**: enjoliveur *nm*
~ **truing**: (grinding) dressage *nm* de la meule
~**-type**: (loader, tractor) sur roues, sur pneus
~ **well**: (auto) cage *nf* de roue de secours; (aero) puits *nm* de train, soute *nf* de train
~ **wobble**: flottement *nm* des roues

wheelbase «WB»: empattement *nm*

wheeled: (vehicle) sur roues, sur pneus

wheelhouse: (naut) timonerie *nf*

whet *vb*: aiguiser, affûter, affiler, repasser

whetstone: pierre *nf* à aiguiser, pierre à repasser

whip *nn*: fouet *nm*; *vb*: fouetter; (shaft) vibrer, faire flèche; (tex) surjeter
~ **aerial**: antenne-fouet *nf*
~ **antenna**: antenne-fouet *nf*

whiplash, ~ **effect**: (auto) coup *nm* du lapin

whipping: reliure *nf* en surjet

whirl *nn*: tourbillon *nm*, tourbillonnement *nm*; *vb*: tourbillonner
~ **chamber**: (on diesel engine) chambre *nf* de turbulence
~ **psychrometer**: psychromètre *nm* à fronde

whisker: filament *nm* monocristallin, barbe *nf*, trichite *nf*; (eon) chercheur *nm*, moustache *nf*

whistle *nn*: sifflet *nm*; *vb*: siffler

white: blanc
~ **annealing**: recuit *nm* blanc
~ **coat**: (plastering) couche *nf* de finition
~ **goods** NA : gros appareils *nm* électroménagers
~ **heart cast iron**: fonte *nf* à cœur blanc, fonte malléable européenne
~ **heat**: (met) chaude *nf* blanche
~ **hot**: chauffé à blanc, à la chaleur du blanc
~ **lead**: céruse *nf*, blanc *nm* de plomb
~ **level**: (tv) niveau *nm* du blanc
~ **light**: lumière *nf* blanche
~ **metal**: antifriction *nm*, métal *nm* blanc, régule *nm*
~ **noise**: bruit *nm* blanc, bruit à spectre continu et uniforme
~ **rope**: filin *nm* blanc, filin non goudronné, cordage *nm* non goudronné
~ **spirit**: white spirit *nm*
~ **wall tyre**: pneu *nm* à flanc blanc
~ **water**: (pap) eau collée *nf*, eau blanche

whiten *vb*: blanchir; (constr) badigeonner

whiter-than-white: (tv) ultra blanc

whiteware: porcelaine *nf*

whitewash *nn*: lait *nm* de chaux; *vb*: blanchir à la chaux

whiting: blanc *nm* d'Espagne, blanc de Meudon

whizz, ~ *vb* **out**: essorer (sur centrifugeuse)

whole: entier, complet
~ **body counter**: (nuc) corpocompteur *nm*
~ **number**: nombre *nm* entier

wholesale, ~ **trade**: commerce *nm* en gros, commerce de gros

wholesaler: grossiste *nm*

WI → *wrought iron*

wick: mèche *nf*
~ **feed lubrication**: graissage *nm* par mèche
~ **feed oiler**: graisseur *nm* à mèche
~ **oiling**: graissage *nm* par mèche, lubrification *nf* par mèche

wide: large
~ **angle**: grand angle *nm*; (beam) à grande ouverture
~ **angle lens**: objectif *nm* grand angulaire
~-**bodied aircraft**: avion *nm* gros-porteur, gros-porteur
~ **load**: (on road) convoi *nm* exceptionnel
~-**meshed**: à grosse maille
~-**mouth bottle**: bouteille-bocal *nf*
~ **open**: ouvert en grand
~ **screen**: grand écran *nm*
~-**track axle**: essieu *nm* à voie large

wideband *nn*: large bande *nf*; *adj*: à large bande
~ **frequency modulation**: modulation *nf* de fréquence à large bande «MFLB»
~ **switching**: commutation *nf* en large bande

widening: élargissement *nm*; (of pipe) évasement *nm*

width: largeur *nf*; (of paper reel) laize *nf*
~ **across flats**: largeur *nf* sur pans
~ **between jaws**: (of spanner) ouverture *nf* de clé
~-**to-height ratio**: rapport *nm* de la largeur à la hauteur

wild: sauvage
~ **melt**: (met) fusion *nf* effervescente
~ **rubber**: caoutchouc *nm* sylvestre, caoutchouc sauvage

winch: treuil *nm*

wind *vb*: enrouler; (on bobbins) bobiner; (rove on bobbin) renvider
~ **off**: dévider, dérouler
~ **on**: enrouler, bobiner; (tex) renvider
~ **up**: (clockwork mechanism) remonter; (a spring) bander

wind: vent *nm*
~ **ahead**: vent *nm* debout
~ **astern**: vent *nm* en poupe
~ **box**: boîte *nf* à vent
~ **bracing**: contreventement *nm*
~ **cone**: manche *nf* à air, manche à vent
~ **deposit**: dépôt *nm* éolien
~ **down**: vent *nm* longitudinal
~ **drag**: résistance *nf* du vent
~ **gauge**: anémomètre *nm*
~ **load**: charge *nf* due au vent, sollicitation *nf* due au vent; (constr) surcharge *nf* de vent
~ **power**: énergie *nf* éolienne
~ **pressure**: poussée *nf* du vent, pression *nf* du vent
~ **sock**: manche *nf* à air, biroute *nf*
~ **tunnel**: tunnel *nm* aérodynamique, soufflerie *nf*
~ **tunnel model**: maquette *nf* aérodynamique
~ **tunnel test**: essai *nm* en soufflerie
~ **turbine**: turbine *nf* éolienne, éolienne *nf*

windage: (aero) tourbillonnement *nm* (intérieur d'un réacteur)
~ **loss**: (air conditioning) perte *nf* par ventilation

windbreak: brise-vent *nm*

winder: (constr) marche *nf* rayonnante

winding *nn*: enroulement *nm*; bobinage *nm*; (mining) extraction *nf*; *adj*: sinueux, en lacets
~ **drum**: tambour *nm* de treuil, tambour de câble
~ **form**: gabarit *nm* d'enroulement
~ **gear**: (mining) machine *nf* d'extraction
~ **off**: débobinage *nm*
~ **pitch**: pas *nm* d'enroulement
~ **rope**: (mining) câble *nm* d'extraction
~ **stairs**: escalier *nm* tournant

windlass: treuil *nm* (à main); (naut) guindeau *nm*

windmill: moulin *nm* à vent; moulinet *nm*
~ **pump**: pompe *nf* éolienne

windmilling: (aero) fonctionnement *nm* en moulinet

window: (constr) fenêtre *nf*, (large) baie *nf* vitrée; (auto) glace *nf*; (in bank counter) guichet *nm* de banque; (inf, envelope) fenêtre *nf*; (in plastic material) clair *nm*; (of shop) étalage *nm*, vitrine *nf*; (of waveguide) diaphragme *nm*, iris *nm*
~ **bars**: petit bois *nm*; (for security) barreautage *nm*
~ **frame**: bâti *nm* dormant
~ **glass**: verre *nm* à vitres, verre plat
~ **pack**: emballage *nm* à fenêtre
~ **pane**: vitre *nf*
~ **post**: (rlwy) montant *nm* de baie; (constr) jambage *nm* de fenêtre
~ **pillar**: (rlwy) montant *nm* de baie
~ **regulator** NA : lève-glace *nm*
~ **schedule**: liste *nf* des fenêtres
~ **screen**: moustiquaire *nf*
~ **sill**: appui *nm* de fenêtre
~ **unit**: bloc-fenêtre *nm*
~ **winder**: lève-glace *nm*

windowing: (inf) multifenêtrage *nm*, utilisation *nf* de fenêtres

windscreen: (auto) pare-brise *nm*; (windbreak) brise-vent *nm*
~ **pillar**: montant *nm* de pare-brise, pilier *nm* de pare-brise
~ **washer**: lave-glace *nm* [de pare-brise]
~ **wiper**: essuie-glace *nm*

windshield NA : pare-brise *nm*
~ **washer**: lave-glace *nm* [de pare-brise]

windward: au vent

wing: aile *nf*; (of nut, screw) oreille *nf*
~ **area**: surface *nf* alaire
~ **burner**: bec *nm* papillon, bec éventail
~ **callipers**: compas *nm* [d'épaisseur] à quart de cercle
~ **chord**: corde *nf* de l'aile
~ **drag**: traînée *nf* d'aile
~ **dropping**: aile *nf* lourde
~ **fillet**: raccordement *nm* d'aile
~ **flap**: volet *nm* hypersustentateur
~ **heavy**: lourd sur l'aile
~ **house**: (naut) superstructure *nf* latérale
~ **loading**: charge *nf* alaire
~ **mirror**: rétroviseur *nm* extérieur
~ **mixer**: mélangeur *nm* à palettes, mélangeur à ailettes
~ **pallet**: palette *nf* à ailes, palette à plancher débordant
~ **root**: (aero) emplanture *nf*
~ **span**: envergure *nf*
~ **spar**: (aero) longeron *nm* d'aile
~ **spread**: envergure *nf*
~ **top skin**: revêtement *nm* extrados
~ **under-surface**: intrados *nm*
~ **unit**: (aero) voilure *nf*
~ **upper surface**: extrados *nm*
~ **wall**: mur *nm* en aile

wingnut: écrou *nm* à oreilles, écrou papillon

winker: clignotant *nm*

winning: (mining) abattage *nm*, extraction *nf*

winter *nn*: hiver *nm*; *adj*: hivernal; *vb*: hiverner

winterize <ise> *vb*: préparer pour le froid, hiverniser

WIP → *work in progress*

wipe *vb*: essuyer
~ **out**: (inf) effacer

wiped, ~ **bearing**: palier *nm* érodé

wiper: (el) balai *nm*, frotteur *nm*; (windscreen wiper) essuie-glace *nm*
~ **arm**: bras *nm* d'essuie-glace, porte-balai *nm*
~ **blade**: balai *nm* d'essuie-glace
~ **lubrication**: graissage *nm* par frotteur
~ **ring**: lécheur *nm*, bague *nf* lécheuse
~ **seal**: joint *nm* racleur
~ **shaft**: arbre *nm* à cames
~**-washer**: essuie-glace-lave-glace *nm*
~ **wheel**: roue *nf* à cames

wiping, ~ **contact**: contact *nm* glissant

wire *nn*: fil *nm* métallique; (el) fil *nm*, câble *nm*; (pap) toile *nf*; *vb*: câbler, monter
~ **bracing**: hauban *nm*, haubanage *nm*
~ **broadcasting**: télédistribution *nf*, télédiffusion *nf*
~ **brush**: brosse *nf* métallique
~ **bundle**: botte *nf* de fils, couronne *nf* de fils; (el) faisceau *nm* de fils
~ **cloth**: toile *nf* métallique
~ **coating**: enrobage *nm* des fils
~ **communication**: (tcm) transmission *nf* par fil
~ **cutter**: pince *nf* coupante
~ **drawing**: tréfilage *nm*, tréfilerie *nf*; (of a fluid) laminage *nm*

~ **drop**: (tp) branchement *nm* d'abonné
~ **edge**: (of cutting tool) morfil *nm*
~ **end**: (pap) table *nf* de fabrication
~ **gauge** «WG»: calibre *nm* des fils
~ **gauze**: toile *nf* métallique
~ **glass**: verre *nm* armé
~ **guard**: protège-fil *nm*
~**-guided**: filoguidé
~ **line**: (petr) câble *nm* métallique de forage; (tp) ligne *nf* métallique
~ **mark**: (on paper) vergeure *nf*
~ **mesh**: treillis *nm*
~ **mill**: (wire drawing) tréfilerie *nf*; (rolling) train *nm* à fil, laminoir *nm* à fil
~ **nail**: pointe *nf* de Paris
~ **netting**: grillage *nm* en fil de fer
~ **part**: (pap) table *nf* de fabrication
~ **reel**: dévidoir *nm* pour fil métallique, touret *nm*
~ **rod**: fil *nm* machine
~ **rope**: câble *nm* métallique
~ **rope clip**: serre-câble *nm*
~ **saw**: scie *nf* hélicoïdale
~ **set**: (tp) paire *nf* [de fils]
~**-shaped**: filiforme
~ **side**: (of papermaking machine) côté *nm* toile; (of paper) envers *nm*
~ **spoke**: rayon *nm* métallique
~ **stitcher**: brocheuse *nf* au fil métallique, agrafeuse *nf*
~ **strainer**: raidisseur *nm* de fil, tendeur *nm* de fil
~ **stretcher**: raidisseur *nm* de fil, tendeur *nm* de fil
~ **tapping**: (tp) branchement *nm* clandestin, écoute *nf* clandestine
~ **wheel**: (auto) roue *nf* à rayons métalliques; (grinding) meule *nf* en fils métalliques
~**-wrapped connection**: connexion *nf* enroulée

wired: câblé; qui a une installation électrique, qui a une installation téléphonique
~ **city**: ville *nf* câblée (pour télédistribution)
~ **program**: programme *nm* câblé

wireless: sans fil
~ **telegraphy** «W/T»: radiotélégraphie *nf*, télégraphie *nf* sans fil
~ **telephony**: téléphonie *nf* sans fil, radiotéléphonie *nf*
~ **transmission**: transmission *nf* sans fil

wireman: poseur *nm* de câbles, poseur de lignes

wireworks: tréfilerie *nf*

wiring: (a number of wires) câblage *nm*, filerie *nf*; montage *nm*, pose *nf* des fils
~ **board**: tableau *nm* de connexions
~ **diagram**: schéma *nm* de câblage; schéma de couplage
~ **harness**: harnais *nm*; (connectorized) ensemble *nm* précâblé
~ **raceway**: gouttière *nf* de câbles
~ **system**: (el, tp) distribution *nf*; (tp) câblage *nm*

wishbone: (of car suspension) bras *nm* triangulaire, levier *nm* triangulé, triangle *nm*

with, ~ **the grain**: (wood) dans le sens des fibres
~ **the lay**: dans le sens du commettage

withdrawal: retrait *nm*; (from stock) sortie *nf*, reprise *nf* au stock
~ **resistance**: (piling) résistance *nf* à l'arrachement

within, ~ **band**: intrabande
~ **reach**: à portée de la main
~ **the horizon distance**: distance *nf* inférieure à celle de l'horizon
~ **the limits**: dans les limites

without: sans, exempt de; à l'extérieur, au dehors
~ **delay**: immédiatement, sur le champ

withstand *vb*: supporter, résister à, encaisser
~ **voltage**: tension *nf* de régime

WL → *wavelength*

wobble *nn*: battement *nm*, tremblement *nm*; (rolling) tourillon *nm* à trèfle, trèfle *nm*; *vb*: branler, osciller, vaciller
~ **plate**: plateau *nm* oscillant
~ **saw**: scie *nf* à lame flottante

wobbler: (rolling) tourillon *nm* trèfle, trèfle *nm*

wobbulator: vobulateur *nm*

wood: bois *nm*
~ **borer**: insecte *nm* xylophage
~ **chip**: copeau *nm* de bois
~**-free paper**: papier *nm* sans bois
~ **meal**: farine *nf* de bois
~ **peeling**: déroulage *nm*
~ **ray**: rayon *nm* ligneux
~ **spirit**: alcool *nm* méthylique, esprit *nm* de bois

~ **trim**: (constr) boiserie *nf*
~ **wool**: laine *nf* de bois

wooden: en bois

Woodruff, ~ key: clavette *nf* semi-circulaire, demi-lune *nf*

woodwork: menuiserie *nf*; (in car) ébénesterie *nf*

woofer: haut-parleur *nm* de graves, haut-parleur pour fréquences basses

wool: laine *nf*
~ **scouring**: dégraissage *nm*, dessuintage *nm*

word: mot *nm*
~ **count**: nombre *nm* de mots
~ **originator**: (inf) auteur *nm*, émetteur *nm*
~ **processing** «WP»: traitement *nm* de texte «TdT»
~ **processor**: machine *nf* de traitement de texte
~ **wrap**: retour *nm* à la ligne

work *nn*: travail *nm*; *vb*: travailler; (mech) fonctionner, marcher; (machining) façonner; (a mine) exploiter; (operate) actionner, manœuvrer; → also *works*
~ **bench**: établi *nm*
~ **clearance**: (m-t) passage *nm* (des pièces)
~ **diameter**: diamètre *nm* de la pièce à usiner
~ **hardening**: écrouissage *nm*
~ **in progress** «WIP» en-cours *nm* de fabrication
~ **load**: volume *nm* de travail
~ **loose**: prendre du jeu
~ **material**: (m-t) matière *nf* à usiner
~ **on contract**: travailler à l'entreprise
~ **order**: ordre *nm* de fabrication
~ **out**: calculer; (a solution, a design) élaborer
~ **schedule**: calendrier *nm* d'exécution des travaux, programme *nm* d'exécution des travaux
~ **slide**: (m-t) chariot *nm* porte-pièce
~ **station**: poste *nm* de travail; (inf) poste de saisie
~ **study**: étude *nf* du travail

workabilitly: aptitude *nf* au façonnage, maniabilité *nf*; (of concrete) ouvrabilité *nf*

workable: ouvrable; (feasible) réalisable, pratique; (mine) exploitable

worked: usiné; (mine) exploité

~ **out**: épuisé
~ **penetration**: (of grease) pénétration *nf* après malaxage

workforce: effectifs *nm*

working *nn*: (on machine-tool) usinage *nm*; (shaping) façonnage *nm*; *adj*: qui fonctionne, qui marche; (data, cards) à traiter
~ **area**: zone *nf* de travail
~ **channel**: (tcm) canal *nm* normal; canal en service
~ **condition**: état *nm* de marche
~ **conditions**: conditions *nf* de service; régime *nm* de fonctionnement; (for staff) ambiance *nf* de travail, conditions *nf* de travail
~ **cycle**: cycle *nm* de travail, cycle opératoire; (of engine) cycle moteur
~ **cylinder**: (of engine) cylindre *nm* moteur
~ **depth**: (of teeth) hauteur *nf* utile de denture
~ **drawing**: dessin *nm* d'exécution, plan *nm* d'exécution
~ **face**: (mining) front *nm* d'attaque, front de taille
~ **flank**: (of gear) flanc *nm* avant
~ **height**: hauteur *nf* utile
~ **life**: durée *nf* de service, longévité *nf*; (of adhesive) vie *nf* en pot, durée *nf* limite d'emploi
~ **method**: mode *nm* opératoire
~ **model**: modèle *nm* animé
~ **order**: état *nm* de marche, ordre *nm* de marche
~ **part**: pièce *nf* mobile, pièce mécanique
~ **pressure** «WP»: pression *nf* d'exploitation, pression de fonctionnement, pression de marche, pression de régime, pression de service
~ **range**: plage *nf* de fonctionnement
~ **satellite**: satellite *nm* en exploitation, satellite opérationnel
~ **speed**: vitesse *nf* de régime
~ **stroke**: (of engine) course *nf* motrice, temps *nm* moteur
~ **tank**: réservoir *nm* en charge

workings: (in mine) chantier *nm*

workman: ouvrier *nm*

workmanship: exécution *nf*

workpiece: (m-t) pièce *nf* à usiner, pièce en cours d'usinage
~ **spindle**: broche *nf* porte-pièce

works: travaux *nm*; (a factory) usine *nf*; (mech) rouage *nm*, mécanisme *nm*
~ **manager**: chef *nm* d'exploitation

~ **scrap**: (for re-use) retours *nm* de fabrication

worksheet: (inf) feuille *nf* de programmation; (software) tableur *nm*

workshop: atelier *nm*
~ **truck** NA : camion-atelier *nm*

world *nn*: monde *nm*, univers *nm*; *adj*: mondial
~ **fair**: exposition *nf* universelle
~ **television**: mondovision *nf*

worldwide: mondial, universel
~ **coverage**: couverture *nf* mondiale
~ **service**: service *nm* mondial

worm: (in woodwork) ver *nm*; (mech) vis *nf* sans fin
~ **and roller steering gear**: direction *nf* à vis globique et galet
~ **and sector**: vis *nf* sans fin et secteur
~ **conveyor**: transporteur *nm* hélicoïdal
~ **drive**: commande *nf* par vis sans fin, transporteur *nm* à vis
~ **gear pair**: engrenage *nm* à vis sans fin
~ **pitch**: pas *nm* de la vis sans fin
~ **shaft**: arbre *nm* de la vis sans fin
~ **wheel**: roue *nf* à vis sans fin

wormed, ~ **roll**: rouleau *nm* spiralé

wormhole: vermoulure *nf*

wormscrew: vis *nf* sans fin

worn: usagé, usé
~ **out**: usé

worst, ~ **case**: cas *nm* le plus défavorable, hypothèse *nf* la plus défavorable

worsted, ~ **cloth**: tissu *nm* peigné , peigné *nm*
~ **yarn**: fil *nm* peigné

wound: enroulé
~ **rotor**: rotor *nm* bobiné

woven: tissé
~ **roving fabric**: tissu *nm* stratifil

wow: (eon) pleurage *nm*
~ **and flutter**: pleurage *nm* et papillotement *nm*, pleurage et scintillement

WP → *word processing*

wracking: déformation *nf* diagonale, déformation en parallélogramme

wrap *vb*: emballer, envelopper; (a tube) revêtir

wraparound: (inf) retour à la ligne automatique (sans trait d'union)
~ **windshield**: pare-brise *nm* panoramique

wrapped, ~ **connection**: connexion *nf* enroulée

wrapping: (of goods) emballage *nm*; (of pipe) revêtement *nm*, enrobage *nm*
~ **paper**: papier *nm* d'emballage

wreck: (auto) perte *nf* totale; (inf) bourrage *nm* (de cartes); (naut) épave *nf*

wrecker NA : camion *nm* de dépannage, dépanneuse *nf*

wrecking NA : démolition *nf*; (of ship) sauvetage *nm*; (of vehicle) dépannage *nm*
~ **bar** NA : pied-de-biche *nm*
~ **crane** NA : grue *nf* dépanneuse; (rlwy) grue de secours
~ **truck** NA : camion *nm* de dépannage, dépanneuse *nf*

wrench: clé *nf* (de serrage)
~ **width**: ouverture *nf* de clé

wringing: essorage *nm* (par torsion)

wrinkle: (a surface defect) faux-pli *nm*, froncis *nm*, ride *nf*
~ **finish**: fini *nm* ondulé
~ **paint**: peinture *nf* vermiculée

wrist: (human) poignet *nm*; (of piston) tourillon *nm*
~ **bend motion**: (robotics) mouvement *nm* de pliage du poignet, pliage *nm* du poignet
~ **pin**: bouton *nm* de manivelle; (auto) NA axe *nm* de piston
~ **strap**: dragonne *nf*
~ **sweep motion**: (robotics) mouvement *nm* de pivot du poignet
~ **yaw motion**: (robotics) mouvement *nm* de lacet du poignet

write *nn*: (inf) écriture *nf*; *vb*: écrire; (inf) écrire, enregistrer
~ **enable**: autorisation *nf* d'écriture, écriture *nf* permise
~ **head**: tête *nf* d'écriture, tête d'enregistrement

~ **once medium**: support *nm* non effaçable
~ **protect[ion]**: interdiction *nf* d'écriture

writing: écriture *nf*; (inf) écriture, enregistrement *nm*

wrong: faux, inexact
~ **connection**: mauvaise connexion *nf*, mauvais montage *nm*; (tp) fausse communication *nf*
~ **number**: (tp) erreur *nf* de numéro, faux numéro *nm*, mauvais numéro
~ **side**: mauvais côté; (of fabric) envers *nm*
~ **start**: faux départ *nm*
~ **way**: mauvais sens *nm*

wrot, ~ **timber**: bois *nm* blanchi, bois corroyé

wrought, ~ **iron** «WI»: fer *nm* forgé
~ **iron work**: ferronnerie *nf*

WT: → *watertight*

wt → *weight*

W/T → *wireless telegraphy*

wye: Y; (el) montage *nm* en étoile; (rlwy) embranchement *nm* en Y
~**-connected**: connecté en étoile, monté en étoile

WYSIWYG→ *what you see is what you get*

X

X-axis: (maths) axe *nm* des abscisses; (aero) axe de roulis, axe longitudinal

Xbar → *crossbar*
~ **system**: (tp) système *nm* crossbar

X-cut crystal: cristal *nm* taille X

XDER → *transducer*

xenon, ~ **build up**: (nuc) surempoisonnement *nm* xénon

xerography: xérographie *nf* (nom déposé), électrocopie *nf*

XMIT → *transmit*

XMTR → *transmitter*

X-punch: (inf) perforation *nf* 11

X-ray: rayon *nm* X
~ **analysis**: analyse *nf* par rayons X
~ **examination**: examen *nm* radiographique
~ **macrography**: radiomacrographie *nf*, macrographie *nf* aux rayons X
~ **spectrograph**: spectrographe *nm* à rayons X

XREF: → *cross reference*

X-shaped: en croix, cruciforme, en forme d'X

X-tal → *crystal*

X-Y mounting: monture *nf* x-y
~ **plotter**: traceur *nm* de coordonnées

xylenol: xylénol *nm*
~ **resin**: résine *nf* xylénique

Y

Y : bifurcation *nf*, fourche *nf*; (el) étoile *nf*

yard: yard *nm* (0,9144m); GB : cour *nf*; NA jardin *nm*; (dockyard) chantier *nm* naval; (of sail) vergue *nf*; (storage yard) parc *nm* de stockage; (rlwy) gare *nf* de triage
~ **lumber**: bois *nm* de construction séché à l'air
~ **track**: (rlwy) voie *nf* de garage

yardage: métrage *nm*; (rlwy) manœuvres *nf*
~ **costs**: frais *nm* de dépôt

yardman: (rlwy) NA atteleur *nm*, décrocheur *nm*, dételeur *nm*

yarn: (tex) fil *nm*
~ **conditioning**: conditionnement *nm* du fil
~ **count**: titre *nm*, titrage *nm* (du fil)
~ **feed**: (spinning) livraison *nf* du fil
~ **roller**: (weaving) ensouple *nf* de derrière

yaw *nn*: lacet *nm*; *vb*: faire des lacets
~ **angle**: angle *nm* de lacet
~ **damper**: amortisseur *nm* de lacet
~ **motion**: (robotics) lacet *nm*

yawing: mouvements *nm* de lacets, lacets *nm*

Y-branch: raccord *nm* en Y, té *nm* oblique

Y-coordinate: Y, ordonnée *nf*

Y-delta: étoile-triangle
~ **connection**: connexion *nf* étoile-triangle
~ **starting switch**: démarreur *nm* étoile-triangle

year «yr»: année *nf*, an *nm*

yearly: annuel, par an

yellow: jaune
~ **flame**: flamme *nf* blanche, flamme de diffusion
~ **metal**: laiton *nm* jaune
~ **strawboard**: carton *nm* pure paille
~ **strawpaper**: papier *nm* pure paille

yellowing: jaunissement *nm*

yew, ~ **tree**: if *nm*

yield *nn*: production *nf*, rendement *nm*; (of oil well) débit *nm*; (bending under load) fléchissement *nm*, affaissement *nm*; (rolling) mise *nf* au mille; *vb*: (give way) s'affaisser, céder, fléchir; (chem) dégager; (produce) débiter, produire, rapporter
~ **limit**: limite *nf* élastique
~ **load**: pression *nf* de fluage
~ **point** «YP»: limite *nf* élastique
~ **pressure**: pression *nf* de fluage
~ **stress** «YS» NA : limite *nf* apparente d'élasticité; limite conventionnelle d'élasticité à 2%
~ **value**: seuil *nm* de fluage, seuil d'écoulement

yielding: souple, élastique

yoke: (el) culasse *nf*; (of front axle, universal joint) chape *nf*; (of gate valve) arcade *nf*; (of hinge) noix *nf* d'articulation
~ **pin**: axe *nm* de chape, axe d'étrier

Young, ~**'s modulus of elasticity**: module *nm* d'élasticité de Young, module d'élasticité (longitudinale)

YP → *yield point*

Y-punch: (inf) perforation *nf* 12

yr → *year*

Y-shaped: fourchu, en Y, à fourche

YYMMDD: (year month day) AAMMJJ

Z

Z → *zero, zone*

Z-axis: axe *nm* des z

Z-bar: zed *nm*

zed GB : Z

zee NA : Z

zenith: zénith *nm*

~ **point**: point *nm* zénithal

zero «Z» *nn*: zéro; *vb*: remettre à zéro

~ **access storage**: mémoire *nf* à temps d'attente nul

~ **address instruction**: instruction *nf* sans adresse

~ **adjustment**: réglage *nm* à zéro

~**-angled wheels**: (grinding) roues *nf* parallèles

~ **beat**: battement *nm* nul

~**-beat receiver**: récepteur *nm* homodyne

~ **bias**: polarisation *nf* nulle

~ **bit**: bit *nm* hors texte

~ **cost activity**: (critical path) activité *nf* sans dépenses

~ **creep**: déréglage *nm* du zéro

~ **crossing**: passage *nm* à zéro

~ **defect method**: méthode *nf* de défaut nul

~ **fill**: (inf) garnissage *nm* de zéros

~ **flow pressure**: pression *nf* à débit nul

~ **fuel weight**: (aero) poids *nm* total sans carburant

~ **gain**: gain *nm* nul

~ **lift**: (aero) portance *nf* nulle

~ **line**: ligne *nf* zéro

~ **loss circuit**: circuit *nm* sans perte

~ **offset**: déplacement *nm* du zéro, décalage *nm* du zéro

~ **point energy**: énergie *nf* au 0 absolu

~ **reading instrument**: indicateur *nm* de zéro

~ **setting**: mise *nf* à zéro, remise *nf* à zéro, réglage *nm* à zéro

~ **time**: (critical path) durée *nf* nulle

~ **time**: (countdown) temps *nm* zéro

zeroize <ise> *vb*: mettre à zéro; (inf) garnir de zéros, mettre des zéros

zigzag *nn*: zigzag *nm*; *adj*: en dents de scie, en quinconce, en zigzag; *vb*: faire des zigzags, zigzaguer

~ **bond**: (constr) appareil *nm* en épi

~ **folding**: pliage *nm* paravent

~ **pleat**: pliage *nm* paravent

~ **riveting**: rivets *nm* en quinconce

zinc: zinc *nm*

~ **bearing**: zincifère

~ **blend**: blende *nf*

~**-coated**: zingué

~ **coating**: zingage

~ **oxide**: (chem) oxyde *nm* de zinc; (pigment) blanc *nm* de zinc

~ **smelter**: four *nm* de fusion du zinc; (a person) zingueur *nm*

~ **white**: blanc *nm* de zinc

zincography: zincographie *nf*

zip: fermeture *nf* à glissière, fermeture éclair (nom déposé)

~ **fastener**: fermeture *nf* à glissière, fermeture éclair (nom déposé)

zip code NA : (zoning improvement code) code *nm* postal

zipper NA → *zip*

zone: zone *nf*; (inf) partie *nf* hors texte (d'une carte perforée, d'un octet)

~ **refining**: (s.c.) raffinage *nm* en zones

~ **time**: heure *nf* du fuseau horaire

zoned: divisé en zones, réparti en zones

zoning: formation *nf* de zones; (tcm, town planning) zonage *nm*

zoom *nn*: (aero) chandelle *nf*; (phot) avancée *nf* sur gros plan; *vb*: (aero) monter en chandelle; (phot) faire un zoom

~ **lens**: objectif *nm* à focale variable, zoom *nm*

~ **out**: faire un zoom vers plan général

Z-section: zède *nm*, profilé *nm* en Z

Z-twist: torsion *nf* à droite, torsion Z

ANNEXES

APPENDICES

ANNEXE I

Eléments chimiques et leurs symboles

APPENDIX I

Chemical elements and their symbols

	Anglais Américain	Français (tous masculins)
Ac	*actinium*	actinium
Ag	*silver*	argent
Al	*aluminium* GB *aluminum* NA	aluminium
Am	*americium*	américium
Ar	*argon*	argon
As	*arsenic*	arsenic
At	*astatine*	astate
Au	*gold*	or
B	*boron*	bore
Ba	*barium*	baryum
Be	*beryllium*	béryllium
Bi	*bismuth*	bismuth
Bk	*berkelium*	berkélium
Br	*bromine*	brome
C	*carbon*	carbone
Ca	*calcium*	calcium
Cd	*cadmium*	cadmium
Ce	*cerium*	*cérium*
Cf	*californium*	californium
Cl	*chlorin[e]*	chlore
Cm	*curium*	curium
Co	*cobalt*	cobalt
Cr	*chromium*	chrome
Cs	*caesium* GB *cesium* NA	caesium césium
Cu	*copper*	cuivre
Dy	*dysprosium*	dysprosium
E	*einsteinium*	einsteinium
Er	*erbium*	erbium
Eu	*europium*	europium
F	*fluorin[e]*	fluor
Fe	*iron*	fer
Fm	*fermium*	fermium
Fr	*francium*	francium
Ga	*gallium*	gallium
Gd	*gadolinum*	gadolinum
Ge	*germanium*	germanium
H	*hydrogene*	hydrogène
He	*helium*	hélium
Hf	*hafnium*	hafnium
Hg	*mercury*	mercure
Ho	*holmium*	holmium
I	*iodine*	iode
In	*indium*	indium
K	*potassium*	potassium
Kr	*krypton*	krypton
La	*lanthanum*	lanthane
Li	*lithium*	lithium
Lu	*lutecium* *lutetium*	lutécium
Lw	*lawrencium*	lawrencium
Mg	*magnesium*	magnésium
Mn	*manganese*	manganèse
Mo	*molybdenum*	molybdène
Mv	*mendelevium*	mendélévium

N	*nitrogene*	azote	**Sb**	*antimony*	antimoine
Na	*sodium*	sodium	**Sc**	*scandium*	scandium
Nb	*nodium*	nodium	**Se**	*selenium*	sélénium
Nd	*neodymium*	néodyne	**Si**	*silicium*	silicium
Ne	*neon*	néon	**Sm**	*samarium*	samarium
Ni	*nickel*	nickel	**Sn**	*tin*	étain
No	*nobelium*	nobélium	**Sr**	*strontium*	strontium
O	*oxygen*	oxygène	**Ta**	*tantalum*	tantale
Os	*osmium*	osmium	**Tb**	*terbium*	terbium
P	*phosphorus*	phosphore	**Tc**	*technetium*	technétium
Pa	*protactinium*	protactinium	**Te**	*tellurium*	tellure
Pb	*lead*	plomb	**Th**	*thorium*	thorium
Pd	*palladium*	palladium	**Tl**	*thallium*	thallium
Pm	*promethium*	prométhéum	**Ti**	*titanium*	titane
Po	*polonium*	polonium	**Tm**	*thulium*	thulium
Pr	*praseodymium*	praséodyme	**U**	*uranium*	uranium
Pt	*platinum*	platine	**V**	*vanadium*	vanadium
Pu	*plutonium*	plutonium	**W**	*tungsten*	tungstène
Ra	*radium*	radium	**Xe**	*xenon*	xénon
Rb	*rubidium*	rubidium	**Y**	*yttrium*	yttrium
Re	*rhenium*	rhénium	**Yt**	*ytterbium*	ytterbium
Rh	*rhodium*	rhodium	**Zn**	*zinc*	zinc
Rn	*radon*	radon	**Zr**	*zirconium*	zirconium
Ru	*ruthenium*	ruthénium			
S	*sulphur* GB *sulfur* NA	soufre			

ANNEXE II

Unités de mesure non métriques d'usage courant

APPENDIX II

Non-metric units of measure in common use

Conversion métrique des mesures les plus fréquentes
Metric conversion of the most common measures

Mesures de longueur
Linear measures

1 inch = 2,54 cm

1 foot (12 inches) = 0,3048 m

1 yard (3 feet) = 0,9144 m

1 mile (statute) : (1760 yards) = 1609,3 m

Mesures de surface
Square measures

1 square inch = 645,16 mm^2

1 square foot (144 inches) = 0,0929 m^2

1 square yard (9 square feet) = 0,8361 m^2

1 acre (4840 square yards) = 4047 m^2

1 square mile (640 acres) = 259 ha

Mesures de volume
Cubic measures

1 cubic inch = 16,39 cm2

1 cubic foot (1728 cubic inches) = 0,0283 m^3

1 cubic yard (27 cubc feet) = 0,7646 m^3

Mesures de volume (capacité)
Measures of capacity

1 fluid ounce* = 0,0284 l

1 gill GB (5 fluid onces) = 0,1421 l

1 pint* GB (4 gills) = 0,5683 l

1 quart (2 pints) = 1,137 l

gallon* GB (4 quarts) = 4,546 l

Poids
Weights

1 ounce = 28,35 g

1 pound (16 ounces) = 0,453 kg

1 stone (14 pounds) = 6,350 kg

1 hundredweight* GB (112 pounds) = 50,802 kg

* See also "Beware" section below
* Voir aussi paragraphe ci-dessous

Attention / *Beware*

barrel	GB	(petr) 35 imperial gallons	158,57 l
	NA	(petr) 42 US gallons	159,1 l
		(brewery)	119,5 l
bushel	GB	(dry or liquid) 8 imperial gallons	36,37 l
			0,03637 m^3
	NA	64 US pints	35,24 l
			0,03524 m^3
gallon	GB	Imperial gallon, 277,42 c.ins	4,546 l
	NA	US gallon, 231 c.ins	3,785 l
hundredweight	GB	1/20 long ton, 112 lbs	50,802 kg
	NA	100 pounds	45,359 kg
mile (air mile or international nautical mile)			1852 m

ounce (fluid)	GB 1/20 of imperial pint	0,0284 l 28,415 cm^3
	NA 1/16 of US pint	0,0296 l 29,573 cm^3
ounce (weight)	(avoirdupois) 1/16 lb	24,349 g
	(troy) 1/12 troy lb	31,103 g
pint	GB imperial pint	0,568 l
	NA US pint	0,473 l
	NA US dry pint	0,551 l
pound	(avoirdupois)	0,454 kg
	(troy unit)	0,373 kg
ton	GB (long ton)	1,016 t
	NA (short ton)	0,907 t

Abréviations courantes des mesures non métriques
Common abbreviations of non-metric mesures

av.	avoirdupois
avdp.	avoirdupois
bar.	barrel
bbl.	barrel
bl.	barrel
bu.	bushel
bus, bus.	bushel
cc, c.c.	cubic centimeter
c.f.	cubic foot cubic feet
c.f.m.	cubic feet per minute
c.f.s.	cubic feet per second
c.ft	cubic foot cubic feet
cent	centigrade
cu.	cubic
cu. ft.	cubic foot cubic feet
cu. in.	cubic inch cubic inches
cu. yd.	cubic yard cubic yards
cwt.	hundredweight
fath.	fathom
f-s, f.s.	foot-second
fl.oz.	fluid ounce
fm, fm.	fathom
ft.	foot, feet
f.p.	foot pound
f.p.m.	feet per minute
f.p.s.	feet per second foot-pound-second
ft-lb	foot-pound foot-pounds
ft-lbs	foot-pounds
fth.	fathom
fthm.	fathom
gal.	gallon
gi.	gill
in.	inch, inches
ins.	inches
lb, lb.	pound, pounds
lbs	pound, pounds
lg. tn.	long ton
l.t.	long ton
m	mile
mi.	mile
m.p.g.	miles per gallon
m.p.h.	miles per hour
oz.	ounce, ounces
ozs, ozs.	ounces
p.	pint
pt.	pint
q.	quart
qt, qt.	quart
sq.	square
sq. ft	square foot square feet
sq.in.	square inch
sq.ins	square inches
sq.mi	square mile
sq.yd.	square yard
sq.ys	square yards
s.t.	short ton
st.	stone
t.	ton
y.	yard
yd.	yard

ANNEXE III
Verbes irréguliers courants

APPENDIX III
Common irregular verbs

Infinitif ***Infinitive***	**Passé** ***Past tense***	**Participe passé** ***Past participe***
arise	arose	arisen
bear	bore	borne
beat	beat	beaten
become	became	become
begin	began	begun
behold	beheld	beheld
bend	bent	bent
bid	bid	bid, bidden
bind	bound	bound
bite	bit	bitten
bleed	bled	bled
blow	blew	blown
break	broke	broken
breed	bred	bred
bring	brought	brought
buld	built	built
burn	burnt GB burned NA	burnt GB burned NA
burst	burst	burst
buy	bought	bought
can	could	
cast	cast	cast
catch	caught	caught
choose	chose	chosen
cleave	cleft, clove	cleft, cloven
cling	clung	clung
come	came	come
cost	cost	cost
creep	crept	crept
cut	cut	cut
deal	dealt	dealt
dig	dug	dug
dive	dived GB dove NA	dived
do	did	done
draw	drew	drawn
dream	dreamt GB dreamed NA	dreamt GB dreamed NA
drink	drank	drunk
dwell	dwelt GB dwelled NA	dwelt GB dwelled NA
eat	ate	eaten
fall	fell	fallen
feed	fed	fed
feel	felt	felt
fight	fought	fought
find	found	found
fling	flung	flung
fly	flew	flown
forbid	forbad[e]	forbidden
forget	forgot	forgotten
freeze	froze	frozen
get	got	got gotten NA
give	gave	given
grind	ground	ground
grow	grew	grown
hang	hung	hung
have	had	had
hear	heard	heard
heave	heaved, hove	heaved, hove
hide	hid	hidden
hold	held	held
hurt	hurt	hurt
keep	kept	kept
kneel	knelt GB kneeled NA	knelt GB kneeled NA

knit	knit[ted]	knit[ted]
lean	leant GB leaned NA	leant GB leaned NA
leap	leapt GB leaped NA	leapt leaped NA
learn	learnt GB learned NA	learnt GB learned NA
leave	left	left
lend	lent	lent
let	let	let
lie	lay	lain
light	lighted, lit	lighted, lit
lose	lost	lost
make	made	made
mean	meant	meant
meet	met	met
melt	melted	melted, molten
mow	mowed	mown, mowed
pay	paid	paid
prove	proved	proved, proven
put	put	put
read	read	read
rend	rent	rent
ride	rode	ridden
ring	rang	rung
rise	rose	risen
run	ran	run
saw	sawed	sawn, sawed
say	said	said
see	saw	seen
seek	sought	sought
sell	sold	sold
send	sent	sent
set	set	set
sew	sewed	sewn, sewed
shake	shook	shaken
shed	shed	shed
shine	shone, shined	shone, shined
shoe	shod	shod
shoot	shot	shot
show	showed	shown
shrink	shrank	shrunk
shut	shut	shut
sing	sang	sung
sink	sank	sunk
sit	sat	sat
sleep	slept	slept
slide	slid	slid

sling	slung	slung
slit	slit	slit
smell	smelt GB smelled NA	smelt GB smelled NA
sow	sowed	sown, sowed
speak	spoke	spoken
spell	spelt GB spelled NA	spelt GB spelled NA
spend	spent	spent
spill	spilt GB spilled NA	spilt GB spilled NA
spin	span	spun
split	split	split
spoil	spoilt GB spoiled NA	spoilt GB spoiled NA
spread	spread	spread
spring	sprang GB sprung NA	sprung
stand	stood	stood
steal	stole	stolen
stick	stuck	stuck
sting	stung	stung
stride	strode	strid, stridden
strike	struck	struck
string	strung	strung
strive	strived, strove	strived, striven
swear	swore	sworn
sweep	swept	swept
swim	swam	swum
swing	swung	swung
take	took	taken
teach	taught	taught
tear	tore	torn
tell	told	told
think	thought	tought
throw	threw	thrown
thrust	thrust	thrust
tread	trod	trod, trodden
wear	wore	worn
weave	wove	woven
weep	wept	wept
wet	wet, wetted	wet, wetted
win	won	won
wind	wound	wound
wring	wrung	wrung
write	wrote	written

L'IMPRESSION ET LE BROCHAGE DE CE LIVRE ONT ÉTÉ EFFECTUÉS PAR JOUVE, 18, RUE SAINT-DENIS, 75001 PARIS POUR LE COMPTE DES ÉDITIONS TECHNIQUE ET DOCUMENTATION ACHEVÉ D'IMPRIMER LE 25 SEPTEMBRE MIL NEUF CENT QUATRE-VINGT-DIX — Nº 13611 - DÉPÔT LÉGAL SEPTEMBRE 1990
IMPRIMÉ EN FRANCE